地籍

지적학 총론

한국국토정보공사
(사)한국지적학회

도서출판
구미서관

머리말

그동안 관·산·학·연은 지적(地籍)에 관한 학문적 정체성을 정립하고 학술적 성과를 체계화하기 위해 오랜 시간 긴밀하게 협력해왔습니다. 그 덕분에 국내 대학에 지적학과가 처음으로 설치된 1970년대 후반부터 지금까지 약 50여 년간 지적학 교육과 연구 성과에 나름 일정한 성과를 거둘 수 있었다고 생각합니다.

오랜 기간에 걸친 관·산·학·연의 협력 결과로 만들어진 기존의 지적학 교재가 지적학의 학문적 발전에 크게 기여한 것이 사실이지만, 기존 지적학 교재의 내용 중 지적 기초이론과 실무응용 이론 등 몇몇 부분에서 정설 또는 통설로 받아들이기 어려운 점도 있었다는 학계의 지적 또한 있었습니다.

이 같은 당면 문제를 해결하고자 하는 배경에서 본 교재를 이번에 새롭게 출판하게 되었습니다. 본서는 다음과 같은 특징을 가지고 있습니다. 첫째, 기존에 출판된 다양한 지적학 교재의 내용을 검증하여 지적학 이론을 종합하고 재정립하였습니다. 둘째, 지적학에 대한 최신 이론과 관련 정책·제도와 국내·외 환경변화를 충분히 반영하는 등 내용을 업데이트 하였습니다. 셋째, 대학에서 처음 지적학을 접하고 공부하는 학생들도 쉽게 이해할 수 있도록 내용을 재구성하였습니다.

제1장에서는 지적의 어원, 지적의 발생설, 지적의 정의에 대한 국내·외 학자의 통설적·일반적 견해, 지적이 갖는 현대적 의미와 성격 및 기능을 새롭게 재해석하고 재정리하였습니다. 제2장에서는 지적학의 학문적 성격과 인접학문과의 관계, 지적학의 연구대상, 연구범위, 연구방법론, 지적학의 발전추세에 대해 고찰했습니다. 제3장에서는 지금까지의 우리나라 지적제도의 발달과정과 내용을 새롭게 정리하였습니다. 그리고 제4장에서는 지적조사의 개념과 내용, 토지·임야조사사업, 지적재조사사업에 대해 살펴보았고, 제5장에서는 토지등록제도와 공시제도의 발전과정과 제원리에 대해 기술하였습니다. 또한, 제6장에서는 지적제도 운영의 기준이 되는 현행 지적법과 관계법규, 지적측량, 지적전산, 지적행정에 대해 설명하였습니다. 마지막으로 제7장에서는 지적학과 해양지적, 국제 지적제도의 최근 동향과 미래 발전 방향을 제시하였습니다.

이번 교재를 발간하며 한국국토정보공사(LX)는 한국지적학회, 한국지적정보학회, 전국지적학회교수협의회 등 각 분야의 전문가로 구성된 편찬위원회를 운영하여 방대한 관련 자료를 수집·분석하였습니다. 이를 토대로 보다 정확하고 체계적인 내용이 담긴 지적학 교재를 만들기 위해 힘썼습니다. 일부 내용에 대해서는 개인적 학자들의 견해에 따라 이견이 있을 수도 있다고 생각합니다. 앞으로 지속적인 보완·개정작업이 이루어질 수 있도록 LX 한국국토정보공사는 관심을 기울일 것입니다.

모쪼록 이 교재가 지적학의 기본서로 널리 활용되어 지적학 분야 발전에 기여할 수 있기를 바랍니다. 이 책이 나오기까지 헌신의 노력을 다해주신 각 분야의 연구위원, 집필위원, 검토 및 검수위원, 그리고 본서 출판을 위해 실무를 총괄하신 국토정보교육원장 및 교직원 등 수고하신 모든 분들께 깊은 감사의 뜻을 전합니다.

2018년 12월 26일

한국국토정보공사 사장 **최 창 학**

목 차

CHAPTER 5 토지의 등록 및 공시

CHAPTER 6 지적제도의 운영

CHAPTER 7 지적의 동향 및 발전방향

CHAPTER

01

지적의 이해

CHAPTER 01

지적의 이해

1 지적의 어원

지적(地籍)의 어원(語源)은 지적이라는 단어의 근원적 형태, 즉 그 단어가 성립된 유래나 생겨나서 이루어진 역사적 근원인 말의 뿌리를 뜻한다. 지적의 어원과 관련하여 우리나라와 외국의 내용을 정리하면 다음과 같다.

1) 우리나라

지적이라는 단어의 역사적 근원은 상고시대로 거슬러 올라가 찾아볼 수 있다. 삼국유사 고조선조(古朝鮮條)를 보면, "是謂桓雄天王地 將風伯 風師雲師而 … 凡主人間 三百六十餘事在世理化"[1]이라 했다. 풍백(風伯), 운사(雲師)라는 존재는 농경노동에서 해방된 전임의 전문가들의 존재를 명백히 해주고 있다는 점[2]에서 당시 농경사회가 존재하였으며, 토지를 계량하고 등록하는 제도를 가지고 있었을 것으로 추측되며, 부여(夫餘) · 옥저(沃沮) · 예(濊)에서도 이와 유사한 토지제도를 가지고 있었을 것으로 추측할 수 있다.

또한, 삼국유사에 권2[3]에는 "又按量田帳籍曰 所夫里郡田丁柱貼 今言夫餘郡者復上古之名也", 즉 "양전장적(量田帳籍)에 의하면 소부리 정정주첩이라 하였으므로 지금 부여군을 지칭하는 것으로 옛 이름을 되찾은 것이다."라고 기록되어 있다. 여기서 장적(帳籍) 또는 적(籍)이라는 용어는 국가가 백성들을 파악하고 조세를 부과하기 위하여 조사 · 작성하던 모든 종류의 문서를 지칭하는 것이므로 양전장적(量田帳籍)은 토지조사를 실시하여 그 내용을 작성한 문서를 말한다.

---

1) 이재호 역, 「삼국유사」, 신광출판사, 1993, p.677.
2) 손정목, 「일제강점기 도시계획연구」, 한뿌리, 1990, p.13.
3) 「삼국유사 권2」, 남부여·전백제·북부여.

지적이라는 단어가 처음으로 등장한 것은 중국 하남성 낙양(洛陽)의 현 남경박물원장(南京博物院藏)에서 발견된 흑치상지 묘지문[4](黑齒常之 墓誌銘, 669년)이다. 그 묘지문에는 "淸不見其涯域, 情軌 闊達, 遠不形其里數. 加之以謹愨, 重之以溫良. 由是, 親族敬之, 師長憚之. 年甫小學, 卽讀春秋左氏傳, 及班 馬兩史. 歎曰, 丘明恥之, 丘亦恥之, 誠吾師也. 過此何足多哉. 未弱官, 以地籍授達率. 唐顯慶中, 遣邢國公蘇 定方, 平其國, 与其主扶餘隆, 俱入朝, 隸爲萬年縣 過此何足多哉 未弱官."이라 기록되어 있는데, 이는 "나이가 어려 소학(小學)에서 공부할 적에 춘추좌씨전(春秋左氏傳) 및 반고(班固)의 한서(漢書)와 사마천의 사기(史記)를 읽었다. 이에 탄식하여 좌구명(左丘明)이 이를 부끄럽다고 하였고, 공자도 역시 부끄럽다 하였으니, 진실로 나의 스승들이다. 이보다 더한 사람들이 이 세상에 어찌 많을 것인가? 라고 말하였다. 흑치상지가 20세가 안되어 가문의 신분에 따라 달솔(達率)이라는 직책을 받았다."라는 내용이다.

이 묘지문에서 흑치상지는 달솔이라는 직책을 받았는데, 달솔은 백제의 16관등 중 제2위의 품관으로 책부원구(冊府元龜)에 대솔(大率)로 되어 있다. 달솔은 백제 16관등의 하나로 1품관인 좌평(佐平)의 다음인 2품관으로 정해졌다. 내두좌평은 재정업무를 담당하는 제1품 관직으로서 토지업무를 관장하였는데, 흑치상지의 묘지문에 등장하는 지적이라는 용어는 토지를 관리하는 일종의 관직 명칭이라고 할 수 있다.

고려시대의 기록은 삼국유사와 고려사 등에서 볼 수 있다. 고려사 가락국기(駕洛國記)[5]에 의하면, "淳化二年金海府量田使中大夫 趙文善申省狀稱. 首露陵王廟屬田結數多也, 宜以十五結仍舊貫, 其餘分折於府之役丁. 所司傳狀奏聞, 時廟朝宣旨曰. 天所降卵化爲 聖君, 居位而延齡則一百五十八年也. 自彼三皇而下鮮克比肩者歟. 崩後自先代俾屬廟之壟畝而今減除良堪疑懼. 而不允. 使又申省, 朝廷然之, 半不動於陵廟中, 半分給於鄕人之丁也. 節使 受朝旨 乃以半屬於陵園, 半以支給於府之徭役户丁也. 幾臨事畢而甚勞倦, 忽一夕夢見七八介鬼神, 執縲紲握刀劍而至云. "你有大憝故加斬戮." 其使以謂受刑而慟楚驚懼而覺. 仍有疾瘵, 勿令人知之宵遁而行, 其病不間渡關而死. 是故量田都帳不著印也"이라 하여 "순화 2년에 김해부의 양전사 중대부 조문선은 조사해 보고하였다. 수로왕의 능묘에 소속된 밭의 면적이 많으니 마땅히 15결을 가지고 종전대로 제사를 지내게 하고, 그 나머지는 부(府)의 역정(役丁)들에게 나누어 주어야 합니다. – 중략 – 거의 일이 끝날 때에 양전사가 몹시 피곤해 하더니 어느 날 밤에 꿈을 꾸었는데 7, 8명의 귀신이 나타나 밧줄과 칼을 쥐고 와서 '너에게 큰 죄가 있어 베어

4) 한국고대금석문, 「흑치상지 묘지문」.
5) 「삼국유사 권2 기이 제2가락국기」.

죽여야겠다.'라고 말하였다. 양전사는 형을 받고 몹시 아파하다가 놀라서 깨었다. 이내 병이 들었는데 남에게 알리지도 못하고 밤에 도망가다가 그 병이 낫지 않아 관문을 지나다가 죽었다. 이러한 연유로 양전도장(量田都帳)에는 그의 도장이 찍히지 않았다."

또한, 고려사 식화지(高麗史 食貨志)[6]에 의하면, "三國末, 經界不正, 賦斂無藝. 高麗太祖卽位, 首正田制, 取民有度, 而惓惓於農桑, 可謂知所本矣. 光宗 定州縣貢賦, 景宗立田柴科, 成·顯繼世, 法制愈詳, 文宗躬勤節儉, 省冗官, 節費用. 太倉之粟, 紅腐相因, 家給人足, 富庶之治, 於斯爲盛. 毅·明以降, 權姦擅國, 斲喪邦本, 用度濫溢, 倉廩殫竭. 及至事元, 誅求無厭, 朝覲·饋遺·國贐等事, 家抽戶斂, 徵科萬端, 由是, 戶口日耗, 國勢就弱, 高麗之業, 遂衰. 叔季失德, 版籍不明, 而良民盡入於巨室, 田柴之科廢而爲私田. 權有力者, 田連阡陌, 標以山川, 徵租一歲或至再三. 祖宗之法盡壞, 而國隨以亡. 當初, 食貨出入之制, 未爲不詳, 而屢經兵火, 不可備考, 今採見於史牒者, 條分類聚. 一曰田制, 二曰戶口, 三曰農桑, 四曰貨幣, 五曰塩法, 六曰借貸, 七曰科斂, 八曰漕運, 九曰祿俸, 十曰常平義倉, 十一曰賑恤, 具著于篇" 이라 하여 후삼국 말기에 토지의 경계(經界)가 바르지 않아서 부렴(賦斂)에 법도가 없었다. 고려(高麗)의 태조(太祖)가 즉위하여 먼저 토지제도(田制)를 바르게 하고 민(民)에게서 거두는데 한도가 있게 하였으며 농상(農桑)에 대해 정성을 다하였으니, 가히 근본이 되는 바가 무엇인지를 알았다고 말할 수 있다. 광종(光宗)은 주현(州縣)의 공부(貢賦)를 정하였으며, 경종(景宗)은 전시과(田柴科)를 수립하였고, 성종(成宗)과 현종(顯宗)이 뒤를 잇게 되자 법제는 더욱 상세하게 되었으며, 문종(文宗)은 몸소 근검과 절약을 실천하고 쓸데없는 관원을 줄여 비용을 절약하였다. - 중략 - 원(元)을 섬기게 되자 가혹하게 빼앗는 것에 싫증을 느끼지 않았으며, 고려의 왕이 원 황제를 찾아뵙는 일(朝覲), 물품을 보내는 일(饋遺), 예물을 바치는 일(國贐) 등 때문에 집집마다 거두고 긁어모아 온갖 방법으로 징수하고 부과하니, 이로 말미암아 호구(戶口)는 날로 줄어들고 나라의 힘은 약해져서 고려의 왕업은 드디어 쇠약하여졌다. 왕조 말기(叔季)에는 덕(德)을 잃고 토지와 호구를 기록한 대장(版籍)이 불명확해져 양민(良民)은 모두 힘센 집안(巨室)으로 들어가고 전시과는 폐해져서 사전(私田)이 되었다.

고려시대에 민전을 비롯한 전국의 각종 토지에 대하여 양전을 실시하고 양전장적(量田帳籍)·양전도장(量田都帳) · 전적(田籍) · 도전장(都田帳) 등으로 불리는 양안을 작성하였다. 그러므로 고려시대에서는 토지와 호구를 기록한 판적(版籍), 양전장적(量田帳籍) · 양전도장(量田都帳) · 전적(田籍) · 도전장(都田帳)은 오늘날 토지대장 또는 지적공부와 같은 역할을 하였던 것이다.

6) 「고려사 권 78 권제32 식화 1」.

조선시대에서는 양전에 대한 기록이 많이 남아 있으며, 지적에 관한 기록을 고찰해 보면 다음과 같다.

세종(世宗 10년) 1428년 호조(戶曹)에서 각 도의 전지를 측량하기를 건의한 것으로 "戶曹啓: 各道田地, 勿分陳墾, 竝皆打量成籍, 其久陳田, 則別行打量, 續成文籍"이라 하였다. "각 도(各道)의 전지(田地)를 묵은 것이나 개간한 것을 구별할 것 없이 모두 측량해서 문서(地籍簿)를 만들되, 오래된 묵정밭(陳田)은 별도로 측량하여 속문적(續文籍)을 만들기를 청하는 내용"이다. "是以國家曾量土田, 勒成載籍"으로 "또한 일찍이 토지와 전답을 측량해서 문서(地籍簿)를 만들고, 삼품(三品)으로 나누어 사방의 경계를 정하여"라고 하여 금년의 양전을 정지해달라는 좌사간 김효정의 상소이다.[7] 여기서 지적은 토지대장을 의미하는 것으로 해석할 수 있다.

성종(成宗 10년) 1479년 "堤堰司啓: 忠淸・全羅・慶尙・平安道, 今已遣郞廳, 量尺改籍, 若不檢擧, 則諸邑守令, 慢不致意, 今後守令遞代時, 其堤堰川防庫數·尺數修築之狀, 備載解由檢擧"이라는 내용으로 "충청도·전라도·경상도·평안도에는 지금 이미 낭청(郞廳)을 보내어 자[尺]로 재어서 지적(地籍)을 고치도록 했는데, 이는 제언사(堤堰司)에서 수령이 체대(遞代)할 때 그 지방의 지적을 해유(解由)에 기재하게 할 것을 아뢰는 것이다."[8] 여기서 지적은 토지대장을 의미한다고 할 수 있다.

수교등록의 기록은 예조(禮曹)의 계제사(稽制司)에서 선조(宣祖 27년) 1594년 5월부터 1601년 4월 사이에 수교한 내용이다. 수교등록에 기록된 내용에서 지적과 관련된 기록 일부를 알아보면, "臣又念忠淸全羅江原等道寺社位田間或有之原其出處則本僧家之物也若驗耕食之地籍其出穀則數百石糧咄"라는 기록이 있다. 여기에서 "若驗耕食之地籍"이란, "만약 농사를 지어 살아나가는 토지로 볼 것 같으면"으로 해석할 수 있어 조선시대 예조(禮曹)에서 임금의 말씀을 기록에서 지적이라는 용어의 개념은 오늘날과 같은 복잡한 지적공부의 개념이 아닌 단순한 토지의 의미로 사용하였음을 알 수 있다.[9]

현종 즉위년(顯宗 卽位年) 1659년 현종실록에는 "而宮家以爲上 蒙提利, 而上野旣分其田則下野不宣異同, 又將按其籍而分地"이라 하였다. "궁가에서는 위아래 들 모두가 똑같이 둑의 혜택을 입고 있다고 주장하면서 윗 들은 이미 반분하였으니 아랫 들도 달리할 수 없다고 하며, 지적(地籍)을 살펴 나누려고 했다."[10] 현종실록에서 나오는 내용으로 비추어볼 때

7) 조선왕조실록, 「세종실록 권 41」.
8) 조선왕조실록, 「성종실록 권 112」.
9) 수교등록에 기록된 지적 용어의 사용시기는 선조 32년 해인 1599년에 해당한다(윤병찬 외 4인, "조선후기 지적의 연혁과 개념정립에 관한 연구", 「한국지적학회지」, 제28권 제2호, 2012, pp.188-189.).

지적은 토지라는 의미로 사용하였다. 숙종(肅宗 46년) 1720년에 "到今川道大變, 旣在於越川他境 田主 固當依法典推尋耕食, 而至於田 庫, 則似當入於光州量案云矣"라 하여 "저곳의 퇴적된 곳은 비록 옛날 본 고을의 경계 안이나 지금은 내의 물길이 크게 변하여 내 건너 다른 경계에 있으니 밭 주인은 법전에 의하여 추심(推尋)하여 경작하는 것이 마땅하나 지적(地籍)에 있어서는 광주의 양안(量案)에 들어가야 마땅할 듯 싶다고 하였다."[11] 이 문헌에서 등장하는 지적은 토지라는 의미로 사용되었을 것이라 추측된다.

또한, 지적이라는 용어는 철종년간(1849년~1863년)에 발간한 필사본 하곡집 제22권 외집(外集) 차록(箚錄) 5장에 "司上 卽應上司文簿 口郵傳 待使客財用 卽貢物應需倉庫守直 地籍 案籍 人籍 版籍醫藥方術吏 雜術養人吏"라고 기록되어 있다. 여기서 지적(地籍)이란 "토지에 대한 호적, 토지에 대한 이력 또는 토지소유권에 대한 이력"이라고 할 수 있는 당시의 토지대장인 양안(量案)을 관리한 관직의 명칭을 지칭하였다.[12]

1878년(고종 15년) 8월 27일에 작성된 일성록(日省錄)에 영의정 이최응(李最應)이 아뢴 함경감사 김세균의 보고문에 "該府之間廣墾闢之地籍外添增之戶皆免賦稅者也查櫛執稅"라고 기록되어 있다.[13] 이 문헌의 내용은 "지적 외에 넓은 토지를 개간한 자를 조사하여 세금을 부과"하겠다는 것으로 지적이라는 용어는 양안 외에 등록된 토지로 해석할 수 있을 것이다.

내부대신서리내부협판(內部大臣署理內部協辦) 유길준(兪吉濬)은 1894년 10월 16일 수신자를 내각총리대신(內閣總理大臣) 김홍집(金弘集)에게 "향약시행을 위한 규정 및 향회조규(鄕會條規)의 제정"[14]을 청의(請議)하였는데, 청의서는 총 18조로 구성되어 있으며, 제5조를 보면 다음 〈표 1-1〉과 같다.

〈표 1-1〉 향약시행을 위한 규정 및 향회조규(鄕會條規)의 제정

一 教育에 관한 사항	七 公共山林及堤堰洑港에 관한 사항
二 戶籍及地籍에 관한 사항	八 諸般稅目及納稅에 관한 사항
三 衛生에 관한 사항	九 歉荒及患亂의 救恤에 관한 사항
四 社倉에 관한 사항	十 公 共服役에 관한 사항
五 道路橋梁에 관한 사항	十一 諸般稧會에 관한 사항
六 殖産振興에 관한 사항	十二 新式令飭에 관한 사항

10) 조선왕조실록 「현종실록 1권」.
11) 「비변사등록 권 73」 숙종 46년.
12) 류병찬, "지적이란 용어의 사용연혁에 관한 연구", 「지적」, 제39권 제1호, 2009, pp.55-57.
13) 김추윤·류병찬, 「충청남도 지적사」, 충청남도, 2014, pp.65-66.
14) 유길준, 「내부청의서 2」.

유길준은 갑신정변을 일으킨 개화파의 한 사람으로서 재정개혁을 위한 방안으로 지조개정(地租改定)을 주장하였으나, 시행되지 못하였다. 지조개정은 전제개정이며, 이를 위하여 양전을 새로이 하여 세의 부과대상인 토지소유권을 정확하게 파악하여야 한다는 것이다. 양전방안은 전 국토를 리(理)단위로 한 전통제(田統制)를 세우려고 하였다. 즉, 양전을 시행한 후 전·답·산·천·도로·촌락 등을 명시한 전통도(田統圖)를 만들고, 이를 종합하여 전국의 지적도를 만들려고 하였다. 따라서 유길준은 양전개정론자로서 그의 저서 「서유견문」을 통하여 오늘날과 유사한 지적제도를 구상하였을 것이며, 이로 인하여 청의서에 호적급지적(戶籍及地籍)에 관한 사항에서 지적이라는 용어를 사용하였을 것이다.

고종(高宗 32년) 1895년 3월 26일 칙령 제53호 내부관제를 반포하였다. "內部官制: 第七條, 土木局에서는 左開事務를 掌홈:一, 本部直轄土木工事에 關훈 事項。二, 地方經營土木工事, 其他公工土木工事에 關훈 事項。三, 直轄工費及地方工費補助의 調查에 關훈 事項。四, 土地測量에 關훈 事項。五, 水面塡平에 關훈 事項。六, 土地收用에 關훈 事項。第八條, 版籍局에서는 左開事務를 掌홈: 一, 戶口籍에 關훈 事項。二, 地籍에 關훈 事項。三, 無稅官有地處分及管理에 關훈 事項。四, 官有地名目變換에 關훈 事項"이라는 내용이다.[15]

내부관제에 토지측량과 지적이라는 용어가 등장한다. 내부관제 제7조는 토지측량에 관한 사항과 제8조는 판적국(版籍局)에서는 호구에 관한 사항, 지적(地籍)에 관한 사항, 무세관유지에 처분 및 관리에 관한 사항, 관유지 명목변환에 관한 사항이라는 규정이 있다. 내부관제에서도 지적이라는 용어가 사용되었으며, 유길준의 향약시행을 위한 규정 및 향회조규(鄕會條規)에 등장하는 지적과 고종(高宗)이 반포한 내부관제에 등장하는 지적에 관한 사항은 동일하다고 할 수 있다.

한편, 유길준의 청의서는 1894년 10월(고종 31년)에 올린 것으로 1895년 칙령 제53호 내부관제에 나오는 "지적에 관한 사항"보다 지적이라는 용어가 먼저 사용되었다. 이 청의서에서 지적이라는 용어를 사용하였기 때문에 동일한 의미로 내부관제에서도 지적이라는 용어가 사용되었을 것이다.

이상과 같은 내용을 종합할 때, 지적이라는 용어의 유래 및 변천과정은 크게 세 가지로 구분하여 이해할 수 있다.

첫째, 「지적용어 사용설」은 지적이라는 용어가 최초로 사용되었다는 측면에서 접근한 것이다. 지적이라는 용어는 토지를 관리하는 달솔(達率)이라는 관직명에서 유래하였으며, 조선시대는 단순히 토지 또는 토지대장이라는 의미로 변화하였다. 대한제국시대는 지적이라는

15) 조선왕조실록, 「고종 권33」.

용어가 오늘날 지적의 의미로 사용되었다.

둘째, 「지적용어 의미 변천설」은 용어의 의미 변천에 따른 측면에서 접근한 것이다. 삼국시대에는 지적을 토지대장과 유사한 양전장적(量田帳籍) 또는 양전도장(量田都帳)이라는 용어로 사용되었다. 고려시대는 양전장적, 양전도장, 도전장, 판적이라는 용어를 사용하였고, 조선시대는 전안(田案), 양안(量案)으로 진화하였으며, 대한제국시대에 오늘날의 지적과 같은 의미로 사용되었다.

셋째, 「연대적 변화설」은 용어가 사용된 연대적 측면(年代的 側面)에서 접근한 것이다. 지적은 삼국시대에서 토지대장을 의미하는 양전장적에서 유래하여 토지관직명으로 변화하였으며, 고려시대는 토지대장을 의미하는 판적, 양전도장, 양전장적, 도전장으로 변화하였다. 조선시대는 토지 또는 토지대장 또는 토지 관리직명으로 변화되었으며, 대한제국시대는 오늘날의 지적과 동일하게 그 의미가 변화되었다(〈표 1-2〉 참조).

〈표 1-2〉 지적 어원의 변천과정

출 처	원 문	해 석	비고
삼국유사 권2 남부여·전백제·북부여(538년)	又按量田帳籍曰 所夫里郡田丁柱貼 今言夫餘郡者復上古之名也	양전장적에 의하면 소부리 정정주첩이라 하였으므로 지금 부여군을 지칭하는 것으로 옛 이름을 되찾음	토지 대장
흑치상지 묘지문 (669년)	未弱官 以地籍授 達率	20세가 되지 않아 달솔이라는 토지관리 직책을 받음	토지 관리 직명
삼국유사 권2 가락국기 (991년)	伋有疾瘵 勿令人知之宵遁而行 其疾不間渡關而死 是故量田都籍不著印也	이내 병이 들었는데 남에게 알리지도 못하고 밤에 도망가다가 그 병이 낫지 않아 관문을 지나 죽었기 때문에 양전도장에는 그의 도장이 찍히지 않음	토지 대장
고려사 식화지	戶口日耗, 國勢就弱, 高麗之業, 遂衰. 叔季失德, 版籍不明, 而良民盡入於巨室, 田柴之科廢而爲私田.	호구는 날로 줄어들고 나라의 힘은 약해져서 고려의 왕업은 드디어 쇠약하여졌다. 왕조 말기에는 덕을 잃고 토지와 호구를 기록한 대장(판적)이 불명확해져 양민은 모두 힘센 집안으로 들어가고 전시과는 폐해져서 사전이 되었다.	토지·호구 기록 대장
조선왕조실록 세종실록 (1428년)	戶曹啓: 各道田地, 勿分陳墾, 竝皆打量成籍, 其久陳田, 則別行打量, 續成文籍	각도의 전지(田地)를 묶은 것이나 개간한 것을 구별할 것 없이 모두 측량해서 문서[地籍簿]를 만들되, 오래된 묵정밭은 별도로 측량하여 속문적(續文籍)을 만들기를 청하는 내용	토지 대장
	是以國家曾量土田, 勒成載籍	토지와 전답을 측량해서 문서[地籍簿]를 만들고	
조선왕조실록 성종실록 (1479년)	堤堰司啓: 忠淸·全羅·慶尙·平安道, 今已遣郞廳, 量尺改籍	충청도·전라도·경상도·평안도에는 지금 이미 낭청(郞廳)을 보내어 자로 재어서 지적을 고치도록 함	토지 대장

출 처	원 문	해 석	비고
예조 계제사의 수교 내용 (1599년)	若驗耕食之地籍	만약 농사를 지어 살아 나가는 토지로 볼 것 같으면	토지
조선왕조실록 현종실록 (1659년)	而宮家以爲上 蒙提利 而上野既分其田 則下野不宣異同 又將按其籍而分地	궁가에서는 위아래 들 모두가 똑같이 둑의 혜택을 입고 있다고 주장하면서 윗 들은 이미 반분하였으니 아랫 들도 달리할 수 없다고 하며, 지적을 살펴 나누려 함	토지
비변사등록 (1720년)	則似當入於光州量案云矣	지적을 광주양안에 편입하는 것이 마땅함	토지 대장
하곡집 (1849년~1863년)	地籍	지적	토지 관리 직명
일성록 (1878년)	該府之間廣墾闢之地籍外添增之戶皆免賦稅者也查櫛執	지적외의 넓은 토지를 개간한 자를 조사하여 세금을 부과하겠다는 것	토지
내부청의서 2 (1894년 10월)	戶籍及地籍에 관한 사항	호적 및 지적에 관한 사용	지적
칙령 제53호 내부관제 제8조 (1895년)	地籍에 關흔 事項	지적에 관한 사항	지적

2) 외국

외국에서의 지적에 관한 어원은 그리스어에서 유래하였다고 주장하는 학자와 라틴어에서 유래하였다고 주장하는 학자가 있으며, 그밖에 사전적인 관점에서 별도의 유래가 제시되고 있다.

첫째, 지적의 어원은 라틴어에서 유래하였다고 주장하는 대표적인 학자는 Bernard O. Binns, S. R. Simpson, G. Larsson, John G. McEntyre, Stephane Living 등이다.

Bernard O. Binns[16)]는 "지적이라는 단어는 인두세의 등록 또는 로마 토지세를 위해 만들어진 단위인 라틴어 'Capitastrum'에서 유래"하였다고 하였다. S. R. Simpson과 G. Larsson[17)]은 "지적의 어원은 인두세 등록, 즉 문자 그대로 머리(head)를 의미하는 'Capitum' 또는 'Registrum'을 축소한 라틴어 'Capitastrum'에서 유래하였고, 과세할 수 있는 토지단위로 확대"되었다고 하였다. John G. McEntyre[18)]는 "지적이라는 단어는 라틴어에서 유래되었으며,

16) Bernard O. Binns, 「Cadastral Surveys and Records of Rights in Land-An F.A.O Land Tenure Study」, Rome, Food and Agriculture Organization of United Nations, 1953, p.14.

17) S. R. Simpson, 「Land Law and Registration」, Cambridge, Cambridge University Press, 1976, p.5.; Gerhard Larsson, 「Land registration and cadastral systems-Tools for information and management」, New York, John Wiely & Sons, Inc., 1991, p.16.

그 의미는 2000년 전으로 거슬러 올라간다. 지적은 로마인의 인두세 등록부였던 'Capitastrum' 또는 'Catastrum'에서 유래"되었다고 하였다. Stephane Living[19]은 목록을 뜻하는 라틴어인 'Capitrastra'라는 용어에서 유래하였다고 주장하였으며, "토지경계를 표시하는데 사용된 돌" 또는 "지도처럼 사용된 편암조각"이라는 고대 언어에서 유래"되었다고 주장하였다.

이와 같이, 지적의 어원을 'Capitastrum'에서 찾고자 하는 학자들의 견해는 로마의 인두세 등록부(head-tax register)를 의미하는 'Capitastrum' 또는 'Catastrum'에서 유래한 것으로 '토지과세 단위'를 의미하는 'Caput' 또는 "인두세"를 의미하는 'Capitatio'와 "등록 및 기입"을 의미하는 'Registrum'의 조합으로 이해하고 있다.

둘째, 지적이 그리스어에 유래하였다고 주장하는 대표적인 학자는 John D. McLaughlin, Carl R. Bennet, Dawoo Mohamed Ali, Ilnoor D. 등이 있다.

John D. McLaughlin[20]은 "지적이라는 단어는 프랑스의 어원학자인 Blondheim이 중세 그리스어로 공책(notebook)을 의미하는 'Katastichon'에서 유래되었으며, 점차적으로 로마지방을 인두세 또는 토지세를 부과하기 위하여 분할한 영토과세 단위인 라틴어 'Capitastrum'으로 변화"하였다고 주장하였다.[21] Carl R. Bennet[22]는 "일부 학자에 의하면 지적이라는 용어가 소유권과 세금의 배분 가치를 식별하는 세금 필지들의 목록으로서 공책을 의미하는 그리스어 'Katastichon'에서 발전하였고, 그 용어는 나중에 'Capitastrum'로 발전했는데, 이것은 로마지방을 분할한 영토 과세단위의 등록부"라고 하였다. Dawoo Mohamed Ali[23]는 "지적의 유래는 불확실하지만 공책 또는 상업기록(business record)을 의미하는 그리스어 'Katastikhon'으로부터 유래"하였다고 하였다. J. D. Ilnoor[24]는 "그리스어 'Katastikhon'에서 유래되었으며, 'Kata'는 '위에서 아래로'의 뜻을 가지고 있으며, 'Stikhon'은 '부과'라는 뜻을 가지고 있는 복합어로서 'Katastikhon'은 '위의 군주가 아래 신민에 대하여 세금을

18) John G. McEntyre, 「Land Survey Systems」, New York, John Wiley & Sons, 1978, pp.3-4.

19) Stephane Laving, 「Le Cadastre De La Fiance」, Presses University De France, 1996, p.6.; 김추윤·류병찬, 전게서, p.54에서 재인용.

20) John D. Mclaughlin, "The Nature, Function and Design Concepts of Multi-purpose Cadastres", Doctor of Philosophy, University of Wisconsin, 1975, p.1.

21) John D. Mclaughlin, "The Nature, Function and Design Concepts of Multi-purpose Cadastres", Doctor of Philosophy, University of Wisconsin, 1975, p.1.

22) Carl, R. Bennett, "The Feasibility of Assessment Information System as Nuclei for Development of Multipurpose Cadastral Land Information System", Doctor of Philosophy, University of Washington, 1986, p.33.

23) Dawood Mohamed Ali, "Concept of System Modeling for Land-related Information(cadastre)", Doctor of Philosophy, University of Wisconsin, 1987, p.19.

24) 김추윤·류병찬, 전게서, p.54.

부과하는 제도'라는 의미"라고 하였다.

셋째, 지적의 어원은 그리스어에서 유래하였지만, 라틴어와 동일한 어원을 가지고 있다고 주장하는 학자도 있다. H. Felstehausen[25)]은 "지적이라는 단어는 그리스어에서 기원하였으며, 공책이라는 의미이다. 로마 행정관은 그것을 'Catastico'라 불렀다. 라틴어로는 목록(catalog)을 의미한다는 점에서 같은 어원 또는 근원을 가지고 있다는 것이다. 나폴레옹은 18세기의 초반에 그의 군사적 착취를 지원하기 위한 과세의 기초로서 지적을 부흥시키고 대중화했기 때문에 지적이라는 단어의 철자는 프랑스에서 유래"하였다고 하였다. 한편 S. R. Simpson[26)]은 "지적은 세목적을 위한 토지기록으로 프랑스에서 유래"하였다고 주장하였다. 그러므로 S. R. Simpson과 H. Felstehausen의 주장에 의하면 현재 사용되고 있는 지적이라는 단어인 cadastre는 프랑스 철자에서 유래하였다고 할 수 있다.

넷째, 사전에서 제시하고 있는 것으로 The Short Oxford English Dictionary(SOED)는 "지적이 'Capitstrum' 또는 'Registrum'을 축소한 라틴어 'Capitastrum'에서 유래되었다는 것은 허구라고 하였다."[27)] 현대 영어사전은 "지적은 문자 그대로 차례로(line by line) 또는 토지세 등록부를 의미하는 그리스어 'Katastikon'에서 유래하였다"고 한다.[28)]

〈표 1-3〉 외국 지적 어원의 변천과정

언 어	학 자	의 미	단 어
라틴어	Bernard O. Binns	인두세의 등록 또는 로마지방 토지세 부과단위	capitastrum
	Simpson·Larsson	인두세 등록	
	J. G. McEntyre	로마인의 인두세 등록부	
	Stephane Living	목록 토지경계를 표시하는데 사용된 돌 지도처럼 사용된 편암조각	capitrastra
그리스어	J. D. McLaughlin	로마지방을 인두세 또는 토지세를 부과하기 위하여 분할한 영토과세 단위	katastikhon
	C. R. Bennet	로마지방을 분할한 영토과세 단위의 등록부	
	D. M. Ali	공책 또는 상업기록	
	J. D. Ilnoor	군주가 아래 신민에 대하여 세금을 부과하는 제도	
그리스어 라틴어	H. Felstehausen	공책 또는 목록	catastico

25) H. Felstehausen, "Cadastre and Rural Land Management", FIG, Totonto, 1986, p.100.
26) S. R. Simpson, op. cit., p.3.
27) Ibid., p.5.
28) G. Larsson, op. cit., p.16.

2 지적의 발생설

1) 과세설(Taxation Theory)

인류는 부족을 중심으로 공동생활을 영위하기 위하여 집단을 형성하고, 그 집단의 존립과 유지를 위하여 필요한 재화와 용역을 제공하기 시작하였다. 그 후 초기부족국가로 진화하면서 점진적으로 국가의 형태로 발전하게 되었다. 인류의 집단생활은 농경문화에서 발전하였고, 농경문화는 대략 기원전 7000년~8000년경 서남아시아의 오리엔트 지역에서 최초로 발생하여 기원전 5000년경부터 동서로 전파되어 기원전 3000년경에는 대륙 대부분의 지역으로 확대된 것으로 추측하고 있다.[29)]

고대 부족국가 이래 군주와 신민(臣民) 간에는 주종의 관계가 설정되어 있었고, 토지의 소유권은 군주에게 속하였기 때문에 토지수확물의 일부는 당연히 귀속되었다.[30)] 이것을 토대로 하여 지적의 발생은 토지세 부과를 목적으로 발생하였다는 이론을 전개하는 기본적인 근거로 하고 있으며, 다른 근거를 살펴보면 다음과 같다.

과세설은 기본적으로 국가가 과세를 목적으로 토지에 대한 각종 현상을 기록・관리하는 수단으로부터 출발했다고 보는 설을 의미한다. 정주생활(定住生活)에 따른 과세의 필요성에서 그 유래를 찾아볼 수 있으며, 역사학자들이 언급하고 있는 역사적 자료에서 그 근거를 유추해볼 수 있다.

토지세 부과를 목적으로 만들어진 기록은 고대로 거슬러 올라간다. 토지등록의 형태가 고대 유대인간에 존재하였다는 것은 확실하다. 고대의 이집트 역사는 B.C. 3400년경에 길이 측정은 통례의 행사이고, B.C. 3000경에는 일종의 지적기록이 존재하였음을 나타낸다.

3세기말 로마의 Diocletian황제는 세제개혁에 필요한 정보를 얻기 위해 로마제국의 토지측량을 명령하였다.[31)] 즉, 이집트인들은 기원전 3400년에 이미 과세목적의 측량이 시작되어 기원전 3000년경에 지적기록이 존재하였다고 추론할 수 있다.

최초의 지적제도는 티그리스(Tigris)강, 유프라테스(Euphrates)강, 나일(Nile)강가에 초기 농업정착지로 거슬러 올라간다. 고대이집트에서 파라오(왕)와 성직자의 수입은 토지에 대한 세금으로 충족되었다. 과세를 목적으로 토지를 측정하여 경계를 정하였다. 고대 수메르인 마을의 폐허에 묻혀있던 점토판에 토지와 도시의 지도, 토지의 넓이, 면적계산에 대한

29) 민석홍·나종일, 「서양문화사」, 서울대학교출판사, 1986, p.12.
30) 박순표·최용규·강태석, 「지적학개론」, 형설출판사, 1993, p.12.
31) S. R. Simpson, op. cit., pp.111-112.

토지세 부과기록이 있고, 가장 주목할 만한 것은 소유권과 경계분쟁을 재판하는 법정기록이 있다. 그리고 그리스와 로마인들은 주로 토지과세정책을 지원할 목적으로 정밀한 토지기록제도를 창설하였다.[32)]

과세설의 증거자료인 Domesday Book(영국의 토지대장)은 1066년 헤이스팅스 전투(battle of Hastings)에서 노르만족이 색슨족을 격퇴한 후 20년이 지난 1086년에 William 1세가 자기가 정복한 영국의 자원목록으로서 국토를 조직적으로 측량·조사하여 작성하였다. 특히, Domesday Book의 등록내용으로는 토지소유자 성명, 면적(acreage), 경지(arable), 보유권(tenures), 초원(meadow), 목장과 임야토지의 이용(pasture and forest land use), 소작인의 수(number of tenants), 가축(livestock)의 유형과 수량 등이 있다.[33)] Domesday Book이 포함하고 있는 정보는 광범위하였고, 농업과 관련된 그 시대 영국의 상황을 반영하였으며, 토지세 부과를 위한 기준을 창설하는데 사용되었다. 이 토지대장의 목적은 국가자원을 관리하는데 필요한 토지관련 정보를 제공하는 것이었다.[34)]

우리나라는 상고시대 고조선에서는 균형 있는 촌락의 설치와 토지분급 및 수확량을 파악하기 위하여 정전제(井田制)를 시행하였고, 예(濊)에서는 읍락(邑落)간의 토지의 구분소유 법령이 있었다. 삼국시대 고구려는 길이단위는 척, 면적단위는 경무제를 사용하였고, 구장산술에 의한 측량을 수행하였다. 백제는 길이단위는 척, 면적단위는 두락제와 결부제를 사용하였으며, 구장산술에 의한 면적측량을 하였다. 신라에서도 길이단위는 척, 면적단위는 결부제를 사용하였고, 구장산술에 의한 측량을 수행하였다.[35)] 신라의 장적문서(서원경 부근의 4개 촌락의 현·촌명 및 촌락의 영역, 호구 수, 우마 수, 토지의 종목 및 면적, 뽕나무, 백자목, 추자목의 수량을 기록) 등이 기록되어 있다.[36)]

이상의 내용을 보면 동·서양 모두 고대국가부터 국가의 부는 토지에서 산출되었다. 그러므로 산업이 발전하기 전에 모든 국가의 재정은 토지에서 나왔으므로 토지과세에 대한 기록을 통하여 국가의 체제를 유지하기 위하여 재정적인 측면이 필요했을 것이라 추측된다.

---

32) National Research Council, 「Need for a Multipurpose Cadastre」, Washington D.C., National Academy Press, 1980, p.5.

33) S. R. Simpson, op. cit., p.112.

34) Raymond A. Moor, 「The Land Surveyor in a Distributed Information Environment」, Michigan, A Bell & Howell Company, 1996, pp.7-8.

35) 이왕무·이동현·김남식·김영학, 「최신지적학」, 동화기술, 2009, pp.39-40.

36) 김옥근, 「한국토지제도사연구」, 대왕사, 1980, p.51.

2) 치수설(Flood Control Theory)

치수설은 국가가 토지를 농업생산수단으로 이용하기 위하여 관개시설 등을 측량하고, 관개시설 등을 유지·관리하는 데서 비롯되었다고 보는 설을 의미한다. 즉, 물을 다스려 보국안민(保國安民)을 발전시키고자 하는 의도에서 유래를 찾아볼 수 있고, 세계 4대 문명의 발상지는 4대강 유역이라는 점에서 4대강 유역이 치수설을 뒷받침하고 있다.

바빌로니아인들은 기원전 2500년에 이집트가 그들이 생존을 위해 나일강에 의존했을 때 측량법을 사용했다고 한다. 나일강은 관개시설이 만들어지기 이전에 매년 육지가 범람하는 동안 농사를 짓는데 필요한 물을 제공했다. 그러나 홍수는 들판의 경계선 표시를 파괴했다. 따라서 개별적으로 평야의 빈번한 재측정(재폐기 조사)이 요구되었으며, 이 재측정은 대략 기원전 3000년 전으로 거슬러 올라간다.[37]

한편 이집트인들은 제방·수로 등 토목공사나 홍수 뒤의 경지정리의 필요에서 삼각법에 의한 토지측량의 방법, 사면이나 지렛대를 이용하여 큰 물체를 운반하는 방법 등도 알아냈는데, 피라미드나 신전건축에 이용된 그들의 기하학이나 역할의 지식 등이 여기서 나온 것이다.[38] 따라서 치수설의 근간은 관개시설에 의한 농업적 용도에서 물을 다스릴 수 있는 토목과 측량술의 발달에 있고, 이는 농경지의 생산성에 대한 합리적인 과세목적에서 토지기록이 이루어지게 된 계기라 할 수 있다.

3) 지배설(Rule Theory)

지배설은 국가가 토지를 다스리기 위한 통치수단으로 토지에 대한 각종 현황을 관리하는 데서 출발한다고 보는 설을 의미한다. 영토적 행동은 어떤 물건이나 토지에 대한 소유권·사용통제권을 행사하면서 그것들을 계속 확보하려는 행태를 말한다. 이러한 행태는 생물체들이 살고 있는 환경이나 문화에 따라 다소 차이가 있지만, 인간은 적어도 1만년 전 경작과 목축을 시작하면서부터 확대되어 왔다. 인간의 영토적 행동이나 할거(割據)는 집단생활이나 국가형태의 유지에서 백성을 다스리는 근본을 토지에서 찾는데 있다.

영토는 소유자의 배타적 이용과 영토적 통치권이 인정되는 토지로 크게는 국가, 작게는 일필지의 토지인 한 담장 내의 공간이다. 영토는 경계에 의해서 자타의 구별과 함께 해당 국가나 주민들에 의해서 당연히 자기화된다. 그러므로 국경선이나 국경지대에 자국을 상징하는 경계표시가 만들어지고 이를 보존하고 객관화하기 위하여 기록이라는 수단이 필요

37) John, G. McEntyre, op. cit., p.4.
38) 박순표·최용규·강태석, 전게서, p.15.

하였다. 또 통치권자는 자기영토 내 주민의 생활공간 확보와 권력의지(will to power)의 실현을 위하여 영토 확대에 관심을 가졌으며, 일단 점령한 토지는 보전하려는 노력을 하였다. 토지가 지배자들의 통치수단으로 중요하였던 것은 역사적으로 증명되고 있다.[39]

고대 오리엔트 문화를 이룩한 메소포타미아나 이집트는 신권적인 왕권에 입각한 강력한 전제국(專制國)의 형태였다. 홍수와 같이 거대한 자연력에 의한 농경사회의 통치자는 자연을 지배하는 신을 섬기고 신을 대변하는 자로서 절대적인 권력을 가지고 있었다. 국왕은 지상에서 신의 대리자이거나 신의 아들, 심지어는 신의 현신으로 군림하였다. 전 국토는 신의 것이거나 신의 현신으로서 국왕의 소유였다. 신을 섬기는 신관들은 국왕의 관리들과 더불어 소수의 귀족층을 형성하였고, 주민의 대부분은 공납과 무상노동을 강요당하는 농민과 노예들이었다. 이 전제국가의 지배자는 큰집(대가)이라는 뜻의 '파라오(Pharaoh)'였다. 파라오는 신의 후손인 신적인 존재로서 전 국토가 파라오의 소유였으며, 상업이나 농업 등 모든 경제활동이 그의 통제 하에 있었다. 왕실에 납부되는 모든 생산물은 상·하 이집트의 2개 창고에 수납되었으며, 일찍부터 2년마다 전국의 토지상황과 수확량의 조사, 가축의 수, 왕실창고의 재고량 등의 조사가 실시되었다. 한편, 서양문명의 발상지인 지중해의 그리스도 마찬가지였다. 기원전 3000년기와 2000년기 동안에 지중해의 크레타(Creta)섬에서는 에게해 문명이 성장하여 에게해의 여러 섬과 그리스 본토, 그리고 서아시아의 서부지역에 전파되었다.

그 후 기원전 1600년경부터 중부 그리스와 펠로폰네소스(Peloponnesos)반도의 각지에 여러 왕국이 세워졌다. 그 중에서도 미케네(Mycenae)가 가장 부강하여 그리스 문화의 주도와 함께 여러 국왕의 맹주격(猛主格) 이었다. 미케네 국왕은 대토지소유자로 많은 가축과 노예의 소유자였다. 왕은 관리와 서기를 거느리고 여러 촌락으로부터 각종 공납품을 징수하였다.

즉, 영토의 보존과 통치수단에서 유래를 찾아볼 수 있고, 고대국가의 성립과 발전, 중세 봉건사회와 근세의 절대왕정, 그리고 근대시민사회의 성립 등에서 지배설을 뒷받침하고 있다. 나일강 유역에서는 기원전 3000년대 초에 상 이집트와 하 이집트가 연합하여 통일왕국이 성립된 이후 페르시아에 의해 정복된 기원전 525년까지의 약 2500년 동안에 고왕국, 중왕국, 신왕국으로 구분되는 모두 26왕조가 교체되었다.[40] 이렇듯 고대세계의 성립과 발전, 그리고 중세 봉건사회와 근세의 절대왕권, 근대시민사회의 성립과 오늘이 있기까지 인류의

39) 상게서, p.16.
40) 민석홍·나종일, 전게서, pp.13-19.

역사는 토지쟁탈의 역사였다. 한편, 역사적 사실로 미루어볼 때 인류의 역사 이래 가장 먼저 있었을 것으로 추정되는 사안은 씨족공동체의 정착생활을 가능하게 한 지배설에 무게가 실린다고 판단된다.

4) 침략설(Aggression Theory)

침략설은 인류역사는 영토침탈의 역사라고 표현되듯이 인류는 편리한 곳에 정착생활을 추구하게 되었고, 매년 한정된 곳에서 농경생활을 영위하기 위해서는 점유상태를 계속 확보하려는 사유재산권에 대한 의식이 발생되었으며, 양질의 토지를 확보하기 위한 영토침탈의 역사가 시작되었다고 보는데 기인한다. 영토 확보를 위한 침략에서 유리한 입장에 서기 위해서는 사전에 토지에 대한 각종 현황을 조사하여야 한다는 생각에 바탕을 둔 설이다. 우리나라의 침략사를 근거로 근대적인 지적제도의 확립에도 유래되었음을 나타내고 있다. 열강 국가들은 자신들의 영토 확장이나 각종 이권을 위하여 약소국가들을 침략하였는데, 이를 위하여 토지현황의 조사는 필수적이었다. 따라서 지적제도도 침략과 함께 시작되었다고 볼 수 있다.[41] 이러한 주장은 영토를 확장하고 침략상 우위를 점하는 데서 유래를 찾아볼 수 있다는 것으로 근대적인 관점에서 분석하였기 때문에, 지적 발생설과는 다소 거리가 있는 주장이다.

5) 발생설에 대한 평가

지적의 발생은 미시적으로는 과세설에 기인하지만, 거시적으로는 지배설에 귀착하게 된다. 즉, 지배설은 촌락생활과 함께 상존한 영토의 확보와 무관하지 않다고 보기 때문이다. 그러나 과세설은 신석기문화가 성숙된 이후부터 고대 그리스와 로마에서 토지의 사유가 있었다는 기록이 거의 없었다. 기록이 존재하더라도 당시의 토지소유자 형태가 원칙적으로 가족의 총유 내지 공동체 관리 하에 있었고, 로마 멸망 이후 고대 게르만에게 사유의 기록을 보게 된다는 점에서 과세문제는 지배문제보다 훨씬 뒤에 있게 되는 역사적 사실임을 입증케 하고 있다.[42]

이러한 관점에서 보면, 지적이 단순히 토지세 부과를 목적으로 발생하였다면 국가를 유지하기 위한 수단에 불과하다는 것으로 수단설이라고 할 수 있으며, 토지과세의 목적이 토지지배체계를 강화함으로써 국가의 안녕과 발전을 위한 것이라면 목적설이라 할 수 있다.

---

41) 이범관, 전게논문, pp.18-19.
42) 김영학, 전게서, pp.20-21.

치수의 문제는 인간이 정착생활을 한 이후에 진행되었으며, 고대 문명의 발상지가 4대강 유역에서 시작되었기 때문에 지배의 문제보다 홍수에 대비한 관개수로와 제방, 제방의 범람 후 토지경계의 측량에 중점을 두고 있다. 물을 이용하고 조절하려는 수단으로 치수를 하였다는 점에서 수단설로 볼 수 있다.

마지막으로 침략설은 19세기 초 열강들이 약소국가를 침략하는 것으로 식민지의 역사적 관점에서 접근하였기 때문에 발생설과 괴리가 있다고 할 수 있다. 그러므로 이 주장은 식민지 역사적 관점이라고 할 수 있다. 이를 비교해 보면 〈표 1-4〉와 같다.

〈표 1-4〉 지적발생설의 비교

발생설	핵심 내용	비고
과세설	토지 과세를 목적으로 지적이 발생했다는 설	수단설
치수설	4대 문명의 발상지는 4대강 유역으로 홍수에 대비한 관개수로와 제방을 관리하고, 제방의 범람 후 토지경계의 측량 등으로 인하여 지적이 발생하였다는 설	수단설
지배설	모든 부의 원천은 토지에서 나왔으므로 토지세를 부과하여 국가지배체제를 강화하고, 유지하기 위하여 지적이 발생하였다는 설	목적설
침략설	강대국이 약소국가를 침략하여 영토를 확장하고, 그 나라의 토지자원 목록을 작성하기 위하여 지적이 발생하였다는 설	–

3 지적의 정의(개념)

정의란, 어떤 말이나 사물의 뜻을 명백히 규정하는 것 또는 개념이 속하는 가장 가까운 유(類)를 들어 그것이 체계 가운데 차지하는 위치를 밝히고, 다시 종차(種差)를 들어 그 개념과 등위(等位)의 개념에서 구별하는 일로 규정하고 있다. 그러므로 개념에 대한 의미를 이해하여야 정의에 대한 이해를 쉽게 할 수 있을 것이다.

사람에 따라서 개념을 여러 가지 형태로 규정하고 있으나, 그 사실은 거의 같다고 할 수 있다. 개념에 대하여 Selltiz는 "일정하게 관찰된 사실에 대한 추상적 표현"이라 하였으며, Kerlinger은 "특정한 제 현상들을 일반화함으로써 나타나게 된 추상적인 용어", Phillips는 "현상을 설명, 예측하기 위한 명제나 이론의 전개에 있어서 그 밑바탕을 이루는 역할을 하는 추상적 표현"이라고 정의하고 있다.[43)]

43) 김해동, 「조사방법론」, 법문사, 1993, p.46.

이를 토대로 요약·정리하면, 개념은 주위에 산재해 있는 일정한 현상들을 보다 일반화함으로써 그들을 대표할 수 있는 추상화 된 표현 또는 용어라고 할 수 있다. 따라서 개념은 한 현상 또는 사실의 존재가 전제되며, 언어 내지 문자로 표시될 수 있고 수학적 기호로도 나타낼 수 있다.

지적이라는 용어의 정의는 일반적으로 각 나라와 학자에 따라 그리고 세지적, 법지적, 다목적(정보)지적 등 지적의 발전단계에 따라 그 개념이 달리 표현되었다. 최근에는 기술의 발전과 새로운 기술과의 결합으로, 특히 토지행정과 공간정보 등과 같은 시스템과의 결합 내지 통합으로 새로운 정의가 생겨나고 있다.

그러므로 지적이라는 용어가 지적 주변에 산재해 있는 일정 현상을 추상적으로 잘 표현되었으며, 일반인이 지적의 개념을 쉽게 파악할 수 있는가에 대하여 검토한다. 즉, 사전적 정의, 학자별 정의를 다양한 관점에서 검토하여 정리함으로써 보다 현대적 감각에 적합한 개념 및 정의를 찾아야 한다.

1) 사전적 정의

우리나라 국어사전에서 규정하고 있는 지적의 정의를 보면 ① 고전용어사전[44]은 “지적은 토지의 소유관계를 기록한 대장”이라고 정의하고 있다.

② 국어대사전은 “지적은 토지의 위치, 형질, 소유관계, 지목, 지번 등을 등록하여 기록하여 놓은 기록”이라고 정의하고 있다.

③ 우리말 큰 사전은 “지적은 토지에 관한 여러 가지 사항, 즉 토지의 위치·형질·소유권·면적·지목·경계 등을 등록하여 놓은 기록”이라고 정의하고 있다.

④ 부동산용어사전[45]은 “지적은 국토의 전반에 걸쳐 일정한 사항을 국가 또는 국가의 위임을 받은 기관이 등록하여 이를 국가 또는 국가가 지정하는 기관에 비치하는 기록, 토지에 관한 호적”이라고 정의하고 있다.

따라서 우리나라 사전의 정의를 종합해 보면, 지적은 토지의 위치, 형질, 소유관계, 지목, 지번 등을 기록으로 단순히 지적공부의 등록사항의 내용을 나열한 것에 불과하다.

영어사전의 지적에 관한 정의를 보면 ① Websters New twentieth Century International Dictionary[46]는 “지적은 인두세의 등록으로 과세를 목적으로 하는 토지의 가치와 소유권의

44) 한국고전용어사전편찬위원회, 「고전용어사전」, 세종대왕기념사업회, 2001, pp.1134-1135.
45) 김태훈, 「부동산학사전」, 경영문화원, 1994, p.437.
46) Websters New twentieth Century International Dictionary, Cleveland, ohio, 1983.

공적 등록"으로 정의하였다.

② Webster Third New International Dictionary[47]는 "지적은 부동산의 이용에 따라 배분세로서 수량, 가치, 소유권에 관한 관공서의 등록"으로 정의하고 있다.

③ Random House Dictionary[48]는 "지적은 해당 지역의 부동산 소유권, 범위 및 가치에 대한 공적 등록부로서 과세 기준으로 사용"이라고 정의하고 있다.

④ Britannica World Language Dictionary[49]는 "지적은 과세의 기초가 되는 국가 토지의 소유권, 가치 등의 조사나 도면에 관한 등록"이라고 정의하고 있다.

⑤ Comprehensive Etymological Dictionary[50]는 "지적은 토지조사의 등록"이라고 정의하고 있다.

⑥ The Shorter Oxford English Dictionary[51]는 "지적은 ㉠ 과세의 기초에 필요한 부동산등록이다. ㉡ 한 나라의 부동산에 관한 수량, 가치 그리고 소유권의 공공등록"이라고 정의하고 있다.

영어사전의 정의를 종합해보면, 지적은 토지세 부과에 필요한 토지와 소유권의 공적 등록이라고 할 수 있다. 그러므로 과세적 관점에서 지적을 정의하고 있다.

2) 국내 학자의 정의

국내 학자는 다음과 같이 지적을 정의하고 있다.

원영희[52]는 "국토의 전반에 걸쳐 일정한 사항을 국가 또는 국가의 위임을 받은 기관이 등록하여 이를 국가 또는 국가가 지정하는 기관에 비치하는 기록"이라고 하였다.

최용규 외 2인[53]은 "토지의 표면이나 공중 또는 지하를 막론한 모든 부동산을 지적행정과 측량에 의하여 체계적으로 등록하고 운용하는 국가의 관리행위"라 하였다.

강태석[54]은 "지표면에서나 공간 또는 지하를 막론하고 재정적 가치가 있는 모든 부동산 물건을 계속 유지·관리하기 위한 국가의 토지행정이라 하였다. 즉, 토지의 일정한 단위에 대하여 필요한 사항, 즉 토지의 소재·지번·지목·면적·소유자의 주소·성명 등을 권력적 입장

47) Webster Third New International Dictionary, Massachusetts, Merricm Webster Inc., 1981.
48) Random House Dictionary, New York : Random House Inc., 1987.
49) Britannica World Language Dictionary, New York, Funk & Wagnalls Company, 1955.
50) Comprehensive Etymological Dictionary, New York, Elsevier Publishing Company, 1966.
51) The Shorter Oxford English Dictionary, London, Oxford University Press, 1966.
52) 원영희, 「지적학원론」, 홍익문화사, 1979, p.25.
53) 박순표·최용규·강태석, 전게서, p.6.
54) 강태석, 「지적측량학」, 형설출판사, 2000, p.2.

에서 행정적 또는 사법적으로 조사하여 대장 및 도면에 등록하는 행위"라 하였다.

이범관[55)]은 "국가가 토지에 대한 물리적 현황과 소유권을 비롯한 권리관계를 공시할 목적으로 필지 단위로 행한 기록이라 하였으며, 토지란 국토로서 영토와 영해, 영공을 포함한 개념이며, 물리적 현황을 토지에 대한 지상, 지표, 지하의 자연적 현황과 인위적 현황을 포함"한다고 하였다.

지종덕[56)]은 "토지의 표면이나 공중 또는 지하를 막론하고 모든 부동산을 지적행정과 측량에 의하여 체계적으로 등록하고 운영하는 국가의 관리행위"라 하였다.

신동윤[57)]은 "토지표면이나 지하 및 공중을 포함한 모든 토지현상을 공적으로 조사하여 체계적으로 등록한 데이터를 계속 유지·관리하여 공시 및 모든 토지활동의 계획 관리에 이용할 목적을 가진 일련의 토지행정 행위"라 하였다.

최용규[58)]는 "자기 영토의 토지 현상을 공적으로 조사하여 체계적으로 등록한 데이터로 모든 토지활동의 계획 관리에 이용되는 토지정보원"이라 하였다.

김영학[59)]은 "국가가 자기 영토의 토지 현상을 공적으로 조사하여 일정한 장부에 등록한 토지정보원"이라 하였다.

이왕무[60)]는 "지적은 국내의 모든 토지관련 자료를 공신력 있는 국가가 체계적으로 등록하여 이를 토지활동의 계획·관리·운용에 이용하는 토지정보원"이라 하였다.

류병찬[61)]은 "토지에 대한 물리적 현황(physical condition)과 법적 권리관계(rights), 제한사항(restrictions) 및 의무사항(responsibilities) 등을 등록·공시하는 필지 중심의 토지 정보체계라고 정의할 수 있으며, 이 경우 지적은 등기를 포함하고 토지는 그 정착물을 포함하는 개념"으로 정의하였다.

최한영[62)]은 "국토의 지표·지하 및 공간을 막론하고 토지를 필지 단위로 토지의 소유권리, 토지의 과세자료 및 재산적 가치에 필요한 다양한 자료를 조사하여 등록하고, 유지·관리하며, 사용자에게 실시간으로 제공하는 토지의 종합정보체계"라 하였다.

이상을 토대로 우리나라 학자들의 정의는 두 가지 측면에서 접근하고 있다. 첫째, 지적은

55) 이범관, 전게논문, p.13.
56) 지종덕, 「지적의 이해」, 기문당, 2001, p13.
57) 신동윤, "3차원 지적정보관리체계의 도입방안 및 기대효과 연구", 박사학위논문, 단국대학교 대학원, 2003, p.21.
58) 최용규, "지적이론의 발생설과 개념정립", 「서울시립대학교 도시행정연구」, 제5집, 1990, p.167.
59) 김영학, 「지적행정론」, 성림출판사, 2001, p.7.
60) 이왕무, "지적민원행정의 운영실태와 개선방안에 관한 연구", 박사학위논문, 전주대학교 대학원, 1999, p.9.
61) 류병찬, 「최신지적학」, 건웅출판사, 2005, p.16.
62) 최한영, 「지적원론」, 구미서관, 2013, p.3.

지적행정 또는 토지행정에 필요한 정보를 등록하여 관리한다는 입장으로서 세지적과 법지적 측면이 강하며, 현행 지적행정이 수행하고 있는 업무를 지칭하고 있다. 둘째, 지적을 토지정보원으로서 역할을 강조하여 다목적지적 측면에서 접근하고 있으며, 더 나아가 토지정보원 또는 토지정보체계라는 것으로 다목적(정보)지적을 정의하고 있다.

3) 외국 학자 및 기관 정의

외국 학자 및 기관의 정의를 연도별로 정리해보면, 다음과 같다.

Bernard O. Binns[63]는 지적은 토지의 범위, 가치 및 소유권(또는 기타 점유 기준)을 나타내는 기록을 위한 기술적 용어이다. 그러므로 지적은 조세부과를 목적으로 한 토지면적, 토지가치 그리고 토지소유자에 관한 기록이다.

John D. McLaughlin[64]은 지적은 토지 이익의 본질과 범위를 모두 포함하는 토지에 대한 이익의 기록으로 정의된다.

S. R. Simpson[65]은 조세부과의 기초로써 사용하기 위하여 수집된 국가의 부동산 수량, 가치 및 부동산 소유자의 공적 등록부이다.

P. F. Dale[66]은 지적은 면적, 가격, 소유권의 명세(明細)를 포함한 필지에 대한 정보를 내포하고 있는 일반적·체계적·최신의 등록부이다.

John G. McEntyre[67]은 지적은 정부에 의해 관리되는 지역 내의 부동산의 수량, 가치 및 소유권의 공적 등록부이다.

T. J. Blachut·A. Chzanowski·J. H. Saastamoinen[68]은 지적의 목적은 부동산의 위치, 크기, 형태 및 용도(지목)를 확인하고, 가치 및 소유권과 관계있는 데이터를 기록하는 것이다.

National Research Council[69]은 지적은 토지의 이익과 본질과 범위를 모두 포괄하는 토지에 대한 이익의 기록이다. 토지에 관한 이익(부동산권리)은 소유권이 있는 법적 권리로서 협의적으로 해석될 수 있거나 토지 취득 및 토지 관리에 관하여 사람들 사이에 독창적으로 인정된 관계를 포함하도록 더 광범위하게 해석될 수도 있다.

---

63) Bernard O. Binns, op. cit., p.14.
64) John D. McLaughlin, op. cit., p.1.
65) S. R. Simpson, op. cit., pp.3-4.
66) P. F. Dale, 「Cadastral Surveys with the Commonwealth」, London, Her Majesty's Stationery Office, 1976, p.1.
67) John G. McEntyre, op. cit., New York, John Wiely & sons, 1978, p.3.
68) T. J. Blachut·A. Chzanowski·J. H. Saastamoinen, 「Urban Surveying and Mapping」, New York, Springer-Verlag New York Inc., 1979, p. 235.
69) National Research Council, op. cit., p.5.

내장(內璋)[70]은 지적은 토지 위치, 경지, 종류, 면적, 권리상태 및 사용상황 등을 기재한 도책(圖冊)이라고 하였다.

Carl R. Bennett[71]은 부동산세 부과를 목적으로 하는 필지의 공적 등록부로서 지적이란 용어의 사용은 초기 기록된 역사에서 기원한다.

L. Oyebode[72]는 지적(토지등록을 포함)은 위치, 크기, 소유권 그리고 필지에 관한 다른 법적 이익을 나타내는 일정한 지역(국가, 지역, 주) 내에 모든 토지 필지의 기록(도면 포함)이다.

H. Felstehausen[73] "지적이란 토지구획에 포함된 장소, 기재사항, 소유권, 추정가치, 법적 상태, 그리고 환경입지 등의 공적인 기록이다."

Jűng Kaufmann·Daniel Steudler[74]은 지적은 경계에 대한 측량을 기반으로 하여 특정 국가 또는 지역에서 모든 법적 토지대상물에 관한 데이터를 체계적으로 정리한 공적 목록이다.

J. L. G. Henssen·I. P. Willamson[75]은 지적은 경계에 대한 측량을 기반으로 하여 특정 국가 또는 지역 내의 부동산에 관하여 체계적으로 정리된 자료의 공적 목록이다.

Gerhard Larsson[76]은 지적은 한 지역 내의 토지단위를 체계적으로 기술(記述)한 것이다. 이 기술은 모든 단위의 위치와 경계를 식별하는 도면과 기록에 의하여 완성된다.

Susan E. Nichols[77]은 토지등록과 밀접하게 관련된 용어는 그 이익의 본질과 범위를 모두 포함하는 토지에 대한 이익의 기록으로서 지적이다.

Ian P. Williamson[78]은 지적은 모든 주 또는 관할 지역에서 소유권, 평가, 위치, 면적, 토지 이용 및 통상적으로 그 위에 건물이나 구조물에 관한 정보를 포함하는 완전하고 최신의 공적 등록부 또는 필지의 목록이다.

---

70) 내장(內璋), 「토지행정학」, 대북, 중국지정연구소, 1981, p.73.
71) Carl R. Bennett, op. cit., p.33.
72) L. Oyebode, "Maintenance(Revision, Update) of a Cadastre", I.T.C, Enschede, 1897, p.7.
73) 대한지적공사, "미국 다목적지적 형성의 영향력 이해", 제18차 FIG 논문집, 1987, p.69.
74) Jűng Kaufmann·Daniel Steudler, "Cadastre 2014-The vision for a Future Cadastre System", FIG, 1988, p.13.
75) J. L. G Henssen·I. P. William, "Land Registration, Cadastre and Its Interaction a Word Perspective", Helsinki, 1990, p.5.
76) Gerhard Larsson, 「Land Registration and Cadastral Systems Tools for Land Information and Management」, New York, Longman Scientific & Technical, 1991, p.16.
77) Susan E. Nichols, "Land Registration in an Information Management Environment", Doctor of Philosophy, University of New Brunswick, 1992, p.9.
78) Ian P. Williamson, "Economic Development and Environment Management - The Role of Modern Cadastral and Land Information System in Developing Countries", FIG 1994, p.3.

UNECE(1996)는[79] 지적은 재산권의 기록 또는 토지세 부과 또는 토지이용 기록을 지원한다. 두 가지 부분을 구성하는 정보시스템인 지적은 토지의 특성을 기술하는 기록과 함께 모든 토지 필지의 크기와 위치를 나타내는 일련의 지도 또는 계획이다.

Winfried Hawerk[80]은 독일에서의 지적은 그래픽 및 문자 정보로 표기되는 국가의 모든 필지 및 건물에 대한 공적 기록부로서 정의된다.

Stig Enemark[81]는 지적은 토지에 있어서 경제적 이익을 관리하기 위한 기초적 기반을 제공할 뿐만 아니라 환경과 개발이익을 지원하는 것으로 받아들여지고 있다.

Japp A. Zevenbergen[82]은 지적은 특정 국가나 지역의 경계에 대한 조사를 기반으로 특정 국가 또는 지역 내의 속성과 관련된 자료를 체계적으로 정리한 공적 목록이다.

Maria A. Silva·Eric Stubkjaer[83]은 지적은 토지 필지의 체계적이고 공식적인 기술인 토지기록 지원의 특별한 형태로서 뚜렷한 의미를 지니고 있으며, 지적은 각 필지마다 고유한 식별자를 포함한다.

Daniel Steudler[84]는 지적은 한 지역 내의 토지 단위를 체계적으로 기술하는 것이다.

Maria A. Silva[85]는 권리기록을 강조하는 지적의 정의는 도화(지리적 및 기하학적)요소가 충분하지 않다면 적절하지 않다. 지적은 토지(권리, 제한)에 관한 이익의 기록을 포함하고 있는 필지를 기반으로 한 최신 정보체계이다.

UNECE(2005)는[86] 거의 모든 국가는 '지적'이라는 용어에 대해 약간 다르게 해석을 하고 있다. 지적은 토지정보시스템의 한 형태로 환경 및 사회 경제적 자료와 더불어 소유권, 가격, 토지필지 이용과 건물에 대한 최신 정보를 함께 제공한다는 것이 공통적인 이해가 있다. 그러나 토지정보시스템은 토지필지 중심일 필요는 없다는 것이다.

79) UNECE, 「Land Administration Guidelines with Special Reference to Countries in Transition」, New York and Geneva, 1996, p.11.
80) Winfried Hawerk, "Land Registration and Cadastral Systems in the Federal Republic of Germany-Development and Actual State-", Adelaide, FIG, 1999, p.145.
81) Stig Enemark, "Land Administration in Denmark", Adelaide, FIG, 1999, p.103.
82) Japp A. Zevenbergen, 「Systems of Land Registration Aspects and Effects」, Rotterdam, Optima Grafische Communicatie, Optima Graphic Communication, 2002, p.29.
83) Maria A. Silva·Eric Stubkjaer, "A Review of Methodologies Used in Research on Cadastral Development", Computers, Environment and Urban 26, 2002, p.410.
84) Daniel Steudler, "A Framework for the Evaluation of Land Administration Systems", Doctor of Philosophy, The University of Melbourne, 2004, p.13.
85) Maria A. Silva, "Modelling Cause of Cadastral Development-Case in Portugal and Spain During Last Two Decades-," 2005, Aalbong University Press, p.11.
86) UNECE, 「Land Administration in the UNECE Region Development Trends and Main Principles」, United Nations, New York, 2005, p.19.

이와 같은 외국 학자들의 지적에 대한 정의는 첫째, 한 국가 내의 부동산의 수량, 가치 및 소유자의 공적 기록부라는 주장으로 세지적 측면에서 접근하였고 둘째, 이익의 본질과 범위를 모두 포함하는 토지에 대한 이익의 기록이라는 주장으로서 법지적 측면에서 접근한 정의이다. 셋째, 토지정보원으로서의 역할과 필지 중심의 토지정보체계, 그리고 토지에 관한 정보시스템(지리정보시스템)이라는 것으로 다목적지적 측면에서 접근한 정의이다.

결국, 국내 학자와 외국 학자의 지적에 대한 정의를 종합할 때, 그 대부분은 세지적·법지적·다목적지적 등 지적의 발전단계에 따라 접근하고 있으며, 컴퓨터 등 전산화의 발달로 토지정보원 또는 토지정보시스템으로 규정하고 있다.

〈표 1-5〉 사전 · 학자 및 기관의 정의

구분	지적의 정의	사전, 대표학자, 기관	비고
사전	• 지적은 토지의 위치, 형질, 소유관계, 지목, 지번 등을 기록	국어사전 부동산용어사전	세지적
	• 지적은 토지세 부과에 필요한 토지와 소유권의 공적 등록	영어사전	세지적
학자	• 한 국가 내의 부동산의 수량, 가치 및 소유자의 공적기록부	원영희 · 강태석 · Bernard O. Binns I. P. Williamson · S. R. Simpson Henssen · Bennett	세지적
학자 및 기관	• 국토의 전반에 걸쳐 일정한 사항, 즉 토지에 대한 물리적 현황과 소유권을 비롯한 권리관계를 공시할 목적으로 필지 단위로 행한 기록 • 이익의 본질과 범위를 모두 포함하는 토지에 대한 이익의 기록	지종덕 · 이범관 · 신동윤 J. D. Mclaughlin Susan. E. Nichols National Research Council	법지적
학자 및 기관	• 토지정보, 토지정보원, 토지정보시스템	최용규 · 김영학 · 이왕무 · 류병찬 최한영 · P. F. Dale Maria A. Silva Stig Enemark · UNECE	다목적 지적

4) 지적의 정의 재개념화

개념이나 정의는 다음과 같은 조건을 가져야 한다.[87)]

첫째, 일정한 한정성(determinancy)을 가져야 한다. 이는 개념의 명확성(clarity)이라고 하며, 어느 개념이라도 사실 또는 현상을 명확하고 한정적으로 그 특징을 나타내어야 한다.

87) 김해동, 전게서, pp.48-50.

둘째, 동일성을 가져야 한다. 하나의 사실이나 현상을 놓고서 사용자마다 각기 다른 개념으로 나타낸다면 의사전달에 많은 불편이 생기기 때문이다.

셋째, 일정한 범위를 가져야 한다. 이것은 추상화 정도의 문제로서 한 개념이 나타내는 범위가 넓을수록 실제의 사실이나 현상에서 멀어져 이들에 대한 측정이 곤란해지기 때문이다.

넷째, 체계적 의미를 가져야 한다. 체계적 의미란 개념이 그것이 부분으로 대표되는 명제 및 이론에 있어서 구체화되어 있는 정도를 의미한다.

또한, 개념이나 정의의 역할은 첫째, 개념은 감각에 의하여 감지될 수 있는 것은 물론 직접 감지할 수 없는 추상적인 어떤 현상에 대해서도 이해할 수 있는 방법을 제시해 준다. 둘째, 개념은 언어나 기호로 표시될 수 있으므로 지식의 축적이나 확장을 가능하게 해준다. 셋째, 조사연구에 포함된 주요 개념들은 그 연구의 출발점과 앞으로의 연구방향을 제시해 준다. 넷째, 개념은 조작화(操作化)를 통해 연구과제에 대한 범위와 주요변수를 제시해 줌으로써 연구대상을 측정 가능하게 해준다. 다섯째, 개념은 연역[88]적 결과를 가져온다. 어떤 이론을 구성하고 있는 여러 개념 간의 관계는 과거의 사실에 대한 체계적인 이해를 가능하게 할 뿐만 아니라, 미래의 사실에 대한 예측도 가능하게 해준다.

일반적으로 받아들여지고 있는 개념이나 정의에 대한 이해를 제고시키고자 조건과 역할에 대하여 검토하였다. 그러므로 지적의 정의가 어떠한 조건과 역할을 하고 있는가?에 대하여 검토가 필요하다고 할 수 있다.

지적은 세지적에서 발생하여 법지적으로 발전하였으며, 오늘날에는 다목적지적으로 발전하였으나, 각 국가마다 지적에 관한 사전적 정의가 다르고, 국내 학자 간의 정의 또는 국외 학자간의 정의가 서로 다른 이유에 대하여 다음과 같이 설명하고 있다.

지적이라는 용어는 "우리나라에서 영어인 cadastre라는 용어로 표기되어 왔으며, 단어의 의미를 파악하면 과세나 측량으로 일반적으로 강한 의미를 내포하고 있다. 특정 분야의 고착된 용어를 지적의 표기어로 사용해서는 안 되며, 현대감각에 맞는 적합한 용어를 찾아야 한다고"[89]하였다. 지적의 정의는 발표 시기 및 국가 그리고 학자의 성향에 따라 매우 다양하게 나타나고 있어 공통된 하나의 개념으로 정립하기가 어려운 것은 각 국가마다 사회·정치·문화·경제 등이 서로 다르기 때문에 지적의 정의는 다양성을 가지고 있기 때문이다.[90]

외국에서 지적의 용어에 관하여 학자간의 정의가 다른 원인에 대하여 지적이라는 용어가

88) 연역적 방법은 보편적 원리에서 특수원리를 이끌어내는 것이고, 귀납적 방법은 보편적 원리에서 특수원리를 이끌어내는 것이다.
89) 박순표·최용규·강태석, 전게서, p.2.
90) 김영학, 전게서, pp.14-16.

여러 가지 문맥으로 사용된다는 것이다. ① 세액 배분시 사용되는 부동산의 수량, 가치 및 소유권에 대한 공식 등록부(Webster's International Dictionary 3rd Ed.), ② 주택 보유 지분과 안전 및 양도에 사용되는 부동산 필지의 경계의 공식 등록부(McLaughlin 1975), ③ 데이터에 대한 위치 참조를 필지에 제공하는 토지의 특성을 포함하는 데이터(Irish 1973), ④ 기본적 실체(본질)로서 필지와 관련 있는 중앙 집중적이고 광범위한 다목적 토지자료 또는 토지정보시스템을 기본 실체로서 사용(Panel on a Mulpurpose Cadastre 1980), ⑤ 다목적지적 데이터베이스의 위치 기준 또는 위치 기준 구성요소(Blachut 1973) 등으로 다섯 가지의 뚜렷한 개념을 가지고 있다. 로마 이전의 정착촌에 세금 할당에 대한 상세한 토지 기록을 유지한 것으로 알려져 있다. 시간이 흐르면서 토지세의 부과대상이 증가함에 따라 토지세 부과시스템도 발전하여 토지 생산성 측정을 컴퓨터로 평가하였다. 표면상으로 세지적은 필지의 경계를 기술하는 지도와 함께 모든 필지에 관한 토지 결정요인을 포함하는 등록부이다. 그러나 지적제도의 발전에 따라 세지적의 의미와 무관하게 지적에 관한 새로운 용어가 필요할 것이라 하였다.[91] 그리고 지적문헌에서는 지적·데이터베이스와 토지정보시스템을 동의어로서 간주하는 경향이 있다고 한다.[92]

지적은 토지에 대한 일련의 기록들을 포함하고 있다는 점에서 토지등록과 유사하다. 지적은 재산권의 기록 또는 토지세 부과 또는 토지이용의 기록을 지원한다. 지적은 토지소유자의 필지 또는 소유의 범위·토지세 면적 또는 소유권보다 토지용도로 정의되는 면적에 근거하거나, 지적은 부동산 권리 또는 토지세 또는 토지용도의 기록이다. 다목적지적에서 지적은 폭넓은 범위의 토지 관련정보를 제공하기 위해서 사용된다. 지적조사는 토지등록시스템을 지원하기 위해 사용될 수 있으며, 실제로 많은 국가에서 '지적측량'라는 용어는 소유권 기록을 목적으로 토지조사의 내용을 기술(記述)하는데 사용된다.

각 국가는 '지적'이라는 용어를 다른 방식으로 해석하며, 이는 시스템을 분석할 때 큰 혼란을 초래할 수 있다. 지적이 토지정보시스템의 한 형태라고 일반적으로 이해되고 있다. '토지정보시스템'이라는 용어는 환경 및 사회 경제적 데이터와 인프라 시스템 및 지적관련 자료를 포함한 광범위한 공간정보에 적용된다. 토지정보시스템은 세지적, 법지적 또는 다목적지적과 달리 반드시 필지를 기반으로 하는 것은 아니다. 토지정보시스템은 산림자원, 토양, 지질학의 목록일 수 있으며, 다양한 유형의 데이터를 포함할 수 있다. 반면에 지적은 필지의 소유권과 사용 가치에 더 구체적으로 초점을 맞추고 있다.[93]

---

91) Carl R. Bennett, op. cit., pp.32-34.
92) Ibid., p.43.

서구 유럽은 일반적으로 지적과 등기가 통합하여 토지등록이라는 제도를 운영하고 있으나, 각 국가마다 서로 다른 특징을 가진 토지등록시스템을 운영하고 있으므로 지적에 대한 정의가 다르며, 오늘날 지적과 토지정보시스템의 정의가 유사하다는 점에서 혼란을 가중시키고 있다.

다양한 의미가 있는 '지적'이라는 용어의 기원과 사용하는 목적에 따라 상이(相異)하고, 각 학자마다 정의하는 지적 개념은 지적의 다양한 역할과 관련이 있으므로 지적의 정의나 개념이 통일되지 않았다. 지적 및 기술의 발전과 더불어 토지정보시스템, 토지행정시스템, 공간정보시스템 등 다양한 시스템과의 교류 및 결합 또는 통합으로 인하여 서로 상이한 접근방법을 가지고 지적의 정의를 표현하기 때문에 각 학자의 판단에 의존할 수밖에 없는 것이다.

그러나 지적이라는 용어를 사전적 정의, 학자별 정의를 다양한 관점에서 정리함으로써 보다 현대적 감각에 맞는 용어를 찾아야 한다. 현대적 감각에 맞는 지적의 정의는 토지등록을 위한 정보뿐만 아니라, 동시대와 병행할 수 있는 3차원 정보를 구현함으로써 공간정보를 포함할 수 있도록 하여야 할 것이다.

이러한 관점에서 지적의 정의는 "지적은 한 국가의 모든 토지를 입체적(3차원)으로 조사하여 지적공부에 등록·관리하며, 지적공부의 등록사항을 필요로 하는 모든 사람에게 제공하는 토지정보원으로써 역할을 수행하는 토지등록시스템 또는 토지행정시스템의 중요한 핵심 축"이라고 정의할 수 있다.

4 지적의 원리

지적의 원리란, 지적활동에 따른 현상을 성립시키는 기본 법칙이 되어 있는 것을 말한다. 일반적으로 원리로서 적용하는 것으로는 공기능성, 민주성, 능률성, 정확성, 형평성, 효과성, 합법성, 중립성, 전문성, 합리성, 안정성, 합목적성 등이 있으며, 이중에서 지적의 원리로서 받아들여질 수 있는 것은 공기능성, 민주성, 능률성, 정확성 등이다.

1) 공기능성(Publicness)

행정은 그 자체를 위한 것이 아니라, 모든 국민·시민을 위하여 존재한다. 행정개념에서도 공익 실현이라는 공공 목적이 제1차적인 목표이다.[94] 공익이란 용어는 공익의 공개념

93) UNECE, op. cit., 1996, pp.11-12.

(公槪念)으로서 공익을 공동선(common god) 및 일반복지(general welfare)와 유사한 것이라 하였다.[95] 공익성이란 공적 이익을 의미하며, 다른 단어로 표현하면 사익이 아닌 공익을 위한 기능, 즉 공기능성이라는 것이다.

공기능성은 어떤 집단 속에서 대다수의 개인에게 공통되는 이해 또는 목적을 가지는 것으로서 공익성이라고 할 수 있다. 공익성은 불특정 다수인의 이익, 즉 어느 개인이나 집단의 대립적 특수이익을 초월한 사회전체에 공유된 가치(shared value)로서의 사회 일반의 공동이익이다.[96]

지적은 국토의 효율적 관리와 국민의 소유권 보호와 직결된다. 그러므로 공기능성의 원리에 부응하기 위한 지적제도는 지적법정주의(지적국정주의)와 지적공개주의를 토대에서 운영되고 있다.

2) 민주성(Democracy)

민주성은 1950년대에 들어와 강조된 행정이념으로서 국민의 의사가 존중되며, 국민에 대하여 책임을 지며, 국민을 위하여 행정이 수행되는 것을 의미한다. 이러한 행정의 민주성은 행정과정의 민주화, 행정공개원칙의 확립, 사회통제의 강화, 행정의 분권화, 행정구제제도의 확립, 행정윤리의 확립 등을 가능하게 한다. 민주성은 대내적 측면에서 행정기관 내부 및 계층제 상하관계의 민주성 확립이 필요하며, 이를 위해 민주적 리더십, 고충처리, 사기앙양 등이 필요하다.[97]

지적행정에 있어 주민의 의사와 요망의 소중함을 인식하고 지적행정 또는 지적정책과정에 주민들을 참여시키며, 주민 전체를 위하여 성실히 봉사하고 주민에 대한 행정책임이 보장되는 상태를 의미한다. 지적행정의 민주성은 대외적으로 국민과의 관계뿐만 아니라, 대내적으로 행정조직 내에서도 확립되어야 하며, 조직인본주의의 중요성이 강조된다.[98] 이러한 민주성의 원리를 확보하기 위한 절차 및 제도로서는 주민의 지적행정참여, 지적행정정보공개, 사회적 형평성, 지적 행정책임과 통제, 공공선택, 고객 중심의 행정 등이 있다. 즉, 민주성의 원리는 분권화(decentralization), 주민참여의 보장, 책임성(accountability), 공개성

94) 강형기 외, 「행정학」, 박영사, 1990, p.18.
95) Richard E. Flathman, 「The Public Interest, An Essay Concerning the Normative Discourse of Politics」, New York, John Wiely & Sons, Co., 1966, pp.1-3.
96) 박연호・이상국, 「현대행정관리론」, 박영사, 1999, pp.442-443.
97) 유병복 외 5인, 「신행정학」, 형설출판사, 2002, p.47.
98) 김영학·이왕무·이동현·김남식, 「지적학」, 화수목, 2015, p.43.

(publicity) 등이 수반되어야 한다는 것이다.

주민참여란, 의사결정과정에 주민이 개별적 또는 집단적으로 영향을 미치거나 관여하는 것으로 Verba는 '공식적인 결정권을 가지지 않는 사람이 결정권을 가지고 있는 사람의 행위에 영향을 미치는 의도적 행위'라 하였고, Alfred는 '의사결정과정에 미치는 영향의 정도(an effect on the decion-making)'라 하였다.[99] 이러한 관점에서 보면, 지적행정에서 실현되고 있는 주민참여의 사례가 많이 있다.

민주성의 확보방안은 공개행정, 행정과정의 민주화, 행정통제, 행정구제제도의 확립, 대표성의 확립, 행정윤리의 확립 등이 있다.[100]

우리나라의 경우, 지적에서 민주성을 확보하기 위한 대표적인 수단은 지적행정의 주민참여, 지적행정의 공개행정, 지적행정의 구제제도 등을 들 수 있다.

첫째, 지적행정의 주민참여로서 ① 토지이동의 신청이다.[101] 토지이동의 신청에는 신규등록 · 등록전환 · 분할 · 합병 · 지목변경 · 바다로 된 토지의 등록말소 신청 등이 있다. 특히, 합병할 때 토지소유자의 의견을 반영하여야 한다는 것이다. 토지소유자가 합병 전의 필지에 주거·사무실 등의 건축물이 있어서 그 건축물이 위치한 지번을 합병 후의 지번으로 신청하는 때에는 그 지번을 합병 후의 지번으로 부여하여야 한다.

② 지적공부 등록사항정정 신청이다.[102] 토지소유자는 지적공부의 등록사항에 잘못이 있음을 발견하면 지적소관청에 그 정정을 신청할 수 있다.

③ 축척변경에서 축척변경위원회 위원으로서의 주민참여이다. "축척변경위원회는 5인 이상 10인 이하의 위원으로 구성하되, 위원 2분의 1 이상을 토지소유자로 하여야 한다. 이 경우 그 축척변경시행지역의 토지소유자가 5인 이하인 때에는 토지소유자 전원을 위원으로 위촉하여야 한다."라고 규정[103]하여 주민참여를 보장하고 있다.

④ 지적재조사사업의 주민참여이다. 사업지구의 지정을 위해서는 사업지구 토지소유자 총수의 3분의 2 이상과 토지 면적 3분의 2 이상에 해당하는 토지소유자의 동의를 받아야 하며, 지적소관청은 사업지구 지정을 신청하고자 할 때에는 실시계획 수립내용을 주민에게 서면으로 통보한 후 주민설명회를 개최하고, 실시계획을 30일 이상 주민에게 공람하여야 한다. 또한, 사업지구에 있는 토지소유자와 이해관계인은 공람기간 내에 지적소관청에 의견을

99) 박연호·이상국, 전게서, p.478.
100) 박연호, 「신행정학론」, 박영사, 1991, pp.85-86.
101) 「공간정보의 구축 및 관리 등에 관한 법률」 제77조-82조, 동법 시행령, 제3항 4호 단서.
102) 「공간정보의 구축 및 관리 등에 관한 법률」 제84조 제1항.
103) 「공간정보의 구축 및 관리 등에 관한 법률 시행령」 제79조 제4항.

제출할 수 있으며, 지적소관청은 제출된 의견이 타당하다고 인정할 때에는 이를 반영하도록 규정[104]되어 있다. 그리고 토지소유자 협의회를 구성할 수 있도록 규정되어 있다.[105]

둘째, 지적행정의 공개행정으로써 ① 지적공부의 열람 및 등본신청[106], ② 지적재조사사업의 서류 열람[107] 등이 있다.

셋째, 지적행정의 구제제도로써 ① 지적측량업자의 손해배상제도[108], ② 지적측량적부심사제도[109], ③ 축척변경사업의 청산금 산정에 관한 이의 신청[110], ④ 지적재조사사업의 조정금에 관한 이의신청[111] 등이 있다.

이외에도 지적재조사사업사업의 기획도 일련의 의사결정과정으로서 토지소유자는 물론, 이와 관련된 국민 모두가 이해관계인이다. 따라서 일련의 의사결정과정에서 투명성과 정당성을 확보하기 위하여 전문가와 국민의 참여가 이루어져야 할 것이다.[112]

행정참여의 특성은 ① 영향성으로 의사결정과정에 대하여 영향을 미치고 관여하는 것, ② 의사결정과정에 대한 명백하고 직접적인 접근하는 직접성, ③ 결정 주체로서 행정주체가 이미 존재하는 경우에 시민이 주체성을 가지고 관여하는 주체성, ④ 소극적 · 타율적으로 추종하거나 포섭되는 것이 아니라 자율적 · 적극적으로 관여하는 자율성 등이 있다.[113]

그러므로 모든 측면에서 행정참여의 특성을 고려하여 지적활동에 대한 국민의 참여가 활발하게 진행된다면 민주성은 제고(提高)될 것이며, 지적에 대한 국민의 신뢰성과 정당성을 확보할 수 있는 여건이 조성될 것이다.

3) 능률성(Efficiency)

능률성의 개념은 학자마다 다양하다. 능률성은 투입과 산출의 비율, 즉 투입된 노동력, 자본, 에너지, 원자재 등과 그에 대하여 얻어진 재화와 용역 등과의 합리적 비율을 의미한다. 따라서 능률성은 최소의 투입으로 최대의 산출을 확보하는 것이다.[114] 능률의 기준은

---

104) 「지적재조사에 관한 특별법」 제7조.
105) 「지적재조사에 관한 특별법」 제13조.
106) 「공간정보의 구축 및 관리 등에 관한 법률」 제75조.
107) 「지적재조사에 관한 특별법」 제38조.
108) 「공간정보의 구축 및 관리 등에 관한 법률」 제51조 및 제52조.
109) 「공간정보의 구축 및 관리 등에 관한 법률」 제29조.
110) 「공간정보의 구축 및 관리 등에 관한 법률 시행령」 제77조.
111) 「지적재조사에 관한 특별법」 제21조의2.
112) 이동현, "지적재조사사업의 성공요인 분석", 박사학위논문, 청주대학교 대학원, 2000, p.17.
113) 박연호·이상국, 전게서, p.479.
114) 박호, 「행정학신론」, 박영사, 1991, p.83.

주어진 자원을 사용해서 최대의 결과를 산출하도록 선택할 것을 요구한다. 능률의 평가기준은 다음과 같이 요약할 수 있다.[115] ① 성과를 달성하는 능력의 측정, ② 달성된 결과의 측정, ③ 의사 결정할 때의 표준으로 사용할 수 있다. 즉, 일정한 산출을 위하여 제공된 노력·시간·비용 등의 투입에 대한 일정한 투입에 의하여 얻어진 성과·소득·편익 등의 산출비율을 말한다.

한편, 능률성을 기계적 능률과 사회적 능률로 구분하기도 한다. 기계적 능률이란, 투입과 산출의 비, 노력과 성과의 비, 지출과 소득의 비, 원가와 결과의 비로 설명하였다. 이와 같은 수량적인 대차대조표적 능률관은 행정이 가치중립적·기술적인 수단관념으로 이해되어 목표 가치에 비중을 두지 않았다. 반면, 사회적 능률은 사회목표의 실현, 다원적 이익의 통합·조정, 인간 가치의 구현 등 행정의 능률관은 사회적 차원에서 인식되어야 한다는 것으로 결국 사회적 능률은 능률의 민주성을 달성한다는 것을 의미한다.[116] 기계적 능률과 사회적 능률은 대조적이기는 하지만, 기계적 능률을 달성하지 못한다면 사회적 능률을 달성하기 어려움으로 상호의존성을 가지고 있다고 할 수 있다.

그러나 사회가 현대화되면서 적은 징세를 요구하면서도 많은 서비스를 요구하므로 능률성은 최소의 투입으로 최대의 산출을 확보[117]하는 것으로 정의되고 있다. 이러한 사회적 욕구를 해결하기 위해서 지적의 능률성을 어떻게 확보할 것인가에 초점을 맞추어야 한다.

지적행정의 능률성은 실무활동과 이론개발 및 그 전달과정의 능률성으로 나누어 생각할 수 있다. 전자는 토지현상을 조사하여 지적공부를 만드는데 따르는 능률성이고, 후자는 주어진 여건과 실행과정의 개선을 의미한다. 지적활동을 능률화한다는 것은 지적문제의 해소를 뜻하며, 나아가서 지적활동의 과학화, 기술화 내지는 합리화, 현대화를 의미한다.[118]

우리나라도 경계점좌표등록부의 도입, 지적공부의 전산화, 공간정보의 도입, 지적재조사사업 등의 실시를 통하여 능률성을 극대화하고자 하는 노력을 하고 있다. 또한, 지적측량품셈 공정의 단순화 및 현실화[119]하여 능률성을 향상시켜야 하며, 지적과 등기가 이원화되어 최소의 투입으로 최대의 효과를 발휘할 수 없다는 점이 아주 아쉬운 부분이다.

지적행정이 국민을 위한 적극적인 행정을 펼쳐 나가려면 모든 측면에서 능률성을 제고할 수 있는 방안이 강구되어야 한다. 그러나 절대적(기계적)인 능률을 강조하면 상대적으로

115) 이영창 역, 「행정철학」, 대영문화사, 1989, p.15.
116) 박용치, 「현대행정학원론」, 경세원, 1998, p.132.
117) 박연호, 전게서, p.83.
118) 박순표·최용규·강태석, 전게서, p.48.
119) 대한지적공사 공간정보연구원, 「지적측량수수료 체계 개선을 위한 연구」, 2013, p.64.참조

지적의 생명이라고 할 수 있는 정확성이 결여될 수 있는 위험이 있으므로 상대적인 능률과 조화를 이룰 수 있는 능률에 초점을 맞추어야 할 것이다.

4) 정확성(Accuracy)

정확성은 현장(on ground)과 지적공부 등록사항에 대응하는 간단한 개념이다. 이 개념은 현재 자료 및 측량의 신뢰성을 제공하고, 기술자(記述者) 및 위치 정확성은 별도로 초점을 맞추는 것이다. 위치 정확도는 더 복잡하고 쟁점이 되며, 문헌(연구)에서 상당한 관심을 받고 있다.[120)]

토지정보를 등록·관리하는 지적은 사회과학적 방법과 자연과학적 방법이 함께 접근되어야 하는 어려움을 안고 있다.[121)] 정확성은 조사항목에 대한 정확한 정도를 나타내는 것으로 지적활동의 정확도는 크게 토지현황 조사, 기록과 도면, 관리와 운영의 정확한 정도를 말한다. 즉, 토지현황 조사의 정확성은 일필지 조사, 기록과 도면의 정확성은 측량의 정확도, 관리·운영의 정확성은 지적조직의 업무분화의 정확도에 관련된다. 특히, 토지현황 조사는 일필지 조사에 관계되며, 조사내용으로 토지현황과 이동 토지 관계, 토지소유권, 분할·합병, 지목, 경계, 지번, 신규 등록, 바다로 된 토지를 등록말소하기 위한 조사 등이 해당된다.

정확성은 측량비용과 측량시간을 결정하는 가장 큰 요인 중 하나로 이 기준은 지속적으로 유지될 필요가 있으며, 이러한 기준은 기술발달 수준에 따라 결정되었으며, 기술발달에 따른 측량규정의 정비라고 하였다.[122)]

정확성을 확보하는 방법으로는 공간정보의 구축 및 관리 등에 관한 법률은 ① 측량기준과 측량비용, ② 지적측량업자의 손해배상책임, ③ 측량업자의 벌칙 등을 규정하고 있다.[123)]

정확성을 확보하기 위하여 법 이외의 방법으로 첫째, 측량장비를 현대화하는 것으로 지적측량장비인 토탈스테이션, GNSS(Global Navigation Satellite System) 등을 현대화하여 보다 과학적인 접근을 통하여 정확성을 확보할 수 있을 것이다. 둘째, 최신기술을 도입하여 현장에 적용하는 것이다. 지적측량은 '사법측량' 또는 '기속측량'이라고 하여 공간정보의

120) Carl, R. Bennett, op. cit., p.55.
121) 박순표·최용규·강태석, 전게서, p.50.
122) 대한지적공사 지적연구원, 「토지정보-영연방 및 아시아편」, 2005, p.34.
123) 「공간정보의 구축 및 관리 등에 관한 법률」 및 동법 시행령 중 측량기술자 및 한국국토정보공사 관련 조항 참조.

구축 및 관리 등에 관한 법률에 규정된 방법과 측량장비만을 사용하도록 규정하고 있으나, 현대사회에서는 측량장비의 발달로 측량방법이 많이 변화하고 있으므로 이와 병행하여 법률이 신속하게 개정되어야 할 것이다. 그러나 측량장비의 현대화 및 최신기술의 도입만으로 정확성이 확보되는 것이 아니라, 전문성과 기술성이 결합되어야 시너지 효과를 발휘할 것이다.

이상 지적의 원리를 공기능성·민주성·능률성·정확성의 원리로 구분하여 주요 내용 및 지적활동 중심으로 정리하면, 〈표 1-6〉과 같다.

〈표 1-6〉 지적의 원리 비교

원 리	핵심 내용	비 고
공기능성의 원리	지적은 효율적인 토지관리 및 토지소유권 보호를 위하여 수행하는 공익적 업무	지적국정주의 지적공개주의
민주성의 원리	지적은 적극적 주민참여를 통하여 책임행정을 구현	주민 참여 지적행정책임 지적행정구제
능률성의 원리	지적은 기계적 능률과 사회적 능률의 조화	지적의 과학화 지적의 현대화
정확성의 원리	지적은 토지정보원의 역할인 정확성	전문성과 기술성

5 현대지적의 성격

성격(character)이란, 어떤 사물이나 현상이 자체로 지니고 있는 성질을 말하는 것으로서, 현대지적의 성격은 역사성과 영구성, 반복적 민원성, 전문성과 기술성, 서비스성 윤리성, 토지정보원 등이 있다. 다만, 학자에 따라서는 지적의 특성 또는 특징이라는 표현을 하고 있다. 그러나 일반적으로 받아들이고 있는 성격을 검토하고자 한다.

1) 역사성과 영구성

우리나라에서는 상고시대부터 현재까지 지적의 역사를 가지고 있다. 고조선과 부여·옥저·동예에서도 지적을 통하여 토지제도를 가지고 있었을 것으로 추측할 수 있다.

삼국시대에서도 양전도장 또는 양전도적이라는 토지대장에 기록을 통하여 지적제도를 운영하였다는 명확한 역사적 사실이다. 고려시대의 토지제도는 전시과(田柴科) 제도로서

면적단위는 경무법과 결부제를 사용하다가 고려 말에 수등이척제(隨等異尺制)를 사용하였다. 토지소유자를 확실히 하기 위하여 양전사업을 실시하였으며, 토지국유제도 하에서 매매, 상속을 통하여 소유권이전 등에 관한 사료(史料)들이 존재하였다. 그러나 고려시대의 토지기록부가 전하지 않고 있다.[124] 한편, 지적 특별관기구로서 급전도감, 절급도감, 찰리변위도감 등을 두었다.[125] 이와 같이 지적제도를 운영하여 토지 관리를 철저히 하였다.

조선시대의 토지제도는 과전제(科田制)로서 지적관련 부서는 육조 중 호조로서 경국대전에 의하면 매 20년마다 양전을 실시하여 양안을 작성하였다. 대한제국시대에는 양전사업을 전담하는 양지아문과 양전사업과 지계발행을 목적으로 설립된 지계아문이 있었다. 현재 우리나라는 지적제도를 운영하여 국토관리 및 국민의 토지소유권 보호에 기여하고 있다.

역사에 의하면, 토지조사에 대한 가장 앞선 기록은 이집트에 있다. 바빌로니아인들은 기원전 2500년에 이집트가 그들이 생존을 위해 나일강에 의존했을 때 측량법을 사용했다. 나일강은 관개시설에 앞서 매년 육지가 범람하는 동안 농사를 짓는데 필요한 물을 제공했다. 하지만, 계곡에 물을 공급했던 것과 같은 홍수는 또한 들판 경계선의 표시를 파괴했다. 따라서 개별적으로 평야의 빈번한 재측정(재폐기 조사)이 요구되었으며, 이 재측정들은 대략 기원전 3000년 전으로 거슬러 올라간다. 토지 소유권의 규모, 위치 및 소유권을 제공하는 지적은 중복적으로 유지되었다. 세금 납부를 받은 창고와 관련된 지방 기록 보관소에 사본 하나가 보관되었으며, 다른 사본은 국고에 보관되었다. 이 기록은 서면 서술만 제공했다. 경계선 조사를 위한 판이나 도면의 증거는 없다. 토지 측정 자체를 묘사한 장면들이 무덤의 벽에 보존되어 있다. 지적기록에서 토지의 질적 차이는 기원전 2300년경으로 나타났다. 도면의 경계는 여전히 존재하는 새겨진 돌에 의해 정의되었다는 점에서 더 높은 수준의 조사가 행하여졌다.[126]

초기 이집트 국가에서 군주와 성직자의 수입은 대체로 토지에 대한 과세였다. 과세를 합리적으로 부과하기 위하서 토지는 측정되고 경계가 정하여 졌다. 수메르에서 발견된 기록을 보면 토지과세 기록과 마을 지도, 대단위 토지도, 면적계산과 경계분쟁의 법정판결이 있다.[127]

루이스 4세(Louis Ⅳ)는 1115년 처음으로 프랑스 토지를 측정하고 평가하도록 하였고, 18세기와 19세기 유럽대륙의 세지적의 발전은 현대지적으로서 받아들여진 배경이다. 세지적을 확립시키는 초창기 노력은 1720년과 1723년 밀라노 지적도 제작에서 시작되었다. 이

124) 이왕무·이동현·김남식·김영학, 전게서, p.45.
125) 서철수 외 1인, 「한국의 지적사」, 기문당, 2002, p.76.
126) John, G. McEntyre, op. cit., p.4.
127) National Research Council, op. cit., p.5.

프로그램은 이탈리아 밀라노(Milian)와 만투(Mantu)의 3개 주에 대해 축척 1:2000인 일련의 부동산 지도를 제공했다. 조셉 2세 황제(Emperor Joseph II)는 오스트리아-헝가리 왕정 내에 포함된 영토 전체에 대하여 지적측량을 명령했다.[128)]

18세기와 19세기에 토지세 부과 또는 세지적의 발전을 위한 노력의 대부분은 중농주의(重農主義) 운동으로 촉발되었고, 중농주의자들은 토지는 모든 부의 원천이고, 공동체를 유지하기 위한 수입은 토지세로부터 창출되어야 한다고 주장하였다. 이 개념은 받아들여지고, 국가 수입의 대부분은 토지세 부과에서 획득되었다. 이 시기에 토지의 안전한 양도를 위한 법지적으로 발전하였다.[129)] 사회가 발전하면서 토지정보원의 역할을 강조하는 다목적지적으로 발전하였으며, 과학기술과 정보통신의 발달로 인하여 토지정보시스템으로 발전하고 있다.

이와 같이 우리나라와 외국의 지적제도는 수천 년의 유구한 역사를 가지고 있으며, 토지가 자연물로서 영속성을 가지고 있는 한 지적은 영구적인 제도이다.

2) 반복적 민원성

지적은 행정의 관점에서 보면 토지등록·관리업무라고 표현할 수 있다. 토지등록업무는 다시 토지를 등록하기 위한 업무와 토지등록 후의 관리업무로 구분해서 생각할 수 있으며, 일반적으로 시·군·구의 지적업무는 민원성을 띈다고 볼 수 있다.[130)] 민원사무 또는 민원업무란 모든 국민이 법률이 정하는 바에 따라 국가기관에 문서로 청원할 권리라는 청원권의 구체적 표현으로 청원은 피해의 구제, 제도상의 모순 또는 비위·시정에 중점을 두는 반면 민원은 행정기관에 대한 희망을 표시하는 인가·허가·제증명 등 각종 출원사항, 즉 구체적 행정처분이 주류를 이루고 있다. 이러한 민원사무를 정리하면 ① 허가·인가·면허 및 승인 등의 각종 신청, ② 등록의 신청, ③ 증명 또는 확인의 신청, ④ 이의신청·진정·건의 또는 질의, ⑤ 기타 행정기관의 특정한 행위를 요구하는 의사표시 등이다.[131)]

우리나라 시·군·구의 지적업무는 대체로 지적공부의 열람과 등본, 토지이동의 신청접수 및 정리, 지적공부등록사항정정신청 및 정리 등 지적민원 업무이다. 지적민원 업무는 신규등록·바다로 된 토지의 등록말소·등록전환·지목변경·분할·합병·지목변경, 도시개발사업 등에 따른 토지이동이 발생하면 지적소관청은 토지이동 신청을 받고, 토지이동이 지적측량을

128) John D. McLaughlin, op. cit., p.3.
129) National Research Council, op. cit., pp.6-7.
130) 이왕무·장우진, 「지적행정론」, 동화기술, 2008, p.27.
131) 박순표·최용규·강태석, 전게서, p.52.

수반하는 경우 측량검사를 하며, 토지이동에 따른 지적공부를 정리하는 업무를 반복적으로 하는 반복성을 띠는 특징이 있다.

3) 전문성과 기술성

The Oxford English Dictionary는 전문직업이란, "어떤 분야의 학문이나 과학에 관한 전문지식을 가진 사람"으로 정의하며, The Random House Dictionary of The English Language는 "어떤 학문이나 과학에 대한 지식이 필요한 직업"이라 정의한다. 국어사전은 전문가는 "어떤 특정한 부문을 오로지 연구·담당하며, 특히 그 부분에 정통한 사람"이라 정의한다. 따라서 전문성이란, 어느 한 분야의 전문가적 성격을 가지고 있는 것이라 정의할 수 있으며, 지적에서 전문성이란 "지적측량·지적행정·지적전산에 따른 업무를 수행함에 전문적 지식을 가지고 있는 것"으로 정의할 수 있다.

지난 수십 년 동안 모든 북미 측량사회, 단체 및 협회의 저널에서 가장 공통적인 토의 주제 중 하나는 전문성이었으며, 토지 측량사가 진정한 전문가인지 아닌지는 오늘날에도 계속 논의되고 있다. 대부분의 저자는 측량사 자격법 및 자격증 취득만으로 전문가가 되는 것은 아니라는 점에 동의를 한다. Brown은 토지측량사가 전문성을 갖추려면 ① 지식 분야에서 우수한 교육, ② 대중에게 서비스, ③ 그의 행위로 인한 독립적인 판단 및 법적 책임, ④ 윤리 강령, ⑤ 무료서비스 제공, ⑥ 최고의 우수성을 얻을 수 있는 가능성 등 직업의 속성에 근접해야 한다고 주장하였다.[132)]

등록된 토지측량사는 지적측량에서 독점권을 행사하지만, 측량사 자격증이 없다면 토지등록을 위한 측량을 수행할 수 없다. 또한, 측량사 자격은 소유권을 조정하기 위해 항상 필요하다. 개인은 토지분쟁으로 재산을 잃을 수 있지만 분쟁의 해결책으로 훌륭한 기록시스템을 제공함으로써 치료보다 방지를 하는 것이다.[133)]

현대지적은 과거와 다르게 지적정보가 전산화되어 있고, 지적정보는 조사·등록·관리·운영 등 복잡한 요소로 구성되어 있으므로 이러한 과정은 다음과 같은 전문성과 기술성을 필요로 한다.

첫째, 토지의 물리적인 현황인 토지의 소재, 지번, 지목, 면적, 경계 및 좌표 등을 지적공부에 등록하기 위하여 토지조사 및 측량에 필수적이다.

둘째, 지적도·임야도·경계점좌표등록부를 만드는 과정이다.

132) Raymond A. Moore, op. cit., p.20.
133) P. F. Dale, op. cit., p.190.

셋째, 지적정보의 시스템을 구축하고 관리·운영함에 있어서 지적전산의 전문성이 필요하다.

지적에서 전문성과 기술성을 요구하고 있는 사례는 첫째, 지적직공무원 및 지적측량기술자는 지적기능사 이상의 자격증을 소지한 자만이 지적업무를 수행할 수 있다. 토지를 조사·측량하여 지적공부의 등록·관리·운영하기 위하여 전문성과 기술성을 가진 자만이 가능하기 때문이다. 둘째, 공간정보의 구축 및 관리 등에 관한 법률에서는 ① 측량기술자의 자격(지적, 측량 및 지형공간정보, 측량, 지도제작 또는 항공사진 분야의 기술자격 취득자), ② 측량업의 업종(지적측량업, 측지측량업, 그 밖에 항공촬영, 지도제작 등), ③ 지적측량업자의 업무범위를 구분함으로써 전문성과 기술성을 요구하고 있다.

교육훈련은 공무원의 일반적 소양과 능력을 개발하고 직무수행에 필요한 지식과 기술을 향상시키며, 가치관과 태도를 바람직한 방향으로 변화시키기 위한 활동을 말하는 것으로 전문성과 기술성을 확보하기 위한 방법은 ① 지적직공무원 및 지적측량업 종사자의 교육훈련이 필요하다. UNECE[134]는 지적제도 또는 토지행정시스템의 관리적 측면에서 직원교육, 관리교육 등이 중요하다고 하였다. 지적제도 또는 토지행정시스템의 성공 여부는 모든 수준에서 숙련된 직원의 유용성에 달려 있으므로 직원교육이 중요하며, 관리자의 자질이 이 제도의 성공과 실패에서 가장 중요한 요소라고 하였다.

② 지적전문 인력의 양성 및 확보이다. 현대사회는 복잡·다양화될 뿐만 아니라, 분화되기 때문에 지적에 종사하는 사람들 모두가 전문적인 기술을 가져야 한다. 즉, 연구는 순수기술에서 법률적·사회적·경제적 문제까지 토지 관리의 전반적인 측면을 포함해야 하며, 전산화된 다목적지적에 새로운 기술이 도입됨에 따라 대학교육을 개선하는 것이 중요하다. 또한, 지적데이터 관리 분야에서 연구와 개발이 절실히 필요하다고 하였다.[135]

특히, 지적의 정확성은 지적측량 기술자의 전문성 및 기술성과 밀접한 관계가 있기 때문에 그 중요성이 강조되고 있다. 따라서 지적의 정확성을 확보하기 위한 방안으로 지적측량 기술자의 전문적인 교육훈련과 전문 인력 양성의 필요성은 주지의 사실이다.

4) 서비스성

서비스는 물질적 재화를 생산하는 노동과정 밖에서 기능하는 노동을 광범위하게 포괄하는 개념이다. 또한, Kolter는 "한 당사자가 다른 당사자에게 제공할 수 있는 본질적으로 무형적이며, 소유할 수 없는 어떤 활동이나 유익", Stanton은 "욕구충족의 대상이 되며, 제품이나

---

134) UNECE, op. cit, 2005, pp.70-71.
135) Ibid., pp.71-72.

다른 서비스의 판매와 관계되어 있지 않은 활동으로 식별이 가능한 무형의 행위"라고 한다. 공공부문에 있어서의 서비스는 일명 공공재로서 공공기관을 통하여 공급되는 재화와 서비스를 의미하는 것으로, 이왕무는 "행정기관의 한정된 가용자원으로 국민생활에 도와주는 봉사의 개념"[136]으로 정의하고 있다. 따라서 지적행정의 서비스는 지적공부의 등록사항을 정확하게 등록하고, 국민들에게 필요한 정보를 제공하는 민원행정이라고 정의할 수 있다.

국민들에게 토지정보를 어떠한 방식으로 제공할 것인가? 하는 문제가 중요한 관건이다. 토지정보시스템은 새로운 요건과 새로운 유형의 사용자에 대응할 수 있어야 하며, 정보에 쉽게 접근하고 이해할 수 있어야 한다.[137]

우리나라 지적은 전산화되어 있으므로 지적정보를 필요로 하는 모든 기관 및 국민들에게 어떻게 전달할 것인가?에 대한 노력의 일환으로 무인발급시스템을 도입하여 지적정보를 제공하고 있다. 그리고 지적민원 현장처리 제도로 군((郡) 등 지방의 읍·면 장날 등을 선정하여 순회하면서 지적상담을 실시하고 있다.

현대 지적은 행정 논리와 밀접한 관계를 갖는다. 행정 논리를 정의하기는 어려우며 막연히 바르고 깨끗하고 책임감이 있는 행정이라 한다면 행정의 내용치고 행정의 논리와 직접·간접적으로 관계되지 않는 것이 없다. 행정 책임과 통제·능력주의·민주성·중립성 등은 행정의 논리와 직결되고 있다.[138] 그러므로 지적에서의 서비스성이란, 국민이 지적업무에 참여할 뿐만 아니라, 필요한 지적정보를 친절·신속·정확하게 전달하는 것이라 할 수 있을 것이다.

5) 윤리성

윤리란, 흔히 사람이 지켜야 할 도리를 의미하며, 사람들이 사회생활을 하는데 있어서 무엇을 어떻게 해야 하는가?에 대한 준거를 제공하는 것이다.[139] 행정의 윤리성은 깨끗한 공직사회를 확립하기 위한 기초이며, 관료제에 대한 국민적 신뢰와 행정권 행사의 정당성을 부여하는 원칙이다.

사회변화 추세를 고려하여 다음과 같은 근거로 세 가지 측면에서 윤리성이 강조되고 있다고 하였다.[140] 첫째, 세계화와 지방화 추세에 따라 앞으로 국가는 물론 지방도 국민·

---

136) 이왕무·장우진, 전게서, p.323.
137) Susan E. Nichols, op. cit., p.50.
138) 백완기, 「행정학」, 박영사, 1994, p.372.
139) 박용치, 전게서, p.105.
140) 정진헌 외 8인, 「시민행정과 정부」, 대영문화사, 2001, pp.63-64.

국가의 하위 체계로서가 아니라, 자율적 삶의 주체로서 외국의 지방, 외국의 국민과 국가 그리고 초국가적인 지역공동체와 주체적으로 거래하고 직접 교섭하는 등 국가 경쟁력의 배양의 중요한 주제들 가운데 하나가 되어 세계화를 주도해 나가야 한다. 둘째, 민주화가 될수록 지역 문제를 가지고 주민의 다양한 요구가 증가할 것이다. 이때 문제를 원만하게 해결하기 위해서 공무원의 전문적 지식과 함께 도덕적 권위에 입각한 공정한 태도가 필수적이라 할 수 있다. 셋째, 정보화 시대에 능동적으로 대처하기 위해서 새로운 행정윤리의 정립이 필요하다. 정보화 시대가 도래함에 따라 정부는 물론 비밀을 유지하지 어렵게 되었다. 컴퓨터와 통신의 발달로 과거에는 생각하지 못했던 방식으로 비밀이 누설되고 있다.

해외에 진출하여 사업을 하고자 하는 지적측량업자는 공정하고 투명한 경쟁규칙의 의무를 준수하는 것이 필요하다. 지적은 토지와 관련된 많은 민원(民願)이 발생하고 있으며, 토지가격의 상승으로 지속적인 토지관련 민원이 발생할 소지가 있으므로 전문적 지식과 도덕적 권위에 입각한 공정한 태도가 필요하다. 그리고 지적행정에서는 정보화 사회에 대비하여 공간정보의 구축 및 관리 등에 관한 법률에서 지적정보 전담관리 기구의 설치·지적공부 등의 열람·발급 및 지적전산자료 이용 등에서 윤리성을 확보할 수 있는 장치를 마련하였으며, 그 외에도 측량기술자의 성실의무와 벌칙으로 윤리성을 담보하고 있다.

지적행정의 윤리성은 법적 장치만으로 담보할 수 없으므로 지적공무원의 책임성·민주성·봉사성·성실성·정직성·친절성 등이 강조되는 이유이다.[141]

6) 토지정보원

토지정보란, "토지의 경계, 면적과 물리적인 형상, 토지에 관한 권리 그리고 토지이용·개발·가격 등에 관한 제 정보의 총칭"이며, "토지의 형태, 특성, 이용특성, 가격 등 물리적 특성에 관한 정보와 등기, 과세정보 등 법률적·행정적 정보"를 포괄하는 개념이다.[142] 토지정보는 크게 지리정보, 지적정보, 등기정보, 지가정보, 과세정보 등으로 분류할 수 있다.[143]

토지는 법률적 보존활동의 정보원이다. 소유권 기타 권리관계에 대한 진정성이나 안전성을 조사·분석하여야 하며, 분석된 판단에 의하여 유익한 권리는 계속 보전하고 불리한 권리는 제거하거나 최소한으로 하여야 한다. 불리한 권리의 제거나 최소화의 방법은 지적공부 등을 확인하여 지적도상 경계와 실지와의 차이가 있을 때에는 이를 정정하는 것이다.[144]

---

141) 김영학, 「지적행정론」, 성림출판사, 2006, p.23.
142) 류해웅, "토지정보관리의 체계화에 관한 연구", 국토개발연구원, 1991, p.28.
143) 이태교, 「토지정책론」, 법문사, 2001, pp.226-227.
144) 이창석, 「부동산관리론」, 기공사, 1993, p.122.

토지는 대부분 인간 활동의 토대를 형성하고 있으므로 체계적인 토지기록과 토지권리는 공공행정, 토지계획, 토지개발, 토지의 사적 거래를 위해서 매우 중요하다.[145)]

지적공부에 등록된 각종 토지정보는 국토통계, 도시행정, 건축행정, 농업행정, 산림행정, 국가공유재산관리 등의 수행에 필요한 기본 정보를 제공하는 기능을 수행하고 있다. 따라서 지적제도는 국민의 기본재산권인 토지에 대한 물리적 현황과 권리관계를 공시하고, 국토의 효율적인 관리와 각종 토지정책에 필요한 정보를 제공하는 정보원 역할을 한다.[146)]

지적정보는 시·군·구에서 관리하는 지적공부인 토지대장, 임야대장, 공유지연명부, 대지권등록부, 지적도, 임야도, 경계점좌표등록부, 지적전산파일 등 8종류가 있다. 토지등기부는 표제부, 갑구, 을구로 구성되어 있으며, 표제부는 토지의 물리적 현황인 토지의 소재, 지번, 지목, 면적 등 지적공부의 등록사항을 토대로 등록하고 있다. 이러한 지적정보는 여러 분야에서 필요로 하고 있다.

필지를 기반으로 하는 최근 토지정보체계는 토지와 관련된 이해관계(예를 들어 권리, 제한 및 책임사항에 관한 내용)에 관한 기록을 포함하고 있다. 이러한 체계는 토지 필지에 대한 기하학적 설명을 포함하고 있으며, 대개의 경우 토지관련 이해관계들의 속성, 해당 이해관계들의 소유권 또는 규제, 그리고 해당 필지의 가치에 관련된 기타 기록들과 연관 지어 작성된다. 이러한 토지정보체계는 재정적 목적(예를 들어, 가치평가 및 평등과세), 법적 필요(양도)에 의하여 구축될 수 있으며, 토지와 토지이용의 관리를 지원하거나(예를 들어, 계획 또는 다른 행정적 목적을 위해), 그리고 지속가능한 발전 및 환경 보호(이러한 사항들을 특히 강조하기 위하여)를 실현하기 위한 목적으로 구축될 수 있다.[147)]

토지정보는 토지공간의 효율적 이용·관리를 목적으로 각종 토지관련 자료를 종합적으로 수집하여 표준화, 축적, 관리함으로써 토지이용계획을 비롯한 부동산활동과 집행을 위한 의사결정의 기초자료를 신속·정확하게 제공하는데 의미를 둘 수 있다. 그러므로 토지정보는 토지현상을 조사하여 체계화, 집중관리, 분야별 공동이용을 할 수 있는 체계를 구축하는 것이다. 최근 컴퓨터 기술이 급격히 발전함에 따라 공간을 다루는 학문인 지리정보시스템에서 많이 사용하고 있다.[148)] 토지정보는 토지공간에 관한 데이터이므로 그 이용자는 정부·지방자치단체, 기업 및 개인으로서 그 범위가 광대하며, 토지정책 수립에 중요한 역할을 한다.

145) L. Oyebode, op. cit., p.7.
146) 류병찬, 전게서, p.31.
147) Ian Williamson·Stig Enemark·Jude Wallace·Abbas Rajabifard, 「Land Administration for Sustainable Development」, Redlands, ESRI Press Academic, 2010, pp.54-55.
148) 서울시, 「서울지적연혁지」, 1993, p.21.

토지에 관한 중요성은 더욱 증대되고 있으며, 토지활동의 수행에 필요한 정보를 제공하는 토대인 지적공부는 토지정보원으로서 가장 많이 활용되고 있다.

6 현대지적의 기능

기능(function)이란, 생물체의 조직·기관 등이나 기계의 각 부분이 가지고 있는 일정한 능력이나 작용을 말하는 것으로, 지적의 기능은 지적관련 조직이 지적활동을 수행하는데 요구되는 일정한 능력이나 작용으로 볼 수 있다. 지적의 기능은 크게 일반적 기능과 실제적 기능으로 구분할 수 있다.

1) 지적의 일반적 기능

(1) 사회적 기능

지적은 사회에서 중요한 역할을 한다. 정부와 국민 모두의 권리인 보존 재산의 침해를 방지하고, 부동산 소유권과 부동산 신용에 대한 지원에 대한 안정성을 제공한다. 사회적 기능이란, 일반적으로 사회성, 공공성, 공익성 등에 대해 일정한 사회적 책임을 말한다. 지적의 사회적 기능이란 지적정보를 활용하여 공공성 또는 공익성을 실현하는 것을 의미한다.

지적의 유용성은 정확한 지적정보와 이 정보가 사회의 다른 자료들과 어떻게 결합하여 반영되느냐에 달려 있다.[149] 지적은 국토의 모든 토지를 측량하여 지적공부에 등록하여 지적공부를 필요로 하는 국가·지방자치단체 및 모든 국민들에게 제공하게 되므로 지적공부상 필지별로 정확하게 등록되어야 한다.[150]

또한, 공정한 토지거래를 위하여 토지의 실지(實地)와 지적공부의 등록사항이 일치할 때 사회적 기능을 발휘할 수 있다. 즉, 토지의 실지와 지적공부가 불일치하여 지적공부등록사항 정정대상 토지로 지적공부에 등록된다면 토지소유권 행사에 막대한 지장을 초래할 뿐만 아니라, 토지거래의 불공정이 발생하고, 나아가서는 토지 거래의 불안전이라는 사회적 혼란이 초래하게 된다. 따라서 지적은 정확하게 토지를 등록하여 완전한 공시기능을 확립함으로써 토지문제를 해결하여 부동산시장을 활성화하는 데 사회적으로 중요한 기능을 한다. 그러므로

149) Gerhard Larsson, "Social and Administrative Functions of a Cadastre : Environmental Studies, Planning and Administration", The Canadian Surveyor, 1991, p.76.

150) 박순표·최용규·강태석, 전게서, p.58.

단적으로 표현한다면 지적제도의 특징인 안정성을 제공하고 있다.

(2) 법률적 기능

지적의 법률적 기능은 사법적 기능과 공법적 기능으로 구분할 수 있다. 사법적 기능은 사인간의 토지거래에 용이성을 갖게 하며, 경비의 절감이나 거래의 안전성을 갖게 한다. 공법적 기능은 공간정보의 구축 및 관리 등에 관한 법률을 근거로 하여 토지를 지적공부에 등록하게 되면 토지등록은 법적 효력을 갖게 되고, 공적 확인의 자료가 되는 것이다. 한편, 우리나라를 비롯한 대부분의 나라에서 지적은 적극적 등록주의(positive system)를 채택하여 모든 토지를 지적공부에 등록하도록 규정하고 있다. 토지에 등록되는 사항은 일정형식을 갖추어 수행되며, 국가의 적극적인 공권력에 의하여 결정되도록 함으로써 토지표시의 공신력과 국민재산권 보호 및 정확한 데이터로서의 기능을 갖게 하는 것이다.[151] 이는 토지등록사항을 믿고 거래한 선의의 제3자를 보호하며 공신력이 있는 정보로서 그 기능을 높이기 위한 것이라 할 수 있다.

(3) 행정적 기능

지적과 토지등록은 종합적이고, 공평하며 효율적인 토지세 부과시스템에 기여하는 것 외에 여러 가지 방법으로 행정에 기여한다. 토지단위(필지)의 고유한 식별은 인구 자료 등 다른 기록에 사용될 수 있고, 토지단위(필지)와 연결된 종합적인 정보가 당국과 시민들 간의 필요한 의사소통을 포함하여 모든 종류의 계획 및 관리에 가장 유용하게 사용될 수 있다. 토지계획, 개발 및 관리와 관련된 중앙 및 지방 정부는 지적제도로 인해 많은 혜택을 볼 수 있다는 것이다.[152] 지적정보는 토지관련 모든 관리 분야를 포함하며, 토지와 관련된 활동은 토지의 수량, 주택정책, 물리적 계획정책, 토지세 정책 등을 목표로 한다.

도시에서 가장 활발한 활동은 ① 도시개발(도시재생개발), ② 주택과 주거분포, ③ 주택, 건물과 주거 검사, ④ 세금, ⑤ 에너지 공급, ⑥ 통계와 조사 등이다. 행정적 측면의 지적정보는 도시 또는 정부의 다양한 부서에서 필요로 하고 있으며, 토지행정은 ① 토지행정시스템, ② 토지관리 패러다임, ③ 국민과 제도, ④ 권리, 등록과 책임, ⑤ 지적, ⑥ 동적인 토지행정시스템, ⑦ 과정, ⑧ 기술, ⑨ 공간데이터 기반, ⑩ 성공을 위한 척도 등의 10가지 원칙이 있다고 하였다.[153] 지적은 토지필지의 공간적 통합과 고유한 식별을 제공하는 토지

---

151) 상게서, p.59.
152) Gerhard Larsson, op. cit., p.67.
153) Ian Williamson·Stig Enemark·Jude Wallace·Abbas Rajabifard, op. cit., pp.34-35.

행정시스템의 핵심이다. 대부분의 지적제도는 토지등록부에 토지권리를 기록함으로써 토지보유의 안전을 보장한다. 지적 내 공간적 단위는 지적측량에 의해 최신화 된 지적도 및 임야도에 의해 일반적으로 제공된다. 고유한 필지식별자는 지적도와 토지등록 간의 고리를 제공하며, 특히 디지털 및 지오코딩화되는 경우 토지정보시스템과 토지정보로써 사용된다. 지적에는 관할구역의 모든 토지가 공적·사적, 공동 및 열린 공간이 포함되어야 이상적이다.

또한, 토지정책 자료의 공급역할을 효율적으로 수행하기 위하여 지방자치단체별로 토지정보시스템을 구축하여 운영하고 있다.

2) 지적의 실제적 기능

지적의 실제적 기능은 실제 지적활동에 일정한 역할을 수행하는 것으로 ① 토지등록의 법적 효력과 공시, ② 토지정책의 수단, ③ 지방행정의 자료, ④ 토지감정평가의 기초, ⑤ 토지유통의 매개체, ⑥ 토지관리 등이 있다. 다만, 지적의 기능에 대한 연구자의 관점에 따라 다소 차이가 있을 수 있으나, 표현의 차이 또는 선택된 단어의 미미한 차이에 불과하다고 볼 수 있다.

(1) 토지등록의 법적 효력과 공시

토지는 다른 재화와 지리적 위치의 고정성과 공간적 개념을 가지고 있어 특정 토지의 사실 상태와 권리관계를 공시하지 않으면 토지에 대한 소유권보호 및 거래활동에 안전을 기할 수 없게 된다. 따라서 토지의 물리적 현황을 등록·공시하기 위한 지적제도와 소유권을 등록하기 위한 등기제도가 창설되었다.[154] 그러므로 지적은 부동산등기의 기초자료를 제공하는 역할을 하고 있다.

즉, 공간정보의 구축 및 관리 등에 관한 법률에 따라 토지를 지적공부에 등록을 하게 되며, 지적공부에 등록된 내용을 토대로 등기부를 정리하게 된다. 이러한 과정을 통하여 토지등록은 법적 효력을 갖게 되고, 공적 확인의 자료가 되는 것이다. 우리나라는 적극적 등록주의를 채택하고 있어 모든 토지를 지적공부에 등록하도록 규정하고 있고, 공부에 등록되는 사항은 일정한 형식에 맞춰 국가의 적극적 공권력에 의하여 결정함으로써 토지표시사항의 공신력과 국민재산권 보호 및 정확한 정보 제공을 기하고 있다.

---

154) 류병찬, 전게서, p.23.

(2) 토지정책의 수단

토지정책의 목표를 달성하기 위한 정책수단으로 공법적 규제수단, 과세수단, 정부의 직접 개입 등 크게 세 가지로 나눌 수 있다. 공법적 규제수단으로는 여러 가지가 있으며, 지적정보를 필요로 하는 것은 국토이용관리 및 도시계획 등이다. 정부가 직접 개입하여 공공시설용지의 확보를 위해 도시개발사업 등을 하는 것이다.[155] 즉, 토지이용계획은 지역별로 지적사항을 기초로 하며, 도시개발사업 등은 현장 확인과 지적공부를 토대로 한다.

지적공부상의 통계나 기록은 실현가능 여부를 판별하게 하고, 행위의 기준이 되기도 한다. 또한, 지적 동향과 토지활동은 지적 민원의 발생빈도가 참작되고, 국토기본법에서도 국토조사의 수행을 규정하고 있다. 이때 기본적인 조사는 지적공부 및 통계를 일차적으로 활용하고 토지분류 및 자원조사에도 밀접한 관계가 있다.

(3) 지방행정의 자료

지방행정은 통치권력 또는 행정기능을 배분받은 지방자치단체가 일정한 지역을 토대로 하여 그 지역주민을 대상으로 공공복지의 목적을 구체적으로 실현하는 일체의 작용이라고 볼 수 있다.[156] 지방행정이 일정 지역, 즉 토지를 기반으로 하는 지역사회의 공공복지 목적을 실현하는 작용이라는 점과 이러한 목적달성을 위해서 다양한 행정수요에 부응하여 많은 재원이 필요하다는 점에서 지적공부의 등록발급 및 지적전산정보의 이용 수수료는 이러한 역할을 담당하고 있다.

(4) 토지감정평가의 기초

토지조사사업 당시의 지가조사는 시가지에서는 지목에 관계없이 시가에 의하여 지가를 평정하고, 시가지 이외에서는 지목이 대인 경우 임대가격을 기초로 붙이고, 전·답·지소 및 잡종지에 그 수익에 따라 지가를 정하여 토지대장에 등록하여 지세제도를 확립하였다.[157]

부동산가격공시에 관한 법률 제5조의 표준지공시지가의 공시사항은 ① 표준지의 지번, ② 표준지의 면적 및 형상, ③ 표준지 및 주변 토지의 이용 상황, ④ 그 밖에 대통령령으로 정하는 사항(표준지에 대한 지목·용도지역·도로 상황 등)이 포함되어 있으며, 제20조 비주거용 표준부동산가격의 조사·산정 및 공시와 제22조 비주거용 집합부동산가격의 조사·산정 및 공시에도 표준지가의 공시사항이 포함된다. 토지평가의 항목 중에서 지적공부의

155) 이래영, 「부동산학개론」, 삼영사, 2007, p.586.
156) 내무부지방행정연수원, 「토지와 지방행정」, 1981, p.41.
157) 류병찬, 전게서, pp.27-28.

등록사항인 지목, 면적, 형상, 경계, 좌표 등은 토지평가의 기초로서 역할을 수행한다.

(5) 부동산거래의 매개체

부동산거래는 수요와 공급의 시장원리에 의하여 나타나는 현상으로 매매, 교환, 임대차가 있으며, 이러한 현상은 지적공부의 열람과 실물 확인에 의하여 이루어진다. 부동산거래에 필요한 거래대상물의 조사·분석으로서의 확인 자료는 거래대상물의 물적 사항과 권리상태를 확인하기 위한 자료로 구분한다. 첫째, 물적 관련 사항을 확인하기 위하여 지적공부를 조사·분석하며, 대상은 위치 및 형상, 인접토지와의 경계, 지목 등이 있다.[158] 권리분석으로서 권리분석 자료의 판독으로서 대상 부동산의 소재지, 지번, 지목, 면적 등은 현황에 대한 분석을 실시하여야 한다.[159]

부동산거래의 기본적인 조사대상은 토지의 물리적 현황을 등록하고 있는 지적공부로서 부동산거래의 대상물은 조사·분석 및 권리분석을 위하여 필요한 경우 지적공개주의에 따라 누구라도 쉽게 대상토지의 정보를 제공받을 수 있다.

(6) 토지관리

1980년대에는 토지의 부족현상에 대한 우려가 다른 양상으로 전개되었다. 관심의 초점이 토지배분에 있어서의 사회적 평등뿐만 아니라, 환경오염 및 지속 가능한 성장 등 다양한 이슈로 발전했다. 이러한 이슈들은 경제적 패러다임을 새롭게 바라보도록 만들었다. 즉, 단기적인 시각이 아니라 보다 장기적인 관점의 접근이 이루어졌다. 토지관련 계획은 범위가 확장되어 커뮤니티의 이해관계를 보다 더 폭넓게 반영하게 되었으며, 토지이용이 주변 환경에 대하여 미치는 파급효과 등에 관한 포괄적인 정보를 필요로 할 만큼 그 깊이가 더해졌다. 보다 복합적인 정보에 대한 요구는 GIS와 위성 모니터링 기술의 발전에 따라 점차 해소될 수 있었다. LAS(land administration system)에서는 다목적 지적을 활용할 수 있게 되었다.[160]

현대 지적을 다목적지적이라 하는 것은 토지정보원 또는 토지정보시스템의 역할을 하기 때문이다. 토지관리(land management)는 지식에 기반으로 해야 하며, 지식은 정보에 달려 있으며, 데이터 수집방법과 결과가 전달되는 방식에 달려 있다.

토지관리를 지원하는데 지적의 중요성이 여전히 증가되어 왔다. 금세기 초 반세기 동안 지적시스템은 농경지 소작법의 규정을 관리하는 기초로서 기여했다. 후 반세기 동안에 지적에

158) 강해규 외 7인, 「부동산중개론」, 형설출판사, 2001, pp.382-390.
159) 이창석, 「부동산학개론」, 형설출판사, 2002, p.473.
160) Ian Williamson·Stig Enemark·Jude Wallace·Abbas Rajabifard, op. cit., p.52.

대한 인식은 많은 환경 활동을 관리하기 위한 중요한 요소가 되어 왔다. 더욱이 지적은 도시와 도시 외 지역의 개발과정의 운용, 건설계획과 실행, 그리고 시설행정을 포함하는 많은 활동을 지원하기 위한 기초정보를 제공한다.[161)]

토지관련 정보(지적정보)는 잠재적인 이익을 극대화하기 위해 효율적으로 관리해야 하는 중요하고 값비싼 자원이다. 지적정보관리(토지정보관리)는 ① 토지관련 정보에 대한 국가 및 일반 대중의 요구사항 결정, ② 정보가 의사결정과정에서 실제로 어떻게 사용되는지, 한 생산자 또는 사용자에서 다른 생산자 또는 사용자로 정보가 전달되는 방식, ③ 해당 흐름에 어떤 제약이 있는지 검토, ④ 우선순위를 결정, 필요한 재원을 할당, 행위에 대한 책임을 할당, 성과의 표준 및 모니터링 방법을 설정하기 위한 정책을 개발, ⑤ 기존 토지정보시스템 개선 또는 새로운 토지정보시스템 도입, ⑥ 새로운 도구 및 기법 평가 및 설계, ⑦ 개인정보 및 데이터 보안 문제를 존중하도록 보장하도록 하고 있다. FIG는 토지정보시스템을 법적·행정적·경제적 도구로써 정의하고 있으며, 계획과 개발의 조력자로써 정의하고 있다.[162)]

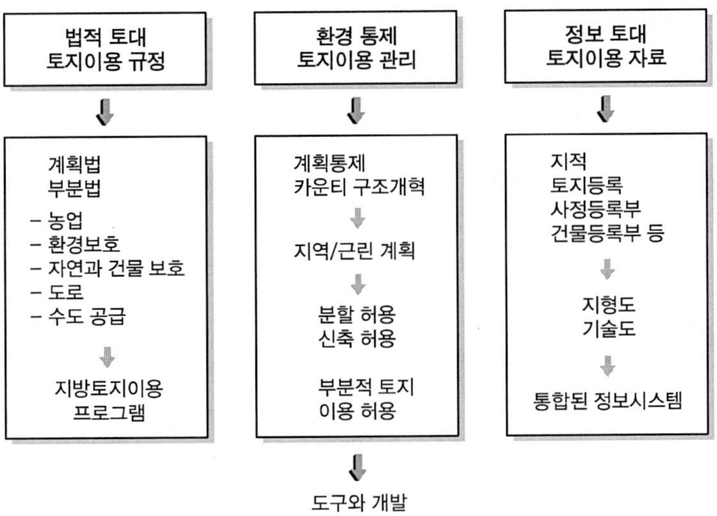

자료 : Stig Enemark, "Evaluation of the Cadastral Reform in Denmark", FIG, Melbourne, 1994, p.16.

[그림 1-1] 덴마크의 토지관리 접근방법

161) Stig Enemark, op. cit., p.28.
162) UNECE, op. cit., 2005, p.60.

다목적 지적은 계획을 위한 토지이용 가능성, 가치, 점유관계, 통계 등을 제공하고 있으며, 토지 관리를 위한 정보의 수집, 보관, 공급의 완벽한 토지정보시스템 구축 및 활용은 현대 지적이 추구하는 이상이라 할 수 있다.

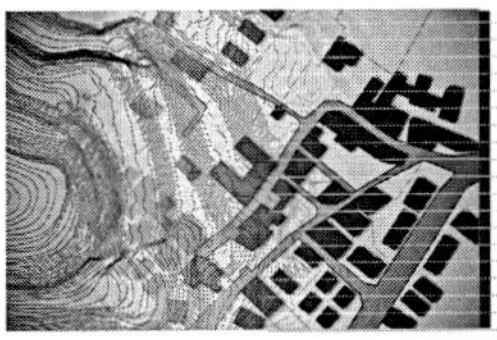

단 원 학 습 평 가

1. 우리나라 지적의 어원과 관련이 없는 것은?

① 삼국유사 ② 조선왕조실록 ③ 일성록 ④ 조선지세령

2. 지적의 발생설에 해당하지 않는 것은?

① 과세설 ② 치수설 ③ 역사설 ④ 지배설

3. 지적의 원리와 관련이 없는 것은?

① 공기능성 ② 민주성 ③ 정확성 ④ 영구성

4. 지적의 정의로 조세부과의 기초로 사용하기 위하여 수집된 국가의 부동산 수량, 가치 및 부동산 소유자의 공적 등록부라고 정의한 외국학자는?

① S. R. Simpson ② P. F. Dale ③ J. G. McEntyre ④ L. Oyebode

5. 현대 지적의 일반적 기능과 관련이 없는 것은?

① 사회적 기능 ② 법률적 기능 ③ 정치적 기능 ④ 행정적 기능

6. Bernard O. Binns는 지적이라는 단어는 인두세의 등록 또는 로마 토지세를 위해 만들어진 단위인 라틴어 (　　　) 에서 유래하였다고 하였다.

7. 우리나라 지적의 어원 중 지적 외의 넓은 토지를 개간한 자를 조사하여 세금을 부과하겠다는 의미로 작성된 문헌은?

8. 지적의 발생설에 대하여 설명하시오.

9. 국내학자들이 정의하는 지적의 정의에 대하여 설명하시오.

10. 현대 지적의 실제적 기능에 대하여 설명하시오.

정답 1. ④ 2. ③ 3. ④ 4. ① 5. ③ 6. Capitastrum 7. 일성록 8-10. 본문 참조

참고문헌

1. 강정대·황호영, 「현대 인적자원관리」, 박영사, 1998.
2. 강태석, 「지적측량학」, 형설출판사, 2000.
3. 강해규 외 7인, 「부동산중개론」, 형설출판사, 2001.
4. 강형기, 「행정학」, 박영사, 1990.
5. 고려사.
6. 고려사절요.
7. 곽정완, "해외진출을 위한 토지등록 모형개발에 관한 연구", 박사학위논문, 목포대학교 대학원, 2010.
8. 권영찬·이성복, 「기획론」, 법문사, 1999.
9. 김경렬, 「한국토지제도사」, 경영문화원, 1993.
10. 김광웅, 「행정과학서설」, 박영사, 1988.
11. 김영학, "도시정부의 토지정보시스템 평가에 관한 연구", 박사학위논문, 서울시립대학교 대학원, 2000.
12. _____, "지적의 어원에 관한 연구",「한국지적정보학회지」, 제12권 제2호, 2010.
13. _____, 「지적행정론」, 성림출판사, 2006.
14. 김영학·이왕무·이동현·김남식, 「지적학」, 화수목, 2015.
15. 김옥근, 「한국토지제도사연구」, 대왕사, 1980.
16. 김욱남, 「세계지적도의 역사Ⅰ」, 신성출판사, 2008.
17. 김추윤·류병찬, 「충청남도 지적사」, 충청남도, 2014.
18. 김태훈, 「부동산학사전」, 경영문화원, 1994.
19. 김해동, 「조사방법론」, 법문사, 1993.
20. 내무부지방행정연수원, 「토지와 지방행정」, 1981.
21. 내장(內璋), 「토지행정학」, 대북, 중국지정연구소, 1981.
22. 대한지적공사(역), 「다목적지적의 위치」, 제17차 FIG, 1984.
23. ______________, 「독일의 토지등록 및 지적제도」, 제20차 FIG 논문집, 1999.
24. ______________, 「미국 다목적지적 형성의 영향력 이해」, 제18차 FIG 논문집, 1997.
25. 대한지적공사 공간정보연구원, 「지적측량수수료 체계 개선을 위한 연구」, 2013.
26. 류병찬, "지적이란 용어의 사용연혁에 관한 연구", 「지적」, 제39권 제1호, 2009.
27. _____, "한국과 외국의 지적제도에 관한 연구", 박사학위논문, 단국대학교 대학원, 1999.
28. _____, 「지적학」, 부연사, 2017.
29. _____, 「최신지적학」, 건웅출판사, 2001.
30. 류해웅, "토지정보관리의 체계화에 관한 연구", 국토개발연구원, 1991.
31. 민석홍·나종일, 「서양문화사」, 서울대학교출판사, 1986.
32. 박연호, 「신행정학론」, 박영사, 1991.
33. 박연호·이상국, 「현대행정관리론」, 박영사, 1999.
34. 박용치, 「현대행정학원론」, 경세원, 1998.
35. 박순표·최용규·강태석, 「지적학개론」, 형설출판사, 1993.
36. 변용근, "우리나라 지적제도의 다목적화에 관한 연구", 석사학위논문, 서울시립대학교 대학원, 1987.
37. 비변사등록.

38. 삼국사기.
39. 삼국유사.
40. 서철수·지종덕, 「한국의 지적사」, 기문당, 2002.
41. 신동윤, "3차원 지적정보관리체계의 도입방안 및 기대효과 연구", 박사학위논문, 단국대학교 대학원, 2008.
42. 원영희, 「지적학개론」, 홍익문화사, 1979.
43. 유길준, 「내부청의서 2」.
44. 유병복 외 5인, 「신행정학」, 형설출판사, 2012.
45. 윤병찬 외 4인, "조선후기 지적의 연혁과 개념정립에 관한 연구", 「한국지적학회지」, 제28권, 제2호, 2012.
46. 이동현, "지적재조사사업의 성공요인 분석", 박사학위논문, 청주대학교 대학원, 2000.
47. 이범관, "한국의 지적제도에 관한 연구", 박사학위논문, 단국대학교 대학원, 1996.
48. 이영창 역, 「행정철학」, 대영문화사, 1991.
49. 이왕무, "지적민원행정의 운영실태와 개선방안에 관한 연구", 박사학위논문, 전주대학교 대학원, 1999.
50. 이왕무·장우진, 「지적행정론」, 동화기술, 2008.
51. 이왕무·정영수, 「부동산(지적)용어사전」, 법서출판사, 2003.
52. 이왕무·이동현·김남식·김영학, 「최신지적학」, 도서출판 동화기술, 2009.
53. 이재호 역, 「삼국유사」, 신광출판사, 1993.
54. 이창석, 「부동산학개론」, 형설출판사, 2002.
55. 이태교, 「토지정책론」, 법문사, 2001.
56. 이현준, "지적제도에 관한 공법적 검토", 박사학위논문, 단국대학교 대학원, 2006.
57. 일성록.
58. 정세욱, 「지방자치학」, 법문사, 2001.
59. 정진헌 외 8인, 「시민행정과 정부」, 대영문화사, 2001.
60. 조선왕조실록.
61. 조종식, 「한국토지소유권사론」, 학영사, 1993.
62. 지종덕, 「지적의 이해」, 기문당, 2001.
63. 채서일, 「사회과학조사방법론」, 대왕사, 1999.
64. 최봉문·김항집·서동조, 「도시정보와 GIS」, 학현사, 1992.
65. 최용규, "한국지적행정의 문제점과 개선에 관한 연구", 「사회과학논총」, 제2집, 청주대학교 사회과학연구소, 1984.
66. _____, "지적불부합",「사회과학논총」, 제3집, 청주대학교 사회과학연구소, 1985.
67. _____, "지적이론의 발생설과 개념정립", 「도시행정연구」, 제5집, 서울시립대학교, 1990.
68. 최용규·김영학, 「부동산정보론」, 청주대학교출판부, 1998.
69. 최한영, 「지적원론」, 구미서관, 2013.
70. 한국고대금석문, 「흑치상지 묘지문」.
71. 한국고전용어사전편찬위원회, 「고전용어사전」, 세종대왕기념사업회, 2001.
72. Bernard O. Binns, 「Cadastral Surveys and Records of Rights in Land」, F.A.O of the United Nations, Roman, 1953.
73. Britannica World Language Dictionary, New York, Funk & Wagnalls Company, 1955.
74. Carl R. Bennett, "The Feasibility of Assessment Information System as Nuclei for Development

of Multipurpose Cadastral Land Information System", Doctor of Philosophy, University of Washington, 1986.

75. Comprehensive Etymological Dictionary, New York, Elsevier Publishing Company, 1966.
76. Daniel Steudler, "A Framework for the Evaluation of Land Administration Systems", Doctor of Philosophy, The University of Melbourne, 2004.
77. Dawood Mohamed Ali, "Concept of System Modeling for Land-relared Information(cadastre)", Doctor of Philosophy, University of Wisconsin, 1987.
78. Gerhard Larsson, "Social and Administrative Functions of a Cadastre : Environmental Studies, Planning and Administration", The Canadian Surveyor, 1991.
79. Gerhard Larsson, 「Land Registration and Cadastral Systems Tools for Land Information and Management」, New York, Longman Scientific & Technical, 1991.
80. H. Felstehausen, "Cadastre and Rural Land Management" , FIG, Totonto, 1986.
81. Ian Williamson·Stig Enemark·Jude Wallace·Abbas Rajabifard, 「Land Adminstration for Sustainable Development」, Redlands, Califoria, ESRI Press Academic, 2010.
82. J. L. G. Henssen·I. P. William, "Land Registration, Cadastre and Its Interaction a Word Perspective", Helsinki, FIG XVIX Congress, 1990.
83. Japp A. Zevenbergen,「Systems of Land Registration-aspects and effects」, Rotterdam, Optima Grafische Communicatie, Optima Graphic Communication, 2002.
84. John D. Loomis, 「Integrated Public Lands Management」, New York, Columbia University Press, 1993.
85. John Douglas Mclaughlin, "The Nature, Function and Design Concepts of Multi-purpose Cadastres", Doctor of Philosophy, University of Wisconsin, 1975.
86. John G. McEntyre, 「Land Survey Systems」, New York, John Wiely & sons, 1978.
87. Jũng Kaufmann·Daniel Steudler, "Cadastre 2014-The vision for a Future Cadastre System", FIG, 1988.
88. L. Oyebode, "Maintenance(Revision, Update) of a Cadsatre", I.T,C, Enschede, 1897.
89. Maria Augusta Silva, "Modelling Cause of Cadastral Development-Case in Portugal and Spain during last two decades", 2005.
90. Maria Augusta Silva·Eric Stubkjaer, "A review of methodologies used in research on cadastral development", Computers, Environment and Urban 26, 2002.
91. National Research Council, 「Need for a Multipurpose Cadastre」, Washington D.C., National Academy Press, 1980.
92. Peter F. Dale·John D. McLaughlin, 「Land Information Management」, New York, Oxford University Press, 1988.
93. Peter. F. Dale, 「Cadastral Surveys with the Commonwealth」, London, Her Her Majesty's Stationery office, 1976.
94. Pett-conklin, Linda Marie, "Cadastral Surveying in Colonial South Carolina: A Historical Geography", Doctor of Philosophy, The Louisiana State University, 1986.
95. Random House Dictionary, New York, Random House Inc., 1987.

96. Raymond Andrew Moor, 「The Land Surveyor in a Distributed Information Environment」, Michigan, A Bell & Howell Company, 1988.
97. Richard E. Flathman, 「The Public Interest, An Essay Concerning the Normative Discourse of Politics」, New York, John Wiely & Sons, Co., 1966.
98. Rossiter, David G., "The Automated Land Evaluation System : A Microcomputer Program to Assist in the Evaluation", Doctor of Philosophy, Cornell University, 1988.
99. S. R. Simpson, 「Land Law and Register」, Cambridge University Press, 1976.
100. Susan E. Nichols, "Land Registration in an Information Management Environment", Doctor of Philosophy, University of New Brunswick, 1992.
101. T. J. Blachut·A. Chzanowski·J. H. Saastamoinen, 「Urban Surveying and Mapping」, New York : Springer-Verlag New York Inc., 1979.
102. The Shorter Oxford English Dictionary, London, Oxford University Press, 1966.
103. UNECE, 「Land Administration Guidelines with Special Reference to Countries in Transition」, New York and Geneva, 1996.
104. UNECE, 「Land Administration in the UNECE Region Development Trends and Main Principles」, United Nations, New York, 2005.
105. Webster Third New International Dictionary, Massachusetts, Merricm Webster Inc., 1981.
106. Websters New twentieth Century International Dictionary, Cleveland, ohio, 1983.

CHAPTER

02

지적의 학문적 접근 및 전망

1 지적의 제도적 개념과 학술적 개념

2 학문으로서의 지적학

3 지적학의 연구대상

4 지적학의 연구범위

5 지적학의 연구방법론

6 지적학의 발전 및 발전적 추세

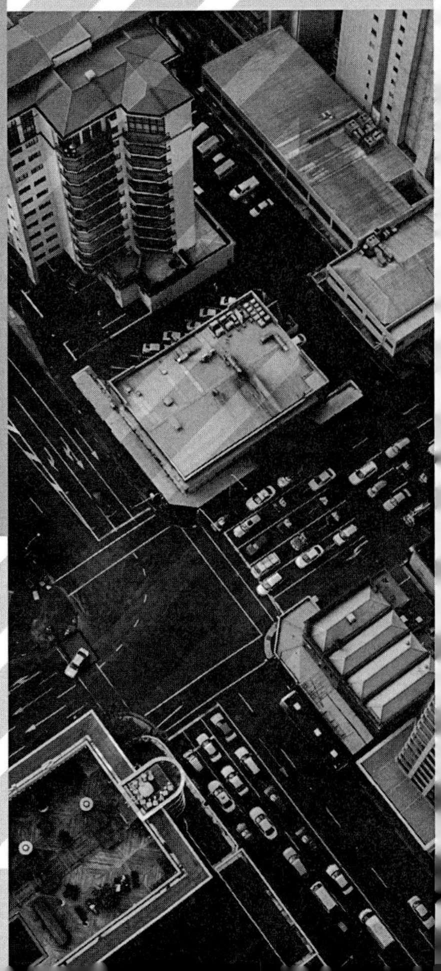

CHAPTER 02

지적의 학문적 접근 및 전망

1 지적의 제도적 개념과 학술적 개념

지적(地籍, cadastre)의 본질은 무엇이며, 지적이 다루어야 할 영역은 어디까지인가? 등의 문제에 대해서는 지금까지도 다양한 관점이 존재한다. 지적의 학문적 체계화가 미약했던 1990년대에는 국가마다 지적이라는 용어의 해석 차이로 인해 지적제도를 이해할 때 혼란을 초래[1)]하기도 하였다.

지적의 학문적 위상이 현 궤도에 이르는 과정 동안, 지적의 정의에 관해서는 국내·외 많은 연구를 통해 여러 차례 규명되었던 부분이다. 제1장에서 설명한 바와 같이, 지적에 관하여는 학자별로 다양한 정의가 제시되었지만, 그 대부분은 제도적인 측면에서 지적의 의미를 부여해온 것이 사실이다.

그러나 기존의 단편적인 정의를 탈피하여 보다 폭넓은 시각에서의 지적에 관한 해석이 필요하다. 기존까지 발표된 문헌을 토대로 볼 때, 협의의 개념에서 지적은 토지에 대한 물리적 현황에 대한 공적인 기록 또는 정보로 이해되고, 광의의 개념에서 지적은 일필지에 관련된 각종 현황으로서 일필지에 대한 종합 정보의 의미를 담고 있다. 결국, 지적을 제도적 측면에서 이해할 것인지 또는 학술적 측면에서 이해할 것인지의 여부에 따라 그 개념은 보다 더 극명한 차이를 보이게 된다.

1) 제도적 관점의 지적

제도적 측면에서의 지적은 국가별로 지적에 관한 법과 행정조직 등의 특성에 따라 다양하게 표현된다. 지적제도 창설 초기의 세지적에서는 대부분 일필지에 대한 물리적인 현황에

1) UN, Land Administration Guidelines, Economic Commission for Europe, New York and Geneva, 1996, p.5.

관한 기록만을 의미하였다. 그러나 법지적에서는 물리적 현황뿐만 아니라, 권리적 현황까지를 포함하고 있으며, 현대의 정보지적(또는 다목적 지적)에서는 가치적 현황과 토지이용규제 현황 등의 전반적 사항을 망라하는 개념으로 보고 있다. 따라서 최근의 관점에서 본다면, 지적은 토지에 관한 종합 정보를 조사·공시하는 광의의 개념으로 확장되었다고 할 수 있다.

우리나라에서 제도적 관점에서의 지적은 1979년 원영희의 내용이 효시가 되고 있다. 당시 원영희는 지적제도의 주체인 국가, 객체인 국토, 기록의 대상으로서 공적인 토지장부를 지적제도의 성립요소로 보고 그에 기초하여 지적의 개념을 정립하였다. 이후 이범관을 비롯한 다수의 학자들이 원영희의 기존 정의를 토대로 지적의 등록범위 및 등록방법 등의 변화를 반영한 내용으로 발전시켰으며, 2004년 우리나라 헌법재판소에서는 그 내용을 인용한 바 있다.

〈표 2-1〉 지적의 제도적 개념

저 자	내 용
원영희	국토 전반에 걸쳐 일정한 사항을 국가 또는 국가의 위임을 받은 기관이 등록하여 이를 국가 또는 국가가 지정하는 기관에 비치하는 기록
이범관	국가가 토지에 대한 물리적 · 권리적 · 가치적 · 토지이용규제적 현황을 공시할 목적으로 필지단위로 등록한 기록 또는 정보
헌법재판소	국가가 토지에 대한 물리적 · 인위적 · 권리적 현황을 공시할 목적으로 필지단위로 등록한 기록 내지 정보체계

2) 학술적 관점의 지적

1979년 원영희가 「지적학원론」에서 발표한 지적의 정의에 대하여, 1990년 최용규는 "현대지적이론의 체계화 구상(II)"에서 지적의 학문적 필요성을 주장하면서 지적의 학술적 개념 정립을 시도하였다.

당시 최용규는 토지에 대한 가시적인 조사·등록의 수준에 그치는 것이 아니라, "자기 영토의 토지현상에 관한 공적인 조사 및 등록"이라는 영역까지도 지적의 범주에 속하는 것으로 개념을 확장하였다. 이후 이범관은 지적을 "인간과 토지와의 관계에서 발생하는 지적활동(cadastral activity)의 결과인 각종 지적현상(cadastral phenomenon)에 대한 공적인 기록 또는 정보"라고 제시하면서 지적의 학술적 개념과 제도적 개념은 명확히 구별되어야 한다고 주장하였다.

〈표 2-2〉 지적의 학술적 개념

저 자	내 용
최용규 (1990)	자기 영토의 토지현상을 공적으로 조사하여 체계적으로 등록한 데이터로 모든 토지활동의 계획 관리에 이용되는 토지정보원
이범관 (2004)	인간과 토지와의 관계에서 발생하는 각종 지적현상에 대한 공적인 기록 또는 정보

기존의 제도적 산물로서 받아들여진 지적의 개념은 지적학의 연구대상과 연구내용의 범주를 지극히 한정시킬 수밖에 없다. 따라서 학술적 측면에서 지적의 개념을 정립하려는 학자들의 시도는 지적의 학문적 정체성을 찾고, 그에 대한 체계화를 구현하기 위한 이론적 토대로 평가할 수 있다.

2 학문으로서의 지적학

1) 학문의 정의

인간은 생존을 위해 자신을 기준으로 대상 세계에 대한 인식 및 이해의 방법을 터득하여야만 했고, 인간의 집단이 커지면서 개개인의 이해방식보다는 집단의 이해방식, 즉 객관적 이해 및 인식을 요구하게 되었다. 이들 이해와 인식의 대상은 인류사적으로 인간, 자연사물, 올바른 행동양식, 사회적 현상, 문화적 실재 등에서 지속적으로 확장되었고, 오늘날 철학, 윤리학, 자연과학, 사회과학, 환경과학, 생활과학 등의 명칭에서 볼 수 있듯이 인류의 인식과 이해의 대상이 미치지 않는 영역은 없을 만큼 확장되었다. 넓게 보면 이러한 이해와 인식의 확장에서 학문의 개념은 출발한다.[2)]

'학문'이란, 주역(周易)의 "군자는 배워서 모으고, 물어서 분별하고, 너그러움으로 거처하고, 어질음으로 행한다"는 구절과 중용(中庸)의 "널리 배우고, 깊이 묻고, 신중하게 생각하고, 분명하게 판단하며, 독실하게 행동한다"라는 구절에서 유래된 것으로서 한마디로 "배우고 묻는다"는 뜻이다.[3)]

보편적으로 학문은 그 연구대상과 연구방법에 따라 크게 철학과 과학으로 대별되고, 철학은 처음부터 어떤 가정 없이 자연의 근본원리를 탐구함으로써 과학의 기초를 제공하며,

2) 이재운, "체육학의 학문적 구조의 변화 가능성 탐색", 박사학위논문, 전남대학교 대학원, 2006, p.60.
3) 원한식, "학문과 행정학", 「정책과학논총」, 제9집, 전주대학교 정책학연구소, 1993, p.84.

과학은 항상 어떠한 가정 하에 문제를 예상하는 학문이다.[4] 따라서 학문은 연구방법과 체계를 갖춘 지식의 조직체 혹은 그 지식을 연구하는 것이라 할 수 있으며, 세계성과 보편성이 그 본질적 성격을 이루고 있다. 무엇이 학(學)의 범위에 속하며, 또 그것을 어떻게 분류할 수 있느냐 하는 것은 그 기준의 원리뿐만 아니라, 현실적인 편의와 수요에 따라서 다를 수밖에 없다. 이러한 맥락에서 학문은 "단순한 앎이 아니라, 한 사회가 연구·교육·학습할만한 가치가 있다고 설정된 지식의 체계적인 집합"인 것이며,[5] 이러한 학문은 사회적 요구와 지식이라고 하는 학문구조의 주요 요소로 드러난다.

우리는 학문을 하면서도 학문이 무엇인가에 대한 대답을 명확하게 하지 못하는 경우가 대부분이다. 이것은 학문이라는 용어가 동적인 개념으로서 시대와 장소에 따라 개념을 달리할 수 있는 포괄적인 용어이기 때문이다. 또한, 학문은 계속 발전하며 다양한 분과학문을 포함하면서 발전한다. 따라서 현재의 학문에 대한 개념은 미래에 대한 다양한 분과학문을 포함한 개념이 될 수 없는 것이다. 학문이 무엇인가에 대해서는 시대별·국가별로 많은 학자들의 주장이 존재하고 있지만, 대부분의 주장들은 "체계화된 지식의 총체", "변용과 발전을 거듭하는 수도계의 하나", "진리를 탐구하는 세계" 등으로 보고 있다.[6]

학문(學問)이란?

주역(周易)	중용(中庸)
"군자는 배워서 모으고, 물어서 분별하고, 너그러움으로 거처하고, 어질음으로 행한다."	"널리 배우고, 깊이 묻고, 신중하게 생각하고, 분명하게 판단하며, 독실하게 행한다."

- 학문은 단순한 앎이 아니라, 한 사회가 연구 · 교육 · 학습할만한 가치가 있다고 설정된 지식의 체계적인 집합을 의미

- 체계화 된 지식의 총체
- 변용과 발전을 거듭하는 수도계의 하나
- 진리를 탐구하는 세계

- 학문은 "어떠한 고유 연구대상에 대한 체계적인 원리를 도출하기 위해 탐구하는 세계"를 의미

자료 : 소광희, 「현대의 학문체계」, 민음사, 1994, p.9. 참조 작성.

[그림 2-1] 학문의 정의

4) 이범관, 「지적학원론」, 삼지출판사, 2007, p.15.
5) 소광희, 「현대의 학문체계」, 민음사, 1994, p.9.
6) 이범관, "지적학의 학문적 체계화에 관한 연구", 「한국지적학회지」, 제17권 제2호, 2001, p.3.

이상을 토대로 볼 때, 학문은 "어떠한 고유 연구대상에 대한 체계적인 원리를 도출하기 위해 탐구하는 세계"로 볼 수 있다. 즉, 인간이 지니고 있는 여러 가지 관심 영역 중에서 특정 연구대상에 대한 지속적인 탐구과정을 거쳐서 얻어진 지식들이 필연적인 연관 위에서 원리적·통일적·전체적으로 조직되어 객관적인 타당성과 논리적인 정당성을 갖춘 상태가 학문인 것이다.

2) 지적학의 정의 및 학문적 요건

(1) 지적학의 정의

흔히 학문의 개별 분야를 가리킬 때 '○○학(學)'이라고 쓰듯이, 학(學)이란 어떤 것을 대상으로 하는 학문(學問)을 한 글자로 줄인 것이라 볼 수 있다.[7] 이러한 견지에서 지적학은 지적(地籍)과 학(學)이라는 글자가 결합된 용어로서 "지적에 관한 학문"이라고 쉽게 정의될 수 있다.

그러나 이러한 정의만으로는 지적과 학문의 본질에 입각한 지적학문을 명쾌히 설명하기에 불충분하다. 더욱이, 지적에 관한 학문적 관점과 그 영역의 시대적 변천 추이에 비추어 볼 때, 지적학 또는 지적학문에 대한 보편화 된 개념 정립이 다시금 요구되고 있다.

기존까지 논의되었던 학문으로서의 지적은 대체로 지적제도에 기반을 두고 이해되어 왔음이 사실이다. 지적학이 학문으로서 진정한 독자적 영역을 가지기 위해서는 일반적으로 정의되고 있는 학문의 본질과 일치될 수 있어야 하는데, 지적제도에 기초한 지적학의 개념은 일반적으로 논의되고 있는 학문의 정의를 수용할 수 없다. 따라서 이하에서는 지적학에 대한 학자들의 기존 정의에 기초하여 공통적·보편적으로 강조되고 있는 내용을 고찰하고, 이러한 견해들을 앞서 언급한 학문의 개념과 본질에 부합시켜 지적학문을 개념화하고자 한다.

우리나라에서 최초로 지적학의 정의를 제기한 원영희는 「해설지적학」에서 "지적제도에 관하여 연구하는 학문"을 지적학이라고 정의[8]하였으며, 김갑수 역시 그의 저서 「지적행정학개론」에서 지적학은 "지적행정에 관하여 연구하는 학문"이라 정의하였다.[9]

박순표·최용규·강태석은 「지적학개론」을 통해 "지적학의 연구대상은 토지 현상의 조사, 조사된 내용의 기록, 토지기록에 대한 관리와 운영"이라고 지적하고, 연구범위는 "토지에 대한 지표·지하·공중을 포함하고, 지적학이 다루어야 할 학문영역으로는 조사이론과 기법·법률·행정·경영·경제·사회·부동산·도시·환경·측량·제도·적산·컴퓨터 등으로 확대되어야 한다"고 제시하였으며, "토지 현상을 조사하고, 조사된 내용을 기록하며, 기록된 내용을 관리·

7) 조동일, 「우리학문의 길」, 지식산업사, 1993, p.162.
8) 원영희, 「해설지적학」, 보문출판사, 1972, p.33.
9) 김갑수, 「지적행정학개론」, 신라출판사, 1988, p.19.

운영하는 학문"을 지적학이라 정의[10]함으로써 지적학에 대하여 보다 객관적인 접근을 시도하였다.

고준환은 "지적정보학의 학문적 성격에 관한 연구"라는 연구논문을 통해 지적학을 "토지의 이용증진 및 국민의 재산권 보호, 도시 및 지역관리에 필요한 기초자료를 효율적으로 생산하고 수집하여 관리하는 데 기여하기 위한 학문"이라 정의[11]하였다.

류병찬은 「최신지적학」에서 "토지와 그 정착물에 대한 정보를 필지 단위로 정확하게 등록·공시하고, 그 변경사항을 지속적으로 유지·관리하며, 토지관련 정보의 공동 활용을 체계화하기 위한 원리와 기법을 연구·개발하는 학문으로서 기술적 측면과 법적 측면의 양면성을 가진 종합응용공학이라고 정의할 수 있으나, 법적 측면의 등기부문을 강조하는 경우에는 종합응용사회과학이라고도 할 수 있다"고 정의[12]하였다.

〈표 2-3〉 지적학에 관한 대표적 정의

저자	연도	지적학의 정의
원영희	1972	지적제도에 관하여 연구하는 학문
김갑수	1988	지적행정에 관하여 연구하는 학문
박순표 외 2인	1993	토지 현상을 조사하고, 조사된 내용을 기록하며, 기록된 내용을 관리·운영하는 학문
고준환	1999	토지의 이용증진 및 국민의 재산권 보호, 도시 및 지역관리에 필요한 기초 자료를 효율적으로 생산하고 수집하여 관리하는데 기여하기 위한 학문
류병찬	2001	토지와 그 정착물에 대한 정보를 필지 단위로 정확하게 등록·공시하고, 그 변경사항을 지속적으로 유지 · 관리하며, 토지관련 정보의 공동 활용을 체계화하기 위한 원리와 기법을 연구 · 개발하는 학문
이범관	2001	지적학문은 자연과 인간과의 만남으로 인해 자연물인 지구를 인위적으로 구획함으로써 탄생된 인공물인 필지를 대상으로 발생하는 각종 지적현상에 대한 체계화된 원리를 탐구하는 학문
지종덕	2004	지적학은 지적기술과 지적관리 및 지적제도를 체계화하기 위한 원리와 기법을 탐구하는 학문

자료 : 원영희, 「해설지적학」, 보문출판사, 1972, p.33.; 김갑수, 「지적행정학개론」, 신라출판사, 1988, p.19.; 박순표·최용규·강태석, 「지적학개론」, 형설출판사, 1993, pp.38-40.; 고준환, "지적정보학의 학문적 성격에 관한 연구", 「서울시립대학교 논문집」, 제32집, 서울시립대학교, 1999, pp.211-212.; 류병찬, 「최신지적학」, 건웅출판사, 2001, p.101.; 이범관, "지적학의 학문적 체계화에 관한 연구", 「한국지적학회지」, 제17권 제2호, 2001, p.4.; 지종덕, "지적학의 학문적 특성에 관한 연구", 「한국지적학회지」, 제20권 제1호, 2004, p.15.

10) 박순표·최용규·강태석, 「지적학개론」, 형설출판사, 1993, pp.38-40.
11) 고준환, "지적정보학의 학문적 성격에 관한 연구",「서울시립대학교 논문집」, 제32집, 서울시립대학교, 1999, pp.211-212.
12) 류병찬, 「최신지적학」, 건웅출판사, 2001, p.101.

이범관은 "지적학의 학문적 체계화에 관한 연구"에서 지적학문은 자연과 인간과의 만남으로 인해 자연물인 지구를 인위적으로 구획함으로써 탄생된 인공물인 필지를 대상으로 발생하는 각종 지적현상에 대한 체계화된 원리를 탐구하는 학문분야라고 정의[13]하였으며, 지종덕은 "지적학의 학문적 특성에 관한 연구"에서 지적학은 지적기술과 지적관리 및 지적제도를 체계화하기 위한 원리와 기법을 탐구하는 학문[14]이라고 정의하였다.

지적학에 대한 원영희와 김갑수의 정의는 지적이 학문적으로 정착되기 이전의 내용으로서 당시의 사회적 여건에 맞는 단순한 제도 또는 행정차원에서의 인식에 불과하다. 이후의 고준환, 류병찬, 이범관, 지종덕의 주장은 지적의 개념에 기초한 지적학의 정의라 볼 수 있지만, 학문의 개념정립에서 필요로 하는 연구대상과 연구내용에 있어서는 다소의 차이를 보인다.

현대적 관점에서 새로운 학문의 개념은 우리의 실제 생활의 현실을 주요 대상으로 하고, 연구대상을 작은 단위로 세분화하며, 이론과 현실의 관계는 변증법적 관계에 있고, 실천에 있어서 반드시 행위의 지침을 제시해야 한다는 특성을 가진다.[15] 개별 지적학자들이 정의하는 지적학은 세분화된 연구대상은 물론, 학이론과 현실의 변증법적 관계 내에서 얼마든지 달리 표현될 수 있는 부분이지만, 적어도 지적학문의 개념은 명확히 구별되어 정의될 필요가 있다.

이상의 내용을 종합할 때, 지적학은 "어떤 고유한 연구대상에 대한 체계적인 원리를 도출하기 위해 탐구하는 세계"를 학문이라 보고, 지적학문은 "일필지를 대상으로 발생하는 각종 지적현상에 대한 원리를 탐구하는 학문분야"라고 정의될 수 있다.

(2) 지적학의 학문적 요건

어떠한 학(science)이든지 그것이 하나의 학으로서 간주되려면 다음과 같은 조건을 포함하여야 한다고 사라세빅(Tefko Saracevic)과 리이즈(Alan M. Rees)는 말하고 있다.[16]

① 주어진 현상(set of phenomenon)에 있어서 공통된 관심이 있을 것

② 확고한 자격을 갖고 업무수행을 하는 사람이 그 분야에 많이 존재하여야 할뿐만 아니라 학술, 연구기관에 참여하는 사람이 많을 것

13) 이범관, "지적학의 학문적 체계화에 관한 연구", 전게논문, p.4.

14) 지종덕, "지적학의 학문적 특성에 관한 연구", 「한국지적학회지」, 제20권 제1호, 2004, p.15.

15) 이재운, 전게논문, p.61.

16) Tefko Sracevic and Alan Rees, "The Impact Of Infomation Science on Library Practic", Library Journal VI93, N.19, 1968, p.4097.; 이영자 · 이경호, 「정보학개론」, 정각당, 1993, p.26, 재인용.

③ 연구를 수행하기 위한 유용한 기법(techniques), 도구(tools), 방법론(methodologies) 등이 있을 것

④ 그 분야에 관심이 있는 다른 사람들을 위하여 공식적인 교육을 제공할 수 있을 것

⑤ 전문 학회나 협회 및 학술지의 출판 등이 존재할 것

지적학은 토지의 조사, 조사된 내용의 기록, 토지의 기록에 대한 관리와 운용으로 일련의 현상을 연구대상으로 하고 있으며, 지적과 관련한 업무수행 인원이 헤아릴 수 없을 정도로 존재하고, 연구를 수행하기 위한 유용한 기법, 도구, 방법론은 토지와 관련된 법학, 행정학, 측량학, 정보학 등 주변 학문의 접근방법을 그대로 이용하고 있고, 또한 공식적인 교육은 40년 이상 실시되고 있는 중이며, 지적관련 학회를 통해 학술지 등의 출판이 정기적으로 이루어지고 있으므로 지적학의 학문적 요건은 모두 갖추어졌다고 볼 수 있다.

3) 지적학의 학문적 성격 및 인접학문과의 관계

(1) 학문의 분류

일반적으로 학문은 연구대상에 따라 자연과학, 사회과학, 인문과학(인문학)으로 구분되고, 연구대상의 인식방법에 따라 경험과학과 비경험과학으로 나뉘며, 직접적인 연구목적에 따라 순수과학과 응용과학으로 분류된다.

학문의 분류

연구대상에 따른 분류	연구대상의 인식방법에 따른 분류	직접적인 연구목적에 따른 분류
• 자연과학 • 사회과학 • 인문과학(인문학)	• 경험과학 • 비경험과학	• 순수과학 • 응용과학

자료 : 김기상, "사회학의 학문적 성격에 관한 고찰", 「사회과학연구」, 제9집, 장안대학, 2000, pp.101-104.

[그림 2-2] 학문의 분류

① 연구대상에 따른 분류

인간이 학문적인 관심을 기울일 수밖에 없는 대상에는 어떠한 것이 있는지를 먼저 살펴볼 필요가 있다. 무엇보다도 먼저 우리 인간은 자연에서 주어지는 공기와 물을 비롯한 갖가지의 소재를 능동적 · 적극적으로 활용함으로써 비로소 그 생존이 가능한 존재이다.

자연을 외면하고서의 인간의 생존이란 상상할 수가 없다. 뿐만 아니라, 우리 인간은 자연의 원리를 이용할 수는 있어도 그 원리를 거역할 수는 없다. 따지고 보면 우리 인간의 존재 근거도 자연의 원리에 그 바탕을 두고 있다고 할 수가 있다. 그러기 때문에 자연의 본성과 특성에 대한 이해 없이는 인간의 삶을 풍요롭게 영위해갈 수가 없다.

그 다음으로 우리 인간은 자기 아닌 다른 사람과의 사회적 상호관계(만남)를 통해서만 비로소 인간다운 삶이 가능한 존재이다. 이러한 점에서 인간을 '사회적 존재(社會的存在)'라고 부르는 것이다.

사회적 상호관계를 맺고 살아가는 두 사람 이상의 집합체를 사회라고 볼 때, 사회의 본질과 속성에 대한 이해야말로 보다 인간다운 삶을 영위해갈 수 있는 기초가 된다. 즉, 개인과 개인, 개인과 집단, 집단과 집단의 사회적 상호관계에서 빚어지는 그 모든 현상이 사회현상인 만큼 사회현상에 대한 올바른 이해야말로 인간다운 삶을 영위하기 위해서 더없이 긴요한 일이 아닐 수가 없다.

그리고 문제되는 것이 인간 자신에 관한 탐구이다. 우리들 인간의 본성을 어떻게 보느냐에 따라서 사회현상에 대한 해석과 평가가 달라지게 되어 있다. 어떻게 보면 인간 자신에 대한 이해야말로 모든 학문의 기초라고도 할 수가 있다.

이상에서 살펴본 바와 같이, 우리 인간이 고도의 관심을 가지고 끈질기게 탐구해 왔고 지금도 탐구하고 있으며 앞으로도 계속해서 탐구해야 할 대상은 '자연 · 사회 · 인간의 세 가지', 즉 '자연현상 · 사회현상 · 인문현상'의 세 가지로 크게 압축할 수 있기 때문에 학문 또한 '자연과학 · 사회과학 · 인문과학(인문학)'으로 분류하는 것이 일반적이다.

이들 '자연과학 · 사회과학 · 인문과학'은 다시 구체적으로 탐구하고자 하는 대상이 어떠한 것이냐에 따라서 여러 가지 학문으로 세분된다. 예컨대, 자연현상 가운데는 물리적 현상, 화학적 현상, 생명적 현상 등 다양한 현상들이 있기 때문에 자연현상을 탐구대상으로 하는 '자연과학'은 물리학, 화학, 생물학 등으로 세분되며, 생명적 현상을 탐구대상으로 하는 '생물학'은 다시 보다 구체적인 연구대상이 무엇이냐에 따라 식물학 · 동물학 · 미생물학 · 생리학 · 해부학 · 유전학 · 세포학 등으로 세분되고 있다.

② 연구대상의 인식방법에 따른 분류

인간이 관심을 갖게 되는 탐구의 대상을 크게 경험적인 방법을 통해서 인식할 수 있는 경험적 대상과 그렇지 못한 비(초)경험적 대상의 두 가지로 나눌 수가 있다. 여기서 경험이란 일반적으로 인간이 지닌 다섯 가지의 감각기능(5각 : 시각 · 청각 · 후각 · 미각 · 촉각)과 감각기능의 한계를 극복하기 위해서 개발한 현미경 · 보청기 · 망원경 · 확성기 ·

C/T 촬영장치 · MRI 장치 등을 이용한 '관찰 · 실험 · 조사 · 비교 등의 방법'을 통해서 대상에 대한 지식을 획득하는 인식작용을 가리킨다. 다섯 가지의 기관인 5관(五官 : 눈 · 귀 · 코 · 혀 · 피부)을 기본적(1차적) 인식 수단이라 하고, 5관의 한계를 극복하고 보완하기 위해서 개발한 기구나 장치 등을 보조적(2차적) 인식수단이라고 부른다.

탐구(연구)의 대상 가운데는 자연의 세계(자연현상)처럼 방금 설명한 경험적 방법을 통해서 확인이 가능한 것이 있는가 하면 그렇지 못한 것이 있다. 전자를 가리켜 경험적 대상이라 하고 후자를 가리켜 비(초)경험적 대상이라고 부른다. 대표적인 경험적 연구대상으로서는 자연현상과 사회현상이 있다.

비(초)경험적 대상의 예로서는 신(神), 영혼(靈魂), 양심(良心), 선악(善惡), 미추(美醜), 정의(正義) 등을 들 수가 있다. 예컨대, 우리 인간의 궁극적 관심의 대상이기도 한 '신(神)의 존재'에 대한 인식은 이성적(理性的)이고 논리적인 사유(思惟)나 고도의 지적상상력(知的想像力) 및 통찰(洞察) 등에 의해서 대상을 전체적 · 순간적 · 직접적으로 파악하는 도리밖에 없는데, 이러한 대상의 인식방법을 가리켜서 직관(直觀, intuition)이라고 부른다.

이상에서 설명하였듯이 물리학 · 생물학 · 화학 등과 같이 주로 경험적인 인식방법을 통해서 얻어진 지식의 체계를 경험과학(經驗科學)이라 부르고, 신학(神學) · 철학(哲學) · 미학(美學) 등과 같이 주로 직관적인 인식방법을 통해서 얻어진 지식의 체계를 비경험과학(非표驗科學)이라고 하여 구분하고 있다.

③ 직접적인 인구 목적에 따른 분류

탐구(연구)대상과 관련된 체계적인 지식의 획득을 주된 목적으로 삼는 경우를 순수과학(순수학문)이라 부르고, 순수과학에 의해서 발견된 법칙이나 원리 등을 인간의 실생활에 어떻게 유용하게 활용할 것인가를 주목적으로 삼는 경우, 이를 응용과학(응용학문)이라고 부른다. 다시 말해, 탐구대상과 관련된 지식 그 자체의 개발을 주로 하는 경우가 순수과학 쪽이고, 지식 그 자체보다는 실생활에의 현실적 유용성을 주목적으로 해서 지식을 개발하고자 하는 경우가 응용과학 쪽이다.

예컨대, 유전학은 전자에 속하고 유전공학은 후자에 속한다 할 것이다. 따라서 순수과학과 응용과학은 별개라기보다는 서로 밀접하게 연관되어 있다는 점을 잊어서는 안 된다. 순수과학이 정립한 법칙이나 이론을 응용과학 쪽에서 현실문제에 적용해 봄으로써 그 법칙이나 이론이 얼마나 불완전하고 또는 현실과의 괴리(乖離)가 어느 정도인지가 밝혀진다. 반면, 응용과학 쪽에서 현실 문제를 해결하고자 할 경우에는 순수과학 쪽에서 이미 정립한 기존의 법칙이나 이론을 준거(準據)로 삼아서 연구를 시작하게 마련이다.

(2) 지적학의 학문적 성격

이와 같은 학문의 분류체계 내에서 지적학의 학문적 성격에 관하여는 여전히 갑론을박이 따르고 있다. 특히, 지적학의 연구대상에 따른 분류에 있어서는 사회과학의 한 영역이라는 주장과 자연과학의 한 영역이라는 주장이 대립되어 왔다.

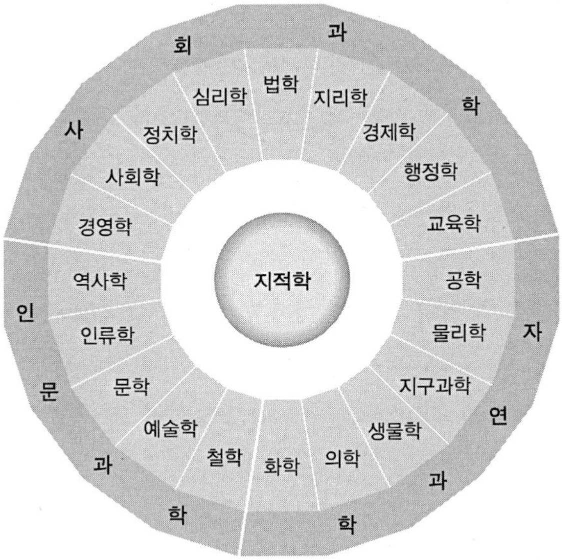

[그림 2-3] 지적학의 연구대상에 따른 학문적 성격

임동호·박동헌은 "지적의 학적체계화 방향에 관한 연구"에서 제한된 지표 공간에 증가하는 인구 및 고도의 경제발전으로 토지경계에 대한 인식이 한층 높아져가고 있음을 언급함과 동시에 토지에 대한 일필지마다 그 위치, 형태 및 소유권 등을 밝히는 지적의 학문적 체계에 관한 필요성을 인식하고 지적학의 의의, 성격, 연구 분야, 그리고 지적교육의 실태를 분석하고자 하였다. 그 결과, 지적학은 사회과학적으로 접근하는 관리 분야 및 부동산 등의 관련학문과 이를 뒷받침하여 주는 법학 분야, 그리고 등록의 절차에 따른 공학적 의미의 측량분야가 조화를 이룬 응용학문으로 확립되어야 한다[17]고 주장하였다.

최용규는 "현대지적이론의 체계화 구상"이라는 연구에서 현대사회 지적의 기능은 정부, 사회, 개인할 것 없이 그 인식의 중요성이 고려되고 있음을 외국문헌 등을 근거로 강조하였고,

17) 임동호·박동헌, "지적의 학적체계화 방향에 관한 연구", 「사회과학연구」, 제19집, 강원대학교 사회과학연구소, 1984, pp.99-119.

이를 위하여 지적이론의 체계화를 강조하는 한편, 더 나아가 지적학을 학문적 접근방식에 따라 공학이나 사회과학으로 볼 수 있으나, 대체로 기술 분야에 치우쳐 있어서 종합적 사고의 이론적 체계화를 요한다[18]고 역설하였다.

고준환은 "지적정보학의 학문적 성격에 관한 연구"에서 국내·외 지적정보학의 교육실태, 즉 학과의 교육목적, 교과과정을 비교·분석하고, 지적학의 학문적 특성과 문제점을 파악하고자 하였다. 그 결과, 국내 대다수의 대학 및 대학교의 지적학과라는 명칭을 지적정보학으로 변경하는 것이 타당하며, 지적정보학은 컴퓨터과학, 원격탐사, GIS, GNSS 등 첨단과학 기술을 바탕으로 행정, 제도, 법적인 학문요소를 종합적으로 다루는 공학계열로 구분되어야 한다고 주장하였다. 더 나아가 협의로서의 지적학, 지적정보학의 정의를 뛰어 넘어 지리정보과학(GIScience)으로 발전해 나가야 한다[19]고 강조하였다.

지종덕은 "지적학의 학문적 특성에 관한 연구"에서 지적학의 학문적 특수성, 주변 학문과의 연관성, 지적교육 사례를 분석하고 이를 기초로 지적학의 학문 정립을 추구하였으며, 그 결과 지적학은 종합과학의 특성을 갖는 학문으로 지적학을 정립하기 위해서는 지적학의 연구대상 및 탐구방법에서 토지를 대상으로 폭넓고 종합적인 연구가 지적학문 발전에 효과적이라고 주장[20]하였다.

결국, 지적학의 학문 분야를 둘러싼 부분에서부터 다양한 시각차를 보이고 있음은 물론, 지적학의 학문적 체계화를 응용과학이나 공학 차원에서 시도해야 한다는 주장도 언급되고 있음을 알 수 있다.

(3) 인접학문과의 관계

지적학의 인접학문에 관하여는 극히 일부 학자들이 기술하고 있는데, 이에 관한 사항도 학자에 따라 서로 다르게 주장해왔다.

박순표 외 2인은 지적학이 다루어야 할 학문영역으로 "법률, 행정, 경영, 경제, 정치, 사회, 부동산, 도시, 환경, 측량, 제도, 적산(전산), 컴퓨터 등 다양한 인접과학의 배경적 협력 아래 토지와 관련되는 여러 영역에 확대되어야 한다."고 주장하였으며,[21] 류병찬은 지적학의 정의와 지적법의 주요 5대 이념, 지적학의 연구대상 등과 직접적으로 관련이 있는 측량학, 부동산학, 법학, 행정학, 전산학 등을 지적학의 주변 학문이라고 주장하였다.[22]

---

18) 최용규, "현대지적이론의 체계화 구상", 「사회과학논총」, 제7집, 청주대학교, 1988, pp.175-194.
19) 고준환, 전게논문, pp.207-225.
20) 지종덕, "지적학의 학문적 특성에 관한 연구", 「한국지적학회지」, 제20권 제1호, 2004, pp.11-28.
21) 박순표·최용규·강태석, 전게서, p.40.

그리고 지종덕은 지적학을 체계화함에 있어 지적학과 밀접한 관계를 갖고 있는 분야를 첫째, 일반적 주변학문으로 경제학, 회계학, 경영학, 사회과학, 심리학, 공학 등을 들고 둘째, 중점적 주변학문으로 측량학, 지리학, 지도학, 도시계획학, 토지경제학, 법학 등을 들었으며 셋째, 협조적 주변 학문으로 토질학, 지형학, 행정학, 수학, 통계학, 전산학, 임학 등을 제시하였다.[23)]

그러나 이는 김영진과 이창석이 주장하는 부동산학의 주변과학에 관한 내용을 인용·보완한 것으로 일반적 주변과학과 중점적 주변과학 및 협조적 주변과학의 범위를 어떠한 기준에 의하여 어떠한 방법으로 어떻게 설정하느냐에 따라서 달라질 수 있다고 생각한다.

그리고 더욱 중요한 것은 부동산학의 중점적 주변과학은 "부동산활동의 개념 및 그 독립성은 어느 정도 의식하지만 그 범위가 좁거나 접근방법 등의 면에서 부동산학의 수준에는 미달되는 학문으로서 토지경제학, 도시경제학, 인간생태학, 도시계획학, 도시학, 경제지리학, 도시지리학" 등을 들고 있으며,[24)] 지적학의 중점적 주변과학으로 기술한 "측량학, 지리학, 지도학, 도시계획학, 토지경제학, 법학" 등이 과연 부동산학 또는 지적학의 수준에 미달되는 학문이라고 보기에는 어려움이 있다.

여하튼 지적학의 인접학문은 지적학에 관한 연구대상에서 기술한 바와 같이 지적제도와 지적업무 전반에 관하여 직접적으로 관련이 있는 측량학, 법학, 행정학, 부동산학, 전산학 등을 비롯하여 간접적으로 관련이 있는 경제학, 토지경제학, 도시계획학, 지리학, 지질학, 수학, 통계학, 인간생태학 등에 이르기까지 다양한 과학과 학문들의 이론이나 기법 등을 지적학을 연구하는데 활용 또는 응용하거나 도움을 받고 있기 때문에 이들을 포괄하여 인접과학 또는 인접학문이라고 할 수 있다.

그리고 지적학은 사회과학이나 공학, 인문과학, 자연과학 등과 상호 관계를 맺고 서로 영향을 미치면서 융합하여 발전되어 왔기 때문에 넓은 의미에서는 이들 인접과학과 학문도 모두 지적학의 연구범위에 속한다고 할 수 있다.

그러나 지적학의 인접학문으로서 어떠한 학문이나 과학을 드는 것이 타당한지에 대하여는 학자마다 여러 가지 견해가 있을 수 있으며, 그 범위를 설정하기가 매우 난해한 실정이다. 일반적으로 지적학은 다른 학문의 이론이나 기법 등을 활용 또는 응용하고 있으며, 특히 측량학, 법학, 행정학, 전산학, 부동산학 및 지역개발학에 관한 정의와 연구대상 및 연구

22) 류병찬, 지적학의 학문적 좌표와 발전방향에 관한 연구, 「지적」, 제34권 제2호, 대한지적공사, 2004.
23) 지종덕, 전게서, pp.19-22.
24) 김영진, 「부동산학총론」, 경영문화원, 1980, pp.258-264.

범위를 살펴보고자 한다.

① 측량학

측량(測量, surveying)이란, "지구표면이나 그 위·아래에 있는 모든 대상물의 기하학적 위치를 결정하며, 이들의 물리적 현상과 문화적 환경에 대한 정보를 수집하여, 이들을 알맞은 형태로 묘사하며 처리하는 기술을 말한다."[25]라고 정의하고 있으며, 측량학(測量學, surveying or geomatics)이라 함은 1980년대에는 "지구 및 우주 공간에 존재하는 제점간(諸點間)의 위치관계와 그 특성을 해석하는 학문"[26]이라고 정의하였으나, 최근에는 "지표면상 제점(諸點)의 관계위치를 결정하는 학문"[27] 또는 "지구 및 우주공간에 존재하는 제점간의 위치관계와 그 특성을 해석하는 것으로서 위치결정, 도면화와 도형해석, 정보체계의 정량화, 자연환경 친화적인 경관 관측 및 평가, 생활환경 개선을 위한 개별과 유지관리에 필요한 자료해석에 의한 환경개선 등을 통하여 쾌적한 생활환경의 창출에 기여하는 학문"[28]이라고 정의하고 있다.

측량학의 연구대상은 "지표면은 물론 지하·수중·해양·공간 및 우주 등 인간 활동이 미칠 수 있는 모든 영역에 이르며, 그 범위 내의 자연현상과 인공적인 시설물 및 조형물 등의 대상을 길이(length)·각(angle)·시(time)·질량(mass) 등의 요소에 의하여 정량화시키는 것뿐만 아니라, 환경 및 자원에 관한 정보를 수집하고 이를 해석하는 제반방법"[29]이라고 정의하고 있다. 그리고 측량학의 성격은 행정학과 같이 과학인가 아니면 기술인가하는 논쟁의 대상이 될 수 없이 누구나 공학으로 분류하는데 이론의 여지가 없다.

지적학은 측량학이라는 공학적 이론과 기법을 바탕으로 연속되어 있는 국토 위에서 개인의 권리가 미치는 범위를 필지 단위로 구분하고 정확한 위치를 결정하여 부동산에 대한 물리적 현황을 정확하게 등록·공시하고 효율적인 토지 관리와 소유권을 보호하고 각종 토지관련 정보를 제공하기 위한 기법을 연구하는 학문으로서, 길이·각·시·질량 등을 판단하는 기준을 제공하는 측량학의 기초이론을 직접적으로 활용 또는 응용하는 학문이라고 할 수 있다. 그리고 측량학과 관련된 사진측량학, 위성측위학 등과 지리학, 지도학, 지형학, 토목학 등을 지적학과 직·간접적으로 관련이 있는 광의의 인접학문이라고 할 수 있다.

25) 조규전, 「표준측량학」, 보성문화사, 1996, p.11.
26) 대한측량협회, 「측량학」, 1985. p.11.
27) 박운용, 「측량공학개론」, 동아대학교 출판부, 2002, p.19.
28) 류복모, 「기본측량학개론」, 동면사, 2004, p.1.
29) 대한측량협회, 전게서, p.11.

② 법학

법학(法學, science of law)은 "법에 관한 사회현상에 착안하여 그것을 규명하는 학문"이라고 정의하고 있으며, "법에 관한 사회현상"을 연구의 대상으로 한다는 점에서 같은 사회과학인 정치학이나 경제학 등과 구별된다. 그러므로 법학은 사회현상을 연구대상으로 하여 이 속에서 통일성 있는 원리원칙을 탐구하는 사회과학임에는 이론이 없다.[30] 법학은 넓은 의미로서는 법철학(法哲學), 법해석학(法解釋學), 법사학(法史學)을 포함하나, 좁은 의미로는 법철학을 제외하고 법해석학과 법사학만을 가리킨다.[31]

지적학은 법학의 일부분인 민법을 기초로 하여 부동산등기법 등 토지사법(土地私法)과 국토이용관리법, 도시계획법, 건축법, 도시재개발법 등 토지공법(土地公法)을 바탕으로 부동산에 관한 법적 권리관계의 한계와 내용을 설정하여 등록·공시하고 이를 안전하게 보호·관리하기 위한 기법을 연구하는 학문으로서 거래당사자의 권리의무를 비롯하여 권리관계의 종류, 내용 등을 판단하는 기준을 제공하는 법학의 기초이론을 직접적으로 활용 또는 응용하는 학문이라고 할 수 있다.

③ 행정학

행정학이 정치학으로부터 분리되어 하나의 독자적인 학문으로 성립된 것은 극히 최근의 일로서, 1887년 윌슨(W. Wilson)이 정치학 논집에서 "행정의 연구(The Study of Administration)"라는 논문을 발표하면서부터이며, 이론적 · 현실적 배경으로 행정학이 정치학에서 분리되어 20세기에 새롭게 각광받는 학문으로 성립하였으나, 아직까지도 일부 학자들에 의하여 행정학의 학문적 identity가 부정되고 비난받는 현실이다.[32]

행정학(行政學, public administration)이라 함은 "행정현상을 이해하고 설명하며 예측하기 위한 학문의 1영역"이라고 정의하고 있으며, 사회현상을 연구대상으로 하는 사회과학의 일종으로서,[33] 행정학 연구의 기본대상으로 첫째, 인간(행정인의 가치관·태도·사고방식·지식·기술), 둘째, 구조(조직체계·절차·규칙), 셋째, 환경(정치·경제·과학과 기술·행정문화)을 들고 있다.[34]

그리고 행정학의 성격에 대하여는 행정학이 과학인가 아니면 단순한 기술인가에 대한 문제는 오랫동안 논쟁의 대상이 되어 왔고 지금도 계속되고 있으나, 어느 한쪽도 행정학의

30) 김용희, 「법학개론」, 경진사, 1983, p.44.
31) 상게서, p.46.
32) 김수영, 「행정학원론」, 법지사, 1991, pp.30-31.
33) 민진기, 「행정학개설」, 고시연구사, 2000, p.43.
34) 김수영, 전게서, p.23.

전체를 나타내지 못하고 있다. 어느 쪽을 강조하는가에 따라 행정의 과학성이 강조될 수도 있고 그것의 기술성이 강조될 수도 있다. 따라서 행정학은 과학성과 기술성을 모두 갖고 있기 때문에 행정학을 응용사회과학이나 실천사회과학으로 부르는 것이 당연한 것이다.[35)]

지적학은 넓게는 지적 분야의 조직, 인사, 재무, 예산 등은 물론이고, 좁게는 토지의 이동정리와 소유권의 변동사항정리 등 행정처분과 지적공부의 안전한 보존관리 및 열람등본 등 민원처리에 따른 각종 행정행위를 연구하는 학문으로서 이 부분에 대한 기준을 제공하는 행정학의 기초이론을 직접적으로 활용 또는 응용하는 학문이라고 할 수 있다.

그리고 행정학과 관련된 경제학, 경영학, 사회학, 도시계획학, 지역개발학 등을 지적학과 직·간접적으로 관련이 있는 광의의 인접학문이라고 할 수 있다.

④ 전산학

전산학, 전산학개론, 전산학총론 등 전산학(電算學, computer science) 관련 도서를 조사・분석하였으나, 아쉽게도 전산학에 대한 개념 정의를 한 도서가 없었으며, 대부분 컴퓨터의 발전, 하드웨어, 소프트웨어, 프로그래밍 등으로 구성되어 있었다.

컴퓨터(computer)라 함은 일반적으로 "프로그램과 처리해야 할 데이터를 입력받아(입력기능), 내부의 기억장치에 저장하고(기억기능), 또 지시된 프로그램의 명령어를 해석하며(제어기능), 수학적 논리적으로 연산을 수행하고(연산기능), 그 결과를 생성(출력기능)하는 전자적 기계장치"라고 말할 수 있으며,[36)] 컴퓨터공학(computer engineering)이라 함은 컴퓨터에 관련된 모든 분야를 연구하는 학문을 말하며 컴퓨터과학과 함께 혼용되며, 컴퓨터공학은 공과대학에, 컴퓨터과학은 자연과학대학에 위치한다.[37)]

초기의 컴퓨터는 단순히 계산을 목적으로 개발되어 왔으며 어원적으로 살펴보면 "계산하다(compute)"의 명사형 "컴퓨터(computer)"를 전산으로 번역한데서 컴퓨터를 취급하는 학문인 전산학(computer science)이 유래된 것으로 추측된다.

21세기를 컴퓨터혁명(computer revolution)의 시대 또는 정보혁명(information technology computer revolution)의 시대라고 부르며, 지적학과 컴퓨터 또는 전산학과의 관계는 뗄래야 뗄 수 없는 불가분의 관계를 가지고 있다.

현재 GNSS에 의한 지적측량, 지적공부의 전산화, 컴퓨터를 이용한 지적민원처리, 국가

35) 민진기, 전게서, pp.44-46.
36) 왕종수, 「전산학총론」, 연학사, 2004, P.14.
37) 컴퓨터용어대사전편찬위원회, 「컴퓨터용어대사전」, 정보문화사, 1999, p.225.

공간정보센터의 운영, 각종 토지관련 정보의 제공 등 지적업무의 대부분이 전산화되어 가고 있으며, 지적전산(地籍電算) 또는 지적정보(地籍情報)라는 분야로 독립되어 지적학과의 한 교과목으로 개설되고 있다. 이는 더 나아가 지적학의 분과학문으로 발전되어 가고 있다.[38)]

전산학은 경계의 확정을 위한 지적측량, 필지별 등록 공시를 위한 D/B구축, 지적공부와 관련된 각종 민원처리, 토지관련 정보의 다목적 공동 활용방안 등을 연구하는 부분과 직접적인 관련이 있을 뿐만 아니라, 미래의 사회로 갈수록 지적분야에 있어서 전산학의 역할은 더욱더 커질 것으로 예상된다. 또한 전산학과 관련된 컴퓨터학, 수학, 통계학 등은 지적학과 직·간접적으로 관련이 있는 광의의 인접학문이라고 할 수 있다.

⑤ 부동산학

부동산학(不動産學, Real Estate)은 부동산학을 도입한 초기에는 "부동산활동의 능률화의 원리 및 그 응용기술을 개척하는 종합응용과학(綜合應用科學)"이라고 정의하였으나,[39)] 최근에는 "부동산현상(不動産現象)의 정확한 인식을 기하고 바람직한 부동산활동(不動産活動)을 전개해가기 위하여 부동산의 기술적·경제적·법률적 제 측면을 기초로 하여 연구하는 종합응용과학"이라고 정의하고 있으며,[40)] 부동산학의 연구대상을 부동산현상(real estate phenomena)과 부동산활동(real estate activities)으로 나누고 있다.[41)] 그리고 부동산학을 체계화함에 있어 부동산학과 밀접한 관계를 갖고 있는 주변과학을 일반적 주변과학, 중점적 주변과학 및 필요에 따라 협조를 구하는 주변과학으로 구분하고 있다.[42)]

첫째, 일반적 주변과학은 부동산활동의 개념 및 그 독립성을 거의 의식하지 않고 부동산의 기초지식만을 제공하여 주는 학문으로서 경제학·경영학·회계학·법학·사회학·심리학·공학·지적학 등을 들고 있으며[43)] 둘째, 중점적 주변과학은 부동산활동의 개념 및 그 독립성은 어느 정도 의식하지만 그 범위가 좁거나 접근방법 등의 면에서 부동산학의 수준에는 미달되는 학문으로서 토지경제학·도시경제학·인간생태학·도시계획학·도시학·경제지리학·도시지리학 등을 들고 있고[44)] 셋째, 필요에 따라 협조를 구하는 주변과학은

38) 정지문, 「전산학개론」, 진영사, 1999, p.5.
39) 김영진, 「부동산학총론」, 경영문화원, 1980, pp.26.
40) 이창석, 「부동산학개론」, 형설출판사, 2003, pp.8-9.
41) 상게서, pp.20-21.
42) 김영진, 전게서, pp.243-244.
43) 상게서, pp.244-258.
44) 상게서, pp.258-264.; 이창석, 전게서, p.26.(경제지리학과 도시지리학을 추가하였음).

부동산과 밀접한 관련이 있지는 않으나, 부동산학의 연구에서 필요에 따라 협조를 구하는 학문으로서 토양학·농학·지질학·기상학·행정학·임학 등을 비롯하여 화학공학·지리학·교육학·통계학·생물학·항공학·토질학·지형학 등을 들고 있다.[45)]

그리고 부동산학의 성격은 순수과학과 응용과학으로 구분할 때는 응용과학에 속한다고 할 수 있으며, 이론과학과 실천과학으로 구분할 때는 실천과학에 속한다고 볼 수 있고, 경험과학과 비경험과학으로 구분할 때는 전자에, 자연과학과 사회과학으로 구분할 때는 후자에 가깝다고 볼 수 있다.[46)]

따라서 지적학은 부동산학에서 다루는 토지와 그 정착물인 지상 건축물과 지하 시설물 등에 관한 물리적 현황을 조사·측량하여 국가의 공적장부에 등록 공시하여 효율적인 토지 관리와 소유권을 안전하게 보호하기 위한 기법을 연구하는 학문으로서 부동산학의 기초이론을 직접적으로 활용 또는 응용하는 학문이라고 할 수 있다.

〈표 2-4〉 인접학문에 대한 정의·연구대상 및 연구범위

구 분	정 의	연구대상	연구범위
측량학	지구 및 우주 공간에 존재하는 제점간의 위치관계와 그 특성을 해석하는 것으로서 위치결정, 도면화와 도형해석, 정보체계의 정량화, 자연환경 친화적인 경관 관측 및 평가, 생활환경 개선을 위한 개별과 유지관리에 필요한 자료해석에 의한 환경개선 등을 통하여 쾌적한 생활환경의 창출에 기여하는 학문	인간 활동이 미칠 수 있는 모든 영역 내의 자연현상과 인공적인 시설물 및 조형물 등의 대상을 길이(length)·각(angle)·시(time)·질량(mass) 등의 요소에 의하여 정량화시키는 것뿐만 아니라 , 환경 및 자원에 관한 정보를 수집하고 이를 해석하는 제반방법	지표·지하·수중·해양·공간 및 우주 등 인간 활동이 미칠 수 있는 모든 영역
법 학	법에 관한 사회현상에 착안하여 그 것을 규명하는 학문	법에 관한 사회현상	–
행정학	행정현상을 이해하고 설명하며 예측하기 위한 학문의 한 영역	행정현상, 인간, 구조, 환경	–
전산학	컴퓨터에 의해서 입력, 기억, 제어, 연산, 출력기능 등을 수행하는 전자적 기기와 이의 활용에 관련된 제반사항을 연구하는 학문	–	–
부동산학	부동산현상의 정확한 인식을 기하고 바람직한 부동산활동을 전개해 가기 위하여 부동산의 기술적·경제적·법률적 제 측면을 기초로 하여 연구하는 종합응용과학	부동산현상과 부동산활동	–

45) 상게서, pp.264-266.; 이창석, 전게서, pp.22-28.(토질학과 지형학을 추가하였음).
46) 방경식·장희순, 「부동산학개론」, 부연사, 2004, p.45.

〈표 2-5〉 지적학의 인접학문

협의의 인접학문	학문의 성격	광의의 인접학문
측량학	공학	사진측량학, 응용측량학, 위성측위학, 지리학, 지도학, 지형학, 토목학, 건축학 등
법 학	사회과학	법해석학, 법사학, 법사회학, 법심리학, 비교법학, 입법학 등
행정학	응용사회과학 또는 실천사회과학	경제학, 경영학, 사회학, 도시학, 도시계획학 등
전산학	공학	수학, 통계학, 컴퓨터과학 등
부동산학	종합응용과학	지질학, 임학 등

⑥ 지역개발학

지역개발(地域開發, regional development)이란 용어는 1920년대 이후부터 사용되었으며, 지역개발에 대한 이론적인 면이나 전략적인 면이 그 나름대로 연구되기 시작한 것은 선진국의 경우에도 1930년대 이후부터이고, 개발도상국을 포함하여 지역개발이 널리 주목받게 된 것은 1960년대 이후부터이다.[47)]

그리고 지역(region)은 국토(national land)를 포함하는 것으로 국제적 차원의 지역과 국가적 차원의 지역, 지방적 차원의 지역으로 구분할 수 있으나, 지역의 개념 정의를 내리는 것은 용이한 일이 아니며 연구의 목적에 따라서 다양한 기준이 이용되기도 한다.

스몰과 웨데릭(John Small and Michael Witherick)은 동질지역(homogeneous region)과 극화지역(polarized region)으로, 프리드맨(Jhon Friedmann)은 대도시권지역(metropolitan region), 신 개척지역(new frontier region) 및 낙후지역(depressed region)으로, 허버트손(A. S. Herbertson)은 지리적지역(geographical region), 경제지역(economic region) 및 사회 문화적지역(socio-cultural region)으로 구분하고, 힐호스트(Hilhortst)는 분극지역(polarized region), 동질지역(homogeneous region), 계획지역(planning region) 및 사업지역(program region)으로 구분하였으며, 부드빌(S. Boudeville)교수는 동질지역(homogeneous region), 분극지역(polarized region) 및 계획지역(planning region)으로 구분하고 있다.[48)] 이 경우 동질지역이라 함은 지리적 특성, 경제사회적 특성 등과 같이 공통적인 특성에 따라 몇 개의 공간단위를 하나로 묶은 지역을 말하며 미국의 밀 재배지대, 우리나라의 강원도 탄광지대 등이 특정기준으로 분류된 지역이라고 할 수 있으며, 분극(결절)지역이라 함은 상호의존적·보완적 관계를 가진

47) 박종화·윤대식·이종율, 「지역개발론」, 박영사, 2000, p.3.
48) 황명찬, 「지역개발론」, 법문사, 1989, pp.18-20.; 김영모,「지역계획론」, 보성각, 2004, pp.27-33.

공간단위를 하나로 묶은 지역을 말하며, 계획지역이라 함은 지역경제 내지 지역정책 목적을 효과적으로 달성하기 위하여 인위적으로 설정된 영역을 말한다.[49]

또한, 지역개발(regional development)이라 함은 지역을 개발하는 것이 지역개발이라는 데는 별로 이론이 없으나, 지역의 공간적 범위는 대개 한 국가의 하위공간(sub-national) 영역을 말하는 것이므로 그와 같은 공간영역이 직면하고 있는 문제를 해결하고 장기적인 발전을 도모하기 위하여 종합적이고 쇄신적인 발전을 이룩해나가는 계획적인 과정을 지역개발이라고 정의할 수 있으며,[50] 지역개발은 학문적으로 다양한 학문을 동시에 포괄하는 종합성을 말하는 학제간(學際間, interdisciplinary)의 성격을 지니고 있으며, 사회과학의 한 분야로서 행정학, 경제학, 정치학, 지리학, 도시계획학, 사회학 등의 기초이론을 종합하여 실제 다양한 지역개발 분야에 적용하는 응용학문이다.[51]

그리고 지역개발의 연구범위는 농촌개발, 경제개발, 지역성장, 지역불균형성장, 정주체계 등에 치우친 전통적인 연구와 도시개발, 지역균형발전, 환경적으로 지속가능한 발전, 지역갈등 측면을 중요시하는 최근의 연구로 구분할 수 있다.[52]

따라서 지역개발이라는 용어는 지적이라는 용어에 비하여 25년 이상 뒤늦게 사용하기 시작하였으며, 지역의 개념과 지역개발의 정의, 연구범위 및 인접학문 등을 조사 · 분석한 결과 지적학과와 상호 연계성을 확인할 수 없었다.

그러나 지역개발을 위한 입안과 집행 및 평가 등에는 지적학과 지적정보의 뒷받침이 필요하며, 지역개발의 최종 결과인 토지와 건축물 등 그 정착물에 대한 물리적 현황을 일반 국민들이 널리 알 수 있도록 국가의 공적장부에 등록·공시하는 기능은 지적학의 이론과 기법 등을 통하여 지적공부에 등록을 하여야 한다.

(4) 지적학의 고유성

일반적으로 과학(science)은 기초과학(또는 순수과학)과 응용과학으로 구분하는 데, 전자는 학문적이고 실용성과는 관련이 적은 지식체계로서 인간의 알고자 하는 욕구를 충족시키기 위하여 지식 그 자체를 확대하는 것을 목적한다. 후자는 실생활에 직접 관련이 될 수 있는 지식체계로서 기초과학을 인간의 복지와 경제력 증대를 위한 실용적 목적에 이용함을 목적으로 하는 것으로 정의하고, 수학·컴퓨터 과학 등의 수리과학과 물리학·화학·생물학·

49) 황명찬, 전게서, pp.19-23.; 박종화·윤대식·이종율, 전게서, pp.4-6.

50) 김영모, 전게서, pp.7-8.

51) 상게서, pp.20-22.

52) 상게서, pp.23-25.

지구과학 등의 자연과학이 기초과학의 전형적인 예가 되며, 공학·농학 등 기술이 뒷받침하는 기술과학(technological science)이 응용과학의 전형적인 예가 된다.[53]

따라서 지적학은 순수과학이 아니고 응용과학임을 알 수 있으며 공학, 사회과학 또는 복합학 등 어느 계열에 소속하게 하는가 하는 형식적인 과제보다는 지적학의 독립성을 얼마나 보장하고 개성과 특성이 있는 전문적인 교육을 실시할 수 있는가 하는 과제가 더욱 중요하다고 생각하며, 특히 지적학을 가르치는 교수들의 성향과 전문성이 지적학의 발전을 크게 좌우할 수밖에 없다고 본다.

〈표 2-6〉 인접 학(學)과 구별되는 고유성(정체성)

구 분	내 용
전영길 (2004)	■ 사회과학인가, 측량공학인가? - 대부분의 지적학과는 인문·사회실무계열 등으로 편제되어 있음에도 불구하고, 학문적 성격에 관한 논쟁이 따름 - 지적학은 사회과학 분야의 한 영역으로 태동했으면서도 교과과정의 일부분에서 기술공학적인 측면이 과다하게 강조되었기 때문임 → 지적행정 실무분야에서 지적측량이라는 기술행위가 수반된다는 특수성에 기인함
장우진 (2007)	■ 부동산학과 지적학의 상호관계는? - '토지'라는 동일한 대상에 대하여 토지문제의 해결에 궁극적인 관심을 갖는 것은 사실이나, 부동산학은 토지의 가격, 평가 시장 등의 경제적 관점이 핵심이 되는 학문이고, 지적학은 토지의 효율적 관리의 제반적 측면에서의 학문적 배경을 갖는다는 차별성을 가짐
이현준 (2013)	■ 지적학에서 바라보는 측량은? - 지적의 개별성은 단순한 측량기술(surveying)의 수단에 있는 것이 아니라, 조사(investigation)·등록(registration)·관리(management)의 행정사무라는 목적의 본질에 있음 - 지적의 개별적 고유 요소로서 인정될 수 있는 가장 큰 부분은 끊임없이 반복되는 토지(필지)의 이동(異動)에 대한 전반적인 관리의 메커니즘(mechanism)에 있다면, 이는 측량의 영역에서 말하는 단순성과의 기록과는 매우 이질적인 성격을 가짐

이와 같은 지적학이 가지는 고유성 외에도 지적의 본질적 특성에 기초한 지적학의 학문적 성격은 다음과 같이 재정립할 수 있다.

53) 김두칠, "기초과학과 응용과학의 학문적 성격 대비와 상호 관련성", 「현대의 학문 세계」, 1994, pp.237-238.

〈표 2-7〉 지적의 학문적 성격 재정립

요소	내 용
1	■ 지적학문은 행태과학(behavioral science)에 이론적 기초를 두고 있다. – 지적학은 인간과 필지의 행태를 관찰·분석하여 일정한 가설이나 명제를 세우고 그것을 검증하여 일반적인 행태이론을 발견하려는 기술론적(記述論的) 연구뿐만 아니라, 지적현상에 대한 처방문제에서부터 논쟁까지 아우르는 관리유형에 관한 이론을 확산시킴으로써 관련 학문들에 기초 행태이론을 제공한다.
2	■ 지적학문은 과학적 방법(scientific method)을 통한 연구를 기반으로 한다. – 과학적인 방법은 어떠한 행태를 예측·설명하기 위한 구체적인 수단으로서 직접 관찰(실험), 귀납적 접근, 논리적 방법 및 입증 등을 통해 이루어진다.
3	■ 지적학문은 상황지향적이다. – 지적학은 문제해결의 과정에서 유일한 최상의 방법을 인정하지 않고 일반적인 행태의 원칙을 지침으로 하여 각각 다른 상황에 적합한 행태적 변수를 고려한다.
4	■ 지적학문은 응용적이고 실현가능한 성과를 추구한다. – 지적학은 연구의 목표달성과 성과의 개선을 위해 추구되어지는 실천학문으로서 미시적으로는 단순히 필지 자체에 대한 행태문제에 중점을 두고 연구가 이루어질 수도 있고, 거시적으로는 인간과 필지와의 관계로까지 연구대상의 폭이 확대되면서 문제해결에 실질적으로 응용되고 있다.

3 지적학의 연구대상

학문은 한자 뜻 그대로 배우고(學) 묻는다(問)는 의미이다. 배우고 묻는다는 것은 학습(learning)과 연구(research)를 함께 지칭하고 있는 것이다. 그러면, 무엇에 대해 묻고, 배울 것인가에 대한 대상이 필요하게 된다. 이것이 바로 연구대상이며, 이러한 연구대상에 대해 어떤 방법으로 접근하느냐를 종합하여 학문적 특성이 무엇인가를 정립하게 되고, 이에 따라 학문적인 분류체계가 정립된다.

기존까지 지적학의 연구대상은 지적학의 정의와 같이 학자에 따라 다양하게 주장되고 있는데, 그 대표적 내용은 박순표 외 2인과 류병찬, 그리고 이범관의 주장에서 찾아볼 수 있다.[54)]

박순표 외 2인은 지적학의 연구대상을 "지적이론의 구성부문인 토지현상의 조사, 조사된 내용의 기록, 그리고 토지기록에 대한 관리와 운영으로 요약된다"고 주장하였다. 이러한 주장에 대해서는 지종덕의 견해도 일맥상통하고 있다.

류병찬은 지적학의 연구대상을 지적이란 무엇이며, 지적은 무엇으로 구성되는가? 지적이 다루어야 할 영역은 어디까지인가? 하는 등등의 문제와 지적학의 정의에서 유추하여 볼 수

54) 대한지적공사 지적연구원, 「지적학의 학문분류체계 개선방안에 관한 연구」, 2005, p.44.

있다고 전제하고, 지적학은 "부동산에 대한 정보를 필지 단위로 조사·측량하여 등록·공시하고 변경사항을 지속적으로 유지·관리하며 관련 정보의 다목적 활용방안을 연구하는 학문"이기 때문에 지적학의 연구대상은 부동산, 즉 토지와 그 정착물을 국가의 공적 장부에 등록·공시하고 변경사항을 영속적으로 유지·관리하며 각종 최신 정보를 신속하고 정확하게 제공하기 위하여 운영하는 지적업무와 지적제도 전반에 관한 현상을 연구대상으로 하는 학문이라고 주장하였다. 이범관은 학문에 있어서 연구대상이란 고유한 연구분야에서 나타나는 현상이라고 전제하고, 이를 토대로 지적학의 연구대상은 일필지를 중심으로 발생하는 지적현상이라 정의하였다.

이상의 내용을 종합해볼 때, 박순표 외 2인의 주장은 토지현상의 조사·기록·관리 및 운영이라는 측면에서 시스템적으로 나타나는 현상만을 한정하고 있다는 한계가 있고, 류병찬의 주장은 지적학의 연구대상이 궁극적으로 지적업무와 지적제도 전반에 관한 현상에 국한되는 것인가라는 의문을 낳게 한다. 한편, 이범관의 주장은 일필지가 곧 연구의 대상이 되면서 그러한 일필지 내에서 발생하는 지적현상을 실체적 현상과 절차적 현상, 관리적 현상으로 보고 있다.

사실상 기존 학자들의 주장을 종합하면, 지적학문의 연구대상은 물리적인 측면과 내용적인 측면으로 구분될 수 있다. 즉, 지적학문의 연구대상은 물리적 측면에서 일필지가 되며, 그러한 물리적 연구대상에서 파생되는 각종 지적활동의 결과로서의 지적현상이 내용적 측면에서의 연구대상이 되는 것이다. 이러한 물리적 또는 내용적 측면에서의 연구대상을 체계적으로 관찰·예측·설명할 수 있는 일반 원리나 이론을 정립하는 것이 곧 지적학문의 본질이라 할 수 있다. 그렇다면, 지적학문의 연구대상으로서 물리적 측면과 내용적 측면에서의 구체적 세부내용은 어떻게 설명될 수 있는가의 문제가 남게 되는데, 이에 대하여 설명하기로 한다.

1) 물리적 측면과 내용적 측면에서의 연구대상

지적학은 일필지를 물리적 연구대상으로 한다. 필지는 지구라는 거대한 땅덩어리 중에서 토지를 개별화시키기 위하여 인위적으로 구획한 지적법상의 법정 등록단위를 말한다. 이러한 필지는 우리 인체에 비유하자면 세포에 비유될 수 있는데, 모든 생물의 기능·구조적 기본단위로서 세포의 생성·분열·소멸 과정은 마치 토지상의 필지가 신규등록되어 분할·합병되거나 또는 말소되는 일련의 과정과 매우 흡사하기 때문에 이러한 비유도 충분히 가능하다.

필지에 대한 개념은 매우 다양하게 표현되고 있지만, 중요한 것은 필지가 토지의 내용을 등록·공시하기 위한 기본적인 단위구역으로서 자연적 산물이 아닌 인위적 산물이고, 소유권의 한계를 구분하는 수단으로서 그 이용주체에 따라 다양한 기준의 척도가 된다.

관점에 따라서는 필지의 개념을 협의와 광의로 구분하여 이해될 수도 있는 부분이다. 협의의 개념으로서 필지란 하나의 지번·지목·경계·면적을 가진 인위적 폐합다각형으로서 토지의 등록 및 공시의 기본단위라고 할 수 있으며, 광의의 개념으로서의 필지는 토지소유권의 한계점들을 연결한 폐합공간의 토지로서 그에 따른 모든 등록 가능한 사항을 포괄적으로 담을 수 있는 인위적 공간이라고 할 수 있다. 여기서 필지에 대한 광의적 해석은 제도적 관점이 아닌 학문적 관점에서의 접근이라고 볼 수 있다.

따라서 연속된 토지를 인위적으로 획정함으로써 창설되는 일필지 자체는 지적학문 연구의 본질적 대상이 됨과 아울러 그러한 일필지 내에서 일어나는 각종 지적활동의 결과인 지적현상이라고 하는 내용적 측면에서의 또 다른 연구대상을 파생시키게 된다.

물리적 측면에서의 일필지 내에서 이루어지는 지적활동과 그 결과인 지적현상은 지적학문 분야에서 다루어지게 되는 내용적인 연구대상이 된다. 지적활동과 지적현상은 일정부분 정형화될 수 있지만, 그렇다고 하여 이를 구체적으로 정량화하기란 용이한 일이 아니다.

우리는 눈앞에 나타나 보이는 사물의 모든 형상 또는 본질이나 본체의 바깥으로 나타나 보이는 일정한 형상을 일컬어 '현상(現象; phenomenon)'이라고 한다. 여기에서 "나타나 보인다."라는 의미는 감각·직관·경험 등을 통해 인간이 관찰·분석할 수 있는 상태를 말하는데, 이는 가상(假象)이라는 용어에 대비된다.[55)]

지적현상(cadastral phenomenon)은 자연적 발생에 의한 것이 아닌 인식의 대상으로서의 지적활동을 둘러싼 모든 제 현상을 의미하며, 이는 지적활동의 영향으로 인해 얻어진 특정 형상을 직·간접적으로 인식할 수 있는 정도라고 이해될 수 있다. 이러한 지적현상은 인간이 필지를 대상으로 행해 온 기존 활동에 대한 결과물로서 나타나는 것이 일반적이지만, 경우에 따라서는 장래의 지적활동을 예측·판단하고, 이를 전개할 수 있는 지표로서의 성격도 강하게 내포하고 있다.

지적현상에 대한 예측·판단은 필지에 대한 직접적인 경험에 바탕을 둘 수도 있고, 필지에 미치는 간접적인 영향력의 분석을 통해서도 가능한 것인바, 양자 모두의 궁극적 목표는 특정

55) 칸트는 감각 내용이 시간·공간·범주 등과 같은 인식형식에 의하여 질서 지워져 나타난 것을 현상이라 하였다. 헤겔은 현상을 오성으로 하여금 내면적인 것을 인식하게 하거나 내면적인 것을 결합하도록 하는 매개적인 것이라 여겼다.

지적활동에 영향을 미치는 어떠한 법칙성을 찾아내는데 있다고 할 것이다.

따라서 지적현상은 어떠한 특정시점에서 본다면 정적 개념인 것이고, 지적활동과 결부시켜본다면 시계열적 변화를 수반하는 운동현상인 것이며, 이러한 지적현상은 법·행정·기술적 현상들이 복합적으로 어우러져 표현되기 때문에 다른 영역들과 상호 유기적으로 작용한다고 볼 수 있다.

2) 지적학의 연구대상으로서 필지

'필지(筆地)'라는 한자어는 우리나라와 일본에서 지적의 기초단위를 뜻하는 용어로 쓰이고 있음에 반하여 한자의 근원지인 중국에서 그 용례를 전혀 찾아볼 수 없다면, 우리는 이를 어떻게 받아들여야 하는가? 우리나라와 일본에서 각각 필지라는 용어를 사용하게 된 시발점은 무엇을 기점으로 하고 있으며, 왜 구태여 붓을 의미하는 필(筆)자를 땅 지(地)자에 덧붙여 쓰고 있는가? 더불어 우리와 일본과는 달리 중국에서는 필지를 대신하여 어떠한 용어가 사용되고 있는지, 그 의미는 우리와 일본의 그것과 대동소이(大同小異)한지 여부도 자연스레 가져볼 수 있는 의문이다.

사실상 이러한 물음에 대해서는, 과거 원영희의 저서인 『지적학원론』을 통해 (극히 부분적인 내용에 한하여) 이해를 득할 수 있는 부분도 있으나,[56] 그러한 설명을 뒷받침해주는 사료(史料)가 구체적으로 제시되지 못하는 한계가 있다. 때문에 지금까지 필지와 관련하여 소개된 국내의 다수 문헌들은 필지의 용례에 대한 객관적 접근을 소홀히 했던 부분이 크다. 만일, 불특정 다수 중 누군가로부터 위와 같은 질문을 받게 될 경우, 과연 그 답을 어떻게 구해야 하는지 여부를 놓고 고민하지 않을 수 없다.

필지의 유래와 관련하여 과거 원영희의 견해가 나름대로 일리(一理) 있다고는 평하지만, 정설화된 것으로 받아들여질 만큼의 검증된 것이라고 판단하지는 않는다. 그럼에도 불구하고, 지적을 개괄한 기존의 여러 원론적 또는 개론적 문헌에 근거하여 그의 견해에 견줄만한 주장을 개진하기가 쉽지 않다는 점을 인정할 수밖에 없다. 적어도 지적학 이론이 다분히 부족한 현실여건 하에서는 말이다.

따라서 지적의 핵심 요소가 되는 필지에 대하여 (다소 원론적인 부분이겠으나, 지금까지 구체적으로 제시된 바 없는) 그 본질을 객관적인 견지에서 규명할 필요가 있다.

---

56) 1979년 발간된 원영희의 『지적학원론』은 오늘날 지적학 이론서의 효시로 평가받기에 충분하다. 당시 그는 필지의 어원을 설명함에 있어 붓을 사용한 것에서 그 유래를 찾고 있다. 상세한 내용은 후술하기로 한다.

(1) 필지의 개념

"필지(筆地)란 무엇인가?" 라는 질문에 대하여 우리나라에서는 그 법적 정의를 따라 "일정기준에 의해 구획되는 토지의 등록단위"라는 정도의 수준에서 그 답을 구하고 있다. 보다 구체적으로는 하나의 지번이 부여되는 토지의 등록단위로서 토지에 대한 물권의 효력이 미치는 범위를 정하고 거래단위로서 개별화시키기 위하여 인위적으로 구획한 법정등록단위로 정의되기도 한다. 즉, 필지란 하나의 지번이 붙는 토지의 등록단위로서 그 넓이나 형태와는 무관하게 하나의 지번이나 지목을 갖는 범위 내의 토지를 말하며, 이러한 필지는 지적도나 임야도에서는 선으로, 경계점좌표등록부에서는 좌표의 연결로써 표시되어진다. 문헌에서 소개되고 있는 대표적인 필지의 정의는 다음과 같다.[57)]

대통령령이 정하는 바에 의하여 구획되는 토지의 등록단위를 말한다. 즉, 하나의 지번 · 지목을 붙이는 토지에 대한 소유권이 미치는 범위의 한계를 정하고 거래단위로서 개별화시키기 위하여 인위적으로 구획한 법적 등록단위. 그 넓이와 형태와는 관계없이 하나의 지번이나 지목을 갖는 범위 내의 토지를 말하는 것으로서, 물권의 존재장소를 획정(劃定)한다. 즉, 국가의 권력으로 결정하는 인위적인 토지의 단위를 말하지 자연발생적이고 지형학적인 단위는 아니다. 또한 필지는 토지의 법률적 단위이자 거래단위이며, 토지에 대한 소유권, 기타 물권이 미치는 한계를 구획한 단위이기도 하다. 필지는 토지권원이나 토지정보시스템 이용을 위해서 구성된 블록으로서 최적으로 선택된 단위이며, 토지면적의 최소단위로서 공적·사적 기록의 실체로 토지관련 자료의 위치색인으로 이용될 수 있다.[58)]

전 · 답 · 대 · 임야 같은 것의 구획된 전부를 하나로 하여 셀 때 쓰는 단위. 지적공부에 등록하는 토지의 법률적인 단위구역을 말하는 것으로서, 이는 국가의 권력으로서 결정하는 인위적인 토지의 단위. 법적인 토지등록단위.[59)]

세포가 인체구성의 기본단위이듯이 일필지는 지표면을 인위적으로 구획한 단위구역으로 토지소유권의 한계점들을 연결한 폐쇄공간의 토지이다. 이러한 토지를 효율적으로 관리하기 위해 우리는 일필일지번의 원칙, 일필일지목의 원칙에 따라서 지번과 지목을 부여하고, 필지가 형성됨에 따라 동시에 위치와 크기 그리고 모양을 가지게 된다. 일필지란 지표면을 인위적으로 구획한 단위공간으로서 토지의 조사 · 등록 · 공시 · 관리 등 지적활동의 기본단위이다. 그러나 필지란 이상에서 제시된 토지의 수량을 세는 계수단위에 불과하기 때문에 엄연히 일필지와는 구별되어야 한다.[60)]

일본의 경우에도 일필의 토지에 대하여 필(筆) 또는 필지(筆地)라는 용어를 사용하고 있다. 필지는 부동산거래에 있어 하나의 기준이 되는 토지의 기본단위, 즉 토지의 계수단위로서 간단히 이해되고 있으나, 그 본질이나 기능은 공법상의 경계점을 기준으로 구획·등기된

57) 소개된 내용은 필지에 대한 사전적 정의 또는 지적학 저서 상의 구체적 언급만을 한정시켜 기술한 것이며, 박순표·최용규·강태석의 「지적학원론」이나 류병찬의 「최신지적학」 등에서는 필지에 대한 세부 설명이 없는 관계로 생략하였다.
58) 이왕무·장우진, 「지적학사전」, 범론사, 2005, p.628.
59) 김태훈, 「부동산용어사전」, 경영문화원, 1994, p.497.
60) 이범관, 「지적학원론」, 삼지출판사, 2007, pp.87-88.

토지로서 소유자들이 분할등기를 하지 않는 한 이동·변경되지 아니하는 토지의 최소 구획을 의미하는 것으로 받아들여진다.

다만, 그 용례에 있어서는 필지라는 용어보다 필 또는 필계라는 단어가 보편적으로 사용되고 있는 바, 일본의 부동산등기법에 따르면 필계(일필지의 경계)란, "표제등기가 있는 일필의 토지와 이것에 인접하는 다른 토지(표제등기가 없는 토지를 포함) 간에 있어서 당해 일필의 토지가 등기되었을 때에 그 어름이 구성된 2점 이상의 점 및 그들을 연결한 직선을 말한다"라고 정의되고 있다.[61]

[不動産登記法]
第百二十三条　この章において、次の各号に掲げる用語の意義は、それぞれ当該各号に定めるところによる。
一　筆界　表題登記がある一筆の土地(以下単に「一筆の土地」という。)とこれに隣接する他の土地(表題登記がない土地を含む。以下同じ。)との間において、当該一筆の土地が登記された時にその境を構成するものとされた二以上の点及びこれらを結ぶ直線をいう。

이에 반해, 중국에서는 우리나라와 일본의 경우와 달리 필지라는 용어 자체가 존재하지 않으며, 다만 동일한 의미를 가지는 종지(宗地)로 표현하고 있다. 즉, 종지는 지적의 최소 단위로서 권리의 귀속 여부를 경계선으로 나타낸 폐쇄 지괴(지구)를 말한다. 이러한 종지를 위한 기본단위로서의 하나의 번호를 '종지호(宗地號)' 또는 '지호(地號)'라고 한다.

宗地是地籍的最小单元，是指以权属界线组成的封闭地块。以宗地为基本单位统一编号，叫宗地号，又称地号，其有四层含义，称为：区、带、片、宗，从大范围逐级体现其所在的地理位置。如：B107—24这个地号表示福田区第1带07片第24宗地。
宗地是被权属界址线所封闭的地快。通常，一宗地是一个权利人所拥有或使用的一个地块。一个权利人拥有或使用不相联的几个地块时，则每一地块应分别划分宗地。当一个地块为两个以上权利人拥有或使用，而在实地又无法划分他们之间的界线，这种地块称为共用宗。
当一个权利人拥有或使用的地块跨越土地登记机关所辖的范围，即一个地块分属两个以上土地登记机关管辖时，应按行政辖区界线分别划宗。[62]

现阶段，在地籍中出现最多的"地块"类名词是宗地。在《城镇地籍调查规程》中，宗地是指由权属界线封闭的独立权属地段。宗地是具有特殊含义的地块，其定义应更加明确，尤其是法律上的定义应更加明显。宗地是具有固定的位置和具有明确的边界的同时辨认出确定的权利，　利用类别，质量和时态等土地基本要素的最小地块。具体的内涵如下宗地是一个地块，表明了宗地在空间上的连续，宗地的空间为位置应该是固定的，边界应该是明确的，应同时把土地的权利，利用类别，质量和时态等土地的基本要素组成一个集合来确定宗地的具体空间位置。[63]

---

61) 일본에서 '필'이라는 용어는 구 지조개정조례, 구 토지대장법, 구 부동산등기법 등에서도 찾아볼 수 있는데, 토지경계가 창설되어 하나의 구획된 토지가 생겼을 때 이를 '일필의 토지'라고 명명하였다. 현재의 부동산등기법은 그러한 내용을 인수한 것이라 할 수 있다.

한편, 'land parcel'이라는 외래어상 필지의 의미 역시 다양하게 정의될 수 있다. 일반적인 사전적 의미로서 필지는 "An area of land for which rights or ownership and use can be bought"라고 하여 "매매될 수 있는 용도 및 소유권 또는 각종 권리를 위한 토지의 면적"이라고 정의되거나, "An area of land, usually with some implication for land ownership or land use"라고 하여 "통상적으로 토지소유권 또는 토지이용을 위한 다소 함축적인 의미를 가지는 토지의 면적"이라고 정의될 수 있다.[64)]

[Black's Law Dictionary] [65)]

A tract of land; esp., a continuous tract or plot of land in one possession, no part of which is separated from the rest by intervening land in another's possession.

이상의 내용을 종합해볼 때, 한국과 일본에서의 필지(筆地)와 중국에서의 종지(宗地) 및 영미권에서 land parcel이라는 용어는 모두 자연물인 연속 토지의 효율적 관리를 위하여 인간의 편의에 의해 인위적으로 구획된 단위구역으로서 법률상의 등록단위 또는 거래상의 계수단위가 되는 것으로 이해되어 왔던 부분이다. 다만, 이범관은 그의 저서 「지적학원론」에서 '일필지'와 '필지'는 엄연히 구별될 필요가 있음을 역설하고 있는데, 즉, 일필지는 지표면을 인위적으로 구획한 단위구역으로 토지소유권의 한계점들을 연결한 폐쇄공간의 토지이며, 필지는 이러한 일필지를 세는 단순 계수단위로 해석되어야 한다는 이견이다. 이에 대하여는 추후 학계의 담론이 오갈 수 있는 여지가 있다고 본다.

(2) 필지의 어원

본래 (1) '붓', (2) '쓰다' 또는 '적다', (3) '필적(筆迹)' 또는 '글씨'를 뜻하는 '필(筆)'이라고 하는 글자는 형성문자로서 손에 붓을 쥔 모습의 '율(聿)'이라는 자에 대나무 '죽(竹)'이라는

62) http://bbs.kxkb.com/shenme/1202287539593033.html 참조.

63) 詹长根, "现在地籍技术 第一讲 现代地籍研究的基本进展", 测绘信息与工程, 2004, p.44.

64) Walker, R. ed., AGI Standards Committee GIS Dictionary. Association for Geographic Information. 1993.; 그 외에도 R. B. Cook은 필지를 "공부상에 하나의 종류로 기술되어 공적이나 사적으로 분리소유 또는 분리 거래될 수 있도록 전체 토지로부터 구분되어 연결된 토지"라고 정의하였으며, CLIPP(Compatible Land Identifier-The Problem, Prospects, Payoff)회에서 발표된 필지의 정의는 "한 개의 권리증서(deed)로 설명되는 토지의 연속면적 또는 도면 위의 많은 획지 중의 하나로서, 공·사적으로 토지소유가 분리되어 있고 개별적으로 양도될 수 있는 토지"로 이해되고 있다. 한편, ALI(American Law Institute)에서는 필지를 "대상 토지의 위치나 경계를 설정할 수 있는 그런 한계를 설명할 수 있는 토지의 일정 양"이라 정의한 바 있다.

65) Bryan A. GARNER(editor in chief), Black's Law Dictionary, EIGHTH EDITION, TOHOMSON west, 2004, p.1144.

글자가 붙어서 "대나무로 만든 붓"을 나타낸다. 사전적 의미로서 '필(筆)'은 '하나로 구획된 논밭·대지·임야 따위를 세는 단위'인 의존명사라고 설명된다. 즉, 나무 한 그루, 책 한 권, 동전 한 닢 등과 같은 계수단위가[66] 되는 것이다.

그렇다면, 왜 토지의 계수단위를 구태여 '필(筆)'이라는 단어를 사용하여 표현하는 것일까? 이에 대해 혹자는 한문자인 붓 필자를 붙이게 된 것은 옛날 필기도구나 제도용구가 벼루(硯)에 먹(墨)을 갈아 쓰는 붓밖에 없었기 때문에, 토지에 대한 기록이 필요할 때에는 붓으로써 한번 돌려 그려놓고 이것은 ○○○의 토지, 또 한 번 돌려 그려놓고 이것은 ○○○의 토지라고 하듯이 "붓을 한번 돌려 그린 구역의 토지"라는 의미에서 생성된 것이라 주장한 바 있다.[67]

> 필지라 함은 "일필지" 또는 "일필의 토지" 혹은 "일지번의 토지"와 같은 뜻을 가진 말이다. 토지등록의 단위구역을 "필지" 혹은 "필"이라고 하여 붓 필자를 붙이게 된 데는 다음과 같은 이유가 있다. 옛날 우리 조상에게는 필기도구나 제도용구라고는 벼루에 먹을 갈아 그를 먹여 쓰는 手筆, 즉 우리가 보통 말하는 "붓" 밖에 없었다. 그러므로 토지에 대한 기록이 필요할 때에는 붓에 먹을 먹여 단숨에 돌려 그려 놓고 이것은 김아무개의 밭이며 또 한 번 먹을 먹여서 단숨에 돌려 그려놓고 이것은 이아무개의 논이라고 하듯이 "먹을 다시 먹이지 않고 단숨에 돌려 그린 토지"라는 뜻에서 일필지라고 일컫게 되었다. 바꾸어 말하면 "붓을 한번 돌려 그린 구역의 토지"라는 뜻이다. 앞에서도 언급한 바와 같이 필지, 일필지, 일필의 토지, 일지번의 토지 등은 모두 똑같은 뜻으로서 1개의 지번을 붙이는 토지를 말하고 있다. (… 중략)
>
> 토지의 등록단위인 일지번의 토지를 "필지" 혹은 "필"이라고 일컬은 것은 오랜 역사가 있어 일제시대에도 지적관계법령은 물론 등기법령에서까지 사용하여 왔었다. 그러다가 일제말엽에 지적관계법령인 조선지세령의 개정에 즈음하여 그 지세령 자체에서는 물론 등기법령에서까지 "일필의 토지"는 "일지번의 토지"로하고, "분필"은 "분할"로, "합필"은 "합병"으로 고친 일이 있었다. 이로써 법령상으로는 "필"이라는 칭호가 자취를 감추었으나 오랜 관습에 따라 법령 개정 후인 일제시대의 공용문서에도 "필"이라는 말은 곧잘 써왔다.
>
> 이 일필의 토지라는 術語는 일본으로부터의 해방 후 아무 거리낌 없이 우리 사회에서 공용문서나 일상용어로도 자주 쓰여 왔으며 "일지번의 토지"라고 하기보다는 "일필지"라고 하는 편이 오히려 쉽게 그 내용이 통하였다. 그러던 중 1976년 4월 1일부터 시행된 지적법에서 "필지"라 함은 하나의 지번이 붙는 토지의 등록단위를 말한다고 규정함으로서 법률용어로 부활하여 오늘에 이르렀다.

---

66) 계수단위(計數單位)는 계량단위(計量單位) 또는 도량단위(度量單位)와는 구분된다. 즉, 과거부터 우리가 사용해온 돼지고기 1근, 금 1돈 따위의 단위는 특정 물건의 양을 세는 단위임에 반하여 필지는 토지는 양이 아닌 수를 헤아리는 단위가 된다. 현행 「계량에 관한 법률」은 계량의 기준단위로서 기본·유도·보조·특수단위 등의 법정단위만을 사용할 것을 규정하고 있기 때문에, 고기 1근, 금 1돈 등의 용어사용 시 행정처벌의 대상이 되고 있다. 한편, 도량단위를 나타내는 필지의 면적에 있어서도, 1975년 지적법의 개정을 통해 공식적인 단위로서 평방미터(㎡)가 도입되기 전까지는 평·정·보 등의 단위뿐만 아니라 '한마지기(약 200평)'라는 전통적 표현 방식도 혼용되어왔고 지금도 일부 사용되고는 있으나, 이는 과거에 통상적으로 칭해져왔던 단위에 불과하며, 오늘날 공식적으로는 평방미터(㎡)의 단위를 사용해야만 한다.

67) 원영희, 「지적학원론」, 홍익문화사, 1979, pp.77-78.; 오늘날의 맞춤법에 다소 어긋나는 부분이 있으나, 가급적 원문 내용 그대로를 소개하고자 하였다.

위 기록은 필지의 최초 사용례에 대한 비교적 상세한 설명이다. 그러나 그 주장을 뒷받침할 수 있는 문헌 등의 객관적·구체적인 근거가 제시되지 못한 채 저자의 경험 또는 담화로 구전되어 온 내용을 설명하는 것에 그친다는 점에서 매우 유감스러운 부분이다.[68] 결국, 토지의 계수단위로서 '필(筆)'이라는 수량 단위명사의 유래 또는 어원을 찾고자 함에 있어서는 적지 않은 난관에 봉착하게 된다. 방대한 양의 한국어 수량 단위명사에 대한 어원연구에 있어서도 현실적으로 무리가 따르는 것은 당연할 수 있으며, 특히 대상이 제한되지 아니한 단위명사의 경우는 그 어원을 밝히는 데 한계가 있을 수밖에 없는 것으로[69] 받아들여진다.

필지의 유래는 지적의 유래와 그 맥을 같이한다고 해도 과언이 아닐 것이다. 과세징수를 위해서는 특정 토지에 대한 소유자 현황은 물론 당해 토지의 등급·용도 등을 파악하기 위해 필연적으로 일단의 토지를 개별화하는 과정이 필요하였을 것이고, 그러한 과정에서 특정된 토지를 기록하는 단위로 자연스럽게 받아들여졌던 것이 바로 오늘날의 '필지'라 할 수 있는 것이다. 단순히 판단하건대, 오늘날 필지라는 단어의 쓰임에 비추어볼 때, 과거에도 분명 이에 상응하는 그 어떠한 단어가 존재하였을 법함에도 불구하고, 이를 찾기란 결코 쉬운 과업이 아니다.[70]

'필' 또는 '필지'라는 용어를 최초 사용한 사례에 대해서는 지금까지의 문헌에서 구체적으로 소개된 바 없다. 사실상 고문헌을 조사하는 과정상의 어려움이 따르는 관계로 언제부터 필지라는 용어가 쓰였는지를 정확히 파악하는 것에 한계가 있지만, 현재까지 소개된 우리나라의 문헌상으로는 1907년 5월 16일 제정(大邱財務官代 川上 제정감사관)된 「대구시가지토지측량에관한타합사항」 제5조에서 "지목 및 소유주가 동일하고 연속된 토지는 이를 일필지로 조사한다."라고[71] 규정된 내용을 통해 '일필지'라는 용어의 사용례를 찾아볼 수 있다. 그러나 이는 오늘날 우리의 실정에 맞도록 번역된 것으로서, 원본상은 '一區域'으로 표기되어 있기 때문에, 엄연한 의미에서 필지의 사용례라 볼 수 없다.

---

68) 지종덕교수 역시 연구논문을 통하여 필지의 어원을 소개한 바 있으나, 이 역시 위의 원영희교수의 주장과 궤를 같이하고 있다. 이에 대해서는 지종덕, "필지의 역할과 설정등록(1)", 「지적」, 대한지적공사, 2001, p.41. 참조.

69) 조현용, "한국어 수량 단위명사의 어원연구", 「어문연구」, 제26집 제3호, 한국어문교육연구회, 1998, p.47.

70) 사실상 1907년 이전 조선시대의 양전(量田) 또는 양안(量案)과 관련하여 예컨대, 경국대전(經國大典) 등과 같은 문헌에서 그 용례를 찾을 수 있을 것을 기대하고 용어검색을 시도하였으나, 필지에 상응되는 단어를 찾기가 곤란하였다. 또한, 조선왕조실록(朝鮮王朝實錄)의 기록을 검색하는 과정에서 해설집에서 필지라는 단어를 찾을 수 있었으나, 원문상으로는 그에 대응하는 단어가 없이 오늘날의 개념에 입각하여 편역(編譯)한 것으로 판단되었다. 자세한 내용은 조선왕조실록 원본 48책 44권 50장 B면 또는 영인본 3책 332면 참조.

71) 대한지적공사, 「한국지적백년사(자료편: 지적관계법규)」, 2005, p.51.

마찬가지로 1910년 8월 23일 법률 제7호로 제정된 「토지조사법」 제2조는 "土地는 地目을 定하야 地盤을 測量하고 一區域마다 地番을 附홈. 但 第3條 第3號에 揭흔 土地에 對하야는 地番을 附치 아니홈을 得홈."이라고 규정되어 있으며, 1912년 8월 13일 제령 제2호로 제정된 토지조사령 제2조 역시 '一區域마다'라고 언급되어 있다. 심지어 광복 후, 1950년 12월 1일 법률 제165호로 제정된 지적법 제2조에서도 조차 필지는 언급되지 않았으며, 1975년 12월 31일 지적법이 전문개정(법률 제2801호)되어서야 비로소 법 제2조 제3호에서 필지의 용어를 찾아볼 수 있다. 이에 반하여, 부동산등기법상에서는 1960년 1월 1일 법 제정(법률 536호)과 동시에 일필의 토지라는 용어를 찾아볼 수 있는 바,[72] 이는 구 조선부동산등기령에서 인수된 내용인 것으로 확인되고 있다.

일본의 경우 '筆' 또는 '一筆'이라는 용어는 江戸時代(에도시대) 徳川幕府(도쿠가와이에야스)의 검지장(検地帳)에서[73] 명확히 확인할 수 있다. 이를 뒷받침해주는 문헌상의 내용을 소개하면 다음과 같다.

① 有尾敬重 · 福島正夫, 『本邦地租の沿革』, ㈱御茶の水書房, 1977, pp.11~12.
원문에 따르면,
現今「筆々」と云うのは此の検地帖に「一つ上田何反何畝」と書いているのを一筆と申しますので、今にあれを筆と云うのであると云うことを聞いて居ります。

원문상의 일본어를 현대적으로 번역하면,
現在「筆」と言うのは、この検地帳に「一、上田 · 何反何畝」と書いてあるのを一筆と言うので、現在、あれ(土地の単位)を筆と言うのだと聞いている。

이를 한국어로 해석하면,
현재의 '筆'이란 이 검지장(検地帳)에 「一、上田 · 何反何畝」라고 쓴 것을 一筆이라고 말했었기 때문에 현재의 토지의 단위를 필이라고 부르고 있다.

② 大石久敬, 『地方凡例録 上巻』, ㈱近藤出版社, 1969, pp.122~123.
원문에 따르면,
「一、是は水帳 · 名寄帳へ壱反歩にても五畝三畝にても、田畑一枚限に一打をなし、何畝何歩何右エ門と幾廉にも記し、或いは検見の節の内見帳 · 荒地 · 起返小前帳等にも田畑一枚限りに、何畝何歩と認め、田畑に建札をなし、帳面と引合する其廉を一筆と唱ふ、之は帳面に一打をして認ることゆえに、一筆と云ひならわしたると聞ゆ、仮令へば五廉に記せば五筆と云い、十廉であれば十筆と唱ふる事なり」

---

72) 「부동산등기법」 제15조(물적편성주의) ①등기부에는 일필의 토지 또는 1동의 건물에 대하여 1용지를 사용한다.

73) 검지(検地)는 오늘날의 지적조사를 뜻한다고 볼 수 있으며, 검지장(検地帳)은 이러한 지적조사를 통해 작성된 장부를 일컫는다.

원문상의 일본어를 현대적으로 번역하면,
これは水帳・名寄帳に壱反歩であれ五畝三畝であれ(いくらであれ)、田畑一枚につき一つの書入をし、何畝・何歩・何某と何行も記載し、あるいは検見の節の内見帳・荒地・起返小前帳等にも田畑一枚ごとに、何畝何歩と認定し、田畑に立札をし、帳面と符合するこの行を一筆と言う。これは帳面に一つの書入をして認められることであり、一筆と言うことになったと聞く。たとえは五行記載すれば五筆と言い、十行であれば十筆と言うとおりである。

이를 한국어로 해석하면,
이것은 水帳・名寄帳에 壱反歩등 五畝三畝등(대소에 상관없이) 田畑一枚에 대해 하나의 書入을 하여 何畝・何歩・何某(아무개)라고 기재하여, 혹은 検見의 節의 内見帳・荒地・起返小前帳等에도 田畑一枚마다 何畝何歩라고 인정하여 田畑에 立札을 세워 帳面과 符合한 이 行을 一筆라고 말한다. 이것은 帳面에 하나로써 書入을 하여야 인정됨으로써 一筆라고 말한다. 예를 들어 五行記載하면 五筆라고 말하며, 十行이면 十筆라고 말하는 대로이다.

③ 安藤 博, 『徳川幕府県治要略』, ㈲青蛙房, 1965, p.157, p.186, p.190.
원문에 따르면,
- 「一筆 検地帳の面一廉づつ、書載せる田畑屋敷等を一筆と云う。」
- 「地引帳 検地すべき田畑その他の土地を、一筆限り字・番号・地目・地種等を詳細列記し、検地奉行へ提出せしむる帳簿なり。」
- 「検地帳 本帳は全村地籍の基礎にして、村民に在りて最重の簿冊とす、また水帳とも云う。… 本帳は清野帳に就き半面三筆づつに並記す。」

원문의 일본어를 현대적으로 번역하면,
- 一筆 検地帳の帳面に一行ずつ記載された田畑屋敷等を一筆と言う。
- 地引帳 検地しなければならない田畑その他の土地を一筆単位で字・番号地目・地種 等を詳細に記載し検地奉行に提出させる帳簿である。
- 検地帳 本帳は全村の地籍の基礎であり、村民において最も重要な簿冊である・本帳は清野帳の半面に三筆ずつ記載する。

이를 한국어로 해석하면,
- 일필 : 검지장(検地帳)의 帳面 一行마다 기재된 田畑屋敷 등을 一筆라고 말한다.
- 지인장 : 検地하여야 하는 田畑 기타의 土地를 一筆単位로 字・番号・地目地種 등을 詳細히 記載하여 検地奉行에 提出하는 帳簿이다.
- 검지장 : 本帳은 마을 모두의 地籍의 基礎이며, 村民에 있어서 가장 重要한 簿冊이다. …… (중략) 本帳은 清野帳의 半面에 三筆씩 기재한다.

소개된 3편의 문헌에서 보듯이, 일본에서 '일筆'의 유래는 徳川時代(1603~1867)의 검지장(検地帳)을 토대로 하고 있다. 분명한 것은 일본에서의 '일필'은 지도(地図)에 그린 필적(筆跡)을 가리키는 것이 아닌, 검지장에 기재된 1행의 내용 자체가 곧 일필을 뜻하고 있음을 분명히 하고 있다. 그 후, '일筆'은 明治維新(메이지유신, 1800년대 후반)의 地租改正・土地台帳法・不動産登記法 등에 인계되어 현재까지 사용되고 있는 것으로 확인되었다.

이상을 토대로 할 때, '일필'이라는 용어의 유래와 관련하여 우리나라 원영희의 설명은 "붓으로 한번 그리다."라고 하여 도면상의 필적을 의미하는 것이었음에 반하여, 일본의 경우에는 검지장에 한 줄을 적은 그 자체가 일필이라고 하는 다소의 차이를 보이고 있다. 문헌상의 근거 역시 우리의 경우에는 1907년의 기록에 그치고 있으나, 일본의 경우는 비교적 여러 문헌에서 상세히 설명하는 바와 같이 1600년대부터 이미 '필'이라는 단위가 존재하고 있었음을 보여주고 있다.

종합하면, 한자의 근원지인 중국에서는 필지라는 용어 자체가 없다. 우리나라 조선시대 그 어떤 문헌을 통해서도 필이라는 단어를 찾기 어려우며, 아이러니하게도 일제강점기를 즈음하여 소개되고 있는 것이 고작이다. 유추컨대, 일본에서 최초 사용된 필의 개념이 우리나라로 소개되었을 개연성이 적지 않다. 그렇다고 하여, 위의 내용만을 가지고 본 교재에서 토지의 계수단위를 뜻하는 '필'이라는 용어에 내재된 우연(偶然), 즉 조선과 일본의 사용례가 각각 다른 데서 기인할 수 있었을 가능성조차 무시할 수는 없는 부분이다.

(3) 필지의 특성

사실상, 필지의 특성은 바라보는 관점에 따라서 매우 상이한 차이가 있을 수 있다. 더욱이 기존까지 여러 문헌에서 소개되었던 '부동산의 특성' 또는 '토지의 특성' 등을 감안한다면,[74] 필지의 특성 역시 그러한 틀을 크게 벗어나지 못하는 한계가 있음을 부인하기 어렵다. 그러나 부동산 또는 토지의 특성을 그대로 필지의 특성으로 적용하기에는 적지 않은 무리가 따를 수 있고, 그 접근에 따라서는 보다 다른 시각에서의 특성을 발견할 수 있다.

이하에서는 일필지의 특성을 물리적 특성과 인위적 특성으로 나누어 기술하되, 일필지에 내재된 고유한 특성 외에 일반적인 토지의 특성이라고 하는 범주에 포함되는 사항도 더불어 설명하기로 한다.[75]

74) 학자들에 따라 다소의 차이는 있으나, 일반적으로 거론되는 토지의 특성은 자연적 특성과 인문적 특성으로 구분되는데, 전자에는 ① 지리적 위치의 고정성, ② 영속성, ③ 부증성, ④ 개별성, ⑤ 연결성 등이 있고, 후자에는 ① 용도의 다양성, ② 합병분할의 가능성, ③ 사회적·경제적·행정적 위치의 가변성 등이 있다. 토지의 특성 또는 부동산의 특성에 관한 자세한 내용은 최용규, 「새부동산학개론」, 한양출판사, 1998, pp.104-113.; 이래영, 「부동산학개론」, 법문사, 2000, pp.63-67. 참조.

75) 이하에서 제시되는 필지의 제특성은 극히 본질적인 사안에 한정된 것이며, 필지의 모든 특성을 대변한다고 단언할 수 없다. 환언하면, 다수의 견지에 따라 보다 세부적인 필지 특성도 추가될 여지가 있다는 점을 밝혀둔다.

① 물리적 특성

가. 비가시성(Invisibility)

필지의 가장 두드러진 물리적 특성 중 하나는 현장에서 직접 육안을 통해 그것의 정확한 위치·크기·모양을 확인하기 어렵다는 '비가시성'을 지닌다는 점이다. 요컨대, 육안으로 볼 수 있는 거리상의 한계로 인하여 비가시적 성질이 발생하는 것이 아니라, 분명 공간상의 토지가 위치할 뿐만 아니라, 또한 이를 확인할 수 있음에도 불구하고 구체적으로 어디서부터 어디까지가 일필지로 구획되어 있는지를 직접 확신할 수 없다는 점이다. 물론, 지형·지물 또는 경계표석이 있는 경우 필지를 어느 정도 가늠해볼 수는 있겠으나, 그 정확한 위치·크기 및 모양을 현장에서 특정한 복원절차 없이 있는 그대로 찾아낸다는 것은 극히 어려운 문제이다.

나. 이질성(Heterogeneity)

필지의 '이질성'이라 함은 특정 필지와 매우 유사한 형태로서 그와 비교될 만한 그 어떤 필지가 존재할 수는 있겠으나, 그와 완전히 동일한 성질을 가지는 필지는 존재할 수 없음을 뜻하며, 이는 '개별성'이라고도 표현되어진다. 설령 필지의 지목 또는 모양이나 면적은 동일할 수 있겠으나, 결정적으로 당해 필지의 소재, 즉 위치에 따라 지번이 상이해지기 때문에 개별 필지는 서로 이질적인 특성을 지니고 있다고 할 것이다.[76)]

다. 우연성(Contingency)

인위적인 구획을 통하여 개별화된 필지는 일필지마다 그것이 가지고 있는 고유한 성질이나 특유한 속성, 즉 '고유성'을 지닌다는 측면에서 앞서 설명된 개별성 또는 이질성을 인정할 수 있겠으나, 경우에 따라서는 필지 자체가 지니는 본질적 또는 필연적인 원인 없이 우연히 갖추어가진 특성, 즉 '우연성'을 띠게 되는 경향도 있다. 예컨대, 특정 필지의 분할을 통하여 또 다른 독립된 필지로서 그 형상을 드러내게 되는 부수된 필지는 그 자체가 필연적으로 타고난 속성에 기해 태동된 것이 아니라, 필지의 분할이라고 하는 우연한 계기를 통하여 별도의 특성을 부여받게 되는 것이다.

그럼에도 불구하고, 이러한 필지의 우연성과 관련해서는, 개개 필지의 속성을 얻게 되는 과정은 엄밀히 말해 각각 그 나름대로의 원인 또는 이유가 있는 법이기 때문에 본질적으로는 우연한 것이 아니라, 그 과정까지의 상황을 미처 인지하지 못한 것에 불과하다는 이견도 따를 수 있다.

---

76) 이러한 필지의 이질성은 토지의 '개별성' 또는 '비대체성'이라는 속성을 띠게 되는데, 이로 인하여 토지가 격과 수익 등이 개별·구체화되며, 아울러 다른 토지와의 차별화가 가능하게 되는 파생효과를 낳는다.

라. 유한성(Finiteness)

필지의 '유한성'이라고 함은 용어 그대로 필지의 수는 무한히 증가되는 것이 아닌 언젠가는 한정될 수밖에 없음을 의미한다. 요컨대, 신규등록이나 분할 등이 수반되면 기존의 필지보다는 다소의 증가를 가져오는 것이 사실이지만, 그 범위는 특정한 한계 내에서 필지 수의 증감을 반복하게 될 뿐이다.

사실상 필지의 수는 과거부터 현재까지 점진적으로 증가해왔고,[77] 앞으로도 일정부분 증가될 여지는 있으나, 그렇다고 하여 필지의 수는 시간이 지나면 지날수록 무작정 증가되는 것으로 이해하기는 어렵다. 예컨대, 공법상 필지가능한 일정면적의 규제로 인하여 필지 분할은 한정성을 가질 수밖에 없다는 점도 이러한 유한성을 뒷받침해주는 논거가 된다.

마. 공간적 제약성(Spatial Constraints)

필지의 '공간적 제약성'이라 함은 "일필지로 등록되기 위해서 반드시 특정 공간이 존재할 것"을 요한다는 측면과, 경우에 따라서는 "순수한 지표가 아닌 대기권(공중) 또는 수권(대양) 등의 특정 공간에 대해서는 이를 필지화할 수 없다"는 한계성을 포함하고 있다.

요컨대, 부동산학 측면에서의 '부동산'은 "지구 전체의 삼라만상"이라고까지 표현되기도 하지만, 필지라는 것은 막연한 공간상의 개념이 아니라, 등록을 통해 특정화되고 개별화될 수 있는 구체적 공간을 요하게 되는 것이다. 물론, '3차원 입체지적' 또는 '해양지적'이라고 하여, 오늘날 토지 공간 전체에 대한 등록에 관한 연구가 이루어지고 있으나, 현실 여건상 이는 장래의 어느 시점에서 보완될 부분이다.

② 인위적 특성

가. 등록의 불가피성(Inevitability of Registration)

"필지는 토지의 등록단위이다."라는 의미는 결국 등록되지 아니하고서는 필지로서 구체화될 수 없다는 것과 일맥상통한다. 즉, 등록[78] 없이는 개개의 필지를 헤아릴 수 없음은 물론 당해 필지에 대한 모든 속성을 담아내는 것조차 불가능하다는 것이다.

필지의 '등록불가피성'은 필지에 관한 크기와 특성, 이용상태, 법률관계 등을 상세히 기록하여 별개의 재산권으로 구체화시켜주는 효과는 물론이고, 국가토지행정을 위해

77) 1910년대 전국적으로 실시된 토지조사사업의 결과 전체 약 1,900만 필지의 토지가 등록되었던 것이, 2017년 12월 31일 현재에는 약 3,855만 필지로 조사되고 있다(우리나라 국토 총면적은 100,363,715,033.7m^2).

78) 일반적으로 '등록'이라 함은 어떠한 사실이나 법률관계의 존재를 공적으로 공시 또는 증명하는 공증행위에 속하며, 그 직접 효과는 공증력이 발생하는데 있으나 기타의 효력은 각종 등록에 따라 달리 나타나게 된다.

필연적으로 요구되는 일련의 절차라 할 수 있는데, 이는 이후에 설명되는 필지의 기능과도 매우 밀접한 관계가 있다.

한편, 필지의 등록행위와 그 법적효력에 대해서는 이해하는 정도에 따라 그 해석이 분분하겠지만, 사실상 현행 우리의 지적제도 하에서는 '등기'와 같이 단순한 문서로서의 등재행위 정도로 좁게 해석되어온 경향이 있음도 간과할 수 없는 부분이다.

나. 폐색성(Occlusion) 및 비정형성(Atypicality)

'폐색'이라고 함은 "닫혀 막혀있는 상태"를 의미하며 흔히 '폐합(廢合)'이라는 용어로도 사용된다. 흔히 '폐합'이라고 하면 "어떤 것을 폐지하여 다른 것에 합친다"는 뜻을 내포하고 있으나, 필지의 특성을 논함에 있어서의 '폐색' 또는 '폐합'은 그러한 의미가 아니라, "인위적으로 구획되는 필지의 모양은 반드시 모든 경계점 또는 굴곡점이 선으로 연결되어 다각형의 형태를 취할 수 있어야 함"을 일컫는다.[79] 필지의 '폐합성'이라는 특성에 기인하여 필지는 그 위치와 크기가 확인 가능하며, 아울러 반드시 경계와 면적을 수반하게 되는 것이다.

필지는 폐합된 다각형이 될 것을 요하지만, 그러한 과정에서 필지의 형태가 반드시 정형화되어야 하는 것은 아니며, 또한 그렇게 정형화되는 것 역시 쉽지 않다. 즉, 필지의 정형화 또는 비정형화는 'regular' 또는 'irregular'라고 하는 측면에서 비교대상이 되는데, 특히 도해적으로 표현되는 지적에 있어서의 필지는 대부분 비정형 필지로 나타나는 것이 대부분이다. 다만, 필지의 형태가 정형화되어 있지 않다고 해서 특정형식이 없다거나 자유분방형이라고 해석하는 것은 다소의 무리가 따를 수 있음을 유의할 필요가 있다.

다. 가변성(Variability)

필지의 '가변성'이라고 하는 것은 우리가 통상적으로 이해하고 있는 토지의 사회적·경제적·행정적 가변성과는 차이가 있다. 즉, 토지는 주거환경의 변화로 인한 사회적 위치나 경제적 효용이 변하거나 토지정책 등의 시행으로 인한 행정적 위치가 변화하지만, 필지 자체는 그러한 영향에 의해 변화하는 것 외에도 자체적인 변경이 가능하다는 점이다.

필지의 가변성은 흔히 필지의 '잠재성(potentiality)'이라고도 하는데, 이는 등록 당시의 필지는 언제든 또는 어떠한 원인에 의해서든 토지이동을 수반할 수 있음을 전제로 한다. 요컨대, 토지조사사업 당시 사정(査定)에 의해 획정된 필지는 오늘에 이르기까지 상당수

79) '다각형(polygon)'이라 함은 도면에서 폐합된 영역을 가리키는 말로 길이와 면적을 가지며, 이러한 다각형은 지적경계에 의해 표현되는 필지에 있어서의 필수불가결한 요건이 되는 것이다.

토지의 이동을 수반해왔고, 이러한 필지 변동은 부분적인 분할·합병 등을 통해 개별·지엽적 차원에서 이루어지는 경우가 있고, 일련의 도시개발사업 등에 의해 대단위로 이루어지는 경우도 있다.

라. 이용상의 법적 강제성(Legal Binding)

필지의 인문적 특성 중 '이용상의 법적 강제성'이라고 함은 "필지를 획정하고 이를 이용할 때는 반드시 법에서 규율하고 있는 범위 내에서 그 기준에 입각하여야 함"을 의미한다. 예컨대, 일필지로 정할 수 있는 기준은 공간정보의 구축 및 관리 등에 관한 법률 및 동법시행령 제2조에서 규정하고 있는 기준을 따라야 할 뿐만 아니라, 신규등록을 포함한 특정 필지의 토지표시사항을 새로이 정하거나 변경 또는 말소하는 토지의 이동에 있어서도 역시 법에서 정하는 내용 및 절차에 입각하여 이루어져야 하는 것이다.

현행 공간정보의 구축 및 관리 등에 관한 법률상에서는 토지등록의 기본단위로서 필지를 등록할 당시 최소 몇 평방미터 이상이 되어야 한다는 별도의 기준은 없으나, 일정 면적 이하로 대지를 분할하는 과정에 있어서는 현행 「국토의계획및이용에관한법률」 또는 「건축법」 등의 규제를 받아 관계법령에 의한 허가·인가를 받도록 되어 있다. 이는 토지이용의 최유효원칙 및 투기방지를 감안한 공법적 규제라 할 수 있다.[80)]

4 지적학의 연구범위

지적학의 연구대상에 대한 여러 주장이 다분히 제도적 관점에서 물리적인 상황에 주안점을 두고 있다는 것과 마찬가지로, 지적학문의 연구범위에 대한 일부 주장도 아직까지는 학문 본연의 연구범위 차원이 아닌 제도적 차원에서 다분히 추상적이고 일반적인 수준에 그쳐 왔다는 한계를 지닌다.

박순표 외 2인은 지적학의 연구범위를 "토지의 지표·지하·공중"을 그 연구범위로 하여야

80) 예컨대, 「국토의계획및이용에관한법률」에 따른 용도지역·지구·구역제(zoning)에 따라 필지에 대한 건축물의 용도, 종류, 건폐율, 용적률 등이 제한받게 됨은 물론, 「건축법」에 따른 대지의 최소 분할면적에 규제가 따르고 있다. 즉, 주거지역의 최소분할면적은 60m^2, 상업지역·공업지역은 150m^2, 녹지지역은 200m^2, 그 외의 지역(개발제한구역 등)은 60m^2이다. 더욱이, 건축물이 있는 대지의 경우에는 '대지와 도로의 관계', 건축물의 건폐율, 건축물의 용적률, 대지안의 공지, 건축물의 높이제한, 일조 등의 확보를 위한 건축물의 높이제한에 따른 법정 기준에 미달되게 분할할 수 없도록 되어 있다(「건축법」 제49조 및 동법 시행령 제80조).

한다고 주장하였으며, 류병찬은 "등록주체인 국가 또는 지방자치단체, 등록객체는 부동산, 즉 토지와 그 정착물, 등록공부인 지적도와 지적부, 등록사항인 기본정보, 소유정보, 이용정보, 가격정보, 제한정보, 의무정보 등과 등록방법인 지적조사, 지적측량방법 등에 관한 현상"을 연구범위로 설정하여야 한다고 주장하였다.

지적학문은 물리적으로는 일필지를 연구대상으로 하며, 내용적으로는 일필지를 중심으로 발생하는 지적현상과 지적활동을 연구대상으로 하고 있다. 따라서 지적학문은 이러한 연구대상에 대한 범주를 어디까지로 한정하는 것이 바람직할 것인가가 지적학문의 연구범위가 되는 것이다.

지적활동은 인간이 필지에 대한 배타적인 소유권을 주장하는 경계설정 활동으로부터 비롯되는 동적활동이다. 인간은 자연물인 지구를 필지라는 인위적 공간으로 구획함으로써 지구에 대한 구분소유권을 주장하게 된다. 이처럼 지적활동은 물리적인 필지 내에서 일어나는 실체적 활동과 절차적 활동, 관리적 활동으로 구분되며, 실체적 활동은 물리적 활동, 권리적 활동, 가치적 활동, 토지이용규제적 활동으로 구분되고, 절차적 활동은 조사활동, 등록활동, 공시활동으로 구분되며, 관리적 활동은 법률활동, 행정활동, 기술적 활동으로 연구범위를 분류할 수 있다.

지적현상은 지적활동으로 인한 필지의 내·외적인 변화를 의미하는 것으로, 인간과 토지와의 관계로 인해 나타나는 필지에 대한 내·외적인 활동의 결과이다. 따라서 지적현상은 인간에 의해 물리적인 필지 자체에 대한 실체적인 변화에 의해 나타나는 실체적 현상과 필지를 인위적으로 관리하는 데서 나타나는 절차적 활동에 의한 절차적 현상, 그리고 일필지를 관리하는 데 필요한 관리적 활동에 의한 관리적 현상으로 분류된다.

실체적 현상은 다시 물리적 현상·권리적 현상·가치적 현상·토지이용규제적 현상으로 분류되고, 절차적 현상은 토지조사·등록·공시 현상으로 분류될 수 있다. 관리적 현상은 법률적 현상·행정적 현상·기술적 현상으로 분류된다. 따라서 이상에서 제시된 지적학에 대한 연구범위는 필지라는 물리적인 실체에 대한 연구와 토지와 인간과의 만남으로 인해 발생하는 지적활동과 지적현상인 실체적 활동과 현상·절차적 활동과 현상·관리적 활동과 현상에 대한 연구범위를 포함하게 된다.

5 지적학의 연구방법론

지적학문에 대한 고유한 연구대상이 물리적으로는 일필지인 토지이고, 내용적으로는 일필지를 중심으로 인간과의 관계로 인해 발생하는 지적활동과 지적현상이라고 볼 때, 이러한 연구대상에 대한 연구내용을 체계적으로 규명하기 위해서는 연구의 접근방법과 그 구체적인 조사방법 및 분석방법 등 연구방법론이 명확히 제시되어야 한다.

1) 일반적 연구접근법

사회과학에서 제시되는 대표적인 연구 접근방법론은 경험적·실증적 접근(empirical-positive approach)과 규범적·처방적 접근(normative-prescriptive approach)을 들 수 있다.

우선, 경험적·실증적 접근방법은 행태주의에서 채택하는 과학적 방법과 거의 같은 의미로 쓰인다.[81] 경험적·실증적 방법은 경험한 사실을 연구대상으로 하기 때문에 존재에 대한 연구이다. 이러한 접근의 가장 초보적인 것은 사실의 기술이다. 예를 들면, 지적문제의 내용이 무엇이며, 그 문제로 인하여 피해를 입는 사람의 숫자가 얼마 만큼이며, 이 문제를 해결하기 위해 누가 무슨 대안을 제시하였으며, 최종적으로 선택된 대안은 무엇이며, 이것이 집행되기 위해서 무엇을 하였는가 등을 사실 그대로 나타내는 것이다. 지적활동 등을 중심으로 하는 지적현상에 대한 기술은 사실 그대로의 경험을 토대로 이를 실증적으로 밝혀내는 것에서 출발하는 것이다.

경험적·실증적 접근방법이 보다 치밀하고 정교하게 되면 과학적인 방법을 채택하게 된다. 과학적 방법은 법칙의 정립을 그 목적으로 하게 되는 데 자연과학에서 인과법칙을 정립하는 것과 같이(예를 들면, 온도가 상승하면 이것이 원인이 되어 기체의 부피가 팽창하는 결과를 나타나는 법칙을 밝혀내는 것 같이) 지적학에서도 지적활동이 활발하면 그에 따른 지적현상이 다양하게 나타나는 것과 같은 인과법칙을 검증하는 것과 같은 것이다. 이러한 법칙의 정립은 먼저 가설의 설정이 있고 이를 관찰에 의하여 검증하여 타당성이 인정되면 법칙으로 받아들이고, 그렇지 않으면 기각하는 식의 과정을 밟게 된다.

한편, 규범적 접근은 바람직한 가치가 무엇인지를 판단하는 가치판단적 접근이며, 당위에 관한 것이다. 현실에서 사실이 어떤 것인지가 아니라, 무엇이 옳고 그른지를 논의하므로 규범을 연구대상으로 하기 때문에 규범적 접근이라고 부르는 것이다. 사회문제 중에서 어떤

81) 다만, 여기서의 경험적·실증적 접근은 엄격한 과학적 방법에 의한 법칙의 정립만이 아니라, 사실에 대한 기술적 묘사도 포함하는 뜻으로 사용하기로 한다.

것을 지적문제로 채택하여 거론하는 것이 옳은 것인지, 지적문제 중에서 어느 것을 해결해야 옳은지, 그래서 무엇을 지적목표로 해야 하는지 등을 판단하는 것은 모두 가치판단에 해당된다.

처방적 접근방법은 일단 목표가 결정된 후에 이를 달성하기 위한 최선의 수단을 선택하는 방법을 의미한다. 합리적·분석적 의사결정에서 대표적으로 나타나는 것인데, 예를 들면, 갑자기 쌀 가격이 상승될 때에 쌀 가격을 안정시키려는 목표를 정하고, 이를 달성하기 위한 수단을 광범위하게 탐색해 보고 정부가 보유하고 있는 쌀을 시장에 대량 공급하는 대안과 농민이 보유한 쌀을 강제로 시중에 공급하도록(예를 들면, 농민에게 융자한 자금을 회수하도록 하여 농민들이 쌀을 판매하지 않을 수 없도록 하는 방법 등으로) 하는 대안이 발견되었다면, 이 중에서 어느 것이 더 바람직한 것인지를 판단하는 것이다. 목표를 가장 훌륭하게 달성하는 대안을 최선의 대안으로 판단하기 쉽지만, 대안이 추진되면 목표달성만이 아니라, 다른 영향도 사회에 끼치게 되므로 이 영향도 감안하여 최선의 대안을 선정하여야 한다. 그래서 위의 예에서는 아무리 두 번째 대안이 첫 번째 대안보다 쌀값 안정에 더욱 도움이 되더라도 농민들에게 주는 피해를 감안하면 이것이 최선의 대안이라고 볼 수 없는 것이다.

처방적 접근을 하게 되면 반드시 경험적·실증적 접근방법에서 사용하는 과학적 접근방법을 도입해야 하는 경우가 많다. 그래서 처방적 접근은 사실에 있어서 규범적 접근과 과학적 접근의 융합이 되는 경우가 많다.

지적현상과 지적활동을 통해 얻어진 어떠한 결과 또는 특정 문제에 대하여 이를 분석하고 합리적인 대안을 제시함에 있어서 우선적으로는 경험적·실증적 방법에 입각한 과학적 접근이 선행되어야 할 것이지만, 그러한 분석 및 대안 제시는 객관적 판단과 합리적 처방에 기초해야 되기 때문에 규범적 접근 못지않게 처방적 접근에 큰 비중을 둘 수밖에 없는 것이다.

2) 지적학 연구의 접근방법

지적학은 자연물인 지구가 인간에 의해 인위적으로 구획된 일필지를 물리적 공간으로 하여 그 위에서 발생하는 지적활동의 결과인 지적현상 전반을 연구의 대상으로 한다. 따라서 지적학문의 주요 내용은 인간과 일필지 간에 발생하는 지적활동의 결과인 지적현상이 어떠한 원리와 원칙을 가지고 발생·변경·소멸하는가에 대한 이론 정립에서부터 비롯될 것이다. 또한, 일필지에 대한 실체적 관계로서 일필지의 구성요소와 구성요소들 간의 변동에 대한 인과관계, 그리고 일필지의 정보가 인간에게 가장 효율적으로 전달되기까지의 관련된 절차적 내용 등도 연구의 내용에 포함된다.

이러한 지적학 연구의 대상 및 내용에 대한 이론탐구와 실증과정을 위해서는 무엇보다도 지적학적 접근방법론을 요하게 될 수밖에 없다. 이와 관련하여 박순표 외 2인은 지적학의 연구방법과 관련하여 역사적 접근방법, 경제적 접근방법, 법률적 접근방법, 행태론적 접근방법, 비교론적 접근방법, 체계론적 접근방법을 제시하였는데,[82] 이와 같은 연구방법론은 대부분 사회과학 분야에서 선택적으로 채택되어지는 부분이다.

〈표 2-8〉 지적학 연구의 접근방법

접근방법의 유형	내 용
법률적 접근방법	일필지와 관련된 법적인 활동에 대한 지적현상을 다루고자 할 때 사용될 수 있는 접근방법
행정적 접근방법	일필지와 관련된 관리 활동에 관련된 지적현상을 다루고자 할 때 사용될 수 있는 접근방법
기술적 접근방법	일필지와 관련된 기술적인 활동에 관련된 지적현상을 다루고자 할 때 사용될 수 있는 접근방법
경제적 접근방법	일필지와 관련된 가치적인 활동에 관련된 지적현상을 다루고자 할 때 사용될 수 있는 접근방법
역사적 접근방법	일필지와 관련된 역사적인 활동에 관련된 현상을 다루고자 할 때 사용될 수 있는 접근방법
생태적 접근방법	일필지의 생성・분할・합병 등 토지이동과 관련된 현상을 다루고자 할 때 사용될 수 있는 접근방법

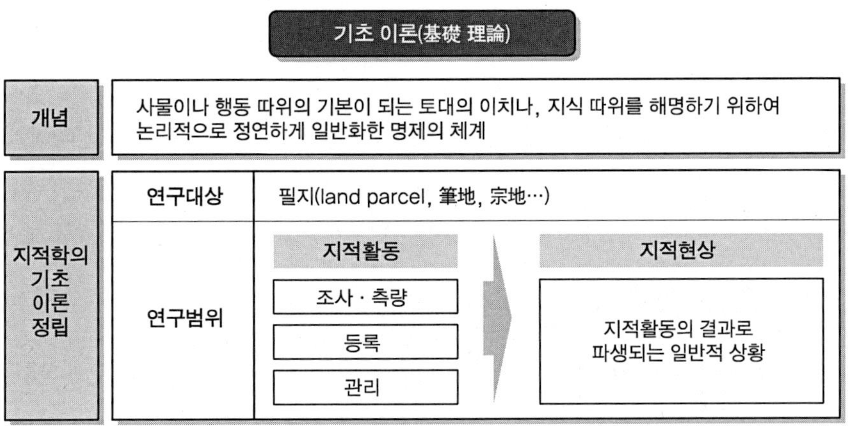

[그림 2-4] 지적학의 기초 이론 도출과정

82) 박순표·최용규·강태석, 전게서, p.23.

6 지적학의 발전 및 발전적 추세

1) 지적학의 발전

지적에 관한 학문적 총체인 지적학은 현재 인접학문에 비하여 연륜이 짧고 그 저변이 좁다. 사실상 우리나라를 제외한 대부분의 국가에서는 지적학(cadastral science)을 정통 학문 분과로 두고 교육하는 기관이 없으며, 지적 관련 교과목 또는 전문서적 등이 존재하는 수준에서 주변학문과 접목된 형태의 학문적 지위를 가지고 있다.

초기의 지적학은 측지학의 일부로서 발전되기도 했으나, 이후 토목학, 도시계획, 지리학, 법학 분야 등에서 지권 공시측면의 법률관계에서 지적학 연구가 시도되었다.[83)]

최근에는 각국에서도 지적학을 독립된 교과과정으로 발전시켜 프랑스의 국립지적학교(ENSG)와 같은 특수학교가 설립되기도 했다. 또한, 1878년에 설립된 국제측량사연맹(FIG)과 국제지적사무소(OICRF) 등에서도 지적학의 연구에 노력을 기울이고 있다.

우리나라에서도 단편적인 관점에서의 지적학 연구가 지속되어 오다가 1970년대 대학에 지적(학)과가 설치되면서 지적학을 전공하는 교수 및 학자들을 중심으로 지적학은 타 학문과의 융·복합적 측면에서 종합적인 응용학문으로 자리잡고 있다.

(1) 지적의 학문적 태동

각 학문분야의 학자들이나 전문가들은 그들의 학문분야의 고유한 이론체계나 독특한 접근방법들을 정립하는 한편, 정립된 고유한 이론체계나 독특한 접근방법을 다양한 연구 분야와 대상에 적용하고 있다.

그리고 적용한 연구 분야와 대상의 분석결과들을 가지고 새로운 이론체계나 독특한 접근방법들을 모색하면서 그 학문분야를 확충하고 확장해나간다. 즉, 학문분야의 고유한 이론체계나 독특한 접근방법은 그 학문분야의 포커스(focus)라 하는데 그 학문분야의 기본적인 철학이나 원리, 이념과 정체성, 과학철학에 기초한 질적 및 양적 방법론 등에 관한 것이다.[84)]

(2) 지적의 학문적 정착

대부분의 학문분야에서는 그 분야를 둘러싼 학문적 · 실무적 두 측면을 의식한다. 법률

83) 지종덕·이동현·이은수, “산학관 협력체계 구축을 통한 지적이론 체계화 기본계획 수립”, 대한지적공사·지적연구원, 2011, p.1

84) 각 학문분야의 연구 분야와 대상은 그 학문분야의 로커스(場, Locus)로 일컬어지며 구체적으로 고유한 이론체계를 적용해보는 연구영역이다. 각 학문분야는 로커스와 포커스로 분류된다.

학자와 법률가, 경영학자와 경영가, 회계학자와 회계사, 행정학자와 행정가 등이 구별되는 한편 법학과 법률, 경영학과 기업, 생물학과 유기체 등도 구별된다. 이러한 구별은 그 분야의 학문적인 분야뿐만 아니라, 실무적인 발전을 위하여 상호 공존적 관계를 형성한다.

우리나라에서 지적학은 초창기 지적 분야의 대표적 학자로 인정받는 원영희에 의하여 처음으로 정의되면서 학문으로 정착하였다.

1970년대 국토개발이 촉진되면서 지적학 교육은 사회경제발전에 대처하기 위한 측면에서 외국의 지적제도와 우리의 현실을 비교·분석해 그간의 단편인 기술교육방법에서 대학교육으로의 전환이 필요하였다.

대학에 지적(학)과가 신설되기 이전인 기존 대학교에서 지적에 관한 교육이 실시된 효시는 1973년 건국대학교 농과대학에서 원영희 교수의 지적측량학 강의[85)]이다. 이후 1974년에는 건국대학교 행정대학원 부동산학과에서 지적학 교육이 시도되었고, 1984년 청주대학교 대학원에서도 지적학과가 설치되어 지적학이 한 차원 높게 발전하는 계기가 되었다.[86)]

지적교육이 독립학과의 명칭으로 개설된 것은 명지실업전문대학(1976.12.30.)이 인가·설치된 후, 서일공업전문대학(1977.1.30.), 신구전문대학(1977.3.1.), 동신전문대학(1977.12.28.)에 지적과가 설치[87)]되면서부터이다.

그 후, 지적학 교육의 중요성이 점차 더해가자 국가에서도 지적에 관한 학문적 관심을 갖게 되어 내무부에서는 건국대학교 총장 앞으로 지적학과 설치에 따른 보고서 작성을 당시 행정대학원 부동산학과장 김영진 교수에게 의뢰하니 협조해 달라는 요지의 공문을 발송하였다.[88)] 이에 따라 건국대학교에서는 회시 공문으로 토지, 지적학과 설치에 따른 보고서를 내무부에 제출하였다.[89)]

이러한 사례는 국가적 정책차원에서 지적교육의 중요성을 입증한 것이라 할 수 있다. 당시 지적학과 설치보고서에 의하면 지적학과 설치의 필요성으로는 다음과 같았다.

첫째, 인력수급의 불균형이 심하다.

둘째, 전문학교 졸업생의 동계열 진학의 길이 막혀있다.

셋째, 토지, 주택행정에 관한 교육의 공백기가 빨리 제거되어야 한다.

넷째, 실무기술 위주의 기능사 양성과 병행해 학술적인 교육이 있어야 소관행정관리의

85) 地協会報, 元学監 大学出講, 1973년 4월 30일 2면 참조.
86) 지종덕, "다목적지적제도 도입에 관한 연구", 석사학위논문, 건국대학교 대학원, 1989, p.97.
87) 지종덕, 「지적의 이해」, 기문당, 2011, p.479.
88) 1977년 11월 2일자 지적 제1236.13-14088호.
89) 1977년 11월 16일자 문교부 제770851-988호.

능률화에 기여할 수 있다.

종합대학교(4년제)의 경우에는 강원대학교(1977.12.31.)에 처음으로 설치되었고, 이어서 청주대학교(1978.10.7.)와 목포대학교(1984.9.27.)에 지적(학)과가 설치되어 지적학 발전의 계기가 마련되었다.

한편, 1997년도에는 전국 실업계고등학교 각 시·도 단위에서 우선 1개교씩 지적과를 설치키로 하여 지적교육의 기반을 구축하였다. 1997년도부터 지적교육의 저변확대를 위하여 1차적으로 실업계고등학교인 부평공업고등학교, 경북경상공업고등학교, 여수공업고등학교, 천안농업고등학교, 강릉농공고등학교에 지적과, 지적정보과, 지적토목과를 신설하여 고등학교에서도 지적에 관련한 교육이 시도되었다.

1998년도에 2차적으로 휘경공업고등학교, 김해건설공업고등학교, 광명공업고등학교에도 지적과, 지적정보과가 신설되어 8개 고등학교에서 지적에 대한 교육학을 실시하였다.

특히, 지적의 고급전문 인력인 석·박사를 양성하기 위하여 1984년 청주대학교 석사과정에 지적전공과정 개설을 시작으로 1998년 목포대학교, 1999년 명지대학교, 2000년 경일대학교, 2002년 서울시립대학교에 각각 석사과정을 개설하였으며, 1997년 명지대학교 박사과정에 지적전공과정의 개설을 시작으로 2000년 경일대학교, 2002년 목포대학교, 2004년 서울시립대학교에 그리고 청주대학교, 한성대학교에도 박사과정을 개설하였다.

이처럼 1976년부터 당국의 정책지원아래 전문대학에 지적과가 설치되고 1977년에 종합대학교에 지적학과가 설치되었으며, 고등학교에도 기초 지적교육의 확대가 이루어졌다.

(3) 지적의 학문적 변혁

지적학은 아직까지도 성격규명이 확실하지 못하여 관점을 달리하는 학자에 따라서 지적측량의 기술력을 중시한 이공분야로 보기도 하고, 법률적 측면을 중시하여 사회과학 분야로 보기도 한다.

그래서 지적학의 특수성은 기술적 측면과 법적 측면의 양면성으로 논쟁점의 근거를 제시하기도 하나, 토지의 중요성에 따른 기록의 과학화라는 국제적 동향이나 대학의 학과설치, 학문의 발전적 추이로 볼 때 지적의 학문적 영역은 이공 및 사회과학을 모두 포괄하고 타분야 학문의 지원을 받아야 하는 종합과학이다 라고 정의할 수 있다.[90)]

국가 토지정책의 기반인 지적을 발전시키고 지적기술자의 자질을 향상시키기 위해 지적교육이 차지하는 비중이 매우 크다.

---

90) 지종덕, 전게서, p.2.

특히, 근대 지적제도가 설립된 이래 초창기 지적측량에 대한 교육훈련은 지적제도의 현상유지와 지적측량을 위한 지향적인 입장에서 운영되었다. 그래서 지적학의 학문적 체계는 학교교육과 실업교육의 합리적 접근방법이 더욱 연구해야 할 과제였지만, 전문대학에 지적과가 처음 설치되자 내무부와 지적기술연수원의 교과과정 요청안을 대학당국과 협의해서 지적과의 교과과정에 편성, 운영하였다.

당시 문교부 주최로 전문대학 신설학과에 대한 교과과정 협의회를 통해 3개 전문대학 주임교수 협의회를 거쳐 교과과정의 수정보완을 하였고, 모형교과과정 협의회를 거쳐 전문대학 지적과의 교과과정으로서 운영하였다.[91)]

이에 따라 지적학과의 학문적인 교육목표는 특수 직업군의 필요에 따라 투철한 직업관 성취 등의 교육관과 전문인이 갖추어야 할 교양교육, 실무에 사용하는 기계를 정확하게 취급할 수 있는 기계조작 능력, 전문인으로 직무에 종사할 수 있는 실무능력을 중시해서 교육하였다.[92)]

정규대학의 지적학과 설치의 학문적 의의는 과거의 단편적인 지적 분야의 교육에서 토지 전반에 대해 과학적이고 종합적인 연구개발이 시도되고 토지분야에서도 지적전문인이 배출되는 길이 마련된 것이다.

현대의 지적학 교육은 변화하는 사회적 수요에 부응해서 지적기술 및 법률, 행정관리 등 가능한 폭넓은 학문적 기초를 이룩하고 다양한 분야의 진출을 위해 측량기술교육보다는 국토정보 관리측면에 대처할 수 있는 교과과정으로서 종합적인 과학형태를 지향하는 방향으로 학문적 변혁을 시도하고 있다.

지적의 학문적 변혁은 국토의 자원관리를 효율화하고 능률화를 기하기 위한 세계적 추세와 지적관리 현대화를 지향하는 국가시책에 적응하며 지적관서의 행정과 기술업무를 수행할 수 있는 능력개발을 위한 기술과 관리기법의 교육이 필요하였기 때문이다.

직업 전문인으로 직업관 확립 및 직업의식을 고취하고 지적관리의 근대화에 따른 전산처리 능력 및 인접학문 분야, 즉 토지를 기반으로 기술능력, 행정관리, 권리분석 등 관련 학문의 기초에서 연구 분야까지 지적의 학문적 융·복합화를 도모하고 있다.

---

91) 상게서, p.482.

92) 특히 지적학과가 설치되어 있는 각 대학에서는 대부분 산업협동 체제를 활용해 교육내용 중에서 실무접근방법을 현장에서 얻을 수 있도록 현장 감각이 풍부한 지적실무자를 초빙하는 외래강의가 상호 협조 속에 원활히 이루어지기도 했다.

2) 지적학의 현대적 추세

지적은 새로운 인식의 바탕 하에서 보다 인간에게 편리하고 능률적인 다목적기능을 수행하도록 정확하고 공신력 있는 제도로 발전되어야 하며, 그 전문성이 더욱 제고되어야 한다. 특히, 지적학의 한 분야로서의 지적측량은 토지를 측정한다고 하는 단순한 사고가 아니라, 토지를 둘러싸고 있는 법률, 행정, 경영, 경제, 도시, 환경의 관계와 상호조화를 이루는 고차원의 조사 영역으로 발전하고 있다.

지적학은 기술적으로 사회적인 변화에 민첩하게 대처하고 과학화를 서둘러 왔지만, 그보다도 더욱 중요한 사실은 지적학의 특성이 토지소유권에 대한 배타적인 국민의 권리의식에 대한 합리적인 조정기능을 최종적으로 수행하는 것이다. 이는 분화되는 사회발전에 걸맞게 고도의 전문성을 유지하려는 노력에도 부합하므로 지적측량이 매우 중요시된다. 지적측량의 정확도를 높이고 국가결정권의 공신력을 제고하기 위하여 일차적으로 지적측량을 대행케 하고, 이를 확인검사 하는 이중적 제도를 운영하는 것은 대행기관의 기술능력과 책임성을 중시하는 것이다.

지적학 발전을 위하여 치중해야 할 사항에서 가장 핵심적인 것은 법률적 효력을 보강하여 지적측량의 특성화를 이루어야 하며, 이를 위한 과학화 된 지적측량과 기술 확대로 지적관리의 효율화가 수행되어야 한다는 것이다. 그러므로 지적학의 현대적 추세는 지적측량의 법률적·제도적·기술적 연구가 바탕이 되어야 한다.

토지에 관한 중요성은 국가, 사회, 개인할 것 없이 더욱 증대되고 있으며, 토지활동의 수행에 따르는 기초자료가 지적공부에서 정보원으로 활용된다. 이와 같이 토지는 귀중한 자원으로서 정부의 각 부처를 비롯해서 기업과 개인 등 토지를 관리하지 않을 수 없는 입장에서 볼 때, 지적학은 중요한 토지정보체계의 기술적, 관리적, 제도적 측면에서 종합 연구의 학문적 성격을 가지는 것이다. 토지에 대한 정보가 정확하고 체계화되어 지적공부에 표기됨으로써 이를 활용하는 주체는 확실한 기획과 집행을 하게 되며 목표달성이라는 최종 결과에 도달하게 되기 때문이다.

지적학의 연구추진은 지적학과가 설치된 대학에서 각 교수들의 전공이나 연구진들의 특성에 따라 지적학, 지적측량학 또는 GIS/LIS 등 지적 전산분야에서 자율적으로 연구가 수행되어 왔다. 이외에는 지적재조사나, PBLIS, GNSS에 의한 지적측량, 지적도면 전산화 작업과 관련된 정부용역의 수행과정에서 비교적 많은 연구가 대학교수를 중심으로 대학 등의 연구진에 의해서 이루어졌다.

지적학 분야에서는 각 대학의 석·박사학위 논문이나 지적학회지 등을 분석해 보면, 다목적

지적제도의 개선과 지적과 등기의 통합, 건축물 등록제도, 지하시설물의 등록관리, 지적재조사사업과 지목개선, PBLIS 등 정보시스템 등의 연구결과가 대다수이다. 그밖에도 지적민원의 효율성 및 서비스의 질적 개선과 평가 등에 관한 연구나 토지법 및 공용지의 이용 등에 관한 연구도 나타나고 있다.

지적학의 기술적 분야에는 기준점 측량, 항공사진 측량 등의 정확도 향상과 GNSS를 이용한 각종 지적측량의 효율성, 지하시설물의 측량과 TS측량, CAD와 도면전산화의 관련된 각종 문제점의 해결, 지적측량 대행법인의 법적 지위와 경쟁체제 등과 같은 현안 문제가 중시되면서 연구 결과를 발표하고 있는 것이 현대적인 추세이다.

특히, 지적분야에서의 당면과제와 차후의 연구방향은 PBLIS를 위한 지적재조사사업이 지적불부합지의 정리방향으로 전환됨에 따라 이를 위한 학문적 연구가 필요하다.

현대적인 지적학 연구과제는 제도적 및 법률적 측면에서 지적전산 자료와 연계한 3차원 토지등록 관리제도의 창설 및 운영방안, 지적과 등기업무의 통합전산 운영 및 자료의 유통방안, 지적정보의 NGIS와 연계활용 방안, 지적도의 건물등록 등이 중요 당면과제이다.

지적학의 학문적, 종합화를 위한 기술적 측면에서는 항공사진을 이용한 지적불부합지의 조사, 정사영상을 이용한 지적도 자동접합 시스템, 무인항측을 이용한 지적재조사정리, 항공사진과 GNSS를 융합한 일필지측량, 지적측량 품셈개선 등이 지적학 연구의 현대적 추세에 부응하는 하나의 축이 될 것이다.

지적학의 학문화는 비교적 연륜이 짧고 연구자도 제한된 분야의 소수에 불과한 실정이나 그럼에도 독자적인 학문분야를 정립하고 있으며, 대학의 특성화 된 교육도 점차 독립적인 학문분야로 자리잡아 가고 있다.[93)]

지적학은 지적이론의 구성부문인 물리적 토지의 조사기술 및 조사내용의 관리와 운영으로 크게 구분할 수 있다. 토지조사는 토지등록 단위인 일필지 조사를 의미하고 토지를 주체로 한 관리적 측면에서의 등록요소가 대상이며 지적조사이다.

국가가 지향하는 지적학의 학제적 범위는 지적전산화, 지적재조사사업, GNSS 활용 지적측량, LIS을 기반으로 한 지적제도의 창설, 통일 후 북한지역의 지적조사사업 등을 포괄하는 것이다. 대학도 이를 고려하여 학제적으로 지적교육의 목표와 방향, 학과명칭 및 소속계열, 그리고 교과과정 및 내용 등도 이에 부응하는 방향으로 재편되고 있다.[94)]

93) 지적학은 국가토지 행정의 기초로서 토지의 중요성이 강조됨에 따라 국가행정의 중요한 정책분야로 많은 관심이 집중되는 학문이다.
94) 1990년대 중반 이전까지 지적학과의 명칭은 지적(학)과가 대부분이었다. 그러나 각 학과의 명칭을 비교해볼 때 지적학과의 교육방향 및 성격이 주로 두 경향으로 분화되어 있음을 알 수 있다.

3) 미래사회의 지적학 전망

(1) 미래사회의 환경변화

일반적인 관점에서 볼 때, 미래는 사실을 이해하고 그 원리를 파악하는 학문적 접근이 가능한 수준보다 큰 불확정성(indeterminacy), 불확실성(uncertainty), 복잡성(complexity) 등으로 둘러싸여 있기 때문에, 과학적 신뢰나 전문가적 혜안을 동원하여 설명하는 것이 제한적일 수밖에 없다.[95)]

미래예측은 미래의 가능한 변화를 제시하여 어떤 것을 회피하고, 어떤 것을 실행해야 할 것인가에 대한 해결방안을 마련하여 줌과 동시에 일어날 가능성이 높은 가능성의 미래를 확인시켜준다. 즉, 미래예측은 미래의 가시적인 경향, 대안, 가능한 미래를 설정하여 인간이 선택적인 미래를 창조할 수 있게 해준다. 미래예측은 연구방법론의 토대 위에서 자료를 기초로 하여 분석되고, 예측에는 항상 다양성에 따른 선택과 대안이 포함된다.[96)]

오늘날 과학기술의 발전으로 다양해지고 복잡해진 현대사회에서 미래를 예측하는 일은 보다 과학적으로 분명한 이론에 의해서 분석·종합하여 설명하는 것이 훨씬 더 신뢰성이 높은 미래예측방법이 될 것이다. 그렇기 때문에 오늘날 모든 공식적인 일에 대한 미래계획에 대해서는 과학적인 미래예측방법을 추구하고 있는 것이다.[97)]

미래예측은 장기전략 수립의 기반으로서 체제의 동태적 특성에 대한 심층이해가 필수적인데, 체제의 복잡성과 불안정성이 증대하면서 미래예측의 전문성과 신뢰도를 제고할 필요성 또한 증대해 왔다. 이에 따라 미래예측의 방법론에 대한 논의 또한 체제의 복잡성과 불안정성의 증대, 급격한 변화로 인한 충격의 증대 등을 반영하여 예측 자체의 정확도보다는 최악의 경우에 대비하면서 최선의 목표를 추구하는 전략적 접근에 중점을 두는 추세이다.[98)]

농업사회, 산업사회, 정보사회로 구분되는 역사상 커다란 사회변화는 혁명적인 기술의 등장에서 비롯되었다고 해도 과언이 아니다. 이는 미래에도 기술은 여전히 사회를 이끌어 갈 원동력으로서 사회구조의 결정에 중요한 역할을 할 것이다.[99)]

---

95) 미래기획위원회 미래기획단, 「미래예측방법론」, 2009, 163.
96) 하인호, 전게서, 22.
97) 이홍림, 전게논문, 74.
98) 정재호, 「미래예측 방법론: 이론과 실제」, 나라경제 10월호, 2006, p.118.; 미래예측과 전략수립과정을 통한 문제의식 공유, 사전적 갈등 조정 및 협력기반 조성 등의 중요성에 대한 인식 또한 증대해 왔으며, 미래예측 방법론 또한 이와 같은 수요를 반영하면서 발달해 왔다고 볼 수 있다.
99) 박병관·김석진, 「석학과 Think Tank들이 본 21세기」, LG경제연구원, 2000.

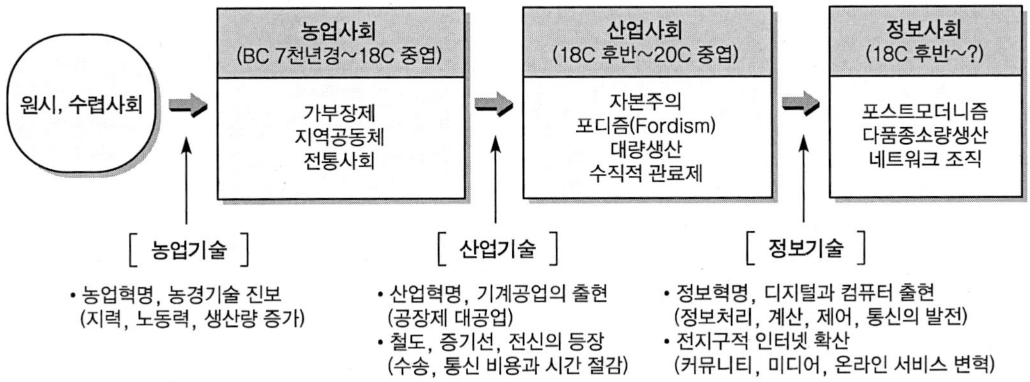

자료 : 한국정보화진흥원, 「트렌드로 보는 미래사회의 5대 특징과 준비과제」, 2009, p.1.

[그림 2-5] 기술혁명과 사회 패러다임의 변화

사회와 기술은 수요와 공급의 역할을 통해 상호 영향을 미치며 발전하는 공진화(co-evolution) 관계를 형성하고 있다.[100] 여기서 공진화 관계란 경제, 환경, 문화 등 다양한 사회적 변화는 새로운 사회적 요구를 등장시키고 이러한 사회적 요구는 새로운 기술을 등장시키게 되는데, 이러한 새로운 기술은 사회 요구를 해결하기 위해 더욱 발전하면서 역으로 사회 모습을 변화시키는 요인으로 작용한다.

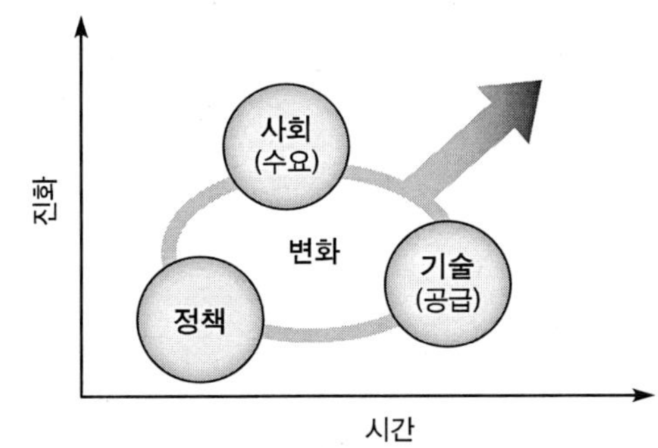

자료 : 한국정보화진흥원, 미래사회 메가트렌드로 본 10대 미래기술 전망, 2011, p.1.

[그림 2-6] 사회와 기술의 공진화 관계

100) 한국정보화진흥원, 「트렌드로 보는 미래사회의 5대 특징과 준비과제」, IT & Future Strategy, 2009, p.8.

(2) 미래사회 변화에 따른 지적학의 변모 양상

지식기반사회에서 경제·사회 환경의 변화는 물론, 과학기술발전의 진행이 가속됨에 따라, 그에 수반되는 불확실성의 증가는 합리적이고 과학적인 미래연구에 의한 국가전략의 수립을 촉구하고 있다. 즉, 불확실성이 커질수록 과학적인 예측활동을 통해 미래의 위기와 기회를 동시에 관리할 수 있는 능력의 확보가 요구된다는 것이다. 특히, 미래사회의 모습은 경제・사회와 과학기술과의 상호작용에 의해 결정되기 때문에 미래 경제・사회 전망과 과학기술 예측의 연계를 통한 과학기술 비전의 설정과 전략 수립이 중요할 수밖에 없다.

미래를 예측하기 위해서는 현재와 미래로 가는 과정에서 생기는 급격한 인식과 행위의 틀, 즉 패러다임의 변화를 포착하는 것이 중요하다.[101] 불확실한 미래를 다루는 데 있어서 중요한 것은 복잡하게 얽혀 있는 환경을 읽어내는 것이다. 그와 같은 복잡한 환경이 어떻게 얽혀 있고, 어떻게 변화하고 있는지를 읽어내는 것은 불확실한 미래를 읽어내기 위해 가장 우선적으로 필요한 것이다. 그러기 위해서는 과거와 현재에 벌어졌던 일들을 분석해 보아야 한다. 과거에 유사한 상황에서 어떤 일들이 벌어졌는지를 포착하고, 그에 영향을 미쳤던 환경들을 분석하면서 여러 상황들이 시계열적으로 어떻게 변화해 왔는지에 대한 통시적 고찰을 수행해야 한다.[102]

이와 같은 측면에서 볼 때, 지적 분야에서도 미래사회 환경변화에 관한 관심을 고조시킬 필요가 있다. 즉, 미래사회의 환경변화 요소들이 지적제도의 운영과 어떠한 관련성을 가지면서 지적활동의 동인(動因)으로 작용할 것인지에 관한 예측이 필요한 것이다.

인간은 어떠한 방식으로든 토지와 관련될 수밖에 없다. 이러한 관계는 인간과 토지가 진화함에 따라서 점점 더 조직화되는 경향이 있다. 지적행정은 인간이 토지에 대하여, 그리고 인간이 만들어낸 제도와 기구, 그리고 이러한 제도와 기구가 관리되는 절차들에 대한 사고방식을 포괄적으로 다룬다.

지적의 진화는 필지의 관리와 관련하여 이루어진다. 현대적 토지행정에 있어 핵심적 개념이 되는 지적은 토지필지를 관리하고 토지등기를 시행하기 위해 사용되는 필수 도구이다. 실제로 토지 관리의 개선과 바람직한 거버넌스에 있어서 지적의 영향력은 현대의 토지행정 체계에서 훨씬 더 강력해지고 있다.

따라서 국가가 효율적인 국토관리와 국민의 토지소유권 보호를 위해 운영하고 있는 지적

101) 최항섭·음수연·전미경, "디지털사회의 미래예측 방법론 연구", 정보통신정책연구원, 2006, p.20. 패러다임이라는 단어는 그리스어에서 연유한 것으로 곡선의 모델, 혹은 곡선의 패턴을 의미한다. 현대사회에서 패러다임이란 다음의 두 가지 성격을 지닌 규칙들과 규범들의 집합체로서 정의된다.

102) 상게논문, pp.18-19.

제도가 보다 발전적인 방향으로 진화하고, 미래의 불확실한 사회 환경에 능동적·전략적으로 대응하기 위해서는 지적의 현실을 냉철하게 진단하는 과정은 물론, 미래사회에 도래할 다양한 부문의 요인들과의 접목을 시도할 필요가 있다.

미래사회 환경변화에 따라 대학 지적교육의 목표와 방향, 학과명칭 및 소속계열, 그리고 교과과정 및 내용 등도 이에 부응하는 방향으로 재편될 것이다.

우리나라에 지적학 관련 학과의 변동 유형은 크게 3가지 유형으로 나타나고 있다. 첫째는 처음부터 지적학과로 개설된 유형, 둘째는 처음부터 지적학 관련학과로 개설되지는 않았으나 학과명의 개명으로 지적학 관련학과로 된 유형, 셋째는 지적학과가 개명되어 다른 학과로 된 유형이다.[103)]

1990년대 중반 이전까지 지적학과의 명칭은 지적(학)과가 대부분이었다. 그러나 산업 및 교육 환경변화에 따른 각 대학의 학과 명칭을 볼 때 지적학과의 교육방향 및 성격이 주로 두 경향으로 분화되어 있음을 알 수 있다. 즉, 4년제 대학교는 지적의 의미를 토지관리 및 행정(Land Management/Administration)으로 인식하는 반면, 2년제 대학은 지적의 어원을 그대로 반영하여 Cadastre(Cadaster)를 사용하였다. 이는 지적학을 응용 사회과학의 측면에서 접근하는 4년제 대학교와 전문기술, 지적실무의 측면에서 접근하는 2년제 대학의 교육목표에 따른 차이가 반영된 것으로 보인다.

또한, 산업 환경변화와 관련하여 지적정보(Cadastral Information), 지적지리정보(Cadastral & Geographic Information), 지적지형정보시스템(Cadastral& Geo-Spatial Informarion System) 등으로 학과 명칭을 변경하기도 하여, 정보(information) 혹은 정보시스템(information system)관련 명칭이 강조되기도 하였다. 이는 점차 정보화 및 첨단기술화로 전환되고 있는 지적 및 관련 실무분야의 경향과 요구를 적극 수용한 결과이며, 21세기 국토 정보화시대의 종합토지정보시스템 구축과 관리를 담당할 지적기술 및 지적정보처리 전문인력을 양성하고 이를 위한 첨단 지적정보 획득 및 처리기술교육 중심의 교육과정을 반영할 수 있는 학과의 명칭으로 개편되고 있는 것이다.[104)]

이러한 경향은 1990년대 말에 신설된 학과들의 명칭을 보면 더욱 현저하게 나타낸다. 서울시립대의 지적정보학과(Geoinfomatics)[105)]를 비롯하여 지적정보(Cadastral Information),

103) 이범관, "지적학의 학문적 체계화에 관한 연구", 「한국지적학회지」, 제17권 제2호, 2001, p.6.

104) Ji, Jongduck and Yu, Hwanzong, "The development and characteristics of the modern cadastral education in Korea", Paper presented at International Federation of Surveyors(FIG) Working Week 2001, Seoul, Korea, 6-11 May, 2001, p.4.

105) 일반적으로 "-matics"는 기술(도구) 혹은 정보기술과 이를 활용한 지원서비스, 연구 및 학문분야를 통칭하는 의미로 사용된다. 따라서 Geoinfomatics는 지리 혹은 지형공간을 다루는 정보기술 및 과학으로

지적과학(Cadastral Science), 토지정보관리(Land Information Management) 등이 사용되고 있다.[106)]

최근 주요 선진국에서도 정보화 및 첨단기술화의 추세에 부응하여 지적 및 측량관련 학과의 명칭과 교과내용을 개편하고 있으며, 〈표 2-9〉와 같이 학과명칭 역시 Geoinfomatics 혹은 Geomatics(Engineering)로 변경하는 추세가 뚜렷하게 나타나고 있다.

〈표 2-9〉 주요 외국 지적관련 학과의 명칭변경 현황

국 가	대학교(연구기관)	학과 명칭	
		변경 전	변경 후
영국	University College London	Photogrammetry & Surveying	Geomatic Engineering
캐나다	University of Calgary	Surveying Engineering	Geomatics Engineering
호주	University of Melbourne	Surveying	Geomatics
홍콩	Polytechnic University	Land Surveying	Land Surveying & Geo-Infomatics
네덜란드	ITC (International Institute for Aerospace Surveying & Earth Sciences)	-	Geoinfomatics

지적학 교육변화는 학과 명칭의 변화뿐만 아니라, 상응하는 교과과정의 개편도 수반하였다. 2년제 대학과 4년제 대학의 사례로 개설 교과목을 지적, 측량, 지적정보(컴퓨터), 도시/부동산, 관계법 등 5개의 범주로 재분류한 결과 개설 교과목의 구성, 학과명칭 등이 차이 나는 것으로 나타났다. 비교된 3개 대학(교)의 학과들은 학과 명칭의 세 가지 흐름을 대표하는 학과들이다.[107)]

대상이 되는 학과는 국내의 지적정보과(Cadastral Information), 지적학과(Land Management), 지적정보학과(Geoinfomatics), 국외의 호주 멜버른대학교 Geomatics학과, 캐나다 캘거리대학교의 Geomatics Engineering학과, 그리고 홍콩 이공대학의 토지측량 및 지적정보학과(Land Surveying & Geo-Infomatics)이다.

각 명칭들이 학과의 교육목표와 교과과정을 반영하고 있어서 교과목의 구성비도 각기 다양

해석된다. 그러나 지적분야에서는 Geoinfo를 지적을 중심으로 한 토지관련 정보로 인식하기 때문에 Geoinfomatics는 광의의 지적정보기술 혹은 지적정보기술과학으로 설명할 수 있다.

106) 강석진·지종덕·유환종, "대학 지적정보교육의 현황과 발전방향에 관한 연구", 「한국지적학회지」, 제18권 제2호, 2002, pp.44-45.

107) 2년제(명지전문대학), 4년제 사회과학(청주대학교), 4년제 공학(서울시립대학교) 분야이다.

하게 구성되어 있다. 외국의 측지·지적관련 학과들은 모두 이공계열에 속해 있으며, 측량부문의 비중이 월등히 높다. 전체 교과목의 절반 이상이 측량부문이며, GIS/LIS, 리모트센싱(RS), 공간DB 관리 및 프로그래밍 등 토지정보처리관련 교과의 비중이 25~35%로 상당히 높다.[108)]

이는 첨단장비를 활용한 측량·측지정보시스템을 GIS/LIS 시스템과 연계하여 교육함으로써 고급 토지정보처리 전문 인력을 양성하려는데 주목적이 있기 때문이다.[109)]

이와 같이 국내·외 지적관련 학과들은 1990년대 중반 이후 학과의 교육목표와 이를 반영하는 학과명칭 및 교과과정을 개편하여 새로운 첨단장비와 소프트웨어를 활용한 토지정보처리 능력을 향상시킬 수 있는 교육과정을 도입하려는 경향이 강하게 나타나고 있다.

따라서 지적학은 미래의 각 분야가 정보화의 물결 속에 유연하게 대처할 수 있도록 지적이론의 체계화가 이루어지고 지적정보를 핵심으로 하는 공간정보가 융·복합화되는 사회변화의 추세에 따라 지적학의 학문적 재정립이 복합적인 측면에서 검토되어야 할 것이다.

(3) 지적학 정립의 미래

지적학은 미래의 연구범위 측면에서 토지를 대상으로 하는 학문이라 할 때, 토지의 지표, 지하, 공중을 연구범위로 한다. 즉, 미래의 지적학은 지표면에 생기는 자연현상(自然現象)과 인문현상(人文現象)의 일반적인 원리적 연구 등도 포함하여 확대되어야 할 것이다.

지적의 학문적 대상 역시 지금까지 지표면의 평면지적에 한정되었으나, 미래에는 토지공간의 활용도 증가 추세를 고려하여 입체적 공간이용(지하상가, 지하철 등)에 관한 현상도 포함되어야 한다. 토지의 효율적 이용을 위해서는 건물의 고층화·대형화 등 공중부분의 이용이 필수화되므로 현재의 지적이 토지정보를 담는 그릇이라면 미래 지적은 토지의 지표, 지하, 공중부분의 기록을 모두 포용하는 새로운 기술적 개념의 지적학이 필요하다.

지적의 학문대상을 넓은 의미의 지적제도에서 필지를 대상으로 발생하는 각종 지적현상을 탐구하는 좁은 의미의 학문으로 재개념화한다면, 지적학이 다른 인접학문과 차별화될 수는 있지만, 연구의 대상이 필지로 축소됨에 따라 미래 지적학의 학문영역이 협소해질 수밖에 없을 것이다.

당연히 지금까지 지적학의 큰 줄기로 중시되던 지적측량의 학문적 비중이 축소될 것이고 측량장비의 과학화와 자동화가 이루어질 때 지적학의 학문적 특성이 변색될 가능성이 많다.

108) 강석진·지종덕·유환종, 전게논문, pp.45-46.
109) 이는 첨단 장비를 활용한 측량·측지정보시스템을 GIS/LIS 시스템과 연계하여 교육함으로써 고급 토지정보처리 전문 인력을 양성하려는데 주목적이 있기 때문이다.

따라서 기회가 있을 때마다 지적학의 지평을 넓히기 위한 연구대상의 확대 노력이 필요하다.

지적학의 학문대상이 단순히 토지를 공적장부에 등록하고 관리한다고 할 때는 등록함에 따른 등록주체, 등록객체, 등록사항, 등록방법, 등록공부만을 대상으로 축소할 수 없다. 지적학 연구대상을 위한 학문적 영역은 조사론, 지리, 법률, 행정, 경제, 사회, 도시, 환경, 측량, 전산학 등 다양한 인접과학의 배경적 협력 하에 토지와 관련된 모든 분야가 속한다.

미래의 지적학의 연구범위를 한정할 때 넓은 의미에서는 토지학이라고 범위를 확대할 수 있다. 토지학을 자연적 토지학과 인문적 토지학으로 분류한다면, 지적학은 인문적 토지학에 가깝다. 자연적 토지학은 인간생활의 자연적 기반으로서 자연환경이 가지는 중요한 요소를 다루고 있는데 지형학, 지질학, 지구과학 등이 이에 속할 것이다.

인문적 토지학은 인류 활동에 의하여 표출된 토지공간의 현상을 표현하고 특징을 기술하는 것으로 지표상에 나타나는 장소, 입지 등이 관련되며 자연과 인간의 두 가지 관점을 모두 지니는 것으로 부동산학, 도시계획학, 토지경제학 등이 이에 속할 것이다.

지적학의 미래상을 위한 학문적 범위의 확대를 위해서는 무엇보다도 연구자 교류 및 학문적 정보교류를 위한 연구지원 사업의 활성화가 전제되어야 할 것이다. 미래의 지적학은 지적의 개념화된 제반내용을 포괄하여 연구대상 및 연구범위를 재설정하고 전문적으로 연구하는 종합과학이 될 것이다.

지적학은 학제적으로 지적기술과 지적관리 및 지적제도를 체계화하기 위한 원리와 기법을 탐구하는 학문적 토대위에 주변 학문과의 융·복합으로 연구대상과 학문적 체계가 재설정[110]되어야 할 것이다.

110) 학문적 범위에서 지적학은 토지를 대상으로 하는 학문이며, 토지의 지표, 지하, 공중을 연구범위로 한다. 미래의 지적학은 지표면에 생기는 자연현상과 인문현상의 일반적·원리적 연구 등도 포함하여야 할 것이므로 기회가 있을 때마다 지적학의 지평을 넓히기 위한 연구대상의 확대가 필요하다.

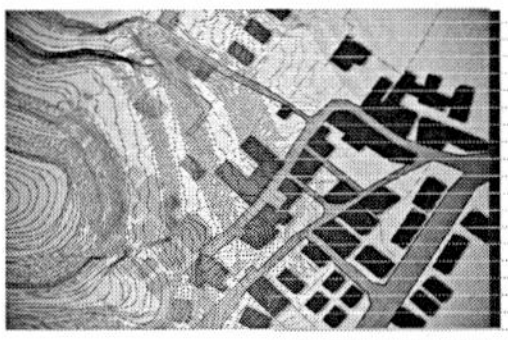

단 원 학 습 평 가

1. 지적학 관련 학문 중 사회과학 분야가 아닌 것은?
① 행정학　② 지구과학　③ 지리학　④ 법학

2. 필지의 인위적 특성으로 틀린 것은?
① 등록의 불가피성　② 폐색성　③ 가변성　④ 유한성

3. 일필지와 관련된 관리 활동에 관련된 지적현상을 다루고자 할 때 사용될 수 있는 지적학 연구의 접근방법은?
① 행정적 접근방법　② 기술적 접근방법　③ 경제적 접근방법　④ 역사적 접근방법

4. 지적활동을 설명하고 있는 용어가 아닌 것은?
① 조사　② 등록　③ 제공　④ 관리

5. (　　)는 일정 기준에 의해 구획되는 토지의 등록단위를 말한다.

6. 지적현상은 (　　　)으로 인한 필지의 내·외적인 변화를 의미한다.

7. 필지의 어원에 대하여 설명하시오.

8. 미래사회 변화에 따른 지적학의 변모 양상에 대해 설명하시오.

9. 학술적 관점과 제도적 관점에서 지적학의 개념을 설명하시오.

10. 지적학의 연구방법론에 대해 설명하시오.

정답 1. ② 2. ④ 3. ① 4. ③ 5. 필지 6. 지적활동 7-10. 본문 참조

참고문헌

1. 강석진 · 지종덕 · 유환종, "대학 지적정보교육의 현황과 발전방향에 관한 연구", 「한국지적학회지」, 제18권 제2호, 2002.
2. 고준환, "지적정보학의 학문적 성격에 관한 연구", 「서울시립대학교 논문집」, 제32집, 서울시립대학교, 1999.
3. 김갑수, 「지적행정학개론」, 신라출판사, 1988.
4. 김두칠, "기초과학과 응용과학의 학문적 성격 대비와 상호 관련성", 「현대의 학문 세계」, 민음사, 1994.
5. 김수영, 「행정학원론」, 법지사, 1991.
6. 김영모, 「지역계획론」, 보성각, 2004.
7. 김영진, 「부동산학총론」, 경영문화원, 1980.
8. 김용희, 「법학개론」, 경진사, 1983.
9. 김태훈, 「부동산용어사전」, 경영문화원, 1994.
10. 대한지적공사 지적연구원, 「지적학의 학문분류체계 개선방안에 관한 연구」, 2005.
11. 대한지적공사, 「한국지적백년사(자료편: 지적관계법규)」, 2005.
12. 대한측량협회, 「측량학」, 1985.
13. 류병찬, "지적학의 학문적 좌표와 발전방향에 관한 연구", 「지적」, 제34권 제2호, 대한지적공사, 2004.
14. 류병찬, 「최신지적학」, 건웅출판사, 2001.
15. 류복모, 「기본측량학개론」, 동면사, 2004.
16. 미래기획위원회 미래기획단, 「미래예측방법론」, 2009.
17. 민진기, 「행정학개설」, 고시연구사, 2000.
18. 박병관 · 김석진, 「석학과 Think Tank들이 본 21세기」, LG경제연구원, 2000.
19. 박순표·최용규·강태석, 「지적학개론」, 형설출판사, 1993.
20. 박운용, 「측량공학개론」, 동아대학교 출판부, 2002.
21. 박종화·윤대식·이종율, 「지역개발론」, 박영사, 2000.
22. 방경식·장희순, 「부동산학개론」, 부연사, 2004.
23. 소광희, 「현대의 학문체계」, 민음사, 1994.
24. 왕종수, 「전산학총론」, 연학사, 2004.
25. 원영희, 「지적학원론」, 홍익문화사, 1979.
26. ______, 「해설지적학」, 보문출판사, 1972.
27. 원한식, "학문과 행정학", 「정책과학논총」, 제9집, 전주대학교 정책학연구소, 1993.
28. 이래영, 「부동산학개론」, 법문사, 2000.
29. 이범관, "지적학의 학문적 체계화에 관한 연구", 「한국지적학회지」, 제17권 제2호, 2001.
30. ______, 「지적학원론」, 삼지출판사, 2007.
31. 이왕무·장우진, 「지적학사전」, 범론사, 2005.
32. 이영자 · 이경호, 「정보학개론」, 정각당, 1993.
33. 이재운, "체육학의 학문적 구조의 변화 가능성 탐색", 박사학위논문, 전남대학교 대학원, 2006.
34. 이창석, 「부동산학개론」, 형설출판사, 2003.
35. 임동호·박동헌, "지적의 학적체계화 방향에 관한 연구", 「사회과학연구」, 제19집, 강원대학교 사회과학연구소, 1984.

36. 정재호, 「미래예측 방법론: 이론과 실제」, 나라경제 10월호, 2006.
37. 정지문, 「전산학개론」, 진영사, 1999.
38. 조규전, 「표준측량학」, 보성문화사, 1996.
39. 조동일, 「우리학문의 길」, 지식산업사, 1993.
40. 조현용, "한국어 수량 단위명사의 어원연구", 「어문연구」, 제26집 제3호, 한국어문교육연구회, 1998.
41. 지종덕, "지적학의 학문적 특성에 관한 연구", 「한국지적학회지」, 제20권 제1호, 2004.
42. _____, "필지의 역할과 설정등록(1)", 「지적」, 대한지적공사, 2001.
43. _____, "다목적지적제도 도입에 관한 연구", 석사학위논문, 건국대학교 대학원, 1989.
44. _____, 「지적의 이해」, 기문당, 2011.
45. 지종덕·이동현·이은수, "산학관 협력체계 구축을 통한 지적이론 체계화 기본계획 수립", 대한지적공사·지적연구원, 2011.
46. 최용규, "현대지적이론의 체계화 구상", 「사회과학논총」, 제7집, 청주대학교, 1988.
47. _____, 「새부동산학개론」, 한양출판사, 1998.
48. 최항섭 · 음수연 · 전미경, "디지털사회의 미래예측 방법론 연구", 「정보통신정책연구원」, 2006.
49. 컴퓨터용어대사전편찬위원회, 「컴퓨터용어대사전」, 정보문화사, 1999.
50. 한국정보화진흥원, 「트렌드로 보는 미래사회의 5대 특징과 준비과제」, IT & Future Strategy, 제8호, 2009.
51. 황명찬, 「지역개발론」, 법문사, 1989.
52. 地協会報, 元学監 大学出講, 1973.
53. 詹长根, "现在地籍技术 第一讲 现代地籍研究的基本进展", 测绘信息与工程, 2004.
54. 1977년 11월 16일자 문교부 제770851-988호.
55. 1977년 11월 2일자 지적 제1236.13-14088호.
56. Bryan A. GARNER(editor in chief), Black's Law Dictionary, EIGHTH EDITION, TOHOMSON west, 2004.
57. Ji, Jongduck and Yu, Hwanzong, "The development and characteristics of the modern cadastral education in Korea", Paper presented at International Federation of Surveyors(FIG) Working Week 2001, Seoul, Korea, 6-11 May, 2001.
58. Tefko Sracevic and Alan Rees, "The Impact Of Infomation Science on Library Practice", Library Journal Ⅵ93, N.19, 1968.
59. UN, Land Administration Guidelines, Economic Commission for Europe, New York and Geneva, 1996.
60. Walker, R. ed., AGI Standards Committee GIS Dictionary. Association for Geographic Information, 1993.
61. http://bbs.kxkb.com/shenme/1202287539593033.html.

CHAPTER

03

지적제도

1 우리나라의 지적제도
2 우리나라 지적제도의 발달과정
3 외국의 지적제도

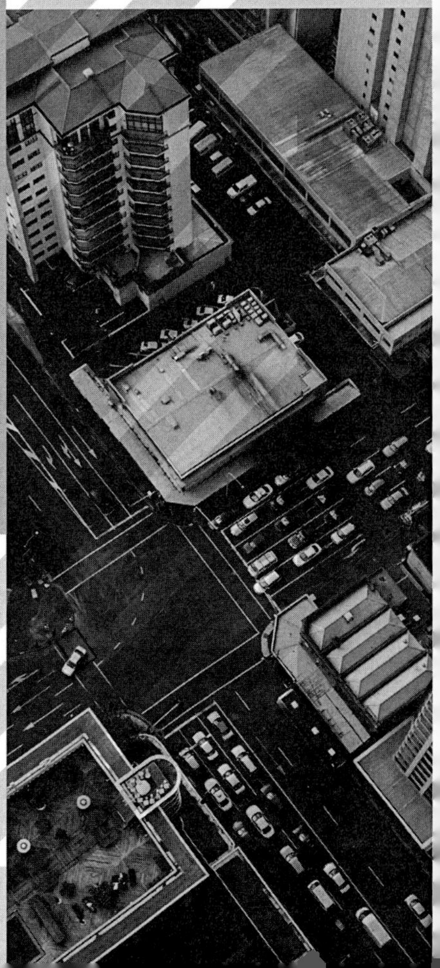

CHAPTER 03

지적제도

1 우리나라의 지적제도

1) 지적제도의 개념

지적제도는 토지등록제도의 하나의 유형으로서 "지적활동을 위해 법과 행정조직을 바탕으로 하는 지적관리의 체계"[1]나, "토지의 각 필지에 대한 위치, 형질, 용도, 면적, 법적 소유관계, 환경 등 토지 관련정보를 등록·공시하고 이의 변동사항을 영속적으로 유지·관리하는 국가사무"[2]라고 정의되어 왔다.

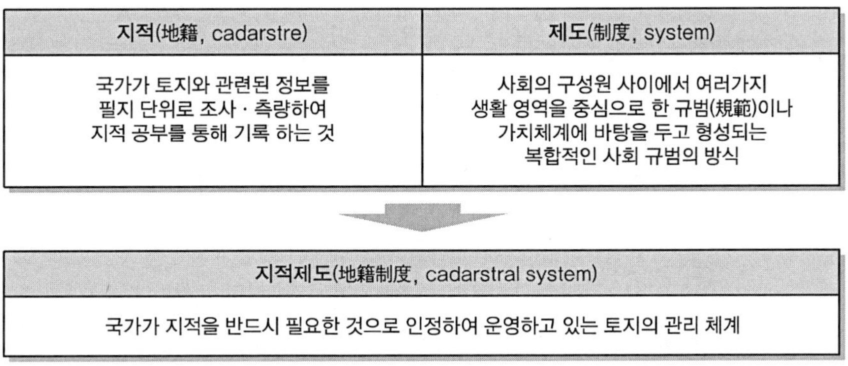

[그림 3-1] 지적제도의 개념

1) 이범관, "한국의 지적제도에 관한 연구-법·행정·운영실태를 중심으로-", 박사학위논문, 단국대학교 대학원 1996, p.14.
2) 류병찬, "다목적지적제도의 모형개발에 관한 연구", 「지적」, 대한지적공사, 1991, p.52.

결국, 지적이 "토지에 대한 기록"이라면, 지적제도(cadastral system)는 국가가 지적을 반드시 필요한 것으로 인정하여 운영하고 있는 토지의 관리체계를 뜻한다. 예를 들어, 누구에게나 신앙의 자유가 보장되는 '종교제도(宗敎制度)', 남녀가 부부로 인정받는 '혼인제도(婚姻制度)', 국방의 의무를 부과하는 '병역제도(兵役制度)' 등과 같이 지적제도는 국가가 인간생활에 있어서 매우 중요한 토지를 적극적으로 관리하기 위해 채택한 제도이다.

2) 지적제도의 분류

국가가 운영하는 지적제도는 무엇을 기준으로 하느냐에 따라 다양한 분류가 가능하지만, 일반적으로는 설치목적(발전과정)에 따른 구분, 측량방법(경계점 표시 방법)에 따른 구분, 그리고 등록방법(등록사항의 차원)에 따른 구분으로 분류하여 그 내용을 살펴볼 수 있다.

(1) 설치목적(발전과정)에 따른 구분

지적제도는 그 설치목적(발전과정)에 따라 세지적(稅地籍, fiscal cadastre), 법지적(法地籍, legal cadastre 또는 juridical cadastre) 및 정보지적(情報地籍, information cadastre)[3]으로 구분된다.

세지적은 국가의 수입원이 토지에 대한 세금에 의존하던 시대에 세금부과를 주된 목적으로 운영하는 지적제도이다. 세지적은 '과세지적(tax cadastre)'이라고도 불리며, 토지에 대한 조세를 부과함에 있어서 그 세액 결정을 가장 큰 목적으로 한다.[4] 세지적 하에서 지적공부의 등록사항은 필지에 대한 면적·규모·위치·사용권·규제사항 등에 관한 정보를 포함함으로써 토지에 대한 가치를 평가하기 위한 기초 자료를 제공할 뿐만 아니라 토지개량(土地改量)에 대한 정확하고 공평한 평가를 할 수 있는 수단을 제공한다.[5] 세지적은 국가 재정세입의 대부분을 토지세에 의존하던 농경시대에 개발된 최초의 지적제도로서 각 필지에 대한 세액을 정확하게 산정하기 위하여 면적 본위로 운영되었기 때문에 개별 필지의 측지학적 위치보다는 재산 가치를 판단할 수 있는 면적을 정확하게 결정하여 등록함이 우선되었다.[6]

---

3) 현재까지 국내·외 많은 학자들은 지적제도의 설치목적에 따라 세지적, 법지적과 함께 다목적지적(multi-purpose cadastre)으로 분류하고 있다. 그러나 다목적지적은 정보지적으로 표현해야 한다는 학자도 있다. 그 이유는 외래어인 멀티-퍼포스 카다스터(multi-purpose cadastre)를 그대로 번역하면, 지적제도의 주된 설치목적이 무엇인가를 묻는 질문에 여러 가지 목적이 있다고 대답하는 모순을 초래하기 때문이라는 것이다. 이와 같은 주장에 대해서는 앞으로 점차적인 논의와 검증을 거쳐 합리적인 용어로 사용되어야 할 것이다.

4) 원영희, 「지적학원론」, 홍익문화사, 1979, p.39.

5) National Research Council, Need for a Multipurpose Cadastre, Washington D.C., National Academy Press, 1980, p.10.

법지적은 토지소유권에 관한 권리관계의 확보를 위하여 주된 목적으로 운영하는 지적제도이다. 소유지적(property cadastre)이라고도 불리며 이는 토지사유제가 정착되면서 과세는 물론 토지거래의 안전을 도모하기 위해 고안된 것이다. 법지적은 토지에 대한 소유권이 인정되기 시작한 산업화시대에 개발된 지적제도로서 물권의 공시 기능을 수행하기 위하여 각 필지의 경계점에 대한 측지학적 위치를 정확하게 측정하여 지적공부에 등록함으로써 토지에 대한 소유권이 미치는 범위를 명확하게 확인하는 것을 가장 큰 목적으로 한다.[7] 법지적은 위치 본위로 운영된다는 점에서 지적도에 등록된 경계 또는 경계점좌표등록부에 등록된 경계점 좌표의 정확성을 확보하는데 중점을 둔다.[8]

정보지적은 국가가 다양한 토지의 정보를 활용하고 제공해주는 것을 주된 목적으로 하는 지적제도이다. 이는 다목적지적(multipurpose cadastre)이라고도 하며 필지 단위로 토지와 관련된 기본 정보를 집약하고 그 지속적 이용·관리를 통해 토지정보를 종합적으로 제공하여 주는 것이다.[9] 정보지적은 필지를 중심으로 당해 토지의 물리적 현황은 물론 법·경제·사회적 측면에서의 모든 정보를 수집하여 집중 관리하거나 상호 연계하여 토지 관련정보를 신속 정확하게 공유할 수 있는 시스템으로서 가장 이상적인 지적의 형태라 할 수 있다. 과거의 지적제도의 유형이었던 세지적과 법지적은 오늘날 전산화를 기초로 하여 복합적이고 다목적인 정보 서비스의 기능을 가진 정보지적 제도로 발전하고 있다.

정보지적은 미국 연방정부의 토지관리국·법무성·국립지리원·통계국·농무성 등 다원화된 토지관련 정보 취급기관이 토지에 관한 여러 정보를 효율적으로 수집·관리하기 위하여 1960년대 초부터 개발하기 시작하였으며, 현재는 유럽의 여러 국가들도 정보지적을 활용하고 있다.

〈표 3-1〉 설치목적에 따른 지적의 분류

구 분	내 용		
	세지적	법지적	정보지적
목 적	토지 조세 부과	토지 소유권 보호	토지 정보의 활용
중 점	토지의 면적	토지의 위치 및 소유 관계	자료의 종합화 및 자동화

6) 류병찬, "한국과 외국의 지적제도에 관한 비교연구", 박사학위논문, 단국대학교 대학원, 1999, p.29.
7) 원영희, 전게서, p.41.
8) 류병찬, 전게논문, p.30.
9) National Research Council, op. cit., p.1.

(2) 측량방법(경계점 표시 방법)에 따른 구분

지적제도는 측량방법에 따라 도해지적(圖解地籍, graphical cadastre)과 수치지적(數値地籍, numerical cadastre)으로 구분된다. 도해지적이란 현장의 위치, 크기, 모양 등을 표시하기 위해 지적측량을 실시하고, 그 내용을 일정한 축척에 따라 지적도나 임야도에 등록하는 것을 말한다. 축척(scale)은 지표상의 실제거리와 지도상에 나타낸 거리와의 비율을 말하는 것으로 우리나라의 지적제도에서 사용하고 있는 축척의 종류는 지적도의 경우 1/500, 1/600, 1/1,000, 1/1,200, 1/2,400, 1/3,000, 1/6,000이고, 임야도의 경우 1/3,000과 1/6,000로 구분된다.

세지적과 법지적 하에서는 도해지적에 크게 의존하고 있다. 도해지적은 그 장점에 비하여 그에 따르는 부작용을 적지 않게 수반하는바, 예컨대 축척에 따라 허용오차가 서로 다르며 도면작성과 면적측정 시에 인위적인 오차를 유발하기 쉽고 도면의 신축방지와 원본의 영구적인 보관·관리가 어려워 고도의 정밀을 요구하는 경우에는 부적합하다고 볼 수 있다.

도해지적에서는 토지경계의 실질적인 효력을 도면에 등록된 경계를 기준으로 하며, 현재 우리나라 대부분의 지적(임야) 도면이 도해지적으로 등록된 상태이다. 도해지적은 수치지적보다 측량성과의 정확성이 떨어지고 특히, '지적불부합(地籍不符合)'이 크게 문제 되기 때문에, 최근에는 정밀도가 매우 높은 측량기기를 사용하여 토지를 수치지적으로 등록하는 추세이다.

수치지적은 도해지적과는 달리 현장에서 측량하여 얻어진 토지의 경계점에 대한 평면 직각 종횡선 수치(x, y)를 수치지적부(현재의 경계점좌표등록부)에 등록·관리하는 지적제도를 말한다. 수치지적은 측량성과의 정확성이 매우 높을 뿐만 아니라 임의의 축척으로 지적도를 작성·활용할 수 있어 대부분의 선진국에서는 도해지적에서 수치지적으로의 전환을 꾀하고 있다.

(3) 등록방법(등록사항의 차원)에 따른 구분

지적제도는 토지를 어떠한 방식(차원)으로 등록하는지에 따라 2차원 지적(二次元 地籍, two dimensional cadastre), 3차원 지적(三次元 地籍, three dimensional cadastre), 4차원 지적(四次元 地籍, four dimensional cadastre)으로 구분된다.

2차원 지적은 토지의 높낮이에 관계없이 수평면만을 등록하는 것으로서 '수평지적'이라고도 하며, 3차원 지적은 선과 면만을 가진 2차원 지적에 높이라는 1개 차원을 추가하여 등록하는 것으로서 '입체지적'이라고도 한다. 그리고 4차원 지적은 3차원 지적에 시간이라는 축을 가미한 지적으로서 토지 등록의 내용에 역사적 기록을 포함시킨 것을 의미한다. 4차원 지적은 시간위상(time topology)을 고려하여 정적인 3차원 토지 관리를 동적인 관리 형태로 전환하는 것을 의미하며, 단순히 연혁에 초점을 두는 것이 아니라 필지의 진보과정, 법적 경과, 권리의 변동 등에 대하여 시간위상을 고려한다는 것이다.

[그림 3-2] 2차원 지적 · 3차원 지적 및 4차원 지적의 개념도

3) 지적제도의 특성 및 기능

(1) 지적제도의 특성

'특성'이란 어떠한 사물이 가지고 있는 특수한 성질을 말한다. 지적제도가 가지고 있는 주된 특성으로는 ① 전통성과 영속성, ② 통일성과 획일성, ③ 전문성과 기술성, 그리고 ④ 공개성과 준사법성 등을 들 수 있는데, 그 내용을 설명하면 다음과 같다.

① 전통성과 영속성

지적제도는 오랜 과거부터 오늘에 이르기까지 전통성과 영속성을 가지고 발달해 왔다. '전통성'이란 예전부터 이미 이루어진 어떠한 사상·관습·행동 따위의 양식이 계통을 이루며 전해져 내려오는 것을 말하며, '영속성'이란 그러한 전통이 끊임없이 계속되는 속성을 말한다. 지적제도에 있어서 토지에 관한 정보를 기록하는 내용과 방식은 시대의 환경에 따라 조금씩 발전되는 모습을 보이기도 하지만, 등록된 토지의 정보를 취급하는 과정은 전통적인 체계를 바탕으로 영원히 유지·관리되고 있다.

② 통일성과 획일성

'통일성'이란 다양한 요소들이 있으면서도 전체가 하나로서 파악되는 성질을 말하며, '획일성'이란 어떠한 것을 일정한 틀에 넣어 규격화하고 동질화하는 속성을 말한다. 지적제도를 운영함에 있어서 지적공부에 등록하는 면적 단위, 지목 구분, 지적측량 방법과 절차, 지적공부의 정리 방법 등에 관한 모든 사항은 약속된 과정과 방법을 통해 전국적으로 통일되고 획일적으로 운영되고 있다.

③ 전문성과 기술성

지적제도는 지적조사·측량을 수반하는 전문적이고 기술적인 특성을 지닌다. '전문성'이란 어떠한 분야에 상당한 지식을 필요로 하는 것을 말하며, '기술성'이란 사물을 잘 다룰 수 있는 방법이나 능력을 말한다. 지적제도에 있어서는 지적공부의 정리, 열람·등본 발급과 관련된 일반 행정사무 집행에서의 전문적 지식은 물론이고, 지적측량 성과의 검사, 측량기초점의 관리, 지적도와 임야도의 정리 등에 따르는 전문기술이 크게 요구된다. 지적기술자가 아니면 지적조사·측량을 할 수 없도록 하고 있는 이유도 지적제도가 고도의 전문성과 기술성을 필요로 하기 때문인 것이다.

④ 공개성과 준사법성

'공개성'이란 어떤 사실이나 사물, 내용 따위를 모든 사람에게 숨김없이 알리는 성질을 말하며, '준사법성'이란 어떤 문제를 법원에서 해결하는 것과 다름없는 효력을 가지는 속성을 말한다. 지적제도는 토지의 위치·크기·모양 등을 결정하여 지적공부에 등록하기 때문에 항상 국민에게 공부의 열람 및 등본 발급의 신청을 공개적으로 허용하고 있으며, 토지의 경계 분쟁을 해결하는 준사법적인 특성을 지니고 있다. 즉, 지적공부상의 토지경계는 국민의 토지소유권을 확정하는 근거 서류로서 토지경계 분쟁에 따른 법원의 판결에 중요한 영향을 미친다.

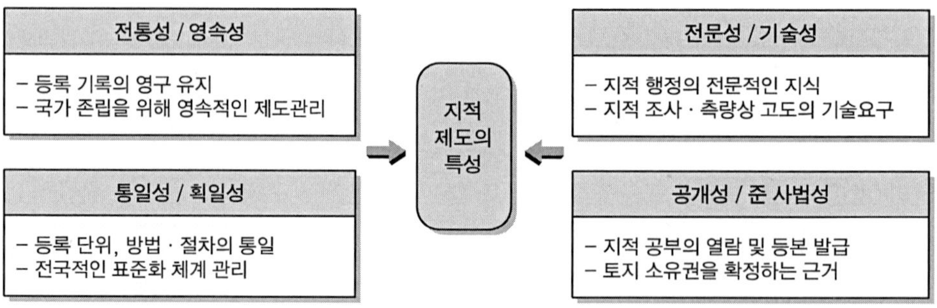

[그림 3-3] 지적제도의 특성

(2) 지적제도의 기능

'기능'이란 다른 말로 '역할'이나 '작용'이라고 할 수 있다. 우리가 살고 있는 집은 편안한 안식처의 역할을 하고, 우리가 매일 먹는 음식은 신체에 영양분을 공급하여 생활하는 힘의 원동력을 제공해 주는 작용을 한다. 지적제도는 국가가 국토를 효율적으로 관리하고, 국민이 토지활동을 신속·안전하게 할 수 있도록 해주는 기능을 하는데, 이와 같은 지적제도의 대표적인 기능은 ① 토지등록의 법적 효력과 정보 공시의 기능, ② 의사결정을 위한 기초자료의 기능, ③ 토지관리에 따른 토대의 기능으로 요약될 수 있다.

① 토지등록의 법적 효력과 정보 공시의 기능

지적제도는 필지 단위로 토지에 대한 경계를 명확히 구분하여 등록함으로써 토지소유권의 범위를 확정하는 법적 효력을 가질 뿐만 아니라, 일반 대중의 필요에 따라 토지에 대한 자세한 정보가 외부적으로 공개되도록 알려주는 기능을 가지고 있다.

② 의사결정을 위한 기초자료의 기능

지적제도는 토지 활동의 정보원(情報源)으로서 국가의 토지행정 및 개인의 토지활동에 따르는 가치 판단과 의사결정을 위한 기초자료가 된다. 즉, 토지과세를 위한 기초자료, 토지 감정평가를 위한 기초자료, 토지이용계획을 위한 기초자료, 토지거래를 위한 기초자료, 등기를 위한 기초자료 등 각종 계획과 활동에 기초 자료로서의 기능을 가지고 있다.

③ 토지관리에 따른 토대의 기능

현대의 토지관리는 정보의 수집, 보관 공급이 원활하게 이루어지는 것을 목표로 두고 있다. 이를 뒷받침해줄 수 있는 것이 지적제도이며, 지적전산화에 따른 토지정보시스템의 구축은 토지거래, 개발이익 환수, 부동산산업 관리, 토지가격 관리, 외국인 토지관리 등 매우 다양한 분야에서의 토지관리가 이루어지는 토대가 된다.

4) 지적공부

(1) 지적공부의 의의

지적공부(地籍公簿)는 토지를 구획하여 일정한 사항을 기록한 장부를 말하는 것으로 일정한 형식과 규격을 법으로 정하여 일반 국민이 언제라도 활용할 수 있도록 비치되어 있어야 한다. 등록된 내용은 실제의 토지내용과 항시 일치하는 것을 이상으로 하고 있으므로 항시 토지의 변동사항을 계속적으로 정리해야한다.[10] 구체적으로 지적공부는 지적측량 등을 통하여 조사된 토지의 표시와 해당 토지의 소유자 등을 기록한 대장 및 도면(정보처리시스템을 통하여 기록·저장된 것을 포함)을 말한다. 이와 같은 지적공부는 국가가 토지행정의 기초자료로 활용할 뿐만 아니라 국민이 부동산 활동을 하는데 매우 유용한 정보의 근원이 된다.

지적제도가 처음으로 창설될 당시에는 토지의 조사 내용을 종이로 된 책이나 도면으로 기록·저장할 수밖에 없었다. 그러나 정보화시대에 접어들면서 점차 전산시스템이 발달됨에 따라 토지의 등록사항도 자기디스크·자기테이프, 그밖에 이와 유사한 매체 형태의 지적 파일로 기록·저장이 가능하게 되었다.

최근에는 지적공부 이외에 부동산종합공부라는 것이 만들어지게 되었는데, 이것은 토지의 표시와 소유자에 관한 사항, 건축물의 표시와 소유자에 관한 사항, 토지의 이용 및 규제에 관한 사항, 부동산의 가격에 관한 사항 등 부동산에 관한 종합정보를 정보관리체계를 통하여 기록·저장한 것을 말한다.

지적공부에는 토지대장·임야대장·공유지연명부·대지권등록부·지적도·임야도 및 경계점좌표등록부와 지적전산 자료(지적파일)가 있다. 1910년에는 4종으로 운영되었으나 1976년에 수치지적부 신설, 1995년에 지적파일(전산정보처리시스템에 의한 지적공부) 신설, 2002년에 공유지연명부와 대지권등록부가 신설되어 현재 총 8종으로 운영되고 있다.

〈표 3-2〉 지적공부의 변천과정

연도	1910~1924	1925~1975	1976~1995	1995~2001	2002~현재
공부 종류	토지대장	토지대장	토지대장	토지대장	토지대장
	임야대장	임야대장	임야대장	임야대장	임야대장
	지적도	지적도	지적도	지적도	지적도
	임야도	임야도	임야도	임야도	임야도
			수치지적부(신설)	수치지적부	경계점좌표등록부
				지적파일(신설)	지적파일
					공유지연명부(신설)
					대지권등록부(신설)

지적소관청에서는 이와 같은 대장이나 도면 이외에도 여러 종류의 장부를 사용하고 있으나, 단지 지적사무를 수행하는 데 부수적으로 필요하기 때문에 그것들을 지적공부라고

10) 김영학·이왕무·이동현·김남식, 「지적학」, 화수목, 2015, p.262.

부르지 않고, '부속장부'라고 부른다. 이는 공식적인 지적공부가 아니더라도 지적공부를 작성하기 위해 필요한 서류나 도면 등이 있다. 그 중 결번대장, 일람도 등은 중요한 문서이면서도 지적공부에는 해당되지 않는 대표적인 부속장부라고 할 수 있다.

(2) 지적공부의 유형 및 등록 내용

① 토지대장과 지적도

토지대장과 지적도에는 1910년부터 1918년까지 실시된 토지조사사업에서 조사·측량된 토지를 바탕으로 그 이후에 신규 등록된 토지가 등록·관리되고 있다. 토지대장은 지적도에 등록되어 있는 토지에 대한 소재·지번·지목·면적 등 토지 표시사항과 토지 소유자의 성명·주소·등록번호 등 소유권 표시사항 등을 등록·공시하기 위하여 작성하는 대장을 말한다. 지적도는 토지대장에 등록된 토지의 필지별 경계선과 지번·지목 등을 등록·공시하기 위하여 작성하는 도면을 말한다.

② 임야대장과 임야도

임야대장과 임야도에는 1916년부터 1924년까지 실시된 임야조사사업에서 조사·측량된 토지(임야)를 바탕으로 그 이후에 신규 등록된 토지(임야)가 등록·관리되고 있다. 임야대장은 임야도에 등록되어 있는 토지에 대한 소재·지번·지목·면적 등 토지 표시사항과 토지 소유자의 성명·주소·등록번호 등 소유권 표시사항 등을 등록·공시하기 위하여 작성하는 대장을 말한다. 임야도는 임야대장에 등록된 토지의 필지별 경계선과 지번·지목 등을 등록·공시하기 위하여 작성하는 도면을 말한다.

③ 공유지연명부와 대지권등록부

토지대장에 등록된 하나의 필지를 2인 이상이 공동으로 소유하고 있는 경우에는 공유지연명부를 두고 있으며, 집합건물(아파트 등) 등 구분소유 단위로 대지권 표시의 등기를 한 토지에 대해서는 대지권등록부를 두고 있다. 구체적으로 공유지연명부는 일필지의 토지를 2인 이상이 공동으로 소유하고 있는 공유 토지에 대하여 토지대장 또는 임야대장 이외에 공유자와 지분 등을 등록·공시하기 위하여 작성하는 대장을 말한다. 대지권등록부는 집합건물을 구분소유 단위로 대지권표시의 등기를 한 공유토지에 대하여 토지대장 또는 임야대장 이외에 전유부분의 건물의 표시·건물의 명칭·대지권의 지분 등을 등록·공시하기 위하여 1986년부터 신설된 대장을 말한다.

④ 경계점좌표등록부

경계점좌표등록부에는 도시개발사업 등이 완료됨에 따라 지적확정측량 또는 축척변경을 경위의 측량방법으로 실시하여 경계점을 좌표로 등록하고 있다. 이와 같은 대장·도면 및 경계점좌표등록부 등은 정보처리시스템을 통해 지적파일 형태의 집합물로 기록·저장된다. 우리나라에서 대장(토지대장·임야대장)과 도면(지적도·임야도)은 토지조사사업과 임야조사사업의 결과에 따라 작성되어 현재까지 관리되고 있으며, 경계점좌표등록부는 1975년에 수치지적이 도입되어 작성되기 시작하였다. 외국에서의 지적공부는 토지와 관련된 등록대상에 따라 여러 종류로 구분하고 있으나, 그 대부분은 우리나라의 경우와 같이 대장과 도면으로 이루어져 있고, 그밖에 보조장부를 사용하고 있다. 그러나 토지를 등록함에 있어서는 우리나라와 같이 토지와 임야로 각각 구분하여 등록하지 않고 임야를 토지에 묶어서 관리하는 것이 보통이다.

⑤ 전산정보처리시스템에 의한 지적공부(지적파일)

전산정보처리시스템을 통하여 기록·저장된 지적공부라 함은 대장·도면 및 경계점좌표등록부를 전산정보처리시스템에 의하여 처리할 수 있는 형태로 작성한 파일을 말하는데, 대장파일과 도면파일로 작성할 수 있다. 지적공부의 유형별 세부적인 등록내용은 다음의 표와 같다.

〈표 3-3〉 지적공부의 등록내용

지적공부	등 록 내 용
토지대장 및 임야대장	1. 토지의 소재　2. 지번　3. 지목　4. 면적 5. 소유자의 성명 또는 명칭, 주소 및 주민등록번호　6. 토지의 고유번호 7. 지적도 또는 임야도의 번호와 필지별 토지대장 또는 임야대장의 장번호 및 축척 8. 토지의 이동 사유　9. 토지소유자가 변경된 날과 그 원인 10. 토지등급 또는 기준 수확량 등급과 그 설정·수정 연월일 11. 개별공시지가와 그 기준일　12. 그 밖에 국토교통부장관이 정하는 사항
공유지연명부	1. 토지의 소재　2. 지번　3. 소유권 지분 4. 소유자의 성명 또는 명칭, 주소 및 주민등록번호 5. 토지의 고유번호　6. 필지별 공유지연명부의 장번호 7. 토지소유자가 변경된 날과 그 원인
대지권등록부	1. 토지의 소재　2. 지번　3. 대지권 비율 4. 소유자의 성명 또는 명칭, 주소 및 주민등록번호　5. 토지의 고유번호 6. 전유부분(專有部分)의 건물 표시　7. 건물의 명칭 8. 집합건물별 대지권등록부의 장번호 9. 토지소유자가 변경된 날과 그 원인　10. 소유권 지분

지적공부	등록내용
경계점좌표 등록부	1. 토지의 소재 2. 지번 3. 좌표 4. 토지의 고유번호 5. 지적도면의 번호 6. 필지별 경계점좌표등록부의 장 번호 7. 부호 및 부호도
지적도 및 임야도	1. 토지의 소재 2. 지번 3. 지목 4. 경계 5. 지적도면의 색인도 6. 도면의 제명 및 축척 7. 도곽선(圖廓線)과 그 수치 8. 좌표에 의하여 계산된 경계점 간의 거리(경계점좌표등록부를 갖추어두는 지역에 한함) 9. 삼각점 및 지적측량 기준점의 위치 10. 건축물 및 구조물 등의 위치 11. 그 밖에 국토교통부장관이 정하는 사항

(3) 지적공부의 형식

지적공부 형식은 지적의 이상을 실현하기 위한 중요한 그릇으로서 여러 가지 환경 변화를 수용할 수 있어야 하고 형식이 갖추어야 할 요건이 충족되어야 한다. 지적공부의 형식이 갖추어야 할 요건에는 표준화(standard), 지속성(sustainability), 대응성(correspondence), 효율성(efficiency), 편리성(convenience) 등이 있다.[11] 여기서 표준화는 공부의 형식차원에서 통일적이고 일률적인 규격, 지속성은 공부등록관리 차원에서 과거·현재 및 미래까지 유지할 수 있는 재질, 대응성은 공부등록의 변화환경 수용차원에서 유연하고 신속한 반응 양식, 효율성은 공부관리차원에서 투입 비용대비 산출효과를 유발하는 유지관리, 편리성은 공부활용차원에서 접근의 용이 등을 의미한다.

① 대장의 형식

대장의 형식에는 부책식(장부식)과 카드식이 있다. 부책식 또는 장부식 편철 형식은 우리나라의 과거 토지대장·임야대장과 같이 최초의 사정(査定) 필지를 기준으로 하여 50~200씩 묶은 장부로 편철·보관하는 방식을 말한다. 부책식 편철 형식은 토지분할 등 토지의 이동이 있을 때마다 그 부분에 대한 삽지를 추가하여 다시 편철·정리해야 하는 매우 불편한 단점이 있다. '삽지'는 종이를 끼워 삽입한다는 뜻이다. 즉, 새로이 기록된 대장 용지를 순번 위치에 맞도록 끼울 때의 대장서식을 삽지라고 한다.

카드식은 부책식(장부식)의 단점을 보완하기 위하여 모든 대장의 필지별로 낱장의 카드를 만들어 편철하는 방식을 말한다. 예전에는 낱장의 카드를 켄트지 사이에 나일론 망사를 넣어 접착시킴으로써 쉽게 찢어지지 않도록 하였다. 최근에는 카드화한 대장이 분실되거나 다른 카드와 섞일 수 있는 위험을 방지하기 위해 다시 지번부여지역 별로 100장 단위로 바인더에 넣어 보관·관리하고 있다.

11) 김영학·이왕무·이동현·김남식, 전게서, p.262.

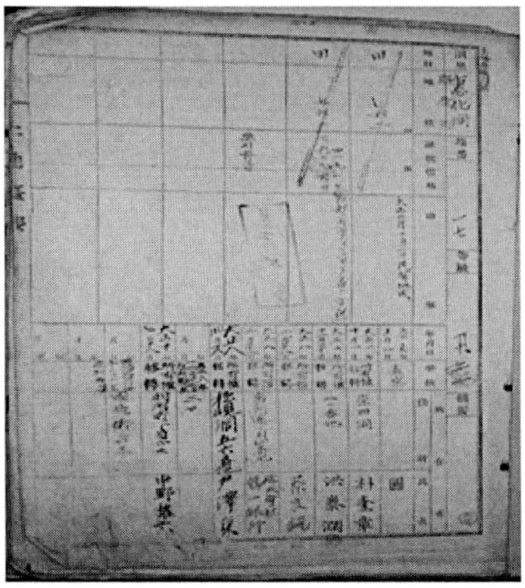

부책식

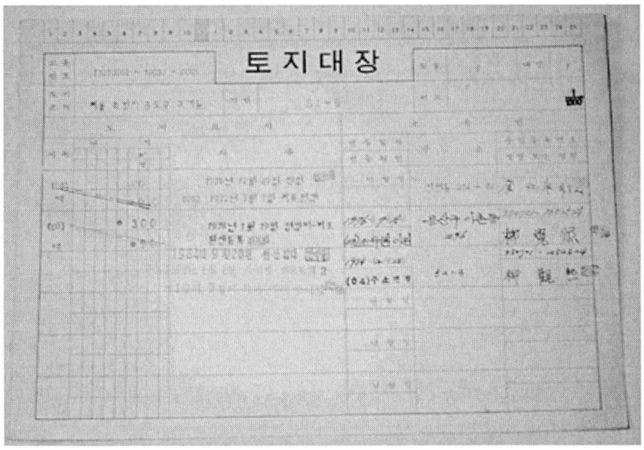

카드식

[그림 3-4] 부책식 및 카드식 토지대장

② 도면의 형식

초기의 지적도는 세부측량 결과도를 점사법 또는 직접자사법으로 등사하여 작성하고, 그 정비작업은 수기법에서 활판인쇄를 하며, 지번, 지목도 번호기를 사용하여 작성하였다. 지적도와 일람도는 당초에 켄트지에 그린 그대로 지적소관청에 인계하였으나, 열람, 이동정리 등 그 사용이 빈번하여 파손이 생기므로 1917년 이후에는 지적도와 일람도에 한지를 배접(褙接)하여 사용하였다.

등사(謄寫)란 원고의 복제방법의 한 가지로 초를 입힌 등사판 원지를 줄판 위에 놓고 철필로 문자를 쓰거나 화선을 그려 초를 긁어내거나 또는 타자기로 스텐실(stencil)에 문자를 타자한 다음, 이를 가는 천으로 된 판에 붙이고 그 위를 잉크를 묻힌 롤러로 판을 밀면 초가 긁혀지거나 타자한 부분으로 잉크가 새어 나와 그 밑의 종이에 문자나 화선이 나타나게 하는 것을 말한다. 이와 같은 등사는 인쇄의 선명도가 낮으며 오늘날에는 거의 사용하지 않는다. 일람도는 지적도나 임야도의 배치와 관리 및 토지가 등록된 도면번호를 쉽게 확인할 수 있도록 하기 위해 작성한 도면을 말한다. 지번색인표는 필지별 토지가 등록된 도면을 쉽게 확인할 수 있도록 작성해 놓은 도표를 말한다.

초기의 임야도는 남북에서 동서방향으로 하여 임야 경계와 토지 소재, 지번, 지목을 등록하였다. 지적도 시행지역은 붉은색으로 엷게 채색하여 구분하였고, 하천·구거 등은 남색, 임야 내 미등록 도로는 붉은색으로 그렸다. 또한, 1/50,000 지형도를 임야도로 간주하여 시행하는 지역은 면적이 아주 넓은 국유임야 등에 대하여 적용하였다.

오늘날에는 대장과 도면에 등록한 사항을 정보시스템으로 처리할 수 있는 형태로 작성한 집합물을 지적공부로 보도록 하고, 이를 지역전산본부에 보관·관리하면서, 그것을 이용·활용하고자 하는 자에게 심사·승인 절차를 거쳐 사용하도록 하고 있다.

2 우리나라 지적제도의 발달과정

1) 개요

인류의 역사는 어느 민족을 막론하고 원시공동체사회에서 출발하였으며 원시공동체에 있어서 토지가 생산을 지배하는 기본 형태였고 소유 관계는 공동체적 소유(총유)였다. 지적은 토지 관리의 한 측면으로서 과세지적을 바탕으로 시작되었으며 오랜 역사가 있다. 지금까지 알려진 기록에 의하면 B.C. 3000년경 고대 이집트의 나일강 하류에서 매년 일어나는 강의 범람에 따라 토지경계의 설정과 복원을 목적으로 측량술이 발달하였다.

우리나라 지적제도의 기원은 고조선 시대 정전제로 균형 있는 촌락의 설치와 토지분급 및 수확량을 파악하여 백성들에게 농사일을 독려하며 납세의 의무를 부여하였다. 또한, 국토와 산야를 측량하여 조세율을 개정하였고 오경박사 우문충이 토지를 측량하여 지도를 제작하였으며, 부여에서는 행정구역제도로 사출도란 토지구획방법을 시행하였다. 그러나 생산 도구의 발달로 생산력이 증대됨에 따라 공동체적인 소유제도가 점차 씨족 구성원들에 의한 사적(私的) 소유 관계로 변화되면서 국가라는 권력구조가 형성되었다. 우리나라의 지적제도는 문헌상으로 명확한 자료는 없고 토지제도의 하나로 양전이라는 제도가 시행되었다.

1895년(고종 32년) 내무아문의 판적국(版籍局)에서 지적업무를 관장하면서, 현대 지적의 기틀이 되는 토지조사사업은 조선총독부가 임시토지조사국을 설치하여 국가정책수립과 국토관리에 기본적인 자료로 활용될 수 있도록 토지제도를 정립하였다. 그리고 토지조사사업과 임야조사사업을 시행하면서 작성된 지적공부를 부·군·도에 이관하여 지적사무를 수행하였으나 감독은 조선총독부 재무국 및 도에서 담당하였다. 그러나 1961년 12월 8일 세무기관이 행정기관과 분리되어 독립되면서 도 단위에 세무감독국을 설치하고 시·군에 세무서를 설치함에 따라 세무감독국과 세무서로 이전하게 되었다.

지적공부는 1950년 11월 30일까지 「지세법」 및 「지적측량규정」과 「임야측량규정」에 의해 계속 시행되다가 1950년 12월 1일 「지적법」을 제정하여 토지행정의 기반을 구축하였다. 1951년 「지적법시행령」 제정과 1976년 「지적법시행규칙」을 제정하면서 대장의 카드화 및 필지

고유번호와 주민등록번호를 새로이 등록하여 정보지적 도입의 기초를 마련하였다. 1982년부터 시·군·구 단위로 시·도에 설치된 전산처리조직에 입력하여 토지종합전산망을 구축하고 1995년 2월부터 정부의 토지정책에 중요한 정책효과를 높일 수 있는 기반을 마련하였다.

2001년 7월부터 12월까지 토지정보시스템 전반에 걸친 시범 운영을 시작으로 2003년 KLIS 시스템을 활용하여 국가와 국민에게 전산시스템에 의한 지적에 대한 정보를 제공하고 있다. 2007년부터는 지적공부의 지번체계에 대한 문제점을 해결하려는 방안으로 행정자치부에 새주소정책팀을 설치하여 도로명주소 등 표기에 관한 법률운영 등에 관한 사항을 담당하고 새주소 DB 관리 및 제공 등의 업무를 관리하고 있다. 2008년 2월 29일 정부조직법 개정으로 지적업무는 행정자치부에서 국토교통부로 이관되면서 지적업무 및 공간정보 업무범위 확대와 지적측량수행자의 업무범위를 확대하였다. 또한, 남북관계는 최근에 교류가 확대되면서 남북한에 적용될 지적 및 토지제도에 대한 통합 방안을 도출하고 준비해야 할 시기가 되었다. 이러한 지적의 환경변화에 부응하여 구축된 한국토지정보시스템(KLIS)으로 공간정보기술의 해외 진출 등을 통한 공간정보산업을 실시간으로 업그레이드하여 국가와 국민에게 최적화된 정보를 제공하도록 노력하고 있다.

2) 고대의 지적제도

우리나라 지적제도의 기원은 고조선 시대의 정전제로 균형 있는 촌락의 설치와 토지분급 및 수확량을 파악하여 백성들에게 농사일에 힘쓰도록 독려하였으며 납세의 의무를 알게 하였다. 또한, 국토와 산야를 측량하여 조세율을 개정하였고 오경박사 우문충이 토지를 측량하여 지도를 제작하였으며, 부여는 행정구역제도로 사출도란 토지구획방법을 시행하였다. 고대의 지적제도는 상고시대인 단군조선시대, 부여와 옥저 등으로 구분하여 정리하였으며 삼국시대에는 고구려, 백제, 신라를 정리하고 통일신라시대까지로 구분하여 정리하였다.

(1) 상고시대

규원사화와 단기고사에 "단군조선은 기원전 2333년 나라를 개국한 후 1195년 동안이나 만주 길림성 송화강 남쪽지방에서 찬란한 역사 활동을 시작한 우리나라 최초의 고대 성읍 국가였다."[12]는 기록이 있으며, 최근에는 단군조선이 실제 존재한 나라로 나타나고 있다.[13] 규원사화 단군기에 "제8대 우서한(于西翰) 때 백성에게 수확량의 1/90을 세금으로

12) 문정창, 「한국고대사(상)」, 백문당, 1971, p.50.
13) 이기백, 「한국고대사론(증보판)」, 일조각, 1999, p.27.; 최태영, 「한국상고사」, 유풍, 2000, p.45.

바치게 하였다."[14]와 단기고사에 제2대 부루(扶婁) 10년 4월 "정전법을 시행함으로 백성의 사전(私田)이 없어졌다."[15]고 기록되어 있다.

고조선 시대에는 균형 있는 촌락의 설치와 토지의 등급 및 수확량의 파악을 위해 정전제를 시행했다는 내용이 단기고사의 고불(古佛) 8년에 "전토와 산야를 측량하여 조세율(租稅律)을 개(改) 하다."라고 기록되어 있다. 정전(井田)은 고대 중국의 토지제도로 농지방(農地方) 1리(里)를 정자(井字)의 모양으로 9등분하여 중앙을 공전(公田), 나머지 8구역은 8개 농가가 한 구역씩을 경작하여 그 수확을 사유(私有)하는 것으로 사전(私田)이라고 하였으며, 중앙의 한 구역은 공동 경작하여 그 수확물을 국가에 바치게 하였다. 규원사화와 단기고사에서는 고조선에 정전제가 시행되었음을 기록하였으며 정전제는 토지를 분배하면서 일정한 면적으로 토지를 구획하였고, 실지의 토지를 획정하여 경계를 설정하는 작업이었다.

단군조선 매륵왕 25년(B.C 680년)에 "오경박사 우문충(宇文忠)이 토지를 측량하고 지도를 제하며 유성설(游星說)을 저상(著上)하다."[16]에서 우문충은 최초의 측량사라고 할 수 있다. 삼국유사 고조선 조에 "是謂桓雄天王也 將風伯 雨師 雲師而 主穀 … 凡主 人間 360餘事 在世理化"[17]에서 환웅이 인세를 치세함에 농경사회의 중요 직책인 풍백, 우사, 운사를 각각 두고 주곡 등 인간이 360여 가지 일을 주재하였다는 내용이다. 규원사화 단군기에는 제2대 부루(扶婁)에 재(財)를 주관하는 봉가를 두었으며 국가의 재정을 담당하게 하였다. 제47대 고열가(古列加)에서 봉가가 기내(畿內; 경기도)에서 거둔 세는 국비에 충당하였다. 우사는 비가 내리는 것을 예측하는 직책으로 고대 농경사회에서 천문관측을 담당하는 기관이며 지적을 담당한 자는 봉가라 할 수 있다.[18] 또한, 상고시대의 토지측량제도는 분명치 않으나 지적을 관장하는 관제와 실무를 맡은 관직이 있었음을 알 수 있다.

부여는 수렵, 목축과 농업이 크게 성행하였으며 행정구역제도로 국도(國都)를 중심으로 토지의 크기에 따라 대가(大加), 소가(小加)로 구분하고 전국을 4구역으로 나누어 영토를 사방으로 구획하는 사출도(四出道; 부여의 지방관할구역)라는 토지구획방법을 시행하였다. 삼국유사 권2 남부여 전 백제 북부여조에 "夫餘郡者 前百濟王都也 或稱所夫里郡 …又按量田帳籍曰 所夫里郡田 丁柱貼 … 復上古之名也"[19]에서 양전장적(量田帳籍)과 정주첩(丁柱貼)이란 용어는 현 토지대장의 성격이다.

---

14) 신학균 역, 「규원사화」, 대동문화사, 1974, p.124.
15) 정해백 역, 「단기고사」, p.6.
16) 김해암·이화사 역, 「단기고사」, 조선복음사, 1949. p.15, p. 23.
17) 이재호 역, 삼국유사, 신광출판사, 1993, p.677.
18) 북애(신학균 역), 「규원사화」, 대동문화사, 1968, p.139.
19) 이재호 역, 전게서, p.811.

옥저는 삼국지 위서 동옥저 조에 "고구려는 대가에게 옥저의 조부(租賦)를 담당하여 받아들이게 하였다."라는 기록과 "불내(不耐)와 예후(濊候)만이 공조(功曹)에 주부(主簿)를 두고 조(曹)는 모두 예의 백성들이 만들었다."라고 하여 주로 재정을 맡은 주부의 명칭을 파악할 수 있다. 또한, 후한서 동이전 동옥저조에 옥저(沃沮)에 조부제도가 시행되었고, 특히 밭농사가 널리 퍼져있어 미곡(米穀) 농업이 발달했으며 조부(租賦)가 시행된 상황은 생산과 조부의 기반인 토지 관리 방식이 어떤 형태로든 존재하였음을 추측할 수 있다.

(2) 삼국시대

삼국시대는 고구려, 백제, 신라 시대를 말하며 부족국가로 출발하여 정치체제와 법령이 정비되는 과정에서 통치권자의 통치수단으로 토지제도에 적합하게 관제를 정비한 것으로 나타났다. 삼국의 토지제도는 국유제도를 원칙으로 하고 있었으며 토지면적의 산정은 고구려는 경무법, 신라는 결부제, 백제는 두락제와 결부제를 혼용하여 사용하였다. 또한, 삼국은 모두 도면을 작성한 것으로 파악되며 양전을 시행한 것으로 파악되고 있다.

① 고구려

고구려는 주변 국가인 부여, 동예, 옥저를 통합하면서 부족국가로 출발하여 중앙집권 정치체제를 정비하여 관직의 설정 및 발전을 가져오고, 국가재정의 근간인 토지에 관한 효율적인 국가경영이 시작되었다. 토지제도는 왕토사상(王土思想)에 의한 토지의 국유원칙을 전제로 하고 국가는 토지에 대한 조세(租稅)·공부(貢賦)·역역(力役) 등을 수취(收取)하였다.[20]

삼국사기 권18 고구려 본기 장수왕 59년(A.D. 471년)에 "秋九月 民奴各等 各賜田宅"이라 하여 "백성과 노비는 각 등급에 따라 각 전택(田宅)을 하사한다."라는 내용과 소재지 및 등급을 추측할 수 있다. 고구려는 국가재정의 근간인 토지경영을 효율적으로 하였으며 왕명에 의하여 출납을 담당하여 처리하는 중요 직책인 주부로[21] 국가체계가 정비되면서 울절(鬱折)·오졸(烏拙)이라고도 하였다. 울절은 신당서 동이열 고려조에 "주도부자(主圖簿者)"라는 직책을 두어 울절이 도부(圖簿)를 주관하였고, 한원(翰苑)의 옹 씨 주 고려조에는 울절은 중국의 주부와 같은 것으로 종2품이라 하였다.[22]

고구려의 길이 단위는 척(尺)을 사용하였으나 자료는 현재 국내에 없으며 일본의 법륭사

20) 김경열, 「한국토지 제도사」, 경영문화원, 1993, p.24.
21) 구병식, "한국 고대사회 법제사 연구1", 「우석대학교 논문집」, 제4집, 1983, pp.477-478.
22) 팽구송·김재선, 「원문 동이전, 서문」, 서문문화사, 2000, p.177.

또는 정창원 어물(御物) 중에 고구려 척이 남아있다.[23] 삼국사기, 삼국유사 또는 금석문(金石文)의 자료에서는 고구려 척에 대한 기록을 찾아볼 수 없으나 일본의 고대 기록들인 영의해(令義解), 영집해(令集解), 속일본기(續日本記), 정사요략(政事要略), 연희식(延喜式) 등에 기록되어 있다.

최근에는 고고학(考古學)의 활발한 발굴활동으로 많은 고건축물에 대한 측량자료가 축적되고, 척도와 관련된 고고학적 유물이 출토되면서 2000년 6월 27일에서 7월 31일까지 진행된 경기도 하남시의 춘궁동에 있는 석축산성(石築山城)인 이성산성(二聖山城)에서 목제(木製)의 고구려 척이 실물로 출토되었다.

고구려는 국가나 왕실이 토지를 소유하고 전쟁공훈자 등 귀족계급이 국가로부터 토지를 사여(賜與)받은 것과 권문세가가 미간지를 개간하여 소유하였다. 토지 종목에는 식읍, 관원, 탕목전, 양전, 전지산장탕(田地山場蕩)[24] 등이 있다. 식읍이란 사여(賜與)의 형태에 따른 것으로서 국가에서 사급한 사전, 관원은 토지의 소속에 따른 분류명칭으로 국가나 왕실이 갖은 직속지로서 관유농장을 의미하며,[25] 탕목전(湯沐田)은 토지의 사용목적에 따른 분류명칭이다. 탕목전은 증보문헌비고 권 제154 재용고 1의 "文獻通考曰 高句麗王 亦有分地 以供私用 王母妃皆受 湯沐田上下"[26]에서는 왕비나 왕세자의 목욕경비를 충당하기 위하여 왕으로부터 하사받은 토지로 기록되고 있으며, 탕목전(湯沐田)이란 목욕경비를 위한 밭이나 산을 말한다. 또는 양전(良田)은 좋은 답을 의미하고[27] 오늘날과 같은 전·답·대 등 토지이용목적에 따른 분류 형식으로 현재의 토지대장과 비교할 수 있는 전적(田籍)이 있었다.

삼국사기 고구려본기1 "제2대 유리왕 37년 4월에 한 왕자가 물에 빠져 죽었는데 비류사람 제회(際須)가 시신을 건졌으므로 제수에게 금 10근과 전 10경(頃)을 하사하였다"와 같이 토지면적 계량 단위를 경무(傾畝)로 사용하였다. 토지의 면적은 구장산술(九章算術)에 의한 방전(方田), 직전(直田), 규전(圭田), 제전(梯田), 호전(弧田), 환전(環田) 등의 형태로 구획하여 면적을 산출하였다.[28] 또한, 방전장에서 길이 단위는 척(尺)을 사용하고, 6척이 1보(步), 300보가 1리(里), 다시 240보가 1무(畝), 100무가 1경(傾)이라고 하였다. 경무법이란 전지의 면적을 측량할 경우 1경(硬)은 100무, 1무(畝)는 100보, 1보(步)는

23) 김종현, "한국지적제도의 변천사", 「지적」, 제7권 제8호, 대한지적공사, 1977, p.91.
24) 고전간행회, 「증보문헌비고」, 국학자요원, 1986. p.792.
25) 강진철, 「고려토지 제도사 연구」, 고려대 출판부, 1980, p.1179.
26) 고전간행회, 전게서, p.792.
27) 이병도, 「한국사 고대편」, 한국학술정보, 2012, p.644.
28) 김종현, 전게논문, p.67.

6척(尺)으로 하였다.

도면은 봉역도(封域圖)와 요동성총도(遼東城塚圖)가 있었으며, 1953년 평남 순천군(順天郡)에서 발견된 요동성총도는 "벽서(壁書)로 요동성의 지도이며 요동성의 지형 및 도시의 구조와 도로, 성벽, 주요건물, 하천, 개울 등이 상세하게 그려져 있는 우리나라에 현존한 가장 오래된 도시평면도로 회화적인 수법으로 그려져 있을 뿐"[29] 현재 지적도와 같은 구체적이고 세부적인 내용은 없다. 또한, 군사 작전상 또는 행정적 목적 등에 사용하기 위하여 지형상 거리, 지명(地名), 산천 등을 기록한 봉역도란 지도가 있었으며 오늘날의 지적도와 유사하였을 것으로 추측하고 있다.

② 백제

백제는 국가체제를 갖춘 후 율령에 따라 경제적 질서를 확립하면서 토지 관리를 체계화하였으나, 토지제도는 상부 특권층인 국가, 왕실, 귀족층에 의한 지배의 상징이 되었다. 토지는 국유원칙을 전제로 국가적인 기능을 수행하고 토지를 경작하는 농민층에 대한 조(租)·조(調)·역역(力役)의 수취는 토지를 지배층의 통치수단으로 삼았다.[30] 삼국사기 권 23, 백제본기 제2 고이왕 27년 관직에서 내두좌평은 조세, 토지관리 및 지적사무에 관련된 직으로 재무, 농상공부의 행정을 관장하였는데 현재의 경제기획부·행정안전부·국토교통부를 통합한 부서라고 할 수 있다.[31] 백제의 내두좌평은 국가재정을 담당하고 이의 담당 하에 지적과 측량을 관리하는 산학박사(算學博士)가 전문적인 기술 사무에 종사하였다. 또한, 당시 측량술로 지형을 여러 형태로 구획하는 측량법을 시행한 산사(算師)와 회화적으로 도면을 만들었을 화사(畵師)가 있었다.

동국여지승람 남원 조에 "邑內里廛 取法井田 畵爲九區 至今遺址 尙存"[32]의 내용에서 "읍내리 전(廛)은 정전(井田)법을 선택하고 9구(九區)로 구획하여 지금도 그 유지가 남아 있다."라고 한 기록으로 보아 정전제도가 시행되었음을 알 수 있다. 또한, 1988년 충남 부여군 금선산 서쪽 쌍북리에서 목간, 기와 등과 함께 출토된 백제시대 최초의 실제 존재하는 자(尺)로 단면으로 된 직사각형의 긴 막대 자의 형태이다. 출토 당시 남아있는 길이가 19.2cm이었으나 복원 결과 29.1cm로 당척(唐尺)으로 추측하고 있다. 삼국사기 제28권 백제본기 제6에 "義慈王 十七年 春正月拜 王庶子四十一人 僞佐評 各賜食邑"[33]에서

29) 김형오, "한국지적공부의 사적고찰", 석사학위논문, 서울시립대학교 대학원, 1994, p.19.
30) 강진철, 전게서, pp.1188-1194.
31) 이병도, 전게서, p.543.
32) 노사진 외 5인, 「동국여지승람」, p.678.
33) 이재호 역, 전게서, p.1046.

의자왕은 왕서자 41명에게 식읍을 사여한 것은 전적에 등록하여야만 가능한 것으로 토지 등록부가 있었음을 추측할 수 있다.

토지면적은 신라에서와 같이 결부제(結負制)에 의하여 토지면적을 계량한 것으로 추측된다.[34] 백제는 논농사가 편리하여 도작이 널리 행하여지면서 전지(田地)의 면적을 결부의 단위로 측량하는 것으로 신라의 결부법과 같이 1파를 최소의 면적 단위로 10파를 1속, 10속을 1부, 100부를 1결로 하는 10진법의 면적계량 방식을 사용한 것으로 판단된다. 삼국유사 권2 남부여조에 "又昔者 河南置林州刺史其時 圖籍之內 有餘州 二字 林州今佳林郡也"[35]라 하여 도적(圖籍)을 가지고 있었음을 알 수 있다.

③ 신라

삼국 중 토지제도가 가장 발달하여 경제적 측면인 세수 파악과 토지분급의 관점에서 측량결과를 대장에 기록하여 공증하는 제도가 널리 보급되었던 것으로 기록되고 있다. 신라 초기의 토지제도는 공동체 부족장들의 권력을 토대로 출발하였으며, 후기에는 국왕과 귀족들에게 집중된 토지에 대한 지배형태와 농민들이 개별 소유하는 소규모경작지의 형태로 변하였다. 그러나 귀족층의 토지지배는 광범위하게 진행되고 고구려와 백제의 영토는 국유로 편입하였으며, 토지경영형태를 갖추어 수취(收取) 관계를 확립하였다. 토지소유는 국유원칙에 따라 중앙집권적 지배체제의 유지에 기초를 두고 국가적 기능을 수행하였다.[36]

고려 중엽까지 약전, 관료전, 녹전(祿田), 정전(丁田), 구분전(口分田)의 토지제도를 실시하였다. 통일신라는 통일 후 옛 삼국의 땅을 균등하게 9주(상주·양주·강주·한주·삭주·명주·웅주·전주·무주)로 나누고 5소경(小京)인 금관경(김해), 북원경(원주), 중원경(충주), 서원경(청주), 남원경(남원)을 설치하였다. 토지제도는 왕토사상으로 지배체제의 기초를 국유원칙에 따라 관료에게 녹봉 대신 지급한 토지인 관료전과 인수유전답(烟受有田畓)을 지급하였다. 또한, 20세 이상 50세 이하의 정남, 정녀에게는 정전(丁田)·관모전답(官謨田畓)·내시령전답(內視令田畓)·촌주위전답(村主位田畓)·인수유전답(烟受有田畓)을 지급하였다.

신라는 관제를 정비하여 6부를 두었는데, 그 중 조부(調府)에서 토지세를 파악하도록 하였다. 신라에서는 국가재정의 수입·지출에 관한 전문지식과 기술을 습득한 산학박사

34) 허종호, 「조선토지 제도 발달사(1)」, 과학백과사전 종합출판사, 1992, p.173.
35) 김형오, 전게논문, p.24.
36) 강진철, 전게서, p.1177.

(算學博士)가 있어 토지측량과 면적계산에 관계된 지적 실무에 종사하였고, 오늘날의 토지대장과 같은 양전장적(量田帳籍)에 토지의 분배목적, 이용 상태, 경작 주체, 토지 소재 등을 기록하였다.

토지측량에 사용된 구장산술은 방전(方田), 직전(直田), 규전(圭田), 제전(梯田), 원전(院田), 호전(弧田), 환전(環田), 구고전(句股田) 등의 형태로[37] 구분하여 실시하였다. 방전은 장(長)과 광(廣)의 척수를 측정하여 곱하고, 직전은 장(長)과 평(平)을 측정하며, 구고(句股) 토지는 구(句)와 고(股)를 측정하고, 규전의 토지는 장(長)과 광을 측정하여 부책에 기재하였다. 또한, 제전은 동활(東闊)과 서활(西闊) 및 장(長)을 측량하고 원전은 반원주(半圓周)와 반경(半徑)을 측정하며 호전일 경우 현장(弦長)과 실활(失闊)을 측정하고, 환전일 경우 내주(內周)와 외주(外周)를 측정하였다. 이 당시 실제 측량에서 사용하는 자는 인승자(引繩者)로 측량 척을 양쪽에서 잡고 토지의 자연 상태에 가장 가깝게 [그림 3-5]와 같이 여러 형태로 구획하여 토지주위를 돌면서 필지마다 장(長), 광(廣), 구고(句股), 경(徑) 등을 측정하되 보의 10분의 1척 단위까지 측정한 수치는 부책에 기재하여 토지면적을 결부법에 따라 계량하였다.

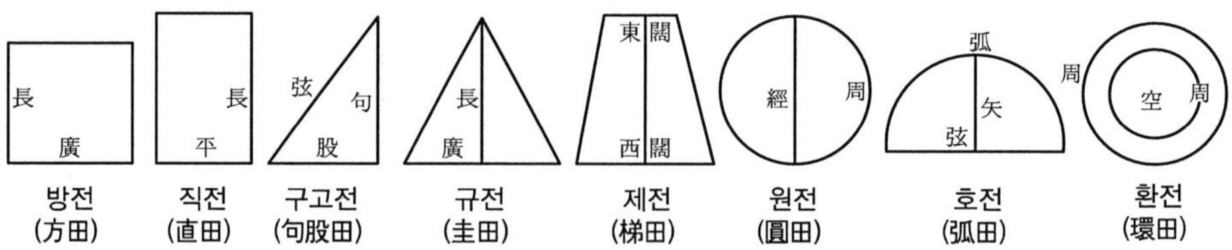

[그림 3-5] 구장산술 방전장의 토지형태

신라는 전품과 관계없이 같은 양전척을 사용하는 양척동일제(量尺同一制)였다.[38] 최근 이성산성에서 출토된 신라 자의 눈금 간격은 마모된 양끝만 조금 짧을 뿐 대체로 전체 길이가 29.8cm 정도로 추정되어 이 자가 당대척(唐大尺)인 5척 = 1보가 아닌 대척 6척 = 1보로 완전히 다른 척보(尺步)를 사용하였다.[39] 또한, 측량척은 지척(指尺)을 기준척으로 사용하였으며 양안과 부책을 작성하여 토지면적 산출에 사용하였고 결부제에 의해 측량을 한 후 장부나 전권(田劵)에 기록하여 보관하였다.

토지 종목은 평전(平田), 양전(良田)으로 기록되었으며 토지의 용도에 따라 분류된

37) 김혜경·윤주영 역, 「구장산술」, 서해문집, 2000, pp.39-51.
38) 이우태, "한국 고대의 척도", 「태동고전연구」, 창간호, 태동고전연구소, 1984, p.50.
39) 윤선태, "한국 고대의 척도와 그 변화", 「국사관논총」, 제98집, 2002, p.41.

소목전(燒木田)·좌지(坐地)·대(代)·시(柴)·염분(鹽盆) 등이 사용되었다. 삼국유사 문호완법 민주에 "以星浮山下 爲武珍州上守燒木田"이라 하여 소목전과 제48대 경문왕 12년(872년) 건립된 대안사 적인선사 조륜청 정탑비문 끝부분에 "田畓柴 田畓幷四百九十四結三十九負 坐地三結 下院代四結七十二負 柴一百四十三結 荳原池 鹽盆田十三結"[40]와 같이 대안사(현; 태안사)의 재산목록에 전, 답, 대(代), 시(柴), 좌지(坐地), 두원지(荳原池), 염분전(鹽盆田)이 기록되었다. 좌지는 기지(基址)·기지(基地)의 의미이고, 하원대(下院代)의 대(代)는 현재 대(垈), 시(柴)는 "땔감을 채취하는 임야"로 산림, 염분전(鹽盆田)은 염부(鹽釜) 또는 염전(鹽田)이라고 하였다.[41] 신라 제51대 진성여왕 5년(891년)에 건립된 전남 담양군 남면 학선리에 있는 개선사 석등기의 토지표시 내용은 "土南池宅土西川, … 奧畓十結 …"[42]로 해석하면 남지(南池)는 남쪽의 연못, 서천(西川)은 서쪽의 하천, 오답(奧畓)"은 소재지의 안에 있는 논을 의미하고 있다.

신라장적에 "以其村 官謨畓四結, 內視令畓四結, 烟受有畓九十四結, 二負四束.…合麻田一結九負" 및 "合畓二百二結負四束 合田六十二結 合麻田一結九負"과 같이 지목은 전·답·마전(麻田) 등으로 구분하였다.[43] 여기서 토지의 종류에는 관모답(官僚田; 국가에 속하는 토지), 내시령답(관료의 토지), 연수유답(농민에게 반급된 전답), 마전(마를 재배한 토지) 등으로 분류하고 있다. 또한, 마전(麻田)은 마을별로 1~2결씩 지급된 국가소속의 마(麻)를 재배한 토지, 연수유답, 촌주위 전답은 촌주의 생활비와 일체의 비용을 그 수입으로 충당한 토지이며, 관모전답은 일정한 국가의 용도에 충당하는 국가 직속 토지이다.

신라는 삼국통일 이전부터 토지면적은 결부법(結負法)에 따라 계량하고,[44] 토지면적의 표시는 속(束)을 최하단위로 10속(束)을 1부(負), 10부를 1총(總), 10총을 1결(結)로 계산하는 10진법을 사용하였다. 또한, 부책을 근거로 실내에서 토지형태를 참고하여 측정된 토지의 장광 등 척수를 가감승제(加減乘除)로 처리하여 개인별·필지별 토지면적을 산출하였다. 토지면적은 신라장적에 "合畓二百二結二負四束 合田六十二結" 및 동경속지(東京續志)에 "新羅田制亦以 十束爲一負, 百負爲一結)"와 같이 "신라 전제는 10속을 1부, 100부를 1결로 한다."와 같이 결부법을 사용하였다. 결부법은 토지면적을 표시하는 방법으로 신라시대부터 사용되었으며, 삼국사기나 신라시대에 기록된 금석문 및 신라장적에는

40) 조선총독부, 「조선금석총람(상)」, 한국학 기본총서 12집, 경인, 1974, p.120.
41) 강진철, 「한국문화사 대계Ⅱ(정치경제사 하)」, 고대민족문화연구소, 1965, p.1215.
42) 조선총독부, 전게서, p.87.
43) 이기백, 「한국 상대고문서자료집성」, 일지사, 1987, pp.29-31.
44) 이병도, 전게서, p.649.; 강진철, 전게서, p.1164.

토지면적을 결·부·속으로 표시하고 있다.

지적공부라고 할 수 있는 장적문서는 통일신라시대의 토지문서로 1933년 일본 쇼소인(正倉院) 소장의 유물을 정리하다 발견되었으며, 기록내용으로 보아 755년(경덕왕14)에서 815년(헌덕왕 7년)경에 작성한 것으로 추측하고 있다. 토지에 대한 기록은 삼국유사에 기록된 내용으로 직접적인 토지대장은 아니지만, 계장형식(計帳形式)인 신라장적 문서에 지방에서 중앙정부에 3년마다 보고했다는 토지 수량과 호구 관계의 기록이 있다. 신라장적의 내용에는 토지의 종목, 면적, 인구, 가축 등의 재산적인 가치와 서소원경(西小原京; 현, 청주) 부근의 4개 촌락을 대상으로 호구수(戶口數), 우(牛)·마(馬) 등의 가축 수, 다양한 전답(田畓)의 면적, 잣나무(柏子木), 호두나무(秋子木), 뽕나무(桑子木) 등의 주수(株數)까지 기록되어 있다. 신라장적은 촌락단위의 토지 관리를 위한 장부로 조세의 징수와 부역(賦役) 징발을 위한 기초자료로 활용하기 위한 문서였다. 양전장적(量田帳籍)[45]에는 "소부리군 전정주첩(所夫里郡 田丁柱貼)"이라 하였는데 "양전장적(量田帳籍)"과 "전정주첩(田丁柱貼)"은 토지대장의 성격을 갖고 있다.

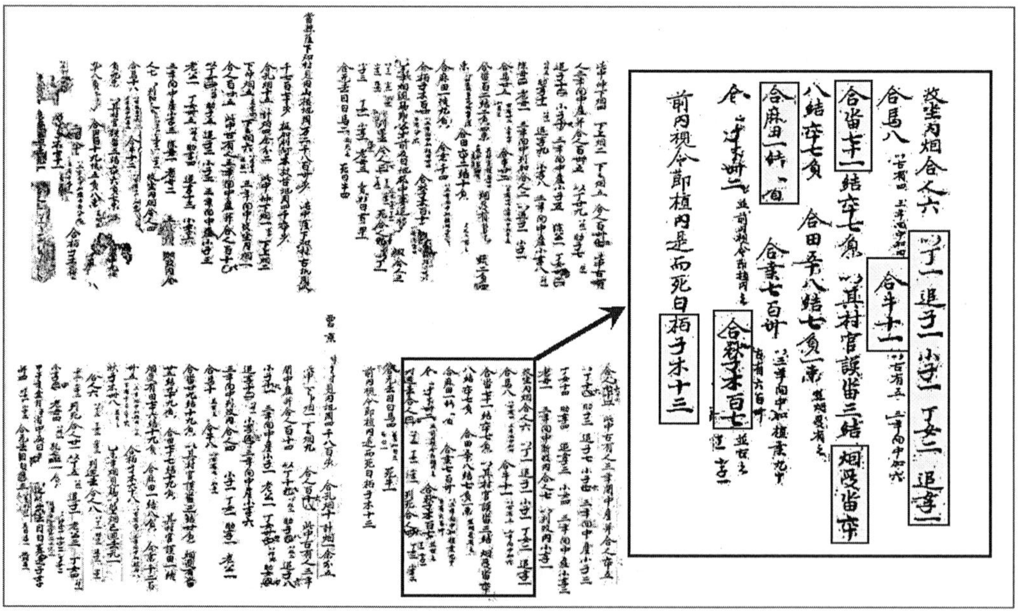

자료 : 대한지적공사, 「한국지적백년사」, 2008.; 최한영, 「지적원론」, 구미서관, 2013.

[그림 3-6] 신라장적 문서

45) 하다 다카시(旗田 巍.), "신라 및 고려의 토지대장", 성균관 근대교육 80주년 기념 동양학학술회의논문집, 1976, p.176.

신라 제51대 진성여왕 5년(891년)에 건립된 전남 담양군 남면 학선리의 개선사 석등기에는 "…烏乎比所里 公書俊休二人,…常買其分石保坪 …[46]"에 기록된 석등기의 내용에서 "賣主"는 구 소유자, "公書俊休二人"은 공유인의 성명으로 신라시대의 순수한 토지대장의 내용보다는 토지매매에 관한 기록인 금석문이다.

교육은 삼국사기 권38 잡지 제7 직관상(職官上) 국학조(國學條)에 "或差 算學博士若助教一人 以綴經三開 九章六章 教授之[47]라 하여 구장(九章)과 육장(六章)으로 나누어 가르쳤다."라는 내용이다. 수학서의 "구장"은 구장산술이며 국학에 산학박사나 조교 1명을 두어 경서(經書)를 가리켰다는 내용이다. 신문왕 2년(A.D.682년)에 제도화된 국학을 경덕왕 때에 대학감으로 고쳤는데 여기에는 산학박사와 조교가 각 1명씩 배치되고, 교수과목으로는 철술(綴術), 구장(九章), 삼개(三開), 육장(六章) 등이 있었다.

3) 근세의 지적제도

(1) 고려시대

고려는 삼국을 통일한 후 신라 말부터 문란한 토지제도를 정비하기 위해 집권과 동시에 국가재정을 확고히 하고자 집권적 공전제(公田制)로 국유제도를 확립하였으며 역분전(役分田)을 효시로 토지제도를 정비하였다. 토지제도는 과전(科田), 공훈자(功勳者)는 공음전(功陰田), 관아(官衙)는 공해전(公廨田), 사원은 사원전을 지급하는 전시과제(田柴科制)를 병행하였다.[48] 토지를 분급하거나 다시 분획하는 제도로 전시과 체제를 유지하며 관료(官僚), 향리(鄕吏), 공장(工匠), 악공(樂工) 등에게 분급되었다. 고려는 토지의 분급(分給) 형태에 따라 어분전(御分田), 궁사전(宮司田), 향리전(鄕吏田), 명전(名田), 율척전(律尺田), 역자전(驛子田), 잡전(雜田), 구분전(口分田), 위전(位田) 등이 있었고, 중기 이후에는 수전(水田)과 한전(旱田)으로 구분되었다.

양전을 위한 지적사무를 담당한 기구는 호부(戶部)이며 지적관리의 중앙 중추 기구로 측량을 담당하였다. 고려시대 전기에는 양전사·계리심사(界里審使)·임도대감(任道大監), 고려 후기에는 양전사(量田使), 산사(算士), 전민계점사(田民計點使), 전민계정사(田民計定使), 채방사(採訪使) 등의 중앙 실무자를 지방에 파견하여 토지를 측량하고 부세를 결정하였다.[49] 고려사 권 제31 백관지 2에는 임시로 양전을 담당한 관서로 급전도감(給田都監)[50],

46) 조선총독부, 토지조사사업 보고서추록, p.87.
47) 김형오, 전게논문, p.29.
48) 상게논문, p.41.
49) 상게논문, p.117.

정치도감(整治都監)[51], 절급도감(折給都監), 찰리변위도감(拶理辨違都監), 전민변정도감(田民辨正都監) 등을 특별관서로 두었다. 지방은 관찰사(觀察使), 목사(牧使), 현령(縣令) 등의 지방 수령관이 집행하였으며 실무자는 향리(鄕吏)나 향직단체(鄕職團體)의 임원 등이 종사하였다.

양전 제도는 통일신라의 양전제를 계승하고 보완하였으며 양전 실시에는 산사를 대동한 양전사 및 전민계정사, 전민계점사, 무농사, 채방사 등이 중앙에서 파견되어 지방관이 사전에 마련한 기초조사를 재확인하는 것과 전국적인 측량을 시행하였다. 1391년(공양왕 3년) 전제 개혁과 양전 단위로 정전제(丁田制)가 성립되었다. 양전의 기초단위를 정(丁)으로 하여 그 단위 기준액에 적합한 것은 족정(足丁), 기준에 적합하지 못한 것은 반정(半丁)이라고 하였다. 1069년(문종 23년) 양전보수규정에 의하여 시행되었으며 1결의 면적은 원문에 의하면 양전척의 33보 사방을 양전의 보수(步數)로 결정하였는데 촌·분·척·보의 순으로 측량척도의 단위 수를 정하고 1보의 길이는 6척(尺), 1척(尺)의 길이는 10분, 1분의 길이는 6촌으로 하였다.

고려 초기의 양전에 관한 내용은 "寺之段 司倉上導行審是內乎矣 七十六是去丙辰年 量田使前守倉部卿藝言下典奉休 算士千達等 乙卯二月十五日宋良卿矣結審是乎 導行乙用良 顯德三年丙辰三月日 練立作良中"[52]에서 955년(광종 6년) 2월 15일에 송량경이 조사하여 도행이라는 장부를 만들고 토지조사와 측량에 참여한 사람의 직과 이름이 있는 양전사 전수창부경 예언, 하전 봉휴, 산사 천달 등이 토지를 측량하였으며 도행을 사용하여 작(作)이라고 하는 장부를 만들었고 도행은 1031년(현종 22년)까지 사창이 보관하고 있다는 내용이다.[53] 이 고문서의 내용은 토지조사, 토지대장의 작성 및 보관 등에 관한 양전의 과정을 보여주는 것으로 토지조사 측량에는 책임자인 양전사와 보조원인 하전, 토지의 형태와 넓이 관계를 계산·기록하는 산사(천달) 등 3명이 1조로 하는 토지조사 측량반이 업무에 종사한 것으로 추측된다. 고려시대는 전지의 형태를 직사각형으로 구획하여 가로와 세로의 폭(方)을 구해서 넓이를 계산하는 측량방법을 사용하였으나 정확한 측량을 위해 토지의 형태에 따라 방전, 직전, 제전, 규전, 구고전 등으로 구획하기도 하였다.

토지측량 실무관계는 그 지방에 거주하는 명망 있고 수리(數理)에 밝은 향리 및 지심사, 임도대감, 촌주 등이 담당하였다. 지방에 전민계정사(田民計定使), 순방계정사(巡訪計定使)

50) 이홍직, 「완벽 국사 대사전」, 백만사, 1973, p.270.
51) 상게서, p.1465.
52) 허흥식, 「한국중세사회사」, 아세아, 1976, pp.63-64.; 대한지적공사, 「한국지적백년사」, 2008, p.135.
53) 하다 다카시(旗田 巍.), 전게서, p.180.

등 양전사(量田使)나 양전관(量田官)을 산사(算士)와 함께 파견하여 측량을 시행하거나 지방관이 조사한 사항을 확인하기도 하였다. 양전사나 양전관이 토지를 측량하고 세금의 부과를 새로 정할 때는 식목도감에서 작성한 조화(條畵)에 따라 조정하였다. 고려 초·중기에는 양전척으로 지척(指尺)을 사용하고, 후기에는 토지등급에 따라 척수를 각각 다르게 계산하는 수등이척제(隨等異尺制)가 사용되었다. 길이의 단위로는 보(步), 척(尺), 푼(分), 촌(寸)의 순서로 단위를 정하고 1보의 길이를 6척으로 하였으며 1척의 길이를 10푼, 1푼의 길이를 6촌(치)으로 하였다. 토지측량에서 조사한 내용은 토지의 소유주, 전품, 토지의 형태, 양전의 방향, 사표, 양전척의 단위, 총결 수, 결수 등을 필지마다 조사하였다.

지번제도는 1391년(공양왕 3년) 전국의 토지를 측량하여 정(丁)을 만들고 정에는 각각 자호(字號)를 붙여 토지대장에 기재하였다. 고려사 권78 식화1에 "京畿六道之田 一皆踏驗打量… 計數作丁 丁各有字號 載之干籍" 및 "己巳年 不及打量… 踏驗作丁 績書干籍"와 같이 고려 말 지적제도에서 처음으로 정(丁)에 의한 지번제도가 채택되었다. 고려에서 정(丁)은 지방행정구역인 읍(邑) 하위 단위로 조세를 부과하기 위한 구역 단위이며, 여러 정을 모아 하나의 읍으로 하였다. 1388년 고려사 권78, 식화1 녹과전조에 조준은 "凡作丁 公私之田 一切革去 或以二十結 或以十五結 或以十結 每邑丁號 標以千字文 不係人姓名"이란 전제개혁 의견을 제시하였다. 국가에서는 지번을 천자문 순서에 따라 "천자정(千字丁)"부터 천자문의 최종자인 "야자정(也字丁)"까지 1천정이 되면 1정(丁)을 만들고 "○○읍 ○○丁"이라 토지를 표시하였으며 조선 시대의 일자오결제도의 계기가 되었다. 고려 말에는 정(丁)을 단위로 대장을 만들고 각각의 정에는 지번을 붙인 후에 토지소유자의 이름을 기재하였다.

지목은 토지의 이용 상태와 토지 지배구조에 의하여 토지명칭이 주어지고 있었다.[54] 고려는 토지를 공전과 사전으로 구분하며 공전은 국가가 직접 수조(收租)하는 토지, 사전은 수조가 개인에게 소속된 토지를 말한다.[55] 고려사절요와 고려사에는 "一易田二結 准平田一結 … 再易田三結 准平田一結"으로 지목은 산전과 평전으로 구분되고 있다. 공전에 속한 토지로 민전(民田), 공해전(公廨田), 적전(籍田), 학전(學田), 둔전(屯田), 국고수조지(國庫收租地) 등이 있다. 고려전기의 양전에서는 "代下田 … 北能召田南東渠西葛頸寺田 承孔伍佰肆拾結 得肆拾玖負肆束"에서 토지지목은 "전(田) 또는 대(代)"이며, 대(代)는 현재의 대(垈)를 의미하고 남동거(南東渠)에서 거(渠)는 도랑으로 현재 구거를 나타내고 있다.[56] 1309년

54) 조선총독부 중추원, 조선 전제고, 한국학연구총서5, 성진, 1974, p.133.
55) 박시형, 「조선토지 제도 사상」, 신서원, 1994, p.187.
56) 김용섭, 「한국 근대농업사연구(상)」, 일조각, 1984, p. 62.

(충선왕 원년)에 건립된 삼일포 매향비에는 "…東北陳畓 … 攘原代下坪員畓 … 南道 … 東南吐 西陳地 … 北鍾伊川"[57]에서 토지의 지목은 답, 도로, 단애, 하천, "吐(둑 또는 제방)" 등이 있으며 "西陳地"에서 "地"는 전답의 구별이 불가능할 때 사용하였다.[58] 경종 1년에 문무 관리의 전시과를 정하고 문관의 관계(官階)에 따라 전시(田柴)를 지급하였는데 전시(田柴)의 전(田)은 경지(耕地)를 나타내고 시(柴)는 임야 지역을 나타내고 있다.

면적은 고려전기의 결부제는 중국의 경무제와 유사하여 1결의 면적과 1경의 면적이 같아서 경무와 결부가 혼용되어 사용되었으며, 고려 후기부터 결부가 일정 면적 단위에서 생산량의 수량 단위로 변화되므로 결부제가 정착되었다. 양전척을 파 단위에서 보 단위 보척(步尺)으로 변경하여 양전하므로 보의 단위로 장광을 가감승제 하여 얻은 수치를 결부라 할 수 없었다.[59] 결부제의 토지면적과 측량척도는 1결에서 10결까지 기록되었으며, 6촌을 1분, 10분을 1척, 6척을 1보로 계산된 면적의 기준이 되었다. 문종의 양전보수규정의 특징은 양전의 단위로 보 아래에 분이라는 단위를 설정하여 전답의 넓이를 "방 O보 O분"으로 정하여 공포하였다.[60] 고려에서 1결(結)의 면적은 서긍(徐兢)의 고려도경에서 "每一百五十步爲一結"[61]이라 하여 150보를 1결로 보았으며, 이도(李燾)는 속자치통감장편(續資治通鑑長編)에서 "開城府有寺七十餘區 … 官給田三百結 俗以田四方 方四百步爲一結 上田結收二百苫 … 正與中國一石等"[62]이라 하여 방 400보를 1결로 보았다. 고려 후기에는 수등이척법에 따라 1결의 면적을 상등전은 25.4무(畝), 중등전은 39.9무(畝), 하등전은 57.6무(畝)로 하였다. 양전에서 중요한 토지면적 산출방식은 토지수확량을 고려하여 결부제(結負制)를 선택하고, 단일양전척에 의해 시행되었으며 토지면적은 결부속이라는 단위로 표시하였다.

고려시대에는 경국대전과 속대전의 호전 양전 전택(田宅) 부에 "… 待本主還推間, 姑許耕食…" 및 대전통편의 급조가지(給造家地)의 부에 "… 本主防塞抵毁者…에서 "본주(本主)"는 본 주인 또는 소유자를 의미하고 있다. 삼국유사 보양이목조의 "청도군도전장(淸道郡都田帳)", 가락국기에 "양전도장(量田都帳)", 남부여 전백제 북부여조에 "양전장적(量田帳籍)", 정두사오층석탑조성형지기에 "도행(導行)", "작(作)", 고려사에 "도전정(導田丁), 전적(田籍), 전부(田簿), 적(籍), 안(案), 원적(元籍)"은 모두 토지 장부의 명칭이다.

57) 정동유(남만성 역), 「주영편 상」, 을유문고 77, 을유, 1974, p.281.
58) 하다 다카시(旗田 巍.), 전게서, p.192.
59) 김용섭, 전게서, pp. 215-216.
60) 상게서, p.207.
61) 서긍, 「고려도경」, 아세아문화사, 1972, p.118.
62) 장동익, 「송대려사자료집록」, 서울대 출판부, 2001, p.155.

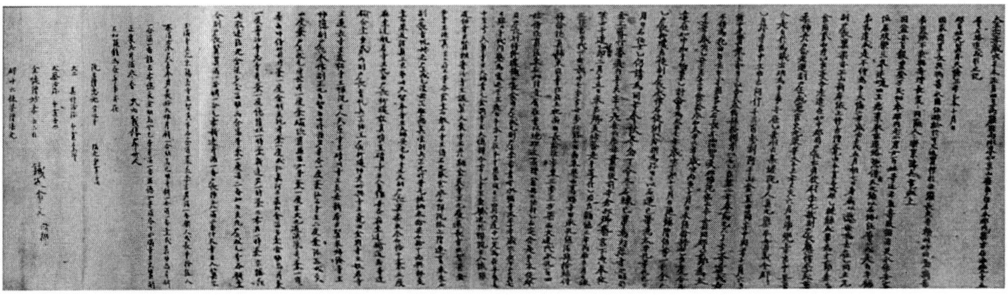

자료 : 대한지적공사, 「한국지적백년사」, 2008.; 최한영, 「지적원론」, 구미서관, 2013.

[그림 3-7] 정두사오층석탑조성형지기

도행장은 타량성책의 초안 또는 각 관아에 비치된 결세대장이며, 작(作)은 관아의 양안, 도전장은 전적(田籍)·전안(田案)으로 토지등록 장부이며 갑인주안(甲寅柱案)[63]은 1314년(충숙왕 원년) 실시한 양전으로 작성된 장부이다. 고려 시대의 양안은 완전한 형태로 지금까지 남아있는 것은 없으나 고려 초기 사원이 소유한 토지의 기재 내용은 [그림 3-7]과 같이 "정두사석탑조성기(淨兜寺 石塔 造成期)"에 나타나 있다. 지적기술교육은 관학인 중앙의 국자감과 5부 학당, 지방의 주학, 향학 등에서 시행되었다. 또한, 과거시험에서 명산과(수학전공)가 생기면서 많은 인재를 국학에서 모두 수용하지 못하자 12개의 사학이 설립되어 중국의 구장산술, 삼개, 육장 등 측량수학 이론을 교육하여 전문측량기술자를 양성하였다.

(2) 조선시대

조선시대의 토지제도는 고려의 전제 개혁을 승계한 과전법(科田法)을 기본으로 왕토사상에서 농민의 소유 관계로 변화하면서 양전에 관한 조문이 공식화되었다. 또한, 1443년(세종 25년)에는 토지 조세제도의 조사연구와 새로운 법의 제정을 위하여 임시관청인 전제상정소(田制詳定所)를 설치하여 전세(田稅)를 개혁하여 세율을 낮추고, 20년마다 양전 사업을 시행하여 양안을 작성하도록 하였다.

중앙관제 중에서 양전을 담당한 기관인 호조는 1392년(태조 1년)에 설치되었으며, 산사(算士, 종7품) 1명, 계사(計士, 종8품) 1명, 산학훈도(정9품) 1명, 회사(會士, 종9품) 1명이 있었다.[64] 그리고 호조에 소속한 기관으로 판적사, 회계사, 경비사의 3사가 있었는데 판적사는 호구(戶口), 전지(田地), 조세, 부역, 공납, 농사, 잠업의 권장, 흉풍의 조사 및 진대감산(賑貸斂散), 양전에 관한 일을 담당하였다. 조선시대에는 양전을 맡은 중앙의 담당부서는

63) 박경안, 「고려 후기 토지제도 연구」, 혜안, 1996, p.171.
64) 이홍직, 국사 대사전(상), 한국, 1982, p. 173.

호조였지만 양전을 담당한 실무자는 중앙에서 파견한 양전사였다. 지방은 중앙에서 양전사를 파견하지 않을 때는 감사(監司)의 감찰 아래 지방 수령에게 양전에 종사하도록 하였으나 실제 양전 사무는 지역사정에 밝은 향리나 서리가 하였다. 이들의 비리로 전정(田政)이 문란해지자 백성의 부담을 공평히 할 목적으로 토지의 등급을 다시 사정하기 위해 지방에 균전사(均田使)를 어사(御使)로 파견하여 양전에 따른 비리를 규찰하였으나 지방 사정에 익숙하지 못한 관계로 폐단이 많았다.

양전 제도는 세제의 올바른 운영을 위한 필수조건으로 양전법 외에 양전 때마다 양전사목(量田事目)이 공포되고 효종 때는 준수책(遵守冊)이 공포되었으며 양전 업무를 담당한 중앙부서는 호조가 하였다. 1444년(세종 26년)에 토지 조세제도의 조사연구와 새로운 법의 제정을 위하여 임시관청인 전제상정소를 설치하고 3등급으로 하였던 전품(田品)을 6등급으로 양척(量尺)을 개정하여 파(把), 속(束), 부(負), 결(結)로 면적을 산출하였으며 양전의 단위로 척촌(尺寸)을 사용하였다. 1653년(효종 4년)에는 전제상정소에서 양전에 관한 준수책인 전제상정소준수조획(田制詳定所遵守條畫)을 반포하고 종래의 수등이척의 법을 폐지하여 균일한 양전척 1종으로 양전을 실시하였다. 또한, 방전(方田)·직전(直田)·제전(梯田)·규전(圭田)·구고전(句股田) 등의 5종류로 전형을 설정하고 면적을 계산하여 결부를 정하였다.

세종실록 권104, 26년 6월 갑자조(甲子條)에 전제상정소준수조획(田制詳定所遵守條畫)에 "一等田尺准布帛尺二尺一寸二分六釐"라고 하여 [그림 3-8]과 같이 상세하게 양전척의 길이를 규정하여 당시 최초로 인반(印頒; 반포)된 전제상정소준수조획의 끝장에는 포백척 2.216尺(遵守量田尺)이라 기록되었으나 실제는 갑술양전척으로 시행되었다. 1444년(세종 26년) 전제상정소(田制詳定所)에서 새로운 양전법을 실시하기 위하여 만들어진 "전제상정소준수조획"이라는 책에 영조척·주척·포백척 등 3종의 척도가 기록되어 있다.

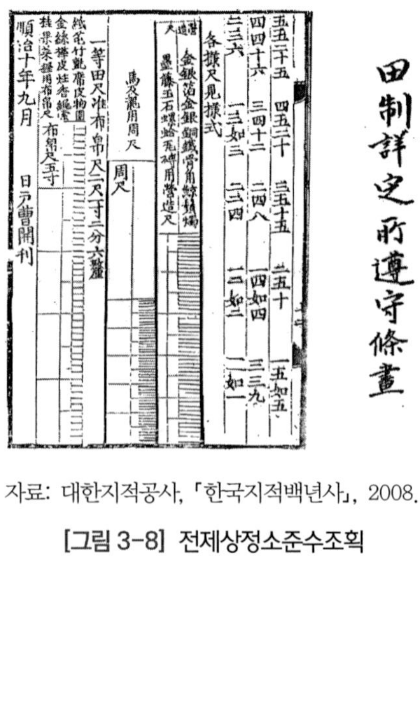

자료: 대한지적공사, 「한국지적백년사」, 2008.

[그림 3-8] 전제상정소준수조획

양전척은 전지의 면적을 측정할 때에 사용하는 자(尺)로 전척(田尺)이라고 하며, 경국대전 척전(尺典)에는 전지를 측량하기 위한 척(尺)은 토지의 등급에 따라 길이가 다르게 만들었다. 양전척은 준수책(遵守冊)의 규칙을 준수하여 1등 척으로 양승(量繩)을 만들어 양쪽 끝에는 낙인을 찍어 감영(監營)에 보내어 사용하였으며 물에 젖어도 신축이 되지 않은 대나무자와 싸리나무자 등으로 만들어 1보(步)마다 소표(小標), 10보(步)마다 대표(大標)를 부착하였다.

양전 기구는 중국에서 전통적으로 사용되던 천문측량을 바탕으로 실지측량이 이루어져 곡척(曲尺), 자(尺), 상한의(象限儀), 간의(簡儀), 나침반(羅針盤), 새끼줄, 목승, 지평준(地平準), 규표(圭表) 등의 전통적인 측량기기가 중심이었다. 조선시대에는 실록이나 실학자들의 일부 저서에 단편적이나마 간의(簡儀), 양전승(量田繩), 양전척(量田尺), 규표(圭表), 기리고차(記里鼓車)[65], 자오침반(子午針盤), 인지의(印地儀), 지평준(地平準) 등 측량 도구의 명칭이 등장하였다.

기리고차는 1441년(세종 23년) 만들어진 것으로 거리측량을 정확하게 측정할 수 있도록 고안된 거리측정기구로서 인지의와 함께 조선시대의 대표적인 측량기구라 할 수 있다. 인지의(印地義)는 토지의 원근을 측량하는 평판측량기구로 1467년(세조 13년)에 제작되었으며, 규형(窺衡) 또는 규형인지의라고 하였다. 현재 남아있지 않아 실물의 크기와 구조를 자세히 알 수 없으나 1467년 3월 영릉에서, 1467년 11월에는 한양성을 인지의로 측량하였다는 기록이 있다.[66]

임진왜란 이후 1601년 30만 결의 토지측량이 있었으며 토지의 형태를 방전(方田), 직전(直田), 구고전(句股田), 제전(梯田), 규전(圭田) 등 5가지로 타량(打量)하여 기록하였다. 양전법은 전품(田稟)을 상·중·하 3등급으로 나누었으며 척수(尺數)도 수등이척제(水等異尺制)를 사용하였는데 상등전(上等田)의 척도는 농부수(農夫手)의 20지(指), 중등전(中等田)은 농부수(農夫手)의 25지(指), 하등전(下等田)은 30지(指)로 등급에 따라 타량하였다.

조선시대에는 결부제를 바탕으로 양전이 시행되었는데, 결부법의 많은 폐단으로 실학자들은 양전 개정론을 주장하였는데 양전법 개정방안으로 유형원은 반계수록(磻溪隧錄), 서유구는 "의상경계책", 이기(李沂)는 "해학유서", 정약용은 "경세유표"에서 결부법을 폐지하고 경무법을 채택할 것을 주장하였다. 조선 후기 실학자들이 제기한 토지제도 개혁론은 당시 소수 지주의 농지 겸병으로 인한 농촌사회의 폐단을 근본적으로 구제하기 위해 주장하였다. 그러나 개혁은 이루지 못하고 조선말까지 결부법으로 양전을 실시하였다. 양전 측량기구는 토지의 원근을 측량하는 인지의 및 자(尺)와 줄(繩)을 사용하였으며, 측량방법은 사람이 직접 줄을 잡고 토지의 장광을 측정하여 척수를 계산하였고 면적계산은 결부제를 사용하였다. 토지제도가 문란해지자 정약용, 서유구, 이기 등을 통하여 양전법 개정론이 제기

65) 김추윤, "고대 측량의 기고", 「한국지적정보학회지」, 창간호, 1999, pp.145-160.
66) 상게논문, pp.145-160.

되었으나 징세를 위한 양안과 토지매매를 증명하는 입안제도로 운영되었으며 현재 지적과 등기같이 이원적 형태였다.

지번은 자호(字號) 제도를 적용하고 지번은 천자문(千字文) 순서에 따라 붙이되 1자호에 5결로 하며 1자호 내에 있는 토지는 필지에 따라 일련번호를 부여하고 5결이 되면 다른 자호를 부여하도록 하였다. 우리나라 문헌에는 자호(字號)로 되어 있으며 일본에서는 자번호(字番號)로 표시하였다. 자와 번호의 합성어로 토지의 기호를 붙일 때는 먼저 천자문의 천(天)·지(地)·인(人) 등의 부호를 차례로 붙이고 다시 1자 안에 1, 2, 3 등의 차례대로 기호를 붙여 나가는 것이다. 즉, 천자(天字) 제1호, 제2호, 지자(地字) 제1호, 제2호 등과 같이 부여하는 방식으로 토지의 면적 5결마다 1자를 부여하고 다음 글자를 부여하는 방법을 사용하였다. 따라서 자(字)는 토지의 구역으로 현행 제도에서 지번(地番)을, 번호는 지번(枝番)이라 하여 오늘날의 부번(附番)에 해당한다.

만기요람 재용편2, 전결조의 "毋論陳起滿五結則用一字號標之以田之東西南北四標"와 같이 조선시대 자호 부번의 원칙은 자번호(字番號)는 자와 번호로서 천자문(千字文)의 일자는 폐경전(廢耕田), 기경전(起耕田)을 막론하고 5결(結)이 되면 부여한 것을 일자오결제도(一字五結制度)라 한다. 대전통편 호전 양전조에 "田有字號用千字 第次字內以 一二三爲第次"에는 천자문의 각 자내(字內)에는 다시 제1, 제2, 제3 등 번호를 붙여 토지소유별 토지를 구분하였다. 양전 후 새로이 개간된 토지가 있을 때는 그 인접지의 자번호에 지번(枝番)을 붙이도록 하였는데, 오늘날 토지에 부여하는 지번제도의 부번(副番)과 유사하다. 세종 때 문헌비고 전부고 양전사목에 "양전은 사방 5자 면적 25자를 1보(步)로 하고, 240보를 1무(畝)로 하며 100무를 1경(頃)으로 하고 5경으로 1자(字)로 하며 나머지 수는 쓰지 않는다."와 같이 구체적으로 양전법을 정해 사방 5주척에 면적 25자를 1보로 하고, 240보를 1무로, 100무를 1경으로 하고 5경마다 1자를 붙이고 자마다 순차 번호를 붙였다.

자호의 시작점은 대다수 군의 객사(客舍)로부터 시작하였지만, 군아(軍衙)의 인접지로부터 천(天)자로 시작한 것이 많았다. 군아 부근에 역대 군수의 선정비(善政碑)를 기점으로 할 때도 있었으며, 면 단위로 자호를 부여할 때는 최초로 측량을 착수한 지점을 시점으로 하였다. 또한, 지방의 신기한 암석·수목 또는 사람들에게 알려진 산과 하천의 명칭에 관기(冠記) 하에 ○○ 원(員)이라 하고 일정한 토지의 집단을 표시하였다. 자호는 양안에 등록하였는데 1720년(숙종 46년) 작성한 경상남도 남해현 경자개량양전 안에는 경상도 남해현의 경자개량(改量) 당시 감자답(甘字畓)의 전안(田案)에는 "감(甘)"자는 천자문의 자호(字號)이며 "第二", "第五"는 부번으로 기재하였다. 정약용은 경세유표(經世遺表)에서 5결을 1자로 표시할 경우 그 수가 수백 수천이 되므로 혼잡하고 나누기가 어려워 표가 없는 것과 같아 부정확하다고 하였다.

지목제도는 초기에는 수전(水田), 한전(旱田)의 2종이었으나 중엽 이후에는 수(水)자와 전(田)자를 합하여 답(畓)자를 만들어 쓰고 한(旱)자는 간(干)자를 생략하여 전(田)이라 하고 건물의 용지는 대로 하여 전, 답, 대의 3종으로 구분하였다. 경세유표 권9, 전제별고(田制別考)2, 어린도설(魚鱗圖說)에 농지는 수전(水田)과 한전(旱田)의 지목이 있었다. 그 외의 기타 토지는 산야(山野)라 하여 조선시대의 지목은 전, 답, 대 및 산야로 크게 구분되었다. 그러나 양안에는 정전(正田), 속전(續田), 강등전(降等田), 가경전(加耕田), 화전(火田), 반전(反田)과 노전(蘆田; 갈대밭), 진전, 저전(楮田; 닥나무밭), 죽전(竹田), 송전(松田), 저전(苧田; 모시밭), 과전(果田) 등과 가옥에 포함된 대지까지도 채전(菜田)으로 포함하였다. 경작 여부에 따라 폐경전(廢耕田)과 기경전(起耕田)이 있으며 때로는 경작하고 때로는 휴경하는 토지는 속전(續田)이라 하였다.

면적계산은 결부제를 사용하여 전의 1척을 파(把)로 10파를 1속(束), 10속을 1부(負), 100부(負)를 1결로하고 전품에 따라 수조의 기준으로 삼았다. 결부의 계산은 수리에 밝은 산사(算士)가 정확하게 계산하였다.

토지 등록부는 문기, 입안, 양안, 가계와 지계가 있었으며, 문기(文記)는 당사자가 임의로 작성한 것으로 토지 및 가옥을 매수 또는 매도할 때에 작성하는 현재의 매매계약서를 말하며 '명문문권(明文文券)'이라고도 한다. 문기는 사문서이며 관청으로부터 발급된 부동산에 관한 문서에는 완문(完文), 절목(節目), 입안(立案), 입지(立旨), 지계(地契)와 가계(家契)가 있다. 완문은 부동산 물건에 관한 쟁의에 대한 소관관청의 재결 또는 과세 혹은 국유지 조세도조(租稅賭租)의 감면(減免)에 대한 관청의 결정을 말한다. 절목(節目)은 중앙관청으로부터 발포된 법령의 시행 절차와 지방관청으로부터 발포하는 부역 감면에 관한 문서로, 입안은 토지가옥에 관한 증명서 또는 인허서를 말하며 균역청 절목, 제언절목(堤堰節目), 구폐절목(捄弊節目) 등이 있다. 입지(立旨)는 지방행정관청으로부터 발급되는 증명의 일종으로 백성의 청구에 따른 사실에 대해 발급한 것으로 소유권을 표시한 문서를 말한다.

문기의 작성은 매매계약이 성립되기 위해서는 매수인, 매도인 쌍방의 합의 외에 대가의 수수목적물 인도 시에 서면으로 계약서를 작성한 것으로 양 당사자와 증인, 그리고 필집인(筆執人)이 서면으로 계약서를 작성하였다. 문기에 기재된 내용은 매매연월일·매수인(賣主)·매매의 이유·매매대상 전답의 소재지, 결부수, 두락수, 도장권(導掌權) 등, 증빙문기(證憑文記), 사표, 매매대금의 수취 여부, 담보문헌(擔保文獻), 전답주(田畓主), 재주(財主),

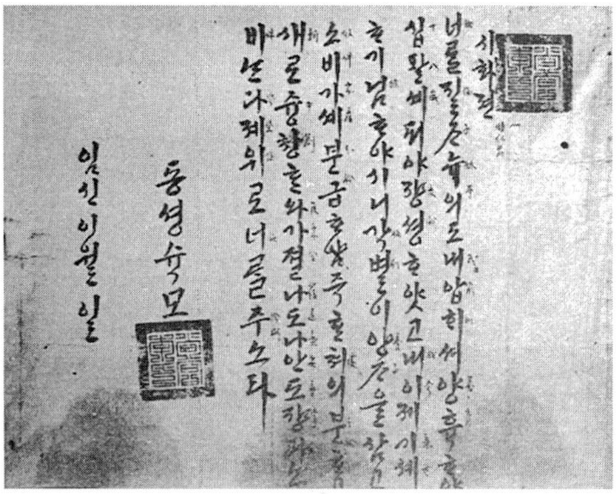

자료: 임시토지조사국, 조선토지조사사업 보고서

[그림 3-9] 도장권 증여문기

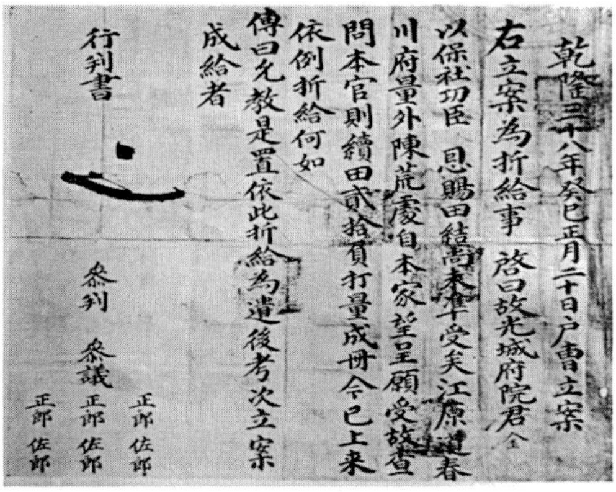

자료: 한국역사연구회, 대한제국의 토지조사사업

[그림 3-10] 건륭연대 호조의 입안

증인(證人), 필집인(筆執人)의 성명을 기재하고 있다. 문기는 작성시대에 따라 구문기, 신문기로 구분하고, 내용에 따라 토지매매문기, 매려(買戾)특약 문기, 패지(牌旨), 증여문기, 전세문기, 국유지사매문기, 불망기(不忘記), 배탈문기(背頉文記), 전당문기, 도지권(賭地權)에 관한 문기와 소작권에 관한 문기 등 11종류로 구분하였다.

입안은 경국대전 권2 호전(戶典)에 매매기한은 토지와 가옥의 매매는 15일을 기한으로 하되 100일 이내에 관청에 보고하고 입안을 받도록 의무사항으로 규정하고 있다. 속전등록(續典登錄)의 규정에는 1444년(세종 26년) 입안을 받는데 기한에 관한 규정은 없었으나, 입안을 받지 않으면 그 토지를 몰관(沒官)하였다. 입안은 전지가사(田地家舍)의 매매에 관한 증명, 한광지의 개간에 관한 인허로 권리의 옹호에 대해 특별히 주의하는 자 또는 종전에 분쟁이 있었던 토지를 사거나 개간하는 자는 입안을 받는 것으로 하였다. 전답 및 가옥의 소유에 대한 관의 인증으로 입안이 발달하여 근대화된 것이 지계 및 가계이다.

양안은 토지를 측량하여 등록하는 공부로써 오늘날의 토지대장을 의미하지만, 당시에는 지적도가 없었으므로 공통등록부라고 할 수 있다. 양안은 양전에 의해 작성된 토지대장으로서 전세(田稅) 징수의 기본 장부이며 전안(田案) 또는 도행장(導行帳)이라 하며 기본적으로 토지의 이동에 따라 정리되지는 않았으나, 토지의 성격 및 이력 등을 알 수 있는 중요한 장부의 역할을 하였다. 양안 작성을 위한 양전의 목적은 국가재정의 기본이 되는 전세(田稅)의 징수를 위해 전국의 전결수(田結數)를 측량하고 빠진 토지를 적발하여 불법적으로 탈세하는 토지가 없도록 하기 위한 것이다.

양안의 명칭은 지역과 시대, 사용처 및 보관기관에 따라 양안(量案), 양안등서책(量案謄

書冊), 전안(田案), 전답안(田畓案), 성책(成冊), 양명등서차(量名謄書次), 전답결대장(田畓結臺帳), 전답양안(田畓量案), 전답행번(田畓行番), 신양안(新量案), 구양안(舊量案), 어람양안(御覽量案), 궁방전양안(宮房田量案), 아문둔전양안(衙門屯田量案), 전답결정안(田畓結正案), 양전도행장(量田導行帳) 등으로 다양하였다.[67] 양안은 가로 1척(尺) 5촌(寸) 5푼(分)에 세로 2척(尺) 2촌(寸)의 크기로 최상의 닥나무 종이를 사용하여 제작하였으며 철목을 철로 싸고 있다고 철권대장, 철골대장이라고도 하였다. 양안에는 토지 소재, 지번, 면적, 결부, 양전 순서, 전품, 토지 모양, 사표, 경작상황, 신구 토지경작자 등이 기재되어 있다. 경국대전 호전 양전조 및 대전회통 호전 양전조의 양안에 소재지, 지번, 토지등급, 지목, 면적, 토지형태, 사표, 소유자 등 모든 토지에 대한 사항을 기록하고 3부를 작성하여 호조·본도·본읍에 각각 비치하도록 규정하고 있다.

양안의 작성방법에 따라 야초책 양안(野草冊 量案)은 광무 양안 때 일필지마다 토지측량을 한 결과를 최초로 기록하는 장부로 각 면 단위로 실제로 측량해서 작성하는 가장 기초적인 장부이다. 중초책 양안은 야초책을 이용하여 작인(小作人)을 조사하고 초서(初書)와 재서(再書)의 기간에는 이미 조사된 다른 기재사항을 자호와 지번을 부여하면서 완성하고 과세대상 면적을 확인한 것으로서 결부의 난에 검은색과 붉은색 잉크로 타점(打點)을 찍어 확인근거를 표시하였다. 정서책 양안(正書草 量案)은 광무 양안 때 중초책(中草冊)으로 만든 양안의 최종 성과이며 양지아문에서 취급하여 기재형식을 통일하여 완성하였다.

지계(地契)와 가계(家契)제도의 시행은 1893년부터 1905년까지이며 근대적인 공시방법인 등기제도에 해당하는 제도로써 소유권 및 전당권의 2종에 한해서 그 계약의 내용을 조사하여 인증을 주었다. 가계(家劵)는 가옥의 소유권을 증명하는 관문서로 고종30년 한성부에서 처음으로 발급된 후 점차 다른 도시에 영향을 미치고, 가옥을 매매할 경우에는 구계를 반납하고 다시 신계를 발급하였다. 지계(地契)는 전답의 소유에 대한 관의 인증으로 본질에서 입안과 같은 것이나 근대화된 것을 말하며 지권(地劵)이라고도 하였다. 1901년 지계아문을 설치하고 강원도, 충청남도, 경기도 일부에서 지계감리를 두어 "대한제국전답관계(大韓帝國田畓官契)"라는 지계를 발급하였다.

토지제도는 대표적으로 궁장토, 역토, 둔토, 역둔토에 대해 정리하였다. 궁장토는 조선 시대 초기에는 없었으나 임진왜란 후에 설치되었는데, 대군·공주·왕자·옹주(翁主)·군주·국왕사친(國王私親)·세자사친(世子私親)·후궁 등의 왕실과 궁가에 속한 토지와 명례궁·어의궁·용동궁·수진궁 등의 토지를 궁방전이라 하였다. 조선시대에는 후궁·대군·공주·옹주 등을 존

67) 서울대학교출판부, 「도서한국본종합목록(법정류)」, 1983, pp.442-542.

칭하여 궁방(宮房)[68]이라 하고, 각 궁방 소속의 전토를 궁방전 또는 궁장토라고 하였다.

궁방전(宮房田)은 사궁장토라 하며 왕실과 궁가에 지급하는 전토로 궁중 회계기관인 내수사(內需司)의 전토도 포함된다. 1사 7궁은 국세를 면제하고 경작자도 부역을 면제하는 특전이 있었다. 내수사는 왕실의 내수를 담당하고 있는 하나의 궁중 직사(職司)이다. 궁장토로 설정된 토지는 절수지(折受地), 민전매득지(民田買得地), 각 영·아문(衙門) 및 타 궁방의 이속지(移屬地), 투탁지(投託地), 민전면세지(民田免稅地) 등으로 구성되었다. 절수전결(折受田結)과 궁에서 매득한 토지는 호조에 보고하여 궁둔으로 영작하고 진폐(陳廢)된 땅이라도 이환(移換)할 수 없는 것을 유토면세라 하였다.

역토는 역참(驛站)에 부속된 토지의 총칭이며 역(驛)은 신라시대부터 조선시대까지 존재한 것으로 관리의 봉급, 관사숙박의 비용, 양마의 비용을 마련하기 위하여 설치한 토지이다. 또한, 공문서의 체전(遞傳), 보급품의 운수, 공무로 관리가 출장할 경우 필요한 말, 인부, 기타 일체의 용품과 숙박, 공선(供膳)의 자료에 공진(供進)하기 위하여 각 도와 군을 통하는 도로에서 평균 40리마다 1개의 역이나 참을 설치한 것이다. 경국대전에 의하면 조선시대의 역은 41개로 역로(驛路)에는 512개의 속역(屬驛)이 있고, 역토는 마위토(馬位土)·공수위토(公須位土) 등으로 구성되었다. 역이나 참에는 역정과 말을 배치하였으며 관리는 찰방·역장·부장·급도 및 말과 인부가 사무를 집행하였다. 조선시대에는 고려시대의 역제(驛制)를 계승하였으며 경국대전에 의해 역제(驛制)가 완비되었다. 또한, 관리의 숙박과 공선비에 충당할 공수전 이하 이원의 봉급과 양마의 비용 등을 지급하기 위하여 부속지를 주어 수확으로 충당하였다.

둔전은 둔토(屯土)라고도 하며 국경지대의 군수품을 충당하기 위하여 그 부근의 미간지(未墾地)를 주둔군(駐屯軍)에 부속시켜 놓고 항상 주둔 병졸에게 경작시키면서 시작된 토지제도이다. 개간 경작하는 군인을 둔전병, 이를 감독하는 자를 둔전관(屯田官)이라고 하였다. 1460년(세조 6년) 호조의 계청(啓請)으로 각 군에 둔전의 설치계획을 세우고 고려의 제도를 부활하여 국둔전과 관둔전을 구별하여 군수(軍需)에 충당하는 것을 국둔전, 지방관아의 경비에 충당하는 것을 관둔전이라 하였다. 선조 이후 설치한 둔전은 영문둔전과 아문둔전, 기타 둔전으로 구분하였다. 각 영문과 아문둔전은 공전과 민전을 구별하여 부과율을 달리하였지만, 관리는 규정과 관계없이 무시하고 민전에 공전과 같은 세를 부과하였다. 조선시

68) 궁방(宮房)이란 왕실 일부에 해당하는 궁실(宮室) 및 왕실과 관계가 깊은 궁가(宮家)를 말하며 궁실은 명례(明禮)·어의(於義)·용동(龍洞)·수진(壽進)의 4궁을 말하고, 왕실은 대군·공주·왕자·옹주·군주 등의 궁가를 말한다.

대에는 내란 및 외란이 발생할 때마다 영문을 설치하고 궁중, 부중에 다수의 아문을 증설하였다. 그리고 영문과 아문의 용병(冗兵; 필요하지 않은 군사), 용관(冗官; 필요하지 않은 관리) 때문에 종래의 국둔전과 기타의 공전을 이속하였다. 또한 죄인의 적몰(籍沒)재산을 편입하고, 국고금으로 민전을 매수하여 황무지를 개간하였다.

영문둔전은 훈련도감둔·금아영둔·어영청둔·총융청둔·용호영둔·장용영둔·무위영둔·감영둔·총리영둔·경리영둔·수어영둔·관리영둔·진무영둔·진어영둔·통제영둔·병영둔·수영둔·방어영둔(放禦營屯)·진영둔·진보둔(鎭堡屯)·난호군둔(欄護軍屯) 등이 있었다.

아문둔전의 종류는 기로소둔(耆老所屯)·종친부둔·의정부둔·돈영부둔(敦寧府屯)·충훈부둔·의금부둔·호조둔·진휼청둔·균역청둔·봉상사둔·규장각둔·사옹원둔(司饔院屯; 임금과 대궐안의 식사 공급을 맡은 관아)·사복사둔·군기사둔·장락원둔(掌樂院屯)·선공감둔·빙고서둔·전생서둔(典牲署屯; 짐승을 기르는 일을 맡은 관아)·사축서둔·내자사둔·내담사둔·장원서둔(掌苑署屯)·사포서둔(司圃署屯)·활인서둔·혜민서둔(惠民署屯)·양향청둔(糧餉廳屯) 등이 있었다.

기타 둔전은 지방에 따라 다르며 청둔(廳屯)은 지방의 소리(小吏), 포군둔은 포군청, 의승둔은 남한산성과 북한산성에서 입번(入番)한 승군, 봉대둔(烽臺屯)은 봉대를 지키는 봉군에게 경작 및 관리하도록 하였다. 진부둔(津夫屯)은 도진(渡津)의 선두(船頭), 발소둔(撥所屯)은 긴급한 공문서를 전달하는 비각(飛脚), 사고둔은 사고를 지키는 승려에게 각각 관리 및 경작하도록 하여 급료에 충당하는 것으로 정부가 관여하지 않으므로 대부분 사전이 되었다.

역둔토(驛屯土)는 역토와 둔토를 총칭하였으며 궁내부의 내장원에서 관리할 당시의 역둔토의 종목은 둔토·역토·목장·제언답·죽전·제전·송전·노전·초평·시장·봉대기지·공해기지 등이다. 역둔토는 일제가 대한제국으로부터 인계받은 토지를 통칭하는 개념으로 제실유토지와 국유토지를 구분하는 과정에서 대부분의 역둔토를 국유로 인정하였다. 역둔토로 취급되는 토지의 관리는 대한제국에서 현지조사 및 측량한 실측도를 근거로 작성한 역둔토대장을 정리하였다. 역둔토는 국유지와 사유지로 구분되는데 둔병 또는 역졸들이 개간한 토지로 국유지 및 적몰지를 부속시킨 것은 국유에 속하고, 그 밖에 민결의 징수를 위임한 토지는 사유지로 인정하였다.

궁장토의 관리는 각 궁방에서, 아문둔토는 초기에는 여러 기관에서 담당하다가 궁내부로 이관되었으며 나중에는 궁내부 내의 내장원이 통합체계로 관리하였다. 역둔토 분필 조사는 토지대장에 등록된 국유지는 1지번의 토지를 소작인별로 분할 조사하여 소작인, 토지대장에 등록된 국유지를 지목별로 조사하였다.

역둔토의 측량은 분할 및 신규등록의 경우에 시행하였으며 강계조사와 지목조사를 동시에 시행하였다. 측량방법은 세부측량 및 이동지측량을 기준으로 실시하였다. 평판측량방법으로 매 필지의 형태와 면적, 필지 상호 간의 관계를 중점적으로 조사하였다. 지번은 동리별로 측량 순서에 따라 부여하였으며 민유의 주장이 있는 필지인 경우에도 증거가 불충분하면 모두 조사하고, 그 다툼은 재무감독국장에게 보고하여 지휘를 받도록 하고 소작권의 분쟁이 있는 경우는 현재의 경작자를 권리자로 인정하였다. 토지대장과 역둔토대장 및 지적도와 역둔토 지도를 항상 밀접히 연결하기 위하여 일필지의 토지를 분할한 것은 토지대장의 지번에 '의 1', '의 2' 등을 붙여 역둔토 지번으로 하였다. 역둔토의 구체적인 관리를 위해 역둔토관리규정이 제정되었으며 역둔토에 관한 청원서의 접수 및 그에 대한 지령, 소작계약의 체결, 소작료의 징수 및 소송은 담당 재무감독국장이 처리하였다.

4) 근대의 지적제도

(1) 대한제국

대한제국의 토지제도는 1894년 갑오개혁을 통하여 근대식 지적제도를 갖추면서 갑오년의 제도개혁의 하나로 관제개혁을 단행하여 중앙관제를 크게 의정부와 궁내부로 나누고 의정부에는 내무·외무·탁지·법무·학무·공부·군무·농상아문을 설치하였다. 지적업무는 내무아문의 판적국(版籍局)에서 관장하기 시작하여 오늘날 지적행정 기구와 조직의 기틀을 마련하였다. 1895년(고종 32년) 정부조직법 개정으로 내무아문은 내부로 고치고 대신관방 아래 판적국 등을 포함한 5개국을 두었다. 1897년 2월 고종이 아관파천에서 환궁한 후 독립협회와 일부 수구파가 연합하여 칭제건원(稱帝建元)을 추진하고, 1897년 8월 12일부터 1910년 10월 22일까지의 조선왕조의 국명은 연호를 광무(光武)로 수정하였다.

1897년 9월에는 원구단(元丘壇)을 세우고 10월 12일 황제즉위식을 거행함으로써 대한제국이 수립된 후 정부는 왕권을 강화하고 통치권을 정비하기 위해 정치·경제·사회 등 다양한 부문에서 개혁을 시도하였다. 1898년 내부소관에서 독립관청인 양지아문을 설치하였으며, 1901년 소유권 보호 및 토지의 통제를 효율적으로 하기 위하여 지계아문을 설치하고 양안에 따라 오늘날의 등기권리증과 비슷한 지계를 발행하여 현대식 부동산등기제도를 처음으로 시행하였다.

1904년 지계아문을 폐지하고 양전의 중요성을 인정하여 탁지부에 양지국을 설치하였으나, 1905년 탁지부 사세국 양지과로 개편하여 국내유세지 측량에 관한 사항, 양안 조사수정 및 출납보존에 관한 사항을 담당하였다. 1905년 6월에는 일본에서 측량기사를 초빙하여 측량기술 교육을 시행하기 위해 대구, 평양, 전주에 양지과 출장소를 설치하고 기술자를 양성하였다.

1909년 탁지부는 경기도 부평군(현; 계양구·부평구)에서 세부측량과 도근측량을 실시하였다. 그리고 전국적인 조사측량의 필요성으로 1910년 3월 14일 칙령 제23호로 토지조사국 관제를 공포하여 토지조사국을 설치하고 본격적인 토지조사사업에 착수하였다. 1910년 8월 29일 국권침탈로 조선총독부에 인계되면서 12월부터는 조선총독부에서 토지조사를 시행하고 토지대장 및 지도를 비치하여 토지에 관한 사항을 등록하고 등록된 토지는 지권을 발행하였다.

① 내부 판적국

1895년 탁지아문(度支衙門)을 개칭한 것으로 국가재정 전반을 담당하였다. 판적국은 「내부관제」를 제정(1895.3.26. 칙령 제53호)하고 「내부분과규정」을 공포(1895.4.17. 관보 제16호)하면서 대신관방과 주현국(州縣局), 토목국(土木局), 판적국(版籍局), 위생국(衛生局), 회계국(會計局) 등 5국을 두었다. 판적국 산하에는 호적과와 지적과를 두었으며, 지적과는 지적에 관한 사항, 무세관유지의 처분이나 관리에 관한 사항, 관유지 지목변환에 관한 사항 등을 담당하였는데 여기서 우리나라 최초로 "지적(地籍)"이란 용어가 공식적으로 사용되었다. 1906년 내부 지방국 판적과에서 호구적 및 지적에 관한 사항을 담당하였으며 토지가옥에 대한 증명제도가 도입되면서 근대적 토지 등록제도가 시작되었다.

1906년 「내부관제(內部官制)」[69]로 변경되면서 지방국에 부군과, 판적과, 토목과를 설치하고 탁지부분과규정의 양지과 및 징세과에서 실시하던 업무를 판적과에서 실시하였다. 1907년 개정된 내부관제(內部官制)는 내부(內部)에 지방국, 경무국(警務局), 토목국, 위생국을 설치하고 지방국은 지방행정에 관한 사항과 지리 및 지적(地籍)에 관한 사항을 담당하도록 규정하였다. 토지측량에 관한 사항은 내부의 토목국, 지적에 관한 사항은 판적국, 전세 및 유세지에 관한 사항은 탁지부 사세국에서 담당하였으므로 상호 긴밀한 협조를 하였다. 1908년 「내부분과규정(內部分課規程)」[70]에 지방국을 두었으며, 지방국에는 부군과·지리과·사사과(社寺課)를 설치하였으나 지리와 지적에 관한 사항은 지리과에서 담당하였다.

69) 관보 칙령, 제15호 제3388호, 1906.2.26., p.192.
70) 관보 내부분과규정, 1908.1.25., p.99.

② 양지아문

1898년 6월 23일 내부대신 박정양, 농상공부 대신 이도재가 토지측량에 관한 청의서를 제출하여 국왕이 사업 시행을 결정하였다. 전국적인 토지측량의 제도 마련을 위해 1898년 6월 "全國의 土地를 測量하는 건"이 공포되었다. 1898년 국가재정을 확보하기 위해 전국의 토지를 조사하여 전결(田結)을 정확히 파악하는 일이 시급하여 양전에 관한 전문 24조의 「양지아문 직원 및 처무규정(1898.7.6. 칙령 제25호)」을 공포하여 양전사업의 담당 기관인 양지아문(量地衙門)을 설치하고 전국의 양전 사무를 정리하였다.

양지아문 설치 당시 이미 정부에는 토지 관련 업무를 취급하는 부서로 내부, 탁지부, 농상공부 등 여러 부서가 있었으며, 본부의 임원과 양전 사업에 종사하는 실무진으로 구성되었다. 양지아문 직원은 총재관(3명), 부총재관(2명), 기사원(3명), 서기(6명)를 두도록 정원을 규정하였으며, 총재관 3명은 양지아문의 사무를 총괄하도록 하였다. 기사원 3명은 내부, 탁지부, 농상공부 주임 중에서 총재관이 각 1명씩 추천하였다. 또한, 서기 6명은 내부·탁지부·농상공부 판임 중에서 총재관이 2명씩 선정하도록 하였으며, 기사원 및 서기 중에서 영어 1명, 일어 1명, 통역할 직원 1명을 두었다. 양지아문의 총재는 각부 대신과 같은 관등을 가졌고 기사원 및 서기는 총재관 또는 부총재관의 지휘·감독을 받아 사무를 처리하였다.

양지아문에서 실시한 양전 업무는 전국의 토지를 파악하기 위한 목적으로 전·답·가사·염전·화전(火田)까지 조사대상으로 하였으며, 국세조사와 소유권에 대한 관리 차원에서 소유자를 파악한 것이다. 양지아문에서 양전 사업에 종사하는 실무진으로는 양무감리, 양무위원, 조사위원과 기술진이 있었다. 1898년 양지아문을 설치하고 양전조례 등 각종 법령을 정비하면서 준비 작업을 시행하다가 양전이 실질적으로 개시된 것은 각도의 양무감리가 임명된 1899년 4월부터이다. 양전을 담당할 실무진은 양무감리(量務監理)와 양무위원으로 이들이 임명됨에 따라 여러 곳에서 동시에 양전이 시행되었다. 양무위원은 해당 도내의 군수 중에서 군 단위로 임명하여 양전 실무에 종사하게 하고, 조사위원은 양안 작성의 착오나 부정을 방지하기 위하여 두었다. 양무위원이나 견습생이 양안의 초안을 작성하면 조사위원들이 세밀한 재조사 및 검토를 통하여 착오를 정정하였다. 양전조례에는 양지아문은 각도에 관찰사, 군수 등의 행정조직을 이용하여 전국의 토지측량을 담당하고 각도에 1명의 관리를 파견하여 양전을 실시하도록 하였다.

전국 토지측량은 외국인 기사가 인솔하는 측량 견습생이 실시할 계획이었으나 신속하게 사업을 마무리하기 위해 도마다 양무감리를 두고 양전을 감독하였다. 양전 방법은 주척

자료: 대한지적공사, 「한국지적백년사(역사편)」, 2008.

[그림 3-11] Krumn의 측량 모습

(周尺)의 5척을 양전에서 1척으로 하고 5결을 천자문의 1자로 편성하였다. 토지의 형상은 방형, 직형, 제형, 규형, 구고형의 기본도형과 원형, 환형(環形), 미형(眉形), 사부등형(四不等形), 제형(梯形) 등의 형태로 토지의 면적을 계산하였다. 양전의 실시는 양지아문 → 파원(派員) → 서기와 감관의 체계로 되어 있었으나 실제로 양전을 담당하는 것은 파원(派員), 서기와 감관이었다. 또한, 각 면 동리 단위의 측량방식은 파원(派員), 서기와 감관의 지휘 아래 측량을 시행하되 별도로 농민 몇 명과 지심인의 도움을 받아 토지등급을 측정하였다. 양전 내용은 토지의 척수에 대한 증감과 진전(陳田)의 유무, 등급판정을 명확히 하여 양안의 끝부분에 관찰사, 군수, 서기, 감관이 서명날인하고 책임을 분명히 하였으며 실제로 양전실무는 양무감리, 양무위원, 조사위원 등이 종사하였다.

전국의 토지측량은 [그림 3-11]과 같이 우리나라 최초로 미국인 측량기사 거렴(巨廉; Reymond Edward Leo Krumn)을 초빙하여 한성부를 측량하였으나 진척은 없었다. 양전 사업은 1901년 광무양안에 기재된 두락(斗落; 마지기), 일경(日耕; 하루갈이) 수는 조사가 시행되지 않았고 양안에도 기재되지 않았다. 1902년 3월 양지아문이 지계아문에 흡수되면서 양전사무가 지계아문에 이관되었다.

양지아문의 양안은 전답도형도의 각 변의 척수(尺數)와 사표(四標)를 도형에 맞게 기재하여 전답형상(田畓形狀)과 그 위치를 쉽게 파악하도록 하여 기존의 양안과 차이점을 보이고 있다. 양지아문에서 작성한 일반적인 양안의 기본도형은 5가지 형태로 방형(方形), 직형(直形), 제형(梯形), 규형(圭形), 구고형(句股形)으로 시행되었다. 그러나 경자양안의 표기는 원형(圓形), 타원형(橢圓形), 호시형(弧矢形), 삼각형(三角形), 미형(眉形)을 추가하여 10가지 전답도형으로 작성하였다. 양안에 기록된 전답도형 표기법은 전통적인 측량법을 확대, 발전시키고 토지의 형상을 가능한 있는 그대로 표시함으로써 종래의 양안보다 토지의 형상을 한층 효과적으로 파악할 수 있도록 하였다. 대한제국은 양지아문이라는 방대한 중앙관서를 설립하고 토지측량을 시작하였지만, 관제는 점차 축소되어 양전 업무가 휴무상태에 들어갔는데 정부가 양전에 대한 인식이 부족하고 수행할 능력이 없었던 것으로 판단된다. 양지아문에서 작성된 1899년 아산군 양안에는 문자로 기술된 사표와 최초로 일필지의 형태인 전답의 형태가 그려진 사표도가 등장하였다. 조선시대의 소유자는 과전으로 지급한 토지의 수조권자를 전주(田主), 사실상의 소유자이면서 경작자를 전객(佃客)이라고 하였다. 순조실록 권23, 1820년 3월 경진조 "本主在於遠地 則時作者 非其奴僕 卽別以主某時作 某懸錄" 순조 때 양전사목(量田事目)에서 본주(本主)는 주인이며 시작은 소작인을 의미하고 있다.[71]

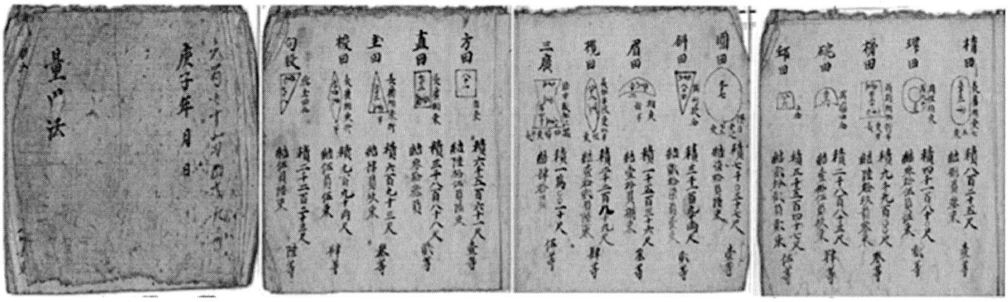

자료: 국토정보교육원 사료실

[그림 3-12] 양안의 전답도형도

1830년에 작성한 전라도 고부군 양안에서 기록된 "기주(起主)"는 소유자, "시작(時作)"은 소작인을 말한다. 일반 민유지는 기주명(起主名)만 기재하고 모든 경지는 시주명과 시작명(時作名)을 기재하지만 대지(垈地)는 대주명(垈主名)과 가주명(家主名)으로 구분하여 기재되었다. 둔토 양안에는 양주(量主), 기주(起主), 시작인(時作人) 등을 기록하였으며 기주·양주는 둔토 설치 이전의 주인이라 할 수 있다. 양안에는 기주·진주·무주(無主) 등 양안의 기주 난에 기재된 용어는 토지의 소유권자, 자작농이나 지주들에게만 사용되었다.[72] [그림 3-13]과 같이 소유자를 전부(田夫)·전주(田主)·재주(財主)·본주(本主) 또는 시집(時執)이라고 하였다.

양지아문에서 실시한 교육은 「양지아문 직원 및 처무규정」 제9조에 의거 외국인 수기사를 초빙하였다. 미국인 측량사 거렴은 1898년 9월 15일에 내한하여 1898년 11월 4일 영어학교 학생 15명, 일어학교 학생 5명, 합계 20명을 충원하여 교육을 시작하였다. 1899년 4월 21일 공포된 「양지아문 견습생 규칙」에는 외국어를 잘하는 자가 필요하고

71) 김용섭, 전게서, p.107.
72) 김용섭, 전게서, pp.110-111.

견습생은 총재관, 부총재관, 수기사의 지휘를 받아 우수한 자는 기수보(技手補)로 승진할 수 있으나 규칙을 위반하는 경우에는 감점한다고 규정하고 있다.

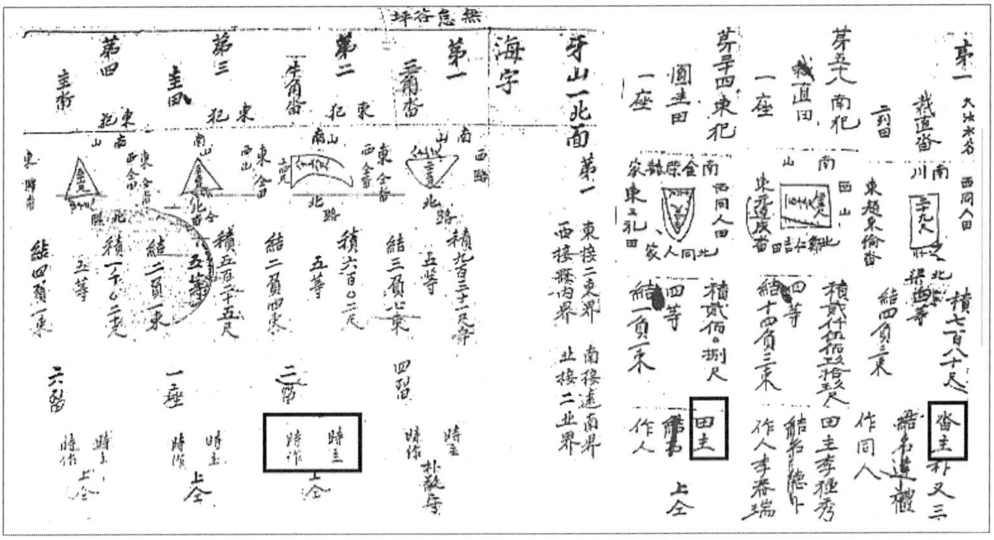

자료: 한국역사연구회, 대한제국의 토지조사사업

[그림 3-13] 양안의 토지소유자

교육기간은 1898년 11월 하순부터 다음 해 3월 말까지 약 4개월여에 걸쳐 시행되었다. 교육을 마친 거렴과 학생들은 1899년 4월 1일 숭례문에서 측량을 개시하여 한성부 지도를 만들기도 하였다. 1899년 양지아문이 폐지된 후 정부는 산학에 조예(造詣)가 깊은 지방 군수를 도의 양무감리로 겸무 발령하고 그에게 학생들의 교육을 맡긴다는 칙령을 발포하였다.[73] 이 무렵 독립신문과 황성신문에는 양지아문을 개설하여 외국인 측량사를 초빙하였으나 잘 안 되었으니 양무감리라도 학생들에게 교육하여 전국 측량을 시급히 하여야 한다는 기사가 게재되었다.[74] 그래서 장성군수인 전남 양무감리를 지낸 김성규가 양지교육을 시행한 기록이 남아있으며, 1899년 12월 초경에 사옥에 사숙(私塾)을 설치하고 62명을 교육하였다.[75]

1895년 민영환이 서울에 사립 흥화학교를 세워 1900년에 양지속성과를 개설하여 측량교육을 시행한 것이 한국 최초의 사학 측량 교육이다. 황성신문과 제국신문에는 흥화

73) 관보, 1899.4.26.
74) 독립신문, 1899.4.5., 황성신문, 1899.4.1.
75) 김성규, 초정집(草亭集), p.5.

학교에서 양지속성과를 특설하고 교수하겠으니 졸업생을 채용하겠냐고 청원하자, 양지아문에서는 재능에 따라 수용하겠다고 하여 학생을 모집한다는 보도문이 있다.[76] 곧이어 황성신문에는 긴급 학생모집 광고에 양지속성과를 이수한 졸업생은 양지아문에서 취업을 보장하므로 입학하라는 내용이었다.[77] 수진동 흥화학교에서 "量地科學員을 募集ᄒᆞ야 再昨日下午四時에 開業ᄒᆞᆫ대 應募學員이 八十餘名이더라."[78] 1900년 4월 16일 입학식이 개최되었으며 최초의 양지 교육은 1900년 5월 교관 남순희(南舜熙)[79]를 특별교수로 초빙하면서 시행하였으며, 1908년 민유임야 측량을 위한 교육도 시행하였으나 일제의 탄압으로 1911년 폐교되었다.

③ 지계아문

지계아문의 사업은 업무의 성격상 양지아문의 업무를 통합하였으며 측량된 토지는 각 도에 지계감리를 두어 "대한제국전답관계"라는 지계를 발급하여 현대식 부동산등기제도를 시행하였다. 「지계아문 직원 및 처무규정(1901.10. 칙령 제21호)」이 공포되어 지계 발행 및 양전 사업의 전담기구인 지계아문이 설치되었다. 그러나 규정은 그 성격이 불분명하고 지계 발행의 목적에 미비한 점이 많아 1901년 11월 개정안은 산림·토지·전·답·가사(家舍)로 확대하였으며, 외국인은 규정된 지역 이외에서 산림·토지·전·답·가사의 소유주가 될 수 없도록 하였다.

양전 사업은 국가의 세원 확보와 소유자를 파악하기 위한 것으로 토지소유권을 사정하여 관계를 발급하기 위한 부동산의 관리체계 확립, 지주납세제의 실현, 지가제의 도입과 일본인의 잠매(潛賣) 방지가 목적이었다. 1902년 1월부터 양지아문의 양전과 양안 작성 업무를 인수하였으며 1902년 3월 11일부터 강원도 지방을 비롯하여 본격적으로 양전을 시작하였으나 완성하지 못하였다. 1898년부터 1904년까지 시행한 양전 사업은 숙종의 삼남양전(三南量田) 후 전국 규모의 사업이었으며, 토지조사사업을 시작하기 전 조선시대의 마지막 양전이었다. 1901년 10월 개항에 따른 외국인 거류지(居留地)가 확대되면서 외국인에 대한 지계 발행의 필요성이 대두됨에 따라 양지아문의 업무를 지계아문에 통합하고 측량된 토지는 지계를 발급하였다.

지계감리는 각도에 1명씩 파견되어 각 군의 지방관에게 지령, 훈령 등을 내리면서 양전을

76) 제국신문, 1900.4.2.
77) 황성신문, 1900.4.12.
78) 황성신문 잡보, 1900.4.19.
79) 황성신문, 1900.11.23.

실시하고 지계를 발행하는 모든 업무를 실질적으로 관장하고 있었다.

지계아문 양안은 국유지를 관둔 및 각 궁방의 토지로 명시해 놓고 민유지는 시주, 진주로 표기했으며, 양지아문 양안의 지형도, 성명, 가옥의 칸수를 삭제하고 두락(斗落) 및 일경(日耕)을 추가로 기재하였다. 새로운 양안의 작성은 광무양안의 자호(字號)와 사표에 따라 작성할 수 있으며 양안의 자호 순서와 필지 수 및 양전 방향은 종전의 방법을 그대로 준수하였다. 발급대상은 전·답·산림·천택·가사의 소유자가 반드시 관계를 맺게 되어 있다. 양안의 기재형식은 전답의 도형을 양안에다 기재, 면적은 척수로 표시하고 등급에 따라 결부를 산출, 시주(時主)와 시작(詩作)을 동시에 기재, 가호(家戶)의 소유 관계를 기록, 두락수를 기재한 점이 이전의 양안과 차이점이라 할 수 있다. 지계 발급은 양안을 토대로 관에서 지계를 마련한 후 일정한 기간 내에 구권과 교환해 주었다. 지계 발행의 원칙은 이전의 모든 구권인 매매문기를 강제적으로 모두 거둬들이고 새로 국가가 공인하는 계권(契券)을 발급하였다. 그리고 전답의 소유주가 매매, 양여한 경우에는 관계(官契)를 받아야 하였는데 지계에는 양면이 모두 인쇄된 것으로 앞면에는 8개 항의 규칙이 기록되어 있다. 지계는 3편을 작성하여 지계아문, 지방관청, 토지소유자가 각각 1편씩 보관하였으며 소유권이 이전될 경우 착오가 없도록 하였다.

관계(官契)의 발행은 매매 또는 양도 시에 해당하며 전질(典質)의 경우에도 관의 허가를 받도록 하고, 계권 발급대상은 전체 부동산으로 확대하면서 계권도 관계라 하였다. 지계아문은 양안을 기본대장으로 소유권자를 확인하는 사정과정을 거쳐서 관계를 발급하였다. 지계는 종래 토지소유자의 토지소유권을 그대로 인정하여 기주(起主), 진주(陳主), 시주(施主) 등의 토지소유자에게만 발행하였다. 1903년 양안에서는 토지소유자의 표기를 전주(田主)·답주(畓主)로 표시하고 소작인은 작인(作人)으로 표기되었다. 바닷가의 염전도 토지와 같이 측량되고 그 소유자는 염전주(鹽田主), 경영주는 염막주(鹽幕主)라 하였다.

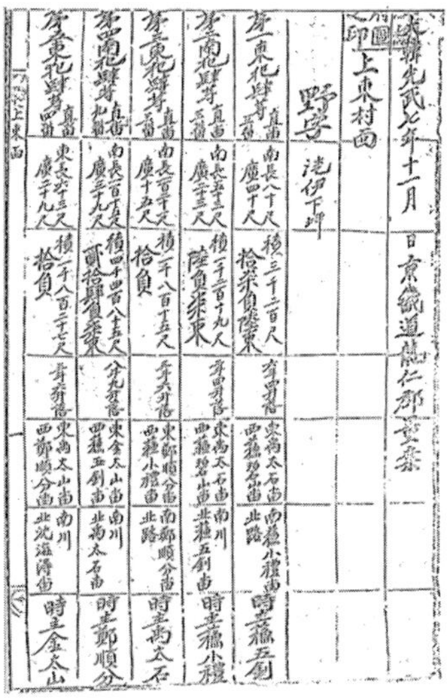

자료: 한국역사연구회, 대한제국의 토지조사사업.

[그림 3-14] 지계아문 양안

측량 교육은 민영환의 흥화학교, 유길준의 수진측량학교 등 100여 개의 학교에서 지적측량 교육이 시행되었다. 농림계열 학교의 측량 교육은 1904년 탁지부 양지국 기수 변지상과 일본에서 유학하고 돌아온 김택길이

농상공학교 교관으로 임명되어 측량학을 교육하였다. 최초의 측량 교육은 농상공학교에서 시행되었지만, 선도적으로 측량 교육을 시행한 곳은 수원 농림학교(현, 서울대학교 농업생명과학대학)였으며 측량교사를 양성하여 배출하는 역할까지 담당하였다. 또한 교육한 측량 종목도 다양하였는데 삼림측량·지적측량·농업토목측량에서부터 항공사진측량까지 다양한 측량을 교육을 실시하였다.

④ 탁지부 양지과

탁지부 양지국 관제(1904.4.19.) 제14조 「지계아문 직원 및 처무규정」을 폐지하고 탁지부 양지국으로 개편되면서 지계아문의 양전 기능과 기구를 계승하여 상설기구로 설치하고 양전과 지계 발급을 중단하였다. 양지국의 조직은 국장(1명), 기사(3명), 주사(6명), 기수(10명)를 두었으며 토지측량에 관한 사항과 공문서류 편찬 및 조사에 관한 사항을 담당하였다. 1905년 통감부가 설치된 후 1905년 2월 26일 탁지부 양지국을 폐지하고, 「탁지부 분과규정」[80] 제6조 사세국(司稅局)에 정세과(正稅課), 각세과(各稅課), 양지과(量地課)를 설치하였다. 또한, 제9조 양지과는 국내유세지(國內有稅地)측량, 양안 조사수정 및 출납보존에 관한 사항을 담당하였다. 또한, 각 지방에서 추진되는 측량을 위해 양지감독 13명, 양지감리 13명 이내와 양지위원 약간 명을 두었다.

「탁지부 관제(1906.3.21.)」를 개정하여 사세국에 토지측량에 관한 사항, 양안 조사수정 및 출납보존에 관한 사항을 규정하였으며 「탁지부분과규정」 제8조 사세국 양지과는 토지측량에 관한 건, 양안 조사수정 및 출납보존에 관한 사무를 규정하였다. 「탁지부분과규정(1908.1.27.)」에는 사세국에 세무과·경리과·감사과를 설치하고 세무과는 지종목이동(地種目異動), 토지장량병(土地丈量幷), 토지 양안, 지방세, 세외제수입(稅外諸收入), 세법 위범자(違犯者) 처분에 관한 사항을 담당하였다. 탁지부 소관의 양전 조사대상은 역둔토, 각 궁장토, 능, 원, 묘, 부속 토지 및 기타의 국유지로 규정하였지만, 일반적으로 역둔토라고 하였다. 조사내용은 필지별로 소재, 지번, 지목, 면적, 사표, 구명칭, 등급 및 결정 소작료, 소작인의 주소성명 등을 조사하도록 하였다. 1907년 양지과 및 각 출장소에서 측량하였으며 역둔토는 국유로 한다는 원칙이 확정되었기 때문에 지세를 면제하고 도조를 수취하였다. 1907년 탁지부 사세국 양지과 소속의 대구출장소는 대구 시내, 1908년 서울출장소는 용산시가지, 평양출장소는 평양시가지, 전주출장소는 전주시가지를 측량하였다.

80) 관보, 제3111호, 1905.4.12., p.382.

탁지부는 토지조사의 경험을 얻을 목적으로 경기도 부평군 일부 지역에서 예비조사(1909.11.17.~1910.2.4.)와 시범측량(1909.11.20.~1910.2.20.)을 실시하였다. 1909년 11월 일본의 협조를 받아 경기도 부평군(현; 계양구, 부평구)에서 세부측량을 1909년 11월 20일 도근측량을 실시하였으며, 경기도 시흥 외 18개 지역과 경상북도 대구 외 7개 지역에 소삼각측량을 실시하여 토지대장과 지적도를 작성하였다. 전국을 대상으로 한 본격적인 토지조사의 필요성을 인식한 일제는 탁지부에서 각 관찰사에게 토지측량을 시작한다는 훈령을 보냈고 그달부터 삼각측량을 시작하였다.

1908년 7월 탁지부 측량과는 서울지역을 소삼각측량하여 1/500 지적도인 경기도 한성부 지도 29매를 제작하였다. 이 도면의 지번은 동리별로 별도로 부여하고 지목은 답·전·화전(火田)·대·염전·지소(池沼)·산림·목장·노전·초평·시장·진황지(陳荒地)·잡종지 등으로 하였다. 면적은 평(坪) 단위로 하고 전답 이외의 토지는 실제 경작지를 조사하였으며 대는 임대료, 노전(蘆田)·시장(柴場)·초평(草坪)은 생산물의 매각가격, 기타 토지는 수입액을 조사하였다.

1909년 6월부터 1910년 9월까지 역둔토실지조사를 실시하여 국유지의 면적과 소작인, 소작료를 조사하였으며 1912년 「역둔토특별처분령」에 의해 관리되었다. 측량은 필지마다 평판측량으로 하며 축척은 1/1,200의 도해법으로 시행하고 토지 면적이 넓은 경우에는 교차법, 도선법, 사출법, 지거법을 규정하였다. 국유지에 인접한 토지의 형상은 견취(見取)로 지도상에 기재하고, 지도상에서 도로는 적색, 하천 및 구거는 남색의 연필로 착색하였으며 지도는 동리 및 지번의 순차대로 면별로 편성하였다. 측량지도에는 소재, 지번, 지목, 등급, 소작인의 주소와 성명, 면적, 사표, 구역마다 나침방위를 기재하고 상차(尙且) 여백에 조사연월일, 측량원의 관 성명을 기재하고 도장을 찍어 측량 및 정리업무에 관해 규정하고 있다.

탁지부의 최종 목적은 소작신고서를 통해 당시 역둔토 명의로 있던 모든 토지를 일괄적으로 파악한 후 역둔토대장을 작성하여 역둔토의 수입을 국고의 세입으로 하였다. 역둔토대장은 역둔토 실지조사에 의해 작성되었고 토지조사사업 당시 국유지통지의 기초자료가 되었으며 모든 유토는 국유지로 신고되었으며, "역둔토 관리에 관한 건"에 역둔토는 일본인이 장악하고 있는 재무감독국이 관리하였다. 역둔토대장에 등록된 토지 종목은 전·답·대·잡종지로 등록하였으며 일필지마다 역둔토의 신고서에 의해 작성되었다.

측량기술견습소는 1909년 폐지되면서 측량기술양성소를 특설[81)]하기로 협의하였는데

81) 황성신문 잡보, 1910.3.4.

장소는 관립 한성외국어학교에 임시토지조사기술원 양성소를 관립한성고등학교에 임시토지조사사무원 양성소를 부설하고 교육 기간은 1년으로 정하였다.[82] 기술원 양성 목적은 "10년 이내에 국내 토지를 모두 측량하는 것"[83]으로 양성소를 설립한다는 공고는 관보에 게재하였다. 또한, 관보의 학생모집 광고[84]에는 1910년 3월 24일 장소는 경성부 북구 경행방(慶幸坊) 교동(校洞)[85], 관립 한성외국어학교 임시토지조사기술원 양성소의 인원[86]은 기술원이 100명, 사무원이 50명이었으며 교육 기간은 기술원은 1년, 사무원은 4개월이었다.

(2) 토지조사사업

대한제국정부에서 추진하던 토지조사사업을 계승하여 임시토지조사국을 설치하고「토지조사법」과「토지조사령」을 공포하여 전국적인 토지조사사업을 추진하였다. 토지조사사업은 지적제도의 확립을 위해 측량을 시행하고 토지의 소재, 지번, 지목, 면적과 소유권을 조사하여, 토지대장에 등록하고 일필지에 대한 위치 및 형상과 경계를 측정하여 지적도에 등록하였다. 또한, 토지조사사업은 과세를 위한 면적과 소유권을 기초로 국가정책수립과 국토관리에 기본적인 자료로써 활용될 수 있도록 지적제도를 정립하였다. 이 사업의 특징은 사법적인 성격을 갖고 업무를 수행하였으며 연속성과 통일성을 갖도록 하였다. 토지조사사업의 내용은 지적제도와 부동산 등기제도의 확립을 위한 토지소유권 조사, 지세제도의 확립을 위한 토지의 가격조사, 국토의 지리를 밝히는 토지의 외모조사로 구분하여 시행하였다.

현재 지적법의 모체는 토지조사사업을 위해 제정된「토지조사법」,「토지조사령」,「조선임야조사령」과 토지세의 부과징수가 목적인「지세령」,「토지대장규칙」,「임야대장규칙」에 의해 지적정리를 수행하였다. 또한, 1912년「조선부동산증명령」과「조선부동산등기령」은 증명 또는 등기된 토지에 대한 배타적인 소유권을 인정해줌으로써 토지 소유제도에 변환기가 되었다. 토지조사사업은 절대적인 소유권을 토지소유자에게 부여하여 근대적 토지 소유를 제도적으로 확립하였다. 이처럼 소유권을 기초로 지세제도도 종래의 결부제에서 과세지가제로 변화하였다.[87]

토지조사사업은 크게 행정업무와 토지측량으로 구분하고, 행정업무는 인사, 회계 및 문서에

82) 황성신문 잡보, 1910.3.21.
83) 황성신문 잡보, 1910.3.18.
84)「임시토지조사국 사무원 및 기술원양성소 규정」
85) 대한매일신보 잡보, 1910.4.9.
86) 황성신문 잡보, 1910.4.9.
87) 배영순, "한말·일제 초기의 토지조사와 지세개정에 관한 연구", 박사학위논문, 서울대학교 대학원, 1988.

관한 업무가 주가 되었으나 그 이외의 업무는 소유권조사, 지가조사(地價調査) 및 일반 행정업무의 처리를 하였다. 소유권조사 및 지가조사는 준비조사, 일필지조사, 분쟁지조사, 지위등급조사, 장부조제, 지방토지조사위원회, 사정, 고등토지조사위원회, 이동지정리 등이 있다. 측량업무는 삼각측량, 도근측량, 일필지측량, 면적계산, 제도(製圖), 이동지측량, 지형측량 등 7종류로 분류하여 시행하였다. 측량업무는 내업과 외업으로 분류하고 내업은 사무실에서 외업에 대한 검사 및 정리 등의 작업을 하는 것이고 외업은 현지에 있어서 조사와 측량에 관한 작업을 하는 것이다.

우리나라 지적법의 체계는 「토지조사법」, 「토지조사령」, 「조선임야조사령」에 의하여 완성된 지적제도의 각종 규정은 분산되어 사용되었다. 1906년 예산을 책정하고 1909년 2월 탁지부대신이 일본 흥업은행으로부터 차관한 천만 엔을 토지조사사업 비용으로 승인받으면서 토지조사를 본격적으로 준비하였다. 대한제국에서는 「토지조사국 관제(1910. 3. 15.)」와 「토지조사법」을 제정(1910.8.23.) 공포하여 토지조사국을 설치하고 전국의 토지조사업무를 전담하였다. 1910년 8월 일제는 우리나라를 식민지로 강점하면서 토지조사국의 사무를 조선총독부로 이속시키고 1910년 10월 조선총독부 안에 임시토지조사국을 설치하여 본격적으로 토지조사사업을 시행하였다. 1912년 「토지조사령」, 「조선민사령」, 「부동산등기령」을 공포하여 토지조사사업을 시작하였다. 토지조사사업 이후 관리해오던 삼각점, 도근점, 수준점 등의 각종 측량표는 당초 「토지측량표규정」에서 시작되어 「조선토지측량표령」으로 제정되어 관리하다 건설부가 「측량법」을 제정(1961.12.31.)하면서 지적과 분리하여 삼각점과 수준점을 관리하게 되었다.

토지조사사업으로 작성된 지적공부를 부·군·도에 이관하여 지적사무를 수행하였으나 감독은 조선총독부 재무국과 도에서 담당하였다. 세무기관이 행정기관으로 분리하여 독립됨에 따라 도 단위에 세무감독국을 설치하고 시·군에 세무서를 설치함에 따라 세무감독국과 세무서로 이전하게 되었다. 토지조사사업성과에 의하여 작성된 토지대장과 지적도의 등록사항에 대한 변경처리는 「지세령」, 「토지대장규칙」, 「토지측량규정」, 「조선지세령」에 의거 수행되었고 임야대장과 임야도의 등록사항 변경정리는 「임야대장규칙」, 「임야측량규정」, 「조선임야대장규칙」에 의하여 수행되었다.

토지조사국에는 총재(1명), 부총재(1명), 부장(2명), 서기관 전임(3명), 사무관 전임(5명), 기사전임(7명), 주사전임(120명), 기사전임(270명)을 두고, 총재는 탁지부 대신이 겸임토록 하고 기사는 상관의 명을 받아 기술을 취급하도록 하였다. 토지조사국에는 총재관방 및 조사부와 측량부를 두고 필요한 곳에는 출장소를 설치하였다. 조사부에는 조사과와 정리과를 두었으며 조사과의 업무는 조사사무의 계획, 시행, 감독 등의 토지에 관한 관습 조사 및 토지제도의 조사업무를 담당하고 정리과는 대장 및 장부의 조제, 토지 조사위원회 사무를 담당하였다. 또한, 측량부는 삼각과, 측지과, 제도과로 구분하고, 삼각과는 삼각측량, 측지과는 도근측량 및 세부측량, 제도과는 지도조제 및 토지의 면적계산을 담당하였다.

「토지조사령」과 「토지조사령시행규칙」 및 토지조사를 시행하기 위하여 「고등토지조사위원회 관제」, 「지방토지조사위원회 규칙」을 공포하였다. 1910년 9월 30일 조선총독부 「임시토지조사국 관제」를 제정·공포하면서 조선총독부 임시토지조사국을 설치한 후 토지조사국을 폐지하고 10월 1일부터 토지조사사업을 시행하였다. 1911년 2월 처무세칙을 제정하여 1912년 6월 서무과를 총무과로 변경하고, 비서계, 문서계, 회계계, 정리계를 추가하였다. 1912년 11월 조사과의 업무는 지위등급 조사계획 및 실행, 지위등급 조사감독과 토지대장 및 장부 작성에 관한 사항으로 개정하였다. 회계과는 경비, 재수입, 예산결산에 관한 사항, 서무과는 직원신분관리, 문서접수보관, 도서보관, 총괄 등을 담당하였다. 임시토지조사국 관제 및 정원의 개정은 7회에 걸쳐 개편되었다.

지번의 등록은 1910년 제정된 「토지조사법」 "제2조 土地는 地目을 定ᄒᆞ야 地盤을 測量ᄒᆞ고 一區域마다 地番을 附홈. 但, 道路, 河川, 溝渠, 堤防, 城堞, 鐵道線路, 水道線路에 揭ᄒᆞᆫ 土地에 對ᄒᆞ야는 地番을 附치 아니홈을 得홈." 및 1912년 제정된 「토지조사령」 제2조와 같이 최초로 지번을 부여할 것을 법률로 규정하고 있다. 지번부여지역은 정(町)·리(里)·동(洞) 또는 이에 따르는 지역 단위로 부여하였으며 (一), (二), (三) 등의 한자를 세로로 조합하여 본번에 부호를 붙여 구성하였다. 본번에 붙이는 부호는 일본어인 가타카나의 "ノ"의 부호와 숫자를 조합하여 구성하였으며 임야대장은 지번 앞에 "산(山)"자를 기재하였다. 지번을 부여하는 방향은 지번지역의 북동쪽에서 남서 방향으로 하였으며 사행식(蛇行式)으로 부여하였으나 시가지에서는 가구(家口)의 양측 토지에 대한 부번은 홀수와 짝수를 반대 방향으로 부여하는 상호방식으로 부여하였다.

지목은 「토지조사법」, 「토지조사령」, 「지세령」의 규정에서 토지의 종류에 따라 전·답·대·지소·임야·잡종지·사사지·분묘지·공원지·철도용지·수도용지·도로·하천·구거·제방·성첩·철도선로·수도선로의 18개 지목으로 구분하였다. 1912년 8월 「토지조사령」을 공포하여 토지를 조사하고 지목을 정하여 지반을 측량하고 1구역마다 지번을 부여하도록 하였다. 토지조사령에 따른 토지의 지목은 ① 전·답·대·지소·임야·잡종지, ② 사사지(社寺地)·분묘지·공원지·철도용지·수도용지, ③ 도로·하천·구거·제방·성곽·철도선로·수도선로로 구분하였으나 ③의 토지에는 지번을 부여하지 않았다. 광주 세무감독국 훈령 제1호로 지세 및 지적사무취급수속별책 통정에 해당하는 1920년 7월 9일 전라북도 훈령 제15호 및 1922년 5월 24일 전라남도 훈령 제18호로 지침을 내렸으나 1939년 3월 31일 폐지되었다. 1943년 「조선지세령」에 규정된 지목은 잡종지에서 염전과 광천지를 분리하여 21개로 조정하였다.

지반의 측량에 사용되는 척도 및 지적(地積)의 명칭과 단위는 도량형법의 규정에 따르고 지주 및 토지의 강계(疆界)는 지방토지조사위원회에 자문하여 조사국 총재가 사정(査定)하고, 사정된 지주 및 경계는 이를 공시하였다. 사정에 대하여 불복이 있는 자는 그 공시일로부터 90일 이내에 고등토지조사위원회에 신립(申立)하여 그 재결(裁決)을 얻으며, 토지조사국 총재의 사정을 얻은 사항은 고등토지조사위원회의 재결을 구하는 외에는 소송을 제기할 수 없도록 하였다. 또한, 토지의 경계와 소유권은 임시토지조사국장이 사정하였으며 이 사정은 강력한 행정처분을 확정하는 원시취득의 효력이 있었다.

1914년 3월 24일 제정된 이동지정리규정에서 공유 토지는 소유자 이름 또는 명칭란에 "○○○ 외 ○명"이라 기재하고 토지대장 이외에 공유지연명부에 기재하며, 공유자가 2명으로 그 소유권 비율이 같을 때는 이를 연속으로 기록하고 공유지연명부에는 기록하지 않았다. 1923년 4월 27일 "공유지 분할의 경우 소유자 등록에 관한 건"에는 공유의 토지를 분할하여 각 공유자 단독의 소유자로 한 경우 공유자명은 그대로 등록하고 소유물의 분할로 인한 소유권의 이전 지분의 양도는 토지대장규칙의 규정에 따라 등기관리의 통지로 등록할 것을 지시하고 있다.

측량은 1894년 갑오개혁 직후부터 국가의 재정기초를 튼튼히 하고 농민운동으로 악화한 민심을 수습하기 위한 차원에서 고려되었으며 구한말 정부가 각종 토지개혁을 도모하고자 1910년 대한제국의 계획에 따라 시행되었다. 1909년 11월 준비 작업으로 경기도 부평군 일부 지역에 구소삼각측량을 원점으로 시작한 시험사업부터 1919년 3월 말까지 토지조사사업은 총 9년 4개월 동안 시행하였다.

토지조사사업은 대한제국의 토지조사사업을 인수하여 1910~1918년까지 토지조사사업 및 대규모 지적제도의 구축작업이 시도된 결과이다. 토지조사사업 당시의 시대적 상황이 통일적이고 획일적인 지적창설을 요구하였기 때문에 지적측량은 국가가 직접 운영하는 직영제도를 적용하였다. 당시 분할측량 등을 필요로 하는 자는 「지세령 시행규칙」에 따라 소정의 수수료를 첨부하여 소관의 부윤·군수·도(島)사에게 그 측량을 신청할 수 있게 하였다. 신청이 있을 때 부·군·도의 기술직원이 관비로 출장하여 측량한 후 토지대장 및 지적도 등을 정리하는 국가직영의 방식을 운영하였다. 국가직영제도는 토지조사에서 세부측량을 마친 후 지적공부를 시·군·구에 이관 후 1918년부터 약 5년간과 1961년도에 약 6개월간 운영하였다. 지적측량의 국가직영제도는 국가 고유 업무로 신속 및 제도적 개선으로 중복적인 절차와 과정을 피할 수 있는 제도이다. 예산과 인원, 기구 등의 경비 절약은 되나 중요한 것은 측량검사를 하지 않고 오류의 교정이 되지 않은 채 공부정리를 하므로 지적공부를 훼손할 우려가 있다는 커다란 결함이 있었다.

토지등록 장부는 실지조사부, 지세명기장, 토지신고서, 이동지조사부, 토지조사부, 결수연명부 등이 있었다. 실지조사부는 측량원도에 기초하고 토지신고서를 참고하여 동리마다 가지번 순서로 작성하였으며 사정공시를 할 때 필요한 토지조사부를 작성하는데, 참고자료로 이용되었다. 지세명기장은 1914년에 작성하여 지세를 징수하는 토지를 납세의무자별로 등록한 것으로 이동정리가 완료된 토지대장 중에서 민유과세지만을 뽑아 면마다 소유자별로 기록하였으며, 1914년 1월 토지대장집계부 및 지세명기장의 조제에 착수하여 1918년 5월 완료하였다.

토지신고서는 「토지조사령」에 의한 민유지의 소재, 지목, 사표 등을 토지조사국에 신고하는 서류, 국유통지서는 국유지의 보관관청에서 토지조사국에 제출하는 서류를 말한다. 1915년 9월 10일 "신고서 가지번 기재에 관한 건"에 의하면 토지신고서에는 필지별로 지목, 자번호 및 사표, 등급, 지적(地積), 결수를 기재하였는데 결수연명부의 기재 내용과 대부분 일치하고 있다. 이동지조사부는 이동지조사 신고서라 할 수 있으며 토지분할 등 토지의 이동사항에 대한 토지조사부 및 지적도에 의하여 토지소유자와 강계를 확정하는 행정처분이다. 이동지신고서가 접수되면 현지조사를 시행하고 분할의 경우는 다시 측량한 후 이동지조사부를 작성하였다. 토지조사부는 1911년 11월부터 작성하여 토지에 대한 소유권의 사정원부가 된 것으로 지목별로 지적(地積)과 필수를 집계하고 국유지와 민유지를 구분하여 합계한 것을 기재하였다. 토지조사부에는 가지번(假地番)이 있으므로 토지신고서의 가지번과 연결이 가능하였고 그 가지번에 해당하는 지번의 면적과 등급을 조사하면 필지별로 결수, 두락, 면적, 등급을 찾을 수 있었다.

결수연명부는 개별납세자와 납세액을 국가가 직접 파악하기 위해 개별납세자를 대상으로 조사하여 작성한 징세대장이다. 1906년 9월 관세관관제(管稅官官制)는 징세체계를 수령과 향리에서 세무사와 세무주사로 변경하였으며 조세징수규정을 공포하여 향리층을 배제한 조세징수방법을 규정하였다. 1908년 「지세대장조제규정」을 제정하여 면별로 총 결수와 결가를 파악한 후 1909년 탁지부로부터 각 재무감독국장에게 통첩하여 각 면내의 지세납부자별 결수와 결가를 조사하기 위한 결수연명부를 작성하였다. 1914년 3월 16일 「지세령」이 제정되어 새로운 지목과 과세 여부의 결정, 기존 결수연명부와 새로 작성된 토지대장의 관계

정립이 필요했으며 「지세령」 제정과 함께 「결수연명부규칙」은 폐지되었으며[88] 1914년도 지세징수부터 적용되었다.[89]

교육은 토지조사가 본격화됨에 따라 조사요원의 확보가 중요한 문제로 대두됨에 따라 1910년 3월 22일 관립 한성외국어학교에 임시 토지조사기술원양성소를 관립 한성고등학교에 임시 토지조사 사무원 양성소를 부설하고 조사요원을 양성하였다. 1910년 5월부터 시작된 관립학교 부설 조사측량 요원 교육과 함께 대구, 전주, 평양 등 농림학교에서 시작된 교육도 같은 목적으로 시행되었다. 임시토지조사국 양성소에서도 측량요원 교육은 연속되었으며, 교육 규모가 커짐에 따라 강사가 증가하고 제도수, 적산수와 같은 분야의 교육이 추가되었다. 또한, 1910년 8월 22일에는 토지조사국 고시 제1호로 토지조사국 출장소를 대구, 전주, 평양, 함흥에 설치하였다.

1912년 3월 27일 임시토지조사국 관제를 개정하면서 조선총독이 필요하다고 인정할 때는 임시토지조사국에 "사무원 및 기술원양성소를 부설할 수 있다."라는 규정을 포함하였다.[90] 이 칙령 제31호에 의거 「조선총독부 임시토지조사국 사무원과 기술원 양성소 규정(1912.5.8. 부령 제98호)」을 제정하였다.[91] 1911년 6월 15일 임시토지조사국에서는 최초로 기술원 생도를 모집하였는데 한국인에 한하여 500명을 모집하였다.[92] 시험은 관립고등학교 2학년 수준의 국어, 산술, 조선어와 한문 시험에 합격하여야 하였다. 사무원 시험은 이보다 두 달 후인 1912년 8월 18일에 모집한 사무원 생도모집 광고를 보면 "구 관립고등학교, 구 관립외국어학교 또는 동등 이상의 관립학교를 졸업한 자는 학과 시험을 받을 필요가 없다."라고 게재되었다.[93]

그러나 일제의 토지측량은 특수한 기술과 경험이 있어야 한다는 명분을 내세워 대부분 간부를 일본인으로 채용하였다. 임시토지조사국 양성소는 1911~1918년 6월까지 전체 9회에 사무원 599명, 기술원 1,889명, 적산수 635명, 제도수 562명으로 총 3,685명을 양성하였다. 1911년 「제도수·적산수 견습생 채용규칙」을 제정하고 제도와 견습생을 모집하여 교육하였는데[94] 1917년 4월까지 총 11회에, 제도수 562명, 적산수 635명, 총 1,197명이 졸업하였다.

88) 미야지마 히로시(宮嶋博史), 광무 양안재고, 낙성대연구실, 한국근현대사잠정고, 1992, p.542.
89) 제령 제1호, 관보, 1914.3.16. 시가지는 같은 날 제령 제2호로 「시가지세령」이 공포.
90) 관보, 1912.3.28.
91) 대한지적공사, 「지적기술교육연구원 60년사」, 2000, p.284.
92) 황성신문, 1899.4.20.
93) 생도모집 광고, 관보, 1912.8.14.
94) 대한지적협회, 「조선토지조사사업보고서」, 1918, p.493.

양성소의 직원은 주간(主幹)과 강사, 사무원 약간 명을 두었는데 주간은 임시토지조사국장이 맡아 사무를 관장하였다.[95] 교육과목은 사무원과 기술원이 각기 달랐으며 기간은 6개월이었다. 정규교육을 마친 졸업생들은 실제 측량을 할 경우에도 현장교육을 받았다. 당시 측량원은 기술의 발전 정도에 따라 평가를 받았기 때문에 종일 작업을 하고 작업 중에도 종사원에게 강습을 시켰으며, 내업 중에는 각 반 간부를 강사로 초빙해 소삼각측량에 필요한 강습을 시켰다. 임시토지조사국 측지과는 정규교육 이외에 현장교육을 시행하였다.[96] 제1회 강습은 1912년 6월 강습 명령을 받은 일본인 고원 9명과 기타 희망자 5명에 한하여 7월부터 약 8개월 동안 보통과와 특별과로 나누어 측량에 관한 학과 및 외업 실습을 강습하여 시험을 치르게 하였다. 동년 11월 12일 제도가 개정되어 조사사무와 측량사무가 병합되면서 강습은 지적측량으로 많은 인원을 교육하였는데 측량과에서 관장하였다. 1913년 3월 5일부터 한국인 서기 141명, 기수 2명, 고원 17명에 대하여 세부측도(細部測圖) 강습을 열어 3, 4월 두 달 동안 산술, 대수, 기하, 측도 등 때에 맞추어 속성으로 강습을 하였다.

정리과 견습생은 「정리과 견습생 채용 및 강습규정(임시토지조사국 훈령 제3호, 1913. 2.20.)」을 제정하였는데 일본인을 채용(한국인은 없음) 대상으로 하고 2개월의 강습을 시키는데, 강습과목은 한문, 산술(주산), 습자, 조선어 등이었다. 지형도 축도(縮圖) 작업원 양성은 1914년 4월 지형측량작업의 진척에 따라 축도에 종사할 희망 직원을 모집하여 한국인 20명을 양성하였다. 1914년에는 토지조사부, 토지대장, 지세명기장의 제조 사무가 바빠져 한국인들을 모집하여 일시 고원으로 채용하였는데, 단기간 현지실습을 시켜 작업에 적합한 자를 선발하였다. 개국 당시 고원은 일본인이 25명, 한국인은 4명으로 총 29명에 불과하였으나, 토지조사사업이 확장됨에 따라 필요한 고원을 채용하거나 양성소 졸업자를 고원으로 채용하였다.[97]

탁지부 주관으로 제1회 토지측량강습회(1914.4.15.~5.8.)는 도·부·군서기 중 적임자를 추천을 받아 측량에 관한 일반 지식·기능 교육은 33명이 참석하였는데 모두가 일본인으로 구성되었다. 제2회 토지측량 강습회(1915.4.12.~5.4.)에[98] 총 42명(한국인 28명, 일본인 14명)이 참가하였다. 제3회 토지측량 강습회(1916.4.10.~5.10.)[99]는 83명, 제4회 도서기 토지측량 강습회(1917.4.30.~5.29.)[100]는 94명이며, 강습과목은 세부측도법, 평판의 사용 및 검정법,

95) 임시토지조사국, 「사무원과 기술원 양성규정」, 제3조, 제4조.
96) 세키, 측지과 업무전말서, 우방(友邦)협회, 1944.
97) 대한지적협회, 전게보고서, p.89.
98) 관보, 1915.5.26.
99) 관보, 1916.5.27.
100) 관보, 1917.6.14.

세부측량 및 이동지측량 실습, 이동지측량법 등이다. 제5회 도·부·군 도서기 토지측량강습회(1919.3.1.~3.30.)[101]는 42명이며, 강습과목은 토지측량법령, 지세 및 지적사무, 토지측량 연습 등이다. 임시토지조사국에서 주관한 측량강습회는 정기적으로 이루어진 것이 아니고 1917년 중에만 2회로 나누어 개최되었다. 제1회 강습기간은(1917.6.18.~ 7.17.)[102]이고 참석인원은 11개도에서 온 부서기 10명, 군서기 52명, 도서기(島書記) 1명 등으로 총 63명이 참석하였다. 강습항목은 세부측량법, 기계의 사용 및 검정법, 세부측량실습, 이동지측량방법, 이동지측량실습 등이다. 제2회 측량강습회(1917.9.12.~10.12.)[103]에는 12개도(道)와 부·군에서 온 도서기 1명, 부서기 3명, 군서기와 판임관 견습생 62명으로 총 66명(한국인 18명)이 참가하였다.

토지조사사업 결과는 1910년부터 1918년까지 8년 8개월 만에 2,040여 원의 비용과 5천명의 인력으로 전국의 토지를 일필지마다 측량하여 지번·지목·지적·경계 및 소유자를 결정한 토지조사사업의 성과는 토지대장 96,394책과 812,093매의 지적도를 작성하였다.

(3) 임야조사사업

임야는 삼국시대부터 고려시대와 조선시대를 거쳐 수백 년 동안 무주공산으로 일반 백성과 관리들 사이에 분쟁이 심하였다. 임야조사사업은 1916부터 1924년까지 시행되었으나 토지와 비교하면 경제적 가치가 낮아 측량의 정도도 낮았으며 축척도 소축척을 사용하였다. 또한, 임야조사사업의 조사 대상은 「토지조사령」에 의한 토지조사사업에서 제외된 임야와 임야 내의 개재지(介在地)로 구성된 토지를 대상으로 하였다. 임야조사사업의 목적은 토지조사와 함께 전토(田土)에 대한 지적제도를 확립하고 임야에 대한 토지의 이용과 거래에 필요한 기본 자료로 제공하기 위한 것이었다. 부동산 표시에 필요한 지번을 창설하고 그 위치의 형상을 도면에 표시하여 경계를 명확히 하기 위한 것과 모호한 권리 관계로 분쟁이 심한 임야의 소유권을 법적으로 확정하기 위한 것이었다. 임야조사사업은 1916년 경기도와 그밖의 도에서 우선 시험적으로 임야조사를 시행하였으며 1918년 「조선임야조사령」을 공포하여 본격적인 임야조사를 시작하였다. 1916년부터 1924년까지 8년 동안 총경비 380만 원과 기술자 및 사무원 4천6백 명을 동원하여 전국의 임야를 일필지마다 측량하여 그 지번, 지목, 지적, 경계 및 소유자를 결정한 임야조사사업의 성과는 임야대장 22,202책과 116,984매의 임야도를 작성하여 시·군으로 인계되었다.

101) 관보, 1919.4.14.
102) 관보, 1917.8.16.
103) 관보, 1917.11.12.

(4) 지적측량기관

근대 지적제도가 확립된 1910년대는 토지의 이동 건수가 매우 적어 부·군·도의 기술직원이 관비로 출장하여 측량한 후 지적도 등을 정리하는 국가직영방식을 채택하였다. 1923년 7월 19일 조선총독부 재무국장이 비밀통첩[104]으로 "정부의 자기 이익"이라는 취지 아래 지정측량자제도 및 기업자측량제도를 채택하였다. 그러나 도로, 하천, 구거 또는 철도의 시설이나 기타 공유수면의 매립 등에 따르는 토지이동이 급격히 증가하게 되어 지적측량업무의 원활한 처리를 위하여 광대지 측량 업무만을 취급하게 하였다.[105] 지정측량자 제도는 도에서 민간인 지적측량기술자를 지정하여 지적측량을 하도록 하는 제도로 애초에는 1도 1명을 원칙으로 하였으며, 광대지 및 공유수면 매립지의 신규등록 측량, 기타 임야분할 측량 등을 실시하고 부·군·도의 검사를 거친 뒤 지적공부를 정리하였다.

기업자측량제도는 도로·하천·철도·수도 등을 신설할 때 보수 기업자인 관청이나 개인이 지적측량기술자를 채용하고 주무관청의 승인을 얻어 지적측량을 하였는데 당시 지적측량기술자에 대한 법률적인 자격규정은 없었다.[106] 토지조사가 완료된 1918년 지적공부가 시·군에 이관되면서 지적측량 업무는 시·군의 상시측량사에게 측량하도록 하고 1923년부터 각도에 1명의 지정측량사를 두어 광대지 측량 업무를 대행하면서 사실상 지적측량 일부 대행제도가 시작되었다.

그러나 지적측량업무가 급격하게 증가하면서 민원업무의 기간 내 처리와 지정측량자 제도의 청부업자적 폐단이 발생하였다. [그림 3-15]는 "지적측량자의 지정에 관한 건"으로 능전신태랑(能田信太郎)은 1923년 10월 2일 평안북도 지적측량자로 지정되면서 트랜싯 10여 대를 갖추어 북한 대부분 지역을 측량한 것으로 파악되었다. "재단법인 조선지적협회 설립 및 광대한 지역에 걸치는 이동지정리 제도 폐지의 건"[107]으로 조선지적협회가 창설되면서 기업자 측량과 지정측량자 제도는 폐지되었다.

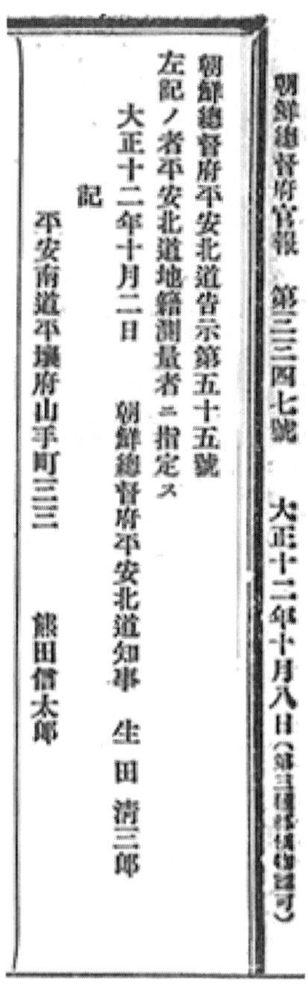
朝鮮總督府官報 第三三四七號 大正十二年十月八日 (第三種郵便物認可)

朝鮮總督府平安北道告示第五十五號

左記ノ者平安北道地籍測量者ニ指定ス

大正十二年十月二日 朝鮮總督府平安北道知事 生田淸三郎

記

平安南道平壤府山手町三三 能田信太郎

자료: 평안북도 고시 제55호, 관보, 1923.10.8.

[그림 3-15] 측량자지정건

104) 稅乙 제675호, 지정측량자의 지정에 관한 건, 1923.7.20.
105) 내무부·한국지방행정연구원, 「한국지방행정사」, 1987, p.1063.
106) 도에서 토지조사 중 관리 및 종사한 경력만으로 행정적인 측면에서 지적측량사 자격 인정
107) 1938.1.25., 수신 각 세무감독국장, 발신 조선총독부 재무국장, 통첩.

1931년 6월 6일부터 역둔토에 대한 이동지정리는 역둔토협회에서 시행하였다.

조선총독부는 1938년 1월 17일 자로 등기설립을 허가하고 1월 24일 등기설립을 완료하여 재단법인으로 조선지적협회를 설립하고[108] 지적측량대행기관으로 지정하였다. 종래의 지정측량자제도 및 기업자측량제도는 1938년 1월 25일 재무국장이 각 세무감독국장에게 보낸 통첩으로 1938년 3월 31일 폐지되었다.[109] 조선지세령에는 대행기관의 지정에 관한 명문 규정이 없었으며 조선총독부의 통첩으로 시행되었다.

조선지적협회 본회는 조선총독부 재무국 내에 지부는 세무감독국 내에 출장소는 각 세무서 내에 두면서 체계적인 조직이 구성되어 1938년 4월 1일부터 지적측량업무를 대행하기 시작하였다.[110] 1938년 5월 18일 역둔토협회가 해산됨에 따라 1938년 9월 1일 조선지적협회의 출자방법의 변경을 포함한 기부행위(정관)의 일부가 개정되었다. 이에 따라 재단법인 역둔토협회의 해산으로 인하여 조선지적협회에 인계되는 역둔토협회의 기본금 40만 7,299원 14전을[111] 기본자산으로 하였다.

조선지적협회의 주 사무소는 경성부 광화문통 2번지에 있는 조선총독부 재무국 내에 두고, 설립목적은 지적 및 지세제도의 운용을 위한 것으로 지적측량, 이동지의 조사, 토지신고, 신청 절차의 대행, 측량기술원의 양성, 기타 본회의 목적을 달성하는 데 필요한 사항 등의 사업을 집행하였다. 협회에는 이사, 감사, 고문을 두고 이사가 이사회를 운영하며 서무계와 사업계를 두어 업무를 처리하였다. 이사는 8명, 감사는 2명을 두었는데 이사 중 1명을 회장, 또 1명을 본회 상무이사로 하고 나머지 5명은 지부 상무이사로 하였으며, 조선총독부 재무국장인 미즈타 나노마사(水田直昌)는 지적협회 설립취지와 운영방향을 발표하고 초대 회장으로 부임하였다.

1949년 5월 1일 5개 지부가 다시 서울지부로 통합되어 명칭이 변경되었다. 협회는 1939년 8월 14일 주요 도시에 지부를 설치하고 경성지부는 경성 세무감독국, 광주는 광주 세무감독국, 대구는 대구 세무감독국, 평양은 평양 세무감독국, 함흥은 함흥 세무감독국 내에 두었다. 각 지부에는 출장소를 두었으며 출장소장은 세무서장을 지부장이 위촉하였다. 서울특별시 지사는 1938년 1월 24일 조선지적협회의 설립과 동시에 경성지부가 설치되고, 담당지역인 경기도, 강원도, 충청도의 업무를 수행하였으나 1943년 10월 세무감독국이 폐지되면서, 각 도로 지적업무가 이관되어 경성지부는 경성, 경기도, 강원도, 충청남도, 충청북도

108) 매일신보, 재무국 내에 지적협회 설립, 1938.1.19.
109) 대한지적공사, 「대한지적공사 50년사」, 1990, p.64.
110) 라승환, "지적협회가 걸어온 길", 「지적」, 제1권 제2호, 대한지적협회, 1971, p.33.
111) 리진호, 「지적인 열전」, 고려문화사, 2000, p.108.

지부로 각각 분리되었다.

1943년 10월 1일 세무감독국을 폐지하고 지적사무가 각도의 재무국으로 이관(세무서는 존치)됨에 따라 임시로 지부 소재지였던 경성, 평양, 함흥, 광주, 대구에 지방사무소를 두고 각도의 재무국(지부)에는 연락 직원만을 배치하여 운영하다가 1945년 5월 1일 충청북도지부, 충청남도지부, 강원도지부, 전라북도지부, 경상남도지부, 황해도지부, 평안북도지부, 함경북도지부가 설치되었다.[112] 1945년 8월 15일 광복을 맞이하여 각 지방사무소를 폐지하고 각 도 재무국 내에 상무이사를 배치하여 운영하였다.[113]

토지(임야)조사사업이 끝날 무렵인 1924년부터 1945년까지 측량 교육은 1924년 경성수학원에서 시작하였고 1926년 경성공학원을 발족하여 토목과로 이어졌다. 1934년 미쿠리야(御廚健次郎)는 대전시 춘일정(春日町; 현, 대전광역시 중구 선화동) 3정목에 측량만을 교수하는 1년 과정의 사립학교인 관인 측량기술원양성소를 설립하였다.[114] 1936년 유종한은 대전공과학원 지금의 종로 5가 이화예식장 자리에 경성측량기술강습소를 설립하였다. 대전공과학원에서 교육한 측량과목은 하천측량, 임야측량, 지형측량, 지적측량, 시가지측량, 시거측량, 평판측량, 도로측량, 이동측량, 등고선측량, 횡단측량 등이다.

기술자가 절대 부족하여 업무를 수행하는 데 어려움이 많아지자 일본은 조선지적협회 기부행위(정관) 제4조 사업 4호에 '측량기술원의 양성'을 넣어 교육 근거를 만들어 1939년 지적측량기술원양성강습소를 설치하고 소장은 회장인 미즈타(水田直昌)가 겸무하였다. 강습소에서는 본회의 기술자 확보와 전국 세무관서에 종사할 기술자 교육을 하였으며, 강습소는 서울에 두고 1939년 5월부터 시작하였으며, 교육 기간은 7개월로 하였다. 제1기는 3개월은 세부측량과 도근측량의 이론을, 나머지 3개월은 경기도 양주에서 실습하였다. 제2기는 1940년 3월 15일 50명을 모집하였으며 입소 후에는 수당과 피복을 지급하고 수료 후에는 지적협회 기술원으로 채용하였다. 지적교육은 1940년 3월 19일부터 8월 7일까지 약 142일간(5개월) 시행되었으며 모집 인원은 19명이었다. 교육 과목은 세부측량과 도근측량이었으며, 교육 장소는 세무감독국 회의실이었다. 1943년 9월 함흥 세무감독국은 지적직 관리와 조선지적협회의 직원들을 대상으로 약 2주 동안 지적사무 연수교육을 시행하였는데 지세 및 지적사무의 취급, 구획정리에 수반한 지적공부와 정리방법 등을 교육하였다.[115]

---

112) 대한지적공사, 전게서, 1990, p.79.
113) 상게서, pp.82-83.
114) 관보, 1917.6.14.
115) 대한지적공사, 전게서, 2008, p.1071.

5) 현대의 지적제도

(1) 미국 군정시대

1945년 8월 15일 광복으로 미군의 과도정부가 시행되면서 지적업무는 공백 상태였다고 할 수 있으나 1945년 10월 26일 미국 군정청 재무국이 지적업무를 계속하여 담당하였다. 미국 군정의 기본정책은 장기적인 지배를 위한 한국사회 전반에 대한 지배력을 확보하고 자본주의 체제의 확립에 목적을 두었다. 또한, 일본인들이 소유하였던 토지를 담당하기 위해 1945년 11월 12일 동양척식주식회사는 신한공사로 개칭하여 동양척식주식회사소유의 토지를 접수·관리하고 12월 19일 "접수농지에 관한 건"에 따라 일본인이 소유한 모든 토지 및 수입은 미국 군정청의 소유로 토지를 관리하였다. 1946년 재무국을 재무부로 변경하고 지적은 사세국에서 지방은 각 도의 재무부 직세과에서 담당하였다. 1946년 2월 신한공사를 설립하고 동양척식주식회사를 비롯한 일본인 회사가 소유한 토지 및 일본인 지주의 소유농지를 관리하였다.

1948년 3월 중앙토지행정처를 설치하고 신한공사가 해체됨에 따라 중앙토지행정처가 승계하고 귀속농지의 처분을 위하여 토지매각 처분령을 공포하여 귀속농지를 매각하였다. 1948년 8월 15일 대한민국 정부가 수립되면서 농지개혁, 토지계획, 시가지계획, 하천제방의 구축, 관개 수리공사 등을 추진하면서 토지이동이 많이 발생하였다. 지적사무는 일본인이 소유한 관리청이던 동양척식주식회사가 신한공사, 나중에 토지행정청으로 되었으나, 다시 귀속농지관리국으로 변경되어 귀속농지가 거의 개개인에게 분배된 이후 도청 지정과 지정계 사무로 되었다.[116] 또한, 지적측량은 각 도에 지적기수를 임명하여 집행되었고 세무서 직세과에서 기수들이 신청을 받아 측량을 시행하였다. 공무원의 직명은 도안사, 지세도안사, 기술사, 담당계는 지세지적계라 하였고 측량수행은 도(道) 지정측량자 제도의 시행 및 측량자유업을 실시하였다.

1945년 8월 15일 광복과 함께 미국 군정이 시행됨에 따라 지적업무를 국가직영체제로 전환함에 따라 조선지적협회는 사실상 해산되었으며, 지적측량기술자는 소규모의 측량업을 자영하였고 공무원은 재무국에서 담당하였다. 이에 따라 조선지적협회는 휴면상태가 되었는데 지부별 직원들은 "지적유지회"라는 이름으로 세무서 내 출장소에 그대로 머물렀다. 지적협회에서 처리하던 지적업무는 국가에서 직접 업무를 취급하였고 세무서 지세지적계에서 집행하였다.[117]

116) 라승환, 전게서, p.35.
117) 지종덕, "지적측량사자격 제도의 변천", 「지적」, 제24권 제8호, 대한지적공사, 1994, p.32.

(2) 재무부

1948년 11월 4일 재무부에 사세국이 설치되고 그 아래 징수과, 직세과, 간세과, 국유재산과를 두었으며 지적업무는 직세과에서 담당하였다. 지적제도는 1950년 11월 30일 「지세법」을 제정하였으며, 1950년 12월 1일 「지적법」을 제정하여 토지행정의 기반이 되는 토지대장, 지적도, 임야대장 등 토지공부를 복구하여 새로 작성하였다. 지적측량은 「토지측량규정」과 「임야측량규정」에 의해 계속 시행되다가 지적법 제정에 따라 「토지측량규정」과 「임야측량규정」을 통합하여「지적측량규정」을 제정하였다. 「지적측량규정」에는 지적측량의 대상, 지적측량의 구분, 면적계산과 지적정리 등 기술적인 것을 규정하고, 1951년 4월 1일 「지적법시행령」을 제정하면서 지적법령의 형식적인 체제가 완성되었다.

1952년 10월 15일 대법원 고시 제44호로 시달된 "북위 38도선 이북수복지구 회복등기실시 요령"에 의해 등기부 멸실 직전의 등기부 등본 또는 토지대장 등본을 첨부하여 회복등기를 시행하였다. "수복지구임시행정조치법(1954.10.21.)"을 공포하여 행정구역의 조정과 행정기능을 회복시키고자 하였다. 1960년 1월 1일부터 「민법」과 「부동산등기법」을 제정·시행하면서 근대화된 토지소유권의 내용과 범위가 결정되었다. 1961년 12월 2일 국세와 지방세의 조정에 관한 법률에 의거 농지세의 지방세 이관과 함께 토지 과세기준조사를 시행하는 과정에서 이동지조사는 측량을 수반하는 것과 이동지측량을 필요하지 않은 전필 이동지로 분류되었다. 지적측량을 필요로 하지 않는 이동지는 「지적법」과 「지방세법」의 토지이동에 대한 신고·신청의 의무규정이 있었으며 토지 과세기준법의 적용은 담당시장, 군수가 직권으로 무신고이동지를 정리하였다. 1961년 개정 「지적법」의 내용은 주무 부처가 재무부에서 내무부로 이관됨에 따라 "세무서"를 서울특별시 또는 시·군으로 하는 소관청 변경이었다. 정부수립 후 지적행정은 토지세와 관련하여 재무부와 사세청의 지도감독 하에 세무서에서 1961년 12월 31일까지 관장하였다.

지적측량기관은 1948년 8월 15일 대한민국 정부가 수립되고 지정측량사제도의 폐단을 없애기 위하여 재무부 장관의 통첩 "지적협회 업무 재개 시에 관한 건(1949.4.29.)"에 의해 조선지적협회의 설립목적, 사업내용, 자산 등을 그대로 승계하고 대한지적협회를 재편성하여 발족하였다. 1949년 5월 1일 주무관청인 재무부(1950.9.28.~1961.12.31.) 장관의 허가를 받아 재단법인 조선지적협회를 재단법인 대한지적협회로 명칭을 변경하였다. 대한지적협회 사무소는 재무부 사세국 내에 두고 총재는 재무부 장관, 부총재는 재무부 차관, 이사회 회장은 재무부 사세국장, 부회장은 사세국 직세과장이 겸무하는 등 조선총독부 관리의 겸무제도를 채용하여 업무를 재개하였는데, 협회 업무재개 이후 세무서에서는 개인측량에 의한 토지이동 신고를 하지 못하도록 하였다. 1949년 7월 1일 광복 후 최초의 대한지적협회 기부행위는 본회의 사무소를 재무부 사세국 내에 두며 각 사세청 내에 지부를, 각 세무서 내에 출장소를 두었고 완전유급제로 운영하다가 6·25동란으로 업무가 일시 중단되었다.[118)]

본부의 기구조직은 1949년 4월 29일 지적협회가 업무를 재개한 때부터 본부에 서무과와 업무과를 두었다. 1950년 9월 28일 수복과 동시에 전쟁으로 분소실(紛燒失)된 지적도의 복구 등 대행 업무를 집행하였다. 업무는 지적에 관한 사항, 이동조사, 토지에 관한 신고·신청 절차의 대행, 측량기술원 양성이며, 여기서 지적에 관한 사항은 토지(임야)대장 미등록 지구의 신규측량, 분할, 경계, 감정, 정정 및 확정측량 삼각측량과 도근측량 등이었다.

지적협회의 부활은 법령에 근거한 조치가 아니라 재무부 장관의 훈령에 따른 것이었다. 1949년 7월 1일 제정된 대한지적협회 기부행위는 1961년 2월 25일 정관으로 명칭이 바뀌면서 전면 개정되었다. 1961년 3월 9일 본회에 지적 및 토지세제도 연구위원회를 신설하여 1962년 예산에 지적연구 예산을 편성하고, 지적제도의 개선과 재산세, 농지세, 지적법 및 관계법규를 조사·연구하고 그 결과를 당국에 건의하였다.[119)]

"지적측량업무대행사건(1963.5.30.)"에서는 대행측량사 자유 개업 가능으로 비화하여 서울특별시에서는 지적측량사들이 협회를 이탈하여 자영업을 시작하였다. 1967년 12월 14일 「지적측량사규정」을 개정하여 대행법인과 대행측량사의 정의를 규정하고, 1969년 12월 29일 정관개정으로 법령에 따른 명실상부한 국가대행기관으로서의 정비가 완료된 것이다. 1975년 12월 1일 「지적법」을 전문 개정하면서 측량업무의 대행기관 설립 및 운영근거를 규정하였다. 1976년 1월 1일 정관을 개정하여 실비변상제도를 폐지하고 완전유급제도로 전환하였으며, 11월 6일 내무부 장관은 대한지적협회를 우리나라 유일한 지적측량의 대행법인으로 지정하여 행정규칙 요건을 갖추어 위법시비를 차단하였다.

사옥은 서울 영등포구 여의도동 45번지에 지상 5층, 지하 1층의 사옥이 준공되면서 1938년 조선총독부 재무국에서 발족한 조선지적협회 이래 38년 9개월 만에 자체 사옥을 갖게 되었다. 사옥건립은 1971년도 기본운영계획을 수립하고 1975년 12월 16일 착공하여 1976년 10월 6일 완공되었으며, 11월 2일 준공검사를 마쳤는데 총공사비는 2억 8,200만 원이었다.[120)] 또한, 1977년 7월 1일 개정된 지적법의 취지에 적합하게 정관을 개정, 기구를 정비함과 동시에 대한지적공사로 그 명칭을 변경하였으며, 지적측량방법도 경위의 측량, 수치

118) 대한지적공사, 전게서, 1990, p.175.
119) 상게서, pp.214-216.
120) 상게서, pp. 382-384.

지적을 도입하였고 전파·광파기에 의한 측량방법과 항공사진측량방법을 도입하였다.

재무부의 지적측량 교육은 1953년 농지분배 및 이동지측량이 폭주하여 시급히 실시하기 위하여 '지적기술자 강습회 개최에 관한 건'을 의결하고 1953년 51명, 1954년 36명, 1955년 29명으로 총 116명의 교육생을 강습하였다. 기술인력 충당을 위해 재무부 사세국 지원으로 서울시 종로구 청진동 19번지에서 제1회 지적측량강습회(1953.5.22.~6.27.), 제2회 지적기술강습회(1954.5.17.~6.15.), 제3회 지적측량강습회(1955.7.18.~8.16.)가 열렸다. 강습회는 세부측량(42명)과 도근측량(9명)이었으며 관·지적협회 혼성반이었다. 1957년 강습회 시대는 막을 내리고 상설기구인 임시지적기술원양성소가 설립되었다. 서울특별시는 1963년 4월 27일, 서울특별시장의 사설강습소 설치인가를 얻어 지적측량기술원양성소를 설립하고 1963년 5월 13일 제4기를 시작으로 1968년 11월 6일까지 교육을 실시하여 112명이 수료하였다.[121)]

(3) 내무부

1962년 1월 1일부터 지적업무는 재무부 산하 서울·대전·광주·부산 사세청과 81개 세무서의 인력, 지적공부 및 기구는 재무부에서 내무부 지방국 지방세과로 이관되었으나 본부나 시·도에 지적계가 없이 업무를 수행하였다. 1963년 「지방공무원 임용령」 제정으로 지방지적기원보에서 지방지적기좌까지 5등급을 두고 시·도와 시·군 지적계장은 지적기사 명칭을 사용하였다. 1964년에는 내무부 지방세과에서 지적관리에 관한 사항을 담당하도록 규정하고, 1966년 12월 토지 과세의 기준조사에 관한 사항을 신설하였다.

1970년 3월 「내무부 직제 개정령」이 공포되면서 지방국의 지방세과를 세정과로 변경하여 지방세의 부과 및 징수, 세외수입의 부과·징수 및 요율의 종합조정, 지적관리, 토지 과세 기준의 조사, 외국인의 토지취득허가 업무를 담당하였다. 1975년 「지적법」을 전면 개정하고 1976년 5월 7일 「지적법시행령」과 「지적법시행규칙」을 제정 공포하여 지적제도 및 기술의 개선과 지적사무의 전산화를 추진하는 등 현대 지적제도의 기틀을 마련하였다. 「지적법」의 주요 개정내용은 지적 관련 용어 정의, 토지(임야)대장의 카드화, 아라비아숫자로 지번 설정, 면적등록단위를 평방미터(m^2)로 환산등록, 대장의 고유번호부여, 토지소유자의 주민등록번호 등록, 용도지역 등록, 수치지적부 작성비치 및 수치측량을 도입하였다.

1979년 시·도와 인구 15만 이상의 29개 시·구에 지적과를 신설하고 지정계와 지적계가 설치되었으나 시·도의 지적과는 정부의 기구축소 방침으로 2년 2개월 만에 폐지되었으며,

121) 상게서, p.462.

1987년 10개 시·도의 지적과가 모두 부활하면서 1995년 전국의 시·군에 지적과가 신설되었다. 지적업무는 지적 및 토지등록제도의 운영·지도·연구, 지적측량대행법인의 지도·감독과 지적위원회의 운영, 외국인의 토지취득허가, 수복지구 토지운영제도 연구, 지적복구·불부합지 정리 및 지적측량기준점 관리업무를 담당하였다. 1982년부터 시·군·구 단위로 시·도에 설치된 전산처리조직에 입력하여 불가시적 지적공부인 전산등록 파일에 의한 열람 또는 등본교부가 가능하도록 개선하였다. 1986년부터 집합건물을 구분 소유단위로 대지권 표시의 등기를 한 공유 토지는 별도로 집합건물의 대지권을 등록하는 공유지연명부를 작성하여 비치하기 시작하였다. 1986년 개정 「지적법」은 면적의 등록단위 명칭을 "평방미터"에서 "제곱미터"로 개선, 아파트·연립주택 등의 공동주택부지와 도로·하천·구거·유지 등의 합병을 촉진하기 위하여 집합건물의 관리인 또는 사업시행자에게 합병신청에 관한 대위권을 인정하도록 제도를 신설하였다. 1988년 12월 내무부에서 토지기록 온라인개발에 관한 지침을 결정하고, 1989년 공시지가 전산화 및 토지거래 전산화를 종합적으로 개인별, 세대별로 확인할 수 있는 종합토지 전산화가 구축되었다.

1991년 「지적법」이 개정됨에 따라 전산등록 파일을 지적공부로 하는 불가시적인 지적공부가 새로 도입되면서 모든 토지이동, 소유권 변동, 토지등급변경 등 지적공부의 등록사항에 대한 변경사항은 전산등록 파일에만 등록·관리하였다. 1994년 12월부터 행정자치부 주관으로 한국전산원의 도움을 받아 토지 종합전산체계의 구축이 완료되었다. 1995년 「지적법」을 개정하여 지적공부에 등록하는 주체를 국가로 명확히 규정하여 지적국정주의와 적극적 등록주의를 강화하여 지적제도의 위상을 높이는 계기를 마련하여 국토정보센터를 운영하기 시작하였다. 토지종합전산망은 1995년 2월부터 정부 부처에서 보유한 토지관련 정보를 공동으로 활용하는 시스템으로 전국 3,400만 필지에 대한 토지의 소재, 지번, 성명, 주소, 주민등록번호, 세대주 등으로 구성되었다. 지적전산화는 1단계로 1975년 「지적법」 전면 개정 시 모든 토지에 고유번호를 부여하는 카드화 작업을 통해 토지대장의 등록사항과 도면을 전산화할 수 있는 법적 근거를 마련하였다. 2단계는 1982년부터 1984년까지 토지기록의 전산화 작업으로 전국의 토지를 시·도별로 전산 입력하였다. 3단계는 토지 관리의 전산화 작업으로 행정전산망사업이 추진되었다.

1995년 집합건물의 대지권등록을 위한 공유지연명부는 대지권등록부로 명칭을 변경하고 토지에 관한 도형정보와 특성을 나타내는 속성정보를 동시에 처리하기 위해 1995년 9월 "국가지리정보체계(NGIS)구축 기본계획"을 확정하였다. 1995년 지적법과 시행령 및 시행규칙을 개정하였는데 주요 내용은 기초점을 지적측량기준점, 지적도 축척의 확대, 지적도의 간행 배포, 지적전산 정보자료의 이용, 지적전산화에 따른 절차, 등기촉탁 시 분할, 합병을 추가, 측량방법의 일부 변경, 지적위원회를 중앙 및 지방으로 분리하여 운영하였다. 1998년 2월 국민의 정부가 출범하면서 행정자치부 지방세제국에 세제과, 세정과, 지방세심사과, 지적과가 설치되었으며 지적과는 지방재정세제국에 편입되었으며, 외국인도 내국인과 동일하게 취득할 수 있도록 허용하였다.

지적측량기관을 살펴보면 1975년 12월 1일 내무부는 「지적법」을 전문 개정하면서 법적으로 대행제도의 설립을 인정하였으며, 1977년 7월 1일 대한지적협회가 대한지적공사로 새롭게 설립되어 국가로부터 지적측량업무의 대행법인으로 지정받은 유일한 기관이 되었다. 재산과 회계를 정확히 규정하고 이사회, 조직 및 기구, 업무, 교육 등이 발전적으로 개편되었다. 공사로 개정된 후 임원은 사장 1명, 부사장 1명, 상임이사 3명, 감사 1명, 비상임이사는 소속과 관계없이 7명 이내로 개정되었다. 본사 조직은 기획부, 서무부, 업무부, 개발부 등 3실 3부로 되었다. 1997년에는 2001년 한국에서 개최되는 FIG 제68차 상임위원회 및 국제심포지엄을 효과적이고 능동적으로 지원하기 위해서 FIG 업무를 전담할 추진기획단을 신설하였다.

지적측량기술교육은 1962년 5월 1일 「사설강습소에 관한 법률」에 의거 임시지적기술원 양성소를 지적측량기술원 양성소로 변경하고 신규양성 교육을 시행하였다. 1964년 현직에서 근무하고 있는 상치측량사와 대행측량사를 대상으로 세부측량, 기초측량, 확정측량으로 구분하여 실시하였다. 1968년 서울특별시 요청으로 각 구청의 지적직 공무원들에게 세부측량기술을 단기 재교육시킨 것이 본격적인 공무원 교육의 시작이었다.[122)]

1968년부터 공무원 교육을 행정조치로 위탁하였는데 지적측량업무의 정확한 처리를 위하여 효율적이고 일관성 있는 업무를 수행할 수 있도록 지방청 공무원 훈련지침에 의해 실무교육에 중점을 두었다. 1976년 1월 20일 지적측량기술원 양성소가 지적측량기술원 양성학원으로 명칭을 변경하였다. 1977년 7월 1일 대한지적공사 지적기술연수원을 설립하여 대한지적공사 직원들과 내무부 산하 지적직 공무원들을 위탁하여 교육을 시작하였다. 1979년 7월 10일 내무부 장관은 지적기술연수원을 「공무원 교육훈련법」에 의거 지적직 공무원의 특수연수기관으로 지정하였다. 1994년 지적기술연수원을 대한지적공사연수원으로 변경하였으며, 1998년 IMF에 따른 외환위기 상황으로 정부의 방침에 따라 조직을 축소하고, 1999년 3월 1일 기술연구소는 연수원과 통합되어 지적기술교육연구원으로 되었다. 2005년 10월 11일 대한지적공사 지적연수원으로 명칭 변경, 2015년 6월 4일 한국국토정보공사 국토

122) 상게서, p.353.

정보교육원으로 명칭을 변경하여 운영하고 있다.

(4) 행정자치부

1998년 2월 국민의 정부가 출범하면서 작은 정부구현정책으로 내무부와 총무처를 통합하여 신설된 행정자치부 지방세제국에 지적과가 설치되었다. 2003년 12월까지 전국 시·군·구를 대상으로 데이터베이스 구축이 완료된 읍·면·동부터 단계적으로 지적도면을 이용하여 처리하는 모든 업무에 대한 시범 운영을 시행하였다. 경기도 고양시 일산구를 대상으로 2001년 7월부터 12월까지 시스템 전반에 걸친 시범 운영을 위하여 지적직 공무원 2명, 공사 직원 2명에 대한 운영자 교육을 완료하였다. 지적행정시스템은 속성자료 및 도면자료를 연계하여 2003년 8월 29일부터 인터넷으로 정보를 제공함으로써 민원서비스 및 정보공동 활용으로 전자정부 시대의 국가경쟁력 강화에 중추적 기능을 담당하였다. 2003년 개정 「지적법」 제3조의 2에 "국가의 토지를 효율적으로 관리하기 위하여 지적재조사사업을 시행할 수 있다."라고 규정하고 있다. 2006년 부동산의 재산권 행사에 필요한 부동산정보관리센터를 설치하여 총괄조정팀, 종부세지원팀, 정보관리·운영팀으로 구분하여 담당하였다.

「도로명주소 등 표기에 관한 법률」은 주소만으로 누구나 쉽게 건축물 등의 위치를 찾을 수 있게 하려고 기존 주소체계를 도로와 건축물 등에 도로명 및 건물번호를 부여하였다. 이 도로명 및 건축번호를 기준으로 주소체계를 구성하는 새로운 주소체계로 변경하고, 이를 전국에 통일적으로 적용하기 위해 제정하였다. 「도로명주소 등 표기에 관한 법률」은 2006년 10월 4일 제정(법률 제8027호)하여 2007년 4월 5일 시행하였으며 현재는 행정안전부에서 운영·관리하고 있다. 그러나 이 법에 따른 업무 중에서 도로명 주소 기본도 및 지번부여지역의 경계 등은 「공간정보의 구축 및 관리 등에 관한 법률」에 따른 도면과 지적공부를 활용하여 도로명 및 건물번호 등이나 그 밖의 자료를 포함하여 작성하게 되어 있으므로 지방자치단체의 지적직 공무원이 담당하고 있다. 2007년 지적공부에 등록된 지번체계의 문제점을 해결하려는 방안으로 새주소정책팀을 설치하여 총괄팀과 사업팀, 홍보팀, 정보화팀으로 구분하여 업무를 담당하고 있다. 총괄팀은 새주소정책팀 인사 관리, 도로명주소 등 표기에 관한 법률 운영에 관한 사항을 담당하고 있으며, 정보화팀은 새주소 정보통합센터 구축사업 및 새주소 DB 관리·정보제공 등의 업무를 관리하고 있다.

지적측량기관과 관련해서는 1998년 8월 IMF(International Monetary Fund, 국제통화기금)를 맞이하여 대한지적공사는 공사혁신방안으로 지방조직을 축소하여 당시 16개 지사(현, 본부)에서 1999년 12개 지사로 축소하였다. 출장소는 1985년 4월 1일에는 234개에서

1987년 8월 1일 263개로 늘어났으나 1995년 1월 1일 경기, 강원, 충북, 충남, 전북, 전남, 경북, 경남 직할 출장소를 폐지하였다. 1998년 IMF를 맞이하여 조직을 축소하여 출장소(현, 지사)는 당시 261개에서 220개 출장소로 하였으나 업무량 감소로 현재는 184개 지사가 있다.

1994년 "지적측량업무의 경쟁체제 전환에 대한 국민제안"이 행정쇄신위원회에 제출되었으나 1999년 「지적법 시행령」을 개정하여 지적측량대행법인은 1개 단체로 한다는 규정을 삭제하였다. 헌법재판소는 2002년 5월 30일 「지적법」 제41조 제1항은 직업선택의 자유를 제한하며 과잉금지의 원칙에 어긋난다는 이유로 헌법불합치 판결로 「지적법」이 개정되면서 지적측량 시장이 일부 개방되었다. 2003년 개정 「지적법」에서 기존 재단법인 대한지적공사를 지적법에 따른 특수법인으로 전환하여 제반 지적측량을 수행하도록 신설하였다. 대한지적공사가 수행할 지적측량업무의 범위와 사업은 지적제도 및 지적측량에 관한 외국기술의 도입과 국외 진출사업 및 국제교류협력, 지적제도 및 지적측량에 관한 연구·교육 등의 지원 사업 및 그 밖에 공사의 목적달성을 위하여 필요한 사업으로서 정관이 정하는 사업을 한다. 2003년 10월 1일에는 대고객 서비스 제공과 공사 경쟁력 강화를 위해 지사와 출장소의 홈페이지를 운영하였다.

(5) 국토교통부

정부조직법 개정(법률 제8852호, 2008.2.29.)에 따라 지적업무가 행정자치부에서 국토해양부(현, 국토교통부)로 이관하였다. 이후 「지적법」, 「측량법」 및 「수로업무법」을 통합하여 「측량 · 수로 조사 및 지적에 관한 법률」을 2009년 6월 9일 제정(법률 제9774호) 시행하고, 「지적재조사에 관한 특별법」을 제정하여 2012년 3월 17일부터 시행하고 있다.

「지적재조사에 관한 특별법」의 제정은 100여 년 전 일제강점기에 평판과 대나무자로 측량하여 수기로 만든 종이지적을 지금까지 그대로 사용하고 있어 지적의 디지털화에 맞지 않고, 측량기술의 발달로 지적공부의 등록사항이 토지의 실제 현황과 일치하지 않는 경우가 전 국토의 15%에 달하고 있어 심각한 문제로 대두되었기 때문이다. 그러므로 기존의 지적공부를 디지털에 의한 새로운 지적공부로 전환하고 토지의 실제 현황과 일치하지 않는 지적공부의 등록사항을 지적재조사사업의 실시근거 및 절차규정 등을 마련하여, 국토를 효율적으로 관리하고 국민의 재산권을 보호하기 위해 2011년 9월 16일 제정하여 2012년 3월 17일 시행하고 있다. 21세기에 들어 급속한 도시화·정보화에 따른 빈번한 토지이동, 불법 토지형질변경, 지하시설물관리 등 토지의 개발과 이용에 대한 국민 관심이 높아져 더욱 정확한 측량

결과를 요구하고 있다. 따라서 국토교통부는 지적업무 및 공간정보 업무 범위 확대 및 지적측량수행자의 업무 범위를 확대하고 있다. 또한, 토지정보는 국가공간정보 인프라의 핵심정보로서 지적의 위상을 높이고, 공간정보의 융·복합은 물론 국내외 표준화 사업, 공간 빅데이터 활용사업, 3D GIS 구축사업, 영상정보 응용사업, 공간정보 기술의 해외 진출 등을 통한 공간정보산업을 진행하고 있다. 또한, 남북관계는 최근에 교류가 확대되면서 남북한에 적용될 지적 및 토지제도에 대한 통합 방안을 도출하고 준비해야 할 시기가 되었다.

토지제도 및 정책 분야에서 가장 핵심적 역할을 하는 지적제도는 유비쿼터스 환경을 구현하여 도면 위주의 경계관리를 경계점에 전자태그를 부착하여 전자 표시경계로 변경하고 입체적 관리계획 등의 구축을 통해 다양한 공간정보서비스를 지원하고 있다. 공간정보를 가공 처리하여 데이터베이스(DB)화하며, 지적정보와 다양한 행정정보를 링크시킬 수 있도록 일필지 정보에 위치를 기준으로 하는 여러 가지 속성정보를 결부시켜 공간정보의 취득·처리·저장·서비스를 위한 표준정보 제공에 지속해서 노력하고 있다.

한국국토정보공사는 「국가공간정보 기본법」에 의한 사업을 효율적으로 추진함으로써 국민의 재산권을 보호하고 지적제도와 공간정보의 발전에 이바지함을 목적으로 한다. 공사는 업무 수행을 위하여 필요한 때에는 국내외 필요한 지역에 교육원 및 연구원 등 부설기관과 지역본부 등 분사무소를 설치할 수 있도록 하였다. 지적측량 업무는 한국국토정보공사에서 측량을 집행하고, 그 결과를 소관청에서 검사 · 정리하는 이원화 체계로 구성되어 있다.

그리고 지적측량 대행자인 대한지적공사는 2015년 6월 4일 한국국토정보공사로 사명을 변경하여 공간정보업무를 추진할 수 있도록 업무범위를 확장하였다. 이러한 국가와 한국국토정보공사와의 관계는 국가업무인 지적측량을 대행하는 업무적 결합으로 인식되어야 한다.[123] 기본재산은 「측량 · 수로조사 및 지적에 관한 법률」에 의해 설립된 대한지적공사로부터 기본재산으로 승계된 재산, 이사회의 의결을 거쳐 기본재산에 편입된 재산으로 하며 보통재산은 기본재산 이외의 재산으로 한다. 공사의 임원으로 사장 1명을 포함한 11명 이내의 이사와 감사 1명을 두며, 이사는 상임이사와 비 상임이사로 구분하되, 사장을 포함한 상임이사의 정수는 이사 정수의 2분의 1 미만으로 하도록 규정하고 있다.

공사의 사업은 「국가공간정보 기본법」 제14조 제1호부터 제6호에 정한 사업, 「국가공간정보기본법 시행령」 제14조의3 제2호의 사업으로 국토조사를 기반으로 한 국가 공간정보체계 구축 및 활용에 관한 지원 사업, 국가공간정보체계 구축 및 활용을 위한 공간 빅데이터에 관한 지원 사업, 그 밖에 국가 또는 지방자치단체와 공공기관 등으로부터 위탁받은 사업과

123) 강태석·최용규·박순표, 「지적학개론」, 형설출판사, 2001, p.480.

지적전산 관련 자료를 활용한 정보화 사업 및 서비스 제공에 관한 사업, 「공간정보산업 진흥법」 제12조에 따라 지정받은 품질인증기관에 관한 사업, 공사의 각종 시설과 자산 활용을 통한 수익사업, 그 밖에 이사회에서 필요하다고 의결한 사업과 「해외건설촉진법」에 따라 해외에서 사업을 할 수 있다. 공사의 사업구역은 전국으로 하며, 국외에서 사업을 수행하는 경우에는 그 지역을 사업구역에 포함한다.

측량업자는 지적측량제도의 대행측량에 대해 헌법재판소는 2002년 5월 30일 「지적법」 제41조 제1항은 직업선택의 자유를 제한하며 과잉금지의 원칙에 어긋난다는 이유로 헌법불합치 판결로 지적법이 개정되면서 2003년부터는 개인 측량사 또는 영리법인에도 지적측량을 시행하게 되었다(사건번호: 2000헌마81). 2000년 정부의 규제 완화정책으로 수행기관의 복수제가 허용되면서 지적측량성과 검사의 정확성 여부는 토지소유자의 재산권 이익이 좌우되고 등록사항과 사실관계의 부합 여부가 좌우되며 부동산물권 공시제도의 신뢰성이 결정된다고 할 수 있다.

지적측량업의 등록을 하고자 하는 자는 지적측량업 등록신청서에 등기부등본(법인), 지적기술자의 명단 및 국가기술자격증 사본, 지적기술자의 지적측량 경력증명서 및 보유 장비 명세서를 첨부하여 주무부 장관에게 제출하도록 규정하고 있다. 등록기준은 지적기술사 1명 또는 지적기사 자격을 취득한 자로서 10년 이상의 지적측량경력이 있는 자 2명을 포함한 7명 이상의 지적기술자를 확보 및 토털스테이션 1대 이상과 자동제도장치 1대 이상의 측량장비를 확보하여야 한다. 지적측량업자의 업무범위는 경계점좌표등록부가 비치된 지역에서의 지적측량, 도시개발사업 등이 완료됨에 따라 실시하는 지적확정측량과 「지적재조사에 관한 특별법」에 따른 지적재조사사업에 따라 시행하는 지적확정측량을 할 수 있다.

3 외국의 지적제도

1) 개요

외국의 지적제도를 이해하기 위해서는 그 나라의 역사적 배경을 먼저 이해하는 것이 필요하다. 이러한 역사적 환경의 영향으로 국가별 지적제도는 해당 국가의 정치적·법적 특수성들을 반영한다.

국가별로 법적 전통은 토지문제에 대한 독특한 관점을 형성시켰으며, 토지의 개념에 대하여 나름대로의 고유한 시각을 가지고 있다. 제국주의 국가들에 의한 식민지 지배는 여러 가지 다양한 법적 체계들이 세계적으로 확산되도록 만들었는데, 이러한 체계들은 서로 다른 방식으로 지적제도를 설립하는데 커다란 영향을 주었다. 각 지역의 식민지배 경험은 지역 주민들의 전통적인 법적 전통을 토대로 식민통치국의 체제를 어떻게 수용했는가에 따라 다르게 나타난다. 지적제도의 운영은 부동산 시장을 지원할 수 있도록 개발함에 따라 서로 상이한 법적 전통과 식민지 지배에 따른 경험들이 지적시스템에 반영되었으며, 등기제도에도 영향을 주어 운영하고 있다. 프랑스계, 독일계, 영국식(토렌스식) 접근을 사용하는 국가들은 현대에 와서 사회적 요구에 따라 지적과 등기 기능을 통합시키는 경향이 있다.

2) 지적제도의 유형

전 세계에서 지적시스템들을 가진 서로 다른 조직을 살펴보면 토지등록 부분이 특히 명백하다. 기본적으로 토지에 대한 법적 권리의 양도를 논의할 때, 관련기록을 처리하기 위한 세 가지 방법을 언급하는 것이 관례로 당사자 간의 구두 합의에 의한 거래의 경우는 가장 원시적인 형태의 양도방법이다. 위에 언급한 세 가지 방법은 토지소유권 거래가 확정되고 문서화되는 방법에 따라서 사적양도제도, 날인증서등록제도 및 권원등록제도로 구분할 수 있다. 이런 제도를 크게 두 가지 유형으로 구분하면 날인증서(Deed) 시스템으로 분류되는 프랑스계 지적제도와 권원증서(Title) 시스템[124]으로 분류되는 독일계와 영국계의 지적제도로 구분할 수 있다.

(1) 등록형태에 따른 분류

① 사적 양도제도

토지거래가 개인 간에 이루어지는 형태로서 직접적인 공시나 기록 및 감독 장치 없이 일정 서류에 서명 및 날인하여 주고받음으로써 토지에 대한 권리가 양도된다. 그리고 관련서류는 거래당사자 개인 또는 공증인과 같은 매개체 역할을 하는 사람에 의해 보관된다. 그러나 사적인 양도체계하에서는 국가가 등록에 대하여 관여를 하지 않기 때문에 실수 및 사기에 대해서 안정성이 확보되지 않는다는 단점을 내포하고 있다. 그리고 이 제도는 중복작업을 초래하고 일반적으로 비용이 많이 들며, 종종 느리고 비효율적이며 국가에 의한 정보에 접근할 수 없다. 그러나 이러한 한계에도 불구하고 사적 양도에 대한 공증제도는 라틴 아메리카의 많은 국가에서 여전히 사용되고 있다.[125]

124) Deed(프랑스, 네덜란드)는 소유자의 등록형태로 매매가 기록되며 등기되지 않으며, Title(독일, 영국, 호주 토렌스)은 부동산의 등록 등기로 기록되며 보장된다.

② 날인증서등록제도

날인증서시스템은 "누가 무엇을 가지고 있는가"에 대해서 초점을 맞춘 소유자의 기록을 제공한다면 타이틀시스템은 "무엇이 누구에 의해 소유되었는가"를 표현하는 부동산 객체를 등록하는 것에 차이가 있다. 국가는 로마법(날인증서시스템), 독일법 또는 영국 관습법(권원증서 시스템)을 기반으로 문화와 사법제도와 관련하게 된다. 이러한 흐름에서 이들 국가에 영향을 받은 식민지였던 국가들도 같은 제도를 사용해오고 있다. 날인증서 등록은 로마문화에 뿌리를 두고 있으며 라틴문화에 공동적으로 영향을 받은 유럽(프랑스, 스페인, 이탈리아, 베네룩스)과 이들 국가에 영향을 받은 남미, 아시아, 아프리카 일부 국가도 이러한 제도를 사용하고 있다. 기본적인 개념은 미국의 대부분 주에서 사용하고 있는 것과 같다. 날인증서시스템은 지적의 바탕과 측량사의 임무에 커다란 변종으로 서로 다른 형태로서 만들어왔다. 날인증서등록제도 하에서는 부동산 허위거래를 감소시킬 수 있다. 이 제도에서는 각 양도 날인증서 사본이 공적 기관에 보관된다. 이렇게 등록된 문서는 소유권을 주장할 수 있는 우선 자격을 제공한다. 따라서 이 제도는 전 세계에 걸쳐 사용되며 그 등기가 보전되는 방법에 따라 다양한 효과를 갖는 것으로서 가장 기본적인 원칙은 등록된 문서가 등록되지 않은 문서 또는 뒤늦게 등록된 서류보다 우선권을 갖는다. 즉, 그것은 집행날짜가 아니라 등록날짜를 언급함으로써 우선권을 결정한다. 이러한 이유로 장래의 토지매수자에게 실질적인 보증 수단과 보호를 제공한다. 뿐만 아니라 국가가 공공의 목적을 위해 어떤 토지를 강제로 수용해야할 필요가 있을 경우, 등기소에서 가장 최근의 매수인을 바로 확인할 수 있다. 그러나 날인증서등록제도는 몇 가지 단점을 가지고 있다. 날인증서 등록은 법적문서를 등록하기 위한 시스템이지 토지에 대한 권리를 등록하는 시스템이 아니다. 날인증서가 누가 그 토지를 소유하는지를 입증하지는 않고 다만 하나의 개별 거래를 기록할 뿐이다. 그러므로 토지거래를 하려는 자는 매도인 등의 토지에 대한 권원(Title)을 조사하는 것이 필요한데, 그러한 조사는 해당 토지에 관한 거래증서(deed)를 조사하는 방법에 의한다. 그러나 조사과정이 쉽지 않아서 토지의 매매나 담보 등을 하려면 변호사에게 거액을 보수를 지급하여 권원의 조사를 의뢰하는 것이 보통이었다.

125) 안정근, 「현대부동산학 제4판」, 양현사, 2010.

③ 권원등록제도

독일 문화에 뿌리를 두고 있는 권원증서 시스템은 중앙 유럽(독일, 오스트리아, 스위스)에 찾을 수 있다. 독일 시스템의 다양한 형태는 동유럽 및 북유럽 독일법의 영향을 받은 동북아시아 국가들(일본, 한국, 대만)에서 찾을 수 있다. 다양한 형태는 부동산 개념의 사용과 개인면허 측량사의 이용과 임무를 포함한 지적절차의 기관과 연관이 있다. 권원 시스템의 특별한 형태는 일반경계의 개념이 대축척 지형도에 토지필지를 파악하는데 사용된 영국에서 찾을 수 있다. 최초 독일 개념을 기반으로 하는 세 번째 형태는 미지의 나라로 지배영역을 확대하던 1800년대 중반 호주에서는 새로운 토지에 대한 권리보호가 필요해 제공하였던 토렌스 시스템에서 찾을 수 있다.[126]

[그림 3-16] 세계 각국의 토지등록유형 분포도

권원등록제도는 날인증서등록제도에 대한 결점을 보완하기 위한 것으로 공적기관에서 보존되는 특정한 사람에게 귀속된 명확히 한정된 단위의 토지에 대한 권리와 그러한 권리들이 존속되는 한계에 대한 권위 있는 등록이다. 소유권 등록은 언제나 최후의 권리이며 정부는 등록한 이후에 이루어지는 거래의 유효성에 대해 책임을 진다.[127]

권원등록은 반복되는 불완전하고 비용이 많이 드는 과거의 소유권에 대한 조사를 없애고, 과거의 소유권이나 토지에 영향을 미치는 과실의 가능성을 제거한다. 또 자주 발생

126) 지적연구원, 「선진외국의 지적제도 비교연구」, 대한지적공사, 2010.
127) Murray Raff, Private Property and Environmental Responsibility - A Comparative Study of German Real Property Law; Kluwer Law International, The Hague/London/New York 2003; ISBN 90 411 2128 5.

하는 이중증서와 증서의 삭제에 의한 사기행위의 가능성을 없앤다. 그리고 정부가 보증하는 안정성과 문서에 의한 양도증서 작성으로 확고한 안정성을 부여한다. 권원등록은 이런 목적을 위해 항상 세 부분으로 구분하여 토지표시부, 소유권 및 저당권, 그리고 기타권리로 나눈다. 권원등록제도 하에서는 등록의 기본단위가 날인증서가 아니라 필지가 된다. 각 필지는 지도나 도면상에서 식별이 가능하고 소유자의 이름, 소유권의 성질 그리고 기타 부수적인 정보를 열거하고 있는 등록부와 교차참조가 가능하다. 등록부는 항상 최신의 것으로 유지되어야 하고 토지에 관한 법적지위를 반영해야 한다. 대부분의 권원등록제도 하에서 등록부의 정보는 보증이 되기 때문에 만에 하나 사기나 오류가 발생하는 경우 부주의로 인한 부정확성 때문에 피해를 입은 사람은 보상을 받게 된다.

(2) 등록의무에 따른 분류

① 소극적 등록제도(Negative System)

소극적 등록제도는 기본적으로 일필지의 소유권이 거래되면서 발생되는 거래증서를 변경·등록하는 제도로서 거래행위에 따른 토지등록은 사유재산 양도증서의 작성과 거래증서의 작성으로 구분되며 원칙적으로 등록의 의무는 없고 신청에 의할 뿐이다. 양도증서의 작성은 사인간의 계약에 의하여 발생하며, 거래증서의 등록은 법률가에 의해 취급된다. 따라서 토지등록부는 거래사항의 기록일 뿐 권리자체의 등록과 보장을 의미하지는 않는다. 거래증서의 등록은 정부가 수행하나 합법성과 유용성에 대해 사실조사가 이루어지지 않으므로 거래의 등록이 소유권의 증명에 관한 증거나 증빙 이상의 것이 되지 못한다. 이 제도는 일반적으로 지적측량과 측량도면을 필요로 하는 특징이 있으며, 네덜란드, 영국, 프랑스, 미국의 일부 주, 캐나다 등의 국가에서 시행되고, 최근에는 나라마다 보완되어 다양하게 변환된 형태로 나타난다.

② 적극적 등록제도(Positive System)

적극적 등록제도에서 토지의 등록은 일필지의 개념으로 법적권리보장이 인증되고 국가에 의해 그러한 합법성과 효력이 발생한다. 적극적 등록제도는 지적공부에 등록되지 않는 토지는 어떠한 권리도 인정받을 수 없고, 등록은 강제적이고 의무적이며, 공적 지적측량이 시행되어야 토지등기가 가능하다는 기본원칙을 가진다.[128)] 또한 토지등록상의 문제로 인한 피해는 법적으로 보장되고 국가에 소송을 제기할 수 있으며 보상도 받을 수

128) FIG, 1995, Statement on the Cadastre. Report prepared for the International Federation of Surveyors by Commission 7(Cadastre and Land Management), FIG Publication No. 11.

있는 등 선의의 제3자 보호를 위한 제도적 장치가 구비되어야 한다. 따라서 적극적 등록제도는 소유권의 안정성과 거래의 안전성이 유지되는 장점이 있으나, 시스템의 운영에 많은 비용이 소요되고, 등록 절차가 복잡하다는 단점이 존재한다. 이 제도는 스위스, 오스트리아, 네덜란드, 대만, 일본, 뉴질랜드 등의 국가에서 채택하고 있으며, 토렌스 시스템은 적극적 등록제도의 발전된 형태이다.

(3) 토지등록부의 편성방법

토지등록부는 소관청이 토지의 소재, 지번, 지목, 면적, 소유자주소, 성명 등을 기재하여 작성·비치한 공부로서 국가별 특성에 따라 물적 편성주의, 인적 편성주의, 연대적 편성주의, 물적·인적 편성주의 등 여러 가지 편성방법을 사용한다.

① 물적 편성주의

개별 토지를 중심으로 토지등록부를 편성하는 제도로서 1토지에 1등록부를 둔다. 지번 순서에 따라 등록되고, 분할의 경우에는 본번과 관련하여 편철하는 제도로서 가장 우수하고 합리적이며 가장 많이 쓰인다.

② 인적 편성주의

개별 토지소유자를 중심으로 편성하며 동일소유자에 속하는 모든 토지에 대한 파악에는 용이하나 토지의 색인 및 토지의 이용·관리·개발 등 토지행정에 지장이 많다.

③ 연대적 편성주의

물적 편성주의 또는 인적편성주의와 달리 연대적 편성주의는 특별한 기준 없이 신청순서에 따라 순차적으로 등록부를 작성하는 방식이다.

④ 인적·물적 편성주의

물적 요소를 기본으로 하여 운영하되 인적편성주의 요소를 가미한 방식이다. 개별 토지를 중심으로 토지등록부를 작성하되, 소유자별 토지등록부를 동시에 작성하여 효과적인 토지행정 수행이 가능한 방식이다.

(4) 도면등록방법

토지등록방식은 토지를 등록하는 범위와 시점에 따라 크게 분산등록제도와 일괄등록제도로 구분된다. 분산등록제도는 토지의 거래가 이루어지거나 소유자가 등록을 요구하는 경우 등 필요에 의하여 토지를 지적공부에 등록하는 제도로서 고립형 지적도 체계로 운영되며, 일괄등록제도는 일정 지역 내의 모든 필지를 일시에 체계적으로 조사·측량하여 한꺼번에 지적공부에 등록하는 제도로서 연속형지적도 체계로 운영되는 특징을 보인다.

3) 국가별 지적제도

(1) 프랑스계 지적제도

나폴레옹 지적이라고도 부르는 프랑스계 지적제도는 근대적인 지적제도의 효시라고 일컬어지는 나폴레옹 지적(Cadastre Napoleonien)에서 유래하였으며, 프랑스의 식민지였던 아프리카 북서부지역과 유럽, 남미 등 많은 국가에서 프랑스 지적시스템을 도입하여 각 나라의 환경에 맞게 조금씩 변형된 형태의 지적제도를 사용하고 있다.[129] 프랑스 지적의 창설은 1807년에 나폴레옹 지적법(Napoleonien Cadastre Act)을 제정하고 1808년부터 1850년까지 전국에 걸쳐 실시한 지적측량성과에 의하여 완성되었으며 토지에 대한 공평한 과세와 소유권 분쟁을 해결하기 위하여 창설되었다. 프랑스계 지적제도를 도입한 대표적인 국가로는 벨기에, 이탈리아, 네덜란드, 오스트리아, 터키, 캐나다(퀘벡 주) 등이 이에 해당한다.

토지등록 형태의 경우, 벨기에 및 이탈리아는 그들의 행정 및 법적 제도를 프랑스 지적을 모방하였다. 이들 국가는 과세목적으로 지적과 함께 날인증서 등록시스템(deed registration system)을 유지하고 있으나, 오스트리아 등은 날인증서 등록시스템의 약점을 보완하여 소유권 등록시스템(title registration system)을 도입하여 운영 중에 있다.

지적공부는 크게 토지대장과 지적도로 구분되는데, 최근에서 IT기술의 발달과 함께 대부분의 국가에서 토지정보시스템을 도입하여 도면정보와 대장정보가 통합된 형태의 지적공부를 관리 및 운영하고 있다. 프랑스 지적도는 필지별 경계, 지번, 측량기준점, 중요시설물과 도로의 명칭, 건물의 정위치 및 번호 등을 등록하고 있다. 그리고 도로·하천·구거 등 주요 지형·지물을 중심으로 구획별로 구분하여 작성하는 고립형지적도(island map) 형식을 채택하고 있다. 따라서 일필지의 토지가 2장 이상의 지적도에 나누어 등록하는 사례가 없어 도곽 접합으로 인한 문제점은 없으나 인접 구획과 도로·하천 등의 접합이 문제점으로 대두되고 있는 실정이다. 그리고 토지대장과 건물대장은 토지와 건물에 대한 특성을 알 수 있도록 토지소재, 지번, 지목, 면적, 건축물의 위치, 건물번호, 토지평가에 관한 사항 등을

129) Ayşe YAVUZ, 2005, A Comparative Analysis of Cadastral Systems in the EU Countries According to Basic Selected Criteria, FIG Working Week 2005

등록하고 있다.

프랑스계 지적제도를 사용하는 국가에서의 지적측량은 국가사무로서 인식하고 네덜란드, 벨기에 등은 국가공무원이 실시하고 있으나 프랑스, 터키, 오스트리아, 이탈리아, 모로코 등은 엄정한 절차를 통해 면허를 취득한 민간 지적측량사가 측량수행하고 있다. 그렇지만 민간측량사의 측량성과는 지적공무원들에 의해 엄격하게 검사하여 지적공부를 정리하고 있다. 이상과 같이 프랑스계 지적제도를 요약하면 다음과 같다.

〈표 3-4〉 프랑스계 지적제도 요약

구 분	내 용
토지등록형태	날인증서등록 및 소유권등록시스템 혼용, 대부분 적극적 등록제도 시행 및 체계적 등록시스템 운영
지적조직	중앙정부 산하기관에서 지적과 등기를 통합관리, 지방 및 지역단위에서는 지적사무소와 등기사무소를 분리하여 업무처리(근접위치)
지적공부	토지대장 및 지적도에 포함되는 기본정보 외에 건물정보 및 기타 다목적 목적에 부합하는 레이어 추가, 고립형지적도, 등기정보통합추세
지적측량	국가공무원이 직접 수행하는 경우와 민간측량사에 위탁하여 측량성과 검사를 수행하는 경우 혼용

① 프랑스 지적제도

가. 지적제도의 역사

고대시대 지적이 가장 번창하던 시기는 로마제국이 정복한 지역에 주둔지를 건설하면서 사용되었던 방법을 적용하여 많은 도시를 건설할 때이다. 이 시기의 지적은 엄격히 기하적으로 이루어졌고, 영토 정비에 매우 유용한 도구로 이용되었다. 그 후 몇몇 제후들과 성직자들이 자신의 영토를 상세히 기록하였으며 다른 식민지와 마찬가지로 프랑스 지역에서도 재산세를 납부하기 위하여 토지소유자가 세납하기 시작하였으며 중세에 와서는 면적을 확인하기 위하여 토지대장을 작성하게 되었는데 지역에 따라 효력가치가 달랐고 대부분 측량없이 이루어졌다. 이때 당시의 토지대장에는 토지의 면적과 위치, 토지의 가치를 추정하여 기록하였으며, 때로는 양피지나 천위에 도면을 그렸는데 정밀도가 매우 낮은 간략한 개략도에 불과하였다. 그 후 강력한 왕권이 확립됨에 따라 세금징수를 목적으로 한 일반화된 지적제도가 필요하게 되었으며 여러 왕국이 통일된 지적제도를 만들려고 시도하였으나 재정, 기술 또는 정치적 제도 차이 등의 장애가 있어 일부 지역에서는 운영되었으나 전국으로 확대되지는 못하였다.[130)]

프랑스의 근대적 지적제도는 나폴레옹이 1807년에 나폴레옹 지적법을 제정하고 1808년부터 1850년까지 군인과 측량사를 동원하여 전국에 걸쳐 실시한 지적측량 성과에 의하여 완성되었으며 토지에 대한 공평한 과세와 소유권에 관한 분쟁을 해결하기 위하여 창설되었다. 나폴레옹은 측량위원회를 발족시켜 전 국토에 대한 필지별 측량을 실시하고 생산량과 소유자를 조사하여 지적도와 지적부를 작성하여 근대적인 지적제도가 창설하였다.

나. 지적제도의 체계

프랑스의 지적(등기 포함) 사무는 경제·제정·산업부의 세무국에서 관장하고 있다. 국과 과 중간단계에 지적·등기·국유재산관리 및 평가를 담당하는 지적·등기·국유재산부가 설치되어 있으며 그 밑에 지적과·등기과·국유재산관리과·국유재산평가과가 있다. 지적과는 지적기술, 지적공부, 지적통계 등에 관한 사항을 관장하고 있다. 지방에는 세무국 아래에 지방세무국이 설치되어 있으며, 지방세무국 산하에는 전국에 지적사무소와 등기사무소가 설치되어 있다. 지적사무소에는 주로 지적공부의 정리, 지적공부의 민원 발급, 지적측량성과 검사 등을 담당하고 있다. 지적측량업무는 측량사자격을 취득한 2인 이상이 합동으로 사무실을 개설하여 민원인이 위탁하는 지적측량업무를 수행하고 있으며 전문측량사 자격을 취득한 사람들로 구성된 전문측량기사협회가 있다. 측량사자격증이 있으며 주로 지형측량과 부동산관련 도면을 작성하고, 이와 관련된 모든 기술적인 작업이나 연구를 수행한다. 그러나 지적측량업무만을 전담하여 수행하는 지적측량사자격은 제도화되어 있지 않다. 프랑스의 지적교육은 우리나라의 대학원, 대학에 해당하는 국립지적학교를 설립하여 운영하고 있으며 국립지적학교는 국립사법학교, 국립행정학교, 국립조세학교 등과 유사하게 지적 분야의 전문인력을 양성하고 있다.

다. 지적제도

프랑스 지적제도는 시민들에게 공평한 방법으로 토지를 과세하기 위한 과세 자료로 활용하고 토지 소유에 관한 문제점을 해결하기 위한 목적으로 창설되었다. 1802년부터 5년간에 걸쳐 지적조사사업을 실시하였는데, 이때 자연적인 경계에 따라 대단지별로 도면에 등록하였다. 또 대단지 내의 적은 필지는 소유자로부터 신고를 받아 등록하였다.

1804년 프랑스 공화정부의 초대 황제로 즉위한 나폴레옹은 지적조사사업의 성과에 따라 1807년 9월 15일 지적법을 발효시키고 대단지 내의 필지에 대한 조사를 시행하여 근대

130) 지적템플릿 홈페이지 주소(http://cadastraltemplate.org)

지적제도를 탄생시켰다. 이 조사를 위하여 발족된 위원회에서는 프랑스 전 국토에 대하여 ① 필지 측량의 실시, ② 필지별 생산량 조사, ③ 소유자 조사, ④ 축척 1/5000 지적도 및 지적대장 작성 등의 세부사업을 시행하였다.

프랑스에서 시작된 근대 지적제도는 중앙집권화된 단일 국가로는 최초의 통일된 제도이다. 그 후 프랑스 지적제도는 나폴레옹의 영토 확장과 더불어 유럽 전역에 영향을 끼치게 되었다. 그러나 이 지적조사사업이 전국을 대상으로 하지 못하고 당시 지적도의 축척이 1/5000이고 지적조사 후 이동지 정리를 제대로 하지 못하여 많은 문제점을 안고 있었다. 따라서 이러한 점을 개선하기 위하여 1930년 4월 16일부터 전국적으로 지적 재정리 사업을 실시하였다.

지적과 등기는 중앙부처 국단위에서 통합관장하고 있지만 과단위로 분리되며 지방에는 지적사무소 및 등기사무소가 분리되어 운영된다. 지적의 의미는 크게 2가지로 나눌 수 있다. 하나는 개인이나 집단소유의 세무나 토지·법률·경제적 필요에 부응할 수 있는 자세히 설명이 기록된 “토지소유권의 목록”이라고 정의할 수 있으며, 또 다른 하나는 국가에 의해 토지구획도를 제작하기 위한 측량과 지도제작 작업, 세무부서에서 토지세의 부과 기준을 정할 수 있는 세제기준 작업, 토지의 상태와 소유권을 결정하고 취득자의 의무 및 소유자의 여부를 구분하는 등 법률적 정의작업이다. 결론적으로 프랑스의 지적은 지적공부를 작성·관리하고, 토지소유권의 규명과 토지세에 부과에 이용되는 것의 의미를 갖는다.

프랑스 지적 행정조직은 중앙에는 경제 재무성에서 지적업무와 등기업무를 관장한다. 주무국은 세무국이고 세무국 산하에 부, 부 밑에 과에서 각각 지적, 등기, 조세관련 업무 및 공부의 열람 업무 등을 담당하고 있다. 이외에 지적제도 운영을 위하여 4개 지역 정보센터, 4개 사진측량사무소, 국립 지적국 등의 산하기관을 두고 있다. 지방에는 중앙의 세무국 지도 감독 하에 지방세무국이 설치되어 있으며, 지방세무국 산하에 토지세 센터(지적사무소)와 등기사무소가 설치되어 있다. 이들 토지세 센터에서는 주로 공부의 정리, 공부의 열람 및 등본 교부, 지적측량 성과의 검사, 국유지 검사 등을 등기사무소에서는 등기 사무를 담당한다. 즉, 프랑스는 중앙부서에서 지적 사무와 등기 사무를 단일 기관에서 관장하고 있으나, 지방에서는 지적 사무와 등기 사무를 각각 독립된 기관에서 처리하고 있는 것이 특징이다.

라. 지적도의 작성

프랑스의 지적 공부는 지적 대장, 지적도, 섹션(section) 기록부 등으로 구성되어 있다.

지적대장은 토지대장과 건물대장을 합친 형태로 건물 형식, 주소, 면적, 건축물의 위치 등을 등록하고 주요한 지형·지물, 기준점 등이 표시되어 있다. 지적도는 1930년 지적 재정리사업 이후 새로 측량된 지적도와 지적조사 당시 도면을 재집성한 지적도를 사용하고 있다. 이들 지적도는 2부 작성하여 지적 사무소와 시청에 비치하고 있다. 지적 사무소 비치 지적도는 이동사항이 발생할 때마다 정리하며 시청에 비치한 지적도는 연도별로 정리를 하고 있다. 도면의 축척은 재집성한 도면은 1/5000이고 재측량에 의한 지적도(약 50%) 중 도시지역은 축척 1/500, 농촌지역은 1/1000, 표준 지적도는 1/2000로 하고 있다.

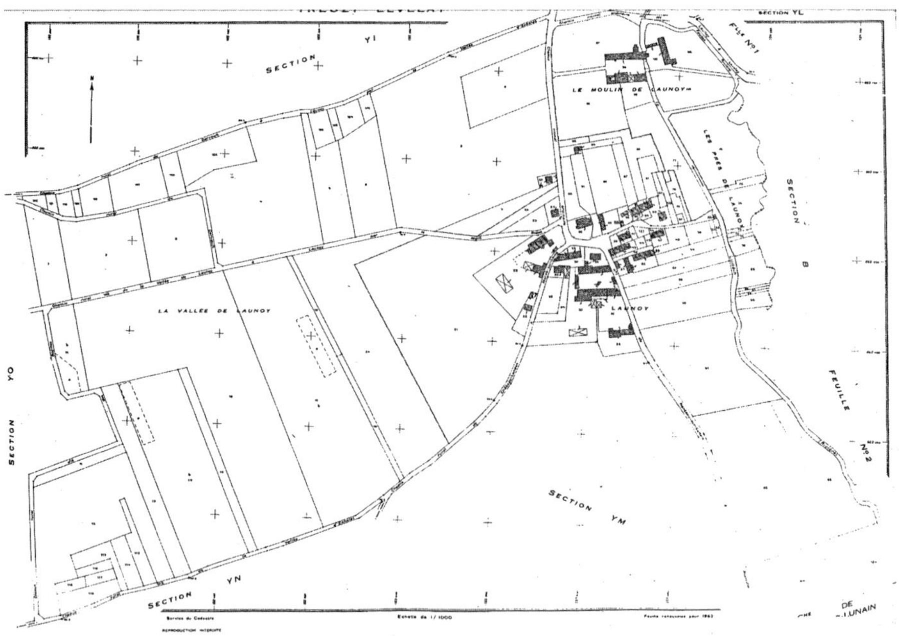

[그림 3-17] 프랑스 지적도

섹션 기록부는 지적도 1도엽당 등록단위인 섹션 내의 필지 정보인 섹션코드, 지적도 도엽번호, 토지 소재, 면적, 소유자 주소, 이동사항 등을 수록하여 지적 관리와 민원 업무에 이용하고 있다. 프랑스는 소유자별 정보는 지적대장으로 필지별 정보는 섹션 기록부로 구분하고 있는데, 이는 우리나라의 토지대장과 임야대장을 구분한 것과 유사하다.

마. 지적제도 개편(Reform) 쟁점

프랑스는 1960년부터 대장에 등록된 정보를 전산화하는데 착수하여 발전시켰다. 1978년부터 지적 공부를 마이크로필름에 수록하여 지적사무소 및 시청 등에서 관리토록 하고 있다. 이를 통하여 지적공부 보관상의 문제점의 해결과 기존 지적 대장의 양식을 확정하는 계기가 되었다. 현행 지적제도는 1941년에 개정된 지적법에 의해 확립되어 지적재조사업무가 규정되었다. 1993년부터는 지적도 전산화를 시작하였다. 지적도 전산화 이전부터 지방자치단체에서는 지적도를 기초로 하여 도시정보시스템을 구축하여 이를 이용하고 있었는데, 지적도 전산화를 하면서 이들을 상호·보완시키고 있다. 현재는 농촌지역의 재조사가 완료되고 도시지역에 대하여 계속 사업추진 중에 있으며 지적도 축척은 도심지 1/500, 농촌지역 1/1000, 산악지역 1/2000로 하고 있다. 지적재조사 대상도면 54만매 중 60%는 기존경계가 현실과 부합되는 조건에서 지적도를 수치화하였으며, 나머지 40%는 기준점에 의해 재조사 측량으로 수치화를 진행하고 있다.

② 네덜란드 지적제도

가. 지적제도의 역사

1810년 세지적의 소개는 프랑스에 의해서 네덜란드 왕국의 합병 후에 실행되었다. 프랑스 법률은 막강하였으며 프랑스의 나폴레옹은 다른 나라의 점령 활동을 위한 재정확보가 필요해 세지적으로서 토지 필지의 정밀한 토지측량으로 토지 이용과 토지 소유권의 정확한 목록을 기반으로 토지세금을 위한 시스템을 설립하기로 결정하였다. 1811년에 이러한 프랑스의 영향으로 네덜란드도 세지적 구축을 추진하였다. 결과적으로 1812년 토지 필지의 사용자와 소유자를 목록화하는 측량을 시작하였다. 지적의 행정적 구조는 다음과 같다. 국가는 지방자치단체로 구분되어 있으며 이것에 따라 지적 항목이 구분된다. 처음에 토지측량사는 지방 실행위원회와 함께 지방자치단체의 정밀한 경계를 측정하였다. 그러면서 측량사는 필지별 경계를 측량하였다. 이때의 측량결과물은 지금까지 관리되고 있는데, 항목은 지방자치단체의 경계의 공식적 초안, 삼각점의 일람도, 최초의 지적도, 최초의 등기부이다.[131)]

나폴레옹의 패전 이후 네덜란드는 다시 독립되었고, 윌리엄 왕은 세지적을 기반으로 토지와 건물 세금을 위한 시스템 구축을 지속적으로 추진하였다. 1838년 토지조사사업은 최종적으로 완료되었으며 전국을 포함하는 세지적이 준비되었다. 세금은 사용자가 토지 또는 건물에서 얻는 이익을 세입으로서 토지와 건물의 가치를 징수하는 것이다. 이 임대가치는 토지측량의 절차동안 평가되었으며 임대가치는 등기소에 등록되어 고정되었다. 규정은 임대가치 갱신을 위한 어떠한 제공을 갖고 있지 않았다. 단지 필지가 분할

131) Eric Hagemans, 2017, The Cadastral Map of the Netherlands Improved, FIG Working Week 2017

되거나 합병되면 임대가치는 새로운 지역의 확산에 따라 분할되고 합병될 뿐이었다. 이러한 배경으로 지적은 항상 실제 상황보다 더 많거나 덜한 모습을 보여주었다. 새로운 건물이 건축되면 유사한 현재 건물과 비교한 후 평가하였고 최초의 도면에 입력하였다. 세금 자체의 규모는 소위 배분시스템을 기반으로 하였다. 첫째로 국가재정의 어느 부분이 토지와 건물세금(이때는 중앙정부 차원의 세금을 의미한다)에 의해 제공되려면 중앙정부에 의해 결정되었다. 결정된 세금 규모는 지방에서 분배되었고 지방차치단체들에게 토지필지를 소유하고 있는 만큼 세금을 내라고 하였다. 세금 규모는 지방마다 다르게 나타났지만 비율은 임대가치의 10%에서 12%만큼이었다.

지적정보의 갱신은 토지와 건물의 법적 상태의 변화를 기반으로 하였다. 이러한 변화들의 지식을 터득하는데 많은 노력이 있었다. 법적 문서는 지방법원에 기록하도록 하였다. 법원의 서기는 등기소의 형태로서 운영되었다. 그렇지만 다른 나폴레옹 규칙에 의거 1811년 이러한 법적 문서들은 주로 매매와 담보의 날인증서이기 때문에 거래세금을 걷기 위하여 중앙 세제국의 지방사무소에서 관리되도록 하였다. 이러한 기록들은 1824년 의무화되었는데 보다 편리하게 행정업무를 집행하기 위해 1825년 재정부 중앙 세제국 안에 특별한 부서로서 등기와 지적을 함께 통합하는 것을 결정하였다. 이 결정은 윌리엄 왕 스스로가 결정하였으며 단지 효율성을 도모한다는 이유를 근거로 하였다. 실제로 변호사들의 거센 반발을 초래했지만 의견이 수용되지 않았다. 네덜란드 지적청이 왜 다른 나라와 달리 지적과 등기가 하나의 조직으로 합쳐진 역사적 배경을 알 수 있는 부분이다. 지적은 공공 등록에 핵심적 역할을 수행하며 1838년 민법이 토지 거래의 공증문서와 담보의 증서에서 지적필지번호를 포함할 것을 결정하였다. 세지적은 또한 법지적 역할을 수행하기 위해 변화해왔다. 민법은 1992년에 주요한 개정이 있었는데, 부동산 권리의 시스템을 충족하는 부분을 특별히 강조하는 지적 법률이 포함된 것이 특징이다. 이것은 다목적시스템으로서 지적과 등기가 제정되었는데 부동산 소유권의 법적 강화, 토지개발 제한, 토지의 공공수용, 토지세, 천연자원의 관리와 같은 많은 정부활동들을 지원하기 위한 목적이었다. 2004년 1월 1일 지적청을 설립하기 위해 국방부의 지형서비스를 합치도록 하는 지적법의 개정이 있었다.

나. 지적제도의 체계

토지등기와 지적도 제작은 국가 사무로서 지적, 등기 및 지형기관(지적청)의 위임사무(민법과 지적법)이다. 이 조직은 1838년 재정부의 한 부서로서 설립되었지만 토지정보가 다른 많은 토지관련 정부활동들을 위해 역할이 크다는 것을 정치적으로 판단하면서 국무위원회는 지적전담조직을 1974년 주택, 물리적 계획 및 환경부로 옮길 것을 결정하였다. 같은 기간에 토지세를 담당하는 부서는 중앙정부에서 지방정부로 이양하였으며 현재까지 그대로 운영되고 있다. 1994년 장관위원회에서 영리를 목적으로 할 수 있는 공공임무로서 등기 및 지적조직을 소위 공공기관으로 전환할 것을 결정하였다. 이 기관은 '지적조직법'이라는 특별법으로서 조직되었다. 오늘날 지적청은 본사와 15개 지역사무소를 갖고 있으며 등기자료를 관리하고 지적측량을 수행하며 지적도와 지형도를 유지하고 정보를 제공하고 있다. 특히 지형도는 국방부의 지형도 서비스를 이관받은 후 '지형서비스 지적'이라 불리는 엠멘(Emmen)의 사무소에 자료를 보유하고 서비스하고 있다. 사적조직 측면에서 네덜란드는 민간분야의 지적측량사가 없다. 모든 지적측량은 지적청에 근무하는 지적측량사만이 수행할 수 있다. 또한 어떠한 민간분야도 포함시키고 있지 않다. 그렇지만 민간분야는 지적청의 감독과 책임으로서 특정한 업무를 수행하도록 하는 측면으로만 지적분야에서 역할을 수행하고 있으나, 더 발전적 방향으로 지적청은 민간분야와 협력하기 위해서 많은 노력을 기울이고 있다.

다. 지적제도

네덜란드의 지적제도는 창설 당시에 등기와 통합된 상태로 출발하였기 때문에 일반적으로 지적이라고 하면 지적과 등기를 포함하는 개념으로 존재한다. 지적은 모든 토지와 하천이 누구의 소유인지를 파악할 수 있도록 하고 있다. 물론 민법의 측면에서 정부도 토지를 소유할 수 있으나 정식적으로 '국유지'라는 명칭은 없으며 이를 불법으로 점유하는 사례는 없다. 지적과 등기제도는 다목적 토지관련 정보의 제공을 목표로 하고 있다. 모든 민법의 첫 번째 부분에서 설명하는 4가지 요구조건은 판매자의 양도권리라는 이름의 권리의 법적 거래, 판매자와 구매자 간의 동의, 의무적 등기와 기관에 의한 자료부의 등록이다. 교부 시스템은 거래의 연결고리에서 이론적인 법적 측면으로부터 소유권 권리('등기')를 권리 보유자가 보호받을 수 있도록 하는 것이다. 따라서 지적도와 등기자료는 토지시장에서 토지보유 소유권을 보증할 수 있으며 담보권의 보호 또한 유효하다. 두 번째로 과세대상의 대상자, 객체와 가치를 갖는 정보는 지적청의 보관문서에서 만들어진 것이며 토지세를 위한 주요한 원천자료로서 지방자치단체에서 제공하는 기초자료이다. 더 나아가 지적청에서 제공하는 토지정보는 일반적 가치로서 정당화하는 사적 부동산 권리에 맞추어 모든 수준의 정부에 제공하기 위하여 원천자료를 기본적으로 제공하는데 사용된다.

지적과 등기시스템의 주요 개념은 정식적인 권리를 통해서 사람과 토지 사이의 관계를 기록하는 것이다. 개념에는 특별성과 공공성의 원칙을 포함한다. 특별성에 대한 원칙은 공증인 사무소에서 인적정보를 통해 권리 소유자의 적정한 인증 또는 회사의 법적 대표자의 법적 지위권을 검토한다. 더 나아가 필지번호와 경계측량을 통해 단일하게 검토된 토지 필지, 즉 권리의 객체에 영향을 주게 된다. 법적으로 인식되어야 하는 권리는 민법에서 언급하였듯이 부동산 권리시스템과 밀접하게 연결되어 있다. 권리는 날인증서에서 정밀하게 파악될 수 있어야 한다. 인간-권리-토지 관계의 기록은 공증인 날인증서의 기록을 기반으로 한다. 토지 등기자에 의해 제출된 날인증서의 검토는 매매의 법적 검증의 조사와 고찰을 수반하지는 않는다. 검토는 단지 세밀하게 설명된 형식적 요구로서만 실행하고 있다. 권원증서(Title) 시스템과는 달리 네덜란드 시스템은 등기의 내용에 하자에 대해서 정부차원의 보장을 제공하지 않는다. 그렇지만 공공성의 원리에서 어떠한 제한이 없도록 검사하며 보유상태에 대한 지식의 기초를 제공하는 토지에 귀속된 모든 날인증서를 기록하는 것은 의무사항이다. 라틴 공증과 등기 및 지적의 화합은 등기 보호를 제공하는데 매우 중요하다. 취득의 법적 규정에 근거하여 토지에 귀속된 건물은 지표면 위아래에 있는 구조물을 포함한다. 건물과 자원은 정착물의 권리에 따라 토지소유권과는 구분되어야만 한다. 공간의 다목적 사용은 공식적인 정부정책인데, 건축물들이 지하, 지표면 또는 지상 모두에 공통적이며 3차원 등기와 지적에 대해 현재 다각적으로 논의 중에 있다. 공공 등기소는 공증 날인증서가 접수되는 것을 기록하면서 등록된다. 공공 등기소는 다른 나라들의 법원에서 유지되고 있는 등기들과는 비교된다. 등기 순위를 기록하는 이유는 부동산 권리의 순위가 매우 중요하기 때문이다. 민법은 부동산 권리에 두 가지 중요한 특징을 할당하고 있는데, 선순위 부동산 권리가 후순위 권리보다 앞선다는 것이다. 지적청에서 근무하는 종사자들은 날인증서의 정보를 얻고자 할 때는 지적공부와 등기자명, 필지와 주소를 입력하도록 하고 있다.[132] 본질적으로 지적공부와 지적도는 공공등기소에서 데이터에 접속하는 보조적인 수단인 것이다. 공공등기소는 아날로그 형식으로 유지하는데 종이 형태의 날인증서부, 마이크로필름의 복사본이다. 지적공부와 지적도 현재 모두 디지털 형식으로 100%로 전환되어 있다. 사람-권리-필지인 기본적 관계에서 더 많은 속성이 있는데 토지이용, 구매가격, 필지면적 등이 있다.

132) Lemmen, C.H.J., E. Oosterbroek and P.M.J. van Oosterom, 1998, New spatial data management developments in the Netherlands Cadastre, proceedings of the FIG XXI International Congress, Brighton UK, Commission 3, Land Information Systems

라. 지적도 작성

네덜란드 지적도는 국가 좌표계, 지적경계, 필지식별자, 주소, 건물, 건물 호수, 기준점 등을 표현하고 있다. 필지의 속성을 함께 포함하여 지적도에 표현하고 있는데, 약 300백만 좌표점이 공간 지적데이터베이스에 저장되어 있다. 지적필지 자료는 하나의 레이어로 저장되어 있으며 건물은 별도의 레이어로 저장·관리되고 있다. 공간데이터는 '점', '선', '면'과 같은 기하학적 데이터 유형으로 데이터베이스에서 표현하고 있다. 국가적으로 유일한 식별자가 경계, 지형도 라인(건물들)과 통합된 측량 및 지도제작 속성들과 같은 모든 지리적 객체에 도입되었다. 제일 중요한 테이블은 경계(지적 경계), 필지(필지식별자), 심볼(지도제작 심볼), GCP(지상기준점), 선(지형도 선)과 텍스트이다. 필지와 선에서 객체의 3차원 공간적 확장은 '면(face)' 유형의 사각형에 최소로 걸치는 것들을 가리키고 있다. '폴리곤'과 같은 기하학적 유형이 필요하지 않지만 면적 모형은 소위 'CHAIN-method'라 불리는 것을 이용해 속성DB에 필지속성과 경계속성에서 위상관계를 저장하고 있다. 경계속성의 접면은 완벽한 경계체인을 형성하는데 사용하는 날개형 접면 구조에 따라 다른 접면에서 참조점을 포함하게 된다. 이러한 자료구조로부터 폴리곤들은 요구에 따라 생성될 수 있다.

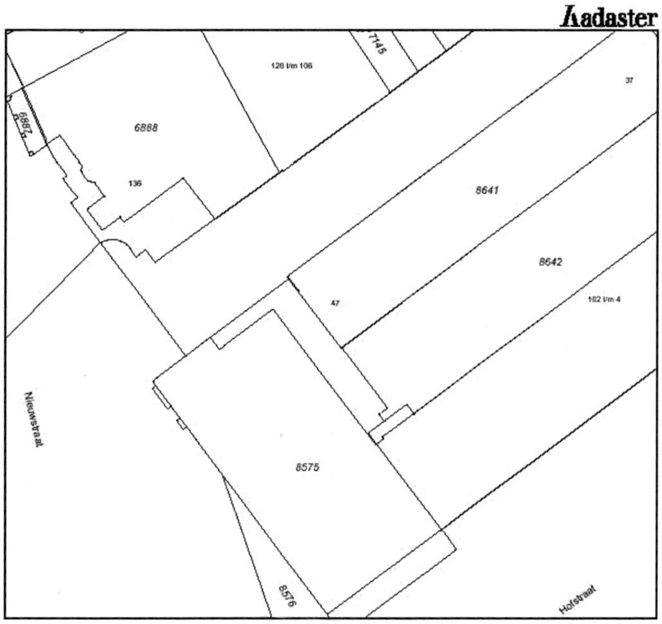

[그림 3-18] 네덜란드의 지적도

현재, 위상은 지적데이터에서만 유지되고 있으며 지형자료에는 도입될 예정이다. 이렇게 위상구조화를 하였기 때문에 지적데이터에서는 측량으로 결정한 새로운 경계를 조정한 후에 위상의 정합성을 판정할 수 있게 해준다. 더구나 측량의 원천(source) 문서와 관련되는 것, 측량일자, 경계에 있는 소유자의 이름 등과 같은 필지 사이의 경계에 속성들의 연관성을 연결하는 데이터베이스 매커니즘을 제공한다. 데이터베이스에서 각 필지를 폐합된 폴리곤으로 표현하려면, 두 개의 이웃한 필지에 공통이 되는 경계는 지적측량의 기본단위가 되는 객체를 표현할 때 복잡함이 생긴다. 폴리곤을 하나씩 폐합시키면, 실제 적용을 했을 때 데이터 관리를 복잡하게 하는 모든 좌표들(국토경계는 제외)의 중복저장을 초래하게 된다. 폴리곤별로 폐합하는 표현법은 실제와는 다르게 필지 간에 공통이 되는 경계선에서 간격이 생기거나 중복이 발생하는 문제를 초래하게 된다. 이를 미세폴리곤이라고도 하는데, 경계가 더 많은 이유는 행정 또는 법정경계, 지방자치단체와 시도경계와 같이 경계들이 중첩되기 때문이다.

(2) 독일계 지적제도

근대적 지적제도의 효시가 프랑스계 제도라면 독일계는 프랑스계 지적제도의 영향을 받아 각국의 등기제도에 커다란 영향을 준 가장 대표적인 제도라 할 수 있다. 독일계 지적제도의 특징은 제도창설 당시부터 지적제도와 등기제도를 분리하여 행정부와 사법부로 2원화되어 운영되고 있으며, 거래증서 중심의 등록이 아닌 소유권(Title) 등록에 기초하고 있다. 독일의 경우 19세기에 걸쳐 주마다 각기 독립적인 지적시스템을 사용하였으나, 1871년 민법의 표준화를 위한 노력이 이루어졌고 1900년에 국가전체를 통일하기 위한 민법 및 토지등록이 완료되었다. 독일계 지적제도를 사용하고 있는 대표적인 나라로는 북유럽 스칸디나비아 지역의 핀란드, 노르웨이, 덴마크와 스위스, 체코, 라트비아, 한국, 일본, 대만 등이 있다.[133)]

독일계 지적의 토지등록은 과세목적에 적절하다고 생각되었던 것보다 더 높은 정확한 지적측량 방법을 적용해 권원등록시스템(Title Registration System)을 갖추고 있다. 독일에서 지적기록의 등장은 “Grundbuch(토지소유권등록부; 등기부)”가 탄생하는 배경이 있는데, 법적 문서를 등록하는 거래증서의 등록보다는 소유권 권리에 대한 등록이 프로이센에서 Grundbuch의 개념 도입을 이끌게 되었다.

독일계 지적제도에서 토지대장의 각 장(folio)은 토지에 대한 소유권 정보에 해당한다.

133) 임형택 외, “독일 지적기반 공간정보제도에 관한 연구”, 공간정보연구원, 2013.

각 장은 고유번호와 해당 필지의 모든 정보를 포함하고 있으며, 각 장은 원래 책으로 엮어서 편집되었지만 루스-리프(loose-leaf)식 바인더(장부 따위의 페이지를 마음대로 뺐다 끼웠다 할 수 있는 바인더)가 20세기 초에 도입되었다. 최근에는 지적제도와 등기제도가 이원화되어있는 많은 국가에서 지적정보와 등기정보의 일관성을 유지하고 토지 및 소유권 정보의 중복 및 과오를 피하기 위하여 지적정보시스템과 등기정보시스템의 공동 활용형태의 통합시스템을 도입하고 있다. 독일의 경우 지적공부는 부동산지적도와 부동산지적대장으로 구성되어 있다.

덴마크 및 핀란드의 경우 면허는 대학에서 측량분야, 계획과 토지관리 분야에서 석사학위를 완료한 후 또는 3년 동안 개인 측량회사에서 측량사로서 일한 경험이 있는 측량사에게 주어진다. 그러나 독일 바바리아주의 경우에는 측량사 자격제도가 없으며 모든 지적측량업무를 공무원이 직접 수행하는 국가직영체제를 채택하여 운영하고 있다. 그리고 토지거래나 저당과 같은 법적 권리와 관련해서는 공증인(Notary)을 통해서 이루어진다. 이상과 같이 독일계 지적제도를 요약하면 아래의 표와 같이 설명할 수 있다.

〈표 3-5〉 독일계 지적제도 요약

구 분	내 용
토지등록형태	날인증서등록 및 소유권등록시스템 혼용, 대부분 적극적 등록제도 시행 및 체계적 등록시스템 운영
지적조직	지적과 등기를 관리하는 기관이 다른 이원적 제도 운영, 중앙정부에서 관리·감독하는 계층적구조의 지적제도와 대법원에서 등기 운영
지적공부	토지대장 및 지적도에 포함되는 기본정보 외에 건물정보 및 기타 다목적에 부합하는 레이어 추가, 고립형지적도, 등기정보통합추세
지적측량	대부분 자격을 보유한 민간에서 지적측량을 실시하고 측량성과검사를 관할 지적공무원이 수행

가. 독일 지적제도

① 지적제도의 역사

독일에서 토지 사용권의 안정성은 수 세기의 전통을 가지고 있다. 지난 수 세기 동안 토지 등록의 형식은 매우 다양했다. 왜냐하면 현재의 독일연방공화국의 영토에 매우 많은 독립된 주들이 있기 때문이었다. 기본법 역시 꽤 달랐다. 왜냐하면 1648년에 30년 전쟁이 끝난 이후로 프로이센 또는 작센 같은 주들이 완전히 독립하였기 때문이다. 19세기 초에 몇몇 왕국에서 지적제도가 세금부과를 목적으로 구축되었다. 1876년까지 프로이센의 지적은 완료되었다. 비록 지적 구축의 주목적이 토지의 세금부과였지만, 정부활동의 추가적 목적에 지도와 대장을 사용한다는 아이디어는 초기부터 지적제도에서 시행되었다. 독일제국이 1871년에 설립된 이후로 민법의 기준설정에 대한 필요가 분명해졌다. 1900년 1월 1일 이래로 일반 사법이 전 국토에 존재했으며, 토지등록제도가 전 국토의 범위에서 구축되었다. 이 토지등록제도(독일어로 "Grundbuch"라고 불리는)는 모든 소유에 관한 권리와 다른 토지와 건물에 대한 권리를 만족시켰다. 이 제도의 구축으로 제 역할을 잘 해내는 지적제도의 중요성이 매우 빠르게 확산되었다. 토지 필지에 대한 묘사(필지식별자와 지적도)는 등기의 한 부분으로서 필지에 대한 공식적이며 법적인 등록이 되었다. 지적은 토지의 세금부과를 위한 목적에서 토지사용권을 보장하기 위한 등록으로 발전되었다. 1934년 이후 공식적으로 토양의 내용조사가 지적에 기록되었다. 이는 다목적 지적으로의 첫 번째 단계였다. 최근에는 지적이 모든 법적 요구와 행정 및 민간분야에서의 요구를 충족시키고 있는데, 계획 및 환경보호 등의 분야에서 사회가 요구하는 다양성과 융통성을 갖춘 토지정보시스템(LIS)을 보유하고 있는 것이다. 대부분의 독일지역에서 지도와 지적대장은 컴퓨터시스템에 저장하고 있다. 컴퓨터화된 시스템은 자동화된 지적도(ALK)와 부동산 등기(ALB)를 보유하고 있다.[134)]

② 지적제도의 체계

독일연방공화국의 헌법은 연방공화국의 등기와 관련한 입법에 대한 책임을 부여하고, 16개주는 부동산 지적에 관계된 법률을 제정한다. 주간(州間)의 단체들은 부동산 지적의 균등성을 확실히 한다. 토지등록사무소는 16개주의 법에 의하여 운영된다. 등기 공무원들의 관할권, 등기의 구축 및 관리는 GBO와 연방 법무장관의 부가적인 명령에 의해 이루어진다. 등기기관의 규정은 각 주들의 법무장관에 의해 주어진다. 등기는 지역 법원의 한 부분이다. 그들은 그들 구역의 토지 부동산의 등기에 대해 책임을 진다. 이들 구역들은 법에 의해 나타내어진다. 등기 공무원들은 등기심사관으로서 지구법원 판사이며, 법 집행관들이며, 등기사무소의 지명된 공무원이며, 등기사무소의 증명서 교부를 담당하는 공무원의 역할을 한다.

법의 집행관들은 등기의 모든 외부 업무에 대해 책임을 진다. 그들은 독립적으로 결정할 수 있고, 그들의 결정은 오직 법에 의해 규정되고 구속받는다. 증명서 교부를 위한 공무원은 등기에 법 집행관의 사항을 기록하고 있다.

134) 지적템플릿 홈페이지(http://cadastraltemplate.org/.)

대부분의 독일 주에서 측량과 지적서비스는 최상위 측량 및 지적권한(주정부 부처), 상위 측량 및 지적권한, 하위 측량 및 지적권한으로 3개의 계층구조를 가진다. 지적과 관련된 사적조직으로는 바이에른 주를 제외한 모든 주에서 면허를 갖춘 측량사들은 지적 측량을 할 수 있는 권한이 주어진다. 공증인들은 토지의 매매, 구매 및 담보 등과 관계된 모든 종류의 문서들을 증명하는 등의 업무의 법적인 부분을 맡는다.

③ 지적제도

독일의 토지대장은 모든 부동산의 부동산에 대한 법적인 상태를 기록하고 있다. 이러한 문서화와 공표의 역할로 토지대장은 토지매매를 위한 법적 기본 양식으로서, 특히 소유권과 담보대출과 같은 다른 소유권들에 대하여 그것들의 명백한 상태를 확실하게 해주는 효력을 가진다. 독일에서의 지적은 각 주에서 모든 필지와 건물의 공식적 등록으로 정의되며 모든 필지는 도형 및 문자 데이터로 기록(또는 표현)된다. 부동산 지적은 부동산의 실질적인 상태를 보여주도록 구성되었다. 법적인 부동산 소유권이 관계된 범위 내에서는 지적은 그것의 범위와 확장된 분야를 보여준다. 지명, 위치, 크기와 사용 및 승인된 정부단체와 면허가 있는 측량사들에 의해 측량된 경계 등 모든 관련된 사실 사항이 기술된다. 지적은 주 내의 모든 필지와 건물이 명시된 오직 하나 뿐인 공부이다. 부가적으로 공식 토양 평가의 결과와 같은 부가적인 정보도 포함한다. 지적은 지정된 여러 항목들을 통해 지도와 대장상에서 필지 식별자와 같이 등기의 "공시 효과"를 만족시킨다. 지적은 모든 종류의 지형정보시스템의 기본 요소가 되었고 지역, 주 그리고 국가단위의 SDI-프로젝트의 한 부분이다.

독일에서의 토지대장은 중요한 두 가지 법적 원칙에 의해 특징되어진다. 하나는 토지에 대한 권리 변화로 토지대장에 등록되기 전에는 효력이 없다는 것이며, 또 다른 하나는 "그 외 입증되기까지는 대장에 기록된 모든 소유권의 수정은 가정된 것이다."라는 것이다. 토지대장은 "공시효과"를 만족한다. 달리 말하면 등록된 세부사항들은 수정에 대한 사항을 기록되거나 권리를 취득한 사람이 잘못된 등재에 대해 알고 있지 않다면, 부동산과 관련하여 법적 소유권을 취득한 누군가에 의해 올바르게 추정된 것이다. 그러므로 등록은 중요한 법적 역할을 한다. 등록은 반대의 증거가 있기 전 까지는 효력이 있다. 지도와 대상 상의 필지-식별자와 같은 지적의 몇몇 사항들이 그러하다.

토지대장의 사항들은 공증인에 의해 증명된 개인 계약서를 기반으로 한다. 이는 증서제도는 아니지만 계약서를 각각의 대장이 속한 파일에 보관한다. 등기는 오직 신청에 의해 실행된다. 그래서 일반적으로 토지대장은 그 자체로 활성화되지 않는다. 독일에서의 지적은 필지단위 제도이다. 예를 들면, 정보는 지형적으로 특별하고 잘 정의된 단위를 기준으로 표시된다. 각각의 필지는 특정한 지번이 부여되어 있다. 지적측량에 기반한 지적은 필지 형태의 토지 분할을 보여주고, 부동산의 사실 상태(위치, 면적, 사용 등)에 관한 정보를 포함한다. 토지대장은 지적의 부분들을 묘사한다. 그러므로 양쪽 제도가 결합되어야만 법적이고, 사실적인 토지 소유권에 관한 사항을 완전하게 제공할 수 있다. 양쪽 대장들은 끊임없이 갱신되어야만 하며 서로 관련성이 유지되어야 한다.

토지대장에 등록할 수 있는 토지에 대한 권리는 다음과 같다. 소유권, 부동산의 공동소유권, 토지에 대한 소유권이 없는 건물의 소유권(장기 임대), 토지에 대한 부분소유권이 결합된 아파트의 완전한 소유권, 몇몇 인접필지를 사용하거나 사용을 막기 위한 한 필지의 소유자에 대한 제한된 권리로서의 지역권이 있다.

④ 지적도 작성

아날로그식 지적도는 일반적으로 Gauß-Krüger 좌표계를 기반으로 1:1000 축척의 격자지도의 형태로 존재했다. 대부분의 이런 아날로그식 지적도는 현재 아래와 같은 지형정보를 포함한 수치지도(ALK)로 대체되었다.

- 필지 경계와 모서리 점 표시
- 필지의 지번부여
- 구역의 경계
- 측량기준점
- 주택과 빌딩의 형태
- 주택 번호
- 도로명
- 공식 토지 평가의 결과
- 토지 이용의 형태
- 도로경계석, 자전거도로, 나무, 제방, 벽 등과 같은 지형 세부정보

ALK가 디지털 형태로 구성되기 때문에 추출물들은 아날로그식 목록 또는 잘 묘사된 포맷으로 사용자의 요구에 따라 개별적으로 합칠 수 있다(예: DXF, EDBS).

새로운 ALKIS의 개념은 지형적 특성에서 ISO와 OGC 기준을 준수하고 있으며, 지적도는 공식 지도의 개정이나 개발계획을 위한 기초자료로서 적합해야 한다. 지적도의 법적 임무에 따라 내용은 지상 측량(경계, 주택 및 빌딩)에 기반을 둔다. 지형적 세부사항

들은 때때로 사진의 형태로 지도에 삽입된다. 정확도가 높은 지적도 지역에서는 기존 계획도에 의해서 현장측량 없이 계산에 의해서도 새로운 법적 경계를 생성할 수 있다.

[그림 3-19] 독일 지적도

⑤ 지적제도 개편(Reform) 쟁점

지적데이터의 요소들은 지난 70, 80년대로 되돌아가서 지도(ALK)와 대장(ALB)을 위한 기본이 된다. 그 요소들은 그 당시 기술적 환경과 가능성 하에서 측량과 지도제작 단체에 의해 개발되었다. ALK에서 지형정보시스템인 ATKIS로의 연결은 다른 목적 카탈로그로 인해 매우 어렵다. 그 개발은 국가 또는 세계기준을 따르지 않았다.

이들 소프트웨어 시스템의 추가적인 발전은 미래지향적인 해법을 제공할 것으로 보이지는 않는다. 최근에는 독일연방공화국 주들의 측량운영위원회(AdV)는 새롭고 미래지향적인 시스템인 ALKIS를 공공 지형 및 지도제작 정보시스템 ATKIS의 재설계와 함께 설계하기로 결정하였다. ATKIS와 조합된 ALKIS는 다음과 같이 설계되었다.

- 필지 단위지도를 위한 지적 및 지형데이터와 토지소유자, 토지 이용, 그리고 전 국토를 위한 통합된 데이터의 등록 등 필요한 모든 데이터를 처리한다.
- 시스템의 사용과 유지를 조정한다.
- ALKIS와 ATKIS를 위한 표준화된 데이터 인터페이스와 모든 데이터들에 대한 양질의 정보를 포함하는 메타데이터 시스템을 통하여 모든 사용자들에게 측량 단체들의

모든 지리학적 데이터의 사용을 가능하게 한다. 물론 사용자들이 ALK, ALB 또는 ATKIS에 이미 연결한 사용자들의 특정 데이터의 연결은 새로운 추가 투자 없이 새로운 시스템에서 가능하다.

ALKIS와 ATKIS의 견본 제작은 ISO UML 기준과 XML 데이터 인터페이스의 정의를 기반으로 한다. 대부분의 주들은 e-정부 프로젝트의 한 부분으로서 인터넷을 통해 데이터를 제공하기 위한 해법을 찾고 있는 중이다.

나. 일본 지적제도

① 지적제도의 역사

일본의 근대적인 지적제도는 1867년 명치유신 이후 1872년 2월 토지매매양도에 대한 지권도방규칙(地劵度方規則)을 제정하고 토지거래 금지령을 해제하여 토지의 개인 소유와 거래의 자유를 인정하면서 비롯되었다. 토지조사는 농경지, 시가지, 산림, 원야의 순으로 실시되었으며 1876년부터 1877년경에 농경지와 시가지 조사를 완료하였고 1880년 전국을 완료하였다. 1884년 지조조례(地租條例)를 제정하고 측량방법, 토지이동 신청 절차 등을 규정함으로서 지적제도를 확립하였으며 1887년 지권을 폐지하고 토지대장을 새로이 신설하였다. 1890년 부동산등기법을 제정하여 등기소가 토지에 대한 최초의 등기인 보존등기를 한 때에는 이를 토지대장 소관청인 부(府), 현(縣) 또는 도청, 군역소(郡役所)에 통지하고 토지대장 소관청에서는 분할, 합병 등 토지이동이 있을 경우 이를 등기소에 통지하고 등기소는 등기부에 그 변경사항을 정리하였다. 그 후 1960년 부동산등기법을 개정하여 토지대장과 등기부의 통합 일원화에 착수하여 1966년 완료하였다. 또한 1951년 국토청 주관으로 국토조사법을 제정하여 본격적인 국토조사를 시행하고 있으며, 현재까지 진행 중에 있다.

② 지적제도의 체계

총리를 중심으로 하는 내각 밑에는 각 성(省)·청(廳)이 있다. 지방에는 광역지방자치단체인 도(都)·도(道)·부(府)·현(縣)과 기초지방자치단체인 시(市)·정(町)·촌(村)이 있다. 일본의 지적사무는 재무성 산하에 각 세무서에서 관장하고, 등기사무는 사법성 산하에 각 등기소에서 관장하였으나 1950년 세제개혁에 의하여 부(府), 현(縣)의 세였던 토지세를 폐지하고 같은 해 7월 토지대장법을 개정하여 토지대장 소관청이 세무서에서 등기소로 변경되었다. 현재는 법무성에서 지적·등기업무를 관장하고 있으며 법무성은 대신관방과 6국체계로 이루어져 있다. 법무대신 밑에 법무대신을 보좌하는 비서실 개념의 대신관방이 있으며 이에는 조세, 복지 등 5개 소송관련 부서가 포함되어 있으며, 6개의 국은 일반 업무부서와 함께 다양한 특별 업무를 맡고 있다. 민사국, 형사국, 교정국, 보호국, 인권옹호국, 입국관리국이 있다. 그중 민사국의 제3과에서는 부동산등기, 사법서사, 토지가옥조사사 사무를 관장하고 있다. 도(都)·도(道)·부(府)·현(縣)에서는 법무국과 지방법무국에서, 시(市)·정(町)·촌(村)은 지국과 출장소에서 지적과 등기가 통합된 등기사무를 수행하고 있다.

일본의 지적측량업무는 부동산에 관한 소유권과 등기측량 등을 위하여 지적측량을 담당하는 토지가옥조사사, 국토조사법에 의한 지적조사를 담당하는 일반측량사, 토지구획정리사업 등을 통해 지적조사사업을 대신하는 것으로 구별할 수 있으며, 국토조사법에 의한 지적조사 및 토지구획정리사업 등의 지적조사 성과가 법무성의 승인을 받아 지적공부로 등록되면 토지가옥조사사가 지적측량을 수행한다. 이와 관련된 전문조직은 토지가옥조사사연합회, 국토조사측량협회 등이 있다.

③ 지적제도

일본의 근대적 지적제도는 지세제도의 확립과 소유권제도의 확립을 위하여 창설되었다. 일본에서는 국유임야와 공공 토지를 제외하고는 등기를 통한 하나의 토지등록제도를 갖고 있다. 토지의 물리적 현황에 관한 사항과 권리적 현황에 관한 사항을 통합한 제도를 가지고 있다. 일본에서는 지적이라는 개념은 등기에 포함되어 사용되고 있으며, 부동산에 대한 물리적 현황과 이동을 공시하는 표시등기제도와 권리변동 등을 대상으로 하는 권리등기제도의 두 가지 형태로 분류된다. 이 중 지적조사·측량 등에 등기제도가 지적의 개념으로 분류된다. 일본 지적제도의 가장 특별한 점은 지적의 목적성이 희박해져 가고 있는 실정이다. 지적행정과 지적측량을 담당하고 있는 법무부 등기관 및 토지가옥조사사의 경우 분할측량을 단순히 측량을 통해 새로운 지번과 면적 등을 등록하는 정도로 생각하여 분할선과 같은 토지경계선이 토지소유자의 토지소유권이 담겨져 있는 지적의 의미 같은 인식이 크게 작용하지 않는다. 이러한 원인은 1960년대 지적과 등기의 일원화로 구 토지대장이 등기부의 표제부로 통합되면서 지적에 대한 개념이 점점 상실되었다고 할 수 있다.[135)]

④ 지적도 작성

일본에서의 전통적인 지적도는 법무국에 보관·관리하고 있는 공도와 국토조사를 통하여

135) 지적연구원, 전게서, 2010.

새롭게 만들어진 지적도 2종류가 있다. 지적도는 토지에 대한 지적측량의 결과를 담는 공적장부로 등기부와 함께 지적도가 작성된다. 지적도의 축척은 도시지역 1/250, 1/500, 농촌 및 촌락지역 1/500, 1/1,000, 산림 및 원야지역 1/2,500, 1/5,000 등으로 구분하여 작성하고 있다.

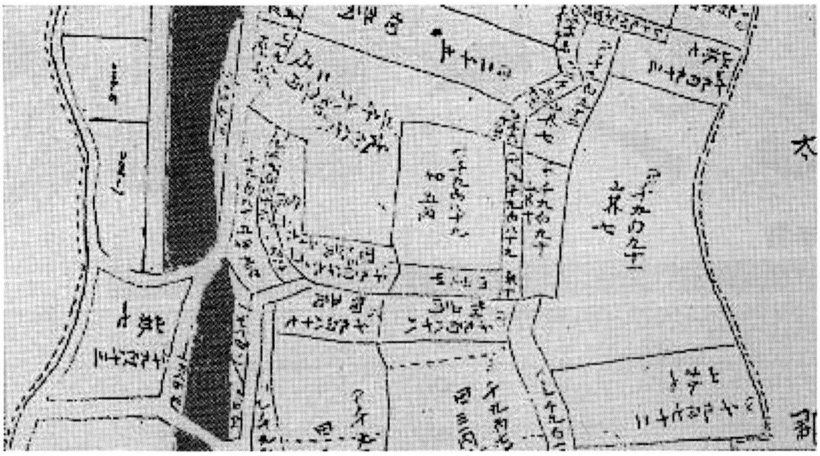

[그림 3-20] 일본의 공도

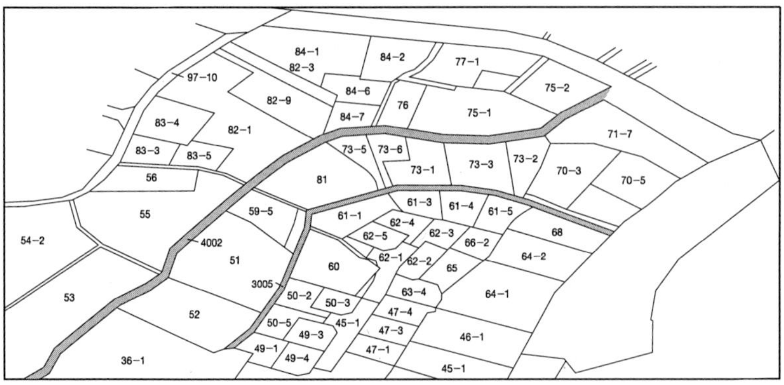

[그림 3-21] 일본의 지적도

⑤ 지적제도 개편(Reform) 쟁점

일본은 경계의 복원력이 전혀 없는 약도 개념의 지적도인 공도(자한도)의 문제점을 해소하기 위하여 1951년 국토조사법을 제정하여 지적조사를 시작하였다. 1957년 국토조사법을 개정하여 사업주체를 임의방식에서 특별계획방식으로 전환하였고, 1962년 국토조사촉진특별법을 제정하여 10개년 계획으로 추진하고 있지만, 2016년 말 기준 약 52%의 다소 느린 진척율을 보이고 있다. 지적조사사업은 국토조사측량협회가 주로 수행하지만 도로건설, 신도시개발에 따른 조사·측량도 인정하여 사업의 중복을 방지하였다. 지적조사사업의 주체는 지방공공단체, 토지개량조합, 기타 부령으로 정하는 자가 사업을 수행한다. 비용부담은 도도부현사업은 국가와 도도부현이 50%씩 부담하고 시정촌사업은 국가 50%, 도도부현 25%, 시정촌 25%로 부담하였다. 일본은 매년 1500억 원의 예산으로 지적조사사업을 추진하고 있으며, 높은 지가와 국민 참여의 부족 등으로 사업진척이 낮아 2005년 6월 고이즈미 총리대신의 지적조사사업 촉진에 대한 언급을 계기로 적극 추진하고 있다. 일본은 현지경계 위주로 조사·측량하여 지적조사에 따른 민원은 발생하지 않는다. 측량방법은 초기에 도해측량으로 시작하여 현재는 수치측량으로 전환하였지만 장기간에 걸쳐 사업이 진행되는 관계로 도해적으로 작성된 지적도를 다시 수치적으로 등록하는 것으로 전환하고 있다. 기준점 정비사업과 세계좌표계의 도입으로 기준체계를 변경하고 있다. 이렇게 장기간 사업시행, 장비와 제도의 변화 등으로 조사성과 간에 불일치가 발생할 가능성이 내재되어 있다.

지적조사사업의 성과는 당초 지적공부로 등록되지 않다가 1973년 국토교통성과 법무성의 협의로 법무성의 승인을 거친 경우에는 지적공부로 등록되게 되었다. 이는 지적조사가 토지의 사실관계를 바탕으로 이루어지지만 그 권리관계에 대한 확인절차가 필요하기 때문이다.[136)]

다. 대만 지적제도

① 지적제도

대만은 한국과 같이 일본의 식민지 지배 하에서 지적제도가 창설되었다. 대만은 1895년 청일전쟁 후 일본에 할양되어 1945년까지 일본의 식민지에 속해 있었다. 1887년 7월 지적규칙과 토지조사규칙을 제정 공포하고 동년 9월 토지조사국관제를 공포하여 임시대만토지조사국을 설치한 후 1888년부터 토지조사에 착수하여 외업은 1902년 9월에, 내업은 1903년 2월에 각각 완료함으로써 1904년 3월에 대만토지조사국은 폐국되었다. 1909년 10월 임야조사규칙을 공포하여 토지조사에서 제외된 토지를 대상으로 1914년까지 임야조사를 완료하여 전국적인 지적제도가 창설되었다.

1975년에 대만지구측량계획을 수립하고 기본삼각점의 검측, 기본도의 제작, 지적도

136) 대한지적공사, 「외국의 지적재조사 연구보고서」, 2010, p.85.

중측사업 등 세 가지 사업을 중점적으로 추진하였으며, 이 계획에 따라 부분별 사업 시행에 착수하여 기본삼각점의 검측은 1981년에, 기본도의 제작은 1983년에 각각 완료하였다. 지적도 중측사업은 1888년부터 1903년에 작성되었던 지적도 원본의 대부분이 세계 제2차대전시 공습으로 인하여 완전히 훼손되었기 때문이다. 또한 지정사무소에서 비치하고 있는 지적도의 장기간 사용으로 인한 마멸과 훼손, 도면의 신축으로 인한 오차, 자연적인 지형의 변화, 인위적인 경계의 변경 등으로 실제면적과 부합되지 않는 등의 문제가 발생하였다. 이로 인하여 경계분쟁과 불공평한 과세로 인한 민원 유발, 토지개발과 분할·합병 등 토지이동사항의 발생으로 인한 필지 세분화, 지번 순서의 혼란 등의 문제가 발생해 추진하게 되었다.[137)]

지적도중측사업은 1973년부터 1975년까지 시험사업을 실시한 후 제1차 13개년 장기계획을 수립하고 1976년부터 1980년까지 제1기 5개년계획과 1981년부터 1984년까지 제2기 4개년계획 및 1985년부터 1988년까지 제3기 4개년계획으로 나누어 지적도의 마멸·오손과 불부합이 심한 도시지역을 우선 선정하여 추진하였으며, 지적도중측사업지역에 대한 일필지 측량방법은 평판에 의한 도해측량방법과 경위의·전파측거기 등에 의한 수치측량방법으로 수행하였다. 지적도중측사업을 실시함으로써 토지의 경계선을 새로이 확정하고 그 성과를 영구적으로 보관할 수 있는 완벽한 자료를 확보할 수 있으며, 국제적 단위인 미터법으로 전환하고 축척을 1/500 또는 1/1,000로 변경하여 사용하기가 편리해졌다. 그리고 토지의 경계분쟁을 방지하여 소송 건수를 감소시키고 지정사무소에 경계감정측량을 의뢰하는 민원이 줄어들었으며, 도로·하천 등을 임대하게 하거나 국가 소유로 정리하였다. 수치지적측량방법에 의할 경우에는 필요에 따라 임의의 축척으로 지적도를 작성할 수 있으며 측량 후 경계표지가 묻히거나 망실·훼손되었다고 하더라도 정확하게 복원시킬 수 있어 경계분쟁을 크게 감소시키는 효과를 가져 왔다.

② 지적조직 구조

대만의 중앙 지적행정기구는 내정부 토지사에서 담당하였으나 조직의 통폐합을 거쳐 1947년에는 지정부의 지적사에서 토지측량 및 등기사무를 담당하게 되었으며, 1949년 지정부를 축소하고 지정서로 개칭하여 내정부에 예속시켰으나 지정서를 지정사로 바꾸어 지적과, 지권과, 지가과, 지용과, 방역과 등 6개과를 설치하고 토지행정 전반에 관한 사항을 관장하게 하였다. 주요 업무는 토지측량, 등기 및 측량 인원의 관리사안, 규정지가

137) 황보상원, 「한국·일본·대만 3국의 지적재조사사업 비교·연구」, 2016.

및 토지개량 물고가(물건견적가)의 관리사안, 평균지권정책의 감독지도 및 실행사안, 지권조정의 규격화 감독 지도사안, 토지중복 계획의 획책 및 감독 지도사안, 토지징수 및 공지활용 및 지방공지 관리사안, 토지임대 관리 및 자경농 자립사안, 토지사용의 편성 및 감독 지도사안, 전국 국경 및 행정구역의 규격화, 실측사안, 수록지도 및 표준지명의 심의사안, 기타 지정사안 등이다. 1981년에는 내정부에 토지정보센터(Land Information Center)를 설치하고 기획과, 작업설계과, 기기조작과, 자료관리과 등 4개 과를 설치하고 지정사무의 전산화를 전담하여 추진하였다.

지방 지정기관을 살펴보면 대만구역에는 3개의 지정처가 있는데, 고흥시 정부지정처, 대북시 정부지정처와 대만성 정부지정처가 있다. 대북시 정부지정처 및 고흥시 정부지정처는 토지중측계획대대, 토지측량대대와 여러 개의 지정사무소로 분할되어 있다. 대만성 정부지정처는 토지측량 총부대 및 토지중측규격화총부대가 설립되어있다. 대만성은 21 현시로 나뉘어져있고 각기현시정부 내에는 지정과(국)가 있으며, 또한 여러 개의 지정사무소로 나뉘어져있다. 대만성의 지적기구는 1947년 5월 성정부 수립당시에 지정국을 설치하여 토지행정사무를 관장하게 하고 민정청에 예속시켰으나, 1949년 6월에 민정청에서 독립하여 지정처를 설치하였다. 1946년 10월 현시정부에 지정과를 설치하고 2~3개의 향·진·구를 묶어 지정사무소를 설치하여 토지등기·지적측량·토지평가 등의 사무를 총괄하고 있다. 대만의 각급 기관의 주요 직무를 살펴보면 중앙지정기관은 토지정책연구책임 지정법규의 제정, 토지행정업무의 추진 및 각급지정기관을 감독·지도한다. 성시지정기관은 중앙지적기관의 명령에 따라 책임 완수하거나 토지행정업무 및 지휘와 지정기관에 속한 감독을 한다. 현시지정기관은 성시지정기관의 명령에 따라 각기 토지행정업무완수와 지휘 그리고 지정기관에 속한 감독을 추진한다. 지정사무소는 가장 기본적인 지정기관이며, 지적측량처리, 토지등기 및 각 토지행정을 완수한다.

대만의 지적행정조직에서 근무하게 될 전문 인력의 신규양성은 주로 국립정치대학의 지정학과를 비롯하여 국립성공대학 측량공정학과, 중흥대학의 지적학과, 봉갑대학의 토지관리학과 등에서 담당하고 있다. 국립정치대학의 지정연구소는 토지경제전공, 토지관리전공, 도시계획전공 등의 석사와 박사학위과정을 설치하고 토지를 실제 경작하는 자가 전·답 등 농경지를 소유하여야 한다는 경자유기전(land to the title)의 원칙과 토지에 대한 권리는 모든 국민에게 적정하게 나누어 소유하여야 한다는 토지권리의 균등화(equalization of the land rights)라는 국가적 목표를 달성하기 위하여 대만의 토지행정 수행에 필요한 우수인재를 양성하는 기관이다.[138)]

국제토지정책연구훈련원은 토지정책(land policy)·토지개혁(land reform)·토지세(land tax) 등의 업무에 종사하고 있는 개발도상국가와 대만의 실무자에 대한 재교육 훈련을 시키기 위하여 1968년에 설립한 교육기관으로서 행정원의 농업위원회(Council of Agriculture, Executive Yuan)와 미국의 링컨토지정책연구소(Lincoln Institute of Land Policy)가 합작하여 설립한 동양권에 위치하고 있는 유일한 국제적인 토지관련 전문 연구교육기관이다.

③ 지적시스템

대만의 지적공부는 측량의 성과를 담아 유지·관리하는 것으로 지적도와 토지등기부 및 건축물개량등기부 등으로 구성되어 있다. 지적도는 한국과 같이 리·동별 격자형 도곽 형태로 구획하여 작성하는 연속형 지적도(serial map)의 형식을 채택하고 있으며, 지적도 중측사업 전에는 지적도와 임야도를 구분하고 도시지역은 1/600, 농지 및 산지는 1/1,200, 고산지역은 1/3,000, 1/5,000 등의 축척으로 작성하였으나 지적도중측사업 시행지역은 미터법의 도입과 함께 지적도와 임야도를 구분하지 아니하고 도시지역은 1/250, 1/500, 농지 및 산지는 1/1,000, 1/2,000 등의 축척으로 지적도를 작성하였다.

1930년에 지적사무와 등기사무를 통합하고 1970년부터 종전의 토지대장과 토지등기부를 통합하여 카드식 토지등기부를 작성·비치하고 있으며, 한국의 등기부 편제와 유사하게 표시부, 소유권부, 타항권리부의 3개부로 구성되어 있으며, 토지의 위치·지번·지목·면적·등급·소유자·주소·신분증자호 등을 등록하고 있다. 대만의 토지법(1930년 6월 30일 국민당 정부 제정공포) 제43조는 "본 법에 의하여 이루어진 등기는 절대적 효력이 있다."고 규정함으로써 토지등기의 절대적 공신력이 인정될 수 있는 법적 근거를 제공하고 있다. 이러한 토지등기의 공신력이 확실한 제도로 자리매김하게 된 근본적인 원인은 등기제도의 정비에 있다고 할 수 있다. 대만은 일본에 점령된 이래 토지의 측량과 등기제도를 완전하게 정리했던 것이다. 공신력이 인정되는 범위는 권리부분에 한정되는 것으로 토지의 소유권 부분에 대해서만 등기의 공신력이 인정되며, 그 외의 면적이나 지목 등은 포함되지 않는다. 이점은 독일의 경우와 동일하다고 할 수 있다. 등기업무를 관장하는 "지정기관"이 등기를 집행하고, 부동산의 거래안전을 보호하고 국민의 재산권을 보장하기 위하여 "지정사제도"를 운영하고 있는 데 매우 건전한 제도로서 토지등기의 공신력을 인정하는 데 보조적인 기능을 하고 있다. 등기에 대한 배상책임은 토지법 제68조의

138) 지적연구원, 「선진외국의 지적제도 비교연구」, 대한지적공사, 2010.

규정 "착오로 누락되거나 허위의 등기로 인하여 손해가 발생한 때에는 지정기관이 그 손해배상책임을 부담한다. 다만 지정기관이 그 손해발생의 원인이 피해자의 귀책사유로 인하여 발생하였음을 입증한 때에는 그러하지 아니하다"라고 규정하고 있어 지정기관이 배상책임을 부담하고 있다.

(4) 영국계 지적제도

영국계 지적의 대표적 제도는 토렌스 시스템이라 할 수 있다. 토렌스 시스템은 호주연방의 남호주에서 로버트 리챠드 토렌스가 창안해낸 제도로 1858년 부동산법이 시행되기 시작한 것으로써 창안자의 이름을 붙여 토렌스 시스템이라고 불리는 제도이다. 토지에 대한 증명 제도를 연구하고 이를 기초로 한 토지권리 등록법안을 기초하게 되었다. 이후 토렌스 시스템은 남호주(1858)에서 퀸즈랜드(1861)까지 확산되었으며, 점차 뉴사우트 웨일즈, 태즈매니아, 빅토리아(1862), 그리고 서호주(1874) 전역으로 이 시스템이 도입되었다. 각 주들은 왕(Crown)으로부터 양도받은 모든 토지는 토렌스 시스템을 따르도록 법을 개정하였다. 반면에 법령시행 이전에 수여받은 토지소유권은 자발적으로 등록할 수 있었다. 이 제도는 영국에서 1925년에 재산권법(Law of Property Act)과 토지등기법(Land Registration Act)으로 채용되었고 뉴질랜드, 캐나다연방 및 말레이시아, 미국의 여러 주에서 채용되고 있다. 영국계 지적제도의 목적은 토지의 권원(Title)을 명확히 하고 토지 거래에 따른 변동사항을 용이하게 하며 그 권리 자체를 등록하는 것이다. 즉, 특정한 필지에 대한 권원증명행위는 일필지의 경계표시, 필지에 대한 단독소유나 공유자를 막론하고 권리관계를 명확하게 하는 모든 권원조사와 등록행위의 기초가 되는 것이다. 따라서 토지를 의무적으로 등록하는 적극적 등록제도와 권원보험제도를 사용한다. 특히 토렌스 시스템에서는 철저한 권원조사를 통해 권원자체를 등기하고 그 등기된 권원은 확정적 효력과 절대적 유통성을 갖도록 하는 제도이다. 토렌스 시스템에서 등기의 공신력이 인정된다는 견해와 부인하는 견해가 서로 대립하는데 인정하는 견해는 최초등기 시의 실질적 심사를 들 수 있고, 실질적 심사에 대해 책임을 진다는 의미에서 국가배상제도가 마련돼 있다는 것이다.

호주의 지적공부에 대하여 살펴보면 지적공부는 문자정보, 즉 토지대장과 도면정보를 담고 있는 지적도로 구분되는데 토지대장에는 소유권, 제한, 책임, 저당 등에 관한 정보를 담고 있으며 지적도에는 도면번호 및 식별자로 구분된다. 모든 지적도가 전산화되어 있으며 지적도는 고정경계(fixed boundary)와 일반경계(general boundary)가 90%와 10%의 비율로 이루어져 있다. 호주의 전산화된 지적도를 보면 캔버라의 경우 완전한 고정경계의 예로서

도로주소, 지번, 건물 등 정확히 측량에 의한 지적도를 구현한 반면, 빅토리아 주 맬버른 경우 지리적으로 정확하게 표현하고 덜 세부적인 사항만을 표시하고 있다.

뉴질랜드의 경우 지적측량은 대부분 면허자격을 갖춘 민간측량사에 의해 실시되고 있으며, 일부는 중앙정부 공무원이 아닌 지방정부의 공무원이 직접 지적측량을 실시하고 있다. 면허를 받기 위해서는 관련학과에서 4년제의 학사학위 취득 후 2년의 석사학위를 취득해야 하며 최종적으로 자격증 시험에 통과해야 한다. 이상과 같이 영국계 지적제도를 요약하면 아래의 표와 같이 설명할 수 있다.

〈표 3-6〉 영국계 지적제도 요약

구 분	내 용
토지등록형태	의무적으로 등록하는 적극적 등록제도와 권원보험제도를 도입하고 있다.
지적조직	각 주마다 중앙화된 조직을 갖고 있으며 주정부 단위별로 하위 조직을 운영하고 있다.
지적공부	토지대장 및 지적도에 포함되는 기본정보 외에 건물, 도로 등 다목적지적에 부합할 수 있도록 레이어 추가, 고립형지적도, 등기정보통합을 활성화하고 있다.
지적측량	대부분 면허를 받은 민간 지적측량사가 지적측량을 실시하고 있으나 검사측량은 지적공무원이 엄격하게 수행하고 있다.

가. 호주 지적제도

① 지적제도의 역사

호주 지적시스템의 개발은 원주민의 원시등기 또는 토지이용에 의해 영향 받지 않았다. 원칙적으로 정착시기에 토지는 측량 후에 양도하고 점유되었다. 따라서 측량사 협회가 주도하는 측량 활동은 식민지 활동에서 부여된 임무 중 우선순위에 배정되어 있었다. 호주 통치가 필요한 상황에서 왕실은 부수적으로 정부소속 측량사에게 권한을 주면서 식민지 모든 토지에 대한 권리이전 절차를 관리하는 책임을 주었다. 그렇지만, 정착지 측량은 황무지, 급속한 주민정착, 전문 측량사 및 엄격하고 기술적인 표준의 부족 등으로 어려움을 겪었다. 이러한 환경은 산발적 접근의 측량, 측량 기준점의 부족, 고립된 측량 시스템의 개발을 일으키는 원인이 되었다. 또한 측량의 고립화는 19세기 중반 골드러시 이후 개인 소유권과 임차의 급속한 증가에 따른 토지 요구로서 정착 측량에 측지 기준점 측량이 수행되었기 때문에 발생하기도 하였다. 영국에서 파생된 측량은 측량방법이 적절하지 못해 성공적인 지적시스템을 구축하는데 어려운 상황이었다. 불확실한 정확도의 지적측량은 최초에는 자침컴퍼스와 측각나반(circumferentor)를 이용해 수행되었다. 이 측량방법은 험한 지형에서 시작할 때 이동이 용이하며 저렴하고 빠르게 측량을 수행할 수 있었다. 자침컴퍼스 측량의 문제점을 개선하기 위해 경위의(theodolite) 및 체인(chain)을 이용한 트래버스 방법 또는 지거측량방법을 실시하였다. 오늘날 향상된 기능의 측량장비들이 존재하지만 여전히 경위의와 줄자는 호주에서 꾸준하게 사용되고 있다. 또한 측량사는 GNSS 측량기법을 지적측량분야에 적용함으로써 정확도를 상승시키고 측량시간을 절감하는 효과를 얻고 있다.[139)]

② 지적제도의 체계

연방국가로서 호주는 오늘날 거의 완벽하게 전산화되어 각 주에서 중앙집중 토지행정사무소를 유지하고 있다. 모든 주에서는 공동된 조직구조를 갖고 있지는 않다. 토지행정은 환경부, 도시계획, 정보기술 또는 토지행정과 같은 정부부서의 범주 아래 주정부 책임으로 운영되고 있다. 이러한 부서들에 배속되어 토지정보 및 자원을 위한 디지털 지적도, 토지등기소 및 등기사무소, 왕실토지관리사무소, 측량협회 및 사업단위를 포함하는 주정부의 도면이 있다. 지적관련 사적조직으로 대부분의 지적측량사는 민간분야에서 종사하고 있다. 자격증의 취득 또는 측량사의 등록은 지적측량을 수행하는데 필요하지만 토목측량과 같은 측량사들은 필요치 않다. 국가기준점 관리는 정부의 주요한 직무이지만 일반적으로 갱신과 시스템 업그레이드는 민간분야에 아웃소싱을 통해 이루어지고 있다. 호주의 측량사 기구 중 하나는 호주 측량협회(ISA)이며 약 3,800명의 회원이 있다.

③ 지적제도

모든 주(州)의 유럽 정착인들은 초기 70년 동안 영국법률에서 영향 받은 아일랜드 날인증서등록(deed registration)으로, 증서매매시스템에 의존하였다. 증서양도(deed conveyancing)는 날인증서(deed) 또는 유서, 유언장과 같은 다른 법적 문서로 만들어진 등기의 교환에 필요하였다. 수집된 모든 문서들은 일련의 연속된 등기 형태였다. 그러나 이 시스템은 매우 거추장스럽고 고비용을 요구하였다. 이러한 의미에서 문서의 고의적 또는 부주의로 변조되거나 문서의 분실에 따라 등기가 양도되는 위험을 일으키는 문제를 해결할 수는 없었다. 날인증서에서 단일 문서의 단점은 등기가 무효화될 수 있다는 것이다. 이 시스템을 이용한 등록의 장점은 단지 어떤 상대편의 항소에 최우선적으로 사용할 수 있는 증거였다. 그러나 명확하게 등록되어 있지 않은 증서의 약점은 양도시에 문제가 되었다. 증서시스템은 뉴사우스 웨일즈, 빅토리아, 태즈매니아, 서호주 등 4개주(州)가 남아있다. 1850년 중반 남부 호주 식민지에서 로버트 토렌스(Robert Torrens)는 그동안 영미법에서

139) 이용호, "호주의 지적제도 현황에 관한 연", 「한국지적학회지」, 제40권, 제1호, 2010.

고비용에 복잡하고 불충분한 토지양도절차를 단순화한 시스템을 소개하였는데, 1874년 호주의 모든 주에서 채택한 토렌스시스템이다. 각 주와 준주에서는 그들의 필요성과 역사 환경에 맞추어 자신들의 시스템에 적합하도록 사용하고 있다.

국유지 등기사무소에 의해 실행되는 왕실 토지의 양도에 의해 생성된 사적 소유권의 등록은 20세기에 이르러 매우 높게 매매되었으며 규모도 점점 커졌다. 유사하게 왕실토지의 관리와 양도를 위해 개발된 시스템들은 주정부 측량사의 책임인 것이 일반적이었다. 이것은 각 주와 준주, 사적토지등록과 다른데서 관리되는 왕실토지에서 토지등기와 토지측량시스템을 동등하게 하는 원인이 되었다. 사적 토지분할은 제2차 세계대전 전후로 급격히 증가하기 시작하였으며 오늘날 토지측량사들은 토지시장을 지속적으로 증가하도록 지원하였다. 그 결과 토지측량사들의 영향은 감소했으며 토지를 소유하는 자유보유권(freehold)을 갖는 범위로서 필지의 중요성과 등기의 역할은 더욱 커지게 되었다.

주정부가 모인 연방국가로서 호주는 각 관할지역에서 중앙에 토지행정사무소를 유지하고 있다. 모든 주에는 공통된 조직구조를 갖고 있지는 않다. 토지행정은 환경, 계획, 토지 또는 토지행정과 같은 정부조직의 범주 하에서 실행하는 주정부조직 책임이다. 이러한 부서에 포함되어 토지정보 및 자원을 위한 주정부의 디지털 지적도, 등기사무소 및 권원증서사무소, 왕실토지관리사무소, 측량협회와 사업단위가 운영되고 있다. 이러한 서비스의 조화는 서로 협의를 통해 통합되는 것을 각 주마다 볼 수 있다. 오늘날 공간정보와 문자정보의 전산화를 통해 지원되고 있다. 소위 PSMA 호주기업(공공부문 지도제작기관)이라 불리는 모든 주와 연방의 컨소시엄은 약 10.2백만 토지필지를 아우르는 국가디지털 지적도 상품을 생산하고 있다.

호주의 현 지적시스템은 역사적으로 토지시장에 의해 생성되는 토지 거래를 등록하는 것을 기반으로 한다. 지적시스템의 두 번째 임무는 정부 면허에 의해 규정되는 정밀측량기법에 의해 토지에 귀속되는 권리, 제한 및 책임을 등록하는 법적 소유권을 위한 토지의 등록을 제공한다. 비록 지적시스템들이 주정부마다 다르지만 각 시스템의 통합은 폭넓은 토지행정활동들에서 근본적인 임무를 수행하는 공간데이터 인프라에서 핵심 공간데이터를 공유하는데 있다. 공간과 속성자료의 전산화는 많은 지역에서 통합도구로서 지적을 구축하였다. 이러한 것들은 토지의 소유권의 등록, 법적 활용성, 토지매매의 평가 및 토지세, 과세의 활용성, 지방정부, 응급상황, 국가통계, 환경위험평가, 사업계획을 위한 토지 관리와 계획에서 다양한 목적을 갖는 기능 수행 등을 촉진시킨다.

지적시스템은 토지등기에서 토지소유권 권원증서에 부합하도록 기록되고 현장에서 토지

필지를 측량함에 따라 기본적으로 구축된다. 각 토지필지는 토지등기에 소유권과 관련해 관계되며 2개의 핵심요소 간에 1:1 관계를 갖는다.

권원등록시스템의 한 종류인 토렌스시스템은 공공 등기소에서 보여주는 등기를 보유한 사람에게 등록을 우선한다는 것을 보증하고 있다. 등기의 한 부분으로 토지에 우선순위로서 증명하는 사람은 이해당사자로서 법적소유자로 함축적 증거를 갖는다. 토지의 이해관계는 등록에 의해 신설되고 변경되거나 경정될 수 있다. 등기부에 어떤 실수가 있다면 정부는 실수부분에 나타난 결함을 보상해야 한다. 이러한 표준은 토렌스 시스템이 갖는 거울이론, 커튼이론, 보험이론과 같은 근본적 원칙으로서 요약할 수 있다. 토렌스 권원증서에는 세 가지 부문으로 나눌 수 있다. 필지부문은 필지경계를 파악하는 것으로서 단일한 식별자를 갖으며 보통 측량기록부에 참조되어 기하학적으로 측량내용을 설명한다. 두 번째로는 소유권 부문으로 소유자를 파악하며 세 번째인 저당권 부문은 담보, 지역권 또는 사용의 제한 등과 같은 필지에 존재하는 이해관계를 나타낸다. 종이기반의 시스템에서 등록된 부동산들은 토지등기소에 의해 설정된 권원증서의 중복이 발생할 수 있었다. 정보통신기술이 발전하면서 종이 증명서는 컴퓨터 기반의 시스템으로 전환되었으며 현재는 전자적 양도를 할 수 있는 환경으로 구축되었다. 빅토리아주에서는 새로운 디지털 권원증서를 발급하고 있다. 그러나 원시 권원증서와는 달리 필지 측량기록부는 별도의 문서로서 이용 가능하다. 의회 법률에 따라 각 관할구역에서 지적시스템을 지원하고 있다. 법률적 조정을 하는 토렌스시스템은 부동산법 또는 토지거래법으로 보통 불린다. 주정부의 토렌스 법률과 실행은 세부적으로는 다르게 등록하고 있다. 매우 다른 점은 각 시스템마다 등기부에 영향을 주는 등록되지 않는 이해관계의 것들을 등록할 수 있는가 하는 것이다. 임차의 경우 모든 관할구역은 3년 이상의 임대를 허가하지만 몇 관할지역에서는 더 짧은 임대만을 허가한다. 실제로 빅토리에서 임대는 일반적으로 소작을 인정하지 않으므로 등기해주지 않는다. 모든 관할지역은 지역권의 등록을 위한 제공을 준다. 빅토리아주에서는 현저한 토지의 등기상에 지역권의 확장된 등록을 사용하는데, 이것의 법률은 등록되지 않은 지역권을 보호해준다.

지난 40여 년 간 모든 주에서는 수평적으로 부동산 물권이 구분될 수 있도록 허가하는 건물구분 법률을 소개하였으며 수평적으로도 아파트의 개인적 소유권을 허가하였다. 이는 고밀도 주택을 중심지에 개발하도록 유인하는 방법으로 활용되었다. 법률은 사회 요구와 건물기술에 반영되는 것을 포함하도록 지속되었다. 구분지상권, 클러스터, 지역 공동체와 은퇴자 마을의 등기부는 주제적으로 다양화되었다. 서비스를 지원하는 법률을 포함하는 토지시장으로 법률 인프라를 제공하였다.

④ 지적도 작성

1990년에서 2000년까지 주정부들은 토지관리, 토지행정 및 지방정부 행정을 위해서 공간정보를 제공하는 연속 지적도 작성을 완료하였다. 이러한 연속 지적도를 설립하는 전형적 기술은 특히 농촌지역에서 담장선, 도로선 등을 이용해 지형도를 기반으로 필지별 지적측량 결과도를 연결시키는 러버쉬트 기법을 이용하였다. 이러한 요소들의 통합은 더 나은 파악과 상호참조를 이룰 수 있어 모든 토지필지를 위한 단일한 필지식별자를 생성하는 것을 촉진한다. 전체적인 지적도제작시스템은 "전체에서 부분"으로 시작하는 보통의 측량방법과 구별되는 "부분에서 전체"로 개발되었다. 이것은 지적측량의 역사적 개발에 반영된 것으로 토지매매와 등록요구에 기반한 양도 및 정착에 따른 것이다. 지도제작을 위한 국가측량의 화합(harmonized)을 위한 필요성은 1900년대 초 제1차 세계대전 동안 현실화되었다. 최근에 들어 더욱 주정부와 연방정부 수준에서 향상된 토지, 자원, 시설물 관리를 위해 갱신되고 완벽한 지적도가 필요하게 되었다. 현재의 지적은 모든 토지필지를 위한 독취(digitizing) 절차를 완벽히 마무리하면서 모든 관할구역에서 고립된 필지들을 전산화하고 있다. "CADLite"라 불리는 연속적 지적데이터베이스는 각 관할지역 데이터와 국가 좌표계에 통합되어 있으며, PSMA[140]로부터 이용 가능하다. 호주지적은 개인소유권, 국공유지, 구분소유권 등을 포함한 약 10.2 백만필지를 포함하고 있다. 각 관할구역에서 중앙화된 토지등기시스템이 결합되어 시스템들의 복잡성과 데이터 규모의 대량화로 등기의 전산화를 위한 주요한 동기를 제공하였다. 등기 자동화는 등기시간을 감소하고 더 나은 효과성을 증진하며 등기의 양을 다양하게 처리할 수 있는 상호협동을 향상하기 위해 사업적 측면에서 신중히 진행해오고 있다. 모든 토지데이터의 전산화는 폭넓은 토지 관리와 환경계획을 촉진하는데 있어 지적도를 기반으로 용이하게 융·복합할 수 있다. 일반적으로 하나의 정부기관이 등기, 토지이용관리 및 토지세금이 보관자의 시스템에 남아있는 동안 모든 토지필지의 갱신된 지적도를 유지하기 위한 책임을 대표하고 있다. 오늘날 호주 디지털 지적도는 디지털 지적데이터베이스(DCDB)라고 알려진 전자적 형식에서 기하학적 부분의 도형적 표현을 갖고 있다. 도형 DCDB의 통합은 디지털 필지를 기반으로 하는 데이터 셋에서 법적 측정 또는 도형적 측정으로서 측량결과도와 현장 관측부에 기초한 것이다. 빅토리아주에서 지적과 측지 프레임워크 레이어, 도로, 등고선

140) 호주 PSMA 홈페이지 : https://www.psma.com.au/

으로서 관리되는 지형자료, 수로 레이어들은 디지털 지적데이터시스템들을 위한 서로 다른 솔루션, 데이터 모델과 절차를 설정(또는 구축)해 왔다. 호주의 지적표준은 더 나은 국가전체 공간데이터를 위한 각 관할지역의 기본적 데이터셋으로 조화성을 목적으로 하는 화합데이터모델의 증진을 갖는 ICSM(측량 및 지도제작 통합정부 위원회)을 통해 촉진되고 있다.[141)]

지적도 샘플에서는 빅토리아주 DCDB의 지적포털을 보여주고 있는데, 이는 인터넷을 통해 각종 정보를 제공받을 수 있다. 하나의 필지를 선택하면 필지와 관련된 구분지상권과 등기정보를 조회할 수 있다. 빅토리아주 DCDB는 Vicmap 디지털로서 알려져 있다. 이것은 멜버른 수자원(MW)에서 만들어진 멜버른광역 데이터와 전 측량 및 지도제작 빅토리아에 의해 만들어진 농촌 빅토리아 데이터로서 2개의 데이터베이스가 역사적으로 합쳐진 것이다. 이것은 축척 1/500에서 1/4,000까지의 도시지역에 대한 독취된 도면에 의해 개발되었다.

농촌지역은 정사사진을 기초로 하여 분할자료, 도로필지를 독취해서 생성되었다. 인구밀집 지역에서는 1:2,500 축척으로, 농촌지역에서는 1:25,000 축척으로 만들어졌다. 이러한 디지털 지적도는 환경부 토지빅토리아의 통제 하에 있으며, 독취를 위한 초기의

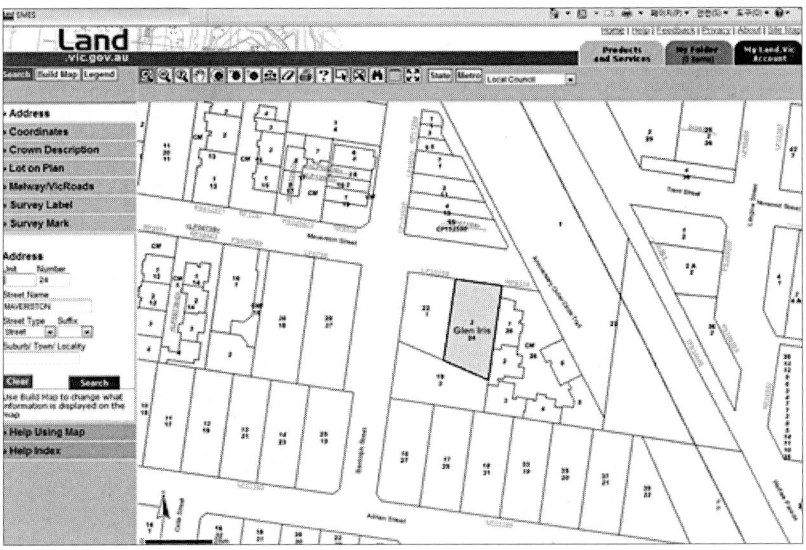

[그림 3-22] 호주의 지적도

141) Daniel STEUDLER, A Framework for Benchmarking Land Administration Systems, Melbourn University, 2004.

데이터 수집 프로젝트는 1990년에 완료되었다.

빅토리아 데이터셋은 중요한 필지와 부동산을 표현하는 자료를 포함하고 있으며 공공 및 민간분야에 의해 지리정보시스템에서 폭넓게 사용되고 있다. 데이터셋 항목으로는 필지 폴리곤, 제안된 필지(미래 개발), 필지식별자, 지방자치 위원회 참조번호, 도로 중심선, 도로 지역권, 왕실 토지 등이다. 각 데이터 형상은 특징화되어있고 단일하게 식별되도록 구성되어 있다. 지적도 제작은 전형적으로 도시지역에서는 1/2,000에서 1/4,000까지의 축척이며, 농촌지역에서는 1/10,000에서 1/50,000의 축척을 갖고 있다. 호주의 지적도에서는 도형이 갖는 위치 정확성을 경계에 표현하고 있다. 몇 개의 주정부 시스템에서는 도면 축척의 1mm 정도의 정확성을 보이는데 1/2,500 축척에서 약 ±2.5m이다. 지적도의 정확성은 지속적으로 업그레이드되고 있는데, 특별히 도시지역에서는 ±1m보다 더 높은 정확성을 보이고 있으며 종종 ±0.1m의 정확성을 제공한다. 지적도의 기초로서 호주 수도 안에 있는 좌표들은 측량 정확도에서 접근하고 있다. 민간 지적측량사와 많은 정부기관들은 지속적으로 지적자료의 철저한 검증을 거치고 있으며 콘텐츠를 향상시키고 있다. 각 주정부의 전산화된 토지등기와 DCDB는 매일 갱신되고 있다.

다. 말레이시아 지적제도

① 지적제도의 역사

말레이시아 국가는 Fijian 법률에 따라 토렌스 시스템을 1879년과 1890년 사이에 소개되었다. 정치적 변화를 계승받아 1965년에 말레이시아 반도와 사바주, 사라왁주에 국가토지법이 제정되었다. 국가 토지법(NLC)은 현재의 시스템을 대체하고 단일화된 토지시스템으로 설립되도록 제정되었다. NLC의 채택 이전에 토지보유제도에는 두 가지 매우 다른 시스템이 존재하였다. 전자는 페낭과 말라카 영국 식민지의 "Straits Settlements" 라고 하는 동남아 해협 식민지에 사용한 독특한 시스템을 유지하고 있는데, 개인적으로 실행된 양도증서를 사용하고 있어 말레이시아 주별로 단일화된 토지제도를 사용하지 못하고 있는 실정이다.

② 지적제도의 체계

모든 주에서는 토렌스 토지등록제도로 작동되며 주정부 토지사무소에서 관리하며 토지 및 광업부에서 조화를 이루고 있다. 다른 한쪽으로 지적측량은 말레이시아 반도 안에서 수행하지만 주로 토목과 분할측량을 하는 토지측량사들이 지원하고 있다. 위에서 언급하듯이 사바주와 사라왁주에서 지적은 토지측량부에 의해 관리되고 있다. 두 주는 토지행정과 지적측량을 관리·감독하는 임무를 갖고 있다.

지적측량의 종속적 부분(약 80%)은 일반 토지측량회사를 통해 수행되고 있으며, 성과검사를 위해 연방정부의 측량 및 지도제작부에 그 결과를 제출해야만 한다. 몇 가지 예외적인 토목측량은 일반분야에서 수행되고 있다. 부가적으로 말레이시아 전국을 위한 디지털 지적데이터베이스를 생성하는 주요한 임무는 연방정부인 측량 및 토지측량부에서 민간에게 아웃소싱을 맡기고 있다.[142)]

③ 지적제도

말레이시아 지적제도의 목적은 토지에 모든 것을 다루기 위해 안전과 단순성을 제공하는 것이다. 정부위원회 하에서 토지를 효과적으로 다루고 소유권을 보호하기 위해 설립되었고 증서를 발급하였다. 등기문서는 해당 토지의 진실된 소유자임을 밝혀주는 명백한 증거가 된다. 유효한 등기는 경계를 매우 정확하게 설명하여야 하며, 지적측량은 이러한 시스템을 유지하는데 매우 중요한 역할을 하고 있다. 말레이시아 지적제도는 기본적으로 토지등록과 지적측량으로서 두 가지 기본 항목을 갖는데, 시스템의 핵심은 신뢰성과 신용성이다. 토지등록 부문에서 가장 중요한 요소는 토지보유시스템이라 불리는 등기 유형과 정부보증이라는 부문이다. 시스템은 함부로 빼앗을 수 없는 권리를 부여하도록 등록하는 것인데 적절치 못하게 등록된 사항들은 여기서 제외해야 한다. 본질적으로 최종 등기까지의 이전을 위해서는 등기소에서 등기 등록문서(RDT)의 등록시간이 효과적이어야 하며, 더불어 등기발급문서(IDT)는 토지의 등록된 소유자에게 동시에 발급되어야만 한다. 어떠한 토지의 소유는 토지와 이해관계에 대해 효과적 관리가 되도록 해야 한다. 그러한 관리는 등기문서에 등록되도록 하는 장치가 필요하다. 등록될 수 있도록 가능하게 하는 장치는 토지 매매, 임대, 양도 등을 포함해야 한다. 효과적으로 등기부는 토지의 소유자로서 부여된 사람에게 증거를 제공하며 이는 법적 소유자인 것이다. 더욱 중요한 것은 시스템에서 토지에 포함되어 있는 권리관계가 등록에 의해 변형되거나 바뀔 수 있다는 것이다. 그렇기 때문에 정부는 법에 의해서 등록정보의 유효성을 검정을 정확히 하기 위해서 측량의 범위와 표준을 결정해서 지적측량위원회의 업무로 규정하고 있다. 법은 측량이 최종 등기의 보증목적으로 수행할 수 있도록 매뉴얼을 특정하고 있다. 이러한 측량이 있은 후에 분할, 합병과 같은 토지거래가 발생하게 된다. 위에서 언급하였듯이 법은 최종 등기의 발행이전에 지상에서 측량하고 경계를 설정하는 것을 모든 필지마다 요구

142) 지적연구원, 전게서, 2010.

하고 있다. 이것은 '일반경계'보다는 '고정경계'로서 제공하고 있다. 필지 정의는 지형적으로 자세히 묘사하기 보다는 수학적으로 경계점을 공식적으로 설치하고 좌표화하는 것이다. 측량사는 국가에서 제공하고 있는 측량기준점을 기반으로 이러한 경계점의 측량을 수행해야 하고 필지 경계 위치를 설정해야 한다. 측량의 완벽성을 위해서 측량계획은 작성되는데 측량국에 의해 승인되어야만 한다. 증명된 측량계획의 복사는 등기문서의 준비에서 필요하다. 등록시스템의 또 하나 중요한 측면은 임시로 등기부를 발급하는 것인데, 이를 조건부 등기(QT)라 부른다. 이것의 목적은 측량의 향상을 꾀하거나 토지개발의 속도를 빠르게 하기 위해서이다. 지적제도는 특히 지방정부 행정에 커다란 임무를 수행하고 있다. 이것을 이용해서 자신들의 업무를 수행하고 다른 관련 업무를 지원하는데 중요하게 사용되고 있다. 말레이시아 전 국토에는 약 7.2백만 필지가 있으며 2.5백만 필지만 등기가 부여되고 있다. 측량된 필지는 이제 디지털 형식으로 전환되었으며 각 주의 디지털 지적데이터베이스에서 관리되고 있다. 현재 지적측량은 디지털 환경에서 자료를 획득하고 있으며 "필드에서 완료"라는 개념으로 자동적으로 데이터베이스에 저장되도록 하고 있다. 승인된 측량계획의 형태로서 지적측량데이터와 지적도는 약간의 비용을 지급하면 인터넷에서 발급받을 수 있다. 다른 한편으로 전산화 토지등록시스템(CLRS)은 1990년부터 실행되고 있는데, 현재 등기정보 접속은 모든 등기소와 지방사무소에서 컴퓨터 터미널로 접속할 수 있다. CLRS 데이터베이스에 있는 정보는 토지 등기소에서 유지하고 있는 기록과 관련된 파일을 기반으로 하고 있다.

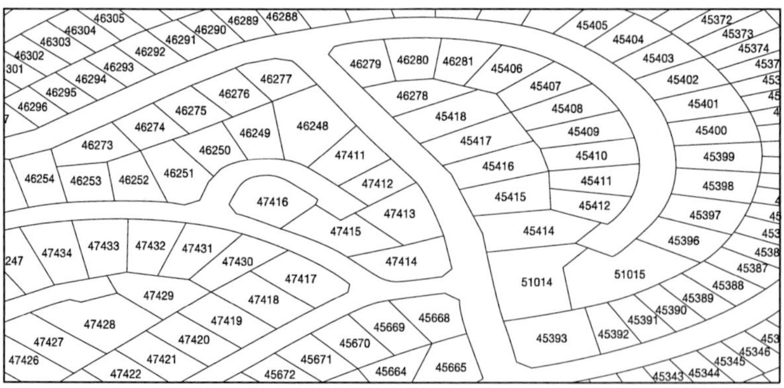

[그림 3-23] 말레이시아 디지털 지적도

④ 지적도 작성

지적도 제작은 카시니솔더(Cassini-Solder) 좌표계를 기반으로 한다. 각 주는 모두 9개의 다른 좌표계로서 자신들의 원점을 갖고 있다. 지적도는 토지 관리를 위한 토지필지의 식별을 위해 중요하게 사용되고 있다. 디지털 형식으로 전환되기 전에 이러한 도면들의 축척들은 도시지역에서는 1인치에 1체인까지이고 농촌지역에서는 1인치에서 8체인까지 다양하였다. 현재 모든 주에서는 2002년에 완료된 지적데이터관리시스템(CDMS)의 실행을 통해 기하학적 도형표현을 기반으로 디지털형식을 갖는 지적도를 갖추고 있다.

⑤ 지적제도 개편(Reform) 쟁점

말레이시아는 토지와 소유권의 보호를 기본적으로 제공하고 있기 때문에 엄격한 지적제도를 가지고 있다. 그러나 주요한 단점 중 하나는 각기 다른 좌표계를 사용하기 때문에 지적도 제작에 완벽성을 갖추지 못한다는 것이다. 각기 다른 카시니솔드너를 기반으로 하는 DCDB의 설립은 말레이시아 투영법(RSO)을 기반으로 하는 지형도와는 공간적으로 통합되지 못하고 있다. 이러한 문제들을 극복하기 위해서 말레이시아를 위한 좌표화된 지적시스템을 실행하기 위한 많은 연구가 진행되고 있다. 또한 DCDB의 법률화도 쟁점이 되고 있다. 이는 연속적으로 승인된 측량계획(CP)을 갖는 것을 의미하는데, 결과적으로 서술된 문서의 사용을 금지하고 DCDB를 법적인 형태로 제공하는 것이 필요하다는 것을 요구하고 있기 때문이다. 그러나 이러한 CP를 채택하는 것을 오랜 시간이 요구된다. 왜냐하면 DCDB의 신뢰성 확보와 품질, 통합 등이 적절히 풀어야할 문제이기 때문이다.

더불어 DCDB에서 품질정보의 부재는 전국에 걸쳐 완벽하고 최신의 DCDB를 생성하는데 있어서 가장 큰 걸림돌이다. 그런 정보는 토지등기소로부터 받는 도형적 형식이거나 면허 토지측량사로부터 디지털 형식을 제공하는 것이다. 비록 이전의 CDMS가 저장문제로 대규모의 데이터를 다루는데 한계가 있었으나 최근에 업그레이드 된 CDMS는 이러한 문제를 해결하고 더 많은 정보를 저장할 수 있게 되었다.

4) 지적제도와 관련한 국제기구

(1) 세계측량사연맹(FIG)

① 개요

세계측량사연맹은 세계 각국에서 업무를 수행하는 측량사들의 이익을 대변하는 주요 국제기구이다. 글로벌 측량, 지형측량, 지리정보 단체들과 함께 전문적 분야로서 국가들의 단체와 협약을 맺고 있다. 전문적 실무와 표준을 증진하는 목적으로 토론하고 개발하는 국제 포럼을 제공하고 있다.

FIG는 벨기에, 프랑스, 독일, 영국, 이탈리아, 스페인, 뉴질랜드와 같이 7개 국가들이 연합하여 "the Fédération Internationale des Géomètres"와 같이 프랑스 이름으로 1878년 7월 18일 파리에서 창설되었다.

UN과 함께 비정부단체(NGO)로서 전 세계 120개 국가가 넘는 측량 단체들을 대표하고 있으며, 우리나라는 1979년 7월 체코슬라바키아 브로노에서 개최된 제46차 상임위원회에 처음으로 참여한 이후 1981년 8월 스위스 몽트로에서 개최된 제16차 총회에서 46번째 정회원 국가로 가입하였다.[143)]

② FIG 비전과 역할

빠르게 변화하는 사회, 경제, 환경을 지원하기 위해서 신뢰할만한 기술, 실제적 솔루션을 제공하는 측량기술을 제공하는 것을 목표로 한다. FIG의 활동들은 회장단에서 검토하고 총회 기구에서 승인하며, 투명한 절차를 거치고 있다. "미래의 측량사를 변화시키기 위한 신속한 대응 보장"이라는 모토로 회장단, 기술 분과, 네트워크 및 태스크 포스의 활동을 지원하고 있다.

FIG는 지속가능한 개발 아젠다를 실행으로 옮기기 위해서 복잡하고 신속한 변화에 기능적으로 신뢰할만하며, 적합 가능한 솔루션을 제공하기 위해서 세계 각국들의 측량사들과 함께 노력하고 있다. 모든 분야에서 측량의 진보를 위해 회원국들과 함께 국제적 협력을 하고 있으며, 특히 국제연합, 세계은행 및 국제비정부기구들과 "토지", "해양", "건축" 환경에 있어 세계적으로 최고의 비정부기구로 인정받고 있다. 지구의 크기와 모양을 결정하고 지구 표면을 설계하며 지속가능한 방식으로 관리하는 것이 측량사의 대표기구인 FIG의 임무라고 할 수 있다.

---

143) 세계측량사연맹 홈페이지 : http://www.fig.net/

③ FIG 조직

가. 총회

FIG는 매년 상임위원회 또는 총회 기간 중에 총회 의결 회의를 개최한다. 총회는 회원과 비투표 회원, 회장단, 분과 위원장과 제휴기관 대표, 학계 회원들로 구성되며 정책을 토론과 수용한다. 정책은 매년 수차례 만나며 평의회에서 실행한다.

나. 회장단

회장단은 총회에서 선출하며 회장(4년 임기)과 2년마다 선출하는 부회장 2명과 부회장(4년 임기)으로 구성된다. 회장단은 전 세계에 걸쳐 다른 국가들로 구성하며 회장단 대표가 분과위원장이 될 수 있다.

다. 기타 행정 기구

총회와 회장단의 업무는 자문위원회(ACCO)의 지원을 받으며, 부정기적으로 기존의 작업 계획을 검토하기 위해 지명되는 특별 태스크 포스, 3개의 네트워크, 그리고 2개의 상설기관이 있다.

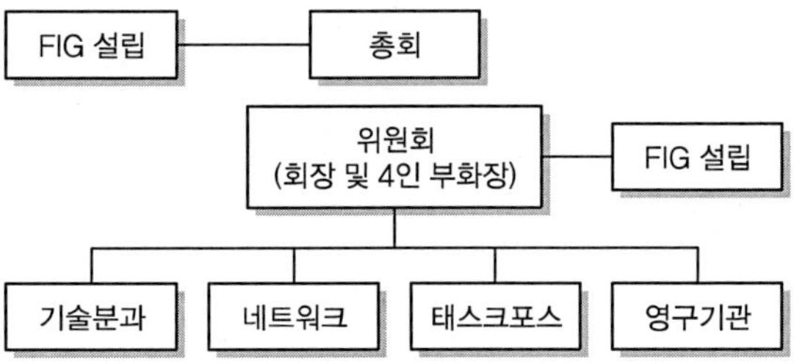

[그림 3-24] FIG의 조직 현황

라. 기술분과

FIG의 기술적 업무는 10개의 분과가 주도한다. 각 회원협회는 각 분과에 대표단을 임명한다. 기술 분과는 업무에 대한 자세한 정보를 제공하기 위해 4년마다 열리는 FIG 회의 프로그램을 준비 및 실시하고, 그 후 수년 간 열리는 연례회의를 실시한다. 제1분과는 전문 표준 및 실무, 제2분과는 전문교육, 제3분과는 공간정보관리, 제4분과는 수로, 제5분과는 위치 및 측정, 제6분과는 토목측량, 제7분과는 지적 및 토지관리, 제8분과는 공간계획 및 개발, 제9분과는 부동산 평가 및 관리, 제10분과는 건설 경제 및 관리로 나누고 있다.

[그림 3-25] FIG 기술분과의 종류

(2) OICRF

OICRF는 지적 및 토지기록을 위한 국제 사무소로 지적, 토지행정, 관련 분야의 자료들을 모아놓은 센터이다. OICRF는 세계측량사연맹 중 하나이며 "Office International du Cadastre et du Régime Foncier"의 약자이다. 이 기구는 아래의 임무에 대해 책임지고 있다.[144]

① 현존의 지적과 토지등록시스템과 관련이 있는 모든 문서를 인덱싱하고 수집한다.

② 위 문서와 관련한 자료들을 비교·연구 수행한다.

③ 지적 또는 토지기록 시스템의 현재와 미래를 개선하고자 하는 모든 국가 및 단체, 개인에게 자료를 제공한다.

④ 매일 자료시스템을 유지한다.

OICRF는 정보를 요청하는 누구에게나 자료를 제공하며 이 모든 시스템은 네덜란드 지적, 토지등록 및 지도제작 기관에 의해 제공하고 있다. 토지행정은 사람과 토지의 관계에 대한 것으로서 OICRF는 지속가능한 개발을 위해서 유럽연합 2030에 적합하도록 데이터 시스템을 유지하고 있다. 이 모든 것의 목적은 지구의 모든 사람들이 더욱 잘 영위할 수 있는 UN의 아젠다에 부합하고자 한다.

144) OICRF 홈페이지(https://www.oicrf.org)

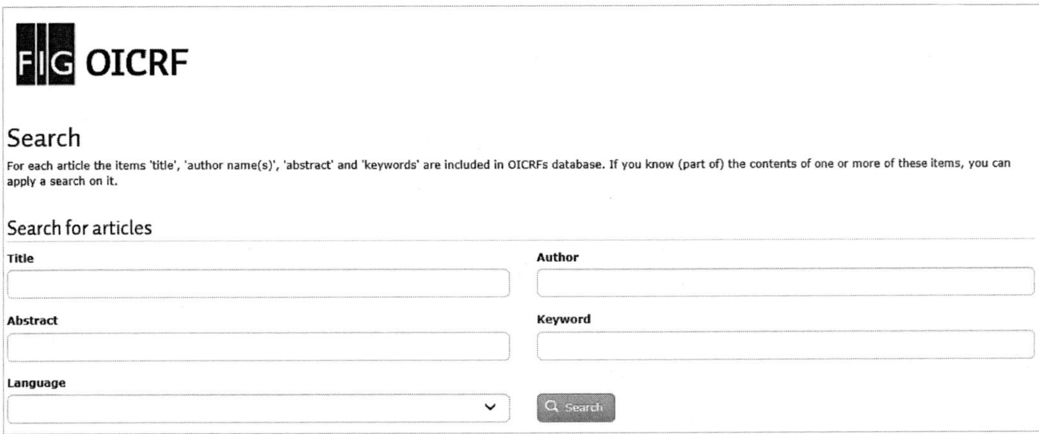

[그림 3-26] OICRF 검색 화면

(3) 지적템플릿 프로젝트

지적템플릿은 호주 멜버른 공대의 SDI, 토지행정을 위한 연구그룹에 의해 개발되었으며 2003년 7월 일본 오키나와에서 열린 UNRCC-AP[145] 16차 회의에서 설립하기로 결정되었다. 멜버른 공대의 교수인 아바스 라자비파드와 이안 윌리엄슨 교수와 함께 스위스 지적전문가인 다이엘 스토들러로 구성되었으며, 덴마크 알보르그 대학의 교수인 스티그 에너막 교수가 지원하였다. 아시아태평양 GIS 위원회(PCGIAP)의 워킹그룹 3에서는 FIG의 제7분과와 연합하여 2003~2006년 동안 지적템플릿 웹사이트를 제작하였다.

이 웹사이트에는 총 57개의 국가에 대한 지적제도를 소개하고 있으며, 우리나라를 포함하여 아시아 21개 국가, 유럽 20개 국가, 아프리카 5개국, 북미 2개국, 남미 5개국, 오세아니아 4개 국가를 포함하고 있다.

지적템플릿 웹사이트를 통해 해당 국가의 국가 개요, 정부조직, 민간분야, 전문기구 또는 협회, 라이선스, 교육 등을 포함하는 제도적 프레임워크, 해당 국가의 지적시스템 목적과 유형, 지적개념, 지적시스템의 등록항목, 지적도, 지적도면 예제, 공간데이터인프라에서 지적의 역할 등을 담고 있는 지적 매핑, 마지막으로 지적제도 개편 이슈사항에 대한 내용들을 제공하고 있다.

145) UNRCC-AP : 아시아&태평양 국가를 위한 유럽연합 지도 컨퍼런스

[그림 3-27] 지적 템플릿 홈페이지

Asia	Europe	Africa	North America	South America	Oceania
Brunei	Austria	Eritea	Canada	Argentina	Australia
Cambodia	Belarus	Ethiopia	Mexico	Colombia	Fiji
China	Belgium	Namibia		Trinidad and	Kiribati
Hong Kong	Bulgaria	South Africa		Tobago	New Zealand
India	Cyprus	Tanzania		Venezuela	
Indonesia	Czech Republic				
Iran	Denmark				
Israel	Finland				
Japan	Germany				
Jordan	Hungary				
Macao	Iceland				
Malaysia	Latvia				
Nepal	Lithuania				
Pakistan	Netherlands				
Philippines	Norway				
Singapore	Poland				
South Korea	Slovenia				
Sri Lanka	Sweden				
Thailand	Switzerland				
Turkey	UK				
Uzbekistan					

[그림 3-28] 지적 템플릿 참여 국가

단 원 학 습 평 가

1. 우리나라의 지적제도의 분류로 틀린 것은?

① 설치목적에 따라 세지적, 법지적, 정보지적으로 분류한다.

② 측량방법에 따라 도해지적과 수치지적으로 분류한다.

③ 등록방법에 따라 2차원지적, 3차원지적, 4차원지적으로 분류한다.

④ 측량종류에 따라 지적기초측량과 지적세부측량으로 분류한다.

2. 구장산술 방전장의 토지 형태로 틀린 것은?

① 타전　② 직전　③ 구고전　④ 규전

3. 조선시대 매매계약이 성립되기 위해서 매수인과 매도인의 합의 외에 대가의 수수목적물 인도 시에 서면으로 계약한 계약서의 일종은?

① 양안　② 입안　③ 문기　④ 지계

4. 1895년 탁지아문을 개칭한 것으로 국가재정 전반을 담당한 5국으로 구성된 기구는?

① 토지조사국　② 내부 판적국　③ 탁지부　④ 지계아문

5. 광대지 측량 업무를 대행하면서 사실상 지적측량 일부 대행제도가 시작된 년도는?

① 1918년　② 1923년　③ 1933년　④ 1950년

6. 지적공부의 유형 중 도면에 해당하는 것은 (　　) 와 (　　) 가 있다.

7. 나폴레옹 지적이라고도 부르는 근대적인 지적제도의 효시는?

8. 정보지적에 대하여 설명하시오.

9. 토지조사사업의 업무에 대하여 설명하시오.

10. 임야조사사업에 대하여 설명하시오.

정답 1. ④ 2. ① 3. ③ 4. ③ 5. ② 6. 지적도, 임야도 7. 프랑스계 지적제도 8-10. 본문 참조

참고문헌

1. 강진철, 「고려토지 제도사 연구」, 고려대 출판부, 1980.
2. _____, 「한국문화사 대계Ⅱ(정치경제사 하)」, 고대민족문화연구소, 1965.
3. 강태석·최용규·박순표, 「지적학개론」, 형설출판사, 2001.
4. 고전간행회, 「증보문헌비고」, 동국, 1986.
5. 구병식, "한국 고대사회 법제사 연구1", 「우석대학교 논문집」, 제4집, 1983.
6. 김경열, 「한국토지 제도사」, 경영문화원, 1993.
7. 김영학·이왕무·이동현·김남식, 「지적학」, 화수목, 2015.
8. 김용섭, 「한국 근대농업사연구(상)」, 일조각, 1984.
9. 김종현, "한국지적제도의 변천사", 「지적」, 제7권 제8호, 대한지적공사, 1977.
10. 김추윤, "고대 측량의 기고", 「한국지적정보학회지」, 창간호, 1999.
11. 김해암·이화사 역, 「단기고사」, 문화, 1949.
12. 김형오, "한국지적공부의 사적고찰", 석사학위논문, 서울시립대학교 대학원, 1994.
13. 김혜경 외 1인 역, 「구장산술」, 서해문집, 2000.
14. 내무부·한국지방행정연구원, 「한국지방행정사」, 1987.
15. 노사진 외 5인, 「동국여지승람」.
16. 대한지적공사, 「대한지적공사 50년사」, 1990.
17. __________, 「대한지적공사 70년사」, 2009.
18. __________, 「지적기술교육연구원 60년사」, 2000.
19. __________, 「한국지적백년사」, 2008.
20. 대한지적협회, 「조선토지조사사업보고서」, 1918.
21. 라승환, "지적협회가 걸어온 길", 「지적」, 제1권 제2호, 대한지적협회, 1971.
22. 류병찬, "다목적지적제도의 모형개발에 관한 연구", 「지적」, 대한지적공사, 1991.
23. _____, "한국과 외국의 지적제도에 관한 비교연구", 박사학위논문, 단국대학교 대학원, 1999.
24. 문정창, 「한국고대사(상)」, 백문당, 1971.
25. 미야지마 히로시(宮嶋博史), 광무 양안재고, 낙성대연구실, 한국근현대사잠정고, 1992.
26. 박경안, 「고려 후기 토지제도 연구」, 혜안, 1996.
27. 박시형, 「조선토지제도 사상」, 신서원, 1994.
28. 배영순, "한말·일제 초기의 토지조사와 지세개정에 관한 연구", 박사학위논문, 서울대학교 대학원, 1988.
29. 북애(신학균 역), 「규원사화」, 대동문화사, 1968.
30. 서긍, 「고려도경」, 아세아문화사, 1972.
31. 서울대학교출판부, 「도서한국본종합목록(법정류)」, 1983.
32. 세계측량사연맹 홈페이지 : http://www.fig.net/
33. 세키, 측지과 업무전말서, 우방(友邦)협회, 1944.
34. 신학균 역, 「규원사화」, 대동문화사, 1974.
35. 안정근, 「현대부동산학 제4판」, 양현사, 2010.
36. _____, 「지적학원론」, 홍익문화사, 1979.
37. 원영희, 「지적학원론」, 신라출판사, 1981.

38. 윤선태, "한국 고대의 척도와 그 변화", 「국사관논총」, 제98집, 2002.
39. 이기백, 「한국 상대고문서자료집성」, 일지사, 1987.
40. ______, 「한국고대사론(증보판)」, 일조각, 1999.
41. 이범관, "한국의 지적제도에 관한 연구–법·행정·운영 실태를 중심으로–", 박사학위논문, 단국대학교 대학원 1996.
42. 이병도, 「한국사 고대편」, 을유문홧, 1959.
43. 이용호, "호주의 지적제도 현황에 관한 연", 「한국지적학회지」, 제40권, 제1호, 2010.
44. 이우태, "한국 고대의 척도", 「태동고전연구」, 창간호, 태동고전연구소, 1984.
45. 이재호 역, 삼국유사, 신광출판사, 1993.
46. 리진호, 「지적인 열전」, 고려문화사, 2000.
47. 이홍직, 국사대사전(상), 한국, 1982.
48. ______, 「완벽 국사 대사전」, 백만사, 1973.
49. 임형택 외, "독일 지적기반 공간정보제도에 관한 연구", 공간정보연구원, 2013.
50. 장동익, 「송대려사자료집록」, 서울대 출판부, 2001.
51. 정동유(남만성 역), 「주영편 상」, 을유문고 77, 을유, 1974.
52. 조선총독부 중추원, 조선 전제고, 한국학연구총서5, 성진, 1974.
53. 조선총독부, 토지조사사업 보고서추록.
54. __________, 「조선금석총람(상)」, 한국학 기본총서 12집, 경인, 1974.
55. 지적연구원, 「선진외국의 지적제도 비교연구」, 대한지적공사, 2010.
56. 지종덕, "지적측량사자격 제도의 변천", 「지적」, 제24권 제8호, 대한지적공사, 1994.
57. 최태영, 「한국상고사」, 유풍, 2000.
58. 팽구송 외 1인, 「원문 동이전」, 서문, 2000.
59. 하다 다카시(旗田 巍.), "신라 및 고려의 토지대장", 성균관 근대교육 80주년 기념 동양학학술회의논문집, 1976.
60. 허종호, 「조선토지 제도 발달사(1)」, 과학백과사전 종합출판사, 1992.
61. 허흥식, 「한국중세사회사」, 아세아, 1976.
62. 호주 PSMA 홈페이지 : https://www.psma.com.au/
63. 황보상원, 「한국·일본·대만 3국의 지적재조사사업 비교연구」, 2016.
64. Ayşe YAVUZ, A Comparative Analysis of Cadastral Systems in the EU Countries According to Basic Selected Criteria, FIG Working Week 2005.
65. Daniel STEUDLER, A Framework for Benchmarking Land Administration Systems, Melbourn University, 2004.
66. Eric Hagemans, The Cadastral Map of the Netherlands Improved, FIG Working Week 2017.
67. FIG, Statement on the Cadastre. Report prepared for the International Federation of Surveyors by Commission 7(Cadastre and Land Management), FIG Publication No. 11., 1995.
68. Lemmen, C.H.J., E. Oosterbroek and P.M.J. van Oosterom, New spatial data management developments in the Netherlands Cadastre, proceedings of the FIG XXI International Congress, Brighton UK, Commission 3, Land Information Systems, 1998.
69. Murray Raff, Private Property and Environmental Responsibility - A Comparative Study of

German Real Property Law; Kluwer Law International, The Hague/London/New York 2003; ISBN 90 411 2128 5.

70. National Research Council, Need for a Multipurpose Cadastre, Washington D.C., National Academy Press, 1980.

71. OICRF 홈페이지 : https://www.oicrf.org.

72. UNRCC-AP : 아시아&태평양 국가를 위한 유럽연합 지도 컨퍼런스.

CHAPTER

04

지적조사 및 지적재조사

1 지적조사
2 토지·임야조사사업
3 지적재조사

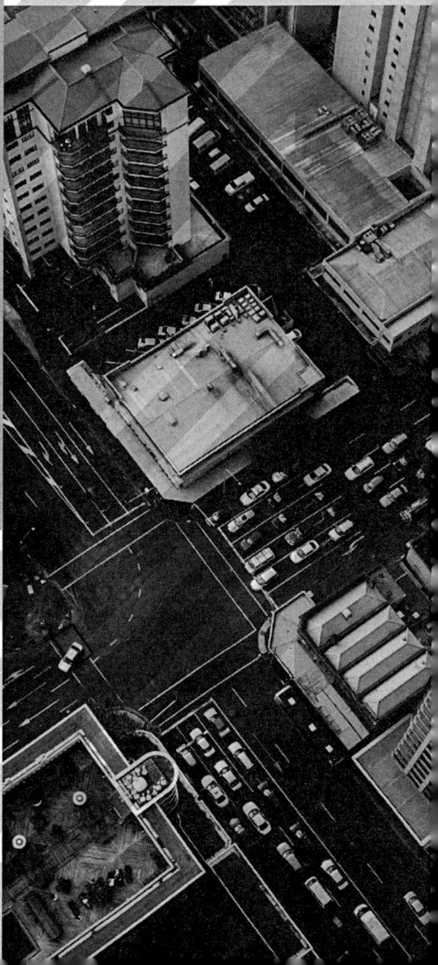

CHAPTER 04

지적조사 및 지적재조사

1 지적조사

1) 지적조사의 개념 및 범위

학설에 따라 다소의 차이는 있으나, 필지단위를 기초로 그에 대한 제정보를 조사·등록한 기록을 '지적'으로 받아들이는 점에는 큰 이견이 없으며, 판례도 지적이란 "국가가 토지에 대한 물리적·인위적·권리적 현황을 공시할 목적으로 필지단위로 등록한 기록 내지 정보체계"라 판시[1]하고 있다.

기존 제도를 기반으로 하는 지적학문에서의 지적조사에 관한 개념 정립은 물리적 정보조사의 수단으로서 정의하고 있다. 즉, '지적측량은 토지를 지적공부에 등록하기 위한 측량을 말하며 지적측량에 의한 토지의 조사를 지적조사(cadastral survey)라고 한다. 다시 말해서 일필지의 토지와 이와 관련된 시설물 등에 대하여 그 소유자, 지번, 지목의 조사와 경계 및 면적에 관한 측량을 하여 그 성과를 지적도와 토지대장으로 작성하는 것을 말한다'라고 정립하고 있다.[2]

그런데 지적학문의 본질적 측면에서 이해한다면, '지적조사'라 함은 토지의 개별성을 나타내는 일필지별로 소유자가 입회하여 확인한 위치를 근본으로 하여 토지의 물리적 현황, 이용현황, 권리관계 등을 조사하고 일필지를 특정하기 위하여 그 위치와 경계를 정확하게 측량하고 면적을 확정하는 것으로서, 그 결정된 사항을 기록으로 작성하고 이를 지적공부에 보관·관리하며, 필요한 경우에는 이를 다시 현지에 복원할 수 있도록 하는 것[3]이라

---

1) 헌재 2002. 5. 30. 2000헌마81.
2) 강태석·최용규·박순표, 「지적학개론」, 형설출판사, 2001, p.419.
3) 지적조사의 개념과 관련하여, 일본에서는 토지분류조사, 수조사(水調査)와 함께 국토조사법에 의거하여 시행되는 '국토조사'의 하나로서, 일필지를 대상으로 당해 토지의 소유자, 지번 및 지목의 조사 및 경계 및 지적(地積)에 관한 측량을 실시하고, 그 결과를 지도 및 부책에 작성하는 것이라 하여 이를 다소 협소하게

이해되고 있다.[4)]

그렇다면, 지적조사를 상기와 같이 개념화할 수 있는 그 구체적 근거는 무엇인지, 나아가 진정한 지적조사의 대상과 내용은 무엇이고, 그 범위는 어디까지 미칠 수 있는지 여부를 규명할 필요가 있다.

지적조사의 정의에 대한 구체적 근거와 그 세부적 내용 및 범위 등은 현행「공간정보의 구축 및 관리 등에 관한 법률」에 근거하여 살펴볼 수 있다. 즉, 법 제64조는 국가는 모든 토지에 대하여 필지별로 소재·지번·지목·면적·경계 또는 좌표 등을 조사·측량하여 지적공부에 등록하여야 한다고 구체적으로 규정하고 있다. 동조 제2항에서 이러한 조사는 원칙적으로 토지의 이동이 있을 경우 토지소유자의 신청에 의하여 소관청이 결정하되, 신청이 없는 때에는 소관청이 직권으로 조사·측량하여 결정할 수 있도록 하고 있다. 또한 이와 관련된 세부사항인 대장의 등록사항, 도면의 등록사항, 경계점좌표등록부의 등록사항 등도 규정에 기반 한 지적조사를 통하여 그 등록이 가능하게 되는 만큼 개개의 등록사항은 지적조사의 구체적 내용과 범위를 가늠케 해주는 것으로 받아들여진다.

본서에서는 지적조사의 대상인 물리정보로서 토지의 물리적 현황에 대해서는 현행「공간정보의 구축 및 관리 등에 관한 법률」에서 규정하는 제반사항을 그대로 받아들일 수 있다고 보되, 인위적 현황에는 법령상의 기본적 사항 외에도 가치정보로서의 부동산가격에 관한 현황과 토지이용(규제)현황정보로서의 각종 용도지역·지구·구역에 관한 현황이 포함되어야 하며, 권리적 현황은 권리정보로서의 소유권과 이를 둘러싼 각종 권리관계까지도 포함하여 조사될 수 있고, 또 그렇게 되는 것이 바람직함을 주장하고자 한다. 사실상 일필지별로 토지의 관련정보, 즉 물리적·인위적·권리적 현황을 조사·측량하는 것이 곧 지적정보의 조사·측량을 의미하는 지적조사라는 점을 흔쾌히 인정하면서도, 지적이 아닌 다른 제도의 영역으로 치부되는 여하의 토지 관련정보에 대해서는 이를 지적조사의 범주에 포함시키거나 또는 지적조사를 통해 조사되는 것이 무리라고 하는 논거에는 모순이 있다. 즉, 특정 제도를 담당하는 국가 또는 지방자치단체의 조직별 업무영역을 이유로 지적조사의 범위와

정의하는 반면, 영미권에서는 지적조사(cadastral survey)를 토지의 위치(location), 소유권(ownership) 및 당해 토지재산권에 대한 가치(value of landed property)를 결정하는 것을 의미하며, 이러한 지적조사는 모든 전답(field)과 기타의 획지(plot of land)에 대한 크기와 면적을 나타내기 위한 상당히 방대한 조사에 대하여도 널리 사용되는 것으로 설명되고 있다.

4) 한편, '지적조사'와 관련하여 이와 유사한 개념인 '국토조사'라는 용어가 쓰이고 있는바, 엄밀한 의미에서 지적조사는 주로 지번, 지목 및 경계조사와 면적조사, 소유권조사 등에 국한되는 것으로서, 이는 전 국토를 대상으로 그 효율적 활용을 위하여 실시되는 '국토조사'와는 구분되는 개념이라 주장되어진다. 즉, 국토조사는 국토의 공간적 활용에 주안점을 두는 것인데 반하여, 지적조사는 재산권의 객체로서의 구체적인 토지의 특정에 관한 것이라는 점에서 차이가 있다는 것이다.

그 내용을 한정시킨다는 것은 바람직하지 못하다. 예컨대, 지방자치단체의 토지행정 담당 업무에 있어서 지가업무나 토지이용규제 등에 관한 상당수 업무가 지적과 등에 편제되어 운영되고 있어 현 실정을 감안할 때에도 지적조사의 범위 및 그 내용은 확장시켜 해석되어야 할 부분이다.

또한 현재 추진되고 있는 지적재조사사업에서도 토지현황조사(일필지조사)는 필지별로 소유자, 지번, 지목, 면적, 경계 또는 좌표, 지상건축물 및 지하건축물의 위치, 개별공시지가 등을 조사하는 것으로 정의하고 있다. 구체적으로 지적소관청은 지적재조사사업지구 지정고시가 있으면 그 사업지구의 토지를 대상으로 토지현황조사를 하여야 하며, 토지현황조사는 지적재조사측량과 병행하여 실시할 수 있도록 하고 있다. 세부조사 항목으로는 토지에 관한 사항, 건축물에 관한 사항, 토지이용계획에 관한 사항, 토지이용 현황 및 건축물 현황, 지하시설물(지하구조물) 등에 관한 사항, 그 밖에 토지현황조사와 관련하여 필요하다고 인정하는 사항을 조사하도록 하고 있어 기존 지적조사의 범위를 확장해 규정하고 있다.

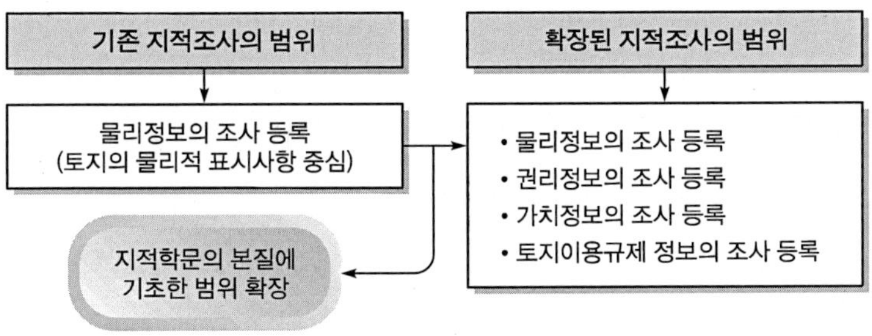

[그림 4-1] 지적조사 범위의 확장

2) 지적조사의 내용

지적학문의 본질에 기초한다면 지적조사의 내용은 물리정보, 권리정보, 가치정보, 토지이용규제 정보로 확장해 해석할 수 있고, 이에 대한 조사내용은 다음과 같다. 물리정보의 조사 내용은 지적공부에 등록되는 사항 전반이 포함된다고 볼 수 있다. 예컨대, 토지의 소재·지번·지목·면적·경계·좌표·소유자의 성명 또는 명칭, 주소 및 주민등록번호, 소유권 지분(토지소유자가 2인 이상인 경우), 대지권 비율(부동산등기법에 의하여 대지권등기가 된 경우), 토지소유자가 변경된 날과 그 원인, 토지의 이동사유, 토지등급 또는 기준수확량등급과 그 설정·수정연월일, 개별공시지가와 그 기준일, 건물명칭, 삼각점 및 지적측량기준점의 위치, 건축물 및 구조물 등의 위치 등을 망라한다고 할 것이다. 물리정보의 조사과정은 일반적으로 준비조사, 일필지조사, 분쟁지조사, 기초측량, 지적세부측량, 면적측정, 지적공부작성의 순서로 시행된다. 물리정보의 조사에 있어서는 작업별 순서와 대상에 따라 작업계획을 수립해야 한다. 계획수립에는 작업공정별로 대상지역, 작업의 분량, 소요인원, 소요경비, 소요기간 등을 충분히 예측하여야 하며, 작업의 실시방법과 요령 및 관계기관과의 협조 등도 고려되어야 한다.

일필지에 대한 권리정보에 있어서 통상적으로 '권리정보'라 함은 부동산등기법에서 말하는 소유권과 소유권 이외의 권리로서 지상권, 지역권, 전세권, 저당권, 권리질권, 임차권 등의 설정·보전·이전·변경·처분의 제한 또는 소멸시 등기의 대상이 되는 사항을 말한다. 일반적으로 부동산등기부는(집합건물의 경우에는 차이가 있지만) '표제부', '갑구', '을구'의 형식을 통해 일필지에 대한 물리정보와 소유권, 기타의 권리정보가 조사·등재된다.

표제부에 등재되는 물리정보(토지의 경우 지번·지목·면적 등, 건물인 경우 지번·구조·용도·면적 등)와 갑구에 등재되는 소유권현황은 지적공부를 바탕으로 등기되지만, 그 외에 등기될 수 있는 소유권에 대한 압류, 가압류, 가처분, 가등기, 경매개시결정등기 그리고 소유권의 말소 또는 회복에 관한 재판이 진행 중임을 예고하는 예고등기, 소유자의 처분을 금지하는 가처분등기 등은 지적공부와는 무관하게 갑구에 등기되는 소유권에 관한 사항인 것이다. 한편, 을구에는 소유권 이외의 권리관계를 공시하는 곳으로서 당해 토지에 대한 지상권, 지역권, 전세권, 저당권, 임차권, 권리질권 등이 공시된다.

가치정보의 조사는 일필지의 토지가격을 조사하는 것이다. 다시 말해, 일필지별로 당해 토지에 대한 경제적 가치를 화폐액으로 표시한 '부동산 가격'[5]을 조사하는 것이다. 일필지별 부동산 가치를 결정하기 위한 일련의 정보조사체계는 현행 「부동산 가격공시에 관한 법률」[6] 하에서 제도적으로 기능하고 있다.

토지의 가치정보인 개별공시지가는 ① 개별필지의 토지특성을 조사한 후에, ② 산정의 기준이 되는 토지, 즉 비교표준지를 선택하고, ③ 비교표준지와 산정대상필지의 특성을 비교하여 서로 다른 특성을 찾아낸 다음, ④ 서로 다른 토지특성에 대한 가격배율을 토지가격 비준표에서 추출한 후, ⑤ 비교표준지 가격(공시지가)에 가격 배율을 곱하여 산정한다.

---

5) '부동산가격'이란 부동산이 물리적·기능적·경제적으로 소멸할 때까지 전 기간에 걸쳐 부동산을 사용·수익한다는 것을 전제로 하여 그 효용성, 상대적 희소성, 유효수요의 상관결합에 의하여 나타나는 부동산의 경제적 가치를 화폐액으로 표시한 것이다.

6) 이 법은 부동산의 적정가격(適正價格) 공시에 관한 기본적인 사항과 부동산 시장·동향의 조사·관리에 필요한 사항을 규정함으로써 부동산의 적정한 가격형성과 각종 조세·부담금 등의 형평성을 도모하고 국민경제의 발전에 이바지함을 목적으로(법 제1조) 제정된 것으로서, 이는 기존 「부동산 가격 공시 및 감정평가에 관한 법률」의 미비점을 보완한 것이다.

토지특성 조사는 지가형성에 많은 영향을 주는 18개 항목에 대해 이루어지는데 여기에는 지목, 면적, 용도지역, 용도지구, 기타 제한(구역 등), 도시계획시설, 농지구분, 비옥도, 경지정리, 임야, 토지이용상황, 고저, 형상, 방위, 도로접면, 도로거리, 철도 및 고속도로 등, 폐기물 및 수질오염 등이 속한다. 조사는 매년 1월 1일 현재를 기준으로 토지·임야대장, 지가현황도면, 토지이용계획도면 등을 통한 각종 공부조사와 현장 확인조사를 통하여 정확하게 조사하고 있다.[7)]

토지이용규제 정보조사의 경우, 일반적으로 토지이용규제는 '구역제(zoning)'라고 하는 용도지역·지구·구역을 의미한다. 현행 「토지이용규제 기본법」에서는 지역·지구 등이란 지역·지구·구역·권역·단지·도시·군계획시설 등 명칭에 관계없이 개발행위를 제한하거나 토지이용과 관련된 인가·허가 등을 받도록 하는 등 토지의 이용 및 보전에 관한 제한을 하는 일단(一團)의 토지로 규정하고 있다.[8)]

이렇게 지정되는 지역·지구 등에 대해서는 당해 토지이용에 있어 건축물의 건축, 공작물의 설치, 토지의 형질변경, 토석의 채취, 토지분할, 물건을 쌓아놓는 행위 등 토지이용규제 기본법에서 규정하는 내용을 포함하여 여러 개별법에서 정하고 있는 일련의 개발행위에 제한을 받게 된다.

엄밀히 말해, 지역·지구 등은 개별 필지별로 지정되는 것이라기보다는 일단의 토지를 그 범위로 하여 지정되는 것이지만, 토지이용규제정보로서 지역·지구 등의 현황을 담고 있는 지적정보의 조사는 특정 필지별로 이루어질 필요가 있고, 또한 이러한 정보는 일반 국민에게 명확히 공시될 필요가 있다. 이러한 점에 대해서는 현행 토지이용규제기본법 제9조 제1항에서도 "국토교통부장관과 지방자치단체의 장은 국토이용정보체계를 이용하여 필지별로 지역·지구 등의 지정여부 및 행위제한 내용을 일반 국민에게 제공하여야 한다"라고 하여 그 의무를 부여하고 있고, 이에 따라 토지소유자 등은 자신이 소유한 토지에 대한 지역·지구 등의 지정내용과 그에 따른 행위제한 내용 등을 토지이용계획확인서의 발급 등을 통해서 그 상세 정보를 공유할 수 있게 된다. 현재 지적 실무에서 토지이용규제 현황정보를 조사하는 것과 관련하여서는 앞선 부동산 가격조사 중 '토지특성조사'라는 영역과 결부시켜 그 실태를 파악하고 있다.

7) 국토교통부, 「2017년도 적용 개별주택가격 조사·산정지침」, 2017.
8) 이 경우 토지와 연접한 해면으로서 토지와 같이 제한되는 경우에는 그 해면을 포함한다.

2 토지·임야조사사업

1) 토지조사사업

(1) 개요

토지조사사업은 우리나라의 봉건적 토지 소유제도를 자본적 소유제도로 전환하여 국유재산을 정리하고 조세제도를 확립하였다. 사업의 목적은 일본인이 토지를 소유하기 위하여 토지조사측량을 시행하고 단계적으로 지배권을 강화하기 위하여 조세수입이 편리한 전·답·대를 대상으로 하였다. 토지조사는 일제의 토지점유를 합법화하기 위해 법률적 제도를 확립하고자 하였다.[9)]

토지조사방법은 행정업무와 토지측량으로 구분하고 행정업무는 인사, 회계 및 문서에 관한 업무와 소유권조사·지가조사·지형·지모조사 및 일반 행정업무를 처리하였다. 측량업무는 조사와 측량에 관한 작업, 측량검사 및 성과를 정리하는 작업으로 시행하였다. 따라서 임시토지조사국을 설치하고 「토지조사령」을 공포하여 전국적인 토지조사를 시작함으로써, 측량결과를 이용하여 일필지의 위치 및 경계를 측정하고 토지대장과 지적도를 작성하였다. 토지조사사업에서 취득한 성과를 토대로 절대적인 소유권을 토지소유자에게 부여함으로써 근대적 토지소유제도를 확립하였다. 1910~1918년 시행한 토지조사사업은 조선토지조사사업이라고도 하였으며, 국가정책수립과 국토관리에 기본적인 자료로써 활용될 수 있도록 현대적 지적제도의 기틀을 마련하였다.

① 기본준비 및 추진 경위

토지조사를 시행하기 위하여 법규를 제정·시행하였으며 그 형태는 칙령, 제령, 부령, 규정, 규칙, 훈령, 예규, 국훈령, 국고시, 국내훈, 국결정, 국의결정, 국보(局報), 국장통첩, 국장지령, 국장시달, 국장주의, 지침, 훈시 등 다양하였다. 토지조사사업 기간 토지조사관련 법규 등 규정은 868건으로 조사국 관제에서 장부 양식까지 법 규정 내에서 시행하도록 하였다.[10)] 조선총독부는 토지소유권 등에 관한 증명의 임시조치를 시행함과 함께 저항과 분쟁에 대처하기 위하여 토지관습조사를 시행하였다.

토지조사사업을 시행하기 위해 1년 동안 준비조사를 시행한 후 1912년 3월 「조선부동산등기령」과 「조선민사령」을 공포하면서 전국적으로 토지조사사업이 본격적으로 시작

9) 대한지적공사 지적기술연수원, 「토지조사사업보고서」, 1993, p.31.
10) 최한영, 「지적원론」, 구미서관, 2013, p.757.

하였다. 1912년 8월 「토지조사령」을 공포하여 토지조사와 소유자의 사정 또는 재결을 착수하고 1913년 「임시토지조사국 조사규정」을 제정하여 양안에 근거한 결수연명부와 지적공부를 작성하였다. 1914년 4월 「토지대장규칙」을 제정하여 조사·사정 결과를 근거로 토지대장을 작성하였으며, 1918년 사업이 완료됨과 함께 개정된 「지세령」이 시행되면서 결부제를 폐지하고 과세 지가를 기준으로 지세를 산출하였다.

② 사업의 특징

조선시대에는 토지 사유제도가 보장된 상태에서 등기제도를 도입한 것은 사유제도를 확립하려는 것보다 법률적 인정에 있었다.[11] 토지의 지주나 자작농의 토지소유권은 토지수탈과 조세정책에 직접 관련된 것으로 합법적인 토지점유제도를 확립하려 하였다. 토지의 재산적 가치 상승에 따라 등기제도를 도입하여 일본인의 토지점유와 매입에 장애 요인이 된 소작농의 경작권, 도지권 등의 모든 권리를 소멸시켰다. 토지조사사업은 토지소유권을 확립하면서 신고주의 방법을 채택하였으며, 과세 대상지를 정리하여 모든 경작지를 과세지로 만들어 재정수입을 확대하였다. 토지조사사업은 지세제도 및 지적제도를 체계적으로 확립하여 토지행정과 정책, 과세, 소유권의 확립, 거래의 편의성 등 국가의 통치기반에 중요한 사업이었다. 조선총독부는 토지조사사업을 통해 방대한 토지를 약탈하고 소작료를 징수하여 조선총독부의 수입을 증대하였다. 궁장토를 기초로 광대한 면적의 사유지를 빼앗아 창출한 국유지는 조선총독부의 소유가 되면서 국내의 최대 지주로 등장하였다.[12]

③ 사업의 내용

토지조사사업의 내용은 토지소유권 조사와 토지가격 조사, 지형·지모 조사로 시행하였다. 토지소유권 조사는 지적제도와 등기제도의 확립을 위해 준비조사, 일필지조사, 분쟁지조사, 지반측량, 사정으로 구분하여 시행하였다.[13] 소유권조사는 측량성과에 의거 토지 소재·지번·지목·면적·소유자를 조사하여 토지대장, 토지의 위치, 형상, 경계를 측정하여 지적도에 등록하고, 경계와 소유자를 사정(査定)하여 지적(地籍)을 정리하였다.

토지가격 조사는 지위등급조사, 지위등급의 결정, 지가의 산정에 관한 업무로 구분하고, 과세의 공평한 징수를 위하여 시가지는 지목과 관계없이 시가(市價)에 따라 지가를

11) 스도우 요시유키(周藤吉之), “조선 후기의 전답문기에 관한 연구”, 「역사학연구」, 제7권 제7-9호, 일본동경, 1937.
12) 최한영, 전게서, p.762.
13) 조선총독부, 관보 제12호, 1912.8.13.

결정하였다.[14] 지위등급조사는 표준지의 선정, 지위등급조사, 시가지지가등급조사, 도서 지위등급 특별조사 업무로 구분하여 시행하고 이를 근거로 토지의 가격을 결정하였다.

토지 지형·지모 조사는 국토를 체계적으로 정리하기 위해 지형측량으로 지형도를 작성하고 지상에 표시되는 자연적인 지형과 인위적인 지물을 도화(圖畵)한 후 지형의 높고 낮음과 각각의 분포를 지형도에 체계적으로 표시하였다.

④ 사업계획

토지조사사업의 총면적은 약 14,174방리(22,043,404정보), 조사에 필요한 총경비 14,129,707원(圓)을 예산(안)으로 추정하고, 1909년 8개년 계획을 수립하였다.[15] 토지조사사업의 제1차 계획(1910.3.~1917.10.)은 7년 8개월, 제2차 계획(1910.3.~1916.4.)은 7년 1개월로 7개월을 단축하고, 제3차 계획은 1918년 9월까지 8년 7개월로 수정하여 1918년 9월 토지조사사업을 모두 완료하고자 하였다. 그러나 조사기간을 3개월 연장한 제4차 계획(1910.3.~1918.12.)을 다시 수립해 1918년 12월에 완료하였다.

(2) 임시토지조사국 조직

합방 후 일제는 토지조사국을 폐지하고 1910년 9월 조선총독부에 임시토지조사국을 설치하고, 조선총독부 「임시토지조사국 관제(1910.9.30.)」가 제정 공포되어 10월 1일부터 토지조사사업을 시행하였다. 「임시토지조사국 관제」 및 정원의 개정은 7회에 걸쳐 개편하였으나 최초에는 서무과, 조사과, 측량과의 3개 과와 1개 출장소를 설치하였다. 그러나 1913년 9월 분과규정을 개정하여 3개과(서무과, 조사과, 측량과)를 6개 과(총무과, 기술과, 조리과, 측지과, 제도과, 정리과)로 확대하여 담당 사무를 명확하고 신속하게 처리할 수 있도록 하였다.

기술과는 삼각과와 지형과로 구분되는데, 삼각과는 삼각측량계획 및 실행에 관한 사항과 삼각측량·도근점측량·세부측량 및 제도 감독에 관한 사항을 담당하였다. 지형과는 일반도 측량 및 조제에 관한 사항, 조리과는 면·동 명칭 및 경계조사, 기타 조사준비와 지위등급 조사업무, 외업과 관련한 사무를 담당하였다. 측지과는 도근점측량, 세부측량(일필지측량), 토지신고서, 기타 도서검사에 관한 사항을, 제도과는 지적도 작성 및 토지 면적계산에 관한 사항, 정리과는 토지대장과 부속 장부 조제 및 이동지 정리에 관한 사항을 담당하였다.

토지조사사업 당시는 조선총독부에 임시토지조사국을 설치하여 운영하다가 사업이 완료

14) 최한영, 전게서, p.765.
15) 탁지부, 「한국토지조사계획서」, 1910, pp.11-12.

되면서 해체되고 행정부에 지적공부를 이관함으로써 지적행정이 체계적으로 정립하였다. 토지조사사업과 임야조사사업의 완성으로 작성된 지적공부는 당시의 시·군으로 이관되어 재무부 이전의 기관인 조선총독부 재무국, 도의 지도 감독 하에서 지적업무를 시행하였으며 임시토지조사국의 관제 및 정원은 〈표 4-1〉과 같다.

〈표 4-1〉 임시토지조사국 관제 및 정원

관명(官名)	정원(定員)								비 고
	1910	1911	1912	1913	1915	1917	1918	개국(開局)	
총재									1912.4.1. 총재 삭제
국장(부총재)	1	1	1	1	1	1	1	1	1912.4.1. 개정
사무관(서기관)	3	3	3	2	2	7	7	7	1915.5.1. 개정
부사무관(사무관)	2	2	5	7	7	11	9	9	1915.5.1. 개정
감사관	1	1	1	1	1	1	1	1	–
기사	4	5	7	6	5	–	4	4	1915.5.1. 칙임(勅任) 삭제
서기·기수	50	50	50	50	50	50	50	50	1912.4.1. 추가(追加)
계	61	62	67	67	66	70	72	72	

자료: 최한영, 「지적원론」, 구미서관, 2013, p.767.

임시토지조사국 청사 위치는 [그림 4-2]와 같이 서울시 중구 정동 37번지 전 대법원(현, 서울시청별관)에 있던 자리이고, [그림 4-3]은 임시토지조사국 청사 왼쪽 작은 건물이 본관이며 구내에 7동의 건물이 있었다.

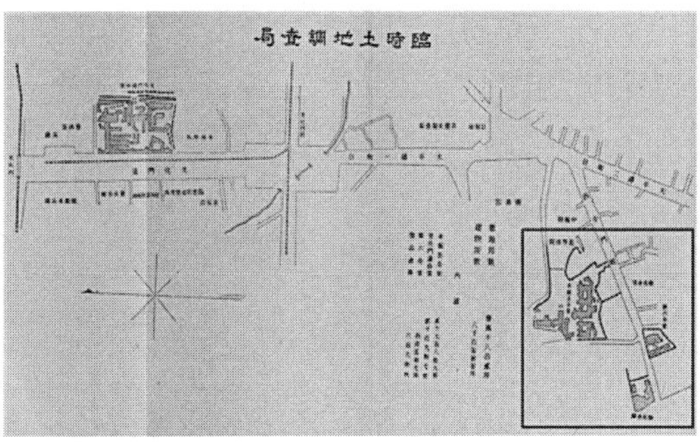

자료: 대한지적협회, 「조선토지조사사업 보고서」

[그림 4-2] 임시토지조사국 위치도

자료: 대한지적협회, 「조선토지조사사업 보고서」

[그림 4-3] 임시토지조사국 청사

③ 특별조사기관

임시토지조사국의 특별조사기관에서는 특별세부측도 성적검사, 분쟁지 조사, 급여 및 장려(壯麗)제도의 조사, 고원(雇員; 현, 서기관)의 고사(考査), 외업특별검사, 지지자료조사(地誌資料調査) 등의 업무를 수행하였다. 특별세부측도 성적검사는 지압조사반에서 현지를 답사하여 지역적으로 개황도(槪況圖)를 작성하였으며, 측지과 세부측량반에서는 강계선 및 소유권을 확인한 후 면적을 측정하였다. 특별세부측도 성적검사는 위원회를 조직하였는데 위원장(1명), 위원(2명), 위원보 약간 명으로 구성하였다. 위원장은 총무과장이 되고, 위원은 사무관, 감사관 또는 기사 중에서 담당하고, 위원보는 서기 또는 기수(현, 주사) 중에서 임명하여 토지소유권을 사정하였다. 업무수행에 필요한 종사원의 급여 및 장려제도는 조사위원을 두어 급여액을 책정하고, 장려금 제도 신설 및 고원(雇員)의 자질 향상을 위한 고원고사위원을 설치하여 시행한 채용시험은 1912~1917년까지 총 59회를 시행하였다.[16)]

외업특별검사는 1916년 세부측량이 완료되면서 외업특별검사반을 조직하여 일필지조사 측량 및 지위등급검사를 시행하였다. 외업특별검사반의 반장(1명)은 부사무관, 감사관, 기사로 임명하고, 감사원과 검사원은 서기 또는 기수 중에서 임명하였다. 검사내용은 일필지측량의 정확 여부, 일필지조사 측량의 누락 여부, 도근점측량 또는 도근점 전개의 정확성 여부, 토지소유자와 지목조사의 정확 여부 등을 검사하였다. 지지자료 조사는 자료가 될 수 있는 것을 모두 조사·정리하여 확실한 자료를 제공하는 것이 목적이었으며, 지지자료 조사위원회를 설치하여 위원장(1명)은 총무과장, 위원은 고등관(6명), 위원보조는 판임관(약간 명)을 임명하였다.[17)]

(3) 행정업무

① 준비조사

준비조사는 군별로 면장·동리장·지주총대 및 주요한 지주를 소집하여 당국자·경찰·관헌과 그 지방을 담당할 준비조사원을 참석시켜, 토지조사의 취지와 방법, 지주의 의무, 토지조사 및 측량작업에 관한 설명과 토지조사사업설명서·토지신고심득·지주총대심득·지주에 관한 주의사항 등을 배부하였다. 또한, 과세지견취도·결수연명부·국유지대장·역둔토대장·민적부 등의 자료를 수집하고, 면·동리의 명칭 및 경계를 조사하여 측량자료로

16) 최한영, 전게서, p.771.; 대한지적공사 지적기술연수원, 전게서, p.480.
17) 원영희, 「한국지적사」, 대한교과서, 1972, pp.172-173.

활용하고 토지신고서가 접수되면 필지별로 조사를 시행하였다. 준비조사는 면장과 동리장이 입회하여 군·면·동리의 경계를 답사하고 표항을 설치하여 면·동리의 약도를 작성하고 토지신고서를 수집하였다.

토지신고서는 민유지의 소재·지목·사표 등을 토지조사국에 신고하는 서류를 말하고, 국유지 통지서는 국유지의 보관 관청에서 토지신고서에 따라 토지조사국에 제출하는 서류를 말한다.[18] 토지신고서는 「토지조사법시행규칙」과 「토지조사령」에 의하여 토지소유자가 직접 작성하여 임시토지조사국에 제출하도록 하였다. 민유지는 지주 1명만 신고하도록 하고, 면유지 및 동리유지는 관리자가 신고하며, 종중, 학교, 기타 단체 명의로 신고 된 토지는 법인의 자격 여부에 따라 개인 명의 또는 고유 명의로 신고하도록 하였다. 토지신고서의 일반적인 기준은 1913년 1월 토지신고심득으로 고시하고[19] 토지신고는 토지신고심득에 의하여 신고하도록 하였다. 토지신고서 제출기한은 지역에 따라 30일에서 90일 사이로 규정하였다. 토지신고서의 작성과 정리는 "토지신고심득" 외에 향후 토지대장 및 등기사무의 시행에 편리하도록 작성과 정리방법을 규정하였다.[20]

사전준비사항은 외업반의 담당구역을 지정한 후 도장관에게 조사 작업의 시작을 통지하고 해당 지역의 경무부장에게 임시토지조사국 직원의 신변보호를 의뢰하였으며, 해당 부·군·도청(島廳)에 지주총대(地主總代)의 선정 및 동리 정리안의 작성방법을 조회(照會)하였다. 조사내용은 면·동리의 명칭 및 강계조사, 지방경제 및 관습조사, 토지조사에 따른 분쟁의 해결과 원활한 조사사업의 진행을 위해 토지관습조사를 하였다.

특별조사는 시가지지역, 도서(섬) 지역, 서북선 지역으로 구분하여 시행하였다. 시가지 특별조사는 개성·청주·공주·대전·강경·전주·군산·광주·나주·목포·김천·마산·진주·해주·평양·진남포·의주·신의주·원산·함흥·청진·경성(鏡城)·회령·나남 등에 대하여 경성부의 구역 결정과 경성부의 정(町)·동(洞)·통(統)·로(路)·정·리 등이다.[21] 도서(섬) 지역 특별조사는 일반 조사업무의 진행에 따라 시행하였으나, 육지와 가까운 지역으로 교통이 편리한 지역은 동시에 시행하였다. 서북선 산간지방에서는 동리의 면적은 광대하였지만, 경작지 면적은 협소한 지역이며, 동리의 경계는 대부분 분수령으로 경계선이 명확하여 답사하지 않아도 되므로 비용과 기간이 적게 소요되었다.[22] 준비조사 시행시기와 방법은

18) 최한영, 전게서, p.774.
19) 조석곤, "조선토지조사사업에서의 근대적 토지소유제도와 지세제도의 확립", 박사학위 논문, 서울대학교 대학원, 1995, pp.73-77.
20) 임시토지조사국, 전게보고서, pp.65-69.
21) 최한영, 전게서, p.782
22) 임시토지조사국, 전게서, p.89

지역의 상황에 따라 계획을 수립하였다.[23] 1915년 특별준비조사반을 편성하여 조사 작업에 종사하였으나 황해도·평안남도·강원도의 군은 편의상 그 부근에 있는 보통 준비조사반이 담당하였다.

준비조사 업무에서 검사를 받아야 할 서류는 외업에 속한 것으로 국유지통지서와 지주신고서 등이며, 내업에 속한 것은 면·동리의 경계약도, 면·동리의 명칭조사표 및 지방경제와 관습조사 등이다. 각 군의 조사가 완료된 후에는 면·동리의 경계약도, 면·동리의 명칭조사표, 지방경제 및 관습조서 등은 임시토지조사국에 제출하도록 하였다. 지주총대 근무서류는 해당 군청에 보내고 면·동리의 경계약도의 사본 및 동리 명칭조사표 등의 각 1부씩은 군청을 거쳐 도청에 보냈다. 내업 종사원은 외업의 진행 속도에 따라 적절한 인원을 보충하였으며 1911년 4월 해당 구역에 직원을 배치하는 것이 경비 절감에 효과적이라고 판단되어, 조사반을 편성한 후 준비조사와 실지조사의 2개부를 두었다.

그리고 준비조사원의 명칭은 감사원 및 부속원으로 변경하여 조사반장이 감독하였다. 도서(섬) 지역 특별조사에서는 해당 조사반이 각종 작업을 겸임하도록 하였다. 1916년 5월 준비조사 외업이 완료되면서 외업측지반에 그 성과를 인계하고 외업반을 해산하기 위해 8월까지 나머지 업무를 완료하도록 하였으며 도서명과 검사 내용은 〈표 4-2〉와 같다.

〈표 4-2〉 도서명과 검사 내용

도서명	검사 내용
면·동리 강계 약도 및 면·동리 명칭조사표	① 약도 및 조사표가 규정에 적정 여부 ② 구역 및 경계조사의 적정여부 ③ 명칭에 다른 문자 또는 오자(誤字)가 여부 ④ 명칭 및 구역이 변경된 것일 경우 사유 기재의 문제 여부 ⑤ 조사표에 기재된 명칭 및 문자가 약도와 부합 여부 ⑥ 기타 필요하다고 인정되는 사항
지방경제 및 관습조서	① 오류 및 누락 여부 ② 계수산출의 오류 및 적정성 여부 ③ 불비한 것 또는 정확성 결여 여부 ④ 기타 조사사항의 적정성 여부

자료: 임시토지조사국, 「조선토지조사사업보고서」, p.89.

② 일필지조사

당초에는 토지조사를 준비조사와 실지조사로 나누어 일필지조사를 실지조사라고도

23) 상게서, p.89

하였다. 일필지조사는 토지신고서의 내용에 따라 필지별로 지주조사, 강계조사, 지목조사, 지번조사로 분류하여 시행하였다.[24] 토지신고서가 접수되면 일필지조사를 시행하여 토지소유자를 결정하였으며 조사대상에 포함되지 않으면 소유 관계는 확정되지 않았다. 일필지조사는 조사대상 토지(조사지)와 조사하지 않는 토지(불조사지)로 구분하였다. 조사대상 지목은 전·답·대지·지소(地沼)·잡종지·임야와 다른 조사지 간에 개재(介在)하여 있는 것이었다. 조사하지 않은 토지는 임야 내에 있거나 조사를 인정하지 않는 도로·구거·하천·제방·성첩(城堞)·철도선로·수도선로와 현재는 경작하고 있으나 일시적인 경작상태에 있는 전·답·경사가 30° 이상인 화전은 조사하지 않았으며 1916년 11월에 완료하였다.

지주조사는 신고주의를 채택하고 토지소유자에게 일정기간 안에 그 주소, 성명 또는 명칭과 소유지의 소재·지목·자번호·사표·등급·지적(地積; 면적)과 결수를 신고하도록 하였다. 삼림산야, 화전 등 소유권의 귀속이 불분명한 것은 관습에 따라 결정하고 법인은 단체 명의로 신고하도록 하였다. 강계조사는 신고자에게 그 토지의 사방에 표항을 세우고 지주, 관리인, 이해관계자 또는 대리인 및 지주총대를 입회시켜 지주조사와 함께 인접지와의 관계를 조사하였다. 일필지를 결정하는 목적은 지목을 구별하고 소유권의 분계(分界)를 확정하는 것으로 지주 및 지목이 같고 연속된 토지는 일필지로 하는 것을 원칙으로 하였다.

강계 및 지역의 조사는 지주총대 등을 입회시켜 해당 토지 주위에 설치된 표항 및 토지신고서에 기재된 사표에 의하여 인접지와 관계를 조사하였다. 강계는 휴반·애안·절벽으로 소속이 명확하지 않은 것은 지방의 관습에 의하여 귀속하도록 하였다. 그러나 관습이 없는 경우에는 고저가 있는 토지는 상층지의 소속으로 하고 고저가 없는 토지는 그 중앙을 경계로 하며, 건축물의 용지에 접속하는 토지는 빗물이 떨어지는 지점을 기준으로 경계를 결정하였다.

지목조사는 과세지와 면세지, 그리고 과세대상이 아닌 토지로 구분하였으며 과세지 또는 향후 과세지는 직접적인 수익이 있는 토지로 현재 과세를 하거나 향후의 과세를 목적으로 하는 전·답·대·지소(池沼)·임야·잡종지 등 6개이다. 그리고 직접적인 수익이 없고 공공용지에 관련되어 과세를 면제해야 할 토지는 사사지(社寺地)·분묘지·공원지·철도용지·수도용지 등 5개이다. 사유로 인정할 수 없는 것으로 과세할 성질이 아닌 토지는 도로·하천·구거·제방·성첩(城堞)·철도선로·수도선로 등 7개로 구분하였다.[25]

24) 임시토지조사국, 「토지조사사업 현황 보고서」, 1911, pp.4-7.

지번조사는 동리별, 필지별로 지번을 부여하는 작업으로 동리 단위로 일필지마다 차례로 부여하고 동북에서 차례대로 지번을 부여하였으나, 도로·구거·하천 등은 지번을 부여하지 않았다. 1912년 11월부터 일필지측량과 함께 지번조사를 시행함으로써 개황도작성은 폐지하고 일필지조사의 결과로 실지조사부를 작성하였다. 지번부여 원칙은 같은 동리에 같은 지번이 중복되거나 결번이 발생하지 않도록 하며, 토지대장과 지적도에서 대상토지 위치를 쉽게 파악할 수 있도록 하였다. 시가지지역의 부번은 도로를 따라 연속적으로 부여하고 부번이 끝난 후에 시가지 이외의 지역에 부여하였다. 도서(島嶼) 지역은 1개 리·동에 2개 이상의 도서(島嶼)가 있으면 도서마다 지번을 따로 부여하였다. 지번은 토지대장 또는 지적도에서 소재를 편리하게 찾을 수 있도록 하며 시가지가 형성된 부분은 도엽과 관계없이 도로를 따라 연속적으로 부여하였다.[26)]

행정운영이나 토지에 관한 과세의 필요성에 따라 시가지와 도서지방 및 서북지방은 특별히 조사하고 준비조사와 본조사로 구분하여 시행하였다. 시가지 특별조사는 지주조사, 지목조사, 개황도작성, 신고서의 정리 및 실지조사부를 작성하였다. 시가지 특별조사는 준비조사 당시에 정(町)·동(洞)의 경계가 결정되지 않는 곳은 면·동의 경계약도에 점선으로 표시하고 본 조사를 시행할 때에 확정하였다. 그리고 한 장의 개황도작성을 완료하면 이를 복사하여 지위등급 조사용으로 활용하고 개황도에는 관공서명, 저명한 사사(社寺), 시장, 공원의 용지 등에는 명칭을 기재하였다. 도서(島嶼) 지역은 조사와 측량을 함께 시행하고 조사표준에 해당하는 것만 조사를 시행하였다. 서북지방 특별조사는 화전 중에서 경작구역이 일정하고 계속 경작할 가능성이 있는 토지와 교통기관의 발달로 경작이 편리한 토지는 전으로 조사하여 등록하였다. 1916년 10월부터는 평안북도, 함경남도, 함경북도, 강원도 전체와 평안남도, 황해도 일부 지역에 대해서 특별조사를 시행하였다.

도부는 개황도, 실지조사부, 토지신고서 및 각종 조서를 말하며, 개황도는 일필지조사를 시행한 후 경계와 지역을 보측으로 개형을 묘화하고, 각종 조사사항을 기재해서 도부의 작성 자료로 사용하였다. 실지조사부는 토지조사부 작성 자료로 사용되는 것으로 조사와 측량을 분리할 경우 개황도에 의존하였으며, 조사와 측량을 같이 하였을 때 측량원도와 토지신고서를 참고하여 동·리마다 가지번 순서로 작성하였다. 토지신고서는 준비조사에 접수하여 검사를 끝냈지만, 본 조사에 제출하고 조서는 소유권 관계가 복잡하여 외업에서 지주라고 인정할 수 없는 토지로 심사할 필요성이 있을 때 작성하며 일정한 양식에

25) 최한영, 전게서, p.791.
26) 대한지적공사 지적기술연수원, 전게서, p.112.

조사사항을 기재하였다. 외업 종사원은 일필지측량과 함께 시행하였으므로 명확하게 구분할 수 없으나 내업 종사원은 사무직과 기술직을 전문직으로 구분하여 1914년 4월 이후 사무반, 측량반, 검사반 및 교정반을 설치하여 사무를 담당하였다.

③ 분쟁지 조사

분쟁은 국유지와 민유지의 분쟁, 권문세가의 토지와 민유지의 분쟁이 있었으나 분쟁은 국유지에 관한 분쟁과 민유지 상호 간의 분쟁으로 구분하였다. 분쟁에서 강계 분쟁은 민유지 분쟁이 많았고 소유권 분쟁은 국유지와 민유지의 분쟁이 많았다. 「토지조사령」이 발표된 후부터 소유권 분쟁지에 관한 사정과 소유권 반환이 이루어지면서 소유권을 중심으로 발생하였으며 국유지분쟁이 많았다. 임시토지조사국은 고등토지조사위원회의 권한과 활동을 강화하고 분쟁지에 관한 조사와 심의를 위해 1913년 자체 심사기구인 지방토지조사위원회와 분쟁지심사위원회를 운영하였다.

분쟁지는 관계자의 청원 자료와 임시토지조사국의 조사 자료를 근거로 분쟁지심사위원회에서 사정하였다. 불복할 때는 60일 이내에 고등토지조사위원회에 심사를 청구하여 최종 판결을 받았으나[27] 판결에 불복할 때는 3년 이내에 재심을 청구할 수 있었다. 소유권 분쟁은 1910년대 토지조사 사업기간에 상당한 면적의 토지가 사유지로 확정되어 국유지 면적이 점차 감소하였다. 1913~15년 사이에 집중적으로 역둔토 분쟁지가 민유화되었는데, 이는 1913년 초부터 토지소유권의 사정 원본인 토지조사부를 작성하였기 때문이다.

분쟁 발생 원인은 토지소속이 불분명한 것, 세제의 결함, 미간지 및 기타 지역의 늙바탕, 권리증명의 불분명 및 권리서식의 불비가 대부분이었다. 토지소속이 불분명한 것은 대한제국의 제실유지, 국유지, 민유지의 구분이 불명확하여 발생한 사건이 많았다. 세제의 결함은 세제의 불비로 납세가 국유지 소작료 또는 민유지에 대한 결세가 불분명하여 발생하는 것이다. 국가의 제언을 임의로 경작하는 제언의 모경과 기간하여 경작하는 무주(無主) 또는 국유미간지라고 주장하여 분쟁이 발생하였다. 또한, 면적이 큰 국유미간지를 자기 소유로 하여 타인에게 매도한 것으로 담당 관청이 정당하게 등록하지 않아서 관청과 개인의 분쟁이 발생하였다. 권리증명의 불분명으로 인한 것은 민유지가 많았는데, 토지에 관한 권리증명이 당사자 간에 작성한 불완전한 문기와 불법으로 매매, 저당 등을 행한 것이다. 권리서식의 불비는 문기에 기록된 토지 소재, 사표, 면적 등에서 인접지에 관한 사항이 자세히 기록되지 않고 불확실하여 강계 분쟁의 원인이 되었다.

27) 신용하, "조선토지조사사업연구", 「지식」, 1982, pp.68-88.

국유지 분쟁은 토지조사사업에 따른 조선총독부와 조선 농민 저항의 대립이었으며, 제실재산과 국유재산의 구분이 불명확한 것, 역둔전 또는 궁장토의 정리가 미비한 토지, 세제의 결함, 미간지 기타 모경 등이다. 1907년 국유지를 확보하기 위한 조사를 시행하여 국유지로 편입한 후, 토지조사사업을 시작하면서 민유지까지 무리하게 국유지에 강제 편입하여 조선총독부의 소유지를 확보하면서 국유지 분쟁의 원인이 되었다. 민유지 분쟁은 대한제국의 토지제도에 관한 신·구 법령이 병존하는 상태로 관리의 사적인 입지·완문 등을 취득한 때와 통감부의 각종 증명규칙에 따라 증명을 받아서 소유권을 입증하려는 경우에 있었다.

분쟁지 조사방법은 분쟁지조사반을 외업반과 내업반으로 구성하고 외업반은 보통측량 외업반 인원이 겸무하는 경우가 많았으나, 국유지 분쟁의 규모가 심할 때는 별도로 분쟁지조사 외업반을 파견하였다. 토지조사국은 고등관으로 분쟁지심사위원회를 조직하고 분쟁지의 소유권 판단을 위한 구분 작업은 외업조사, 내업조사, 위원회 심사단계로 구분하였다.

1913년 9월 임시토지조사국 안의 고등관 중에서 위원 5명을 선정하여 분쟁지심사위원회라는 심사기관을 별도로 설치하였다. 분쟁지조사위원회는 외·내업반의 조사 결과와 심사서류를 쌓아놓고 국유지라고 심사·판정하면 분쟁지는 국유지로 사정하였다. 분쟁 사건의 조사방법은 관계 서류의 대조, 소유 권원 및 점유 관계와 수익 등에 관한 사항, 권리의 내용과 실지 상황의 일치 여부, 양안 및 기타 참고서류, 납세 사실, 참고인의 진술 등이다. 분쟁지심사위원회의 위원장이었던 와다이치로(和田一郞)는 위원회 설치 당시부터 1918년 11월 4일까지 간사로 재직하면서 실무적으로 관여하였다.[28] 분쟁지 조사는 분쟁 당사자가 제출한 신고서·진술서·기타 서류 등을 참고로 조사하였으며, 조사사항은 소유권 확인, 실지와 부합 여부, 양안, 결수연명부, 과세견취도, 관청보관문서 및 기타 서적, 납세확인, 참고인의 진술, 법규 또는 관습을 기준으로 처리하였다.

조선총독부는 국유지가 민유로 사정된 경우 그 토지를 담당하던 행정기관은 바로 불복 신청하도록 하고 분쟁지 처리는 분쟁지심사위원회가 결정하였으며,[29] 분쟁지 심의는 지방토지조사위원회의 자문을 받아서 사정하였다.[30] 국유지에 편입한 궁장토는 민유지인 무토궁장토·투탁지·혼탈입지와 무토역토·무토둔토·무토목장토·제언 답·무주삼림·산야의 신 개간지를 국유지에 편입하였다.[31]

---

28) 조선총독부, 「고등토지조사위원회 사무보고서」, p.17.
29) 관 통첩 제50호, 임시토지조사국의 사정 공시에 관한 관유재산 보관상 주의할 사항, 관보, 1915.2.18.
30) 임시토지조사국, 전게보고서, p.414.
31) 최한영, 전게서, p.816.

자료: 임시토지조사국, 「조선토지조사사업 보고서」.

[그림 4-4] 경기도 고양시 분쟁지 조사

당사자의 합의로 해결된 분쟁은 분쟁지로 처리되지 않았고, 반송된 경우는 불복신청기간이 지나간 토지, 토지조사가 완료되지 않은 지방의 토지, 성명에 기재된 한자의 정정, 면적증감, 지목의 차이 또는 사정 후의 변동에 관한 토지이다. 분쟁지조서는 당사자의 성명·주소, 분쟁지의 소재·지목·지번, 당사자 주장 및 이유, 조사원의 결정 사유를[32] 기재하였다.

심사위원은 각 분쟁지 사건의 심사서에 타당성을 심사하고 불충분한 점이 있을 때는 의견을 첨부하여 위원장에게 제출하였다. 분쟁지 처리는 분쟁에 관한 토지신고서가 접수되면 당사자를 설득 또는 관의 압력으로 강제로 화해시키고, 화해된 것은 당사자에게 증거서류, 약도 및 진술서를 제출하도록 하였다. 소송계류 중인 것은 당사자에게 압력을 넣어 소송을 취하하도록 하였으나 취하하지 않은 것은 사유를 기재하였다. 조선총독부 임시토지조사국은 토지조사 사정과 재판소의 판결 결과가 다르게 나타나는 것을 방지하기 위해 상호 간에 협정하였다. 분쟁지의 심리를 끝내고 토지소유권의 조사를 완결하였을 때는 지방토지조사위원회에 자문한 후에 그 소유권과 강계를 사정하였다. 분쟁지 조사는 1910년 9월부터 1918년 1월까지 총 33,937건에 99,445필을 심사하였다. 조선총독부의 소유권 분쟁에 관한 사정 결과는 소유권 분쟁지는 33,937건 중 분쟁지심사위원회에서 소유권의 소속을 결정한 것은 21,658건에 70,203필, 재판으로 확정된 것은 631건에 2,819필, 화해는 1,058건에 2,546필, 취하가 10,590건에 23,877필이었다.[33]

고등토지조사위원회까지 불복신청을 하여 재결을 받는 경우 10건에 9건은 소유권을 찾을 수 있었다. 1912~17년에 소유권분쟁지 중 국유로 확정된 곳은 1,817건이며, 사유지로 인정된 곳은 6,560건이었다.[34] 1910년 9월 분쟁지 조사를 시작한 후 1918년 1월 분쟁지조사 완료까지의 연인원은 일본인 57,024명, 한국인 44,612명, 합계 101,636명을 동원하였다. 국유지 강제창출사업은 1918년 1월 법인작업이 완료되고 등기가 이루어지게 되었다.[35]

32) 조선총독부 훈령 제5호, 임시토지조사국조사규정 개정, 관보, 1914.3.28.
33) 임시토지조사국, 「조선총독부통계연보」, 1918.
34) 임시토지조사국, 「조선총독부통계연보」, 1913~1917.

④ 지위등급조사

필지별 등급 부여에 관한 원칙은 1911년 임시토지조사국 훈령으로 「수확량등급 및 지위등급조사규정」[36]과 「수확량등급 및 지위등급조사심득」[37]을 정하여 지위등급조사에 관한 일반원칙을 정하였다. 이 규정에 따른 조사방식은 실지조사시 민유과세지는 각 필지의 수확량등급을 조사하기 위해 먼저 표준지를 선정하였다. 토지등급 결정은 수확량등급과 지위등급을 고려한 것으로 초기의 지위등급 결정방식으로 채택하였다. 수확량등급은 「전답지위등급조사규정」[38]에서 지위등급을 수확량 기준으로 일원화하였으며, 동위(洞位)는 교통의 편리, 수확물의 품위 및 가격을 고려하여 정하고 동내 각 필지의 등급은 동위에 따라 가감하였다. 수확량은 필지의 지위등급에 따라 등급의 최소 수확량을 사용하였으며, 지위등급은 등급부여방법을 통일하기 위하여 전, 답은 평균 100평당 5년간의 수확량을 기초로 하였다. 대는 최근 1년간 임대가격에서 수선비 및 기타 유지비로 5/100와 공과 금액을 공제한 순이익금을 9/100의 이율로 환산한 1평당 지가를 기초로 등급을 구분하였다.[39]

표준지는 군·면 단위로 구분하며 군의 지위등급 조사는 군내 토지의 상황을 파악하고 전·답·대는 지목별로 3필 이상의 토지를 선정하여, 다른 군의 표준지와 권형을 조사하고 해당 군의 지위등급 조사의 규승(規繩)으로 하였다. 표준지 선정은 지가등급조사를 근거로 각종 자료를 수집하였고 지리(地利)의 편리, 상업의 번한(繁閑), 이용의 정도 및 기타 상황에 따라 같은 등급 또는 등급에 차이를 두고 결정하였다. 필지별 지위등급조사는 각 지목에 대해 수확량·지세·지질·수리작업의 난이도·교통의 편리 여부·수요관계·수확물의 품위 등을 조사하고, 면장·리동장·지주총대·지주 및 소작인 등의 의견과 각 방면에서 수집된 자료를 참고하여 필지별 지위등급을 결정하였다.

1911년 지위등급의 결정원칙은 수확량과 지위를 고려하여 결정한다는 원칙으로 현실적으로 실행하기가 복잡하여 1913년 수확량을 기준으로 지위등급을 결정하였다. 시가지 지가등급조사의 목적은 시가지세를 부과할 과세표준을 조사하는 데 있으며, 전·답·대·지소·잡종지의 지가는 시가(市價)를 기준으로 하고, 시가 파악이 곤란한 것은 임대가격을 기준으로 지리의 편리, 상업의 번한(繁閑), 수요, 토지이용의 정도 등을 고려하여 지가

35) 임시토지조사국, 「조선토지조사사업보고서」, pp.191-192.
36) 임시토지조사국, 국보 5호, 1911. 2. 25, pp.16-24.
37) 임시토지조사국, 국보 8호, 1911. 5. 25, pp.175-178.
38) 임시토지조사국, 「토지조사예규 3집」, pp.709-716.
39) 최한영, 전게서, p.902.

등급을 조사하였다. 지가등급조사에 관한 순서는 지가 등급의 구분과 지가산정, 표준지의 산정과 기타 지가등급조사, 각 필지의 등급 부여로 구분하여 시행하였다. 지위등급에 관한 도서는 표준지 조서, 등급도, 등급조사부, 지위 등급표 및 등급일람도 등 5종류가 있었다.

지가산출은 등급조사부에 일필지마다 등급을 기재하고 지목별, 등급별로 나눈 후 각 필수를 계산하여 등급조사부의 필수합계와 대조하여 계산을 정확하게 하였다. 지가산정 원칙은 「지가산출규정」에 의해 수확량의 결정, 곡가의 결정, 공제액의 산정, 환원율로 정하였다. 시가지의 지가조사는 1912년 5월 착수하여 1913년 7월에 모두 완료하였다.

⑤ 장부 작성

장부 작성은 토지조사부, 토지대장, 토지대장 집계부, 지세명기장을 만드는 업무로 각 장부의 서식을 결정한 후 1911년 11월 토지조사부, 1913년 1월 토지대장, 1914년 1월 토지대장 집계부 및 지세명기장 작성에 착수하여, 1918년 3월 업무를 완료하고 1918년 5월 남은 일 정리까지 모두 완료하였다.

토지조사사업은 전국의 임야, 산간벽지의 면적이 적은 토지, 협소한 소도서, 미개간된 토지를 제외한 토지는 토지조사측량을 시행하여 토지대장과 지적도에 등록하였다. 토지조사부는 [그림 4-5]와 같이 토지소유권의 사정 원부로 동·리마다 지번의 순서에 따라 지번, 가지번, 지목, 지적(地積), 신고연월일, 소유자 주소, 성명을 등사하고 분쟁 및 기타 특수한 사고가 있는 토지는 적요란에 사유를 기재하였다. 조사부의 끝부분에는 지목별로 지적 및 필수를 집계하고 국유지와 민유지로 구분하여 합계한 것을 기재하였다.

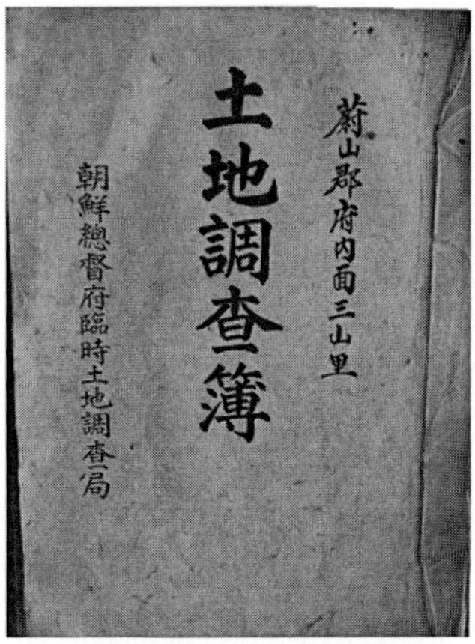

자료: 국토정보교육원 사료실

[그림 4-5] 토지조사부

토지대장은 토지조사부, 등급조사부 등을 자료로 토지 소재, 지번, 지목, 면적, 임대가격, 사유, 토지소유자 등을 조사하고, 동리마다 작성하여 일필지를 1장에 등록하고 200장을 1권으로 하였다. 토지대장에는 토지 소재로 동리명·지번·지목·면적·사정 연월일, 소유자 주소·성명을 기재하고, 공유지는 공유지연명부를 만들어 공유자의 성명과 소유비율인 지분을 기재하였다. 토지대장 집계부는 면마다 국유지, 민유과세지, 민유 불과세지 등으로 분책하여 부·군·도(島)별로 합계를 첨부하여 지목별, 등급별 집계표 및 토지조사부의 합계와 대조하여 기재하였다.

지세명기장은 이동정리가 완료된 토지대장 중에서 민유과세지만을 정리하여 면마다 소유자별로 기록한 것으로 인적 편성주의에 따라 작성된 성명별 목록부라고 할 수 있다. 작성방법은 소유자의 이름을 일본 문자의 50음순(일본 가, 나 순)으로 하였으며, 성이 같은 자가 많을 경우, 이름의 첫 글자 2자를 일본 문자의 50음 횡열순(가, 나 순)으로 인명란에 기재하고 서식의 상단에 번호를 기재하여 약 200장을 1권으로 만들었다. 또한, 책의 첫머리에는 소유자 색인을 정리하고 책 끝에는 면별로 합계를 붙였으며, 지세명기장 작성업무는 사람별 분류사항, 등사, 집계, 색인 작성 등으로 구분하였다.[40)]

토지조사에서 토지대장을 제외하고 가장 중요한 것은 토지등기부를 작성하여 토지등기제도를 확립한 것이었다. 1912년 3월 18일 「조선부동산등기령」과 「조선부동산등기령 시행규칙」을 공포하면서 시행하였다. 등기제도는 일본 「민법」 제177조 "부동산에 관한 물권의 득상 급변경은 등기법이 정하는 바에 따라서 그 등기를 하지 않으면 제삼자에 대항할 수 없다."라는 규정에 근거를 두었으며 일본 「등기법」을 적용하였다. 토지조사에서 토지대장에 등록된 토지는 각 지방 등기소의 토지등기부에 등기하였으며, 부동산등기는 토지대장에 등록사항이 없으면 등기를 시행하기 어려우므로 처음에는 등기령 시행을 연기하였다. 1914년 5월 1일 서울 시가지부터 등기령을 시행하기 시작하여 토지조사의 진행에 따라 확대하여 1918년 전국적으로 시행하였으며,[41)] 지적소관청과 등기소는 밀접한 관계를 유지하였다.

부동산등기는 토지대장의 토지소유권을 증명하는 공부로 인정하고, 토지대장에 등록한 미등기의 토지는 토지대장의 등본을 확인하여 소유권을 증명하는 방법을 채택하였다.[42)] 또한, 토지조사의 결과로 발생한 토지분할과 합병, 면적의 증감 또는 지목·지번의 변경을 등기할 때는 그 변경의 사항을 증명하는 토지대장을 소관청에 서면으로 제출하도록 하였다.[43)] 부동산등기제도에는 토지대장에 등록되지 않아 미등기된 토지소유권의 등기는 부윤 또는 군수의 인증으로 그 소유권을 증명하는 자가 신청할 수 있도록 특별히 규정하였다.[44)] 토지에 등록된 모든 권리의 이동은 토지등기부에 기재하도록 하여 토지등기부에 기재된 토지소유자가 배타적으로 법률의 보호를 받는 유일한 토지소유자가 되고

40) 임시토지조사국, 전게보고서, p.393.
41) 조선 휘보 1916년 9월호, 부동산등기제도(1), pp.139-141.
42) 조선 휘보 1916년 10월호, 부동산등기제도(2), pp.136-140.
43) 조선 휘보 1916년 11월호, 부동산등기제도(3), pp.83-88.
44) 조선 휘보 1916년 12월호, 부동산등기제도(4), pp.101-108.

토지의 매매·상속·증여·전당 등의 모든 행위를 결정할 수 있도록 하였다.

지적도에는 토지 소재·경계·지번·지목을 등록하였으며 조사지역 외의 토지는 이용현황에 따라 활자로 표시하였다. 측량은 삼각점 또는 도근점에 근거하고 도해법으로 시행하여 토지경계는 직선으로 연결하고 지번·지목·소유자성명 등을 기재한 측량원도를 작성하였다.

자료: 임시토지조사국, 조선토지조사사업 보고서

[그림 4-6] 임시토지조사국의 지적도 작성

토지조사사업에서 경계의 등록은 일필지측량을 시행하여 토지의 강계선 및 지역선을 측정하고 측량원도를 작성한 후 [그림 4-6]과 같이 지적도를 작성하였다. 지적도 작성은 시가지와 정밀하게 강계를 나타내고 정확한 면적을 산정할 필요가 있는 지역은 축척 1/600, 그 외의 대부분 지역의 평야지는 1/1,200, 서북지방과 같이 일필지의 면적이 큰 지역 또는 산간지는 1/2,400로 작성하였다.

지적도의 도곽선 크기는 동서 1척 3촌 7푼 5리, 남북 1척 1촌의 직사각형으로 1/1,200에서 지상거리는 동서 275간(間; 500m), 남북 220간(間; 400m)이 되도록 특별히 제작된 도곽 정규를 사용하였다.[45] 강계는 신고자에게 자기토지의 사방에 표항(標杭)을 세우고 지주, 이해관계인 또는 지주총대를 입회시켜 지주조사와 인접토지의 관계를 조사하고 측량할 때 경계점으로 사용하도록 하였다.

토지조사부는 실지조사로 검사 또는 교정을 하고, 지적(地積)과 필수의 합계는 다시 검산하였으며, 토지대장은 등사한 것과 기재사항을 모두 검사하였다. 검사가 끝나고 모든 것이 정확하다고 인정되면 지세명기장은 각 책에 대해 지적(地積) 및 지가를 집계한 후 면별로 합계한 내용과 대조하여 소유자별로 분류한 토지대장은 별도로 일괄된 국유지 및 민유 불과세지분과 함께 동리별로 구분해서 지번 순으로 정리하였다.

토지조사사업에서 장부작성은 토지대장 109,998권, 지적도 812,093매, 분쟁지 33,937건이었으며 동원 인력은 7,000여 명이었다. 1911년 11월에 시작하여 1918년 3월까지 6년 5개월에 완료하였으며, 장부작성은 시작 당시부터 1915년 3월까지 3년 5개월 동안은 보통작업방법으로 작업을 진행하였으나, 1915년 4월부터 1918년 3월까지 3년간은 공정급

45) 원영희, 「한국지적사」, 4정판, 신라, 1988, pp.298-303.

제도로 작업을 진행하였다.[46)]

⑥ 지방토지조사위원회

토지조사사업에서는 토지소유자와 강계에 관한 사정을 시행하여 소유권에 관한 결정을 시작하였다. 사정권자는 임시토지조사국장이 하였으며 토지사정에 관한 자문기관으로 지방토지조사위원회가 있었다. 지방토지조사위원회는 「토지조사령」에 의거·설치된 기관으로 토지조사국장의 토지 사정에서 필지의 소유자 및 강계의 조사에 관해 자문하는 기관이다. 지방토지조사위원회는 각 도에 설치하였으며 위원장(1명), 상임위원(5명)으로 구성하고, 필요할 때는 정원 외에 3명 이내의 임시위원을 두었다. 위원장은 도 장관이 당연직으로 겸임하고 상임위원(5명) 중에서 3명은 도참여관(道參與官) 및 도부장급(道部長級)으로 하며, 2명은 도 내의 명망있는 자 중에서 조선총독이 직접 임명하였다. 지방토지조사위원회의 서기 및 통역사(1명)는 도의 판임관(判任官) 중에서 도지사가 임명하였으나, 민간인에게 자문을 받은 것처럼 보이기 위하여 만든 기관[47)]이라고 할 수 있다.

위원회의 운영은 위원장을 포함하여 정원의 1/2 이상 출석으로 개회하고, 출석위원의 1/2 이상으로 의결하였으며 가부동수일 때는 위원장이 결정하였다. 경성부에 관한 지방토지조사위원회는 1913년 12월 25일 개회하고 의결하였는데, 토지소유권과 강계의 사정은 토지신고 또는 통지일 현재로 하고, 신고 또는 통지가 없는 토지는 조사일 현재에 의하였다. 사정을 완료하였을 때는 토지조사부와 지적도는 경성부에 비치하여 30일간 일반 국민에게 공시하였으며, 그 취지를 조선총독부 관보와 토지 소재의 도보에 게재하였다.

사정을 거친 토지소유자의 권리는 사정 공시 후 60일 안에 고등토지조사위원회에 불복신청을 한 외는 사정의 확정에 따라 변경할 수 없었다. 강계는 강계선을 의미하며 지적도에 표시된 선이며, 지역선은 지적조사에서 타인의 소유지와의 관계를 결정한 것이 아니므로 이에 대해서는 불복 신청을 할 수 없었다. 지방토지조사위원회는 1913년 10월 평안북도 신의주 및 의주 시가지의 자문을 최초로 개회하였으며 1917년 함경북도 명천군의 자문에 관한 건이 마지막이었다. 지방토지조사위원회에서 심의한 것은 분쟁지 총 2,209건이며, 반대한 것은 12건이었다.[48)]

46) 최한영, 전게서, p.929.
47) 경성신보 제786호 1911.10.5.
48) 최한영, 전게서, p.934.

⑦ 고등토지조사위원회

고등토지조사위원회는 사정에 관한 불복 및 재심의 신청에 대해 재결을 결정하는 기관으로 토지소유권 확정에 관한 최고 심의기관이었다.[49] 임시토지조사국의 사정(査定)에 불만이 있는 자는 사정 공시기간 만료 후 60일 이내에 불복 신립할 수 있도록 하였다. 사정에 불복(不服)이 있는 자는 불복 신립기간을 단축하여 고등토지조사위원회에 재결(裁決)을 청구할 수 있도록 하였다. 또한, 사정의 확정 또는 재결이 있는 날로부터 3년 이내에 그 사정의 확정 또는 처벌받을 행위에 근거한 것으로 재결을 결정하는 기관이다.

고등토지조사위원회는 토지소유권의 확정에 관한 최고 기관으로 최초 위원회의 구성은 위원장(1명), 위원(9명), 간사(1명), 서기 및 통역(약간 명)으로 구성하였다.[50] 위원장은 조선총독부 정무통감, 위원은 조선총독의 요청에 따라 3명은 조선총독부의 판사를 임명하고, 조선총독부 고등관 및 임시토지조사국 고등관 중에서 6명을 임명하였다. 서기와 통역사는 조선총독부 고등관 또는 임시토지조사국 판임관 중에서 조선총독이 임명하였다. 사무가 확장되고 관제를 개정하면서 위원은 25명, 간사는 6명으로 증원하고, 부제는 3부를 5부로 개정하였다. 1918년 11월 4일 임시토지조사국 폐지와 동시에 칙령 제376호로 관제를 개정하여 사무국을 부설하고 국장(1명), 사무관(5명), 부사무관(5명), 서기와 통역사(50명)를 두었다.[51]

회의는 부회(部會)와 총회(總會)로 구분하여 운영하였으며, 부회는 불복 또는 재심 신청 건수를 재결하기 위하여 부장을 포함한 출석위원 5명 이상의 합의제로 구성하였다. 출석위원 정수가 미달한 때는 미리 위원장이 정한 위원 중에서 보충하였다. 총회는 법규 해석의 통일되게 하고 재결을 변경할 때는 위원장을 포함하여 16명 이상 출석으로 개최하였다. 부회와 총회는 출석위원의 1/2 이상 출석하고 회의의 의사(議事)는 과반수로 결정하되 가부동수일 때는 위원장이 결정하였다.

임시토지조사국의 분쟁은 33,937건 중에서 고등토지조사위원회에 불복을 신청한 것은 2,872건(10%)이었다. 경계분쟁을 제기한 사람은 모두 국가로 분쟁지심사위원회의 결정에 분쟁당사자의 90% 이상 승복하였다. 불복신청기간이 가장 빠른 곳은 청주군 시가지(1913.12.12.~1914.2.9.), 가장 늦은 곳은 평안북도 용천군 도서지방(1918.5.1.~6.29.)에서 시행하였다.[52]

49) 칙령 제3호, 고등토지조사위원회 관제, 관보, 1912.8.12.
50) 관보, 1917.2.24.
51) 최한영, 전게서, p.936.
52) 상게서, p.937.

최초의 재결은 1914년 8월 1일 공고되어 1922년 7월 8일을 마지막으로 완료하였으나, 불복신청이 없었던 군은 경상북도 고령·봉화군과 평안북도 후창군, 강원도 인제군, 함경북도 경원군 등 5개 군이었다. 분쟁 내용은 소유권 분쟁이 2,492필, 경계분쟁이 379필, 불복신청이 받아들여진 필지는 2,783필, 기각은 88필이었다. 1919년 6월 말 현재 접수된 20,116건 중 복잡한 건으로 처리된 것은 3,959건이었으며[53] 고등토지조사위원회 관제는 1925년 4월 1일 폐지하였다.

재결은 토지조사부 및 지적도에 의거 토지소유자와 그 강계를 확정하는 행정처분인 사정 사항에 불복할 때 고등토지조사위원회에 요청하는 행위를 말한다. 재결은 근소한 차이점의 재심을 제외하면 사건 대부분은 1심으로 종심(終審)이 되었으나 사건의 심리는 사무의 진척이 필요하므로 사건처리방법을 간이(簡易)사건과 복잡한 사건처리로 구분하였다. 재결은 처음에는 위원 전체가 모여서 결정하였으나 1915년부터 부제(部制)를 도입하여 위원회는 5부로 나누어 위원장은 제1부의 부장이 되고 다른 부장은 위원 중에서 조선총독이 임명하였다.

간이사건처리는 토지사정공시(1913.12.12~1918.4.30)가 있을 때마다 위원장이 사건의 난이도와 관계없이 토지 소재의 부·군·도(島)별로 각 부에 지정하였다. 부(部)는 먼저 간사, 서기에게 실지 당사자, 증인 등을 토지 소재 부·군·도청(島廳)에 호출하여 조사하도록 하였다. 신청서의 불비 또는 불명확한 사항은 신청인과 사정명의인에게 보정 또는 해명하도록 하고 상대방이 승낙한 것, 재결 예가 있는 것, 확정판결이 있는 것, 내용이 간단하여 사실이 명백한 것, 신청기간이 지나간 것, 토지조사의 완료가 안 된 지방의 토지에 관한 것, 성명·용자(用字)의 정정, 면적·지목의 상이 또는 사정 후의 이동에 관계된 것, 기타 사정 처분에 해당하지 않은 것과 복잡한 건으로 구별하고, 복잡한 건 이외의 것은 재결서 안 또는 반려, 취하의 처리 안을 입안하였다.

복잡한 사건처리는 각 부장이 전임위원, 겸임위원의 사무 번한(繁閑)을 안배하여 처리가 지체된 것을 방지하기 위해 주사 위원을 지정하여 당사자 또는 증인 등을 조사하였다. 조사를 완료하였을 때는 조서와 재결서 안을 작성하도록 하여 부회에 송부하였으며 분쟁지심사와 불복신청을 모두 합하여 5만 건 이상이었다. 1914년 8월 1일부터 1917년 5월 26일까지 재결을 시행한 건은 모두 1,691건으로, 소유권 분쟁 1,353건, 경계분쟁은 338건으로 총 처리 건수는 불복 20,016건, 재심 41건을 처리하였으며, 불복신청자의 주장이 받아들여진 것은 1,621건, 각하된 것은 70건이었다. 불복신청지의 신청기간은 1915년 12월

53) 조선총독부, 전게보고서, p.9.

27일부터 1916년 2월 24일까지 신청하였으며, 결정은 1916년 6월 17일부터 시작하였다. 분쟁신청자별 기각률은 조선인이 가장 높게 나타났으며, 가장 늦게 결정된 것은 낙하도둔 관련 토지로 1920년 5월 24일에 시행하였다. 1920년 8월에 접수된 불복신청 건수는 20,148건으로 1920년 12월 모든 임무를 마치고 폐회하였다.[54] 마지막 재결은 1921년 8월 5일에 시행하였으며 재심을 청구할 수 있는 기한(3년)을 포함하면 고등토지조사위원회의 업무는 1924년 8월 4일 완료하였다고 볼 수 있다.

장부의 편철은 처리가 끝난 불복 또는 재심신청사건의 관계 서류로 재결서 또는 반려, 취하 처리 안, 재결서 안, 조서, 불복 또는 재심신청서, 변명서, 토지신고서 사본, 토지조사부 사본, 도면 사본, 증거서류 사본, 분쟁심사서 사본의 순서로 묶고 정리한 사건은 다시 부·군·도(島)별 기록으로 묶었으며 441책이었다. 고등토지조사위원회에서 사용한 장부는 근무명령부, 문서건명부, 사건지정부, 출장명령부, 문서송달부, 사건처리부 등 28개의 종류가 있었다.[55] 모든 신청기록은 재심 신청기간이 완료된 것부터 점차 해당 부·군·도청에 인계하고 서무기록 및 장부는 본회 폐쇄 때 각각 그 종류와 성질에 따라 조선총독부 또는 부·군·도청에 인계하였다.

⑧ 사정

사정은 토지조사부 및 지적도에 의하여 토지소유자와 강계를 확정하는 행정처분을 말한다. 토지조사사업에서 토지소유자와 강계를 법적으로 확정하기 위해 사정을 하였고 사정권자는 임시토지조사국장이 하였다. 임시토지조사국장이 지방토지조사위원회의 자문을 받아 전 국토의 토지소유자와 강계를 사정하도록 하였는데, 사정은 토지신고 또는 통지하는 날 현재의 토지소유자 및 강계를 기초로 하였다. 사정은 이전의 소유관계는 모두 소멸하는 것으로 간주함으로써 소유권은 원시취득으로 보며, 사정의 확정은 토지에 관한 새로운 소유관계가 발생한 것으로 모든 토지소유주는 사정을 통해 소유권을 처음으로 취득하였다.

사정은 토지조사부와 지적도를 기준으로 하고, 토지소유자는 자연인 또는 법인이나 이와 유사한 법령상 또는 관습상의 명의로 서원이나 종중 등을 인정하였다. 지주가 사망하였거나 상속자가 결정되지 않았으면 사망자의 명의로 사정하였다. 서원·종중, 기타 단체명의로 신고된 것으로 법인 자격이 없는 것은 공유명의나 단체 명의로 사정하였다. 토지

54) 관 통첩 제41호, 역둔토 보관상 주의의 건, 관보.
55) 대한지적공사, 「한국지적백년사」, 2005.

소유자 권리는 사정의 확정 또는 재결로 확정하였으며 어떤 경우에도 사법재판에 회부할 수 없었으며, 토지조사에 입회하지 않는 자 또한 사정에 관한 이의를 제기할 수 없었다. 사정의 확정 또는 재결이 서류위조 및 불법으로 이루어진 때는 3년 이내에 고등토지조사위원회에 재심을 청구할 수 있도록 하였다. 사정 내용이 이전의 증명 또는 등기와 저촉될 경우 증명 또는 등기를 말소하면서 사정의 효력은 법률적인 결정보다 상위에 있었다.

사정은 토지소유자와 그 경계를 확정한 행정처분으로 사법적 판단과는 그 계통을 달리하는 독립된 국가기관의 행위이다. 토지의 실지를 조사한 날의 토지소유자 및 강계를 사정 당일로 사정하였으며, 신고 또는 통지를 하지 아니한 토지는 사정 당일 현재에 따르도록 규정하였다. 사정 때문에 확정된 토지소유권은 사법부도 인정하여야 하는 절대적인 것으로 사정의 확정이 허위신고 또는 통지 착오 또는 담당자의 잘못으로 처리된 경우에도 사정내용을 고등토지조사위원회에 불복신청 또는 재심신청을 하는 경우 이외에는 절대로 변경할 수 없었다.[56] 사정을 변경시킬 수 있는 유일한 가능성은 고등토지조사위원회에 불복을 신청이며, 고등토지조사위원회의 결정은 재결이라고 하였다.

토지 강계는 지적도에 등록된 강계선이 대상이며, 지역선은 사정하지 않았기 때문에 이는 이의신청의 대상이 되지 않았다. 강계선은 사정선이라고도 하였으며 지목의 구별, 소유권의 분계(分界)를 확정하는 것으로 토지소유자 및 지목이 같고 연속된 토지를 일필지로 함을 원칙으로 하였다. 지역선은 소유자가 같은 토지와의 구획선, 소유자를 알 수 없는 토지와의 구획선, 토지조사 시행지와 미시행지와의 지계선을 의미하며 일필지의 지주·강계·지목·지번조사가 끝난 후에는 최종적으로 사정을 하였다. 사정은 「토지조사령」에 따라 토지소유자 및 강계(疆界)를 확정하는 행정처분으로 최후의 확정이었으며, 그 내용을 30일간 공시하였다. 사정에 불복하는 자는 공시기간 만료 후 60일 이내에 신립(申立)하도록 하고 고등토지조사위원회에 이의를 제출하여 그 재결을 구할 수 있었다.

사정 공시는 사정의 완료와 함께 시행하였으며, 공시는 사정지역, 도부 종람장소, 종람기간, 불복 신립방법 등을 조선총독부 관보에 게재 또는 토지조사부 및 지적도는 토지 소재의 부·군청에 비치하여 30일간 종람하도록 하였다. 토지소유자의 권리는 사정의 확정 또는 재결 때문에 확정하였으나 토지조사는 토지소유자의 토지신고와 실지 입회를 조사의 기초로 하였으므로, 정당한 사유 없이 토지조사의 입회를 하지 않은 자는 사정에 대해 이의를 제출할 수 없도록 하였다. 사정은 충청북도 청주시(1913.11.12.)에서 시작하여 1917년 12월 28일 평안북도 자성군 외 2도 10군을 사정함으로써 모두 완료하였다.

56) 조석곤, 전게논문, p. 323.

분쟁지는 총 사정할 수 있는 토지는 19,107,502필 중 0.5%에 해당하는 99,455필이며, 이 중에서 소유권 분쟁이 99,138필, 강계의 분쟁은 307필이었다. 자문에 관한 지방토지조사위원회의 답신에서 분쟁지에 관한 인정은 2,209건 중에서 12건으로 이 중에서 재조사 결과 인정한 것은 10건, 지방토지조사위원회의 자문과 토지조사국의 사정이 불일치한 것은 2건이었다. 그 결과는 총 19,107,520필지 중에서 지주신고를 그대로 시인한 것은 19,066,054필, 기타 계쟁지는 70,866필, 이해관계인 신고 필수는 3,766필, 상속 미정 필수는 14,479필, 무신고로서 국유로 인정된 것은 8,944필, 무신고로서 민유로 인정된 것은 411필이었다.[57] 사정은 신고주의 방법에 따라 99.5%가 신고된 그대로 사정되어 토지소유자 및 강계를 확정하는 행정처분을 확정하였다.

⑨ 이동지정리

이동지정리는 「토지조사령」에 의해 사정이 완료되면서 소유권 및 강계가 확정된 토지로 토지신고 후부터 사정 공시 당일까지에 생긴 이동사항으로 소유권 이전, 민유지성 또는 국유지성, 주소, 성명의 변경, 분할, 합병, 지목변경 등을 조사하여 토지대장 및 지적도에 정리하는 업무이다. 이동지정리 업무는 외업과 내업으로 구분하고 토지대장 및 지적도를 가제(假製) 정정하였다. 이동지조사 직원은 담당구역을 지정하여 이동지신고서, 토지신고서, 실지조사부, 지위등급도, 측량원도, 기타 도부, 측량 기구 등을 교부하였다.

외업은 지주가 제출한 이동신고서에 의하여 이동사항을 조사하였으며 분할된 토지는 측량을 시행한 후 이동지조사부를 작성하였다. 외업은 부·군·도서(섬) 지역 내의 이동지에 대해 사정 공시 후 2개월 이내에 실지를 조사 측량한 후 측량원도를 변경하는 작업이다. 조사원의 확인사항은 현장에서 지목변경, 지위등급을 설정하지 않은 토지가 지위등급을 설정할 토지로 된 것, 분할, 소유권의 이전 신고지가 사정구역과 부합하지 않는 것 등이다. 내업은 외업의 성과를 검토한 후 불비사항이 발견되면 즉시 정정하고 확인이 필요한 것은 군·면 또는 신고자에게 의문사항을 질문하여 처리하였으며, 정확하게 작성하기 위해 지적산정, 지가산출, 장부의 추가정리, 지적도 정정의 순서로 정리하였다.

도서검사는 서류에 해당하는 조사사항과 측량사항으로 구분하였으며 측량사항은 원도에 관한 사항으로 1~3회 검사를 시행하였다. 검사도서는 이동신고서, 도로의 보수와 신설에 따른 이동지조서, 이동지조사부, 이동지조사 필수표 및 원도 등이다.

57) 임시토지조사국, 전게보고서, p.414.

(4) 토지조사사업의 결과

토지조사의 과정에서 확립된 새로운 토지제도와 지세제도는 식민통치의 물질적 기초를 제공하였다. 등기제도의 확립은 조선시대의 수조권적 토지지배를 극복하고 절대적이고 배타적인 토지소유권의 형성을 완성하였다.[58] 지세제도의 확립은 일제 강점기의 재정에 안정성을 부여하였으며, 소유권 조사결과 창출된 국유지로부터의 역둔토 수입도 재정에서 무시할 수 없는 부분을 차지하였다. 1910년 말 경지면적은 양안에 등록된 결수에 의해 산출된 것이며 실제보다 과소평가하였으나 사업에 의해 경지가 급증하였다. 종래 소유권이 설정되지 않은 잠재적 소유지로 존재한 미간지나 산림산야는 민유를 입증할 수 있는 증거가 불명확할 경우 1907년 「국유미간지이용법」과 1908년 「삼림법」에 의거 모두 국유지로 편입하였다. 토지조사사업은 우리나라의 근대적 토지소유제도가 확립하였으며 모든 토지조사사업대상 토지는 토지소유권을 확정하고, 지가 기준은 지세부과 원칙을 설정해 새로운 지세제도를 확립하였다.

토지조사사업은 20,406,489원의 재정과 12,388명의 직원 동원으로 전체 토지 19,107,520필지의 소유권과 그 강계를 사정하였으며, 분쟁지 33,937건에 99,445필지를 해결하여 토지대장을 작성하고 토지소유권을 확정하는 등기제도를 도입하였다. 측량은 삼각측량에 따른 기선측량을 13개소에서 시행하였으며, 대삼각본점 성과는 400점, 대삼각보점 성과 2,401점, 수준점측량성과 2,823점, 도근점측량성과는 1, 2등을 총괄하여 355만 1,606점의 성과를 얻었다. 일필지조사 및 측량성과는 1,910만 1,989필지, 이동지측량 1,818,364필, 지형측량 1,431,200방리를 처리하여 8년 8개월 만에 완료하였다. 또한, 토지에 관한 지가조사를 하여 토지조제부 28,357책, 토지대장 109,998책, 지세명기장 21,050책, 지적도 812,093장 등의 지적 장부를 작성하였다. 토지조사사업에서 공유로 신고된 것은 주로 종중토지이었고, 촌락공유지는 신고에서 빠진 토지가 많아 이는 조선총독부의 소유 또는 지방권세가가 분할하여 소유하였다. 토지조사사업은 식민지 수탈정책의 가장 중요한 기초 작업으로 사업을 시행하였으며, 일제 조선총독의 식사와 친일파 이완용의 축사[59]속에서 토지조사사업을 완료하였다.

58) 신용하, "조선왕조 말기의 지주제도의 소작농민층", 「효강 최문환 박사 추념 논문집」, 1977.
59) 조선휘보 1918.12, pp.1-3.; 보고서 추록, pp.166-169.

2) 임야조사사업

(1) 개요

임야는 삼국시대부터 수백 년 동안 무주공산으로 내려오면서 국민과 정부 사이에 분쟁이 많았으며 소유권의 확정과 국가의 정책 및 건설공사의 기본 자료가 부족하여 조사사업을 시행하였다. 임야조사사업의 목적은 소유권을 법적으로 확정하고 지적제도를 확립하여 국민의 이용과 임야정책 및 산업건설의 기초자료를 제공하고, 토지조사와 함께 지세 부담의 균형을 조정하여 국가재정의 기초를 확립하기 위해 시행하였다.[60] 임야조사는 토지보다 경제적 가치가 낮아 측량의 정확도가 낮은 소축척을 사용하였으며, 임야조사를 위한 조사기구도 기존관서를 이용하고 토지조사사업에서 축적한 기술을 이용하여 임야조사사업을 완성하였다.

임야조사사업은 1912년 총독부 훈령으로 "삼림산야 및 미간지 국유·사유 구분 표준"을 정하면서 임야의 분계(分界)를 명확히 하고 식림(殖林)의 지도·장려로 임상을 개량하면서 부터라고 할 수 있다. 1916년 경기도 및 다른 도에서 시험적으로 임야조사를 시작하였으며 토지조사사업이 완료된 1918년 「조선임야조사령」을 공포하여 전국적으로 임야조사를 시작하였다.

임야조사사업은 1916~1924년까지 8년 동안 2,000여만 원의 국비를 투자하여 완성한 사업으로 1916년 시험 준비조사를 시행하였다. 임야조사사업의 조사방법 및 절차는 토지조사와 유사하였으며 임야대장 등록지는 도지사의 사정지와 임야심사위원회의 재결지라 할 수 있다. 조사와 측량기관은 부·면, 조정기관은 도지사, 분쟁에 관한 재결은 도지사 산하에 설치된 임야심사위원회에서 결정하였다. 그리고 임야조사위원회의 재결사무는 도의 사정 사무가 진행되면서 1919년에 사무를 개시한 후 16년이 지나간 1935년 임야조사사업을 완성하였다.[61]

(2) 사업계획 및 준비

① 사업계획

1908년 공포된 「산림법」에 따라서 소유자는 면적약도를 첨부하여 제출하도록 하였으나 소유자신고를 하지 않은 자가 많아 대부분 국유지로 편입하였다. 1911년 삼림령을 공포하였으며, 1912년 「조선부동산증명령」을 공포하고 1912년 삼림산야 및 미간지 국유와 사유에 관한 기준을 제정하면서 개인소유를 인정하게 하였다. 임야조사사업은 1916년 경기도

60) 최한영, 전게서, p.949.
61) 상게서, p.950.

일부에서 시행한 시험조사 결과에 따라 전국의 12부(시) 2,508개면에 관한 총 필수를 252만 필지로 예정하였다. 1916년 10월 부천군의 일부분에 해당하는 부내(富內)·다주(多朱)·계남(桂南)면에서 총독부 지원으로 실지조사부터 시작하였다. 1917년 8월 총독부로부터 소요경비 및 인원을 배치하기 위해 종사원을 채용하고, 부천군 조사결과를 기준으로 필수와 면적을 예상하여 결정하고 부·군마다 진행 순서를 결정하였다. 1918년「조선임야조사령」과「조선임야조사령시행규칙」을 공포하고, 12월 세칙인 시행 절차를 공포하면서 관계 법령의 정비를 완성하였다. 1920년 임야조사 필수가 증가하면서 총 325만 필로 애초 계획보다 7천 3백만 필이 증가하게 되어 애초의 계획을 연장하여 1924년에 완료하였다.

임야조사사업은 조선총독부의 직할 사업으로 조사기관을 설치하고 임야는 경제적 가치가 낮아 세금징수와 정확한 경계설정이 필요 없으므로 국비로 시행하도록 결정하였다. 조사기관은 임무과(林務課)에 조사계를 두고 기수(1명), 고원(16명), 측량원과 사무원(50명)으로 편성하여 이를 내업반과 외업반으로 업무를 분담하여 시행하였다. 1918년「조선임야조사령」에서 조사는 부윤·면장이 주체가 되어 본령과 부속법규에 따라 시행하고 측량원과 사무원은 도와 군의 직원이 감독하도록 하여 실행기관을 이원화하였다. 조사와 측량은 부윤(시장) 또는 면장이 시행하고 비용은 부·면이 부담하며 사정 사무는 국비로 지급하여 도지사의 소속에 두었다.

군·부윤 또는 면장은 조사 및 측량을 시행하고 결과를 도지사에게 보고하였으며 보고를 받은 도지사는 심사하여 사정할 필요가 있는 때에는 조사 후 소유자와 경계를 사정하여 일반에게 공시하였다. 1917년 8월 도 보조기관으로 종사할 직원의 모집은 토지조사에 경험이 있는 자, 본부의 산림과 직원으로 임무 행정에 종사한 자, 농림학교 졸업자의 지원자 중에서 시험을 치른 후 채용하였다. 또한, 조사기관인 부·면의 종사원은 도에서 양성하였으며 채용은 도 직원에 따라 토지조사출신자를 채용한 것을 원칙으로 하였다.

임야의 조사범위는 1918년 10월「조선임야조사령시행규칙」과「토지조사령」에 따라 조사와 측량을 하지 않은 임야와 임야 내에 개재한 임야 이외의 토지는 모두 조사하도록 하였다. 사업 시행기관은 조사 및 사정으로 구분하고, 조사는 부윤·면장, 사정은 도지사가 시행하였으나「삼림령」의 공포로 1911년 이후 본부 및 영림청(營林廳)에서 시행하였다. 임야 내 개재지는 당초에 임야와 함께 조사하고자 하였으나, 1917년 10월「임야조사내규」제정 후 지적도에 등록한 신규등록지는 제외하고 개재지만 조사하였다. 개재지(介在地)는 임야 안에 산재하고 있는 토지로 전·답·대지·지소·사사지·분묘지·도로·하천·구거·성첩·철도선로·수도선로를 말한다.

② 사업 준비

사업의 시행은 대부분이 임야로 매우 광범위하며 권한 관계의 조사는 권리자 또는 이해관계자의 주장과 관계없이 사실, 관습 등에 따라 과거를 소급하여 사핵(査覈)하였다. 임야는 전·답·대와 달리 명확한 기록이나 한계가 없어 분쟁이 발생하기 쉽고 점유와 금양(禁養) 등은 구래의 관습에 따라서 분묘에 중점을 두었으므로 사실이 불명확하여 조사에서 사실을 결정하는 것이 곤란하였다. 또한, 소요기간이 9년이 되었기 때문에 각종 법규의 개정이나 변경, 기타 여러 가지 사고가 계속 발생하여 실지조사와 도부의 작성 등 여러 차례 수정한 것이 많아 사업을 시행하기가 쉽지 않았다.

「조선임야조사령」이 공포되기 이전의 조사방법은 총독부의 내규에 따랐지만, 1917년 10월 도(道)에서 「임야정리조사내규」와 임야정리 조사원 유의사항을 제정하였다. 종전의 규정에 따라 취급한 상황을 기술하면 고양군 이외 10개 군으로 양주·시흥·부천·수원·진위(현, 평택군)·김포·강화·파주·장단·개성·고양군은 임야조사령 공포 전에 신고기간을 고시하였다. 또한, 부천군 다주·부내·계남면과 고양군 연희면·숭인면은 총독부 내규에 따라 시행하였다. 외업 준비는 도근도의 작성, 신고서의 정리, 참고서류의 작성, 삼각점과 도근점 전개 및 보완을 시행하였다. 그리고 각 면에 총대의 임명, 경계 말목 설치의 독려, 각 면 소요 물품의 구매 절차, 종사원 숙소를 선정하도록 하였다.

준비조사 당시에는 특별준비반을 두지 않고 내업반의 사무가 한산함으로써 외업반과 공동으로 조사를 착수하기 1~2개월 전에 준비를 시작하였다. 외업반은 실지조사를 준비하여 도근망도와 각 면에서 취합한 신고서, 통지서 또는 군에서 준비한 참고서류를 인계받아 각 면에서 조사계획을 세워 착수, 완료예정과 숙소를 보고하고 실행에 착수하였다. 내업반 업무는 외업반이 조사·측량하여 보낸 도부와 관계 서류를 검사한 후 면적의 산정 및 도부를 작성하였다. 또한, 검사와 정비, 분쟁 사건처리, 사정에 필요한 사무는 서무계에서 시행하고 대장의 작성, 이동지의 정리, 면과 도 사무의 문서 수불, 경비와 물품의 출납, 정리 등의 업무를 시행하였다.

종사원 채용은 강습하지 않고 수시로 채용하였으며 종전과 달리 부·면의 경비 지출과 감독의 편의를 위해 부·면의 의뢰에 따라 도에서 직접 임명하였다. 1921년 7월 이전 채용은 소급하여 도명(道名)으로 사령을 교부하고 "면 임야조사원"이라고 변경하였다. 외업반 편성은 「임야조사령」 공포 전에는 외업반에 전력을 기울였으므로 진척이 순조로웠으나, 내업 사무는 침체하여 외업 반원을 내업반으로 보충하고 외업반의 업무 속도를 조절하였다. 내업반 편성은 종전의 내업 종사원으로는 부족하여 내업원을 채용하여 각 반에 증원하고 새로 10명의 도부 교정반을 편성하였다. 감독원의 채용은 「임야조사령」 공포 후에도 방침이 종전과 같고 해당 도의 고원 채용규정에 따랐으며 조사령 공포까지는 외업에 전력을 기울인 결과 내업이 한산하여 애초의 인원으로 업무를 처리하였다. 감독자는 능력에 따라 내·외업 각 반의 인원을 정하고, 외업은 각 반에 일본인 고원과 조선인 고원 각 1명의 감독원을 배치하여 도 기수에게 내·외업 전반을 지도 감독하도록 하였다.

내업반 사무는 「임야조사령」 공포에 따라 부윤, 면장에게 면적산정, 도부를 작성하여 임야조사서와 도면을 신고서·야장·면적계산부·관계 서류와 함께 도지사에게 보내면 도지사는 검사 및 사정하였다. 면적산정은 종래와 같이 일필에 3회의 산정을 하였다. 또한, 임야도 작성은 원도 크기로 작성하였고 종전에 동리마다 1매로 작성한 임야도는 「임야조사령 시행수속」에 따라 새로 원도 크기의 절도(切圖)를 만들어 교체하였다. 사정한 후 조사부 표지 이면에 "국·사유 구분란에 국으로 되어있는 소유자를 국으로 사정한 것이고, 그 소유자 또는 연고자란에 성명이 기재된 것은 국유지의 연고자를 표시한 것이다."라고 기재하여 주의를 촉구하였으며 내업 검사는 조사령 공포 전의 항목에 기재된 것과 같다.

(3) 조사 및 측량

① 사업의 홍보

사업을 수행하기 위해서는 이해관계자의 이해와 협조가 필수조건으로 본 사업에서는 매우 중요한 역할을 할 수 있는 토지소유권을 확정하는 것이다. 원칙적으로 토지조사와 같이 신고주의를 채택하여 부·면의 시행계획에 따라 도지사가 시행지역마다 신고기간을 정한 후 조선총독부 관보 및 도의 도보에 게재·고시하였다. 그리고 해당 지역의 부·면의 게시판 및 적절한 장소에 게시하여 홍보하였으며 수시로 구장(區長)을 소집 또는 각 마을에 면 직원을 순회하도록 하였다. 또한, 도·군 직원을 해당 지방에 파견하고 경찰 관헌의 지원으로 5일 시장을 이용하여 임야조사의 취지, 경비부담 및 시행방법을 사전에 적극적으로 홍보하였다.

② 지주총대

조사 및 측량을 원만하게 진행하고 정확성을 기하기 위해서 그 지방에서 토지 사정에 정통한 자를 종사하도록 하였다. 조사의 주체인 부윤·면장과 보조기관에서 실지 작업에 종사하는 측량기술원은 조사지역 내의 사정에 정통하지 못하여 각 지방에 따라 임야소유자 또는 국유임야의 연고자 중에서 2명 이상의 총대를 선정하여 부윤·면장을 보좌하여 사업을 진행하였다. 지주총대의 사무[62)]는 임야조사의 취지를 주지하고 동리 경계 및 일필지조사 안내, 신고서류 취급 처리, 경계표 설치와 보존, 신고서 및 경계표에 기재된 성명 및 지목 조사, 임야소유자 또는 국유임야 연고자, 이해관계자의 실지 입회, 임야의 이동에 관한 것과 부윤· 면장이 필요한 사무 등이다.

③ 조사준비

임야조사사업의 준비작업은 소유자 및 국유임야에 대해 특수한 연고가 있는 자에게 토지신고서를 부윤 또는 면장에게 제출하고 연고자가 없는 국유임야는 보관 관청이 통지하도록 하여 조사 작업의 기준으로 사용하였다. 연고자가 있는 국유임야는 국가에서 관리하지 않고 관리자가 수익을 임의로 처분하도록 하였으며, 국유임야의 대부 및 매각 등은 수익을 공인하였다. 해당 연고자는 소유자에 따라서 취급해야 할 특수한 이해관계로 소유자와 같은 신고의무를 부담하였다.

임야신고서는 [그림 4-7]과 같이 임야조사사업의 기초가 되는 중요한 자료로 신고사항은 국유임야의 연고자 주소·성명·명칭·토지 소재 및 지적(地積) 등이다. 임야의 국유임야에 관한 연고 관계는 관습으로 전해오는 것으로 복잡하고 오해가 많아 업무를 신속하게 처리할 수 없었다. 또한, 임야신고서는 1918년 7월 조선총독부 고시 제183호로 총독부 관제 및 각 도보에 한다고 게시하였다.

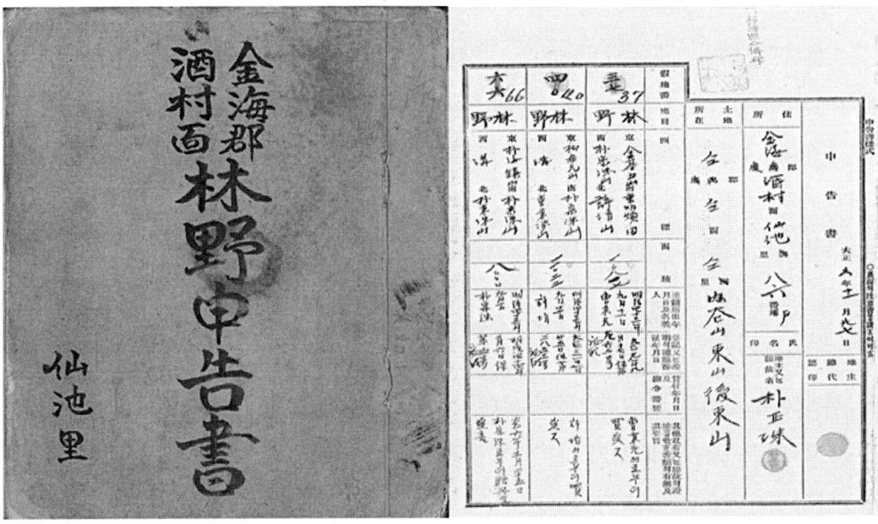

자료: 국토정보교육원 사료실

[그림 4-7] 임야조사신고서

62) 임시토지조사국, 「토지조사법」, pp.19-20.

일필지의 경계 표항은 구장 및 지주총대의 입회하에 경계를 답사하여 적절한 위치에 표지를 설치하였다. 표지에 번호 및 리동명을 기재하고 동리 계를 측정하여 동리 경계가 부·면의 경계와 일치할 때는 관계되는 부윤·면장의 입회하에 공동 답사하고 부·면의 경계 측정은 연계된 상황을 파악하여 조사를 진행하였다.

1908년 「삼림법」에 따라 지적계출을 하지 않아 국유화된 임야는 구소유자 또는 그 상속인의 소유로 사정하였다. 도에 지적계를 제출한 임야도 신고 명의인과 토지신고자와의 연관성을 확인하는 구소유자와 현 소유자의 소유권 이동 관계를 심사하였다. 조사 전에 부(시), 군, 도청에 배치된 삼림산야 지적보고서류에 따라서 일필마다 요약하여 기록한 후 동리마다 매 토지신고서를 심사 및 대조하는 데 이용하였다. 임야 내에 개재하는 임야 내외의 토지로 토지조사를 시행하지 않은 토지는 「조선임야조사령」에 따라 조사를 시행하였다. 그리고 토지조사 시행 후에 새로 토지대장 또는 지세대장에 등록된 것, 대장에 등록되지 않았지만, 임야조사 시행 때까지 부·군·도에 과세지로 신고한 것, 토지대장 주관관청에서 민유지로 처리된 토지는 해당 관청하고 연락하여 사정에 착오가 없도록 하였다.

④ 실지 작업

실지 작업은 소유권조사와 일필지 경계측량작업을 시행하였으며, 같은 토지에 2명 이상 신고가 있거나 경계에 관한 분쟁이 있는 것 외에는 양자를 함께 시행하였다. 소유권조사는 1912년 조선총독부훈령 제4호에 따라 "삼림산야 및 미간지의 국유와 사유에 대한 표준"을 정하였으며, 국유삼림산야, 미간지 및 그 산물의 처분 또는 부동산증명사무를 취급하는 지침으로 하였다. 임야 안의 개재지는 토지조사의 규정에 따라 권리 관계를 조사하고, 능·원·묘 및 기타 분묘지로 국유가 아닌 것은 사실을 조사하여 권리 관계를 명확히 하였다.

소유자와 연고자의 조사는 신고서 또는 통지서를 근거로 조사를 진행하고, 경계에 말목을 박아 총대 2명에게 안내하도록 하여 구장(區長), 소유자, 연고자, 인접 지주 또는 대리인 등을 실지에 입회하도록 하였다. 유지는 보관 관청의 통지서, 통지가 필요하지 않은 국유임야는 기존 도면과 관계 서류에 따라서 실지와 대조·검사하여 지장이 없는 때는 그 신고 또는 통지서 기재의 권리자와 소유자 또는 연고자로 인정하였다. 연고자는 관습상 실질적인 소유자와 같은 지위로 임야를 이용하여 수익을 계속하는 특수 관계에 있는 자를 말한다. 해당 연고자 중 구 「삼림법」에 의한 지적계를 태만하여 국유로 귀속된 것, 구 「삼림법」 시행 전에 합법적으로 점유하고 있는 것, 일정 기간 금양 실적이 있는 것은 연고 임야 소유권 사정원을 발급하여 민유로 인정하였다.

자료: 조선임야조사사업보고, 조선총독부 농림국

[그림 4-8] 함흥군의 임야측량

측량은 평판측량으로 하고 도근망도를 기본으로 보점 측량을 시행하여 동리마다 구장, 지주총대 및 신고자, 이해관계자 등의 입회하에 해당 신고서 및 통지서를 대조한 후 지역별로 교회법, 도선법, 광선법 또는 종횡법으로 일필지측량을 시행하였다.

부·면 간의 연결은 조사 및 측량이 완료된 부(시), 면에서는 도곽 및 수치가 기재된 용지에 부·면의 경계선 및 그 경계에 설치된 표지번호를 기재하고 인접 부·면에 보내 상호 간의 원도를 접합하도록 하였다. 실지 작업은 보조기관에서 직접 지도·감독하도록 하고 총독부의 특별감사반을 수시로 각지에 파견하여 지도 감독하도록 하였다.

검사반은 원도 및 기타 관계 서류를 인계받으면 원도 조사기록장 및 신고서 작성의 적부 등에 관하여 대조검사를 시행하였다. 실지 작업은 부분적으로 보점 측량 및 일필지측량의 적정 여부, 소유권 및 연고 관계 적정 여부에 관한 검사를 수행하였다.

⑤ 분쟁지조사

분쟁지조사는 동일 토지 또는 경계에 2명 이상의 권리 또는 연고의 주장자가 있는 경우, 권리 또는 연고 관계를 조사하여 작성하고 소유자 또는 연고자와 경계를 심사, 결정하는 것이다. 애초에는 모두 도 감독원이 조사하고 조서를 작성하였지만, 「임야조사령」 공포 후에는 면장이 조사하고 조서를 작성하여 상급 관청에 보냈다. 분쟁은 소유권과 경계의 분쟁으로 구분할 수 있으며, 소유자에 따라 국유지와 민유지, 민유지와 민유지로 구분된다. 국유지와 민유지의 분쟁은 구분조사와 처분조사에 따라 국유로 결정한 것을 불복하는 것이다. 민유지와 민유지 분쟁은 입장(入葬), 점유, 매매 등에서 발생하였으며, 면과 면의 경계분쟁, 면과 부락민의 분쟁, 부락민과 개인소유의 분쟁이 있었으나 이들의 분쟁은 매우 적었고 분쟁 대부분은 분묘의 분쟁이었다. 이들 분쟁의 원인은 그 권리서류인 증명, 입지, 입안, 완문 등의 중복과 불비, 매매, 증여 등의 사문기 불비, 불법 매매, 지적계의 유무 등에 의한 분쟁이 발생하였다.

분쟁 사건 처리방법은 사실을 청취하고 당사자의 화해를 시도한 후 당사자 연서로 화해서를 작성시켜 사건이 감소하도록 하였으나 완강하게 다투는 자는 조사를 시행하였다.

조사는 당사자의 신청과 그 권원(權原)에 소급하여 두 당사자와 관계자를 현지에 입회시키고 주장하는 사실, 이유를 기재한 진술서 및 증거서류를 본인 또는 대리인으로부터 제출받아 그 관계 서류와 신고서를 대조하였다. 국유임야의 구분조사 및 처분조사에서 연고자 없는 국유임야를 조사하여 현재 국유로 관리하는 것 중에서 연고자 또는 소유자로 신고하고, 말소를 반대하는 것과 문권, 증명, 기타의 문기와 금양 등 정당한 사유가 있다고 인정하는 것은 분쟁지로 취급하였다.

⑥ 면적측정 및 도근망도

임야의 면적측정은 지적계산부(현, 면적측정부)에 기재한 후 면적계산기를 사용하고 3회 반복하여 평균값을 선택하며 5무보 미만의 토지는 삼사법으로 계산하였다. 임야는 경제적 가치가 전·답·대지 등과는 다르게 무(畝)단위로 하고 일필지가 1무보 미만인 임야 및 임야 이외의 토지는 보(步) 단위로 하였다. 그리고 동리마다 제1회 작업 완료에 따라 차례대로 그 결과를 검사원에게 회부하여 제2회 검정을 시행하여 지적(면적) 측정에 정확성을 기하도록 하였다. 도근점 측량은 세부 측량의 기초가 되는 측량으로 정밀한 기술과 경비가 많이 소요되므로 토지조사사업에서 결정된 지적도를 기초로 도근망도를 작성하였다.

⑦ 도부 정리

일필지에 관한 지적(地積)측정이 완료되면 토지신고서, 조사기록장 및 원도를 기초로 임야조사서 및 임야도를 작성한 후 신고서, 통지서, 분쟁지조서, 지적계산부, 원도 및 조사기록장 등을 첨부하여 사정관인 도지사에게 제출하였다.

임야조사서는 일반인에게 열람하는 것으로 동리마다 지번 순으로 작성하여 지번·지목·면적·신고 연월일·소유자의 주소·성명 또는 명칭·연고자가 있는 국유임야는 연고자의 주소·성명 및 명칭을 기재하였다. 임야대장은 토지대장의 양식과 유사하게 작성하였으며 일필 1매에 동리별 지번 순서에 따라 지번, 지목, 면적, 소유자의 주소 및 성명 또는 명칭을 기재하였다.

자료: 조선임야조사사업보고, 조선총독부 농림국

[그림 4-9] 임야도 작성 작업

임야도 작성 작업은 [그림 4-9]와 같이 토지조사사업 당시 지적도 또는 그

원도를 기초로 축도 기계를 사용하여 축척 1/6,000 또는 1/3,000의 도근망도를 작성하여 일필지 측량의 기본으로 하였다. 임야는 경제적인 가치가 낮아 과세와 관계가 없으므로 시가지 부근과 같이 경제적 가치가 있는 지역에서는 축척 1/3,000, 그 이외의 지역은 축척 1/6,000로 작성하였다. 그리고 임야 내에 개재하는 임야 이외의 토지 또는 지적도에 등재된 경우와 향후 지적도에 등재하여야 할 토지는 지적도와 동일한 축척으로 별지에 그려서 부도로 하고 지적도와 관계를 유지하였다. 이 당시 작성된 임야도가 현재도 임야대장 등록지는 경계의 범위를 인정하는 도면으로 사용하고 있다. 등록사항은 임야경계와 토지 소재, 지번, 지목이고 지번은 "산"자를 기재하여 지적도와 구분하였다.

(4) 사정

「조선임야조사령」에 의한 사정은 「토지조사령」에 따라 사정을 하지 않는 임야와 임야 안에 개재한 임야 이외의 토지에 관해 시행한 행정처분이다. 소유자의 사정은 1908년 「산림법」 규정에 따라 소유신고 불이행으로 부당하게 국유로 귀속된 민유임야는 양여 형식으로 원래의 소유자에게 사정하도록 조치하였다. 권리의 확정은 사정 또는 재결에 따라서 확정하는 것으로 사정에 대하여 불복이 있는 자는 공시기간 만료 후 60일 이내에 임야조사위원회에 신청하여 그 재결을 구할 수 있도록 하였다. 임야조사는 원래 임야의 신고와 입회로 조사의 기초를 하였으므로 정당한 사유 없이 입회하지 않으면 사정에 관한 이의 신청을 할 수 없도록 하였다.

임야의 소유권은 「임야조사령」에 따른 행정처분으로 사정의 확정 또는 재결은 사유를 불문하고 소송을 할 수 없었다. 사정은 부윤·면장으로부터 송부된 조사도서, 분쟁지조서, 의문이 있는 토지조서를 심사하였다. 소유권에 관한 중대한 사항이므로 신중하게 조사하고 작은 착오나 의문점이 없게 하려고 사정의 기관으로 특히 임야심사위원회를 설치하여 심의하였다.

① 사정 공시

사정 조사는 순서에 따라 시행하였지만, 내업 사무와 경비 관계에 따라 다소의 변경을 면할 수 없었으며 조사 후 사정까지는 2년 이상 소요된 것도 있었다. 부윤·면장이 제출한 조사성적은 임야심사위원회의 심의를 거친 후 일반적인 심사를 하고 분쟁지에 관한 귀속 여부를 결정하였다. 그리고 무연고 국유지에 관한 사정이 완료되면 부·군·도(島)별로 종합하여 임야조사서 및 임야도와 신고서류를 소관 부·군·도에 보내고, 공시기간(30일간)을 기재하여 소관 부·군·도청(島廳)에서는 임야조사서 및 임야도를 일반에게 공개하였다. 또한, 총독부관보 및 소관 도의 도보에 게재하고 도청(道廳)게시장 및 도내, 각 부·군·도청(島廳) 게시장 및 사정지역에 소속되는 군, 도내, 면내, 각 동리 게시장에 해당 공시문을 게시하여 사정 결과를 공개하였다.

공시 사무는 부·군·도청의 직원이 담당하도록 하고, 기간에는 항상 종람 장에 담당자를 배치하여 관계되는 토지의 열람, 도시 및 설명 등의 업무를 담당하게 하여 열람자의 편의를 도모하였다. 그리고 임야조사위원회와 협의로 공람 장에는 불복신청서 작성요령을 게시하고 사정 착오에 관한 시정 및 구제방법을 명시하여 이해관계자의 권리를 보호하도록 하였다. 공시 내용을 열람한 자는 이해관계자가 원거리 거주자 또는 소농무직자 등은 구장, 지주총대, 친척 및 기타 유직자에게 열람을 위탁한 자가 많았다.

도지사가 소유자와 경계를 사정할 때는 「조선임야조사령」 제8조와 「조선임야조사령 시행규칙」 제6조에 따라 임야조사서와 임야도를 토지 소재의 부·군청에서 30일간 공시하고 일반에게 종람(縱覽)하도록 하였다. 사정 공시는 공시문의 전문을 공시 당일에 발행하는 조선총독부 관보와 도보에 게재하고 별도 사정지역, 종람기간, 종람장소 등을 기재한 공시문을 작성하여 해당 부·군에 보내고, 부·군청과 각 면·리의 게시장, 국민이 많이 모이는 장소, 기타 적당한 장소에 공시 전날까지 게시하였다. 공시방법은 경성일보, 매일신문과 조선신문을 선택하여 사정지역, 공시기간, 공시장소, 불복신청기간 등을 게재하였다.

공시 종람은 부·군에 따라 다르지만, 공통사항은 도 통첩에 의거 부·군청 회의실 또는 적당한 장소에 임야조사서와 임야도를 비치하여 종람 요령, 불복신청자 요령을 게시하였다. 종람부에 열람할 토지의 소재, 필수, 성명을 기재한 후 소요의 도부를 제시하고 종람하도록 하였다.

② 임야심사위원회

도에서는 부윤(시장), 면장에 의한 조사 작업에 적응할 수 있는 특수조직을 편성하고 항상 감독원을 배치하여 직접 종사원의 지도·감독을 담당하도록 하고 잘못 또는 착오가 없도록 하였다. 또한, 심의를 거친 사항은 모두 위원장이 도지사에게 보고하여 사정에 제공하였다. 사정 작업은 법적인 효력을 부여하는 종국이며 매우 중요한 업무로 부윤·면장의 조사보고를 심사하는데 공정하여야 하므로 도에서는 자문기관으로 합의제, 임야심사위원회를 설치하여 부윤·면장의 보고를 심의하였다. 부윤과 면장은 조사 및 측량작업의 완료 보고를 한 후 조사기관의 의무를 완료하고, 사정기관인 도에 보내 사정 업무를 개시(開始)하도록 하였다. 임야심사위원회는 위원장과 위원 6명으로 편성하고, 위원장은 내무부장인 사무관, 위원은 도의 고등관 중에서 도지사가 임명하고, 서기는 2명으로 도의 판임관 중에서 도지사가 임명하였다. 위원회의 개최일은 위원장이 결정한 후 각 위원에게 통지하였으며, 출석위원 과반수로 결정하고, 가부동수일 때는 위원장이 결정하였다.

조사 도부의 정리가 끝나면 임무과장은 심사위원장에게 심사를 청구하고 위원장은 이를 근거로 위원회를 개최하였다. 조사담당자는 검사 개요, 조사실적, 부윤·면장이 제출한 서류일람, 분쟁처리일람 등의 상황서와 임야조사서, 임야도와 조사도부를 제출하였다. 임야조사서는 임야도에 의거 소유자와 강계를 심사하고, 조사서와 임야도 기재사항은 모두 사정을 근거로 심사하였다.

분쟁사건 심사는 분쟁지조서 등본을 작성하고 원본은 위원장, 복사본은 각 위원에게 배부하였다. 조사담당자는 분쟁지 위치도를 원도 또는 임야도에 표시하고 필요에 따라 별도 작성하여 분쟁지의 관계를 제시, 분쟁내용의 경과, 조사방법과 결정 이유를 설명하였다. 그 이외 결정하기 곤란한 사건 또는 증거가 불완전한 것은 사실 내용을 반복하여 진술하도록 하였다. 조사와 의견이 불일치할 때는 당사자를 소환 또는 현지를 재조사하여 재심한 후 결정하였다. 도지사는 임야심사위원장의 심사 완료 보고를 받은 후 소유자와 경계를 사정하고 30일간 공시하였으며, 위원회 심사결과라도 사정에 지장이 있는 경우에는 재심사하여 사정에 불만이 없도록 하였다. 사정은 「조선임야조사령」 제3조에 따라 신고 또는 통지 일자를 기준으로 신고가 없는 토지 또는 통지를 하지 않은 토지는 사정 일로 하였다. 소유자 명의는 자연인과 법인과 관계없이 모두 신고인 명의를 기초로 사정하였다. 심사위원회는 1919년 12월 이후 2부(府) 20군 249면에 대해 158회를 개최하여 274,760필, 761,503정 7반 1묘 6보와 분쟁 사건 554건, 1,108필의 심사를 완료하였다.[63]

③ 임야조사위원회

임야조사사업은 임야 및 임야 내에 개재(介在)하는 임야 이외의 토지소유자와 경계를 결정하였다. 그 결정은 도지사가 한 소유권 및 경계의 사정에 불복이 있는 자는 사정 공시기간 만료 후 60일 이내에 임야조사위원회에 불복신청을 하고 그 재결을 구할 수 있도록 정하였다. 고등토지조사위원회가 토지의 재결기관이라면 임야조사위원회는 임야에 관한 재결기관이며 두 기관의 공통점은 정무총감이 당연직 위원장이었다는 것이다.

도지사의 사정에 관한 불복신청기간이 지나간 것과 불복신청에 관한 임야조사위원회의 재결을 거친 것은 사법기관이라도 움직일 수 없는 절대적인 확정력이 발생한다. 그러나 그 사정과 재결이 범죄행위에 해당한 경우에는 재심할 수 있도록 하였다. 임야조사

63) 최한영, 전게서, p.1014.

위원회는 사정에 관한 불복신청과 사정 또는 재결에 관한 재심 신청을 심판하는 특수한 재판기관으로 종심이라 할 수 있으며 최고의 재판기관이다. 사정은 행정관인 도지사의 단독처분에 해당하지만, 2심에 해당하는 임야조사위원회는 그 직능이 민사재판과 유사하다는 특수성과 중요성에 비추어 사법관을 참여시킬 필요를 인정, 사법관과 행정관으로 구성하는 합의제 조직이다.

1918년 5월 1일부터 시행된 본 회 관제는 위원장과 위원으로 조직된 합의체의 부제(部制)로 하였다. 위원장은 조선총독부 정무총감, 위원은 조선총독의 주청으로 조선총독부 판사 및 고등관 중에서 내각이 임명하였다. 1919년 2월 10일 처음으로 위원(10명), 간사(1명), 서기·통역생(각 2명)을 임명하여 본 회 사무를 개시하였다. 1921년 관제를 개정하여 위원(15명), 사무관(2명), 부사무관(2명), 서기(4명) 및 통역생(2명)의 전임직원을 설치하여 재결 사무를 처리하였으나, 1925년 위원(25명), 사무관 이하 전임직원(10명)을 증원하여 36명으로 하였다. 1932년 위원(15명), 사무관 이하 전임직원(19명)을 감원하고 1935년 사업의 진척에 따라 위원(10명), 전임직원(11명)을 축소하여 본 회 사무를 완료하였다.[64)]

1919년 12월 조선총독부 훈령 제51호 임야조사위원회 사무장정을 관제로 정한 부의 조직 및 사무의 분배에 관한 사항과 회의 집행에 관한 사항을 규정하였다. 부는 관제에서 정하는 위원의 정원에 따라 애초에는 2부를 두었지만, 관제개정으로 1921년 3부, 1925년 5부, 1932년 3부, 1935년 2부로 축소하였다. 각 부의 사무는 위원장이 정하고 부·군·도(島)를 단위로 사정 공시에 따라 순차 지역을 지정, 총괄적으로 사건을 분배하였다.

임야조사위원회의 총회는 위원장이 의장이 되고 각 부에서 위원 3명 이상의 출석을 절대 필요로 하고 의사는 출석위원의 과반수로 결의하여 가부동수일 때는 의장이 결정하였다. 위원회는 총회, 부회와 관계없이 회의 시작부터 끝까지 회의록을 작성하도록 하였다.

자료: 조선임야조사사업보고, 조선총독부 농림국

[그림 4-10] 임야조사위원회 회의

64) 상게서, p.1026.

(5) 임야대장 작성

임야대장 작성은 식산국장 통첩으로 사정의 여부와 관계없이 사정지역 모두를 1924년 3월까지 작성을 완료하였다. 임야대장은 일필 1매로 하고 1책을 약 200매로 하였다. 부(府)는 1부 1책, 면은 동리마다 별책으로 하여 지번 순으로 묶고 필수가 적은 동리는 여러 동리를 합하여 목차를 붙였다.

임야조사도부는 임야신고서와 통지서철, 조사야장, 원도, 임야도, 임야조사서, 면적계산부, 분쟁지조서와 부속서류로 사정 후 제조에 해당하는 임야대장, 연명부, 이동신고서와 통지서철, 연고에 관한 이동통지서철과 연고이동정리부로 하였다. 인계가 끝난 것은 도청에 보관하고 임야도, 임야대장과 연명부, 임야신고서와 통지서철, 조사야장, 면적계산부, 분쟁지조서와 부속서류, 이동신고서와 통지서 철은 부·군청에 인계하였다. 기타 도부는 사정 공시와 함께 해당 부·군에 인계하고 임야대장 인계와 동시인계를 하였다. 보관은 임야조사서, 임야원도, 연고자 이동정리부, 연고의 이동신고서 철은 임무과에서 보관하였다.

「조선임야조사령」 제3조의 신고 또는 통지 후 사정 공시 날까지 소유자 또는 연고자의 이동, 분할·병합, 지목의 변경, 소유자 또는 연고자의 성명 또는 명칭, 주소변경 등이 발생하였을 때, 「조선임야조사령 시행규칙」 제7조에 의하여 그 관계자에게 신고 또는 통지하도록 하였다. 사정 공시의 날까지 신고 또는 통지서를 부윤 또는 면장이 접수한 것은 조사하고, 임야도와 임야대장에 의하여 이동정리를 수행하고 이를 매 부·군청에 인계하였다. 도부 인계를 완료한 부·군은 제출한 신고서를 해당 부·군청에 회부하여 조회하고 다시 제출기한 내에 부·면에 제출한 것은 면에서 군청으로 보내면 부·군은 도부와 접합, 검사하여 보정·완비된 것을 도에 보내고 불비한 것은 각하하였다. 이동정리는 정비한 신고 또는 통지서를 근거로 면적산정, 임야대장의 가제, 임야도의 정정 등을 정리한 것으로, 면적의 산정은 분할지에 대해 시행하고 임야조사 면적산정과 같이 구적기를 사용하였다.

(6) 사업성과

임야조사측량 성과에 의하여 임야대장과 임야도를 작성하였는데, 임야대장의 지번은 토지대장의 지번과 구별하기 위하여 지번 앞에 "산"자를 기재하였다. 임야도 축척은 시가지 부근은 1/3,000, 기타 지역은 1/6,000로 작성하고, 임야대장은 사정 원부인 임야조사서를 토대로 후에 작성하였다. 임야조사사업은 「조선임야조사령」과 「조선임야조사령 시행규칙」에 의거 1924년까지 도별로 도 장관의 주관 하에 사업을 완료하였다. 또한, 연인원 4,670명으로 사업을 완성하고 임야대장 22,202권, 임야도 116,984매, 분쟁지 17,925건에 28,015필의

성과를 이루면서 우리나라 전 국토의 지적조사를 모두 완료하였다.[65)]

〈표 4-3〉 토지조사사업과 임야조사사업의 비교

구 분	토지조사사업	임야조사사업
실시기간	1910~1918년	1916~1924년
소요경비	20,406,489원(圓)	3,862,000원(圓)
총 인력	7,113명	4,670명
사정기관	임시토지조사국장	도지사
재결기관	고등토지조사위원회	임야심사위원회
조사 측량기관	임시토지조사국	부, 면(府, 面)
조사 대상	전국에 걸친 평야부의 토지 낙산임야(落山林野)	토지조사에서 제외된 임야 산림 내 개재지(介在地)
도면의 축척	1/600, 1/1200, 1/2400	1/3000, 1/6000
지적공부	토지대장 : 109,188권 지적도 : 812,093매	임야대장 : 22,202권 임야도 : 116,984매
필수	19,107,520필	3,479,915필
면적	14,613,214,028평	16,302,429정(町)
분쟁지	33,937건에 99,455필	17,925건에 28,015필

자료 : 김영학·이왕무·이동현·김남식, 「지적학」, 화수목, 2015, p.185.

3 지적재조사

1) 지적재조사의 개념 및 유형

(1) 지적재조사의 개념

용어 그대를 해석한다면 지적재조사(地籍再調査)는 "지적을 다시 조사하는 것"을 의미하여 영어식으로는 'cadastre resurvey'가 된다. 그러나 이러한 단순 용어상의 설명만으로는 그 이해가 충분하지 못하며, 조사의 동기, 그 범위 및 방법, 나아가 장래 지적제도의 발전적 목표까지 함축하는 정도에서 개념이 정립될 필요가 있다. 외국에서 지적재조사라는 용어는 'cadastre reform' 또는 'cadastre renovation' 등의 표현을 사용한다. 전자는 통상적으로 지적에 대한 사고의 전환과 인식의 변화로서 지적에 대한 개혁을 의미하며, 후자는

65) 최한영, 전게서, p.1024.

지엽적인 지적의 훼손이나 정보의 부정확성이 노출되었을 때 지적정보를 개선시키는 것[66]이라 이해된다.

이러한 측면에서 지적재조사란 "과거 토지조사사업 또는 임야조사사업의 성과물인 지적공부의 질적 향상을 추구하고, 현행 법·행정·기술적 기준을 보다 완벽하게 하여 지적관리의 현대화를 도모하고자 다시 실시하는 지적조사"라 할 수 있다. 즉, 지적조사 성과에 있어서 국지적으로 시행된 측량원점의 개선과 보다 정확도가 높은 국가기준점망에 의하여 통일된 좌표계로 일필지를 확정함으로써 측지학적으로 정확한 위치를 등록하고 면적산출의 정확성을 기하기 위한 조사를[67] 의미하는 것이다.

지적재조사는 토지현황을 정확하게 파악하여 지적불부합의 문제를 해소하고, 토지경계의 복원능력을 향상시키며, 능률적이고 능동적인 지적관리체계로 개선하는 것이다. 결국 지적재조사는 새로운 지적측량의 시행을 통하여 새로운 경계의 확인이나 설정이 뒤따르게 되고, 이러한 의미에서 지적측량이나 지적에 대한 기존의 기술이나 관념에 대한 수정 또는 변화를 요구하게 되며, 이를 위해서는 현재의 도해지적을 수치지적으로 전환하는 것을 필수적으로 요구하게 되는 것이다.[68]

이러한 지적재조사는 현 지적제도의 운영상에 표출되는 다양한 문제를 근본적으로 해결하고, 지적정보의 법률적·행정적·기술적 측면에서의 기능을 제고하여 진일보한 지적제도의 근간을 마련하기 위한 국가적 차원의 과업이 될 수 있다. 즉, 현실 변화에 부응할 수 있는 다양한 토지정보원으로서 양적·질적 기능 제고를 의도함으로써 지적제도 본연의 기능을 충족시키고자하는 것이 지적재조사의 기본 취지라 이해될 수 있는 것이다.

지적재조사에 대해 학자들의 주장과 법에서 정하고 있는 정의는 다음의 〈표 4-4〉와 같으며,[69] 대부분 공통적으로 지적공부에서 발생된 지적불부합 문제의 해소, 정확도를 높이기 위한 재조사·측량, 새로운 지적공부의 작성 등에 기초해 정의하고 있다.

---

66) 대한지적공사, 「지적재조사사업 준비를 위한 외국의 사례연구-독일·오스트리아·스위스·일본·대만을 중심으로-」, 1997, pp.1-2.

67) 김행종, "지적재조사사업의 추진계획과 발전방향", 「토지연구」, 제7권 제1호, 한국토지공사, 1996, p.53.

68) 박순표·최용규·강태석, 전게서, pp.420-421.

69) 백은기·원영희, 「지적불부합지에 대한 조사연구」, 대한지적공사, 1982, pp.62-66.; 조재열, "지적재조사사업연구", 「한국지적학회보」, 제6호, 1985, pp.132-141.; 강태석·권규태·강석진, "한국의 지적재조사사업 방향", 「한국지적학회보」, 제6호, 1985, pp.1-38.; 손문돈, "지적제도의 개선에 관한 연구(지적재조사법안과 관련하여)", 박사학위논문, 동의대학교 대학원, 1999, p.7.; 강태석, "지적재조사사업의 실행전략", 「한국지적학회지」, 제21권 제2호, 2005, pp.1-20.; 국토교통부,「바른땅 2030을 향한 도전」, 2016, pp.70-72.

〈표 4-4〉 지적재조사의 정의

저 자	내 용
원영희·백은기 (1982)	1800년대 말 또는 1900년대 초에 시작된 각국의 지적제도가 그동안 토지이용의 세분화 추세에 따라 소요 정밀도 및 활용도에 적응하지 못함으로써 지적재조사측량, 수정측량 또는 축척변경측량 등으로 지적도의 정밀도와 활용도를 높이기 위한 것
조재열(1985)	매필지의 토지에 대하여 지번, 지목, 경계의 조사와 등기부에 기재된 소유자에 관한 확인과 함께 경계의 측량 및 면적의 측정을 실시하여 그 조사의 결과를 지도 및 부책으로 작성하는 것
강태석 외 2인 (1985)	토지 이용과 국민의 재산권 보호에 구조적 장애를 가져와 지적관리에 혼란을 초래하고 있는 지적불부합지 문제를 해소하고 토지의 경계 복원능력을 향상시키며 일필의 토지를 명확히 함으로써 능률적인 지적관리체계로 개선하는 것
손문돈(1999)	국가가 지적재조사법을 근거로 일필지에 관한 지적을 다시 조사하는 것
강태석(2005)	지적공부의 등록사항과 현지상의 토지 표시사항이 부합되지 아니하는 토지를 정리하고, 토지행정을 위해 필요한 토지정보를 추가 등록하고자 새로이 실시하는 토지조사사업
지적재조사에 관한 특별법(2012)	지적공부의 등록사항을 조사·측량하여 기존의 지적공부를 디지털에 의한 새로운 지적공부로 대체함과 동시에 지적공부의 등록사항이 실제 현황과 일치하지 아니하는 경우 이를 바로 잡기 위하여 실시하는 국가사업
한국국토정보공사 (2014)	지적관리상의 문제점들을 근본적으로 개선하고 새로운 지적제도로 발전시켜 나가기 위한 기초 작업으로서 토지정보, 즉 지적 요소를 정확하게 재조사 측량하는 것
바른땅 2030을 향한 도전(2016)	실제상황과 부합되지 않고, 도면의 정밀도가 떨어져 경계 분쟁이 발생하고, 측량성과에 대한 국민의 요구를 충족시킬 수 없는 지적공부에 대해 국가가 주체가 되어 현대적인 측량기법으로 지표는 물론, 지상건축물과 지하시설물 등 토지관련 정보의 재조사·측량을 실시하는 것

(3) 지적재조사의 유형

① 창설적 지적재조사

지적 수정이 불가능하다는 것이 명백해질 때 새로운 측량에 근거한 신(新) 지적도의 작성을 실행하는 것을 지적재작성(R'efection)이라고 한다. '창설적(創設的) 지적재조사'라 함은 현행 지적공부에 등록·공시된 정보를 참고해서 실제 점유 현황을 기준으로 새로이 전국적인 재조사·측량을 실시하여 지적공부를 다시 작성하고, 이를 일괄 등록·공시하는 일괄등록제도(systematic system)를 채택·추진하는 지적조사사업을 말한다. 이는 지적 개혁(Cadastral Reform, R'efection du Cadastre)이라고도 한다. 창설적 지적재조사사업은 전국적으로 일제히 추진하며, 지적공부를 전면적으로 새롭게 작성하여 일괄 등록방법에 의해 등록·공시하는 것이 목적이다. 따라서 이의 실현을 위해 추진하는 전국적사업을 의미한다. 우리나라의 경우, 당초에는 창설적 지적재조사사업을 추진하려고 계획했으나 여러 가지 사정으로 현재 보완적(補完的) 지적재조사사업을 추진하고 있다. 일본과 대만 그리고 프랑스의 일부지역 등에서는 창설적 지적재조사사업을 채택하여 추진 중이다.

창설적 지적재조사사업은 현행 지적관리상의 문제점을 근원적으로 해결할 수 있고, 토지정보의 전산화 등을 추진해서 전국적으로 표준화하고 통일성을 갖춰 정확한 측량 성과를 제공할 수 있는 다목적지적제도의 구축이 가능하다는 장점도 가졌다. 그러나 많은 인력과 장비 및 예산이 소요되고, 장기간에 걸쳐 사업을 추진해야 하는 것이 단점이다.[70)]

② 보완적 지적재조사

'보완적(補完的) 지적재조사'는 지적수정(Cadastral Renovation, R'enovation du Cadastre)이라고도 한다. 지적수정(R'evision)은 아직도 효력이 있는 낡은 지적도면의 자료를 확인하고, 낡은 자료 사이에서 최대한 비슷한 부분을 수정·보완함으로써 새로운 경계를 실제 상황에 결부시키는 것을 말한다. 이는 현행 지적공부에 등록·공시된 정보 중 경계가 부분적으로 현실과 부합되지 아니하거나 지적도면의 전부 또는 일부가 훼손 혹은 분실, 소실된 지역 등을 선정해서 국지적으로 재조사측량을 실시함으로써 지적공부의 등록사항을 수정·보완하고, 이를 분산하여 등록·공시하는 분산등록제도(sporadic system)를 채택·추진해나가는 지적조사사업이다. 보완적 지적재조사업은 특정지역 또는 지구를 채택하여 추진하고 있다. 프랑스는 국지적으로 지적공부에 등록된 경계를 실제 상황에 따라 수정하여 일치시키는 보완적 지적재조사와 병행해서 지적공부에 등록된 경계의 국지적 수정이 불가능하다고 판단될 때는 재조사측량 실시 후 지적공부를 새로이 작성하는 창설적 지적재조사를 추진하고 있다. 보완적 지적재조사사업은 현행 지적관리상의 문제점을 부분적으로 보완·개선하고 지역별로 토지정보의 전산화 등을 추진할 수 있으며, 비교적 적은 인력과 장비 및 예산이 소요되고 단기간에 걸쳐 지적제도의 보완이 가능하다는 장점을 갖는다. 그렇지만 전국적으로 통일성과 획일성 및 측량 성과의 균질성 등을 확보할 수 없다는 것이 단점이다.[71)]

---

70) 국토교통부 한국국토정보공사, 「바른땅 2030을 향한 도전」, 2017, p.74.
71) 상게보고서, p.75.

2) 지적불부합지 및 지적재조사사업

(1) 지적불부합지

① 지적불부합지의 개념

지적제도가 발생할 당시에는 지적불부합지라는 용어가 없었지만 이후 여러 가지 원인으로 지적불부합지에 대한 논의가 활발히 진행되고 있다. 이러한 지적불부합지에 대하여 다양한 정의가 이루어지고 있는데 대표적으로 지적공도(cadastral map)와 실지와의 불부합,[72] 지적공부와 등기부 그리고 실제가 서로 부합되지 않는 것으로 토지등록상의 요소가 어느 하나라도 다른 경우는 모두 광의의 지적불부합지이며, 이 중 지적공부의 등록사항과 등기부의 기록이 실제와 다른 경우는 협의의 지적불부합,[73] 넓은 의미에서 지적공부와 실제상황이나 현지의 토지경계가 일치하지 않는 모든 토지[74] 등으로 정의가 이루어지고 있다.

결국, 지적불부합지는 광의적으로 보면 실지와 지적공부상의 지번, 지목, 면적, 소유권, 경계, 위치 등의 내용이 서로 맞지 않는 것으로 표현할 수 있다. 즉, 토지대장과 등기부가 일치하지 않거나 토지대장 및 지적도에 등록된 내용과 현지의 지목이나 소유자가 다른 경우도 지적불부합지라고 할 수 있다. 협의적으로는 지적도에 등록된 경계와 실지의 경계가 서로 맞지 않는 것으로 정의할 수 있다.[75]

지적불부합지의 내용 중에서 가장 중요한 것은 경계와 면적 부분의 불부합이다. 즉, 경계와 면적이외의 사항들은 불부합이 발생한다 하여도 토지소유자의 신청 또는 소관청의 직권에 의해 비교적 손쉽게 정리가 가능하다.[76] 그러나 지적도면과 현지의 토지 경계가 지적측량의 오류 등으로 인하여 일치하지 않을 때에는 인접토지와의 권리관계에 있어서 문제가 발생하고 이해관계가 대립되며, 등록된 토지권리의 면적이 달라지기 때문에 손쉽게 해결될 수 없다. 특히, 경계나 면적의 불일치 대상이 개별필지가 아닌 집단적으로 발생하는 경우에는 해결이 더욱 어렵다.[77]

따라서 지적행정에서 말하는 지적불부합지는 토지의 경계 점유현황과 지적도면의 경계나

72) 백은기·원영희, 전게보고서, pp.102-104.
73) 최용규, "지적불부합", 「사회과학논총」, 제3집, 청주대학교 사회과학 연구소, 1985, p.36.
74) 강태석, "지적불부합지의 현황과 실태", 「지적」, 제31권 제8호, 대한지적공사, 2001.
75) 이성화, "지적불부합지가 토지 이용에 미치는 영향과 해소방안에 관한 연구", 「부동산학연구」, 제7집 2호, 2001, pp.53-72.
76) 김행종, "지적불부합지의 원인과 해소방안에 관한 연구", 「지역사회개발연구」, 제23권 제1호, 1996, pp.317-344.
77) 행정자치부, 「지적불부합지 정리를 위한 학술연구」, 2003.

면적이 일치하지 않는 필지가 집단적으로 발생하고 있는 대상지역을 의미한다고 할 수 있다. 본 연구에서도 지적불부합지 조사를 위한 대상 설정에 있어 가장 중요성이 높다고 판단되는 경계나 면적 불부합 필지가 집단적으로 발생하는 지역을 지적불부합지로 정의하였다.

② 지적불부합지의 발생원인

지적불부합지의 발생원인은 여러 가지 측면에서 분석될 수 있으며, 제도적 모순이나 운영상의 문제는 물론 측량기술상 어려움 때문에 일어나는 여러 가지 원인도 상당히 많다. 토지조사사업 이후 경제발전에 따라 토지가 세분화되고 토지개방 및 이용이 다양화됨에 따라 많은 이동지 정리를 수행하면서 누적되는 오류도 적지 않았다. 최근에는 이러한 오류의 악순환이 진행되어 더욱 사회적인 문제가 되고 있다. 토지조사사업 당시에 매설해 놓은 측량기준점들은 통일성이 결여되었을 뿐만 아니라 시간의 흐름에 따라 유지보수가 어려워졌다. 더욱이 한국전쟁과 토지효용의 증대에 따른 급속한 개발 등으로 더욱 많은 측량표가 망실 내지 이동되고 이를 기초로 하여 시행하는 지적측량의 성과는 날이 갈수록 저하될 수밖에 없게 되었다.[78] 결국, 지적불부합지를 발생시키는 원인은 지적도 축척의 다양성, 원점계열의 상이, 지적도 관리의 부실, 지적공부 복구 부실, 지적도면 재작성시 부정확한 작성, 지적측량의 착오와 도면정리의 부실 등으로 정리될 수 있다.[79] 지적불부합지를 발생시키는 가장 근본적인 원인은 우리나라의 지적이 도해 지적도면을 기반으로 하고 있기 때문으로 볼 수 있다.

③ 지적불부합지의 유형

여러 가지 원인으로 발생된 지적불부합지의 유형 또한 다양한 양상을 보이고 있으며 대부분 그 형태를 구별할 수는 있으나 그중 일부는 혼합된 형태를 이루어 명확하게 구별하지 못하는 경우도 나타나고 있다. 즉, 지적공부와 실지가 중복되거나 편위된 형태를 보이기도 하고 또는 불규칙하거나 위치의 오류가 발생하는 등 그 사례가 다양한 양상을 보이고 있다. 이를 기존 연구에서 공통적으로 제시되고 있는 몇 가지 유형으로 구분하여 살펴보면 다음과 같다.[80]

78) 박순표·최용규·강태석, 전게서, pp.435-437.

79) 강태석·권규태, “지적불부합지의 정리를 위한 실험측량 분석 연구”, 「한국측량학회지」, 제21권 제3호, 2003, pp.269-275.; 행정자치부, 「항공사진측량기법을 이용한 지적불부합지 정리방안 연구」, 2003.; 이성화, 전게논문, pp.53-72.

80) 박순표·최용규·강태석, 전게서, pp.438-440.; 청주대학교 사회과학연구소, “지적공부 재작성을 위한

가. 중복형

중복형은 인접되어 있는 필지가 중첩되어 등록되는 유형이다. 이는 등록전환 시의 측량 오류나 도근측량 시에 사용한 원점이 서로 다를 경우 원점구역의 접촉지역(시·군이나 리·동경계가 접하는 곳)에서 발생하는 경우이다. 즉, 측량상의 오류는 인접 리·동의 토지를 측량할 때에 다른 리·동 경계선 부근에 이미 등록된 다른 토지의 경계선을 충분히 확인하지 않고 처리함으로써 일어나는 것이 대부분이며, 그 발견이 쉽지 않기 때문에 각 필지의 오류가 상당기간 확인되지 않고 권리가 행사되거나 여러 차례 소유권이 중복 등기되어 이를 정정하기가 더욱 어려워지는 사례가 많다.

나. 공백형

공백형은 인접되어 있는 필지 사이에 공백이 발생되는 유형이다. 이는 많이 발생하는 유형은 아니다. 주로 삼각점 또는 도근점의 계열과 도선의 배열이 서로 다른 경우에 신규 등록, 등록전환과 같은 이동지 정리 측량의 오류로 나타난다. 도근점 도선 배열이 서로 다른 경우는 리·동의 행정구역의 경계가 접하는 지역에서 오류가 발견되는 경우가 많으며 일정지역의 인접한 필지들이 실지와 폭이 달라지는 등 일필지의 형상과 면적이 부정확한 경우도 있다.

등록전환의 경우에 발생하는 경사거리의 계산착오와 같은 측량기술상의 오류 등으로 인하여 동일한 지번지역 내에서도 등록시기와 측량자가 다른 경우 또는 산정의 양측에서 일부만을 등록하여 오다가 서로 필계선이 맞닿을 때에 비로소 오류가 확인되기도 한다. 이때에는 도근 도선 배열이 다른 경우와 마찬가지로 일필지의 도상경계는 서로 떨어져 있으나 실지에 있어서는 두 필지 사이에 토지가 존재하지 않는 것이다. 바꾸어 말하면 경지가 맞닿는 토지가 지적도상에 떨어져있는 것처럼 공백부가 발생하는 경우이다. 이러한 사례는 수필씩 산재되는 경우가 많으며 집단적으로 발생되는 예가 그렇게 많지 않은 것으로 나타나고 있다.

다. 편위형

편위형은 어느 특정지역의 필지들이 한 방향으로 일률적으로 편위가 발생하는 유형이다. 이는 도근점의 위치가 부정확하거나 도근점의 사용이 어려운 지역에서 현황측량방식으로 대단위지역의 이동측량을 할 경우에 발생하는 유형으로서 측판점의 위치결정의

실지현황 조사·분석연구", 1988.; 행정자치부 지적담당관실, 2001.; 김행종, 전게논문, pp.317-344.; 이성화, 전게논문, pp.53-72.

오류로 인한 것이 대부분이다. 편위형은 지적불부합지의 유형 중 가장 흔히 볼 수 있는 사례 중 하나이다. 그런데 이 유형은 쉽게 발견되지 않은 관계로 소유자들의 저항이 적어 오랫동안 정정되지 못하고 방치되는 경향이 많다. 이러한 지역의 이동측량신청이 있을 경우에 지적측량사는 부득이 국지적으로 경계선을 결정 처리하는 일이 많기 때문에 지적불부합의 수는 더욱 증가하게 되는 것이다.

매 필지별로 볼 때에는 동일한 시기에 측량되는 지구경계 부근 이외에는 각개의 필지별 절대면적이나 경계선의 길이 등에는 차이가 별로 없어 방치되는 사례가 많아지기 때문에 결국에는 더욱 더 어려운 문제가 야기되는 사례가 많게 된다. 또한 이 편위형 불부합지의 특징 중의 하나는 비교적 규모가 크던 가 집단적이어서 정정하기 위한 행정 처리상 큰 애로가 있으며, 많은 토지소유자나 이해관계인과 접촉·처리하여야 하는 어려움도 뒤따르는 것이다.

라. 위치오류형

위치오류형이라 함은 일필의 토지가 형상과 면적은 사실과 일치하나 측지학적인 위치에 있어서는 전혀 다른 데에 놓여있는 것을 말한다. 이는 주로 세부측량 당시에 측량기준점이나 기지 경계선으로부터 비교적 멀리 떨어진 산림 속의 경작지나 골짜기를 따라 이루어진 산, 답들 중에서 많이 발견되는 사례이다. 임야 내에 있는 독립적인 전, 답이나 비정위치에 등록된 도서 등은 이해관계자가 거의 없기 때문에 비교적 그 정정이 용이하며 면적의 정정 없이 도면상의 위치만을 옮겨 놓으면 된다. 그러나 연속된 산, 답 등에 있어서는 위치정정에 있어서 자체 면적은 큰 변동이 없으나 인접된 임야와의 경계에서 문제가 발생하며 정위치에 등록된 필지와의 경계에서도 면적과 위치를 정정해야 하는 어려움이 뒤따르게 된다.

마. 불규칙형

불규칙형은 어느 특정지역에서 중복, 공백, 편위 등이 복합적으로 나타나는 유형이다. 즉, 일정한 방향으로 밀리거나 중복되지 않고 산발적으로 등록된 오류 사례이다. 불규칙형은 기초점 자체의 오류, 토지경계 인정의 착오, 토지 소유자들의 토지경계 혼동으로 인한 경계구조물 설치의 부정확 등 다양한 원인으로 인하여 이루어진 복합 형태로 정확한 원인분석이 어려운 경우가 많은 형태이다.

바. 기타형

기타형은 이상에서 기술된 불부합유형 이외의 모든 유형을 말한다. 예를 들면, 세부측량 당시에 지적도 등사도를 뒤집어 정리함으로써 당해지역의 전부가 불부합되어 왔으나 토지이동이 전혀 없고, 또 소관청이나 소유자가 그 사실을 발견하지 못하였기 때문에 아무 이의 없이 운영되어 오다가 특정시기에 이 사실이 발견되어 이를 정정한 경우이다. 또한 측량오차가 누적되어 처리가 곤란했던 지역의 토지를 어느 한 지역에 일괄 처리하여 발생된 경우를 말한다.

사. 경계선 이외의 불부합형

경계선 이외의 불부합지의 유형은 공부와 실지가 서로 다른 지목과 소유자의 성명, 주소 등 표시사항에 대한 오류이다. 이 표시사항의 문제는 지적도와 토지대장 또는 토지대장과 등기부 상호 간의 불일치도 깊이 고려해야 할 사항이다.

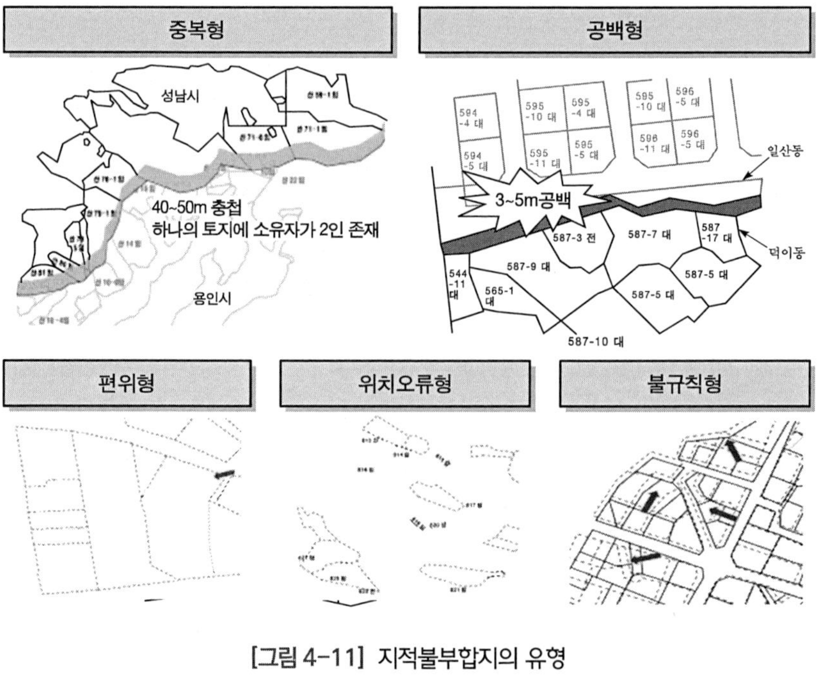

[그림 4-11] 지적불부합지의 유형

(2) 지적재조사사업

① 지적재조사사업의 배경 및 목적

1995년 12월, 내무부는 '지적재조사사업추진 기본계획'을 확정하면서 지적재조사사업 추진의 당위성을 '필지중심 토지정보시스템 구축, 국가경쟁력 제고, 일제 잔재 청산'으로 크게 나누어 제시했다. 즉, 필지중심 토지정보시스템을 구축하여 '지적불부합 문제 해소를 통한 토지경계 분쟁 민원의 해소, 공평 과세 및 세수증대, 효과적인 토지정책 결정 및 재해관리 예방체제 구축, 토지 관련정보의 공동 활용'을 해야 한다. 그리고 국가경쟁력 제고를 위해서는 '우루과이라운드(UR) 대비 측량시장의 자생력 강화, 측량 및 정보 처리 기술 혁신, 최첨단 기술인력 양성, 통일에 대비한 기술과 경험 축적'이 필요하다. 또한 일제 잔재 청산으로 '수탈 목적의 지적도폐쇄, 일본식 지명 표기 삭제, 일본측량원점 탈피, 현행 지적제도의 전면 개편' 등을 추진해야 한다.

이후 1996년 7월에는 구대한지적공사 지적기술연구소가 지적재조사법안을 연구하면서 지적재조사사업 추진의 필요성으로 '정확한 측량성과의 제시 곤란, 지적공부와 실제 상황의 불일치, 전산화 추진 미흡, 일제 잔재 청산'을 내세웠다. 같은 해 9월에는 내무부가 '지적재조사사업의 필요성과 추진 방안'에서 지적재조사사업의 필요성을 '토지경계 분쟁 민원의 해소, 현대적 다목적 지적제도의 창설, 공평 과세 및 세수 증대, 지적 전산화 실현, 통일에 대비한 기술과 경험의 축적, 일제 잔재 청산, 국가경쟁력 제고'로 제시했다.

이와 같은 지적재조사사업의 배경 및 필요성을 종합하면 토지경계 분쟁의 해소와 국민의 재산권을 보호, 지적공부와 실제 상황의 불일치 청산, 현대적 다목적 지적제도 창설, 지적 주권의 회복과 역사 개념정립, 국토의 효율적 관리와 정책에 활용, 지적정보의 가치 극대화를 통한 공간정보산업 활성화, 과세의 적정화 및 공평화시스템 구축, 사업완료 시 직접적 경제효과 발생 등으로 요약할 수 있다.[81]

지적재조사사업의 목적은 지적공부의 등록사항을 조사·측량하여 기존의 지적공부를 디지털에 의한 새로운 지적공부로 대체함과 동시에 지적공부의 등록사항이 토지의 실제 현황과 일치하지 아니하는 경우 이를 바로 잡기 위하여 실시하는 국가사업을 말한다.[82] 즉, 지적공부에 등록된 토지이용상황과 실제 토지이용상황이 불부합하는 것을 바로잡아 정확한 디지털 지적정보를 구축함으로써 선진화된 국가토지행정의 기반을 확립함은 물론 국민의 토지재산권을 안정적으로 보호하기 위한 것이다.

「지적재조사에 관한 특별법」에 의한 지적재조사사업이 시행되기 이전에는 지적불부합지를 정리하기 위해 지적불부합지 정리 사업이 추진되었다. 이 정리 사업은 지적공부에 등록된 경계, 면적, 위치가 실제 현황과 일치하지 아니하는 특정지역의 10필지 이상의 집단지를 대상으로 하였기 때문에 전국을 대상으로 하는 지적재조사사업과는 여러 면에서 차이가 있다.[83]

81) 국토교통부·한국국토정보공사, 「바른땅 2030을 향한 도전」, 2017, pp.73-74.
82) 「지적재조사에 관한 특별법」, 제2조.

〈표 4-5〉 지적불부합지 정리사업과 지적재조사사업의 비교

구 분	지적불부합지 정리사업	지적재조사사업
근거법률	지적법, 지적불부합지정리 지침	지적재조사에 관한 특별법
사업대상	지적불부합지(10필지 이상)	전 국토
측량기준	지역(동경)측지계	세계측지계
측량방법	도해지적	수치지적

자료 : 국토교통부, 「2018년 지적재조사 업무매뉴얼」, 2018, p.3.

② 지적재조사사업의 연혁(추진과정)

1990년대부터 지적재조사사업의 필요성이 제기되어 2006년 9월 「토지조사 특별법(안)」이 의원입법으로 발의되기까지 시범사업 실시, 2차에 걸친 예비타당성 심사 등을 거쳐 안정적인 사업추진기반 위에 법령제정, 본 사업이 추진하게 되었다.[84] 2007년 전국에 분산되어 있는 지적불부합지를 전수 조사하고 디지털지적구축 시범사업을 2008년 7월부터 2010년 12월까지 추진하게 되었다. 또한 2010년 지적재조사사업추진 KDI 예비타당성조사 분석 결과, 비용과 편익의 비율을 분석한 B/C Ratio(편익/비용 비율)이 0.80, AHP(Analytic Hierarchy Process)가 0.363으로 나타나 사업의 필요성은 충분하나 사업의 시행에 대한 최종 의사결정에서 보완할 필요가 있다는 의견이 제시되었다. 그리고 2011년 9월 16일 법률 제11062호로 「지적재조사에 관한 특별법」이 제정되고 사업규모가 500억 원 이상이면 「국가재정법」 제34조에 따라 예비타당성조사를 받도록 되어 2012년 제2차로 간이 예비타당성조사를 받아 정책적, 경제적 타당성이 인정되어 국가예산이 투입되게 되었다.

이후 2012년 3월 13일 「지적재조사에 관한 특별법 시행령」 제정 〈시행령 제23666호〉, 2012년 3월 16일 「지적재조사에 관한 특별법 시행규칙」 제정 〈시행규칙 제448호〉, 2012년 6월 「지적재조사에 관한 특별법」에 따른 지적재조사사업 전면 시행을 위하여 지적재조사사업에 관한 기본방향, 지적재조사사업의 시행기간 및 규모, 지적재조사사업비의 연도별 집행계획, 「지적재조사에 관한 특별법」 제4조 제1항 제4호 기준에 의한 시·도별 배분 계획, 지적재조사사업에 필요한 인력의 확보에 관한 계획, 디지털지적 구축에 따른 표준제정과 활용에 관한 사항, 지적재조사사업 효율적 추진을 위하여 필요한 교육과 연구·개발에 관한 사항을[85] 포함한 지적재조사 제1차 기본계획을 수립하였으며, 2016년 3월

83) 국토교통부, 「2018년 지적재조사 업무매뉴얼」, 2018, p.3.
84) 대한지적공사 공간정보연구원, 「지적재조사기본계획 수립 연구」, 2012, p.9.

25일 지적재조사 2차 기본계획을 수립하여 추진하고 있다.[86)]

92~93 ▸	• 지적재조사사업을 위한 사전연구(보고서 5종 발간)
1994 ▸	• 『지적재조사 실험사업』 추진(경남 창원시 2개동)
1995 ▸	• 『제1차 지적재조사사업추진 기본계획 수립』
1996.8 ▸	• 지적재조사특별법 입법예고(내무부공고 제1996-74) ※ 재정경제원, 법원행정처 등 관계부처 반대
2000 ▸	• 제2차 지적재조사사업추진 기본계획 수립
2002 ▸	• 지적불부합지정리 기본계획수립
2004 ▸	• 지적법 전문개정(지적재조사사업 신설규정)
2006.9 ▸	• 토지조사특별법(안) 국회 제출(노현송 의원 외 24인 의원입법 발의)
2008 ▸	• 디지털지적구축 시범사업 추진
2010.8 ▸	• 지적재조사사업 제1차 예비타당성 조사(사업 보류 결정)
2011.9 ▸	• 지적재조사에 관한 특별법 제정(2011.9.16.)
2012.3 ▸	• 지적재조사에 관한 특별법 시행령 및 시행규칙 제정(2012.3.13.)
2012.9 ▸	• 지적재조사사업 제2차 예비타당성 조사 ※ 사업계획, 기술적 타당성, 비용추정 등 적정 판단
2013.2 ▸	• 지적재조사사업 제1차 기본계획 수립(2013.2.21.)
2016.3 ▸	• 지적재조사사업 제2차 기본계획 수립(2016.3.25.)

자료 : 국토교통부, 「선진 외국(유럽)의 지적재조사 사례 연구」, 2017, pp.106-107.

[그림 4-12] 지적재조사사업 추진 연혁

③ 지적재조사사업 추진 현황

지적재조사사업은 「지적재조사에 관한 특별법」과 지적재조사 기본계획(1, 2차)에 기초해 2012년부터 2030년까지 사업기간을 설정하고 추진 중에 있다. 기본계획은 5년 주기로 수립되고 있는데, 이는 장기적인 사업기간을 고려해 단계별로 사업기간을 구분하여

85) 상게보고서, p.11.
86) 국토교통부, 「선진 외국(유럽)의 지적재조사 사례 연구」, 2017, pp.105-106.

사업을 계획하고, 각 단계별 기본계획 수정·보완을 통해 안정적인 추진을 도모하고자 하는 것이다.

지적재조사 제2차 기본계획[87]의 주요 추진목표 및 전략은 한국형 스마트 지적의 완성을 통해 국민 모두가 행복한 바른 지적을 실현하기 위한 3대 추진전략을 제시하고, 10개 중점과제를 도출하였다. 지적불부합지 542만 필지를 해소하고, 도해지적의 디지털화를 위한 지적재조사사업 규모 및 기간은 2012년부터 2030년까지 제1차 기본계획과 동일하게 설정하고 사업추진 여건을 반영하여 단계별 추진토록 계획하였다.

〈표 4-6〉 지적재조사사업 단계별 사업대상 (단위 : 만 필)

사업대상	1단계 ('12~'15)	2단계 ('16~'20)	3단계 ('21~'25)	4단계 ('26~'30)	비고
542	23	164	195	160	

자료 : 국토교통부, 「제2차 지적재조사 기본계획(2016~2020)」, 2016, p.8.

또한 2020년까지 지역측지계로 등록된 지적공부를 세계측지계로 변환하는 사업도 제1차 기본계획에서 정한 것과 같이 지적공부 등록 3,790만 필지('13년 말 기준) 중 집단불부합지 554만 필지와 2015년까지 변환 완료한 669만 필지를 제외한 2,567만 필지를 사업대상으로 하였으며 제2차 세계측지계 변환 사업 연도별 사업대상은 아래 표와 같다.

〈표 4-7〉 세계측지계 변환사업의 연도별 사업대상 (단위 : 만 필)

총 변환대상 필지 (A=B+C)	변환 완료(B)	연도별 변환 계획					
		계(C)	'16년	'17년	'18년	'19년	'20년
3,236 (100%)	669 (20%)	2,567 (80%)	485 (15%)	485 (15%)	485 (15%)	638 (20%)	473 (15%)

자료 : 국토교통부, 「제2차 지적재조사 기본계획(2016~2020)」, 2016, p.10.

3) 외국의 지적재조사

(1) 대만

대만의 근대 지적제도는 일본의 식민지 시대에 창설되었으며, 그 후 긴 세월이 경과하면서 지적도면의 훼손, 망실, 토지이동정리로 말미암아 공부로서의 정확성을 기할 수 없고

87) 국토교통부, 「제2차 지적재조사 기본계획(2016~2020)」, 2016.

그로 인한 공공 및 사적 재산 권익 침해가 발생하였다. 따라서 새로운 지적도 재작성이 요구되어 1973년부터 1975년에 걸쳐 지적재조사(중측사업) 실험사업을 시작하게 되었고 이 결과에 의거 1976년부터 3단계 계획으로 13년간 실시되었으며, 이어서 1989년부터 5단계(20년간)로 실시되었다.[88)]

대만의 지적도중측사업의 주관기관은 내정부이며 중장기 계획 심사, 연도 계획 심사, 법규 수정 및 해설업무를 담당한다. 주최기관은 내정부 국토측정부문이며 계획의 작성, 재측정제도, 법규의 연구, 재측정의 감독·대조·예산 또한 지적도 재측정 작업의 집행업무를 담당한다. 또한 지적재조사사업의 집행기관은 국토 측정 부문 및 소속 토지 등기 기관이다. 협력기관으로는 각 직할시, 현 정부 주관 도시계획기관(단위)이다. 지적도중측사업 지역에 대한 일필지 측량방법은 평판에 의한 도해측량방법과 경위의 전파측거기 등에 의한 수치측량방법으로 수행한다.[89)]

지적도중측사업을 실시함으로써 토지의 경계선을 새로이 확정하고 그 성과를 영구적으로 보관할 수 있는 완벽한 자료를 확보할 수 있으며, 국제적 단위인 미터법으로 전환하고 축척을 1/500 또는 1/1,000로 변경하여 사용하기가 편리해졌다. 그리고 토지의 경계분쟁을 방지하여 소송 건수를 감소시키고 지정사무소에 경계감정측량을 의뢰하는 민원이 줄어들었으며, 수치지적측량방법에 의할 경우에는 필요에 따라 임의의 축척으로 지적도를 작성할 수 있으며 측량 후 경계표지가 묻히거나 망실·훼손되었다고 하더라도 정확하게 복원시킬 수 있어 경계분쟁을 크게 감소시키는 효과를 가져왔다.[90)] 지적도는 우리나라와 같이 리·동별 격자형 도곽 형태로 구획하여 작성하는 연속형 지적도(serial map)의 형식을 채택하고 있으며 지적도중측사업 전에는 지적도와 임야도를 구분하고 도시지역은 1/600, 농지 및 산지는 1/1,200, 고산지역은 1/3,000, 1/5,000 등의 축척으로 작성하였다. 그러나 지적도중측사업 시행지역은 미터법의 도입과 함께 지적도와 임야도를 구분하지 아니하고 도시지역은 1/250, 1/500, 농지 및 산지는 1/1,000, 1/2,000 등의 축척으로 지적도를 작성하고 있다.[91)]

88) 류병찬, 「최신지적학」, 건웅출판사, 2006, pp.558-559.
89) 국토교통부·한국국토정보공사, 전게보고서, p.55.
90) 안경덕, "대만 도시지구 지적도중측사업", 「한국지적학회보」, 제6호, 1985, p.16.; 상게보고서, pp.179-182.
91) 임승권, "한 중국 토지행정체제의 비교연구", 석사학위논문, 대만 국립정치대학 공공행정연구소, 대북, 1986, pp.8-11.

〈표 4-8〉 지적도중측사업의 성과

계획별	연도	재측정 면적(ha)	재측정 필지 수(필)
시험기	1973~1975	12,685	241,043
3기 13년 계획	1976~1988	106,861	2,323,438
78년 계획	1989	4,407	133,163
대만지역 지적도재 측정후속의 계획	1990~2005	264,187	3,184,123
지적도재 측정계획	2006~2014	222,300	1,853,743
합 계		610,440	7,735,510

자료: 대만 내정부 지정처, 홈페이지(www.moi.gov.tw)

(2) 일본

일본은 지적조사사업이라는 명칭으로 지적재조사사업이 추진되고 있으며, 일본의 토지조사는 1951년에 제정된 국토조사법에 의해 실시되었으며, 1962년 국토조사촉진특별조치법을 제정하여 10개년 계획에 의한 조사 추진 및 제1차 국토조사사업(1963~1972)을 완료하였다. 그러나 지적재조사가 행정처분의 성격을 갖지 않는 단순 행정조사 일환으로 추진됨에 따라 여러 가지 문제점이 발생하여 2000년부터는 긴급 실시가 필요한 지역을 선정하여 5개년 계획을 수립하여 시행하고 있다. 일반적으로 지적조사 사업비용 중 전체의 50%는 국가에서, 25%는 도·도·부·현에서 부담하고 나머지 25%는 지적조사사업을 주관하는 시·정·촌이 부담하여 실시하고 있다.[92] 일본의 지적제도는 대만과 같이 지적과 등기의 부책이 일원화되어 운영되고 있지만, 국토조사는 국토교통성에서 담당하고 일필지의 이동측량은 법무성이 담당하는 등 2개의 법률과 2개의 행정조직으로 구성되어 있다.[93] 2016년 말 기준의 사업 추진실적은 대략 52% 정도이다.

일본의 지적조사 기본방침은 보완적 지적재조사 방식에 의해 행하여진다. 지적조사는 새로운 지적을 창설하는 것이 아니라 기존의 지적을 수정하는 것으로 등기에 따라 이미 결정되어 있는 토지의 지번, 지목, 면적, 경계와 소유자 등을 확인하고 도면과 대장을 정확하게 수정하여 교체하기 위한 조사를 말한다. 등기신청은 표면적으로는 본인 신청을 원칙으로 하고 있으나 법률적 전문지식과 측량기술이 요구됨에 따라 표제부(토지표시)의 등기신청 수속의 98%는 전문자격자인 토지가옥조사사가 대리로 실시하고 있는데 대리인의 자격은 토지가옥조사사와 측량사로 분류되어 있다.[94] 지적조사의 순서는 다음과 같다.

92) 김영학·이왕무·이동현·김남식, 전게서, p.216.
93) 류병찬, 전게서, pp.542-554.

① 지적조사의 실시계획수립 및 준비

사업실시 주체는 조사지역 및 조사면적, 조사기간, 정도 및 축척의 구분, 지적측량방법, 작업계획 등을 수립하고 총리부령에 의해 정해진 지적조사 작업규정준칙에 따라 작업진행표를 작성한다. 또한 필요한 준비수속을 하는데 국토조사법상 사업실시 주체는 도·도·부·현, 시·정·촌, 토지개량구 등이 있지만, 북해도에서는 시·정·촌이 사업실시 주체가 되는 경우가 일반적이다.

② 지구설명회 개최

지구설명회는 조사지구에 관계되는 토지소유자(상속인)와 이해관계인에게 조사내용과 작업순서를 안내하고 조사지구의 공도를 기초로 인접 토지소유자의 확인과 조사지구의 상황도를 확인한다.

③ 경계표지(항목) 설치

토지경계에 경계점 표지(필계항목)를 설치한다. 필계항목은 지방사무소에서 플라스틱 항목으로 준비하며 이 경우 반드시 인접 토지소유자의 입회·동의를 얻어 합의가 이루어지는 경우에 경계점 표지를 설치한다.

④ 지적기준점 설치 및 측량

국토교통성 국토지리원은 1등~3등의 기본삼각점을 기초로 지적조사 측량을 원활히 실시하기 위하여 필요한 4등 삼각점의 기준점을 설치하여 측량을 실시하고 있는데, 국토교통성 국토지리원(북해도는 지방측량부)에서 모두 국비부담에 의해 설치 및 측량한다.

⑤ 일필지 조사

일필지 조사는 준비작업과 현지조사로 구분하며 조사원(지방사무소는 국토조사계 직원)이 토지 소유자의 입회를 요구하고 직접 현지에서 일필지마다 지번, 지목, 소유자를 조사하여 소유자의 합의에 의해 설치한 경계점 표지를 확인한다. 또한 경계가 명확하게 확인이 가능한 토지에 대하여도 반드시 소유자가 입회하여야 한다.

⑥ 일필지 측량

지적측량은 지상법과 항측법에 의하여 실시한다. 지상법은 트랜싯, 광파거리측정기,

---

94) 황보상원, "한국·일본·대만 3국의 지적재조사사업 비교·연구", 「한국지적학회지」, 제32권 제3호, 2016, p.116.

평판, 권척 등의 기계를 이용하여 측량을 시행하며, 항측법은 결과도 및 지적도를 항공 사진측량방법에 따라 작성하는 방법이다. 그러나 실질적으로 항측법은 실시하지 못하고 있다. 일필지 측량은 필계점의 위치 및 면적을 평면직각종횡선좌표로 구하는 수치법과 지상의 위치를 도면상에 나타내는 도해법을 병행하고 있다. 측량방법은 방사법, 다각측량법, 할입(割込)법, 거리법 또는 교점계산법에 의하도록 하고 있다.

⑦ 지적도·지적부의 작성 및 성과의 열람

측량 결과를 기반으로 일필지마다 지번, 지목, 면적, 소유자 등의 정리 및 지적도와 지적부를 작성하되 시·정·촌 사무소에 20일간 토지소유자와 이해관계인에게 열람시킨다.

⑧ 인증 및 등기

지적조사를 실시한 자의 명칭과 지도 및 부책의 명칭을 기재한 지적도와 지적부가 작성된 경우에는 도도부현 지사의 인증을 받아 법무국에 송부하며 법무국에서는 지적부에 기초한 토지 등기부를 고쳐서 지도로 비치한다.

이상의 순서에 의하여 시행되는 지적조사에서 토지소유자가 행하여야 하는 작업은 경계항목의 설치, 일필지조사 시 현지입회, 성과의 열람이 있다.

(3) 독일

독일에서는 국가 범위에서 우리나라와 유사한 지적재조사사업은 추진을 하지 않았고 우리나라와 다르게 연속지적도 정비사업을 수행하였다. 하지만 독일과 프랑스에서 'cadastre reform', 'resurvey', 'renovation project'로 알려진 사업이 수행되었는데, 이는 두 가지의 사업 형태로 분류될 수 있다. 첫째로, 연속지적도의 품질확보를 위해서 부분적으로 재측량을 수행한 연속지적도 위치정확도 확보사업이다. 둘째는, 종이도면의 연속지적도를 디지털 연속지적 데이터로 변환하는 연속지적도 전산화 사업이다. 일반적으로 유럽의 지적재조사(cadastre reform)는 지적도 전산화 사업을 의미한다. 따라서 독일의 지적재조사사업 주체로 지적관련부서와 사업관련 기관을 국책사업으로 추진한 지적도 전산화사업인 ALK (Automatisierte Liegenschaftskarte) 사업에 대하여 설명하고자 한다.[95]

① 사업 주체

사업주체로는 지적소관청, 주 측량사무소, 등기부서를 담당하는 지적관련부서가 있으며

95) 국토교통부, 전게보고서, 2017, pp.5-14.

공식적으로 독일 측량시스템을 조정하는 AdV라는 사업관련 기관이 있다. 지적관련부서는 독일의 경우, 주마다 담당하는 기관이 다르며 베를린의 경우 계획부(Ministry of Planning)에서는 지적소관청과 주 측량사무소를 담당하고 법무부(Ministry of Justice)에서는 등기업무를 담당한다. 사업관련 기관으로는 AdV(Arbeitsgemeiinschaft der Vermessungsverwaltungen der Lander)가 있으며, 공식 독일 측량시스템을 조정하고 AdV에 속한 지방주, 연방정부의 상호 협력과 이해관계를 조정한다.

② 지적관련 부서

독일의 행정구역은 16개 주(Laender)이며 13개의 연방주와 3개의 도시주로 구성되어 있다. 각 주마다 행정조직이 다르고 주 기반의 지적관련 법에 따라 지적업무를 수행하고 있다. 독일의 지적측량은 주 단위로 실시되며 토지측량과 지적측량은 하나의 기준으로 실시하지만 각 주마다 기관의 구조가 다르다. 독일의 측량 및 지적법에 의거한 지적 업무는 주 정부의 임무이며 지적 시스템의 관리부서는 주정부 국무부이며 지적 관리와 지적 측량의 집행은 측량 당국이 수행한다.

③ ALK(Automatisierte Liegenschaftskarte) 사업

독일의 연속지적도 관리는 1807년 지적제도를 확립하면서 시작되었다. 이것은 독일의 주 단위의 지적제도가 확립된 것을 의미하며 이후 국가 단위의 표준화된 지적도 관리체계의 필요성이 부각되어 1949년에 AdV라는 명칭을 지정하였다. 1970년대에는 ALB (Automatisiertes Liegenschaftsbuch) 및 ALK(Automatisierte Liegenschaftskarte)의 개념이 성립되었으며, ALK는 연속지적도(지적도), 측량 및 경계지점, 기본 측량의 점을 증거로 디지털화하기 위한 개념으로 연속지적도 전산화 사업으로 수행되었다.

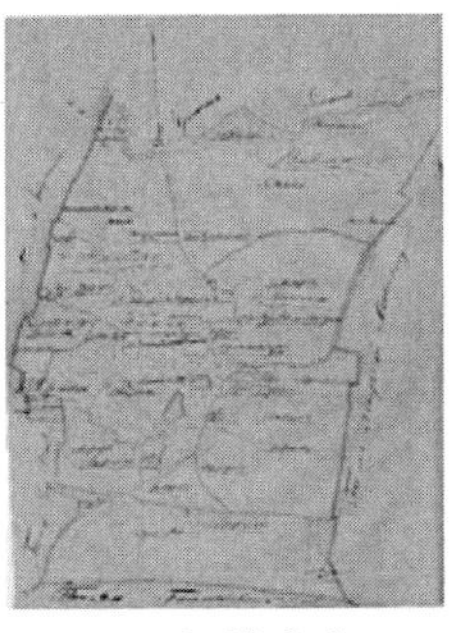

1872년 원지적도

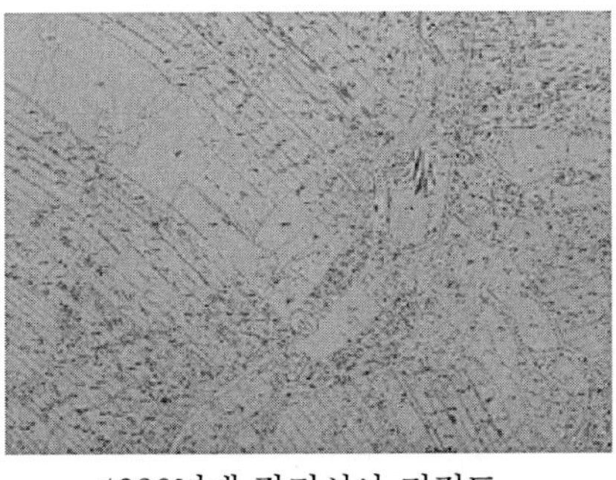

1930년대 갈리시아 지적도

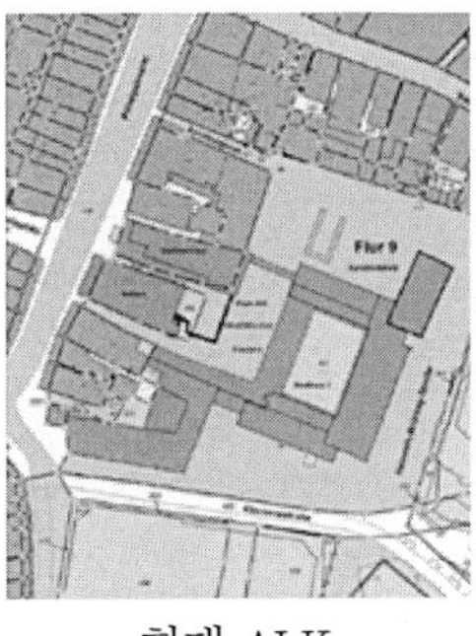

현대 ALK

[그림 4-13] 독일의 지적 연혁

또한 AdV는 2002년에 ALKIS(Das Amtliche LiegenschaftsKataster Informations System) 개념을 도입하였고 2009년부터 모든 주에서 ALKIS의 개념을 기반하여 프로젝트를 수행하였다. 독일의 ALKIS 프로젝트는 전산화된 연속지적도(ALK)와 전산화된 등기부(ALB)를 연계하여 통합 관리 및 활용하기 위한 프로젝트이다. ALKIS 프로젝트는 표준화된 객체 기반의 데이터 모델을 기반으로 수행하였으며, 전산화된 지적도(ALK)에는 경계와 필지번호, 건물 일련번호, 토지의 사용 유형, 수로, 선택된 지형의 정보 행정경계(구역 경계, 지방 경계선 등), 도시, 거리의 이름이 포함되어 있다.

④ 지적 측량사

독일에서 지적측량사(licensed surveyor)는 일반측량사 중에서 주 정부의 상공회의소에서 라이센스를 받은 개인에게 자격을 부여하고, 지적국을 통해 직접 측량자료(과거의 측량 결과도 스케치맵 또는 Plat of Survey)를 포함한 측량관련 자료를 받아 측량작업을 수행한다. 측량에 대한 책임은 국가가 아닌 측량사 개인에게 있으므로, 각 측량사는 보험을 통해 책임을 지고 있다.

⑤ 측량 결과 문서

독일은 경계점과 경계선의 기술적 자료로 활용하기 위해 경계표시 당시 측량을 책임진 자에 의해서 현장에서 작성된다. 경계조사, 경계복원과 새로운 경계점 및 일반적으로 경계점의 직선적 결합으로서 경계에 대한 정보를 제공한다. 측량결과도(스케치맵 또는 plat of survey)를 작성 후, 지적도 업데이트가 이루어지며 후에 ALKIS 업데이트가 이루어진다.

⑥ 경계 설정 절차 및 경계분쟁 절차

독일은 토지 소유자가 필지 경계 설정 요구를 한 뒤에 지상 경계에 대하여 소유자 간의 합의가 이루어진다. 기관 및 소유자가 제공한 자료를 통해 지적측량사가 새로운 경계를 제안하며 양 소유권자는 경계 변경에 동의하면 계획서에 서명을 한다. 이를 국가에 제출하면 새로운 경계로 적용된다. 독일에서 소유자 간 동의가 이루어지지 않는 경우, 토지 경계분쟁 절차에 따라 진행된다. 법원이 새롭게 경계를 결정하고 경계 표지가 새롭게 결정되면 국가에 등록된다. 이를 ALKIS 시스템의 지적도에 등록한다.

⑦ 지적도 갱신 절차

독일은 새로운 필지를 등록, 분할, 합병할 때 측량사가 작성한 필드 스케치를 통해 지적도를 정리하고(ALK) 기존의 등기부(ALB)와 통합하여 ALKIS의 형태로 제작한다. 측량에 의해 작성된 필지 기반의 측량결과도(필드 스케치 맵)는 합법적인 지적도로 측량결과문서에 포함되어 지적부서에서 관리하고 있다.

⑧ 지적공부 유형 및 관리기관

독일에서는 토지 등록에 관련된 지적 공부는 등기부 관리 체계와 지적도 관리 체계로 분리되어 관리되고 있다. 지적공부 관련 문서는 지적도, 스케치맵, 측량관련문서, 등기문서가 있으며, 등기문서는 주의 명칭, 지적구역, 세부구역을 나타내는 숫자코드, 등록년도, 유지기간, 지적도 번호, 측량도면 번호 등이 표시된다.

또한 독일에서는 지적부서에서 관리하는 지적도에 관련된 자료는 연속지적도와 측량결과도(스케치맵 또는 plat of survey), 측량문서이다. 등기소에서 관리하는 지적공부 관련 자료는 등기부이다. ALKIS에서 사용하는 일치화를 유지하여 공공업무에 활용의 효율성을 높이기 위한 시스템을 각 주별 자료를 지적부서와 등기소에서 분할하여 관리하고 있다.

(4) 프랑스

나폴레옹 시대에 창설된 지적도는 토지 구획의 변화 가능성을 염두에 두지 않고 만들어 분할과 분할된 필지에 대한 부동산 매매가 증가하며, 지적도가 과세표준자료로서 부족하다는 문제점이 노출되었다. 따라서 프랑스에서는 지적제도의 본래 목적이었던 조세에 필요한 분야뿐만 아니라, 지적도의 기술 향상과 문제점 해소를 위해 다양한 접근방식을 시도하였다.

프랑스의 지적재조사사업(cadastre reform)은 세 가지 법률, 즉 일반예산 확정에 관한 1930년 4월 16일자 법률,[96] 지적사업의 집행과 담당부처의 업무범위를 단일화하는 1941년 12월 17일자 법률[97] 및 지적의 재조사 및 관리에 관한 1955년 4월 30일자 데크레(Décret)를[98] 기초로 일정한 지역[99]을 제외한 대부분의 道(데빠르트망)에서 이루어졌다. 이러한 지적재조사 과정에서 지적제도의 본래 목적이었던 조세에 필요한 분야뿐만 아니라, 지적도의 기술향상과 관련한 분야 등에 대한 다양한 접근방식이 시도되었다. 분필 등을 원인으로

96) 1930~1931년 집행되는 일반예산의 확정에 관한 1930년도 4월 16일자 법률, 2007년 9월 1일자 버전으로서 제7조는 "지적의 개정(réfection)은 정정사업의 집행이 불가피하다고 인정된 지역 내에서 예외적으로 데빠르트망 및 꼬뮌의 재정지원 없이 진행될 수 있다."라고 규정하고 있다.
97) 1941년 법은 1942년 1월 16일자 버전으로 존재하고 있다.
98) 지적재조사 및 관리에 관한 1955년 4월 30일자 데크레(Décret) 제55-471호.
99) 모젤(Moselle)道, 바렝(Bas-Rhin)道, 오렝(Haut-Rhin)道

하는 부동산의 분할소유가 점차 확대됨으로써 지적도와 현황이 일치하지 않거나 종래 축적 비율이 세분화되지 못했던 상황 등을 고려하여 1974년 7월 18일자 법률 제74-645호[100)]는 이미 정정된 지적에 대해서도 재조사를 할 수 있도록 법적 근거를 마련하였다(제6조). 지적재조사작업은 경제적으로 발전한 지역이나 도시개발이 활발했던 지역을 우선으로 진행되었다. 지적재조사사업 관련 사항은 프랑스는 지적정보를 전산화하여 자료 관리의 효율성 향상과 이·활용을 높이고자 MAJIC사업을 추진하였으며 그 내용은 1단계에서는 지적도전산화, 2단계에서는 대민서비스 구현과 인터넷 기반의 자료 활용, 3단계에서는 부동산 관련 시스템을 데파르트망에서 관리하는 체계로 변화하였다. 지적시스템구축사업등과 관련하여서는 프랑스의 지적시스템인 PCI시스템은 지적정보 전반을 통합 관리하는 시스템을 사용하고 있었다.

MAJIC(Mise A Jour des Information Cadastrales) 사업은 지적정보를 관리하기 위해 정보화하고 갱신하는 사업이다. 개별지적도 정확도 향상, 연속지적도의 전산화 사업 및 지적도의 수정과 재작성의 방법으로 진행된다. 1단계인 MAJIC I은 1965년부터 1978년까지 진행되었으며 부동산세 목록을 전산처리하고 도면의 체계와 MAJIC 정보시스템 파일을 구성하였다. 이에 따라 MAJIC I 사업 후의 프랑스의 지적체계는 도면(지적도)체계와 MAJIC 정보시스템에 의해 관리되는 파일들로 구성되어 있는 체계로 이분화되었다. 이 파일들은 매년 공개되었으며, 부동산의 과세를 위한 기능과 공시기능뿐만 아니라 업데이트된 지적도를 종이에 자동으로 편집할 수 있는 기능을 포함하였다. 1980년대에 이르러 지적은 키보드-모니터 방식을 채택함으로써 정보공개시스템을 현대화시킬 수 있었다. 한편, 지적도 개편에 있어서는 차세대 지도제작방식이 적용되어 항공사진 촬영방법이 도입되었으며, 세무국(DGFiP의 전신 DGI)은 차세대 지적도인 인터넷 지적도(PCI : Plan Cadastral Informatisé)를 설치할 수 있는 기반이 형성되었다. 이 당시에 재정비된 지적도는 향후 지리정보시스템(SIC : Systèmes d'Information Géographiques)을 구축하기 위한 초석이 되었다.

프랑스의 측량결과도(스케치 맵 또는 plat of survey, croquis)는 지적측량사에 의해 만들어지며, 1955년 4월 30일자 법령에 의거하여 변경한 사항을 책임문서의 유지관리를 위해 기록으로 남긴다.

---

100) 이 법은 직접지역세의 과세표준에 사용되는 부동산 가치의 정기적인 갱신을 위하여 제정되었다. 즉, 신축 건물에 대하여 매년 업데이트를 하도록 하고, 건축물의 특성에 따른 변경에 있어서 부동산의 가치평가 시점과 요금을 정해 부동산 가치평가를 현실화하며, 일시적으로 면제되는 조건으로서 변경신고의 기한을 정한다.

프랑스의 지적측량사는 현장의 모든 경계확정표시를 확인하고 국가, 시도, 코뮌, 공공기관 등의 소유지에 대하여 우선적으로 경계를 설정한다. 소유지에 관해서 분명한 경계부터 분명하지 않은 경계 순서로 경계를 설정한다. 지적측량사가 토지 측정 및 소유자가 생산한 자료조사를 통해 새로운 경계를 설정하고 경계확정위원회에서 지적측량사에게 경계조사에 관한 정보를 제공하며 당사자들의 합의를 확인한다. 소유자 간의 동의가 있을 시, 양 소유권자는 경계 변경에 동의하는 계획에 서명하며 이를 국가에 제출하면 새로운 경계로 적용한다.

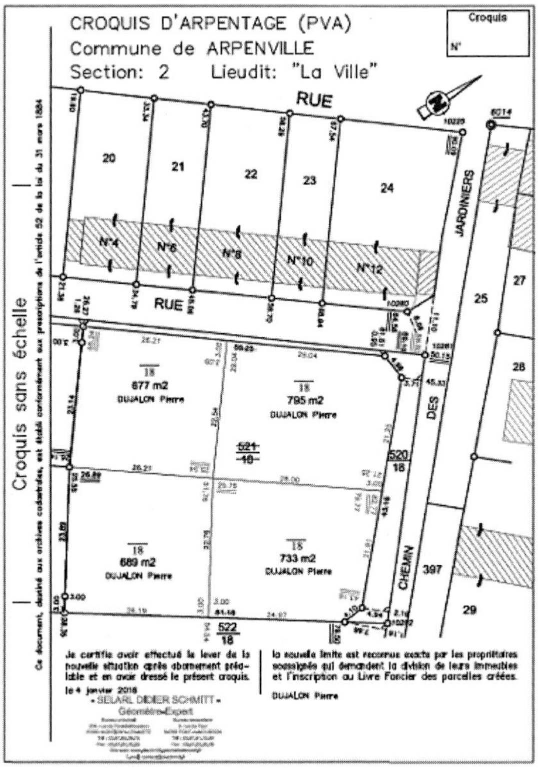

[그림 4-14] 프랑스 측량결과도

경계분쟁 절차는 소유자 간 동의가 이루어지지 않는 경우, 경계분쟁 절차에 따라 해당 법원이 새롭게 경계를 설정한다. 경계가 설정되면 새로이 경계 표지를 설치하고 국가에 등록한다. 프랑스에서는 소유자가 자신의 권리를 직접 증명해야 한다. 법적추정, 정황추정, 법률에 의한 가정에 대한 자료를 준비한다. 법적 추정은 취득 시효이며, 정황추정은 상황증거(소유권) 법률에 의한 가정은 지적 표시 및 납세의 근거이다. 일정시간이 경과하고 법으로 정한 조건에 따라 취득하거나 해제되는 방법으로 정의할 수 있는 취득시효는 점유라는 현실상의 상황을 소유권이라는 법적인 상황으로 변화시킨다. 이 절차에 따라 10년~30년 동안 소유권자가 해당 부동산을 소유하게 됨을 나타낸다.

경계분쟁 해결절차는 토지 소유자가 경계분쟁 시 경계 설정을 요구하면 경계에 대하여 소유자 간의 합의가 필요하다. 소유자 간 합의가 이루어지면 지적측량사가 관련기관 자료 및 소유자가 생산한 자료, 조사를 통해 새로운 경계를 설정한다. 경계확정위원회에서는 지적측량사에게 경계조사에 관한 정보를 제공하며 당사자들의 합의를 확인한다. 양 소유권자가 경계 변경에 대해 동의하는 경우 변경 계획서에 서명을 한다. 계획서를 국가에 제출하면 새로운 경계로 적용된다. 소유자들이 동의하지 않는 경우 경계분쟁의 절차에 따라 진행 법원이 새롭게 경계를 결정한다. 경계 표지가 새롭게 설치되면 국가에 등록이 된다.[101)]

101) 국토교통부, 전게보고서, pp.15-25.

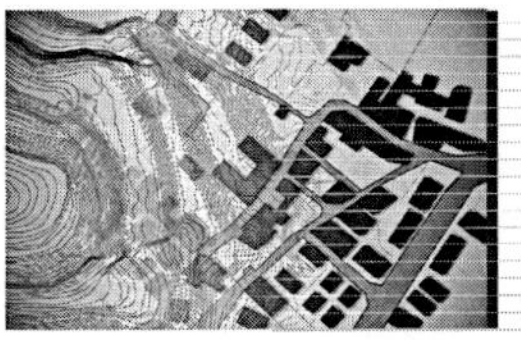

단 원 학 습 평 가

1. 토지의 면적이나 경계는 지적조사에 있어 어느 정보에 해당하는가?
① 물리정보 ② 권리정보 ③ 가치정보 ④ 토지이용규제정보

2. 토지조사사업의 사업기간으로 옳은 것은?
① 1905~1915년 ② 1907~1920년 ③ 1910~1918년 ④ 1916~1924년

3. 임야조사사업 당시의 사정 기관으로 옳은 것은?
① 임시토지조사국장 ② 도지사
③ 고등토지조사위원회 ④ 임야심사위원회

4. 지적불규칙지 유형 중 어느 특정 지역에서 중복, 공백, 편위 등이 복합적으로 나타나는 유형은?
① 공백형 ② 중복형 ③ 불규칙형 ④ 위치오류형

5. 우리나라 지적재조사사업의 완료시점은?
① 2030년 ② 2035년 ③ 2040년 ④ 2045년

6. 지적재조사의 유형에는 (　　) 지적재조사와 보완적 지적재조사가 있다.

7. 토지조사사업 당시 토지조사부 및 지적도에 의하여 토지소유자와 강계를 확정하는 행정처분은?

8. 토지조사사업과 임야조사사업을 비교 · 설명하시오.

9. 지적재조사사업과 지적불부합지정리사업을 비교 · 설명하시오.

10. 대만의 지적도중측사업에 대하여 설명하시오.

정답 **1.** ① **2.** ③ **3.** ② **4.** ③ **5.** ③ **6.** 창설적 **7.** 사정 **8-10.** 본문 참조

참고문헌

1. 강태석, "지적불부합지의 현황과 실태", 「지적」, 제31권 제8호, 대한지적공사, 2001.
2. _____, "지적재조사사업의 실행전략", 「한국지적학회지」, 제21권 제2호, 2005.
3. 강태석·권규태·강석진, "한국의 지적재조사사업 방향", 「한국지적학회보」, 제6호, 1985.
4. 강태석·최용규·박순표, 「지적학개론」, 형설출판사, 2001.
5. 강태석·권규태, "지적불부합지의 정리를 위한 실험측량 분석 연구", 「한국측량학회지」, 제21권 제3호, 2003.
6. 경성 신보 제786호 1911.10.5.
7. 관 통첩 제41호, 역둔토 보관상 주의의 건, 관보.
8. 관 통첩 제50호, 임시토지조사국의 사정 공시에 관한 관유재산 보관상 주의할 사항, 관보, 1915.2.18.
9. 국토교통부 한국국토정보공사, 「바른땅 2030을 향한 도전」, 2017.
10. 국토교통부, 「2018년 지적재조사 업무매뉴얼」, 2018.
11. _________, 「2017년도 적용 개별주택가격 조사·산정지침」, 2017.
12. _________, 「선진 외국(유럽)의 지적재조사 사례 연구」, 2017.
13. _________, 「제1차 지적재조사 기본계획(2012-2015)」, 2012.
14. _________, 「제2차 지적재조사 기본계획(2016-2020)」, 2016.
15. 김영학·이왕무·이동현·김남식, 「지적학」, 화수목, 2015.
16. 김행종, "지적불부합지의 원인과 해소방안에 관한 연구", 「지역사회개발연구」, 제23권 제1호, 1996.
17. _____, "지적재조사사업의 추진계획과 발전방향", 「토지연구」, 제7권 제1호, 한국토지공사, 1996.
18. 대만 내정부 지정처, 홈페이지(www.moi.gov.tw)
19. 대한지적공사 공간정보연구원, 「지적재조사기본계획 수립 연구」, 2012.
20. 대한지적공사 지적기술연수원, 「토지조사사업보고서」, 1993.
21. 대한지적공사, 「지적재조사사업 준비를 위한 외국의 사례연구 -독일·오스트리아·스위스·일본·대만을 중심으로-」, 1997.
22. __________, 「한국지적백년사」, 2005.
23. 류병찬, 「최신지적학」, 건웅출판사, 2006.
24. 백은기·원영희, 「지적불부합지에 대한 조사연구」, 대한지적공사, 1982.
25. 손문돈, "지적제도의 개선에 관한 연구(지적재조사법안과 관련하여)", 박사학위논문, 동의대학교 대학원, 1999.
26. 스도우 요시유키(周藤吉之), "조선 후기의 전답문기에 관한 연구", 「역사학연구」, 제7권 제7-9호, 일본 동경, 1937.
27. 신용하, "조선왕조 말기의 지주제도의 소작농민층", 「효강 최문환 박사 추념 논문집」, 1977.
28. _____, "조선토지조사사업연구", 「지식」, 1982.
29. 안경덕, "대만 도시지구 지적도중측사업", 「한국지적학회보」, 제6호, 1985.
30. 원영희, 「한국지적사」, 4정판, 신라, 1988.
31. _____, 「한국지적사」, 대한교과서, 1972.
32. 이성화, "지적불부합지가 토지이용에 미치는 영향과 해소방안에 관한 연구", 「부동산학 연구」, 제7집 2호, 2001.

33. 임승권, “한 중국 토지행정체제의 비교연구”, 석사학위논문, 대만 국립정치대학 공공행정연구소, 대북, 1986.
34. 임시토지조사국, 국보 5호, 1911.2.25.
35. ____________, 「조선총독부통계연보」, 1913~1917.
36. ____________, 「조선총독부통계연보」, 1918.
37. ____________, 「조선토지조사사업보고서」.
38. ____________, 「토지조사법」.
39. ____________, 「토지조사사업 현황 보고서」, 1911.
40. ____________, 「토지조사예규 3집」.
41. 조석곤, “조선토지조사사업에서의 근대적 토지소유제도와 지세제도의 확립”, 박사학위 논문, 서울대학교 대학원, 1995.
42. 조선 휘보 1916년 9월호, 부동산등기제도(1).
43. 조선 휘보 1916년 10월호, 부동산등기제도(2).
44. 조선 휘보 1916년 11월호, 부동산등기제도(3).
45. 조선 휘보 1916년 12월호, 부동산등기제도(4).
46. 조선임야조사사업보고, 조선총독부 농림국.
47. 조선총독부 훈령 제5호, 임시토지조사국조사규정 개정, 관보, 1914.3.28.
48. 조선총독부, 관보 제12호, 1912.8.13.
49. 조선총독부, 「고등토지조사위원회 사무 보고서」.
50. 조재열, “지적재조사사업연구”, 「한국지적학회보」, 제6호, 1985.
51. 청주대학교 사회과학연구소, “지적공부 재작성을 위한 실지현황 조사·분석연구”, 1988.
52. 최용규, “지적불부합”, 「사회과학논총」, 제3집, 청주대학교 사회과학연구소, 1985.
53. 최한영, 「지적원론」, 구미서관, 2013.
54. 칙령 제3호, 고등토지조사위원회 관제, 관보, 1912.8.12.
55. 탁지부, 「한국토지조사계획서」, 1910.
56. 행정자치부 지적담당관실, 2001.
57. 행정자치부, 「지적불부합지 정리를 위한 학술연구」, 2003.
58. ________, 「항공사진측량기법을 이용한 지적불부합지 정리방안 연구」, 2003.
59. 황보상원, “한국·일본·대만 3국의 지적재조사사업 비교·연구”, 「한국지적학회지」, 제32권 제3호, 2016.

CHAPTER

05

토지의 등록 및 공시

CHAPTER 05

토지의 등록 및 공시

1 토지등록

1) 토지등록의 의의

(1) 토지등록의 정의

토지등록(land registration)은 '국토의 현황을 파악하고 토지의 필지에 관한 크기와 특성, 이용 상태, 법률관계 등을 상세히 기록하여 별개의 재산권으로 행사할 수 있도록 지적공부와 등기부에 개별적으로 표시하여 체계적으로 정리함으로써 국가행정의 근거로 사용하는 것'으로 토지행정의 기초가 된다. 즉, 토지를 지적공부에 등록하고, 지적공부에 기록된 내용을 바탕으로 등기부에 기재하여 토지의 현황과 이해관계를 나타내낸다. 국가에 따라 지적(地籍)과 등기(登記)가 일원화되어 운영되는 나라가 있고, 이원화되어 운영되고 있는 나라가 있다. 우리나라의 경우에는 상호 이원화되어 운영되고 있다.

토지등록은 토지에 대한 권리기록의 집합으로 토지등록 과정의 결과로 토지권리의 소유권이 기록되어 있으며, 많은 국가에서 이 권리를 보장한다. 권리는 어떤 사람이나 집단이 권리를 갖는 대상이며, 토지등록 기능은 토지권리를 획득, 향유 및 처분을 위한 안전하고 확실한 기반을 제공하는 것이다. 이는 토지권원[1]의 안전성을 생성하고 더 큰 토지시장 및 담보(저당)시장을 촉진하고 지원한다.[2]

토지등록은 재산권 기록을 창설하는 것으로 정의된다. 토지등록이 토지보유 정보를 관리하는 공식적, 체계적 과정이라는 점에서 토지이익과 토지정보에 관하여 넓은 범위를 포함하도록 결정되었으며, 토지보유 정보는 세 가지로 분류된다.[3]

1) 권원이란 어떠한 행위를 법률적으로 정당화하는 근거 또는 권리를 얻는 원인이다.
2) UNECE, 「Land Administration in the UNECE Region-Development Trends and Main Principles-」, 2005, p.18.

① 사람에 관한 정보 : 토지에 관하여 승인받은 개인과 단체
② 토지보유 이익에 관한 정보 : 토지보유기간, 토지보유 효력을 포함하여 토지에 관한 권리, 책임, 제한
③ 토지에 관한 정보 : 위치, 가격, 자원, 이용을 포함한 토지이익 정보를 적용하는 토지 단위 또는 토지필지

토지등록이라는 용어는 사람과 토지(토지와 연결된 모든 것 포함) 간의 법적 관계에 대한 정보의 수집, 저장, 유지 및 공급을 위해 결합된 복합체를 표시하기 위해 사용된다.[4] 토지등록은 날인증서 또는 부동산에 관한 권원을 통하여 토지권리를 공식적으로 기록하는 과정이다. 토지등록은 토지 단위의 법적 상황의 변화에 관한 토지권리 또는 날인증서의 공식적인 기록(토지대장)이라는 것을 의미하는 것으로 정의된다. 토지등록은 "누구(who)"와 "어떻게(how)"라는 질문에 대한 해답을 제공한다. 토지등록과 지적은 통상적으로 상호작용하는 시스템으로서 상호 보완적이다. 토지등록은 원칙적으로 권리 주체를 강조하는 반면에 지적은 권리 객체를 강조한다. 즉, 토지등록은 누가 어떻게(who and how), 어디서(where), 어느 정도(how much)인가에 대한 질문에 대답하는 것이다. 토지등록과 지적(who and how, where, how much)은 상호 보완성이 있으므로 "토지를 기록하는 것(land recording)" 또는 "토지기록(land record)"이라는 용어로서 일반적으로 이러한 두 요소(토지등록과 지적)가 전체적으로 함께 속하는 것을 나타내기 위해 사용된다.[5] 그 이전에는 토지등록과 지적을 구별하기 위하여 토지를 기록하는 것(land recording)이라는 용어 대신에 토지 권원화(land titling)라는 용어를 사용하였다.[6]

[그림 5-1]과 같이 누가와 어떻게는 사람과 권리(기타 권리 포함)에 관한 사항이고, 어디서와 어느 정도는 필지(위치와 면적)로서 등기와 지적에 관한 것이다. 그러므로 토지등록은 지적과 등기가 일원화된 나라에서 사용하는 제도로서 토지권리와 토지객체를 한 등기 용지에 등록하여 사용하기 때문에 토지등록과 등기는 상호 보완적 역할을 한다.

3) Susan E. Nichols, "Land Registration: Managing Information for Land Administration", Brunswick, University of New Brunswick, 1997, p.7.
4) Jaap A. Zevenbergen, "The Dutch System of Land Registration, Title Registration with a Privatized Registrar", EULIS Seminar on Conveyancing, 2003, p.2.
5) J. L. G. Henssen, "Basic Principles of The Main Cadastral Systems in The World", Delft, FIG Seminar, 1995, p.5.
6) J. L. G. Henssen, "Land Registration, Cadastre and Its Interaction a World Perspective" International Institute for Aerospace Survey and Earth Sciences ITC, Apeldoorn, 1990, p.7.

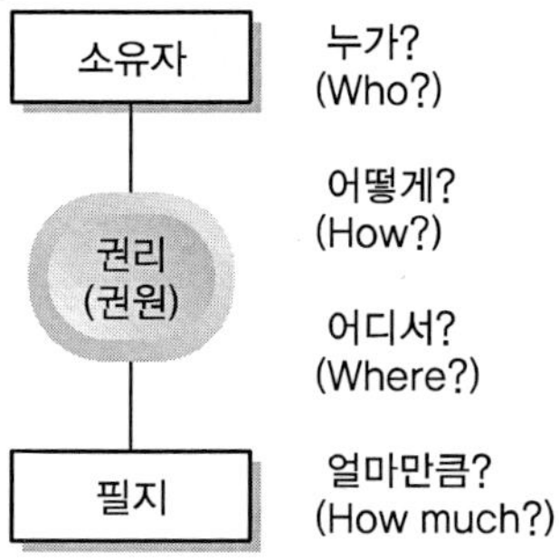

자료: Jaap A. Zevenbergen, "A System Approach to Land Registration and Cadastre", Nordic Journal of Surveying an Real Estate Research, Vol 1, 2004, p.12.

[그림 5-1] 토지등록의 개념

토지등록은 새로운 요건과 새로운 유형의 사용자에 대응할 수 있어야 하며, 정보에 쉽게 접근하고 이해할 수 있어야 한다. 토지정보는 위치, 필지식별자와 이름으로 접근할 수 있어야 효용성이 있다.

외국의 토지등록은 각 국가마다 독특한 기능과 제도를 가지고 발전하였다. 유럽에서 사유 재산권이 발전함에 따라 지적도와의 통합과 다른 접근방법, 다양한 유형의 법률을 통하여 다양한 토지등록제도로 발전하였다. 식민지화는 전 세계에 걸쳐 이러한 법률제도를 확산시켜 다양한 방식으로 지역 전통을 흡수하여 토지등록제도의 발전에 기여하였다.[7] 그러므로 토지등록이란 일필지의 토지를 대상으로 토지권리와 토지객체를 공적기록부(등기부)에 등록하는 것이라 할 수 있다.

토지등록을 지적의 관점, 토지정책의 관점, 토지양도 과정의 관점, 기술의 관점 등 4가지 관점으로 개괄적으로 보면 [그림 5-2]와 같다. 첫째, 지적의 관점에서 볼 때 지적은 토지와 정보이다. 지적제도는 토지세 부과를 위한 많은 정보를 제공할 뿐만 아니라 토지등록에 필요한 정보도 제공한다. 둘째, 토지정책의 관점은 토지와 토지보유에 관한 것으로 토지등록은 공식적으로 토지보유의 승인, 토지보유의 안전성, 토지보유에 관한 규정을 제공한다. 셋째, 토지양도과정의 관점은 토지보유와 토지등록시스템에 관한 것으로 토지등록은 관습법에 고착화되어 있으며, 토지양도를 용이하게 하는 제도에 초점을 맞추는 것으로 묘사된다. 넷째, 기술(technic)의 관점으로 볼 때 지적이 오랜 역사와 전통이 있는 반면에 토지등록에 대한 접근방법인 기술은 발전되지 못하였다. 토지등록에서 향상된 측량기술과 도면

7) Leiv Bjarte Mjøs, "Cadastral development in Norway", Doctor Philosophiae, Norway's environmental and bioscience university, 2016, p.36.

기술을 제외하고 최근까지 기술이라고 할 수 있는 것은 타자기, 복사기 및 전화로만 제한되었다. 따라서 최신의 지적기술과 토지등록의 접목으로 모든 비용을 절약할 수 있고, 토지등록의 모든 문제를 해결할 수 있으며, 토지등록제도의 개선에 촉매역할을 할 것이다.[8)] 따라서 지적제도는 토지등록제도보다 오래된 역사를 가지고 있으며, 토지등록에 필요한 정보를 제공할 뿐만 아니라 기술적인 측면에서 많이 발전해 왔다.

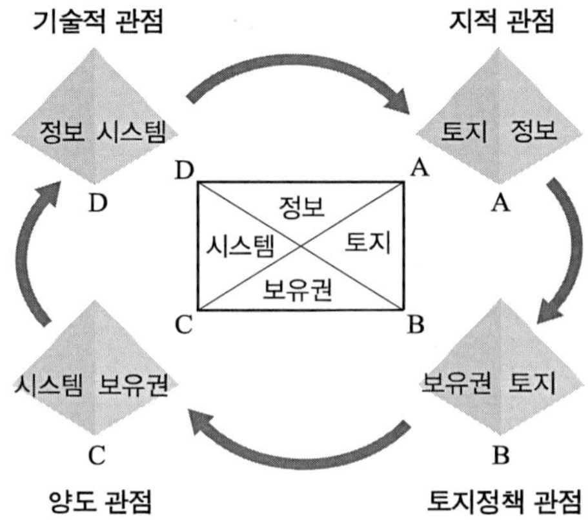

자료: Susan E. Nichols, "Land Registration: Managing Information for Land Administration", University of New Brunswick, 1997, p.97.

[그림 5-2] 토지등록의 관점

(2) 토지등록의 중요성

토지는 모든 물질적인 부의 원천으로 음식, 옷, 연료, 피난처, 금속 또는 보석 등 인간이 사용하거나 가치를 두는 모든 것을 얻는다. 인간은 토지에 의지하여 살고 토지에서 얻고, 인간이 죽을 때 시체 또는 유골을 수용해주는 것도 토지이다. 토지의 유용성은 인간 존재의 열쇠(key)이며, 토지의 배분과 이용은 매우 중요하다. 그러므로 토지기록은 모든 정부에게 큰 관심사이다. 토지정책의 입안과 집행은 '토지등록'의 효과에 크게 좌우될 수 있다.[9)] 토지는 인간에게 가장 중요한 요소로서 토지를 효율적으로 관리하며, 토지권리를 보호하고자 하는 것이 토지등록이다. 또한 토지등록은 토지정책의 입안과 집행의 효과를 발휘하도록 하는 기능을 가지고 있으므로 그 중요성을 강조하고 있다.

8) Susan E. Nichols, op. cit., pp.96-108.

9) S. R. Simpson, 「Land Law and Registration」, Cambridge, Cambridge University Press, 1976, p.3.

인구가 증가하고 생활공간이 급변하고 있으나 토지는 한정되어 있으므로 개인의 토지소유권에 대한 여러 가지 문제가 발생되고, 국가의 조세정책, 국토개발정책 등에 따른 합리적인 공공정책이 요구됨에 따라 국토 전반에 걸친 토지등록이 매우 중요한 과제로 대두되고 있다.[10] 한편 토지등록은 권위 있는 기관으로서 국가가 토지의 표시사항 및 제 권리관계를 일정한 형식인 공적장부에 등록·관리하고 이를 정보수요자에게 제공하는 일련의 행정행위이다. 즉, 국토의 전반에 걸쳐서 일정한 사항을 등록한 공부는 국가의 재정적·행정적 목적 달성을 위한 공법적 장부로서의 역할과 국민 개개인의 이익과 관련되어 토지소유자의 권리를 확실히 해주고 토지거래를 안전하고 신속하게 해주는 사법상의 장부로서의 역할을 한다. 토지등록은 소유권과 조세를 위한 목적뿐만 아니라 인구의 증가와 도시화·산업화에 따라 고도로 분화하는 사회구조의 안정적 관리를 위한 각종 토지정보를 제공하는데 그 중요성이 있는 것이다.[11]

토지등록은 토지보유제도를 체계화하고, 관리하고, 통제함으로써 토지 관리의 분배적 기능을 실현하는 것을 촉진한다. 토지등록은 토지보유 정보를 관리하는 공식적, 체계적인 과정이므로 토지행정의 정보관리기능을 달성하는 주요한 수단이다. 정보로서 토지이용, 자원 등은 토지등록과 관련이 없으며, 행정정보는 토지등록에서 수집되고 유지되지만 토지등록의 주요한 정보는 토지이익과 이익소유자, 토지이익이 적용되는 필지를 기술(記述)한다. 토지등록은 토지행정과 토지 관리에서 또 다른 역할들을 수행하고 있으며, 토지등록은 ① 통지 규정과 이익의 우선권, ② 이익의 정당성과 강화된 신뢰성과 안전성, ③ 법률을 검토하는 것, 토지소유권, 토지거래, 토지이용에 영향을 주는 규제, ④ 수익의 산출과 수집 등을 포함한다([그림 5-3] 참조).[12]

토지등록의 중요성은 다음과 같이 요약할 수 있다. 토지등록은 토지행정의 기초로서 법적 측면과 제도적 측면에서 중요한 역할을 하는 기능을 가지고 있다. ① 토지정책의 입안과 집행의 효과를 발휘하도록 하는 역할, ② 국가의 조세정책, 국토개발정책 등에 따른 합리적인 공공정책, ③ 국가의 재정적·행정적 목적 달성을 위한 공법적 장부로서의 역할, ④ 토지소유자의 권리에 관한 안전성을 제공하며, 토지거래를 안전하고 신속하게 해주는 사법상의 장부로서의 역할, ⑤ 사회구조의 안정적 관리를 위한 각종 토지정보를 제공하는 중요한 역할을 수행하고 있다.

10) 박순표·최용규·강태석, 「지적학개론」, 형설출판사, 1993, p.165.
11) 김영학·이왕무·이동현·김남식, 「지적학」, 화수목, 2015, p.225.
12) Susan E. Nichols, op. cit., pp.44-46.

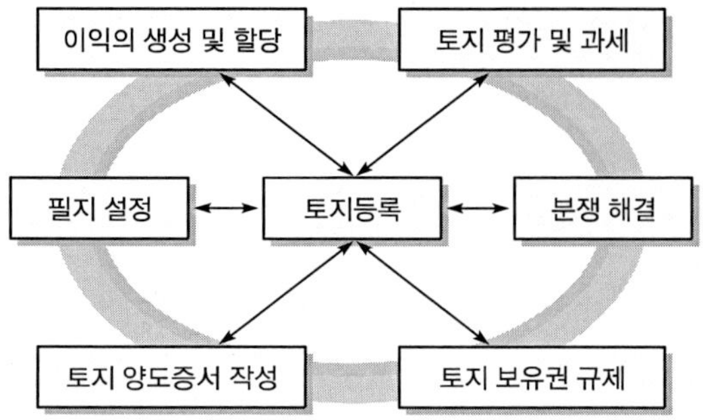

자료: Susan E. Nichols, "Land Registration: Managing Information for Land Administration", University of New Brunswick, 1997, p.46.

[그림 5-3] 토지등록의 중요성

(3) 토지등록의 장점

토지등록은 토지권리를 등록하는 등기와 토지의 물리적 현황을 등록하는 것으로서 지적이 가지고 있는 장점 또는 혜택(advantages or benefits)은 개인 또는 시민, 다른 한편으로 정부 또는 사회와 관련이 있다.[13)]

첫째, 개인 또는 시민에 대한 토지등록의 장점(혜택)은 [그림 5-4]와 같다.

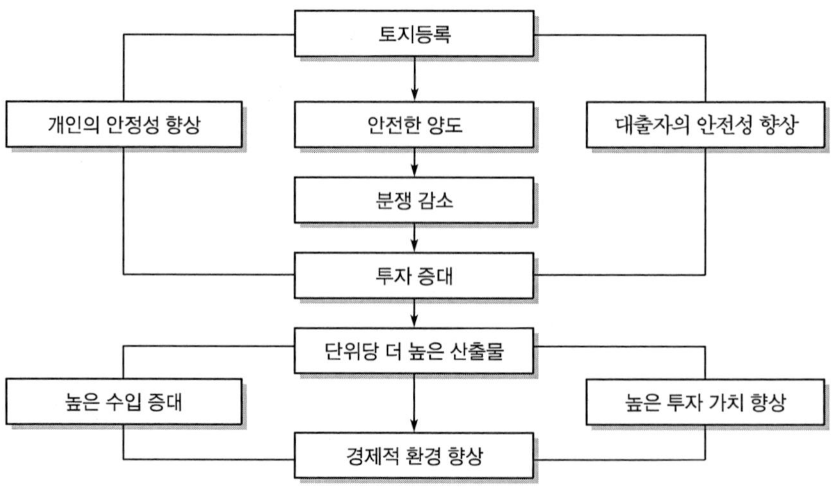

자료: J. L. G. Henssen, "Land Registration, Cadastre and Its Interaction a World Perspective" International Institute for Aerospace Survey and Earth Sciences ITC, Apeldoorn, 1990, p.10.

[그림 5-4] 토지등록의 개인적 편익

13) J. L. G. Henssen, "Land Registration, Cadastre and Its interaction a World Perspective", op. cit., pp.9-12.

① 토지등록은 적법한 청구인과 제3자에 대한 재산의 법적 상황과 법적 안전성 강화
② 저렴한 비용으로 장기신용(예: 주택담보대출) 시스템개발(장기신용의 이용 가능성은 도시지역의 토지개발과 토지시장 개선)
③ 토지거래를 보다 더 용이하고, 저렴하며, 신속하게 함
④ 소유권 및 경계 분쟁과 관련된 소송이 감소하여 정부와 시민 모두에게 비용이 절감

둘째, 정부 또는 사회에 대한 토지등록의 장점(혜택)은 다음과 같다.

① 정부가 토지세 또는 재산세 부과하는 것을 정당시키는 효율적이고, 공정한 제도를 구축할 수 있도록 한다. 실질적인 평가를 토대로 토지세 또는 재산세를 부과하며, 토지 또는 재산의 위치, 규모, 소유권에 관한 필요한 정보를 필요로 한다.
② 토지개혁, 토지개발, 토지합병, 토지의 정비와 관련된 활동으로 토지등록시스템의 자료는 바람직한 상황을 위하여 필수 불가결한 메카니즘(mechanism)을 필요로 한다. 이러한 활동은 현재의 토지이용, 미래의 최적 토지이용 결정, 향후 토지이용의 방법 및 실행된 토지이용의 관리에 관한 정보를 제공한다.
③ 정부를 위하여 이 메카니즘(mechanism)은 계획의 요구, 공간관리, 소유자당 허용되는 최대 토지(토지상한), 최대 판매가격 또는 외국인에 의한 토지소유의 제한 등을 통제할 수 있도록 한다.
④ 다수의 정부차원의 업무(여러 가지 활동, 건물통계, 법인통계, 인구통계, 전력통계, 식품생산 통계, 유통통계 등에 관한 평가)를 수행한 유용한 도구로 고안되었다.
⑤ 지적도에 수집된 기본 데이터는 다른 필요한 대규모 도면의 토대로써 편의를 제공하며, 이것은 장기적으로 상당한 시간과 비용을 절감한 결과이다.
⑥ 지적도를 포함하여 토지기록시스템의 토대인 필지는 광범위한 토지정보제도의 기초이다. 필지식별자는 다양한 종류의 토지자료 통합과 결합을 위한 열쇠(key)로서 편의를 제공함으로써 다목적지적의 기능을 가지고 있다.
⑦ 언급한 장점 중 상당 부분은 사실 장기적으로는 정부로 하여금 비용을 절감하게 한다(비용 절감은 특히 토지기록 유지에 필요한 비용은 인증서 발급 및 이전 기록 등에 대한 수수료를 부과하여 회수).
⑧ 토지등록제도의 도입은 특히 관습적 토지보유와 관련된 지역의 경우, 토지에 관한 권리제도에서 바람직하지 못한 요소들을 순조롭게 제거할 수 있는 기회를 제공한다(〈표 5-1〉 참조).

〈표 5-1〉 토지등록의 효과

개인적 또는 시민	정부 또는 사회
① 법적 안전성을 강화 ② 저렴한 장기신용으로 토지시장 활성화 ③ 토지거래가 보다 용이·저렴·신속 ④ 소유권 및 경계 분쟁 감소	① 정부가 세금부과에 관한 정당성 부여 ② 토지개발과 관련된 활동에 자료 제공 ③ 현재의 토지이용, 미래의 최적 토지이용 결정, 향후 토지이용의 방법 및 실행된 토지이용의 관리에 관한 정보를 제공 ④ 여러 활동, 건물, 기업, 인구, 선거, 식품 생산 및 유통에 대한 평가(1980년대와 1990년대 적절한 정부의 환경관리에 서비스를 제공) ⑤ 대규모 지도의 기초 ⑥ 필지식별자는 토지자료의 통합과 결합을 위한 열쇠로서 역할 ⑦ 토지기록 유지에 필요한 비용은 인증서 발급 및 이전 기록 등에 대한 수수료를 부과하여 회수 ⑧ 토지권리 체계에서 원하지 않는 요소들을 원활하게 제거할 수 있는 기회를 제공

자료: J. L. G. Henssen, "Land Registration, Cadastre and Its interaction a World Perspective", International Institute for Aerospace Survey and Earth Sciences ITC, Apeldoorn, 1990, pp.9-12.

2) 토지등록의 제 원리

토지등록제도의 원리는 토지등록행위의 규범 또는 보편적 진리라고 볼 수 있고, 이러한 원리는 지적제도의 발전과정과 토지보유제도의 사회적 전통 및 관습에 따라 국가마다 다르게 채택하고 있다.[14] 즉, 토지등록제도를 운영하는 많은 국가들의 다른 제도에도 불구하고 일반적으로 인식할 수 있는 등록의 원리(booking principle), 동의의 원리(consent principle), 공개의 원리(principle of publicity), 특정화의 원리(principle of speciality) 등 4가지의 기본적인 원리를 제시하고 있다. 또한 토지등록 형태의 일반적 특성에 따라 편승의 원리(overriding principle of registration), 공개의 원리(principle of disclosure), 공신의 원리(fiduciary principle) 등 3가지 원리를 언급하고 있다. 한편 토지등록제도를 종합적 관점에서 적용할 수 있는 원리로 등록의 원리, 신청의 원리, 특정화의 원리, 직권주의 및 국정주의, 공시의 원리, 공신의 원칙 등 6가지로 구분하기도 한다. 이러한 토지등록의 제 원리 중 일반적·보편적인 원리 5가지[15]를 검토하고자 한다.

14) 박순표·최용규·강태석, 전게서, p.168.; 김영학·이왕무·이동현·김남식, 전게서, p.228.

15) Jaap A. Zevenbergen, "System of Land Registration-Aspects and Effects", Delft, NCG Nederlands Geodetic Commission, 2002, p.42.; J. L. G. Henssen, "Land Registration, Cadastre and Its interaction a World Perspective", op. cit., p.7.; Walter H. Rechberger, "The Austrian Land Register Its Basic Principles and General Institutional Conditions", FIG, Vienna, 1988, pp.9-11.; 김영학·이왕무·이동현·김남식, 상게서, pp.228-232.; 박순표·최용규·강태석, 상게서, pp.168-179.

(1) 등록의 원리

등록의 원리(principle of registration)는 특히 양도를 통한 부동산에 대한 실질적 권리의 변경은 변경 또는 예상되는 권리가 토지등록부에 등록될 때까지 법적으로 효력이 없다는 것을 의미한다. 토지에 관한 표시사항은 공적 장부에 반드시 등록하여야 하며, 토지이동이 발생하면 그 이동사항을 공적장부에 등록하여야 한다는 원리를 의미한다. 특히 거래에 의한 부동산의 실제적인 권리 변동으로 권리가 토지대장에 등록 또는 기록이 되어야 비로소 법률적 효력이 발생한다는 것을 의미한다.

또한 부동산 권리의 취득, 거래, 제한 및 소멸(extinction)은 토지대장에 등록될 때만 발생하는 것을 의미한다. 이러한 편승의 원리(overriding principle)는 토지대장에 법적 권리 변동의 기입(entry)이 효력을 발생하게 하는 필요조건을 충족시키는 때에 부동산 권리취득에 관하여 법적 변동이 발생된다. 이런 의미에서 입법자(legislator)는 사람들에게 부동산 거래의 공부로서 토지대장의 활용을 강요하게 되고, 권리변동의 기입은 토지와 관련 있는 사람들의 요구에 의해서 이루어진다.

등록의 원칙과 관련하여 유사한 개념으로 우리나라에서는 지적의 형식주의를 채택하고 있으며, 이 개념은 그 사물의 형태 이외에 등록의 형식을 갖추지 않으면 등록의 요건을 완성하지 못한다는 주의로서 현재 우리 민법에서 '부동산물권 변동에 대하여 등기를 하지 않으면 효력이 없다(민법 제 186조)'라고 한 규정은 형식주의 한 사례라고 할 수 있다. 또한 지적공부에 등록되지 않은 토지 또는 등록된 토지라고 하여도 실제로 변동된 내용으로 변경되지 않으면 인정을 받지 못한다. 즉, 공간정보의 구축 및 관리 등에 관한 법률에서 '토지에 관한 표시사항을 지적공부에 반드시 등록하여야 하며, 토지의 이동이 있으면 지적공부에 그 변동사항을 등록하여야 한다(법 제64조 제1항 및 제2항)'는 토지등록의 원칙을 나타내고 있다.

등록의 원리는 적극적 등록제도(positive system)와 법지적(legal cadastre)을 채택하고 있는 나라에서 주로 사용하고 있는 원리로서 토지의 모든 권리의 행사는 토지대장 또는 토지등록부에 등록하지 않으면 모든 법률상의 효력을 갖지 못하도록 하는 원리이다. 이러한 원리가 가장 잘 보장되는 국가는 스위스, 오스트리아, 호주, 네덜란드, 대만 등으로 토렌스 시스템(Torrens system)을 채택하고 있는 국가가 등이다.

(2) 공시 및 공개의 원리

공시 및 공개의 원리(principle of public notification or publicity)는 물권의 변동은 물권거래의 안전을 위하여 반드시 외부에서 인식할 수 있는 표상, 즉 공시방법을 갖추어야 한다는 원칙을 물권변동에 있어서 공시의 원칙이라 한다.[16] 토지등록의 법적 지위에 있어서 토지이동이나 물권변동을 반드시 외부에 알려야 한다는 원리를 공시의 원리라 하고, 이는 토지에 관한 등록사항을 지적공부에 등록하여 이를 국가의 편의에만 쓰는 것이 아니라, 일반인에게 공시하여 토지소유자는 물론 이해관계자 및 기타 누구나 이용할 수 있도록 토지의 등록사항을 언제나 외부에서 인식하고 활용할 수 있게 하는 것이다.[17] 물권변동은 거래의 안전을 위하여 반드시 외부에서 인식할 수 있는 어떠한 표상(지적공부, 등기)을 수반하여야 한다는 것이다.

또한 법적 공부(registers)는 공적조사를 위해서 개방되어야 하고, 공시된 사실(published facts)은 선의의 제3자에 의해 더 정당화되거나 그렇지 않게 될 수가 있으므로 법에 의해 보호를 받을 수 있게 되는 것이다. 공적조사에 관하여 다양한 국가에서 토지대장은 공적조사를 수행하기를 원하는 사람들에게 공개하고 있으며(네덜란드, 벨기에, 프랑스), 공시된 사실에 법적으로 인식된 권익(interests)을 보유한 사람에 의해(독일) 또는 등록된 소유자 또는 등록된 소유자로부터 승인된 사람(1990년까지 영국)에게 공개되고 있다. 한편 호주의 모든 토지등록 실체가 저장된 토지 데이터뱅크는 지역 법원에 접속할 수 있고, 등기부에 접속은 최소한의 자료 또는 출력물의 제공에 의해 직접 가능하며, 토지등기부에 직접 접속은 전문가 집단 또는 협회에서 이용이 가능하다.

공시의 원칙을 관철하기 위해서는 등기를 강제하는 것이 필요하다. 성립요건주의[18]를 등기주의 또는 등기강제주의(eintragungszwang)라고 하며, 독일, 스위스, 토렌스 시스템을 사용하는 국가 등이 등기강제주의를 채택하고 있다. 대항요건주의[19]를 채택하는 나라는 프랑스와 일본 등이 있다. 다만 프랑스에서는 등록의 절차과정에서 등록세뿐만 아니라 등기세도 징수함으로써 사실상 등기를 강제하고 있다.[20]

우리나라 지적공부의 공시방법은 지적공부의 열람·등본하여 인식하는 방법, 등록사항을 실지에 복원하여 결정사항을 알아내는 방법, 등록사항과 실지상황이 맞지 않을 때 실지상황에 따라 변경·등록하는 방법 등이 있다.

공시의 원리는 나라마다 제도적 상이(相異)로 인하여 토지등록의 공시에는 반드시 선의의

16) 임윤수, 「신부동산사법」, 형설출판사, 2000, p.222.
17) 원영희, 「지적학원론」, 신라출판사, 1990, p.35.
18) 성립요건주의는 등기를 하지 않는 한 부동산거래의 당사자 사이에 물권변동이 일어나지 않는 다는 입법주의이다.
19) 대항요건주의는 부동산 거래당사자 사이에서는 등기 없이도 물권변동이 일어나지만 등기를 하지 않으면 그 물권변동을 가지고 제3자에게 대항할 수 없다는 입법주의이다.
20) 정태륜, "프랑스 부동산공시제도에 관한 연구", 석사학위논문, 서울대학교 대학원, 1986, p.27.

제3자를 보호하기 위한 공신의 원리를 보완해주고 있으며, 이를 위해 토지등록에 요구되는 변동사항에 대한 실질적 심사권을 부여하고 있다. 우리나라에서는 토지등록에 있어서 공시의 원리를 인정하고 있으나 지적과 부동산등기가 모두 공신의 원리는 인정하지 않고 있으며, 다만 토지의 변동사항에 대한 공개성의 기능만을 가지고 있다.

(3) 공신의 원리

공신의 원리(principle of public confidence or fiduciary)는 물권의 존재를 추측케 하는 표상, 즉 공시방법을 신뢰해서 거래한 자가 있는 경우 비록 그 공시방법이 진실한 권리관계에 일치하고 있지 않더라도 마치 그 공시된 대로의 권리가 존재하는 것처럼 다루어서 그자의 신뢰를 보호하여야 한다는 원리이다. 즉, 선의의 거래자를 보호하여 진실로 그러한 등기내용과 같은 권리관계가 존재한 것처럼 법률효과를 인정하려는 법률원리를 말한다. 독일, 스위스 그리고 토렌스식 등기제도에서는 이러한 공신원리를 인정한다. 그러나 우리나라, 프랑스, 일본에서는 등기의 공신력을 인정하고 않지만 프랑스에서는 공증을 거친 공정증서를 제출함으로써 그 효력은 공신력을 인정하는 것과 비슷한 결과를 이루고 있다.[21] 그러나 우리나라에 있어서는 지적과 등기 모두 공신의 원리를 인정하지 않는다는 것이다.

우리나라의 지적과 등기제도가 공신력을 인정받지 못하는 것은 일제 강점기에 시행된 조선 토지(임야)조사사업에 기인한다. 토지(임야)조사사업 당시 토지의 사정을 하였는데, 토지의 사정이란 토지소유자와 강계를 확정짓는 행정처분으로서 이를 근거로 토지대장과 임야대장을 작성하였다. 토지대장과 임야대장을 근거로 토지등기부가 창설되었으므로 토지의 사정을 법률처분이 아닌 행정처분을 하였기 때문이다.

(4) 특정화의 원리

특정화의 원리(principle of speciality)는 토지등록을 위해 제출된 서류와 관련된 주체 및 객체는 명확하게(unambiguosly) 확인되어야 하며, 이런 관계는 성명으로 주체를 확인하거나 주민번호의 사용으로 확인하는 것을 의미한다. 또한 사람의 개인번호는 토지대장 및 관련서류에 포함되는데 아주 편리해야만 한다. 그렇지만 민감한 개인자료를 결합시키는 자동화시스템을 이용하기 때문에 성명·주민번호·개인번호 등으로 발생되는 사생활 침해의 문제가 있을 수 있다. 한편 많은 국가에서 토지의 객체를 확인하는 것은 지적업무로 보고 있다.

따라서 권리 객체로서의 모든 토지는 반드시 특정적이며, 단순하고 명확한 방법에 의하여

21) 박홍기, "부동산등기제도의 개선에 관한 연구", 석사학위논문, 조선대학교 대학원, 2007, p.17.

인식될 수 있도록 개별화함을 의미하는데, 이 원칙이 실제적으로 지적과 등기와의 관련성을 성취시켜주는 열쇠가 된다. 즉, 지번은 독립적으로 다른 일필지에 대하여 단순하고도 명확한 방법으로 구별될 수 있게 작용하고, 부동산을 식별할 수 있도록 적절히 표시하고 있는 것이다. 토지를 특정화하여 표시하는 방법은 물론 지번 이외에도 경계, 소유자 등과 같은 사항이 있으며, 또한 미국과 같은 나라에서는 그리드시스템(grid system)이라고 하는 구분제도를 이용하여 모든 토지를 식별할 수 있도록 표시하기도 한다.

(5) 신청의 원칙

신청의 원칙(principle of application)은 토지소유자의 신청을 전제로 처리하는 원칙을 말한다. 우리나라는 공간정보의 구축 및 관리 등에 관한 법률에서 토지이동이 발생한 때에 토지이동 신청의 원칙은 토지소유자가 하도록 하고 있다. 예외적으로 대위신청제도를 가지고 있으며, 토지소유자가 토지이동 신청을 일정한 기간 내에 하지 않는 경우 지적소관청 직권으로 직접 조사하거나 측량하여 지적공부를 정리하도록 규정하고 있다. 지적공부의 등록은 토지의 실상(實相)을 정확하게 파악하는 것이 목적으로 토지이동이나 토지의 등록사항이 있는 경우에는 토지소유자 등에게 신고의무를 부과하고 있으며, 이 의무를 게을리 하는 경우 지적소관청의 직권으로 토지이동이나 토지를 등록한 후 그 수수료를 토지소유자에게 부과하며, 토지이동을 허위로 한 때에는 벌금을 부과하도록 하고 있다.

3) 우리나라 토지등록의 제 원리

국가의 통치권이 미치는 영토에 대한 물리적 현황을 등록·공시하기 위하여 국정주의(國定主義), 형식주의(形式主義), 공개주의(公開主義), 실질적심사주의(實質的審査主義), 직권등록주의(職權登錄主義) 등을 토지등록의 원칙으로 채택하고 있다.

(1) 지적국정주의 또는 지적법정주의

지적국정주의란 지적공부의 등록사항인 토지의 소재, 지번, 지목, 면적, 경계 또는 좌표 등은 국가의 공권력에 의하여 국가만이 이를 결정할 수 있는 권한을 가진다는 이념이다. 즉, 지적공부의 등록사항은 토지소유자나 지적측량사 또는 지적직 공무원이 결정하는 것이 아니고, 국가기관의 장인 시장·군수·구청장이 국가의 공권력에 의하여 결정한다는 것이다. 지적업무는 전국적으로 표준화하여 통일적이고 획일성 있게 수행되어야 하는 국가의 고유 업무이기 때문에 지적제도 창설 당시부터 국정주의를 채택하여 적용하고 있다.[22] 지적국정주의는 미국·캐나다·호주 등 국토의 면적이 넓은 국가를 제외한 국가에서 채택하고 있는 기본이념이다.[23)]

「공간정보의 구축 및 관리 등에 관한 법률」 제64조에서는 "국토교통부장관은 ① 모든 토지에 대하여 필지별로 토지의 소재·지번·지목·면적·경계 또는 좌표 등을 조사·측량하여 지적공부에 등록하여야 한다. ② 지적공부에 등록하는 지번·지목·면적·경계 또는 좌표는 토지이동이 있을 때 토지소유자(법인 아닌 사단이나 재단의 경우 그 대표자 또는 대리인)의 신청에 의해 지적소관청이 결정한다"고 규정되어 있다. 그러므로 지적공부의 등록사항을 비롯한 지적업무에 관한 일체의 사항은 국가가 정하는 것이 아니라 법률에서 규정하고 있으므로 지적공부의 등록사항을 국가가 정하는 지적국정주의보다는 법률에서 정하는 지적법정주의가 정확한 표현이라고 할 수 있다. 지적법정주의를 채택하는 이유는 ① 모든 토지를 지적공부에 등록해야 하는 적극적 등록주의, ② 등록사항의 결정방법이나 운용의 통일성 유지, ③ 통일된 법률에 의한 통제의 필요성, ④ 등록사항은 공신력이 있어야 하기 때문이다.

(2) 지적형식주의

토지등록은 일정한 형식을 갖추어야 한다는 것으로서 '모든 토지는 지적공부에 등록이라는 형식을 취하여야 한다는 주의'로서 토지이동 신청은 제반서류를 갖추어 지적소관청에 신청하여야 한다.

지적형식주의란 그 사물의 형태 이외에 결정의 형식을 갖추지 않으면 결정의 요건을 완성하지 못한다는 원칙을 말하고, 모든 토지는 필지마다 지번·지목·면적·경계 또는 좌표를 정하여 지적공부에 등록하여야 공식적인 효력이 인정된다는 것이다.[24)] 국가의 모든 토지를 필지단위로 구획하여 지적공부의 등록사항을 지적공부에 등록하여야만 공식적인 효력이 인정된다는 것이다. 토지소유자는 신규등록(법원의 확정판결서 정본 또는 사본, 공유수면 관리 및 매립에 관한 법률에 의한 준공검사확인증 사본, 법률 제6389호 지적법개정법률 부칙 제5조에 따라 도시계획구역의 토지를 그 지방자치단체의 명의로 등록하는 때에는 기획재정부장관과 협의한 문서의 사본, 그밖에 소유권을 증명할 수 있는 서류의 사본), 등록전환(산지관리법·건축법 등 관계법령에 의한 토지의 형질변경 등의 공사가 준공되었음을 증명하는 서류의 사본), 분할(토지분할 허가대상인 토지는 분할허가서 또는 그 사본), 합병,

22) 류병찬, 「지적법」, 건웅출판사, 2005, pp.119-120.
23) 이왕무·장우진, 「지적법」, 법서출판사, 2002, p.21.
24) 이왕무·이동현·김남식·김영학, 「최신지적학」, 도서출판 동화기술, 2009, p.150.

지목 변경, 바다로 된 토지의 등록말소 등 토지이동이 발생하면 토지이동에 필요한 서류를 갖추어 지적소관청에 토지이동 신청을 하여야 한다는 원칙이다. 한편 부동산에 관한 법률 행위로 인한 '물권의 득실 변경은 등기하여야 그 효력이 생긴다(민법 제186조)'라는 규정에서 지적형식주의를 적용하고 있다.

토지에 대한 각종의 세금도 토지대장 또는 임야대장에 등록된 사항을 기초로 하여 부과·징수하며, 토지의 소유권이전 등도 지적공부에 등록된 사항에 근거를 두는 것도 모두 지적형식주의의 하나로 이해할 수 있다.[25)]

(3) 지적공개주의

지적공개주의란 지적공부에 등록된 모든 사항은 토지소유자나 이해관계인 등 일반국민에게 신속·정확하게 공개하여 정당하게 이용할 수 있도록 하여야 한다는 원칙이다. 국가의 통치권이 미치는 모든 영토를 지적공부에 등록·공시하여 국가기관의 행정목적에만 이용하는 것이 아니라 다른 국가기관이나 지방자치단체 및 공공기관 등은 물론 일반국민에게 널리 공개하고, 이를 정당하게 이용할 수 있도록 하여 국가의 경제·사회발전은 물론 각종 토지정책의 기초자료로 활용하고 있다.[26)]

지적공부의 열람 및 등본 교부, 정보처리시스템을 통하여 기록·저장된 지적공부(지적도 및 임야도는 제외)를 열람 및 등본 발급, 부동산종합공부를 열람하거나 부동산종합공부 기록사항의 전부 또는 일부에 관한 증명서(부동산종합증명서)를 발급, 지적공부에 관한 전산자료(연속지적도를 포함하며, "지적전산자료")를 이용하거나 또는 활용 등은 「공간정보의 구축 및 관리 등에 관한 법률」 제75조 및 76조에 규정을 통해 지적공부가 필요한 모든 국민에게 공개하도록 하고 있다.

지적측량에 의한 공개주의의 실현 방법은 ① 토지이동 신청할 때 측량이 필요한 경우 지적측량(신규등록측량, 등록전환측량, 분할측량, 등록사항정정측량 중 경계정정 등), ② 민사소송이 제기된 경우 지적공부에 등록된 경계를 복원하여 토지에 대한 분쟁을 해결하는 것이 있다.

그리고 토지대장등본, 임야대장등본, 지적도등본, 임야도등본이 기관의 담보서류, 건축물 개간, 산림훼손, 토지형질변경, 농지전용허가 등 토지와 관련된 인·허가에 따른 민원서류로 남아있는 것도 공개주의에 포함된다.[27)]

25) 이왕무·장우진, 전게서, p.23.
26) 류병찬, 전게서, p.121.
27) 이왕무·장우진, 전게서, pp.23-24.

(4) 실질적 심사주의

실질적 심사주의란 지적공부에 새로이 등록하는 사항이나 이미 등록된 사항의 변경등록은 국가기관의 장인 지적소관청이 지적 관계법령이 정한 절차상의 적법성뿐만 아니라 실체법상 사실관계와의 부합 여부를 심사하여 지적공부에 등록하여야 한다는 것으로 사실심사주의라고도 한다.[28)]

실질적 심사주의 사례로는 토지이동 신청을 허위로 한자에게 부과한 벌금, 지적측량업자가 실시한 측량성과는 반드시 지적소관청이 그 정확여부에 대한 측량검사를 실시하여야 하는 경우, 토지이동(신규등록·등록전환·분할·합병·지목변경 등)이 있을 때 지적소관청이 토지이동조사를 실시하여 사실관계와 부합여부를 확인한 후 지적공부에 정리하는 경우를 들 수 있다. 우리나라 지적제도는 실질적 심사주의를 채택하고 있으나 등기제도에서는 형식적 심사주의를 채택하고 있다.

(5) 직권등록주의

모든 영토를 필지 단위로 구획하여 국가기관의 장인 시장·군수·구청장이 강제적으로 지적공부에 등록·공시하여야 한다는 원리이다. 직권등록주의는 지적법 제정(1950.12.01 법률 제165호) 당시에 처음으로 채택하였으나 지적법 전문개정(1975.12.31. 법률 제2801호) 당시에 토지의 이동이 있는 경우에는 토지소유자의 신청에 의하여 지적소관청이 지적공부의 등록사항을 결정하여야 하나 신청이 없는 때에는 직권으로 조사·측량하여 등록하도록 개정하여 더욱 강화된 원리이다. 직권등록주의에 따라 1950년 제정된 구지적법 제37조의 규정에 의하여 전국적으로 지적공부에 등록하지 아니한 도로·구거·하천 등 공공용지를 일제히 조사하여 등록하였으며, 1980년대 초에는 미등록 도서를 일제히 조사하여 등록함으로써 직권등록주의 이념을 철저히 실현하고 있다.[29)]

직권등록주의의 사례는 토지이동의 신청이 없을 때에는 지적소관청이 직권으로 조사 또는 측량하여 결정할 수 있다. 즉, 토지이동 사유가 발생한 후 일정기간 내에 토지소유자가 토지이동 신청의무를 게을리 하는 경우 지적소관청이 직권으로 조사 또는 측량하여 결정한 후 지적측량 및 지적공부 정리 수수료를 부과하는 경우이다.

---

28) 류병찬, 전게서, p.122.
29) 상게서, p.124.

4) 토지등록 사항 및 효력

(1) 토지등록 사항

지적공부에 기록되는 대표적인 토지의 등록 사항에는 토지의 소재, 지번, 지목, 경계, 좌표 및 면적, 토지소유자, 토지가격 등이 있다. 이에 대해 자세히 설명하면 다음과 같다.

① 토지의 소재 및 지번

토지의 소재는 토지가 위치한 장소를 말하는 것으로, 어떠한 필지가 지적공부에 등록되기 위해서는 그 필지가 위치한 장소를 반드시 등록해야 하고, 지번과 함께 개별 필지가 가지게 되는 고유한 값으로 자리매김 한다.

지번은 필지마다 부여되는 고유한 번호를 말하는 것으로 개별 필지마다 토지의 소재에 지번이 설정됨으로써 비로소 고유성을 지니는 토지로 특정됨은 물론, 다른 토지와 쉽게 구별될 수 있게 되는 것이다. 지번은 지번부여지역(지번을 부여하는 단위 지역으로서 동·리 또는 이에 준하는 지역)을 단위로 일정하게 부여한다. 지번의 부여 방법은 번호를 기재하는 단위에 따라 지역 단위법, 도엽 단위법, 단지 단위법 등으로 구분하며, 번호를 기재하는 위치에 따라 북동 기번법과 북서 기번법으로 구분된다. 또한, 번호를 기재하는 방향에 따라 사행법, 기우법, 단지법 등으로 분류된다.

〈표 5-2〉 지번의 부여 방법

구 분	방 법	내 용
기번 단위	지역 단위법	지번 부여 지역이 좁거나 도면 매수가 적은 지역
	도엽 단위법	지번 부여 지역이 넓거나 도면의 매수가 많은 지역
	단지 단위법	몇 개의 필지가 하나의 단지를 이루는 지역
기번 위치	북동 기번법	북동쪽에서 1번부터 부여하고 순차로 진행하다가 남서쪽에서 끝내도록 하는 방식
	북서 기번법	북서쪽에서부터 부번하고 순차로 진행하다가 남동쪽에서 끝내도록 하는 방식
기번 방향	사행법	뱀이 기어가는 형상으로, 토지 배열이 불규칙한 농촌 토지에서 많이 사용 되는 방법
	기우법	도로를 중심으로 한 쪽은 홀수로, 반대쪽은 짝수로 지번을 부여하는 방법으로 '교호법'이라고도 하며, 시가지 지역에 적합한 방법
	단지법	1단지마다 지번을 부여하고 단지 내 필지마다 부번을 부여하는 방식으로 일명 '블록법'이라 하며, 도시개발사업 지역 등에 적합한 방법

자료: 박순표·강태석·최용규, 「지적학개론」, 형설출판사, 2001, pp.207-209.; 이범관, 「지적학원론」, 삼지출판사, 2007, p.105.

우리나라는 북서 기번법을 채택하고 있으며, 지번의 표기와 구성에 있어서는 표기는 아라비아 숫자로 하되, 임야대장 및 임야도에 등록하는 토지의 지번은 숫자 앞에 "산"자를 붙여 표시하고 있다. 또한 구성은 본번(本番)과 부번(副番)으로 구성하고, 부번이 필요한 지번의 경우에는 본번과 부번 사이에 "-" 표시로 연결한다. 이 경우 "-"표시는 "의"라고 읽는다.

② 지목

지목은 필지가 어떠한 현황으로 관리되고 있는지에 따라 그 종류를 구분하여 등록하는 명칭을 말한다. 지목은 토지의 현황별, 구성내용별, 지역별, 산업별, 국가 발전별, 이용 공간별 등의 기준에 따라 분류되고 있고, 적용은 국가마다 다르다. 우리나라에서는 토지의 현황별 분류 기준에 따른 용도지목을 채택하고 있는데, 이는 필지가 어떠한 목적으로 이용되고 있는지를 확인하여 그 용도를 지적공부에 표시하는 방식이다. 우리나라는 전, 답, 과수원, 목장 용지, 임야, 광천지, 염전, 대, 공장 용지, 학교 용지, 주차장, 주유소 용지, 창고 용지, 도로, 철도 용지, 제방, 하천, 구거, 유지, 양어장, 수도 용지, 공원, 체육 용지, 유원지, 종교 용지, 사적지, 묘지, 잡종지로 총 28개의 지목으로 구분해 운영하고 있다.

〈표 5-3〉 지목의 유형

구 분	유 형	내 용
토지 현황별 분류	지형 지목	지표면의 형태, 고·저 등에 따라 결정된 지목
	토성 지목	토지의 구성 물질 등에 따라 결정된 지목
	용도 지목	토지의 용도에 따라 결정된 지목(우리나라 채택)
구성 내용별 분류	단식 지목	토지의 한 가지 특성에 따라 결정된 지목
	복식 지목	토지의 두 가지 이상의 특성을 반영시켜 결정된 지목
지역별 분류	농촌형 지목	농·어·산촌 지역에 주로 분포되어 있는 지목
	도시형 지목	도시지역에 주로 분포되어 있는 지목
산업별 분류	1차 산업형 지목	필지가 대부분 농·어업 생산 위주로 이용되는 지목
	2차 산업형 지목	필지가 대부분 제조업의 용도 위주로 이용되는 지목
	3차 산업형 지목	필지가 대부분 서비스업 위주로 이용되는 지목
국가 발전별 분류	후진국형 지목	1차 산업 위주의 후진 농촌형 용지에서 이용되는 지목
	선진국형 지목	3차 산업 위주의 선진 도시형 용지에서 이용되는 지목
이용 공간별 분류	지중 지목	지하 공간에 설정된 지목
	지표 지목	지표 공간에 설정된 지목
	지상 지목	지상 공간에 설정된 지목

자료: 이범관, 「지적학원론」, 삼지출판사, 2007, p.113.

지목설정의 원칙에는 일필 일 지목의 원칙, 주지목 추종의 원칙(용도경중의 원칙), 선 등록 우선의 원칙, 그리고 일시 변경 불변의 원칙 등이 있다. 일필 일 지목의 원칙은 하나의 필지에는 하나의 지목만이 등록될 수 있다는 원칙을 말한다. 주지목 추종의 원칙은 하나의 필지가 다양한 용도로 쓰일 경우, 그 가운데 내용적으로 가장 주된 용도를 찾아서 필지의 대표적인 지목으로 설정하는 원칙이다. 선 등록 우선의 원칙은 하나의 필지에 상호 다른 지목이 서로 교차될 때에는 먼저 등록된 지목으로 설정하여야 한다는 원칙이다. 일시 변경 불변의 원칙은 하나의 필지 용도가 일시적 또는 임시적 용도로 사용되는 때에는 지목을 변경하지 못한다는 원칙이다.

〈표 5-4〉 지목설정의 원칙

구 분	내 용
일필 일 지목의 원칙	하나의 필지에는 하나의 지목만이 등록될 수 있다는 원칙
주지목 추종의 원칙 (용도 경중의 원칙)	하나의 필지가 다양한 용도로 쓰일 경우, 그 가운데 내용적으로 가장 주된 (중요한) 용도를 찾아서 필지의 대표적인 지목으로 설정하는 원칙
선 등록 우선의 원칙	하나의 필지 용도가 도로, 철도 용지, 하천, 구거, 제방, 수도 용지 등의 지목이 서로 교차될 때에는 먼저 등록된 지목으로 설정하여야 한다는 원칙
일시 변경 불변의 원칙	하나의 필지 용도가 일시적 또는 임시적 용도로 사용되는 때에는 지목을 변경하지 못한다는 원칙

자료: 박순표·강태석·최용규, 「지적학개론」, 형설출판사, 2001, pp.209-210.; 이범관, 「지적학원론」, 삼지출판사, 2007, p.109-110.

③ 경계 및 좌표

토지의 경계는 필지별로 경계점 간을 직선으로 연결하여 지적공부에 등록한 선을 말한다. 즉, 토지의 경계는 필지의 모양을 나타내는 외곽선을 의미하며, 필지가 존재한다는 것은 경계에 의해 폐쇄된 다각형의 공간을 만들기 때문에 가능한 것이다. 토지경계는 설정내용에 따라 지상경계, 도상경계, 현실경계, 법정경계, 점유경계, 사실경계로 구분하고 있다.[30] 다양한 경계의 종류가 존재하나 실질적인 의미에서의 토지경계는 현장의 지형·지물 등으로 토지의 소유권 범위를 구분하는 현실경계와 도면에 등록된 토지의 경계를

30) 이범관, "취득시효로 인한 도상경계의 설정 연구", 「한국지적학회지」, 제16권 제1호, 2000, pp.9-22.; 대한지적공사 지적연구원, 「수치도화에 의한 지상경계 취득 연구」, 2008, p.3.; 김정민, "필지의 경계설정에 관한 연구-항공사진측량을 중심으로-", 박사학위논문, 목포대학교 대학원, 2010, pp.91-98.; 곽인선, "토지경계 설정의 정확도 비교 분석", 박사학위논문, 서울시립대학교 대학원, 2011, p.12.; 심우섭, "토지경계의 효율적 관리방향에 관한 연구", 박사학위논문, 경일대학교 대학원, 2010, pp.22-23.

기준으로 필지를 구분하는 도상경계로 분류할 수 있다. 지적관련 법률과 판례는 특별한 사정이 없는 한 도상경계를 법정경계로 보고 있다.

〈표 5-5〉 토지경계의 구분

구 분	내 용
지상경계	지상에 존재하는 경계로 토지소유자들이 사실상 소유하고 있는 지상의 점유경계
도상경계	도상경계는 지적공부인 지적도와 임야도상에 존재하는 경계
현실경계	도상경계와 상반된 경계로 도상경계를 지표상에 복원하여 표시한 경계
법정경계	법원이 인정하는 토지경계로 경계분쟁 발생 시 법원의 판결에 의해 최종 확정되는 토지 경계
점유경계	토지권리자가 사실상의 점유권을 행사하며 지배하고 있는 토지의 지상경계
사실경계	토지경계에 있어서 원시적으로 토지소유자들이 결정한 지상경계로서 법정경계, 현실경계, 점유경계와 관계없이 진정한 토지소유권을 주장할 수 있는 경계

경계등록의 일반원칙에는 축척종대의 원칙과 경계 불가분의 원칙 등이 있다. 축척종대의 원칙은 동일한 경계가 축척이 다른 도면에 등록되어 있는 때, 즉 지적도에 등록된 경계와 임야도에 등록된 동일한 경계가 서로 다른 때에는 지적도에 등록된 경계에 따라 임야도의 경계를 정정하여야 한다는 원칙을 말한다. 그러나 경계등록에 잘못이 있는 경우에는 그러하지 아니한다. 경계불가분의 원칙은 토지의 경계는 필지와 필지 사이에 하나밖에 없으며, 또 어느 한쪽 필지의 경계로서의 역할만을 하는 것이 아니라, 양 필지에 공통된 경계로서의 기능을 한다는 원칙을 말한다. 즉, 필지 사이의 경계는 2개 이상이 있을 수 없으며, 이를 또한 분리할 수도 없다.

본래 토지의 경계는 지상의 자연물을 중심으로 인접한 토지소유자 간의 결정에 의해 설정되는 것이었으나, 토지의 효율적인 관리수단으로서 지적제도가 탄생되면서 지상의 경계를 지적공부에 옮겨 관리하게 된 것이다.

좌표는 지적측량기준점 또는 경계점의 위치를 평면직각 종횡선 수치로 표시한 것을 말한다. TM 좌표는 임의의 지역에 대한 기준지점을 좌표의 원점으로 정하고, 원점을 중심으로 TM 투영한 평면상에서 원점을 지나는 자오선을 X축, 동서 방향의 위도선을 Y축으로 하여 각 지점의 위치를 미터(m) 단위의 평면직각 좌표계로 표시한다.

④ 면적

면적은 지적공부에 등록한 필지의 수평면상의 넓이를 말한다. 면적의 산정(算定)은 경계점을 서로 연결한 폐합 다각형의 넓이를 계산하고, 그 값을 제곱미터(m^2)의 단위로 표시한다. 토지의 면적은 개별 필지를 둘러싼 경계선을 기준면에 투영시켰을 때 그 경계선 내의 넓이를 말하며, 평균 해수면에 의한 수평면적을 말한다. 토지의 면적은 지적도 또는 경계점 좌표로부터 측정 또는 계산하고 제곱미터(m^2)를 사용하고 있으나, 국가마다 다른 경우도 있다. 우리나라는 1975년 이전까지는 척관법에 따라 평(坪)과 정(町)·보(步)를 단위로 하였으나, 수치지적이 도입됨에 따라 현재에는 제곱미터(m^2)를 사용한다.

⑤ 토지소유자

토지소유자는 필지를 본인의 이름으로 직접 소유하고 있는 사람을 말한다. 지적공부에 등록되는 모든 필지는 그것이 국가나 공공단체의 것이든 아니면 개인이나 법인 등의 것이든 간에 소유자가 있기 마련이다. 지적공부 중에서 토지(임야)대장에는 소유자의 성명 또는 명칭, 주소 및 주민등록번호(국가·지방자치단체·법인·법인 아닌 사단이나 재단 및 외국인은 그 등록번호)를 등록하도록 되어 있으며, 토지소유자가 변경된 사항에 대해서도 그 변경날짜와 원인을 등록하도록 되어 있다. 또한, 공유지연명부(토지소유자가 2인 이상인 때)와 대지권등록부(대지권 등기가 된 때)를 두는 경우, 각각에 대하여 소유자 현황 및 소유권 지분과 대지권 비율을 등록하도록 하고 있다. 그러나 대장 이외의 도면(지적도 또는 임야도)이나 경계점좌표등록부에는 소유자를 등록하지 않는다.

⑥ 토지의 가격

토지의 가격은 개별 필지별로 그 토지에 대한 경제적 가치를 화폐액으로 표시한 것을 말하며, 간단하게 지가(地價)라고도 한다. 지가를 결정하는 과정에서는 토지이용 상황이나 주변 환경, 그 밖의 자연적·사회적 조건 등이 일반적으로 유사하다고 인정되는 토지 중에서 표준지를 선정하고 그에 대하여 매년 공시기준일 현재의 적정가격을 조사·평가하고, 심의를 거쳐 이를 공시하게 된다. 지적공부 중에서 대장의 등록사항에는 토지등급 또는 기준 수확량 등급과 그 설정·수정 연월일을 등록하게 되어 있고, 아울러 개별공시지가와 그 기준일도 등록사항에 포함되어 있다. 이러한 측면에서 볼 때, 지가는 필지를 등록함에 있어서 빠질 수 없는 등록사항이다.

(2) 토지등록사항의 정정

토지등록사항의 정정은 지적공부에 등록된 내용이 잘못되었을 경우에 그 잘못을 올바른 내용으로 고쳐 등록하는 것을 말한다. 즉, 지적공부상의 토지의 소재, 지번, 지목, 경계 또는 좌표, 면적 등은 물론이고, 소유자 현황 등이 실제와 맞지 않을 경우, 이를 바로잡는 것이 등록사항의 정정인 것이다. 지적공부에 등록된 내용이 잘못되는 이유에는 여러 가지가 있겠지만, 그 대부분은 등록 내용을 조사·측량하는 과정에서 착오 등으로 인해 우연히 발생되는 실수가 대부분이다.

등록사항 정정의 유형에는 토지소유자 신청에 의한 정정과 지적소관청의 직권에 의한 정정이 있다. 토지소유자 신청에 의한 정정은 토지소유자가 지적공부의 등록사항에 잘못이 있음을 발견하면 그 정정 사유를 적은 신청서에 특정한 서류를 첨부하여 지적소관청에 그 정정을 신청할 수 있다. 다만, 기존의 등록 내용을 정정함에 있어서 인접 토지의 경계가 변경되는 경우에는 인접 토지소유자의 승낙서 또는 그에 대항할 수 있는 법원의 확정판결서 정본(正本)을 지적소관청에 제출하여야 한다.

한편, 지적소관청은 등록사항 정정대상 토지에 대한 대장을 열람하게 하거나 등본을 발급하는 때에는 "등록사항 정정대상 토지"라고 적은 부분을 흑백의 반전(反轉)으로 표시하거나 붉은색으로 적어야 한다. 지적공부의 등록사항 중 경계나 면적 등과 같이 지적측량을 수반하는 토지의 표시가 잘못된 경우에는 지적소관청은 그 정정이 완료될 때까지 지적 측량을 정지시킬 수 있다.

(3) 토지등록의 효력

지적공부에 새로이 토지를 등록하거나 이미 등록된 토지의 지번, 지목, 경계, 면적 등을 변경·등록하는 행위에 대한 법률적 효력은 일반적으로 행정처분에 의한 구속력·공정력·확정력·강제력이 있는 것으로 보고 있다.[31)]

① 행정처분의 구속력(拘束力)

구속력이란 법정요건을 갖추어 행정행위가 행하여진 경우에는 그 내용에 따라 상대방과 행정청을 구속하는 효력을 말하는 것으로 상대방은 행정행위에 대하여 불복이 있는 경우에는 법률에 의하여 이를 다툴 수 있으나 이 경우에도 취소가 있기 전까지는 그 행위에 의하여 구속되며, 행정청도 그 행위가 취소되지 않는 한 그에 구속된다. 적용의 사례는 지적공부에 새로이 토지를 등록하거나 이미 등록된 토지의 지번·지목·면적 등을 변경 등록하는 행위가 법정요건을 갖추어 이루어진 경우에는 행정청과 상대방을 구속하게 된다. 따라서 지적소관청이나 토지소유자 또는 이해관계인은 토지등록의 행정처분이 유효하게 존재하는 한 그것을 존중하고, 복종하여야 하는 것이다.

31) 김영학, 「지적행정론」, 성림출판사, 2006, p.101.; 이왕무·이동현·김남식·김영학, 전게서, pp.161-162.; 김영학·이왕무·이동현·김남식, 전게서, pp.254-257.

② 토지등록의 공정력(公定力)

공정력이란 행정행위가 이루어지면 비록 법정요건을 갖추지 못하여 흠이 있더라도 절대무효인 경우를 제외하고는 권한 있는 기관에 의하여 취소되기까지는 상대방·제3자에 대하여 구속력이 있는 것으로 통용되는 힘을 말한다. 행정행위의 구속력은 행정행위의 내용에 따라 또는 직접 법률의 규정에 따라 일정한 효력을 발생하는 실체법상 효력인데 비하여 공정력은 그러한 구속력이 있는 것을 승인시키는 절차적 효력에 해당한다. 적용의 사례는 토지등록에 있어서의 행정처분이 유효하게 성립하기 위한 요건을 완전히 갖추지 못하여 흠이 있다고 인정될 때라도 절대 무효인 경우를 제외하고는 지적소관청, 감독청, 법원 등 권한 있는 기관에 의하여 쟁송 또는 직권으로 그를 취소할 때까지 그 행위는 적법의 추정을 받고 누구도 그 효력을 부인할 수 없는 것으로서 무하자 추정 또는 적법성이 추정되는 것이다.

③ 토지등록의 확정력(確定力)

일단 유효하게 등록된 표시사항은 일정한 기간이 경과한 뒤에는 그 상대방이나 이해관계인의 그 효력을 다툴 수 없을 뿐만 아니라 지적소관청 자신도 특별한 사유가 없는 한 그 처분행위를 다툴 수 없는 것을 불가쟁력(不可爭力)또는 형식적 확정력(形式的 確定力)이라 하며, 행정행위를 한 행정청(처분청)이 스스로 그 행정행위를 취소·변경 또는 철회할 수 없는 힘을 불가변력(不可變力) 또는 실질적 확정력(實質的 確定力)이라 한다. 적용의 사례는 유효하게 지적공부에 새로이 등록하거나 이미 등록된 사항을 변경하여 등록한 경우에는 그 상대방이나 이해관계인이 그 효력을 다툴 수 없을 뿐만 아니라 지적소관청이 임의로 이를 취소·변경 또는 철회할 수 없다.

④ 토지등록의 강제력(强制力) : 자력집행력(自力執行力)

강제력은 의무를 부과하는 하명행위(下命行爲)에 있어 그 상대방이 의무를 이행하지 않을 때 사법행위(私法行爲)와는 달리 법원의 힘을 빌리지 않고 행정청이 자력으로 이를 실현할 수 있는 것을 말한다. 강제력은 행정행위에 내재하는 효력이 아니라 그에 관한 법률상의 근거가 있어야 한다. 지적측량이나 토지등록사항에 대하여 사법권의 힘을 빌릴 것이 없이 행정청 자체의 명의로서 자력으로 집행할 수 있는 강력한 효력을 갖는 것을 말한다. 토지분할이나 신규등록 또는 경계복원측량 등을 한국국토정보공사 대행시키는 것도 국가업무를 대행하는 것으로 이에 따른 모든 효력이 동일하며 그 처분결과는 물론 국가가 최종적으로 책임을 지게 된다.

2 토지등록제도 및 편성

1) 토지등록제도의 의의

토지등록은 토지에 관한 물리적 현황, 가치(가격), 권리관계 등을 공부에 등록하는 것이다. 등록에 있어서는 물리적 현황이나 가격은 지적공부에 등록하고, 지적공부에 기록된 내용을 바탕으로 권리관계는 등기부에 기재하게 된다. 이와 같이 토지에 관한 제반사항을 조사하고 이를 등록·관리·활용을 위한 일련의 관리체계가 토지등록제도이고, 이 제도를 운영하기 위해 필수적으로 구비되어야 하는 것이 지적과 등기제도이다. 물론 국가에 따라서는 지적과 등기제도가 통합적으로 운영되는 경우도 있고, 이원화되어 운영되는 경우도 있지만 효율적이고 안정적인 토지의 등록·관리·활용을 목적으로 하는 것은 동일하다고 볼 수 있다.

토지등록제도는 크게 법적 기능과 제도적 기능을 두 가지로 나눌 수 있는데, 법적 기능은 다시 사법적 기능과 공법적 기능으로 구분된다. 토지등록제도의 사법적 기능은 국민 개개인의 이익과 관련되는 것으로 토지소유자의 권리를 확실히 하고, 토지 거래의 안전과 신속을 도모하기 위한 것이다. 공법적 기능은 국가의 행정·재정상의 목적과 관련된 것으로 국가의 행정적 목적이나 재정적 목적을 달성하기 위해 토지를 관리하는 기능이다.

제도적 기능은 지적제도와 등기제도에 따라 각기 다른 기능을 가진다. 지적제도란 토지에 대한 물권이 미치는 경계와 면적 등 토지에 대한 사실관계, 즉 토지의 위치·형태·용도·면적 및 소유관계 등을 공부(公簿)에 등록하여 고시하는 것으로 국가의 고유사무에 해당한다. 현재 지적관리는 국토교통부 주관 하에 산하기관인 시·도와 시·군·구에서 공간정보의 구축 및 관리 등에 관한 법률을 준수해 수행하고 있다. 이 지적제도는 다음과 같이 대략 여섯 가지의 기능을 가진다.[32)]

첫째, 토지등기제도의 기초로서의 기능을 수행한다. 우리나라는 선(先) 지적공부 등록, 후(後) 토지등기부 개설의 원칙을 채택하고 있다.

둘째, 토지평가의 기초로서의 역할을 수행한다. 토지평가는 지적공부에 기초를 두고 행해지므로 지적공부는 토지평가의 기초이다.

셋째, 지적공부에 기초하여 과세업무를 수행하는 등 토지과세업무의 기초가 된다. 그러므로 공정한 과세를 위해서는 정확한 지적공부가 요구된다.

넷째, 지적공부에 명기된 사항을 바탕으로 거래가 이루어지므로 지적은 토지거래의 주요

32) 이태교, 「부동산정책론」, 법문사, 2001, pp.229-231.

정보원이 된다.

다섯째, 지적공부는 토지이용계획 및 개발계획의 기초자료로 활용된다.

한편 등기란 등기공무원이라고 불리는 국가기관이 토지에 대한 무형적인 권리관계를 등기부에 기재하여 공시하는 행위를 말한다. 등기는 사법부인 법원행정처 주관 하에 산하기관인 등기소에서 부동산 등기법령에 준하여 수행하고 있으며, 토지소재, 지번(地番), 지목(地目), 소유자 주소 및 성명 이외에 저당권 등 각종 물권 설정에 관한 사항이 관리된다. 등기제도는 다음과 같은 기능을 가진다.

첫째, 등기는 부동산 물권에 변동이 있을 경우 외부에서 인식할 수 있도록 공시하는 것이므로 부동산 물권변동을 파악할 수 있는 역할을 수행한다.

둘째, 한 필지의 토지에 대하여 반드시 하나의 등기 용지를 비치하도록 하는 1부동산 1등기원칙을 채택함으로서 부동산의 물리적 현황을 명확히 할 수 있다.

셋째, 부동산에 대한 권리관계를 명확히 알 수 있게 하여 부동산 거래의 안전을 도모한다.

2) 토지등록제도의 유형

토지등록제도의 유형은 부동산양도 절차에 국가의 개입 정도 및 본질에 따라 날인증서등록제도와 권원등록제도, 토렌스 시스템과 연대적 편성주의로 구분하는데, 토지의 권리를 기록하기 위한 ① 개인 토지의 이전(양도), ② 증서의 등록, ③ 권원등록 등은 세 가지 시스템이 광범위하게 사용된다.[33] 토지등록의 의무형태에 따라 소극적 등록주의와 적극적 등록주의로 구분되며, 토지사정의 방법 및 등록시점에 따라 일괄등록주의와 산발등록주의로 구분된다.

(1) 날인증서등록제도

날인증서등록제도(system of deeds registration)는 유럽과 관련이 있으며, 영국과 영국식민지에서 초창기 관습법적 양도과정과 관계가 있다. 토지에 대한 이해관계에 영향을 미치는 문서를 복사 또는 요약하는 공적 등록으로서 일반적으로 '날인증서(deeds)[34]등록'으로 알려져 있다.

날인증서등록제도는 원래 영국의 제도를 계승한 것으로서 미국에서 일반화되었다. 영국에서는 권원조사를 날인증서(recording system)에 의하고 있었기 때문에 그러한 증서를

33) UNECE, op. cit., 2005, p.32.

34) 증서(deed)를 날인증서 또는 양도증서 또는 권리행사증서라고 번역되고 있는데, 증서는 보통법률 상의 개념인데 보통법에서는 날인증서로 정의하였기 때문이다.

찾는다는 것 자체가 쉬운 일이 아니라는 커다란 단점이 있었다. 이러한 단점을 제거하기 위해 고안해낸 것이 날인증서등록제도이다.[35)]

한편 날인증서등록제도는 1535년 영국의 등록법에서 고안된 제도이나 영국에서 자신의 재산내역을 공개되는 것을 원하지 않았던 귀족들의 반대로 시행되지 않았으므로 미국만의 제도이다. 날인등록제도의 목적은 다음과 같다.[36)]

첫째, 누구든지 현재 부동산소유자를 알려면 등록된 날인증서를 조사해야 알 수 있다는 것이다.

둘째, 날인증서의 안전한 보존에 있다. 개인적으로 날인증서를 소지하면 분실 등의 염려가 있지만 날인증서를 통상 카운티 청사(county house)에 있는 등록소에 등록함으로써 개인적 분실에 대비할 수 있다.

셋째, 대가를 지불한 매수인이나 담보 채권자가 종전의 등록하지 않은 권리자에게 우선하는데 있다.

날인증서등록제도는 등록부의 보존방식에 따라 다양한 효과성을 갖는 전 세계에서 가장 널리 사용되는 제도이다. 이 제도의 기본 원칙은 등록되지 않은 날인증서가 나중에 등록되는 날인증서보다 이미 등록된 날인등록증서가 우선한다는 것이다. 날인증서의 등록일을 기준으로 우선순위를 정하며. 날인증서의 실행일을 기준으로 결정하지 않는다는 것이다. 즉, 날인증서등록제도는 미등록된 날인증서를 재판에서 소유권 증거로 인정되지 않는다고 법률에 규정함으로써 날인증서의 타당성을 입증할 수 있다. 그러나 증서의 양도과정에서 날인증서의 본질에 기인하는 근본적인 결함이 있다. 문서는 본질적으로 소유권을 입증하지 못하며, 단지 독립된 거래에 대한 기록에 지나지 않는다. 즉, 특정한 거래가 발생했다는 것은 나타내지만 그 관계자들이 법적으로 그 거래를 수행할 권리가 주어졌다는 것을 입증하지 못하므로 그 거래가 유효하다는 것을 증명하지 못한다는 것이다.[37)]

날인증서등록제도는 토지에 관한 권리 자체를 등록하는 것이 아니라 토지 거래 시 토지 처분에 관한 날인증서 내용을 등록하여 나중에 증거로 사용하는 제도이다.

개선된 날인증서등록은 다음과 같은 특성이 있다.[38)]

① 날인증서에 언급된 토지단위는 측량계획에 의해서 항상 나타나게 되고, 기준이 기술되며, 독특한 참조 번호(reference number)가 부여된다. 날인증서는 공공서기 또는

35) 이창석, 「부동산학원론」, 형설출판사, 2002, p.478.
36) 홍봉주, "미국의 부동산제도", 「토지법학」, 제25-2호, 2009, pp.38-39.
37) S. R. Simpson, op. cit., pp.14-15.
38) J. L. G. Henssen, "Cadastre and Its Legal Aspect", Masstricht, 1995, p.5.

법무사(solicitor)의해 작성된다.

② 등기는 성명 부분에 의해서 뿐만 아니라 토지단위 필지참조 번호를 참고해서 색인된다.

③ 등록을 위해 제시된 모든 날인증서는 앞서 등기된 날인증서와 일치시키기 위해 등기부로 설명된다.

④ 날인증서등록을 위한 법적 기반을 부여하는 민법 또는 토지법에서 등기부를 참고하는 제3자를 더 보호하게 된다. 이러한 선의의 제3자는 등록의 불완전성(incompleteness) 또는 부정확성(incorrectness)의 경우에 확실히 보호된다.

그러나 날인증서등록제도는 많은 단점을 가지고 있다.[39)]

첫째, 날인증서등록제도는 토지에 관한 권원등록이 아닌 법률 서류를 등록하는 제도이다.

둘째, 날인증서는 어떤 행위도 누가 그 토지를 소유하고 있는지 입증하지 못한다. 그것은 단지 독립된 거래에 관한 기록일 뿐이다.

셋째, 날인증서에 포함된 정보가 이전 거래와 일치하지 않을 수 있다. 외관상 일관성은 그 자체가 오류로 이전 날인증서에서 복사된 결과일 수 있으므로 정보는 실지(實地)의 사실과 일치하지 않을 수 있다.

등록제도에 의한 권원은 보장되지 않는다. 전문직 종사자들은 항상 고객의 업무 실패를 보호하기 위해 보험에 가입한다. 법무사는 보험에 가입함으로써 전문적인 보증을 제공받을 수 있으며, 특히 미국의 민간 보험사들은 업무의 실수를 대비하여 보험을 판매한다.[40)]

날인증서등록제도는 많은 단점을 보다 좋은 전문기술을 사용하여 개선될 수 있으며, 다음과 같은 개선사항이 적용될 수 있을 것이다.[41)]

① 기초적인 기록관리 개선(Improve basic records management)

② 형식 및 절차 표준화(Standardize forms and procedures)

③ 물리적 저장시설 개선(Improve physical storage facilities)

④ 마이크로필름 복사(Make microfilm copies)

⑤ 유연한 측량 표준 채택(Adopt mare flexible survey standards)

⑥ 보다 유연한 측량 절차 채택(Adopt more flexible survey procedures)

⑦ 부분적인 권원 검사(Partially examine title)

---

39) Peter F. Dale·John D. Mclaughlin, 「Land Information Management」, Oxford, Oxford University Press, 1988, p.22.

40) Ian Williamson, Stig Enemark, Jude Wallace and Abbas Rajabifard, 「Land Administration for Sustainable development」, Redlands, ESRI Press Academic, 2010, p.342.

41) Peter F. Dale and John D. Mclaughlin, op. cit., pp.23-24.

⑧ 등록 의무화(Make registration compulsory)

⑨ 색인에 접근하기 위한 전산화(Computerize access to indexes)

⑩ 권원의 요약을 전산화(Computerize abstracts of title)

현재 날인증서등록제도를 사용하는 국가는 유럽(프랑스, 스페인, 이탈리아, 베네룩스)의 라틴 문화 국가에서 사용되고 있고, 남미, 아시아와 아프리카의 일부, 그리고 광범위하게 미국에서 사용된다.[42)]

(2) 권원등록제도

권원등록제도(system of title registration)는 옛 한자동맹(Hanseatic) 도시국가의 제도로서 독일에서 발전되었고, 신대륙으로 전파되었다. 신대륙에서는 불편한 날인증서양도 과정을 버리고 단순한 토지등록제도로 만들었다.[43)]

권원등록제도는 날인증서등록제도를 보완하기 위한 것으로 권원등록은 공적기관에서 보존되는 특정한 사람에게 귀속된 명확히 한정된 토지에 대한 권리와 그러한 권리들이 존속되는 한계에 대한 권위 있는 등록이다. 소유권등록은 언제나 최후의 권리이며, 정부는 등록한 이후에 이루어지는 거래의 유효성에 책임을 진다.[44)]

또한 권원등록제도에서 등기부는 2부분으로 언급할 수 있다. 첫째 부분은 각 필지가 독특한 필지 식별자에 의해 확인되고 설명되는 지적도이고, 둘째 부분은 제한하는 계약조항(covenants) 또는 저당권과 같은 필지 소유자와 관련된 제한 또는 권리, 소유자, 권원에 대한 세부기록인 본문(text)이다. 부동산의 간단한 거래는 등록된 성명(name)에 관한 변화의 단순한 결과이다. 토지의 분할 또는 경계의 변형은 새로운 서류 및 증명의 문제와 계획의 수정이 요구되고, 공적권원등록은 완성이 된다.[45)] 소유권등록은 언제나 최후의 권리이며, 정부는 등록한 이후에 이루어지는 거래의 유효성에 대해 책임을 진다.

권원등록제도는 세 가지 안전장치를 제공하며, 이를 위하여 등록부는 다음과 같은 기본 정보를 설정하고 공식적으로 확인한다.[46)]

① 영향을 받는 토지필지의 명확한 정의(필지를 소유함으로써 혜택을 받는 다른 토지에 대한 권리)

42) Ian Williamson, Stig Enemark, Jude Wallace and Abbas Rajabifard, op. cit., p.341.

43) Ibid., p.341.

44) 박순표·최용규·강태석, 전게서, p.181.

45) UNECE, 「Land Administration Guidelines with Special Reference to Countries in Transition」, New York and Geneva, 1996, pp.25-27.

46) S. R. Simpson, op. cit, pp.16-17.

② 소유자, 개인 또는 회사명과 주소
③ 필지에 영향을 미치는 이해관계의 세부사항

권원은 정상적으로 국가가 보증하므로 행정체계를 신뢰할 수 있다. 권원에 대한 개인보험은 필요 없지만, 때때로 토지에 영향을 미치는 권원외의 제한과 책임으로부터 사람들을 보호하기 위해 개인보험이 제공될 수 있다. 변호사들은 자신과 직원들이 실수로 발생할 수 있는 손실에 대비하여 보험에 가입한다.[47)]

영국에서 권원등록제도를 만드는데 주도적 역할을 한 C. F. Brickdale경은 권원등록제도와 연결되는 6가지 특징을 나열하였다. 6가지 특징은 ① 안전성, ② 간편성, ③ 정확성, ④ 신속성, ⑤ 저렴성, ⑥ 적합성이고, 여기에 Dowson와 Sheppard가 완전성을 추가하였다.[48)] 이에 대해 자세히 살펴보면 다음과 같다.

안전성(security)은 토지등록제도의 가장 순수한 본질이다. 토지소유자, 토지소유자로부터 토지를 매수하거나 임대받은 사람, 토지의 안전성을 담보로 자금을 빌려준 사람, 통행권을 가진 인접소유자, 지상권을 가진 사람(토지소유자와 권리에 관련된 사람)은 권리가 일단 등록되면 불가침의 영역으로 안전성이 확보된다. 따라서 지적공부에 등록되는 필지별 권리, 제한사항 및 의무사항 등을 정확하게 등록함으로써 쉽게 파악하고, 활용이 가능할 수 있도록 해야 할 것이다. 또한 국민의 재산을 등록·공시하는 중요한 공적 장부로서 화재·수해·지진 등 천재지변의 재난에 의하여 분실·소실·망실 등 불의의 사고가 발생할 경우 즉시 복구가 가능하도록 지적공부와 관련 자료를 전산화하여 중복·작성하여야 하는 관리가 요구된다.

간결성(simplicity)은 권원등록제도의 효과적인 운영뿐만 아니라 이 제도의 최초 승인을 위해 필수적이다. 토지소유자는 다른 누구보다도 자신이 이해하지 못하는 사항에 대하여 의심을 하므로 사람들이 법률을 쉽게 이해할 수 있어야 한다. 따라서 간결한 양식을 사용해야 하며, 절차는 명백하고 복잡하지 않아야 한다.

정확성(accuracy)과 신속성(expedition)은 권원등록제도가 효과성을 발휘하려면 정확성과 신속성은 명백하게 운영상 필수불가결한 것이다. 정확성은 매우 중요하며, 신속성은 중요한 만큼 항상 인정되는 것이 아니기 때문에 토지등록이 너무 많은 시간이 소요되는 것이 정당화된다면 이 제도는 좋지 않은 평판을 받을 것이다. 따라서 이 제도는 정확성과 신속성이 중요하다.

47) Ian Williamson, Stig Enemark, Jude Wallace and Abbas Rajabifard, op. cit., p.342.
48) S. R. Simpson, op. cit., pp.17-18.

저렴성(cheapness)은 상대적인 것이며, 가능한 대안적 측면에서 비교적으로만 평가될 수 있다. 그러나 소급검사의 필요성을 다른 어떤 시스템도 배제하지 않기 때문에 효과적인 권원등록제도는 저렴하게 권원을 증명한다. 권원도입의 비용은 전적으로 다른 문제이며, 이 제도를 채택할 것인지 결정하는 데 있어 중요한 요소이다. 등록되지 않은 토지권리는 이미 이 제도를 운영하는 지역보다 초기 편집에 상당한 비용이 소요됨에도 불구하고 권원등록제도가 다른 제도보다 저렴하다는 것이다.

적합성(suitability to circumstances)은 환경에 대한 적합성은 현재 존재하는 것과 미래에 발생할 수 있는 상황에 똑같이 적용된다. 어떠한 환경에서도 결정적인 요인은 실현 가능한 것이며, 이것은 명백하게 자금, 인력, 전문지식의 가용성에 달려 있다.

완전성(completeness)은 기록의 완전성은 두 가지 방식으로 해석될 수 있다. 첫째, 등록된 필지와 미등록 필지가 계속 혼재해 있어 각기 다른 법률을 적용받기 때문에 모든 토지를 등록하는 관점에서 기록은 완벽해야 한다. 미등록 토지가 완벽할 때까지 권원등록으로부터 발생하는 중요한 혜택은 얻지 못할 것이다. 미등록 토지가 토지등록부에 등록되어야 완전성을 가지며, 이로 인하여 중요한 혜택을 얻을 수 있다는 것이다.

다음은 날인증서등록제도와 권원등록제도에 관한 개선 방안을 제시하고 있다.[49]

① 토지등록부에 등록된 권리를 보장할 수 있는 토지양도 및 담보등록을 위한 행정시스템을 만들어야 한다.

② 소유권의 법적 확실성을 부여하고, 소유권의 등록순서에 따라 우선순위를 부여하여야 한다.

③ 권원의 오류가 있는 경우 권원의 보호·보상규모·수정을 안전하게 하기 위한 기능인 보장에 대한 수준을 규정하여야 한다.

④ 토지 상황을 반영하는 부동산 단위, 권리 및 제한에 관한 법적 정의가 포함되어야 한다.

⑤ 저렴한 거래비용으로 이 제도를 운영하기 위해서는 단순하고, 직접적이고(일련의 권원을 검색할 필요가 없도록 하기 위하여) 안전한 시스템으로 토지 양도를 쉽게 하여야 한다.

⑥ 담보를 약정하거나 변제할 수 있는 신속하고 간단한 방법을 제공하여야 한다.

⑦ 토지등록부는 항상 최신의 정보를 등록하여 유지하여야 한다.

⑧ 국가, 일반시민 및 기관이 보유한 것을 포함한 모든 토지를 보호하여야 한다.

⑨ 중앙 등기소와 다른 곳(시 당국)에 등록되어야 하는 이용 권리를 표시하여야 한다.

49) UNECE, op. cit., 2005, pp.7-8.

또한 토지권원에 대한 사정은 '토지등록부를 만들 때 또는 토지등록부에 새로운 속성을 입력할 수 있도록 영역을 확장할 때 기존 토지소유자가 공식적으로 인정되는 메커니즘이 설정되어야 한다'고 하였다.

좋은 관행은 다음과 같은 토지에 대한 권원의 사정에 관하여 법적인 결과를 가져올 것이다.

① 토지에 대한 권리의 최초 사정(initial determination)을 위한 규칙과 절차를 규정하여야 한다.

② 특정 상황에서 권리를 강제로 등록하도록 장려함으로써 산발적이거나 체계적으로 토지권리의 사정을 쉽게 하여야 한다.

③ 토지의 소유권을 등록하고, 공개하는 방법을 규정하여야 한다.

④ 지정된 기간(예: 30일) 내에 재판 결과에 이의를 제기할 수 있고, 분쟁을 비용대비 효과적인 방법으로 해결하는 항소 절차를 만들어야 한다.

⑤ 토지소유와 토지소유권을 조화시킬 수 있는 유연성을 허용하여야 한다.

날인증서등록제도·권원등록제도와 지적제도의 관계를 다음과 같이 설명할 수 있다.[50] 첫째, 지적제도는 날인증서등록제도와 권원등록제도보다 오래된 제도로서 토지평가와 토지이익의 수집을 위하여 국가의 필요에 의하여 창설된 반면에 날인증서등록제도와 권원등록제도는 토지소유자의 이익을 보호하는 것이 목적이다. 둘째, 지적은 세금을 평가할 수 있도록 분류와 평가를 필요로 하는 반면 날인증서 등록은 가치와 관련이 없다.

그러므로 지적은 국가의 모든 필지를 중심으로 토지에 관한 토지평가와 토지이익을 기록하여 토지세 부과에 중점을 두고 있으나 날인증서등록은 토지소유자를 등록하여 토지소유권 보호에 목적을 두고 소극적으로 등록하고 있다. 날인증서등록제도와 권원등록제도의 차이점에 관한 사항은 〈표 5-6〉과 같다.

권원등록제도를 사용하는 국가는 관습법 사용하는 국가들과 신흥 국가들이며, 독일식 제도를 사용하는 국가는 오스트리아, 스위스 그리고 북유럽 국가들이다.[51]

50) Maria A. Silva and Erick Stubkjær, "A Review of Methodologies Used in Research on Cadastral Development", Computers, Environment and Urban Systems, 2002, pp.121-123.

51) Ian Williamson, Stig Enemark, Jude Wallace and Abbas Rajabifard, op. cit., p.341.

〈표 5-6〉 날인증서등록제도와 권원등록제도

구 분	날인증서등록	권원등록
의 의	- 토지의 이익에 영향을 미치는 문서의 공적 기록을 보전하는 것	- 공적기관에서 보존되는 특정한 사람에게 귀속된 토지필지에 대한 권리와 그러한 권리들이 존속되는 한계에 대한 권위 있는 등록
권원의 개념	- 권원은 법률로 존재 - 권원은 증서를 통해 이전 - 증서들은 토지소유권의 필수적인 증거	- 권원은 등록부에 등록, 그 공식 기록은 소유권의 증거
조사 대상	- 등록된 증서사본과 동일하게 모든 증서에 해당하는 모든 권원을 조사	- 공식 기록에 있는 소유자의 마지막 기재만 검색
필지식별	- 필지 식별은 증서의 본문 기술에 의한 여러 가지 방식으로 완성되며, 때때로 미터(meter) 및 경계 또는 지도 스케치로 참조 - 경계와 면적은 보장 불가	- 최초 등록은 필지에 대한 측량 또는 (고정) 경계 또는 일반경계를 설정 - 필지는 일반적으로 지적도에 대한 참조와 통합에 의해 관련 필지로 기하학적으로 식별 - 경계 및 영역이 보장 불가
지적의 역할	- 지적은 과세부과를 목적으로 토지를 식별 - 지적측량은 필수 요소가 아님	- 지적은 권원을 목적으로 토지를 식별 - 경계는 신뢰
행정 제도	- 증서들은 복사되고, 사본은 토지대장에 보관	- 권원기록은 한 페이지 또는 필지를 참조하는 디지털 파일에 보관
행위자 (actor)	- 변호사나 공증인은 일반적으로 필수적 - 증서등록관은 토지대장에서 증서 확인, 증서서류철을 관리, 증서기록물을 관리	- 변호사와 측량사가 필요성이 다수 - 개인들은 스스로 양도과정을 수행 - 토지등록관은 문서에 있는 정보뿐만 아니라 토지에 영향을 미치는 사회적 거래를 검사·기록
기 관	- 등록소는 일반적으로 지역 법원에 의해 설치·감독	- 토지권원 등기소는 일반적으로 정부의 행정기관 산하에 설치
위조서류	- 위조서류는 "권원의 연속(chain of title)"을 깨뜨려서 이후의 모든 증서의 효력을 없게 함	- 등록을 원하는 사람에 의한 위조서류는 효과가 없음(그 위조서류는 권원을 얻지 못함) - 위조서류와 관계없는 사람은 위조된 권원등록에 의존하여 스스로 권원을 얻음(공신의 원칙)
국가보험과 보장	- 국가가 권원을 보장을 하지 않음	- 권원은 국가가 보장

자료: Ian Williamson, Stig Enemark, Jude Wallace and Abbas Rajabifard, 「Land Administration for Sustainable development」, Redlands, ESRI Press Academic, 2010, pp.341-342.

(3) 소극적 등록제도

소극적 등록제도(negative system)는 필지와 관련된 모든 거래를 기록하고, 이론적으로 권리기록과 토지 거래에서 발생할 수 있는 변경사항에 대한 지속적인 기록이다. 이 거래기록은 법적인 의미에서 재산에 대한 권원을 제공하지 않으며, 분쟁의 증거로서 채택될 뿐이다. 따라서 소극적 등록제도는 보증의 등록으로 간주된다.[52)]

토지등록제도의 형태는 다른 방법으로 분류된다. 날인증서등록제도와 권원등록 간의 유일한 특징은 적극적 등록과 소극적 등록의 차이이다. 소극적 등록주의는 날인증서등록주의에서 사용하고 있는 제도이다.

소극적 등록제도는 기본적으로 거래와 그에 관한 거래증서의 변경기록을 수행하는 것이며, 일필지의 소유권이 거래되면 거래증서를 변경·등록하는 것이다. 이 제도를 채택하고 있는 나라에서의 거래행위에 따른 토지등록은 일반적으로 사유재산 양도증서의 작성과 거래증서의 등록으로 구분되며, 사유재산의 개인적인 양도증서의 작성은 모든 사인 간의 계약에 의하여 발생하고, 거래증서의 등록은 법률가에 의해서 조정되고 취급되는 경우를 말한다. 또한 토지등록의 의무화되지 않는 것이 특징이고, 거래의 등록은 정부에 의해서 수행되지만 서류의 합법성 또는 유용성에 대한 사실조사가 이루어지는 것은 아니다.[53)] 거래의 등록이 소유권에 관한 증거나 증빙 이상의 것이 되지 못한다는 것을 의미하므로 공신의 원칙이 적용되지 않는다.

한편 소극적 등록제도의 주요 특징은 다음과 같다.[54)]

① 양수인(transferee)을 위한 등록의 완전성, 정확성 및 타당성에 대한 보증의 결여

② 관련된 등록제도의 비활성화(inactive)

③ 보증을 수반하는 권리 자체의 완전한 등록의 결여

④ 전체 등록제도에 대한 정부의 신뢰성 형성에 재정적 보증의 결여

소극적 등록제도를 채택하는 국가는 네덜란드, 영국, 프랑스, 이탈리아 그리고 미국 일부 주, 캐나다의 일부 주이다.

---

52) John D. Mclaughlin, "The Nature, Function and Design Concepts of Multi-purpose cadastres", Doctor of Philosophy, University of Wisconsin, 1975, p.82.

53) 이왕무·이동현·김남식·김영학, 전게서, pp.152-153.

54) Jaap A. Zevenbergen, op. cit., p.5.

(4) 적극적 등록제도

적극적 등록제도(positive system)에서 토지등록은 일필지의 개념으로 법적인 권리보장이 인증되고, 정부에 의해서 그러한 합법성과 효력이 발생한다. 이 제도의 기본원칙은 지적공부에 등록되지 아니한 토지는 그 토지에 대한 어떠한 권리도 인정될 수 없고, 등록은 강제되고 의무적이며, 공적인 지적측량이 시행되지 않는 한 토지등기도 허가되지 않는다는 이론이 지배적이다. 토지등록의 효력이 정부에 의해 보장되기 때문에 선의의 제3자에 대하여도 토지등록상의 문제로 인한 피해는 법적으로 보호되고 있다. 그리하여 피해자는 정부에 대하여 소송을 제기할 수 있고, 부당성에 대하여는 보상을 받을 수 있다.[55] 적극적 등록제도의 발달된 형태로 유명한 제도는 토렌스 시스템이다. 이를 채택하고 있는 나라는 대만, 일본, 호주, 뉴질랜드, 스위스, 미국의 몇몇 주와 캐나다 일부이다. 소극적 등록주의와 적극적 등록주의는 〈표 5-7〉과 같이 요약할 수 있다.

〈표 5-7〉 소극적 등록주의와 적극적 등록주의 비교

구분	소극적 등록제도	적극적 등록제도
의의	- 기본적으로 거래와 그에 관한 거래증서의 변경 기록을 수행하는 것	- 모든 토지를 공부에 강제로 등록시키는 제도
특징	- 사유재산의 양도증서와 거래증서서의 등록으로 구분 · 양도증서의 작성은 사인간의 계약에 의하여 발생 · 거래증서의 등록은 법률가가 취급 - 거래증서의 등록은 정부가 수행(단, 합법성, 유용성에 대해 사실 조사가 이루어지지 않음) - 거래의 등록이 소유권의 증명에 관한 증거나 증빙이상의 것이 되지 못함 - 일반적으로 지적측량과 측량도면이 필요	- 공부에 등록되지 않은 토지는 어떠한 권리도 인정되지 않음 - 등록은 강제적·의무적 - 공적인 지적측량이 실시되지 않는 한 토지등기도 허가되지 않음 - 토지등록의 효력이 국가에 의해 보장됨(토지등록상의 문제로 인한 피해는 법적으로 보호됨) - 적극적 등록제도의 발달된 형태로 Torrens System
채택 국가	네덜란드, 영국, 프랑스, 이탈리아, 미국의 일부 주, 캐나다	스위스, 오스트리아, 호주, 네덜란드, 대만

자료: 김영학·이왕무·이동현·김남식, 「지적학」, 화수목, 2015, p.241.

(5) 토렌스시스템

토렌스시스템(Torrens System)은 호주연방의 남오스트리아 주에서 로버트 토렌스(Robert Richard Torrens)경이 선박의 양도·입질(入質)에 관한 등록제도로부터 영향을 받아 창안한

55) 김영학·이왕무·이동현·김남식, 전게서, p.241.

제도로서 1857년 토렌스경이 아델에이드(Adelaide)시의 시장으로 취임한 후 스스로 입안하여 지방의회에 제출한 부동산재산법이 1858년에 통과되어 확정·시행되게 되었다.[56] 토렌스 시스템의 목적은 토지의 권원(title)을 명확히 하고, 토지거래에 따른 변동사항 정리를 쉽게 하여 권리증서의 발행을 손쉽게 하는데 있다. 즉, 법률적으로 토지의 권리를 확인하는 대신에 토지의 권원을 등록하는 행위라 할 수 있다. 또한 특정한 필지에 대한 권원증명 행위는 첫째로 일필지의 경계표시, 둘째로 그 필지에 대한 소유자나 공유자는 물론 권리관계를 명확히 하는 모든 권원조사와 등록행위의 기초가 되는 것이다.[57] 즉, 토렌스 시스템은 철저한 권원을 조사한 후 권원 자체를 등기하고, 그 등기된 권원은 확정적 효력과 유통성을 갖는 제도이다.

토렌스시스템은 다음과 같은 4가지 목적을 가지고 있다.[58]

① 소유권등기소에 등록되는 등기부를 제공함으로써 토지소유권과 토지법의 변화에 따른 처리를 단순화하기 위한 것이다.
② 일반인이 작성하는 규정된 서식에 따라 업무를 활성화시킨다.
③ 소유권의 안전성을 확보한다.
④ 보증기금을 신설하여 잘못된 소유권으로부터 토지소유자를 보호한다.

토렌스시스템은 등기용지를 개설하기 위하여 우리나라 보존등기에 해당하는 최초 등기를 매우 중요시하며, 신중한 절차로 행하여진다. 미등기 토지에 대하여 처음으로 등기용지를 개설하기 위해서는 철저한 권원심사를 실시하며, 권원심사는 실질적 심사주의의 원칙에 따라 권리자가 제출하는 과거의 거래증서와 기타의 모든 증거방법에 의하여 형식적이 아니라 실질적으로 신청자의 소유권을 심사하고, 이해관계인을 위하여 통지나 공고를 하여 일정 기간 내에 이의 신청서를 제출케 하여 심리할 뿐만 아니라 필요하면 직권조사를 실시하기도 한다. 이러한 절차를 거쳐 최초의 등기를 하게 되면 등기된 토지소유자에게 우리나라의 등기권리증과 유사한 권원증명서를 교부한다. 토렌스시스템에 의한 등기에는 공신력이 인정된다. 그 이유는 최초의 등기신청 당시에 실질적 심사를 하고 있으며, 진정한 권리자가 그의 권리를 잃게 되는 경우 국가배상제도를 채택하고 국가배상제도의 합리적인 운영을 위하여 각종 등기신청에 필요한 수수료의 일정부분을 기금으로 적립하고 있기 때문이다.[59]

---

56) 곽윤직, 부동산등기법, 박영사, 1993, p.30.
57) 박순표·최용규·강태석, 전게서, p.184.
58) E. A. Mckinnon and B. G. Cribb, "The Cadastre - Whose Responsibility", Suncity, FIG, 1999, pp.255-256.
59) 곽윤직, 전게서, pp.29-30.

그러나 토렌스시스템이 모든 나라에 그대로 적용되는 것이 아니라 각 국가마다 제도에 맞게 변형되어 운영되기도 한다.

캐나다는 토렌스시스템을 시행한 각 관할 당국이 이 제도를 수정하였고, 브리시티 컬럼비아(British Columbia)는 토렌스시스템의 기본이념에 따르지 않고, 변형된 토렌스시스템을 운영하고 있다. 이 제도는 토렌스 토지권원시스템(Torrens land titles system)으로서 토렌스 시스템의 약점을 보완하였다. 이 토지권원시스템의 기본원칙은 5가지로서 다음과 같다.[60]

① 일정한 지역 내에서 해당 권원이 양호한지 확인하는 국가 토지권원등록제도가 수립되어 있다. 국가도 이 시스템의 조직을 운영하고 있다.

② 모든 거래는 정당성을 확보하기 위하여 반드시 등록되어야 한다.

③ 권원증명서는 완전하고 정확한 기록이므로 더 이상 권원증명서를 확인할 필요가 없다.

④ 보증기금은 일반적으로 시스템 자체의 운영상의 이유 또는 등기소 직원 일부의 오류로 인해 피해를 입은 사람들에게 지급된다.

⑤ 각 부동산은 측량을 시행하여 정확하고 표준적인 방법으로 기술되는 토지의 단위로 기록한다.

토지등록제도의 효과에 관련하여 특히 권원등록제도는 3가지 원리가 지지된다. 즉, 토렌스시스템의 기본 원리는 영국 런던 왕립등기사무소장인 Theodore B. Ruoff에 의하여 주장되고 캐나다의 Magwood에 의하여 구체화된 이론이다.[61]

① 거울이론(mirror principle)

거울이론은 권원등기부가 정확하고 완벽하게 반영하는 거울과 같고 권원의 실체(material)인 현 사실을 정리하는 것 이상이라는 진술(proposition)을 의미한다. 즉, 토지권리증서의 등록은 토지의 거래사실을 이론(異論)의 여지없이 완벽하게 반영하는 거울과 같다는 입장이다. 또한 등기부가 실제 법적 상태를 대표하는 것으로 소유권에 관한 현재의 법적 상태는 오직 등기부에 의해서만 이론의 여지없이 완벽하고 투명하게 보인다는 것이다. 따라서 권원증명서(certificate of title)에 기재된 사항은 국가에 의하여 적법성을

60) Lorne E. Rozovsky, "Torrens Land System", The Canadian Surveyor, Vol.23, NO.1, 1869, p.10.

61) S. R. Simpson, op. cit., p.22.; J. L. G. Henssen, "Land Registration, Cadastre and Its Interaction a World Perspective", op. cit., p.18.; J. D. McLauglin, op. cit, p.85.; Susan E. Nickols, op. cit, pp.103-104.; 박순표·최용규·강태석, 「전게서」, pp.183-186.; 이왕무·이동현·김남식·김영학, 전게서, pp.154-155.; 김영학, 전게서, pp.242-242.

보장받게 되며, 등기부에는 필지별로 현존하는 모든 법적 권리상태를 완벽하고 투명하게 등록·공시하여야 한다는 것이다.

② 커튼이론(curtain principle)

커튼이론은 등기부가 커튼 뒤에 놓인 공정성과 신빙성에 관여할 필요도 없는 매입신청자를 위한 유일한 정보의 원천을 제공한다는 것이다. 즉, 소유권의 법적 상태와 관련한 안전성을 보장하기 위하여 현재의 등기부에 등기된 사항만 검토되어야 한다는 것이다. 또한 일단 권리증명서가 발급되면 당해 토지에 대한 새로운 권리증명서 발급 이전의 모든 권리관계와 거래사실 등은 고려대상이 될 수 없다는 원리이다. 따라서 종전의 권리관계에 관한 내용을 국민들이 받아보기가 불가능하게 되며, 현행 권리증명서에 기재된 권리가 실제적인 권리관계와 일치하여야 한다는 이론이다.

③ 보험이론(insurance principle)

보험이론은 등기부가 토지의 권원을 아주 정확하게 반영하는 것이나 인간의 과실로 인하여 착오가 발생하는 경우에 피해를 입은 사람은 누구나 다 피해보상에 관하여 법률적으로 선의의 제3자와 동등한 입장에 놓여야만 된다는 것이다. 즉, 권원증명서에 등기된 모든 정보는 정부에 의하여 보장된다는 것이다. 따라서 권원증명서에 기재된 모든 사항은 정확성이 보장되고, 실체적인 권리관계와 일치되어야 한다. 만약 사실 소유자가 등기부와 부합하지 아니하여 권리를 잃게 되는 경우나 실제 법적 상태와 다르게 공시된 등기로 인하여 손해를 입었을 때에는 국가나 또는 이러한 목적으로 특별히 적립된 기금을 통하여 그 피해를 보상해야 한다는 이론이다.

남아프리카공화국에서 토렌스시스템에 관한 장점으로 권원의 영구성, 시스템의 저렴성과 단순성, 토지소송의 감소, 수수료가 저렴하여 일반 대중의 이용에 적은 부담, 이전 시스템과 비교했을 때 기록물의 상당한 감소, 토지소유권의 빠르고 정확한 확인, 권원증명서에 명시되지 않은 부동산상의 채무로부터 보호(담보대출, 임대료, 서비스 업무를 포함한 모든 부동산상의 채무를 증서에 보여주는 것), 간단한 법정 양식, 등록된 소유자의 권리는 소송절차 정지 통보로 적절히 보호할 수 있는 것 등을 들 수 있다.[62]

(6) 일괄등록제도

일괄등록제도(systematic registration system)는 국가 또는 지방정부의 필요에 의하여

62) Birch H. W., "The Torrens System", The South African Survey Journal, Vol. Ⅸ, 1961, pp.6-7.

일정한 지역 내의 모든 토지를 일시에 체계적으로 조사·측량하여 토지관련 정보를 일괄적으로 지적공부에 등록하여 공시하는 제도를 말한다.[63] 일괄등록제도에 대한 설명은 다음과 같다.[64]

① 정책목표(policy objective)는 정부가 주도권을 가지고 토지 소유자에게 비용을 거의 또는 전혀 받지 않고 안전한 권원 또는 보유권을 제공하려는 것이다.

② 법적 근거(legislative basis)는 법적 또는 규제적 환경을 필요로 하지만 일부의 경우, 산발등록제도 정도의 상세한 수준을 요구하지는 않는다. 일반적으로 정밀도가 떨어지며(도해측량 및 도면제작 접근법이보다 쉽게 사용됨), 정부 관료들에 의해 전적으로 업무가 수행된다.

③ 비용(cost)이다. 일괄등록제도는 정부가 상당한 비용을 부담하고, 토지소유자들은 최소한의 비용을 부담한다. 일괄등록은 토지소유권의 안전성, 토지시장의 성장, 누가 무엇을 어디에서 소유하는지에 대한 정보, 국유지 등에 대한 문서화를 개선하기 위하여 정부가 투자를 한다.

④ 수용요구(capacity requirement)이다. 이 제도는 정부 공무원이 참여하고, 도해측량과 도해도면이 사용되기 때문에 간단한 사정, 식별 및 도면제작에 필요한 교육과 훈련이 비교적 덜 요구된다.

⑤ 기준점측량(control surveys)은 모든 등록에 있어 각 필지들을 공간적으로 연계시키기 위한 일부 구조가 요구되지만 지도 및 항공사진을 근거로 도해측량이 사용되므로, 지도 및 항공사진의 식별 외에 기준점측량은 거의 필요로 하지 않는다. 이는 1:100,000 축척의 지형도에 1:1,000 축척의 지적도를 보여주는 것과 동일하다.

⑥ 지도제작(mapping)이다. 대축척 수치정사 지도, 수정된 항공사진 지도, 항공사진 지도 및 위성사진 지도를 사용함으로써 저비용으로 도해적으로 접근하여 사용할 수 있다는 점이다. 그러나 일부 소축척 지도제작 시스템은 모든 개별적인 대축척 지도와의 관계를 보여줄 필요가 있을 뿐만 아니라 이러한 시스템은 저비용의 위성 GNSS 기술을 사용하여 경계 위치확인을 지원할 수 있다. 이러한 지도제작은 정부에게 토지 관리를 위한 탁월한 기초정보를 제공하는 장점이 있다. 많은 개발도상국에서 나타나는 한 가지 단점은 대축척 지도의 군용화로 일반인의 접근이 어렵다는 것이며, 이에 따라 저비용으로 정보를 사용할 수 없다는 점이다.

---

63) 류병찬, 「지적학」, 부연사, 2017, p.184.
64) Ian Williamson, Stig Enemark, Jude Wallace and Abbas Rajabifard, op. cit., pp.351-354.

⑦ 도면에 등록하는 것(charting)이다. 모든 등록과 필지들은 각 필지들을 다른 필지들과 연계하여 그 위치를 표시하기 위한 도면상에 도표로 제시할 필요가 있으며, 일부 항공사진을 토대로 한 일괄적 접근법을 사용하면 각 토지 필지를 식별하고 표현하기가 쉬워진다.

⑧ 사정(adjudication)이다. 일괄적 사정(査定)은 산발적 사정에 비해 훨씬 효율적이며, 공정하게 이루어진다. 전체 지역이 사정되는 경우 해당 절차는 폭넓은 의사소통을 토대로 이루어지며, 해당 사정은 각 지역사회의 책임자급에 의해 수행된다. 또한 관련 절차는 매우 공적이고 투명하게 이루어지며, 일부 항공사진이 사용되는 경우 다양한 부동산과 경계를 쉽게 확인할 수 있다.

⑨ 지적측량의 요구사항(cadastral survey requirement)이다. 도해 및 현장측량방법이 모두 사용될 수 있지만, 현재까지는 가장 공통적인 방법은 일반적 경계를 사용하는 도해측량방법이다. 경계가 상공에서 식별되지 않는 지역은 지상측량방법이 종종 사용된다.

⑩ 경계표지 및 경계결정(boundary marking and delimitation)이다. 도해적 접근법이 사용된 논둑과 같은 경계가 상공에서 식별된다면 경계표지는 필요 없지만 토지소유자들은 경계표지를 설치하는 것을 선호하기도 한다. 표지가 설치되면, 표지간 거리가 측정되지만, 해당 경계의 방위를 정확히 측정할 필요는 없다. 즉, 물리적인 특성은 법적 경계이다.

⑪ 경계의 재추구축(boundary reestablishment)이다. 항공사진 지도를 기초로 하는 도해적 체계에 있어 경계를 재구축하기가 매우 쉽다. 대부분의 경우 경계는 지표면 위에 명확하게 나타난다.

⑫ 사적 또는 공공부분 관련성(private or government sector involvement)으로 일괄등록제도는 거의 프로젝트 단위로 정부에 의해 주도되고 통제된다. 정부 공무원은 사적 부문에 계약된 특정 활동에 관여한다.

⑬ 권원의 전달(제공)이다. 정부는 적극적·체계적으로 새로운 토지소유자에게 문서, 등기 또는 토지소유권 증서를 배포할 필요가 있다. 그러나 토지소유자들은 토지등기 프로젝트가 완료되어 등기가 완료되면, 그들의 문서화 절차를 수행하지 않는다.

일괄등록제도의 장점은 토지소유자들의 초기 비용부담이 적다는 것이다. 정부는 '누가,' '무엇을', '어디에' 소유하는지 인식할 수 있기 때문에 효과적으로 토지를 관리할 수 있다. 중요한 최종 결과물은 토지 관리 및 지속 가능한 개발을 지원하기 위해 관할권 또는 국가의 모든 토지의 완벽한 지도이다. 특히 기본도가 토지과세에 사용되거나 침식지 또는 환경 규제 등에 사용되는 경우, 일괄등록은 산발등록보다 더 많은 장점을 가진다. 등록은 비교적 빠르게 완성된다(대부분의 국가에서 15~20년이 소요).

단점으로는 정부는 많은 초기 비용을 감수해야 한다. 이 시스템은 주요 프로젝트와 상당한 기여자 또는 외부 전문가가 필요하다.

이 제도는 상대적으로 정확도가 높은 지적도에 의하여 국토를 관리할 수 있으며, 전국적으로 지적도가 작성되어 있기 때문에 지적도를 기본도로 활용하고 있다. 국가별로 산발등록주의와 일괄등록주의중에서 어느 한 가지 방법을 채택하거나 도시지역에서는 일괄등록주의를 농촌에서는 산발등록제도를 채택하고 있다.[65]

(7) 산발등록제도(분산등록제도)

산발등록제도(sporadic registration system)는 분산등록제도라고도 하며 토지의 매매가 이루어지거나 소유자가 토지등록을 요구할 경우 필요에 따라 토지를 공부에 등록하는 제도로서 국토가 넓고 인구가 비교적 적은 도시지역에 집중적으로 거주하는 국가에서 채택하고 있다.[66] 국토의 면적이 넓어 인구가 넓은 지역에 분포되어 있으므로 토지거래의 빈도가 상대적으로 낮다. 따라서 이러한 관점에서 볼 때 분산이라는 용어보다는 산발이라는 용어를 사용하는 것이 적합하다고 할 수 있다. 산발등록제도를 설명하면 다음과 같다.[67]

① 정책목표로서 정부는 개별적으로 토지소유자들이 자신의 비용으로 권원을 확보하거나 토지보유를 안전하게 확보하는 것을 정부가 허용하는 것이다.

② 법적 근거이다. 민간 측량사들의 활동을 규제하기 위하여 보다 더 상세하고 엄격한 법적·규제적 환경을 필요로 한다. 측량에 있어 상당한 정밀도가 요구되기 때문에 보다 상세하고 구체적인 규제와 감독이 요구된다.

③ 비용이다. 기록을 유지, 정보의 품질을 검사, 민간 측량사들의 자격을 검증하는 것 이외에 정부가 부담하는 비용은 미미한 수준이거나 전혀 없다. 일반적으로 정부로 하여금 토지 측량사를 위한 대학교육을 지원하도록 요구된다. 이 제도는 전반적으로 토지소유자들에게 비용이 많이 소요되는 과정이며, 일반적으로 부유층에 국한된 것이므로 서민적이 아니라는 점이다.

④ 수용요구이다. 민간 측량사들이 측량하기 때문에 정부당국은 표준을 보장하는 것을 요구한다. 토지측량사들의 전문적인 교육과 훈련에 관련 모든 비용은 정부가 제공하므로

65) 류병찬, 전게서, 2017, pp.184-185.
66) Ian Williamson, Stig Enemark, Jude Wallace and Abbas Rajabifard, op. cit., p.350.
67) Ibid, pp.351-354.

대학 학위를 요구한다.

⑤ 기준점측량이다. 산발적 지적측량은 국가적 차원의 기준점측량과 연계되는 것이 가장 이상적이다. 오늘날 이와 같은 측량은 GNSS의 활용으로 보다 쉽게 처리되지만 토지 필지에 대한 정밀하고, 정확한 지적측량은 다른 측량과 별개로 구축하는 것이 가능하다는 점에서 토지필지가 다른 필지 및 측량과 동일 또는 거의 유사하다. 중복 처리된 내용이 없다는 것을 보장하기 위해서 상당히 기술적인 교육이 필요하다.

⑥ 지도제작(mapping)이다. 산발적 등록은 바람직한 것은 아니지만 실제 기본도를 필요로 하지 않는다. 도면을 만드는 것이 현장 측량의 실제적 기능이다. 이는 지도를 제작하는 현장 측정치가 마련되면(대개의 경우 좌표로 구축) 현장측량이 실제 기능하다. 디지털 시스템과 GIS기반 도면에 해당 값을 입력하는 것은 편리하며, 필지 경계를 정밀하게 기록할 수 있다.

⑦ 도면에 등록하는 것이다. 대축척 기본도가 없을 경우 인근 지역의 모든 토지 필지를 담아내는 도면을 만들어내기가 어려우므로 토지 필지의 중복 및 부적절한 작업을 초래한다.

⑧ 사정이다. 각 필지에 대한 사정 기능은 대개의 경우 동일하지만 모든 인접한 필지의 소유자들이 경계에 동의하여야 하기 때문에 어렵고, 비실용적이다. 즉, 이러한 사정은 때로는 거의 불가능하다.

⑨ 지적측량의 요구사항이다. 고정된 수학적 경계(방위와 거리)는 산발등록에 대한 규범이 되지만 어떤 도해적 경계는 예를 들면 자연적 특징 또는 수계에 사용된다.

⑩ 경계표지 및 경계결정이다. 고정경계의 산발적 측량은 모든 필지의 굴곡점과 경계가 표시되도록 하며, 특히 필지를 따로 따로 조사하는 장소에 주요 굴곡점마다 참조 표지를 설치하도록 한다. 이러한 절차는 만약 굴곡점표지 일부가 유실될 경우 경계를 재구축하는 것이 중요하다. 만약 모든 굴곡점이 동일한 지역적 차원 또는 국가적 차원(가장 이상적인 경우) 좌표체계에 맞게 구성되었다면 해당 좌표체계는 사실상 참조 망(reference network)이 된다. 토지소유자는 그들의 부동산에 담장을 설치하거나 그들이 사용할 수 있는 토지 범위를 알기 위하여 여전히 모든 경계에 표시하는 것을 보려고 한다.

⑪ 경계의 재구축이다. 경계가 수학적으로 표현되는 고정경계에서 경계를 재구축 및 굴곡점을 표시하기 위해서는 전문적 측량사가 필요하다. 사례를 들면 호주의 뉴 사우스 웨일즈(New South Wasles)에서 대부분의 경계는 토지필지가 양도될 때 전문적인 토지측량사에 의해 재측량 된다.

⑫ 사적 또는 공공부분 관련성으로 산발적 등록은 공적 또는 사적부문에 의하여 행하여 진다. 측량과 법적인 것에 관련되는 사적 부문이 증가 추세에 있다. 많은 국가에서 산발등록은 정부에 의해 자격을 취득한 민간측량사의 성장을 촉진한다.

⑬ 권원 전달(제공)이다. 권원이 토지소유자들에 의해 개시되게 하고 대금을 지불하면 이들은 대개의 경우 가능한 신속하게 날인증서 또는 권원증서 문서를 발급받고자 하며, 따라서 정부는 추가적인 등록을 장려하기 위해 개입할 필요가 없다.

산발등록제도의 장점은 초기에는 정부가 적은 비용을 부담한다. 개별 토지소유자들이 재원을 확보한 경우 이들은 비교적 신속하게 권원을 얻을 수 있다. 단점으로는 토지소유자들에게 많은 비용을 요구하며, 높은 수준의 측량기술을 요구한다. 등기는 100년 이상 내에 완성되지 않을 수 있으며, 영원히 완성되지 않을 수도 있다. 국가적 차원의 지적도는 실행이 불가능한 상태로 존재하게 되며, 국가의 토지정책 및 관리에 있어 심각한 결과를 초래할 수 있다. 일괄등록제도와 산발등록제도는 〈표 5-8〉과 같이 요약할 수 있다.

〈표 5-8〉 일괄등록제도와 산발등록제도 비교

구 분	일괄등록제도	산발등록제도
정책목표	- 정부가 주도권을 가지고 대규모 계획에 의거하여 토지소유자에게 저렴한 비용으로 안전한 권원 또는 보유권 제공	- 개별적으로 토지소유자가 측량비용을 부담
정확도	- 측량은 상대적으로 높지 않은 정확도 수준을 요구	- 측량은 상당한 정밀도 요구
비용	- 정부가 상당한 비용을 부담하고 토지소유자는 최소한의 비용을 부담	- 개별 토지소유자가 권원 또는 안전한 소유권을 확보하기 위해 비용 부담
사정	- 일괄사정은 분산사정에 비해 훨씬 효율적이며 공정	- 필지에 대한 사정 기능은 대개의 경우 동일 - 모든 인접한 필지의 소유자들이 경계에 동의를 하여야 한다는 점에서 애로사항이 있음
장점	- 효과적인 토지 관리 - 기본도를 토지과세에 사용 - 등록은 신속함	- 정부는 낮은 비용 부담
단점	- 정부는 많은 초기 비용 투자 - 상당한 자금 공여자 및 외부 전문가들이 필요	- 토지소유자은 많은 비용 부담 - 정밀한 측량 기술이 필요 - 등기에 많은 시간이 소요 - 등록기간이 많이 소요되므로 토지정책 및 토지관리 상 문제
채택 국가	- 대한민국, 일본, 대만 등	- 호주, 미국의 일부, 캐나다 등

자료: Ian Williamson, Stig Enemark, Jude Wallace and Abbas Rajabifard, 「Land Administration for Sustainable development」, Redlands, ESRI Press Academic, 2010, pp.341-342.

산발등록제도를 채택하고 있는 국가에서는 대체로 소극적 등록주의를 채택하고 국가의 개입 여부에 따른 날인증서등록제도를 적용하고 있다.[68] 호주, 미국 일부 지역, 캐나다 및 아프리카와 아시아의 많은 국가에서는 이와 같은 방식을 통해 시스템구축을 시작하였다.

3 토지공시

1) 토지공시의 의의

대한민국 헌법 제23조 제1항은 "모든 국민의 재산권은 보장된다."라고 규정하여 개인을 위한 구체적인 재산권과 재산이 사유(私有)의 대상이 되는 법제도인 사유재산제를 보장하고 있다. 토지재산은 우리 생활의 토대를 이루고 개별 경제주체뿐만 아니라 국가경제 측면에서도 중요한 재산권의 객체이며 재산관계를 규율하는 재산법으로서의 물권법의 핵심을 이룬다.

토지는 물권의 객체로서 특정되어야 하고 물권의 존재 내지 변동을 중심으로 한 권리관계도 명확하게 파악되어야 한다. 재산권 보장 및 거래 안전의 점에서 토지의 현황 및 권리관계에 관한 사항은 외부에서 인식할 수 있도록 표상되어야 하고, 이를 위하여 공시제도(公示制度)가 출현하여 발전해왔던 것이다.

(1) 토지공시의 필요성

물권의 변동은 항상 외부에서 인식할 수 있는 어떤 표상, 즉 공시방법을 수반하여야 한다. 물권이란 물건에 대한 배타적인 지배권이기 때문에 특정 당사자 사이뿐만 아니라 모든 사람에 대하여 효력이 있는 강력한 권리이므로 물권의 존부나 변동에 관하여 언제나 외부에서 인식할 수 있도록 어떤 표상, 표식에 의하여 공시하는 것이 필요하다. 제3자가 그 물권의 존재를 용이하게 알 수 있도록 하는 수단을 강구하여 두지 않으면 제3자에게 손해를 끼치게 되고 나아가 거래의 안전을 해칠 염려가 있다.

물권 가운데에서도 가장 중요한 소유권과 저당권은 현실적 지배를 요소로 하지 않는 관념적인 권리로 되어 있으므로 명확한 공시의 필요성은 더욱 절실하다. 소유권을 양수하거나 저당권 설정을 받으려고 하는 자를 위해서는 그 물건 위에 누가 어떠한 내용의 물권을 가지고 있는가를 안다는 것이 필요하기 때문이다.

68) J. L. G. Henssen, op. cit, 1990, p.18.

근대 법은 이러한 요청에 부응하여 일정한 표상을 특정하고 있는데 이것이 바로 공시방법이며 제도화하여 국가에서 절차와 방법을 관리하는 것이 공시제도이다. 공시방법은 부동산 물권에 관해서는 공시공부인 지적공부·등기부 등, 동산 물권에 관해서는 점유·인도 등으로 구분될 수 있다. 공시의 대상은 토지 및 건물의 표시와 권리관계 등의 사항이며, 이를 공시하려는 것이 절차와 방법에 따라 국가의 공적장부에 기재하는 것이다.

공시의 필요성은 토지표시 및 권리 보전 및 매매활동에 있어서 그 권리의 내용을 확실히 함으로서 재산상의 사고나 피해를 사전에 예방은 물론 그 재산의 소유권 및 기타 권리관계를 공개함으로서 대상 물권 보전의 기능에 기여하는데 있다.

국가기관에서 이러한 목적을 달성하기 위해서 비치하고 있는 공시공부가 지적공부와 등기부 등이다. 지적공부와 등기부가 중시되는 이유는 토지의 자연적 특성인 부동성으로 인하여 물리적 이동이 불가능하기 때문에 물권 존재, 귀속 및 기타 변동사항인 토지표시 사항과 토지권리 사항을 식별하도록 하는데 있기 때문이다.

(2) 토지등록과 등기의 관계[69)]

토지등록과 토지등기는 다 같이 토지에 관한 사항을 국가가 관리하는 지적공부와 등기부에 등록하는 업무인 점에서는 유사하다 할 것이나 각 공부의 비치 목적이 상이함에 따른 그 등록절차와 등기사항은 동일하지 않다.

토지등록은 지적관리를 위하여 비치한 장부임에 반하여 등기는 권리관계를 공시하기 위하여 비치한 장부이므로 전자는 토지에 관한 사실관계의 측면, 후자는 권리관계의 측면을 정확히 파악하는 것을 일차목표로 하는 점에 있어서 토지등기와 토지등록의 업무의 한계가 그어진다. 토지등록은 토지표시에 관한 사실관계를 공시하고 등기는 토지에 대한 권리관계를 공시한다는 점에서 차이가 있다 할지라도 그 대상은 동일 토지라는 점에서 등록과 등기는 밀접한 관련을 가진다. 그런데 등기가 이러한 본래의 기능을 다하려면 무엇보다도 우선 등기의 물체인 토지표시를 특정화 한다는 것이 필요하다. 어떤 토지에 관한 등기가 있더라도 등기의 실체인 토지가 과연 존재하는지의 여부 또는 그 소재 여하를 알 수 없다면 등기제도는 완전히 그 목적을 잃게 된다.

토지권리에 관한 등기가 그 목적을 달성하기 위해서는 등기된 부동산의 존부나 소재 등 동일성을 쉽게 확정하는 방법을 갖추어야만 한다. 토지등록은 토지에 대한 신중한 측량과 조사를 바탕으로 하기 때문에 각 필지의 동일성을 상당히 정확하게 표시하고 있어서 이를

69) 지종덕, 「지적의 이해」, 기문당, 2001, pp.373-376.

토지에 관한 사권의 공시를 위한 등기에 이용하게 되는 것이다.

토지 물권의 존재 내지 변동을 중심으로 한 일정한 권리관계에 관한 사항을 등기부(登記簿)라는 공적 장부에 기재하는 기술적인 공시방법이 등기제도이고, 물권의 객체 및 과세대상으로서의 부동산의 표시(실체)를 대장(臺帳)이라는 공적 장부에 등재하는 것이 등록제도이다. 우리나라는 사법부가 등기제도를 관장하고 행정부가 등록제도를 관장하고 있다. 대법원은 국민을 위한 합리적 사법제도 구현이라는 목표를 달성하기 위하여 국민의 재산보호를 위한 등기업무의 선진화를 지향점으로 등기제도를 운영하고 있다.

권리관계를 공시함에도 그 목적물이 특정되어야 하고 사실관계를 공시함에 있어서도 권리 변동의 효력이 발생하여야 그 신고 또는 신청의무자가 특정되는 것이므로 등기와 등록은 그 목적물의 표시 내지 소유권의 표시에 관한 한 항상 부합되어야 한다. 등기에 있어서 토지의 표시에 관하여는 등록을 기초로 하고 등록에 있어서 소유자의 표시는 등기 기초로 한다. 미등기토지 소유자 표시에 관하여는 등록을 기초로 하는 것은 등록기관의 사실조사권에 바탕을 두고 등기기관의 형식적 서면심사권밖에 없는 데에 기인한다.

물론 등기, 등록의 부합여부와 등록과 실제 토지현황의 부합여부 또는 등기와 실체권리의 부합여부는 별개의 문제이다. 등기와 등록이 부합한다 할지라도 등록과 실제 토지가 부합하지 않거나 등기와 실제 권리관계가 부합하지 아니하는 경우에는 등기, 등록의 부합은 아무런 의미가 없다. 실제 토지현황과 등록의 부합문제가 선결적으로 해소되지 않는다면 등기와 등록이 부합되더라도 문제해결에 큰 도움이 되지 않는다.

우리나라는 등기와 등록업무가 이원화되어 있기 때문에 등기기관의 등기필 통지제도, 양쪽 공부 불일치 경우는 부합등기선행 의무규정과 등록기관의 지번변경, 경정등기 등의 경우의 촉탁제도, 불부합 통지제도 및 등기필통지에 의한 소유자 변경등록규제 등이 등기와 등록을 연결하는 근간을 이룬다. 보존 또는 표시변경등기의 의무화 규정, 등록기관의 불부합통지에 의한 등기기관의 직권 등기제도 등을 규정하고 있는 것도 등기와 등록의 유기적인 상호의존성을 표현한다.

이와 같은 상관관계로 인하여 등기의 오류는 등록의 오류를 초래하고 등록의 오류는 등기의 오류를 초래한다. 따라서 등기와 등록의 관련성이 등기와 등록을 일원화하여야 한다는 이유가 되고 있다.

부실등기의 원인은 이러한 사유 이외에도 여러 가지 형태를 생각할 수 있다. 부정한 방법에 의하여 등기되거나 등기가 변경되는 경우, 등기기관의 과오에 기인한 경우 등으로 인하여 권리의 존부 또는 그 쌍방의 상태가 불일치하는 결과를 초래하고 급기야 공부상 소유자

표시의 오류가 발생한다. 등록의 측면에서 관찰하여도 처리는 동일하다. 부실등기로 인하여 등록의 오류를 초래하는 부실등록의 원인은 여러 가지가 있다. 등록기관의 과오 또는 그 전제되는 측량기술상의 과오 등으로 인하여 실제토지와 등록의 불일치를 발생시킨다.

또한 등록은 항상 실제 토지현황과 일치됨이 이상이라 할 것이고, 이를 위해서는 등록기관이 당시 사실조사에 임하여야 할 것이나 현재 등록기관의 인적, 물적 설비로 보아 이를 기대하기는 어려운 실정이므로 불일치요인은 상존하고 있다. 등기 오류가 모두 등록의 오류를 초래하는 것이라고는 할 수 없으나, 그 이외의 불일치 요인은 공부상 토지표시의 오류에 직결된다. 등록의 기능으로 토지표시 오류는 등록제도를 근저(根底)로부터 동요시킨다. 이러한 상황에서 등기의 측면에서는 부실등기의 요인을 제거하고 등록의 측면에서는 토지표시의 불일치요인을 제거하는 것이 제도발전의 첩경이라 할 것이다.

2) 토지공시 공부의 편성(토지등록의 편성)

(1) 물적 편성주의

물적 편성주의(物的 編成主義)는 일필지의 토지를 중심으로 등록부를 편성하는 것으로서 1토지에 1등기 용지를 두는 것으로 우리나라의 토지대장과 같이 지번 순에 따라 등록되고 분할되더라도 본번과 관련하여 편철하고, 소유자의 변동이 있을 때에는 이를 계속 수정하여 관리하는 방식이다. 가장 합리적이고 우수한 제도로 등록객체인 토지를 필지로 구획하고, 이를 등록단위로 하므로 토지이용·토지관리·토지개발 측면에서는 편리하지만 권리주체인 소유자별 파악이 곤란한 단점이 있다.[70] 물적 편성주의를 채택하기 위해서는 무엇보다도 토지대장과 임야대장의 완비가 그 전제요건이 된다는 점을 유의하여야 한다. 즉, 등기가 공시기능을 발휘하기 위해서는 등기부에 등기된 부동산의 표시사항과 실제의 부동산이 일치하여야 한다.

(2) 인적 편성주의

인적 편성주의(人的 編成主義)는 개개의 토지소유자를 중심으로 편성하는 것인데, 토지대장이나 등기부를 소유자별로 작성하여 동일소유자에 속하는 모든 토지는 당해 소유자의 대장에 기록하는 방식이다.[71] 이는 연대적 편성주의보다는 공시기능을 발휘하지만 같은 성명을 가진 사람이 많을 뿐만 아니라 동일인이 여러 부동산을 소유하고 있으면 특정 소유자의

70) 박순표·최용규·강태석, 전게서, pp.190-191.
71) 이왕무·이동현·김남식·김영학, 전게서, p.155.

부동산을 찾기가 곤란하여 합리적인 제도라 할 수 없다. 이러한 인적 편성주의를 그대로 채택하고 있는 국가는 거의 없으나 1955년 이전 프랑스의 등기부는 공정증서를 작성하여 이것을 가지고 등기부의 필요한 부분을 찾았기 때문에 인적 편성주의를 채택하였다.[72] 또한 과세별 과세물건을 정확히 파악하여 토지세 부과를 목적으로 하고 있기 때문에 세지적의 소산이라 할 수 있으며, 물적 편성주의 장점이 단점으로 나타난다.

(3) 연대적 편성주의

연대적 편성주의(年代的 編成主義)는 어떤 특별한 기준을 두지 않고서 당사자의 신청순서에 따라서 순차로 기록해가는 것이며, 프랑스의 등기부, 그리고 미국의 여러 곳에서 아직도 사용되는 레코딩 시스템(recording system)이 이에 속한다.

레코딩 시스템은 권원(title)과 관련된 증서를 부동산권리자가 등기소(registry)에 제출하면 등록소에서 제출된 증서를 일정한 방법에 따라 편철하는 것으로 등록소는 해당 부동산에 영향을 미치기 이전의 법적 거래에서 발생한 증서를 편철하여 보관하고 있으며, 권원조사자(title searcher)는 해당 부동산에 관련된 증서를 색인 등을 통하여 찾아 권원의 연속(chain of title)이나 권원의 흠결에 대하여 조사할 수 있게 된다. 이러한 등록제도는 등록소의 직원이 부동산권리자가 제출하는 증서를 받아서 복사하고 색인을 만들어 일정한 방법에 따라 편철하여 보관하는 것으로 주 정부의 일이 쉽고, 그 역할 또한 단순하다. 그러므로 편철된 권원증서를 분석하고 법적인 결론을 얻은 것은 개인 사용자들에게 맡겨진다.[73] 즉, 레코딩 시스템에서 국가기관은 권원과 관련된 증서를 일정한 방법으로 편철하여 보관할 뿐 토지의 권리관계에 적극적인 표시를 하지 않았기 때문에 토지를 매입하려고 하는 사람은 자기 책임으로 등록소에 보관된 관련 증서를 검토하여 권원의 흠결이 존재하는지 스스로 조사하여야 한다. 그러나 개인이 권원을 조사한다는 것이 매우 어려우므로 대행하는 것이 일반적이다.

레코딩 시스템은 증서의 원본이 분실되더라도 등기소에서 조사하면 증서의 작성사실을 알 수 있어 입증이 편리하다는 장점이 있다. 그러나 증서의 등록은 임의적인 것으로 토지에 관한 모든 증서가 등록되는 것이 아니므로 권리이전의 연속성을 증명할 수 없고, 관계사실을 조사하지 않고 신청한 대로 접수해서 등록하는 것이기 때문에 이중 양도의 증서, 무권리자로부터의 날인증서 등도 쉽게 등록될 수 있다는 단점이 있다.[74]

72) 김영학·이왕무·이동현·김남식, 전게서, p.246.
73) 박홍래, "미국의 레코팅 시스템과 토렌스 시스템", 「민사법연구」, 제11집 제2호, 2003, pp.206-207.
74) 최승영, "우리나라 부동산 등기제도의 개선방안에 관한 연구", 「민사법연구」, 제12집 제1호, 2004, p.211.

레코딩 시스템에서 국가기관은 권원에 영향을 미치는 증서를 연대적 순서에 따라 등록소에 편철·보관하고 색인을 따로 만들어 비치하는 것에 불과하고, 권원자체를 공시하는 것이 아니므로 등기부를 열람하는 등으로 간단히 권리자를 확인할 수 없다.75) 권원조사는 부동산업자, 전문변호사 또는 권원보험회사에 의하여 행하여진다. 일반적으로 에스크로우(escrow agent) 대리인의 의뢰로 권원보험회사가 에스크로우 대리인으로서 권원을 조사한다.76) 이러한 권원조사는 주로 색인(index)과 등록철(deed book)을 통하는데, 권원보험회사는 등록소에 등록된 날인증서 등의 사본을 사적으로 모아 필지별로 사적 등록부인 권원부(title plant)를 재구성하고, 이를 이용하여 권원조사를 한다.77)

권원보험은 모기지권자(mortgage lender) 권원보험과 소유자(owner) 권원보험이 있다. 권원보험은 보험가입 당시의 흠결에 대하여 보상을 할 뿐이고, 가입 이후에 발생하는 흠결에 대해서 보상을 하지 않는다. 권원보험은 손해보험의 일종이지만 장래에 발생할 사고와 관련된 것이 아니라 보험계약 성립 당시 이미 존재하고 있는 사고와 관련이 있으므로 보험회사에서는 권원조사가 보험의 면책, 보험료의 산정에 중요한 기능을 한다.78)

그러므로 권원보험은 권원으로부터 발생하는 손실에 관해서만 보상할 뿐 물리적인 흠결이나 재산권의 사용에 관한 기타 제한으로부터 발생하는 손실을 보상하지 않는다.

(4) 물적·인적 편성주의

물적·인적 편성주의(物的·人的編成主義)는 물적 편성주의를 기준으로 하여 운영하되 인적편성주의 요소를 가미하는 것이다. 즉, 소유자별 토지등록부를 동시에 설치함으로써 효과적인 토지행정을 수행하는 방법이다. 스위스와 독일의 경우 2개 이상의 토지를 하나의 등기용지, 즉 공용지를 사용하는데 이 경우가 한 예이다(〈표 5-9〉 참조).

---

75) 김상철·양은상, 「부동산 등기제도의 개선방안에 관한 연구」, 대법원 사법정책연구원, 2015, p.93.

76) 이동명, "미국의 부동산물권변동에 따른 공시방법", 「재판자료」, 제73집, 1996, p.32.

77) 권원부(title plant)는 등기소에 등록된 날인증서 등의 사본뿐만 아니라 측량 등의 정보도 포함하고 있고, 전산화되어 있어 효율적인 부동산 권원분석을 가능하게 한다(김상찬, "미국의 부동산 거래상 유통보호에 관한 연구", 「토지법의 이론과 실무」, 2006, p.593.)

78) 상게논문, p.596.

〈표 5-9〉 편성주의 유형

구 분	의 의	특 징
물적 편성주의	· 개개의 토지를 중심으로 등록부를 편성	· 1토지 1등기 용지 · 지번 순서에 따라 등록 · 분할은 본번과 관련하여 편철 · 소유자의 변동이 있을 때 계속 수정하여 관리하는 방식 · 토지이용, 토지관리, 토지개발 측면에 편리 · 권리주체인 소유자 파악 곤란
인적 편성주의	· 개개의 소유자를 중심으로 편성 (동일 소유자의 모든 토지는 당해 소유자의 대장에 기록)	· 과세 목적인 세지적의 소산 · 토지행정상 지장이 많음 · 네덜란드에서 사용
연대적 편성주의	· 당사자의 신청순서에 따라 순차적으로 기록	· 공시기능을 위해서 색인 등의 보완 필요 · 프랑스 등기부, 미국 레코딩 시스템
물적·인적 편성주의	· 물적 편성주의를 기본으로 인적 편성주의 요소를 추가	· 소유자별 토지등록부를 동시에 설치함으로써 효과적인 토지행정 수행 · 스위스, 독일에서 채택

자료: 김영학·이왕무·이동현·김남식, 「지적학」, 화수목, 2015, p.247.

3) 토지공시(등기)제도의 연혁과 효력

(1) 한국

① 연혁

등기제도는 부동산에 관한 물권변동의 과정을 등기라는 특수한 방법으로 공시하는 제도이다. 부동산등기제도는 등기관이라고 명명되는 국가기관이 법정절차에 따라 등기부라는 공적장부에 토지와 건물 등 부동산의 표시와 이에 대한 일정한 권리관계를 법정 절차에 따라 기재하는 것 또는 그러한 기재 그 자체를 의미한다.

등기제도는 중세 게르만법이 발달시킨 독창적인 법기술적 산물로서 1135년 독일 쾰른시의 행정구역인 성마르틴 구역에 거주하던 상인들이 부동산 등록대장을 만들어 여기에 부동산 거래행위를 등록해 두는 거래관행에서 비롯된 것이다.[79)]

중세의 도시 장부에서 시작된 부동산 등기제도는 그 후 토지가 자유로운 유통의 객체가 되고, 저당권에 대한 사회적 요청이 늘어나면서 거래 안전을 위한 공시라는 새로운 근대적 의의의 공시제도로 발전하였다. 저당권의 공시에서 시작된 등기는 그 후 널리 토지 물권의 공시를 위한 제도로 발전하였다.[80)]

79) 최승영, 전게논문, pp.203-204.

우리나라에서 불완전한 거래의 안전을 고려한 근대적 등기제도는 일본이 을사조약 체결 후 토지수탈의 의도로 정당한 권리를 보호한다는 미명 아래에 토지나 가옥의 매매, 증여, 교환, 전당에 대한 증명제도를 규정한 토지가옥증명규칙을 공포하면서 시작되었다.

등기제도에서 각국의 제도에 가장 큰 영향을 준 대표적인 것은 독일의 등기제도이다. 우리나라 부동산등기법은 일본의 법령과 제도에 기초하여 제정되었는데 일본의 부동산등기법 역시 독일의 등기제도를 모방한 것이다. 한일병합 후 일본은 1912.3.18. 조선부동산등기령을 공포하여, 부동산 등기에 관하여는 동령의 특별규정이 있는 경우를 제외하고는 일본의 부동산등기법에 의하도록 하였다. 당시 아직 토지대장이 갖추어져 있지 않았기 때문에 전국적으로 부동산등기를 실시하는 것이 어렵게 되자 일본은 특수한 일부지역에 한해서만 등기령을 시행하고 나머지지역에 대해서는 등기령 시행을 연기하고 증명제도를 계속 실시하였다.

1910년 8월 토지조사법을 공포하여 토지조사에 착수하였고, 토지조사가 진행되던 1914년 4월에는 토지대장규칙을 제정하여 토지조사 등의 결과를 바탕으로 토지대장을 작성하였다. 이러한 토지대장을 기초로 하여 등기부가 작성된 것이다. 1915.5.1 토지대장이 비치된 지역부터 부동산등기령에 의한 등기가 실시되어 4년 2개월만인 1918.7.1에 이르러서는 전국적으로 등기제도가 실시되었다. 1945년 8월 광복이 된 후에도 일본등기제도의 의용은 계속되다가 1958.2.22. 실체적 등기법이라고 할 수 있는 민법이 공포되면서 이에 따른 형식적, 절차적 등기법의 제정이 필요하게 되어 1960.1.1 법률 제536호로 부동산등기법이 제정·공포되어 같은 날 시행되었다.

② 법원(法源) 및 기본원칙

등기제도는 부동산물권의 거래 안전을 도모하는 제도로서, 부동산에 관한 일정한 권리관계를 부동산등기법에 따라 등기소에 비치된 등기부에 공시하는 것이다. 등기에 관한 사무는 법원이 관장한다. 우리나라에서는 토지 및 건물이 각각 독립된 부동산이므로, 등기는 토지등기와 건물등기로 나뉜다. 각각의 등기부는 부동산의 표시에 관한 사항을 기록하는 표제부와 소유권에 관한 사항을 기록하는 갑구(甲區) 및 소유권 외의 권리에 관한 사항을 기록하는 을구(乙區)로 구성된다.

부동산등기법은 신청주의를 등기절차 개시의 원칙으로 하고 있다. 따라서 등기의 종류가 무엇인지를 묻지 않고서 원칙적으로 당사자의 신청 또는 관공서의 촉탁이 있는 경우

80) 김상용, "부동산등기제도와 저당제도 발전의 상호관계", 「민사법 연구」, 제3권, 법원사, 2000, pp.360-361.

에만 등기를 할 수 있다. 이는 어느 한 관공서의 직무상 필요한 사무가 다른 관공서의 권한에 속하는 경우 그 다른 관공서에 사무의 처리를 위임하는 것을 의미한다. 이러한 관공서의 촉탁도 실질적으로는 신청의 한 모습이다. 예외적으로 법률에 특별규정이 있는 경우에 한하여 당사자의 신청 또는 관공서의 촉탁에 의하지 않는 등기를 할 수 있다.

신청주의 하에서는 등기를 신청할지 여부는 당사자의 자유이고 등기신청을 의무로서 사인에게 강제하지 않는 것이 원칙이지만 예외적으로 특별법에 의하여 등기신청이 의무로서 강제되는 경우가 있다.

③ 등기의 효력

부동산에 관한 법률행위로 인한 물권의 득실 변경은 등기하여야 효력이 생긴다. 물권변동과 관련한 각국의 등기의 효력은 각국의 제도와 상황에 따라 다양하게 나타나는데, 이는 물권 변동이 의사표시 외에 등기라는 일정한 공시방법을 갖추어야 그 효력이 발생하는 성립요건주의 또는 형식주의와 물권변동이 당사자 사이의 의사표시만으로 발생하고 다만 등기가 없으면 제3자에게는 대항하지 못하는 대항요건주의 또는 의사주의로 구별할 수 있다.

독일 민법, 스위스 민법, 영미법계의 토렌스 시스템 및 우리 민법이 성립요건주의에 해당하고, 프랑스 민법 및 일본 민법이 대항요건주의에 해당한다. 그 외 우리나라 민법상 등기의 효력으로는 순위 확정적 효력, 점유적 효력, 대항요건으로서의 효력, 추정력 등이 있으나, 등기의 공신력은 인정되지 않고 있다.

등기의 공신력은 권리의 외관인 등기가 실체적 권리관계와 부합하지 아니할 때에 등기를 신뢰한 자로 하여금 등기된 대로의 권리 취득을 인정하는 등기의 권리 외관의 효력이다.

가. 등기의 이전적 효력

부동산등기의 유효 요건이 구비되면 부동산물권변동의 효력이 발생하는데, 이것을 부동산등기의 이전적 효력이라고 하는 것이다. 그리고 부동산물권변동은 등기를 신청한 때에 일어나는 것이 아니라 실제로 부동산등기부에 등재됨으로써 이전적 효력이 발생하는 것이다.

나. 등기의 순위 확정적 효력

동일한 부동산상의 수개권리의 순위관계는 등기의 선후순서에 의하여 정하여지는데, 이때에 등기부 중 동구에서 한 등기에 관하여는 순위번호에 의하여 별구에서 한 등기에 대하여는 접수번호에 의하여 효력의 순위가 발생하는 것이다. 그리고 부기등기의 순위는 주등기와 부기등기 상호 간의 순위의 전후에 의한다.

다. 등기의 점유적 효력

부동산의 등기부상 시효 취득에 의하면 점유의 시초에 부동산의 소유자로 등기한 자는 소유의 의사로 평온·공연하게 또 선의로 아무 과실 없이 10년간 그 부동산을 점유한 때에는 그 부동산의 소유권을 취득한다. 이러한 점에서 부동산등기는 동산취득시효에 있어서의 점유와 유사한 효력을 갖는 것이다.

라. 등기의 추정적 효력

부동산등기부상 공시내용은 실제적 권리관계의 존재를 추정받는 것이다. 그러나 부동산등기에는 공신력이 없고 추정력 밖에는 없기 때문에 그 부동산의 양수인이 그 등기부를 신뢰하고 진정성이 없는 양도인을 진정한 권리자로 믿고 거래하는 경우 양수인의 과실은 없으나 그 부동산의 권리는 취득하지 못한다.

이와 달리 양수인의 등기내용을 조사하지 않은 경우에는 설사 선의라고 하더라도 과실의 추정을 받을 뿐 아니라 그 부동산의 거래자는 등기부의 공시내용을 알고 거래한 것이라고 악의의 추정까지도 받게 되므로 주의를 하여야 한다.[81)]

④ 지적·등기 일원화 시도

국토교통부는 행정편의를 도모하고 대민서비스의 질을 제고한다는 목적으로 2009년 9월경부터 부동산 정보를 취급하는 각 기관의 부동산 공부 18종의 정보를 하나의 공부에 종합하는 부동산 행정정보 일원화 사업을 추진하였다.

이는 지적·등기정보의 일원화 효과로서 지적, 건축물, 토지이용, 가격, 등기 등 부동산 공부가 5개 법령, 2개 부처, 4개 시스템의 18종으로 분산·관리되고 있어 국민 불편과 행정업무 비효율 및 정책혼란이 발생하고 있으므로 이러한 현안 해결을 위해 부동산 공부 18종의 정보를 하나의 공부에 종합하여 부동산 행정 공신력 및 대국민 서비스를 향상하여야 한다는 것이다.

부동산 행정정보 일원화 사업은 단계별로 추진되는데 2011년에는 시범적으로 4개 시범기관(의왕시, 남원시, 김해시, 장흥군)이 지적공부 7종과 건축물대장 4종의 정보를 종합한 '부동산종합증명서'를 발급·운영하였다. 2012년에는 모든 자치단체에 11종 통합운영

81) 지종덕, 「지적의 이해」, 전게서, pp.376-377.

시스템이 보급되었고 2013.7.17 법률(법률 제11943호)의 개정으로 부동산종합공부 관리·운영제도가 마련된 후 위 법률의 조항이 순차적으로 시행되어 2014.7.1부터 국토교통부가 관장하는 15종의 부동산 공부의 내용이 모두 부동산종합공부의 등록사항으로 되었다. 또한 관련법 시행령의 개정으로 법원이 관장하는 3종의 부동산등기부에 따른 부동산의 권리에 관한 사항도 부동산종합공부의 등록사항으로 규정되었는데, 2015.7.1부터 시행되고 있다.

〈표 5-10〉 부동산 행정정보 일원화 사업 추진경과

구 분	내 용	비 고
지적 7종	토지대장, 임야대장, 공유지연명부, 대지권등록부, 지적도, 임야도, 경계점좌표등록부	2014.1.18. 시행
건축물 4종	일반건축물대장, 총괄표제부, 집합건축물표제부, 집합건축물전유부	2014.1.18. 시행
토지이동 1종	토지이용계획확인서	2014.1.18. 시행
가격 3종	개별공시지가확인서, 개별주택가격확인서, 공통주택가격확인서	2014.7.1. 시행
등기 3종	토지 등기기록, 건물 등기기록, 구분건물 등기기록	2015.7.1. 시행
계	18종	

(2) 독일

① 연혁

오늘날과 같은 등기부의 기원은 중세 독일의 도시장부에서 찾을 수 있다. 독일 퀼른시의 행정구역인 성마르틴구는 토지담보(schreinspfand) 등 부동산 거래사실을 표시한 카드를 상자 용기(schrein)에 보관하였고, 13세기에 이르러 많은 도시는 부동산에 관한 권리변동과정(rechtsvorgange)의 내용을 도시장부에 기입함으로써 등기제도를 널리 활용하였다. 이와 같이 근대적 등기제도는 중세 도시에서 부동산의 점유를 이전하지 않고 담보화할 수 있는 저당제도의 필요성에서부터 생성되었다. 중세의 도시장부에서 시작된 부동산 등기제도는 이후 토지가 자유로운 유통의 객체가 되고 저당권에 대한 사회적 요청이 늘어나면서 거래 안전을 도모하기 위한 새로운 근대적 의의의 공시제도로 발전하였다.

부동산과 동산에 관하여 인도에 의한 권리 이전을 규정한 로마법이 계수되면서 부동산 등기제도가 자리 잡는 것이 늦추어지기도 하였다. 18세기 후반에는 로마법의 계수로 인한 부동산 거래의 안전 및 부동산 신용창조의 장애를 극복하기 위하여 여러 방안들이 주

(州) 단위의 란트(Land)입법에 의하여 나타났다. 물적 신용의 안전성을 높이고 저당권과 그에 관한 거래를 보호하기 위하여 담보권설정 시 담보권등기부에 토지를 등기하도록 한 담보권등기부제도(Pfandbuch-system)가 널리 활용되었다. 이 제도 하에서 소유권 이전은 로마법에서와 마찬가지로 인도에 의하였고, 소유자의 등기는 소유권 이전에 필요한 요건은 아니었으며 저당권 설정 시 소유권을 명확하게 하기 위하여 필요한 요건에 불과하였다. 담보권등기부제도는 실체적인 소유자를 공시하지 못하는 한계를 가지고 있었다.

1872년의 프로이센 소유권취득법(Eigentumserwerbsgesetz)은 이러한 결함을 극복하기 위하여 제정되었다. 이 법은 로마법의 인도주의(人道主義)를 배제하고 순수한 독일법의 입장을 취하여 담보권 설정뿐 아니라 소유권을 명확하게 하기 위해서 소유권에 관한 사항을 등기부에 기입하도록 하였다. 이에 따라 등기는 권리변동의 요건이 되었고 토지에 관한 모든 법률관계가 등기부에 기재되면서 토지등기부제도가 만들어졌다. 현재의 독일 민법과 독일 부동산등기법은 소유권취득법을 기초로 하여 제정되었다.

② 법원(法源) 및 기본원칙

독일등기제도를 규율하는 법원으로 주요한 것은 1896년의 민법(Burgerliches GesetzBuch; BGB)과 1897년 부동산등기법(GrundBuchOrdnung; GBO)이다. 민법 및 물권법에 토지에 관한 일반규정 내에 실체적 권리와의 관계에서 등기제도를 규율하는 규정인 실체적 등기법이 있다. 1897년 제정 당시의 부동산등기법은 등기의 실시와 운영에 관하여 대략적인 규정만을 두었고, 세부사항은 개별 주에 위임하였기 때문에 실질적인 부동산등기법의 내용은 전국적으로 통일되지는 않았다. 1935년에 부동산등기법이 개정되면서 독일 전역에 걸쳐 통일적인 내용의 부동산등기법이 시행되었다.[82)]

등기사무의 관할은 등기업무는 비송사건(freiwillige gerichtsbarkeit)으로 구법원(amtsgericht, 區法院)의 일부인 등기소(grundbuchamt)가 관장한다. 등기사무는 3년간 특별 법률교육을 받은 사법보좌관(rechtspfleger)에 의하여 처리된다. 사법보좌관은 등기 업무를 처리함에 있어서 법률에만 따르고, 다른 법률에 특별한 규정이 없는 한 독립하여 결정한다. 등기부(grundbuch)는 물적 편성주의(system des realfoliums)에 따라 토지(grundstück)를 기준으로 하여 편성된다. 물적 편성주의는 개개의 부동산을 중심으로 등기부를 편성하는 것으로 하나의 부동산에 하나의 등기용지를 두는 것이다. 등기의

82) 大場浩之, "日本とドイツにおける登記制度の發展−登記法制定後を中心に−", 稻田法學會誌, 第54卷, 2004, pp.20−23.

대상이 되는 하나의 토지에 하나의 등기부용지(grundbuchblatt)를 두고 있고 이러한 등기부용지를 편철한 것이 등기부이다. 등기부 편성의 기준이 되는 토지의 기재 단위는 토지이고, 토지대장(kataster) 편성의 기준이 되는 토지 기재의 단위는 필지(flurstück, parzelle)이다. 이러한 물적 편성주의 예외가 공동등기부용지(das gemeishaftliche grundbuchblatt) 제도이다. 공동등기부용지라는 것은 동일 등기소의 관할구역 안에 있는 동일 소유자에 속하는 복수의 토지를 하나의 등기부용지에 등기할 수 있도록 조제되는 등기부용지를 말한다.

독일에서는 한 필지의 토지에 대하여 하나의 등기기록을 두도록 규정하고 있으므로 두 필지의 토지에 대하여 하나의 등기기록을 둘 수 있는 경우는 없지만, 토지대장상의 두 필지가 하나의 토지가 되는 경우가 있는데, 이런 경우에 하나의 등기부용지를 둔다. 하나의 토지를 이루는 기초는 토지대장상의 필지이나 하나의 토지가 언제나 한 필지로 되는 것은 아니고 둘 이상의 필지로 되어 있는 경우도 있을 뿐 아니라 그들 필지는 위치적으로 반드시 인접하고 있어야 하는 것도 아니다.

등기부용지의 구성은 표지(Aufschrift), 표제부(Bestandsverzeichnis), 제1구(Erste Abteilung), 제2구(Zweite Abteilung), 제3구(Dritte Abteilung)로 구성된다.

③ 등기의 효력

가. 권리 변동적 효력

법률행위에 의한 물권변동은 당사자의 물권적 합의와 등기가 있어야 한다. 즉, 등기가 물권변동의 성립요건이지만 등기만으로 물권변동이 발생하지 않고 물권적합의(einigung)가 있어야 한다.

나. 등기의 추정력 및 공신력

독일법상 부동산등기가 물권변동의 성립요건이지만, 등기만으로 물권변동이 일어나게 하는 형식적 확정력을 가지는 것은 아니기 때문에 등기와 실체적 권리관계가 일치하지 않는 경우가 발생하게 된다. 독일 민법은 부동산 거래의 안전을 위하여 등기의 추정력과 공신력을 인정하고 있다.

독일 민법은 등기된 권리는 존속하고, 그 권리는 등기된 자에게 속하는 것으로 추정한다고 규정하고, 말소된 등기는 존재하지 않은 것으로 추정한다고 규정한다. 추정조항은 모든 절차에 적용되므로 사법보좌관도 이에 따라야 한다. 다만 반증을 통한 추정의 복멸(覆滅)이 허용되므로 위 조항은 특별히 소송법적으로 의의가 있다. 추정력이 인정되는 등기는 권리에 관한 등기로서 형식적으로 유효한 등기를 전제로 한다. 등기부에 사인(私人)이 행한 기재, 내용상 허용되지 않는 무효인 등기, 사실적 기재 등에 관하여는 추정력이 인정되지 않는다.

등기의 공신력은 등기의 추정력만으로는 부동산 거래의 안전을 도모하거나 권리취득자를 보호하는 데에 충분하지 아니하다. 등기의 추정력은 반증을 들어 깨뜨릴 수 있으므로 권리취득자가 자신의 권리취득 등기를 한 후에도 실제 소유자의 반증에 의하여 자신의 권리가 부정될 수 있기 때문이다. 이러한 점에서 독일 민법은 '등기의 정당성을 신뢰하여 거래한 선의의 제3자를 보호하기 위하여 권리취득자가 무권리자로부터 권리를 취득하였다 하더라도 그 등기의 진정하지 않음을 알고 있지 않은 경우에는 유효하게 그 권리를 취득하고 반증에 의하여도 이에 반하는 주장을 할 수 없다'라는 내용의 공신력에 관한 규정을 두고 있다.[83]

다. 지적·등기의 통합 반대

2004년 15대 연방하원에서 법률개정안이 제기되었다. 부동산등기법(GBO)을 비롯한 연방법의 필요한 조항의 개정을 통하여 구법원이 전속적으로 관장하던 등기사건을 각 주의 정부도 관장할 수 있도록 함으로써 각주에서 등기와 대장관련 업무를 통일적으로 운영할 수 있도록 하고 토지 소유자와 투자자에게 통일적인 상담과 서비스를 하는 것이 목표이다.

등기부는 구법원(등기소)이 관리한다고 규정된 부동산등기법 제1조 제1항 108은 등기부는 구법원 또는 주법에 의하여 정해진 곳에서 관리한다. 이 법은 주법에 의하여 정해진 곳의 경우에도 적용된다. 사법제도의 틀 밖에서 토지관리청을 설치하여 등기와 대장관련 업무를 통일적으로 처리할 수 있는 길을 열어주는 것을 비롯하여 위의 규정과 관련된 부동산등기법(GBO) 및 사법보좌관법(RpflG) 등의 규정을 개정하는 것이 주요 내용이다.

등기부와 대장을 하나의 토지관리청에서 관리하는 것은 등기제도와 대장관리에 있어서 최근의 기술적인 발전의 필연적인 단계이고 등기와 대장관련 업무를 관장하는 두 기관을 통합하면 시너지 효과를 기대할 수 있다는 것이 주요 논지이다.

2006년 16대 연방하원에서도 15대 연방하원에서의 법률개정안과 동일한 내용의 법률개정안이 제출되었다. 연방정부는 법률개정안에 대하여 기존 제시하였던 부정적 입장을 다시 한 번 확인하면서 일부 주에서 확실한 시너지 효과가 증명되는 경우 그에 대한

83) Fritz Baur, Sachenrecht, 10. Aufl., 1978, p.197.; 강태원, "부동산등기의 공신력에 관한 일고찰", 「연세법학연구」, 1990, p.358. 재인용

논의를 다시 할 수 있으나 그때에도 언제나 등기부의 질적인 측면(등기의 효력)을 고려하여야 한다는 의견을 개진하였다. 그러나 법률개정안은 회기경과로 자동 폐기되었다.

독일은 등기가 물권변동의 성립요건이고 등기의 추정력과 공신력이 인정되는데 등기에 대해서 이처럼 강력한 효력을 인정할 수 있는 이유는 법원이 등기사무를 관장하고 부동산관련 법률에 대한 전문적인 지식을 가지고 있는 사법보좌관이 독립적인 권한을 가지고 등기사무를 처리하고 있기 때문이다.

2004년과 2006년에 부동산등기와 대장의 관장기관에 관한 통합논의 이후 지금까지 부동산 공부의 관장기관을 통합하려는 시도가 이루어지지 않고 있는 현실은 국민들이 자국의 등기 절차에 바탕을 둔 이원적 부동산 공시제도에 만족한다는 것을 보여준다. 2004년과 2006년 독일에서 등기·대장의 관장기관에 관한 통합 논의 시 통합반대의 주요 내용은 다음과 같다.

첫째, 등기와 대장에 관한 업무는 각각 다른 업무이기 때문에 하나의 기관에서 두 가지 업무를 같이 관리한다고 하더라도 전체적인 업무량이 줄지 않아 시너지 효과가 불분명하다.

둘째, 이질적인 업무 통합으로 업무의 불투명성을 초래하여 법적 안정성이 훼손될 수 있다.

셋째, 등기소를 구 법원으로부터 분리하여 행정관청에 그 관리권한을 이관하는 것은 구 법원과 등기소의 유기적인 업무처리에 지장을 줄 수 있다.

넷째, 등기와 대장을 관장하는 기관이 통합된다고 하더라도 각 분야의 전문가들은 여전히 필요할 것이고, 업무의 이전은 또 다른 업무의 부담을 가져올 수 있다.

다섯째, 등기와 대장을 관장하는 기관의 통합보다는 등기와 대장이 기술적이고 효과적인 방법으로 연동되어 운용되게 함으로써 절차의 촉진과 처리비용의 감소를 가져올 수 있다.

(3) 일본

① 연혁

일본의 부동산 등기제도는 메이지유신 당시에 시작되었다. 메이지 정부는 조세제도를 개혁하면서 세금의 징수가 필요하자 토지의 거래를 지권(地券)에 의하도록 하는 지권제도를 시행하였다. 지권이란 부지사현령에 의하여 발행되는 것으로 토지의 소재, 면적, 지대금 및 지주명 등을 기재하고 부지사현령이 직명을 기재한 뒤 날인한 것이다. 2통이 작성되어 정본은 지주에게 교부되고 부본은 지권대장에 편철된다.[84] 지권에 의한 거래는 토지소유권 이전의 효력발생요건이었다.

1889년 토지대장규칙이 공포되어 지조(地租)에 관한 사항을 토지대장에 등록하게 됨에 따라 지권은 폐지되었고, 1898년에 시행된 민법의 부속법으로서 부동산등기법이 1899년에 제정되었다.

일본에서는 등기사무를 1947년까지 60여 년간 행정기관인 사법성에 속해 있던 재판소가 관장하였으나, 1947년 일본 헌법 및 재판소 법의 시행으로 재판소가 사법성에서 분리된 후에는 사법성 사법사무국이 등기사무를 취급하게 되었다.

법무성의 전신인 사법성은 재판소의 감독 등의 사법행정사무를 포함하는 광범위한 법무·사법에 관한 사무를 취급하였다. 재판소가 사법성에서 분리되기 전까지는 사법권이 행정권으로부터 독립되지 아니하였기 때문에, 엄밀하게는 일본에서는 사법부가 등기사무를 관장한 적이 없다고 볼 수 있다. 사법성은 1948.2.15 법무청설치법 시행에 의하여 폐지되었다. 사법성의 뒤를 이어 법무청이 발족하였는데 법무청은 법무부로 개칭되었다가 1951년 현재의 법무성이 되었다.

② 법원(法源) 및 기본원칙

지적과 등기의 일원화 발단은 1950년의 세제개혁이다. 1950.7.31 세제개혁으로 종래 부현세(府縣稅)로서 토지가옥의 임대가격을 과세표준으로 한 지조(地租)와 가옥세(家屋稅)가 폐지되고 시정촌장(市町村長)이 결정하는 부동산 가격을 과세표준으로 하는 시정촌세(市町村稅)로서의 고정자산세가 토지가옥의 소유자에게 부과되었다. 부현세로서의 지조와 가옥세의 과세표준인 임대가격은 국가 행정기관인 세무서에 의하여 정하여졌기 때문에 과세대장의 성격을 가진 토지대장과 가옥대장도 세무서에 비치되고 대장사무는 세무서에서 관장하였다.

세제개혁으로 인하여 시정촌세(市町村稅)가 부과됨에 따라 과세를 위한 토지대장과 가옥대장을 세무서에 비치할 필요가 없게 되자 세제개혁과 동반하여 토지대장법 등의 관련 법령을 일부 개정하여 대장사무를 세무서에서 등기소로 이관하였다. 법무성은 1951년부터 등기부의 바인더화 작업에 착수하였다.

기존의 등기부는 등기용지를 더하거나 빼는 것이 불가능한 고정식 장부로서 지번, 가옥번호 순서가 아니라 등기번호 순서로 편철되어 있었다. 등기부의 바인더화 작업에 따라

84) 大場浩之, 「不動産公示制度論」, 成文堂. 2010, p.30

등기용지는 분리되어 지번, 가옥번호 순서로 편철되었다.

등기부와 대장의 일원화는 새로운 양식의 표제부 용지에 대장 기재 내용을 이기(移記)한 후 종전의 표제부 용지 위에 편철하는 작업이므로, 등기부의 바인더화는 등기부와 대장을 일원화함에 있어서 반드시 필요한 작업이었다. 일원화가 되기 전에도 등기부에는 표제부가 존재하였지만, 이때의 표제부는 어디까지나 권리 등기의 일부로서의 표제부였다. 일원화 후의 표제부는 대장과 동일한 기능을 하였고, 권리의 등기로부터 독립된 것이다. 부동산등기부와 대장의 일원화는 등기부 표제부의 형식과 내용을 바꾸어 기존대장의 목적과 기능을 등기부의 표제부로 대체하기 위한 것이다. 일원화 이후의 등기부에는 권리관계가 등기되지 않은 부동산에 대해서도 모두 표제부를 두어 대장에 있어서와 같이 부동산의 현황을 등기하고 있다.

부동산 표시에 관한 등기에 대해서는 등기관의 직권등기, 벌칙을 동반하는 소유자의 신청의무 등 토지대장법 또는 가옥대장법에 있어서 채용된 법적 기술이 대부분 그대로 도입되었다. 당시 시행되고 있던 토지대장법 및 가옥대장법은 등기소에 토지대장 및 가옥대장을 비치하고, 등기소의 상시적인 직권조사를 통하여 토지 또는 가옥의 현황을 명확히 하고자 하였다. 하지만 등기소에 구비된 토지대장의 대부분이 1950년의 법 개정에 따라 당시 세무서에서 관장하고 있던 대장을 그대로 넘겨받은 것이어서 토지대장법 및 가옥대장법이 의도하는 토지대장의 성격과는 크게 달랐다. 세무서에서 관장하던 토지대장은 토지소유자에 대한 공평 과세가 목적이었으므로 현황에 가까운 토지의 상황이 파악되면 그 목적이 달성된 것으로 보았다.

등기와 대장은 1966.4.1.부터 시행되는 토지와 건물에 관한 미터법에 따라 변경되어야 했는데 등기부와 대장을 일원화하여 하나의 공부로 만든 후 미터법에 따른 변경이 이루어지면 사무량과 경비를 절감할 수 있는 점도 고려되었다. 등기부와 대장을 별도로 두게 되면 이용자는 동일한 내용의 대장신고와 등기신청에 따른 불편함, 별개의 공부를 열람하거나 등·초본의 교부신청으로 인한 이중의 수고와 경비를 부담하게 된다. 이러한 수고와 경비의 이중 부담을 줄이기 위하여 등기부와 대장을 일원화한 것이다.

③ 지적과 등기의 통합 구축

일본은 등기부와 대장의 일원화를 통하여 부동산의 현황을 명확하게 파악할 수 있도록 하여 등기부의 공부로서의 기능을 강화할 필요가 있었다.[85] 즉, 독일의 이원적 부동산

85) 渡辺洋三, "ふたたび登記簿と台帳の一元化問題について", ジュリスト 第198号, 1960, pp.34-37.

공시제도를 받아들여 이를 유지하다가 1960년 등기부와 대장을 일원화했는데 일본에서 등기부와 대장을 일원화할 당시 등기와 대장을 행정기관인 법무성 산하의 등기소가 모두 관장하고 있었기 때문에 부동산 공부를 관장하는 기관의 통합에 관해서는 논의할 필요가 없었다.

행정기관이 등기와 대장에 관한 업무를 처리하기 때문에 등기와 대장이 분리되어 있기는 하나 이원화된 부동산 공시제도의 운용상 이점인 등기와 대장업무의 전문성 강화나 행정부와 사법부사이의 업무와 정보 분산을 통한 국민의 재산권보호 등의 기능이 발현되지 못하였다. 당시 등기소는 인적, 물적 시설의 부족으로 등기와 대장에 관한 사무를 적절히 처리하기 어려웠고 미터법 시행으로 등기부와 대장의 기재사항을 모두 바꾸어야 하였다. 등기와 대장이 분리되어 있을 뿐 운용상의 이점이 발현되지 못하는 시점에서 부동산 공부 일원화의 현실성이 강해지자 국가적 차원에서 등기와 대장을 일원화 통합하게 된 것이다. 일본의 등기법은 사법의 절차법이고 원칙적으로 시민사회의 자율적 질서인 사적자치의 원칙의 기초 위에 있다.

등기부와 대장이 다른 의의와 기능을 가지고 상반되는 원칙에 의하여 지배되고 있음에도 대장을 등기부에 통합해서 부동산 현황의 등기에 관해서 벌칙을 동반하는 신청의무 또는 직권조사와 직권등기를 인정하는 시도는 명확하게 모순되는 사항이 포함될 수 있다. 이는 이론적인 문제뿐만 아니라 대장제도와 등기제도가 나뉘어 온 역사적 발전과정에도 역행되는 것이라는 비판도 있다.

반면에 권리관계의 등기에 대하여 벌칙을 동반하는 신청의무나 직권등기를 인정하는 것은 개인의 사적자치에 반하는 것이나 토지 지목이 변경되거나 건물이 증축된 경우와 같이 토지나 건물의 현황에 관한 표시 변경을 등기관이 직권으로 할 수 있도록 하는 것은 사권을 보호하는 등기제도의 기능을 해하는 것이 아니고 오히려 권리관계를 명확하게 공시해서 거래의 안전을 도모하려고 하는 등기제도의 목적에 맞는 것이기도 하다고 옹호하는 주장도 있다. 대장제도에서 벌칙을 동반한 직권주의를 취하는 것은 대장이 과세장부로서의 성격을 가지고 있기 때문이고, 이론적인 측면에서나 실제적인 기능 측면에서 볼 때 대장제도는 조세행정과 연결되어 있을 때만 존재 이유를 가질 수 있는 제도이다.

등기부와 대장이 일원화된 이후에도 소유권 등기를 원하지 않는 자는 우선 표시의 등기 신청만 해두고 나중에 필요한 경우에 소유권의 등기를 신청하는 이중의 절차를 밟을 수 있다. 종래 대장과 등기부의 이중의 절차가 표시등기와 권리등기의 이중의 절차로 바뀌는 것일 뿐이다. 국민의 이익과 편리의 관점에서 볼 때 대장신고와 함께 등록세를 납부하면 동시에 등기신청이 있다고 간주하는 병용 신고제도를 이용하면 대장신고와 등기신청의 이중 절차에 따른 번거로움이 없다. 일원화의 가장 큰 핵심은 일원화로 등기부와 대장이 나뉘어져 있음으로 인하여 발생하는 국민의 수고와 비용을 절감할 수 있다는 것이다.

당초 법무당국은 1965년까지 일원화 작업을 완료하려고 계획하였으나 실제 일원화작업은 1971년 3월에야 모든 등기소에서 완료되었다. 이러한 일본의 사례에서 볼 수 있듯이 새로운 제도 개선책인 일원화 작업에는 상당한 준비 속에 시간과 노력이 필요하다는 것을 알 수 있다.

4) 공시제도의 발전 및 개선 과제

부동산은 인간생활에 있어 기본적 생활의 터전이고 개인의 재산에서 가장 큰 비중을 차지할 뿐만 아니라 국가경제 전체에서도 부동산 부분이 차지하는 비율이 약 40%에 이른다는 점에서 개인적으로나 국가적으로 중요한 재산권의 객체이다. 등기제도는 부동산물권의 거래 안전을 도모하고자 하는 목적으로, 등록제도는 조세의 부과 징수를 목적으로 각기 그 목적을 달리하여 발전되어 왔다. 지금까지 지적제도도 현대에 이르러서는 사유재산권의 보장수단으로서의 역할을 하고 있다.

우리나라의 공시제도는 지적과 등기가 분리되어 있지만 국민의 재산권 보장의 수단으로서 이용자인 국민의 입장에서 국민의 편익 증진을 도모하는 정책적 방향에서 발전되어 왔다. 지적과 등의 일원화를 검토하는 것도 현행 공시제도가 국민의 조세로 운용된다는 점에서 비용측면에서의 비효율성 및 과도한 인적·물적 비용이 소요가 가중된다면 제도적 차원에서 이원화된 공시제도가 국민의 부담으로 이어져 결국 국민에게 과중한 불편과 부담을 지울 수 있기 때문이다.

(1) 공시제도의 발전과제

부동산 공시제도를 이원화 체제로 운영할 것인지 일원적인 체제로 운영할 것인지는 각국의 부동산에 대한 권리에 관한 법원칙과 역사적 배경과 관련되어 있다. 일원적인 부동산 공시제도를 선호하는 국가도 있지만 이원적인 부동산 공시제도를 운영하는 국가에서는 이원적인 부동산 공시제도가 성공적으로 운영되고 있다는 평가를 받고 있고 부동산 공시제도의 일원화를 강하게 반대하기도 한다.[86)]

86) Rik Wouters, "Land Registration and Cadastre, one or two agency?", Annual World Bank Conference on Land and Poverty, 2013, p.3.

우리나라 부동산 공시제도는 아직도 지적과 등기로 이원화되어 운영되고 있으며 이에 파생되는 문제점으로 개선해야 할 당면과제는 다음과 같다. 우선 부동산등기와 대장의 기재가 일치하지 않을 가능성이 존재한다. 등기와 대장은 서로가 가진 고유의 목적을 달성하기 위하여 상호 보완관계에 있기 때문에 등기와 대장에 공통적으로 기재되는 부동산의 현황 및 소유자에 관한 사항은 일치하여야 하고 이를 위하여 현행법에 두 공부의 기재사항을 일치시키기 위한 규정을 두고 있다.

현행법의 이러한 보완 규정에도 불구하고 등기나 대장의 기재사항이 변동된 후 통지 또는 촉탁에 의하여 다른 공부의 기재가 변경되는데 일정한 시간이 소요되고 등기와 대장을 관장하는 기관이 다르기 때문에 등기와 대장의 기재가 일치하지 않을 가능성도 있다. 사용승인을 받지 않은 건물에 대하여 채권자의 대위신청에 따른 보존등기가 되는 경우나 부동산등기법에 의하여 등기관이 직권으로 보존등기를 하는 경우에는 건축물대장이 존재하지 않고 그 후에 대장이 작성되더라도 등기부의 부동산 표시와 일치하지 않는 경우도 있다.

〈표 5-11〉 지적제도와 등기제도 비교

구 분	지 적 제 도	등 기 제 도
모 법	- 지적관련법	- 부동산등기법
기 능	- 토지표시 관계의 공시	- 토지권리 관계의 공시
기본 이념	- 국정주의 - 형식주의 - 공개주의 - 직권등록주의 - 실질적 심사주의	- 성립요건주의 - 형식적 심사주의 - 신청주의
공부의 종류	- 토지대장 - 공유지연명부 - 임야대장 - 대지권등록부 - 지적도 - 임야도 - 경계점좌표등록부 - 지적전산자료	- 토지등기부 (건물등기부, 입목등기부, 공장재단 등기부, 광업재단등기부, 선박등기부 등 별도 비치)
등록사항	- 대장 : 고유번호, 토지소재, 지번, 지목, 면적, 소유자성명 또는 명칭, 주민등록번호, 주소, 토지등급, 기준수확량등급, 용도지역 등 - 도면 : 토지소재, 지번, 지목, 경계, 도곽선, 도곽선 수치 등	- 표제부 : 토지소재, 지번, 지목, 면적 등 - 갑구 : 소유권에 관한 사항(소유자 성명 또는 명칭, 주민등록번호, 주소 등) - 을구 : 소유권 이외의 권리에 관한 사항(지상권, 지역권, 전세권, 저당권, 임차권 등)
등록필지수	- 약 32백 만 필	- 약 29백 만 필
공신력	- 불인정	- 불인정

자료: 지종덕, 「최신지적법」, 신양사, 2010, p.5.

등기와 대장이 불일치하면 부동산 공부가 실제내용을 반영하지 못하므로 공시기능이 저하되며 이로 인하여 국민들은 부동산 현황 및 권리분석에 많은 비용과 노력을 들게 되고 부동산 공부 중 어느 하나만을 열람한 채 부동산을 거래할 경우 예상치 못한 손해를 볼 수도 있다. 등기와 대장의 불일치를 바로잡기 위하여 이해관계인들이 소송비용 등의 추가비용을 부담하여야 할 가능성도 있고 이러한 불일치는 국가정책을 추진함에 있어 통계 및 국토이용 관리 계획에도 지장을 초래할 수 있다.

특히 등기와 대장이라는 이중 절차로 인하여 국민들이 이중으로 등록신고 내지 등기신청을 하여야 하고 업무를 처리하는 공무원 입장에서는 중복된 업무로 인한 업무의 비능률이 초래된다.

등기와 대장 업무는 실질적인 업무의 성격이 다르므로 업무중복은 공통적인 기재사항을 법 규정에 따라 정리하는 것과 관련된 부분에 한정된다. 부동산의 현황 및 소유자에 관한 사항이 등기와 대장에 공통적으로 기록되어야 하므로 이로 인한 업무의 중복이 발생하나 이러한 중복업무의 부담은 공부의 전산화로 인하여 많이 감소하였다. 부동산에 관한 소유권 변경이 있거나 부동산 현황의 변경이 있는 경우 등기관과 지적소관청의 담당공무원은 통지 또는 촉탁이나 당사자의 신청에 따라 변경된 내용을 해당 공부에 기록해야 한다. 이것은 결국 공시제도의 이원화로 인해 등기와 대장의 기재사항을 일치시키기 위한 통지·촉탁 업무도 등기와 대장이 나뉘어져 있음으로 인하여 발생하는 불필요한 업무로서 제도적 개선의 여지가 있는 것이다.

(2) 공시제도의 개선

외국은 부동산의 현황과 권리관계를 공시하는 것과 관련하여 부동산에 대한 권리에 관한 각국의 법 원칙과 역사적 배경에 따른 다양한 공시제도를 가지고 있다. 우리나라와 독일, 오스트리아, 슬로베니아, 그리스 등의 국가에서는 사법부가 등기를, 행정부가 대장을 관장하는 이원화된 부동산 공시제도를 가지고 있다.

이원화된 공시제도는 등기와 대장 간 기재사항의 불일치와 등기와 대장이라는 이중의 절차로 인한 국민들의 불편과 업무의 비능률이라는 개선과제가 있다. 과제 해결방안으로 주로 제기되었던 것이 부동산공부 일원화이다. 하지만 이원화된 공시제도에 개선과제가 있다고 해서 반드시 부동산공부를 일원화해야 한다는 것은 아니다.

우리나라 공시제도의 원형이라고 할 수 있는 독일은 부동산 등기와 대장을 관장하는 기관을 통합하고자 법률개정안이 2004년과 2006년 제기되었지만 연방하원에서 회기경과로

〈표 5-12〉 각국의 부동산제도 현황

유형		해당 국가
부동산등기 대장 분리형	법원이 등기 관장	대한민국, 독일, 오스트리아, 슬로베니아, 그리스 등
	행정부가 등기 관장	프랑스, 벨기에 등
	독립기관이 등기와 대장을 모두 관장	네덜란드
부동산등기 대장 통합형		일본, 대만, 스위스
등기부만 존재		미국, 영국

폐기 이후 별다른 조치 없이 2원화된 공시제도를 유지하고 있다. 반면 일본은 독일과 달리 이원화된 부동산 공시제도를 도입·유지하다가 1960년 부동산등기부와 대장을 일원화하였다. 일본에서 일원화 정책의 가장 큰 핵심은 등기부와 대장이 분리되어 있음으로 발생하는 국민의 수고와 비용을 절감할 수 있다는 것이었다. 공시제도의 일원화를 추진하는 국가에서는 독일의 공부의 관장기관 통합불가 사례와 및 일본의 일원화 통합 사례에서 관장기관의 통합 내지 분리에 관한 정책적 결정에서 많은 시사점을 얻을 수 있다.

지적과 등기의 일원화는 부동산의 물리적 현황에 관한 지적공부의 등록사항이 등기의 표제부에 우선한다는 사실에 기인하는데 물권적 권리관계는 등기가 우선하나 부동산특정은 지적공부에 의하기 때문이다. 일필지의 특정은 지번, 경계, 면적 및 지목에 의하여 이루어지고 이것에 근거하여 민법상의 일물 일권주의 원칙이 적용되고 모든 법률관계가 형성된다. 물건으로서의 개개 부동산이 지적공부에 의하여 특정되는 것이고 이를 반영한 등기표제부가 공시제도로서 작용하게 되는 것이다. 그러므로 지적공부와 등기의 일치는 부동산 법률관계의 안정성과 신뢰성을 확보하기 위한 선결조건이다. 지적공부의 정확성이 필요한 것은 또 다른 이유이다.

대법원 판례의 입장은 일관하여 등기와 지적공부가 일치하는 한도에서만 물권변동이 이루어지는 것으로 보고 있고 불일치하는 부분은 특별한 경우를 제외하고는 물권변동을 인정하지 않고 있다. 그만큼 등기의 공신력이 저하되는 것이며 거래관계가 불안정하게 된다는 것이다. 소유권의 범위도 지적도에 기초한 경계와 면적을 최종적인 인정근거로 삼는다. 이렇게 본다면 미등기 부동산의 경우는 일본의 경우와 같은 표제부 등기제도를 도입하여 모든 토지에 관하여 지적공부와 등기부를 대응시키고 등기표제부에 경계표시에 관한 사항을 등재하여 부동산의 특정에 필요한 최소한의 사항을 공시하도록 하여야 한다. 현재의 거래관행이 토지의 실측면적을 고려하지 아니하고 등기부상 면적이나 대장상의 면적을 기준으로 이루어짐으로써 발생할 수 있는 분쟁의 소지를 미연에 방지할 최소한의 장치를 마련하여야 하는 것이다.

최근 우리나라는 비록 지적과 등기의 일원화는 아니지만 또 다른 방향에서 정책적으로 부동산 공부 18종의 정보를 하나의 공부에 종합하는 부동산 행정정보일원화 사업을 추진하였다. 기존의 공부를 폐지하지는 않았지만 하나의 공부에 부동산에 관한 일체의 정보를 종합한다는 점에서 부동산공부 일원화 방안과 비교할 때 많은 효과가 있다. 이는 국토교통부가 관장하는 15종의 공부정보를 종합하는 것에 법원이 관장하는 3종의 등기부에 관한 정보까지 종합한 것으로 부동산 공부 일원화의 효과에 버금가는 매우 실용적인 방법으로 평가받을 수 있다.

독일에서 시행하고 있는 부동산등기와 대장일치를 위해서 일정사항을 토지대장으로부터 기계적, 전자적 방법으로 등기부에 입력·보존하는 방법도 우리나라에서 부동산등기와 대장을 일치시키고 업무 경감을 위한 방안으로 활용한다면 이원화 공시제도 문제해결에 유용하게 대처하는 도구로 활용될 수 있을 것이다.

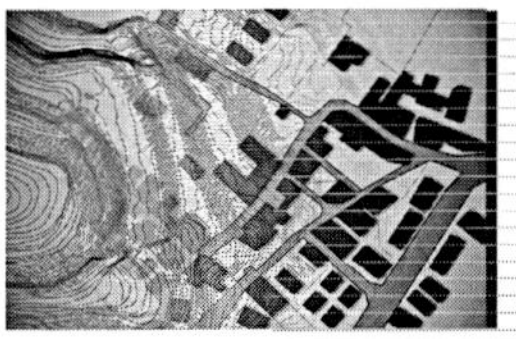

단 원 학 습 평 가

1. 우리나라 토지등록의 제 원리로 틀린 것은?

① 국정주의 ② 형식주의 ③ 공개주의 ④ 형식적심사주의

2. 도로를 중심으로 한 쪽은 홀수로, 반대쪽은 짝수로 지번을 부여하는 방법은?

① 북서 기번법 ② 사행법 ③ 기우법 ④ 단지법

3. 토지등록의 효력으로 옳지 않은 것은?

① 영속력 ② 공정력 ③ 확정력 ④ 강제력

4. 물권의 변동은 물권거래의 안전을 위하여 반드시 외부에서 인식할 수 있는 표상과 관련 있는 토지등록의 원리는?

① 공시의 원리 ② 공신의 원리 ③ 등록의 원리 ④ 특정화의 원리

5. 물적 편성주의는 일필지의 토지를 중심으로 등록부를 편성하는 것으로서 1토지에 ( ) 용지를 두는 것이다.

6. 필지가 어떠한 현황으로 관리되고 있는지에 따라 그 종류를 구분하여 등록하는 명칭을 말하는 것은?

7. 날인증서등록제도에 대하여 설명하시오.

8. 토지등록과 등기의 관계에 대하여 설명하시오.

9. 지적제도와 등기제도를 비교 · 설명하시오.

10. 부동산 행정정보 일원화 사업에 대하여 설명하시오.

정답 **1.** ④ **2.** ③ **3.** ① **4.** ① **5.** 1등기 **6.** 지목 **7-10.** 본문 참조

참고문헌

1. 강태원, "부동산등기의 공신력에 관한 일고찰", 「연세법학연구」, 1990.
2. 곽윤직, 「부동산등기법」, 박영사, 1993.
3. 곽인선, "토지경계 설정의 정확도 비교・분석", 박사학위논문, 서울시립대학교 대학원, 2011.
4. 곽정완, "해외진출을 위한 토지등록 모형개발에 관한 연구", 박사학위논문, 목포대학교 대학원, 2010.
5. 김상용, "부동산등기제도와 저당제도 발전의 상호관계", 「민사법 연구」, 제3권, 법원사, 2000.
6. 김상찬, "미국의 부동산 거래상 유통보호에 관한 연구", 토지법의 이론과 실무, 2006.
7. 김상철·양은상, "부동산 등기제도의 개선에 관한 연구", 대법원 사법정책연구원, 2015.
8. 김영학, "도시정부의 토지정보시스템 평가에 관한 연구", 박사학위논문, 서울시립대학교 대학원, 2000.
9. _____, 「지적행정론」, 성림출판사, 2006.
10. 김영학·이왕무·이동현·김남식, 「지적학」, 화수목, 2015.
11. 김정민, "필지의 경계설정에 관한 연구-항공사진측량을 중심으로-", 박사학위논문, 목포대학교 대학원, 2010.
12. 대한지적공사 지적연구원, 「수치도화에 의한 지상경계 취득 연구」, 2008.
13. 류병찬, "한국과 외국의 지적제도에 관한 연구", 박사학위논문, 단국대학교 대학원, 1999.
14. _____, 「지적법」, 건웅출판사, 1996.
15. _____, 「지적학」, 부연사, 2017.
16. _____, 「최신지적학」, 건웅출판사, 2001.
17. 박순표·최용규·강태석, 「지적학개론」, 형설출판사, 1993.
18. 박홍기, "부동산등기제도의 개선에 관한 연구", 석사학위논문, 조선대학교 대학원, 2007.
19. 박홍래, "미국의 레코딩 시스템과 토렌스 시스템", 「민사연구」, 제11집 제2호, 2003.
20. 신동윤, "3차원 지적정보관리체계의 도입방안 및 기대효과 연구", 박사학위논문, 단국대학교 대학원, 2008.
21. 심우섭, "토지경계의 효율적 관리방향에 관한 연구", 박사학위논문, 경일대학교 대학원, 2010.
22. 오현진외 5인, "지적공부 재작성을 위한 실지현황 조사·분석 연구", 청주대학교 사회과학연구소, 1988.
23. 원영희, 「지적학개론」, 홍익문화사, 1979.
24. 이동명, "미국의 부동산물권변동에 따른 공시방법", 재판자료 제73집, 1996.
25. 이동현, "지적재조사사업의 성공요인 분석", 청주대학교 박사학위논문, 2000.
26. 이범관, "취득시효로 인한 도상경계의 설정 연구", 「한국지적학회지」, 제16권 제1호, 2000.
27. _____, "한국의 지적제도에 관한 연구", 박사학위논문, 단국대학교 대학원, 1996.
28. _____, 「지적학 원론」, 삼지출판사, 2007.
29. 이왕무, "지적민원행정의 운영실태와 개선방안에 관한 연구", 박사학위논문, 전주대학교 대학원, 1999.
30. 이왕무·이동현·김남식·김영학, 「최신지적학」, 도서출판 동화기술, 2009.
31. 이왕무·장우진, 「지적법」, 법서출판사, 2008.
32. ____________, 「지적행정론」, 도서출판 동화기술, 2008.
33. 이창석, 「부동산학원론」, 형설출판사, 2002.
34. 이태교, 「토지정책론」, 법문사, 2001.
35. 임윤수, 「신부동산사법」, 형설출판사, 2000.

36. 정태륜, “프랑스 부동산공시제도에 관한 연구”, 석사학위논문, 서울대학교 대학원, 1986.
37. 지종덕, 「최신지적법」, 신양사, 2010.
38. _____, 「지적의 이해」, 기문당, 2001.
39. 최승영, “우리나라 부동산 등기제도의 개선방안에 관한 연구”, 「민사법연구」, 제12집 제1호, 2004.
40. _____, 「지적원론」, 구미서관, 2013.
41. 홍봉주, “미국의 부동산제도”, 「토지법학」, 25-2호, 2009.
42. Gerhard Larsson, 「Land Registration and Cadastral Systems Tools for Land Information and Management」, New York, Longman Scientific & Technical, 1991.
43. Ian Williamson, Stig Enemark, Jude Wallace and Abbas Rajabifard, 「Land Adminstration for Sustainable Development」, Redlands, Califoria, ESRI Press Acade mic, 2010.
44. Jacob A. Zevenbergen, 「Systems of Land Registration-aspects and Effects」, Rotterdam, Optima Grafische Communicatie, Optima Graphic Communication, 2002.
45. John D. Loomis, 「Integrated Public Lands Management」, New York, Columbia University Press, 1993.
46. John G. McEntyre,「Land Survey Systems」, New York, John Wiely & sons, 1978.
47. Jũng Kaufmann·Daniel Steudler, “Cadastre 2014-The vision for a Future Cadastre System”, FIG, 1988.
48. Peter F. Dale·John D. McLaughlin, 「Land Information Management」, New York, Oxford University Press, 1988.
49. Raymond Andrew Moor, 「The Land Surveyor in a Distributed Information Environment」, Michigan, A Bell & Howell Company, 1988.
50. Richard E. Flathman, 「The Public Interest, An Essay Concerning the Normative Discourse of Politics」, New York, John Wiely & Sons, Co., 1966.
51. Simpson, S. R., 「Land Law and Register」, Cambridge University Press, 1976.
52. UNECE, 「Land Administration Guidelines with Special Reference to Countries in Transition」, New York and Geneva, 1996.
53. ______, 「Land Administration in the UNECE Region-Development trends and main principles-」, New York, 2005.
54. Ali D. Mohamed, “Concept of system Modeling For Land Related Information”, Ph. D. Washington, University of Washington, 1987.
55. Brich H. W., “The Torrens System”, The South African Survey Journal Vol.IX, 1961.
56. Carl R. Bennett, “The Feasibility of Assessment Information System as Nuclei for Development of Multipurpose Cadastral Land Information System”, Doctor of Philosophy, University of Washington, 1986.
57. Daniel Steudler, “A Framework for the Evaluation of Land Administration Systems”, Doctor of Philosophy, The University of Melbourne, 2004.
58. Mckinnon, E. A. and Gribb, B. G., “The Cadastre - Whose Responsibility”, FIG, Suncity, 1999.
59. Dawood Mohamed Ali, “Concept of System Modeling for Land Relared Information(cadastre)”, Doctor of Philosophy, University of Wisconsin, 1987.

60. Fritz Baur, Sachenrecht, 10. Aufl., 1978.
61. Jaap A. Zevenbergen, "The Dutch system of land registration : title registration with a privatized registrar", EULIS Seminar on Conveyancing Practices, Lund, 2003.
62. Jaap A. Zevenbergen, "A systems approach to land registration and cadastre", Nordic Journal of Surveying and Real Estate Research,Vol.1., 2004.
63. John D. Mclaughlin, "The Nature, Function and Design Concepts of Multi-purpose Cadastres", Doctor of Philosophy, University of Wisconsin, 1975.
64. Henssen, J. L. G., "Land Registration, Cadastre and Its Interaction : A World Perspective", Helsinki, FIG, 1990.
65. __________, "Cadastre and Its Legal Aspects", First joint European Conference and Exhibition on Geographical Information : Workshop E : Cadastral Information Systems, Masstrichtthe Netherlands, 1995.
66. __________, "Basic Principles of the Main Cadastral Systems in the World", Modern Cadastres and Cadastral Innovations, FIG Seminar, Delft, 1995.
67. Henssen, J. L. G. and I. P. William., "Land Registration, Cadastre and Its Interaction a Word Perspective", Helsinki, FIG, 1990.
68. Leiv Bjarte Mjøs, "Cadastral Development in Norway", Doctor Philosophiae, Norway's Environmental and Bioscience University, 2016.
69. Lorne E. Rozovsky, "Torrens Land System", The Canadian Surveyor, Vol.23, NO.1, 1869.
70. Maria Augusta Silva, "Modelling Cause of Cadastral Development-Case in Portugal and Spain during last two decades", 2005.
71. Maria Augusta Silva and Eric Stubkjaer, "A Review of Methodologies Used in Research on Cadastral Development", Computers, Environment and Urban 26, 2002.
72. Rik Wouters, "Land Registration and Cadastre, one or two agency?", Annual World Bank Conference on Land and Poverty, 2013.
73. Simpson, S. R., 「Land Law and Registration」, Cambridge, Cambridge University Press, 1976.
74. Susan E. Nichols, "Land Registration in an Information Management Environment", Doctor of Philosophy, University of New Brunswick, 1992.
75. Walter. H. Rechberger, "The Austrian Land Register Its Basic Principles and General Institutional Conditions", FIG, Vienna, 1998.
76. 渡辺洋三, "ふたたび登記簿と台帳の一元化問題について", ジュリスト 第198号, 1960.
77. 大場浩之, "日本とドイツにおける登記制度の發展-登記法制定後を中心に-", 稲田法學會誌, 第54卷, 2004.
78. 大場浩之, 「不動産公示制度論」, 成文堂, 2010.

CHAPTER

06

지적제도의 운영

1 지적법
2 지적측량
3 지적전산
4 지적행정

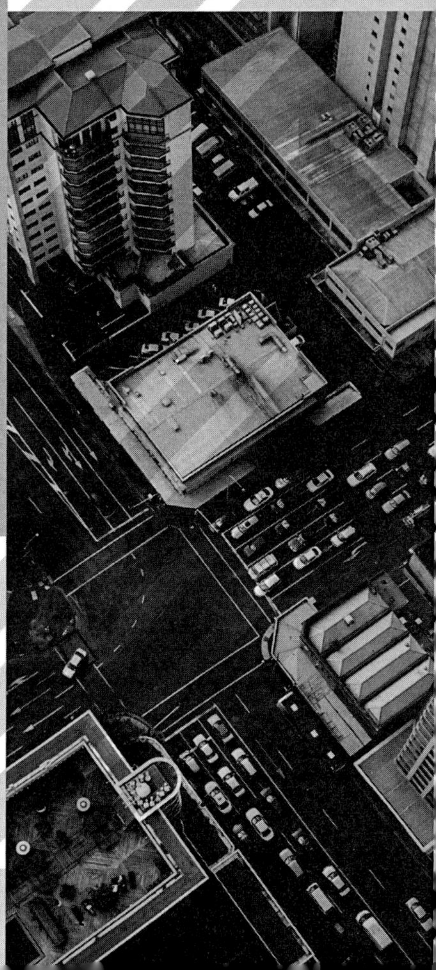

CHAPTER 06

지적제도의 운영

1 지적법

1) 지적법의 기초

일반적으로 법(法)이란 인간의 사회생활에 있어서 행위의 준칙으로서 국가권력에 의하여 강행되는 사회규범을 일컫는다. 즉, 법은 사회의 질서를 유지하고 그 구성원 상호간의 관계를 규율하기 위해 국가의 강제 권능에 의한 효력이 확보된 규범 체계이다.[1] 현대국가는 법치주의를 예외 없이 표방하여 국가의 제도를 법 기초하에 실현하고 있으며, 지적 분야에서도 시스템을 유지·관리·발전을 하기 위해 여러 법을 제·개정하여 시행하고 있다.

본서에서는 지적제도의 근간을 이루는 「지적법」을 현실적인 명칭에 국한하지 않고 제·개정된 「(구)지적법」, 「(구)측량·수로조사 및 지적에 관한 법률」과 현행 「공간정보의 구축 및 관리 등에 관한 법률」을 포함한 개념으로 기술한다.

(1) 개념

지적법이란 국가가 통치권이 미치는 모든 영토를 필지단위로 구획하여 토지에 관련된 정보를 조사·측량하여 지적공부에 등록하여 영속적으로 관리하고, 등록된 정보의 제공에 관한 사항을 규정함으로써 효율적인 토지의 관리와 소유권의 보호에 기여함을 목적으로 하는 법률을 말한다.

형식적인 지적법이란 측량 및 수로조사의 기준 및 절차와 지적공부·부동산종합공부의 작성 및 관리 등에 관한 사항을 규정함으로써 국토의 효율적 관리와 해상교통의 안전 및 국민의 소유권 보호에 기여하는 것을 목적으로 하는 「공간정보의 구축 및 관리 등에 관한 법률」을 말한다. 「공간정보의 구축 및 관리 등에 관한 법률」의 연혁을 보면 1950년 12월

1) 이왕무·장우진, 「최신 지적법」, 도서출판 동화기술, 2006, pp.19-20.

「지적법」이 제정되고, 1961년 1차 개정 후 1975년 12월에 2차 개정 시 전면 개정되었고, 이후 여러 차례 일부 개정을 거쳤다. 2009년 6월 「지적법」은 「측량법」, 「수로업무법」과 통합하여 「측량·수로조사 및 지적에 관한 법률」로 제정되었고, 2015년 6월 「공간정보의 구축 및 관리 등에 관한 법률」로 법률명이 개정되었다.

실질적인 지적법이란 지적제도와 관련하여 직·간접적으로 지원하는 「공간정보의 구축 및 관리 등에 관한 법률」을 비롯한 「국가공간정보 기본법」, 「공간정보산업 진흥법」, 「지적재조사에 관한 특별법」 등을 포함한다고 할 수 있다.

(2) 성격

① 지적법의 헌법적 근거

지적은 국토 전반에 걸쳐 토지에 관한 물리적 현황과 그 소유권을 조사·등록·관리한다는 면에서 '토지등록법제'로 편제되고 있다. 여기서 국토라 함은 우리 헌법 제3조에서 명시하는 대한민국의 영토, 즉 한반도와 그 부속도서 전반이 해당될 것이다. 공·사법을 막론하고 통상적으로 토지법제의 헌법적 근거를 논함에 있어서는 재산권과 관련된 헌법 제23조의 명문 규정과 국토계획 또는 그 이용·관리와 관련된 헌법 제122조 및 120조의 규정 등이다. 헌법 제23조 제1항은 "모든 국민의 재산권은 보장된다. 그 내용과 한계는 법률로 정한다"라고 규정하여 재산권의 보장과 그 내용 및 한계를 명시하고 있는바, 재산권 특히 토지소유권의 보호를 위한 법 기술적 장치로서 지적의 지위를 찾을 수 있다.[2)] 한편, 헌법 제122조는 "국가는 국민 모두의 생산 및 생활의 기반이 되는 국토의 효율적이고 균형 있는 이용·개발과 보전을 위하여 법률이 정하는바에 의하여 그에 관한 필요한 제한과 의무를 부과할 수 있다"고 규정하고 있는 바, 이 조항은 사실상 모든 국민의 토지생활관계에 관한 공법적 규제의 법정주의를 선언하고 있는 것[3)]이라 볼 수 있다. 또한, 헌법 제120조 제2항의 "국토와 자원은 국가의 보호를 받으며 국가는 그 균형 있는 개발과 이용을 위하여 필요한 계획을 수립한다"라는 명문 역시 토지계획법제와 관련하여 국가책무를 규정하고 있는 헌법적 근거가 된다. 지적법의 헌법적 근거 역시 위에서 열거한 헌법상의 제규정 하에서 논의될 부문임은 자명하나, 단지 '토지등록법제' 내지는 '토지공시법제'로서 지적법이 지니는 고유 성격과 그 내용의 헌법적 근거를 여느 토지공법의

2) 헌법 제23조 제2항은 재산권 행사의 사회적 제약으로서의 공공복리 적합성을 명시하고 있으며, 동조 제3항은 공공필요에 의한 재산권의 수용·사용 또는 제한과 그에 관한 정당보상을 천명하고 있는바, 양 조항은 제1항의 재산권보장을 위한 수단으로서 토지소유권범위의 확인 내지 토지경계의 확정이 전제될 사안이다.

3) 오현진, 「부동산생활공법(Ⅰ)」, 범론사, 2006, p.34.

그것들과 동일한 차원에서 논할 수 있는지가 문제될 수 있다. 헌법 명문상을 근거로 지적법의 헌법적 근거 내지 그 성격을 규명하자면, 현행 공간정보의 구축 및 관리 등에 관한 법률 제1조(목적)에서 표방하는 "국토의 효율적인 관리"와 "소유권의 보호"라는 규정의 내용에서 전자가 우선될 것인지 후자가 우선될 것인지 아니면 동등한 관계에서 이해될 부분인지 등에 관하여 숙고해볼 필요가 있다고 본다. 요컨대, 지적법은 우리 헌법에서 말하는 국토의 효율적 이용·관리를 도모하고자 하는데 그 일차적 목적이 있겠으며, 이러한 지적행정의 구체적 산물 하에서 개인의 토지소유권 보호가 가능하다 할 것이다.[4] 즉, 지적조사 또는 그 등록·관리에 따른 국가 지적사무를 통해 '토지를 둘러싼 사인간의 권리관계 보호'라는 부수적 효과가 기대되는 것이지 그 우선적 존치근거는 국가 토지행정의 목적 실현을 위한 수단으로서 작용한다는 점에서 찾아야 할 것이다. 이러한 견지에서 현행 지적법은 국토계획 또는 그 이용·관리적 측면에서 법적 성격이 보다 강하게 규명될 필요도 있는 것이고, 그 법리를 바탕으로 하여 현안으로 대두되고 있는 각종 지적현대화 사업의 추진을 모색할 필요가 있을 것이다.

② 토지공법으로서의 지적법

공간정보의 구축 및 관리 등에 관한 법률 제1조(목적)는 "이 법은 … 관한 사항을 규정함으로써 국토의 효율적인 관리와 해상교통의 안전 및 국민의 소유권의 보호에 기여함을 목적으로 한다"라고 규정하고 있는바, 이는 지적법이 행정법 영역으로서 당연 토지공법에 해당됨에도 불구하고 그 구체적 성격을 논함에 있어서는 혹자에 따라 '사법적 성격을 가지는 토지공법'이라[5] 설명되는 주된 이유가 되고 있다. 이는 공법과 사법의 이론적 구별기준[6] 중 하나인 '이익설'에 치우친 시각이라 할 수 있는데, 여기서 지적법을 공법과

4) 양자 간 우위에 대한 논의의 실익에 관하여는 이견(異見)이 있을 수 있겠으나, 이는 이하에서 언급되는 행정법 관계상 토지공법으로서의 지적법의 명확한 지위를 규명하고, 이를 바탕으로 얽혀지는 공법상의 법률관계의 해석에 적지 않은 영향을 미칠 수 있다고 본다.

5) 요컨대, 지적법은 국가기관(소관청)이 지적공부라는 공적장부에 토지에 대한 물리적 현황과 법적 권리관계를 등록·공시하고 그 변경사항을 계속하여 등록 관리하기 위한 절차와 권한을 규정하여 효율적인 토지관리를 도모함으로써 공익보호를 실현하고 아울러 국민의 토지소유권을 안전하게 보호함으로써 사익보호에 기여함을 목적으로 하는 양면성을 추구하는 법이라고 할 수 있으며, 이러한 측면에서 지적법은 사법적 성격을 지닌 토지공법이라고 볼 수 있다는 견해이다. 이러한 주장으로는 박순표·최용규·강태석, 전게서, pp.256-265.; 서철수·황보상원, 「지적법 강의」, 기문당, 2004, p.16.; 류병찬, 「지적법 해설」, 한국지적연구원, 2005, pp.33-34, 참조.

6) 통상적으로 공법과 사법의 구별에 관한 이론적 구별기준으로서는 (1) 주체설, (2) 종속설 또는 권력설, (3) 이익설, (4) 생활(관계)설 등이 있으나, 이는 독일의 30여개에 달하는 관련 학설 중 일부에 지나는 것으로서 그 자체만으로 명확하거나 완전한 구별기준이 된다고는 할 수 없으며, 이들 학설을 상호보완적으로 적용하여 그 합리적인 결론을 도출하고자 하는 것이 학자들의 일반적 견해이다.

사법의 중간영역으로 보거나 또는 부동산등기법과 더불어 강학상의 '부동산공시법'이라는 표현도 찾아볼 수 있는 것이다. 물론 사법적 영역에서의 부동산등기법은 토지의 표시 및 그 권리관계의 공시를 원칙으로 한다는 점에서 그 본질을 인정할 수 있고, 이러한 부동산등기는 지적제도와 밀접히 관련된다는 점에 이견은 없지만, 그렇다고 하여 학문적으로 '토지공시법제'편제를 이유로 지적법의 법적 성격을 부동산등기법의 그것과 유사한 것으로 보는 것은 무리일 수 있다.[7] 공간정보의 구축 및 관리 등에 관한 법률 제1조(목적)를 포함하여 그 어떤 규정을 보더라도 동법이 사인간 법률행위를 위한 '토지의 공시'를 우선하고 있다는 근거를 찾을 수 없고, 설령, 법률 제1조 후문에서 "소유권 보호"를 법 목적으로 밝히고 있다 해도 이는 '공익'을 추구하는 공법의 영역에서 해석되는 것으로 받아들여질 부분이다.[8] 토지등록에 관한 일반법으로서 지적법의 구체적 성격을 논함에 있어서는 행정법관계의 특질에 기초할 수 있다. 행정법관계는 법률관계라는 점에서 본질적으로 사법관계와 차이가 없으나, 국가 또는 공공단체 등 행정주체가 행정목적을 달성하기 위한 관계이다. 따라서 행정법관계는 행정 주체가 우월한 의사의 주체로서 국민에게 일방적으로 명령·강제하는 불평등관계이기 때문에, 대등자 사이의 법률관계인 사법관계에서 볼 수 없는 여러 법적 규율상의 특질이 인정된다. 일반적으로 행정법관계의 특질로는 ㉠ 법적합성, ㉡ 행정의사의 공정력, ㉢ 행정의사의 존속력(확정력), ㉣ 행정의사의 강제력, ㉤ 권리·의무의 특수성, ㉥ 권리구제수단의 특수성 등을 들 수 있다.

가. 법적합성

행정이 공익실현작용이라는 점에서 행정권은 사인과 같은 의사 자치를 향유할 수는 없고, 행정작용은 원칙적으로 엄격한 법적 기속을 받는다.

나. 행정의사의 공정력

행정법관계에 있어서 행정주체의 의사에는 공정력이 인정된다. 즉, 행정주체의 의사는 공권력의 발동으로서 행정행위로 표시되는데, 이러한 행정행위는 중대하고 명백한 하자로

7) 토지공시제도는 지적제도와 이를 토대로 하는 부동산등기제도로 이해되는 것이 일반적이나, 그 외 토지공법상 용도지역·지구·구역제나 부동산가격공시제 등을 구성하고 있는 일체의 법제를 의미하는 것으로 파악하기도 한다. 오현진, "토지법의 기본적 과제에 관한 연구-토지기본법의 입법론을 중심으로-", 박사학위논문, 단국대학교 대학원, 1992, p.66, 이하 참조.

8) 사실상 공익의 일반적 개념 또는 공익과 사익간의 구분은 여러 가변성을 인정해야 할 필요가 있는 부문으로서 그에 관한 끊임없는 탐구가 필요한 개념이기도 하다. (최송화, "공익 개념의 법문제화: 행정법적 문제로서의 공익", 「서울대학교 법학」, 제40권 제2호, 1999, p.33; 송동수, "독일에 있어 토지에 관한 공익과 사익의 조정-형량명령의 원칙을 중심으로", 한국토지공법학회·국토연구원, 토지에 대한 공익과 사익의 조정에 관한 워크숍 자료, 2002.7, p.65.)

인하여 당연 무효가 되는 경우를 제외하고는 직권 또는 일정한 쟁송수단에 의하여 취소되기까지는 일단 유효성의 추정을 받아 상대방은 물론 행정청 및 제3자에 대하여 구속력을 가진다. 행정의사의 공정력은 행정행위에 선험적·본질적으로 존재하는 것은 아니며, 행정법관계의 안정성, 상대방의 신뢰보호, 행정의 원활한 운용 등의 정책적 필요에 따라 위법한 행정행위에 대하여 취소심판 또는 취소소송에 의하여 행정행위의 효력을 다툴 수 있게 한 실정법의 간접적 근거에 의거하여 인정되는 것이다.

다. 행정의사의 존속력(확정력)

행정법규는 위법 또는 부당한 행정행위에 대하여 행정쟁송을 인정하면서도 일정한 제척기간을 정하여 그 기간이 경과한 후에는 행정행위로 표시되는 행정의사가 당연무효인 경우를 제외하고는 그 효력을 다툴 수 없게 하는 구속력을 인정하고 있으며, 또한 일정한 행위의 경우에는 행정청 스스로도 이를 취소·변경할 수 없게 하는 구속력을 인정하고 있는데, 이를 행정의사의 존속력(확정력)이라고 한다. 행정의사의 존속력은 불가쟁력(형식적 존속력)과 불가변력(실질적 존속력)으로 구분되는바, 전자는 일정한 기간이 경과함으로써 행정행위의 효력을 더 이상 다툴 수 없게 하는 힘을 말하며, 이는 행정행위의 직접적인 상대방에 대한 구속력을 뜻한다. 반면 후자는 위법 또는 부당한 행정주체의 행위는 행정청이 직권으로 취소 또는 변경하거나 후발적 사정을 이유로 철회할 수 있는 것이 원칙이나 행정행위 중에는 그 성질상 행정청이 직권으로 취소·변경할 수 없는 행위가 있는 바, 이와 같이 취소 또는 철회를 허용하지 않는 힘을 말한다.

라. 행정의사의 강제력

행정주체의 의사는 상대방 또는 제3자를 구속할 뿐 아니라 만약 상대방 또는 제3자가 행정의사에 의하여 부과된 의무를 이행하지 않을 때에는 사법관계에 있어서와는 달리 사법권의 힘을 빌림 없이 자력으로 행정의사의 내용을 강제하고 실현할 수 있는 힘을 가지는데, 이를 자력집행력이라 한다. 요컨대 행정법관계에서는 상대방이 행정의사를 위반한 때에는 그에 대한 제재로서 행정형벌 또는 행정질서벌을 과하는데, 이와 같은 제재력 역시 행정의사의 실효성을 담보하기 위한 것이다.

마. 권리·의무의 특수성

행정법관계에서 권리·의무는 사법관계에서처럼 권리자와 의무자가 상호반대의 이해관계로 대립되는 것이 아니라, 다 같이 공공복리의 향상이나 사회질서의 유지를 위하여 인정되는 것이기 때문에 권리가 동시에 의무라는 상대적 관계에 있게 된다. 이와 같은 상대성에 기인하여 사법상의 권리·의무와는 달리 그 이전이나 포기가 제한되거나 특별한 보호가 행하여지는 경우가 많다.

바. 권리구제의 특수성

행정법관계에 있어서 위법한 행정의사에 의하여 개인이 입은 손해에 대해서는 민법규정과는 다른 국가배상법에서 국가 또는 지방자치단체의 손해배상책임을 규정하고 있으며, 아울러 적법한 행정의사에 의한 개인 재산권에 대한 공용침해에 대해서는 법률이 정하는 바에 따라 손실보상을 하도록 하고 있다. 따라서 행정법관계에서 손해전보제도는 민사상의 손해배상제도와는 책임의 요건·배상범위·배상절차 등을 달리하는 특수성을 지닌다. 아울러 손해전보제도 외에 위법한 행정작용의 효력을 다투는 쟁송제도에 있어서도 민사소송과는 달리 행정소송법의 규정이 적용되기 때문에 민사소송절차에 대한 여러 특례가 인정되고 있다. 위와 같은 내용에도 불구하고 사실상 공법과 사법의 구분은 논리적 필연성의 소산은 아니고, 각국에 특유한 정치적 또는 현실적 고려의 소산이기에 구체적 법률관계가 공법관계인가 또는 사법관계인가의 판단에 있어서는 어느 기준에 의하든 양자의 구분이 명확하지 않은 경계선상의 문제로 남게 된다. 지금까지의 내용을 종합하건대, 지적법이 행정상의 공법관계를 규율하는 공법의 성질의 것인지 아니면 사법관계를 규율하는 사법의 성질인지에 관한 논의에 있어 우선적으로 규명되어야 할 부분은 부동산등기법과 결부되어 혼용하고 있는 '부동산공시법'이란 용어의 이해 및 그 성격이다.

'부동산공시법'이라는 용어는 민법을 그 실체법적 근거로 하고 있는 부동산등기법 및 이와 매우 밀접한 관계에 있는 지적법을 통칭하여 일컫는 용어이다. 요컨대, 지적법은 국가기관의 통치권이 미치는 모든 영토를 필지단위로 구획하여 토지의 소재·지번·지목·경계 또는 좌표와 면적· 소유자 등을 정하여 국가기관이 비치한 공적 장부인 지적공부에 등록하고 그 변경사항을 계속하여 관리하는 절차와 방법 등을 규정한 법으로서 토지 등록에 관한 법이라 할 수 있으며, 그 주된 목적 또는 기능은 토지정보의 공시에 있음을 부인하기 어렵다.

그러나 이러한 지적법의 특수한 성격에도 불구하고 지적법은 행정주체와 행정객체 간의 공법관계를 규율하고 있는 법이라 보아야 할 것이다. 공법과 사법의 구별기준으로서 제시되는 제학설을 차치하더라도 법규에서 명문으로 공법관계임을 규정하고 있는 경우에는 법규가 구별의 기준이 되어 크게 문제될 바 없다. 요컨대, 법규가 공법관계임을 규정한 예로는 (1) 행정상강제집행, (2) 행정벌, (3) 사권의 제한, (4) 행정상 손해배상이나 손실보상, (5) 행정쟁송 등이 있다. 따라서 법규에서 공법관계임을 표시하는 특별한 규정을 두고 있는 경우 그 범위 안에서 공법적 법률관계가 되는 것은 자명해진다. 공간정보의 구축 및 관리 등에 관한 법률의 구체적 내용으로서 공간정보의 구축 및 관리 등에 관한 법률 벌칙 규정(제107조, 제108조 및 제109조), 사권의 제한 규정(제101조 및 제103조), 행정상 손해배상(제51조)이나 손실보상 규정(제102조), 행정쟁송 규정(제29조) 등은 더할 나위 없는 토지공법으로서의 지적법의 성격을 뒷받침해준다 할 것이다.

③ 실체법으로서의 지적법과 강행법으로서의 지적법

지적법이 실체법인지 또는 절차법인지의 구분에 대하여 몇몇 문헌은 '실체법적 성격을 지니는 절차법'이라 설명하기도 한다.[9] 분명 실체법과 절차법이라는 용어는 상반되는 개념임에도 불구하고 이를 동일화시키는 것은 엄연한 오류인바, 이러한 점에서 기존 문헌의 설명은 동일 법 내에서도 실체법 규정과 절차법 규정이 혼용될 수 있음에 대한 잘못된 표현이라 판단된다.[10] 즉, 2001년 1월 26일 지적법이 전문 개정되기 이전까지의 법 제1조는 "이 법은 토지를 지적공부에 등록하는 절차와 이에 따르는 지적측량 및 그 정리에 관한 사항을 규정함으로써 효율적인 토지관리와 소유권의 보호에 기여함을 목적으로 한다"라고 규정하였는데, 이를 두고 지적법은 절차법이며 다만, 소관청의 권한과 책임 또는 국민인 토지소유자의 권리와 의무 규정 등이 함께 규정되어 있다는 이유로 지적법은 실체법 성격을 지니는 절차법이라 설명하고 있는 것으로 보인다. 현행 공간정보의 구축 및 관리 등에 관한 법률 제1조는 "이 법은 측량 및 수로조사의 기준 및 절차와 지적공부, 부동산종합공부의 작성 및 관리 등에 관한 사항을 규정함으로써 국토의 효율적 관리와 해상교통의 안전 및 소유권 보호에 기여함을 목적으로 한다."라고 법 목적을 밝히고 있다. 당연 지적법은 토지등록에 관한 권리·의무의 내용 및 그 범위 등이 규율되는 실체법이다. 다만, 일부 절차적 규정이 동시에 규율되고 있을 뿐이다. 한편, 지적법의 성격을 강행법 또는 임의법으로 구분함에 있어서도 '임의법적 강행법'이라는 표현을 찾아볼 수 있는데, 이 역시 상충되는 양 용어에 관한 표현상의 문제로 보인다. 강행법규는 선량한 풍속 기타 사회질서에 관계되는 법규를 말하며, 친족·상속법에서 볼 수 있는 바와 같이 사회의 기본윤리관을 반영하거나 가족관계의 질서유지에 관한 법규, 법률질서의 기본구조에 관한 법규(권리능력·행위능력·법인제도 등), 제3자나 사회일반의 이해에 중요한 영향을 끼치는 법규(물권법 등), 거래의 안전을 위한 법규(유가증권제도 등), 경제적 약자의 보호를 위한 사회정책적

9) 서철수·황보상원, 전게서, p.16; 류병찬, 전게서, pp.34-35.

10) 실체법은 법률관계의 실체, 즉 권리·의무의 내용, 귀속자, 범위 등을 규율하는 법으로서 통상의 소송 또는 재판절차를 규율하는 절차법(예컨대, 형사소송법·민사소송법·행정소송법 등)과 대립된다. 그러나 실체법과 절차법은 항상 서로 다른 독립된 법 사이에서만 엄격히 구별되는 것은 아니며 동일한 법의 규정과 규정 사이에서도 구별될 수 있다.

법규 등을 들 수 있다. 강행법규는 정해진 행위나 상태의 법적 실현을 국가의 기본원칙으로 나타낸 것으로 이에 대한 위반행위는 법적으로 무효가 된다. 더욱이 이와 같은 행위를 다른 수단으로 사용하려 할 때, 그 행위는 '탈법행위'라 하며 역시 법적으로 무효가 된다. 반면, 임의법규는 당사자의 의사에 의하여 다른 효과를 발생시킬 수 있을 때, 그 당사자가 희망하면 적용이 배제되는 법규로서 주로 사적 자치가 허용되는 채권법에 그 규정이 많다. 임의법규(규정)는 보충규정과 해석규정으로 나누어 볼 수 있다. 전자는 의사표시의 내용에 빠진 점이 있는 경우에 이를 보충하는 것이며, 형식적으로는 보통 '다른 규정이 있는 때' 또는 '특별한 규정이 없는 한' 등으로 표현된다. 후자는 의사표시는 있지만 그 의미가 명확하지 않은 경우에 이를 일정한 의미로 해석하는 기준이 되며, 형식적으로는 '…로 추정한다'라는 표현이 사용된다.

각각의 법규가 강행법규(규정)인지 임의법규(규정)인지의 판단과 관련하여 법규의 표현으로는 식별하기 어려운 경우가 많아 결국은 각 규정의 목적을 기준으로 결정하는 수밖에 없다. 이러한 측면에서 지적법은 소관청으로 하여금 지적법령에 규정된 절차에 따라 통치권이 미치는 모든 영토를 토지소유자의 의사 여하에 불구하고 강제적으로 지적공부에 등록·공시하여야 하는 강행법규이다. 공간정보의 구축 및 관리 등에 관한 법률 제77조 내지 제79조 제2항 및 동법 제80조, 제81조에 새로이 지적공부에 등록할 토지가 생기거나 지번·지목·면적 등이 달라지는 경우에는 60일 이내에 소관청에 토지의 이동신청을 하도록 규정되어 있으며 동법 제64조 제2항에 신청이 없을 때에는 소관청이 직권으로 이를 조사·측량하여 지적공부에 등록하도록 규정되어 있다. 일부 문헌에서 공간정보의 구축 및 관리 등에 관한 법률 제79조 제1항 및 동법 제80조 제1항, 즉 토지소유자의 필요에 의하여 분할 또는 합병 등 토지이동신청을 할 수 있도록 규정한 이유를 지적법은 '임의법적 성격을 지니는 강행법'이라 표현하고 있지만, 동 규정은 일반적으로 '사적자치의 원칙'에 따라 당사자가 희망할 경우 법 적용이 배제되어 다른 효과를 발생되는 것과는 차이가 있는바, 이러한 표현은 그 근거가 다소 불충분한 것으로 사료된다.

2) 지적법의 연혁

우리나라 최초의 지적법은 1950년 12월 1일 법률 제165호로 제정되었으며, 현행 지적법규의 효시가 되고 있는 모법은 1910년 8월 23일 제정된 토지조사법이라고 할 수 있으나, 일각에서는 1907년 5월 27일 재무주보 제11호로 제정된 대구시가지토지측량에 관한 타합사항이 지적법규의 효시이자 우리나라의 근대적인 지적제도의 기틀을 마련하게 된 모법[11)]

이라고 주장하고 있다. 그러나 '타합사항'은 일종의 합의사항으로 법규로써 인정되기 어렵기 때문에 일반적으로 인정되고 있는 토지조사법을 현행 지적법규의 효시가 되고 있는 모법으로 판단한다. 이러한 지적 법령의 변천 연혁을 요약하면 [그림 6-1]과 같다.

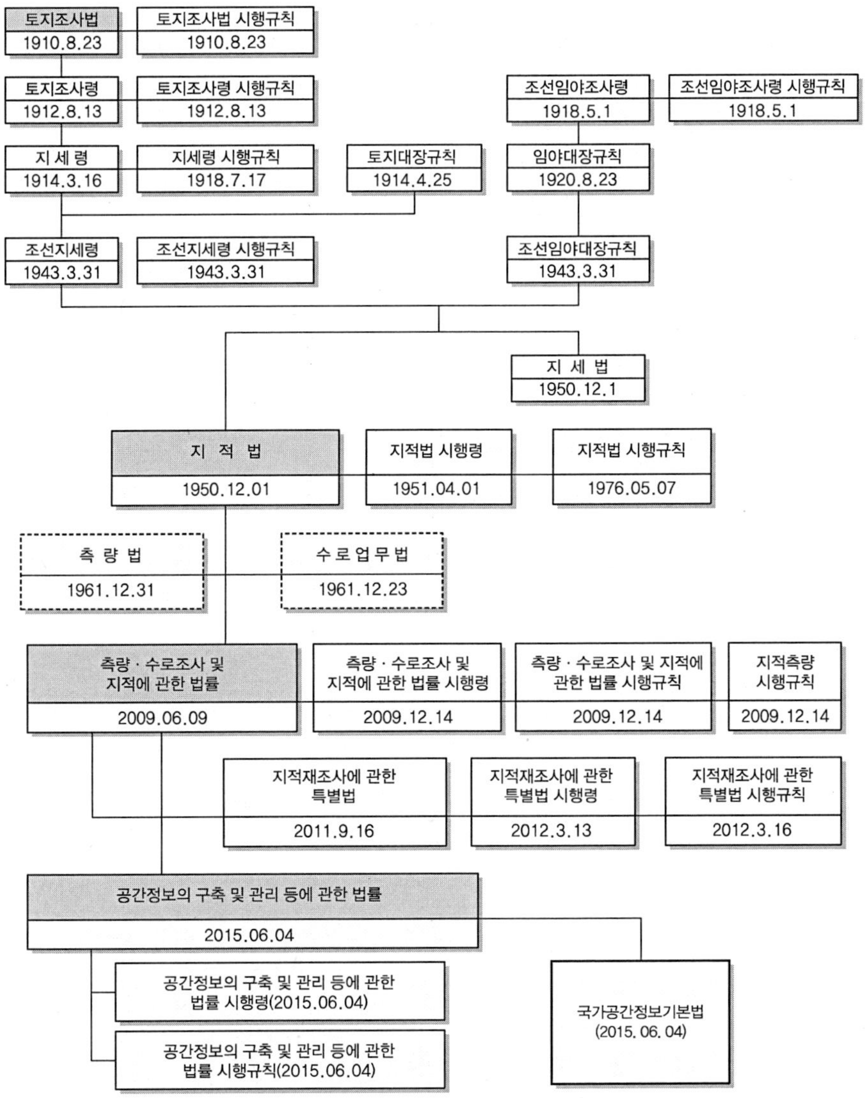

자료: 박종오, "지적정보의 관리모형 개발에 관한 연구", 박사학위논문, 경일대학교 대학원, 2012, p.45.

[그림 6-1] 지적 법령의 변천 연혁

11) 대구시가지토지측량에 관한 타합사항 제정은 필지별 세부측량을 실시하기 위한 면과 동경계의 결정·지목의 구분·필지의 획정방법 등을 규정하여 현행 행정구역 경계의 결정·지목구분·필지의 획정방법 등이 이 타합사항에서 비롯되었다고 주장하였다(류병찬, 「최신 지적학(제1전정판)」, 건웅출판사, 2006, p.286.)

(1) (구)지적법

우리나라의 근대적인 지적제도는 조선시대 말인 1895년에 내부관제(內部官制, 1895.3.26., 칙령 제53호)를 제정하고, 내부의 판적국에 지적과를 신설함으로써 태동되었다고 할 수 있다.[12]

우리나라 지적법의 변천은 제정 주체별로 구분한다면 조선시대 말부터 대한제국시대(1895~1910)와 일제강점기시대(1910~1945) 그리고 광복후시대(1945~현재)로 구분할 수 있다. 그리고 법령체계의 발전 단계별로 구분하자면 내부의 판적국에 지적과를 설치한 1895년부터 「토지조사법」을 제정하기 전인 1910년까지를 준비단계로 보고, 「토지조사법」을 제정한 1910년부터 토지·임야조사사업을 완료한 1924년까지를 창설단계로 본다. 토지·임야조사사업을 완료한 1924년부터 「지적법」 제정 전인 1950년까지를 정착단계, 「지적법」을 제정·시행한 1950년부터 「지적법」 제1차 전부개정 전인 1976년까지를 도약단계, 「지적법」 제1차 전부개정 후인 1976년부터 「측량·수로조사 및 지적에 관한 법률」 제정 전인 2009년까지를 발전단계, 마지막으로 「측량·수로조사 및 지적에 관한 법률」을 제정한 2009년 이후를 성숙단계로 구분할 수 있다.[13]

① 지적법 제정 이전

토지조사사업 시행 이전에는 대장과 도면을 체계적으로 작성하지 아니하여 근대 지적제도라고 볼 수 없기 때문에 조선시대 말인 1895년에 내부 판적국 지적과를 설치한 후부터 토지조사법을 제정하기 전까지의 시대(1895~1910)를 준비단계로 구분하였다.

가. 대구시가지 토지측량에 관한 타합사항 제정

1907년에 대한제국에서 대구시가지 토지측량에 관한 타합사항(大邱市街地 土地測量에 關한 打合事項)을 제정하였는데, 필지별 세부측량을 실시하기 위한 면과 동의 경계결정·지목의 구분·필지의 획정방법 등을 규정하였다.[14] 이는 지적공부에 등록하는 기본 정보인 토지소재·지번·지목·경계 등의 조사·결정에 관한 사항을 규정한 최초의 지적관련 법규지만 우리나라 근대 지적법의 효시로 인정받기 어려운 이유는 전국을 단위로 한 일반법의 지위보다는 대구시가지를 대상으로 한 자치법규로 인정되기 때문이다.

---

12) 리진호, 「한국지적사」, 도서출판 바른길, 1999, p.334.
13) 류병찬, 전게서, 「최신 지적법(제5전정판)」, p.54.; 류병찬의 법령체계의 발전단계를 기본으로 하되 도약단계를 추가 서술함.
14) 류병찬, 「최신 지적학(제1전정판)」, 건웅출판사, 2006, p.286.

나. 토지조사법 제정

1910년 3월에 대한제국에서 토지조사국관제를 제정하고 제10조에 총재관방과 조사부, 측량부를 설치하도록 규정하였고, 이어서 토지조사국분과규정을 제정하고 제1조 총재관방에는 서무과와 회계과를, 제4조 조사부에는 조사과와 정리과를, 제7조 측량부에는 삼각과·측지과 및 제도과를 각각 설치하도록 규정하였다.

대한제국의 토지조사국은 1910년 8월 23일에 법률 제7호로 토지조사법과 탁지부령 제26호로 토지조사법 시행규칙을 제정하고 토지조사사업을 추진하기 위한 법적 근거를 마련하였다. 토지조사법은 우리나라 지적법령의 효시이자 근대적인 지적제도의 기준을 마련하게 된 지적법령의 모체라고 할 수 있다.

주요 내용으로는 토지는 지목을 정하고 지반을 측량하며, 일구역마다 지번을 부여하도록 규정하였고, 지목은 전답, 대, 지소, 임야, 잡종지, 사사지, 분묘지, 공원지, 철도용지, 수도용지, 도로, 하천, 구거, 제방, 성첩, 철도선로, 수도선로 17개 지목을 두었으며, 측량에 사용하는 척도 및 지적의 명칭, 명위는 도량형법의 규정에 의하도록 하였다.

지주는 정부가 정하는 기간 내에 신고하도록 하였고, 지주 및 토지의 경계는 지방토지조사위원회에 자문하여 토지조사국 총재가 사정하도록 규정하였고, 사정에 불복이 있는 자는 90일 이내에 고등토지조사위원회에 재결을 구할 수 있도록 규정하였다. 토지대장 및 지도를 비치하고 토지에 관한 사항을 등록하며 지권을 발행하도록 규정하였으며, 이 법률은 임야에는 적용하지 않았으나 조사지 사이에 개제(介在)하는 것은 조사하도록 하였다.

다. 토지조사령 제정

토지조사법을 제정한 후 일주일 만에 경술국치가 이루어져 시행이 잠시 중단되었다가 조선총독부에서 임시토지조사국을 설치하고 지역적으로 토지조사사업을 추진하면서 토지조사법의 일부 내용을 추가·보완하여 토지조사령을 제정한 후 본격적으로 토지조사사업을 추진하였다.

1912년 8월 13일 제령 제2호로 토지조사령을 제정하여 임시토지조사국 관제를 제정(1910.9.30., 칙령 제361호)하고 제1조에 조선총독부 임시토지조사국을 설치하여 조선총독의 관리 아래 토지의 조사 및 측량에 관한 사무를 관장하도록 규정하고, 같은 해 10월 1일부터 토지조사국의 사업 일체를 인수하여 당초 구 한국정부(대한제국)에서 예정하였던 기간 내에 토지조사를 완료하기로 결정하였다.

주요 내용으로는 토지를 과세지(전, 답, 대, 지소, 임야, 잡종지)와 면세지(사사지, 분묘지, 공원지, 철도용지, 수도용지), 그리고 비과세지(도로, 하천, 구거, 제방, 성첩, 철도선로, 수도선로)로 구분하여 18개의 지목을 두었다. 지적(地積)의 단위는 평(坪)과 보(步)로 규정하였고, 토지 조사 및 측량 시 토지소유자나 이해관계인 또는 대리인을 입회하도록 하였고, 필요한 경우 타인의 토지에 출입하며 측량표를 설치하고 장애물을 제거할 수 있도록 규정하였다. 토지소유자 및 강계의 사정은 지방토지조사위원회의 자문은 얻어 임시토지조사국장이 하였으며, 사정에 불복하는 자는 60일 이내에 고등토지조사위원회에 재결을 구하도록 규정하였다.

라. 지세령 제정

1914년에 토지조사사업을 본격적으로 추진함에 따라 토지조사사업의 주된 목적인 토지에 대한 과세를 부과하기 위하여 지세의 부과대상·부과방법 및 절차 등을 규정한 지세령을 1914년 3월 16일 제령 제1호로 제정하였다. 새로이 제정된 지세령은 1914년분 지세부터 이를 적용하였으며, 주요 내용은 다음과 같다.

토지는 지목의 종류에 따라 과세지와 비과세지로 구분하되 사사지로서 유료차지인 경우에는 과세하며 국유지에는 지세를 부과하지 아니하도록 규정하였다.

과세지에는 전, 답, 대, 지소, 잡종지가 있었으며, 비과세지에는 임야, 사사지, 분묘지, 공원지, 철도용지, 수도용지, 도로, 하천, 구거 제방, 성첩, 철도선로, 수도선로가 있었다.

지세는 토지의 결수에 결가를 곱하여 1년 치 세액으로 규정하고, 부(部)·군(郡)에 토지대장 또는 결수연명부를 비치하여 지세에 관한 사항을 등록하도록 규정하였으며, 지세는 연액을 2등분하여 납기에 따라 징수하도록 규정하였다. 또한 국(局)·도(都)·부(部)·군(郡)·면(面) 또는 조선총독이 지정하는 공공단체에 있어서 공용 또는 공공의 목적에 제공하는 토지와 유지는 지세를 면제하도록 규정하였다.

천재(天災)로 인하여 토지의 형상이 변하고 또는 토지로 조성된 땅을 해칠 경우는 상황에 따라 10년 이내의 기간을 정하여 지세를 면제하도록 규정하였고 지세를 부과하던 토지가 지세를 부과하지 않는 토지로 되었을 때 또는 지세가 면제되었을 때에는 이후 개시하는 납기부터 지세를 징수하지 않도록 규정하였으며, 지세를 수정한 토지는 그 해부터 수정한 결수에 의한 지세를 징수하도록 규정하였다.

세무 관리는 토지검사를 하고 또는 납기의무자 혹은 토지소유자에 대하여 필요한 사항을 심문할 수 있도록 규정하고, 지세를 포탈하였을 때에는 100원 이하의 벌금 또는 과료에 처하고 세액을 정하여 포탈한 지세를 추징하도록 규정하였다.[15]

15) 류병찬, 전게서, 「최신 지적법(제5전정판)」, pp.74-75.

마. 토지대장규칙 제정

토지조사사업을 본격적으로 추진함에 따라 그 성과를 등록·공시하기 위하여 토지대장을 작성하기 위한 절차와 방법 등을 규정한 토지대장규칙(土地臺帳規則, 1914년 4월 25일 조선총독부령 제45호)을 제정하였다. 새로이 제정된 토지대장규칙은 발포(發布)일인 1914년 4월 25일부터 이를 시행하였으며, 주요 내용은 다음과 같다.

토지대장에 토지의 소재(所在), 지번(地番), 지목(地目), 지적(地積), 지가(地價 ; 면적), 소유자의 주소, 씨명 또는 명칭, 질권(質權), 전당권(典當權) 또는 20년 이상의 존속기간이 정해진 지상권(地上權)의 설정이 있는 토지인 때에는 그 질권자·전당권자 혹은 지상권자의 주소·씨명 또는 명칭을 등록하도록 규정하고 도로·하천·구거·제방·철도선로·수도선로와 토지조사를 하지 않은 임야 및 분묘지는 토지대장에 등록하지 않도록 규정하고, 토지대장과 공유지연명부(公有地連名簿)의 양식(樣式)을 규정하였다.

부·군(府·郡)에 지적도를 비치하도록 규정하고, 토지대장과 지적도를 열람(閱覽)하거나 토지대장등본의 교부를 받고자 하는 자는 다음의 수수료를 수입인지로 납부하고 부윤 또는 군수에게 청구하도록 규정하였다. 토지대장 또는 지적도열람은 1회에 10전, 토지대장등본은 1지번에 5전, 등본은 우편으로 청구할 수 있으며 이 경우 반송료에 상당하는 우표를 첨부하도록 하고, 국가가 토지대장과 지적도열람 또는 토지대장등본 교부를 청구할 때에는 수수료 납부를 요하지 않도록 규정하였다. 토지대장등본의 양식을 규정하고, 지적(地積)에 1평 미만의 단수(端數)가 있을 때에는 절사하고, 지적이 1평 미만인 때에는 이를 홉위(合位)에 그치고 1홉 미만인 때에는 이를 1홉으로 규정하였다.[16)]

바. 임야정리조사내규 제정

1917년 10월에 토지조사사업의 마무리 단계에서 임야조사사업을 추진할 계획으로 임야조사사업의 주목적인 임야도와 임야대장을 작성하기 위한 임야조사사업의 시행자·측량방법·측량수수료 부담방법·지번·지목·면적 등의 결정방법 등을 새로이 규정한 임야정리조사내규를 제정·시행하였다.

사. 조선임야조사령 제정

일본은 토지조사사업에서 제외된 임야 등 비과세대상 토지에 대한 조사사업을 추진하기 위하여 임야정리조사내규(1917.10. 일자 미상)에 이어서 조선총독부임야조사위원회관제(1918.4.29., 칙령 제110호), 조선임야조사령(1918.5.1., 제령 제5호) 및 조선임야대장

16) 상게서, p.77.

규칙(1920.8.23., 조선총독부령 제113호) 등을 제정하여 임야조사사업을 추진하였다.

임야조사사업은 「조선임야조사령」에 의하여 실시되었으며, 「임야대장규칙」을 제정하여 임야조사사업의 성과로써 임야조사서를 작성하고 이를 토대로 임야대장과 임야도를 작성하였다.[17] 토지조사사업은 임야·산간지·소도서·미간지 등을 제외한 토지를 대상으로 조사하였고, 임야조사사업은 임야를 주로 하여 토지조사사업에서 제외된 모든 토지를 대상으로 조사하였다.[18]

아. 조선지세령 제정

조선총독부 임시토지조사국에서 시행하는 토지조사사업이 진행될 무렵 지세령(1914.4.1., 제령 제1호)과 재해지 지세면제에 관한 건(1914.3.16., 제령 제4호)을 제정하여 지세에 관한 업무를 수행하였다. 그리고 토지조사사업이 완료되어 사립학교용지의 지세 또는 시가지세 면제에 관한 건(1924.5.13., 제령 제2호)과 시가지세령 등 폐지에 관한 건(1928.12.29., 제령 제9호) 및 대지가의 수정에 관한 건(1928.12.29., 제령 제11호) 등을 제정하여 지세 및 지적업무를 수행하였다.

1943년에는 그동안 각각 시행해오던 지세 및 지적관련 각종 령과 예규를 하나로 통합하여 조선지세령을 제정·시행하였다. 새로이 제정된 조선지세령(1943.3.31., 제령 제6호)은 지세와 관련된 사항뿐만 아니라 지적정리·지적측량 등에 관한 사항도 동시에 규정하였으며, 공포일 다음날인 1943년 4월 1일부터 시행하였다.

② 지적법의 제정

조선지세령은 비과세대상 토지의 지목을 과세대상 토지의 지목으로 변경하는 과세지성, 과세대상 토지의 지목을 비과세대상 토지의 지목으로 변경하는 비과세지성, 분할·합병·지목변경 등의 토지의 이동정리에 관한 지적관련 규정과 재해지면세·사립학교용지면세·징수 등 지세의 부과·징수절차에 관한 지세관련 규정 등 서로 다른 규정을 두어 기술적인 면과 사무적인 면 그리고 지적공부의 정리절차와 지세의 징수절차 등 이질적인 내용이 혼합되어 당시의 지적행정 수행에 지장이 많았다.[19]

해방과 더불어 이전까지 시행해오던 「조선지세령」과 「조선임야대장규칙」 중에서 지적에 관한 사항은 「지적법」으로, 지세에 관한 사항은 「지세법」으로 분리·제정하였다.[20] 「조선

17) 상게서, p.82.
18) 박순표, "한국의 지적제도", 「한국지적학회보」, 제6호, 1985. p.4.; 류병찬, 상게서, p.84. 재인용.
19) 류병찬, p.94, 상게서.
20) 김영학, 「지적행정론」, 성림출판사, 2006, p.82.

지세령」과 「조선임야대장규칙」을 폐지함으로써 우리나라의 근대 지적제도 창설 이후 약 40여년 만에 독자적인 「지적법」을 제정하고 창설단계(1910~1924)와 정착단계(1924~1950)에서 토지대장과 지적도 및 임야대장과 임야도의 등록사항에 대한 변경정리를 각각 서로 다른 법령에 의해서 수행하던 것을 새로이 제정된 「지적법」에 의하여 일괄 수행할 수 있도록 개선·시행하였던 도약단계 시대(1950~1976)를 맞이하게 되었다.

가. 지적법 제정

지적에 관한 사항이 토지대장등록지에 대해서는 지세령에 임야대장등록지에 대해서는 임야대장규칙에 규정되어 있어 업무처리에 지장이 많아 이를 통합하여 「지적법」을 제정함으로써, 지적을 자세히 조사하여 세원을 확보하기 위하여 지적법을 제정하였다.

1950년 12월 1일 법률 제165호로 새로이 지적법(본칙 36조문, 부칙 5조문, 총 41개 조문)을 제정·공포·시행하였으나 지적법 시행령(26개 조문)을 1951년 4월 1일에 정하고 이 날부터 시행하도록 규정하여 지적법의 실제 시행은 1951년 4월 1일부터 시행하게 되었다.

이 법은 시행령과 시행규칙의 3단으로 구성되어 있다. 「지적법」 본칙은 총 4장 36개 조문으로 구성되어 있다. 제1장은 총칙으로 등록과 공부의 종류, 지번, 지목, 경계, 지적(地積)을 정하고 있고, 제2장은 토지대장 및 지적도를 규정하고 있고, 제3장은 임야대장과 임야도를 규정하고 있으며, 제4장은 잡칙으로 구성되어 있다.

주요 내용으로는 토지대장·지적도·임야대장·임야도를 지적공부로 규정하였고, 지목은 21개 종목으로, 지적업무는 세무서에서 관장하였다. 지번은 동·리·로·가 또는 이에 준할 만한 지역을 지번 지역으로 하고, 지적(地積)은 토지의 경우 평(坪)을, 임야의 경우 무(畝)를 단위로 하였다.

토지이동의 경우 지번, 지목, 경계 및 지적(地積)은 신고에 의하고, 신고가 없거나 신고가 부적당하다고 인정될 때는 정부의 조사에 의하도록 하였다. 토지이동의 경우 30일 이내에 신고하도록 하였고, 신규등록은 법 시행일로부터 3년 이내에 등록하도록 규정하였다.

나. 지적측량사규정 제정

지적법 제정 당시에 규정하지 못한 지적측량의 대상, 지적측량의 구분, 면적산정과 지적정리 등 기술적인 사항은 토지측량규정과 임야측량규정을 종합하여 지적측량규정(1954년 11월 12일 대통령령 제951호)을 제정하고, 「지적법」에 의하여 측량에 종사하는 지적측량사의 자질향상을 도모함으로써 지적행정의 원활한 운영에 기여함을 목적으로 상치측량사(常置測量士)와 대행측량사(代行測量士)로 구분하고, 지적측량사의 전형(銓衡)과 등록, 지적협회, 지적측량심의회, 지적측량사징계위원회 등에 관한 사항을 규정하기 위하여 1960년 12월 31일 국무원령 제176호로 지적측량사규정을 제정하였다.[21)]

③ 지적법의 개정연혁

1950년에 「지적법」을 제정한 후 11년 만인 1961년 12월에 세제개편을 단행하여 국세인 지세가 지방세인 재산세와 농지세로 전환함에 따라 지적사무를 재무부에서 내무부로 이관하는 지적법 제1차 개정이 있었고, 지적법 제정 25년 만에 1975년 12월에 제2차 개정과 지적법 시행령을 전부 개정하고, 더불어 새로이 지적법 시행규칙을 제정하여 법·령·규칙의 체계를 갖추게 되었다.

제2차 개정(제1차 전부개정)은 미터법, 수치측량, 전파·광파기측량 및 사진측량방법 등의 도입과 지적사무의 전산화를 추진할 수 있는 제도적 장치를 마련하는 등 현대적인 지적제도로 전환하기 위한 획기적인 법제라고 할 수 있다.

가. 제1차 개정(일부개정)

1961년 12월 8일 법률 제829호 일부개정·공포되고, 1962년 1월 1일 시행된 제1차 개정은 국가와 지방자치단체의 세제개편을 위하여 「국세와 지방세의 조정에 관한 법률」을 제정하여 국세인 지세(地稅)가 지방세인 재산세와 농지세로 전환됨에 따라 토지대장 비치기관을 세무서에서 서울특별시 또는 시·군으로 개정하였고, 토지에 대한 지세를 재산세·농지세로 분리·개정하고, 기타 불합리한 조항을 시정하고자 「지적법」 제1차 개정을 하였다.

나. 제2차 개정(제1차 전부개정)

1975년 12월 31일 「지적법」의 제도상 미비점을 보완하고, 측량기술을 향상시켜 국민의 재산권을 최대한 보호하고자 법률 제2801호로 「지적법」을 전부개정하여 다음해인 1976년 4월 1일 시행하도록 하였으나 같은 법 시행령의 개정이 늦어져 1976년 5월 7일부터 시행하게 되었다.

「지적법」 제2차 개정 법령은 첫째, 지적공부의 반출을 엄격히 규제하여 토지에 관한 기본적인 정보를 등록·관리하는 국가의 공적장부인 지적공부의 관리에 적정을 기할 수 있도록 하였다.

둘째, 한문자 위주의 북동기번법(北東起番法)의 지번설정방법을 아라비아숫자 위주의 북서기번법(北西起番法)의 지번설정방법으로 전환하여 지적행정 수행의 효율성을 제고하였다.

21) 류병찬, 전게서, 「최신 지적법(제5전정판)」, p.100.

셋째, 토지에 대한 면적의 등록단위를 척관법에 의한 평(坪 : 토지대장 등록지)과 무(畝 : 임야대장 등록지)에서 세계표준인 미터법에 의한 평방미터(m^2)로 전환하고 토지대장과 임야대장에 등록된 모든 토지의 면적을 평방미터로 환산·등록하도록 하였다.

넷째, 토지소유자 중 자연인에 대한 주민등록번호를 토지대장과 임야대장에 새로이 등록하도록 하여 전산 입력 후에 소유자별 토지소유현황을 용이하게 파악할 수 있도록 하였다.

다섯째, 도시계획구역 내 각 필지 단위로 「국토이용관리법」 또는 「도시계획법」에 의거 지적고시(地籍告示)된 용도지역을 토지대장과 임야대장에 새로이 등록하도록 하여 토지이용계획을 용이하게 파악할 수 있도록 하였다.

여섯째, 수치지적부를 새로이 작성·비치하도록 개선하여 기하학적인 도해측량의 폐단을 해소하고 경계점좌표측량을 도입하여 지적측량성과의 정확성을 확보하도록 하였다.

마지막으로 전파기 또는 광파기측량 및 사진측량 등 새로운 측량방법을 도입하여 측량기술의 현대화와 정확성을 확보할 수 있도록 하였으며, 지적측량자격을 기술계와 기능계로 구분하고 지목을 통·폐합, 신설하는 등 획기적인 개선을 단행하였으며, 지적공부의 비치·보존에 관한 사항·토지이동의 신청 신고에 관한 사항·지적측량에 관한 사항·지적정리에 관한 사항 등을 상세히 규정하여 지적사무를 효율적으로 수행할 수 있도록 하고 지적사무의 전산화를 추진할 수 있는 제도적 장치를 마련하였다.

세부적으로 지적법의 입법목적과 용어의 정의가 규정되었고, 21개 지목에서 24개 지목으로 6개(과수원·목장용지·공장용지·학교용지·운동장·유원지)가 신설되었고, 수치지적부가 지적공부에 새로이 신설되었다. 면적의 등록단위가 평과 무에서 평방미터로 전환되었고, 동과 읍·면에 대장부본과 약도를 작성·비치할 근거를 마련하였다. 지적측량을 위하여 타인의 토지 등에 출입·사용·수용할 수 있게 하는 동시에 손실보상에 대한 규정을 신설하였고, 지적위원회의 설치와 대장의 서식이 한지 부책에서 카드식으로 개선되었다.

그리고 현대적인 지적제도의 기틀을 마련한 「지적법」 제2차 개정 법률의 시행일인 1976년 5월 7일을 기념하기 위하여 내무부에서 매년 5월 7일을 지적의 날로 제정하고 1978년에 그 첫 행사를 개최하였다.[22)]

다. 제3차 개정(일부개정)

「지적법」 제3차 개정은 1986년 5월 8일 법률 제3810호로 소관청이 지목변경 등 토지표시사항을 결정하여 지적공부에 등록한 경우 소관청이 관할등기소에 등기를 촉탁하는

22) 상게서, p.112.

범위를 확대하여 국민의 불편을 해소하고, 기타 소유권행사 및 토지 관리에 불편이 많은 집합건물부지 등을 일필지로 등록하도록 하는 등 현행 규정상의 일부 미비점을 보완하고자 공포일부터 6개월 후인 1986년 11월 9일부터 시행하였다.

주요 개정 내용은 면적의 등록단위를 평방미터에서 제곱미터로 변경하였고, 지적도와 임야도를 각각 2부씩 작성하여 그 중 1부는 재조제를 위한 경우를 제외하고는 열람 등을 불가하였고, 아파트·연립주택 등의 공동주택 부지와 도로·하천·구거·유지 등의 합병을 촉진하고자 집합건물의 관리인 또는 사업시행자에게 합병신청의 대위권을 인정하였고, 소관청의 토지표시변경등기의 등기촉탁제도를 확대·개선하였다.

라. 제4차 개정(일부개정)

1990년 12월 31일 법률 제4273호로 공포되어 그 다음해인 1991년 1월 1일부터 시행된 제4차 개정은 지적전산화 온라인사업이 완료됨에 따라 전산정보처리조직에 의하여 입력된 전산등록파일을 국가의 공적 장부인 지적공부로 보도록 개선하였다. 전산등록파일의 정리와 관리방법을 규정하고, 지적공부의 열람 및 등본의 교부를 전국 어디서나 할 수 있도록 하여 국민의 재산권을 보호하고 편의를 도모하고자 개정하였다.

마. 제5차 개정(일부개정)

1991년 11월 30일 법률 제4405호로 공포되고 1992년 1월 1일부터 시행된 제5차 개정은 전산 처리하는 지적공부의 등록사항을 대장과 전산등록파일에 이중으로 정리하던 것을 전산등록파일에만 정리할 수 있도록 하여 지적공부의 정리·보관업무의 효율화를 도모하고, 군의 읍·면에 토지대장부본과 임야대장부본을 전산등록파일에 의하여 작성·비치하도록 하였고, 지목 중에서 체육시설의 효율적인 관리를 위하여 운동장을 체육용지로 명칭 변경을 하였다.

바. 제6차 개정(타법개정)

1991년 12월 14일 법률 제4422호로 공포된 「지적법」 제6차 개정 법률은 「부동산등기법」 부칙 제5조(다른 법률의 개정) 제1항의 규정에 의하여 개정되었는데, 공포일부터 약 1개월 후인 1992년 2월 1일부터 시행하였으며, 주요 개정내용은 다음과 같다.

합병하고자 하는 토지에 소유권·지상권·전세권·임차권 및 승역지에 관하여 하는 지역권의 등기 이외의 등기가 있는 경우에는 합병을 할 수 없도록 개정하였다. 그리고 합병하고자 하는 토지 전부에 관하여 등기원인 및 그 연월일과 접수번호가 동일한 저당권에 관한 등기가 있는 경우에는 합병이 가능하다.

사. 제7차 개정(일부개정)

1995년 1월 5일 법률 제4869호로 공포된 지적법 제7차 개정은 국민의 편의를 도모하고 경제적 부담을 완화하기 위하여 토지분할이나 합병정리를 한 경우에는 시장·군수·구청장이 등기촉탁을 할 수 있도록 하고, 지적측량분쟁의 신속·공정한 처리를 위하여 시·도에 지방지적위원회를 신설하도록 하여, 1995년 4월 1일부터 시행하였다.

주요 개정내용으로는 전산등록파일을 지적파일로 명칭을 변경하고 이를 지적공부로 규정하였다. 지적도나 임야도를 복제하여 작성한 지적약도를 간행·판매할 수 있도록 하고 이를 대행할 대행업자를 지정하도록 규정하였고, 지방자치제도를 시행함에 따라 논란의 여지가 발생할 지적사무가 국가사무라는 것을 명확히 규정하였다.

위성측량방법을 새로이 도입하였고, 지적측량기준점에 지적삼각보조점을 추가하였고, 지적측량기준점성과의 전면공개제도를 신설하였다. 그리고 지적관련 용어에서 기초점을 지적측량기준점으로, 지번지역을 지번설정지역으로, 지번경정을 지번변경으로, 조제·재조제를 작성·재작성 등 전문용어를 쉬운 용어로 변경하였다.

아. 제8차 개정(타법개정)

1997년 12월 13일 법률 제5454호로 공포된 「지적법」 제8차 개정은 행정구역명칭이 직할시에서 광역시로 변경되고, 「정부조직법」의 개정에 의하여 부처의 명칭이 변경되었음에도 변경되기 전의 부처명칭을 그대로 사용하고 있거나 어느 한 법률의 개정으로 조문위치 등이 변경되었음에도 변경되기 전의 조문을 그대로 인용하는 경우 등이 있어 법령을 집행하는 공무원이나 일반국민이 법 규정에 대하여 혼란을 일으키고 법령의 내용을 쉽게 파악하기 곤란한 사례가 발견되곤 했다. 그래서 법 규정에 대한 일반국민의 오해와 법령내용 파악의 곤란을 해소하고 법령에 대한 국민의 신뢰를 높이기 위하여 관련법의 규정을 일괄하여 정비하고자 「정부부처명칭 등의 변경에 따른 건축법 등의 정비에 관한 법률」을 제정하여 1998년 1월 1일부터 시행하였다.

자. 제9차 개정(일부개정)

1999년 1월 18일에 법률 제5630호로 공포된 「지적법」은 지적약도 등 간행판매업의 지정승인제도를 등록제로, 토지분할·지목변경 등 토지이동에 따른 신청의무기간의 완화 및 지번변경, 지적공부반출 등에 따른 행정자치부장관의 승인사항을 도지사에게 그 권한을 이양하는 등 관련 조항을 개정하여 국민의 재산권행사에 따른 편의를 도모하고자 개정하여 1999년 4월 19일부터 시행하였다.

카. 제10차 개정(제2차 전부개정)

2001년 1월 26일 법률 제6389호로 공포된 제10차 개정은 1975년에 이어 제2차 전부개정을 한 것으로 도시화·산업화 등에 따라 지목을 현실에 맞게 세분화하고, 전산 처리된 지적공부를 시·도지사에 한하여 보관·운영하도록 하던 것을 지적관련 민원업무를 직접 담당하고 있는 시장·군수·구청장도 보관·운영할 수 있도록 하며, 전국의 지적·주민등록·공시지가 등 지적관련 자료의 효율적인 관리와 활용을 위하여 지적정보센터를 설치하도록 하는 등 현행 제도의 운영상 나타난 일부 미비점을 개선·보완하였다. 또한 국회 심의과정에서 바다로 된 토지의 말소사유와 등록사항정정의 사유를 구체적으로 명시하였고 또한 바다로 된 토지의 말소사항을 회복·등록할 수 있도록 하였으며, 지적정보센터에서 지적위성기준점에 대한 자료를 관리할 수 있도록 하는 등 일부를 수정하였다.

「지적법」 제10차 개정 법률은 공포일부터 1년 후인 2002년 1월 27일부터 시행하였으며, 주요 개정내용은 「지적법」의 목적을 정보화 시대에 부합되도록 보완하였다. 공유지연명부와 대지권등록부를 지적공부로 규정하고, 수치지적부를 경계점좌표등록부로 명칭을 변경하였고, 지적위성기준점(GPS상시관측소)을 지적측량기준점으로 추가하였다.

시·도지사가 지역전산본부에 보관·운영하고 있는 전산 처리된 지적공부를 지적관련 민원업무를 직접 담당하고 있는 시장·군수·자치구청장도 보관·운영하도록 개선하였고, 지목을 24개 종목에서 “주차장·주유소용지·창고용지·양어장”의 4개 지목을 신설하여 28개 종목으로 신설하였으며 토지의 지번으로 위치를 찾기 어려운 지역의 도로와 건물에 도로명과 건물번호를 부여하여 관리할 수 있도록 제도를 신설하였다.

지적공부에 등록된 토지가 지형의 변화 등으로 바다로 된 경우 토지소유자가 일정기간 내에 지적공부의 등록말소신청을 하지 아니하면 소관청이 직권으로 말소할 수 있도록 개선하였고, 아파트 등 공동주택의 부지를 분할하거나 지목변경 등을 하는 경우 사업시행자가 토지의 이동 신청을 대위할 수 있도록 하였으며 미등기 토지소유자의 성명 또는 명칭, 주민등록번호, 주소 등이 명백히 지적공부에 잘못 기재된 경우에는 호적·제적·주민등록등본 등 관계서류에 의하여 정정할 수 있도록 하였다.

신규등록을 제외한 토지이동과 지번변경, 바다로 된 토지의 등록말소 및 회복등록, 축척변경, 등록사항정정, 행정구역개편 등의 사유로 토지의 표시변경에 관한 등기를 할 필요가 있을 경우에는 관할 등기관서에 등기를 촉탁하도록 개정하였고, 지적측량에 사용하는 좌표의 원점을 기준으로 지구의 표면을 평면으로 정하는 투영식은 가우스상사 이중투영법으로 하도록 규정하였으며, 지적측량의 신청, 측량성과의 결정·검사, 면적측정에 있어서의 오차범위 및 그 오차의 처리방법 등에 관한 사항을 규정하였다.

구 행정자치부장관은 전국의 지적·주민등록·공시지가·지적위성측량기준점관측자료 등 지적관련 자료의 효율적인 관리와 공동 활용을 위하여 지적정보센터를 설치·운영할 수 있으며, 시·도지사가 지적측량적부심사 의결서를 청구인뿐만 아니라 이해관계인에게도 통지하여 지적측량적부심사 의결내용에 불복이 있는 경우 이해관계인도 재심사청구를 할 수 있도록 하였다.

지적약도 등의 간행·판매 제도를 지적편집도 간행·판매업제도로 개정하였고, 도면의 전산화사업에 따라 지적공부부본 작성제도와 도면의 2부 작성제도를 폐지하고 활용도가 저조한 지적도근보조점 설치제도와 삼사법·푸라니미터에 의한 면적측정방법 등을 폐지하였으며, 지번설정지역을 지번부여지역으로, 수치지적부를 경계점좌표등록부로, 국토정보센터를 지적정보센터로, 도근점을 지적도근점으로, 지적전산정보자료를 지적전산자료로, 지적약도를 지적편집도로, 해면성 말소를 바다로 된 토지의 등록말소로 지적관련 전문용어를 쉬운 용어로 변경하거나 현실에 맞도록 변경하였다.

타. 제11차 개정(타법개정)

2002년 2월 4일 법률 제6656호로 공포되고, 다음 해인 2003년 1월 1일부터 시행된 제11차 개정은 「토지수용법」과 「공공용지의 취득 및 손실보상에 관한 특례법」으로 이원화되어 있는 공익사업 용지의 취득과 손실보상에 관한 제도를 토지보상에 관한 절차와 기준을 체계화하고, 두 법 간의 중복과 불일치를 해소하는 등 각종 불합리한 제도를 개선함으로써 국민의 재산권을 충실히 보호함과 아울러 공익사업의 효율적인 추진을 도모하고자 「공익사업을 위한 토지 등의 취득 및 보상에 관한 법률」로 명칭을 변경된 제11차 개정은 타법에 의한 개정이었다.

파. 제12차 개정(타법개정)

2003년 5월 29일 법률 제6916호로 공포되고, 2003년 11월 30일 시행된 「지적법」 제12차 개정 법률은 주택법 부칙 제12조(다른 법률의 개정) 제39항의 규정에 의하여 「주택건설촉진법」을 「주택법」으로 개정한 타법 개정에 의한 개정이었다.

하. 제13차 개정(일부개정)

2003년 12월 31일 법률 제7036호로 공포되고, 2004년 1월 1일 시행된 제13차 개정은 지적측량업무를 비영리법인에게만 대행하도록 한 규정이 직업 선택의 자유와 평등권을 제한한 것이므로 「헌법」에 불합치된다는 헌법재판소의 결정에 따라 지적측량업무를 개방하여 지적측량업자 및 대한지적공사로 하여금 지적측량 업무를 수행할 수 있도록 하는 한편, 현행규정의 운영상 나타난 일부 미비점을 개선·보완하고자 개정을 하였다.

주요 개정내용으로는 지적재조사사업을 시행할 법적 근거를 마련하였고, 지적측량업의 등록을 한 자는 경계점좌표등록부가 비치된 지역과 도시개발사업 등이 완료한 지역에서 실시하는 지적확정측량을 수행할 수 있도록 개선하였고, 대한지적공사를 특수법인으로 전환하였다.

거. 제14차 개정(타법개정)

2005년 3월 31일 법률 제7428호로 공포되고, 2006년 4월 1일에 시행한 「지적법」 제14차 개정 법률은 「채무자 회생 및 파산에 관한 법률」 부칙 제5조(다른 법률의 개정) 제114항의 규정에 의하여 개정되었는데, "파산자"를 "파산선고를 받은 자"로 개정하였다.

너. 제15차 개정(일부개정)

2006년 9월 22일 공포·시행된 「지적법」 제15차 개정은 지적측량업의 등록결격사유를 보완하기 위하여 개정을 하였다. 지적측량업의 등록결격사유 중 '파산자로서 복권되지 아니한 자'를 삭제함으로써 파산자의 경우에도 지적측량업의 등록을 할 수 있도록 개선하였다.

더. 제16차 개정(타법개정)

2006년 10월 4일 법률 제8027호로 공포된 「지적법」 제16차 개정 법률은 「도로명주소 등 표기에 관한 법률」 부칙 제3조 제1항의 규정에 의하여 개정되었는데, 공포 후 6개월이 경과한 날인 2007년 4월 5일부터 시행하였으며, 지적법 조문 중 도로명 및 건물번호 부여 근거 규정을 삭제하였다.

러. 제17차 개정(타법개정)

2007년 5월 17일 법률 제 8435호로 공포되고, 2008년 1월 1일 시행된 「지적법」 제17차 개정 법률은 가족관계의 등록 등에 관한 법률 부칙 제8조 제26항의 규정에 의하여 개정되었는데, "호적·제적"을 "가족관계기록사항에 관한 증명서"로 개정하였다.

머. 제18차 개정(일부개정)

2008년 2월 29일 법률 제8853호로 공포·시행된 제18차 개정은 「정부조직법」을 전부개정함에 따라 지적업무의 소관을 행정자치부에서 국토해양부로 이관하기 위하여 개정하였다.

버. 제19차 개정(타법폐지)

2009년에 6월 9일 법률 제9774호로 공포된 제19차 개정은 「측량·수로조사 및 지적에 관한 법률」 제정에 의하여 1950년에 「지적법」을 제정한 후 59년만인 2009년 12월 10일 폐지되고, 「측량·수로조사 및 지적에 관한 법률」로 새로운 제2의 준비단계가 도래하게 되었다.

1910년 대한제국의 토지조사국에서 제정한 「토지조사법」을 모체로 하여 1950년에 「지적법」을 제정하여 100년 동안 국민의 토지소유권을 보호하기 위하여 전문적이고 독자적인 영역을 확보하고 국가의 공적 장부인 지적공부를 보존 관리하여 왔는데, 이명박 정부가 집권하면서 독자적인 지적법은 사라지고 그 내용은 많이 변형되어 「측량·수로조사 및 지적에 관한 법률」에 전수된다.

당시에 지적분야와 수로분야에서는 기능별로 세분화되고 전문화하여 59년간 별개의 영역으로 발전시켜온 제도를 통합하는 것은 시대에 역행하는 행위로 지적계에서 강력하게 반대하였으나 결국은 뜻을 이루지 못하고 「지적법」을 비롯한 「측량법」및 「수로업무법」을 통합하여 「측량·수로조사 및 지적에 관한 법률」을 제정하고, 관련법을 폐지함으로써 우리나라 근대 지적제도 100년의 역사상 독립적인 법이 폐지되는 안타까운 일이 벌어지게 되었다.[23)]

(2) (구)측량 · 수로조사 및 지적에 관한 법률

2009년 6월 9일 법률 제9774호로 제정·공포되고 2009년 12월 10일 시행된 「측량·수로조사 및 지적에 관한 법률」은 지적측량(구 행자부), 측지측량(구 건교부) 및 수로측량(구 해양수산부) 분야에서 서로 다른 기준과 절차에 따라 측량 및 지도 제작 등이 이루어져 우리나라 지도의 근간을 이루는 지적도·지형도 및 해도가 서로 불일치하는 등 국가지리정보 산업의 발전에 지장을 초래하는 문제를 해소하기 위하여 「지적법」, 「측량법」 및 「수로업무법」을 통합하여 측량의 기준과 절차를 일원화하기 위하여 제정되었다.

「측량·수로조사 및 지적에 관한 법률」(약칭: 측량수로지적법)은 측량 및 수로조사의 기준 및 절차와 지적공부(地籍公簿)의 작성 및 관리 등에 관한 사항을 규정함으로써 국토의 효율적 관리와 해상교통의 안전 및 국민의 소유권 보호에 기여함을 목적으로 한다.

「측량·수로조사 및 지적에 관한 법률」은 시행령과 시행규칙의 3단으로 구성되어 있고, 특이할 점은 시행규칙이 「측량·수로조사 및 지적에 관한 법률 시행규칙」과 「지적측량 시행규칙」으로 구분되어 있다는 점이다.

23) 상게서, pp.137-138.

「측량·수로조사 및 지적에 관한 법률」은 총5장 111개 조문으로, 제1장은 총칙으로 목적, 정의, 다른 법률과의 관계, 적용범위 등을 규정하고 있으며, 제2장은 측량 및 수로조사에 관한 것으로 통칙, 기본측량, 공공측량, 일반측량, 지적측량, 수로조사, 측량기술자 및 수로기술자, 측량업 및 수로조사, 협회, 대한지적공사 등에 대해서 규정하고 있다. 제3장은 지적에 관한 사항으로 토지의 등록, 지적공부, 토지의 이동 신청 및 지적정리 등을 규정하고 있고, 제4장은 보칙으로 지명의 결정, 측량기기의 검사, 성능검사대행자 등, 연구·개발, 교육·훈련, 보고·조사, 청문, 토지출입 및 수용, 업무수탁 및 권한의 위임 등을 규정하고 있다. 제5장은 벌칙으로 벌칙과 양벌규정, 과태료 등을 규정하고 있다.

「측량·수로조사 및 지적에 관한 법률」은 2014년 6월 3일 제명을 「공간정보의 구축 및 관리 등에 관한 법률」로 개정(법률 제12738호)하였으며, 2015년 6월 3일로 폐지되었다.

① 제1차 개정(타법개정)

법률 제10485호로 2011년 3월 30일 공포되고, 그 해 4월 1일 시행된 이법은 국유재산 관련 정책여건의 변화 등을 반영하기 위하여 타법에 의한 개정이 이루어졌다.

② 제2차 개정(타법개정)

법률 제10580호로 2011년 4월 12일 공포되고, 그 해 10월 13일 시행된 이법은 부동산 등기부 전산화사업의 완료로 등기사무처리가 전산정보처리조직에 따라 수행됨에 따라 타법에 의한 개정이 이루어졌다.

③ 제3차 개정(타법개정)

법률 제11062호로 2011년 9월 16일 공포되고, 다음 해인 2012년 3월 17일 시행된 이 법은 기존의 지적공부를 디지털에 의한 새로운 지적공부로 전환하고, 토지의 실제현황과 일치하지 않는 지적공부의 등록사항을 바로잡기 위한 지적재조사사업의 실시근거 및 절차규정 등을 마련하기 위하여 타법에 의한 개정이 이루어졌다.

④ 제4차 개정(일부개정)

법률 제11592호로 2012년 12월 18일 공포되고, 다음 해인 2013년 6월 19일 시행된 이 법은 해양 및 항로 등에 관하여 측량·관측 및 조사한 결과인 수로조사 성과를 공표하도록 하여 해상교통안전의 향상에 이바지하도록 하고, 측량 등을 위하여 타인의 토지에 출입하는 경우 제시하여야 하는 증표 및 허가증을 허가증으로 일원화하는 등 현행 제도의 운영상 나타난 일부 미비점을 개선·보완하기 위하여 일부 개정되었다.

⑤ 제5차 개정(타법개정)

법률 제11690호로 2013년 3월 23일 공포·시행된 이 법은 정부 조직체계를 재설계하고 각 행정기관 고유의 전문성을 강화하여 행정환경의 변화에 능동적으로 대처할 수 있도록 타법에 의한 개정이 이루어졌다.

⑥ 제6차 개정(타법개정)

법률 제11794호로 2013년 5월 22일 공포되고, 다음 해인 2014년 5월 23일 시행된 이 법은 건설기술의 경쟁력을 강화하고 관련 산업의 발전을 도모하기 위하여 타법에 의한 개정이 이루어졌다.

⑦ 제7차 개정(일부개정)

법률 제11943호로 2013년 7월 17일 공포되고, 다음 해인 2014년 1월 18일 시행된 이 법은 국민이 부동산에 관한 행정서비스를 종합적으로 이용할 수 있도록 하기 위하여 부동산종합공부의 관리·운영 근거를 마련하고, 지적관련 정책 역량을 강화하기 위하여 중앙지적위원회의 기능을 확대하며, 국민의 재산권과 밀접한 관련이 있는 지상경계점등록부 작성의 법적 근거를 마련하는 한편, 측량기술자에 측량 기술자격 취득자 외에 지적, 지도제작, 도화(圖畵) 등 다양한 분야의 기술자격취득자가 포함되어 있는 점을 고려하여 현행 측량협회를 측량협회와 지적협회로 명확히 구분하기 위하여 일부 개정되었다. 개정된 주요 내용은 토지대장, 임야대장, 지적도, 건축물대장 등 현행 부동산과 관련된 18종류의 공적공부를 하나의 공부로 통합한 부동산종합공부를 관리·운영할 수 있는 근거를 마련하고, 지적측량 적부심사(適否審査)에 한정된 중앙지적위원회의 기능을 지적관련 정책개발 및 업무개선에 관한 사항, 지적기술자에 대한 제재처분 등으로 확대하였으며, 지적소관청은 토지의 이동에 따라 지상경계를 새로 정한 경우 토지의 소재, 지번, 경계점 좌표 등을 등록한 지상경계점등록부를 작성·관리하도록 하였다.

⑧ 제8차 개정(제명의 변경)

법률 제12738호로 2014년 6월 3일 측량·수로조사 및 지적에 관한 법률」은 「공간정보의 구축 및 관리 등에 관한 법률」로 제명이 개정되었으며, 2015년 6월 3일부로 폐기되었다.

(3) 공간정보의 구축 및 관리 등에 관한 법률

2014년 공간정보 분야가 새로운 성장 동력으로 중요성이 증대되어 공간정보산업을 육성하기 위해 측량, 지적, 지리정보 등 관련 분야의 융합을 통한 시너지 창출과 산업의 건전한 발전을 도모하기 위해 기존의 공간정보와 관련된 법률들을 정비하면서 「측량·수로조사 및 지적에 관한 법률」은 2014년 6월 3일 「공간정보의 구축 및 관리 등에 관한 법률」(약칭: 공간정보관리법)로 제명을 변경하였다.[24)]

개정된 주요 내용은 측량업 정보를 효율적으로 관리하기 위한 측량업정보 종합관리체계를 구축·운영하고, 측량용역사업에 대한 사업수행능력을 평가하여 공시하도록 하여 공공발주 시 측량업체선정의 객관성을 확보할 수 있도록 개선하려는 것이며, 공간정보산업의 건전한 발전을 도모하기 위해 '측량협회'와 '지적협회'를 「공간정보산업 진흥법」에 의한 '공간정보산업협회'로 전환함과 동시에 현행법에서 협회관련 조문을 삭제하며, '대한지적공사'의 공적 기능을 확대하고 공공기관으로의 위상변화에 맞게 '한국국토정보공사'로 명칭을 변경하며, 그 설립근거를 이 법에서 삭제하고 「국가공간정보에 관한 법률」로 이관하였다.

2015년 6월 4일부터 시행되고 있는 현행법인 「공간정보의 구축 및 관리 등에 관한 법률」은 공간정보의 구축을 위한 측량 및 수로조사의 기준 및 절차와 지적공부와 부동산 종합공부의 작성 및 관리 등에 관한 사항을 규정하여 국토의 효율적 관리와 해상교통의 안전 및 국민의 소유권 보호에 기여함이 목적이며, 주요 내용은 측량업무와 수로조사업무 및 지적업무 등의 공간정보 생성과 구축 및 관리 등에 관련된 절차와 방법 등의 내용을 규정하고 있다.

「공간정보의 구축 및 관리 등에 관한 법률」은 시행령과 시행규칙의 3단으로 구성되어 있으며, 시행규칙이 법률 시행규칙과 지적측량 시행규칙으로 구분되어 있다는 점이다.

「공간정보의 구축 및 관리 등에 관한 법률」은 총 5장의 111개 조문으로 제1장은 총칙으로 목적, 정의, 다른 법률과의 관계, 적용범위 등을 규정하고 있으며, 제2장은 측량수로조사에 관한 것으로 통칙, 기본측량, 공공측량, 일반측량, 지적측량, 수로조사, 측량기술자 밀 수로기술자, 측량업 및 수로조사, 해양조사협회 등에 대해서 규정하고 있다. 제3장은 지적에 관한 사항으로 토지의 등록, 지적공부, 토지의 이동 신청 및 지적정리 등을 규정하고 있고, 제4장은 보칙으로 지명의 결정, 측량기기의 검사, 성능검사대행자, 토지출빈 및 수용, 업무수탁 및 권한의 위임 등을 규정하고 있다. 제5장은 벌칙으로 벌칙과 양벌규정 등을 규정하고 있다.

「공간정보의 구축 및 관리 등에 관한 법률」의 전체적인 구성을 요약하면 제1장, 제2장, 제3장은 측량과 수로조사 및 지적에 대한 부분적인 사항에 대한 규정이고, 제2장은 측량과 수로조사에 관한 내용을 규정하고 있으며, 제3장은 지적에 관한 세부적인 내용을 규정하고 있다.

---

24) 김석종·김준현, 「핵심 공간정보법규」, 도서출판 엔플북스, 2016, p.111.

「공간정보의 구축 및 관리 등에 관한 법률」 시행령은 총 5장 105개 조문으로 구성되어 있다. 「공간정보의 구축 및 관리 등에 관한 법률」 시행규칙은 2개의 규칙으로 구성되어 있는데, 먼저 법률 시행규칙은 총 4장 118개 조문으로 구성되어 있고, 별도의 지적측량 시행규칙은 총 4장 29개 조문으로, 제1장 총칙, 제2장 지적기준점의 설치 및 관리, 제3장 지적측량의 방법 및 절차, 제4장 보칙으로 구성되어 있다.

① 제1차 개정(타법개정)

법률 제13426호로 2015년 7월 24일 공포되고, 2016년 1월 25일 시행된 이 법은 제주특별자치도의 자치권 확대를 위하여 국가사무를 추가 이양하고, 2015년 7월 1일 제정 이후 복잡해진 조문체계를 간결하게 개편하고 어려운 용어를 쉬운 용어로 바꿔 국민이 법을 이해하기 쉽게 정비하기 위하여 타법에 의한 개정이 이루어졌다.

② 제2차 개정(일부개정)

법률 제13673호로 2015년 12월 29일 공포되고, 2015년 12월 29일 시행된 이 법은 '피성년후견인' 또는 '피한정후견인'과 같은 행위능력 결격자에 대하여 취소처분관련 결격사유를 형사처벌이나 업무관련 위반자와 동일하게 적용하여, 행위능력관련 결격사유로 측량업 등록이 취소되었다가 능력이 회복되어 다시 등록을 하고자 하는 경우에도 일정기간 등록할 수 없도록 제한하는 것은 헌법상 과잉입법금지에 해당하여 위헌적 소지가 있어 일부 개정이 이루어졌다. 개정된 주요 내용은 「공간정보의 구축 및 관리 등에 관한 법률」에 따라 '피성년후견인' 또는 '피한정후견인'이 측량업에 등록되어 있는 경우는 등록을 취소하고, 이 경우 등록취소 후 2년간 측량업 등록을 할 수 없도록 이중으로 규제를 하였다.

③ 제3차 개정(타법개정)

법률 제13796호로 2016년 1월 19일 공포되고, 2016년 9월 1일 시행된 이 법은 감정평가사관련 규정을 분리하여 별도의 법률을 제정함으로써 일반 국민의 오해를 없애고, 부동산 가격공시 및 감정평가에 관한 사항을 규정하기 위하여 타법에 의한 개정이 이루어졌다.

④ 제4차 개정(타법개정)

법률 제14839호로 2017년 7월 26일 공포되고, 2017년 7월 26일 시행된 이 법은 국가안전관리체계를 재조정하고, 통상행정 분야를 효율화하며, 국가보훈 및 대통령 경호시스템을 환경변화에 맞게 조정하는 등 국민들의 요구에 신속하게 반응하는 열린 민주정부를 구현하기 위하여 타법에 의한 개정이 이루어졌다.

⑤ 제5차 개정(일부개정)

법률 제14936호로 2017년 10월 24일 공포·시행된 이 법은 기본측량성과의 국외 반출 심의를 위한 협의체에 민간전문가를 포함하여 협의체 운영의 내실화를 도모하고, 지적위원회의 민간위원을 벌칙 적용 시 공무원으로 의제토록 하여 업무상 공정성과 책임성을 확보하며, 측량기술자가 경력 등을 신고하는 경우 신고서 접수일에 효력이 발생하도록 명확히 규정함으로써 불필요한 혼란을 방지하는 한편, 지적전산자료 이용 시 국토교통부장관 등의 승인 절차를 폐지하고, 개인정보가 없는 지적전산자료는 관계 중앙행정기관의 심사를 생략할 수 있도록 하여 지적정보의 접근성을 제고하기 위하여 일부 개정되었다. 개정된 주요 내용으로는 지적정보의 접근성을 제고하기 위하여 국토교통부장관 등의 승인 절차를 폐지하고 개인정보가 없는 지적전산자료에 대하여는 관계 중앙행정기관의 심사를 생략할 수 있도록 하고, 기본측량성과의 국외 반출 심의를 위한 협의체에 민간전문가 1인 이상을 포함하도록 의무화하고, 중앙지적위원회 및 지방지적위원회 위원 중 민간위원에 대하여는 업무상 공정성과 책임성을 담보하기 위하여 「형법」 제127조 및 제129조부터 제132조까지를 적용하는 경우 공무원으로 의제하도록 하였다.

⑥ 제6차 개정(일부개정)

법률 제15596호로 2018년 4월 17일 공포되고, 2018년 10월 18일 시행된 이 법은 측량업자로 등록한 법인의 임원에게 결격사유가 발생한 경우 유예기간 없이 바로 측량업자의 등록을 취소하도록 하던 것을 앞으로는 해당 법인에 대한 측량업자의 등록을 취소하기 전에 그 사유를 해소할 수 있도록 3개월의 유예기간을 부여함으로써 임원 개인의 결격사유 발생으로 인한 법인의 과도한 책임을 합리적으로 완화하기 위하여 일부 개정되었다.

⑦ 제7차 개정(타법개정)

법률 제15719호로 2018년 8월 14일 공포되고, 2018년 12월 13일 시행된 이 법은 건설기술자가 존중·우대받는 사회풍토를 조성하고, 건설공사를 안정적으로 수행할 수 있는 환경을 마련하기 위하여 건설기술인은 건설기술업무와 관련하여 발주자·사용자 등의 부당한 요구에 불응할 수 있도록 하고, 발주자·사용자 등이 이를 이유로 건설기술인에게 불이익을 주는 경우에는 과태료를 부과하도록 하며, 건설기술인단체로 하여금 건설기술인권리헌장을 제정·공표할 수 있도록 하고, '건설기술자'를 '건설기술인'으로 순화함으로써 건설기술인의 위상을 제고하고 긍지와 자부심을 북돋기 위해 타법에 의한 개정이 이루어졌다.

3) 지적관계법규

(1) 국가공간정보기본법

① 법 제정의 배경과 연혁

공간정보가 국가의 새로운 성장동력으로 부각되면서 토지·자원·환경 및 지하매설물 등에 관한 정보를 체계적으로 전산화하는 국가지리정보체계의 구축을 통하여 국민에게 정확한 지리정보를 제공하고 국토 및 자원의 합리적인 이용을 도모하며, 국가지리정보체계의 구축·활용을 위한 정부차원의 계획 수립과 지리정보의 표준화 등에 관한 제도적 장치를 마련하여 이에 대한 중복투자를 방지하고 국가지리정보체계의 효율적인 관리·운영을 도모함으로써 21세기의 지식·정보 사회에 대비하려고 2000년 1월 21일 법률 제6201호로 「국가지리정보체계의 구축 및 활용 등에 관한 법률」을 제정하였고, 2000년 7월 1일부터 시행하였다.

그동안 중앙부처 및 지방자치단체에서 구축해온 국가지리정보체계와 국토공간에서 생산된 정보체계를 공공기관과 민간기업이 서로 활용할 수 있도록 표준화하고, 이를 연계·통합하여 국가공간정보 인프라를 구축함으로써 미래의 공간정보환경 변화에 대비하고, 국가와 지방자치단체의 정책 및 행정자료로 활용하며, 관련 산업을 미래 성장동력 산업으로 육성·발전시키기 위한 제도적 기반을 조성하고자 2009년 2월 6일 법률 제9440호로 「국가공간정보에 관한 법률」(약칭: 공간정보법)로 제명의 변경과 일부 개정을 가져왔다.

「측량 · 수로조사 및 지적에 관한 법률」에 따른 대한지적공사는 그 사업범위가 지적측량 등으로 한정되어 있는 바 국가공간정보에 관한 법령·제도체계 개편의 일환으로 이를 한국국토정보공사로 개칭하고 그 설립 근거를 이 법에 마련하며, 사업 범위에 공간정보체계의 구축, 공간정보에 관한 연구·교육·국제교류 등을 추가하여 국가공간정보체계에서 한 축을 담당하게 하였다.

또한 이 법의 제명을 「국가공간정보 기본법」으로 개정하여 그 기본법적 성격을 명확히 드러내고, 실질적인 기능을 못하고 있는 국가공간정보위원회의 7개의 분과위원회를 하나의 전문위원회로 통합하여 실질적인 심의가 진행될 수 있도록 하는 등 국가공간정보에 관한 제도 전반을 개선하려 2014년 6월 3일 법률 제12736호로 제정하고, 2015년 6월 4일부터 시행하고 있다.

② 법의 구성

이 법은 총 7장 42개 조문으로 구성되어 있다. 제1장은 총칙으로 목적, 정의, 국민의 공간정보복지 증진, 공간정보의 취득·관리의 기본원칙, 다른 법률과의 관계를 규정하고 있고, 제2장은 국가공간정보의 추진체계로 국가공간정보위원회, 기본계획과 시행계획, 연구·개발, 정부지원, 연차보고 등을, 제3장은 한국국토정보공사를 규정하고 있다. 제4장은 국가공간정보기반의 조성으로 기본공간정보의 취득 및 관리, 공간정보의 표준화, 국가공간정보통합체계의 구축과 운영, 국가공간정보센터의 설치 등을 규정하고 있고, 제5장은 국가공간정보체계의 구축 및 활용으로 공간정보데이터베이스의 구축 및 관리, 중복투자 방지, 협력체계 구축, 활용 등을 규정하고 있으며, 제6장 국가공간정보의 보호로 보안관리, 안전성 확보 등을 규정하고 있다. 끝으로 제7장은 벌칙으로 구성되어 있다.

③ 주요 내용

이 법은 국가공간정보체계의 효율적인 구축과 종합적 활용 및 관리에 관한 사항을 규정함으로써 국토 및 자원을 합리적으로 이용하여 국민경제의 발전에 이바지함을 목적으로 한다.

주요 내용으로는 국가 및 지방자치단체는 국민들에게 공간정보 활용의 공간정보복지 증진 의무와 국민의 공간정보 활용의 권리를 규정하였고, 정부는 국가공간정보체계 구축을 위하여 5년마다 국가공간정보정책 기본계획을 수립하여야 하며, 관계 중앙행정기관의 장과 시·도지사는 기본계획에 따라 매년 구체적인 시행계획을 수립하고, 그 집행실적을 평가하도록 하였다.

국가공간정보기반의 조성을 위하여 국토교통부장관은 기본공간정보로 선정·고시하고, 관계 중앙행정기관의 장은 기본공간정보를 데이터베이스로 구축·관리하여야 한다. 더불어 공간상의 주요 객체에 대하여 공간정보참조체계를 부여하고, 공간정보를 생산·관리하는 기관은 공간정보참조체계에 따라 공간정보데이터베이스를 구축하여야 하며, 관리기관과 공동으로 국가공간정보통합체계를 구축·운영할 수 있도록 하였다. 더불어 정보이용자에게 제공하기 위하여 국토공간정보센터를 설치·운영하도록 하였다. 국가공간정보의 보호를 위해 관리기관의 장은 공개가 제한되는 공간정보에 대한 부당한 접근과 이용 또는 공간정보의 유출을 방지하기 위하여 국가정보원장과 협의하여야 한다.

「측량·수로조사 및 지적에 관한 법률」에서 이관된 한국국토정보공사(구 대한지적공사)에 대한 내용은 공사는 법인으로 하고, 그 주된 사무소의 소재지에서 설립등기를 함으로써 성립한다. 공사의 사업으로는 「공간정보의 구축 및 관리 등에 관한 법률」에 따른 측량업(지적측량업은 제외한다)과 중소기업제품 구매촉진 및 판로지원에 관한 법률」에 따른 중소기업자간 경쟁 제품에 해당하는 사업을 제외한 공간정보체계 구축 지원에 관한 사업과 공간정보·지적제도에 관한 연구, 기술개발, 표준화 및 교육사업, 공간정보·지적제도에 관한 외국 기술의 도입, 국제 교류·협력 및 국외 진출사업, 「공간정보의 구축 및 관리 등에 관한 법률」에 의한 지적측량, 「지적재조사에 관한 특별법」에 따른 지적재조사 사업, 다른 법률에 따라 공사가 수행할 수 있는 사업, 공사의 설립목적을 달성하기 위하여 필요한 사업으로서 정관으로 정하는 사업을 들 수 있다.

공사의 임원으로 사장 1명과 부사장 1명을 포함한 11명 이내의 이사와 감사 1명을 두며, 이사는 상임이사와 비상임이사로 구분한다. 사장은 공사를 대표하고 공사의 사무를 총괄하며, 감사는 공사의 회계와 업무를 감사한다. 국토교통부장관은 사업실적 및 결산에 관한 사항, 공사사업의 적절한 수행에 관한 사항, 그밖에 관계법령에서 정하는 사항을 지도·감독하고, 위법 또는 부당한 사항이 발견된 경우 공사에 그 시정을 명하거나 필요한 조치를 취할 수 있다. 공사가 아닌 자는 한국국토정보공사 또는 이와 유사한 명칭을 사용하지 못하고, 공사에 관하여는 이 법 및 「공공기관의 운영에 관한 법률」에서 규정한 사항을 제외하고는 「민법」 중 재단법인에 관한 규정을 준용한다.

(2) 공간정보산업진흥법

① 법 제정의 배경과 연혁

산업사회에서 정보사회로 진입함에 따라 공간정보산업은 미래 성장동력의 핵심 산업임에도 공간정보산업의 육성을 위한 체계적인 법적·제도적 지원 기반이 부재한 실정이어서, 이에 공간정보산업 진흥에 관한 법적 기반을 마련하여 공간정보산업을 지원·육성하고 그 발전기반을 조성함으로써 공간정보산업의 경쟁력을 높이고 공간정보의 활용을 통한 국민의 삶의 질 향상에 이바지하려 법률 제9438호로 2009년 2월 6일 제정되어 그 해 8월 7일부터 시행되고 있다. 이후 여러 번의 개정을 거쳐 2016년 3월 22일 법률 제14087호로 8차 개정을 하여 시행되고 있다.

② 법의 구성

이 법은 총 7장 31개 조문으로 구성되어 있다. 제1장은 총칙으로 목적, 정의, 다른 법률과의 관계를 규정하고 있고, 제2장은 공간정보산업 진흥시책으로 계획의 수립, 공공수요의 공개, 공간정보제공 및 유통, 재정지원 등을 규정하고 있고, 제3장은 공간정보산업 기반조성으로 품질인증, 공간정보표준화 지원, 전문인력 양성 등을 규정하고 있다. 제4장은 공간정보산업의 지원으로 공간정보산업진흥시설의 지정, 지정해제, 지방자치단체의 지원, 산업재산권 등의 출자 특례 등을 규정하고, 제5장은 공간정보산업진흥지원기관으로 지원기관의 지정, 공간정보산업협회, 자산운용방법 등을 규정하고 있고, 제6장 보칙으로 권한의 위임·위탁, 공무원 의제를 규정하고 있으며, 제7장은 벌칙으로 벌칙과 양벌규정, 과태료를 규정하고 있다.

③ 주요 내용

이 법은 공간정보산업의 경쟁력을 강화하고 그 진흥을 도모하여 국민경제의 발전과 국민의 삶의 질 향상에 이바지함을 목적으로 한다.

주요 내용으로는 공간정보산업의 진흥을 위하여 5년마다 공간정보산업진흥 기본계획을 수립하고, 정부예산 관련 시스템 및 관련부처의 협조를 받아 공공의 공간정보산업관련 수요를 예측하여 공개하고, 국내·외 공간정보산업의 기술 및 시장동향 등 공간정보산업 전반에 관한 정보를 종합적으로 파악하여 공개할 수 있도록 한다. 정부는 국가공간정보센터 및 관리기관이 생산·보유하는 공간정보를 공간정보사업자에게 유상 또는 무상으로 제공하고 이를 가공하여 유통할 수 있도록 시책을 강구하고 지원하며, 국토교통부장관은 공간정보를 활용함으로써 산업의 경쟁력을 높일 수 있는 공간정보 융·복합 사업이 촉진될 수 있도록 다양한 형태의 지원을 할 수 있도록 하였다. 공간정보관련 기술 및 데이터 등에 포함된 지적재산권을 보호하고, 관련된 기술의 개발을 촉진하기 위하여 기술개발사업을 하는 자에 대하여 그 소요되는 자금의 전부 또는 일부를 지원하며 공간정보관련 전문인력의 양성과 자질향상을 위하여 교육훈련과 국제협력 및 해외시장 진출을 추진하기 위하여 관련 기술 및 인력의 국제교류, 국제전시회 참가, 국제공동연구개발 등의 사업을 지원할 수 있도록 하였다.

(3) 지적재조사에 관한 특별법

① 법 제정의 배경과 연혁

100여 년 전 일제강점기에 시행된 토지조사사업은 평판과 대나무자로 측량하여 수기로 만든 종이지적을 지금까지 그대로 사용하고 있어 지적의 디지털화에 맞지 않고, 측량기술의 발달로 지적공부의 등록사항이 토지의 실제현황과 일치하지 않는 경우가 전 국토의 15퍼센트에 달하고 있어 이를 방치할 경우 심각한 문제가 발생할 우려가 산재하고 있다.

이에 지적공부의 등록사항을 조사·측량하여 기존의 지적공부를 디지털에 의한 새로운 지적공부로 전환하고, 토지의 실제현황과 일치하지 않는 지적공부의 등록사항을 바로잡기 위한 국가사업인 지적재조사사업의 실시근거 및 절차규정 등을 마련함으로써, 국토를 효율적으로 관리함과 아울러 국민의 재산권을 보호하려는 목적으로 법률 제11062호로

2011년 9월 16일 지적재조사에 관한 특별법(약칭: 지적재조사법)으로 제정되어 다음 해인 2012년 3월 17일부터 시행되고 있다. 이후 일부 개정을 거쳐 2017년 4월 18일 법률 제14800호로 8차 개정을 하여 2017년 10월 19일부터 시행되고 있다.

지적재조사란 토지이용 증진과 국민의 재산권보호에 구조적 장애를 가져와 지적관리에 막대한 지장을 가져오는 지적불부합지 문제를 해소하고, 토지의 경계의 복원력을 향상시키며, 일필지의 표시를 명확히 함으로써 능률적인 지적관리체제로 개편하는 것과 과거 토지조사 시에 이루어진 지적공부의 질적 향상을 꾀하고 현행 법적, 기술적 기준을 보다 완벽하게 하여 지적관리를 현대화시키고자 하는 것을 의미한다.

따라서 지적재조사사업은 현재까지 국지적으로 사용해오던 측량원점의 개선과 측량기준점을 새로이 하여 정확도가 높은 국가기준점망을 구축함은 물론 이를 바탕으로 통일된 좌표계로 일원화하고 측지학으로 정확한 필계점의 위치를 좌표로 표시하여 기존의 도해지적 관리에서 보다 정밀한 방법으로의 관리를 위해 수치적인 좌표로 표시하여 수치지적으로 변환하고 일필지의 경계 및 면적산정의 정확성을 보다 더 강화하기 위한 조사를 의미한다.

② 법의 구성

이 법은 총 5장 45개 조문으로 구성되어 있다. 제1장은 총칙으로 목적, 정의, 다른 법률과의 관계를 규정하고 있고, 제2장은 지적재조사의 시행으로 기본계획의 수립, 지적측량, 경계의 확정, 조정금 산정, 새로운 지적공부의 작성 등을 규정하고 있고, 제3장은 지적재조사위원회 등으로 중앙지적재조사위원회, 시·도 지적재조사위원회, 시·군·구 지적재조사위원회, 경계결정위원회, 지적재조사기획단 등을 규정하고 있다. 제4장은 보칙으로 임대료 등의 증감청구, 권리의 포기, 물상대위, 토지 등의 출입, 서류의 열람, 지적재조사사업의 보고·감독, 권한의 위임 등을 규정하고, 제5장은 벌칙으로 벌칙과 양벌규정, 과태료를 규정하고 있다.

③ 주요 내용

이 법은 토지의 실제 현황과 일치하지 아니하는 지적공부(地籍公簿)의 등록사항을 바로 잡고 종이에 구현된 지적(地籍)을 디지털 지적으로 전환함으로써 국토를 효율적으로 관리함과 아울러 국민의 재산권 보호에 기여함을 목적으로 한다.

주요 내용으로는 국토교통부장관은 지적재조사사업을 효율적으로 시행하기 위하여 미리 공청회를 개최하여 관계 전문가 등의 의견을 듣고, 시·도지사에게 송부하여 의견을 들은 후 중앙지적재조사위원회의 심의를 거쳐 지적재조사사업에 관한 기본방향 등이 포함된 기본계획을 수립하도록 하고, 지적소관청은 기본계획을 통지받았을 때에는 지적재조사사업의 시행자 등이 포함된 지적재조사사업에 관한 실시계획을 수립하도록 한다.

지적소관청은 실시계획을 수립하여 사업지구 안 토지소유자 총수의 3분의 2 이상과 토지면적 3분의 2 이상에 해당하는 토지소유자의 동의를 받아 시·도지사에게 사업지구 지정을 신청하도록 하고, 사업지구의 지정고시가 있었던 날부터 2년 내에 일필지조사 및 지적재조사측량을 시행하지 않았을 때에는 사업지구의 지정 효력을 상실한다. 지적소관청은 사업지구 지정고시가 있으면 그 사업지구의 토지를 대상으로 일필지조사를 하여야 하며, 일필지조사는 지적재조사측량과 병행하여 실시할 수 있다. 사업지구 안의 토지소유자는 토지소유자 총수의 2분의 1 이상과 토지면적 2분의 1 이상에 해당하는 토지소유자의 동의를 받아 토지소유자협의회를 구성할 수 있도록 한다.

지적소관청은 토지의 실제 현황과 기존의 지적공부상의 경계가 일치하지 않는 경우 첫째, 지상경계에 대하여 다툼이 없는 경우 토지소유자가 점유하는 토지의 현실경계, 둘째, 지상경계에 대하여 다툼이 있는 경우 등록할 때의 측량기록을 조사한 경계, 셋째, 지방관습에 의한 경계로 설정하고, 위와 같이 경계설정을 하는 것이 불합리하다고 인정하는 경우에는 토지소유자와의 합의 등에 의하여 지적재조사를 위한 경계를 설정하고, 경계가 설정되면 지체 없이 임시경계점표지를 설치하고 지적재조사측량을 실시하도록 하며, 경계결정위원회의 의결에 따라 경계를 결정하고, 경계결정위원회의 결정에 이의가 없을 때에는 이를 확정하도록 하였다. 경계 확정으로 지적공부상의 면적이 증감된 경우에는 시·군·구 지적재조사위원회의 심의를 거쳐 조정금을 산정하여 징수하거나 지급하도록 하였으나 국·공유지 행정재산의 조정금은 대상에서 제외하였다. 그리고 조정금에 관한 권리는 5년간 행사하지 아니하면 시효의 완성으로 소멸한다.

지적재조사사업에 관한 주요정책을 심의·의결하기 위하여 국토교통부장관 소속 하에 중앙지적재조사위원회를 두고, 시·도의 지적재조사사업에 관한 주요정책을 심의·의결하기 위하여 시·도지사 소속하에 시·도 지적재조사위원회를, 시·군·구의 지적재조사사업에 관한 주요 정책을 심의·의결하기 위하여 지적소관청 소속 하에 시·군·구 지적재조사위원회를 둘 수 있도록 하였고, 경계에 따른 사항 등을 의결하기 위하여 지적소관청 소속으로 경계결정위원회를 두도록 하였다.

그리고 기본계획의 입안, 지적재조사사업의 지도·감독, 기술·인력 및 예산 등의 지원을 위하여 국토교통부에 지적재조사기획단을 두고, 시·도계획의 입안, 지적재조사사업의 지도·감독, 기술·인력 및 예산 등의 지원을 위하여 시·도에 지적재조사지원단을, 실시계획의 입안, 지적재조사사업의 시행, 사업대행자에 대한 지도·감독 등을 위하여 지적소관청에 지적재조사추진단을 둘 수 있도록 하였다.

4) 외국의 지적법규[25)]

외국의 지적제도의 발달은 11세기 전·후로 과세대장과 연결되는 Domesday Book에서 현대의 LIS(Land Information System)에 이르는 과정으로 볼 수 있다. 즉, 과세대장, 과세도 → 지적도, 증서등록 → 권원등록제도, 다목적 지적, 토지정보시스템 등으로 변화·발전되는 과정 속에 각국의 지적제도의 변화모습으로써 설명된다. 근세유럽의 지적제도는 프랑스의 지적을 효시로 하여 1800년대 초에 완성되었으며, 이어 네덜란드, 스위스, 독일 등으로 전파되어 1900년까지 근대지적제도로 발전하였으며, 이들 나라에서는 지적측량과 지적조사를 통하여 대축척 도면과 대장을 작성하고 소유권의 한계를 지적도로서 복원능력을 갖도록 하였다.[26)] 동양의 경우 일본이 1867년 명치유신을 통해 가장 먼저 근대화한 이후 1872년에 토지매매양도에 관한 지권도방규칙과 토지소유권규칙을 제정하고, 이를 기초로 근대적인 지적제도를 구축한 후 식민지 정책의 일환으로 대만과 우리나라에 근대적인 제도를 전파하였다.

(1) 프랑스

프랑스는 근대적인 지적제도를 최초로 창설한 국가로서 오랜 역사와 전통을 간직하고 있을 뿐만 아니라 근대적인 지적제도의 효시라고 일컬어지는 나폴레옹 지적(cadastral napoleonien)은 세지적의 대표적인 사례로 꼽히고 있다.

프랑스의 지적제도의 창설은 1804년 공화국의 초대 황제로 즉위한 나폴레옹이 1807년에 나폴레옹지적법(napoleonien cadastre act)을 제정하고 1808년부터 1850년까지 군인과 측량사를 동원하여 전국에 걸쳐 실시한 지적측량성과에 의하여 완성되었으며 토지에 대한 공평한 과세와 소유권에 관한 분쟁을 해결하기 위하여 창설되었다.

프랑스의 지적관련법령은 민법(droit prive)과 지적법(loi cadastre)이라고 할 수 있으며, 1807년에 나폴레옹지적법(napoleonien cadastre act)을 제정하여 37개 조문으로 구성되어 있었다. 그러나 1955년에 지적법을 개정하여 지적재조사, 지적수정, 지적개조, 경계

25) 김영학·이왕무·이동현·김남식, 「지적학」, 화수목, 2015, pp.144-157; 류병찬, 전게서, 「최신 지적학(제1전정판)」, pp.502-569. 내용 발췌·정리함.

26) 김영학·이왕무·이동현·김남식, 전게서, p.144.

확정위원회, 측량도면의 작성 등에 관한 사항을 규정하였다.

지적법은 제1장 지적재조사(제1절 총칙, 제2절 지적수정, 제3절 지적개조, 제4절 수입·지출회계), 제2장 지적의 관리 등 총 55개 조문으로 구성되어 있다.[27)]

(2) 네덜란드

네덜란드의 지적제도는 1811년에서 1838년 사이에 지적제도가 창설되었다. 즉, 1811년에 프랑스의 영향으로 세지적 구축을 추진하였고 1812년 토지필지의 사용자와 소유자를 정리하는 측량을 시작하였다. 나폴레옹의 패전 이후 네덜란드는 독립되었고, 윌리엄 왕은 세지적을 기반으로 토지와 건물의 세금 부과를 위한 시스템 구축을 지속적으로 추진하여 1938년에 이르러 토지조사사업이 완료되었으며, 전국을 포함하는 세지적이 마련되었다. 네덜란드의 지적제도는 창설 당시부터 지적과 등기가 통합된 상태로 출발하였기 때문에 일반적으로 지적이라고 하면 등기를 포함하는 개념으로 존재한다.

네덜란드의 지적관련법령은 민법(burgerlijk wetboek)과 지적법(kadaster wet)으로 지적법은 1994년에 전문 개정하여 같은 해 5월 1일부터 시행하고 있으며, 토지와 건축물을 포함한 부동산의 등록·공시와 관련된 부동산등록부·지적도·경지정리·도시계획·좌표망·대축척지형도 작성 등에 관한 사항을 규정하고 있을 뿐만 아니라 선박·항공기 등의 등록·공시에 관한 사항도 규정하고 있다.[28)]

지적법은 제1장 총칙, 제2장 등기부, 제3장 토지등록부·도면 및 좌표망, 제4장 등기부와 지적도의 변경정리 및 공시, 제5장 선박등록부, 제6장 항공기등록부, 제7장 세입과 수수료, 제8장 부칙 등 총 118개 조문으로 구성되어 있다.[29)]

(3) 독일

독일의 지적제도(real estate cadastral systems)는 1801년 바바리아(bavaria) 지방에서 지적측량을 시작하여 1864년에 완성되었으나 전국적인 지적제도는 1870년에 측량에 착수하여 1900년에 완료함으로써 확립되었다. 1900년 이래로 일반 사법이 전 국토에 적용되었고, 이런 맥락에서 전 국토에 대한 토지등록제도가 구축되었으며, 토지등록제도는 토지 및 건물에 대한 소유권의 모든 권리와 다른 권리를 담고 있다. 독일의 지적제도는 19세기에 세지적을 목적으로 출발하였으나 점차 다목적 지적의 기능으로 개선하고 있으며, 지적개선

27) 상게서, p.146.; 류병찬, 전게서, 「최신 지적학(제1전정판)」, p505.
28) 김영학·이왕무·이동현·김남식, 상게서, p.151.
29) 류병찬, 전게서, 「최신 지적학(제1전정판)」, p.534.

사업은 지적전산화사업을 통하여 수행하고 있다. 지적제도는 토지정보시스템(LIS)과 지리정보시스템(GIS)의 토대가 되고 있으며, 독일 전역의 모든 토지와 건물을 포함한 부동산을 등록·관리하는 부동산지적제도(real estate cadastre)로 발전되고 있다.

지적관련 법령은 민법(burgerlichesgesetz), 지적법(katastergesetz), 토지측량법(land esvermessungsgesetz), 지적 및 측량법(kataster and vermessungsgesetz)과 부동산등기법(grundbuchordnung) 등이 있으며, 니더작센 주의 경우에는 공공측량사법을 별도로 제정하여 지적측량을 집행하는 공공측량사자격을 엄격히 통세·관리하고 있다.[30)]

(4) 일본

일본의 근대적인 지적제도는 1867년 명치유신 이후 1872년 2월에 "토지매매양도(土地賣買讓渡)에 대한 지권도방규칙(地劵渡方規則)"을 제정하고 토지거래금지령을 해제하여 토지의 개인소유와 거래의 자유를 인정하게 되면서 비롯되었다. 그리고 지조제도(地租制度)를 확립하기 위하여 납세의무자의 표시·토지소유권의 증명·토지매매의 수단이라는 기능을 가지는 지권의 교부 이서가 토지소유권이전의 효력 발생요건으로 규정함으로써 지적제도를 창설하게 되었다. 토지조사는 농경지, 시가지, 산림, 원야의 순으로 실시되었으며, 1876년부터 1877년경에 농경지와 시가지 조사를 완료하였고, 1880년 전국을 완료하였다. 1884년 지조조례(地租條例)를 제정하고 측량방법, 토지이동 신청절차 등을 규정함으로써 지적제도를 확립하였으며, 1887년 지권을 폐지하고 토지대장을 새로이 신설하였다. 1890년 부동산등기법을 제정하여 보존등기 시에 소관청에 통지하고, 토지이동 시에 등기소에 통지하여 변경·정리하였다. 그 후 1960년 부동산등기법을 개정하여 토지대장과 등기부를 통합하는 일원화를 착수하여 1966년 완료하였다.

일본의 지적관련법령은 부동산등기법·국토조사법·국토조사촉진특별조치법 및 측량법(1949.6.3 법률 제188호) 등으로 구분할 수 있다.[31)]

(5) 대만

대만은 1895년 청일전쟁 이후 일본에 할양되어 1945년까지 일본의 식민지에 속해 있었다. 1897년 7월 지적규칙과 토지조사규칙을 제정·공포하고 동년 9월 토지조사국 관제를 공포하여 임시대만토지조사국을 설치한 후 1898년부터 토지조사에 착수하여 외업은 1902년 9월에, 내업은 1903년 2월에 각각 완료함으로써 1904년 3월 대만토지조사국은 폐지되었다.

30) 류병찬, 상게서, p.517.; 김영학·이왕무·이동현·김남식, 전게서, pp.149-150.
31) 류병찬, 상게서, p.548.; 김영학·이왕무·이동현·김남식, 상게서, pp.152-153.

1909년 9월 임야조사규칙을 공포하여 토지조사에서 제외된 토지를 대상으로 1914년까지 임야조사를 완료함으로 전국적 지적제도가 창설되었다. 대만정부 수립 2년 후인 1930년 6월 30일에 토지법을 제정·공포하여 지적사무와 부동산등기사무를 일원화하여 단일기관에서 수행하고 있다.

대만의 지적관련 법령은 토지법(1930.6.30. 국민정부공포, 1936.3.1. 시행)이라고 할 수 있으며, 같은 법 제9조의 규정에 의거·제정된 토지법시행법(1935.4.5. 국민정부공포, 1936.3.1. 시행)과 같은 법 제37조의 규정에 의거 제정된 토지등기규칙(1946.10.2. 지정서(地政署)공포, 동일 시행), 같은 법 제47조의 규정에 의거·제정된 지적측량실시규칙(1944.2.12 지정서공포) 등이 있다.

그리고 토지법시행법 제40조의 규정에 의거 제정된 토지건축개량물고가(估價)규칙(1946.10.28. 지정서공포, 동일 시행)과 지가조사고계(估計)규칙(1946.10.28. 지정서공포, 동일 시행)이 있고 지적측량실시규칙 제218조의 규정에 의거·제정된 토지복장변법(土地複丈辨法, 1982.8.12. 내정부발포)과 같은 규칙 제219조의 규정에 의거·제정된 건물측량변법(建物測量辨法, 1982.8.12. 내정부발포)이 있다.

그 외에 측량표설치보호조례, 실시항측촬영규칙, 대만지구기본도측제(測製) 관리규칙 등의 규정을 제정하여 지적행정을 운영하고 있다.

2 지적측량

1) 지적측량의 의의

(1) 의의

지적측량은 “지적(地籍)”과 “측량(測量)”의 합성어이다. 따라서 “지적측량”의 의미를 정확히 이해하기 위해서는 지적과 측량, 각각의 의미를 명확히 파악해야 한다. 특히, 현대사회의 지적은 고대사회의 지적에 비해 매우 확장된 개념으로 자리 잡고 있다. “측량”(測量, surveying)은 서양에서의 ㉮ 포괄적이고 광범위한 조사(view)와 ㉯ 지도나 지적도를 제작하기 위하여 측정(measurement)작업에 의하여 자료를 구하는 것의 의미를 함께 가지고 있다.[32] 그러나 동양에서는 ‘측량’이라는 말은 예로부터 널리 쓰이던 “측천양지(測天量地)”의

32) 강태석, 「지적측량학」, 형설출판사, 1994, p.3.

줄임말로서 하늘을 재고 땅을 헤아린다는 뜻으로 땅의 위치를 별자리에 의하여 정하고 그 정해진 위치에 의하여 땅의 크기를 결정한다는 의미이며, 지구 및 우주공간상에 존재하는 모든 점들 간의 상호위치 관계를 규명하는 것을 말한다. 또한 「공간정보의 구축 및 관리 등에 관한 법률」에서 "「지적측량」이란 토지를 지적공부에 등록하거나 지적공부에 등록된 경계점을 지상에 복원하기 위하여 필지의 경계 또는 좌표와 면적을 정하는 측량을 말하며, 지적확정측량 및 지적재조사측량을 포함한다."라고 규정되어 있다.

이상에서 정의된 용어를 종합하면 지적측량은 국토를 효율적으로 관리하기 위한 기본 자료인 토지의 표시사항에 해당하는 토지의 소재, 지번, 지목, 면적, 경계와 소유자 등의 토지에 관한 정보를 수집하는 일이다. 또한 지적측량은 토지에 대한 물권이 미치는 한계를 밝히기 위한 행위 중 하나로서, 토지를 지적공부에 등록하거나 지적공부에 등록된 경계점을 지상에 복원하기 위하여 각 필지의 경계 및 좌표와 면적을 결정하는 측량으로 국가의 행정행위인 기속측량(羈束測量)이다. 여기서 "지적공부"란 토지대장, 임야대장, 공유지연명부, 대지권등록부, 지적도, 임야도 및 경계점좌표등록부 등 지적측량 등을 통하여 조사된 토지의 표시와 해당 토지의 소유자 등을 기록한 대장 및 도면(정보처리시스템을 통하여 기록·저장된 것을 포함한다)을 말한다. 결론적으로 현대사회에서의 지적측량은 토지에 관한 포괄적인 정보를 제공할 수 있는 다목적지적 요소를 취득하고, 법률적인 토지단위인 일필지의 경계, 토지소유권의 한계 등을 정확하게 표시하는 기술로서, 지적공부에 등록할 경계 및 좌표와 면적을 결정하기 위하여, 그리고 등록된 사항을 지표상에 표시하기 위하여 실시하는 모든 측량이라고 할 수 있다.

(2) 목적

지적측량은 토지에 대한 물권을 확정하여 지적공부에 등록 공시하고, 공시된 물권을 현지에 복원함으로써 관념적인 소유권을 실체적으로 특정하여 물권의 소재를 명확히 하는데 그 목적이 있다. 또한 지적측량은 소관청이 직권으로 조사하거나 토지소유자 또는 이해관계인의 신청에 의하여 시행하고 필지별 경계와 좌표, 면적을 소관청이 결정하여 지적공부에 등록한다. 따라서, 지적측량의 목적은 ㉮ 토지를 지적공부에 등록하는 경우와 ㉯ 지적공부에 등록된 경계를 지표, 즉 실지상에 복원하는 경우로 구분할 수 있으며 관련 내용은 아래와 같다.

① 토지의 효율적인 관리와 소유권의 보호에 기여할 수 있는 토지경계를 결정하는 측량

② 각 필지의 경계의 위치와 면적을 결정하고 지적도와 실제 토지와의 동일성을 나타내 주는 측량

③ 토지에 관한 전반적인 정보를 제공할 수 있는 포괄적인 다목적 지적측량
④ 토지를 지적공부에 등록하는 측량
⑤ 지적공부에 등록된 경계를 지표에 표시하는 측량
⑥ 자연적인 토지의 형상보다는 법률적인 토지단위인 일필지의 경계와 토지소유권의 한계 등을 정확하게 표시하는 측량
⑦ 일필지 내의 건축물과 지하시설물의 상호관계를 나타낼 수 있는 측량

(3) 지적측량의 대상

지적측량의 목적에서 밝힌 바와 같이 지적공부에 등록할 경계의 설정과 복원을 위한 측량 및 경계에 관련하여 관계위치를 밝히는 측량은 모두 지적측량의 대상이 된다. 지적측량은 일필지가 성립하거나 일필지 경계 내에서 변화를 측정한다고 할 수 있다.[33)]

지적측량은 토지에 관하여 지형·지물과 같은 자연적인 것보다는 경계, 지목, 소유자 등과 같은 인위적인 내용을 주로 하여 작업하게 되는 것으로 그 방법에 있어서는 측량학적인 일반적인 기법들이 활용될 수 있으며, 어떤 경과에 어떤 절차에 따라서 측정하는지는 각국의 지적관련법령에 의해서 결정된다고 할 수 있다.

① 지적공부에 새로이 등록할 토지가 생긴 때
② 멸실된 지적공부를 복구할 때
③ 임야대장에 등록된 토지를 토지대장에 옮겨 등록할 때
④ 일필의 토지를 2필 이상으로 분할할 때
⑤ 지적도 또는 임야도의 축척을 변경할 때
⑥ 지적측량 기준점의 표석 또는 표지를 설치할 때
⑦ 지적공부의 등록사항을 정정하기 위하여 필요한 때
⑧ 도시개발사업 등이 완료되어 토지의 표시를 새로이 정하고자 할 때
⑨ 토지의 경계를 좌표로 등록할 때
⑩ 지적측량수행자가 행한 측량을 소관청이 검사할 때
⑪ 지적공부에 등록된 경계를 지상에 복원할 때
⑫ 지상구조물 또는 지하시설물의 위치를 지적공부에 등록된 필지의 경계와 대비하여 표시하려 할 때
⑬ 지적재조사특별법에 따른 지적재조사사업에 따라 토지의 표시를 새로 정하고자 할 때

33) 강태환, 「지적세부측량」, 한올출판사, 2002, p.7.

2) 지적측량의 발달 역사

(1) 지적측량의 기원

지적측량은 고대로부터 유래돼왔지만 '측량하다'라는 용어는 비교적 최근세(最近世)에 그 기원을 두고 있다. 영국에서는 중세 봉건시대의 장원에서 토지의 감독관이었던 사람이 토지의 경계선을 둘러보고 그 토지를 조사하는 업무를 담당하였으며, 토지를 측량한다는 의미는 갖지 못했으나 토지관리 업무의 진전, 토지의 평가, 경작 지정 등의 업무의 수행과 측량이 필요하게 되었다.

16세기 이후에는 이러한 업무가 상당한 발전을 이루어 토지를 감독하던 업무로부터 토지의 측량과 토지의 평가업무로 그 영역이 발전되었다.

동양에서 '측량'이라는 용어는 앞에서도 언급한 바와 같이 예로부터 널리 쓰이던 '측천양지'의 줄임말이다. 측천양지라 하면 그 뜻이 하늘을 재고 땅을 헤아린다는 것이다. 다시 말해서 하늘을 잰다함은 우주의 섭리와 만물이 나고 죽는 자연의 이치를 깨달아 인간성을 회복함을 말하며, 우주는 원래 상하사방(上下四方) 고왕금래(古往今來)를 뜻하는 것으로서 이는 실로 현재 인류가 인식할 수 있는 사물이나 현상은 물론 인류의 지혜로서 인식하지 못할 범위까지도 해당한다. '하늘을 잰다'함은 해와 별이 뜨고 달이 기우는 원리 등을 파악하는 천문학을 의미하며 '땅을 헤아린다'함은 토지의 크기를 재어 국토를 관리할 수 있는 기술을 뜻한다.

(2) 서양의 지적측량

서양에서의 측량의 기원은 상당히 오래되어 B.C. 3천년 경 고대 이집트의 나일강 하류에서 경작하던 농토가 홍수에 범람하여 토지의 경계가 유실됨에 따라 이를 다시 복원하기 위한 토지측량으로부터 시작된 것이다. 지적측량과 지적제도의 형태에 있어서 최초의 형태는 인류 문화의 발상지인 이집트의 나일강 유역, 티그리스강과 유프라테스 강 유역의 메소포타미아 농경정착지에서 찾아볼 수 있는데, B.C. 3천년 경의 바빌론과 고대 이집트에서 만들어졌던 토지 소유권에 관한 기록에서부터 찾아볼 수 있다. 이곳에선 이미 B.C. 3400년 전부터 길이 측량이 정상적으로 수행되었으며, 이러한 사실은 테베의 고분벽화에 줄자를 이용한 토지 측량의 모습과 기록부를 가진 관리들이 그려져 있는 것을 보아도 알 수 있다. 고대 이집트 문화에 대하여 역사학자들은 이때에 이미 이집트인들은 토지 소유권을 가지고 있었으며 토지가 부의 척도로 여겨지고 있었다고 한다.

자료 : 강태석, 「지적측량학」, 형설출판사, 1994, p.10.

[그림 6-2] 측량하는 모습(이집트 메나무덤 벽화)

초기의 이집트는 국왕 파라오와 성직자들의 재정을 주로 토지세에 의존하였다. 이러한 과세 목적을 위하여 경계를 표시하고 토지를 측량하였으며, 수메르 지방의 유적에서 발굴된 점토판을 보면 B.C. 1200년경 메소포타미아에서의 토지 과세 기록과 마을지도, 넓은 면적의 토지도면, 면적 계산 그리고 특히 토지 소유 및 경계 분쟁에 대한 법정 판결 등이 주요 내용으로 포함되어 있다.

고대 로마 사람들은 주로 토지과세정책을 지원할 목적으로 정교한 토지 기록체계를 확립하였으며, 3세기 말경에 로마의 디오크레티아누스(diocletianus) 황제는 세제개혁을 실시하기 위한 자료를 얻기 위해 로마 왕국의 토지 측량을 명하였다. 또한 A.D. 300년경부터는 로마에서 도시계획과 건설을 위해 토지측량기술의 혁신을 이룩하였고, 정기적으로 토지세를 부과하기 위한 과세기록을 작성하였으며 이를 위한 토지측량의 증거가 남아 있다.

그리고 기원전 수세기 동안에 그리스의 피타고라스는 지구의 외형이 둥글다고 주장하였고, 이를 전제로 에라토스테네스와 같은 학자들이 지구의 크기를 측량하였으며, 이러한 측량 업무는 오늘날 과학의 발달로 보다 전문화되고 세분화되어 그 영역이 급속도로 확대되고 있다.

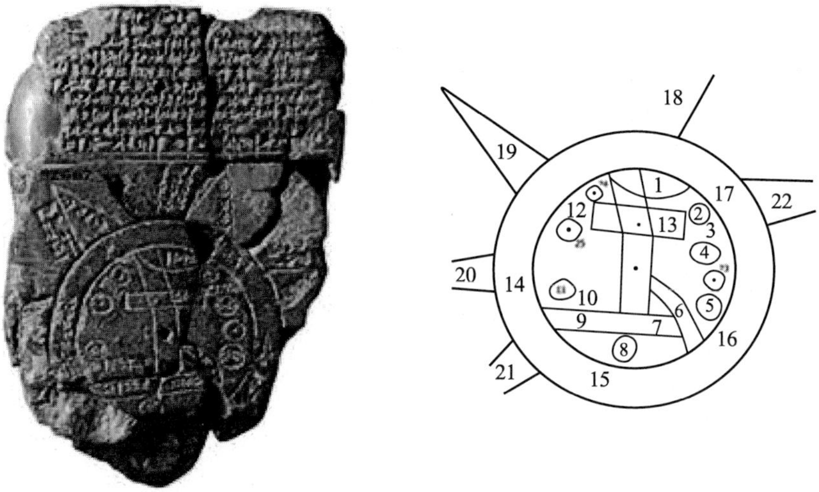

자료 : 구글 포털사이트 검색(https://www.google.com)

[그림 6-3] 점토판의 지도 Ⅰ(바빌론 세계지도)

자료: 구글 포털사이트 검색(https://www.google.com)

[그림 6-4] 점토판의 지도 Ⅱ(메소포타미아 주변 지도)

(3) 우리나라의 지적측량

① 고대, 중세 시대

고조선 시대에는 균형 있는 촌락의 설치와 토지 분급 및 수확량의 파악을 위해 정전제(井田制)가 시행되었다. 단기고사(檀奇古史)에 기록된 바를 보면 단군 조선의 최고 관직의 하나인 풍백(風伯)의 아래에 봉가(鳳加)가 있었으며 그 아래에 박사(博士)가 토지를 측량하고 지도를 제작하였다고 기록되어 있다. 또한 전토(田土)와 산야(山野)를 측량하여 조세율을 정하거나, 오경박사(五經博士) 우문충(宇文忠)이 토지를 측량하여 지도를 제작하였다는 기록이 있다.

삼국시대에는 지적제도에 관한 기록이 여러 곳에서 발견되는데, 고구려에서는 일찍이 길이의 단위에는 척(尺)을 사용했으며 면적 단위로서는 경무법(頃畝法)을 사용하고 구장산술(九章算術)에 의한 방전장(方田章)과 구고장(句股章) 등의 면적 측량법을 쓰기도 하였다. 경무법은 중국에서 사용한 면적 계산법으로 100보가 1무, 100무가 1경이며 1보의 길이는 나라마다 각각 조금씩 달랐다. 또한 주부(主簿)라는 직책을 두어 전부(田簿)에 관한 사항을 관장하게 하였다.

백제에서는 6좌평 중 내두좌평으로 하여금 국가의 재정을 맡도록 하고 이의 관할 하에 지적과 측량을 관리하는 산학박사가 있어 전문적 기술 사무에 종사하였으며, 토지의 면적은 두락제 또는 결부제에 의하여 측량하였고, 도적(圖籍)을 가지고 있었다. 또한, 백제에는 산사 (算師)가 있어 구장산술의 토지 측량방식, 즉 지형을 당시 측량술로 측량하기 쉬운 여러 형태로 구별하는 측량법을 행하고, 또 화사(畫師)가 있어 그림으로 지도나 지적도 등을 만들었다.

신라는 6부 중 조부(調部)에서 토지 세수를 파악하게 하였고 국학에 산학박사를 두어 고도의 수학 지식으로 토지 측량과 면적 측량에 관련된 사무에 종사하게 하였으며, 토지에 대하여 면적과 소재, 위치 등을 명확히 밝히는 토지 측량술이 발전했다.

고려 태조는 즉위와 동시에 토지 제도의 정비에 착수하였고 이의 정비에는 당나라의 토지제도를 모방하였다. 경종대에 이르러 본격적인 전제개혁(田制改革)에 착수하였고 현종, 덕종을 거쳐 문종대에 이르러 전지측량(田地測量)을 단행함으로써 토지 제도와 지적제도를 정비하기에 이르렀다. 급여하는 토지에 대하여는 전품에 따라 등급을 붙이고 보수로서 토지를 측량하며 이렇게 측량된 토지는 토지대장에 등록하여 토지 분급에 따르는 자료로 활용하였다. 면적 계산은 신라 제도를 이어 받아 고려사회에서 통용된 구장산술, 방전장의 수학 이론에 따라 보수(步數)를 계산하여 측정되었다.

조선시대의 토지 측량은 고려시대의 측량방식을 그대로 사용하였는데, 양전법은 고려 말과 같이 전(田)의 품격을 상, 중, 하 3등급으로 나누어 척수도 각각 다르게 계산하는 수등이척제를 사용하였다. 조선 후기인 1893년 이후 13년간은 새로운 토지등록제도인 지계(地契) 제도가 시행되어 근대적 토지공시제도의 과도기가 형성되었다가 1906년부터 한일병합 이전까지 약 5년간은 토지와 가옥에 대한 증명제도가 도입·시행되어 근대적 토지등록제도로서 자리 잡기 시작하였다.

② 근대 시대

가. 대한제국시대 지적측량

1898년 7월 6일 대한제국에서는 양전을 위한 독립기구로 양지아문을 설치하고 미국인 측량기사 크럼(Raymond Edward Leo Krumm)을 5년 기간으로 초빙하여 서울 시내의 측량을 수행하는 한편 기수보를 채용하고 견습생을 교육하여 전국 양전을 실시하였다. 업무량이 방대하고 기간이 장기화될 것을 대비하여 양무감리와 양무위원을 두고, 양무감리는 각 도에, 양무위원은 각 군에 파견하여 견습생을 대동하여 양전을 실시하도록 하였다. 또한 양지학교 및 대구, 평양, 전주 등에 양지과 출장소를 설치하여 기술자의 양성과 교육을 실시하였다.

자료 : 대한지적공사,「한국지적백년사」, 서울특별시 인쇄정보산업협동조합, 2005, p.14.

[그림 6-5] 미국인 측량기사 크럼의 측량 모습

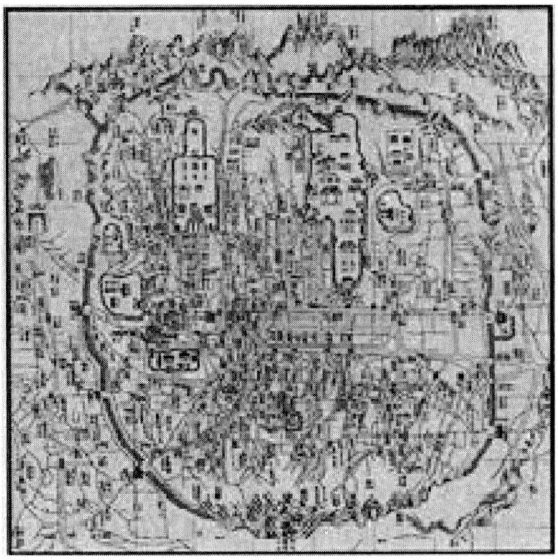

자료 : 대한지적공사, 「한국지적백년사」, 서울특별시 인쇄정보산업협동조합, 2005, p.14.

[그림 6-6] 한성부 지도(크럼 제작)

나. 일제 시대 지적측량

1910년부터 1924년까지 실시한 조선 토지조사사업과 조선 임야조사사업에 의하여 전국에 걸친 지적도와 임야도를 완성하였으며, 이보다 앞서 대한제국에서 1909년 11월 17일부터 1910년 2월 20일까지 경기도 부평군의 일부지역에서 구소삼각측량을 실시한 바 있다. 토지 조사에 있어서는 기초 측량과 일필지 측량을 실시하였으며, 이의 성과로서 지적도와 임야도가 작성되었다.

㉠ 지적도

초기의 지적도는 세부측량원도를 점사법 또는 직접자사법으로 등사하여 작성하고 정비작업은 수기법에서 활판인쇄를 하고 지번, 지목도 번호기를 사용하여 작성되었다. 지적도와 일람도는 당초에 켄트지에 그린 그대로 소관청에 인계하였으나 열람, 이동정리 등 사용이 빈번하여 파손이 생기므로 1917년 이후에는 지적도와 일람도에 한지를 배접하였으며 이전에 작성된 것도 모두 추가로 한지를 배접하여 사용하였다.

지적도에는 토지 소재, 지번, 지목, 경계가 등록되고 조사 지역외의 토지에 대한 물건의 부호는 활자로서 산(山), 해(海), 호(湖), 도(道), 천(川), 구(溝) 등으로 표기하였다.

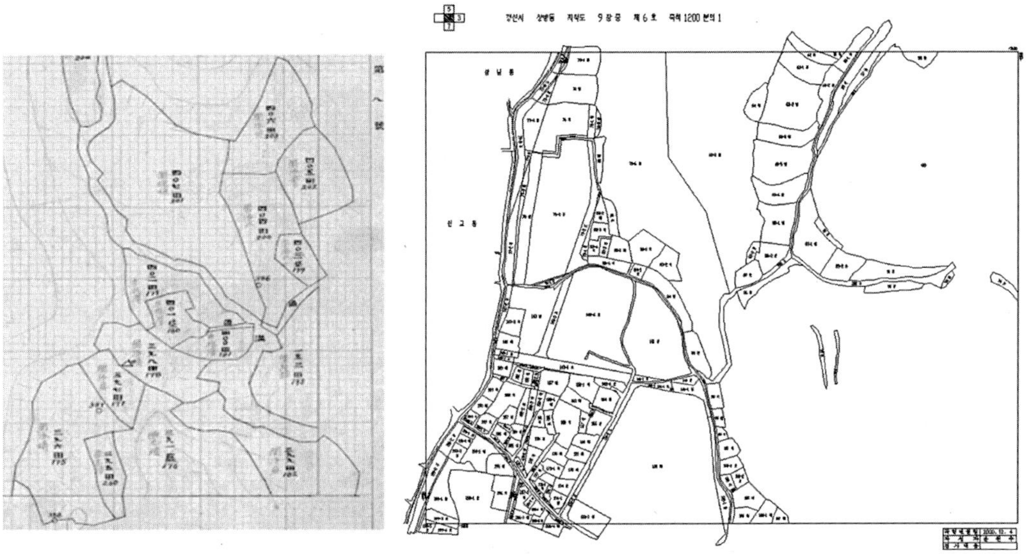

[그림 6-7] 일제 시대 지적도와 현대지적도

㉡ 임야도

임야도는 그 크기가 남북이 1척 3촌 2분(40cm), 동서가 1척 6촌 5분(50cm)이며 등록사항은 토지 소재와 지번, 지목, 경계이며 지적도 시행지역은 담홍색으로 표시하여 구분하였고, 하천은 청색, 임야 내 미등록 도로는 붉은색으로 그렸다. 또한 1/50,000 지형도를 임야도로 간주하여 시행하는 지역은 면적이 아주 넓은 국유임야 등에 대하여 적용하였다.

[그림 6-8] 일제 강점기 임야도와 현대임야도

㉢ 간주지적도

토지조사령에 의한 토지조사는 우리나라 전체를 대상으로 하였지만, 원칙적으로 산림지역(임야)은 제외하였기 때문에 지적도에는 산림지역의 토지는 하나도 등록되지 않았었다. 그런데 토지조사령에 의한 조사지역 밖의 산림지역도 지목이 전, 답, 대 등 지적도에 등록해야 할 토지가 있는 경우 이를 신규 측량한 후 지적도에 등록해야 하지만, 이러한 토지는 토지조사 시행지역에서 약 200간 이상 떨어진 곳에 위치하여 기존 지적도에는 등록할 수 없는 경우가 대부분이었다. 또한 새로 증보도를 만들려 해도 많은 노력과 경비가 들며, 도면의 매수만 늘어나서 취급이 불편하여지므로 산간 벽지 또는 섬 지방에서는 임야대장규칙에 따라 이미 비치되어 있는 임야도를 지적도로 간주하여 그 구역 안에 있는 것은 전, 답, 대 등 이른바 과세지라 하더라도 지적도에 신규 등록하지 않고 그 지목만을 수정하여 임야도에 그냥 존치하도록 하였다. 다만, 그에 대한 대장은 일반적인 토지 대장과는 별도로 작성하여 이를 "별책(別冊) 토지 대장", "을호(乙號) 토지 대장" 혹은 "산(山) 토지 대장" 등으로 불렀는데, 이와 같이 지적도로 간주하는 임야도를 "간주지적도"라고 한다.

3) 우리나라의 측량 기준

우리나라에서 측량의 기준으로 삼는 원점에는 경위도원점, 평면직각좌표원점, 구(舊)소삼각원점, 특별소삼각원점, 수준원점 등이 있다. 평면직각좌표원점은 지표상의 점을 도면상의 위치로 표시하는 평면직각좌표계에서 사용하는 원점으로 통일원점이라고도 한다.

(1) 경위도 원점

지구상의 여러 점들의 수평 위치를 나타내는 방법 중에서 경위도좌표계로 표시할 때, 경도와 위도의 기준이 되는 점을 경위도 원점이라고 한다. 정밀 천문측량, 위성측량 등의 방법에 의해 결정하며, 경위도 원점은 한 나라에 있어서 모든 점들의 수평위치의 기준이 된다. 국토지리정보원은 1981년부터 1985년까지 5년에 걸쳐 대한민국 경위도원점 설치를 위한 정밀천문관측을 실시하여 국토지리정보원 고시 제57호(1985.12.27.)로 그 값을 정하였고, 2001년 12월 29일 측량법이 개정(법률 제6532호)되어 측량의 기준으로 세계측지계를 채용하고 시행령의 개정에 따라 최신 우주측지기술을 이용하여 새로운 경도, 위도 및 방위각을 결정하였다. 또한 세계측지계에 따른 우리나라 모든 측량 및 위치결정의 기준을 규정하여 새로운 측지계의 효율적 구현을 도모하였으며 국제측지 VLBI(Very Long Baseline

Interferometry) 관측을 실시하여 2002년 경위도 원점의 세계측지계 좌표를 산출하였다.

〈표 6-1〉 우리나라의 경위도 원점의 제원

구 분	내 용
소재지	수원시 영통구 월드컵로 92 국토지리정보원 구내
경 도	127° 03′ 14.8913″E
위 도	37° 16′ 33.3659″ N
원방위각	165° 03′ 44.538″ : 원점으로부터 진북을 기준으로 우회측정, 우주측지관측센터에 있는 위성기준점 안테나 참조점 중앙
연 혁	1981년 08월~1985년 10월 : Wild T-4에 의한 천문측량 실시 1985년 12월 27일 : 측지원자 성과(Bessel) 고시 - 국립지리원 고시 제57호 경도 : 127° 03′ 05.1452″E 위도 : 37° 16′ 31.9034″N 방위각 : 179° 58′ 18.190″(동학산) 1995년 10월 16일 : 세계측지계 구현을 위한 VLBI 관측 2002년 06월 29일 : 경위도원점의 세계측지계 좌표 산출

(2) 평면직각좌표원점

평면직각좌표원점 서부, 중부, 동부원점은 1910년 토지조사사업을 위하여 정한 원점이고, 동해원점은 2003년 측량법에서 새로이 규정한 원점으로 TM투영평면상에서 원점을 지나는 자오선을 X축, 원점을 지나면서 X축에 직교하는 동서방향의 선을 Y축으로 하며, 지상에 표석이 없는 가상의 원점이다. 지표면상 각 점의 평면직각좌표는 TM(Transverse Mercator)투영방법으로 표시하고, X축은 좌표계 원점의 자오선에 일치하여야 하고, 진북방향을 정(+)으로 표시하며, Y축은 X축에 직교하는 축으로서 진동방향을 정(+)으로 한다. 세계측지계에 따르지 아니하는 지적측량의 경우에는 가우스상사이중투영법으로 표시하되, 직각좌표계 투영원점의 가산(加算) 수치를 각각 X(N) 500,000m(제주도지역 550,000m), Y(E) 200,000m로 가산하여 사용한다.

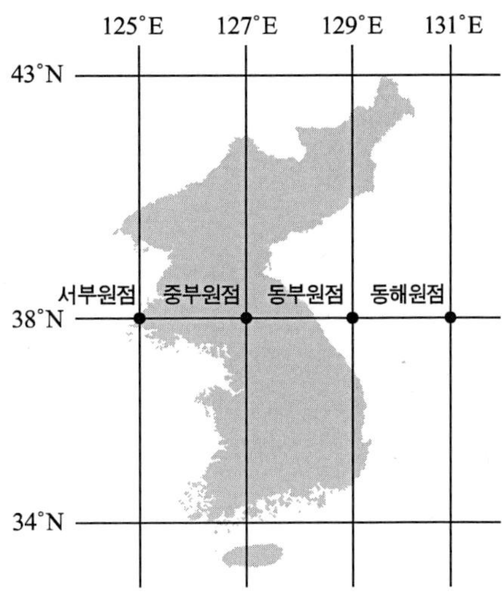

[그림 6-9] 평면직각좌표계

〈표 6-2〉 평면직각좌표계 원점(통일 원점)

명칭	원점의 경위도	투영원점의 가산(加算) 수치	원점축척계수	적용 구역
서부원점	동경 125° 북위 38°	X(N) 600,000m Y(E) 200,000m	1.0000	동경 124°~126°
중부원점	동경 127° 북위 38°	X(N) 600,000m Y(E) 200,000m	1.0000	동경 126°~128°
동부원점	동경 129° 북위 38°	X(N) 600,000m Y(E) 200,000m	1.0000	동경 128°~130°
동해원점	동경 131° 북위 38°	X(N) 600,000m Y(E) 200,000m	1.0000	동경 130°~132°

(3) 구소삼각원점

구 한국정부에서 대삼각측량을 거치지 못하고 독립적으로 일부지역에 한하여 소삼각측량을 실시하였는데, 경인 및 대구지역에 11개의 원점이 있으며, 측량지역으로는 27개 지역이다. 거리 단위는 간(間)과 미터(m)로 하였고, 원점은 측량지역의 중앙에 위치하고 좌표가 종선(X)=0, 횡선(Y)=0으로 하였기 때문에 종횡선 수치에 정·부(+, −)의 부호가 있으며, 1975년 지적법개정으로 전부 m 단위로 수정하였다. 천문측량을 바탕으로 삼각점에서 북극성의 최대이각(Elongation)을 측정하여 진자오선과 방위각을 결정하였다.

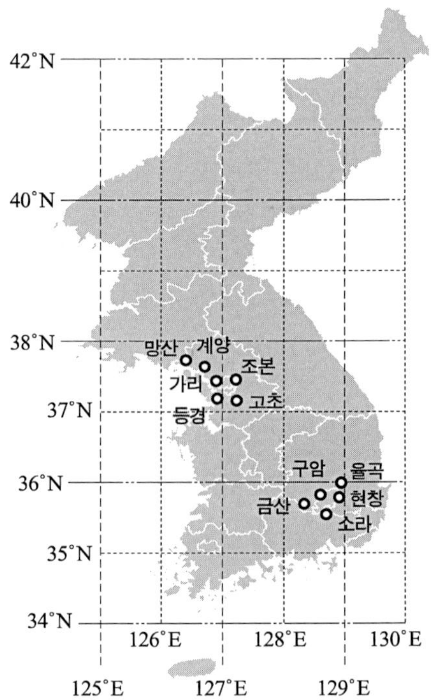

[그림 6-10] 구소삼각원점

구소삼각원점을 이용한 지적측량성과를 사용할 경우에는 구소삼각원점을 사용하는 지역 중 조본원점·고초원점·율곡원점·현창원점 및 소라원점의 평면직각종횡선수치의 단위는 m로 한다. 그러나 구소삼각점을 사용하는 지역 중 망산원점·계양원점·가리원점·등경원점·구암원점 및 금산원점의 평면직각종횡선 수치의 단위는 간(間)으로 한다.

〈표 6-3〉 구소삼각원점의 경위도 좌표

구분	원점 명	위 도	경 도	실시지역
미터 (m)	조본원점	37°26′35.262″N	127°14′07.397″E	경기(성남, 광주)
	고초원점	37°09′03.530″N	127°14′41.585″E	경기(용인, 안성)
	율곡원점	35°57′21.322″N	128°57′30.916″E	경북(영천, 경산)
	현창원점	35°51′46.967″N	128°46′03.947″E	대구, 경북(경산)
	소라원점	35°39′58.199″N	128°43′36.841″E	경북(청도)
간 (間)	망산원점	37°43′07.060″N	126°22′24.596″E	인천(강화)
	계양원점	37°33′01.124″N	126°42′49.685″E	경기(부천, 김포), 인천
	가리원점	37°25′30.532″N	126°51′59.430″E	경기(안양, 시흥, 광명), 인천
	등경원점	37°11′52.885″N	126°51′32.845″E	경기(수원, 화성, 평택)
	구암원점	35°51′30.878″N	128°35′46.186″E	대구(달성)
	금산원점	35°43′46.532″N	128°17′26.070″E	대구(달성), 경북(고령)

(4) 특별소삼각원점

1912년 임시토지조사국에서 시가지 지세를 급히 징수하여 재정 수요를 충당할 목적으로 대삼각측량을 끝내지 못한 지역에 대하여 독립된 특별 소삼각측량을 실시하였으며, 나중에 이를 통일원점지역의 삼각점과 연결하였다. 천문측량을 실시하여 방위각을 결정하고 원점의 위치는 지역의 서남단에 위치하나 현재 성과표에 나타나있지 않는다. 원점의 좌표는 종선(X)=10,000m, 횡선(Y)=30,000m로 가산 수치를 적용하였고, 측정단위는 m 단위를 사용하고 구과량을 고려하여 실시하였다. 실시지역으로는 평양, 의주, 신의주, 진남포, 전주, 강경, 원산, 함흥, 청진, 경성, 나남, 회령, 마산, 진주, 광주, 목포, 나주, 군산, 울릉 등 19개 지역이다. 특별소삼각측량 실시 내용은 아래와 같다.

① 특별소삼각점의 1등점 점간거리는 2~4km, 2등점 점간거리는 1~2km로 하였다.

② 기선 길이는 0.4~1.0km로 하였으며, 사용기계는 20초독 경위의를 사용하였다.

③ 수평각의 관측은 1, 2등 모두 정반 3측회로 하였으며, 수직각의 관측(1등점)은 정·반 관측하여 평균치를 채택하고 공차를 40초로 하였다.

4) 지적측량의 분류

(1) 도해지적측량

도해지적은 각 필지의 경계점을 측량하여 지적도나 임야도에 일정한 축척의 그림으로 묘화하는 방식으로 토지 경계의 효력을 도면상에 등록된 경계선에 의존하는 제도이다.

① 장점

㉠ 현장에서 직접 작성되므로 누락으로 인한 재측량을 실시할 필요가 없고 내업에서 시간이 절약된다.

㉡ 측량결과를 현장에서 직접 제도하므로 측량 오차를 발견하기가 쉽고, 즉시 수정이 가능하다.

㉢ 측량방법이 간단하고 계산 및 제도 등의 내업이 적어 작업이 신속하다.

㉣ 현장에서 측량방법(도선법, 방사법, 교회법)을 선택할 수 있다.

㉤ 측량장비가 간편하고 사용이 편리하다.

② 단점

㉠ 축척에 따라 허용오차가 다르다.

㉡ 온도의 변화에 의해 도면의 신축이 발생하고 보관·관리가 어렵다.

㉢ 도면에 의해 측량을 실시하므로 측량의 정도가 낮고 현장에서 기후의 영향을 많이 받는다.

③ 사용기구

㉠ 측판: 삼각 위에 고정시켜 그 표면위에 측량용 종이 도면을 올려놓고 측정한 결과를 그리는 판으로 평판이라고도 한다.

㉡ 측각: 측판이 움직이지 못하도록 고정하는 장치

㉢ 앨리데이드: 평판 위에 올려놓고 지상의 목표 방향을 정하는 측량기구로, 간접적으로 거리 및 고저차를 구할 수도 있으며 조준의라고 한다.

㉣ 구심기: 지상의 측점을 평판 위에 일치시키는 방법과 측판 위의 점과 지상의 실점을 정확하게 연직선상에 있도록 하기 위해 사용하는 기구

(2) 수치지적측량

수치지적측량이란 토지의 경계를 수학적인 좌표로 표시하는 지적제도로 각 필지의 경계점을 평면직각종횡선좌표로 표시하며, 경계점 좌표는 경계점좌표등록부에 등록한다.

① 장점

㉠ 좌표를 이용한 자동제도방식에 의한 지적도 작성이 가능하다.

㉡ 측량이 신속하며 컴퓨터를 이용한 내업이 간편하여 경제적이다.

㉢ 좌표에 의해 실지와 1:1 복원이 가능하며 도해지적에 비해 정확도가 높다.

② 단점

㉠ 등록 당시의 기준점 사용 여부에 따라 정확도에 영향을 받는다.

㉡ 측량장비가 고가이다.

㉢ 측량사의 전문 지식이 요구된다.

③ 사용기구

㉠ 토털스테이션 : 전자기파를 이용하여 거리와 각도를 관측하고 위치를 결정하는 장비

㉡ 위성측량용 GNSS수신기 : 위치를 알고자 하는 점에 GNSS수신기를 세우고 GNSS 위성으로부터 전달되는 전자기파를 수신하여 설치된 수신기의 위치를 결정하는 장비

〈표 6-4〉 도해지적측량 및 수치지적측량의 비교

구분	도해지적(측량)	수치지적(측량)
장점	· 육안으로 판별하기가 쉬움 · 도면작성이 간편 · 측량기간이 짧고 장비가 저렴하여 경제적 · 고도의 기술을 요하지 않음	· 자동제도방식에 의한 지적도 작성 가능 · 측량 신속, 컴퓨터를 이용한 내업이 간편 · 축척 제한 없이 도면 작성이 가능 · 도해지적에 비해 정확도가 높음
단점	· 축척에 따라 허용오차가 다름 · 도면의 신축 방지와 보관·관리가 어려움 · 인위적, 기계적, 자연적 오차가 많이 발생 · 수치지적에 비해 정밀도가 낮음	· 등록 당시 기준점에 따라 정확도에 영향을 받음 · 고가의 측량장비 · 측량사의 전문지식이 요구됨
도입 시기	1910년	1975년
기준	지적도, 임야도 기준	경계점좌표등록부 기준
오차	$\frac{3}{10}$ M(mm); 여기서, M은 축척분모수	10cm
방법	평판측량(방사법, 도선법, 교회법 등)	경위의측량, 위성측량, 전자평판측량 등
	전자평판측량은 지적도면전산화로 인하여 도해지적과 수치지적에서 공통적으로 사용하고 있는 방법임	

5) 지적측량의 구분

(1) 기초측량

지적측량을 할 경우, 보다 정확한 위치결정을 위하여 필요할 때 우선적으로 기준점으로 삼기 위한 지적기준점(지적삼각점, 지적삼각보조점, 지적도근점)을 설치하고 각 점의 위치를 파악하기 위해 국가기준점을 기준으로 측정하는 측량이다.

① 지적삼각측량 및 지적삼각보조측량

지적삼각점측량·지적삼각보조점측량은 다음 각 호의 어느 하나에 해당하는 경우에 실시한다.

㉠ 측량지역의 지형상 지적삼각점이나 지적삼각보조점의 설치 또는 재설치가 필요한 경우
㉡ 지적도근점의 설치 또는 재설치를 위하여 지적삼각점이나 지적삼각보조점의 설치가 필요한 경우
㉢ 세부측량을 하기 위하여 지적삼각점 또는 지적삼각보조점의 설치가 필요한 경우

② 지적도근점측량

지적도근점측량은 다음 각 호의 어느 하나에 해당하는 경우에 실시한다.

㉠ 축척변경을 위한 측량을 하는 경우
㉡ 도시개발사업 등으로 인하여 지적확정측량을 하는 경우
㉢ 도시지역에서 세부측량을 하는 경우
㉣ 측량지역의 면적이 해당 지적도 1장에 해당하는 면적 이상인 경우
㉤ 세부측량을 하기 위하여 특히 필요한 경우

(2) 세부측량

지적기준점을 기초하여 일필지마다의 형상을 측량하는 것으로 일필지 경계점의 좌표를 결정하여 지적도(임야도 포함)를 작성하는 측량이다.

① 신규등록측량

㉠ 지적도나 임야도에 등록되지 않은 토지를 새로이 지적공부에 등록하기 위한 측량
㉡ 간척사업에 의한 공유수면 매립, 미등록도서의 등록 등
㉢ 토지의 경계를 설정하고 소유권을 결정
㉣ 법률적으로는 사정(査定)의 효력을 가짐
㉤ 최초의 소유자는 소관청의 조사에 의해 결정

② 등록전환측량

㉠ 지적공부의 정밀도를 높일 목적으로 임야대장 등록지를 토지대장에 옮겨 등록할 때 필요한 측량
㉡ 인근 토지대장 등록지에 명확한 기지점이 있는 경우를 제외하고는 기준점을 설치하고 이를 근거로 측량

㉢ 일필지의 일부분이 아닌 일필지 전체를 등록·전환할 때 면적이나 경계가 공차를 초과할 경우 지적소관청이 직권으로 정정

㉣ 등록전환이나 분할에 따른 면적 오차의 허용범위는 계산식 $A=0.026^2M\sqrt{F}$(A: 오차허용면적, M: 임야도 축척분모, F: 등록전환될 면적)에 따른다.

③ 분할측량

㉠ 토지나 임야의 이용 상태(매매, 지목 변경 등)에 따라 합리적인 경계의 재설정을 위해 2필지 이상으로 나누어 등록하는 측량

㉡ 등록 필지의 양적 증가와 세분화가 이루어진다.

㉢ 소유자의 신청이나 소관청의 필요에 따라 이루어진다.

㉣ 토지 용도와 관련하여 분할 최소면적 등의 규정 제한을 받는다.

㉤ 현황, 공유지분, 면적지정, 형질변경에 의한 경우 경계점표지 설치에 따라 분할한다.

㉥ 토지소유자의 의견과 경계 획정원칙을 준수하여야 한다.

㉦ 토지의 경제성을 고려한다.

㉧ 분할 전의 면적과 분할 후의 각 필지 면적의 합계가 증감이 없도록 해야 한다.

④ 등록사항정정측량

지적공부에 등록되어 있는 경계나 면적, 소유권, 지목, 지번, 위치 등이 잘못 등록되어 이를 바로 잡아 등록하고자 할 경우 실시하는 측량으로서 위 등록사항 중에 측량이 필요한 것은 경계, 면적, 위치변경의 경우이다.

⑤ 지적복구측량

㉠ 천재지변·인위 등에 의해 멸실된 지적공부를 그 멸실 직전의 상태로 복구함을 목적으로 하는 측량이다.

㉡ 우리나라는 한국전쟁으로 멸실된 지적공부를 복구하기 위해 복구측량을 한 사례가 있다.

⑥ 축척변경측량

㉠ 지적공부에 등록되어 있는 소축척 지역을 대축척 지역으로 축척을 변경하는 측량이다.

㉡ 1/1,200으로 등록되어 있는 지역 중에 지적불부합지역을 토지소유자의 동의를 통해 측량하여 경계와 면적을 바로 잡고 1/500으로 등록하는 경우도 있으나 축척변경측량이 지적불부합지역만을 위한 것은 아니다.

⑦ 지적확정측량

㉠ 도시계획법에 의해 도시계획시설을 하는 토지구획정리사업을 통해 공부 등록사항 등을 확정하거나, 농지이용효과 증진을 위한 목적으로 농지개량 관계법에 의한 경지정리사업으로 공부 등록사항 등을 확정하는 측량 등을 말한다.

㉡ 새로이 지번과 지목, 면적, 경계, 위치 등을 결정한다.

㉢ 면적의 계산은 1/1000까지 산출하여 결정면적의 최소 단위는 0.1m^2로 한다.

㉣ 가구의 면적과 당해 가구 내 각 필지의 면적의 합계와의 교차는 1/500 이내로 한다.

㉤ 지구계 좌표에 의한 지구 총면적과 당해 지구 내의 가구 및 가구 외에 도로, 구거, 하천 등의 면적 합계와의 교차는 1/200 이내로 한다.

㉥ 경지정리사업 시행지역의 시행 전 지구 내 각 필지면적의 합계와 시행 후 각 필지면적의 합계와의 교차는 1/200 이내로 한다.

⑧ 경계복원측량

경계복원측량은 지적공부상에 등록된 경계를 지표상에 복원하는 측량으로 경계점 표지 설치를 의무화하고 있다. 건축물을 신축, 증축 및 개축하거나 토지경계를 확인하고자 할 때 주로 실시한다.

⑨ 지적현황측량

지적현황측량은 지상구조물 또는 지형·지물이 점유하는 위치 현황을 지적도나 임야도에 등록된 경계와 대비하여 그 관계위치를 표시하고 면적을 알기 위한 측량이다. 건축물을 신축하고 준공검사를 신청할 때 주로 실시한다.

6) 지적측량의 방법

지적측량은 지적기준점을 정하기 위한 기초측량과 개별필지의 경계와 면적을 정하는 세부측량으로 구분되며, 지적측량은 평판(平板)측량, 전자평판측량, 경위의(經緯儀) 측량, 전파기(電波機) 또는 광파기(光波機) 측량, 사진측량 및 위성측량 등의 방법에 따른다.

(1) 평판측량방법

평판측량방법은 평판에 도면 용지를 붙여 조준의로 목표물의 방향과 거리를 관측하여 현장에서 지점의 도면상 위치를 직접 결정하는 측량방법이며, 전자평판측량은 도면 용지가 아닌 노트북에 지적도 파일을 탑재하여 토탈스테이션(T/S)과 연동하여 측량하는 방법을 말한다. 최근 실무에서는 특별한 경우를 제외하고는 평판측량방법을 사용하지 않고, 전자평판측량을 이용하여 지적측량을 실시하고 있다.

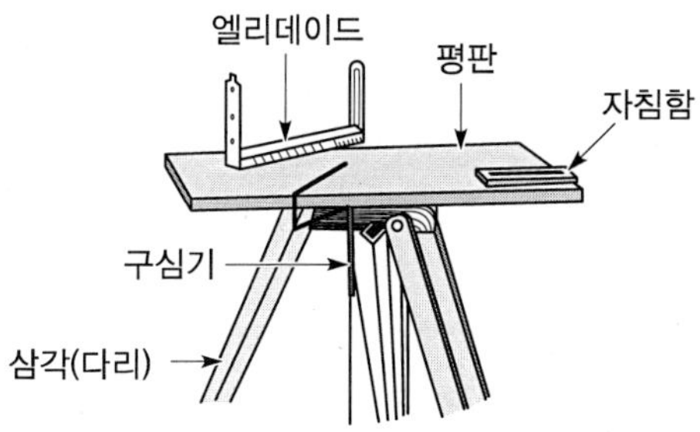

평판측량기

평판측량

전자평판측량기

전자평판측량

[그림 6-11] 평판측량방법과 전자평판측량방법

(2) 경위의 측량방법

경위의는 측각용 트랜싯이나 데오돌라이트를 말하는데, 이와 같은 경위의는 주로 수평각과 연직각을 정밀하게 관측하는 데 사용되는 장비이며, 필요시 스타디아측량도 할 수 있다. 즉, 경위의를 사용하는 측량을 경위의측량이라고 한다.

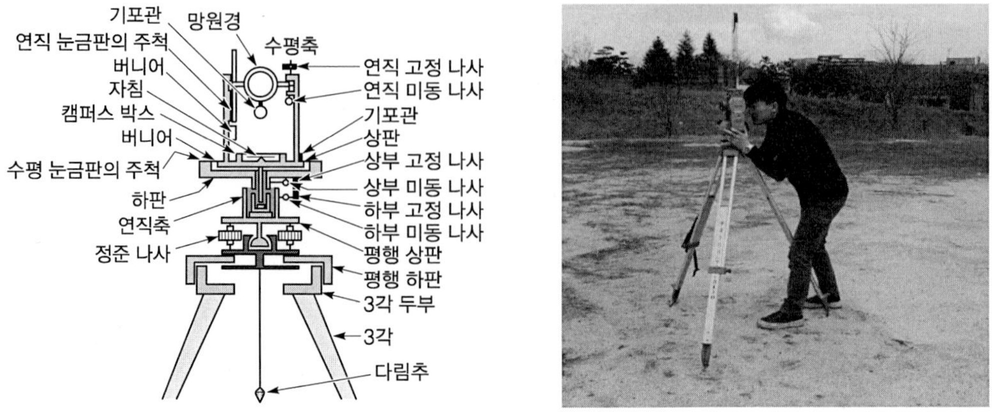

트랜싯 　　　데오돌라이트 측량

[그림 6-12] 경위의 측량방법

(3) 전파기 또는 광파기 측량방법

전파 측거기 또는 광파 측거기를 이용하여 거리를 측정하는 전파기 또는 광파기 측량방법은 기초측량과 세부측량에서 점간 거리측정에 주로 이용되고 있다.

[그림 6-13] 전파기 또는 광파기 측량방법

(4) 사진측량 방법

지상 또는 항공에서 사진을 촬영하여 지점의 위치를 결정하는 사진측량 방법은 지상사진측량 방법과 항공사진측량 방법으로 구분된다. 지적측량에서는 주로 항공사진측량 방법이 기초측량과 세부측량에 이용될 수 있으나 세부측량 규정이 별도로 마련되지 않아 지적측량에는 적용되지 않고 있다.

[그림 6-14] 사진측량 방법

(5) 위성측량 방법

위성측량 방법은 인공위성으로부터 송신되는 전파 신호를 지상의 수신기로 수신하여 점의 3차원 위치를 결정하는 측량방법으로 지적측량에서는 주로 기초측량에 이용되며, 지적재조사측량에서는 기초측량과 세부측량에 이용된다.

[그림 6-15] 위성측량 방법

7) 지적측량과 일반측량

지적측량은 일필지 토지의 경계와 소유권의 범위를 공부에 등록하기 위하여 일정한 규칙, 방식에 맞추어 권리를 확정하는 측량이다. 지적측량을 실시하는 지적기사, 산업기사와 지적기능사의 업무는 법률적인 지적측량과 위치 결정, 토지정보관리 등을 업무영역으로 한다는 점에서 측지분야와는 서로 다르다. 측지학은 지구의 형상과 크기를 결정하는 학문으로서 수학과 컴퓨터 과학, 지구물리학 등의 기초 위에 우주과학, 천문학, 해양학, 대기과학, 지질학 등과 공생관계가 있으며, 측지학을 이용하여 지도 제작과 도시 관리, 토목공학과 관련된 시공, 환경 관리, 지리학, 수리학 등에 응용되는 학문으로서 우리나라에서는 주로 측지공학과나 토목공학과에서 공부하고 있다. 일반측량사라고 불리는 국가기술자격법상 측량및지형공간정보기사, 산업기사 또는 측량 기능사는 측지학을 기본으로 하는 기술분야이다. 일반측량은 토지의 지표상의 형태를 존재하는 모습 그대로 측량하여 현황을 파악하는 방식이다. 비록 지적측량과 일반측량의 측량 기법이 부분적으로 동일하긴 하나 지적측량은 토지의 정확한 경계 설정과 토지 소유권 범위의 명확한 표시를 공부에 등록하는 것을 주목적으로 하므로, 토지형태를 있는 그대로 측정하는 일반측량의 결과로는 지적측량의 복합적 효과를 거둘 수 없을 뿐만 아니라 일반측량의 성과를 지적측량의 성과로 대체할 수도 없다.

〈표 6-5〉 지적측량과 일반측량의 비교

구분	지적측량	일반측량
근거법	공간정보의 구축 및 관리 등에 관한 법률	
측량목적	토지에 대한 물권이 미치는 범위와 면적 등을 등록·공시하기 위한 사법적 측량	건설공사의 시공을 위하여 주요 지형·지물의 형태와 위치 등을 나타내기 위한 측량
담당기관	국토교통부	국토지리정보원
측량기관	국가(지적측량수행자가 대행)	측량업자
측량종목	신규등록, 분할, 등록전환, 경계복원, 확정측량 등	공공측량 및 일반측량
측량방법	평판측량, 전자평판측량, 경위의법, 전파기 또는 광파기측량, 사진측량, 위성측량	모든 측량방법 적용 가능
측량검사	시·도 및 시·군·구	공간정보산업협회의 성과 심사
성과보존	영구보존	일시보존
자격	지적기술사·기사·산업기사·기능사	측량 및 지형공간정보 기술사·기사·산업기사, 측량기능사

3 지적전산

1) 지적전산 의의

지적(cadastre)은 국토의 모든 토지관련 정보를 필지별로 조사·측량하여 지적공부에 등록·관리하는 것을 말한다. 그러므로 지적공부는 국토에 대한 기본적인 사항을 수록하고 있을 뿐만 아니라 국토의 효율적인 관리를 위한 기능으로 기여하는 바가 크다고 할 수 있다.

국토 관리의 효율성을 높이기 위해서는 아날로그식 정보 관리보다는 디지털식 정보 관리가 한층 강점을 가진다. 지적공부 역시 전산화를 통하여 디지털로 관리되면 보다 효율적인 국토 관리가 가능하다.

(1) 협의의 지적전산

좁은 의미의 지적전산은 토지대장, 임야대장, 지적도, 임야도, 경계점좌표등록부 등의 지적공부를 컴퓨터에 입력하여 토지를 관리하는 업무를 말한다. 주로 필지 중심으로 이루어지는 지적정보와 직접적인 관련성을 가지는 것을 말한다.

(2) 광의의 지적전산

넓은 의미의 지적전산은 토지에 대한 모든 정보를 효율적으로 관리하기 위해 컴퓨터를 이용하여 이루어지는 모든 지적관련 업무를 말한다. 결국 좁은 의미의 지적전산과 넓은 의미의 지적전산은 상호보완적인 관계로 종합적으로 이해해야 한다. 다만, 본 단원에서는 실제 지적업무에서의 전산 내용을 학습하게 되므로 좁은 의미의 지적전산을 주로 다루기로 한다.

2) 지적전산의 목적

지적전산은 지적 속성정보와 지적 도형정보로 이루어진 지적을 기초로 하여, 토지와 관련된 자료를 수집하고 토지의 형태와 특성에 대한 지속적인 사실 기록을 전산화하여 관리함으로써 토지관련 정보를 효율적으로 운영·관리하는데 그 목적이 있다.

지적전산의 목적을 세부적으로 설명하면 다음과 같다.

① 토지정보의 수요에 대한 신속한 토지정보 제공

② 공공계획 수립에 정보 제공

③ 토지투기 예방

④ 행정자료 구축과 행정업무에 이용
⑤ 다른 정보(시설물, 도시계획 등) 자료들과 연계
⑥ 지적민원의 신속·정확한 처리
⑦ 지적정보의 신속·정확한 제공
⑧ 토지관련 정책 자료의 다목적 활용

3) 지적전산의 구성

지적전산은 컴퓨터와 같은 전산정보를 기반으로 인간의 의사결정능력을 지원하기 위해 공간적 위치정보인 도형정보(graphic information, spatial information)와 그에 해당되는 속성정보(attribute information)를 연계하여 처리하는 정보시스템으로서 다양한 토지정보를 효율적으로 수집, 저장, 갱신, 처리, 분석, 출력하기 위해 이용되는 하드웨어(HW; hardware), 소프트웨어(SW; software), 데이터베이스(DB; database), 그리고 인적자원(people)의 통합시스템으로 정의할 수 있다. 지적전산의 구성요소는 여러 가지가 있으나 일반적으로 하드웨어, 소프트웨어, 자료(database), 인력 그리고 방법으로 구성된다.

(1) 하드웨어

하드웨어는 지적전산시스템을 운용하는데 필요한 각종 입·출력, 연산, 저장 등을 위한 컴퓨터 시스템을 총칭한다.

① 입력장치

종이지도나 지적도면 또는 문자 정보를 컴퓨터상에서 활용할 수 있도록 수치화하는 장비로서 대표적으로 스캐너, 디지타이저, 키보드 그리고 측량 등이 있다.

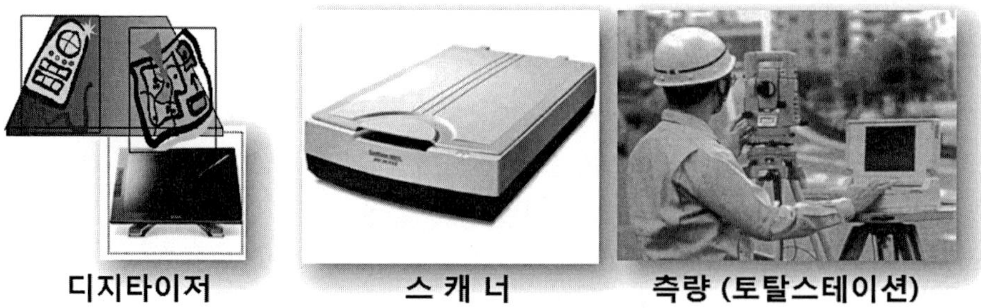

[그림 6-16] 토지정보 입력장치

디지타이저는 종이 지적도 등을 디지타이저라는 테이블에 부착한 후 입력용 마우스를 이용하여 지적도에 대한 좌표를 취득하는 장비로서 벡터형태의 도면을 얻을 수 있다. 반면 스캐너는 지적도면을 스캐닝하여 이미지 형태의 래스터형 도면을 컴퓨터에 입력하는 장비로서, 지적도면의 정확도를 확보하기 위해 드럼식 스캐너나 압축식 진공스캐너가 이용된다. 최근 공간정보자료로 많이 활용되고 있는 자료로서는 고해상도의 영상정보를 비롯하여, GPS, 항공레이저측량(LiDAR), 그리고 UAV(Unmanned Aerial Vehicle) 등이 있다.

② 저장장치

수치 데이터를 저장하기 위한 장비로서 자기테이프, 자기디스크, 광디스크 등이 기존에 활용되었으나 최근에는 저장용량이 방대한 하드디스크 형태의 저장장비가 많이 활용된다.

③ 분석장치

지적전산자료는 여러 자료를 포함하고 있고, 특히 고해상도 영상자료와의 연계가 활발해지면서 분석을 위한 장치로서 고성능 워크스테이션이 가장 효과적이다. 그렇지만, 최근 개인용 PC 사양도 매우 향상되면서 저렴한 비용으로도 고용량 공간자료를 충분히 처리할 수 있는 환경이 조성되었다. 이러한 PC의 급속한 발전과 저렴한 메모리의 보급으로 공간정보시스템 시장은 급속도로 발전하고 있는 추세이다.

④ 출력장치

도면 및 공간분석 결과를 출력하기 위한 장비로서 모니터, 프린터, 플로터 등이 있다.

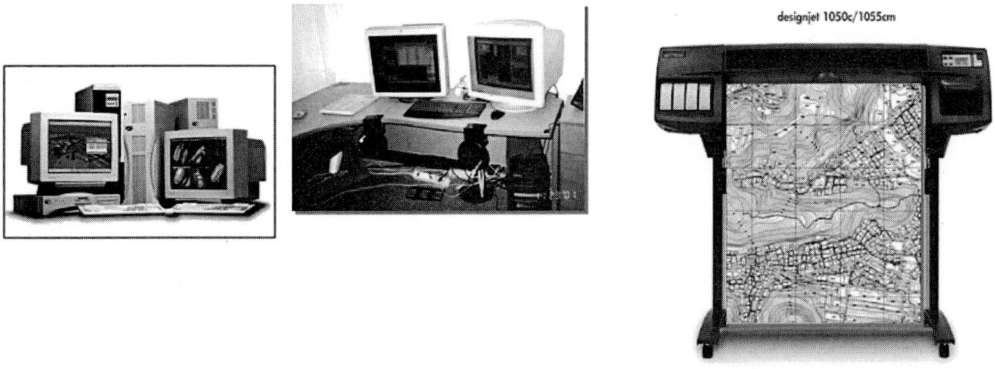

[그림 6-17] 토지정보 출력장치

(2) 소프트웨어

① 운영체제(OS; Operating System)

지적전산시스템을 운용하기 위해 필요한 컴퓨터 구동시스템으로서 마이크로소프트사의 윈도우 계열(XP, Vista) 및 UNIX 등이 있다.

② 소프트웨어

지적전산 업무의 소프트웨어에는 소관청이 지적행정 업무에 사용하는 지적행정시스템과 지적공부관리에 사용하는 지적공부관리시스템 등이 있다. 또한 한국국토정보공사에서 측량관련 업무에 사용하는 토털측량시스템(TOSS), 측량정보처리시스템(SIP) 등도 있으며, 업무환경 변화에 따라 지속적으로 개발되고 있다.

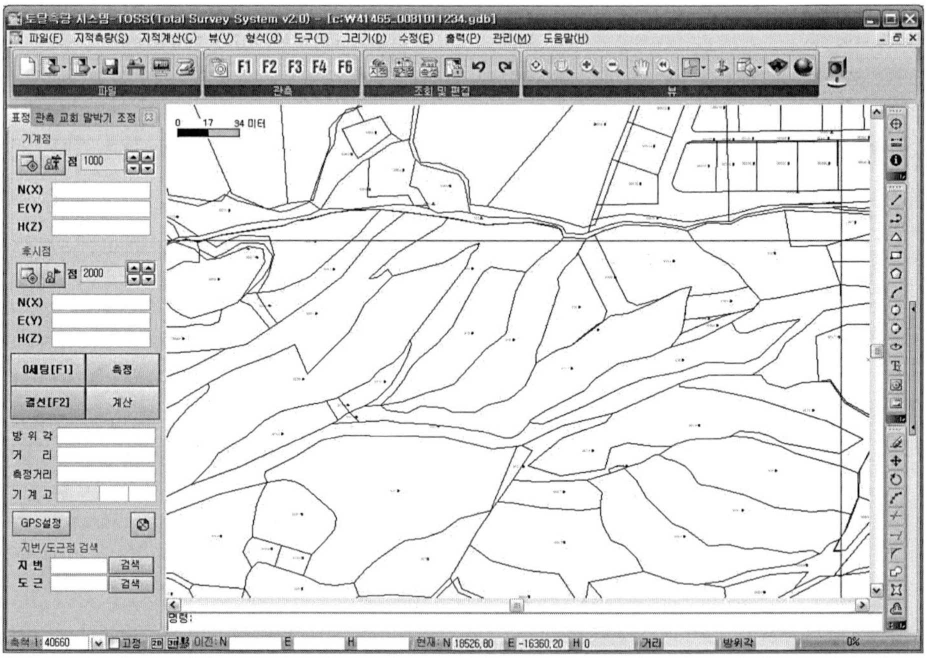

[그림 6-18] 토털측량시스템(TOSS)

㉮ 도면 전산용 소프트웨어

도면 전산용 소프트웨어 오토캐드(Auto CAD), ESRI ArcGIS 등과 같은 범용 소프트웨어와 수치지형도 또는 지적도면을 전문으로 제작할 수 있도록 개발된 Pixedit, R2V, VPMax와 같은 전용 소프트웨어로 구분된다.

㉯ 시스템 개발용 소프트웨어

업무용 프로그램을 제작하는 데 사용되는 프로그램으로는 C++, 델파이, 비주얼 베이직 등과 같은 컴퓨터 언어를 기초로 하여 Arc View, Arc GIS, CAD 등과 같은 프로그램을 주로 사용하여 업무용 프로그램을 개발하고 있다. 최근에는 QGIS와 같은 오픈소스 프로그램을 이용한 개발이 두드러지게 나타나고 있다.

③ 데이터베이스 관리시스템

속성정보에 대한 정보를 기록하거나 보관·관리하기 위해 전용 데이터베이스 프로그램인 액세스(access), MS_SQL, 오라클(oracle)과 같은 프로그램이 주로 사용되고 있다. 액세스는 개인용 데이터베이스 관리에 주로 사용되고, MS_SQL은 소규모 기업용으로, 오라클은 대규모의 데이터를 처리하는 경우에 주로 사용되고 있다. 각 지방자치단체에서 구축하고 있는 도시정보시스템(UIS) 등에서는 오라클을 주로 사용하고 있다.

(3) 자료(데이터베이스; DB)

지적관련 자료는 토지대장, 임야대장과 같은 속성정보와 지적도, 임야도와 같은 도형정보로 이루어져 있다. 자료는 지적전산의 구성에 있어 핵심 요소로서 시스템 구축에 있어 많은 비중을 차지하고 있다.

지적정보의 효과적인 활용을 위해서는 지적관련 자료나 각종 데이터는 정보의 검색과 수정 및 보완, 분석을 위한 추출에 용이하도록 도형자료와 속성자료가 서로 효율적으로 연결되어야 한다. 또한 광범위한 내용을 갖춘 정보임에도 불구하고 사용자가 항상 빠르고 정확하게 검색할 수 있도록 구축되어야만 한다.

(4) 인력

인력이라 함은 단순히 시스템을 사용하는 혹은 소프트웨어를 운용하는 사용자를 의미하는 것이 아니라 시스템 구축, 유지·관리, 활용이라는 단계를 통해 데이터 제작자, 시스템 관리자, 프로그래머, 시스템 엔지니어, 사용자 등 다양한 역할을 수행하는 인적자원을 의미하므로 구성요소 중에서 가장 중요하다 할 수 있다. 지적전산 분야의 인력은 지적측량을 수행하는 과정에서 얻어진 정보를 다루는 지적측량 수행자, 지적측량업체와 국가의 지적사무를 전산으로 처리하는 국토교통부 지적부서, 국가공간정보센터, 시·도의 지적부서, 지적 소관청등이 해당으로 구성된다.

(5) 절차와 방법

절차와 방법은 입력부터 출력까지의 처리절차인 프로세스에 관한 사항을 의미한다. 이러한 방법론은 자동화된 처리를 위한 자료 및 시스템 설계부분도 일부 포함하고 있는 개념이다. 지적전산자료의 효율적으로 구축 및 운용하기 위해서는 일정한 순서와 방법 등의 절차가 요구되며, 일관성이 유지되어야 한다. 지적전산체계를 구축하는 조직이나 법률, 그리고 작업지침 등에 표준화된 제도를 통해서 구축할 수 있는 방법이 요구된다.

4) 지적전산자료의 구축

지적정보는 필지를 기반으로 한 토지의 모든 정보로 이해할 수 있지만, 보다 명확한 이해를 위해서는 넓은 의미의 해석과 좁은 의미의 해석을 구분하여 이해해야 한다. 지적정보를 넓은 의미로 해석하면 국가의 통치권이 미치는 모든 영토를 필지 단위로 구획하여, 토지에 대한 물리적 현황과 법적 권리관계 등을 등록·공시하고, 영속적으로 등록·관리하기 위해 기록되는 공적장부 및 그 내용을 지적정보라고 정의할 수 있다. 다시 말해, 토지와 관련된 모든 정보를 말하는 것으로 토지의 경계·면적과 물리적인 형상, 토지에 대한 권리, 토지의 이용·개발·가격 등에 대한 모든 정보의 총칭이라고 말할 수 있다. 반면, 좁은 의미에서의 지적정보는 지적공부상에 등록되어 있는 정보로서 지적업무와 직접적인 관련성을 가진 정보로 이해할 수 있다.

(1) 자료의 형태

지적전산자료는 지구좌표계, 즉 측지좌표, 평면직각좌표 등에 의하여 표시되는 도형자료(graphic data)와 속성자료(attribute data)로 표시할 수 있다.

① 도형자료

도형자료(graphic data)는 지형요소에 대한 형태, 위치, 크기 그리고 다른 지형요소와의 공간적 위상(topology)관계[34)]를 나타내며 점, 선, 면 등과 같은 요소로 구분된다. 도형정보의 사전적인 의미는 다음과 같다.

첫째, 지형정보는 대상물의 공간의 위치나 범위를 표현하는 정보와 대상물의 위치, 형상 이외의 성질을 나타내는 정보로 되어있다. 위치나 범위를 나타내는 정보를 도형자료라 하며, 성질을 나타내는 정보를 속성자료라 한다. 예, 토지의 형태는 도형자료이며, 그

34) 위상(Topology)이란 공간자료의 상호관계를 정의하기 위한 수학적 절차로서 인접한 점, 선, 면들 간의 공간적 대응관계를 나타내며 연결성, 면적결정, 인접성의 특성을 가지고 있다.

토지의 가격은 속성자료이다. 둘째, 지형·지물(feature) 또는 대상물의 위치에 관한 자료로서, 지도 또는 그림으로 표현되는 경우가 많다.

도형자료의 예는 지적도, 임야도, 행정구역도, 연속지적도, 편집지적도 및 용도지역지구도, 토지이용계획도 등의 각종 주제도를 예로 들 수 있다. 또한 항공사진과 위성영상자료 등도 도형자료에 해당된다.

일반적으로 도형자료의 형태는 벡터(vector)형태와 래스터(raster)형태로 구분되며 벡터형태는 컴퓨터가 대상(기호, 도형, 문자 등)에 대한 의미를 인식할 수 있는 형태를 말하며, 래스터 형태는 컴퓨터가 점에 대한 정보(위치 및 농도)만을 인식할 수 있는 형태를 말한다.

② 속성자료

속성자료는 지도요소가 포함하고 있는 내용을 서술적으로 설명한 것으로 종류가 다양한 만큼 여러 가지 유형으로 표현하고 있다. 속성자료는 도형 요소에 나타내는 성질을 기호, 문자나 숫자로 설명한 것이다. 즉, 대상물의 성격이나 그와 관련된 상황들을 나타내는 자료이다. 지리적 관점에서 속성자료는 지도 형상의 특성, 질, 관계와 지형적 위치를 나타낸다.

속성자료에는 대상물을 표현하는 자료로 각종 대장, 서식 및 통계자료 등이 포함된다. 지적에서의 속성자료는 토지 소재, 지번, 지목, 경계, 면적, 소유자 및 기타 관리자, 개별 공시지가, 용도 지역, 지구 구분, 고유번호 등을 그 요소로 하고 있다.

이와 같이 도형자료와 속성자료로 구성되는 지적전산체계로부터 정보를 얻고자 할 경우, 즉 개별 필지에 대한 질문이나 각 소유자에 대한 질문에 대하여 대답 또는 대규모 지역에 대한 질의에 응답하기 위해서는 도형자료와 속성자료를 연계하여 활용하는 것이 요구된다.

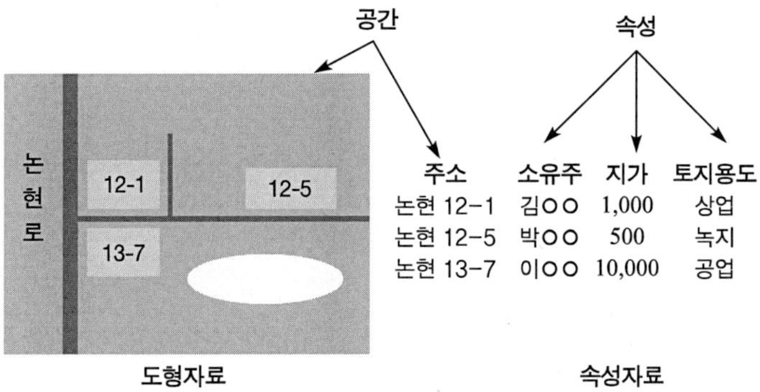

[그림 6-19] 도형자료와 속성자료

③ 속성자료와 도형자료의 관계

지적전산자료는 크게 속성자료와 도형자료로 대별되며, 속성자료는 지적공부 중에서 대장을 중심으로 이루어지고, 도형자료는 지적공부 중에서 도면을 중심으로 이루어진다. 따라서 이 둘은 별개로 존재하는 것이 아니라 상호보완적인 관계로 이루어진다. 즉, 필지를 토대로 한 토지정보를 활용하기 위해서는 속성자료와 도형자료를 연계·통합하여 구축되어야 하며, 이 속성자료와 도형자료를 동시에 하나로 이용할 수 있어야 한다. 그러므로 이 자료들을 동시에 활용하기 위해서는 연결키가 되는 식별자가 필요하다.

(2) 자료의 생성

① 자료 유형

자료입력 과정에서 고려해야 될 유형은 크게 벡터와 래스터 자료로 구분된다. 벡터는 크기와 방향이 있는 자료로서 기본적으로 점(point), 선(line, arc) 그리고 면(polygon)으로 구분된다. 래스터 자료는 셀(cell)이나 픽셀(pixel)의 형태로 구성된다.

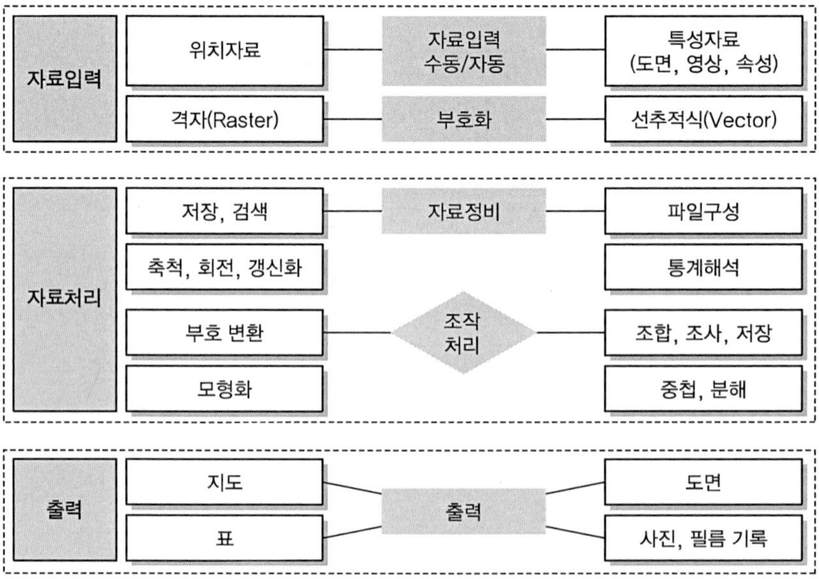

[그림 6-20] 토지정보 자료처리 체계

② 입력 장치

대표적인 자료입력 장치는 디지타이저와 스캐너가 있다.

디지타이저는 벡터 자료형 수치입력 형태로서 디지타이저 테이블에 지적도면을 부착한 후

퍽(puck)을 이용하여 지적도의 좌표를 취득해나가는 방식이다. 취득한 지적도는 overshoot, undershoot, sliver, spike 등과 같은 오류를 수정하여 성과물을 제작한다.

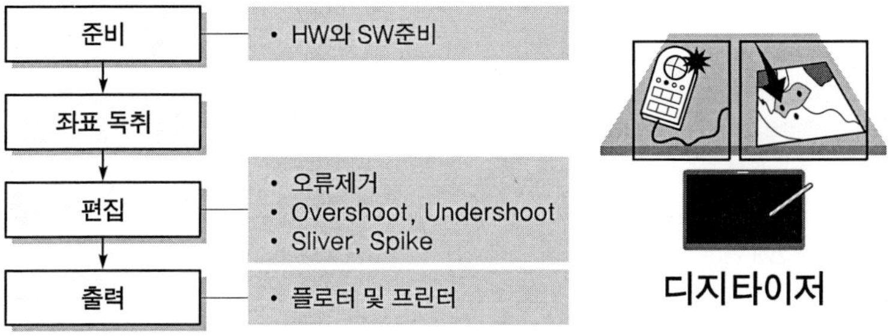

[그림 6-21] 디지타이저에 의한 자료구축 과정

디지타이저가 벡터 자료형 수치입력 형태인 반면 스캐너는 래스터형 수치입력 형태이다. 스캐너는 일정 파장의 레이저 광선을 도면에 주사하고 반사되는 값에 수치값을 부여하여 컴퓨터에 저장시켜 기존의 종이 지적도를 영상의 형태로 얻는 방식으로서, 특히 래스터는 픽셀, 그리드, 셀 그리고 격자라는 용어로 사용되고 있다. 다음은 스캐너와 디지타이저를 입력방식, 결과물, 비용, 시간, 도면 상태로 구분하여 상호 비교하였다.

입력	내 용
디지타이저 (수동방식)	• 디지타이저 테이블에 지도 압착 후 마우스를 통해 컴퓨터에 도면 입력 • 도면 객체에 대해 X, Y좌표 형태로 컴퓨터에 입력 → 벡터
스캐너 (자동방식)	• 일정파장의 레이저 광선을 지도에 주사하여 반사되는 값에 수치값을 부여함으로서 컴퓨터에 저장시키는 방식 → 레스터

Tip **래스터**(Raster) = **픽셀**(Pixel) = **그리드**(Grid) = **셀**(Cell)

구분	스캐너	디지타이저
입력방식	• 자동방식	• 수동방식
결과물	• 래스터	• 벡터
비용	• 고가	• 저렴
시간	• 신속	• 시간이 많이 소요
도면상태	• 영향을 받음	• 영향을 적게 받음

[그림 6-22] 디지타이저와 스캐너의 내용 비교

디지타이징과 스캐닝은 서로 다른 특징을 가지고 있다. 상호 간의 장·단점을 비교한 내용은 다음과 같다.

〈표 6-6〉 디지타이징과 스캐너의 장·단점

구분	장 점	단 점
디지타이징	· 벡터형 결과물로서 시스템에 직접 활용 가능 · 레이어별로 구분하여 입력 가능 · 불필요한 도형 및 주기 생략 가능 · 도면의 품질에 적은 영향 받음 · 가격이 저렴하고 작업과정이 비교적 간단	· 많은 시간과 노력이 요구 · 입력 시 누락 발생 우려 · 복잡한 경계에서 입력 어려움 발생 · 단순 도형 입력 시 비효율적 · 작업자의 숙련도 요구
스캐닝	· 수작업이 적고 모든 도면 정보를 신속히 입력 가능 · 컬러 필터 사용 시 컬러 영상 취득 가능 · 이미지 상에서 삭제, 수정 수행 가능	· 가격이 고가 · 도면의 품질에 큰 영향 받음 · 도형 인식의 신뢰성 저하 · 격자 크기가 작을수록 자료의 양이 기하급수적으로 증가 · 문자나 그래픽 심벌과 같은 부수적인 자료 포함 시 비효율적

스캐닝한 지적도면을 모니터 화면에서 벡터형태의 지적도면으로 변환하는 방식을 스크린 디지타이징이라 한다. 스크린 디지타이징은 스캐너로 읽은 래스터 파일을 사용자가 직접 화면상에서 입력하는 방식으로 시간과 비용이 가장 많이 소요되는 방식이지만 가장 정확하게 입력할 수 있으므로 지적도 전산화에 이용되었다.

벡터와 래스터는 상호 변환이 가능하며, 이때 벡터 구조를 일정한 크기의 격자로 나눈 다음 동일한 속성을 갖는 벡터의 객체를 격자로 변환하는 과정을 래스터라이징이라고 하며, 반대로 래스터 구조가 가지는 속성을 확인한 후 동일한 속성을 갖는 격자들을 폴리곤 구조의 벡터로 변환하는 과정을 벡터라이징이라고 한다.

자료를 입력하는 과정에서 발생하는 오차에는 크게 기계적 오차, 입력도면 평탄성 오차, 도면 등록 시 오차, 디지타이저에 의한 도면 독취과정에서의 오차, 그리고 벡터라이징 과정에서 발생하는 오차로 구분된다.

기계적 오차는 디지타이저와 스캐너의 기계 제작 당시부터 가지고 있는 고유오차이며, 입력도면 평탄성 오차는 도면이 평탄하지 못하여 발생하는 오차로서 최근 진공식 스캐너가 등장하면서 이러한 문제는 최소화되었다. 도면 등록 시 오차는 디지타이저를 이용하여 도면을 등록할 때 도면의 신축, 기준점의 좌표등록과정에서 발생하는 오차이며 디지타이저에 의한 도면 독취과정에서의 오차는 크게 overshoot, undershoot, sliver, spike 등이 있다.

〈표 6-7〉 디지타이징 과정에서 발생하는 오류 유형

구 분	내 용
오버슈트 (overshoot)	· 기존의 선에 새로운 선을 교차 시 교점을 지나서 생긴 선 부분
언더슈트 (undershoot)	· 기존의 선에 선을 교차시키려 했으나 해당 요소에 도달하지 못한 경우, 즉 교점이 생성되지 못함
슬리버 (sliver)	· 하나의 선으로 입력되어야 할 부분에 2개의 선이 약간 어긋나게 입력되어 가늘고 긴 불필요한 면(폴리곤)이 생성된 상태
스파이크 (spike)	· 교차점에서 2개의 선이 만나는 과정에서 잘못된 좌표가 입력되어 발생한 오차
점선 중복 (overlapping)	· 영역 경계선에서 점과 선이 이중으로 입력되어 발생하는 오차로 중복된 점선을 삭제함으로서 수정이 가능

(3) 자료의 구조

자료구조는 크게 벡터와 래스터 구조로 구분되며, 그 외에 불규칙삼각망(TIN; Triangle Irregular Network)이나 네트워크(network) 등이 있다. 최근에는 다양한 업무에 활용하기 위한 공간 데이터모델이 개발되고 있으며, 특히 세부 업무지원을 위한 위상관계(topology) 모듈들이 등장하고 있다.

① 벡터구조

벡터구조는 객체의 위치와 객체가 지닌 특징을 정확하게 표현하기 위하여 객체의 형상을 이루는 점(point), 선(line, arc), 면(polygon)을 이용하여 표현하는 방식이다. 따라서 공간상의 객체의 위치 및 관계를 정확하게 표현하기 위한 좌표계 사용이 전제되어 있으며 객체의 기본요소는 지도 축척에 따라 유동적이다.

가. 기본요소

㉠ 점(Point)

점은 차원이 존재하지 않는 요소로서 위치나 장소를 표현하는데 효과적이며, 일반적으로 해당 객체의 심볼을 이용하여 표현된다. 거리와 면적이 존재하지 않으며 XY좌표를 이용하여 공간 위치에 표현되며, 지적측량기준점이나 소축척에서는 건물 등을 나타내는데 효과적이다.

㉡ 선(Line, Arc)

선은 2개 이상의 점 요소들로 구성되어 있는 가장 간단한 형태의 1차원 대상물을 표현하는데 효과적이며, 길이라는 위상구조를 포함한다. 하천이나 도로 등을 표현하는데 이용되며 그 형태에 따라 arc, string, chain 의 형태로 존재하기도 한다.

㉢ 면(Polygon)

면은 최소 3개 이상의 선으로 폐합되는 2차원 객체의 표현으로서 면적과 길이라는 위상을 포함하게 되며, 필지나 행정구역 등을 표현하는데 이용된다.

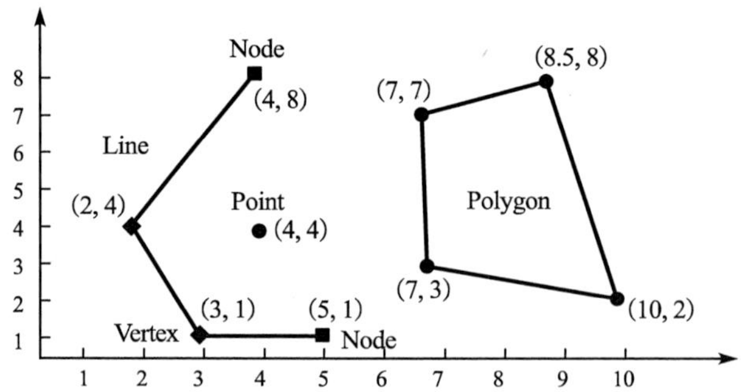

[그림 6-23] 벡터자료 구조

나. 파일형식

벡터자료는 처리하고자 하는 소프트웨어에 맞게 파일형식을 변환하여 사용하게 된다. 각 파일형식들은 GIS 발달과 함께 점점 더 개발되고 있으며, 위상구조를 제공하는 파일형식도 있지만 CAD 파일형식과 같이 스파게티 모델을 기본으로 하고 있는 형식도 있다.

〈표 6-8〉 벡터파일 형식

파일 형식	내 용
Shape	· ESRI사의 Arcview에서 사용하기 위해 개발한 자료 형식 · *.shp, *.shx, *.dbf, *.sbx, *.sbn 파일로 구성
Coverage	· ESRI사의 Arcinfo에서 사용하기 위해 개발한 자료 형식 · 다양한 위상구조를 제공하기 때문에 공간분석에 효과적이나 도형과 속성을 별도의 폴더에 저장하는 복잡한 구조
CAD	· AutoDesk사의 AutoCAD 소프트웨어에서 dwg 및 dxf로 사용
DLG	· Digital Line Graph의 약자로 U.S. Geological Survey에서 지도학적 정보를 표현하기 위해 고안한 디지털벡터 파일 형식
VPF	· Vector Product Format의 약자로 미국방성의 NIMA(National Imagery and Mapping Agency)에서 개발한 군사 목적의 파일 형식
TIGER	· Topologically Integrated Geographic Encoding and Referencing System의 약자로서 U.S. Canada Bureau에서 인구조사를 목적으로 개발한 파일 형식

다. 위상구조

위상구조(topology)는 지도에 나타나는 객체 간의 공간적 관계를 표현한 것으로 공간 분석을 위하여 필수적이다. 위상정보는 점의 위치를 기반으로 선의 길이, 폴리곤의 면적을 기본 정보로 하여 공간객체 상호 간의 인접성과 계급성, 연결성을 나타내고, 각각의 원소 간의 관계를 효율적으로 정리한 것이다. 이러한 위상구조를 갖게 되면 객체들의 위치뿐만 아니라 주변 객체들과의 공간상에서 관계를 인식할 수 있다.

② 래스터 구조

래스터 구조는 격자 또는 그리드라고 불리며, 실세계를 동일한 크기의 셀로 분할하고 각 셀에 속성값을 입력하여 저장하는 자료구조이다. 격자형의 영역에서 XY축을 따라 일련의 셀들이 존재하고 각 셀들이 속성값을 가지므로 이 값들을 이용하여 셀들을 분류하거나 다양한 표현을 할 수 있다. 인공위성 및 항공사진 그리고 이미지 등이 대표적인 래스터 자료이다.

래스터 자료 구조는 데이터 구조가 간단하고 여러 레이어 간의 중첩분석이 가능하기 때문에 적지분석 등에 주로 이용된다. 또한 원격탐사 자료와의 연계가 용이하며 격자 크기가 동일하기 때문에 시뮬레이션 등에 이용될 수 있다. 반면, 래스터 구조는 벡터 구조에 비해 그래픽 양이 방대하여 저장 공간이 많이 필요하며 확대 시 해상도가 저하되는 문제가 있다. 또한 해상도를 향상시키기 위해 격자(셀) 크기를 작게 할 경우 저장용량이 기하급수적으로 증가하게 되며 좌표 변환에 많은 시간이 요구된다. 아울러 벡터 구조에서 가능했던 관망 및 도로망 분석 등의 네트워크 분석을 지원하지 못하는 단점이 있다.

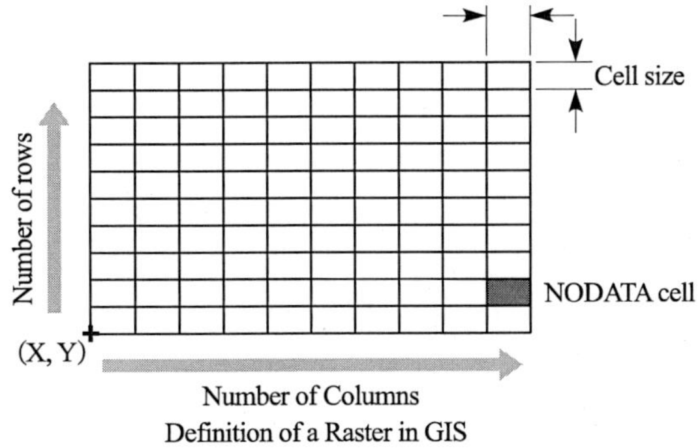

[그림 6-24] 래스터 자료 구조

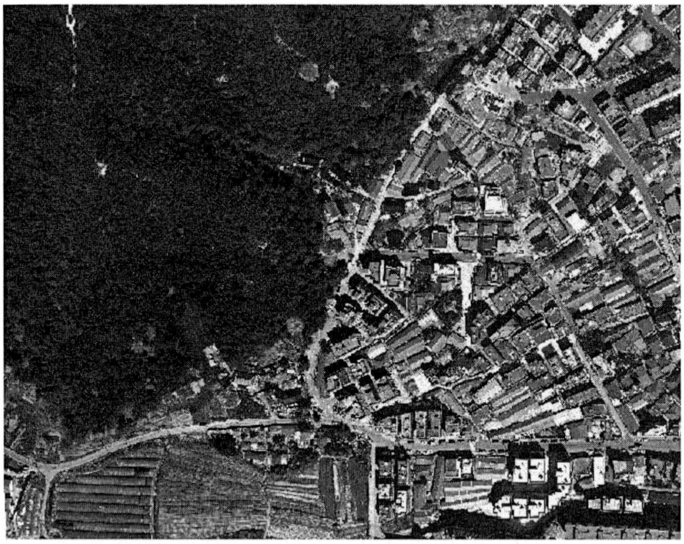

[그림 6-25] 래스터 자료 구조의 예(항공사진)

③ 벡터와 래스터 구조 비교

벡터 구조와 래스터 구조의 차이를 비교해보면 아래의 〈표 6-9〉와 같다.

〈표 6-9〉 벡터와 래스터 구조 비교

구 분		벡터 구조	래스터 구조
특징	데이터 형식	· 임의 형태	· 정사각형으로 일정
	정밀도	· 기본도에 좌우	· 격자 간격에 좌우
	도형 표현방법	· 점, 선, 면으로 표현	· 격자(그리드) 면으로 표현
	속성 데이터	· 점, 선, 면 객체에 연결하여 표시	· 격자(그리드) 면에 표시
데이터	데이터 구조	· 복잡한 데이터 구조	· 단순한 데이터 구조
	데이터 양	· 일반적으로 데이터 양이 적음	· 일반적으로 데이터양이 많음
분석	지도 표현	· 기본도 축척에 좌우되지만 정확한 위치표현 가능	· 격자해상도에 좌우되지만 벡터에 비해 거칠게 표현
	축척	· 확대하여도 형상이 변형되지 않음	· 격자해상도에 좌우되지만 확대 시 형상이 변형
	공간 해석	· 고도의 프로그램 요구	· 원격 탐사자료와의 중첩 및 조합이 용이함
	시뮬레이션	· 시뮬레이션의 곤란함	· 시뮬레이션이 용이함
	네트워크 분석	· 관망, 도로망분석과 같은 네트워크 분석에 유리함	· 네트워크 분석 어려움

(4) 자료의 관리

지적 업무 수행 시 전산화 방법 및 처리절차를 정하기 위해 「지적사무전산처리규정」(국토해양부 예규 제107호)이 제정되었으나 최근 「부동산종합공부시스템 운영 및 관리 규정」(국토교통부 훈령 제481호)으로 전부 이관됨에 따라 폐지되었다.[35] 부동산종합공부시스템 운영 및 관리 규정(국토교통부 훈령 제813호)에서는 지적공부 및 부동산종합공부를 정보관리체계에 따라 처리하는 방법과 절차 등에 관하여 필요한 사항을 규정하였으며 지적공부에 등록된 사항을 전산정보처리조직으로 관리·운영하는 방법 및 그 처리 절차에 관하여 필요한 사항을 규정하였는데, 여기서 부동산종합공부시스템이란 지방자치단체가 지적공부 및 부동산종합공부 정보를 전자적으로 관리·운영하는 시스템을 말한다.

① 전산자료 관리

운영기관의 장은 전산자료가 멸실 또는 훼손되지 않도록 전산자료를 유지·관리하여야 하며 전산자료의 유지·관리 업무를 원활히 수행하기 위하여 지적업무 담당부서의 장을 전산자료 관리 책임관으로 지정한다(규정 제7조).

② 전산자료 백업 및 복구

운영기관의 장은 프로그램 및 전산자료의 멸실·훼손에 대비하여 정기적으로 관련 자료를 백업하여야 한다. 이 경우 백업 주기·방법 및 범위는 운영자 지침서[36]에 따르며, 프로그램 및 전산자료가 멸실·훼손된 경우에는 국토교통부장관에게 그 사유를 통보한 후 지체 없이 복구하여야 한다. 또한 운영기관의 장은 백업자료를 전산매체에 기록하여 매년 2회 이상 다른 운영기관에 소산하여야 한다(규정 제14조).

③ 전산자료 장애 오류 정비

운영기관의 장은 전산자료의 구축 및 관리과정에서 장애 또는 오류가 발생한 때에는 지체 없이 이를 정비하여야 하며, 국토교통부장관에게 보고하고 필요한 조치를 요청할 수 있으며 보고를 받은 국토교통부장관은 장애 또는 오류가 정비될 수 있도록 필요한 조치를 하여야 한다. 이때 전산자료를 정비한 때에는 그 정비내역을 3년간 보존하여야 한다(규정 제8조).

---

35) 국토교통부 예규 제2016-134호(전자평판측량운영규정(예규 제105호), 지적사무처리규정(국토교통부 예규 제106호) 및 지적사무전산처리규정(국토교통부 예규 107호)이 부동산종합공부시스템 운영 및 관리 규정(국토교통부 훈령 제481호)과 지적업무처리규정(국토교통부 훈령 제482호)으로 전부 이관됨에 따라 폐지)

36) 운영지침서란 국토교통부장관이 부동산종합공부시스템을 통한 업무처리의 절차 및 방법에 대하여 체계적으로 정한 지침으로서 운영자 전산처리지침서와 사용자 업무처리지침서를 말한다.

④ 전산자료 일치성

국토교통부장관 및 운영기관의 장은 국토정보시스템[37]과 부동산종합공부시스템의 전산자료가 일치하도록 시스템 간 연계체계를 항상 유지·관리하여야한다(규정 제9조).

⑤ 코드구성 및 변경

공간정보의 구축 및 관리 등에 관한 법률 시행규칙 제68조 제5항에 따른 토지의 고유번호는 행정구역코드 10자리(시·도 2, 시·군·구 3, 읍·면·동 3, 리 2), 대장구분 1자리, 본번 4자리, 부번 4자리를 합한 19자리로 구성한다. 또한 행정구역의 명칭이 변경된 때에는 지적소관청은 시·도지사를 경유하여 국토교통부장관에게 행정구역변경일 10일전까지 행정구역의 코드변경을 요청하여야 하며 행정구역의 코드변경 요청을 받은 국토교통부장관은 지체 없이 행정구역코드를 변경하고, 그 변경 내용을 행정자치부, 국세청 등 관련기관에 통지하여야 한다. 운영기관의 장은 관련 법령 등의 신설·폐지·변경에 의하여 용도지역·지구 등의 레이어 변경이 필요한 경우와 등재와 관련하여 지정권자의 추가·변경이 필요한 경우에는 국토교통부장관(도시계획부서)에게 변경을 요청하여야 하며 요청을 받은 국토교통부장관(도시계획부서)은 관련 내용을 검토한 후 추가·변경이 필요한 경우에는 시스템 운영부서로 해당 내용을 통보하여야 한다(규정 제19조, 제20조).

〈표 6-10〉 코드 상세 내역

1) 행정구역

구분	*	*	*	*	*	*	*	*	*	*
코드 체계	시·도		시·군·구			읍·면·동			리	
	숫자 2자리		숫자 3자리			숫자 3자리			숫자 2자리	
코드	행정구역 코드집									

2) 대장 구분

코드체계	* ⇐ 숫자 1자리		
코드	내용	코드	내용
1	토지대장	8	토지대장(폐쇄)
2	임야대장	9	임야대장(폐쇄)

37) 국토정보시스템이란 국토교통부장관이 지적공부 및 부동산종합공부 정보를 전국 단위로 통합하여 관리·운영하는 시스템을 말한다(부동산종합공부시스템 운영 및 관리규정 제2조 정의).

3) 축척 구분

코드 체계	* | * ⇐ 축척 수치의 앞 2자리		
코드	내용	코드	내용
00	수치	12	1 : 1200
05	1 : 500	24	1 : 2400
06	1 : 600	30	1 : 3000
10	1 : 1000	60	1 : 6000

4) 지목 구분

코드 체계	* | * ⇐ 숫자 2자리						
코드	내용	코드	내용	코드	내용	코드	내용
01	전	08	대	15	철도용지	22	공원
02	답	09	공장용지	16	제방	23	체육용지
03	과수원	10	학교용지	17	하천	24	유원지
04	목장용지	11	주차장	18	구거	25	종교용지
05	임야	12	주유소용지	19	유지	26	사적지
06	광천지	13	창고용지	20	양어장	27	묘지
07	염전	14	도로	21	수도용지	28	잡종지

5) 지적정보시스템

지적전산의 개념을 광의적으로 해석하면 토지정보시스템이나 웹 기반의 토지정보시스템 등을 포괄하였고, 협의적 개념의 지적전산에 기초한다면 지적정보시스템은 토지관련 대장, 문서, 기록과 지적도, 임야도 등 지적공부를 컴퓨터에 입력하여 토지를 관리하는 업무를 말한다. 즉, 주로 일필지의 정보를 중심으로 구축된 정보시스템을 말한다.

따라서 지적정보시스템은 토지(지적)에 대한 정보를 컴퓨터를 이용하여 수집, 저장하여 이를 검색, 분석하는 작업과 이와 관련된 소프트웨어 및 하드웨어 그리고 네트워크 등 일련의 체계를 말한다.

(1) 지적전산화

① 대장 전산화

지적전산화는 대장 전산화사업으로부터 출발하였다. 이는 토지기록 전산화사업이라는 명칭아래 1975년부터 시작되었다. 1975년부터 1986년까지 준비단계로 토지(임야)대장의 카드화, 소유자 주민등록번호 등재 정리, 면적 표시단위와 미터법 환산 정리 등 기존 자료를 정비하였다. 구축 1단계(1982~1984년)에서는 토지(임야)대장 3,200만 필을 입력·구축하였다. 2단계(1985~1990년)에서는 전산 조직을 확보하고 전산 통신망을 구축하였으며, 운영 소프트웨어 개발과 자료 정비가 이루어졌다. 이러한 구축단계를 거쳐 1990년부터는 전국 온라인으로 대장 정보를 제공하였으며, 토지(임야)대장 카드 정리를 폐지하였다. 그리고 지속적으로 신규 프로그램 작성과 응용 소프트웨어의 기능을 보완하여 왔다.

② 지적도면 전산화

지적도면 전산화란 토지조사사업과 임야조사사업에 의하여 작성되어 있는 지적(임야) 도면을 효율적으로 관리하기 위하여 디지타이저, 스캐너 등의 도면 전산화 장비로 지적 도면에 표시된 경계점들의 좌표와 이와 관련된 정보를 취득하여 수치 파일을 작성하는 것을 말한다. 넓은 의미로 보면 지적도면 전산화는 수치파일 작성뿐만 아니라 지적도면을 기본도로 하여 토지정보시스템을 구축하는 것을 포함한다. 지적도면 전산화에 의하여 작성된 수치파일은 별도의 편집과정을 거쳐 파일 형태 또는 데이터베이스로 관리됨에 따라 데이터의 효율적인 관리가 가능하며, 종이로 관리할 때의 문제점인 신축, 훼손, 뒤틀림 현상 등을 없애고 보관·관리의 어려움을 해소할 수 있다.

토지대장과 임야대장 전산화에 이어 지적도면 전산화 사업은 국가지리정보사업(National Geographic Information System) 관련 기관 공동 활용기반 조성, 지적도면의 신·축으로 인한 보관·관리 어려움 해소, 정확한 지적측량의 자료로 활용, 대장과 도면을 통합한 대민 서비스 제공 등에 목적을 두고 추진되었다.

지적도면 전산화를 위하여 1994년에 지적도면 전산화 실험사업이 실시되었다. 1996년부터 1997년까지는 전산화의 시범사업으로서 대전 유성구를 대상지역으로 지정하고 시범 시스템을 개발함과 동시에 시범 운영을 위한 데이터로 유성구 전체 지적도면의 데이터베이스를 구축하였다. 이러한 과정을 거쳐 1998년 7월에 NGIS 구축과 연계하여 전산화 계획이 확정됨으로써 본격적인 지적도면의 전산화 사업이 추진되었다.

(2) 지적행정시스템

① 개요

지적행정시스템은 지적정보의 공유를 통한 업무활용 증대, 지적업무 전산화를 통한 효율화 제고 그리고 관계 유관기관과의 기반조성 등을 목표로 개발되었다. 주요 기능으로는 토지이동관리, 소유권변동관리, 지적업무, 창구민원관리 등이 있으며 시·도에서 관리하던 토지기록전산 온라인 시스템을 시·군·구로 이관하여 관리하게 되며, 토지대장이나 임야대장과 같은 속성 정보만을 관리하는 것이 그 특징이다.

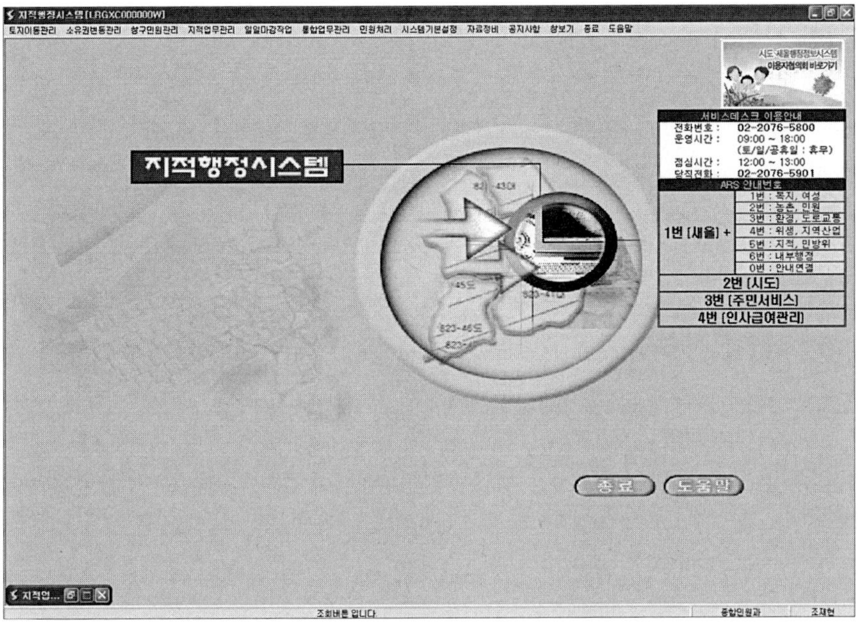

[그림 6-26] 지적행정시스템 초기 화면

② 주요 기능

㉮ 토지이동정리

토지이동정리 업무는 토지의 표시를 새로 정하거나 변경 또는 말소하는 것으로서, 지적공부에 등록된 토지의 지번, 지목, 경계, 좌표, 면적이 달라질 경우 토지의 이동건에 대한 접수를 받아 이를 처리하는 기능을 수행한다.

㉯ 소유권변동관리

소유권변동관리 기능은 토지이동과 함께 소유자가 결정되는 신규 등록 시의 소유자 등록, 도시개발사업 등의 환지는 토지이동사무처리와 동시에 소유자 자료를 정리해야 한다. 또한 공유지연명부 및 대지권등록부의 경우, 공유자가 있는 토지는 소유자변동 접수 및 정리 조회화면에서 지목, 면적, 변동 전 공유자를 확인하고 변동 후 사항을 입력해야 하며 대지권등록부는 집합건물을 등록한 후에 정리해야 한다.

㉰ 일일마감

담당자는 일일업무 마감 후 도면열람 및 도면발급 등 수작업 처리 현황을 입력하게 되며, 완료된 후에는 지적사무정리 상황자료를 처리하고 전산처리 결과를 출력한다.

㉱ 지적통계

지역전산본부는 매월 말 시·군의 일일마감과 시·도의 사무종료 후에 지적통계를 작성하게 된다. 또한 지적소관청은 지적공부 등록현황과 일일마감 처리결과를 대조확인하고 지적통계 증감(토지이동 종목별, 지목별 변동사항)을 매월 분석하여 증감 내용 발생 시 그 내역을 시·도지사에게 제출하게 되어 있으며, 시·도지사는 시·군 자료를 취합하여 국토교통부장관에게 제출하게 된다.

㉲ 통합업무관리

통합업무관리 기능에서는 지적공부 오기를 정정하는 기능 및 시·군·구 송신현황을 조회할 수 있는 기능을 포함하고 있다.

㉳ 민원처리

민원처리 기능에는 민원접수 및 처리내역을 조회하는 기능을 비롯하여 후견인 활동상황 처리, 민원진행상황 처리, 그리고 민원결과 처리 기능이 있다.

(3) 필지중심토지정보시스템(PBLIS)

① 개요

필지중심토지정보시스템(PBLIS; Parcel Based Land Information System)은 지적도 및 토지대장의 통합관리시스템 구축으로 지자체 지적업무 효율화와 토지정책, 도시계획 등의 다양한 정책분야에 기초자료 제공을 목적으로 개발되었다. 대장정보와 도형정보를 통합한 일필지 정보를 기반으로 토지의 모든 정보를 기반으로 모든 정보를 다루는 시스템으로서 각종 지적행정업무 수행과 관련부처 및 타 기관에 제공할 정책 정보를 생산하는 시스템이다.

〈표 6-11〉 PBLIS 시스템 개발배경 및 목적

개발배경	개발목적
① 지적도면 한계성 봉착 - 종이도면에 따른 온도, 습도 변화 및 노후화 등 도면 관리의 문제 - 다양한 축척으로 인한 불일치 사항 내재 ② 대장과 도면관리 불균형 - 대장정보는 전산화 완료되었으나 도면정보는 수작업관리로 불균형 발전 초래 ③ 대장정보와 도면정보의 통합시스템 운영 필요성 대두 - 대장과 도면을 통합한 지적정보의 실시간 제공 - 다양한 정책정보 제공 및 양질의 대국민 서비스	① 지적재조사 기반 확보 - 도면관리 문제점 및 다양한 축척의 도면으로 인한 불일치 사항 해소 ② 소유권 보호 및 토지관련 서비스 제공 ③ 행정의 능률성 제고(시간 절감) 및 비용 절감 - 토지이동의 실시간 정리로 신속한 데이터의 제공 ④ 정부나 국민에게 정확한 지적정보 제공 - 정확한 데이터 관리로 국가정보로서의 공신력 향상 ⑤ 대장 및 도면 등록정보의 다양화로 국민 정보욕구 충족 ⑥ 다양한 부가정보의 조합을 통해 새로운 정보 생산의 기반 확충 ⑦ 대장과 도면정보의 통합시스템 운영

② 주요 내용

PBLIS는 1992~1996년의 준비단계, 2000~2001년의 개발단계 그리고 2002~2003년의 구축단계로 구성되어 있으며 PBLIS는 (구)행정자치부가 총괄하여 관리하였으며 (구)대한지적공사가 총괄업무를 담당하고, 한국전산원은 기술지원 업무 그리고 소관청은 지적업무를 분석하는 체계로 구성되어 있었다.

PBLIS 시스템은 지적도면을 스캐닝하여 수치화한 후 일정한 보정과정을 거쳐 고딕 서버에 탑재하여 대장정보와의 연계를 통해 지적업무를 지원하는 구조로 되어 있다. PBLIS 구현을 위한 자료처리 및 활용절차는 다음과 같다.

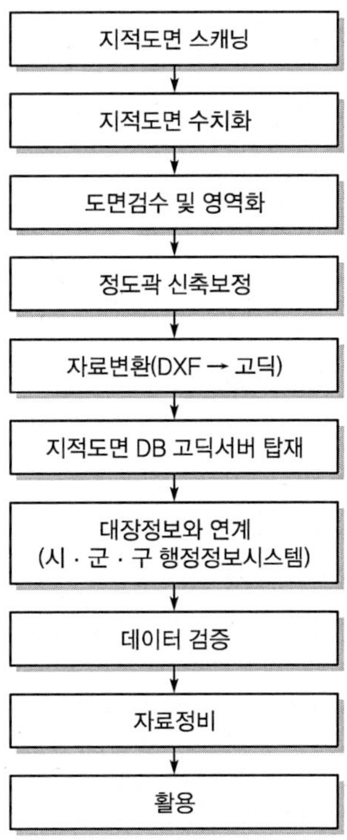

[그림 6-27] PBLIS 자료구축 및 활용

③ 주요 시스템

PBLIS 시스템은 지적공부관리시스템, 지적측량시스템, 지적측량성과작성시스템으로 구성되어 있다. 지적공부관리시스템은 시·군·구 지적담당부서에서 지적행정 업무를 처리하는데 이용되며, 지적측량시스템은 지적측량수행자가 처리하는 지적측량 업무를 지원하는 시스템으로 지적측량 업무의 자동화 담당 및 측량업무 생산성과 정확성 제고에 기여하고 있다. 또한 지적측량성과작성시스템은 지적측량수행자가 사용하는 것으로 지적측량준비도 작성 및 성과도 입력을 통해 지적측량업무를 지원하고 측량성과를 데이터베이스로 저장·관리함으로서 지적업무 효율성 제고에 기여하고 있다.

〈표 6-12〉 PBLIS 시스템 주요 기능과 데이터베이스

구 분	주요 기능	데이터베이스
지적공부 관리시스템	· 시스템, 화면, 도면, 사용자권한 관리 · 지적측량검사, 토지이동, 지적일반 업무 · 창구민원, 토지기록조사, 지적통계 · 정책정보, 자료 정비, 데이터 검증	· 지적재조사를 통한 신규제작 개별지적도 · 기존 개별지적도 · 토지대장 · 등기부 등
지적측량시스템	· 지적삼각측량, 지적삼각보조측량 · 지적도근측량, 세부측량 등	
지적측량 성과작성시스템	· 측량준비도, 측량성과파일, 측량성과도 작성 · 측량결과도, 구획경지정리 산출물 작성	

(4) 토지관리정보체계(LMIS)

① 개요

토지관리정보체계(LMIS; Land Management Information System) 구축사업은 시·군·구에서 생산 관리되는 공간자료와 속성자료를 통합구축 관리하기 위하여 (구)건설교통부 토지국에서 추진한 정보화 사업으로 토지관리 업무와 공간자료관리 업무, 토지행정 지원 업무를 대상으로 추진되었다. LMIS 시스템은 자료의 일관성과 정확성을 확보하고 정보 공유를 통한 업무 효율성 제고, 개인소유의 토지에 대한 공적 규제사항을 제공함은 물론 토지정책 수립 시 다양한 정보를 제공하는 것을 목적으로 하고 있다.

② 주요 내용

LMIS는 건설교통부가 사업계획 및 수행을 위한 총괄업무를 담당하고 지자체, 국토연구원, 한국토지공사, 개발사업자 및 감리기관이 서로 유기적으로 업무체계를 담당하고 있다. LMIS 사업은 1998년 대구시 남구를 대상으로 시범사업이 시작되었으며 그 후 연차별 추진계획을 수립하여 전국으로 확대해나갔다. LMIS는 토지관리업무시스템, 공간자료관리시스템 그리고 토지행정지원시스템으로 구성되어 있으며, 각 시스템별 내용은 〈표 6-13〉과 같다. LMIS를 구성하고 있는 공간자료는 개별지적도, 연속지적도, 편집지적도와 같은 지적도 자료를 비롯하여 도로, 건물, 철도 등과 같은 지형도 자료와 도시계획법 등에서 지정하고 있는 용도지역 및 용도지구 자료 등이 있다. 또한 속성자료로는

토지관리 업무를 추진하면서 생산, 활용, 관리하는 대장 및 조서자료와 법률자료 등이 포함되어 있다.

〈표 6-13〉 LMIS 시스템 구성 및 내용

구 성	내 용
토지관리업무시스템	· 토지거래 관리, 외국인 토지관리, 개발부담금 관리 · 공시지가 관리, 부동산중개업 관리 · 용도지역 및 지구관리 등
공간자료관리시스템	· 토지관련 공간자료와 속성자료를 통합 관리하는 기능
토지행정지원시스템	· 토지거래, 외국인 토지, 개발부담금, 공시지가 · 부동산중개업, 용도지역 및 지구, 관리시스템 등

LMIS 시스템은 3계층 구조로 구성되어 있다. 먼저 데이터에 접근하기 위한 기능은 서버가 수행하게 되며, 클라이언트는 각종 자료의 조회나 표현기능을 담당하게 된다. 또한 하나 이상의 응용시스템들이 서로 자료를 호환하여 사용할 수 있도록 미들웨어 SW를 사용하여 활용성을 극대화하도록 설계되었다.

③ PBLIS와 LMIS의 비교

PBLIS와 LMIS는 추진조직상 (구)행정자치부와 (구)건설교통부라는 차이점은 있지만 시스템을 구성하고 있는 내용적인 측면에서 많은 유사점을 가지고 있다.

〈표 6-14〉 PBLIS와 LMIS 비교

구 분	PBLIS	LMIS
사업목적	· 지적도와 대장정보를 기반으로 지적행정시스템과 연계를 통한 지적업무 수행	· 지형도 및 지적도와 대장 정보를 기반으로 토지행정업무 수행
업 무	· 토지이동관리, 지적측량성과관리 · 지적기준점관리, 창구민원관리 · 지적일반업무 · 지적통계/정책정보관리	· 토지거래허가, 개발부담금 관리 · 부동산중개업 관리, 공시지가 관리 · 용도지역/지구관리 · 외국인 토지취득관리, 공간자료관리
주관부서	· (구)행정자치부	· (구)건설교통부
사용부서	· 지적과	· 지적과, 도시계획과
사용데이터	· 토지 및 임야대장, 지적도 · 기준점 표석 대장	· 토지 및 임야대장, 공시지가자료 · 지적도, 주제도, 지형도
관리데이터	· 지적도, 지적기준점, 도곽	· 공시지가자료, 연속지적도 · 용도지역지구
속성DB시스템	· 오라클	· 오라클
속성 DB접근방법	· ODBC 활용 2Tier	· ODBC 활용 2Tier
공간DB시스템	· 고딕(Gothic)	· ArcSDE, ZEUS
공간 DB접근방법	· 고딕 API 이용 2Tier	· 코바 미들웨어

(5) 한국토지정보시스템(KLIS)

① 개요

한국토지정보시스템(KLIS; Korea Land Information System)은 국가적인 정보화 사업을 효율적으로 추진하기 위해 (구)행정자치부의 필지중심토지정보시스템(PBLIS)과 (구) 건설교통부의 토지관리정보체계(LMIS)를 하나의 시스템으로 통합하여 전산정보의 공공 활용과 행정의 효율성 제고를 위해 추진하고 있는 정보화 사업이다. PBLIS, LMIS 그리고 지적행정시스템의 기존 기능으로부터 신규개발하거나 보완하여 구축한 KLIS 시스템은 다음과 같다.

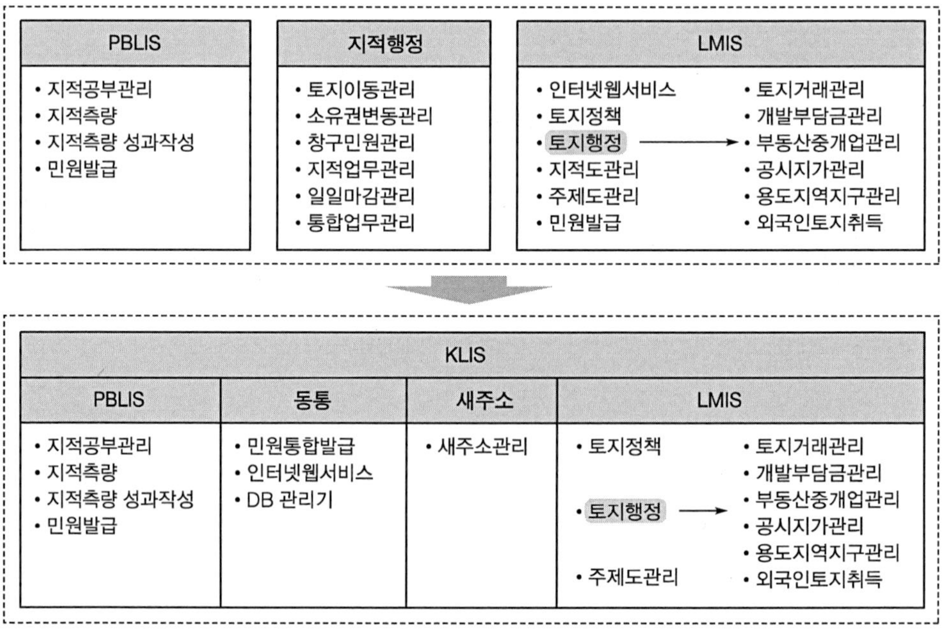

[그림 6-28] KLIS의 시스템 구성

② 주요 내용

KLIS 시스템을 구성하고 있는 세부시스템으로는 지적공부관리시스템, 지적측량성과작성시스템 그리고 연속 편집도 관리시스템, 토지민원발급시스템, 도로명 및 건물번호 부여관리사업 그리고 DB 관리시스템 등이 있다.

③ 시스템 연계

KLIS는 기초 지자체의 토지 및 지적분야의 행정지원시스템과 공간자료관리시스템에서 생산되고 있는 공간정보와 속성정보를 광역지자체와 국토교통부에 주기적으로 취합하여 합리적인 정책 수립을 지원하고, 각종 정책정보와 일필지에 대한 종합적인 정보를 제공한다.

국토교통부의 KLIS는 토지관련 업무별 현황정보 및 통계분석을 적시에 신속하게 할 수 있도록 토지정책지원시스템을 구성하여 토지관련 정책지원을 할 수 있도록 구성하였다.

시·도 KLIS는 시·군·구 토지관련 업무의 각종 통계와 현황자료, 정책정보를 지원하는 토지관리지원시스템과 민원인들이 시·군·구의 방문 없이도 인터넷을 통하여 토지이용계획확인서 및 공시지가확인서를 발급할 수 있도록 인터넷 토지민원발급시스템을 구성하였다.

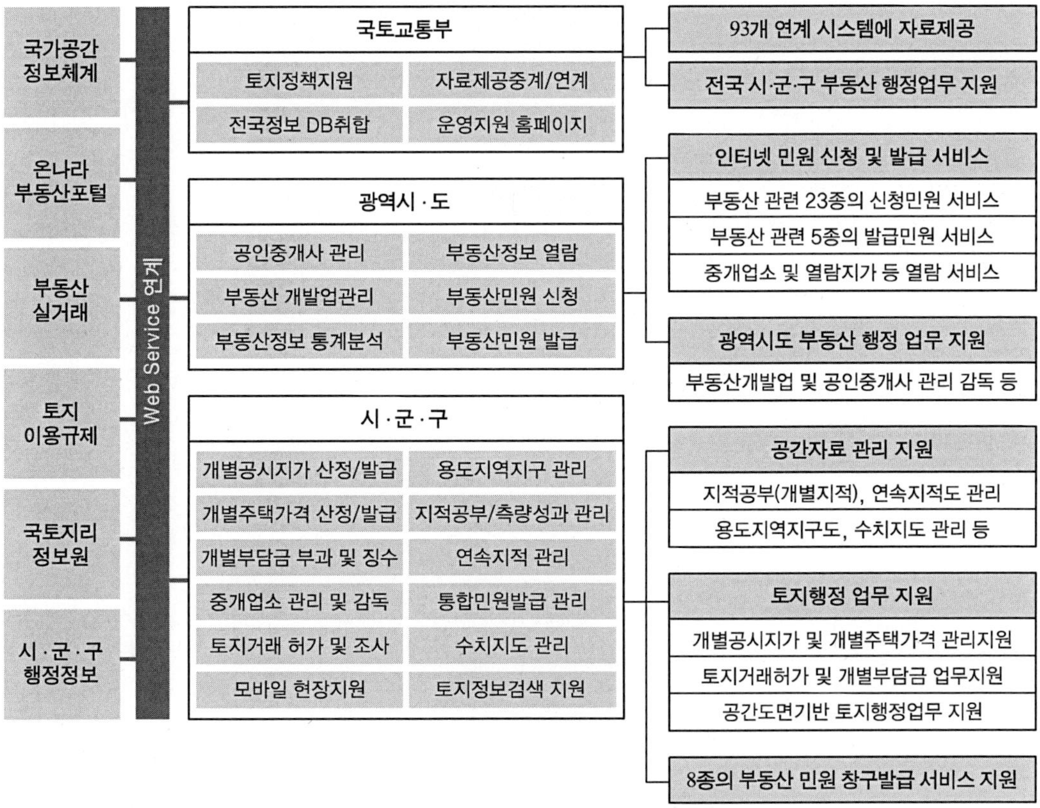

자료: 국가공간정보포털(http://www.nsdi.go.kr/lxportal/?menuno=2686)

[그림 6-29] 한국토지정보시스템의 시스템 연계 구성

(6) 부동산 종합공부시스템(KRAS : Korea real estate administration intelligence system)

① 개요

지적, 건축물, 토지이용 등 국가가 보유한 부동산 공부 18종을 1종의 공부로 통합 구축하여 부동산 정보를 제공하는 부동산종합공부[38] 서비스는 토지 및 건축물의 표시와 소유자에 관한 사항, 토지의 이용 및 규제에 관한 사항, 부동산의 가격에 관한 사항 등 부동산에 관한 종합정보가 기록되어 있다. 공간정보 구축 및 관리 등에 관한 법률(지적공부), 건축법(건축물대장), 토지이용규제기본법(토지이용계획확인서), 부동산 가격공시 및 감정평가 법률(공시지가, 주택가격) 등 각 개별법에 의해 관리하던 부동산정보를 하나의 정보관리체계로 통합한 시스템이다.

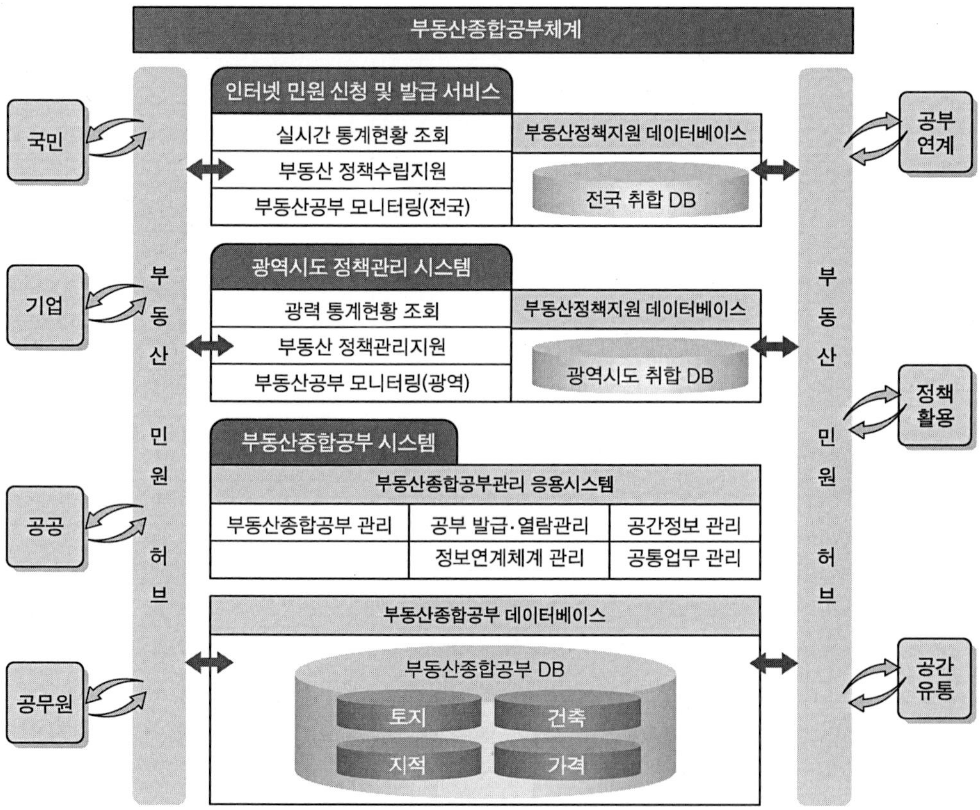

[그림 6-30] 부동산종합공부시스템의 구성도

38) 부동산종합공부란 토지의 표시와 소유자에 관한 사항, 건축물의 표시와 소유자에 관한 사항, 토지의 이용 및 규제에 관한 사항, 부동산의 가격에 관한 사항 등 부동산에 관한 종합정보를 정보관리체계를 통하여 기록·저장한 것을 말한다(공간정보의 구축 및 관리 등에 관한 법률 제2조 제19호의3).

② 주요 내용

지적, 건축물, 토지이용 등 18종의 부동산 공부를 1종으로 일원화하여 행정혁신과 국민편의를 도모하고 공간기반 부동산 통합정보로 문자행정에 의한 탈루·무단점용·위장전입 제거 등 행정혁신 및 양방향 정보융합으로 국토공간정보 기반을 도모한다. 부동산 공부(지적, 건축, 가격, 토지, 소유)를 개별적으로 활용하던 수요기관에서 통합된 정보를 단일화된 전산기반에서 활용할 수 있도록 구축하였다. 공간기반 부동산 종합공부 연계를 통해 전입신고지의 건물용도 등 거주불능지역인지 담당공무원이 확인 가능하도록 구축하였으며, 부동산 통합정보와 부동산 과세대장 등을 융합하여 탈루세원 발굴을 지원하기 위해 국세청·행정자치부 등과 협력하여 추진하였다. 국세청(차세대국세행정시스템), 행정자치부(표준지방세시스템 및 과세관리통합시스템 연계로 지방세원 확대). 그리고 국유지가 무단 점유되고 있는 현황 정보를 활용하여 재정수입 기반을 확대하는 등 '국유재산관리 효율화'를 위해 기재부 등과 협업하고 있다.

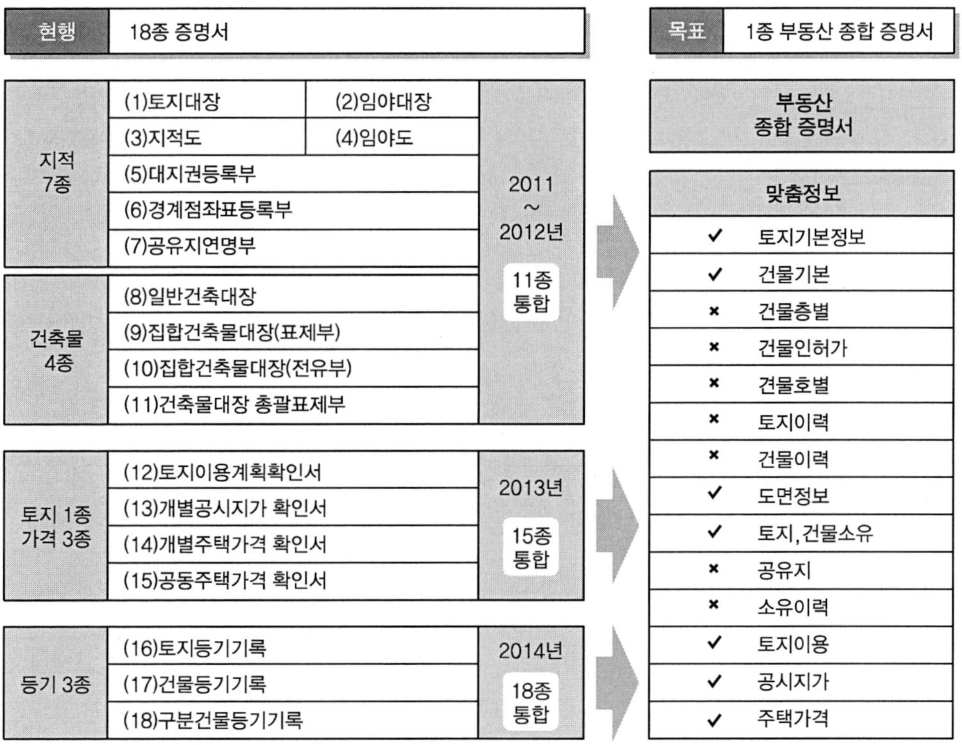

자료: 국가공간정보포털(http://www.nsdi.go.kr/lxportal/?menuno=2685)

[그림 6-31] 부동산 종합공부 구축 및 서비스 내용

③ 기대효과

부동산 통합정보서비스 후 많은 부분의 편익을 기대할 수 있다. 이는 부정확한 자료를 정비하여 공부정확도 향상을 가져올 것이며, 부동산관련 중복업무처리 감소의 효과 역시 기대할 수 있을 것이다. 또한 민원업무 일원화와 맞춤형 정보로 발급비용절감 효과를 기대할 수 있다. 부동산 정보 제공업, 건설·엔지니어링, 물류·요식업 등 관련 산업 활성화 및 정보를 이용한 1인 기업 등 청년일자리 창출 역시 기대할 수 있다.

쉽고 편한 부동산 민원서비스 제공으로 인한 기대 효과로는 건축물대장, 지적도 등 복잡하고 어려운 부동산 공부가 하나로 모여 간편해지고, 민원처리 관련 국민부담도 획기적으로 감축될 것이다.

그리고 일선 부동산 행정 효율화로 행정비용 절감 효과가 크게 나타날 것이다. 이는 부동산 정보의 통합관리가 가능하여 일선 지자체의 행정업무가 편리해지고 중복업무 해소에 따른 행정비용의 낭비요인이 제거된다는 의미이다. 끝으로 부동산 통합정보로 탈루세원 발굴 지원 등 조세정의 확립과 국유재산 관리의 효율화를 지원하여 재정기반 확충 및 부처 간 협업체계가 마련될 수 있을 것이다.

6) 지적정보관련 시스템

(1) 토지정보시스템

① 토지정보시스템의 개요

토지정보시스템은 LIS(Land Information System)라고도 하는데 land(토지), information(정보) 그리고 system(체계 또는 시스템)이라는 3개의 단어가 합성된 용어이다. 토지정보시스템을 한마디로 요약하면, 토지정보를 활용하기 위한 정보시스템의 한 형태라고 할 수 있다. 구체적으로 토지정보시스템의 정의는 토지와 토지의 관련된 자료(문자 정보)를 수집하고 토지의 형태와 특성에 대한 기록(도형 정보)을 지속적으로 저장·관리하여 토지에 대한 어떤 목표(국토개발 등)를 위해 토지정보를 효율적으로 관리하고 토지와 관련된 정책과 의사결정을 지원하는 정보시스템을 말한다. 토지정보시스템은 지적정보시스템을 포괄하므로 넓은 의미의 지적전산으로 이해된다.

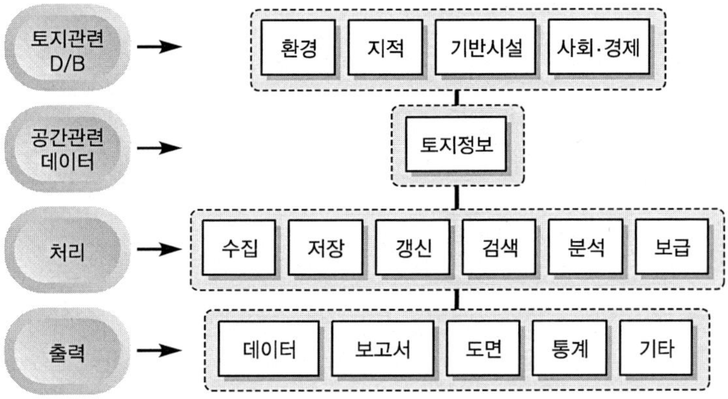

[그림 6-32] 토지정보시스템의 모형

② 토지정보시스템의 구성요소

㉮ 하드웨어

하드웨어는 LIS를 구동시키는 장치로서 워크스테이션, 컴퓨터 등과 같은 주작업 장치들이 있으며, 스캐너, 프린터, 플로터, 디지타이저를 비롯한 각종 주변장치들을 포함한다. 이외에 자료 백업장치 및 정보의 공유를 위한 네트워크 장비들도 포함된다.

㉯ 소프트웨어

LIS 전용 소프트웨어에는 자료입력 소프트웨어, 자료출력 소프트웨어 그리고 데이터베이스 관리 소프트웨어 등이 있다. 이외에 LIS 관련 소프트웨어로 각종 통계, 문서작성기, 그래프 작성기 등과 같은 지원 프로그램들도 포함된다.

㉰ 자료

LIS 자료에는 토지관련 속성정보(각종 공부와 대장)와 도형정보(지적도, 임야도, 지하시설물도, 도시계획도 등)가 있다. LIS에서 많은 작업들은 자료를 입력하거나 관리하는 것으로 이루어진다. 그리고 입력된 자료를 활용하여 토지정보관련 응용시스템을 구축할 수 있다.

㉱ 조직과 인력

조직체 또는 사람이 없다면 LIS를 구동시킬 수 없기 때문에 조직과 인력은 LIS의 구성요소 중에서 가장 중요한 부분이다. LIS는 전문적인 기술을 필요로 하므로 이에 전념할 수 있는 숙련된 전담요원과 기관을 필요로 한다.

(2) 지리정보시스템

① GIS의 정의

지리정보시스템(GIS: Geographic Information System)은 사용자나 연구자에 따라 다양하게 정의되고 있다. 첫째, GIS(Geographic Information Systems)란 인간생활에 필요한 지리정보를 효율적으로 활용하기 위한 정보시스템의 하나이다. 여기서 의미하는 시스템이란 공통의 사용을 목적으로 실세계의 관련 구성요소 간의 상호작용으로 이루어진 활동의 모임을 의미한다. 정보시스템이란 의사결정에 필요한 정보를 만들기 위한 제반과정으로서 각종 정보의 생성에서 저장 및 분석을 포함한다. 따라서 GIS란 넓은 의미에서 인간의 의사결정능력의 지원에 필요한 지리정보의 관측과 수집에서부터 보존과 출력에 이르기까지 일련의 조작을 위한 정보시스템을 말한다.

둘째, 실세계의 다양한 형상들에 대한 공간자료를 수집, 생성, 갱신, 검색, 저장, 변환, 분석, 표현을 위해 필요한 다양한 도구들이 모여진 도구상자(Toolbox)로 볼 수 있다.

셋째, GIS를 지리정보학(Geographic Information Science)으로 인식하면서 GIS를 정보학의 한 분야로 보는 관점이다. 정보학이 정보의 창출, 처리, 저장 및 사용과 관련된 논제들을 다루는 것이라면 GIS는 지리정보의 창출과 처리 및 사용과 관련하여 연구하는 학문이라는 것이다.

넷째, GIS를 지리정보연구(Geographic Information Studies)로 보는 관점으로, 보다 광의적인 차원에서 지리정보의 사회적 활용에 대해 관심을 두는 견해이다. 즉, 지리정보의 사용이 우리 사회에 어떠한 영향을 미치는가에 초점을 두고 있다.

위의 내용에 공통적으로 나타난 점을 바탕으로 GIS에 대한 정의를 내린다면 지리정보시스템은 공간적 문제를 해결하기 위해 다양한 지리정보를 수집, 구축, 유지, 관리, 편집하고 분석과 모델링을 통해 추출된 고부가가치의 정보를 표현하고 출력할 수 있게 고안된 종합적인 정보처리시스템이라고 볼 수 있다.

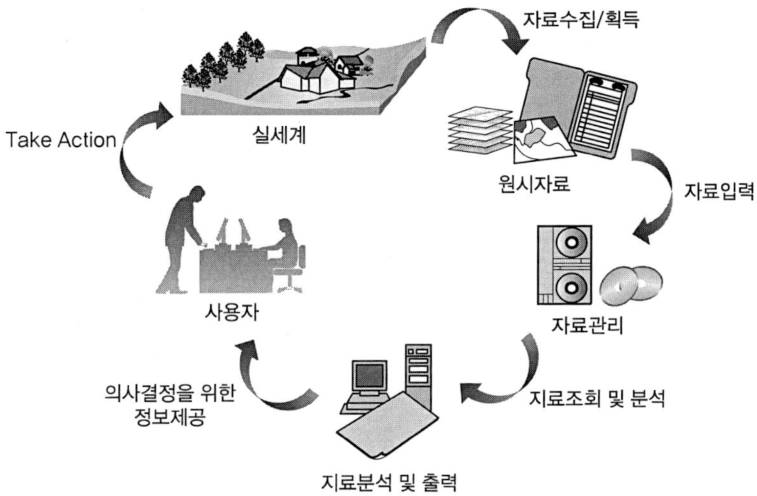

자료: 김계현, 「GIS개론」(서울: 대영사), 2001.

[그림 6-33] 지리정보시스템의 개념

② GIS의 기능

GIS는 모든 정보를 수치의 형태로 표현한다. 모든 지리정보가 수치데이터의 형태로 저장되어 사용자가 원하는 정보를 선택하여 필요한 형식에 맞추어 출력할 수 있다. 이것은 기존의 종이지도의 한계를 넘어 이차원 개념의 정적인 상태를 삼차원 이상의 동적인 지리정보의 제공이 가능하다. GIS는 다량의 자료를 컴퓨터 기반으로 구축하여 정보를 빠르게 검색할 수 있으며 도형자료와 속성자료를 쉽게 결합시키고 통합분석 환경을 제공한다.

GIS에서 공간분석의 수행과정을 통하여 다양한 계획이나 정책수립을 위한 시나리오의 분석, 의사결정 모형의 운영, 변화의 탐지 및 분석기능에 활용한다. 다양한 도형자료와 속성자료를 가지고 있는 수많은 데이터 파일에서 필요한 도형이나 속성정보를 추출하고 결합하여 종합적인 정보를 분석, 처리할 수 있는 환경을 제공하는 것이 GIS의 핵심 기능이다.

③ GIS의 응용분야

GIS의 응용분야는 입지분석, 시설물 관리, 토지이용계획, 환경자원 및 분석, 교통계획 및 관리, 재난관리 등 [그림 6-34]에서와 같이 토지, 국방, 자원, 도시 계획, 도로, 전력, 가스, 수도 등에 이르기까지 광범위한 활용 분야를 가지고 있다. GIS의 초창기에는 자연자원의 관리에 주로 이용되었으나 80년대 이후부터는 자동 지도 제작이나 시설물 관리와 같은 영역으로 GIS의 이용이 확장되어져 나갔으며, 토목이나 통계분야에서의 이용 또한 부단히 증가하였다. 덧붙여 환경분야에서의 이용은 폭발적으로 증가하고 있다. GIS가 폭넓게 응용되고 있는 분야들 가운데 대표적인 분야들에 대해 간략히 살펴보면 다음과 같다.

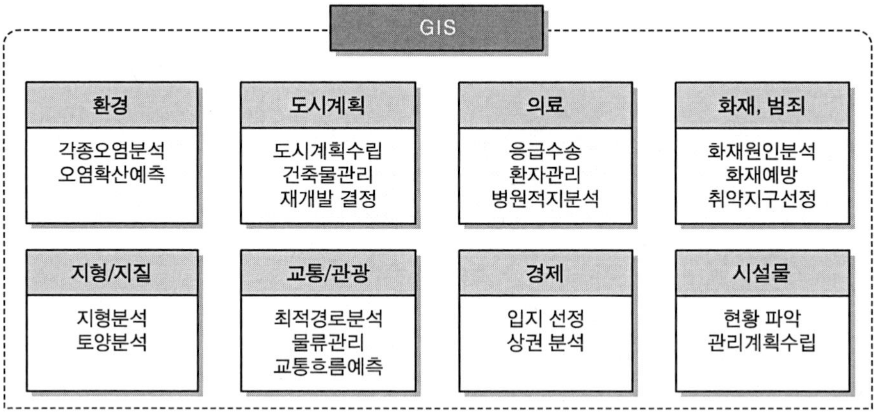

[그림 6-34] GIS의 응용분야

4 지적행정

1) 지적행정 개요

(1) 지적행정의 정의

① 행정의 의의

행정(administration)의 어원은 '봉사하다', '통치하다'의 뜻을 가진 라틴어 'minor', 'ministrate'에서 찾을 수 있으며, Oxford·Webster's Dictionary에서는 관리 행위, 사무의 처리, 직무의 지휘 또는 감독 등으로 정의하였다(Huges, 1994: 4~5). 즉, 행정의 정의에는 기본적으로 지식, 서비스의 의미를 내포하고 있는 반면, 유사 용어로서 관리(management)는 성과의 달성, 현재 성취된 성과에 대하여 관리자에 의한 개인적 책임의 의미를 내포한다고 정의하였다.[39)]

백완기(1995), 오석홍(1996), 김기태(1997)는 다양한 학자들의 정의를 참고하여 통합적 정의를 시도하였다.[40)] 즉, "행정은 특정의 목적을 달성하기 위하여 두 사람 이상이

39) O. E. Huges, Public Management and Administration(New York : St. Martin's Press, 1994), pp.5-6.
40) 백완기, 「행정학」, 박영사, 1995, pp.35-36., 오석홍, 「한국의 행정」, 경세원, 1996, pp.22-23., 김기태,

모여 협동하는 행위"라는 제정의 하에,[41] 공통적 요소를 다음과 같은 5가지로 제시하였다.

첫째, 두 사람 이상이 의식적인 협동을 하기 때문에 이것은 곧 조직(공식·비공식)화된다. 둘째, 공공행정은 공공의 이익과 행정목적을 달성하기 위하여 국민의 의사를 존중하여야 함은 물론 국민에게 책임을 져야 하며, 평가기준은 고객에 대한 봉사성이다. 셋째, 공공행정의 목적달성을 위한 수단으로서 고도의 합리성, 과학적·기술적 지식이 요구된다. 넷째, 공공행정이 추구하여야 하는 공익은 국가 정책형성을 통하여 수립되고 또 정책집행을 통하여 구체화된다. 다섯째, 목적달성을 위해 조직화된 사람들에게 동기부여는 물론, 물적 자원의 효율적인 조달·관리, 그리고 작업의 분할 및 통합이 문제시된다.

② 지적행정의 의의

'지적행정'을 어떻게 이해할 것인가에 관한 연구 자료는 1960년대부터 확인되지만, 내무부(지적과, 1977.8.1.), 시·도(지적과, 1979.4.1.), 시·구(지적과, 1979.7.1.)가 신설되고 대학에 '지적(학)과'가 신설되어 체계적인 학술연구가 시작된 1980년대부터라고 판단된다.[42]

주요 연구로서 이왕무(1986)는 "동태적인 토지행정을 직·간접으로 함축하여 국토 전반에 걸쳐 상세한 정보자료를 제공하고 국토종합개발, 도시계획, 건축행정, 농림행정, 국유재산관리, 조세행정 등과 연계되어 토지의 이용관리에 기여하는 것"으로 정의하였다.[43] 최용규(1991)는 "토지의 기록을 관장하는 행위",[44] 김갑수(1982)는 "지적제도의 기초이자 국가토지정책 수행의 근간으로 국가기관으로서 소관청이 수행하는 토지등록행정",[45] 김영학(1997)은 "토지에 관련하여 발생되는 지적활동을 국가기관인 지적소관청이

「행정학」, 대왕사, 1997, pp.39-40.

41) '특정의 목적 달성', '협동의 행위'를 강조한 연구내용을 참고하는 배경은 협의의 관점에서 행정은 행정부의 구조와 공무원의 활동을 포함하는 개념이며, 광의의 관점에서 행정은 고도의 합리성을 수반한 협동적 인간 노력의 한 형태로서 주어진 공공목표를 달성하기 위한 적정수단을 정확히 선택하는 고도의 합리성을 수반한 활동을 의미하는 것으로, 정책결정과 집행의 과정을 반영한 공공서비스의 생산과 분배와 관련된 정부의 제반활동이자 상호작용으로 이해할 수 있기 때문이다(이종수·윤영진, 「행정학」, 대영문화사, 2012, p.23 참고).

42) 지적행정 조직의 연혁을 고려하면 내부 판적국 지적과(1805.3.26.)로부터 거슬러 올라갈 수 있으나, 내무부 지방세과의 시·도 기구로서 지적계(1964.5.27.)가 신설되었음을 고려할 때, 지적제도 및 단위업무 중심의 지적행정의 정의가 가능할 것이다. 그리고 학술연구정보서비스(http://www.riss.kr/) 자료를 참고해보면 "지적행정발전책에 대한 소고(박문화, 1966)"의 연구가 있으나, 원문을 확인할 수 없는 아쉬움이 있다.

43) 이왕무, "지적행정의 발전방향에 관한 연구", 석사학위논문, 청주대학교 대학원, 1986, p.7.

44) 최용규, "현대지적의 체계화 구상", 「사회과학논총」, 제10권, 1991, p.179.

45) 김갑수, 「지적행정학개론」, 신라출판사, 1982, p.17.

효율적으로 등록·관리·운영하여 양질 서비스를 국민에게 제공하는 공공행정",[46] 김태훈(2005)은 "토지행정의 일부로서 국가행정 운영방침과 행정환경이라는 공통의 영역 하에 토지를 대상으로 하는 고유 업무",[47] 이범관·김봉준(2011)은 "토지의 최소 단위인 필지를 대상으로 이와 관련한 정보를 조사·등록·관리하는 공공의 활동으로서 효율적인 토지 관리를 위한 국가의 지적활동"이라고 정의하였다.[48]

위와 같이 지적행정에 대한 제 정의를 시대와 연구자의 관점에 따라 다소 상이하지만, 근본적으로는 지적의 제정의, 원리, 성격, 기능을 반영하고 있다. 즉, 지적행정은 형식상 원칙적으로 행정주체, 즉 지적소관청이라는 행정주체에 의해 수행되고, 실질적으로는 효율적인 토지 관리와 소유권 보호라는 국가임무를 수행하는 '공간정보의 구축 및 관리 등에 관한 법률' 등에 근거한 법 집행 작용이다. 최소 단위인 필지를 대상으로 국토정보를 조사·등록·관리·제공하는, 즉 공공서비스 생산 및 분배와 관련된 제반활동이자 상호작용에 기반한 공공행정이라 할 수 있다.

형식적 의미의 지적행정의 작용과 성질은 지적행정을 담당하는 조직이 시대별로 많은 변천을 겪어왔고 환경 변화에 맞추어 지적법령(현재, 공간정보의 구축 및 관리 등에 관한 법령)에 근거를 두고 있다. 반면에 실질적 의미의 지적행정은 현재, 공간정보의 구축 및 관리 등에 관한 법률의 목적에 따라 지적측량 및 조사를 통해 지적공부와 부동산종합공부의 작성 및 관리활동을 수행하여 국토의 효율적 관리와 국민의 소유권 보호를 위한 활동으로 지적소관청뿐만 아니라 지적측량 및 지적재조사측량대행기관의 역할을 수행하는 한국국토정보공사 및 지적측량업자를 포함한다고 할 수 있다.

(2) 지적행정의 성격

지적행정이 갖는 성격을 현대지적의 성격(반복적 민원성, 전문성과 기술성, 서비스성과 윤리성, 정보원)과 연계하여 살펴보면 다음과 같다.[49]

① 민원행정

Sharkansky(1978)에 의하면, 민원행정은 행정업무를 집행하고 전달하는 가운데 관계 있는 국민(고객)의 구체적인 요구 투입에 대응하는 행정으로 고객의 특정적이고 직접적인

46) 김영학, "지적행정에의 주민참여 활성화 방안", 「한국지적학회지」 제13권 1호, 1997, p.151.
47) 김태훈, "지적행정분야의 인적자원관리 실태에 관한 연구", 박사학위논문, 서울시립대학교 대학원, 2005, p.18.
48) 이범관·김봉준, 「지적행정론」, 삼지출판사, 2011, p.10.
49) 이왕무·장우진, 「지적행정론」, 도서출판 동화기술, 2008, pp.30-31.

대면적 청구행위에 대응하여 그것을 처리하는 행위로 정의된다.[50) 지적소관청의 경우, 토지의 등록과 관리 및 정보의 제공에 관한 업무로 지적공부의 열람과 등본, 지적공부소유권 득실변경, 토지이용계획 확인원의 발급, 토지이동의 신청접수 및 정리, 등록사항정정신청 및 정리 등 토지와 관련된 정보의 체계적 관리와 민원인의 특정적 요구에 대응하는 활동을 주요 업무내용으로 한다. 또한 지적측량의 경우, 국가의 필요에 의해 측량을 실시하는 경우도 있으나 고객들의 신청에 의한 경우, 즉 지적공부에 등록된 사항을 현장에 복원하고자 하는 경우 또는 필지의 분할 등의 신청에 의해 국가기관 혹은 대행기관이 측량을 실시하므로 민원적 성격을 갖는다고 볼 수 있다.

② 고도의 전문성 및 법적기술성

지적직 공무원과 지적측량수행자는 국가기술자격법에 의한 기술계 지적측량자격자이어야 함을 요건으로 한다. 업무의 내용 측면에서 지적공부의 보존 관리, 토지대장과 임야대장의 정리, 지적공부의 열람, 등본교부 등은 행정적인 성격이 강하지만, 현지측량, 지적측량기준점 관리, 면적측정, 지적도와 임야도 정리, 축척변경 등은 기술적 측면이 강하다.[51) 그리고 업무의 실제적인 면에서 측량기술 및 정확성을 뒷받침할 수 있는 장비를 다루어야 할뿐만 아니라, 지적측량수행자가 실시한 지적측량성과를 지적직 공무원이 검사하여야 한다. 지적측량사는 토지에 관한 필요 정보를 제공하여 제한된 지면에 기록, 도시하여 국가행정의 기초자료와 국민의 소유권 보호에 절대적인 역할을 하기 때문에 전문성을 확보한 법적 기술이 요구되어진다.[52)

③ 공공행정 주체로서 서비스성과 윤리성

지적행정은 이해관계인들의 신청에 의한 대응이 주를 이루는 민원행정의 성격을 갖는다. 즉, 국가기관과 국민과의 직접적인 상호작용을 통해 지적행정의 산출이 현실화된다는 것이다.[53) 따라서 민원인들은 지적행정에 대한 고객으로서의 지위를 부여받음으로서 양질의 서비스를 요구하게 되며, 접하게 되는 서비스의 접점을 중심으로 지적행정서비스의

50) 이왕무, “지적민원행정의 운영 실태와 개선방안에 관한 연구”, 박사학위논문, 전주대학교 대학원, 1999, p.11.
51) 김종서, “조직몰입에 관한 실증적 연구”, 박사학위논문, 고려대학교 대학원, 1998, p.55.
52) 지종덕, “지적측량사 체계의 변천과정에 관한 연구”, 「한국지적학회지」, 제16권 1호, 2000, p.27.
53) 민원업무의 적극적인 차원인 지적민원의 현장처리는 오지 읍·면의 장날 등을 선정 순회하여 상담·접수처리함으로서 대민봉사 행정구현과 적극적인 민원처리로 행정서비스를 제공하고 있다. 즉, 지적법규 및 부동산실명제 상담, 지적관계 민원접수·처리, 토지관리 업무 상담 및 접수처리, 지적측량민원접수 상담 및 접수·시행, 주민건의 및 고정민원 사항 등에 관하여 서비스를 제공하고 있다(김영학·이왕무·이동현·김남식, 「지적학」, 화수목, 2018, p.46).

질을 평가하게 된다. 또한 국민의 재산권의 범위를 확정하는 업무의 성격상 객관적인 입장을 취해야 하며, 공익을 추구하는 것이 공공행정이므로 공직자로서의 윤리뿐만 아니라 업무의 내용 그 자체로서도 윤리가 확보되어야 한다.

④ 토지활동의 정보원

지적행정을 통해 산출된 다양한 지적정보는 지적공부에 등록됨으로서 정보원으로서 활용된다. 지적공부에 등록된 지적정보는 공시를 통해 국민 개개인의 토지소유권의 범위를 명확히 하고, 토지거래 활동에 있어 안전과 신속을 도모할 수 있다. 또한 지적공부에 등록된 정보를 바탕으로 등기기록의 표제부의 토지의 물리적 현황(소재와 지번, 지목, 면적)을 기록하고, 부동산 종합공부에 토지의 표시사항을 기록·저장함으로서 부동산에 관한 종합정보관리체계를 지원한다. 토지를 포함한 부동산정책 활동에 있어 지적정보는 토지평가의 기초, 토지과세의 기준, 토지거래의 기준, 도시 및 토지이용계획의 기초, 주소 표기 등의 기초적인 정보로 활용된다.

(3) 지적행정의 특성

지적행정의 특성을 파악한 여타 논의들 중, 지적사무의 특성으로 '전통적이고 영속적인 국가사무', '이면적이고 내재적인 국가사무', '준사법적이고 기속적인 국가사무', '기술적이고 전문적인 국가사무', '통일적이고 획일적인 국가사무'로 파악하는 견해가 있다. 그러나 이러한 특성은 행정의 본질적 접근방식이라기보다는 업무에 한정한 지엽적 접근방법이라 할 수 있다. 따라서 여타 행정부문과의 비교방법론에 따라 지적행정의 특성을 살펴본 이승훈(1998)의 연구를 참고해보도록 한다.[54]

① 전국을 단위로 이루어지는 행정

국가는 모든 토지를 지적법이 정하는 바에 따라 필지마다 토지의 물리적 현황 등을 조사·측량하여 지적공부에 등록하여야 하고, 토지의 이동이 있는 때에는 토지소유자의 신청을 받아 지적소관청이 결정하나, 신청이 없으면 지적소관청이 직권으로 조사·측량하여 결정할 수 있다.[55] 또한 국토교통부장관은 권한의 일부를 대통령령으로 정하는 바에 따라 시·도지사 또는 지적소관청에 위임할 수 있다.[56] 이러한 규정은 전국적으로 통일적이고 획일적인 국가사무를 원활히 수행하기 위한 조문으로 광역성과 지역성을 동시에 감안한

54) 이왕무·장우진, 「지적행정론」, 도서출판 동화기술, 2008, pp.31-32.
55) 공간정보의 구축 및 관리 등에 관한 법률 제64조 제2항.
56) 공간정보의 구축 및 관리 등에 관한 법률 제105조 제1항.

것으로 보아야 한다. 그러나 지적사무는 국가가 지방자치단체의 장에게 위임하여 집행하게 하는 기관 위임사무로서 본래 국가기관에서 직접 처리하여야 하나,[57] 사무 처리의 효율성을 확보하기 위하여 지방자치단체의 장에게 위임하여 처리하게 한 것이다.[58]

② 주민의 일상적 접촉을 통한 행정

민원업무가 주종을 이루고 있어 타 행정에 비하여 주민과의 접촉빈도수가 높고, 토지의 물리적 현황을 등록·관리하는 업무를 담당하므로 토지의 경제적 가치에 민감한 반응을 보인다. 따라서 고도산업사회에 있어서 지적행정의 역할은 증대할 수밖에 없고 주민참여가 필연적으로 대두된다.

③ 사회 환경의 다양성을 반영한 행정

정보사회구현에 따른 국민들의 다양한 욕구와 가치관의 변화, 그리고 중앙정부나 지방자치단체의 '장기계획안'에는 개발지역과 보전지역, 토지정책과 주택정책, 정보화계획 등 다양한 계획이 수립되어 있다. 이러한 계획은 후속적인 지적행정의 업무를 파생시키고 정책에 대한 깊은 관심을 갖게 한다. 따라서 이러한 사회 환경의 다양성은 지적 및 토지행정기본계획의 수립·조정, 토지관리 및 지역균형개발, 지적공부의 정리 및 관리지도, 등록사항 정정 및 축척 변경, 지번부여 및 변경, 토지기록의 정보자료, 지적전산계획의 수립 등에 반영되고 있다.

④ 직접적인 대민서비스 중심 행정

지적소관청의 지적업무는 대체로 지적공부의 열람과 등본, 토지이용계획 확인원 발급, 토지이동의 신청접수 및 정리, 등록사항 정정신청 및 정리 등 민원업무가 주를 이룬다. 그리고 한국국토정보공사의 경우 신규등록, 등록전환, 분할, 토지의 등록 말소, 축척 변경,

57) 지방자치단체 업무는 지방자치단체 고유사무인 자치사무와 지방자치단체에 위임된 위임사무로 나뉜다. 대법원 2014..27. 선고 2012추190 판결, 대법원 2013.5.23. 선고 2011추56 판결에 의하면, 자치사무와 위임사무를 판단하는 기준은 법령의 규정형식과 취지, 사무의 성질이 전국적으로 통일적인 처리가 요구되는 사무인지 여부, 경비부담과 최종적인 책임귀속 주체 등을 들고 있다. 위임사무 중에서도 기관위임사무는 전국적으로 통일적인 처리가 요구되는 성질의 사무이며 국가에서 경비 및 지도·감독의 주체가 되는 사무이다.

58) 중앙집중행정이라는 측면에서는 지적행정에 관한 의사결정권한을 거의 모두 중앙정부에 집중하고 중앙정부의 책임 하에서 지적행정을 집행하는 제도이며, 반대로 지방자치행정은 한 지방에 거주하고 있는 주민들에 의해 자체적으로 지적에 관한 권한을 행사하고 이에 대한 책임을 지는 행정을 집행하는 방법이다. 이런 의미에서 지적의 형식, 등록방법 등에 관한 내용을 집행하는 행정은 중앙집중행정이라 할 수 있지만, 대민봉사 차원에서의 지적행정은 지방자치행정으로 구분할 수 있다(이승훈, "지적학의 학문적 체계 정립에 관한 연구", 「한국지적정보학회지」, 제2권, 2000, p.169).

도시개발사업 등의 시행지역에서 토지의 이동이 있는 경우, 지적재조사사업에 따라 토지의 이동이 있는 경우, 경계복원, 현황측량 등의 업무를 범위로 국가 및 지방자치단체나 국민(고객)의 신청 등에 의한 서비스를 제공하고 있다.[59)]

⑤ 포괄적이고 종합적인 행정

지적행정은 기관위임사무로서 기능별, 분야별 행정으로 분류되지만, 지적행정은 그 특성상 포괄적이며 종합적인 행정으로 보아야 할 것이다. 즉, 지적관련 행정으로 토지소유관리, 토지과세행정, 토지평가 및 거래, 건축물 관리, 도시계획, 지하시설물 관리, 지형 및 지리정보 등이 포함되어 있다. 따라서 기능별, 분야별 행정으로 분류하기에는 모순이 발생하므로 포괄적이고 종합적인 행정으로 파악하는 것이다.

(4) 지적행정의 유형

지적행정의 유형화와 관련하여 이왕무·장우진(2008)은 행정의 고유영역 하에서 가장 대표적인 지적행정 유형을 민원처리 행정으로 정의하였다.[60)] 이러한 관점은 지적행정의 성격과 특성을 주요하게 반영한 정의라 할 수 있다. 그리고 이범관·김봉준(2011)은 토지조사행정, 토지등록 행정, 토지관리 행정으로 구분하였는바,[61)] 이러한 관점은 지적행정조직의 직무 유형화에 따른 분류라 할 것이다.

이와 같은 지적행정의 유형화는 업무계층에 의한 분류로서 '운영관리행정'의 관점으로 이해할 수 있다. 즉, 운영관리행정은 일선 행정담당자 중심으로서 구조적이고 정형화된 업무를 반복적으로 집행하며 자료관리 및 고객관리 등 일상적 업무에 해당되는 행정의 유형으로 분류할 수 있기 때문이다.

지적행정은 '담당주체'에 따라 유형화할 수 있다. 즉, 국가행정(중앙행정, 지방행정)으로서 국토교통부(주택토지실–국토정보정책관–공간정보제도과)를 중심으로 시·도지사 또는

59) 한국국토정보공사 정관 제37. 공간정보의 구축 및 관리 등에 관한 법률 제23조 참고.

60) 지적소관청의 민원처리 행정으로 토지이동 신청 및 지적정리에 관한 행정서비스 그리고 지적측량의 목적에 따른 유형(신규등록측량, 등록전환측량, 토지분할측량, 경계복원측량, 지적확정측량, 지적현황측량, 지적복구측량, 경계감정측량)으로 정의하였다(이왕무·장우진, 「지적행정론」, 도서출판 동화기술, 2008, pp.32–35).

61) 토지조사행정(지적조사행정)이란 일필지에 대한 물리적·권리적·가치적·이용규제적 정보를 국가가 관리·공시하기 위한 사전조사 업무로서 한국국토정보공사 등에서 수행하고 있으며, 그 외에도 국토교통부와 국토지리정보원, 그리고 지방자치 단체에 설치된 지적과 등을 비롯한 도시계획, 토목, 건축 등의 부서에서 수행하고 있다. 토지등록행정이란 지적조사를 통해 획득한 일필지에 대한 물리적·권리적·가치적·이용 규제적 정보를 지적공부에 등록하는 사무를 말한다. 토지관리 행정은 정보화시대에 들어서면서 행정환경의 전산화로 인해 필지의 물리적·권리적·가치적·이용규제적 정보를 토지소유자 및 국민에게 효율적으로 제공하기 위해 토지정보를 지적공부 등을 통해 공공이 관리하는 행정을 의미한다(이범관·김봉준, 「지적행정론」, 삼지출판사, 2011, p.14).

지적소관청에 국토교통부장관의 권한 일부를 위임함으로서 지방행정사무의 근거 또한 마련하고 있기 때문이다.

그리고 지적행정의 유형을 검토하는데 있어 '법 적용 기준'에 의한 유형 분류도 매우 의미있다. 즉, 법 적용 기준에 의한 분류는 기속행정, 재량행정, 권력행정, 비권력행정으로 세분화되며 특히, 지적행정은 공간정보의 구축 및 관리 등에 관한 법령을 비롯한 지적재조사에 관한 특별법령, 지적측량 시행규칙, 지적업무처리규정 등 엄격한 법령에 근거한 행정에 해당되며, 지적측량 역시 기속측량의 성격을 갖고 있음을 고려할 때, 지적행정은 행정담당자의 재량보다는 엄격한 법령에 근거한 국가공권력과 공법적 권위를 토대로 이루어지는 행정으로 유형화할 수 있다.

2) 지적행정조직체계

(1) 지적행정조직의 정의

① 행정조직의 의의

조직(organization)이 무엇인가를 정의하기 위해서는 구조, 구성원, 목표, 기술 및 환경 등 핵심적인 조직의 구성요소를 살펴봄으로서 조직체계에 대한 개괄적인 이해를 도울 수 있다.

조직구조란 조직구성원들의 직무의 내용과 그 직무수행에 관한 권한과 책임 및 의무 등의 관계를 일정한 형식과 절차에 따라 조직화 또는 제도화한 것으로,[62] 조직활동과 기대, 관리자, 직원, 소비자 또는 고객 간의 교환의 바람직한 양식의 개념으로 조직의 산출물을 생산하고 조직목적을 달성하는데 이바지하는 가장 중요한 기능을 수행한다.[63]

조직구성원이란 조직으로부터 받는 각종 급부에 대한 반대급부로서 조직을 위하여 공헌하는 개인들로서 조직의 구성원이 조직에 가지고 들어오는 기술이나 전문성에는 큰 차이가 있다.[64]

조직목표는 조직활동의 방향과 지침을 제시함과 동시에 장래지향적으로 만들어줌으로써 모든 조직 내의 결정과 구성원들의 행동기준이 되며 조직이 속한 사회로부터 조직의 존재와 활동 및 임무 등을 정당화시켜준다. 그리고 효과성과 능률성을 평가하는 주요한 기준으로 작용한다.[65]

조직에 있어 기술이란 흔히 조직의 투입을 산출로 변형시키는 방법, 즉 조직의 활동

62) 김영하, "조직구조와 조직효과성의 측정지표에 관한 연구", 「강남대학교 논문집」, 제26권 제2호, 1995, p.100.
63) 박우순, 「현대조직론」, 법문사, 2000, p.89.
64) 유훈, 「행정학원론」, 법문사, 1991, p.279.
65) 유영옥,「행정조직론」, 학지사, 2001, pp.89-90.

수단을 말하고, 환경은 조직의 경계밖에 존재하는 외계의 총칭으로 전체 조직이나 조직 내부체제의 발전에 영향을 끼치는 조직을 둘러싸고 있는 모든 조건이나 상황 또는 영향력으로서[66] 환경의 불확실성은 조직으로 하여금 다양한 전략을 수립하게 한다.

따라서 모든 조직은 특정한 목표를 지향하는 하나의 체제 또는 구조라고 할 수 있으며, 분업과 통합의 합리적인 활동을 하는 두 사람 이상의 사회적 집합체라고 할 수 있다. 그리고 조직은 경계를 기준으로 다른 조직을 포함한 기술, 목표, 환경 등이 어우러져 외부와 끊임없는 상호작용을 통해 생성, 성장, 사멸하는 조직의 생명주기를 가지므로 조직의 생존과 유지·발전에는 유기적인 환경 적응이 중요한 요소가 된다.

〈표 6-15〉 공공조직과 사조직의 구별

구 분	기 준	주 요 내 용
유사성	혼합형태	- 기업형태의 정부조직(정부기업, 공사, 공기업) - 정부의 기능을 수행하는 비영리조직, 제3섹터 조직
	관리기술	- 목표 달성적 측면에서 능률성 강조 : 관리기술이 유사 - 공사조직의 유사한 관리기능 : 인사관리, 회계검사, 일반관리 등
	상호관계	- 계약, 허가, 보조금, 프랜차이즈와 같은 방법을 통한 사영역에의 정부영역 위탁 조정
	수행목적	- 비정부조직들의 정부의 정책수행 분담 - 정부의 이익집단으로서의 성향
공공조직 차이점	공공재 무임승차	- 공공서비스의 공공재적 성격, 세금징수 - 공공서비스에 대한 무임승차 욕구
	시장성	- 공공조직은 시장에 대한 노출정도가 낮음(예산확보 측면)
	개인능력 한계	- 충분한 정보수집의 한계, 이에 대한 정부기관의 규제
	내부 구조화	- 공조직 목표와 평가기준이 복잡함 - 공조직의 관리자는 의사결정의 자율성이나 융통성이 적음 - 사조직에 비해 성과가 낮음
	외향성	- 기업에 대한 오염비용 부과
	평등성	- 공행정은 모든 고객에게 평등한 대우를 함
	법적규제	- 공행정의 행위, 의무, 책임은 시행정보다 법에 의한 제약이 큼
	신분보장	- 사행정 구성원에 비해 공행정 구성원들의 신분은 더 보장됨
	공개성	- 공행정에서 요구되는 정책결정은 공개성을 요구함

자료: 정우일, 「공공조직론」, 박영사, 2005, pp.130-134., 김병섭·박광국·조경호, 「조직의 이해와 관리」, 대영문화사, 2003, p.40.

66) E. F. Harrison, Management and Organizations(Boston : Mifflin Co, 1978), p.344.

이러한 조직의 역할은 행정이 궁극적으로 조직관리 및 조직 내의 인적자원에 대한 관리를 통해 이루어지며, 거의 모든 공공정책 또한 조직에 의해 수행된다는 점에서 그 중요성을 찾아볼 수 있으며,[67] 사조직과의 비교를 통해 공공조직에 대한 이해를 높일 수 있다(〈표 6-15〉 참고).

② 지적행정조직의 의의

지적행정조직의 조작적 정의를 시도한 연구로서 박희정(2001)은 지적행정의 목표를 달성하기 위하여 구성된 사람들의 집합체로서 지적관련 법령을 제정하거나 개정하고 지적공부를 비치·보관하며, 분할·합병 등의 토지이동정리와 지적공부의 열람·등본발급 등 민원을 처리하기 위하여 설치된 중앙 및 지방정부 또는 국가의 특별행정기관 등에서 처리하는 업무를 관리하는 조직으로 정의한 바 있다.[68]

이러한 정의는 '특정목적 달성', '협동행위'를 강조한 행정의 보편적 정의와 행정법상의 행정조직의 정의,[69] 지적행정의 유형을 반영한 조작적 정의라 할 수 있다.

지적행정조직에 대한 이해를 높이기 위해 조직의 핵심적 구성요소(구조, 구성원, 목표, 기술 및 환경)를 중심으로 분석해보면 다음과 같다.[70]

지적행정조직 구조는 지적직공무원들의 직무내용과 그 수행에 관한 권한, 책임, 의무 등의 관계를 일정한 형식과 절차에 따라 조직화 또는 제도화한 것으로 내무부 판적국 지적과(1805.3.26.)를 효시로, 1977년 내무부의 지적담당부서가 지방재정국의 지적과로 승격·신설되면서 지적제도와 관련한 중앙-시·도/시·군·구의 전국적 업무를 수행할 수 있는 조직화가 이루어졌다. 2018년 현재, 국토교통부 공간정보제도과를 중심으로 각 시·도, 시·군·구에 지적사무를 수행할 수 있는 조직을 구성하여 운영하고 있다.

지적행정조직의 구성원은 지적관련 조직 내에서 직무를 수행하는 사람으로 자발적, 준비된 역할에 따라 조직의 목표에 기여할 수 있는 능력을 가진 인적자원을 말한다. 대다수

67) 이창원·최창현, 「새조직론」, 대영문화사, 2001, p.24.
68) 박희정, "지적행정 조직의 개선에 관한 연구", 석사학위논문, 청주대학교 대학원, 2001, p.35.
69) 광의의 국가행정조직은 국가행정을 담당하는 국가 자체의 행정기관뿐만 아니라, 국가의 위임에 의하여 국가행정을 담당하는 지방자치단체 기타의 공공단체의 기관의 조직을 포함한다. 협의의 국가행정조직은 국가의 위임에 의하여 국가행정을 담당하는 지방자치단체 기타의 공공단체의 기관의 조직을 제외한 국가 자체의 행정기관의 설치·구성·권한·상호관계 등을 의미한다.
70) 지적행정조직의 구성요소에 관한 논의로서 이순하(1994: 14)는 지적행정을 구성하는 지적제도를 중심으로 현대적 관점과 전통적 관점으로 대분하였다. 현대적 관점은 지적제도의 외부 환경요건을 추가적으로 고려하였고, 전통적 관점은 지적요소를 단지 내부적 요소로만 접근하는 관점이다. 즉, 외부요소에는 지리적·법률적 요소 및 사회적·정치적 요소를 의미하고, 내부요소에는 토지경계설정과 측량, 등록, 지적공부 등이 있으며, 인간과 권리 및 일필지를 포함하는 것으로 정의하였다.

지적관련 전문기술자격을 소지하고 있는 인적자원들로서 국가·지방지적직공무원은 4,035명, 한국국토정보공사 직원은 3,897명이다.[71] 현재 지방지적직공무원은 '기술(직군)-시설(직렬)-지적(직류)'로 구분되고 있다.[72]

지적행정조직의 목표는 지적행정조직체계 및 구조와 연관지어 판단해보면, 주위 환경과 내부의 사정에 의해 변동되어져 왔음을 알 수 있다. 즉, 지적행정조직의 효시인 내부판적국 지적과로부터 내무부 지방세과(1962.1.1.)에 지적계가 신설(1964.5.27.)될 때까지도 세입의 확대 및 관리라는 목표가 공식적·실질적인 목표였다. 관련 법령에 근거하여 살펴보면, 1950년 지적법 제정 이후, 법률 제2801호 지적법 전부개정을 통해 제1조에 "이 법은 토지를 지적공부에 등록하는 절차와 이에 따르는 지적측량 및 그 정리에 관한 사항을 규정함으로써 효율적인 토지관리와 소유권의 보호에 기여함을 목적으로 한다"라고 명시함으로서 지적행정 조직의 목표를 공식화하였다. 현재, 「공간정보의 구축 및 관리 등에 관한 법률」 제1조를 참고하면, "국토의 효율적 관리와 국민의 소유권 보호"를 법령에 의한 공식적 목표로서 사회 전체적인 측면에서 지적행정 조직의 활동에 정당성을 부여해 주는 동시에 지적행정조직 구성원에게 타 조직들과 어떻게 다른가 하는 점을 인식시켜 주는 상징적인 작용을 한다.

지적행정조직의 기술은 지적행정의 산출물에 사용되는 도구, 기법, 활동을 의미한다. 이러한 지적행정조직의 기술에 대하여 과거 「한국지적행정에 관한 연구(내무부)」의 보고서에 의하면, 지적사무의 20%는 기술적인 측면이고 그 외 80%는 관리적 측면의 업무라고 한 바도 있다.[73] 그러나 지적행정조직의 기술은 지적공부의 보존 및 관리, 토지(임야)대장의 정리, 지적공부의 열람 및 등본교부 등을 그 예로 볼 수 있는 '행정적 측면', 지적측량성과의 검사, 지적측량기술 및 장비의 관리 등을 의미하는 '기술적 측면', 토지에 관한 국가행정의 기초자료와 국민의 소유권보호에 절대적인 역할을 하기 때문에 '법적 측면'이 고려되어야 한다.[74] 그리고 최근에는 이러한 3가지 측면의 종합적인 관리와 전제가 되는 KLIS(Korea Land Information System) 운영 및 관리, KAIS(Korean Address Information System) 운영, 공간정보오픈플랫폼(V-World) 운영, 클라우드(Cloud) 서비스 등으로 대변되는 '전산정보적 기술'을 추가하여 설명할 수 있다.

71) 국토교통부, 「지적통계연보」, 국토교통부 공간정보제도과, 2018, pp.804-806.
72) 지방공무원임용령 제3조 제1항- 별표 1 참고.
73) 김종서, "조직몰입에 관한 실증적 연구", 박사학위논문, 고려대학교 대학원, 1998, p.55 재인용.
74) 상게서, p.55., 지종덕, "지적측량사 체계의 변천과정에 관한 연구", 「한국지적학회지」, 제16권 1호, 2000, p.27.

지적행정조직의 환경은 행정환경의 변화라는 거시적인 변화측면에서 벗어날 수는 없겠으나, 이러한 거시적인 환경변화를 지적행정조직으로 집약하여 살펴볼 때, 내부환경과 외부환경으로 구분할 수 있다.[75)]

내부환경은 지적행정조직이 주어진 환경과 적응과정에서 조직체가 갖는 고유의 독특한 성격을 말하는데, 지적행정조직은 에너지의 방향이 자기 외부체제를 지향하고, 정보를 수집하는 과정에서 있어 현실적인 실제적이며, 구체적인 사실을 선호한다. 그리고 조직체의 결정에 있어서는 논리와 객관적인 분석을 바탕으로 하며, 외부와의 관계에 있어서도 조직적이고 체계적이며 계획에 의한 과제를 수행해나가는 성향을 갖는다.[76)]

외부환경은 개별조직의 의사결정이나 전환과정과 관계된 영향력으로 고객, 공급자, 경쟁자 등을 의미하는 '과업환경'과 사회 내의 모든 조직에 영향을 미치는 '일반환경'으로 구분할 수 있다. 지적행정조직의 외부환경으로서 첫째, '과업환경'으로서는 고객과의 관계에서 지적 및 지적행정에 대한 고객들의 다양한 인식수준과 지적행정에의 참여증대 및 질 높은 서비스의 요구 등으로 설명할 수 있다. 그리고 공급자 및 경쟁자와 관련하여서는 특히, 지적측량서비스의 경우 한국국토정보공사 독점적 서비스 형태에서 부분 개방서비스 환경체계로 변화되어짐으로서 공급에의 제한적 경쟁이 이루어지고 있다. 둘째, 지적행정조직의 외부환경으로서 '일반환경'은 정부의 시책, 공공부문의 축소, 탈관료화, 민영화 등 다양한 환경요소가 존재하고 있다. 하지만, 최근 행정의 일반환경이 조직개편, 정보기술의 진전에 따른 전자정부, 행정정보화, 공공행정서비스의 품질화로 보는데 이견을 제기할 사람은 없을 것이다.

(2) 지적행정조직 변천

① 지적행정조직 연혁

지적행정조직의 업무는 국가 고유의 사무로 인식되어 직접적인 통제와 획일성이 요구되고 관리기능의 전문화와 부서 간의 조정 및 통제의 필요성 때문에 중앙집권화가 요구되고 있으나 관리부담의 절감과 사무처리의 신속화, 지방 실정에 맞는 행정의 실현 및 민주적 통제의 강화를 위하여 일부 내용에 대하여는 지방분권화도 요청되었다.[77)]

구 한국정부에서 설치한 내부 판적국 지적과를 효시로 하여, 지적행정조직의 직제가

75) 유종해, 「현대조직관리」, 박영사, 2004, pp.124-129.

76) 이왕무·장우진, "지적행정조직의 성격진단에 관한 연구", 「한국지적학회지」, 제22권 1호, 2006, pp.85-100 요약.

77) 박순표·최용규·강태석, 「지적학개론」, 형설출판사, 2003, p.466.

갖추어진 시기는 1977년으로 내무부의 지적담당부서가 지방재정국의 지적과로 승격·신설되었다.

그 후, 1981년 11월 1일 정부의 기구축소 조치에 따라 도(度)의 지적과가 계(契)로 축소 조정되었다가 1987년 11월 25일 10개 시·도의 지적과가 일제히 부활되었으며, 1990년 9월 5일 26개의 시와 52개 군(郡)에 지적과를 신설하고 지정계와 지적계를 설치함으로서 전국적으로 47개시, 104개군, 69개구 등 220개 시·군·구의 지적행정조직이 보강되었다.

1993년부터 1995년까지 시·도 및 시·군·구 별로 토지관리과와 지적과의 지정계를 폐지하고 지적과에 토지관리계를 흡수하여 토지거래허가신고·공시지가·공인중개사 지도감독 및 외국인 토지취득허가업무 등을 담당케 함으로서 지적사무가 크게 확장되었다.

1994년 4월 내무부직제 중 개정령을 공포하고, 제5조 제1항에 의거 지방세심의관을 폐지하고 지방세심의과를 신설하고, 도세과와 시군세과를 폐지하고 세정과를 신설하였다.

그리고 1995년 6월 전국의 지적과 미설치 33개 시·군 중 경기도 과천시와 경상북도 울릉군을 제외한 31개 시·군에 일제히 지적과를 신설하도록 지적기구 및 인력을 보강함에 따라 지적제도가 창설된 후 85년 만에 제주도와 과천시·울릉군 등 3개 기관을 제외한 전 시·도와 시·군·구에 '과' 단위의 지적행정조직을 갖추게 되었다.

1998년 7월 22일 행정자치부령 제101호「행정자치부와 그 소속기관 직제 시행규칙」을 개정하여 구조 조정을 시행하여 지방재정국과 지방세제국을 통합하여 지방세제국으로 하였으며, 지방세제국 소속이었던 지적과는 명칭과 사무분장 그대로 지방세제국을 통합하여 지방세제심의관에 '지적담당관'으로 직제 개편되었다.

2001년 6월 지적과에서 지방세제관의 지적담당관(지정계, 지적계, 지적제도계, 지적전산계, 지적정보계, 지적정보화팀)으로 조직의 명칭이 변경되었다. 그리고 2008년 4월 이명박 정부의 조직개편과 함께 새주소 사업만이 행정자치부에 존속되고, 지적관련 업무의 대부분이 국토해양부의 국토정보정책관(국토정보기획과, 국토정보제도과, 국토정보산업지원과, 국토정보센터)으로 이관되었다.

이후, 2013년 3월 23일「국토교통부와 그 소속기관 직제 시행규칙」제정을 통해 지적기획과, 2015년 1월 6일「국토교통부와 그 소속기관 직제 시행규칙」개정을 통해 공간정보제도과에서 지적의 주요 업무를 담당하였다. 2018년 현재, 국토교통부의 국토정보정책관(국토정보정책과, 공간정보제도과, 공간정보진흥과, 국가공간정보센터)에서 업무를 이관하여 관장하고 있다.

그리고 각 지방자치단체에서는 1998년부터 1999년까지 시·도와 시·군·구의 조직을 지역실정에 맞도록 구조 조정함에 따라 일부 시·군의 지적과가 민원봉사과, 종합민원처리과, 주택지적과, 건축지적과, 토지정보과 또는 도시과의 1개 팀 등으로 축소되거나 명칭을 변경하여 지적행정업무를 수행하고 있다.

〈표 6-16〉 지적행정기구의 변천

구 분	중앙관서	시·도 세무감독국	시·군 세무서	비 고
1895.3.26	내부 판적국 지적과			하부조직 없음
1898.7.6	양지아문	양무감리	양무위원	
1901.10.20	지계아문	지계감독사 지계아문	지계아문	
1904.4.19	탁지부 양지국			하부조직 없음
1905.2.26	탁지부 양지국 양지과	대구, 평양, 전주, 함흥에 측량기술 견습소 설치		
1905.4.12	내부 지방국 판적과			지적행정기구
1906.1.25	내부 지방국 지리과			지적행정기구
1907.2.13	임시재원조사국	대구, 평양, 전주, 함흥에 측량기술 견습소 설치		
1908.7.23	임시재산정리국			재무감독국에 본국 기술자를 겸무 국유지 조사
1910.3.14	토지조사국			하부조직 없음
1910.9.30	임시토지조사국			하부조직 없음
1916.10.20	농상공부산림과	제1부	부윤 면장	연월일은 임야조사를 시작한 날짜
1919.8.19	총독부 식산국 산림과	임무과		농상공부에서 식산국으로 직제 변경
1919.8.20	총독부 재무국	제1부		
1934.4.28	총독부 재무국	세무감독국 경성·광주·대구 ·평양·함흥	세무서	
1943.12.1	총독부 재무국	재무부 세무과 총무부 세무과(서울)	세무서	세무감독국 폐지
1945.9.17	미군정 재무국 세무과	재무부 직세과	세무서	
1947	남조선과도정부 재무부 사세국	사세청	세무서	
1949	재무부 사세국 직세과	사세청	세무서	
1951	재무부 사세국토지수득과	사세청	세무서	
1962.1.1	내무부 지방세과	지적계 신설 (1964.5.27)	시, 군, 구	

구 분	중앙관서	시·도 세무감독국	시·군 세무서	비 고
1977.8.1	내무부 지적과	지적과	시, 군, 구	내무부 (1977.8.1) 시·도 (1979.4.1) 시·구(인구 15만 이상 – 1979.7.1)
1998.7.22	행정자치부 지적과	지적과	시, 군, 구	
2001.6.30	행정자치부 지방세제관 지적담당관	지적과	시, 군, 구	지방자치단체에 따라 조직명칭 상이
2008.3.6	국토해양부, 국토정보제도과	지적과	시, 군, 구	지방자치단체에 따라 조직명칭 상이
2013.3.23	국토교통부, 지적기획과	지적과	시, 군, 구	지방자치단체에 따라 조직명칭 상이
2015.1.6	국토교통부, 공간정보제도과	지적과	시, 군, 구	지방자치단체에 따라 조직명칭 상이

자료 : 구미시, 「구미시 지적행정총람」, 구미시, 2003, p.82., 이왕무·장우진, 「지적행정론」, 서울 : 도서출판 구미서관, 2008, p.75 재인용., 국토해양부와 그 소속기관 직제, 국토교통부와 그 소속기관 직제 참고.

② 지적행정조직 직제

'직제'란, 국가의 행정기관이나 그 밖의 단체·조직·기관 등의 기구·구성원 직무분담 등에 관한 제도 또는 법규를 말한다. 중앙조직의 경우, 「국토교통부와 그 소속기관 직제(대통령령 제29061호)」를 통해 주택토지실에 국토정보정책관을 두고 국토정보정책과, 공간정보제도과, 공간정보진흥과 및 국가공간정보센터를 두고, 각 과장 및 센터장은 부이사관·서기관 또는 기술서기관으로 임명하고 있다.

지방자치단체 예로서 광주광역시의 경우, 「광주광역시 행정기구 설치 조례(조례 제5034호)」 및 「광주광역시 행정기구 설치 조례(규칙 제3121호)」를 통해 도시재생국에 토지정보관리과를 두고 토지정보과장은 지방기술서기관으로 임명하도록 명시하고 있다.

〈표 6-17〉과 같이 지방자치단체에 따라 배속국과 직제가 상이하지만, 2008년도에 비교하여 2018년도에는 '지적'이라는 고유 용어를 사용한 조직명은 감소되고 있으며, '토지정보과', '토지관리과'라는 조직명이 다소 많은 것을 확인할 수 있다. 그리고 '지적민원과' 등 민원업무의 대표적 성격을 가지고 실·국 등이 결정되어짐을 확인할 수 있다.

〈표 6-17〉 중앙 및 지방자치단체 지적행정조직 배속국 및 직제 변화

2008.07 현재		2018.09 현재	
자치단체	지적행정조직	자치단체	지적행정조직
국토해양부	국토정보제도과(중심)	국토교통부	공간정보제도과(중심)
서울특별시	도시계획국 - 토지관리과	서울특별시	도시계획국 - 토지관리과
제주특별자치도	도시건설방재국 - 건축지적과	세종특별자치시	시민안전국 - 토지정보과
광주광역시	도시건축국 - 토지정보과	제주특별자치도	도시건설국 - 건축지적과
대구광역시	도시주택본부 - 토지정보팀	광주광역시	도시재생국 - 토지정보과
대전광역시	도시주택국 - 지적과	대구광역시	도시재창조국 - 토지정보과
부산광역시	도시계획국 - 지적과	대전광역시	도시주택국 - 토지정책과
울산광역시	도시국 - 토지정보과	부산광역시	도시계획국 - 토지정보과
인천광역시	도시계획국 - 토지정보과	울산광역시	도시창조국 - 토지정보과
강 원 도	건설방재국 - 주택지적과	인천광역시	행정관리국 - 토지정보과
경 기 도	도시주택실 - 토지정보과	강 원 도	건설교통국 - 토지과
경상남도	도시교통국 - 토지정보과	경 기 도	도시주택실 - 토지정보과
경상북도	건설도시방재국 - 건축지적과	경상남도	도시교통국 - 토지정보과
전라남도	건설방재국 - 토지관리과	경상북도	건설도시국 - 토지정보과
전라북도	건설물류국 - 토지건축국	전라남도	건설교통국 - 토지관리과
충청남도	건설교통국 - 지적과	전라북도	건설교통국 - 토지정보과
충청북도	건설방재국 - 토지정보과	충청남도	국토교통국 - 토지관리과
강 릉 시	자치행정국 - 민원봉사과	충청북도	균형건설국 - 토지정보과
거 제 시	총무국 - 민원지적과	강 릉 시	건설수도본부 - 지적과
경 산 시	행정지원국 - 지리정보과	거 제 시	안전도시국 - 토지정보과
경 주 시	건설도시국 - 토지관리과	경 산 시	행정지원국 - 지리정보과
고 양 시	도시주택국 - 도시계획과	경 주 시	도시개발국 - 토지관리과
공 주 시	지적과	고 양 시	교통건설국 - 토지정보과
과 천 시	세무과 - 지적팀	공 주 시	안전산업국 - 토지과
광 명 시	행정지원국 - 지적과	과 천 시	행정복지국 - 열린민원과
광 양 시	민원출장소	광 명 시	행정재정국 - 토지정보과
광 주 시	총무국 - 민원지적과	광 양 시	총무국 - 지적민원과
구 리 시	행정지원국 - 토지정보과	광 주 시	도시주택국 - 토지정보과
구 미 시	경제통상국 - 부동산관리과	구 리 시	행정지원국 - 토지정보과
군 산 시	건설교통국 - 토지정보과	구 미 시	경제통상국 - 토지정보과
군 포 시	시민봉사국 - 토지관리과	군 산 시	건설교통국 - 토지정보과
김 제 시	자치행정국 - 종합민원과	군 포 시	민원봉사과 - 지적팀

2008.07 현재		2018.09 현재	
자치단체	지적행정조직	자치단체	지적행정조직
김 천 시	종합민원처리과	김 제 시	행정지원국 – 민원소통과
김 포 시	주민생활지원국 – 시민봉사과	김 천 시	자치행정국 – 종합민원과
김 해 시	건설교통국 – 토지정보과	김 포 시	도시국 – 토지정보과
나 주 시	자치행정국 – 종합민원과	김 해 시	행정자치국 – 토지정보과
남양주시	교통도로국 – 지적과	나 주 시	총무국 – 시민봉사과
남 원 시	총무국 – 민원과	남양주시	도시국 – 토지정보과
논 산 시	자치행정국 – 지적과	남 원 시	총무국 – 민원과
동두천시	민원봉사과	논 산 시	친절행정국 – 민원토지과
동 해 시	행정지원국 – 고객봉사과	동두천시	자치행정국 – 민원봉사과
마 산 시	도시환경국 – 토지정보과	동 해 시	행정복지국 – 민원과
목 포 시	주민복지국 – 민원봉사실	목 포 시	자치행정복지국 – 민원봉사실
문 경 시	종합민원처리과	문 경 시	행정복지국 – 종합민원과
밀 양 시	총무국 – 민원봉사과	밀 양 시	행정국 – 민원지적과
보 령 시	경제개발국 – 지적과	보 령 시	자치행정국 – 민원지적과
부 천 시	도시국 – 도시계획과	부 천 시	도시국 – 토지정보과
사 천 시	총무국 – 민원지적과	사 천 시	행정복지국 – 민원지적과
삼 척 시	총무사회국 – 민원봉사과	삼 척 시	자치행정국 – 민원봉사과
상 주 시	농림건설본부 – 도시팀	상 주 시	안전행정국 – 민원봉사과
서 산 시	자치행정국 – 지적과	서 산 시	건설도시국 – 토지정보과
성 남 시	도시주택국 – 토지정보과	성 남 시	교통도로국 – 토지정보과
속 초 시	민원봉사과	속 초 시	민원봉사과
수 원 시	도시계획국 – 토지정보과	수 원 시	도시정책실 – 토지정보과
순 천 시	주민생활지원국 – 토지정보과	순 천 시	민원복지국 – 토지정보과
시 흥 시	총무국 – 민원지적과	시 흥 시	안전행정국 – 민원지적과
아 산 시	산업경제국 – 토지관리과	아 산 시	건설교통국 – 토지관리과
안 동 시	종합민원실	안 동 시	도시건설국 – 토지정보과
안 산 시	건설교통국 – 도시계획과	안 산 시	도시주택국 – 토지정보과
안 성 시	도시건설국 – 토지관리과	안 성 시	행정복지국 – 토지민원과
안 양 시	도시교통국 – 도시계획과	안 양 시	도시주택국 – 도시계획과
양 산 시	총무국 – 민원지적과	양 산 시	행정국 – 민원지적과
여 수 시	자치행정국 – 민원지적과	여 수 시	행정안전국 – 민원지적과
영 주 시	지역개발국 – 주택지적과	영 주 시	도시건설국 – 토지정보과
영 천 시	종합민원처리과	영 천 시	도시건설국 – 건축지적과

2008.07 현재		2018.09 현재	
자치단체	지적행정조직	자치단체	지적행정조직
원 주 시	건설도시국 – 지적과	원 주 시	시민복지국 – 지적부동산과
오 산 시	주민생활지원국 – 시민과	오 산 시	경제문화국 – 토지정보과
용 인 시	도시주택국 – 도시계획과	용 인 시	도시균형발전실 – 토지정보과
의 왕 시	지역개발국 – 토지정보과	의 왕 시	시민서비스국 – 민원지적과
의정부시	재정경제국 – 민원지적과	의정부시	도시관리국 – 토지정보과
이 천 시	시민생활지원국 – 민원봉사과	이 천 시	자치행정국 – 민원봉사과
익 산 시	주민생활지원본부 – 토지정보팀	익 산 시	안전행정국 – 종합민원과
전 주 시	건설교통국 – 도시과	전 주 시	생태도시국 – 생태도시계획과
정 읍 시	문화행정국 – 종합민원과	정 읍 시	문화행정국 – 종합민원과
제 천 시	행정복지본부 – 토지정보팀	제 천 시	행정복지국 – 민원지적과
진 주 시	총무국 – 토지정보과	진 주 시	도시건설국 – 토지정보과
진 해 시	총무국 – 토지관리과		
창 원 시	도시계획국 – 토지정보과	창 원 시	도시정책국 – 건축경관과
천 안 시	도시도시국 – 도시과	천 안 시	건설교통국 – 도시계획과
청 주 시	도시관리국 – 도시계획과	청 주 시	주택토지국 – 지적정보과
춘 천 시	자치행정국 – 민원지적과	춘 천 시	건설국 – 지적과
충 주 시	기획행정국 – 종합민원실	충 주 시	안전행정국 – 종합민원실
태 백 시	민원봉사과 – 지적행정/관리	태 백 시	행정복지국 – 민원봉사과
통 영 시	총무국 – 민원봉사과	통 영 시	행정차지국 – 민원지적과
파 주 시	산업경제국 – 지적과	파 주 시	환경정책국 – 지적과
평 택 시	총무국 – 토지관리과	평 택 시	총무국 – 민원토지과
포 항 시	건설도시국 – 도시계획과	포 항 시	도시안전국 – 도시계획과
하 남 시	주민생활지원국 – 종합민원과	하 남 시	경제환경국 – 토지정보과
화 성 시	자치행정국 – 민원봉사과	화 성 시	건설교통국 – 토지정보과

자료: 이왕무·장우진, 「지적행정론」, 도서출판 동화기술, 2008, p.79재인용. 국토교통부 및 각 지방자치단체 홈페이지 참조(검색일 : 2018.09.20.)

(3) 지적행정조직 업무

① 업무의 의의

업무는 조직의 목적달성을 위한 인간의 활동체계로, 일(work), 과업(task)이라는 개념으로 나타낼 수 있으며, 업무의 기술적 단위, 일, 과업을 일괄하여 직무라(job과업, 업무의 기술적 단위를 일괄하여 직무(job)라고 한다.[78]

조직에 있어 직무의 편성·결정은 자기의 과업과 그 과업을 수행하는 목적, 책임한계, 그리고 전체의 과업수행과정에 있어서 자기가 어떤 위치를 차지하는가를 명백히 알 수 있다. 따라서 조직운영을 위하여 필요한 업무는 빠짐없이 할당되어야 하며, 조직단위 상호 간 또는 개인 간의 직무의 경합이나 중복을 피해야 하며, 유사한 직무를 동일의 작업형태에 종합하여 유사한 직무가 할당되었을 때 부문과 개인은 담당업무에 숙달되기 쉽고 또한 수행능력이 증가되고 아울러 직무에 안정성을 갖게 된다.[79]

즉, 조직에 있어서 업무를 집중화(concentration)·분산화(dispersion)시키는 것은 업무의 효율성 측면에서 매우 중요하며, 일반적으로 업무의 분산화보다는 집중화를 통해 업무의 효율성을 높일 수 있는 것으로 이해되고 있다.[80]

② 지적행정조직의 주요 업무

지적행정조직의 주요 업무내용을 중앙조직으로 국토교통부, 지방조직으로서 시·도, 시·군·구의 사례를 살펴보면 다음 〈표 6-18〉, 〈표 6-19〉와 같다.

〈표 6-18〉 국토교통부 국토정보정책관 주요 업무

구 분	주요 업무내용
공간정보제도과	1. 측량·수로조사 및 지적에 관한 법령의 입안·운영 및 제도의 연구·발전 2. 국가측량 및 지적에 관한 정책의 수립·조정 3. 측량 기본계획 및 시행계획의 수립·시행 4. 통일에 대비한 북한지역의 측량 단일화 및 지적조사·등록방안 연구 5. 측량·지적제도의 일원화 방안 6. 공간정보기술자격 조정 및 운영에 관한 사항 7. 국토지리정보원에 대한 운영 지원 8. 지적측량수행자 및 관련 비영리법인의 등록·지도·감독 9. 지적측량 수수료체계의 운영·고시 및 개선 10. 지적공부·부동산종합공부의 관리 및 정보화 사업 추진 등에 관한 사항 11. 3차원 지적도의 구축에 관한 사항 12. 미등록 토지의 지적공부 등록사업계획의 수립·시행 13. 전국 지적통계의 작성 및 운영 14. 국가, 지방자치단체, 법인 아닌 사단·재단 및 외국인의 부동산 등기용 등록번호 부여·관리에 관한 사항 15. 중앙지적위원회의 운영에 관한 사항 16. 지적공부의 세계측지계 전환에 관한 사항

78) 김국태, 「사무관리」, 민영사, 1999, p.75.
79) 차용준, 「행정관리론」, 전주대학교 출판부, 2000, pp.104-106.
80) 손지선·이성윤·김홍수, 「현대사무관리」, 법지사, 2000, p.267.

구 분	주요 업무내용
	17. 지적불부합지 정리사업계획의 수립·시행 18. 측량·지적제도의 국제협력에 관한 사항 19. 국가기준점·지적측량기준점 현황조사 및 관리에 관한 사항 20. 최신 측량기술개발·연구 및 적용에 관한 사항 21. 디지털 지적 표준관련 법·제도에 관한 사항
국토정보정책과	1. 국가공간정보정책의 입안 및 연구·발전 2. 국가공간정보에 관한 법령의 입안·운영 및 제도의 연구·발전 3. 국가공간정보체계(NSDI)의 구축을 위한 기본계획 및 시행계획의 수립·변경 및 조정 4. 공간정보체계 구축에 관한 사업의 총괄·조정 5. 공간정보체계 구축에 관한 예산편성·심의·조정에 관한 사항 6. 국가공간정보위원회의 운영 7. 기본공간정보 구축에 관한 사업계획의 수립·조정 8. 공간정보체계 구축사업의 추진 9 공간정보체계 구축 관련 국가지원연구과제 수행 10. 공간정보 분야의 국제협력 및 해외진출에 관한 사항 11. 스마트 국토 엑스포(Smart Geospatial Expo)의 개최·홍보 12. 한국국토정보공사의 관리·감독에 관한 사항 13. 공간정보체계 구축의 보안에 관한 사항 14. 대규모 국책사업에 대한 공간정보체계의 구축에 관한 사항 15. 국가공간정보정책 기본계획과 시행계획의 수립·시행 및 집행실적 평가에 관한 사항 16. 관리기관의 공간정보데이터베이스의 구축에 관한 사항 17. 공간정보체계의 중복구축 방지 및 호환성 확보에 관한 기준·운영 등에 관한 사항 18. 국가공간정보체계의 구축·관리 및 활용을 위한 협력체계의 구축 19. 공간빅데이터체계의 구축 및 활용에 관한 사항 20. 국가공간정보 분야 연구개발사업의 총괄·조정
공간정보진흥과	1. 공간정보산업의 진흥을 위한 정책의 수립·시행 2. 공간정보산업진흥법령의 입안·운영 및 제도의 연구·발전 3. 3차원 공간정보의 구축 및 활용에 관한 사항 4. 실내공간정보의 구축 및 활용에 관한 사항 5. 공간정보 분야 일자리 창출지원을 위한 계획의 수립·시행 6. 공간정보 활용 창업 활성화를 위한 정책의 수립·시행 7. 지능형 국토정보 기술혁신 성과의 활용계획의 수립·시행 8. 공간정보 전용위성의 개발 및 운용에 관한 사항 9. 공간정보 인재양성을 위한 정책의 수립·시행 10. 공간정보산업진흥원에 대한 운영 지원 11. 공간정보산업협회에 대한 지도·감독 12. 지하시설물 정보화에 관한 사항 13. 건설 시추정보 전산화에 관한 사항 14. 공간정보산업 조사 및 통계작성에 관한 사항 15. 공간객체등록번호의 부여·관리 등에 관한 사항

구 분	주요 업무내용
	16. 공간정보오픈플랫폼의 개발 및 서비스 17. 공간정보체계 표준화 및 품질인증을 위한 정책의 수립·시행 18. 공간정보산업 진흥시설의 지정 및 운영에 관한 사항 19. 극지역 공간정보의 구축 및 활용에 관한 사항
국가공간정보센터	1. 국가공간정보 통합 데이터베이스의 유지·관리 2. 국토관련정보 및 시스템의 연계방안 연구 3. 국가공간정보센터 관련 법령의 입안·운영 및 제도의 연구·발전 4. 국토정보관련 시스템의 코드체계 표준 제정·관리 5. 국토정보시스템의 운영·유지 및 관리 6. 국가공간정보센터 관련 실무협의회 운영 7. 공간정보체계에 대한 유통정책 및 제도의 수립 8. 공간정보의 유통을 위한 기구의 설치·운영 9. 공간정보의 수집·가공·심사·승인 및 기본통계의 생산 10. 국가공간정보의 개방·공유 및 유통에 관한 사항 11. 온나라부동산포털의 운영 12. 국가공간정보센터의 설치 및 운영 등에 관한 사항 13. 국가공간정보 및 부동산정보의 종합관리 및 운영에 관한 사항 14. 한국토지정보시스템(KLIS)의 개발, 운영 및 관리 15. 국토공간계획지원체계(KOPSS)의 운영·관리 16. 국가공간정보통합체계의 운영·관리 17. 공간정보오픈플랫폼 데이터베이스의 운영·관리 18. 공간정보 제공기관에 대한 지도·관리 19. 공간정보 이용·활용의 촉진을 위한 관련 소프트웨어 개발정책 수립 및 활성화 방안에 관한 사항 20. 공간정보 가공유통업 지원 제도의 수립·운영 21. 공간정보 생산·수집·가공·유통 등 활성화 방안에 관한 사항

자료: 「국토교통부와 그 소속기관 직제 시행규칙(국토교통부령 제538호)」 제8조 제17~20항

〈표 6-19〉 시·도, 시·군·구 주요 업무

구 분	주요 업무내용
광주광역시 (토지정보과)	1. 토지 및 지적관리업무 종합계획 수립·조정 2. 지적측량·항공측량·검사 및 적부심사 3. 지적통계 관리, 지적공부 정리 및 관리 4. 토지거래 및 외국인 토지취득에 관한 사항 5. 지적측량 대행법인업무 지도·감독 6. 택지소유 상한제 운영 및 지가조사 업무에 관한 사항 7. 지적기준점 및 GPS 상시관측소 관리 8. 도로명 주소에 관한 사항 9. 지적정보화 및 전산시스템 운영·관리, 개인별 토지정보자료 제공 10. 토지 특별회계 세입 운영·관리

구 분	주요 업무내용
	11. 부동산실명제에 관한 사항 및 부동산 중개업 지도·감독 12. 토지이용심사 및 지방지적위원회 운영 13. 도시종합정보시스템(GIS)구축·운영 14. 공공측량 및 측량표(삼각점 수준점)에 관한 사항 15. 지명위원회 운영에 관한 사항 16. 지적재조사 관련 업무(법령관리, 행정시스템 운영·관리, 민원처리 등)
하남시 (토지정보과)	1. 개별공시지가 조사 및 산정 2. 개별부담금 부과 및 징수 3. 지적측량성과검사, 토지이동정리 4. 도로명 및 도로구간 부여·변경·폐지 5. 지적재조사 6. 부동산거리신고 정밀조사, 외국인 토지취득 신고 및 위반 행정처리 7. 부동산중개업관리, 부동산거래 계약신고 과태료 부과
칠곡군 (민원봉사과 지적관리 담당)	1. 공유토지분할위원회 운영 2. 지적민원현장방문처리제 운영 3. 지적측량성과검사 4. 지적공부 복구 및 축척변경 승인 5. 한국토지정보시스템(KLIS) 운영 6. 공유토지분할특례법 운영 7. 토지분할 허가 8. 토지이용지 조사 9. 지적측량기준점 관리 10. 토지표시변경 등기촉탁 및 소유권 정리 11. 지적창구 민원
용인시 기흥구 (민원봉사과)	1. 토지이동정리 2. 지적측량성과검사 3. 소유권 정리 4. 소유권 확인 국가소송 5. 부동산 등기용 등록번호 부여 6. 조상 땅 찾기 7. 지적민원제증명 발급 8. 부동산계약서 검인 9. 부동산등기 해태 과태료 부과징수 10. 부동산중개업 11. 부동산실명법 위반 과징금 부과 12. 개별공시지가 조사, 산정, 열람 13. 도로명 및 건물번호 부여에 관한 업무 14. 지적재조사사업 15. 부동산행정정보 일원화 사업 16. 세계측지계변환 17. 지적확정측량

자료: 「광주광역시 행정기구 설치 조례 시행규칙(규칙 제2928호)」 제16조 제7항., 하남시 홈페이지(http://www.hanam.go.kr/), 칠곡군 홈페이지(http://www.chilgok.go.kr/), 기흥구 홈페이지(http://www.giheunggu.go.kr/)

(4) 지적행정 인적자원

① 지적행정의 인적자원 정의

가. 인적자원의 의의

인적자원(Human Resource)이란 조직 내에서 업무를 수행하는 직원(조직의 개인), 자발적이며 준비된, 그리고 조직의 목적에 기여할 수 있는 능력을 가진 사람을 지칭하는 것으로 가치 있는 자원 그리고 가끔은 대체가 불가능한 자원이라는 믿음을 통해 1980년대 들어 널리 확산되기 시작한 용어이다.[81)]

공공행정조직의 대표적 인적자원으로서 공무원은 「헌법」 제7조 제1항에 의하면 "국민 전체에 대한 봉사자이며 국민에 대하여 책임을 진다"라고 명시하고 있다. 보편적인 정의로서 "직접 또는 간접적으로 국민에 의하여 선출 또는 임용되어 국가나 공공단체와 공법상의 근무관계를 맺고 공공적 업무를 담당하는 자"로 정의된다.[82)] 그리고 국가공무원과 지방공무원은 「국가공무원법」 제2조와 「지방공무원법」 제2조에 근거하여 임용 주체와 경비 부담 주체가 누구인가에 따라 구분되어지며, 각각의 「공무원법」 제4조에 따르면 '일반직 공무원'은 1급부터 9급까지의 계급으로 구분되고 다시 직군과 직렬별로 분류된다.[83)]

특히, 지방공무원의 경우, 1991년 지방의회 출범 이전에는 중앙의 지시와 명령을 이행하는 수동적인 위치에 머물렀지만 지방자치가 제도화되면서 지역주민의 민원에 적극 대응해야할 뿐만 아니라 민선단체장과 지방의회 의원들의 지시와 감독을 받게 되면서 책임과 역할의 증대가 불가피하여 조직구조를 대상으로 하는 제도 설계도 중요하다.[84)]

그러나 공공행정에 있어 인적자원은 구조와 환경의 영향을 받는 요소로, 구조와 환경에 적응하고 나아가 적극적으로 이들을 변화시켜가는 주체이며,[85)] 조직의 효율성과 효과성을 좌우하는 전략적 자원으로 조직의 생존과 목표달성 그리고 조직구성원의 직무만족을 성취하기 위해서는 무엇보다도 조직이 가지고 있는 인적자원의 중요성을 깊이 인식하고, 이를 효율적으로 개발·관리하여야 한다.[86)]

---

81) Luis, R. Gomez-Mejia & Balkin, D. B & Cardy R. L. Managing Human Resources(New Jersey : Prentice Hall, 1998), p.2
82) 오세웅, "공무원의 근무조건 결정 구조에 관한 연구", 박사학위논문, 고려대학교 대학원, 2014, p.9.
83) 국가공무원과 지방공무원은 경력직공무원(일반직공무원, 특정직공무원), 특수경력직공무원(정무직공무원, 별정직공무원)으로 각각 구분된다.
84) 정찬범, "지방공무원의 직무만족 결정요인에 관한 연구", 박사학위논문, 경남대학교 대학원, 2014, p.7.
85) 유민봉·임도빈, 「인사행정론」, 박영사, 2003, pp.6-8.
86) 장우진, "지적측량조직의 인적자원 관리를 위한 척도개발 연구", 「한국지적학회지」, 제19권 1호, 2003, p.62.

나. 지적행정 인적자원 의의

지적분야의 인적자원 범주로 토지관리 및 민원서비스를 담당하는 지적직공무원, 토지의 경계설정 및 복원을 주업무로 담당하는 지적측량수행자, 그리고 인적자본의 토대가 되는 지적전공 학생을 포함할 수도 있으나,[87] 본 저서에서는 공공행정조직으로서 지적행정분야, 즉 지적직공무원을 중심으로 살펴보고자 한다. 지적직공무원은 「공무원임용령」,「지방공무원임용령」의 각 제3조 제1항을 참고해보면 「기술직군 - 시설직렬-지적직류」로 구분되며,[88] 국가기술자격법에 의한 기술자이어야 한다.

지적직공무원(현원)은 1,471명(1985년), 2,655명(1995년), 3,080명(2005년), 3,845명(2015년), 4,035명(2017년)으로, 국가·지방공무원 정원에 대비하여 0.21%에서 0.34%로 점차 증가 추세를 보이고 있다. 2017.12(현재) 국토교통부 및 행정자치부, 그리고 국방부와 문화재청 및 국민권익위원회 등에 총 36명의 지적직 공무원이 재직하고 있으며, 각 시·도에 3,999명의 지방직공무원이 재직하고 있다.[89]

〈표 6-20〉 국가·지방 일반직공무원 직급표

직군	직렬	직류	계급 및 직급						
			3급	4급	5급	6급	7급	8급	9급
현원(2017.12)			–	31명	274명	1,282명	1,262명	746명	440명
기술	시설	지적	부이사관	기술 서기관	시설 사무관	시설주사	시설 주사보	시설서기	시설 서기보
			지방 부이사관	지방기술 서기관	지방시설 사무관	지방 시설주사	지방시설 주사보	지방 시설서기	지방시설 서기보

자료 : 「공무원임용령(대통령령 제29180호)」 별표 1., 「지방공무원임용령(대통령령 제29180호)」 별표 1 발췌., 국토교통부, 「지적통계연보」, 2018, 국토교통부 공간정보제도과, pp.804-805.

지적직공무원은 전문기술인이자 국민에 대한 봉사자로서의 위치를 고려한다면 전문적인 능력과 함께 인성적인 성숙과 완전성이 요구된다. 즉, 교육훈련 등을 통해 완성해나갈

87) 최용규, "지적인적자원의 관리전략에 관한 연구", 「부동산학보」, 제24권, 2004, pp.207-208.

88) '직군'이란 공직분류에 있어서 직무의 성질이 유사한 직렬을 광범위하게 모아 놓은 무리를 말하고, '직렬'이란 공직분류에 있어 직무의 종류나 성질은 유사하나 직무 수행상의 책임도·곤란도가 다른 직급의 무리를 말한다. 그리고 '직류'란 공직 분류에 있어서 직렬을 구성하고 있는 구체적인 단위를 말한다. 참고로, 「공무원임용령」에 의한, '시설' 직렬에 포함된 '직류'는 지적, 도시계획, 일반토목, 농업토목, 건축, 측지, 교통시설, 도시교통설계, 시설조경, 디자인 등이다. 그리고 「지방공무원임용령」에 의한 '시설' 직렬에 포함된 '직류'는 지적, 도시계획, 일반토목, 농업토목, 수도토목, 건축, 측지, 교통시설, 도시교통설계, 디자인 등이다.

89) 국토교통부, 「지적통계연보」, 국토교통부 공간정보제도과, 2018, p.804.

수 있는 지식이나 경험 등으로 대표되는 전문성을 갖추어야 한다. 그리고 공익을 실현하는 주체이자 지역주민들과 가장 근접한 위치에서 지적행정서비스를 제공함으로써 모범적인 봉사자의 역할을 기대하는 국민들의 기대감, 다양한 지적 및 토지활동에서 발생되는 이해관계의 조정자이자 지적 및 토지정책과정에서 가치의 선정과 집행에 필연적으로 개입하는 위치에 있기 때문에 지적직공무원의 윤리의식은 매우 중요하다.

이러한 역량을 갖춘 지적직공무원을 임용하기 위한 공개채용, 경력채용, 전직, 승진과 관련한 직급별 임용시험 과목은 다음 〈표 6-21〉과 같다.

〈표 6-21〉 지적직공무원 임용시험 과목

계급	시험과목		직렬	시 설
			직류	지 적
5급 이상	공채	제1차	필수	언어논리영역, 자료해석영역, 상황판단영역, 헌법, 영어, 한국사
		제2차	필수	지적학, 지적측량학, 응용측량학
			선택	제도 및 적산학, 지적법규, 도시계획, 토지정보시스템, 지적전산학 중 1과목
	경채·전직·승진	제1차	필수	지적학, 행정법총론
		제2차	필수	지적측량학
			선택	응용측량학, 제도 및 적산학, 지적법규, 도시계획, 토지정보시스템, 지적전산학 중 1과목
	공승	제1차	필수	지적학, 행정법, 영어
		제2차	필수	지적측량학, 지적법규, 응용측량학
6급 및 7급	공채	제1차	필수	국어(한문 포함), 영어, 한국사
		제2차	필수	물리학개론, 지적학, 지적측량학, 지적전산학
	경채·전직·승진	제1차	필수	지적학
		제2차	필수	행정법
			선택	지적측량학, 응용측량학, 제도 및 적산학, 지적법규, 도시계획, 토지정보시스템, 지적전산학 중 1과목
8급 및 9급	공채	제1차	필수	국어, 영어, 한국사
		제2차	필수	지적측량, 지적전산학개론
	경채·전직·승진	제1차	필수	수학
		제2차	필수	지적측량, 지적법규

자료 : 「공무원임용시험령(대통령령 제29029호)」 별표 1 발췌

② 지적행정의 인적자원 개발

가. 인적자원 개발의 의의

조직의 인적자원을 개발하는 것은 조직의 수행역량, 능력, 경쟁력, 그리고 변화가능성을 강화하기 위해 수행되는 조직적인 조치들과 활동들 그리고 행정관리 행위들을 통해 조직의 학습, 수행, 변화를 촉진하는 과정으로,[90] 시대적 환경변화에 부응하면서 개개인의 태도, 지식, 기술을 증진시켜 직무수행 개선과 조직성과 향상을 위한 활동을 지원하는 조직적 노력은 조직의 변화와 성과를 가져오고 결과적으로 조직의 효율성과 경쟁력을 제고시키게 된다.[91]

인적자원의 개발과 유사한 용어로서 교육, 훈련 등이 있다. 이들 상호 간의 공통점은 '변화'이며, 어떠한 측면에서의 '변화'인가에 차이가 있다. 즉, 실제 활동 형태에 있어서는 같은 목적을 공유하고 있다는 점에서 공통점이 있지만 목표, 효과, 변화대상, 사용수단적 측면에서 차이점을 갖는다.

〈표 6-22〉 인적자원 개발·교육·훈련 상호 간의 비교

구 분		개 발	교 육	훈 련
공통점			- 인간의 변화와 학습 - 학습 이론의 적용	
차이점	목 표	- 조직 내에서 성공적인 행정관리자가 되도록 행정능력 개발 - 조직 및 개인의 동시 성장 강조	- 인간으로서 할 수 있는 다양한 역할의 습득과 지식 함양 - 개인 목표 강조	- 현재의 직무와 관련된 능력 배양 - 조직 목표 강조
	효 과	- 조직은 인적자원을 개발 - 개인의 창의력과 가능성 배양	- 보편적인 지식 학습 - 다양한 결과의 모색과 특정 직무에 대한 기능 습득	- 특정 직무에 대한 기능 습득 - 특정 결과의 모색
	변화대상	- 태도	- 지식	- 행동
	사용수단	- 참여중심의 문제해결력, 판단력, 응용력, 지도력 배양	- 이론 중심의 지식 전달	- 실무 중심의 기능 연마

자료 : 유승우, 「인간자원 개발」, 문음사, 2002, p.29.

90) 이왕무·장우진, 「지적행정론」, 도서출판 동화기술, 2008, p.175.

91) 박기영, "인적자원관리 정책 모형의 변화과정에 관한 연구", 「한국자치행정학보」, 제24권 제2호, 2010, pp.2-3., 김효진·오승연·홍세희, "인적자원개발과 조직성과 간 관계에 대한 직무만족의 다중매개효과 검증", 「HRD연구」, 제20권 제2호, p.72.

교육훈련을 통해서 조직 내부인력을 훈련 및 개발하는 활동을 인적자원개발(HRD : Human Resource Development)이라 한다. Bates&Chen(2006)은 인적자원개발 가치를 규명하기 위하여 일반적인 결과와 인적자원개발의 적용지점을 기준으로 결과에서는 일의 의미, 학습, 성과, 영향력의 소재에서는 개인과 조직을 배치한 '가치 매트릭스'를 제시한 바 있다.[92)]

A측면 인적자원개발의 결과

		일의 의미	학습	성과
B측면 영향력 소재	개인 조직	의미 충만한 일의 실현 사회적으로 책임감 있는 조직 확립	개인적인 학습경험 제공 학습 시스템 구축	재인의 직무성과 개선 조직성과 개선

자료 : 백평구, "조직 내 인적자원 개발 부서의 위상에 대한 주관성 연구", 「주관성 연구」, 통권 제36권, 2017, p.8 재인용.

[그림 6-35] 인적자원개발 가치 매트릭스와 가치 구인

인적자원개발의 구성요소로는 자기개발(ID: Individual Development), 경력개발(CD: Career Development), 조직개발(OD: Organizational Development)의 세 가지를 들 수 있다.[93)] 자기개발은 계획된 학습활동을 통하여 핵심 직무능력의 개발을 확인하고 평가하고 도움으로써 개인이 현재와 미래의 직무를 잘 수행할 수 있도록 하는 것을 말한다. 경력개발은 개인과 조직이 협력하여 현재와 미래의 업무담당을 위해 필요한 지식, 기술, 역량, 태도를 향상시키는 과정이다. 이는 조직의 전형적인 개발활동으로서 개인의 능력을 향상시키는 동시에 조직의 변화와 수행 역량을 제고하는 것을 의미한다. 조직개발은 조직의 구조, 과정, 전략, 사람, 문화 사이의 조화를 증진시키고 새롭고 창의적인 조직 해결책을 개발하며, 조직이 자기 갱신능력을 개발하는 것을 목적으로 한다. 이는 조직 차원에서 이루어지는 자료 수집, 진단, 실행계획, 실천, 평가의 과정을 의미한다.

그러나 여전히 전통적인 교육훈련이 경력개발보다 많이 실행되고 있어 경력개발 역시 개개인의 특성에 맞추는 프로그램보다는 집단적으로 실시하는 프로그램이 높은 비율을 차지하고 있다.[94)]

92) 백평구, "조직 내 인적자원 개발 부서의 위상에 대한 주관성 연구", 「주관성 연구」, 통권 제36권, 2017, p.8
93) 정영현, "국내 자동차산업의 인적자원개발에 관한 연구", 석사학위논문, 중앙대학교 산업경영대학원, 2006, pp.33-36., 김병주·박지윤·김무영·서화정, "인적자원개발 프로그램의 참여와 직무능력 향상효과에 영향을 미치는 변인 분석", 「교육연구논총」, 제34권 제1호, 2013, p.3., 유민봉·박성민, 「한국인사행정론」, 박영사, 2014, pp.317-339.
94) 김병주·박지윤·김무영·서화정, "인적자원개발 프로그램의 참여와 직무능력 향상효과에 영향을 미치는

나. 인적자원 개발의 근거

「공무원인재개발법」 제1조에서는 "국가공무원을 국민 전체에 대한 봉사자로서 공직가치가 확립되고 직무수행의 전문성과 미래지향적 역량을 갖춘 인재로 개발하는 것을 목적으로 한다"라고 명시하고 있듯이, 행정조직은 조직 구성원의 잠재력을 충분히 계발하고 이것이 행정조직체의 목표달성과정에서 충분히 발휘될 수 있도록 많은 노력을 기울여야 한다.

관련하여 「공무원인재개발법」 제8조에서 중앙행정기관의 장 및 공무원교육훈련기관의 장은 공무원 인재개발에 관한 기본정책과 일반지침에 따라 자체의 인재개발계획을 수립하도록 하였다. 제10조 제1항에는 공무원 스스로가 직무를 창의적이고 전문적으로 수행할 수 있도록 자기개발 학습을 하도록 명시하고 있다. 「공무원인재개발법 시행령」 제7조 및 「지방공무원 교육훈련법 시행령」 제4조에서는 인재개발은 기본교육훈련·전문교육훈련·기타교육훈련 및 자기개발학습으로 구분하고,[95] 「공무원인재개발법 시행령」 제11조의3과 「지방공무원 교육훈련법 시행령」 제7조에서는 교육훈련시간의 승진임용에의 반영에 관한 사항을 명시하고 있다.

2018.09. 현재, 교육훈련과 인사관리(승진)를 연동시키는 방식으로 교육훈련을 활성화시키기 위해 「교육훈련시간 승진반영제도 운영지침」을 제정,[96] 운영하고 있는 중앙부처는 기획재정부, 고용노동부, 법무부, 법제처, 문화체육관광부, 환경부, 해양수산부, 산업통상자원부, 농림축산식품부, 국가보훈처, 금융위원회, 농촌진흥청, 새만금개발청, 행정중심복합도시건설청, 통계청, 소방청, 보건복지부, 문화재청, 관세청, 교육인적자원부 등 19개 부처에 해당된다.

지방공무원의 경우, 교육훈련 이수시간을 승진임용에 반영하는 방법과 기준은 다음 〈표 6-23〉과 같다.

변인 분석", 「교육연구논총」, 제34권 제1호, 2013, p.3.

95) '기본교육훈련'은 신규채용후보자 또는 신규채용자, 승진임용예정자 또는 승진된 사람이 공무원으로서 필요한 공직가치를 확립하고 역량을 제고할 수 있도록 하기 위한 교육훈련을 말한다. '전문교육훈련'은 담당하고 있거나 담당할 직무분야에 필요한 전문성을 강화할 수 있도록 하기 위한 교육훈련으로 한다. '기타교육훈련'은 기본교육훈련과 기타교육훈련에 속하지 아니하는 교육훈련으로서 소속기관의 장의 명에 따른 교육훈련을 말한다. '자기개발학습'은 공무원이 직무를 창의적으로 수행하고 공직의 전문성과 미래지향적 역량을 갖추기 위하여 스스로 하는 학습·연구활동을 말한다(공무원인재개발법 시행령 제7조 제2항-제5항).

96) 지방정부에서는 2008년 이후, 「상시학습 지침」 혹은 「교육훈련시간의 승진반영에 관한 지침」 등을 제정·운영하였으나, 행정자치부장관이 별도 발령한 「지방공무원 교육훈련 운영지침(행자부 예규)」에 따라 운영되어야 함에 따라 이 지침을 폐지하고 있다.

〈표 6-23〉 교육훈련 이수기간의 승진임용 반영방법 및 산출기준

구 분	연간 최저 교육훈련 이수시간			
	5급 공무원 중 직위보유자	5급 이하	종전 기능직 공무원	종전 별정직 공무원
2008년부터 2010년까지	30시간 이상	50시간 이상	20시간 이상	
2011년부터 2013년 12월 11일까지	50시간 이상	80시간 이상	30시간 이상	
2013년 12월 12일 이후	50시간 이상	80시간 이상	30시간 이상	30시간 이상

1. "5급 공무원 중 직위보유자"란 시·군·구(자치구를 말한다. 이하 이 표에서 같다)의 5급 공무원으로서 시·군·구의 실·과장, 시·군·구 의회전문위원, 사업소장 및 읍·면·동장을 말한다.
2. "종전 기능직공무원"이란 다음 각 목의 어느 하나에 해당하는 공무원을 말한다.
   가. 법률 제11531호 지방공무원법 일부개정법률 부칙 제4조 제1항에 따라 관리운영직군 또는 신설직렬에 속하는 일반직공무원으로 임용된 것으로 보는 종전 기능직공무원
   나. 법률 제11531호 지방공무원법 일부개정법률 부칙 제5조에 따라 일반직공무원 임용시험에 합격한 것으로 보아 관리운영직군 또는 신설직렬에 속하는 일반직공무원으로 임용된 것으로 보는 종전 기능직공무원
3. "종전 별정직공무원"이란 다음 각 목의 어느 하나에 해당하는 공무원을 말한다.
   가. 법률 제11531호 지방공무원법 일부개정법률 부칙 제4조 제2항에 따라 신설직렬에 속하는 일반직공무원으로 임용된 것으로 보는 종전 별정직공무원
   나. 법률 제11531호 지방공무원법 일부개정법률 부칙 제5조에 따라 일반직공무원 임용시험에 합격한 것으로 보아 신설직렬에 속하는 일반직공무원으로 임용된 것으로 보는 종전 별정직공무원
4. 지방자치단체의 장은 종전 기능직공무원 및 종전 별정직공무원에 대한 교육훈련 이수시간을 연간 최저 30시간 이상으로 하되, 직급·직렬·직무 등을 고려하여 따로 정할 수 있다.

자료 : 「지방공무원 교육훈련법 시행령(대통령령 제28869호)」 제7조 제1항 관련[별표 1]

다. 지적인적자원 개발의 실제

국가공무원인재개발원에서는 국가 및 지방공무원을 대상으로 기본교육, 공직가치교육, 공직리더십교육, 직무/전문성교육, 이러닝 과정을 운영하고 있다. 특히, 언제 어디서나 학습 가능한 고품질의 이러닝 콘텐츠 제공으로 공무원 역량향상 및 자기주도학습을 지원하고, 최신 HRD 학습기법 및 맞춤형 콘텐츠 1,060개(나라콘텐츠 142개, 지식콘텐츠 324개, 어학콘텐츠 422개, Gov-MOOC(Massive Open Online Course) 172개를 제공하고 있다.

지방자치인재개발원에서는 지방 4급~6급 공무원을 대상으로 고급리더과정, 중견리더과정, 글로벌리더과정, 여성리더양성과정, 5급승진리더과정을 운영하고, 중앙 및 지자체 공무원을 대상으로 전문교육(직무전문, 직무역량, 국제전문)과정을 운영하고 있으며 다. 또한 Gov-MOOC를 운영하고 있다.

지방공무원교육원에서는 기본교육, 전문교육(공통역량), 전문교육(리더십역량), 전문교육(직무필수), 전문교육(직무공통), 미래전문가양성, 장기교육, 기타교육, 사이버교육

과정을 마련하여 운영하고 있다. 특히, 전문교육(직무필수)과정에는 빅데이터 활용, 소셜미디어 활용 등을 포함하고 있는 것이 특징이다.

지적행정 인적자원개발과 관련한 전문적인 교육훈련은 국토교통인재개발원, 한국국토정보공사(국토정보교육원), 공간정보산업협회에서 진행하고 있는 교육훈련이 대표적이라 할 수 있다.

〈표 6-24〉 지적행정 인적자원개발 실제 과정

기 관	구 분	내 용	
공간정보 산업협회	교육형태	수탁교육	
	교육대상	지자체 지적 및 공간정보 담당공무원	
	교육과정	지적의 역사와 미래	· 지적제도의 발전과 미래전망 · 측량의 발달사 · 한국의 지적사 · 경계설정기준의 변천과정 · 4차 산업혁명과 드론 · 정부의 부동산 미래정책 · 외국의 지적제도 · 재미있고 유익한 생활 법률 · 즐겁고 행복한 조직문화 · 스마트기기의 활용
한국국토 정보공사 (국토정보 교육원)	교육형태	수탁교육(국토교통부)	
	교육대상	지자체 공무원(과정에 따른 직급 상이)	
	교육과정	부동산종합공부 시스템실무	· 시스템 개요 · 업무별 기능(지적도면정리, 측량성과, 연속도처리, 용도지역지구관리 등)
		지적정책	· 지리정보정책방향 · 지적정책 및 지적재조사정책방향 · 지적정보화와 공간정보기술 · 공간정보정책방향
		지적측량검사1 (분할, 등록전환)	· 분할 및 등록전환 개요 · 세부측량 관련법규 · 측량검사 실습(TOSS 검사) · 검사실무사례
		지적측량검사2 (기준점, 연속지 분할)	· 검사측량 및 수치측량 이해 · 지적기준점측량 및 관계법규 이해 · 측량검사 실습(TS측량, 연속지검사 및 기준점검사 측량실습) · 검사실무 사례

기 관	구 분	내 용	
한국국토정보공사(국토정보교육원)	교육과정	지적측량검사3 (지적확정측량)	· 지적확정측량 개요 및 세계측지계 · 검사정비 활용실습(Network-RTK 등) · 확정측량 검사실습 · GNSS측량 이해 및 실습사례
		지적재조사측량	· 지적재조사 정책방향 · 지적재조사현장업무(Network-RTK, 지적재조사측량 검사 및 행정실무) · 지적재조사행정업무(바른땅시스템, 민원 사례 등)
		지적신규자	· 지적기초이론 · 지적측량실무(도근/세부측량, GNSS측량, 지적측량검사 실무) · 지적정책 및 지적법규 · 업무수행(토지이동업무해설 등)
		세계측지계 이해와 활용	· 지적공부 세계측지계 정책이해 · 지적공부 세계측지계 변환실무(선정, 측량, 정비사례, 변환성과 검증, SW운용, 바른땅시스템)
		무인비행장치 영상처리실무	· 무인비행장치 기본 이해 · 무인비행장치 운용(비행 및 영상촬영, 영상 확인 및 GCP점 측량) · 영상처리 및 활용(후처리, 영상처리)
		여성지적실무리더	· 여성리더의 역할 · 지적정책 · 업무수행(측량절차, 정비운영, 불만고객 응대요령 등)
국토교통인재개발원	교육형태	사이버(이러닝)	지적재조사사업 정책과 업무에 대한 이해를 통해 지적재조사사업의 전반적인 절차를 원활히 수행할 수 있는 역량 강화
	교육대상	국가 및 지자체 공무원 (지적재조사 담당)	
	교육과정명	지적재조사기본	
	교육형태	사이버(이러닝)	지적제도에 대한 기초이론 및 발달사 등의 탐구와 지적공부 등 지적의 이해와 우리나라 지적제도의 전반적인 사항과 외국의 지적제도 사례를 연구, 미래지향적인 지적재조사사업의 방향설정과 새로운 지적제도 모델설정에 기여
	교육대상	제한 없음	
	교육과정명	지적제도	
	교육형태	수탁교육(전문)	지적재조사와 관련된 정책에 대한 이해를 통해 지적재조사사업의 안정된 추진 및 효율적 집행의 수준 향상을 목표로 함
	교육대상	지자체 5급 이하 지적재조사 업무담당자	
	교육과정	지적재조사 실무과정	

자료 : 공간정보산업협회 홈페이지(http://www.kasm.or.kr/), 국토정보교육원 홈페이지(http://www.lxcti.or.kr/), 국토교통인재개발원 홈페이지(http://tilit.molit.go.kr/)

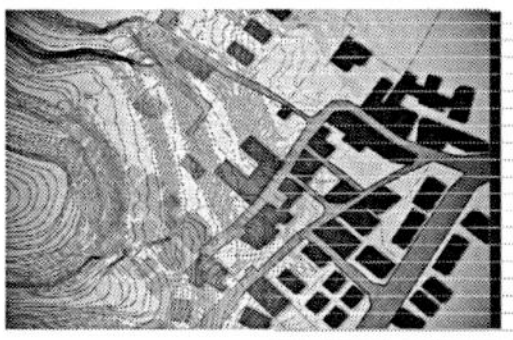

단 원 학 습 평 가

1. 지적법의 기본이념으로 옳지 않은 것은?
① 국정주의 ② 형식주의 ③ 공개주의 ④ 실질적 등록주의

2. 최초의 지적법이 제정·공포된 연도는?
① 1950년 ② 1951년 ③ 1960년 ④ 1961년

3. 지적측량의 대상으로 옳지 않은 것은?
① 신규등록 ② 분할 ③ 합병 ④ 등록전환

4. 지적전산자료의 형태 중 도형자료에 해당하지 않는 것은?
① 연속지적도 ② 임야도 ③ 대지권등록부 ④ 지적도

5. 지적행정의 성격으로 옳지 않은 것은?
① 고도의 전문성과 법적기술성 ② 토지활동의 정보원
③ 민원행정 ④ 지역구 단위로 이루어진 행정

6. 지적재조사특별법이 제정되어 시행된 연도는 (　　) 부터 시행되고 있다.

7. 대한제국에서 양전을 위한 독립기구로 미국인 측량기사 크럼을 5년간 초빙하여 측량을 수행한 기구는?

8. 벡터 구조와 래스터 구조에 대해 설명하시오.

9. 부동산종합공부시스템에 대해 설명하시오.

10. 지적행정기구의 변천에 대해 설명하시오.

정답 1. ④ 2. ① 3. ③ 4. ③ 5. ④ 6. 2012년 7. 양지아문 8-10. 본문 참조

참고문헌

1. 강태석, 「지적측량학」, 형설출판사.
2. 강태환, 「지적세부측량」, 한올출판사.
3. 공간정보의 구축 및 관리 등에 관한 법률
4. 공무원인재개발법 시행령(제7조 제2항~제5항)
5. 국토교통부 예규 제2016-134호(전자평판측량운영규정(예규 제105호)
6. 국토교통부, 「지적통계연보」, 국토교통부 공간정보제도과, 2018.
7. 김갑수, 「지적행정학개론」, 신라출판사, 1982.
8. 김국태, 「사무관리」, 민영사, 1999.
9. 김기태, 「행정학」, 대왕사, 1997.
10. 김병주·박지윤·김무영·서화정, "인적자원개발 프로그램의 참여와 직무능력 향상효과에 영향을 미치는 변인 분석", 「교육연구논총」, 제34권 제1호, 2013.
11. 김석종 외 1인, 「핵심 공간정보법규」, 도서출판 엔플북스, 2016.
12. 김영하, "조직구조와 조직효과성의 측정지표에 관한 연구", 「강남대학교 논문집」, 제26권 제2호, 1995.
13. 김영학, "지적행정에의 주민참여 활성화 방안", 「한국지적학회지」 제13권 1호, 1997.
14. ______, 「지적행정론」, 성림출판사, 2006.
15. 김정민·정승용·최익수·곽인선·최초원, 「지적핵심요론」, 예문사, 2012.
16. 김종서, "조직몰입에 관한 실증적 연구", 박사학위논문, 고려대학교 대학원, 1998.
17. 김태훈, "지적행정분야의 인적자원관리 실태에 관한 연구", 박사학위논문, 서울시립대학교 대학원, 2005.
18. 김효진·오승연·홍세희, "인적자원개발과 조직성과 간 관계에 대한 직무 만족의 다중매개효과 검증", 「HRD연구」, 제20권 제2호, 2018.
19. 류병찬, 「최신 지적법(제5전정판)」, 건웅출판사. 2011.
20. ______, 「최신 지적학(제1전정판)」, 건웅출판사, 2006.
21. ______, 「최신 지적학」, 건웅출판사, 2006.
22. 리진호, 「한국지적사」, 도서출판 바른길, 1999.
23. 박기영, "인적자원관리 정책 모형의 변화과정에 관한 연구", 「한국자치행정학보」, 제24권 제2호.
24. 박순표·최용규·강태석, 「지적학개론」, 형설출판사, 2003.
25. 박우순, 「현대조직론」, 법문사, 2000.
26. 박희정, "지적행정 조직의 개선에 관한 연구", 석사학위논문, 청주대학교 대학원, 2001.
27. 백완기, 「행정학」, 박영사, 1995.
28. 백평구, "조직 내 인적자원 개발 부서의 위상에 대한 주관성 연구", 「주관성 연구」, 통권 제36권, 2017.
29. 부동산종합공부시스템 운영 및 관리 규정(국토교통부 훈령 제481호)
30. 서철수·황보상원, 「지적법 강의」, 기문당, 2006.
31. 손지선·이성윤·김홍수, 「현대사무관리」, 법지사, 2000.
32. 오석홍, 「한국의 행정」, 경세원, 1996.
33. 오세웅, "공무원의 근무조건 결정 구조에 관한 연구", 박사학위논문, 고려대학교 대학원, 2014.
34. 원영희, 「지적학원론」, 홍익문화사, 1979.
35. 유민봉·박성민, 「한국인사행정론」, 박영사, 2014.

36. 유민봉·임도빈, 「인사행정론」, 박영사, 2003.
37. 유영옥, 「행정조직론」, 학지사, 2001.
38. 유종해, 「현대조직관리」, 박영사, 2004.
39. 유훈, 「행정학원론」, 법문사, 1991.
40. 이범관·김봉준, 「지적행정론」, 삼지출판사, 2011.
41. 이승훈, "지적학의 학문적 체계 정립에 관한 연구", 「한국지적정보학회지」, 제2권, 2000.
42. 이왕무, "지적민원행정의 운영 실태와 개선방안에 관한 연구", 박사학위논문, 전주대학교 대학원, 1999.
43. _____, "지적행정의 발전방향에 관한 연구", 석사학위논문, 청주대학교 대학원, 1986.
44. 이왕무·이동현·김남식·김영학, 「지적학」, 도서출판 화수목, 2015.
45. _________________________, 「지적학」, 동화기술, 2008.
46. 이왕무·장우진, "지적행정 조직의 성격진단에 관한 연구", 「한국지적학회지」, 제22권 1호, 2006.
47. ___________, 「공간정보관계법」, 도서출판 화수목, 2015.
48. ___________, 「최신 지적법」, 도서출판 동화기술, 2006.
49. ___________,「지적행정론」, 도서출판 동화기술, 2008.
50. 이종수·윤영진, 「행정학」, 대영문화사, 2012.
51. 이창원·최창현, 「새조직론」, 대영문화사, 2001.
52. 장우진, "지적측량조직의 인적자원 관리를 위한 척도개발 연구", 「한국지적학회지」, 제19권 1호, 2003.
53. 정영현, "국내 자동차산업의 인적자원개발에 관한 연구", 석사학위논문, 중앙대학교 산업경영대학원, 2006.
54. 정찬범, "지방공무원의 직무만족 결정요인에 관한 연구", 박사학위논문, 경남대학교 대학원, 2014.
55. 정택승 · 이범관 · 이태경, "정부조직개편에 따른 대한지적공사의 대응전략", 「한국지적학회지」, 제24권 제1호, 2008.
56. 조정관·최승영, 「지적법규」, 예문사, 2013.
57. 지방공무원임용령 제3조 제1항-별표 1 참고.
58. 지적사무전산처리규정(국토교통부 예규 107호)
59. 지적사무처리규정(국토교통부 예규 제106호)
60. 지종덕, "지적측량사 체계의 변천과정에 관한 연구", 「한국지적학회지」, 제16권 1호, 2000.
61. 지종덕, 「지적의 이해」, 기문당, 2001.
62. 차용준, 「행정관리론」, 전주대학교 출판부, 2000.
63. 최용규, "지적인적자원의 관리전략에 관한 연구", 「부동산학보」, 제24권, 2004.
64. _____, "현대지적의 체계화 구상", 「사회과학논총」, 제10권, 1991.
65. 최한영, 「지적원론」, 구미서관, 2011.
66. 최한영·조만승, 「지적법규특론」, 구미서관, 2013.
67. 학술연구정보서비스(http://www.riss.kr/)
68. 한국국토정보공사 정관 제37조
69. E. F. Harrison, Management and Organizations(Boston : Mifflin Co, 1978).
70. Luis, R. Gomez-Mejia & Balkin, D. B & Cardy R. L. Managing Human Resources(New Jersey : Prentice Hall, 1998).
71. O. E. Huges, Public Management and Administration(New York : St. Martin's Press, 1994), pp.5-6.

CHAPTER

07

지적의 동향 및 발전방향

1 해양지적
2 국제 지적제도 동향
3 미래 지적제도 방향

CHAPTER 07

지적의 동향 및 발전방향

1 해양지적

(1) 해양지적의 정의

지적과 해양지적의 목적은 일반적으로 지적은 국가가 자기영토의 토지현상을 공적으로 조사·측량하여 일정한 장부에 등록한 토지정보원이라 할 수 있으며, 추구하는 목표는 국토의 효율적 관리와 소유권 보호에 두고 있다. 반면, 해양지적은 해양을 대상으로 가치·이용·권리·권익의 한계를 공적 기관에 의하여 체계적으로 관리하는 해양지적관리시스템이라 할 수 있고, 추구하는 목표는 해양의 효율적인 관리와 해양활동에서 파생되는 권리의 보호에 두고 있다.

해양지적에 대한 제정의를 살펴보면 "해양의 가치와 이용, 부동산과 관련된 본질(nature)과 공간범위를 포괄하는 정보시스템"을 의미하고[1] "해양의 지상·지하의 권리와 권익의 경계에 대한 관련성을 공간적으로 관리하고 물리적으로 한정하며, 등록하는 해안의 권리와 권익의 경계를 가능하게 하는 시스템"을 말한다.[2]

정보시스템 관점의 정의로는 "해양 관할구역 내에 다양한 권리와 의무, 소유권에 관하여 부동산권리와 권익에 대한 공간적 범위와 본질을 포함하는 해양정보시스템"[3], "바다 필지에 관련된 법적활용뿐만 아니라 가치, 과세, 법적 관계를 포함하는 책임과 제한, 권리와

1) 미국해양대기청(http://csc.noaa.gov/mbwg/htm/cadastre.htm)(http://csc.noaa.gov/mbwg/htm/cadastre.htm)
2) Ian P. Williamson, and M. Sigit Widodo, "Cadastre", Presentation on the Meeting of Working Group 3 : the Permanent Committee of Geographic Information Systems Infrastructure for Asia-Pacific, Penang Malaysia, 11-12 September 2001.
3) S. Nichols, D. Monahan, and M. D. Sutherland "Good Governance of Canada's Offshore and Coastal Zone : Towards and understand-ing of the Maritime Boundary Issues". In Geomatica, Vol. 54, No. 4, 2000.

임대차, 권익에 관련하는 속성 및 공간자료·서류, 그리고 등록부 및 증서에 관련하는 공공정보시스템"[4] 등이 있다. 한편 해양지적의 정의를 공간적 범위 관점으로 이해하는 경우도 있다. 즉, 해양지적은 "해안의 시각에서 소유권·가치·이용에 관하여 부동산권리와 권익의 공간적 범위를 의미"[5]로 정의하고 있다. 그밖에 해양지적은 세 가지의 기둥에 토대하여 구축되고 있거나 벤치마킹되고 있다. 즉, ① 법적 토대(pillar): 3R-권리(rights), 제한(restrictions), 책임(responsibilities), ② 기술적 토대: 측량, 도면 그리고 하부공간구조, ③ 제도적 토대(공적·비공식적 제도 및 인적자원) 등이 해당된다. 해양지적의 정의를 토대로 볼 때 해양지적에 고려해야 할 내용으로 정확·최신·적시·완벽, 그리고 유용한 정보, 하드웨어와 소프트웨어의 상호운영을 지원하는 자료의 표준과 기술의 적절한 이용, 보다 나은 의사결정을 위하여 요구되는 정보의 분담(sharing)을 촉진하는 제3자의 관련성, 제3자가 다양한 자신의 목적을 성취할 수 있는 가능성을 높게 촉진하는 제도 정리, 해양환경의 추계요소(stochasticity elements) 등을 검토해야 할 것으로 본다. 결국 공통적으로 적용할 수 있는 요인은 등록의 객체, 등록의 주체, 등록의 형식, 등록 관리 및 운영 등이 있으며, 이러한 요인을 충족될 때 보다 바람직한 해양지적의 개념이 될 수 있을 것으로 판단된다.

따라서 해양지적이란 "해양을 대상으로 가치·이용·권리·권익의 한계를 공적기관에 의하여 체계적으로 관리하는 해양지적관리시스템"을 의미하는 것으로 볼 수 있다. 이는 대상이 육지에서 해양으로 이동하고 운영체계는 오프라인 중심에서 온라인 중심으로 이동함을 의미한다고 볼 수 있다. 이러한 과정에서도 변하지 않는 것은 운영주체가 있어야 하고, 운영객체는 영토 안으로 한정되며 시대적으로 부합하는 정보화에 귀결된다고 할 수 있다.

(2) 해양지적의 중요성

해안과 해양지역은 국가, 지역 및 사회복지에 중요한 가치를 보유한 자원의 보고라 할 수 있다. 즉, 해양은 삶의 질을 향상시키기 위한 자연적·사회적·경제적 기능을 제공하고 지구상의 모든 생명에게 삶의 존재를 가능하게 하는 기후 조절의 기구이자 원천이라 할 수 있다.[6] 또한 해안과 해양은 멸종위기에 있는 종의 서식처, 종의 양식 및 휴식 공간, 물의 조절, 육수의 함양(recharge), 홍수 조절 등이 이루어지는 지역이라 할 수 있다.

---

4) Johanes P. Tamtomo, "The Needs for Buiding Concept and Authorizing Implementation of Marine Cadastre in Indonesia", FIG Regional Conference 2004, Jakarta, Indonesia, 3-7 October, 2004.

5) Jack Shih Yuan, and Anna Tsui, "The Interface Between the Land and Marine Cadastre : a Case Study of the Victorian Coastal Zone", Australia, the Research Team University of Melbourne, 2001.

6) M. Sutherland, "Why a Marine Cadastre is Important", In Geomatics World, Issue, NO.3, March/April, Vol.12. 2004.

〈표 7-1〉 육지지적과 해양지적 비교

원 리		육지지적	해양지적
정책원리	국가정책	국가지적정책 미흡	국가해양정책 기반
	지적목적	국토관리, 거래보호 활동적 토지시장 창출	공간경계관리 경계보다는 권리
	동태성	동태적임	동태적임
보유원리	자산보유	모든 측면	일부 측면(임대차 중심)
	본권원	배타적 또는 비배타적임	단지 비배타적임
	자치집행	가능, 토지의 모니터링	가능 주요 해양환경
법적원리	법 령	어떻게 경계를 설정할지에 활용	경계의 정확한 위치 설정에 활용
	경계쟁점	경계표지(우선 적용) 좌표(차선적임)	법적 규제(우선적임) 전통적 측량계획(차선적임)
제도원리	국가기관	중앙기관 존재	중앙기관 존재 추세
	자치기관	주로 지방자치단체	주로 지방자치단체 추세
	집중분산	중앙집권적임	중앙집권적임
기술원리	경 계	경계 한정(Demarcated)	범위 설정(Delimited)
	자연경계	존재(Yes)	무(No)
	불확실성	정확함	정확하지 않음
	차 원	2차원 중심	3차원 중심
	중복경계	희박함	일반적임
	분산일괄	분산등록이 일반적임	일괄등록이 일반적임

자료 : Andrew Binns, 2004. 참고 작성

또한 해안과 해양지역에 의해 제공되는 사회·경제적 이용으로 해양관광, 상업적·오락적인 낚시, 유전개발, 수송 커뮤니케이션 및 건설 등이 가능하게 하고 지속가능한 발전과 삶의 질을 향상시킬 수 있는 공간이라 할 수 있다.

따라서 해양지적의 중요성은 현대사회의 다양한 욕구와 이를 충족시키기 위한 정부 노력의 수단이라 할 수 있다. 즉, 지역적 가치의 변화가 기존의 육지에서 해양으로 전환되는 시기에 부합하고 정보 환경변화에 부합하는 공간정보구조의 일반화에 대처할 수 있는 객체로서 관심이 높아지고 있다. 해안과 해양의 중요성은 다음과 같다.

① 자원의 보고

② 삶의 질 향상

③ 기후조절의 원천

④ 멸종위기종의 서식처
⑤ 종의 양식과 휴식공간
⑥ 사회경제적 이용
⑦ 지속가능한 발전
⑧ 물의 조절 및 육수의 함양

[그림 7-1] 해안과 해양

(3) 해양지적의 기능 및 역할

공간정보구조로서 해양의 재산권 구조(property rights infrastructure)는 해양재산권의 배분, 한계(delimitation), 등록, 가치 및 판결(adjudication)을 위하여 필요한 정책, 과정, 기준, 정보 등으로 구성된다. 이러한 의미에서 해양재산권구조는 다음과 같이 정리할 수 있다.[7] 즉, ① 토지 및 고정된 개량물(improvements)에 부여되는 권리, 책임, 제한을 명확히 기록하고 한정, ② 토지 위 권익(interests)의 물리적 범위 공시 및 명확히 기록하고 한정, ③ 권익을 향유하는 사람의 명확한 기록 및 한정, ④ 경제적·문화적 혹은 물리적인 지역에 권익의 가치를 결정하기 위한 수단 및 정보의 제공, ⑤ 재산권에 관련된 분쟁 조정을 위한 수단 제공 등의 기능을 갖고 있다.

해양지적은 소유권, 가치, 해상경관의 이용에 관하여 권익 및 부동산 권리의 공간범위 및 본질을 포괄하는 공간정보시스템이 될 수 있으며, 이러한 해양지적의 역할은 다음과 같이 정리할 수 있다.[8] 즉, 역할은 ① 이용 권리에 대한 정부조직 사이와 사회 내의 배분, ② 양자원에 대한 소유권과 stewardship(leadership+management), ③ 이용권, 소유권, stewardship의

7) Sam Ng'ang'a, Michael Sutherland, Susan Nichols, "Determining User Need for a Marine Cadastre", Published in the proceedings of the Canadian Hydrographic Conference, Toronto, May 2002.; S. Nichols, D. Monahan and M. D. Sutherland "Good Governance of Canada's Offshore and Coastal Zone : Towards and understanding of the Maritime Boundary Issues". In Geomatica, Vol. 54, No. 4, 2000.; S. Nichols, Edwards Dobbin, J. Komjathy. and S. Hanham "Real Property Issues in the Marine Aquaculture Industry in New Brunswic'k. Frederiction, NB : Dept. of Fisheries and Aquaculture, 1997.. J. McLaughlin, and S. Nichols, "Legal Surveys Division and Property Rights Infrastructure", Presentations for Natural Resource Canada and Legal Surveys Division, Ottawa, Sept. 1997.

8) M. Sigit, WIDODO, "The Needs for Marine Cadastre and Supports of Spatial Data Infrastructure in Marine Environment-A Case Study", FIG Working Week 2003, Paris, France, April 13~17, 2003.

규제, ④ 적합한 기관에 의한 법률의 집행 및 모니터링, ⑤ 분쟁조정 및 방지를 위한 효과적인 수단의 제시 등의 역할을 수행한다.

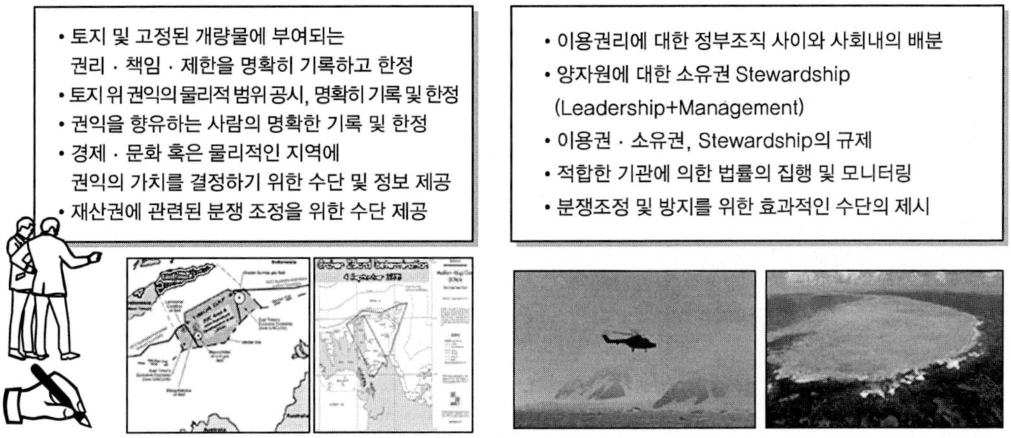

[그림 7-2] 해양지적의 기능 및 역할

해양지적은 바다와 육지 사이의 해안 경계로부터 역할을 발휘하는 새로운 공간관리시스템으로 해양환경 내 다양한 이해관계인과 활동이 존재한다. 즉, 도서개발, 해안활동, 어장, 관광관련 활동, 고유의 권원(title) 또는 고유의 문제(indigenous issue), 해양공원 또는 보호지역, 어장, 유류 및 가스 탐사, 항해, 쓰레기 관리, 케이블과 파이프라인 그리고 송유관, 난파선(shipwreck)과 같은 다양한 이해관계인과 활동이 존재한다.

(4) 해양지적의 기본 토대

해양의 권익, 제한 및 책임의 공간적 정체성(identification)에 대한 필요성은 전 세계적으로 일반화되고 있다. 해양지적의 설계는 정의 및 기능의 쟁점을 야기한다. 즉, 해양의 권리 및 권익의 경계, 이는 현재 토지의 경우와 마찬가지로 적합하지 않은 것으로 인식하고 있고 기능적 체계로는 제한 및 책임에 대한 명확한 정보를 전달하는 것이 우선시 되고 있다. 제한 및 책임의 수행은 지적의 실현 가능한 요구로 볼 수 있고 권익과 부동산 권리 내에 책임을 포함하며, 해양정보시스템의 개념에서 출발하게 된다. 이러한 광범위한 개념은 해양지적의 목표에 아주 근접하게 된다.

현재 활동비전(working vision)은 아주 광범위한 개념이다. 즉, 법률적으로 정의되는 근해(offshore) 경계의 행정, 관리, 기술(delineating), 광범위한 권익의 관리, 어장 및 양식장의 임대차를 담당하거나 담당해야할 조직 및 기관의 명확화, 케이블과 파이프라인의 윤곽명확화, 석유(petroleum)와 가스탐사 기회 및 채굴과정의 중첩 등 광범위한 내용을 포괄하고 있다.

등록지역을 고려하기 위한 주요 단계, 출발점으로서 지적의 광범위한 개념의 사용은 광범위한 권익을 관리하는 것을 의미한다. 이러한 기초적 차원의 등록은 명목적이고 지적에서 의미를 강제적으로 규정하고 있어 모든 활동가들이 인식하고 있다. 그러나 기재사항은 기초적 차원 이상일 수 있고 구축에 따른 고비용은 가능한 노력에 대한 편익만큼 향유할 수 있다.

해양지적에 관련된 권리(rights)는 해양활동에서 파생되는 각종 특별한 이익을 누릴 수 있는 법률상의 힘을 의미한다. 즉, 해양활동에서 파생되는 공중권, 접근권, 개발권, 조업권, 수주권, 항해권, 채굴권, 해저이용권 및 처분권 등 각종 이익을 향유할 수 있도록 법률상에 보장된 힘을 의미한다. 이러한 권리는 무한대로 권한을 행사하는 것이 아니라 권리에 따른 제한과 책임도 함께 수반된다는 것이다. 제한(restrictions)은 해양환경에서 활동하는데 부여된 권리를 향유하기 위하여 일정한 한계나 범위를 설정하여 제한을 가하는 것을 의미한다. 한편 책임(responsibilities)은 광의로 법률적 불이익 또는 제재를 받는 것을 말하고, 협의로는 위법한 행위를 한 사람에 대한 법률적 제재를 의미한다. 즉, 해양활동에 관련하여 법률에서 보장하는 권리의 범위를 벗어나거나 법의 테두리를 벗어나는 경우 받게 되는 제재를 의미한다.

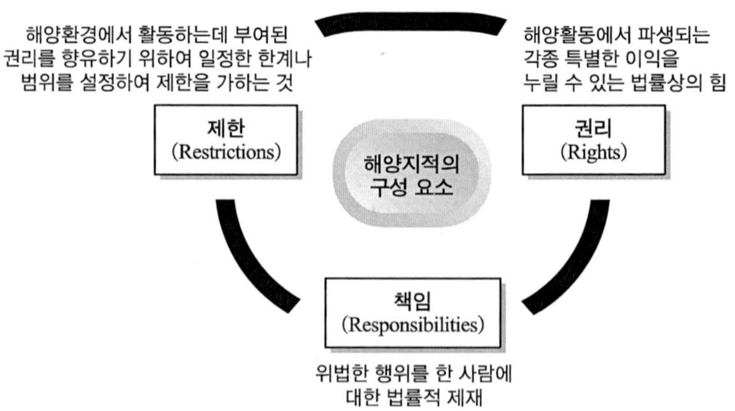

[그림 7-3] 해양지적의 기본 토대(3R)

(5) 해양지적의 구성

해양지적의 주요 구성은 해양활동에서 파생되는 제반사항을 누가 어떻게 관리하는가에 관련된 해양관리 주체(people), 해양활동에 파생되는 제반사항이 무엇이며 어떤 유형이 있는가에 관련된 해양관리객체(marine), 해양활동에서 파생되는 제반사항을 어디에 등록하고 어떻게 표시하는가에 관련된 해양관리 형식(records), 그리고 해양관리의 주체·객체·형식의 삼각구도가 원만히 운영될 수 있도록 하는 지원(supporting)체계로 구성된다.[9)]

해양관리주체는 해양활동과정에서 파생되는 제반사항을 조사·등록·관리하는 주체로서 해양 정책을 입안하고 결정하는 의사결정기관인 정책결정구조, 결정된 정책을 실제 업무에 적용하는 집행구조, 정책 집행을 직·간접적으로 지원하는 지원구조를 포함한다. 해양 정책결정구조는 해양관리의 효율성을 달성하기 위하여 해양 정책에 관련된 제반 의사결정을 수행하는 과정에 참여하는 공식적 사람을 의미한다. 해양 정책집행구조는 해양 정책으로 결정된 사안에 대하여 직접 실무에 적용하는 조직구조이며, 해양 정책지원구조는 해양 정책집행에 간접적이고 전문적인 분야를 수행하기 위하여 조직된 공식적인 사람이라 할 수 있다.

해양관리 형식은 해양등록객체를 담는 그릇으로, 한 국가의 환경 및 제도에 따라 대장 및 등기부, 권원등록부로 구분할 수 있고 공통적으로는 해양필지도가 해당된다. 즉, 해양 등록부의 유형에는 해양에 관련된 물리적인 현황을 중심으로 등록·관리하는 해양등록대장, 해양의 각종 권리를 등록하는 권리원부, 해양의 권리원인을 등록하는 권원등록부, 물리적인 위치 및 넓이 중심의 가시적인 해양필지도 등이 있다.

해양관리객체는 해양지적의 범위설정 차원인 이용·권리·공간에 따라 검토될 수 있다[10)] (R. B. Stewart & B. S. Hartley, 2003 & M. Sutherland, 2005). 이용 차원은 육지와 마찬가지로 해양의 용도에 따라 등록객체를 결정하는 것으로 해양의 활용가치에 초점을 둔다. 권리차원은 육지의 물권에 부여되는 배타성을 해양공간에 인정하여 사법적 권리를 등록객체로 결정한다. 공간차원은 국가 또는 지방정부의 해양에 대한 관할권 및 실제의 통제에 초점을 두고 육지와 공간적 거리에 따라 등록객체를 결정한다.

9) 김영학, "해양지적의 등록객체에 관한 연구", 「지적」, 제40권 제2호, 대한지적공사. 2010.

10) R. B Stewart, & B. S. Hartley, "Marine Cadastre Issues–The Role of The New Brunswick Land Surveyor", FIG/UNB International Meeting on Marine Cadastre Issues, Wu Centre, University of New Brunswick, Fredericton, Canada, 15-16 September 2003.; M. Sutherland,, "Why a Marine Cadastre is Important", In Geomatics World, Issue, NO.3, March/April, Vol.12. 2004.

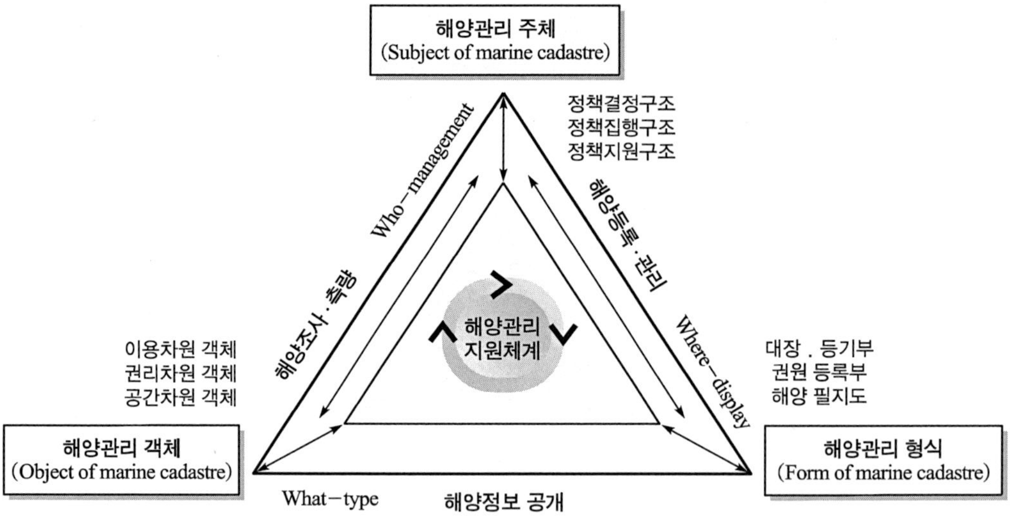

[그림 7-4] 해양지적의 구성 체계

또한 해양관리 지원은 해양지적의 삼각구도가 제대로 운영될 수 있도록 지원하는 연계체계로 해양지적입법체계, 해양지적업무설계, 해양지적측량, 해양인적자원관리, 해양지적의 교육 및 훈련 등을 포함한다. 해양지적입법체계는 해양관리에 관련된 법제로 국토관리, 경계관리, 수역관리, 자원관리, 환경관리 등의 법제를 말하며,[11] 해양지적 업무설계는 지적제도, 해양조사, 해양등록, 해양관리, 해양측량, 해양정보 등에 관련된 세부적인 업무를 의미한다.

2) 해양지적(Marine Cadastre)의 범위와 원리

(1) 해양지적의 범위 설정

해양지적의 개념을 바라보는 관점은 해양의 경계관점과 넓이관점으로 출발을 하고 있다. 이러한 관점은 해양지적이 해양공간에 관련된 권리와 권익인 기초정보로서 해양 정보시스템이라는 쟁점을 고려치 않는 것으로 볼 수 있다.

해양지적에 저장된 정보의 유형을 설명하는 기본정보의 이용은 중요한 사안으로 볼 수 있다. 해양 정보를 활용하는 주체와 객체의 상호작용이 존재하지 않다면 해양지적의 범위가 큰 의미가 없을 것으로 볼 수 있다. 그러나 정보기술의 발달과 해양에 대한 폭발적인 관심은 해양지적의 범위 설정에 큰 영향을 미치고 있다.

11) 해양수산개발원·한국지방행정연구원, 「해상경계설정방안 연구」, 2003.

해양지적의 범위 설정은 경계 또는 넓이에 의할 수 있지만 이보다는 공간, 이용, 권리차원에서 검토하는 것이 합리적일 것으로 판단된다. 이용차원은 육지에서처럼 토지의 용도에 따라 그 범위를 설정하는 것으로 해양의 활용가치에 초점을 두고 있다. 권리차원의 범위 설정은 육지의 물권에 부여되는 배타성을 해양의 공간에 인정하는 것으로 사법적 성향의 권리를 의미하는 것으로 볼 수 있다. 공간적 범위는 국가 또는 지방정부의 해양에 대한 관할권 및 실제의 통제에 초점을 두고 육지와 공간적 거리에 따라 설정하는 것으로 볼 수 있다.

〈표 7-2〉 육지지적의 범위

	구분	범위내용
• 용도에 따른 범위로서 해양의 활용가치에 초첨 둠 →	이용 측면	기후통제 / 식 원천 / 여가선용 / 광물질 / 서식처 / 수 관리 / 홍수조절 / 수송경로 / 원류자원 / 커뮤니케이션 수단 / 항해설비 / 쓰레기 투기 / 과학적 연구지역
• 물권에 부여되는 배타성을 해양공간에 인정한 것으로 사법적 성향의 권리들 의미 →	권리 측면	공중권 / 접근권 / 개발권 / 조업권 / 수주권 / 항해권 / 채굴권 / 해저이용권 / 처분권
• 관할권 및 실제의 통제에 초점을 두고, 육지와 공간적 거리에 따라 설정 →	공간 측면	Upland : 보통 최고 수위점에서 육지방향 Foreshore : 보통 최고 수위점과 최저 수위점 사이 Offshore : 보통 최저 수위점에서 바다방향

해양환경정보는 토지정보와는 달리 일반지적에 적용할 수 없는 사례가 발생한다. 즉, ① 바다에 존재하지 않는 보유권(tenure)의 개념, ② 근해 경계설정의 고전적 수단의 활용 불가능, ③ 주로 토지의 경우 2차원인 반면 해양환경은 3차원 중심으로 고전적 2차원으로는 불충분, ④ 해양의 경우 한 지역 내에 존재하는 다목적 권리가 존재, ⑤ 많은 해안의 경계에 관련된 기준선(baseline)의 모호성 등이 존재한다. 따라서 해양환경에 대한 공간자료구조의 개발 및 설계는 연구자 및 참여자에게 수많은 새롭고 도전적인 문제가 존재하게 된다.

해양공간의 바람직한 관리는 정보영역의 관리가 요구되고 지극히 중요하다 하겠다. 즉, 생물 및 비생물자원, 수심측량(bathymetry), 공간 범위, 해안선 변화, 해양함유물, 해저특성, 수질, 그리고 서로 간의 부동산 권리 등이 포함되어야 한다.

(2) 해양 이용차원의 범위

해양공간은 부의 원천이자 환경기능, 많은 사회·경제적·정치적 활동을 지원한다. 즉, 해양공간의 이용목적은 다음과 같다.[12]

12) M. Sutherland, "The Marine Cadastre : Legal and Spatial Data Contribution to Economic, Environmental and Social Development", FIG Working Week 2005 and GSDI-8, Cairo, Egypt. April 16-21, 2005.

① 기후통제 및 홍수조절
② 동·식물, 어류의 식(食)의 원천
③ 관광과 여가선용의 공간
④ 건설을 위한 광물질
⑤ 멸종위기에 처한 동물의 서식처, 종의 번식(breeding)과 휴식처
⑥ 수 관리(water treatment) 기능, 지하수 함양(underground recharge)
⑦ 수송의 수단
⑧ 광물과 원류(petroleum)자원의 원천
⑨ 커뮤니케이션의 수단(케이블)
⑩ 고정된 항해설비(installations) 설치의 지역
⑪ 쓰레기 투기(dumping) 지역
⑫ 지구의 기본적인 물리적 생물학적 과정의 과학적 연구 지역

해양지적의 범위를 이용적 차원에서 설정할 경우 발생되는 문제는 중복 및 단절이 될 수 있다는 것이다. 즉, 이용지역이 연속선상에서 이루어지는 것이 아니고 일정지역에서 이루어진다는 점과 공간구분이 모호해질 수 있다는 것이다. 오늘날 수많은 사회계층이 사회·경제적, 정치 및 환경적 목적의 균형에 직면하고 있다. 이러한 서로 다른 목적의 균형에 대한 요구는 토지 및 해양환경 모두에 적용할 수 있다. 따라서 해양지적은 생태학·생물학적 자원의 존재, 자원의 공간적 범위, 공간과 자원에 관련된 권리, 책임, 제한을 받는 사람 등을 고려한 이용차원의 범위 설정이 이루어져야 할 것이다.

[그림 7-5] 해양 이용차원의 범위

(3) 해양 권리차원의 범위

해양공간에서 파생되는 권리들은 다양하게 나타나며, 이들을 중심으로 해양공간의 범위를 설정해볼 수 있다. 즉, 해양공간에서 파생되는 권리[13]로는 공중권, 채굴권, 탐사권, 항해권, 어업권, 해저이용권, 접근권 등이 있으며, 이들 중 몇 가지 검토하면 다음과 같다.

공중권(air space rights)은 일반적으로 토지 소유권의 범위를 넓힌 것으로서 공중에 설정된 권리, 일조, 공기, 광고, 가치 등을 보호하기 위한 권리를 의미한다. 따라서 해양상의 공중권은 해양의 상공에 설정된 권리 및 이용가치 등을 보호하기 위하여 설정된 권리를 의미한다고 볼 수 있다. 채굴권(mineral rights)은 지구(바다)로부터 광물질을 채취하기 위한 권리 또는 광물질의 추출에 대한 로열티 형식의 보상을 받기 위한 권리를 말한다. 광물질은 내용물에 따라 다른 의미를 띠며, 일반적인 정의는 아니지만 대체로 다음과 같은 물질을 포함하고 있다.

① 연료 : 오일, 천연가스, 석탄

② 금속과 금속관련 광석 : 금, 구리, 철

③ 비금속 광물질과 채석물 : 석회석(limestone), 석고(gypsum), 대리석과 소금

④ 모래, 자갈(gravel), 토탄(peat), 이회토(marl)

항해권(navigation lights)은 배를 이용하여 바다 위를 운항할 수 있는 권리로서 여러 가지 요건에 따라 그 권리의 정도가 다르다. 어업권(fishing rights)은 국가의 면허를 받아 일정한 수면에 특정한 어업을 할 수 있는 권리를 말한다. 즉, 다수인이 동시에 접근할 수 있는 어장의 질서유지 및 어업의 안정적 경영을 보장하기 위해 일정어장에서 특정어업을 독점적으로 행할 수 있는 권리로서, 「수산업법」에 따른 경우 정치망어업 등을 경영할 수 있도록 시장·군수 또는 자치구의 구청장으로부터 면허를 받은 권리를 말하며, 「내수면어업개발촉진법」에 따른 경우에는 양식어업 등을 경영할 수 있도록 시·도지사로부터 면허를 받은 권리를 말한다. 어업권을 물권(物權)으로서 수산업법에서 정한 것 외에는 민법 중 토지에 관한 규정이 준용되며, 이전·분할·변경이 제한되며, 타인지배(他人支配) 및 임대차(賃貸借)가 금지된다(수산업법 제2조, 제15~18조, 내수면어업개발촉진법 제11조).

---

13) 하나의 해양필지에서 파생되는 권리 혹은 권익으로 소유권 및 처분권(수면권·공중권·해저권), 준물권(개발권·채굴권·조업권 등), 용익권(항해권·해저이용권·해수면이용권·레저권, 어장임대차권·접근권·수주권 등), 공법상 권리(어업면허) 등이 있다. 가치적 현황은 해양에 대한 경제적 가치로 판매가치(sale value), 서비스가치(service value : 접근·해양관광·항로(shipping lane)·국립공원·해양보호지역·보전지역), 경제적 가치(economic value) 등이 있다(김영학, “해양등록부 창안에 관한 연구”, 「한국지적정보학회지」, 제9권 제2호, 한국지적정보학회. 2007, p.103).

해저이용권(seabed use rights)은 해저에서 파생되는 각종 권리를 배타적이고 독점적으로 이용할 수 있는 권리를 의미하며, 주로 배타적 경제수역 내에서 이루어진다. 한편 접근권(access rights)은 해양의 목적지에 접근하여 의도한 행위를 위하여 이용할 수 있는 권한을 의미한다.

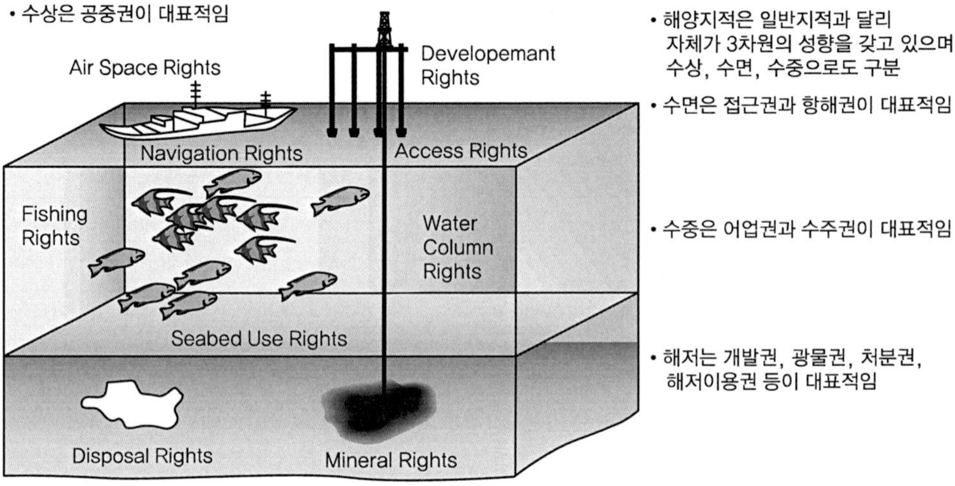

[그림 7-6] 해양 권리차원의 범위

(4) 해양 공간차원의 범위

해양환경의 범위는 다양한 형태로 분류할 수 있으나 광범위하게 3가지의 범주로 구분할 수 있다. 즉, 육지(upland), 연안(foreshore), 해안(offshore)으로 조수(tidal waters)를 따라 구분되는 지역을 의미한다.[14)]

육지(upland)는 평균최고수위선(ordinary high water mark)에서 육지방향을 의미한다. 평균최고수위선은 사적 대지의 소유권과 바다에 면한(seaward) 소유권 및 권익 사이의 경계로서 인식된다.

해빈(beach)은 해안선을 따라서 해파(sea wave)와 연안류(longshore current)가 모래나 자갈을 쌓아 올려서 만들어 놓은 퇴적지대를 말하며, 전빈(foreshore)과 후빈(back shore)을 합하여 해빈이라고 한다. 해빈은 해수의 약최저저조면이 해빈과 만나는 부분에서 해빈이 육지의 구조물 등과 만나는 부분까지의 해빈 지역을 말한다. 이 중에서 전빈(foreshore)은

14) 연안(foreshore)과 해안(offshore)을 용어 정의에서는 좀 더 구체적으로 구분하여 설명하고 있으나 포괄적으로 적용하고, 다만 구체적인 설명을 위하여 해빈(전빈과 후빈)과 원빈의 용어를 사용하였다.

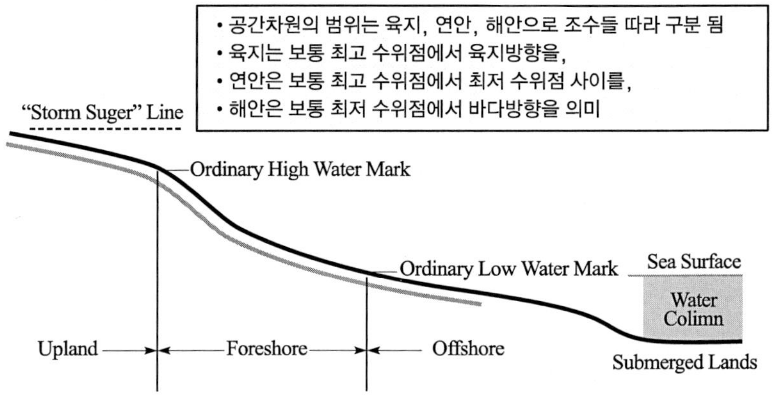

[그림 7-7] 해양 공간차원의 범위

해수의 약최저저조면과 해빈이 만나는 부분에서 해수의 약최고고조면이 해빈과 만나는 부분까지의 해빈 지역을 말한다. 후빈(back shore)은 해수의 약최고고조면과 해빈이 만나는 부분에서 해빈이 육지의 구조물 등과 만나는 부분까지의 해빈 지역을 말한다. 원빈(offshore)은 외빈보다도 외측이며 대륙붕 끝까지의 구간으로 항상 수중에 있고 이 구간에서는 파도가 쇄파되는 일은 없다. 즉, 평균 최저수위선(ordinary low water mark)에서 바다방향을 말한다.[15)]

유엔환경법협약에 따른 해양의 경계는 해도의 저조선인 기선(baseline)을 기점으로 영해(territorial sea)는 12해리로 설정하고, 접속수역(contiguous zone)은 24해리, 배타적 경제수역(exclusive economic zone)은 200해리로 설정하고 있다. 대륙붕은 영해의 폭을 정하는 기선으로부터 200해리 이내 해역, 퇴적암의 두께에 따라 350해리 이내 해역, 수심 2,500미터 등심선으로부터 100해리 이내 해역으로 정하고 있으나 각 국가마다 분쟁의 쟁점이 되고 있다(유엔환경법협약 제3·5조, 제33조, 제55~57조, 제76조).

(5) 해양지적의 원리

해양지적의 원리는 해양지적제도가 존립하기 위하여 요구되는 사안들로 일반적인 지침보다는 누가, 무엇을, 어떻게, 어디에 등의 선택적 사안에 직면할 때 참고할 수 있는 내용이라 할 수 있다. 즉, 해양지적제도를 운영하면서 선택적 사안에 도움을 줄 수 있는 원리로는 다양한 형태의 권익관리, 정부 및 이해관계인의 참여, 정보은행 기반, 안정적 자료구축, 경계보다는 권리 등을 말한다.

15) 한국해양학회, 「해양과학용어사전」, 아카데미서적. 2005.

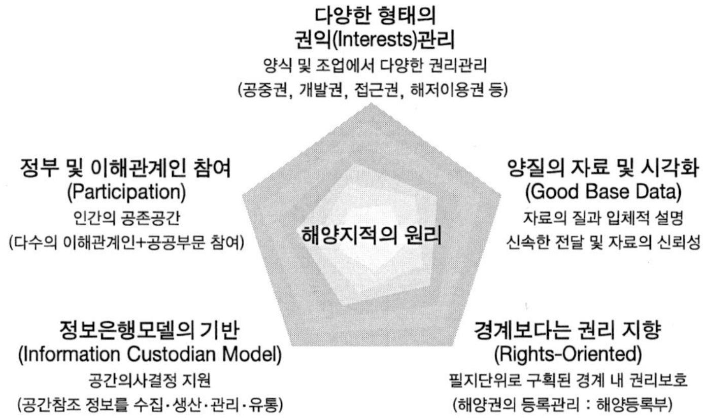

[그림 7-8] 해양지적의 원리

① 다양한 형태의 권익(interests) 관리

이용의 다양성은 비단 토지뿐만 아니라 해양도 예외는 될 수 없다 할 것이다. 토지의 경우 기존의 수평적 이용에 관련하여 파생되는 권리의 중심에서 수직적 이용에 따른 권리까지 관리의 객체로 부각되고 있고 세계 각국은 보다 많은 정보의 구축 및 제공에 전략적으로 접근하는 경향을 보이고 있다. 해양의 경우도 마찬가지로 기존의 양식 및 조업의 관리체계에서 공중권, 접근권, 개발권, 해저이용권, 채굴권 등 다양한 형태의 권리가 등록 및 관리의 대상으로 부각되고 있다. 이는 해양을 바라보는 시각과 경제적 가치의 재평가가 이루어짐에 따라 해양행정의 영역이 광범위해지고 해양에 대한 전문적이고 기술적인 접근이 요구됨을 의미하는 것으로 판단된다. 따라서 해양활동에서 파생되는 각종 권리를 정확하고 신속하게 조사하는 것이 요구되고 조사된 내용을 등록하여 관리할 공적장부가 요구된다. 상대적으로 토지에 비하여 해양은 권리를 등록하고 관리할 공적장부가 빈약한 상태이고 아직까지 합리적이고 효율적인 공부의 형식 및 규격이 열악한 상태라 할 수 있다. 한편 해양지적의 원활한 관리를 위해서는 기존 일부의 권리 중심의 관리에서 탈피하여 포괄적이고 다양한 권리를 관리할 수 있는 하나의 원리로서 받아들여질 필요성이 요구되고 있다.

② 정부 및 이해관계인의 참여

해양지적이 하나의 제도로서 정착하고 발전하기 위해서는 다양한 수준의 정부와 다양한 형태의 이해관계인이 참여할 때 제도의 정당성이 확보될 수 있을 것으로 본다. 토지에 비하여 해양의 경우는 아직까지 일필지의 개념과 그 가치의 추정이 정확하지 않고 관심의 정도가 상대적으로 떨어지고 있다. 이는 해양지적의 초기단계를 단적으로 보여주는 것으로 다양한 형태의 이해관계인 및 공공부문의 참여가 절실히 요구되는 계기라 할 수 있다. 해양활동에 참여하는 주체의 범위는 다양할수록 또한 많을수록 인식 및 인지의 정도가 다르게 나타날 것이다. 즉, 토지의 경우 직접적으로 권리 및 이용에 관련된 이해당사자를 포함하고 이를 관리하는 공공부문의 계층적 정부조직 등이 유기적으로 참여함으로써 제도의 정착을 이룰 수 있는 것과 마찬가지로 해양도 인류의 생존을 위한 마지막 보고, 활용공간으로서의 토지 대체, 자원생산의 원천지, 인간의 공존 공간 등에 대한 인식의 전환과정에 다양한 부류의 계층 및 공공부문이 유기적으로 참여하여야 할 것이다.

최근 이해관계인 및 공공부문의 참여는 토지에 대한 소유권 및 보상에 관계되는 반면 해양은 주로 보호 및 보전에 관계되는 성향을 보이고 있다. 토지 및 해양은 공간적 범위에 관계없이 항상 일정한 형식에 가장 현실을 잘 반영할 수 있는 등록대상을 선택하여 같은 방식 및 방법에 의한 관리가 이루어져야 할 것이다. 이러한 과정에 이해관계인 및 공공부분은 해당 사안에 방향성을 제시하는 참여를 통하여 해양지적의 발전을 꾀해야 할 것이다. 특히 토지에 관련하여 참여하는 수준이 해양에 관련된 분야에 동일한 수준의 참여가 이루어져야 할 것으로 본다.

③ 정보은행모델(information custodian model) 기반

해양지적의 주요 목적은 해양환경을 관리하고 운영하며 평가를 수행하는데 권리, 제한 및 책임에 의거하여 종합적인 공간자료구조를 제공하는데 있다.[16] 지리정보시스템의 개념에 근저를 두고 있는 공간자료구조(spatial data infrastructure)는 많은 개발프로그램과 프로젝트에 적용하고 있다. 지적의 역할과 능력은 민간과 공공조직 사이의 동태적 파트너십을 창조할 뿐만 아니라 서비스의 효율성 향상을 지속하는 다양한 정보시스템으로 확장되어 왔다.[17]

지적과 공간자료구조가 보다 성숙되고 기능화 됨에 따라 해양환경의 관리정보와 행정체계를 충족시키기 위하여 점진적으로 지원되어 왔다. 공간자료는 지구의 위치에 관련된 정보의 목록이라 할 수 있고, 특히 자연현상, 문화 및 인적자원, 지형의 형태, 지명, 표고자료, 표면, 부동산경계정보, 행정경계 등에 관련된 정보를 의미한다. 일반적으로 해양

16) P. A. Collier, E. J. Leahy and Ian P. Willamson "Defining Marine Cadastre for Australia", 2001-A Spatial Odyssey : 42nd Australian Surveyors Congress, Brisbane. 25-28 September, 2001.

17) M. Sigit WIDODO, "The Needs for Marine Cadastre and Supports of Spatial Data Infrastructure in Marine Environment-A Case Study", FIG Working Week 2003, Paris, France, April 13-17, 2003.

지리정보시스템은 공간의사결정을 지원하기 위한 공간참조 정보를 수집, 생산, 관리, 유통하는데 필요한 하드웨어, 소프트웨어, 자료, 조직 등이 유기적으로 결합되어 나타나는 총체적 시스템 또는 서비스 체계를 의미한다. 이런 해양기본지리정보는 모든 정보의 기반이 되는 정보로써 기존의 지리정보시스템에서 정의한 기준으로 하여 해양을 하나의 공간개념으로 볼 필요가 있으며, 해양기본지리정보는 해양경계, 해상교통, 해양물리생물 화학, 해양측량기준점, 해저지형, 해양시설물, 위성영상 및 항공사진 등을 제시할 수 있다.

해양관련 정보시스템은 해양지리정보시스템과 공간자료구조 등의 명칭으로 활용되고 있으나, 이는 해양지적정보시스템을 의미하는 것으로 볼 수 있다. 따라서 해양관련 정책, 기획, 관리, 이용 등을 위하여 기본 베이스로 활용되는 역할 및 기능을 수행하고 있어 현대 관점의 해양지적은 해양지적정보시스템을 기반으로 이루어질 때 업무의 효율성 및 효과성을 극대화할 수 있다고 판단된다.

④ 안정적 자료구축

안정적 자료구축은 자료의 질과 입체적 설명에 결부되며, 이는 정보수요자에게 신속한 전달과 자료의 신뢰성에 직접적 영향을 미치게 된다. 자료구축 프로그램의 발달은 다양한 시각화 수단을 제공하였으며, 기존의 문자 중심의 정보에서 입체적 도형 중심의 정보로 전환할 수 있게 되었다. 즉, 자료의 수평적 정보관리에서 수직적 정보관리가 가능해지고 정보 제시의 사각지대가 사라지는 결과를 초래하였다. 또한 양질의 정보는 IT기술의 발달에 힘입어 정확성 및 정밀도가 높아졌고, 정보수요자에게는 신속한 정보제공 및 신뢰도를 제고할 수 있게 하였다.

안정적 자료구축을 위해서는 사용자의 요구사항에 기반을 둔 다른 자료의 유형 및 표준, 자료자체의 요구사항에 기반을 둔 다른 자료의 유형 및 표준, 다양한 사용자(행정가, 고객, 사용자, 공간자료의 부가가치의 창출자, 조직, 사적·공적 피고용자) 배려, 해양공간자료구조와 관련된 행정·조정·정책 및 법령 등의 제도적 틀, 접근·네트워크·정보센터(clearing house)에 관련된 기술 등이 고려되어야 하고, 또한 이들이 상호·연계되어 원활히 운영될 때 가능할 것으로 판단된다. 결국 해양지적의 목적을 달성한다는 것은 해양지적의 내용이 어떻게 구성되고 구성된 내용의 질적 수준이 어떠한가에 달려 있다할 것이다.

⑤ 경계보다는 권리

"해양경계보다는 해양권리"의 의미는 경계보다 권리가 중요하다는 의미라기보다는 해양활동에서 파생되는 다양한 권리를 제도적 틀 속에 관리하는 것이 무엇보다 중요함을 시사한다고 볼 수 있다. 물론 우리나라의 경우 지방자치단체 간 해상경계분쟁[18]이 불거지면서 해상경계가 중요한 화두로 대두되었지만 해양이라는 공간적 범위를 놓고 볼 때 행정구역에 가까운 경계보다는 해양을 하나의 필지단위로 구획된 경계 내의 권리보호가 우선시된다고 볼 수 있다.

바다를 인접하고 있는 대부분의 국가들은 중요한 해양활동의 관리를 지원하기 위하여 해양권익(interests)을 등록하는 방식을 채택하고 있다. 권리의 효율적인 거래를 위하여 등록부는 필수적이며, 거래를 용이하게 하고 최초 거래 시기에 난해함을 제어하여 거래를 투명하게 한다. 해양등록부는 광범위한 관리목표를 지원하기 위하여 상호 기회를 제공하는 것에 의해 국가제도에 토대한 정책의 일부가 되어야 한다.

3) 해양지적(Marine Cadastre)의 모델

해양지적을 설명하고자 하는 모델은 상대적으로 다른 연구모델에 비하여 미약한 실정이고 모델의 유형 또한 일천한 상태이다. 그러나 세계적으로 미약하나마 해양지적을 설명하기 위한 모델이 개발되고 있으며, 이러한 모델의 성향은 아직까지 개념 정립이 확실하지 않은 점에 비추어 다양성은 떨어지지만 개념·필지·정보차원의 모델들이 발견되고 있다.

(1) 해양지적 개념 지향 모델

해양지적의 개념 모델은 국가 및 학자에 따라 다소 다른 의미의 개념 정의를 제시하고 있어 한 국가에 부합하고 한 국가의 해양활동에 부합하는 개념을 도출하는데 의의를 두고 있다. 특히 해양지적의 개념 모델은 호주의 해양지적 프로젝트를 실행하기 위하여 해양지적의 개념을 개발하는데서 출발하였고 다양한 화두(issue)와 연구를 통하여 개념을 정립하고자 하였다(Sutherland, 2003).

[그림 7-9] 해양지적의 개념 다이어그램은 해양지적이 육지 환경으로부터 분리하여 개발할 수 없다는 사실을 설명하는 것이며, 실제로 대부분의 해양활동은 해양 존(zone) 내외에서 발생한다는 것이다. 해양 존은 육지와 바다의 양쪽에 걸쳐 분포하고 해양환경에 공적 접근점이라는 것이다. 해양과 육지지적의 연계는 적용된 통합되고 효과적인 해안 존 관리 기법을 용이하게 활용하여 육지와 바다의 호환을 통한 공간자료의 유연한 통합이 가능하게

18) 지방자치단체 간에 해상경계분쟁이 표면화된 것은 1980, 1990년대 충남과 전북의 조업 수역 분쟁, 평택항의 항만시설 관할권 문제, 광양만의 율촌산업단지 매립지 관할권 분쟁, 2000년대 평택과 당진 간의 분쟁 등이 있으며, 이러한 분쟁의 원인은 관련법제 및 정책부재에 기인한 것으로 판단된다(해양수산개발원·한국지방행정연구원, 「해상경계설정방안 연구」, 2003).

할 것으로 판단된다. 또한 다이어그램은 호주 해양 내에서 발생하는 이해관계자와 활동의 영역을 보여주고 있다.

해양지적은 고려되어야 할 실제 활동은 아니지만 행정적·법적 경계는 해양활동이 언제 발생하고 어디서 발생하는지를 관리하게 된다. 경계에 따라 발생하는 권리, 제한 및 책임은 등록되어야 한다. 예를 들면, 해양보호지역은 지역 내 해양 이해관계자의 권리의 제한 또는 배타적 이용의 목적을 위한 경계로서 정의된다. 권리와 제한의 지식은 효과적이기 위하여 경계에 연계될 때 가능하다. 본질적으로 해양지적은 법적으로 한정할 수 있는 경계를 관리, 운영, 기술하는 수단을 제공한다.

해양지적은 해양 필지와 법적 개념, 해안계획 가이드라인, 경계관리를 포함하는 해양환경에 권리, 제한 및 책임의 공간적 범위와 위치를 설명할 수 있다. 공간적 범위는 해양환경의 3차원적 본질, 본존 환경의 이용을 통하여 정확한 디지털 공간자료의 지속적 갱신에 의한 시각화가 가능할 수 있다.

해양지적의 개념적 모델은 해양의 범위를 육지, 해안, 해양으로 구분하여 각 활동영역에서 나타나는 각종 권리를 일정한 형태의 틀에 관리 및 유지하여 효율적인 해양행정을 구현하는 것으로 판단된다.

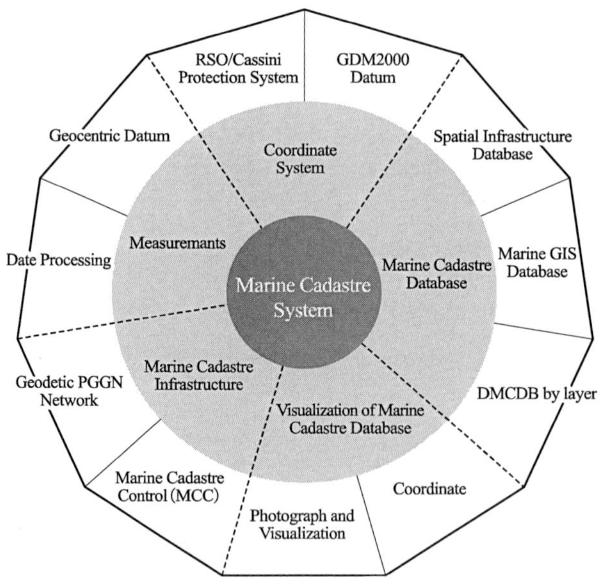

source : Asraf, Marine Cadastre Conceptual Model in Peninsular Malaysia, 2004.

[그림 7-9] 해양지적의 개념 지향 모델

(2) 해양지적 정보 지향 모델

해양지적의 정의, 역할, 편익 및 목표를 고려해볼 때 해양지적제도는 해양 분야에 정부의 과업을 수행하는데 많은 역량을 갖고 있다할 것이다. 이러한 역량 중 하나로서 해양지적은 바다공간이용정보시스템의 관리를 위한 모델로서 이용될 수 있다.

해양 정보관리시스템은 ABC(A Biotic–Biotic–Culture)로 대표되며, ABC방법은 해안과 해양구성요소들의 정보를 처리하고 구조를 비교하며, 자료의 조직화, 중첩, 비교하는 방법이라 할 수 있다. 또한 이는 과업의 4수준으로 운영된다.[19)]

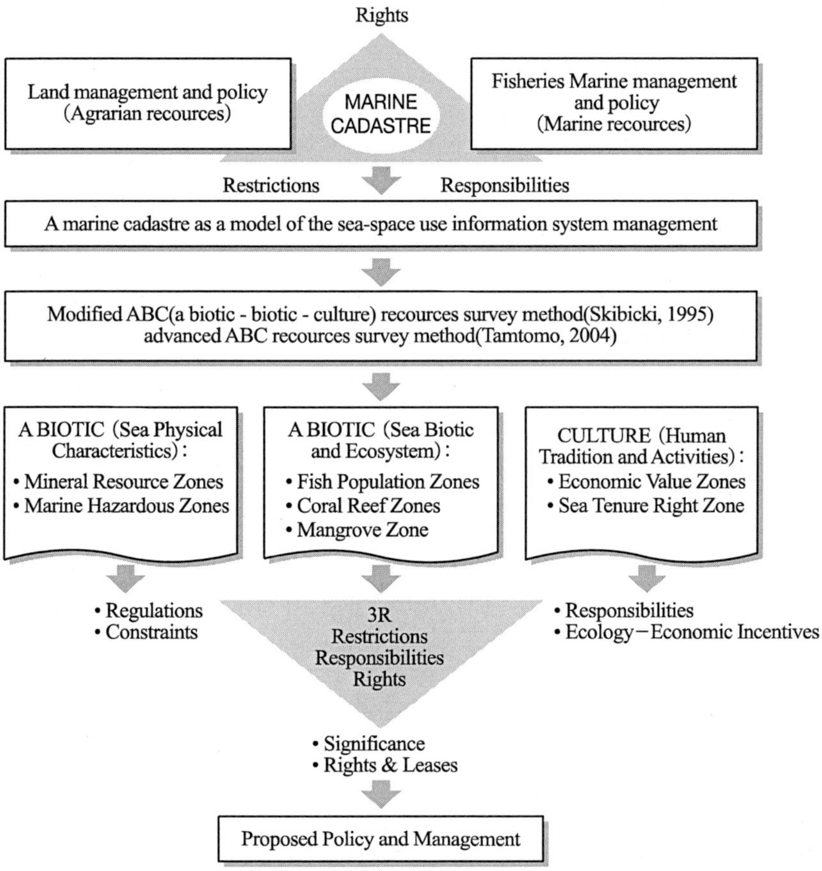

자료 : Tamtomo, 2004 : 12/15.

[그림 7-10] 해양지적의 정보 지향 모델

19) Johanes .P Tamtomo, The Needs for Building Concept and Authorizing Implementation of Marine Cadastre in Indonesia, 3rd FIG Regional Conference, Jakarta, Indonesia, 3-7 October 2004, P.12/15.

과업 1수준은 목표에 의하여 정보를 수집, 분석 및 종합하는 것이다. 바다의 물리적 특성(A BIOTIC)·바다생물 및 생태계(BIOTIC)·인간의 관습 및 활동(CULTURE)의 내용은 2개의 도면으로 나타나며, 그 중 하나는 구조적 정보를 보여주고 다른 하나는 기능적 정보를 보여준다.

과업 2수준은 목표에 의하여 중요성(significance)과 구속(constraints)을 결정하는 것이다. 이런 수준의 과업은 환경적·사회·경제적 중요성 및 구속을 해석하는데 이용된다. 해석은 생태학적 측면(식물의 다양성, 생태적 중요성, 생태적 위험), 상대적 발생(생물의 독특성, 종의 회귀, 생물의 회귀), 그리고 인간존재의 가치(경제 및 여가 가치)의 조합으로부터 유도되는 2개의 레이어(layers)에 의해서 이루어진다.

과업 3수준은 목표에 의하여 요약되거나 통합하는 것이다. 만들어진 도면은 환경·사회·경제적 중요성과 구속을 요약하기 위하여 해석하고 분석하게 된다. 무생물·생물 그리고 문화적 구속과 중요성의 지역 내 상호관계는 주요 바다 공간이용과 관리쟁점을 나타내는데 활용된다.

과업 4수준은 관리계획을 위한 목표와 목적을 제시하는 것이다. 이는 목적 분석 및 결과를 얻기 위하여 각 존의 도면 레이어에 대하여 위상관계의 알고리즘을 이용하는 것으로 이전의 매뉴얼 중첩을 이용하는 것과는 차이가 있다. 즉, 각 존(zone)의 레이어에 대한 양적 목적에 의하여 양적 비교방법을 활용하는 것이며, 이전의 경우는 목적의 사전적이고 질적인 지역 비교를 적용한 것과 차이가 있다.

(3) 해양지적 필지 지향 모델

모든 해양은 실제로 거대한 양의 물로 덮여 있고 양식(aquaculture)·광물·조업·정박(mooring)권 그리고 본질적으로 3차원의 성향을 갖고 있는 내비게이션 같은 대부분의 해양 권리는 법적으로 정확하지 않은 2차원적 개념의 권리로 이루어진다. 개별적인 필지의 소유권은 해양환경에 기준으로 볼 수 없다. 다른 권익(interests)은 사적 권리가 해양 필지 내에 존재하는 것을 제어할 수 있다. 그리고 부동산으로부터 다른 것을 포함하는 개별적 권리를 제어할 수 있다. 해양지적을 위한 자료 모델을 시각화하기 위한 해양지적의 객체는 물표면, 물기둥, 해저 그리고 해저표면 등 4개의 물리적 레이어로 구성된다.

전문용어로 물리적 4개의 레이어는 해양객체와 그 구성요소 사이의 전체 관련성을 나타낸다. 생물자원과 비생물자원은 해양객체와 그 구성요소 사이에 부모와 자식관계를 나타낸다. 또한 생물자원과 비생물자원과 관련된 권익(interests)은 해양객체와 권익의 종류(classes)

사이에 부모와 자식관계를 나타낸다. 권익은 개체들이 해양객체에 의해 갖게 되는 권리, 제한 혹은 책임으로서 광범위하게 분류된다. 이는 해양객체와 권익 간에 부모와 자신 간의 관계를 나타낸다. 이러한 권익은 존재를 인식하게 하는 법의 유형에 따라 좀 더 범주화될 수 있다. 즉, 법과 법의 유형 사이에 부모와 자식관계와 법과 권익 사이의 종속관계를 의미한다.

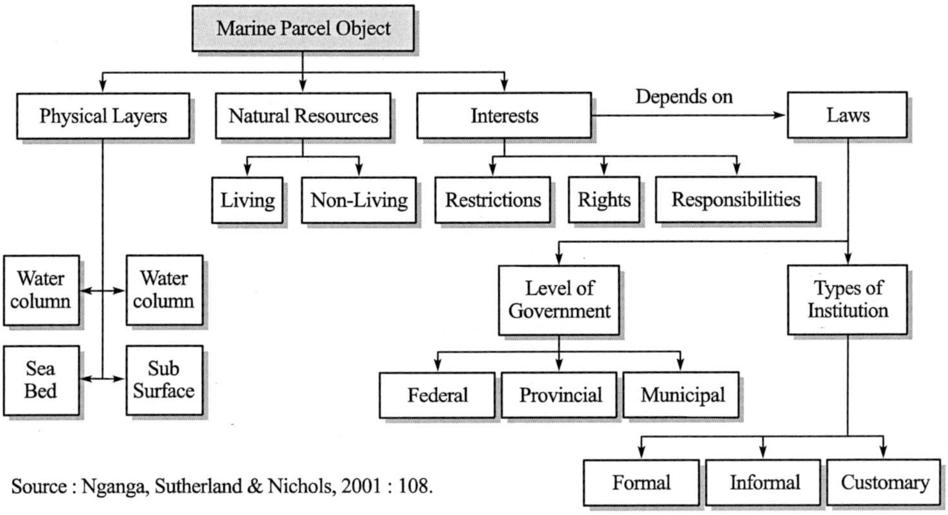

Source : Nganga, Sutherland & Nichols, 2001 : 108.

[그림 7-11] 해양지적의 필지 지향 모델

4) 해양지적의 구성(주체·객체·형식)

(1) 해양지적의 주체

해양관리의 주체는 업무의 성격에 따른 분류보다는 해양 정책을 입안하고 결정하는 의사결정기관으로써 정책결정구조, 결정된 정책을 실제업무에 적용하는 집행구조, 정책집행에 직·간접적으로 지원하는 지원구조 등으로 파악하는 것이 객관적이고 종합적인 접근이 될 것으로 본다. 해양 정책결정구조는 해양관리의 효율성을 달성하기 위하여 해양 정책에 관련된 제반 의사결정을 수행하게 되며, 이런 과정에 참여하는 주체를 의미하며, 해양수산부를 중심으로 관련 중앙부처가 연쇄적으로 연계되어 있는 조직구조를 의미한다. 해양 정책집행구조는 해양 정책으로 결정된 사안에 대하여 직접 실무에 적용하는 조직구조를 의미하고, 대체로 지방자치단체의 해양관련 부서의 책임과 역할에 관련된다. 해양 정책지원구조는 해양 정책집행을 간접적이며 전문적인 분야를 수행하기 위하여 조직된 구조를 의미한다.

특히 전문적이고 기술적인 성향의 업무를 수행하기 위하여 요구되는 사안들을 신속·정확하게 처리하는 경향의 성격을 띠고 있다.

해양관리정책구조는 일반적으로는 해운항만산업, 수산업, 조선업 등 전통적인 해양산업의 진흥은 물론 해저광물산업, 해양관광산업, 해양바이오산업 등 고부가가치 해양산업까지 해양수산부가 관장하고 있으나 각 사안에 따라 환경부, 문화체육관광부, 산업통산자원부, 보건복지부, 행정안전부, 국방부, 교육부 등 다양한 기관이 해양관리주체로 참여하고 있다.

해양관리지원조직은 전문성과 기술성을 갖춘 공공기관 내지는 산하기관으로 구성되며 국토교통부의 경우 한국국토정보공사, 해양수산부의 경우 국립수산과학원, 국립해양조사원, 국립수산물품질검사원, 해양수산인력개발원, 어업지도사무소(동해·서해), 해양수산청(부산, 인천, 여수, 마산, 울산, 동해, 군산, 목포, 포항, 대전) 등의 지원조직이 있다. 한편 해양수산부 산하기관 이외의 관련기관으로 대표적인 기관은 농림축산식품부의 지도감독을 한국농어촌공사, 환경부의 지도감독을 받는 국립공원관리공단, 문화체육관광부의 지도감독을 받는 한국관광공사 등이 대표 지원조직으로 볼 수 있다.

해양지적제도에 관하여 생소한 우리나라의 경우 새로운 제도의 도입에 따른 저항과 절차상의 어려움, 법적·제도적·기술적 영역의 방향설정, 제도에 대한 접근성 등 많은 문제와 시간이 소요될 것으로 판단된다. 그러나 우리나라의 경우 삼면이 바다로 둘러싸인 연안국가로서 더 이상 해양지적에 대한 방관은 시대적 착오를 가중시키는 오점으로 남게 될 것으로 본다. 따라서 점진적으로 해양지적제도를 도입하여 해양에서 파생되는 여러 가지 가치(이용·권리·보존)를 체계적이고 합리적으로 관리하여 해양관리의 효율성과 국민의 권익을 보장할 수 있어야 할 것이다.

해양지적관련 업무의 조정은 담당부서의 처리능력, 업무처리의 효율성 및 신속성, 업무의 연계성, 업무성격의 독립성 등의 요건을 충족시킬 때 가능할 것으로 판단된다. 특히 일반지적과 해양지적 양자 모두 제도의 발전에 관련된 업무, 토지 및 해양의 조사, 토지 및 해양의 등록, 토지 및 해양의 관리, 토지 및 해양의 측량, 토지 및 해양의 정보화 등의 범주로 구분해볼 수 있다. 즉, 조사·등록·관리·공시차원의 접근이 해양지적 업무를 분류하는 기준이라 할 수 있다.

해양지적의 업무 중 해양관련 법제 정비는 국토·경계·넓이·권익·보전 중심의 법제를 분류하고 이에 따른 관련 법령을 정비하는 것이 요구되고, 무엇보다도 가능하다면 기본법이라 할 수 있는 해양지적법을 제정하는 것이 가장 급선무라 할 수 있다. 그러나 해양지적법을 제정한 국가는 아직 없으며, 아직까지는 일반 지적만큼의 제도적 정비가 덜된 상태라 할 수 있다. 해양등록 및 관리를 위한 업무로는 해양활동에서 파생되는 각종 권리, 해양이용 실태 및 관리, 해양관련 도면의 정비 등이 있으며, 이들을 어떻게 조사하고 등록하여 관리하는가에 따라 해양지적의 발달의 성패가 달려있다 하겠다. 이러한 내용을 토대로 업무를 조정하면 다음과 같이 정리해볼 수 있고, 이는 사안에 따라 재조정이 이루어질 수 있다.

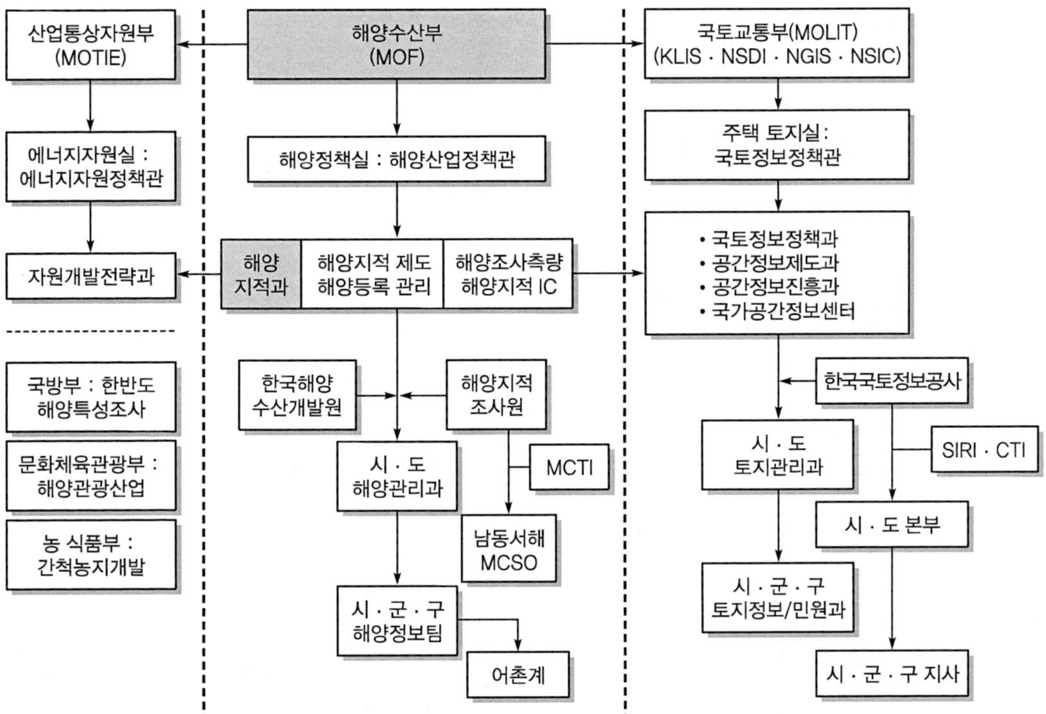

[그림 7-12] 해양지적 정책결정구조

(2) 해양지적의 객체

해양관리는 객체는 바다 혹은 해양 필지의 공간적·공시적 객체를 나타내는 사항을 의미하는 것으로 볼 수 있다.[20)]

해양필지 또는 바다필지(sea parcel)는 3차원의 바다공간으로 명확한 바다경계(좌표)·

---

20) 해양지적의 범위는 이용·공간·권리 측면으로 구분할 수 있다(김영학, "해양지적제도의 도입에 관한 연구", 지적연구원, 2006, p.16). 이용은 육지에서처럼 토지의 용도에 따라 그 범위를 설정하는 것으로 해양의 활용가치에 초점을 두고 있다. 권리차원의 범위는 육지의 물권에 부여되는 배타성을 해양의 공간에 인정하는 것으로 사법적 성향의 권리를 의미하는 것으로 볼 수 있다. 공간적 범위는 국가 혹은 지방정부의 해양에 대한 관할권 및 실제의 통제에 초점을 두고 육지와 공간적 거리에 따라 설정하는 것으로 볼 수 있다.

면적·권리·이용 상태를 그 내용으로 하고 있다. 해양관리의 근원인 바다필지는 ① 바다에 존재하지 않는 보유권(tenure)의 개념, ② 근해경계설정의 고전적 수단의 활용 불가능, ③ 주로 토지의 경우 2차원인 반면 해양환경은 3차원 중심으로 고전적 2차원으로는 불충분, ④ 해양의 경우 한 지역 내에 존재하는 다목적 권리가 존재, ⑤ 많은 해안의 경계에 관련된 기준선의 모호성 등이 존재한다.[21)]

해양관리의 공간적 객체는 육지와의 거리[22)]로 파악하기보다는 공간의 차원에 따라 바다의 수면(해수면), 바다의 수면 위인 일정범위의 해수면 상공, 바다의 수중인 해저로 3차원의 공간으로 볼 수 있다.

해양관리의 공시적 객체는 공적장부에 등록되고 공시되는 대상에 따라 물리적 현황, 권리적 현황, 가치적 현황, 규제적 현황으로 구분할 수 있다. 물리적 현황은 하나의 해양필지를 나타내는 표시사항으로 위치(좌표), 해번, 해목, 면적, 경계, 권리 보유자의 성명 및 명칭, 주소 및 주민등록번호, 권리비율 등이 있다. 권리적 현황은 하나의 해양필지에서 파생되는 권리 혹은 권익으로 소유권 및 처분권(수면권·공중권·해저권), 준물권(개발권·채굴권·조업권 등), 용익권(항해권·해저이용권·해수이용권·레저권, 어장임대차권·접근권·수주권 등), 공법상 권리(어업면허) 등이 있다.

가치적 현황은 해양에 대한 경제적 가치로 판매가치(sale value), 서비스가치(service value: 접근·해양관광·항로(shipping lane)·국립공원·해양보호지역·보전지역), 경제적 가치(economic value) 등이 있다. 규제적 현황은 해양의 이용 및 개발에 대한 보호 규제사항으로 멸종 서식처·쓰레기 투기지역·문화재 보존지역·과학적 연구지역 등이 있다.

이상 해양관리의 객체 구분은 바다의 자연 발생적 특성인 3차원 해양과 공적장부에 등록·공시되는 대상에 따라 구분하였으나, 해양을 바라보는 시각과 공적장부에 등록되는 대상에 따라 좀 더 구체적이고 다양한 형태의 객체가 있을 수 있다.

---

21) P. A. Collier, E. J, Leahy and Ian P. Willamson "Defining Marine Cadastre for Australia", 2001-A Spatial Odyssey : 42nd Australian Surveyors Congress, Brisbane. 25-28 September, 2001.

22) 육지와의 거리차원에서 볼 때 육지(upland), 연안(foreshore), 해안(offshore)으로 조수(tidal waters)에 따라 구분되는 지역을 의미한다.

〈표 7-3〉 해양지적의 객체(등록사항)

객체 정형	등록 객체	등록 사항
표시사항	해양필지 위치	행정구역에 부합하는 해번 또는 좌표
	해양필지 면적	해당 해양필지를 km^2 또는 ha로 표기
	해양필지 해목	해양의 이용목적에 따라 분류된 (복수)해목
	해양필지 해번	해당 해양필지에 부여된 번호
	해양필지 경계	해양필지별로 경계점 간을 직선으로 연결한 선
	해양이동 사유	해양의 표시를 새로 정하거나 변경 또는 말소되는 것을 표기
	해저광구 표시	북위와 동경의 교차점 좌표를 차례로 직선 연결하여 둘러싼 구역 표기
	등록·수면구역	4개의 경계점을 순차로 연결한 선에 의하여 둘러싸인 수면 표기
권리현황	접수 면허등록번호	면허번호 및 해당 권리의 등록번호
	권리자 및 공유자	해당 권리자 및 공유자의 성명 또는 단체명, 주소
	권리의 지분	권리에 대한 지분이 있는 경우 지분 및 등록 연월일
	등록원인과 일자	해양이동 및 권리의 변동에 따른 등록 원인 및 일자
	등록의 목적	해양권리의 등록내용 또는 종류
	권리연장 허가기간	해당 기관이 면허유효기간의 연장을 허가한 경우 연장기간
	광종명 및 존속기간	한 국가의 권리가 미치는 해역 및 대륙붕에 존재하는 광물과 탐사권 및 채취권의 존속기간
	이전·분할·변경	농림수산식품부령으로 정하는 바에 따라 시장, 군수, 구청장의 인가를 받아 권리의 이전, 분할, 변경이 이루어지는 경우 이를 기재
가치현황	이용 시기	해당 어장의 어업시기
	포획, 채취, 양식종류	어업의 포획 및 채취물 또는 양식물의 종류
	포획, 채취, 양식방법	어업의 포획, 채취 또는 양식방법에 규정된 어구
	시설규모 및 양	어장 내에 설치된 시설의 규모
	어선 및 어구	어업에 관련된 선박 및 수산물의 포획, 채취에 사용되는 도구
	(어장)시설기준	어장의 수심, 어장구역의 한계, 어장 간의 거리 등
규제현황	공익상 규제	군사, 어항, 개항, 특정지역, 공원, 항로, 기타, 관계 법령 유무
	관리규약	어업면허의관리등에관한규칙 제42조에 따라 승인번호 및 일자
	관리선 사용	지정받은 관리선 및 승인받은 관리선의 등록번호, 톤수, 마력
	행사 계약관리	행사자의 대표자 및 수·행사자의 신분, 행사계약기간, 행사료
	행사자의 선정방법	어업면허의 관리 등에 관한 규칙 제42조에 따른 행사자 선정방법
	수산법규 위반사항	위반사항, 경고일, 시정일
	작업계획 및 활동	어업활동에 준수해야 할 작업계획 및 활동
	참여자 자격·인원수	입어자의 자격과 어업권원부에 등록된 인원 수

객체 정형	등록 객체	등록 사항
기타사항	고유번호	농림수산식품장관 또는 시장, 군수, 구청장이 부여한 면허번호
	어장청소현황	어장 청소기간, 방법, 수거 예정일
	수산종묘살포현황	종묘 살포기간, 장소, 종류, 수량
	이동 및 고유명칭	이동명칭 및 어장에 인접한 특정 물체의 고유 명칭
	축척	어장필지도의 작성에 적용된 축척
	등록부 책 수, 면 수	해양등록부의 책 수와 지면 수

(3) 해양지적의 형식

해양은 토지의 연장선상으로 가치의 중요성이 증대되고 있고 이해관계로 인한 분쟁의 소지가 상시 존재하는 공간으로 볼 수 있다. 기존의 토지 관리에 편중된 제도적 틀이 해양이라는 공간으로 이동하고 있어 해양활동에서 파생되는 권리의 보호 및 경계의 설정, 경제적·사회적·문화적 편익, 운영체계의 정립 등 해양관리를 위한 노력이 연안국을 중심으로 활발히 이루어지고 있다.

해양에서 발생하는 각종 권리는 토지에서 발생하는 권리만큼이나 중요해지고 있고, 이로 인한 경제적 편익은 국내외로 규모화되어 가는 추세라 할 수 있다. 각종 권리는 공적장부에 등록될 때 비로소 형식을 갖추게 되어 권리의 보호뿐만 아니라 권리에 따른 제한 및 책임이 부여된다고 볼 수 있다. 외국의 경우 권리를 보호하기 위하여 공적장부에 등록하고 이를 운영하는 제도적 틀을 정착하기 위하여 노력하고 있다. 특히 해양에 관련된 도면을 필지단위로 구획하여 해양지적도 또는 해양필지도로 관리하고 있는 사례가 발생하고 있다.

해양을 관리하는 공적장부는 각 국가의 환경 및 제도에 따라 다른 형식을 보이고 있고, 한 국가의 지역에 따라서도 형식이 달리 나타난다고 볼 수 있다. 대체로 해양등록부는 해양의 활동에서 파생되는 각종 권리 및 권익, 임대차거래 및 과세 그리고 해양 정보를 위한 기초 자료로서 이용하기 위해 바다를 조사·측량하여 구획된 단위 해양을 등록해서 비치하는 공적인 장부를 의미한다. 이러한 해양등록부는 법에 의하여 그 형식과 규격이 제도화되고 항상 일정한 장소에 비치·보관하는 것이 일반적이라 할 수 있다.

해양관리를 위한 공부의 유형은 한 국가의 환경 및 제도에 따라 대장 및 등기부와 권원등록부로 구분[23]할 수 있고 공통적으로는 해양필지도가 해당된다. 즉, 해양등록부의 유형은 해양에 관련된 물리적인 현황을 중심으로 등록·관리하는 해양등록대장, 해양의 각종

23) 이러한 구분은 해당 국가의 제도가 지적제도 중심이냐 아니면 등기제도 중심이냐에 따라 달라지고, 또한 지적과 등기제도가 일원적이냐에 따라 공부의 종류가 다른 것으로 판단된다.

권리를 등록하는 권리원부, 해양의 권리 원인, 즉 어떤 행위를 정당화하는 법률상의 원인을 등록하는 권원등록부, 물리적인 위치 및 넓이 중심의 가시적인 해양필지도 등이 있다.

(4) 해양지적관련 법제

해양관리에 관련된 법제는 대체로 국토관리, 경계관리, 수역관리, 자원관리, 환경관리 등으로 분류할 수 있다.[24] 이러한 해양관리에 관련된 법제를 중심으로 해양등록부와 밀접한 관련 법제를 검토하고자 한다.

〈표 7-4〉 해양지적 형식(공부)

<table>
<tr><td rowspan="2">대장</td><td colspan="2">어업권관리대장</td><td>어업권에 관련된 표시 및 권리사항 등을 등록하는 공부</td></tr>
<tr><td colspan="2">어장관리대장</td><td>어장에 관련된 물리적 현황, 제 권리관계를 등록하는 공부</td></tr>
<tr><td rowspan="6">등기부</td><td rowspan="4">어업권원부</td><td>어업권등록부</td><td>어업활동에서 파생되는 권리(어업권)를 등록하는 공부</td></tr>
<tr><td>어업권공유자명부</td><td>어업권을 2인 이상이 공유하는 경우 그 지분관계를 등록한 공부</td></tr>
<tr><td>입어등록부</td><td>입어에 관한 사항을 등록한 공부</td></tr>
<tr><td>신탁등록부</td><td>타인에게 어업권의 관리 또는 처분을 맡기는 신탁에 관한 사항을 등록한 공부</td></tr>
<tr><td colspan="2">해저광업원부</td><td>일정한 해저구역에서 해저광물을 탐사·채취 및 취득하는 권리를 등록하는 공부</td></tr>
<tr><td colspan="2">해저조광권부</td><td>설정행위에 의하여 국가 소유인 해저광구에서 해저광물을 탐사·채취 및 취득하는 권리를 등록하는 공부</td></tr>
<tr><td>권원등록부</td><td colspan="2">해양권원등록부</td><td>해양 행위를 정당화하는 법률상의 원인을 등록하는 공부</td></tr>
<tr><td>도면</td><td colspan="2">해양필지도</td><td>해양에 대한 물권이 미치는 범위를 나타내는 경계를 선의 연결로 표시하는 공부</td></tr>
</table>

해양관리차원에서 국토관리에 관련된 법제는 영해 및 접속수역법, 배타적 경제수역법, 해양수산발전기본법, 해양과학조사법, 국토기본법, 국토의 계획 및 이용에 관한 법률, 어업 등에 대한 주권적 권리의 행사에 관한 법률 등이 대표적인 것으로 볼 수 있다. 이러한 법제는 해양을 국토의 연장으로 보고 관할구역 중심의 관리를 규정하고 있다. 해상경계에

24) 해양관련 법제의 분류는 접근하는 사람에 따라 다르게 나타날 수 있다. 즉, 해상경계를 중심으로 접근하는 경우에는 국토의 이용 및 관할에 관련된 법제, 지방자치단체의 경계에 관한 법제, 어업관련 해상관할 및 이용에 관한 법제, 연안 및 영해에서의 해상관할 및 이용에 관한 법제, 기타 자원 이용 및 환경관리에 관한 법제 등으로 분류하고 있다. 따라서 해양에 관련된 법제의 접근은 어떤 대상을 연구에 두고 접근하는가에 따라 약간의 차이를 보일 수 있다(김영학, "지적제도 도입에 관한 연구", 지적연구원, 2006, pp.66-68).

관련된 법제는 공간정보의 구축 및 관리에 관한 법률, 지도 도식규칙, 지방자치법 등이 대표적인 것으로 볼 수 있다. 이러한 법제의 골자는 바닷가 지방자치단체의 관할구역에 속하는가 여부, 해상경계에 관한 법제가 존재하는가, 해상경계에 관한 구체적인 범위를 규정하고 있는 법률이 존재하는가의 관점에서 검토되고 접근하고 있다.

자원관리에 관련된 법제는 어장관리법, 광업법, 해저광물자원법, 영염관리법, 어업자원보호법, 기르는 어업육성법, 수상레저안전법, 수산자원보호령, 골재채취법, 어업면허의 관리 등에 관한 규칙 등이 대표적인 것으로 볼 수 있다. 이러한 법제는 해양자원의 관리를 수단 중심으로 규정하고 있으나 개별 법적으로 운영되고 관리방식을 제공하고 있어 통일성 및 일관적인 해양자원관리가 어려운 실정이다.

수역관리에 관한 법제로는 연안관리법, 공유수면매립법, 수산업협동조합법, 항만법, 어항법, 하천법, 낚시어선법, 항로표지법 등이 대표적인 법제로 볼 수 있다. 이러한 법제에서는 바다를 구역, 수역 또는 해역으로 지정하여 자원의 이용·관리, 환경관리 또는 관할에 관한 내용을 규정하고 있다. 즉, 구역, 수역 또는 해역은 경계의 선에 개념보다는 권리에 대한 넓이차원에서 접근하고 있어 상대적으로 경계보다는 권리에 초점을 두고 있다.

환경관리에 관련된 법제는 자연환경보전법, 수질환경보전법, 폐기물관리법, 해양오염방지법, 자연공원법, 관광기본법, 관광진흥법, 도서개발촉진법, 전원개발에 관한 특별법 등이 대표적인 법제로 볼 수 있다. 이러한 법제는 해양환경의 이용·보전·관리에 관련된 것으로 해양자연생태계, 자연경관, 문화경관, 지형보존, 위치 및 이용 등을 규제하고 있으나 관리주체 및 객체에 대한 모호함과 다양한 개별 법령에 의한 규정으로 인한 체계적인 관리가 어렵다는 것이다.

이상의 해양관리관련 법제 중 현 해양등록부와 밀접한 법규로는 어업등록령, 어업면허의 관리 등에 관한 규칙, 해저광물원개발법, 어장관리법시행규칙, 부동산등기법, 공간정보의 구축 및 관리에 관한 법률, 지도 도식규칙 등이 있으며, 해양등록부의 하나로 볼 수 있는 어업권원부, 어업권관리대장, 어장관리대장, 해저광업원부, 어장기본도, 해도 등에 관하여 근거 규정을 두고 있다.

〈표 7-5〉 해양지적관련 법제

영 역	주요 법규			쟁 점
국토관리	· 영해 및 접속수역법 · 국토기본법 · 해양수산발전기본법 · 어업 등에 대한 주권적 권리의 행사에 관한 법률	· 배타적 경제수역법 · 국토의 계획 및 이용에 관한 법률 · 해양과학조사법		국토 중심
경계관리	· 공간정보의 구축 및 관리 등에 관한 법률 · 지도 도식규칙	· 지방자치법		경계 중심
수역관리	· 연안관리법 · 수산업협동조합법 · 해사안전법 · 항만법 · 하천법	· 공유수면관리 및 매립에 관한 법률 · 수산업법 · 수로업무법 · 어촌·어항법 · 낚시어선업법	· 항로표지법	넓이 중심
자원관리	· 어장관리법 · 해저광물자원개발법 · 어업자원보호법 · 수상레저안전법 · 골재채취법	· 광업법 · 염관리법 · 기르는 어업육성법 · 수산자원보호령 · 어업면허의 관리 등에 관한 규칙		권익 중심
환경관리	· 자연환경보전법 · 폐기물관리법 · 자연공원법 · 도서개발촉진법	· 수질 및 수생태계보전에 관한 법률 · 관광기본법/관광진흥법 · 전원개발에 관한 특별법		보전 중심

5) 외국의 해양지적제도

(1) 외국 해양지적제도의 비교

해양지적제도의 비교는 객관적이면서도 합리적인 비교가 이루어질 수 있어야 한다. 즉, 해양지적이 추구하는 목표를 충실히 대변하고 목표를 실현하는 수단을 어떻게 적용하고 있는지 설명할 수 있어야 한다. 해양지적의 최고 목적은 해양활동에서 파생되는 가치·이용·권리의 한계를 밝히고 이를 체계적으로 관리하는 것에 있으며, 이를 실현하기 위한 수단으로는 법적·행정적·기술적 지원에 기반을 둔 세부적인 운영체계라 할 수 있다.

다양한 사회적·문화적·경제적·정치적 환경에서 해양지적제도가 운영되고 있기 때문에 모든 국가가 동일한 기준으로 비교하는 것은 오히려 사실을 왜곡할 수 있는 가능성을 내포하게 된다는 것이다. 비록 완전한 수평적 비교가 아니더라도 유사한 형태로 가장 근접된 비교가 결과를 얻는데 더 큰 효과를 발휘할 수 있다고 판단된다. 또한 해양지적은 어느 정도 바다와 접하고 있는가에 따라 제도의 발달정도도 다를 것으로 판단된다. 즉, 바다로 둘러싸인 국가와 일면만 바다와 접하고 있는 국가 간에는 접근방식 및 관심의 정도에서 차이가 발생할 수 있어 해양지적의 발달 정도가 상이한 것은 당연한 것으로 받아들여야 할 것이다.

해양지적제도 비교의 궁극적인 목적은 어느 국가가 어느 분야에서 효율적으로 운영하고, 상대적으로는 어느 분야가 비효율적으로 운영되는지를 분석하여 바람직하고 합리적인 방향을 모색하는데 있다할 것이다. 국가에 따라서는 관련 법제도가 체계적으로 잘 정비되어 있어 권리보호에 강점을 보이는 반면 기술적 지원이 열악한 경우는 정보의 신속한 서비스 제공 및 권리한계의 범위차원에서 문제를 노출시킬 수 있다는 것이다. 결국 비교할 국가를 선정하기 위해서는 최대한 객관성을 확보할 수 있고 연구수행을 위한 자료수집의 접근이 양호해야하며, 해양지적제도가 해당 국가 내에서 제도로서 정착이 되어 있는 국가를 선정해야할 것으로 본다. 이러한 맥락에서 해양지적을 채택하고 있는 국가들 중 연구진행을 용이하게 할 수 있는 미국, 캐나다, 호주, 인도네시아를 비교대상 국가로 선정해볼 수 있다.

한 국가의 해양지적제도를 이해한다는 것은 그 국가의 기본적인 해양에 대한 이해와 사고가 있을 때 가능할 것으로 본다. 기존 해외 해양지적 연구사례에서도 각 국가의 지리적·역사적 내용 및 정치·행정적 구조를 간략히 검토하고 있다. 이는 각 국가가 안고 있는 해양환경에 따라 제도의 모습은 다르게 나타나고 제도 운영의 틀도 다양성을 보일 수 있기 때문이라 할 수 있다.

이러한 맥락에서 해양지적제도 비교영역은 권리·제한·책임에 관련된 쟁점, 공식·비공식 제도에 관련된 쟁점, 공간자료구조에 관련된 쟁점 등을 검토할 수 있는 방향으로 설정되어야 할 것으로 본다. 따라서 제도운영의 법적 근거가 될 수 있는 법적 영역, 제도운영의 실체로 볼 수 있는 제도적 영역, 제도운영의 지원수단이 될 수 있는 기술적 영역으로 구분해볼 수 있다.

〈표 7-6〉 해양지적제도 비교영역 및 요인

영 역	비교 요인	비교 요인의 주 내용
법적 영역	관련 법규	해양관리에 근거가 되는 법령(국제법·국내법)의 현황
	권리 형태	해양활동에서 파생되는 권리의 종류(3R 중심)
	등록 관리	각종 권리를 등록하는 공부의 존재
제도적 영역	해양 정책	해양관리를 위한 국가차원의 미래지향적 바람직한 방향
	관련 조직	해양지적을 담당하는 관련 주체
	해상 경계	해상경계의 종류 및 기준의 설정
기술적 영역	측량 방식	해양을 측량하는 방법 중 적용되는 방법
	SDI	해양자료 관리를 위한 시스템의 형태
	도면	해양을 관리하는 도면의 유형 및 형태

자료 : 김영학 b, 2006 : 152.

첫째, 법적 영역의 비교 요인이다. 법적 영역은 해양지적이 존재할 수 있게 하는 근거 법이 존재하고 어떤 종류의 관련법이 있는가? 지적의 요체라 할 수 있는 3R로 권리·제한·책임에 대하여 어떻게 접근하고 있는가? 해양활동에서 파생되는 각종 권리를 등록하는 공부가 존재하는가? 등을 검토하여 비교하게 된다.

둘째, 제도적 영역의 비교 요인이다. 제도적 영역은 공식·비공식적 운영체계로 해양지적의 엔진과도 같은 것으로 볼 수 있다. 즉, 국가차원의 해양관리에 대하여 미래지향적이고 바람직한 방향을 모색하는 정책이 존재하는가? 해양지적을 담당하는 관련 주체들은 어떠한 것이 있는가? 해상의 관할권과 관련된 해상경계의 종류를 어떻게 설정하고 그 기준은 무엇인가? 등을 검토하여 비교하게 된다.

셋째, 기술적 영역의 비교 요인이다. 기술적 영역은 해양자료의 수집 및 관리에 관련된 쟁점을 해소하는 수단에 관련된다. 즉, 토지와는 달리 해양을 측량하는 방식은 다양할 수 있기 때문에 어떠한 방식을 적용하고 있는가? 수집된 자료를 관리하는 시스템의 형태는 무엇인가? 해양을 관리하는 도면의 유형 및 형태는 어떻게 이루어지고 있는가? 등을 검토하여 비교하게 된다.

(2) 미국의 해양지적제도

① 제도 운영

미국의 해양지적의 정책은 해양경계실무단의 업무 중심으로 장기전략, 해상경계에 관한 교육 및 훈련, 해상경계 데이터베이스 및 웹 포탈 구축, 데이터 표준, 해상경계 유지 및 개발을 위한 관리적 지원 및 재원, 특정경계의 원안(protocol) 검토, 법적·강제적 디지털 경계구축과정 설계 등이 정책대상으로 되어 있다.[25] 해양지적관련 조직으로는 국립해양대기청(NOAA: National Oceanic and Atmospheric Administration), 연방지리데이터위원회(FGDC: Federal Geographic Data Committee), 해양경계실무단(Marine Boundary Working Group) 등이 있으며, 이외에도 주정부 또는 간접적인 조직은 상당히 많이 존재하고 있다. 미국의 해상경계는 유엔해양법협약을 기본으로 수용하고 있으며, 연방과 주(州)의 해상경계 기준은 평균최저저조선(Mean Lower Low Water)이며, 이를 기준으로 바다 쪽으로 3해리(또는 9해리)까지가 주(州)의 관할수역이며, 12해리를 영해로 설정하고 있다. 접속수역과 배타적 경제수역은 각각 MLLW에서 24해리, 200해리로 설정하고 있으며, 특히 주(州) 관할수역(3해리) 이후는 연방관할수역으로 관할하고 있다.

---

25) http://www.csc.noaa.gov/mbwg/htm/outreach/standard_presentation.ppt.

② 법적 기반

미국의 해양지적관련 법령은 국제·연방·주정부에 의하여 규제를 받기 때문에 상당히 많은 법령이 관련되어 있으나 중요한 몇 가지를 정리하고자 한다. 즉, 유엔해양법협약(United Nations Convention on the Law of the Sea), 해저토지법(Submerged Lands Act), 대륙붕토지법(Outer Continental Shelf Lands Act), 해안지역관리법(Coastal Zone Management Act), 해양동물보호법(Marine Mammal Protection Act), 국립환경정책법(National Environmental Policy Act) 등이 주요 법령으로 정리될 수 있다. 등록관리 및 권리의 유형은 3R 중심의 권리, 제한 및 책임 등의 중심으로 이루어진다.[26] 즉, 연안에 인접한 개별 주는 해안선으로부터 3해리까지 주의 해상경계를 설정하고 이 지역의 해저 및 해양자원을 관리하고, 주정부의 관할구역 내에서는 관리, 집행, 임대, 개발할 권한을 부여받고 해양의 천연자원을 이용할 권한을 부여받고 있다. 연방정부는 무역, 항해, 방위, 어업 및 국제 업무에 통제권을 보유하게 된다. 한편 임대 해역(lease block)은 광물채굴 임대 목적을 위하여 미국 관할해역 내에 있는 대륙붕을 세부적으로 구획한 해역이다.

〈표 7-7〉 토지와 해양의 권리 쟁점 비교

구 분	토지재산권 기반 관행	해안활동 기반 관행
접 근 (access)	단지 소유자는 권원을 갖는 재산에 접할 권리를 가짐	특별히 제한되지 않는다면 접근은 모든 시민에게 열림
증 명 (permits)	단지 소유자는 재산에 대한 증명을 추구할 수 있음	모든 시민은 침수토지의 전체에 대한 증명을 추구할 수 있음
이 전 (conveyance)	재산에 대한 모든 권리의 이전은 권원 이전과 동시에 소유자에게 부여됨	권리의 이전은 시간이 한정되고 권리를 행사하기 위하여 주정부에 로열티 혹은 임료를 지불하며, 같은 지형에 다른 권리는 반드시 배타적이지 모함

③ 기술지원

공간자료구조(Spatial Data Infrastructure)는 가시적인 부동산권리, 규제, 법 그리고 관리영역에 대한 자격이 완성되면 정책결정자에게 갈등 이해, 연방과 주정부의 정책 불일치 조정, 일반인에게 경계의 한계를 정당화 또는 교육, 매우 복잡한 데이터를 일반적 조직

26) Cindy Fowler, and Efic, Treml, Building a Marine Cadastral Information System for The United States-A Case Study, International Journal on Computers, Environment & Urban Systems 25. 2001, pp.493-507.

구조로 제공하는데 지원을 하게 된다. 해양환경 하에서도 이러한 가정을 검증하기 위하여 해양지적정보시스템(MCIS : Marine Cadastral Information System)을 미국 남동부에서 개발하였고 이 프로젝트를 해양계획정보시스템(OPIS: Ocean Planning Information System)이라 명명하고 있다.

OPIS에서 지원하는 공간자료 파일은 준설물질의 투기지역, 인공암초(artificial reefs), 모래자원, 카운티에 의한 해변 자양물(nourishment) 프로젝트, 국립해양보호구역(national marine sanctuaries), 국가어귀프로그램단지(national estuary program sites), 부표자료(data buoys), 해안선, 수심측량자료(bathymetry), 주요 수로(waterway), 대륙붕 임대지역 등이 있다.[27] 해양지도 및 지적도를 작성하기 위한 측량방식은 GNSS측량, 위성영상(satellite image), 항공사진(aerial photograph), 라이다(Light Detection and Ranging) 등을 활용하고 있다. 해양지적도는 동일하게 주어진 좌표를 수직과 수평으로 일정하게 나누는 망 형태로 대륙붕의 Grid System이 대표적이며, 일종의 좌표를 결정하기 위한 구조물로 이해할 수 있다.

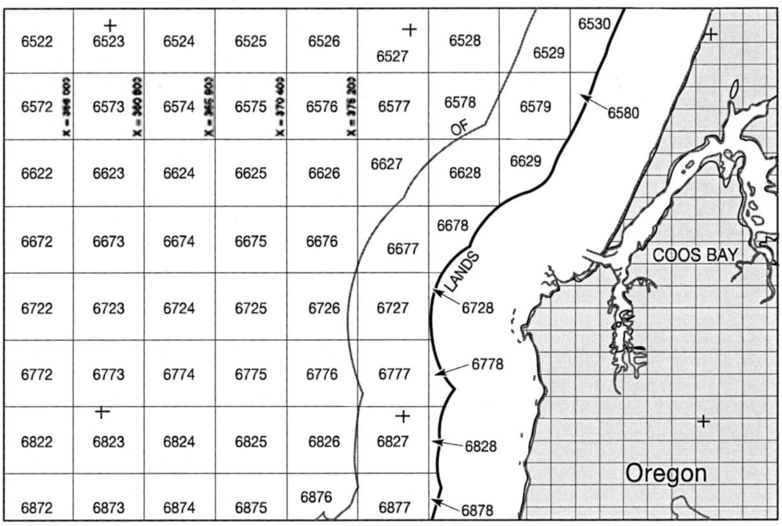

자료 : http://www.nationalcad.org/data/documents/CoastalCad.pdf

[그림 7-13] 대륙붕의 Grid System

27) Cindy Fowler and Efic Treml, Building a Marine Cadastral Information System for The United States-A Case Study, International Journal on Computers, Environment & Urban Systems 25, 2001, pp.493-507.

(3) 캐나다의 해양지적제도

① 제도 운영

캐나다 해양보호지역(Marine Protected Area) 프로그램 정책은 해양법에 근거를 두고 있으며, 지속가능성, 예방적 접근(precautionary approach), 참조(consultation), 통합관리, 적응관리, 생태주의, 지역적 융통성, 참여관리 등의 원리를 포함하고 있다. 해양보호지역 프로그램의 목표는 지역의 생물다양성 유지, 건전한 어업유지, 생산성이 있는 서식지 보호, 토지 주변과 습지(marsh)에 천연 서식지 및 조류생물 증가, 미래세대를 위한 지역 보전, 습지의 지속가능한 이용과 보전 확립 등을 실현하는 것이다.[28] 해양관련 조직으로는 해양수산부(Department of Fisheries and Oceans), 국립조사위원회(National Research Council of Canada), 뉴브른스윅청(New Brunswick Service) 등이 대표적이라 할 수 있다. 해상경계는 유엔환경법협약에 따라 국가의 기준선으로부터 12해리를 영해로 설정하고 24해리를 접속구역으로 설정하고 있다. 배타적 경제수역은 영해의 같은 기준선으로부터 200해리까지 설정하고 있다. 기준선으로 제시된 저수위선(low water line)은 캐나다의 경우 지역에 따라 적용에 한계를 보이고 있다.[29]

② 법적 기반

캐나다의 해양지적관련 법령은 최소한 30여개의 연방정부법이 존재하며, 이들은 직접·간접으로 해양관리 및 규제하고 있다(http://www.marineadministration.org/country data/ca.htm). 즉, 캐나다 해양법(Canada Oceans Act), 캐나다 토지측량법(Canada Lands Surveys Act), 캐나다 오일 및 가스운영법(Canada Oil and Gas Operations Act), 캐나다 석유자원법(Canada Petroleum Resources Act), 캐나다 환경보호법(Canada Environ-mental Protection Act), 캐나다 수산업보호법(Canada Fisheries Protection Act) 등이 주요 관련법령으로 해양활동을 규제하고 있다. 등록관리 및 권리유형은 권익 및 해양보호지역 중심으로 관리되고 있다. 즉, 캐나다는 해양활동에서 파생되는 권익(interests)은 오일 및 가스탐사, 광물탐사, 항해, 조업, 케이블 및 파이프라인, 관광 순으로 중요도를 부여하고 보전, 관리탐사, 채굴 등의 관점에서 해양을 관리하고 있다. 해양법 하의

28) Sam Ng'ang'a, and Susan, Nichols, Using Marine Protected Areas to Visualize the Property Rights Infrastructure of a Canadian Marine Cadastre, FIG XXII International Congress, Washington, D.C. USA, 19-26 April, 2002,

29) S. Nichols, D. Monahan and M. D. Sutherland, "Good Governance of Canada's Offshore and Coastal Zone : Towards and understand-ing of the Maritime Boundary Issues". In Geomatica, Vol. 54, No. 4, 2000. pp. 415-424.

해양보호지역(MPA: Marine Protected Area)[30]은 국내의 바다 또는 경제적 배타수역(EEZ)의 부분으로 형성되는 특별보호구역으로 설계된 바다 지역이라 할 수 있다.[31]

③ 기술 지원

해양지형공간자료구조(Marine Geospatial Data Infrastructure)는 캐나다 지형공간자료구조(Canadian Geospatial Data Infrastructure)의 하부 구성요소이며, 해양지적의 지주(underpinning)로서 개발되었고 이는 호주의 공간자료구조(SDI)와 같은 성격을 갖고 있다고 볼 수 있다. 이러한 체제로 Musquash의 해양보호지역(Marine Protected Area)의 프로젝트는 CARIS Spatial Fusion Software로 설계되었다.[32] 즉, 웹브라우저를 이용한 통합된 속성자료를 사용자에게 이용하게 하는 웹 맵핑기술이라 할 수 있다.

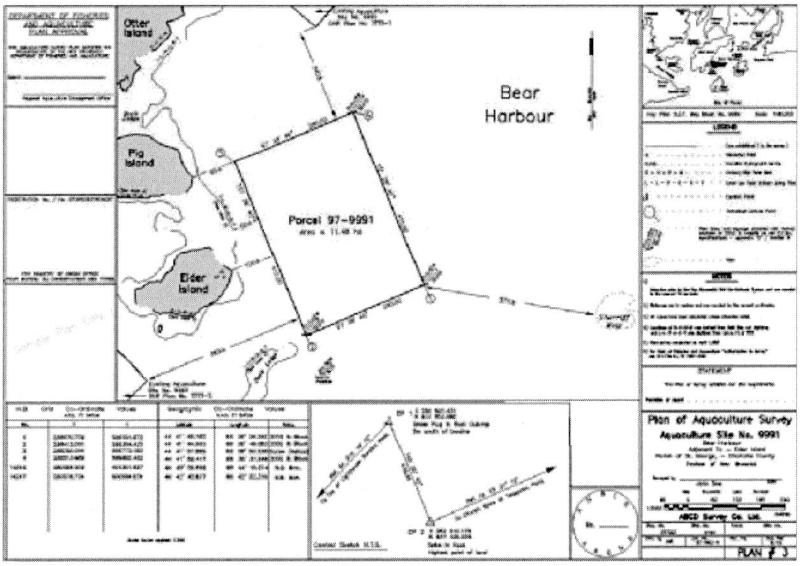

자료 : Stewart & Hartley, 2003.

[그림 7-14] 어장측량계획

30) 해양보호지역 설정의 목적은 환경, 사회·경제적 기준을 제시하고 간접적으로 오일 및 가스개발, 전통적 조업권, 원주민 권리(aboriginal right), 해안부동산 권리, 공공 항해·레크레이션, 접근권 등에 영향을 주고 있다.

31) Sam Ng'ang'a, and Susan, Nichols, Using Marine Protected Areas to Visualize the Property Rights Infrastructure of a Canadian Marine Cadastre, FIG XXII International Congress, Washington, D.C. USA, 19-26 April, 2002, p.3/13.

32) Sam Ng'ang'a, Michael Sutherland, Susan Nichols, "Determining User Need for a Marine Cadastre", Published in the proceedings of the Canadian Hydrographic Conference, Toronto, May 2002.

해양지도 및 지적도를 작성하기 위한 측량방식은 GNSS측량, 위성영상(satellite image), 항공사진(aerial photograph), 라이다(Light Detection and Ranging) 등 미국과 차이가 거의 없다고 판단된다. 권익이 발생하는 수역은 육지와 마찬가지로 일필지 측량계획을 수립하고 권리의 보호를 위한 체계적인 접근을 시도하고 있다. 한편 양식산업에 대한 임차 및 양식장 면허를 담당하는 주(provincial)의 부서에서 양식장 측량관련 업무를 담당하고 있으며, 어장측량계획도면이 대표적인 해양지적도라 할 수 있다.

(4) 호주의 해양지적제도

① 제도 운영

호주의 해양지적정책은 천연자원의 관리 및 환경적으로 지속 가능한 목적을 달성하기 위한 비전을 정착시키고 해양환경과 관련된 권리의 제한 및 책임의 복잡성을 재인식하는데 있다. 미래해양지적의 요구사항(needs)은 향상된 항해능력, 해안가치의 포고(Declaration), 일부 수산업의 방목화(ranching), 격렬한 해양문화(intensive mariculture), 해상(sea floor)의 다른 부분의 다양한 가치 이해 증진, 향상된 해상(海床)의 구조 등 방향성을 제시하고 있다.[33] 또한 호주연구위원회의(ARC: Australian Research Council)의 해양지적 프로젝트의 기본적인 목적은 해양지적을 저해하는 쟁점 및 문제를 명확히 하고 미래 연구를 위한 방향을 설정하는 것이다. 이를 위해 Queensland와 Victoria를 시범사업지역으로 프로젝트를 수행하였다. 해양지적관련 조직은 연방정부와 주정부에서 관할하고 있으며, 국가해양국(National Oceans Office), 해양과학연구소(Australian Institute of Marine Science), 해양안전국(Australian Maritime Safety Authority), 농·수·산국(Agriculture, Fisheries and Forestry) 등이 해양지적업무를 담당하고 있다. 한편 정부협력기관으로는 ICSM(Intergovernmental Committee on Surveying and Mapping), SIC(Spatial Information Council) 등이 있다.[34] 호주의 해상경계에 관련된 영해기선(territorial sea baseline)은 저수위선(low water mark)으로서 3해리까지는 주가 관할권을 갖고 기선에서 12해리까지 영해로 설정하여 연방정부가 관할하며, 접속수역과 배타적 경제수역, 대륙붕은 유엔해양법협약을 따르고 있다.[35]

33) Ian P. Williamson, Joe Leach and Abbas Rajabifard, Marine Cadastre, Position paper submitted to 7th Meeting of the Permanent Committee on GIS Infrastructure for Asia and the Pacific (PCGIAP), Tsukuba, Japan. 2004.

34) http://www.marineadministration.org/countrydata/au.htm

35) Andrew Binns, Abbas Rajabifard, Phil A. Collier and Ian P. Williamson, Issues in Defining the Concept of a Marine Cadastre for Australia, FIG and University of New Brunswick Meeting on

② 법적 기반

호주의 해양관련 법령은 다양한 형태의 법령이 존재하고 있으나 해양의 권리에 관련된 법령 중심으로 검토하고자 한다. 즉, 바다 및 해저토지법(Sea and Submerged Lands Act), 항구위원회법(Harbours Board Act), 석유법(Petroleum Act), 해수법(Coastal Water Act), 그레잇 배리어리프 해양공원법(Great Barrier Reef Marine Park Act), 바다 범죄법(Crimes at Sea Act) 등이 관련되어 해양활동을 규제하고 있다. 등록관리 및 권리형태는 권원(title) 등록부를 표준적으로 제시하여 각종 권리를 관리 및 보호하고 있다.[36] 중요한 해양활동의 관리를 지원하기 위하여 등록부를 이용하고 먼 바다(off-shore)의 오일 및 가스 탐사·추출, 광물채굴, 조업, 양식업 등을 등록 관리하고 있다.

특히 어장관리의 경우 사적 소유권·주 소유권·공유 소유권 등으로 구분하여 권익을 관리하고 있으며 새롭고 효과적인 해양 권원을 관리하기 위하여 표준적인 안을 제시하고 있다. 즉, 재산권 측면, 제3자의 부동산 측면, 권원 측면, 준수 측면(compliance) 등으로 구분하여 구체적으로 내용을 기록할 수 있는 해양권원 기준(standards)을 제시하고 있다.

③ 기술 지원

해양공간자료구조(marine spatial data infrastructure)의 목적은 해양지적자료의 이용과 접근을 용이하게 하고 구체화하기 위한 틀의 개발 필요성을 설명하기 위한 것이라 할 수 있다.

다른 목적은 공간업무시스템으로서 공간자료구조를 이용하는 해양기관 사이에 자료통합 및 변환 측면의 중요성, 상호운영 자료설계를 연구하는 것이라 할 수 있다. 즉, 자료구조 및 통합(Integration)은 표준적인 공간정보시스템에 현재 및 새로이 존재하는 권리, 임차, 차지(tenements)의 통합, 다른 참조시스템, 중첩되는 권리, 다른 기관에 의한 쟁점화된 권리의 갈등 등의 조정(reconciliation), 고유의 2차원 토지기반 정보시스템과 3차원 해양공간자료구조 사이의 기술적 측면의 통일성을 형성하는 것을 의미한다.[37] 해양지도 및 지적도를 작성하기 위한 측량방식은 GNSS측량, 위성영상(satellite image), 항공사진(aerial photograph), 라이다(Light Detection and Ranging) 등 미국과 차이가 거의 없다고 판단된다. 호주는 해양에서 파생되는 권리 중심의 공간자료구조로 관리

Marine Cadastre Issues, University of New Brunswick, Canada, 15-16 September 2004.

36) J. Wallace and I. P. Williamson, "Registration of Marine Interests", International Workshop on Administration the Marine Environment-The Spatial Dimensions, Kuala Lumpur, Malaysia, 4-7 May 2004.

37) http://www.geom.unimelb.edu.au/subjects/451/418/Lectures%202006

하고 어장도면, 광물위치도, 해상공원, 오일 및 가스 등 위치·권리사항 중심의 도면을 작성하고 있다.

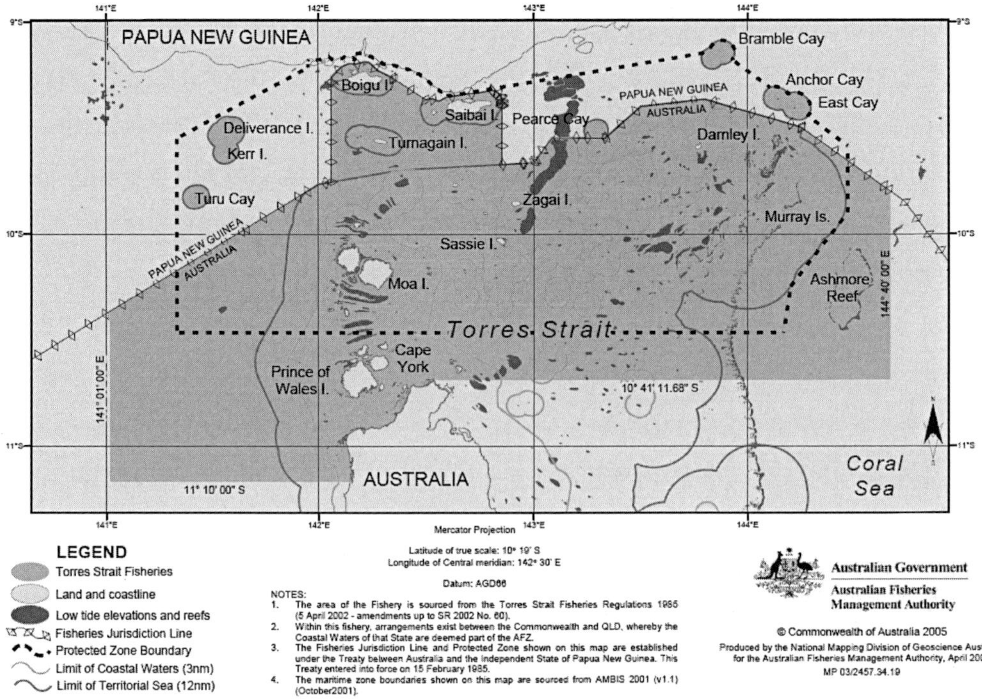

자료 : http://www.pzja.gov.au/resources/maps/tspzf.pdf

[그림 7-15] 어장도면(Area of the Torrens Strait Fisheries)

(5) 인도네시아의 해양지적제도

① 제도 운영

인도네시아는 해양지적이 바다공간개발계획의 법적 안전성을 보증하고 모든 이해당사자의 실제 공적 참여를 유도할 수 있도록 정책적으로 지원하고 있다. 해양 정책 및 토지 정책은 국가정책의 중요한 정책 중 하나로 인식하고 있으며, 해양공간이용정보시스템 관리의 모델에 ABC 자원조사방법을 활용하고 있다. 즉, ABC는 A Biotic-Biotic-Culture로 A Biotic은 바다의 물리적 특성, Biotic은 바다의 생물 및 생태계, Culture는 인적 관습(tradition) 및 활동 등의 관점에서 접근하고 있다.[38] 해양지적관련 조직으로 국립

38) Johanes P., Tamtomo, "The Needs for Buiding Concept and Authorizing Implementation of Marine Cadastre in Indonesia", FIG Regional Conference 2004, Jakarta, Indonesia, 3-7 October, 2004.

토지청(National Land Agency: BPN(Badan Pertanahan Nasional))은 부동산권리에 관한 업무를 담당하고 해양수산부(Ministry of Marine Affairs and Fisheries: DKP)는 해안 및 해양자원을 담당하고 있다. 인도네시아의 해상경계 기준은 저수위해안선(low tide shoreline)이며, 이를 기준으로 영해, 배타적 경제수역, 그리고 대륙붕의 경계를 설정하고 있다. 저수위해안선을 기준으로 적용 이외에는 유엔해양법협약을 따르고 있다. 특히 영해의 면적이 3.1백만 km^2, 배타적 경제수역이 2.7백만 km^2로 설정하고 있다.

② 법적 기반

인도네시아는 해양지적제도가 상대적으로 발달되어 있는 지역이 아니라 관계법령 역시 다른 국가에 비해 빈약한 상태라 할 수 있으며, 4개의 규칙(order)에 의하여 규제를 하고 있다. 즉, 해양법률규칙(Marine legal Order), 해양행정규칙(Marine Administrative Order), 바다이용규칙(Sea Use Order), 해양생태보호규칙(Marine Ecosystems Protection Order) 등이 관련되어 해양활동을 규제하고 있다.[39] 등록관리 및 권리형태는 자국의 해양지적개념을 토대로 나타나고 있다. 즉, 해양지적은 바다 필지에 관련된 법적 활동뿐만 아니라 법적 관련성, 가치·조세부과를 포함하고, 임대차, 책임 및 제한, 권익, 권리에 부속하는 서류, 텍스트와 공간자료, 문자와 등기부에 관련하는 공공정보시스템으로 정의하고 법적 기둥인 3R로서 권리, 제한 및 책임, 기술적 기둥으로 측량, 도면화, 공간자료구조, 제도적 기중으로 공식·비공식적 제도 및 인적자원 등 3개의 기둥에 토대하고 있다. 등록 관리의 대상이 되는 주요 활동으로는 항해, 관광, 조업, 광물탐사 및 채굴, 군사작전 수역, 해양생태보호, 바다 보유권(tenure right), 양식장 등이 활동이자 등록의 대상으로 되어 있다.

③ 기술 지원

인도네시아는 정보기술의 급속한 발전과 높은 유지비용으로 인하여 세일 서비스와 유지를 고려하고 있으며, 정보시스템의 표준화에 관련된 해양지적은 국가공간자료구조(NSDI: National Spatial Data Infrastructure)에 부합되도록 하고 있다. 국가공간자료구조(NSDI)는 다른 제도에 의하여 많은 공간자료를 만들고 있지만, 여전히 일반화된 정보의 문제에 대한 해법과 대안을 찾지 못하고 있는 실정이다. 해양지도 및 지적도를 작성하기 위한 측량방식은 GPS측량을 적용하고 있으며, 아직까지는 다른 방법은 적용하지

39) Johanes P., Tamtomo, "The Needs for Buiding Concept and Authorizing Implementation of Marine Cadastre in Indonesia", FIG Regional Conference 2004, Jakarta, Indonesia, 3-7 October, 2004.

않고 있는 실정이라 판단된다. 인도네시아의 해양지적도는 기술적 Benchmarking 차원에서 외국의 지적도를 검토하고 발전시키려 하고 있다. 한편 해양지적도에 대한 구체적인 자료가 미미하고 이로 인하여 일본의 오키나와 섬의 바다 필지도와 미국의 국립역사공원의 바다 필지도를 검토하고 있으며, 해양지적도는 육지의 수치지적도와 같은 유형으로 향후 개발될 것으로 판단된다.

외국의 해양지적제도를 법적·제도적·기술적 영역의 관점에서 관련법령, 등록관리, 등록대상, 해양 정책, 관련조직, 해상경계, 공간자료구조, 측량방식, 해양도면 등 세부 요인을 설정하여 검토하였다. 즉, 관련법령은 해양지적제도의 효율성, 등록 관리는 해양관리를 위한 체계성, 등록대상은 해양관리를 위한 객체를, 해양 정책은 지속가능한 발전을, 관련조직은 업무 및 의사결정 체제를, 해상경계는 국가 또는 지방자치단체 간 관할권을, 공간자료구조는 해안관리를 위한 정보화를, 해양도면은 해양관리를 위한 형식을 통하여 접근하고자 하였고, 이들을 정리하면 다음과 같다.[40)]

〈표 7-8〉 영역별 비교 분석 요약

<table>
<tr><th colspan="2">구 분</th><th>미 국</th><th>캐나다</th><th>호 주</th><th>인도네시아</th></tr>
<tr><td rowspan="3">법적 영역</td><td>관련법령</td><td>·유엔해양법 협약
·해저토지법
·대륙붕토지법
·해안지역관리법
·해양동물보호법
·국립환경정책법 등</td><td>·유엔해양법 협약
·해양법
·토지측량법
·오일및가스운영법
·석유자원법
·환경보호법 등</td><td>·유엔해양법 협약
·바다 및 해저토지법
·항구위원회법
·석유법
·해수법
·해양공원법 등</td><td>·유엔해양법 협약
·해양법률규칙
·해양행정규칙
·바다이용규칙
·해양생태보호규칙</td></tr>
<tr><td>등록관리</td><td>·3R 중심 관리
·임대해역 관리</td><td>·3R 중심 관리
·해양보호지역(MPA)</td><td>·3R 중심 관리
·해양권원등록부</td><td>·3R 중심 관리
·3개인 기둥 토대</td></tr>
<tr><td>등록대상</td><td>·해양에서 파생되는 각종 권익</td><td>·해양에서 파생되는 각종 권익</td><td>·해양에서 파생되는 각종 권익(권원)</td><td>·해양에서 파생되는 각종 권리(비체계적)</td></tr>
<tr><td rowspan="2">제도적 영역</td><td>해양정책</td><td>·해양경계실무단 업무중심(MBWG)
·해상경계 중심의 분야별 정책</td><td>·해양보호지역프로그램(MPA)
·지속가능한 관리지향</td><td>·천연자원관리
·환경적 지속가능성
·해양지적프로젝트(시범지역프로젝트)</td><td>·해양공간이용정보시스템 관리모델(ABC 자원조사방법)</td></tr>
<tr><td>관련조직</td><td>·국립해양대기청(NOAA)
·연방지리데이터위원회(FGDC)
·해양경계실무단(MBWG)</td><td>·해양수산부(DFO)
·국립조사위원회(NRC)
·뉴 브룬스 윅(NBS)</td><td>·국가해양국(NOO)
·해양과학연구소(AIMC)
·해양안전국(AMSA)
·농수산국
·협력기관(ICSM, SIC)</td><td>·국립토지청(NLA)(BPN)
·해양수산부(MMAF)(DKP)</td></tr>
</table>

40) 김영학 a, "외국의 해양지적제도 비교분석 및 정책방향", 「도시행정학보」, 제19집 제3호, 한국도시행정학회. 2000.

구 분		미 국	캐나다	호 주	인도네시아
	해상경계	·기선 : MLLW ·주관할수역(3해리) ·영해(12해리) ·접속수역(24해리) ·배타적 경제수역 (200해리)	·기선 : LWL ·영해(12해리) ·접속수역(24해리) ·배타적 경제수역 (200해리)	·기선 : LWM ·주관할수역(3해리) ·영해(12해리) ·접속수역(24해리) ·배타적 경제수역 (200해리)	·기선 : LTS ·영해(12해리) ·접속수역(24해리) ·배타적 경제수역 (200해리)
기술적 영역	공간자료 구조	·해양지적정보시스템 (MCIS) ·해양계획정보시스템 (OPIS)	·해양지형공간자료구조(MGDI) ·Musquash MPA	·해양공간자료구조 (MSDI) ·토지와 해양 연계한 SDI(추진계획)	·국가공간자료구조 (NSDI)의 일부로 MSDI 계획
	측량방식	·GNSS ·위성영상 ·항공사진 ·라이다	·GNSS ·위성영상 ·항공사진 ·라이다	·GNSS ·위성영상 ·항공사진 ·라이다	·GNSS 중심 ·기타 고려 중
	해양도면	·대륙붕 Grid System 도면	·어장측량계획도면	·권리중심의 도면(어장/광물위치도 등)	·외국Benchmarking ·토지의 수치지적도 형태 고려 중

자료 : 김영학 b, 2006 : 160.

2 국제 지적제도 동향

1) 지적시스템의 사회적 역할 변화

모든 토지를 일필지 단위로 물리적 현황과 법적권리 관계를 조사·측량하여 지적공부에 등록·관리하는 지적제도에 있어서 실제의 일필지에 대한 현상과 지적공부에 등록된 토지관련 정보가 일치되는 것은 국가의 올바른 지적제도 운영에 있어 필수 요건이며, 국민의 토지소유권 등 권리보호에 아주 밀접한 관련이 있는 것이다. 현행 공간정보구축 및 관리 등에 관한 법률의 제정목적에서 국토의 효율적 관리 및 국민의 소유권 보호라고 규정한 것은 지적이 지니고 있는 공공성과 공익성 및 국민의 재산권과 관련성이 있으며, 이와 관련하여 지적의 효용성을 다하기 위해서는 국가가 지적의 선진화를 위한 정책적 방향 설정과 함께 현행 지적제도의 문제점에 대한 개편을 위하여 지적조사·측량을 통한 지적관리의 정확성을 담보하여야 할 것이다.

따라서 토지제도 및 정책분야에서 가장 핵심적 역할을 수행하고 있는 지적제도는 현재 및 미래 환경에서 국가에게 토지정책을 실행시키는데 있어 가장 중요한 인프라이다. 국제연합 유럽평의회에서는 사회적, 법적, 기술적 프레임워크에서 지적제도는 토지정책 관리자와 행정가들이 반드시 작동해야 하는 기초 수단이라고 적시하고 있다. 따라서 향후 지적제도를 선진화하려면 효과적인 공간정보시장에서 품질 높은 정보를 제공해야 하며 동시에 경제적·사회적·환경적으로 지속적인 개발을 보장할 수 있는 환경보존차원의 토지행정업무에도 부합해야만 한다.[41)]

지적제도는 국가 거버넌스 활동에 가장 핵심적으로 역할을 수행하고 있다. 그러나 현재의 지적시스템은 국토관리 및 계획, 개발을 위해 필요한 품질 높은 지적정보를 사회의 요구 수준에 맞게 제공하지 못하고 있다. 국제적으로 지적제도의 목적은 장기적으로 지속적인 개발과 토지 관리를 지원하고 토지권리의 보호, 효과적인 부동산 시장을 보호하는 환경을 형성하고 지원할 수 있도록 정보통신기술(ICT) 기반의 지적인프라(Cadastral Infrastructure)를 구축하여야 한다.

이에 따라 국제적으로 지적제도는 현재와 같이 지적부문만을 강조하여 독립적으로 활용하기보다는 국가공간데이터인프라(NSDI) 기반에서 필지정보의 분석, 토지와 관련 있는 이해관계정보의 권리사항 등록, 토지 및 부동산의 평가 및 과세정보 그리고 미래에 일어날 수 있는 토지정보 이해관계자 사이의 상호운용성(Interoperability)의 중요성을 고려하는 토지행정시스템으로서 지적의 역할을 확장해나가고 있는 추세이다.[42)]

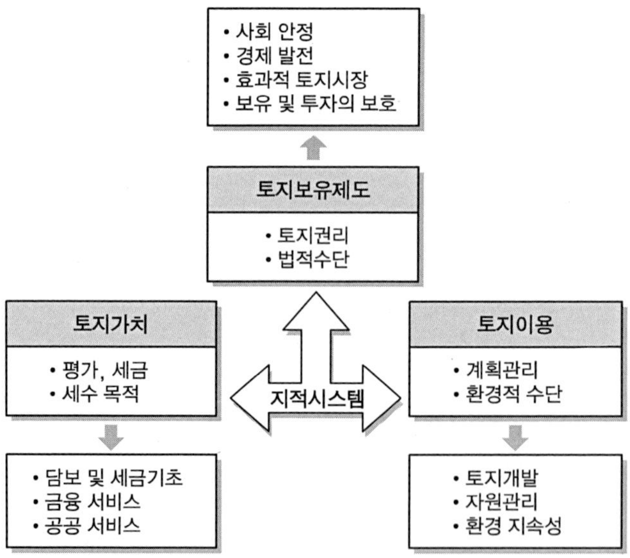

[그림 7-16] 국가를 위한 지적시스템의 역할

41) Ian Williamson, Stig Enemark, Jude Wallac, Abbas Rajabifard, Land Administration for Sustainable Development , ESRI Press, 2010.

42) Stig Enemark, Land Administration and Cadastral Systems in support of Sustainable Land Governance: a global approach, Re-Engineering the Cadastre to Support E-Government, 2009.

2) 토지행정시스템

(1) 토지행정시스템의 개요

① 배경

국가에서 토지를 효율적으로 관리하는 것은 거버넌스, 전자정부 및 지식관리를 추구할 수 있도록 해주며, 신뢰할만한 부동산 시장의 구축뿐만 아니라 식량 및 국가안보를 안정화할 수 있도록 해준다. 오늘날의 지적은 최초로 지적을 설계했던 사람들이 예측했던 것보다 훨씬 더 중요한 역할을 수행하고 있으며, 국가의 지속가능한 개발을 위하여 지적을 중심으로 토지행정 분야로 그 용도를 확장해나가고 있다.

오늘날 지적의 기능은 사람들이 어떠한 방식으로 특정한 토지와 부동산을 연계시키는지를 신뢰할만한 방식으로 설명해주며, 디지털 토지정보시스템(LIS) 내에서 기본적이며 행정적인 공간에 대한 정보를 제공해주는 역할을 하고 있다.

토지와 자원의 가용성에 대한 계획된 대응이 가능할 경우에만 인간의 활동에 따른 사회·경제·환경적 결과들을 국가가 관리할 수 있다. 이러한 경우, 국가들은 세계적인 현안이라 할 수 있는 물 부족, 온난화 및 냉각화, 그리고 토지 및 자원 접근성 문제 등을 해결할 수 있을 것이다. 무엇보다 중요한 것은 인구 성장과 이동, 도시 슬럼가의 확산 그리고 빈곤의 해소 등에 대한 국가의 조절능력을 위해서 무엇보다 토지행정시스템으로 확장이 국제적으로 요구되고 있다.

② 토지행정의 등록범위

토지 소유권은 토지행정이론에서 사용되는 포괄적인 개념으로 사람들이 토지에 관하여 어떻게 접근하고 생각하는지를 설명한다. 비록 소유권은 다양한 유형 또는 분류로 구분되지만, 각 소유권은 차별적인 특성을 가진다. 특정한 소유권의 측면에서 토지로 인정되는 대상은 국가마다, 공동체마다 각기 다르다.

어떤 나라에서는 토지가 단지 지표면을 의미할 수 있으며, 또 어떤 국가에서는 구조물에 대한 소유권이 토지와는 별도로 규정될 수도 있으며, 많은 도시들의 아파트에서처럼 공중 공간에 자리 잡고 있는 입체공간으로 인식될 수도 있다. 또한 집단적으로 이주당한 지역에 거주하고 있는 동아프리카의 마사이족에게는 소떼들을 방목시키는 기회들을 의미하기도 하고, 유럽인들에게는 산림제품으로도 간주될 수도 있으며, 최근에는 광물과 석유 등의 다양한 매장층에 대한 소유권 개념으로 인하여, 전 세계적으로 토지를 '지표면 위와 아래의 모든 것'으로 규정하고 있다.[43)]

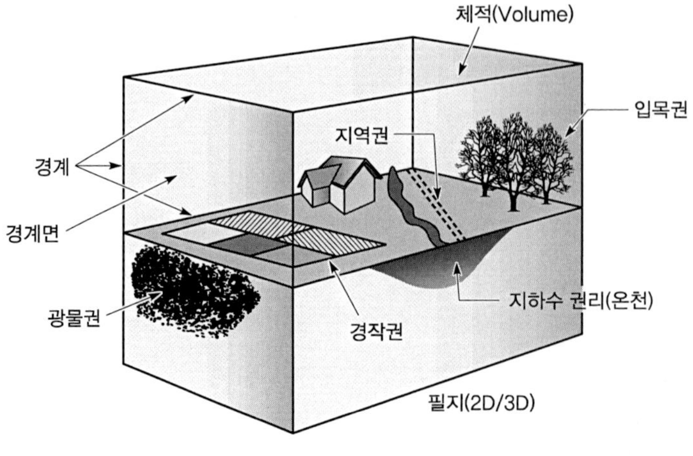

[그림 7-17] 토지행정의 등록 범위

기존의 지적이 소유권과 관계하는 경계의 범주에 머물러 있었다면, 토지행정에서는 필지와 관련하는 상하의 공중 및 지하 공간, 필지 상하에 존재하는 다양한 권리와 제한사항, 책임의 내용들까지도 등록·관리하는데 관심을 갖고 있으며, 이에 대한 정보를 정확하고 안정적이며, 신뢰할만한 수준으로 구축하는데 많은 비용을 투자하고 있다.

(2) 토지행정의 개념

① 토지행정의 국제적 정의

일반적으로 수용되는 국제적 토지행정의 정의는 UNECE(유럽을 위한 국제연합경제기구)가 정의한 "토지행정은 토지관리 정책을 이행할 시에 토지의 소유관계, 가치 및 용도에 관한 정보를 기록 및 전파하는 과정"을 의미하며, 토지행정은 "다양한 주제를 포함한 토지 권리들에 과한 체계를 관리하는 것"이라고도 정의하고 있다.

㉠ 토지권리가 배분되고 인식되는 과정

㉡ 토지필지 간의 경계에 대한 정의 및 한계 결정

㉢ 토지권리, 소유자 및 토지필지에 관한 정보의 기록

㉣ 토지의 매매, 모기지, 리스 및 양도를 포함한 토지 거래를 관리하는 절차

㉤ 토지권리 및 토지경계와 관련한 불확실성에 대한 합의 또는 분쟁에 대한 판결

㉥ 토지용도의 계획, 통제 및 모니터링에 대한 제도 및 절차

㉦ 토지 가치평가 및 과세 절차

43) Peter Dale, John McLaughlin, Land Administration, Oxford University Press, 2010.

② 토지행정의 기능

토지행정의 기능은 크게 4가지로 분류할 수 있는데 토지보유제도, 토지가치, 토지이용 및 토지개발이다. 각각의 고유한 기능적 중점 사항은 서로 다르며, 일반적으로는 전문가들(측량사, 엔지니어, 변호사, 감정사, 경제학자, 계획가 및 개발업자)에 의해 수행되고 있다. 또한 실제 토지이용계획 절차들뿐만 아니라 토지평가와 과세의 실제 절차들은 토지행정활동의 일부로 간주되지 않는다. 그러나 토지행정이 전통적으로 토지 소유권과 토지정보관리 및 측량활동에 중점을 두어왔을지라도, 현대적인 토지행정에서는 4가지 기능으로 통합 분류되고 있다.[44)]

㉠ 토지보유제도 : 토지에 대한 접근의 보장 및 토지 재화의 개발 및 분배, 기록 보증에 관련된 절차 및 제도, 필지경계 설정을 위한 지적도 제작 및 법적 측량조사, 현재 특성에 대한 수정 또는 새로운 특성의 생성, 부동산 양도 또는 판매, 리스 또는 신용보증을 통한 사용, 토지권리·필지경계관련 의혹 및 논쟁 해결

㉡ 토지가치 : 토지 및 부동산 가치평가에 관한 절차 및 제도, 과세를 통한 이익 계산 및 수집, 토지평가 및 과세관련 논쟁 해결

㉢ 토지이용 : 국가, 지역 및 지방 수준의 토지이용계획 정책 및 규제의 채택, 토지이용 규제의 집행, 토지이용관련 갈등 관리

㉣ 토지개발 : 물리적 인프라와 공공시설의 신규 건축에 관한 절차 및 제도, 건설계획의 이행, 토지의 공공에 의한 매입, 몰수, 계획 권한, 건설 및 용도 허가를 통한 토지이용의 변경, 개발비용의 배분

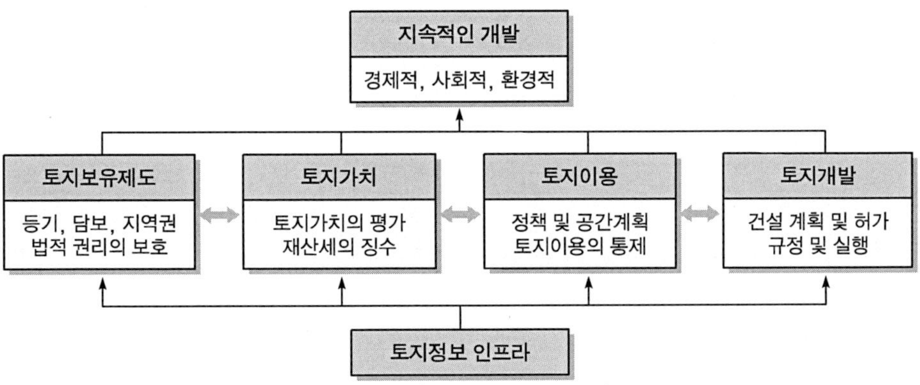

[그림 7-18] 토지행정의 4가지 기능

44) ISO, ISO 19152 Geographic information–Land Administration Domain Model(LADM), 2012.

3) 국제 지적표준

(1) 토지행정도메인모델(Land Administration Domain Model, LADM)

토지관리를 지원하는 지적의 사용에 대한 중요성은 지속적으로 증가하고 있으며, 각 나라의 지적조직은 국가적 차원에서 지적시스템 기반으로 토지권리를 체계적으로 결정할 의무를 가지고 있다. "모든 국가들의 지적시스템은 권리의 갱신(법적인 처리절차)과 등기로서 정보를 제공하는 것을 기반으로 하여 개인과 토지 사이의 관계라는 것으로 유지되고 있고, 토지관리를 지원하는 지적의 사용에 대한 중요성은 지속적으로 증가하고 있다." 국가적 차원에서 지적시스템을 기반으로 토지권리를 체계적으로 결정할 필요가 있으며, 이러한 요구에 부합하는 지적시스템을 만들기 위해서 국제표준기구(ISO)의 토지행정활동에 적합한 토지행정도메인모델을 네덜란드 델프트공대와 ITC의 공동 제안을 통해 2006년 ISO/TC211에 예비착수를 시작했다. 그리고 2008년부터 정식 안건으로 상정한 후, 2012년 11월 최종적으로 ISO 19152라는 제목으로 최종 국제표준으로 공포되었다. 우리나라도 이 국제표준의 중요성을 인지하여 2015년에 KS-X-ISO19152로서 국가표준이 되었다.

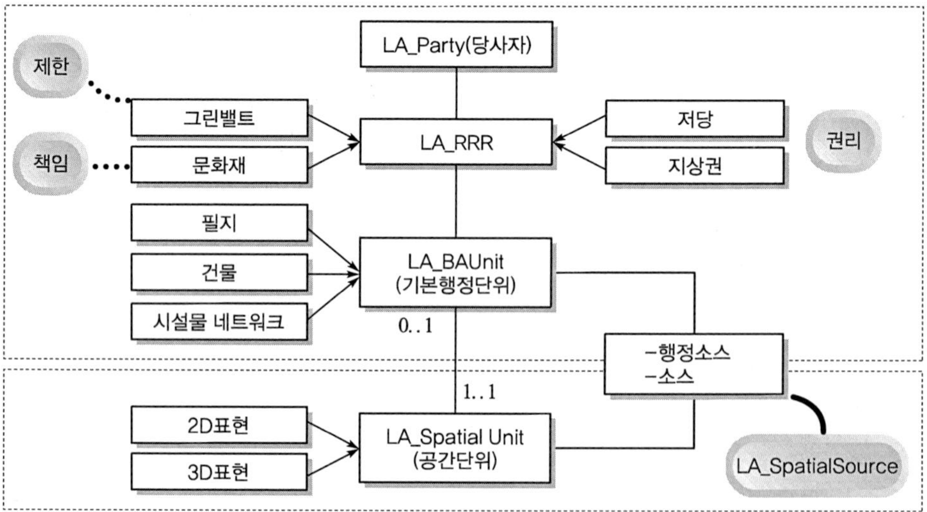

[그림 7-19] LADM의 주요 클래스들과 등록대상 개념

토지행정도메인모델은 개념적 스키마로서 데이터 명세서를 명확하게 제시하고 있는데 토지에 영향을 주는 권리, 책임 및 제한과 이와 관련한 공간요소에 관계하는 정보를 관리하고 제공할 수 있도록 다음과 같은 목적을 설정하고 있다. 첫 번째 목적은 반복적으로 같은 기능을 재투자하거나 재구축하는 것을 회피할 수 있도록 MDA(Model Driven Architecture)

기반의 효율적이고 효과적인 지적시스템의 개발을 위한 확장 가능한 기초를 제공하는데 있다. 두 번째 목적은 지역 또는 국가들이 공유할 수 있도록 국제적인 문맥에서 표준화된 정보서비스를 창조하는 것을 목적으로 한다.

특히 LADM은 FIG의 지적2014의 개념적 틀을 기반으로 하며, ISO 표준을 따르고 있다. 토지행정도메인모델(LADM)은 개념적 스키마를 제공하고 있으며 3개의 패키지와 1개의 종속패키지로 구성하고 있는데, 종속패키지는 클래스들(각각 이름 공간을 갖는다)의 집합이라고 할 수 있다. 이것은 서로 다른 조직에 의해 다른 데이터 셋을 유지·관리할 수 있도록 제공하고 있다. 완벽한 모델이 될 수 있도록 분산된 토지정보시스템에서 정보를 서비스하며, 각각에 대해서 유지·관리에 대한 활동을 지원하고, 토지행정에 관련하여 필요한 모델의 각 요소를 제공해주고 있다.

토지행정도메인모델은 국가, 지방 또는 지역 수준에서 작동하고 있는 하나 또는 여러 개의 유지 조직에 의해서 실행될 수 있는데, 이것은 모델의 관련성을 강조할 수 있도록 하고 기타 관련 조직들은 그들이 보유하고 있는 데이터의 유지와 제공을 위해 자신들에게 적합한 책임을 부여받을 수 있게 된다. 패키지의 주요 구성요소로서는 4가지 클래스로 구분할 수 있다.

㉠ 클래스 LA_PARTY : 이 클래스의 인스턴스는 당사자들(사람들 또는 조직들) 또는 그룹 당사자들(사람들 또는 조직들의 그룹들)

㉡ 클래스 LA_RRR : LA_RRR의 종속 클래스의 인스턴스는 권리, 제한, 책임들이다.

㉢ 클래스 LA_BAUnit : 이 클래스의 인스턴스는 동등한 권리, 제한 또는 책임을 가진 공간단위에 관련한 행정적 정보를 포함한다.

㉣ 클래스 LA_SpatialUnit : 이 클래스의 인스턴스는 공간단위, 필지, 종속필지, 건물 또는 네트워크이다.

토지행정도메인모델은 국가, 지방 또는 지역 수준에서 작동하고 있는 하나 또는 여러 개의 지적 조직에 의해서 실행할 수 있는데, 이것은 모델의 관련성을 강조할 수 있도록 하고 기타 관련 조직들은 그들이 보유하고 있는 데이터 유지와 제공을 위해 자신들에게 적합한 책임을 부여받을 수 있게 된다. 토지행정도메인모델에서 제안하고 있는 핵심 패키지는 Party(당사자), Administrative(행정), Spatial Unit(공간단위), Surveying and Representation(측량 및 표현)이라고 할 수 있다.[45)]

45) ISO, ISO 19152 Geographic information-Land Administration Domain Model(LADM), 2012.

〈표 7-9〉 토지행정도메인모델 핵심 패키지별 속성 명과 내용

패키지 명	속성 명	내 용
Party (당사자)	LA_Party	당사자
	LA_GroupParty	그룹당사자
	LA_PartyMember	당사자 구성원
	LA_PartyType	당사자 유형
	LA_PartyRoleType	당사자 임무 유형
	LA_GroupPartyType	그룹 당사자 유형
Administrative (행정)	LA_RRR	RRR(권리, 책임, 제한)
	LA_BAUnit	BAUnit(기본행정단위)
	LA_Right	권리
	LA_Restriction	제한
	LA_Responsibility	책임
	LA_Mortgage	저당
	LA_AdministrativeSouce	행정소스
	LA_RequiredRelationshipBAUnit	필요한 관계 BAUnit
	LA_AvailabilityStatusType	이용가능성 상태 유형
	LA_BAUnitType	BAUnit 유형
	LA_AdministrativeSourceType	행정소스 유형
	LA_RightType	권리 유형
	LA_ResponsibilityType	책임 유형
	LA_MortgageType	저당 유형
Spatial Unit (공간단위)	LA_SpatialUnit	공간단위
	LA_SpatialUnitGroup	공간단위그룹
	LA_LegalSpaceBuildingUnit	법적 공간 건물단위
	LA_LegalSpaceUtilityNetwork	법적 공간 시설물 네트워크
	LA_Level	레벨(공간단위의 등록수준)
	LA_RequiredRelationshipSpaitalUnit	필요한 관계 공간단위
	LA_AreaValue	면적 값
	LA_VolumeVale	체적 값
	LA_DimensionType	차원 유형(2차원 또는 3차원)
	LA_BuildingUnitType	건물단위 유형
	LA_SurfaceRelationType	표면 관계 유형
	LA_UtilityNetworkStatusType	시설물 네트워크 상태 유형
	LA_RegisterType	등록 유형

패키지 명	속성 명	내 용
	LA_StructureType	구조 유형
	LA_LevelContentType	레벨 항목 유형
	LA_AreaType	면적 유형
	LA_VolumeType	체적 유형
	Surveying and Representation	측량 및 표현 클래스
Surveying and Representation (측량 및 표현)	LA_Point	경계점
	LA_SpatialSource	공간소스
	LA_BoundaryFaceString	경계면 스트링
	LA_BoundaryFace	경계면
	LA_Transformation	변환
	LA_PointType	경계점 유형
	LA_SpatialSourceType	공간소스 유형
	LA_InterpolationType	인터폴레이션(보간법) 유형
	LA_MonumentationType	표지 유형

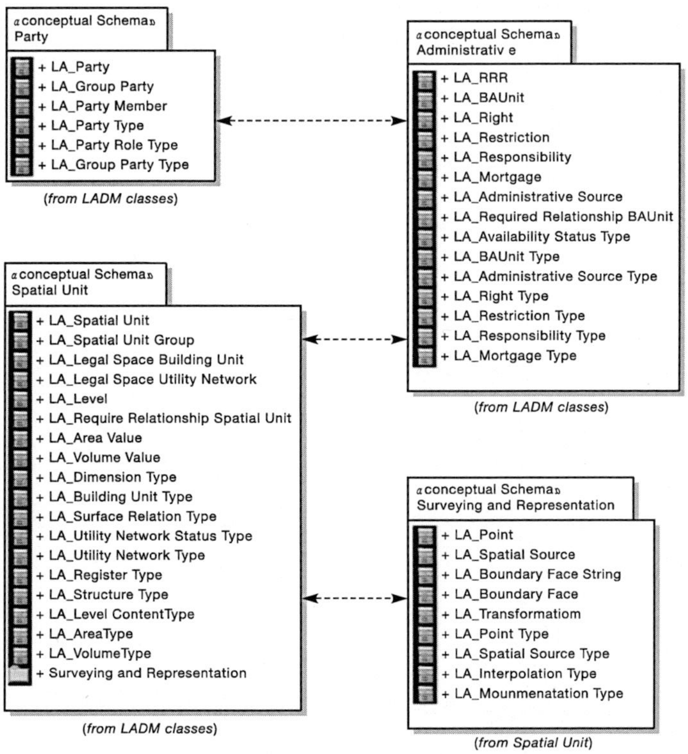

[그림 7-20] 토지행정도메인모델의 주요 클래스

(2) 유럽 인스파이어 필지모델

유럽연합 국가들이 보유하고 있는 지리정보데이터의 교차영역 접근을 위해 ISO 표준 기반의 유럽 메타데이터 프로파일 개발이 진행되고 있다. 유럽연합 INSPIRE에서 제안한 지적필지모델은 2007년부터 생산사양 개발이 시작되어 현재에 이르고 있으며, 최신 버전은 3.1이다.

실제 데이터 교환을 위해 INSPIRE 실행규칙은 화합된(harmonized) 데이터의 상세서와 네트워크 서비스를 보다 자세하게 정의하고 있다. 이것은 INSPIRE의 사용에 대한 데이터 접속 정책과 모니터링 및 보고를 실행한다. 지적필지는 다른 공간정보를 조회하고 연계하는 것처럼 환경 응용을 위한 일반 정보 위치자의 목적으로 제공될 수 있다.[46)]

INSPIRE 훈령은 현재 표준을 '훈령 제7조'에 기술하고 있는데, 국제표준으로 채택된 ISO 19152는 지적필지를 위한 데이터 상세서를 확장할 필요성이 있을 때 작성할 수 있다. INSPIRE 지적필지(CP)와 함께 LADM이 서로 연계됨에 따라 두 가지 모두를 같은 시기에 개발하는 것으로 발표되었다. INSPIRE 워킹그룹 CP(TWG CP)와 LADM 프로젝트팀 사이에 협력작업을 진행하였다. 이것은 LADM과 INSPIRE 사이의 유기적인 관계를 확실하게 하고, 개념의 일치에 따른 긍정적인 결과이다.[47)]

물론 두 가지 모델은 범위와 목표, 응용 분야에 차이점이 있는데 INSPIRE가 환경 사용자에 초점을 맞추고 있는 반면, LADM은 다양한 목적의 특성(법적 안전, 과세, 평가, 계획 등의 지원)을 가지고 여러 응용 분야의 데이터 생산자와 사용자 모두를 지원하고 있다. 또한 LADM은 3D 지적객체(건물단위 또는 시설물 네트워크와 같은)의 소유자와 권리를 위한 화합된 솔루션을 갖고 있지만, INSPIRE는 이러한 것들을 제외하고 있다.

그러나 양측의 유기적인 협력은 INSPIRE와 LADM 모두 유럽국가에서 사용이 가능하다. 부가적으로 일치가 필요한 사항들이 요구된다면 LADM을 이용하여 INSPIRE의 상세 사양을 확장할 수 있다.

LADM과 INSPIRE의 일치성을 '증명'하기 위해서 다음 그림과 같이 LADM을 기반으로 INSPIRE를 어떻게 일치시켜 개발하는지를 보여준다. INSPIRE 항목에는 다음의 네 가지 클래스들이 있다.

㉠ CadastralParcel을 위한 기초로서 LA_SpatialUnit(with LA_Parcel as alias)

㉡ BasicPropertyUnit을 위한 기초로서 LA_BAUnit

46) INSPIRE, INSPIRE Data Specification on Cadastral Parcels-Guidelines, 2009.

47) 국토교통부, 국가공간정보 표준화 연구, 2017.

㉢ CadastralBoundary를 위한 기초로서 LA_BoundaryFaceString

㉣ CadastralZoning을 위한 기초로서 LA_SpatialUnitGroup

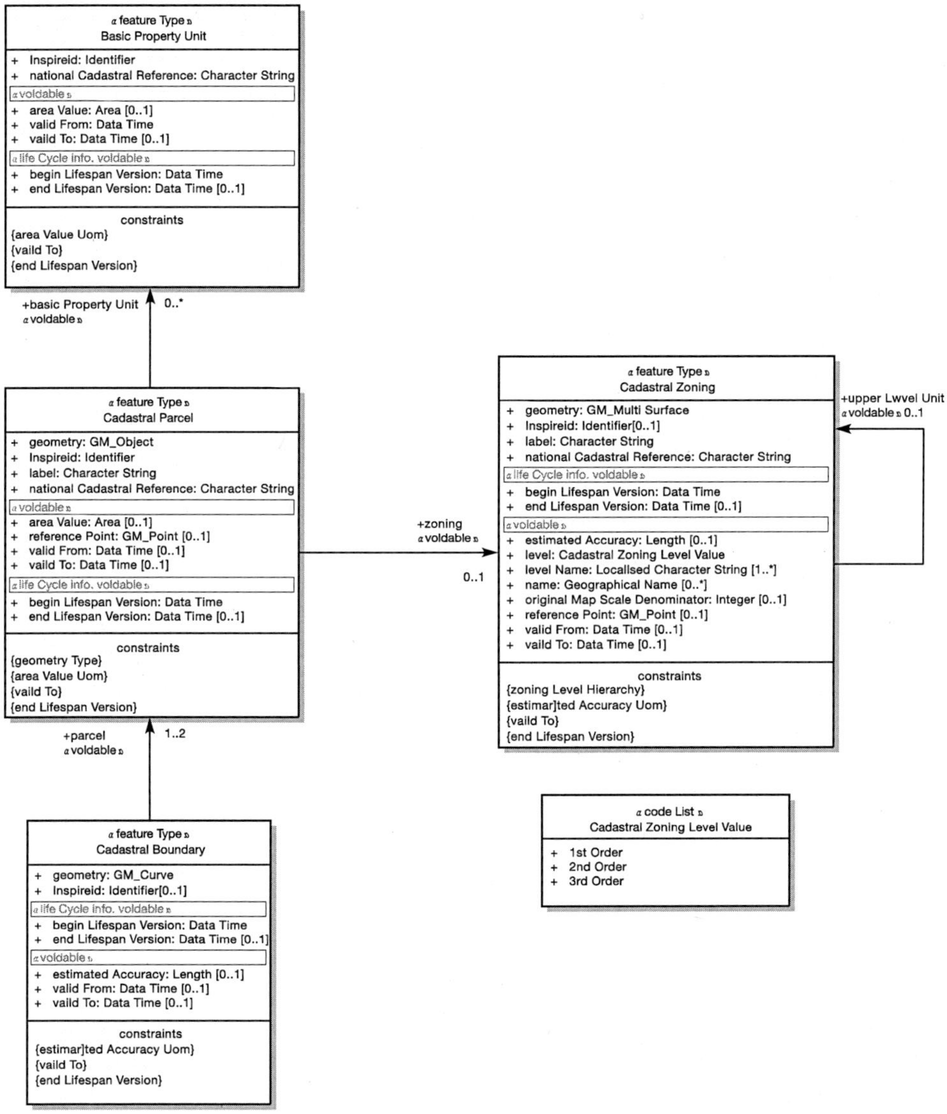

[그림 7-21] 유럽 인스파이어의 지적필지모델

INSPIRE에 의해 상속된 LADM 속성은 (LADM과 비교하여) INSPIRE에 더 많은 특정 데이터 유형 또는 관계 수를 갖고 있으며, 이것은 다이어그램에 포함되어 왔다. 이것은 선택적

LADM 속성 [0..1]의 관계 수로서 INSPIRE에서 발생하지 않으며, national volume과 같이 0 상태에 있도록 할 수 있다. 또한 선택적 LADM 속성 [0..1]이 레이블과 같은 INSPIRE에서 의무적 속성이어야 한다. 더 나아가 INSPIRE 특정 속성은 다른 클래스로 추가할 수 있다. 일반적 INSPIRE CP UML 클래스 다이어그램보다는 보다 함축적으로 보이는데, 다른 LADM 부모(parent) 클래스를 보여주고 다른 속성 유형의 개정을 보여주기 때문이다.

INSPIRE 지적필지가 포함하고 있는 범위는 LADM보다는 더욱 제한적으로 개발되어 있다. 즉, 권리, 제한, 책임이 포함되어있지 않다는 의미이다.

〈표 7-10〉 INSPIRE 지적 필지의 클래스별 내용

클래스 명	속성 명	비 고
BasicPropertyUnit (기본 물권단위)	areaValue	면적 값 유무(0 또는 1)
	inspireID	인스파이어 유일 식별자
	name	이름
	nationalCadastralReference	국가지적 참조
	quality	품질
	source	소스
	validFrom	기본 물권단위 생성일
	validTo	기본 물권단위 중지일
	LA_BAUnit	
	Name	이름
	type	유형
	uID	객체 ID
	versionObject	
	beginLifespanVersion	시작생애기 버전
	endLifespanVersion	종료생애기 버전
	quality	품질
	source	소스
CadastralParcel (지적필지)	area	LA_면적 값(0)
	areaValue	면적 값 유무(0 또는 1)
	dimension	LA_차원 유형
	extAddressID	외부 주소 ID
	geometry	기하
	inspireID	인스파이어 ID
	label	레이블

클래스 명	속성 명	비 고
CadastralParcel (지적필지)	nationalCadastralReference	국가지적 참조
	quality	품질
	source	소스
	surfaceRelation	지표 관계
	validFrom	지적필지 생성일
	validTo	지적필지 중지일
	volume	체적
	LA_SpatialUnit	
	area	면적
	dimension	차원
	extAddressID	외부주소 ID
	label	레이블
	referencePoint	참조점
	suID	고유 식별자
	surfaceRelation	지표 관계
	volume	체적
	versionObject	
	beginLifespanVersion	시작생애기 버전
	endLifespanVersion	종료생애기 버전
	quality	품질
	source	소스
CadastralBoundary (지적경계)	bfsID: Oid	경계 식별자
	estimatedAccuracy: Length	예측된 정확도
	geometry: GM_Curve	기하
	InspireID: Identifier	인스파이어 ID
	locationByText: CharacterString	문자에 의한 위치
	quality: DQ_Element	품질
	source: CI_ResponsibleParty	소스 : 책임 당사자
	validFrom: DateTime	지적경계 생성일
	validTo: DateTime	지적경계 중지일
	::LA_BoudnaryFaceString	
	bfsID: Oid	경계 식별자
	geometry: GM_MultiCurve	기하
	locationByText: CharacterString	문자에 의한 위치

클래스 명	속성 명	비 고
	::VersionedObject	
	beginLifespanVersion: DateTime	생애주기 시작 버전
	endLifespanVesion: DateTime	생애주기 종료 버전
	quality: DQ_Element	품질
	source: CI_ResponsibleParty	소스 : 책임 당사자
CadastralZoning (지적구역)	estimatedAccuracy: Length	예측된 정확성
	geometry: GM_MultiSurface	기하
	InspireID: Identifier	인스파이어 ID
	label: CharacterString	레이블
	level: CadastralZoningLevel Value	수준 : 지적구역 수준 값
	levelName: LocalisedCharacter String	수준 이름
	name: GeographicalName	지리적 이름
	nationalCadastralZoningReference: CharacterString	국가 지적구역 참조
	orginalMapScaleDenominator: Integer	원시 지도축척 분모
	quality: DQ_Element	품질
	source: CI_ResponsibleParty	소스
	validFrom: DateTime	지적구역 생성일
	ValidTo: DateTime	지적구역 중지일
	::LA_SpatialUnitGroup	
	hierachyLevel: Integer	계층적 수준
	label: CharacterString	레이블
	name: CharacterString	이름
	referencePoint: GM_Point	참조점
	sugID: Oid	식별자
	::VersionedObject	
	beginLifespanVersion: DateTime	생애주기 시작 버전
	endLifespanVersion: DateTime	생애주기 종료 버전
	quality: DQ_Element	품질
	source: CI_ReponsibleParty	소스 : 책임 당사자
CadastralZoning LevelValue (지적구역 수준 값)	1stOrder	1순위
	2ndOrder	2순위
	3ndOrder	3순위

유럽연합 INSPIRE 지적모델의 클래스 내용들을 살펴보면 위의 표와 같이 설명할 수 있다. 기본 물권단위에서는 면적 값, INSPIRE ID, 이름, 국가 지적 참조사항, 품질, 소스 유효일자를 보여주고 있으며, LADM으로부터 프로파일한 것으로서는 LA_BAUnit에서 이름과 유형, 식별자가 있다. VersionedObject에서는 생애주기버전 시작일자와 종료일자, 품질, 소스에 대한 책임 당사자 정보를 등록하고 있다.

기본 물권단위와 연결된 지적필지에는 다양한 정보를 등록하고 있는데 면적, 면적 값 여부, 차원, 외부 주소 ID, 기하, INSPIRE ID, 레이블, 국가 지적 참조, 품질, 소스, 지표 관계, 유효일자, 체적에 대한 정보를 담고 있다. 또한 LADM으로부터 프로파일한 정보로는 LA_SpatialUnit으로부터 면적, 차원, 외부 주소 ID, 레이블, 참조점, 식별자, 지표관계, 체적에 대한 정보들을 담고 있으며, VersionedObject로부터 생애주기 시작과 종료일자, 품질, 소스에 대한 책임 당사자 정보를 담고 있다.

지적필지와 연결된 지적구역(Cadastral Zoning)에는 예측된 정확성, 기하, 인스파이어 ID, 레이블, 지적구역 수준 값, 수준 이름, 지역 이름, 국가지역 구역 참조, 원시 지도축척분모, 품질, 소스, 유효일자를 등록하고 있으며, LADM 프로파일로부터 LA_SpatialUnitGroup에서 측정 수준, 레이블, 이름, 참조점, 식별자 ID, VersionedObject로부터 생애주기 시작버전 일자와 종료일자, 품질, 소스 책임 당사자에 대한 정보를 제공하고 있다.

(3) 미국 FGDC 필지모델

미국 연방 지리정보위원회(Federal Geographic Data Committee; FGDC)는 국가차원에서의 지리공간정보의 협력적인 개발, 사용, 공유 및 보급을 촉진시키기 위한 관계부처 간 위원회로써, 미국 행정관리예산국(OMB)에 의해 설립되었다.[48] 이 위원회에는 주(state)와 지방정부, 산업계 및 전문기관 등의 이익을 대변하기 위해 많은 이해관계 기관들이 참여하고 있다.

FGDC의 지적 분과위원회는 지적 분야에 대해 표준을 구축하였으며, 지적 데이터 내용 표준은 토지측량, 토지기록 및 토지소유자의 정보와 연관된 객체의 의미론적 정의를 제공하고 있다. 이 표준의 목표는 정부와 민간분야의 모든 레벨에서 데이터 공유를 용이하게 하고 지적 데이터에 대한 투자를 보호하고 강화시킬 수 있는 지적 데이터를 위한 정의와 구조를 위한 표준을 만드는 것에 있다.

48) FGDC 홈페이지 : https://www.fgdc.gov/

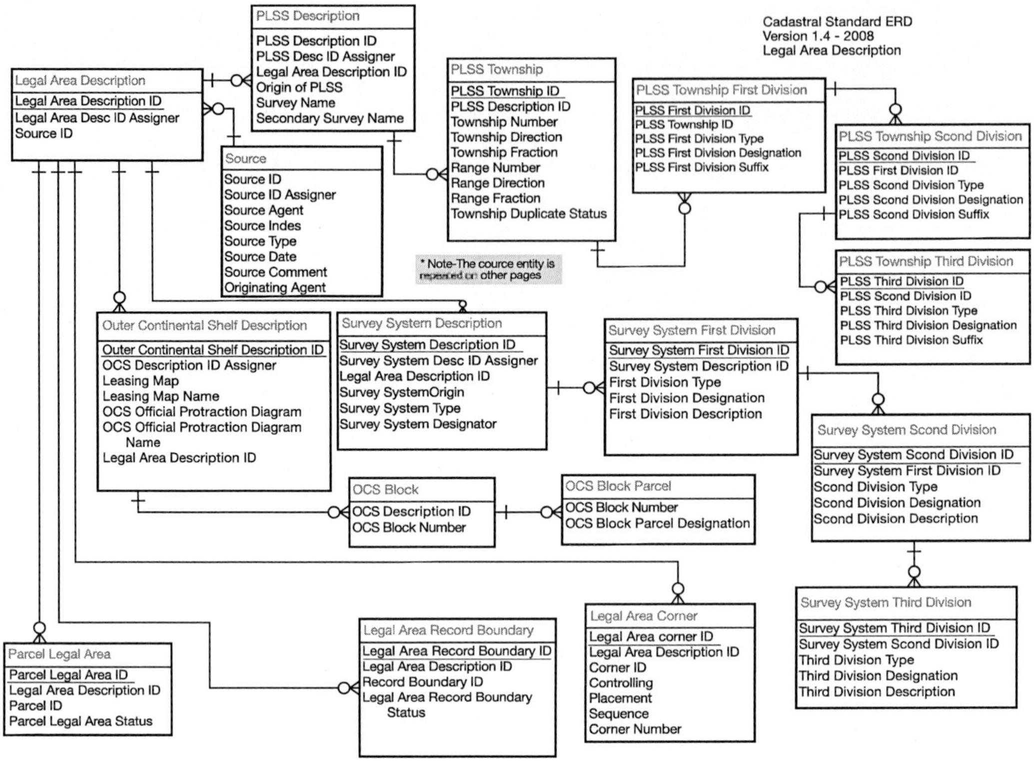

[그림 7-22] 미국 FGDC 필지모델(법적 영역)

미국 FGDC의 지적 데이터 모델은 크게 네 부분으로 대별된다. 즉, 법적 영역, 경계와 경계교점, 행위자와 지정학적 장소 그리고 필지이다. 이 모델은 각 개체(entity)와 이들 사이의 연계성(associations), 그리고 카디널러티(Cardinality)를 표현하고 있으며, 각 개체의 정의와 그에 대한 속성이 각 부분에 따라 자세히 소개하고 있다.[49)]

㉠ 법적 영역부분 : 공공토지측량시스템(PLSS) 상의 타운쉽 정보, 분할 정보, 필지에 대한 정보, 법적 영역의 경계 및 모서리 부분의 관계에 대해 기술

㉡ 경계 및 경계점 부분 : 이 부분은 경계의 기록과 경계점에 대한 클래스 및 속성을 기술한 부분으로 경계기록 클래스에서는 '경계의 법적상태, 이에 대한 코멘트, 방향 및 거리의 종류와 단위, 신뢰성 등'의 속성을 가지고 있으며, 직선과 원형곡선에 대한 속성을 기술한다. 또한 경계점의 경우 꼭짓점에 대한 경계표지 상황과 종류, 설치일자, 좌표 값(X, Y, Z) 등의 속성을 포함

49) FGDC, Cadastral Data Content Standard, Source : http://nationalcad.org/download/cadastral-data-content-standard-ver-1-4.pdf, 2008.

ⓒ 필지부분 : 지적데이터 내용표준의 필지부분은 필지를 기반으로 이와 관계된 '필지권리, 제한, 필지거래'에 대한 속성을 내포하고 있으며, 이러한 필지에 연관된 필지거래 및 권리는 거래문서를 통해 그 내용을 기록

(4) FIG의 사회보장도메인모델

사회보장도메인모델(Social Tenure Domain Model, STDM)은 빈곤국가 토지행정을 지원하기 위해서 개발되었다. 이 모델은 세계측량사연맹(FIG)과 네덜란드 델프트공대, ITC의 협력으로 유엔인간정주계획(UN-HABITAT) 사업을 위해서 국제공간표준인 토지행정도메인모델을 기반으로 작성되었다. 처음 시작할 시점에는 오픈소스 소프트웨어 개발원칙을 기반으로 시작하였다.[50)]

국제표준을 기반으로 하는 STDM은 정형적 및 비정형적이고 관습적 토지시스템과 행정, 공간요소를 통합하는 토지정보관리 프레임워크를 제공함으로써 토지행정의 범위를 확장할 수 있도록 제공하고 있다.

STDM은 형식적 수준에 관계없이 토지권리의 모든 형식, 권리가 부여된 주거정착의 모든 유형, 모든 종류의 토지와 부동산 객체 및 공간단위를 기록하는 것을 촉진하는 도구로서 이용 가능하다. 형식에 구애 없이 STDM에서는 빈곤국가에서 토지에 존재하는 각종 권리사항들을 초기에 시작할 수 있도록 토지필지가 권리를 통해 소유자 이름 또는 주소와 연계할 수 있도록 구성되어 있다. 다른 부분으로 STDM에 의해 제공되는 선택적 사항은 사회보장관계를 통해 토지의 한 부분으로 좌표화하여 지문과 같이 사람들에게 유일한 식별자를 부여하는 것이다.

따라서 STDM은 토지권리기록의 효율적이면서 효과적인 시스템을 위한 확장성 있는 기초 인프라를 제공하고 있다. STDM은 국제측량사연맹(FIG)에 의해 추진되는 토지행정도메인모델을 보다 사회적 수준에서 특성화한 것이라고 볼 수 있다. STDM은 극빈곤층 토지행정을 지원하기 위한 UN-HABITAT의 시발점이며, 도시 또는 농촌지역에서 매우 작은 지적범위를 갖는 개발 국가를 위한 특별한 의미를 갖는다.[51)]

STDM의 초점은 사람과 토지 사이의 관계를 다루고 있는데, 정형화의 수준으로부터 독립적이거나 그러한 관계의 법률요건을 다룬다. 토지정보, 토지권리의 모든 형태, 사회보장관계, 중복되는 요구사항들 모두를 지원할 수 있는 하나의 모델을 찾고 있다.

---

50) STDM 홈페이지 : https://stdm.gltn.net/
51) Chirstiaan Lemmen, STDM Concepts and Rationale, FIG Working Week 2017, Helsinki, Finland, 2017.

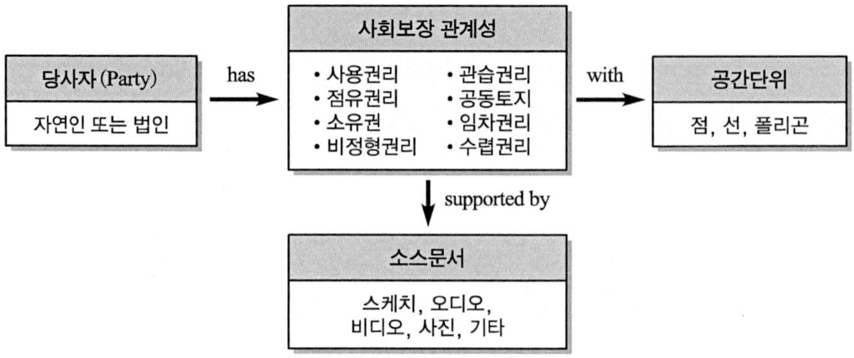

[그림 7-23] STDM의 개념적 모델

한편, STDM은 개념적 모델이지 응용 가능한 모델은 아니라고 강조하고 있다. 더 나아가 STDM과 LADM 모두 개념적인 모델이지 국가적으로 따라야 하는 규범적 모델은 아니다. 서로 다른 토지행정시스템들 사이에서 더 나은 이해를 돕고 있으며, 각기 다른 토지행정시스템들에서 나타나는 유사성과 차별성을 이해하기 위해서 사회보장의 많은 측면을 설명하는 정형화된 언어를 제공하고 있다. STDM은 비정형 정착과 관습지역과 같은 소외된 지역에게 필요한 토지행정을 제공하고자 사람과 토지 간의 관계를 기술하고 있다.

토지의 정형화 또는 규칙적 등록이 일정하지 않지만 기록의 개발과 유지를 지원할 수 있다. 토지 및 소유권 권리가 등록되거나 등록되지 않는 것을 중심적으로 살펴보지만 '누가', '어디에', '무슨' 권리가 있는지에 대해서 사정(Adjudication)하는 토지분쟁을 중점적으로 지원한다. 다른 뜻으로 유럽 표준협회(GLTN) 및 UN-HABITAT에 의해 지원하는 토지권리 개념의 연속성으로 부합되도록 사회보장 관계를 강조한다. 이것은 소유형태, 관습 권리, 사용권과 같은 비정형 권리를 의미하며, 정형화된 사람들도 토지행정시스템에서 관리되도록 지원하고 인식하도록 한다.

마찬가지로 STDM은 공간단위(폴리곤으로 한계된 토지의 단위)의 한계를 넘어서도록 제안하고 있다. STDM은 권리를 갖고 있는 모든 유형을 기록하도록 하고 있고, 토지행정과 관련된 정보들을 나열하고 있다. 토지행정이 가능하도록 STDM은 여러 가지 데이터를 필요한 지역에서 활용할 수 있도록 지원한다. 이것은 공간적 및 행정적 데이터 모두를 포함한다.

LADM은 정형적 지적과 등기시스템의 영역에서 시작되었는데, STDM은 때때로 다른 용어 하에서 LADM의 기능성을 대부분 포함하고 있다. LADM에서 사용된 형식적 용어는 비정형 환경 때문에 항상 적용하기는 어렵다. STDM과 LADM은 같은 클래스들의 대부분 동일한 클래스들을 사용하지만 때로는 다른 용어를 사용하고 있다. 예를 들면 아래의 [그림

7-24]와 같이 클래스 RRR은 클래스 SocialTenure Relationship으로 이름을 부여하였다.

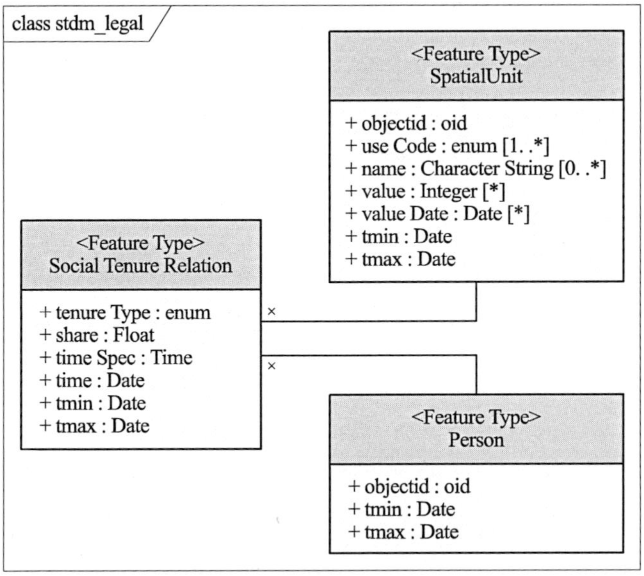

[그림 7-24] STDM의 핵심 클래스

[그림 7-25] STDM에서 고해상도 위성 이미지 활용방법

도시의 중심상업지역에서 작성된 전통적 지적도면, 등기부와 거주지역에서의 토지행정은 권리와 권리를 갖고 있는 자의 관계를 기술하는데 지도와 위성사진을 활용하도록 권장하고 있고, STDM은 이러한 변수들을 지원할 수 있도록 되어 있다. 고해상도 위성사진은 토지행정을 위한 공간데이터로서 매우 유용한 자료로 지역주민들이 자신들의 소유지가 어디인지 이해할 수 있도록 하고 있다. 세계은행과 GLTN 기금은 2008년 6월에 이디오피아를 대상으로 STDM을 시범 적용하였는데 고해상도 이미지의 실행 가능성을 테스트한바 있다. 이 실험의 결과는 성공적이었고, 르완다와 같은 유사한 지역에도 적용하였다.

STDM 개발 활동은 개념적, 기능적, 기술적 설계 및 프로토타입으로 추진되어 왔다. 논리적 단계는 슬럼, 관습 보유권, 비 폴리곤 공간단위와 토지분쟁의 중첩을 핵심화하여 실험적인 프로젝트를 추진할 계획이다.

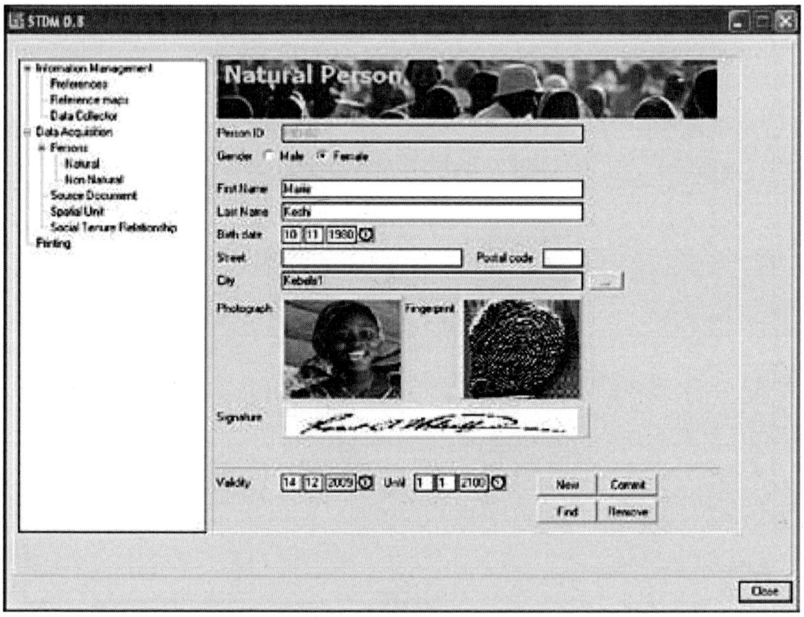

[그림 7-26] STDM의 프로토타입 형태

프로토타입은 네덜란드 ITC에서 개발하였고, 유럽 표준기구와 UN-HABITAT, 세계측량사연맹과 국제협력으로 추진하고 있다. 세계은행은 이디오피아 프로젝트를 관리하고 있는데, 농촌 토지행정이라는 관점에서 테스트하는 기회를 제공하였다.

4) 3차원 지적제도

(1) 3차원 지적제도의 개념

민법 제212조에서 "토지소유권은 정당한 이익이 있는 범위 내에서 토지의 상·하에 미친다"라고 규정하고 있다. 지적제도에서 관리하고 있는 일필지에 대한 권리가 기존의 2차원에서 3차원의 부분까지 포함하고 있다는 의미로 받아들일 수 있다.

토지는 물리적(건조물 및 자원) 측면과 인지적(이론 및 개념) 측면에서 모두 이해될 수 있다. 요즈음 많은 국가들에서 공중에 입체적 공간으로 구성된 토지 상품을 제공하면서 복잡한 공중 공간에 부여된 일단의 권리, 제한 책임 등에 대한 사항들을 등록·관리를 요구하고 있다. 따라서 3차원 지적의 정의를 살펴보면 국내·외 학자들이 다양한 주장을 하고 있지만, 대체적으로 "토지의 이용이 입체화됨에 따라 지하·지표·지상의 권리적 현황, 기타 물리적 현황 등을 등록하여 그 변경사항을 영속적으로 관리하고 해당 토지의 소유권 보호 및 관련 정보를 기록, 보관, 제공, 운영하는 것"이라 할 수 있다.

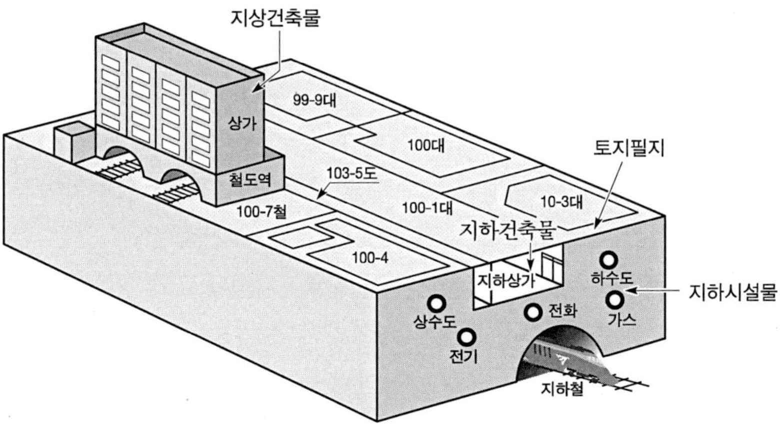

[그림 7-27] 3차원 지적의 등록 객체

현대 도시들의 일반적인 특징은 고층건물들이라고 할 수 있다. 3차원 공간인 '높이'를 지적도 상에 디지털로 표현하기 위한 기술적 솔루션에 대한 탐구는 토지를 바라보고, 생각하며, 사용하는 새로운 방식들을 반영할 수 있는 현대적인 지적시스템을 구축하기 위해 해결해야 할 과제 중의 하나라고 할 수 있다. 한 국가의 지적이 3차원 공간을 다루는 편리성을 갖춘다는 것은 고밀도의 토지이용과 관련된 개발 기회들을 제공하는 데에 사용될 수 있기 때문이다. 따라서 3차원 지적제도의 도입은 토지 소유권에 대한 보장을 제공할 수 있을 때에만 그 효용성이 높아질 수 있다.[52]

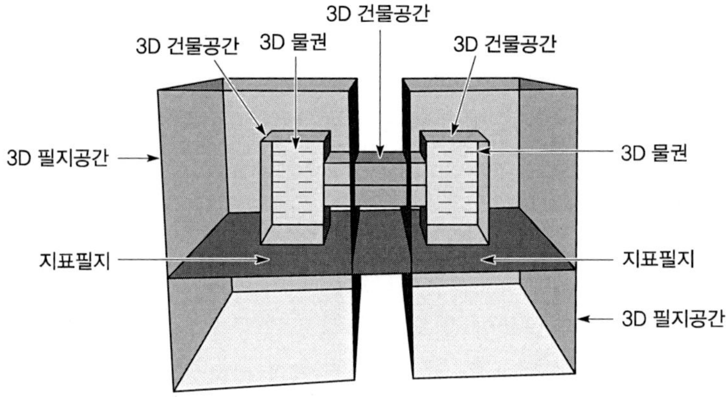

[그림 7-28] 3차원 지적에서 여러 종류의 공간 권리

3차원 지적은 2차원 필지 및 3차원 공간에 미치는 물권과 제한사항을 등록·관리하는 제도를 말하며, 높이 또는 표고를 도입하여 공간을 표현해야 한다. 토지를 집약적으로 이용하는 도심지역에서는 하나의 구조물 위에 다른 구조물을 교차시켜 건설하려는 수요가 늘고 있음에 따라 전통적으로 2차원 필지에 근거를 두고 있는 현행 부동산 등록분야에서 이 현상을 어떤 방법으로 등록하는가 하는 것이 당면 과제이며, 공간을 시간적·공간적으로 중복 사용함에 말미암아 복잡한 3차원 현상이 발생하는 경우로는 복수의 소유권과 지상권이 하나의 필지에 3차원으로 관계할 때와 하나의 건물에 대한 소유권이 몇 가구의 아파트로 나눠지는 경우, 철도용지의 소유자가 선로로부터 일정 거리 윗부분에 건축할 수 있는 권리를 타인에게 부여하는 경우, 터널 및 파이프라인, 전력전신 선로, 지하광산의 경우 등을 말한다.[53)]

우리나라의 경우 민법 제289조의2 제1항에서 "지하 또는 지상의 공간은 상하의 범위를 정하여 건물 기타 공작물을 소유하기 위한 지상권의 목적으로 할 수 있다"라고 규정하고 있다. 이것을 구분지상권으로 통용하여 사용하고 있으며 건물 및 그 밖의 공작물을 소유하기 위하여 다른 사람이 소유한 토지의 지상·지하공간에 대하여 특정범위를 정해 그 공간을 사용할 수 있는 권리를 의미한다. 또한 지하도로 건설, 광역철도망 구축 등과 같이 지하공간에 대한 개발이 대두되고 있는데 지하철 역사, 지하상가, 지하도보, 지하철도, 지하광장 등 다양한 분야에서 지하공간이 활용되고 있다. 공공의 목적으로 지표면을 경계로 하여 그 하부에 조성된 공간자원인 지하공간은 특정한 권리로 보호를 받아야 하므로 3차원 지적에서 등록·관리해야 할 주요한 등록 객체들이다.

52) 황보상원, 3차원 지적을 위한 정사영상에 의한 건축물 등록 방안, 박사학위논문, 명지대학교 일반대학원, 2005.
53) 최원준, 3차원지적 등록방법에 관한 연구, 박사학위논문, 명지대학교 일반대학원, 2007.

(2) 3차원 지적의 종류

"3차원 지적"의 용어는 종종 필지 상하에 존재하는 모든 공간권리들을 체적(volume)을 갖는 단위로 구분해서 완벽하게 표현할 수 있다. 그러나 아직까지는 기술적으로 입체적인 권리들을 표현하는데 한계가 있어 국가들마다 다른 수준의 3차원 지적을 받아들이고 실무에 적용하고 있다고 할 수 있다. 따라서 3차원 지적에서는 2.5D에 준하는 하이브리드 지적, 완전한 3차원 지적, 기존 2차원 지적에 연계하여 필요한 정보만을 제공하는 3D tags로 구분할 수 있다.[54)]

① 하이브리드 지적

하이브리드 지적이란 2차원 지적등록 범위 안에서 3D 객체를 등록하기 위해 3차원의 사실관계를 등록하는 것을 의미한다. 필지와 3D 객체 사이의 분명한 관계가 유지된다는 점에서 2차원 필지와 3차원 실제 객체를 모두 관리할 수 있다는 것이 장점이다. 내포된 관계성은 객체의 공간 정의를 통해 나타내며, 공간 기능을 통해서 찾을 수도 있다.

이러한 방법은 법적 및 사실적 등록이 서로 혼합된(하이브리드 솔루션) 것이다. 더 정확한 법적 상황은 공식적 문서를 보유하고 있어야 하며, 이러한 문서는 정밀한 3차원 정보를 다루어야 한다.

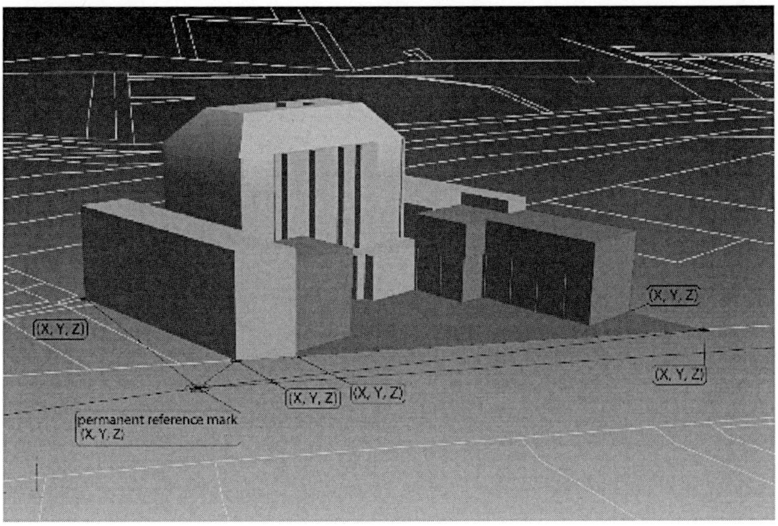

[그림 7-29] 하이브리드 지적

54) Jantien E. Stoter, Peter van Oosterom, 3D Cadastre in an International Context: Legal, Organizational, and Technological Aspects, CRC Press, 2006.

② 완전한 3차원 지적

완전한 3차원 지적이라는 의미는 3D 공간에서 (부동산) 권리의 개념을 소개한다는 것이다. 법적 기반으로서 부동산 거래를 지원하는 지적등록은 3D 권리의 설립과 양도를 모두 지원해주어야 한다. 실무적으로 보면 기존 2차원 필지를 유지하는 것이 최상이다. 하지만 복잡한 3차원 공간상에 존재하는 다양한 권리들을 관리하기 위해서는 완전한 3D 필지로서 관리하는 것은 필요한 상황이다.

3차원 공간상에 모든 개량물들(예를 들면, 지하시설물, 터널, 상하수도, 가스관 등)을 등록하기보다는 제한, 책임, 권리와 같이 부동산으로서 등록·관리할 수 있는 가치 있는 것들로 3D 물권들을 한정해서 지적공부에 등록하는 것이 타당할 것이다. 다만, 완전한 3차원 지적을 구현하는 기술들은 현재까지 부족한 상황이며 국제적으로 많은 기술개발이 추진되고 있는 상황이다.

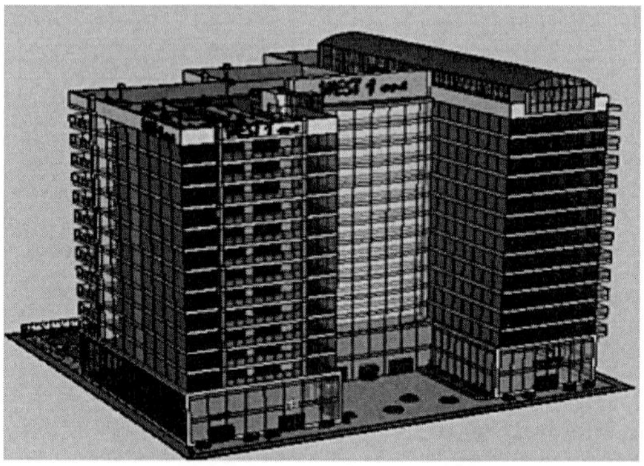

[그림 7-30] 완전한 3차원 지적

③ 3D 태그를 갖는 2차원 지적

3D 태그를 갖는 2차원 지적이라는 것은 (디지털) 3D 현상을 표현하는 것을 참조하여 2차원 지적으로 관리한다는 의미이다. 복잡한 3D 현상은 최신 솔루션에서 관리·등록하고 2차원 필지를 위한 시스템에서 3D 등록시스템으로 연결시키는 것이다. 이러한 방법에는 여러 가지가 있을 수 있는데, 가장 간단한 방법이 현재의 지적시스템에 3D 태그만 제공한다.

따라서 사용자는 2차원 지적에서 3차원 등록 상황이 필요한 경우 3D 태그를 통해서 3차원 공간시스템으로 전환하는 것이다. 보다 진보된 옵션은 3D (디지털) 설명으로 참조시킬 수 있다. 이러한 설명은 아날로그 또는 디지털 형태로 이용 가능하다. 후자의 방법은 데이터베이스에 자료들이 포함될 수 있으며 관련된 스캔자료, SHP, DXF와 같은 형태로 이용이 가능하다. 3D 객체의 디지털 등고자료를 통해 지적도에 등록할 수도 있다.

[그림 7-31] 3차원 도시모델(싱가폴)

(3) 최신 3차원 지적제도 연구 동향

세계측량사연맹(FIG) 제3분과와 제7분과가 공동으로 3차원 지적을 위한 국제 워크숍을 2001년 11월 개최한 이후 2004년 네덜란드에서 3차원 지적이라는 박사 논문이 제출되었고, 이후 많은 선진 외국들은 3차원 지적과 관련된 연구개발을 착실히 수행해 왔다.

특히 FIG는 2002년부터 2006년까지 3차원 지적을 위한 특별 그룹을 운영하면서 매년 상임위원회와 총회에서 세계 전문가들과 함께 다양한 연구 성과를 제시하였다. 더불어 세계국가들의 지적기관들도 3차원 지적제도를 도입하기 위한 기술개발도 병행해왔다. 도시개발의 촉진, 인구 증가, 스마트시티의 구현과 관련한 다양한 활동과 복잡한 부동산 물권들이 존재하기 때문에 법적 측면을 만족하고, 기술적으로 적절하게 3차원 지적을 구현하는 것은 당면한 과제였으며, 기존의 2차원 지적의 한계를 벗어나는 것도 요구되었다. 현재까지 국제 3차원 지적의 워크숍에서 다루었던 4가지 핵심 주제들을 살펴보면 다음과 같다.

㉠ 3차원 지적을 위한 법적 프레임워크

㉡ 3차원 필지의 신규 등록

㉢ 3차원 데이터 관리

㉣ 3차원 필지의 구현, 제공, 서비스

국제적으로 3차원 지적의 실현을 위한 모든 노력에도 불구하고 아직까지 진정한 3차원 지적을 갖고 있는 국가지적의 우수사례 모음집(2018)에는 없는 상황이다. 몇 가지 기능적인 한계를 가지고 있는데 3차원 지적도를 포함하지 않는 체적 정도의 등록만 가능한 상황이다.[55)]

〈표 7-11〉 3차원 국제지적 워크숍 개최연도 및 국가

회차	연 도	개최국가(도시)
1회	2001년(11월 28~30)	네덜란드(델프트)
2회	2011년(11월 16~18)	네덜란드(델프트)
3회	2012년(10월 25~26)	중국(선전)
4회	2014년(11월 9~11)	아랍에미리트(두바이)
5회	2016년(10월 18~20)	그리스(아테네)
6회	2018년(10월 2~4)	네덜란드(델프트)

2010년 FIG 시드니 총회에서 3차원 지적의 특별 그룹을 다시 운영하기로 결정하였으며 복잡한 3D 현상에서 법적 측면의 등록은 우선적으로 조사되어야 할 것이다. 또한 다양하고 복잡하며 기술적으로 해결하지 못하는 3차원 필지의 권리들을 등록·구현·서비스할 수 있도록 노력을 기울이고 있다.

3 미래 지적제도 방향

1) 미래 지적제도의 목표

토지는 부를 창출하기 위한 1차적 자원 역할을 하는 경우가 많다. 정보 역시 하나의 자원이며 부의 창출에 사용될 수 있다. 갈수록 정보의 획득과 효과적인 이용이 크건 작건 조직의 생존을 위한 기본적인 요인이라는 사실을 인정받고 있다. 발전된 국가일수록 첨단기술 시대로 이동하고 있으며, 이 시대에서 정보는 국가의 번영과 발전을 위한 열쇠가 된다.

미래의 지적제도는 품질 높은 지적정보를 요구할 것이다. 이에 따라 우리나라의 지적

55) 3D Cadastre 홈페이지 : http://www.gdmc.nl/3dcadastres/

정보는 국토를 성공적으로 관리하기 위한 수단이 되는 일종의 지능망이며 사회적으로 점차 행정 및 계획의 목적을 위해 토지에 관한 정보를 수집, 저장 및 조회하고자 하는 요구와 완전하고 최신의 것이라 믿을 수 있는 형태의 지적정보의 요구 증대, 서로 다른 조합의 공간데이터, 특히 위상 및 필지에 관련된 데이터를 공간적으로 표시하고자 하는 욕구, 유의미한 토지정보를 산출하기 위해 데이터를 분석하고 처리하고자 하는 요구를 만족시킬 수 있도록 지적제도의 방향을 두고 발전시켜 나가야 할 것이다.

미래의 지적제도에서는 관련된 현대적인 도구를 사회의 구성원들이 토지를 제대로 이해하고, 그 사회의 토지 및 관련된 활동들에 대하여 중요성과 의미를 부여하도록 만들 수 있는 체계로서 관리하는 기능이 바로 그것일 것이다. 왜냐하면 토지에 대한 인식은 토지이용, 제도, 행정 및 인간 간의 관계에 영향을 미치는 부분이 크기에 토지에 대한 인식의 중요성을 인지해야만 미래의 지적제도는 성공할 수 있을 것이다.

2) 미래 지적제도의 추진 방향

토지제도 및 정책분야에서 가장 핵심적 역할을 수행하고 있는 지적제도는 현존 및 미래 환경에서 국가에게 토지정책을 실행시키는데 있어 가장 중요한 인프라이다. 국제연합 유럽평의회에서는 지적제도가 토지 관리자와 행정가들이 반드시 작동해야 하는 사회적, 법적, 기술적 프레임워크에 관계한다고 적시하고 있다.[56] 따라서 향후 지적제도를 선진화하려면 효과적인 공간정보시장에서 품질 높은 정보를 제공해야 하며, 동시에 경제적·사회적·환경적으로 지속적인 개발을 보장할 수 있는 환경보존 차원의 토지행정업무에도 부합해야만 한다.

따라서 지속 가능한 지적체계 실현을 위해서는 국가 경쟁력을 제고할 수 있도록 토지행정 인프라로서 지적의 기능과 역할을 충실히 수행하여야 할 것이다. 또한 과세지적에서 법지적으로 완벽히 전환함으로써 부동산거래의 안전을 도모하고 토지소유권의 보호를 안전하게 지켜주어 국민생활의 질을 향상할 수 있어야 할 것이다. 마지막으로 국토의 개발을 효율적으로 도모하고 국가자원의 관리를 안정적으로 추진할 수 있도록 지적인프라로서 국민의 효율적 관리 기능을 다할 수 있도록 체제를 정비하여야 한다.[57]

우선적으로 비전을 실현하기 위해서는 지적재조사사업에 따른 디지털지적을 통하여 지적선진화를 이루어야 한다. 둘째는 디지털지적을 통해서 건전한 지적산업을 육성하고 활성화할 수 있는 환경을 조성하여야 한다. 셋째는 국민이 신뢰하는 지적체계를 마련하여야 하며,

---

56) UNECE, Land Administration Guidelines, Geneva, 1996.
57) 국토교통부, 「지속가능한 지적체계 기본전략수립」, 2012.

이러한 활동들을 지원하기 위해서 미래를 준비하는 지적선진화 기반 구축이 병행되어야 할 것이다.

토지 및 부동산 정보시스템을 통해서 네 가지 상호 관련한 영역 안에서 상호작용하기 위해서 지적제도는 국가의 가장 중요한 토지 기본 인프라로 작동되어야 한다. 토지정보영역은 지적과 다른 공간정보자료와 통합되어 구조화되어야만 하며, 자연환경(환경과 천연자원 요소를 포함하는)을 지닌 구축된 환경(법적 토지권리를 포함하는)과 연결하여야 한다. 이러한 방법으로 지적정보는 데이터 공유, 비용 회수, 데이터 접근, 표준 등에 대한 유관 정책들을 기초로 하여 중앙, 지방, 지역적 수준에서 공간데이터 인프라로서 구조화되어 발전해야 할 것이다.

① 디지털 지적 구축을 통한 지적 선진화 : 지속 가능한 국가발전 동력에 부응하는 정확한 지적체계 마련 및 수요자 중심의 고품질 부동산 정보관리체계 구축, 해양등록 및 환경자산평가를 위한 토지정보체계 구축

② 건전한 지적산업 육성 및 활성화 : 공간정보 상호운용을 위한 지적정보 표준체계 마련, 공간정보 활용 극대화를 위한 지적정보 유통체계 마련

③ 국민이 신뢰하는 지적체계 마련 : 국토의 효율적 거버넌스 지원체계 마련과 국민의 재산권 보호 및 행정 효율화를 위한 기반 구축

④ 미래를 준비하는 지적선진화 기반 구축 : 국제 지적을 선도하는 역량 강화, 차세대 인재 양성 및 교육환경 개선

지적재조사를 통해 우리나라의 지적제도 선진화를 추진해나가고 있는 상황에서 국가공간데이터인프라 환경에서 경제개발, 사회안정 및 환경자원 관리에 지적개혁은 반드시 필요한 실정이며, 정밀하고 정확한 국가기준점 체계를 기반으로 국가 기본도인 지형도와 지적도의 완전한 동질성 및 단일성의 확보가 요구된다. 그러나 현재의 지적제도가 가지고 있는 정보의 품질이 사회가 요구하고 있는 수준에 적합하지 않기 때문에 다양한 공간정보의 융·복합을 촉진하는데 커다란 걸림돌이 되고 있다. 따라서 디지털지적 구축을 통한 지적선진화를 구현하기 위해서는 지적재조사를 통해 지적경계의 위치를 정확·정밀하게 향상시키면서 지적정보등록의 다양화를 꾀하고 지적정보관리 선진화를 이루기 위해서는 현대화된 지적정보화 체계를 구축하는 개편작업을 추진해야 할 것이다.

디지털 지적구축을 통해서 지적선진화를 이루게 되면 정부는 건전한 지적정보산업 육성 및 활성화에 지원을 집중하여야 한다. 지적분야가 산업으로 도약하려면 지적정보를 국제수준에 맞는 표준으로 탈바꿈이 필요하고, 지적정보 유통체계가 마련되어야 한다. 이를 토대로

국내의 지적측량시장을 보다 확대하고 해외 지적사업에 진출하는 다변화를 확대하여야 할 것이다.

이러한 체계적인 환경 속에서 현재의 과세중심 지적체계에서 국토를 효율적으로 관리할 수 있도록 토지행정체계의 선진화가 요구된다. 이를 위해서는 도상경계에서 지상경계로 전환하면서 토지등록방법을 지상경계에 맞도록 일필지 조사방법을 체계적으로 준비하고 지적조직의 정비와 개선으로 지적행정체계를 사회가 요구하는 수준에 적합하도록 탈바꿈해야 할 것이다.

지적체계가 올바른 방향으로 나아가기 위해서는 정확한 진단과 중앙정부의 미래를 예측하는 정책 개발이 필요하다. 이것을 지원하기 위해서는 미래를 준비하는 지적선진화 기반 구축이 선행되어야 하는데, 최신 지적측량 기술 도입과 선진 외국 지적기관 및 협회와의 국제 협력 강화가 요구된다. 또한 현재의 지적종사자들의 능력을 향상하기 위해서 지적연수원 및 지적학계의 교육프로그램을 다변화하고 전문화하는데 제도적·법률적·행정적 뒷받침이 요구된다.

(1) 디지털 지적구축을 통한 지적선진화

현재의 지적체계는 100년 전 지적제도 창설에 따른 아날로그식 지적정보 품질의 관리체계로 인하여 지적정보의 품질 및 지적측량 성과의 정확성이 상당히 결여되어있는 상황이다. 이것은 최초에 과세 중심의 지적정보 유지로 인한 지적정보의 다양한 등록을 할 수 없는 제도적인 제한에 영향을 받은 것이기 때문에 현대가 요구하는 다양한 정보를 등록하는데 어려움을 주고 있다. 따라서 지적재조사사업을 통한 등록정보의 고품질화 및 다양성을 확보하여야 한다. 디지털 지적을 통하여 지적선진화를 이루기 위해서는 토지경계 분쟁 해소 및 효율적인 토지관리가 필요하며 수요자의 욕구를 충족하는 등록정보체계 마련이 요구된다. 또한 정확하고 신뢰받을 수 있는 토지행정 인프라를 구축하여야 할 것이고 이를 통해 대민 서비스가 향상되어야 한다.

(2) 건전한 지적산업 육성 및 활성화

지적선진화를 통해 건전한 지적정보산업을 육성하고 활성화가 필요하지만 공간정보 상호 운용을 위한 지적정보 표준체계가 미흡한 것이 현실이다. 또한 공간정보 활용 극대화를 위한 유통체계가 부재하고 있으며, 지적정보 표준화의 요구와 정보의 안정화를 위한 방안 마련이 요구되고 있다.

공간정보산업의 효과적인 활성화를 위해서는 지적정보산업 또한 육성하여야 하는데 지적정보의 효율적 관리 및 통합 활용할 수 있도록 제도적으로 보완하고 국제 수준에 맞는 지적정보의 품질로서 나아갈 수 있도록 지속적으로 향상시켜야 한다. 또한 다양하고 융·복합된 지적정보의 생산 및 서비스를 제공할 수 있는 환경을 조성하여야 한다.

지적공간정보산업이 육성되기 위해서는 선행적으로 국제 수준에 맞는 지적정보의 표준화를 통해 관련 공공 및 민간에게 지적정보를 효과적으로 제공할 수 있어야 한다. 이러한 정보들은 지적정보 유통체계를 통해 제공할 수 있는 환경이 필요하며, 이렇게 쌓은 노하우를 기반으로 해외 지적사업에 적극적으로 참여하여야 한다. 또한 품질을 기반으로 하는 지적정보를 이용하여 현재의 수치지역 및 확정측량 시장에서 지적측량업무의 개방을 벗어나 다양한 분야에서 지적측량업이 활성화될 수 있도록 제도적으로 지원하여야 할 것이다.

(3) 국민이 신뢰하는 지적체계 마련

아날로그 지적도면에 의한 지적행정과 지적측량은 지식정보화 사회에 부응하지 못하고 있다. 이것은 국민에게 지적행정의 신뢰를 저하시키고 있고 지적정보의 품질 저하에 따라 경계분쟁이 증가하고 점차적으로 공신력을 저하시키는 요인이 되고 있다. 따라서 지적정보화의 선진화를 위한 제도적·기술적 개선방안 마련이 필요한 실정에 있다.

지적체계가 사회적으로 신뢰를 확보하기 위한 목표를 설정하려면 토지등록의 신뢰성 및 효율성을 확보하고, 국민이 신뢰하는 토지등록 관리체계를 정비함으로써 정보화 사회에 부응하는 사용자 중심의 지적체계를 정립하는 절차가 요구된다.

지적행정조직은 중앙으로부터 지방에 이르기까지 토지등록체계를 도상에서 지상경계의 체계로서 전환하여야 하며, 토지등록에서 발생하였던 모든 자료들이 지적행정에 중요한 자료로서 인식하고 지적공부의 대상을 보다 넓히는 것이 요구된다. 일필지별로 세부적인 토지이력사항을 처음부터 작성되도록 제도와 규정을 정비하고 지적전문 인력이 지적행정을 담당할 수 있도록 역량 강화와 지적정보화 체계 강화가 필요하다.

(4) 미래를 준비하는 지적선진화 기반 구축

1910년대에 창설된 지적제도는 100여년이 지나면서 새로운 전환기를 맞이하고 있다. 2000년 초반부터 모든 공간자료는 빠르게 아날로그에서 디지털로 변환되면서 각각의 자료들에 속성을 이용하면서 GIS환경 속에서 서로 이·활용하는 것에 많은 관심을 갖기 시작하였다. 최근에 들어서는 스마트기기에서 언제 어디서나 원하는 정보들에 접근을 시도하고 있는 상황에서 지적 분야는 이러한 환경에 적합한 지속 가능한 지적체계의 전략을 제대로 내놓지 못하고 있는 실정이다. 또한 지적교육체계 및 전문 인력 양성 프로그램의 미흡은 시장이 요구하는 다양한 상품과 서비스를 제공하는데 제약을 주고 있는 실정이다.

한편 국외사업을 국제원조기금을 통해 2005년 이후 조금씩 늘려가고 있는 단계에서 국내의 지적 분야에서는 국제 지적전문가의 부재로 인한 국제 협력체계가 매우 미흡한 실정이기도 하다. 따라서 미래를 준비하는 지적선진화 기반을 구축하기 위해서는 미래 지향적 국제협력체계 구축 및 교육환경 역량 강화가 필요한 실정이다.

지적재조사사업은 우리나라 지적제도를 현대 지적으로 바꿀 수 있는 절호의 기회이며 비로소 선진 지적제도로서 도약할 수 있는 시점이기도 하다. 선진화된 지적인프라를 구축하기 위해서 지적기술을 최신으로 향상시켜야 할 것이며 국제 흐름에 적합한 국제 네트워크를 활발하게 구축하여야 한다. 뿐만 아니라 정부의 효율적 국토관리를 지원하고 공간정보 산업에서 지적공간정보의 전문적 관리를 할 수 있는 전문 인력을 양성하여야 한다.

미래를 준비하는 지적선진화 기반 구축을 성취하기 위해서는 국내외 최신 측량기술 흐름을 파악하고 지적선진화에 적합한 기술을 조속히 도입하여야 할 것이며 제도적, 기술적, 행정적, 법률적 선진화를 꾀하기 위해서는 선진 국제지적기관 및 협회와의 협력프로그램도 강화하여야 할 것이다. 또한 전국대학에 지적전문 인력을 양성할 수 있는 특성화 학과를 지원·강화하고 기술 습득에 필요한 교육환경도 개선시켜야 할 것이다.

3) 과거에 전망했던 현재의 지적제도(지적 2014)

(1) 지적 2014의 기본 내용

지적제도의 운영과 관련하여 특정 시점에서 미래를 전망한 대표적인 선행 연구는 찾아보기 어렵다. 다만, 1997년 호주에서 개최된 국제측량연맹(FIG) 제7분과위원회의 총회에서 20년 후의 지적제도 발전방향에 관한 미래 비전을 세우기 위한 학술활동이 제안되었고, 그에 따라 1998년에 소책자 형식의 지적 2014가 발간되었다.[58] 지적 2014는 6개의 성명(statements)으로 구성되어 있는데, 그 내용을 집약하면 다음과 같다.

58) Jurg Kaufmann & Daniel Steudler, Cadastre 2014-A Vision for a Future Cadastral System, FIG Commission 7, 1998.

〈표 7-12〉 지적 2014의 6개 성명에 관한 내용

구 분	내	용
성명 I (완전한 법적 상태 공시)	성명	지적의 미래는 공적 권리 및 제한을 포함한 토지의 완전한 법적 상태를 보여줄 것이다.
	원문	Cadastre of the future will show the complete legal situation of the land, including public rights and restrictions.
	조치	법적 독립성의 원칙 적용
성명 II (대장과 도면의 통합)	성명	도면과 대장의 분리는 사라질 것이다.
	원문	Separation between maps and registers will be abolished.
	조치	통합된 지적과 등기의 원칙(조직의 통합) 적용
성명 III (지적도면 도화 대신 모델링)	성명	지적도면의 도화는 사라지고 모델링이 오랜 기간 존재할 것이다.
	원문	Cadastral mapping will be dead.
	조치	토지행정모델링의 원칙 적용
성명 IV (종이와 펜 지적의 사장)	성명	종이와 펜(연필) 지적은 사라질 것이다.
	원문	Paper and pencil-cadastre will be gone.
	조치	정보통신기술(ICT) 응용의 원칙 적용
성명 V (민영화 및 공사 협력)	성명	지적의 미래는 고도로 민영화되고 공공 및 민간분야가 긴밀하게 협력하게 될 것이다.
	원문	Cadastre 2014 will be highly privatized. Public and private sectors are working closely together.
	조치	공공민간파트너십(PPP; Public Private Partnership)의 원칙 적용
성명 VI (비용 회수)	성명	미래지적은 비용 회수가 기반이 될 것이다.
	원문	Cadastre of the future will be cost recovering.
	조치	수혜자 비용부담 원칙 적용

자료: 박종철·김영학, "지적 2014에 기반한 한국 지적제도의 지속성에 관한 연구", 「한국지적학회지」, 제30권 제2호, 2014, pp.177-179. (요약정리)

(2) 지적 2014에 대한 평가

지적 2014가 발표되었을 당시, FIG의 가맹국 회원을 비롯한 많은 학자들이 그에 관한 연구를 수행하였다. 국내에서는 2014년 박종철 외 1명이 지적 2014를 토대로 우리나라 지적제도의 지속성에 관한 연구[59]를 수행하여 첫째, 공간정보기반사회(SES: Spatially Enabled

59) 박종철·김영학, "지적 2014에 기반한 한국 지적제도의 지속성에 관한 연구", 「한국지적학회지」, 제30권 제2호, 2014, p.180; 지적 2014에 관한 연구는 성명의 유용성에 관한 검토차원의 연구와 성명을 자국의 관점에서 검토하는 연구가 다수 이루어져 왔다. 다만 국내는 번역서로서 개념적 소개 정도로 성명 자체의 연구는 거의 발견되지 않고 있다. 따라서 지적 2014에 관한 연구가 이루어진 해외사례를 중심으로 검토하고자

Society)의 실현, 둘째, 3차원 지적정보서비스의 대전환, 셋째, 지적 2.0(Cadastre 2.0)의 반영, 넷째, 지적 템플릿 2.0(Cadastral Template 2.0)의 동참을 지적제도 운영의 지속성 차원에서 제시하였다.

〈표 7-13〉 지적 2014 성명으로 바라본 한국의 지적제도 실제

구 분	성명 기준	성명 이행	향후 과제
성명 I	· 완전한 3R 등록·공시 · 법적 독립성	· 지적전산화를 통한 속성·도형 정보 형태로 등본·열람 가능	· 3R 중 권리에 치중 · 일필지 내 제한과 책임 · 자세한 등록·공시
성명 II	· 대장과 도면 통합 · 정부조직의 통합(지적과 등기)	· 대장 전산화 완료 · 도면 전산화 완료 · 부동산행정정보 일원화	· 3차원 지적공부 · 지적과 등기의 이원적 정부조직
성명 III	· 데이터 모델링 · 토지행정모델링	· 필요한 데이터 모델링(존재) · 개별정보시스템 구축에 가능	· 도면의 재정의 필요 · 발전된 데이터모델링 · LADM 표준준수
성명 IV	· 아날로그방식에서 디지털방식으로 전환 · 수기에서 자동화	· 디지털 측량업무 환경 · 도해측량서 수치측량 · 측량업무 방법 및 절차 개선	· ICT 활용의 극대화 · Social platform · 도서의 본래 기능 제고
성명 V	· 공사협력(PPP) · 민영화(privatization)	· 지적전산화사업 · 지적측량시장 개방 · 지적재조사사업	· 민간참여 경로 미약 · 수직적 종속관계를 수평적 관계로 전환
성명 VI	· 투자비용의 회수 · 수익자 부담	· 지적재조사사업의 경제적 타당성 조사 수행 · 지적측량수수료	· 투자비용회수의 장기 · 편익대상의 고려가 현실적으로 난해(다양)
종 합	· 6개의 성명은 한국 지적제도에 적용하는 데 무리가 없음 · 다만 비용 회수는 상대적으로 낮게 고려됨	· 6개의 성명에 따른 한국 지적제도는 운영과정상에 대부분 충족 · 높은 수준의 수용력을 보이고 있음	· 한국 지적제도가 해결해야 할 과제는 제도운영의 극대화 및 최고 수준의 지적제도를 보유하는 것을 기본과제로 판단함

자료: 박종철·김영학, "지적 2014에 기반한 한국 지적제도의 지속성에 관한 연구", 「한국지적학회지」, 제30권 제2호, 2014, p.182.

한다. 특히 지적 2014에 관한 연구는 다양하게 구분할 수 있지만 대체로 지적 2014의 성명 자체에 관한 연구와 지적 2014의 성명을 자국에 적용하여 검토한 연구로 대별된다.

4) 미래사회의 지적제도 환경변화 동인

1998년 당시 전망한 지적 2014에 비추어볼 때, 그 내용은 예측이라기보다는 단순한 예상에 가깝다고 할 수 있다. 현 시점에서 향후 10~20년을 전망할 수 있는 지적제도의 발전방향은 여전히 지적의 현 수준 또는 현실에 직면한 사안에서 그 답을 찾으려 하고 있다.

따라서 지적제도의 운영을 단순히 지적의 영역에서만 바라볼 것이 아니라, 제3의 시각에서 일상적인 사회 환경변화 동인과 결부시켜 미래의 지적제도 운영환경의 변화 요인 및 그에 따른 전망이 필요하다.

이를 위해 미래사회의 환경변화에 관한 핵심 이슈를 바탕으로 지적제도의 운영 부문에 매우 밀접하게 작용될 수 있는 일반적인 변화 요인에 근거해 설명하고자 한다.

(1) 미래사회의 주요 이슈와 사회 환경변화와의 관련성

미래사회 환경변화의 핵심 이슈는 어떠한 관점에서 바라볼 것인지에 따라 매우 다양하고 상세한 지표가 선택될 수 있다. 따라서 정치·경제·환경·문화 등 사회 전반에 걸친 이슈들 가운데 미래사회의 지적제도 운영 부문에서 직접 피부로 실감할 수 있는 요인을 도출하는 것이 관건이 될 것이다.

이와 관련하여, 미래창조과학부가 발표한 28개 주요 이슈 및 15개 핵심기술을 토대로, 그것이 미래사회의 지적제도 운영환경과 어떠한 부문으로 밀접한 관련성을 형성할 수 있는지를 검토하여 최종 5개의 핵심 항목을 선정하였다. 아울러, 이와 같이 선정한 5개 핵심 항목에 대해서는 정부의 공식 통계자료 및 각종 미디어에서 객관적으로 다루어졌던 주요 내용 등을 바탕으로 그것들이 어떠한 부분에서 미래 지적제도 운영환경과 연계성을 가지는지에 대한 근거로 제시한다.

미래창조과학부는 저출산·고령화 문제를 비롯한 10개 주요 이슈에 대하여 그에 따른 사회문화의 변화, 산업경제의 변화 및 삶의 환경 변화와의 관계를 분석하여 [그림 7-32]와 같은 상관구조를 정립하였다.

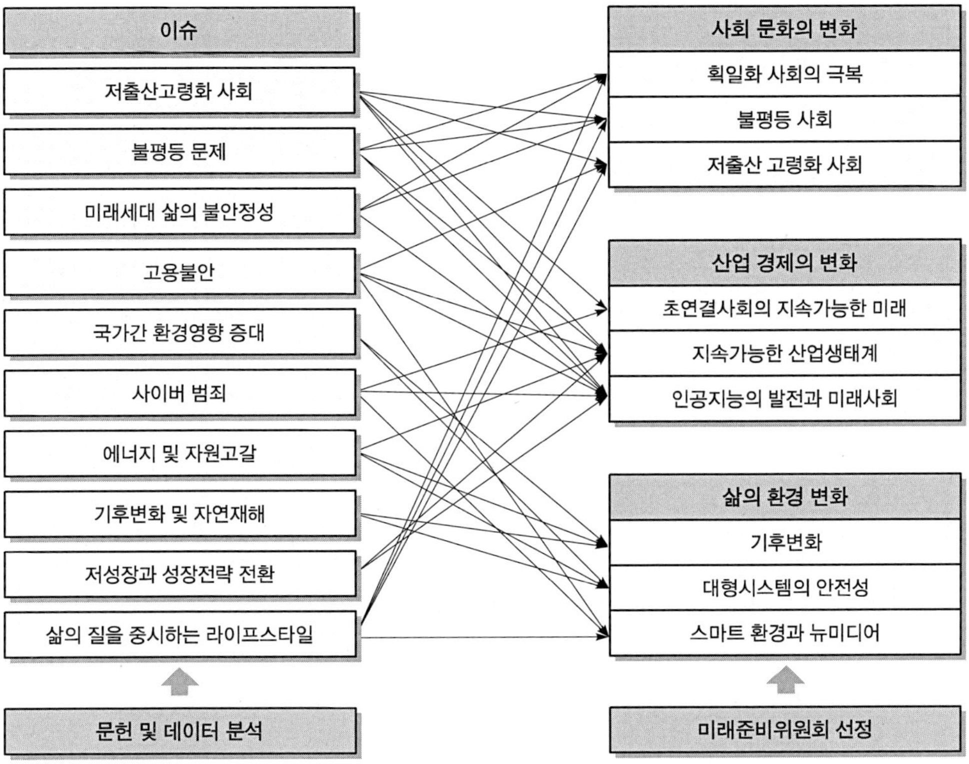

자료: 미래창조과학부 미래준비위원회·KISTEP·KAIST, "미래이슈보고서(10년 후 대한민국)", 도서출판 지식공감, 2015, p.96.

[그림 7-32] 문헌 및 데이터 분석 이슈와 미래준비위원회의 선정 이슈 관계

(2) 미래사회의 핵심 이슈에 따른 지적제도 운영환경 변화 관계

[그림 7-32]에서 보는 바와 같이, 각각의 10개 주요 이슈는 사회문화, 사업경제, 삶의 환경 변화 부문에서 적어도 1개 이상 밀접한 연관성을 가지고 있는 것을 확인할 수 있다. 그러나 이와 같은 일반적인 관계 정립의 내용만으로는 미래사회의 환경 변화 핵심 이슈가 지적제도 운영환경에 미치는 변화 요인을 특정하는 데 한계가 있기 때문에, 앞서 제시한 미래사회의 핵심 28개 이슈 및 10년 후 10대 이슈를 토대로 지적제도 운영의 핵심가치, 즉 지적조사·측량, 등록 및 관리, 정보서비스 제공(이·활용) 부문과의 관련성에 관한 5개 핵심 요인을 [그림 7-33]과 같이 선정하였다.

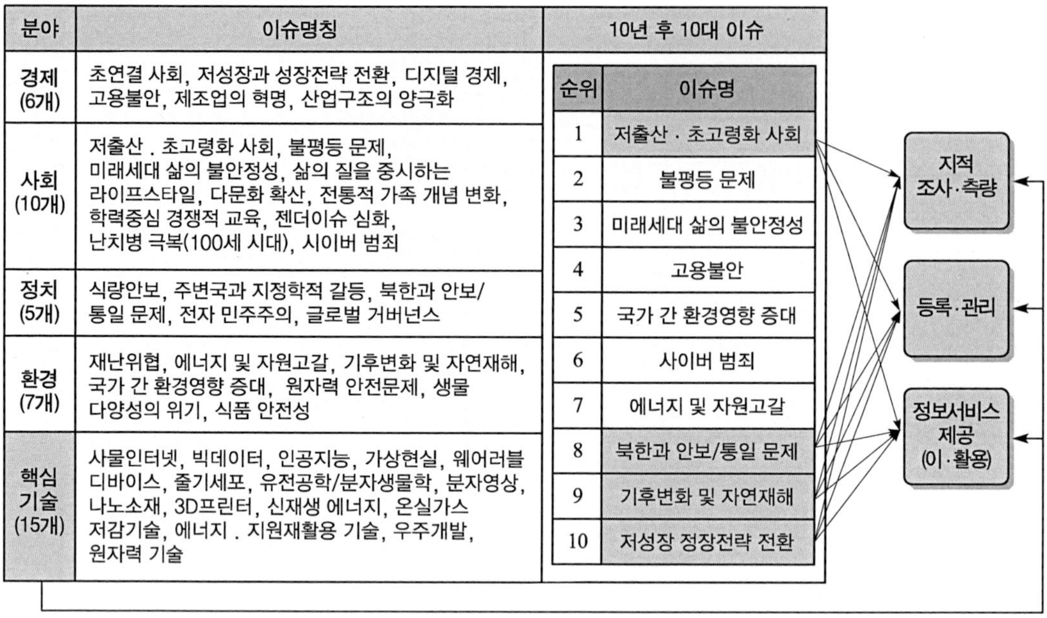

[그림 7-33] 미래사회의 지적제도 운영 환경 변화 동인(動因)

〈표 7-14〉 미래사회 환경변화의 핵심 이슈관련 세부 연구조사

구	분	연구 제목	연구 내용
저출산·초고령화 관련	최승철 외 1인 (2012)	저출산·고령화를 대비한 지방자치단체의 유니버설디자인 정책 방향 연구	추진 실적의 분석결과를 바탕으로 유니버설디자인 정책 추진 프로세스 제안
	기획재정부/ 통계청 (최근 5년)	통계자료 및 보도자료	저출산·초고령화의 추이 및 그에 따른 사회적 문제 등 추출
4차 산업 혁명 관련	이민화 (2017)	시대별 산업구조의 발전 패턴	초연결지능사회에서 O2O(On-line to Off-line) 융합 기반 환경 변화에 대한 대비 필요성 주장
	미래창조과학부/ 산업통상자원부 (최근 5년)	통계자료 및 보도자료	19대 미래성장동력 및 13대 산업엔진프로젝트 등 추출
저성장 관련	구형수 (2016)	저성장시대의 비시가화지역 성장관리 과제와 개선방향	국가통계포털을 활용하여 지자체 수의 변화와 인구비율 추이를 비교·분석하여 개선방향 제시
	한국과학기술 기획평가원 (2016)	글로벌 저성장시대, 한국산업의 위기와 해법	저성장으로 인한 경제 분야의 문제점, 그 원인 및 대책 제시

구	분	연구 제목	연구 내용
재난 관련	박종철 (2016)	필지 기반 재난관리체계의 효율적 운영에 관한 연구	필지단위로 재난정보를 구축·관리하고 재난위험 정보를 제공하며, 지적조직과 인력이 재난관리에 참여하는 재난관리 체계의 운영 필요성 주장
	한국과학기술기획평가원 (2015)	재난·재해사업군(2015 국가연구개발사업 특정평가보고서)	재난관리 부문에서의 사회연속성 시스템의 중요성을 제시하고, 명확한 기술개발사업의 추진 필요성 제기
통일 관련	국토교통부/통일부 (2015)	한반도 국토개발 마스터플랜	한반도 국토여건 전망 및 국토발전 시나리오, 한반도 국토발전 비전과 전략 및 로드맵 제시
	조병현 (2014)	북한의 지적제도에 대한 일고찰	북한 지적제도의 변천과정, 현황 및 문제점, 남북한 지적제도 통합 방향 제시

자료: 최승철·김규현, "저출산·고령화를 대비한 지방자치단체의 유니버설디자인 정책 방향 연구", 「기초조형학연구」, 2012, 13(10); 이민화, "시대별 사업구조의 발전 패턴", 2017; 구형수, "저성장시대의 비시가화지역 성장관리 과제와 개선방향", 「국토연구」, 88, 2016; 한국과학기술기획평가원, 글로벌 저성장시대, 한국산업의 위기와 해법, 2016; 박종철, "필지 기반 재난관리체계의 효율적 운영에 관한 연구", 박사학위논문, 청주대학교 대학원, 2016; 한국과학기술기획평가원, 재난재해사업군(2015 국가연구개발사업 특정평가보고서), 2015; 조병현, "북한의 지적제도에 대한 일고찰", 북한토지연구소, 2014.

① 저출산·초고령화 관련

최근 들어, 우리나라에서 미래사회의 가장 큰 우려사항으로 대두되고 있는 것은 저출산·초고령화의 문제이다. 통계청의 자료에 따르면, 우리나라 합계 출산율(여성 1명이 평생 낳을 것으로 예상되는 평균 출생아 수)은 1.187명 수준으로 인구 대체수준인 2.1명에 비해 현저히 낮은 수준이다.

〈표 7-15〉 저출산 대책 추진 이후 합계 출산율 변동 추이 (단위: %)

구분	2003	2004	2005	2006	2007	2008	2009	2010	2011	2012	2013
합계 출산율	1.180	1.154	1.076	1.123	1.250	1.192	1.149	1.226	1.244	1.297	1.187

자료: 통계청, 2013년 출생 통계, 2014.

현재 5,000만 명 이상인 우리나라의 총 인구는 2030년 정점(약 5,216만 명)에 달한 후 감소하기 시작하여 2060년에는 약 4,396만 명 수준으로 급감될 것으로 예상되며, 2040년에는 '가장 고령화된 나라'가 될 것으로 전망되고 있다.

〈표 7-16〉 주요 국가의 고령화 진행속도

구분	도달 연도			소요 기간
	고령화(7%)	고령(14%)	초고령(20%)	7% → 20%
한국	2000	2017	2026	26년
일본	1970	1994	2006	36년
프랑스	1864	1979	2018	154년
미국	1942	2015	2036	94년

자료: 기획재정부, 중장기전략보고서(인구구조 부문), 2012.

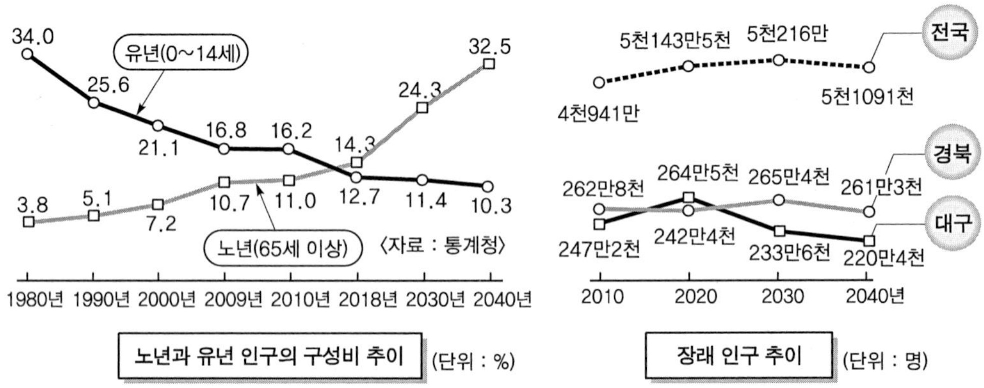

자료: 통계청, 2014.

[그림 7-34] 우리나라 인구 구성비 및 인구 변화 추이

통계청(2011) 자료에 의하면, 생산가능 인구 100명이 부양해야 할 65세 이상 노인 수가 2010년의 15.2명에서 2030년에는 38.6명으로 증가할 것으로 전망된다. 또한 일본의 예처럼 저출산·초고령화 사회에서는 1인 가구, 노인 단독 가구의 증가 등을 통해 전통적 가족개념의 변화가 예상된다.

토지는 공공재인 동시에 사유재의 양면성을 가지고 있다. 국가는 국토의 효율적인 관리와 토지소유권 보호를 위해 지적제도를 운영하며, 사인은 그러한 제도적 토대 위에서 토지거래 등과 같은 부동산활동 및 토지의 이동과 같은 지적활동을 영위한다. 그러므로 인구의 수와 필지의 수는 매우 밀접한 상관관계를 가지는 것은 극히 당연하다. 예를 들어 인구가 급감하거나 경제활동 주체의 연령이 높아질수록 기존의 토지이용 패턴에는 큰 변화가 수반될 수 있고, 그에 따라 지적관리에도 기존과 다른 양상이 나타날 수 있다.

이와 같은 상황에서 볼 때, 미래사회의 저출산·초고령화에 따른 인구구조의 변화는 미래 우리나라 지적제도 운영의 주요 부문(조사·측량, 등록 및 관리, 정보서비스 제공 등)

에서도 적지 않은 영향을 미칠 것으로 예측된다.

② 핵심 기술의 발달에 따른 4차 산업혁명 관련

미래 사회에서는 15개 부문에서의 핵심 기술(사물인터넷, 빅데이터, 인공지능, 가상현실, 웨어러블 디바이스, 줄기세포, 유전공학/분자생물학, 분자영상, 나노소재, 3D 프린터, 신재생에너지, 온실가스 저감기술, 에너지·자원재활용 기술, 우주개발, 원자력 기술)이 발달함으로써 상당한 변화를 초래할 것으로 예측된다.

첨단 과학기술이 급속도로 발전하는 미래 사회에는 현재 직업의 절반 이상이 사라질 것이라 예견됨에 따라, 정부는 미래산업·기술의 성장동력이 될 수 있는 주요 핵심 부문을 선정하고 그에 대한 육성책을 모색하고 있다.

미래창조과학부는 미래 성장동력 19대 분야를 주력산업(① 5G 이동통신, ② 스마트자동차, ③ 심해저 해양플랜트, ④ 수직이착륙 무인기), 미래신산업(⑤ 지능형 로봇, ⑥ 착용형 스마트기기, ⑦ 실감형 콘텐츠, ⑧ 스마트바이오, 생산시스템, ⑨ 가상훈련시스템), 공공복지산업(⑩ 맞춤형 웰니스 케어, ⑪ 재난안전관리 스마트시스템, ⑫ 신재생에너지 하이브리드 시스템, ⑬ 직류송배전, ⑭ 초임계CO2발전) 및 기반산업(⑮ 지능형 반도체, ⑯ 융복합소재, ⑰ 지능형 사물인터넷, ⑱ 빅데이터, ⑲ 첨단소재가공시스템)으로 구분하여 제시하였다.

미래성장동력 19대분야

(5대 기반분야) 지능현 반도체, 융복합 소재, 지능형 사물인터넷, 빅데이터, 첨단소재 가공시스템
(14대 전략산업) 스마트자동차, 5G이동통신, 심해저해양플랜트, 고속수직이착륙 무인항공기, 지능형 로봇, 착용형스마트기기, 실감형콘텐츠, 스마트바이오생산 시스템, 가상훈련 시스템, 맞춤형웰니스케어, 재난안전관리 스마트시스템, 신재생에너지 하이브리드시스템, 멀티터미널 직류송배전 시스템, 초임계 CO2발전시스템

자료: 미래창조과학부, 2015.

[그림 7-35] 미래성장동력 19대 분야

산업통상자원부는 '13대 미래 산업엔진 프로젝트'를 통해 시스템 산업(① 고속·수직이착륙 무인항공기, ② 첨단소재고강시스템, ③ 국민안전·건강로봇, ④ 자율주행 자동차, ⑤ 극한 환경용 해양플랜트), 소재·부품산업(⑥ 탄소 소재, ⑦ 첨단산업용 비철금속 소재, ⑧ 웨어러블 스마트 디바이스), 창의 산업(⑨ 가상훈련시스템, ⑩ 개인맞춤형 건강관리시스템, ⑪ 스마트 바이오생산시스템) 및 에너지 산업(⑫ 초임계CO2발전시스템, ⑬ 직류송배전시스템)을 집중 육성할 것이라 밝혔다.[60]

한편, 최근 4차 산업혁명이 미래 성장의 원동력으로 부각됨에 따라 주요국들은 이와 관련된 산업경쟁력 강화 방안을 적극 추진 중에 있다.

4차 산업혁명에 관한 학술적인 정의는 없으나, 일반적으로는 “3차 산업혁명을 기반으로 한 디지털, 생물학, 물리학 등의 경계가 없어지고, 모든 분야가 IT기반으로 융합되는 기술혁명”이라고 이해될 수 있다.

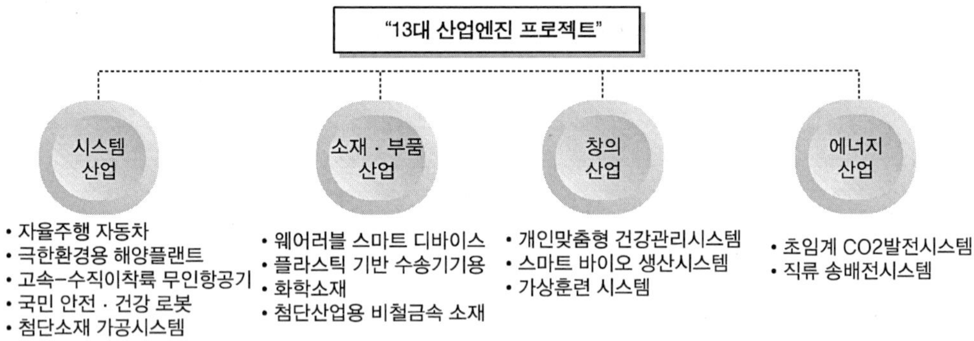

자료: 산업통상자원부, 2015.

[그림 7-36] 13대 미래 산업엔진 프로젝트의 내용

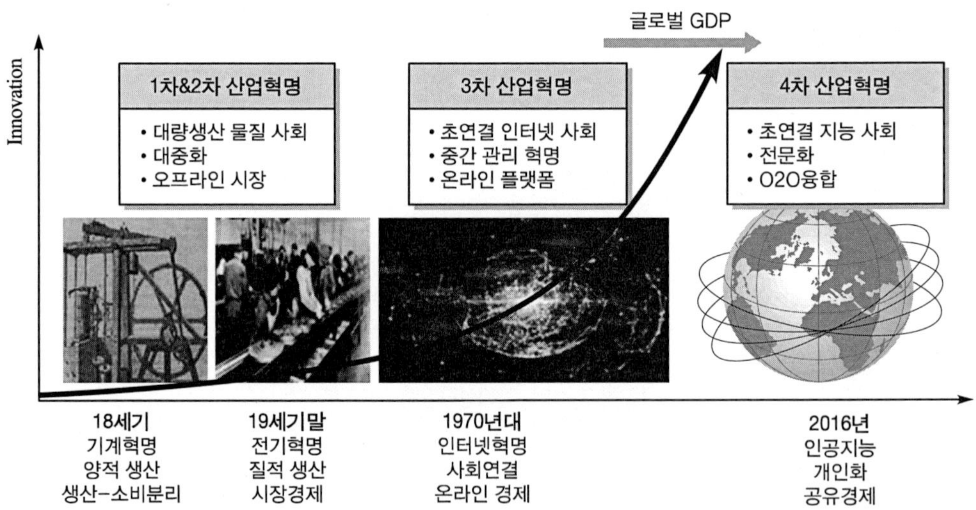

자료: 이민화, 시대별 산업구조의 발전 패턴, 2017, 2.

[그림 7-37] 시대별 산업구조의 발전과 4차 산업혁명의 도래

60) 한편, 전국경제인연합회(미래산업팀)가 조사한 ‘대한민국 미래 30년 7대 유망산업’은 자율주행 자동차, 맞춤형 웰니스 시스템(헬스 케어), 첨단미래 소재, 지능형 반도체, 사물인터넷, 미래농업(스마트팜), 문화콘텐츠로 나타났는데, 이 중 4개 분야는 미래창조과학부가 선정한 ‘19대 미래성장동력’과 산업통상자원부가 선정한 ‘13대 미래 산업엔진 프로젝트’에 모두 선정된 분야이다.

4차 산업혁명이 도래하면서 앞서 기술한 미래 성장산업에 관한 정책적 대응 및 관련 기술개발 등이 활발히 이루어지고 있는데, 4차 산업혁명 관련 국내의 산업구조에 대한 평가 및 시사점을 정리하면 다음과 같다.

〈표 7-17〉 4차 산업혁명관련 산업구조의 변화 및 대응 추세

구 분	내 용	
4차 산업혁명 관련 국내의 산업구조 평가	주요 4차 사업 분야	4차 산업혁명과 관련된 산업의 성장세가 다른 산업에 비해 빠름 소프트웨어 및 서비스, 제약 및 생명공학 부문의 성장세가 상대적으로 높게 나타남
	기업 성과	최근 4차 산업혁명 관련 기업의 매출액 증가율 및 영업이익률이 하락하는 등 주요국들에 비해 기업의 성과가 상대적으로 미약함
	산업 역동성	선진국에 비해 기업의 퇴출율 및 진입률이 낮아 역동성이 다소 뒤쳐짐
	산업 구조	4차 산업혁명 관련 산업의 비중이 빠르게 증가하고 있지만, 특정 산업에 대한 집중도가 매우 높음
시사점	・중장기적 비전이나 전략수립에 4차 산업혁명을 고려한 미래 변화 예측 노력 요구 ・사물인터넷, 인공지능 등 4차 산업혁명을 주도할 기술시장 선점을 위한 선제적 대응체계 필요 ・4차 산업혁명에 따른 미래고용 전반과 필요한 직무역량의 변화에 대한 대학, 기업, 지역의 선제적 대책 필요 ・기업은 공유경제 및 온디맨드 경제 등의 기술기반 플랫폼 사업에 대해 포괄・장기적인 관점의 발전전략 필요	

주: 위의 내용 중에서 일자리 변화에 관한 그림은 이민화, 시대별 산업구조의 발전 패턴, 2017, 2에서 발췌.

4차 산업혁명시대에서 인공지능(AI: Artificial Intelligence)로봇의 출현은 미래의 우리사회 전반에 혁신적인 변화를 동반할 것이며, 그에 따라 인간과 로봇이 일자리를 놓고 경쟁하는 상황이 불가피할 것이다. 지금까지는 로봇이 단순 육체노동의 직업을 차지해왔다고 한다면, 고도화된 인공지능은 단순 정신노동을 차지할 것이다.

앞으로 로봇이 보편화되는 상황에서는 새로운 사회규범이 필요하게 될 것이다. 지능이 높은 로봇은 인간사회의 이해관계 지형을 바꿀 것이고, 그 변화된 지형 위에서 새로운 관계 설정의 필요성이 대두된다.[61] 로봇과 인공지능의 산업화는 막을 수 없는 대세임에 틀림이 없다. 이 거대한 역사적인 흐름을 어떻게 맞이하고 활용하느냐에 따라서 대한민국의 과학기술과 산업, 경제, 정치, 문화 지형이 새롭게 결정될 것이다. 미래에는 우리가 원하든 그렇지 않든 인공지능 기술이 접목되지 않는 분야를 찾기 어려울 것이기 때문이다.

61) 예를 들어 무인 자동차의 도입은 새로운 도로교통법을 요구할 것이고, 사고 시 탑승자-제조사-보험사 간의 새로운 책임관계 설정을 필요로 할 것이다. 아울러 드론은 새로운 운항 질서를 요구할 것이다.

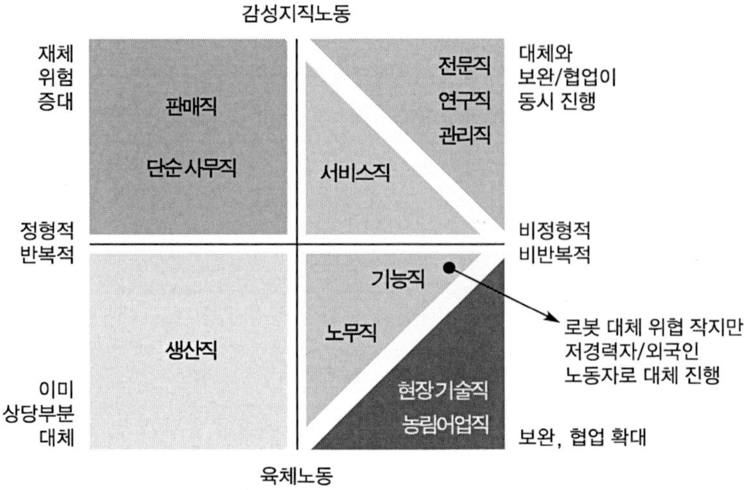

자료: 미래창조과학부 미래준비위원회·KISTEP·KAIST, 미래이슈보고서(10년 후 대한민국), 서울: 도서출판 지식공감, 2015, p.156.

[그림 7-38] 직종별 특성과 기계의 인간 대체 전망

결국, 앞서 언급한 핵심기술의 발달과 더불어 4차 산업혁명시대에서의 사회적 환경변화는 지적제도 운영에 대한 전반적인 부문과의 연계성을 가질 수밖에 없으며, 그에 따라 지적제도 운영의 미래상을 설계함에 있어서는 그에 부응할 수 있는 관점에서 중·장기적 발전계획의 수립이 필요하다.

③ 저성장 관련

최근 한국경제와 중장기 산업발전에 있어 가장 큰 도전은 인구 고령화, 신흥개도국의 추격, 새로운 성장동력 확충 미비 등으로 우리 경제의 잠재 성장률의 지속적 하락이 전망되고 있다는 것이다. 또한 지난 1990년대에 비해 2000년대 들어서면서 디스플레이 등 일부 산업을 제외한 대부분의 제조업이 성장률이 크게 둔화되는 등 제조업 전반의 성장세가 둔화되고 있어 기업의 신사업 진출과 투자의 모멘텀(momentum)을 상실하고 있었다는 것[62]도 문제이다.

2015년 한국경제신문은 국민 5,000명과 전문가 400명을 대상으로 10년 후 우리 경제의 모습에 대하여 설문조사를 실시하였는데, 그 결과 '좋아질 것'이라는 긍정적인 대답은 28.4%에 그치고 '나빠질 것'으로 보는 응답자가 이보다 많은 31.1%를 차지하고 있다.

62) 한국과학기술기획평가원, "글로벌 저성장시대, 한국산업의 위기와 해법", 2016, p.5.

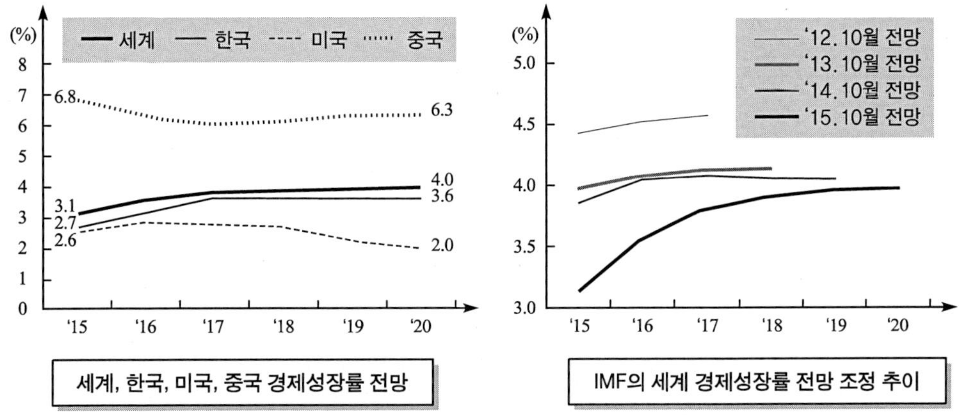

자료: 한국과학기술기획평가원, "글로벌 저성장시대, 한국산업의 위기와 해법", 2016, p.1.

[그림 7-39] 우리나라 경제성장률 전망

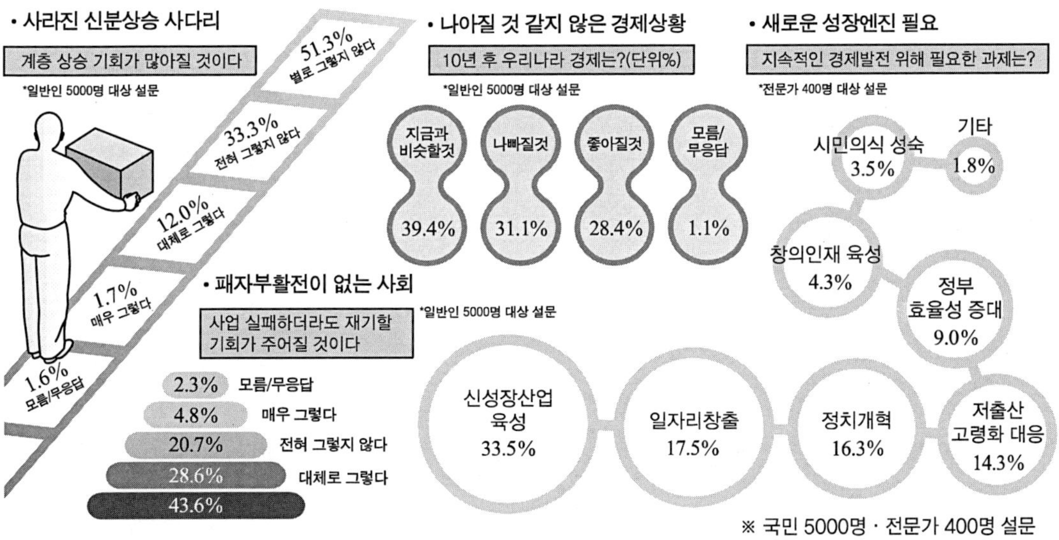

자료: 한국경제신문, 창간 51주년 기획특집 대한민국미래리포트, 2015.10.5.

[그림 7-40] 10년 후 우리경제의 모습 전망 설문조사 결과

저성장 문제는 청년실업, 가계부채 등 대내적 요인과 중국의 경기 둔화 및 환율 등 대외적 요인이 악화됨에 따라 그 심각성이 점차 증가되고 있으며, 그로 인해 현재 우리 경제의 전반적인 경제상황에 대하여는 부정적인 인식을 가질 수밖에 없다.

결국, 경기침체 및 산업생산성 저하 등의 문제로 인한 국내 경제의 장기적인 저성장

문제는 국민들의 가계수입·소비 등과 관련되어 부동산활동의 위축을 초래할 수 있으며, 그에 따른 지적활동에도 변화를 초래할 여지가 있다.

④ 재난(재해) 관련

우리나라는 '국민안전 확보'라는 재난관리의 정책목표 달성 및 정책목적과의 연계성 측면에서 사업의 추진방향 및 전략이 효과적으로 제시되어있지 못하고 있다. 그로 인해 재난·재해 이전 단계로 사회적 기능 수준을 복원하고, 국민·사회안전을 확보하기 위한 사회연속성의 기능을 유지할 수 있는 측면에서의 복구 전략이 중요하다.[63)]

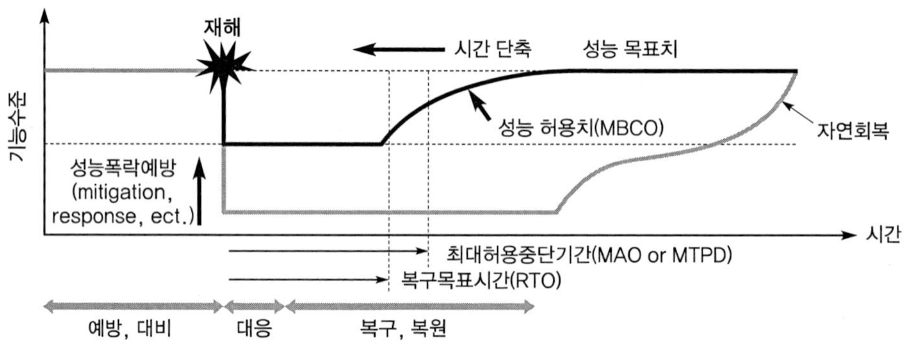

자료 : 국제표준화기구 ISO 22301(Societal Security-Business Continuity Management System -Requirement)

[그림 7-41] 재난 · 재해 부문에서의 사회연속성 시스템

이와 관련하여, 최근 재난관리에 관한 국가정책적인 사업목적 및 전략목표가 재설정됨에 따라 이에 부합하는 기술개발의 수혜 대상을 명확히 하여 사업을 추진할 필요가 부각되고 있다.[64)]

국가가 사회연속성을 갖춘 재난관리시스템을 구축하는 것과 관련하여, 지적 분야에서 그 가능성과 대안을 제시한 박종철의 연구는 지적행정과 재난행정 모두 공공행정의 영역에서 일필지를 기반으로 재난정보에 대한 조사·등록 및 정보서비스의 제공을 실현할 수 있는 조직 및 인력의 공동 참여방식의 재난관리체계를 강조[65)]하고 있다.

이와 같은 내용을 논거로 할 때, 향후 재난관리에 관한 국가의 정책수립 및 재난의 발생

63) 한국과학기술기획평가원, 재난재해 사업군(2015 국가연구개발사업 특정평가보고서), 2015, p.15.
64) 상게보고서, p.21.
65) 박종철, 전게논문, p.22-23.

및 사후 처리 등 그 전반에 걸친 사항은 지적제도의 운영 부문에서의 충분한 연관성을 가지고 있다.

〈표 7-18〉 재난관리에 관한 국가정책사업의 목적 및 전략 개편

구분	개편 전(~2014년)	개편 후(2015년~)
사업 목적	· 복합·사회적 재난에 대한 국가 재난 및 안전관리 기술수준 향상을 위한 연구 개발	· 대규모 재난의 사전예방을 위한 예측·평가·분석에 이르는 종합적 예방체계 구축을 위한 과학기술 개발
주요 전략	· 신종복합재난에 대한 과학적 예측으로 선제적 대응 · 국가기반체계 보호를 통한 재난으로부터의 국가 운영 연속성 확보 · 체감할 수 있는 국민보호기술로 재난에 대한 국민 불안감 해소	· 미래재난환경 분석 및 대비역량 강화 · 재난위험예측 및 영향 분석을 통한 피해 저감 · 국가 및 지역의 안전관리 기반 향상

자료: 한국과학기술기획평가원, "재난재해 사업군(2015 국가연구개발사업 특정평가보고서)", 2015.10.5., p.21.

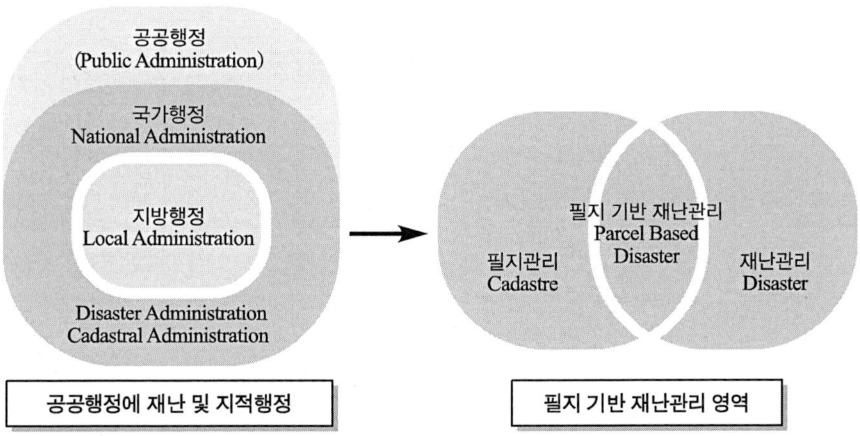

자료: 박종철, "필지 기반 재난관리체계의 효율적 운영에 관한 연구", 박사학위논문, 청주대학교 대학원, 2016, p.23.

[그림 7-42] 일필지와 재난관리의 관계

⑤ 통일 관련

우리나라는 새로운 정권이 등장할 때마다 대북기조 또는 통일론 등에 다소의 차이가 있어왔다. 그럼에도 불구하고, 한반도는 대립·불신의 정치·군사적 긴장 고조, 저성장, 소득격차 확대 등의 복합적인 위기상황이지만, 남북한의 공동 경제발전을 위한 정부의

새로운 대북기조로 통일을 위한 남북대화의 전기를 마련[66]할 필요성에 있어서는 어느 정도의 국민적 합의가 이루어진 상태로 볼 수 있다.

2015년 통일부와 국토교통부는 남북관계 개선에 대비하고, 향후 한반도 국토개발의 효과 극대화 및 통일비용 절감을 위한 체계적·효율적인 통일 기반을 구축하기 위한 전략과 단계적인 실천 로드맵을 마련하겠다고 공표한 바 있다. 이는 통일 한반도가 지향하는 국토발전방향 제시를 통해 남북 협력사업 뿐만 아니라 통일 후 북한지역 개발정책의 일관성·지속성을 확보하겠다는 의도에서 비롯되었다.

이와 같은 사업의 추진과 관련하여, 허준행은 "북한 인프라의 구축 및 관리기술 개발 전략"이라는 주제를 발제하였는데, 그 방향성과 수요 대비 효과에 관해서는 [그림 7-43] 및 [그림 7-44]와 같다.

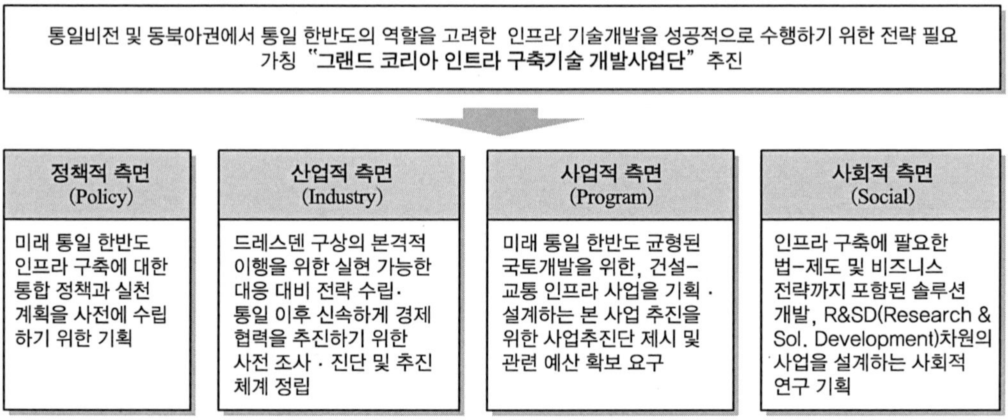

자료: 허준행, "북한 인프라의 구축 및 관리기술 개발 전략", 2015, p.6.

[그림 7-43] 북한 인프라 구축 전략의 방향성

이와 같은 한반도 국토개발 마스터플랜과 관련하여, 지적 분야에서는 조병현이 "북한의 지적제도에 대한 일고찰"이라는 연구에서 통일에 대비하여 북한지역의 소유권분쟁관련 혼란 예방과 토지관련 정책수립 기초자료를 제공하기 위한 부동산공시제도 확립과 지적조사사업을 신속하게 추진하기 위한 세부계획 수립이 필요함을 주장[67]하였다.

이상의 내용을 종합해볼 때, 정부의 대북기조 및 통일 지향성을 감안하고 나아가 미래

66) 허준행, "북한 인프라의 구축 및 관리기술 개발 전략", 2005, p.11.
67) 조병현, 북한의 지적제도에 대한 일고찰, 2014, p.19.

남북통일이 성사될 경우까지 염두해 본다면, 그 과정에서 구체적인 정책 사업은 지적제도의 운영 부문과의 연관성을 가질 수밖에 없을 것이다.

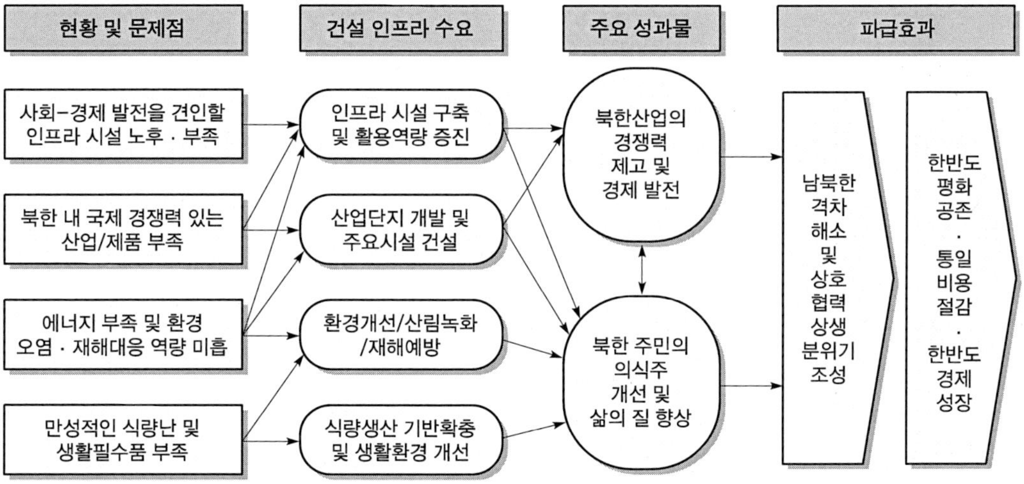

자료: 허준행, “북한 인프라의 구축 및 관리기술 개발 전략”, 2015, p.35.

[그림 7-44] 북한 건설 인프라 수요에 따른 효과

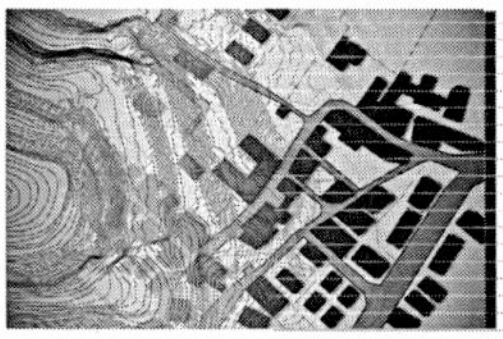

단원학습평가

1. 해양지적의 역할 중 옳지 않은 것은?

① 이용 권리에 대한 개인과의 사회 외부의 배분
② 양자원에 대한 소유권과 stewardship
③ 이용권, 소유권, stewardship의 규제
④ 적합한 기관에 의한 법률의 집행 및 모니터링
⑤ 분쟁조정 및 방지를 위한 효과적인 수단의 제시

2. 해양지적의 원리와 관련이 없는 것은?

① 다양한 형태의 권익 관리 ② 양질의 자료 및 시각화
③ 권리보다는 경계 지향 ④ 정부 및 이해관계인의 참여

3. 토지행정의 기능으로 옳지 않은 것은?

① 토지보유제도 ② 토지등록 ③ 토지개발 ④ 토지가치

4. 국제 지적표준으로 토지행정도메인모델의 약자는?

① LADM ② LCDM ③ MDA ④ ISO/TC211

5. FIG의 사회보장도메인모델을 의미하는 것은?

① ISO/TC211 ② INSPIRE ③ FGDC ④ STDM

6. 해양환경의 범위는 3가지 범주로 구분하며, 육지, ( ), 해안으로 조수를 따라 구분되는 지역을 의미한다.

7. 해양지적의 주체에 대해 설명하시오.

8. 미국 FGDC 필지모델에 대해 설명하시오.

9. 3차원 지적제도의 개념에 대해 설명하시오.

10. 미래사회의 핵심 이슈에 따른 지적제도 운영 환경의 변화에 대해 설명하시오.

정답 1. ① 2. ③ 3. ② 4. ① 5. ④ 6. 연안 7-10. 본문 참조

참고문헌

1. 국토교통부, 「속가능한 지적체계 기본전략수립」, 2012.
2. 국토교통부, 국가 공간정보 표준화 연구, 2017.
3. 김영학, "지적제도 도입에 관한 연구", 지적연구원, 2006.
4. ______, "해양등록부 창안에 관한 연구", 2007.
5. ______, "해양지적의 등록객체에 관한 연구", 「지적」, 제40권 제2호, 대한지적공사. 2010.
6. ______, 「한국지적정보학회지」, 제9권 제2호, 한국지적정보학회. 2007.
7. 최원준, "3차원지적 등록방법에 관한 연구", 박사학위논문, 명지대학교 대학원, 2007.
8. 한국해양학회, 「해양과학용어사전」, 아카데미서적. 2005.
9. 해양수산개발원·한국지방행정연구원, 「해상경계설정방안 연구」, 2003.
10. 황보상원, "3차원 지적을 위한 정사영상에 의한 건축물 등록 방안", 박사학위논문, 명지대학교 대학원, 2005.
11. Andrew Binns, Abbas Rajabifard, Phil A. Collier and Ian P. Williamson, Issues in Defining the Concept of a Marine Cadastre for Australia, FIG and University of New Brunswick Meeting on Marine Cadastre Issues, University of New Brunswick, Canada, 15-16 September 2004.
12. Bennett R., Rajabifard A., Kalantari M., Wallace J., Williamson IP., Cadastral Futures: Building a New Vision for the Nature and Role of Cadastres. International Federation of Surveyors. Article of the Month, 2011.
13. Chirstiaan Lemmen, STDM Concepts and Rationale, FIG Working Week 2017, Helsinki, Finland, 2017.
14. Cindy Fowler and Efic Treml, Building a Marine Cadastral Information System for The United States-A Case Study, International Journal on Computers, Environment & Urban Systems 25, 2001.
15. Cindy Fowler, and Efic, Treml, Building a Marine Cadastral Information System for The United States-A Case Study, International Journal on Computers, Environment & Urban Systems 25. 2001.
16. FGDC 홈페이지 : https://www.fgdc.gov/
17. FGDC, Cadastral Data Content Standard, Source : http://nationalcad.org/download/cadastral-data-content-standard-ver-1-4.pdf, 2008.
18. FIG, "Cadastre 2014 and Beyond", 1998.
19. Ian P. Williamson, and M. Sigit Widodo, 2001, "Cadastre", Presentation on the Meeting of Working Group 3 : the Permanent Committee of Geographic Information Systems Infrastructure for Asia-Pacific, Penang Malaysia, 11-12 September 2001.
20. Ian P. Williamson, Joe Leach and Abbas Rajabifard, Marine Cadastre, Position paper submitted to 7th Meeting of the Permanent Committee on GIS Infrastructure for Asia and the Pacific (PCGIAP), Tsukuba, Japan. 2004.
21. Ian Williamson, Stig Enemark, Jude Wallac, Abbas Rajabifard, Land Administration for Sustainable Development , ESRI Press, 2010.

22. ICSM, “Cadastre 2034 Strategy”, 2015.
23. INSPIRE, INSPIRE Data Specification on Cadastral Parcels - Guidelines, 2009.
24. ISO, ISO 19152 Geographic information–Land Administration Domain Model(LADM), 2012.
25. J. McLaughlin, and S. Nichols, “Legal Surveys Division and Property Rights Infrastructure”, Presentations for Natural Resource Canada and Legal Surveys Division, Ottawa, Sept. 1997.
26. J. Wallace and I. P. Williamson, “Registration of Marine Interests”, International Workshop on Administration the Marine Environment–The Spatial Dimensions, Kuala Lumpur, Malaysia, 4–7 May 2004.
27. Jack Shih Yuan, and Anna Tsui, “The Interface Between the Land and Marine Cadastre : a Case Study of the Victorian Coastal Zone”, Australia, the Research Team University of Melbourne, 2001.
28. Jantien E. Stoter, Peter van Oosterom, 3D Cadastre in an International Context: Legal, Organizational, and Technological Aspects, CRC Press, 2006.
29. Johanes .P Tamtomo, The Needs for Building Concept and Authorizing Implementation of Marine Cadastre in Indonesia, 3rd FIG Regional Conference, Jakarta, Indonesia, 3–7 October 2004.
30. Johanes P. Tamtomo, “The Needs for Buiding Concept and Authorizing Implementation of Marine Cadastre in Indonesia”, FIG Regional Conference 2004, Jakarta, Indonesia, 3–7 October, 2004.
31. Johanes P., Tamtomo, “The Needs for Buiding Concept and Authorizing Implementation of Marine Cadastre in Indonesia”, FIG Regional Conference 2004, Jakarta, Indonesia, 3–7 October, 2004.
32. Johanes P., Tamtomo, “The Needs for Buiding Concept and Authorizing Implementation of Marine Cadastre in Indonesia”, FIG Regional Conference 2004, Jakarta, Indonesia, 3–7 October, 2004.
33. Kaufmann, J., Steudler, D., Cadastre 2014: A Vision for a Future Cadastral System. International Federation of Surveyors, Switzerland, 1998, pp.15–25.
34. Lemmen, C., Van Oosterom, P., Bennett, R., The Land Administration Domain Model, Land Use Policy, vol 49, 2015, pp.535–545.
35. M. Sigit WIDODO,, “The Needs for Marine Cadastre and Supports of Spatial Data Infrastructure in Marine Environment–A Case Study”, FIG Working Week 2003, Paris, France, April 13~17, 2003.
36. M. Sigit, WIDODO, “The Needs for Marine Cadastre and Supports of Spatial Data Infrastructure in Marine Environment–A Case Study”, FIG Working Week 2003, Paris, France, April 13~17, 2003.
37. M. Sutherland, “The Marine Cadastre : Legal and Spatial Data Contribution to Economic, Environmental and Social Development”, FIG Working Week 2005 and GSDI–8, Cairo, Egypt. April 16–21, 2005.
38. M. Sutherland, “Why a Marine Cadastre is Important”, In Geomatics World, Issue, NO.3,

March/April, Vol.12. 2004.

39. M. Sutherland,, "Why a Marine Cadastre is Important", In Geomatics World, Issue, NO.3, March/April, Vol.12. 2004.
40. P. A. Collier, E. J, Leahy and Ian P. Willamson "Defining Marine Cadastre for Australia", 2001-A Spatial Odyssey : 42nd Australian Surveyors Congress, Brisbane. 25-28 September, 2001.
41. P. A. Collier,, E. J. Leahy and Ian P. Willamson "Defining Marine Cadastre for Australia", 2001-A Spatial Odyssey : 42nd Australian Surveyors Congress, Brisbane. 25-28 September, 2001.
42. Peter Dale, John McLaughlin, Land Administration, Oxford University Press, 2010.
43. R. B Stewart, & B. S. Hartley, "Marine Cadastre Issues-The Role of The New Brunswick Land Surveyor", FIG/UNB International Meeting on Marine Cadastre Issues, Wu Centre, University of New Brunswick, Fredericton, Canada, 15-16 September 2003.
44. S. Nichols, D. Monahan and M. D. Sutherland "Good Governance of Canada's Offshore and Coastal Zone : Towards and understand-ing of the Maritime Boundary Issues". In Geomatica, Vol. 54, No. 4, 2000.
45. S. Nichols, D. Monahan and M. D. Sutherland "Good Governance of Canada's Offshore and Coastal Zone : Towards and understanding of the Maritime Boundary Issues". In Geomatica, Vol. 54, No. 4, 2000.
46. S. Nichols, D. Monahan. and M. D. Sutherland "Good Governance of Canada's Offshore and Coastal Zone : Towards and understand-ing of the Maritime Boundary Issues". In Geomatica, Vol. 54, No. 4, 2000.
47. S. Nichols, Edwards Dobbin, J. Komjathy. and S. Hanham "Real Property Issues in the Marine Aquaculture Industry in New Brunswic" k. Frederiction, NB : Dept. of Fisheries and Aquaculture, 1997.
48. Sam Ng'ang'a, Michael Sutherland, Susan Nichols, "Determining User Need for a Marine Cadastre", Published in the proceedings of the Canadian Hydrographic Conference, Toronto, May 2002.
49. Sam Ng'ang'a, and Susan, Nichols, Using Marine Protected Areas to Visualize the Property Rights Infrastructure of a Canadian Marine Cadastre, FIG XXII International Congress, Washington, D.C. USA, 19-26 April, 2002.
50. Sam Ng'ang'a, and Susan, Nichols, Using Marine Protected Areas to Visualize the Property Rights Infrastructure of a Canadian Marine Cadastre, FIG XXII International Congress, Washington, D.C. USA, 19-26 April, 2002.
51. Sam Ng'ang'a, Michael Sutherland, Susan Nichols, "Determining User Need for a Marine Cadastre", Published in the proceedings of the Canadian Hydrographic Conference, Toronto, May 2002.
52. Stig Enemark, Land Administration and Cadastral Systems in support of Sustainable Land Governance: a global approach, Re-Engineering the Cadastre to Support E-Government, 2009.
53. UNECE, Land Administration Guidelines, Geneva, 1996.

찾아보기

ㄱ

ㄴ

ㄷ

ㄹ

ㅁ

ㅈ

ㅊ

기타

■ 집필위원

총괄책임자	(사)한국지적학회	회장	오이균
집필책임자	경일대학교	교수	이현준
집 필 진	창원문성대학교	교수	김남식
	청주대학교	교수	김영학
	한남대학교	교수	민관식
	경일대학교	교수	박기헌
	목포대학교	교수	박민호
	전주비전대학교	교수	이근상
	충남도립대학교	교수	이동현
	경일대학교	교수	이범관
	신구대학교	교수	이용호
	동강대학교	교수	장우진
	명지전문대학교	교수	지종덕
	목포대학교	교수	최승영
	청주대학교	교수	홍성언
검 토 진	청주대학교	교수	김태훈
	충남도립대학교	교수	김홍진
	신구대학교	교수	박희주
	안동과학대학교	교수	신동윤
	대구대학교	교수	양성철
	동강대학교	교수	이왕무
	명지전문대학교	교수	이은수
	명지전문대학교	교수	정우형
	경일대학교	교수	조병현
감 수 진	(사)한국지적학회	고문	강태석
	전국대학 지적학과 교수협의회	회장	김석종
	(사)한국지적정보학회	고문	손세원
	(사)한국지적정보학회	회장	심정민
	한국국토정보공사 국토정보교육원	원장	김진수
	한국국토정보공사 국토정보교육원	교수	박종철
	한국국토정보공사 국토정보교육원	교수	문승주
자 문 진	국토교통부		손종영
	국토교통부		김영욱
	한국국토정보공사		이명근
	한국국토정보공사		최한영

지적학 총론 **정가 23,000원**

저자 : 한국국토정보공사 · (사)한국지적학회

발행인 : 임해진
발행인 : 도서출판 구미서관

발행 : 2018년 12월 28일 초판 1쇄
2021년 7월 29일 초판 2쇄
2023년 7월 12일 초판 3쇄

등록 : 1979년 6월 29일 No. 9-6호
주소 : 서울시 마포구 신촌로 2길 5-15 구미빌딩
전화 : 02-333-1101
팩스 : 02-335-2201
http://www.goomibook.com
ISBN 979-11-6257-076-0 (93530)
